MARZIA RE FRASCHINI - GABRIELLA GRAZZI

competenze MATEMATICHE

algebra 2

Questo volume è disponibile anche in versione digitale.
Per scaricarla:
1. prendi nota del codice stampato sul bollino, **se** presente in questa pagina solo sulle copie destinate alla vendita;
2. segui le istruzioni sul sito della Casa Editrice **www.edatlas.it**

Atlas

ISBN 978-88-268-1604-3

Edizione

4 5 6 7 8 9 10
2018 2019

Certi Car Graf
Certificazione
Cartaria, Cartotecnica, Grafica

La casa editrice ATLAS opera con il Sistema Qualità conforme alla nuova norma UNI EN ISO 9001: 2008 certificato da CISQ CERTICARGRAF.

Direzione Editoriale: Progetti di Editoria s.r.l.
Redazione: Domenico Gesmundo, Mario Scalvini
Coordinamento edizione digitale: Roberto Rustico
Progetto grafico: Ufficio Tecnico Atlas
Fotocomposizione, impaginazione e disegni: GIERRE, Bergamo
Copertina: Vavassori & Vavassori
Stampa: Grafica Veneta - Trebaseleghe (PD)

Con la collaborazione della Redazione e dei Consulenti dell'I.I.E.A.

Il presente volume è conforme alle nuove Indicazioni Nazionali e alle nuove disposizioni ministeriali in merito alle caratteristiche tecniche e tecnologiche dei libri di testo.

Si ringraziano le prof.sse Carla Melzani e Lorella Branduardi per la collaborazione editoriale. In particolare si ringraziano la prof.ssa Sonia Trezzi, per la realizzazione dei video in funzione di ripasso, verifica e recupero, e la prof.ssa Elena Refraschini, per le traduzioni e la redazione dei testi in inglese.

24123 Bergamo - Via Crescenzi, 88 - Tel. (035) 249711 - Fax (035) 216047
www.edatlas.it

PREFAZIONE

Un'opera mista e digitale per una nuova didattica della matematica

Una scuola superiore attenta alle esigenze di un mondo sempre più globale ha obiettivi e finalità che vanno al di là del puro sapere disciplinare; in particolare, la competenza matematica comporta (Asse matematico dei saperi):

la capacità e la disponibilità ad usare modelli matematici di pensiero (dialettico ed algoritmico) e di rappresentazione grafica e simbolica (formule, costrutti, grafici), la capacità di comprendere ed esprimere adeguatamente informazioni qualitative e quantitative, di esplorare situazioni problematiche, di porsi e risolvere problemi, di progettare e costruire modelli di situazioni reali.

Si vengono in questo modo ad individuare alcune competenze chiave da acquisire al termine del corso di studi obbligatorio che possiamo così sintetizzare:

- imparare ad imparare
- progettare
- comunicare
- collaborare e partecipare
- agire in modo autonomo e responsabile
- risolvere problemi
- individuare collegamenti e relazioni
- acquisire ed interpretare informazioni.

Scopo di questo testo è aiutare lo studente ad approfondire i procedimenti caratteristici del pensiero matematico (definizioni, dimostrazioni, generalizzazioni, formalizzazioni), a conoscere le metodologie di base per la costruzione di un modello appropriato di un insieme di fenomeni, a saper applicare quanto appreso per la risoluzione di problemi, anche utilizzando strumenti informatici opportuni.

Impostazione dell'opera

Il corso **Competenze Matematiche** si compone di due volumi di Algebra, uno per ciascun anno di corso del primo biennio, e uno di Geometria per il biennio.
Nella versione a stampa, oltre alla trattazione teorica caratterizzata da rigore e chiarezza espositiva, da numerosi esempi e da un vasto repertorio di esercizi, sono in particolare presenti:

- esercizi per lo sviluppo delle **competenze**
- **test** di autovalutazione per la preparazione alle verifiche
- materiali per il **CLIL**, con schede in lingua inglese del tema trattato nel capitolo, con utili file audio per la corretta lettura, completate da esercizi
- temi connessi con le **Scienze** e con l'**Arte**, comprensivi di esercizi
- temi connessi con la **vita quotidiana**, comprensivi di esercizi
- esercizi dalle **Gare di Matematica** di diverse competizioni.

Versione digitale eBook+ per computer, tablet e LIM con contenuti digitali integrativi ed espansioni multimediali

Di ciascun volume a stampa è anche disponibile la versione digitale; entrambe le versioni sono poi corredate da una serie di materiali online a cui è possibile accedere direttamente dal sito della Casa Editrice o direttamente con link dalla versione digitale. In particolare, dalla versione digitale eBook+ è possibile accedere direttamente a:

- esempi svolti aggiuntivi e di completamento
- rimando agli esercizi del paragrafo
- approfondimenti relativi al tema trattato
- animazione delle figure per una migliore comprensione del significato
- video con richiami di teoria e svolgimento di esercizi utili anche per un eventuale recupero
- concetti chiave e regole: scheda riassuntiva del capitolo
- laboratorio di informatica con GeoGebra, Cabrì, Derive, Excel
- schede con richiami storici al tema oggetto del capitolo e/o curiosità
- un pacchetto consistente di ulteriori esercizi, utili per il consolidamento delle conoscenze e lo sviluppo delle abilità e la valorizzazione delle eccellenze
- altri temi di Scienze, Arte, vita quotidiana, ulteriori esercizi dalle Gare, ulteriori esercizi in lingua inglese
- verifiche interattive composte da una serie di esercizi con risposte a scelta multipla comprensiva di valutazione finale.

Contenuti digitali integrativi disponibili sul sito della Casa Editrice

In piena aderenza con le nuove disposizioni ministeriali, sul sito www.edatlas.it sono presenti molti contenuti digitali integrativi dei volumi a stampa. In particolare per ogni capitolo sono presenti:

- schede di approfondimento
- concetti chiave e regole: scheda riassuntiva del capitolo
- diapositive in PowerPoint utili per il ripasso e il recupero dei concetti fondamentali
- computer e software.

Materiali per il Docente

L'opera si completa con il materiale utile al Docente per la programmazione didattica, la preparazione delle verifiche scritte e dei test ed il ripasso; sono disponibili:

- la guida didattica a stampa e in formato digitale
- un eserciziario digitale su chiavetta USB per la composizione automatica delle verifiche.

LE AUTRICI

INDICE GENERALE

4 Funzioni nel piano cartesiano e applicazioni

- ***Approfondimenti:***
  - *L'equazione della parabola e la dimostrazione della formula*
  - *Le disequazioni lineari in due variabili*
- ***Concetti chiave***
- ***Presentazione in PowerPoint***

5 Disequazioni non lineari

- ***Approfondimenti:***
  - *Consigli per risolvere in modo rapido le disequazioni*
  - *Le disequazioni in due variabili*
- ***Concetti chiave***
- ***Presentazione in PowerPoint***

6 Approfondimenti di algebra

- ***Approfondimenti:***
  - *Le equazioni reciproche di quarto grado complete*
  - *Sistemi di più equazioni*
  - *Sistemi omogenei*
  - *Sistemi che si risolvono con artifici*
- ***Concetti chiave***
- ***Presentazione in PowerPoint***

7 La probabilità

8 Goniometria, trigonometria e le applicazioni in Fisica

Modelli e algoritmi

Vettori: dipendenza e indipendenza lineare

CAPITOLO 1

I radicali

OBIETTIVI

- approfondire il concetto di numero reale
- comprendere le caratteristiche della funzione potenza e della funzione radice
- semplificare un radicale aritmetico
- operare con i radicali
- eseguire operazioni di razionalizzazione
- definire una potenza con esponente razionale
- comprendere il concetto di radicale algebrico

1 Potenze e radici

1.1 Dal numero alla potenza e viceversa

In matematica tutte le volte che si esegue un'operazione ci si chiede sempre se si può *tornare indietro*, cioè se un'operazione è invertibile nell'insieme in cui è definita:

Domanda: se $5 + 3 = 8$ come posso tornare a 5 avendo 3 e 8?
Risposta: eseguo la sottrazione $5 = 8 - 3$.

Domanda: se $6 \cdot 9 = 54$ come posso tornare a 6 avendo 54 e 9?
Risposta: eseguo la divisione $54 : 9 = 6$.

Domanda: se $3^2 = 9$, come posso tornare a 3 avendo 9 e 2?
Risposta: calcolo la radice quadrata di 9.

Riguardo a quest'ultimo esempio, però, potrebbero nascere dei dubbi: anche $(-3)^2 = 9$, ma se con una calcolatrice cerchi la radice quadrata di 9 ti viene restituito 3 e non -3.
Il problema si può risolvere in modo molto semplice: basta considerare solo i numeri positivi e tutto va a posto.
Se però con la calcolatrice cerchi la radice cubica di -8 il risultato che ti viene restituito è -2, ed è corretto perché $(-2)^3 = -8$.
Sembrerebbe che la calcolatrice scelga di usare i numeri positivi quando i possibili risultati di un'operazione sono due valori opposti e mantenga invece il segno di competenza negli altri casi.
Ma perché la calcolatrice si comporta così? Quali sono le regole che segue? Occorre mettere ordine e costruire dei criteri di comportamento che indichino che cosa fare in ogni situazione.
Cominciamo a lavorare dapprima solo con i numeri non negativi e vediamo che cosa succede.

1.2 I radicali in R_0^+

Sia R_0^+ l'insieme dei numeri reali positivi o nulli; fissato un numero n intero positivo:

- di ogni numero reale b si può calcolare la potenza n-esima $a = b^n$:

  $3^2 = 9 \qquad 2^4 = 16 \qquad \left(\frac{2}{3}\right)^3 = \frac{8}{27}$

- viceversa, ogni numero b può essere visto come quel valore che, elevato a potenza n dà come risultato a:

  3 è il numero che, elevato al quadrato, dà 9

  2 è il numero che, elevato alla quarta, dà 16

  $\frac{2}{3}$ è il numero che, elevato al cubo, dà $\frac{8}{27}$.

*Un **numero reale** è un numero che si può esprimere:*

- *in forma di frazione o nella corrispondente forma decimale finita oppure periodica e in tal caso il numero è **razionale***
- *in forma decimale illimitata non periodica e in tal caso il numero è **irrazionale**.*

In R_0^+ esiste quindi corrispondenza biunivoca fra i numeri reali a, le potenze, e i numeri reali b, le basi delle potenze; questo significa che:

- la corrispondenza che ad ogni numero reale non negativo b associa la sua potenza n-esima $a = b^n$ è una funzione (***figura 1a***);
- la corrispondenza inversa che ad ogni numero reale non negativo a associa il numero b che è la base della potenza è ancora una funzione (***figura 1b***).

Se f è una corrispondenza biunivoca, anche f^{-1} è una funzione.

Figura 1

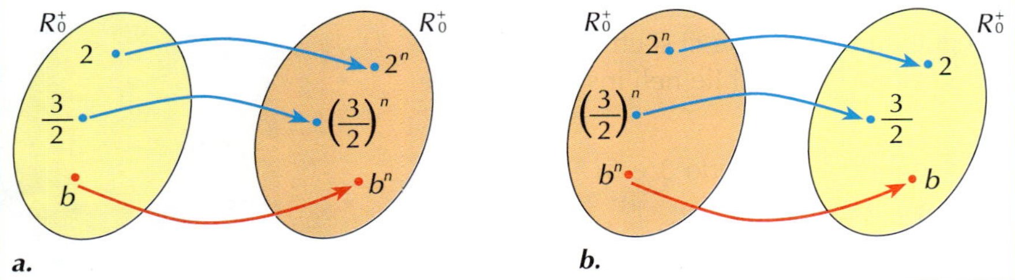

La prima relazione è la funzione potenza che già conosciamo, la seconda è una nuova funzione che si chiama **funzione radice *n*-esima assoluta.**
Diamo la seguente definizione.

> Dato un numero reale non negativo a ed un numero intero positivo n, esiste uno ed un solo numero reale non negativo b tale che $b^n = a$. Il numero b si dice **radice *n*-esima assoluta** di a ed in simboli si scrive
>
> $$b = \sqrt[n]{a}$$

In R_0^+:

$\sqrt[n]{a} = b$ equivale a $b^n = a$

ed è:

- *$a \geq 0, b \geq 0$*
- *n intero positivo*

Il simbolo $\sqrt[n]{a}$ prende il nome di **radicale**; inoltre, poiché $a^1 = a$ qualunque sia a, ha senso parlare di radicali solo se $n \geq 2$.
Le varie parti di un radicale si indicano in questo modo:

- il numero a è l'**argomento** del radicale o **radicando**
- il numero n è l'**indice** del radicale
- il numero $\sqrt[n]{a}$ è la **radice *n*-esima** di a
- se il numero a si può esprimere come potenza, cioè il radicale si può esprimere nella forma $\sqrt[n]{p^m}$, il numero p^m è il radicando e m si dice **esponente del radicando**.

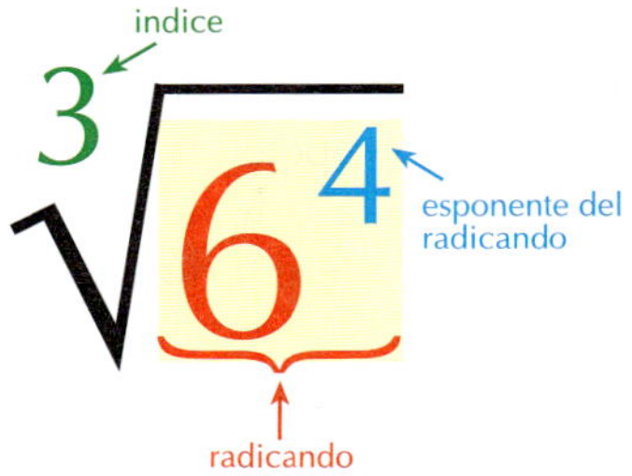

Alcuni casi particolari.

- In base alla definizione si ha che $\left(\sqrt[n]{a}\right)^n = a$.

  Infatti, $\sqrt[n]{a}$ è proprio quel numero la cui potenza n-esima è uguale ad a. Inoltre anche

  $$\sqrt[n]{a^n} = a$$

  perché, sempre in base alla definizione, se eleviamo a alla potenza n-esima troviamo proprio a^n.

- Un radicale di indice 2 è un **radicale quadratico**; il numero $\sqrt[2]{a}$ è la *radice quadrata di a* e normalmente l'indice 2 viene sottointeso scrivendo più semplicemente $\sqrt{a}$.

- Un radicale di indice 3 è un **radicale cubico** ed il numero $\sqrt[3]{a}$ si legge *radice cubica di a*.

$\sqrt{7}$ è un radicale quadratico

$\sqrt[3]{5}$ è un radicale cubico

Non esistono invece nomi particolari per radicali con un indice maggiore di 3.

ESERCIZI E PROBLEMI pag. 244

2 LA SEMPLIFICAZIONE DI UN RADICALE

2.1 La proprietà invariantiva

Le regole che permettono di operare con i radicali si basano sulla seguente proprietà fondamentale.

Proprietà invariantiva. Il radicale che si ottiene moltiplicando l'indice della radice e l'esponente del radicando per uno stesso numero intero positivo ha lo stesso valore del radicale dato; in simboli:

$$\sqrt[n]{a^m} = \sqrt[n\cdot p]{a^{m\cdot p}} \qquad \text{con } p \in Z^+$$

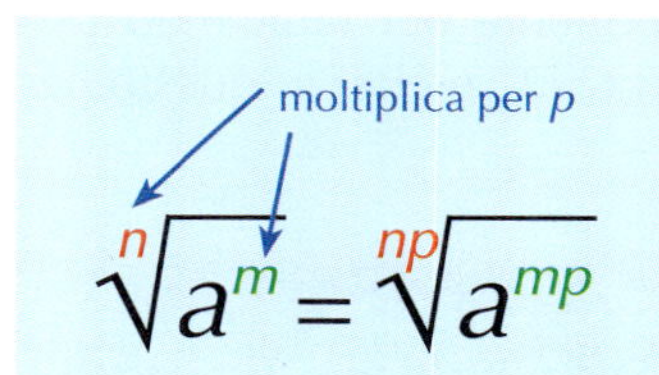

Dimostrazione.

Consideriamo separatamente i due membri della relazione scritta ed eleviamoli a potenza $n \cdot p$. Otteniamo:

- $\left(\sqrt[n]{a^m}\right)^{n\cdot p} = \left[\left(\sqrt[n]{a^m}\right)^n\right]^p = [a^m]^p = a^{m\cdot p}$
- $\left(\sqrt[n\cdot p]{a^{m\cdot p}}\right)^{n\cdot p} = a^{m\cdot p}$

Poiché i risultati ottenuti sono uguali, per la proprietà transitiva dell'uguaglianza, $\left(\sqrt[n]{a^m}\right)^{n\cdot p} = \left(\sqrt[n\cdot p]{a^{m\cdot p}}\right)^{n\cdot p}$ e quindi $\sqrt[n]{a^m} = \sqrt[n\cdot p]{a^{m\cdot p}}$. ◀

Per esempio:

- $\sqrt[3]{7^2} = \sqrt[3\cdot 2]{7^{2\cdot 2}} = \sqrt[6]{7^4}$
- $\sqrt{6} = \sqrt[2\cdot 2]{6^{1\cdot 2}} = \sqrt[4]{6^2}$
- $\sqrt[4]{5^2 \cdot 3^3} = \sqrt[4\cdot 3]{(5^2 \cdot 3^3)^3} = \sqrt[12]{5^6 \cdot 3^9}$
- $\sqrt[3]{3^4 \cdot 2^5} = \sqrt[3\cdot 5]{(3^4 \cdot 2^5)^5} = \sqrt[15]{3^{20} \cdot 2^{25}}$

2.2 La semplificazione

La prima cosa che la proprietà invariantiva ci permette di fare è **semplificare un radicale**; basta infatti leggere questa proprietà da destra verso sinistra, cioè $\sqrt[n \cdot p]{a^{m \cdot p}} = \sqrt[n]{a^m}$, per affermare che:

> se in un radicale l'indice della radice e l'esponente del radicando hanno un fattore comune, il radicale che si ottiene dividendoli per tale fattore ha lo stesso valore di quello dato.

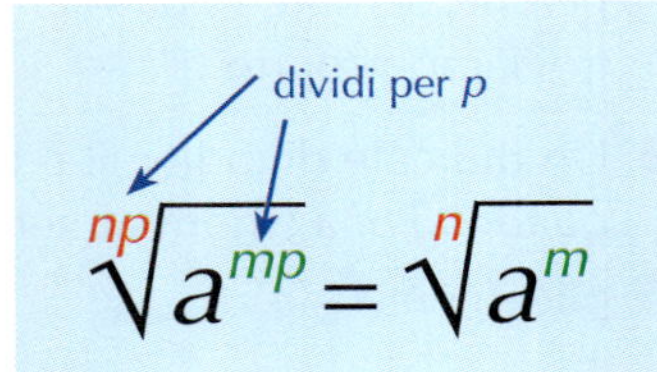

Per esempio:

- $\sqrt[6]{81} = \sqrt[6]{3^4}$

  l'indice 6 e l'esponente 4 hanno 2 come fattore comune: possiamo dividerli entrambi per 2 e dire che $\sqrt[6]{3^4} = \sqrt[3]{3^2} = \sqrt[3]{9}$

- $\sqrt[4]{2^6 \cdot 3^2} = \sqrt[4]{(2^3 \cdot 3)^2}$

  l'indice 4 e l'esponente 2 sono divisibili per 2, quindi:

  $\sqrt[4]{(2^3 \cdot 3)^2} = \sqrt{2^3 \cdot 3} = \sqrt{24}$

RADICALI IRRIDUCIBILI

Quando l'indice della radice e l'esponente del radicando non hanno fattori comuni, si dice che il radicale è **irriducibile**; sono per esempio irriducibili i seguenti radicali:

$$\sqrt[4]{6} \qquad \sqrt[6]{15} \qquad \sqrt[8]{2^5} \qquad \sqrt{3^3}$$

e quelli ottenuti dopo la semplificazione nei due esempi precedenti.
Osserviamo poi che è di solito conveniente dividere l'indice della radice e l'esponente del radicando per il più grande fattore comune, cioè per il loro *M.C.D.*, e che, in questo caso, il radicale che si ottiene è sempre irriducibile.

ESEMPI

Semplifichiamo i seguenti radicali.

1. $\sqrt[6]{3^4 \cdot 2^6} = \sqrt[6]{(3^2 \cdot 2^3)^2}$ dividendo per 2 otteniamo $\sqrt[3]{3^2 \cdot 2^3}$

2. $\sqrt[10]{6^5 \cdot 7^{15}} = \sqrt[10]{(6 \cdot 7^3)^5}$ dividendo per 5 otteniamo $\sqrt{6 \cdot 7^3}$

3. $\sqrt[10]{2^6 \cdot 3^4 \cdot 7^8}$

Spesso, per abbreviare il calcolo e **quando nel radicando non compaiono operazioni di addizione e sottrazione**, si effettua subito la divisione di ogni esponente dei fattori del radicando e dell'indice della radice per il loro *M.C.D.*; nel nostro caso, poiché *M.C.D.* (10, 6, 4, 8) = 2, dividiamo per 2 ogni esponente ottenendo subito il radicale semplificato:

$$\sqrt[5]{2^3 \cdot 3^2 \cdot 7^4}$$

4. $\sqrt[8]{2^8 \cdot 3^{12}}$

Se dividiamo indice della radice ed esponenti del radicando per 4 otteniamo $\sqrt{2^2 \cdot 3^3}$

ATTENZIONE AGLI ERRORI

- **È sbagliato scrivere** $\sqrt[4]{5^2+6^2} = \sqrt[\cancel{4}^{2}]{5^{\cancel{2}}+6^{\cancel{2}}} = \sqrt{5+6} = \sqrt{11}$

  È corretto scrivere $\sqrt[4]{5^2+6^2} = \sqrt[4]{25+36} = \sqrt[4]{61}$

  In altre parole non si possono semplificare l'indice della radice e gli esponenti del radicando se questi si riferiscono ai termini di un'addizione o di una sottrazione.

- **È sbagliato scrivere** $\sqrt[6]{2 \cdot 3^3 \cdot 5^9} = \sqrt[\cancel{6}^{2}]{2 \cdot 3^{\cancel{3}} \cdot 5^{\cancel{9}^{3}}} = \sqrt{2 \cdot 3 \cdot 5^3}$

  Gli esponenti dei fattori del radicando devono **tutti** essere multipli del divisore comune. Questo radicale è irriducibile.

2.3 La semplificazione e il valore assoluto

In R_0^+ il radicale $\sqrt[n]{A(x)}$ esiste solo se
$$A(x) \geq 0$$

Nel dare la definizione di radicale abbiamo specificato che il radicando deve essere positivo o nullo; se il radicando è un numero, è immediato controllarne la non negatività, ma se è letterale occorre porre alcune condizioni. Per esempio:

- $\sqrt{x-1}$ ha significato solo se $x - 1 \geq 0$, cioè per $x \geq 1$
- $\sqrt[4]{5-4x}$ ha significato solo se $5 - 4x \geq 0$, cioè per $x \leq \frac{5}{4}$
- $\sqrt[6]{(2x+1)^2}$ ha significato $\forall x \in R$ perché il radicando, essendo un quadrato, è sempre positivo o nullo.

Ricordiamo il significato del simbolo $\forall$:
$$\forall x \in R$$
significa "per tutti i numeri x che sono reali".

Quando si semplifica un radicale che ha un radicando letterale si corre il rischio di non ottenerne uno che è definito per gli stessi valori delle variabili; non è detto cioè che un radicale e quello che si ottiene dalla sua semplificazione abbiano lo stesso dominio. Se riprendiamo l'ultimo degli esempi precedenti e scriviamo

$$\sqrt[6]{(2x+1)^2} = \sqrt[3]{2x+1}$$

ci accorgiamo subito che il radicale al primo membro di questa uguaglianza ha come insieme di esistenza l'insieme R, mentre quello al secondo membro esiste solo se è $x \geq -\frac{1}{2}$.

VIDEO RECUPERO

Affinché l'uguaglianza sussista dobbiamo fare in modo che anche il radicando al secondo membro abbia lo stesso dominio di quello del primo, cioè sia sempre positivo o nullo al variare di x in R.

L'operatore che rende positiva un'espressione qualunque sia il suo valore è il **valore assoluto**, quindi se dell'espressione $2x + 1$ che abbiamo ottenuto dopo la semplificazione consideriamo il valore assoluto, il dominio del radicale dato e di quello semplificato diventano uguali. Possiamo allora scrivere che:

$$\sqrt[6]{(2x+1)^2} = \sqrt[3]{|2x+1|} \qquad \forall x \in R$$

Il valore assoluto di un numero a si definisce in questo modo:
$$|a| = \begin{cases} a & \text{se } a \geq 0 \\ -a & \text{se } a < 0 \end{cases}$$

Ragionamenti analoghi si devono fare tutte le volte che si eseguono delle operazioni sui radicali; la domanda da porsi per evitare di commettere errori è sempre la stessa e la mettiamo bene in evidenza:

l'espressione che si ottiene ha lo stesso insieme di esistenza di quella iniziale?

Quando la risposta è negativa, occorre valutare di quali fattori o termini dell'espressione ottenuta si deve considerare il modulo affinché il dominio di questa espressione coincida con quello dell'espressione data.
Vediamo altri esempi.

$\sqrt[8]{(-5)^4}$ semplificando per 4

- *non è uguale a $\sqrt{-5}$*
- *ma è uguale a $\sqrt{|-5|}$ cioè $\sqrt{5}$*

ESEMPI

Semplifichiamo i seguenti radicali.

1. $\sqrt[6]{(4-x)^3}$

Affinché questo radicale abbia significato deve essere $4 - x \geq 0$, cioè $x \leq 4$; semplificando otteniamo

$$\sqrt[2\not{6}]{(4-x)^{\not{3}}} = \sqrt{4-x}$$

e anche l'insieme di esistenza di questo radicale è $x \leq 4$; non occorre dunque porre ulteriori condizioni e si può scrivere che

$$\sqrt[6]{(4-x)^3} = \sqrt{4-x}$$

2. $\sqrt[4]{a^2b^8}$

Il radicale ha significato per qualsiasi valore reale di a e di b perché è il prodotto di due numeri che, essendo elevati a potenza pari, sono positivi o nulli. Semplificando otteniamo:

$$\sqrt[4]{a^2b^8} = \sqrt[2\not{4}]{a^{\not{2}}b^{\not{8}4}} = \sqrt{ab^4}$$

Chiediamoci adesso se anche questo radicale è definito $\forall a, b \in R$:

- b^4 è sempre positivo o nullo perché è una potenza con esponente pari
- il fattore a invece può assumere qualsiasi valore reale, anche negativo.

Di conseguenza, affinché il dominio rimanga invariato, dopo la semplificazione dobbiamo considerare il modulo del fattore a e scriviamo quindi che:

$$\sqrt[4]{a^2b^8} = \sqrt{|a|b^4}$$

3. $\sqrt[4]{9a^2x^2y^4} = \sqrt[4]{3^2a^2x^2y^4}$

Anche in questo caso il radicale è definito $\forall a, x, y \in R$; semplifichiamo: $\sqrt[2\not{4}]{3^{\not{2}}a^{\not{2}}x^{\not{2}}y^{\not{4}2}} = \sqrt{3axy^2}$

Il ragionamento è analogo a quello del caso precedente:

- a e x possono assumere qualsiasi valore reale ed il loro prodotto potrebbe anche essere negativo
- y^2 non è mai negativo nel dominio del radicale dato.

Allora dobbiamo considerare il modulo del prodotto ax e scrivere che: $\sqrt[4]{9a^2x^2y^4} = \sqrt{3|ax|y^2}$

Attenzione: non è necessario considerare il modulo di a e il modulo di x separatamente, perché quello che ci interessa è che il loro prodotto sia positivo o nullo: a e x potrebbero anche essere entrambi negativi perché comunque il loro prodotto sarebbe positivo.

ulteriori esempi

Dagli esempi visti possiamo trarre la seguente **regola pratica** che ci aiuta a stabilire quali sono i fattori di cui dobbiamo considerare il modulo:

- in generale, si deve considerare il modulo di quei fattori che, elevati a potenza pari prima della semplificazione (il che garantisce sempre la non negatività) diventano elevati a potenza dispari dopo la semplificazione (che non garantisce la non negatività).

  Per esempio: $\sqrt[4]{x^2} = \sqrt{|x|}$ $\qquad \sqrt{x^2} = |x|$

- Non va mai messo il valore assoluto ai radicandi che complessivamente, prima della semplificazione, hanno potenza dispari perché la condizione di esistenza impone già che essi siano positivi.

  Per esempio: $\sqrt[6]{x^3} = \sqrt{x}$ $\qquad \sqrt[3]{x^3} = x$

QUANDO METTERE IL MODULO A UN RADICALE

ESERCIZI E PROBLEMI pag. 246

3 LE OPERAZIONI CON I RADICALI: MOLTIPLICAZIONE E DIVISIONE

Il seguente teorema ci permette di eseguire in modo esatto il prodotto e il quoziente di due radicali.

IL PRODOTTO DI RADICALI CON LO STESSO INDICE

Teorema. Il prodotto di due radicali che hanno lo stesso indice è un radicale che ha per indice lo stesso indice e per radicando il prodotto dei radicandi:

$$\sqrt[n]{a} \cdot \sqrt[n]{b} = \sqrt[n]{ab} \qquad \text{con } a,\, b \geq 0$$

Analogamente, il quoziente di due radicali che hanno lo stesso indice è un radicale che ha per indice lo stesso indice e per radicando il quoziente dei radicandi:

$$\frac{\sqrt[n]{a}}{\sqrt[n]{b}} = \sqrt[n]{\frac{a}{b}} \qquad \text{con } a \geq 0,\, b > 0$$

In particolare
$\sqrt{a} \cdot \sqrt{a} = a$

Dimostrazione.

La dimostrazione delle due relazioni si conduce con lo stesso criterio; consideriamo separatamente i due membri ed eleviamoli a potenza n:

- per il prodotto:

  primo membro: $\left(\sqrt[n]{a} \cdot \sqrt[n]{b}\right)^n = \left(\sqrt[n]{a}\right)^n \cdot \left(\sqrt[n]{b}\right)^n = ab$

  secondo membro: $\left(\sqrt[n]{ab}\right)^n = ab$

- per il quoziente:

  primo membro: $\left(\dfrac{\sqrt[n]{a}}{\sqrt[n]{b}}\right)^n = \dfrac{\left(\sqrt[n]{a}\right)^n}{\left(\sqrt[n]{b}\right)^n} = \dfrac{a}{b}$

  secondo membro: $\left(\sqrt[n]{\dfrac{a}{b}}\right)^n = \dfrac{a}{b}$

Poiché in entrambi i casi abbiamo ottenuto risultati uguali, il teorema è dimostrato. ◀

Per esempio:

- $\sqrt{7}\cdot\sqrt{8}=\sqrt{7\cdot 8}=\sqrt{56}$
- $\sqrt{3}\cdot\sqrt{12}=\sqrt{3\cdot 12}=\sqrt{36}=6$
- $\dfrac{\sqrt[3]{6}}{\sqrt[3]{18}}=\sqrt[3]{\dfrac{6}{18}}=\sqrt[3]{\dfrac{1}{3}}$
- $\dfrac{\sqrt{2}}{\sqrt{6}}=\sqrt{\dfrac{2}{6}}=\sqrt{\dfrac{1}{3}}$

IL PRODOTTO DI RADICALI CON INDICI DIVERSI

La moltiplicazione e la divisione di due radicali, in base al teorema dimostrato, si possono eseguire solo se hanno lo stesso indice.
Se questo non accade occorre prima ricondurci in questa situazione, applicando la proprietà invariantiva, prendendo come indice comune il m.c.m. tra gli indici dei due radicali.
Per esempio:

VIDEO RECUPERO

- per calcolare $\sqrt[3]{4}\cdot\sqrt{3}$, visto che i due radicali sono irriducibili e che il primo ha indice 3 e il secondo ha indice 2, li trasformiamo dapprima in modo che abbiano indice 6, che è il *m.c.m.* fra 3 e 2, e poi moltiplichiamo:

$$\sqrt[3]{4}\cdot\sqrt{3}=\underbrace{\sqrt[6]{4^2}}_{\substack{\text{indice ed esponente del}\\ \text{radicando si moltiplicano per 2}}}\cdot\underbrace{\sqrt[6]{3^3}}_{\substack{\text{indice ed esponente del}\\ \text{radicando si moltiplicano per 3}}}=\sqrt[6]{4^2\cdot 3^3}=\sqrt[6]{432}$$

- per calcolare $\dfrac{\sqrt[6]{36}}{\sqrt[8]{100}}$, scomponiamo innanzi tutto i radicandi e vediamo se è possibile semplificarli:

$$\frac{\sqrt[6]{36}}{\sqrt[8]{100}}=\frac{\sqrt[6]{6^2}}{\sqrt[8]{10^2}}=\frac{\sqrt[3]{6}}{\sqrt[4]{10}}$$

trasformiamoli in modo che abbiano indice 12 che è il *m.c.m.* fra 3 e 4:

$$\frac{\sqrt[12]{6^4}}{\sqrt[12]{10^3}}=\sqrt[12]{\frac{6^4}{10^3}}=\sqrt[12]{\frac{162}{125}}$$

In definitiva, per moltiplicare o dividere due radicali si deve seguire questa procedura:

LA PROCEDURA GENERALE

- si semplificano, se necessario, i due radicali in modo da renderli irriducibili
- si calcola il *m.c.m.* fra gli indici delle due radici, indichiamolo con k
- si trasformano i due radicali in modo che abbiano k come indice comune applicando la proprietà invariantiva
- si scrive un'unica radice di indice k che ha come radicando il prodotto (o il quoziente) fra i radicandi.

ESEMPI

1. Riduciamo allo stesso indice i seguenti radicali:

$\sqrt[4]{25}\qquad\sqrt[6]{27}\qquad\sqrt[3]{4}$

Scomponiamo innanzi tutto i radicandi e vediamo se è possibile semplificare i radicali:

$\sqrt[4]{25}=\sqrt[4]{5^2}=\sqrt{5}\qquad\sqrt[6]{27}=\sqrt[6]{3^3}=\sqrt{3}\qquad\sqrt[3]{4}=\sqrt[3]{2^2}$ il radicale è irriducibile

Le tre radici hanno rispettivamente indice 2, 2, 3, quindi l'indice comune è 6 :

$\sqrt{5} = \sqrt[6]{5^3} = \sqrt[6]{125}$ $\quad\quad$ $\sqrt{3} = \sqrt[6]{3^3} = \sqrt[6]{27}$ $\quad\quad$ $\sqrt[3]{2^2} = \sqrt[6]{2^4} = \sqrt[6]{16}$

2. Eseguiamo le seguenti moltiplicazioni e divisioni:

a. $\sqrt{\frac{2}{3}} \cdot \sqrt[4]{\frac{5}{2}} : \sqrt[6]{\frac{2}{3}}$

Riduciamo i tre radicali allo stesso indice 12 ed eseguiamo le operazioni indicate:

$$\sqrt[12]{\frac{2^6}{3^6}} \cdot \sqrt[12]{\frac{5^3}{2^3}} : \sqrt[12]{\frac{2^2}{3^2}} = \sqrt[12]{\frac{2^6}{3^6} \cdot \frac{5^3}{2^3} \cdot \frac{3^2}{2^2}} = \sqrt[12]{\frac{2 \cdot 5^3}{3^4}} = \sqrt[12]{\frac{250}{81}}$$

b. $\sqrt{\frac{1}{2}ab} \cdot \sqrt[4]{\frac{6}{a^2b^4}} \cdot \sqrt[12]{\frac{3}{2}a^2b^2}$

Il secondo ed il terzo radicale esistono per qualsiasi valore di a e di b (posto che sia $a \neq 0$ e $b \neq 0$), il primo radicale esiste se $ab > 0$; a e b sono quindi numeri concordi ma non sappiamo nulla sul loro segno. Riduciamo i tre radicali allo stesso indice 12 ed eseguiamo la moltiplicazione:

$$\sqrt[12]{\frac{1}{2^6}a^6b^6} \cdot \sqrt[12]{\frac{6^3}{a^6b^{12}}} \cdot \sqrt[12]{\frac{3}{2}a^2b^2} = \sqrt[12]{\frac{1}{2^6}a^6b^6 \cdot \frac{2^3 \cdot 3^3}{a^6b^{12}} \cdot \frac{3}{2}a^2b^2} = \sqrt[12]{\frac{3^4a^2}{2^4b^4}}$$

Semplifichiamo il radicale ottenuto: $\sqrt[6]{\frac{9a}{4b^2}}$

Poiché non conosciamo il segno di a, dobbiamo mettere il modulo a questo fattore (b^2 è sicuramente positivo); il prodotto è quindi uguale a $\sqrt[6]{\frac{9|a|}{4b^2}}$.

ulteriori esempi

ESERCIZI E PROBLEMI pag. 252

4 IL TRASPORTO DI UN FATTORE DENTRO E FUORI IL SIMBOLO DI RADICE

4.1 Il portar dentro

Consideriamo l'espressione $3 \cdot \sqrt{\frac{1}{6}}$; se interpretiamo il numero 3 come $\sqrt{3^2}$, allora possiamo eseguire il prodotto in questo modo:

$$3 \cdot \sqrt{\frac{1}{6}} = \sqrt{3^2 \cdot \frac{1}{6}} = \sqrt{\frac{3}{2}}$$

In pratica è come se avessimo trasportato all'interno della radice il fattore esterno 3 elevandolo a potenza 2, corrispondente all'indice del radicale.

Consideriamo adesso l'espressione $-2 \cdot \sqrt{5}$; se vogliamo eseguire il prodotto, possiamo trasportare il fattore esterno sotto la radice elevandolo a potenza 2. Occorre però lasciare il segno meno fuori dal radicale per mantenere il segno negativo del risultato:

$$-2 \cdot \sqrt{5} = -\sqrt{2^2 \cdot 5} = -\sqrt{20}$$

Quando il fattore esterno è un numero, è facile capire come ci si deve comportare: **all'interno del radicale si trasporta il valore assoluto del numero e si lascia all'esterno il suo segno**.

ATTENZIONE AGLI ERRORI

E' sbagliato scrivere: $-2 \cdot \sqrt{5} = \sqrt{(-2)^2 \cdot 5} = \sqrt{20}$

perché $-2 \cdot \sqrt{5}$ è un numero negativo mentre $\sqrt{20}$ è un numero positivo e non può quindi sussistere l'uguaglianza.

IL TRASPORTO DI UN FATTORE LETTERALE

Quando il fattore esterno è letterale, si deve prestare maggiore attenzione; per esempio, per eseguire il prodotto

$$x \cdot \sqrt[3]{\frac{1}{x^2}}$$

si ragiona così:

- il dominio del radicale è l'insieme $R - \{0\}$, quindi x può essere sia positivo che negativo
- se $x > 0$ si trasporta il fattore esterno sotto la radice ottenendo: $\sqrt[3]{x^3 \cdot \frac{1}{x^2}} = \sqrt[3]{x}$
- se $x < 0$ si trasporta all'interno della radice il valore $-x$ che è positivo e si lascia all'esterno un segno meno:

$$-\sqrt[3]{(-x)^3 \cdot \frac{1}{x^2}} = -\sqrt[3]{-x^3 \cdot \frac{1}{x^2}} = -\sqrt[3]{-x}$$

Riassumendo:

per trasportare un fattore esterno a all'interno di una radice n-esima ci si comporta così:

- se $a \geq 0$, si eleva a a potenza n e lo si moltiplica per il radicando
- se $a < 0$, si lascia un segno meno all'esterno del radicale, si eleva $-a$ a potenza n e lo si moltiplica per il radicando.

***Se un numero x è negativo, il numero −x è positivo**, perché il segno meno davanti a x fa considerare il suo opposto. Scrivere −x non vuol dire quindi che si sta trattando necessariamente con un numero negativo.*

ESEMPI

1. $2 \cdot \sqrt{3a} = \sqrt{2^2 \cdot 3a} = \sqrt{12a}$; $\quad -2\sqrt{2} = -\sqrt{2^2 \cdot 2} = -\sqrt{8}$

2. $-\frac{4}{5} \cdot \sqrt[3]{\frac{5}{4}} = -\sqrt[3]{\left(\frac{4}{5}\right)^3 \cdot \frac{5}{4}} = -\sqrt[3]{\frac{16}{25}}$

3. $x \cdot \sqrt{x}$

L'insieme di definizione del radicale è $x \geq 0$; in questa ipotesi, il fattore esterno è anch'esso non negativo e possiamo scrivere che:

$$x \cdot \sqrt{x} = \sqrt{x^2 \cdot x} = \sqrt{x^3}$$

4. $a \cdot \sqrt{\dfrac{1}{3a^2b}}$

Per l'esistenza del radicale deve essere $a \neq 0$ e $b > 0$; non conosciamo quindi il segno di a e dobbiamo distinguere due casi:

- se $a > 0$: $\sqrt{\dfrac{a^2}{3a^2b}} = \sqrt{\dfrac{1}{3b}}$
- se $a < 0$: $-\sqrt{\dfrac{(-a)^2}{3a^2b}} = -\sqrt{\dfrac{1}{3b}}$

ulteriori esempi

4.2 Il portar fuori

Riprendiamo le uguaglianze definite dal teorema del prodotto e del quoziente

$$\sqrt[n]{a} \cdot \sqrt[n]{b} = \sqrt[n]{ab} \qquad \text{e} \qquad \frac{\sqrt[n]{a}}{\sqrt[n]{b}} = \sqrt[n]{\frac{a}{b}}$$

con a e b entrambi positivi o nulli ($b \neq 0$ nel secondo caso). Mantenendo queste ipotesi su a e b leggiamo queste relazioni in senso inverso

$$\sqrt[n]{ab} = \sqrt[n]{a} \cdot \sqrt[n]{b} \qquad \text{e} \qquad \sqrt[n]{\frac{a}{b}} = \frac{\sqrt[n]{a}}{\sqrt[n]{b}}$$

Quindi, nell'ipotesi che entrambi i fattori a e b siano positivi, la radice n-esima assoluta di un prodotto o di un quoziente è uguale al prodotto o al quoziente delle radici n-esime dei suoi fattori.

Ma $\sqrt[n]{ab}$ e $\sqrt[n]{\dfrac{a}{b}}$ hanno significato anche quando a e b sono entrambi negativi. In questo caso dobbiamo modificare le relazioni precedenti perché $\sqrt[n]{a}$ e $\sqrt[n]{b}$ non hanno significato per $a < 0$ e $b < 0$; dobbiamo allora scrivere così:

$$\sqrt[n]{ab} = \sqrt[n]{|a|} \cdot \sqrt[n]{|b|} \qquad \text{e} \qquad \sqrt[n]{\frac{a}{b}} = \frac{\sqrt[n]{|a|}}{\sqrt[n]{|b|}}$$

In definitiva:

- $\sqrt[n]{ab} = \sqrt[n]{|a|} \cdot \sqrt[n]{|b|} = \begin{cases} \sqrt[n]{a} \cdot \sqrt[n]{b} & \text{se } a \geq 0 \wedge b \geq 0 \\ \sqrt[n]{-a} \cdot \sqrt[n]{-b} & \text{se } a < 0 \wedge b < 0 \end{cases}$

- $\sqrt[n]{\dfrac{a}{b}} = \dfrac{\sqrt[n]{|a|}}{\sqrt[n]{|b|}} = \begin{cases} \dfrac{\sqrt[n]{a}}{\sqrt[n]{b}} & \text{se } a \geq 0 \wedge b > 0 \\ \dfrac{\sqrt[n]{-a}}{\sqrt[n]{-b}} & \text{se } a < 0 \wedge b < 0 \end{cases}$

Queste proprietà ci permettono di **trasportare un fattore fuori dal simbolo di radice**, seguendo un procedimento inverso rispetto a quello del portar dentro la radice.

Per esempio:

- $\sqrt{18} = \sqrt{2 \cdot 3^2} = \sqrt{2} \cdot \sqrt{3^2} = 3\sqrt{2}$
- $\sqrt{12x^3}$
  il radicale è definito se $x \geq 0$; in questa ipotesi possiamo scrivere così:
  $\sqrt{12x^3} = \sqrt{2^2 \cdot 3 \cdot x^3} = \sqrt{2^2} \cdot \sqrt{3} \cdot \sqrt{x^2} \cdot \sqrt{x} = 2x \cdot \sqrt{3x}$
- $\sqrt[3]{\dfrac{81}{40}} = \sqrt[3]{\dfrac{3^4}{2^3 \cdot 5}} = \dfrac{\sqrt[3]{3^3} \cdot \sqrt[3]{3}}{\sqrt[3]{2^3} \cdot \sqrt[3]{5}} = \dfrac{3}{2}\sqrt[3]{\dfrac{3}{5}}$

VIDEO RECUPERO

E' evidente che un fattore può essere portato fuori dal simbolo di radice se il suo esponente è maggiore oppure uguale all'indice della radice; per esempio:

- dal radicale $\sqrt{5^3}$ si può portare fuori dalla radice il fattore 5 perché il suo esponente 3 è maggiore dell'indice 2 della radice e scrivere $\sqrt{5^3} = 5\sqrt{5}$
- dal radicale $\sqrt[3]{7^2}$ non si può portare all'esterno alcun fattore perché l'esponente del radicando è minore dell'indice della radice.

I passaggi per eseguire il trasporto fuori dal simbolo di radice di un fattore possono essere fatti in modo più veloce. Consideriamo il radicale $\sqrt{2^3 \cdot 3^4 \cdot 5}$; se eseguiamo i passaggi degli esempi precedenti scriviamo

$$\sqrt{2^3 \cdot 3^4 \cdot 5} = \sqrt{2^2} \cdot \sqrt{2} \cdot \sqrt{3^2} \cdot \sqrt{3^2} \cdot \sqrt{5} = 2 \cdot 3 \cdot 3 \cdot \sqrt{2} \cdot \sqrt{5}$$

quindi, in definitiva $\sqrt{2^3 \cdot 3^4 \cdot 5} = 2 \cdot 3^2 \cdot \sqrt{2 \cdot 5}$

Osserviamo che se dividiamo l'esponente di ciascun fattore che è trasportabile fuori dalla radice per l'indice della radice, che è 2, il quoziente intero è l'esponente del corrispondente fattore esterno, il resto della divisione è l'esponente del fattore interno:

2^3	esponente 3	$3 : 2 = 1$ con resto 1
	fattore esterno 2^1	fattore interno 2^1
3^4	esponente 4	$4 : 2 = 2$ con resto 0
	fattore esterno 3^2	fattore interno 3^0

ANIMAZIONE

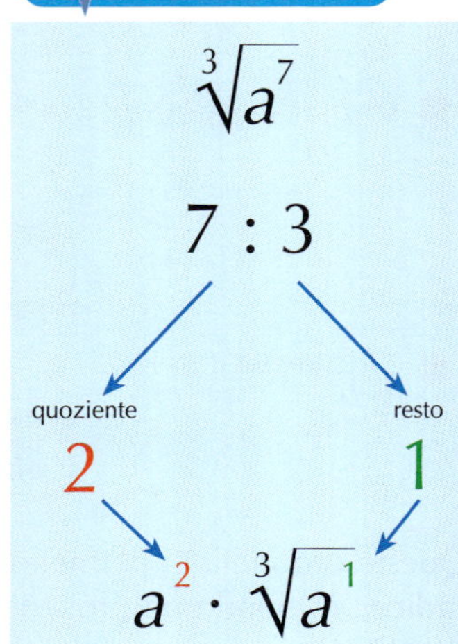

In pratica poi, poiché $3^0 = 1$, il fattore 3 non compare all'interno della radice. Se consideriamo che i fattori con esponente 0 sono uguali a 1 e perciò si possono omettere nella scrittura del prodotto, da questa regola otteniamo subito il risultato finale.
Riassumendo:

se indichiamo con

- n l'indice della radice
- m l'esponente del radicando con $m \geq n$
- q il quoziente intero della divisione $m : n$
- r il resto di tale divisione

allora, $\forall a \geq 0$ vale la relazione $\boxed{\sqrt[n]{a^m} = a^q \cdot \sqrt[n]{a^r}}$

ESEMPI

1. $\sqrt{2^4 \cdot 3^5 \cdot 7}$

Il fattore 7 non si può portare fuori dal simbolo di radice perché il suo esponente 1 è minore dell'indice 2 della radice; agli altri fattori invece si può applicare la regola precedente:

2^4	esponente 4	$4 : 2 = 2$ con resto 0	fattore esterno 2^2	fattore interno 2^0 (cioè 1)
3^5	esponente 5	$5 : 2 = 2$ con resto 1	fattore esterno 3^2	fattore interno 3^1 (cioè 3)

In definitiva: $\sqrt{2^4 \cdot 3^5 \cdot 7} = 2^2 \cdot 3^2 \cdot \sqrt{1 \cdot 3 \cdot 7} = 36\sqrt{21}$

2. $\sqrt[3]{\frac{9}{16}x^7y^8}$

Per quanto riguarda il dominio del radicale:

- la lettera y, essendo elevata a potenza pari, può assumere qualsiasi valore reale;
- la lettera x, che è elevata a potenza dispari, deve essere non negativa e quindi deve valere la condizione $x \geq 0$.

Scriviamo adesso il coefficiente numerico sotto forma di potenza: $\sqrt[3]{\frac{3^2}{2^4}x^7y^8}$

Il fattore 3^2 non si può portare fuori dal simbolo di radice; per gli altri fattori applichiamo la regola tenendo presente che l'indice della radice è 3 :

2^4	esponente 4	$4 : 3 = 1$ con resto 1	fattore esterno 2^1	fattore interno 2^1 (cioè 2)
x^7	esponente 7	$7 : 3 = 2$ con resto 1	fattore esterno x^2	fattore interno x^1 (cioè x)
y^8	esponente 8	$8 : 3 = 2$ con resto 2	fattore esterno y^2	fattore interno y^2

In definitiva: $\sqrt[3]{\frac{9}{16}x^7y^8} = \frac{1}{2}x^2y^2 \cdot \sqrt[3]{\frac{9}{2}xy^2}$

Per quanto riguarda l'attribuzione del modulo, osserviamo che anche il risultato che abbiamo ottenuto deve essere un numero positivo o nullo; analizziamo allora il segno del fattore esterno e, per l'esistenza del radicale, di quello interno:

- il fattore esterno è positivo o nullo perché entrambe le lettere sono elevate a potenza pari;
- il fattore interno è anch'esso positivo per le condizioni poste inizialmente;

quindi non è necessaria l'applicazione del modulo.

ulteriori esempi

ATTENZIONE AGLI ERRORI

Si possono portare dentro e fuori dal simbolo di radice **solo i fattori e non gli addendi**.

È sbagliato scrivere:

- $3 + \sqrt{5} = \sqrt{9 + 5}$
- $\sqrt{x^2 + 9} = x + 3$
- $\sqrt{4 - b^2} = 2 - b$ (vedi il precedente esempio)

In tutti questi casi non si può eseguire alcuna operazione sulle espressioni date.

ESERCIZI E PROBLEMI pag. 258

5 Potenze e radici di radicali

5.1 Le potenze

Teorema. La potenza m-esima di un radicale di indice n è un radicale con lo stesso indice che ha per argomento la potenza del radicando:

$$\left(\sqrt[n]{a}\right)^m = \sqrt[n]{a^m} \qquad \text{con } a \geq 0,\ m \in Z$$

Dimostrazione.

Sia m un numero intero positivo. La potenza di esponente m di un radicale è il prodotto di m radicali uguali a quello dato. Allora possiamo scrivere:

$$\left(\sqrt[n]{a}\right)^m = \underbrace{\sqrt[n]{a}\cdot\sqrt[n]{a}\cdot\,.....\,\sqrt[n]{a}}_{m \text{ fattori}} = \sqrt[n]{\underbrace{a\cdot a\cdot\,.....\,\cdot a}_{m \text{ fattori}}} = \sqrt[n]{a^m}$$

In modo analogo:

- se $m < 0$, allora $\left(\sqrt[n]{a}\right)^m = \left(\dfrac{1}{\sqrt[n]{a}}\right)^{-m} = \dfrac{1}{\sqrt[n]{a^{-m}}} = \sqrt[n]{a^m}$
- se $m = 0$, allora $\left(\sqrt[n]{a}\right)^0 = 1$. ◀

Come caso particolare ricaviamo una relazione già nota $\left(\sqrt[n]{a}\right)^n = \sqrt[n]{a^n} = a$.

Esempi

1. $\left(\sqrt[3]{\dfrac{3}{5}}\right)^4 = \sqrt[3]{\left(\dfrac{3}{5}\right)^4} = \dfrac{3}{5}\sqrt[3]{\dfrac{3}{5}}$

2. $\left(\sqrt[3]{3x^2y}\right)^2 = \sqrt[3]{(3x^2y)^2} = \sqrt[3]{9x^4y^2} = |x|\sqrt[3]{9|x|y^2}$

3. $\left(\sqrt[6]{5xy}\right)^3 = \sqrt[6]{(5xy)^3} = \sqrt{5xy}$

In questo esempio l'indice della radice e l'esponente della potenza non sono primi fra loro ed il radicale ha quindi potuto essere semplificato. Quando questo accade, si può omettere in pratica il passaggio intermedio semplificando subito indice ed esponente:

$\left(\sqrt[\not{6}\,2]{5xy}\right)^{\not{3}\,1} = \sqrt{5xy}$

4. Come caso particolare dell'elevamento a potenza osserva i seguenti esempi in cui si sono applicate anche le regole dei prodotti notevoli:

a. $\left(2+\sqrt{3}\right)^2 = 4 + \left(\sqrt{3}\right)^2 + 2\cdot 2\cdot\sqrt{3} = 4+3+4\sqrt{3} = 7+4\sqrt{3}$

b. $\left(1-\sqrt{5}\right)^2 = 1 + \left(-\sqrt{5}\right)^2 - 2\cdot\sqrt{5} = 1+5-2\sqrt{5} = 6-2\sqrt{5}$

c. $\left(\sqrt[3]{x}-2\right)^3 = \left(\sqrt[3]{x}\right)^3 + 3\cdot\left(\sqrt[3]{x}\right)^2(-2) + 3\cdot\sqrt[3]{x}\cdot(-2)^2 + (-2)^3 = x - 6\sqrt[3]{x^2} + 12\sqrt[3]{x} - 8$

d. $\left(7+\sqrt{3}\right)\left(7-\sqrt{3}\right) = 7^2 - \left(\sqrt{3}\right)^2 = 49 - 3 = 46$

e. $\left(4\sqrt{2}+1\right)\left(4\sqrt{2}-1\right) = \left(4\sqrt{2}\right)^2 - (1)^2 = 32 - 1 = 31$

ulteriori esempi

5.2 La radice di un radicale

Anche di un radicale si può calcolare la radice *m*-esima, dove *m* è un numero naturale maggiore di zero; vale infatti il seguente teorema:

Teorema. La radice *m*-esima di un radicale di indice *n* è un radicale che ha lo stesso argomento ed ha per indice il prodotto *mn* dei due indici:

$$\sqrt[m]{\sqrt[n]{a}} = \sqrt[m \cdot n]{a} \qquad \text{con } a \geq 0$$

Dimostrazione.

Consideriamo separatamente i due membri della relazione indicata dal teorema ed eleviamoli a potenza *mn*:

$$\left(\sqrt[m]{\sqrt[n]{a}}\right)^{mn} = \left[\left(\sqrt[m]{\sqrt[n]{a}}\right)^{m}\right]^{n} = \left(\sqrt[n]{a}\right)^{n} = a \qquad \left(\sqrt[m \cdot n]{a}\right)^{mn} = a$$

Avendo ottenuto risultati uguali, il teorema è dimostrato. ◀

ESEMPI

1. $\sqrt[3]{\sqrt{6}} = \sqrt[3\cdot 2]{6} = \sqrt[6]{6}$; $\quad \sqrt[4]{\sqrt[3]{9}} = \sqrt[4\cdot 3]{9} = \sqrt[12]{3^2} = \sqrt[6]{3}$

2. $\sqrt{\frac{1}{2}\sqrt{2}}$

Per poter applicare il teorema è necessario prima trasportare il fattore $\frac{1}{2}$ sotto la radice più interna

$$\sqrt{\frac{1}{2}\sqrt{2}} = \sqrt{\sqrt{\left(\frac{1}{2}\right)^2 \cdot 2}} = \sqrt{\sqrt{\frac{1}{2}}} = \sqrt[4]{\frac{1}{2}}$$

3. $\sqrt[3]{x^2 \cdot \sqrt[3]{\frac{1}{x}}}$

Dal radicale più interno deduciamo che deve essere $x > 0$; scriviamo con una sola radice:

$$\sqrt[3]{\sqrt[3]{x^6 \cdot \frac{1}{x}}} = \sqrt[9]{x^5}$$

ESERCIZI E PROBLEMI pag. 263

6 LE OPERAZIONI CON I RADICALI: ADDIZIONE E SOTTRAZIONE

Le proprietà dei radicali che abbiamo usato finora ci hanno permesso di eseguire sostanzialmente solo moltiplicazioni e divisioni; non esistono teoremi che indichino proprietà che riguardano la somma e la sottrazione.

ATTENZIONE AGLI ERRORI

Come abbiamo già più volte evidenziato **è assolutamente sbagliato scrivere** $\sqrt[n]{a} \pm \sqrt[n]{b} = \sqrt[n]{a \pm b}$

Basta un semplice controesempio per verificarlo:

$\sqrt{25} + \sqrt{9} = 5 + 3 = 8$ mentre $\sqrt{25 + 9} = \sqrt{34}$ e $\sqrt{34} \neq 8$

Di conseguenza, quando si presenta un'operazione di questo tipo, per esempio $\sqrt{2} + \sqrt{7}$, non possiamo fare altro che lasciare indicata la somma o trovarne un valore approssimato. Se però i radicali da sommare o sottrarre soddisfano alcune caratteristiche, si può trovare il valore esatto della somma o della differenza; non è difficile per esempio intuire che $3\sqrt{2} + 5\sqrt{2}$ è uguale a $8\sqrt{2}$ perché i due addendi hanno lo stesso fattore radicale; due radicali che hanno questa caratteristica si dicono **simili.** Per esempio:

RADICALI SIMILI

- sono simili i radicali $\sqrt{3}$ e $-4\sqrt{3}$ $\quad -2\sqrt[3]{5}$ e $\frac{1}{4}\sqrt[3]{5}$
  perché hanno la stessa parte radicale
- non sono simili i radicali $\sqrt{2}$ e $5\sqrt[3]{2}$ $\quad 3\sqrt{5}$ e $3\sqrt{6}$
  perché non hanno la stessa parte radicale.

Per eseguire la somma o la differenza fra radicali simili ci si comporta in sostanza come con i monomi simili e si applica la proprietà di raccoglimento:

- con i monomi simili $3a + 5a = a(3 + 5) = 8a$
- con i radicali simili $3\sqrt{2} + 5\sqrt{2} = \sqrt{2}(3 + 5) = 8\sqrt{2}$

ESEMPI

1. $2\sqrt{3} - 4\sqrt{8} - \frac{1}{2}\sqrt{27} + 3\sqrt{32}$

Trasportiamo fuori dal simbolo di radice i possibili fattori:

$$2\sqrt{3} - 4\sqrt{8} - \frac{1}{2}\sqrt{27} + 3\sqrt{32} = 2\sqrt{3} - 4\sqrt{2^3} - \frac{1}{2}\sqrt{3^3} + 3\sqrt{2^5} = 2\sqrt{3} - 8\sqrt{2} - \frac{3}{2}\sqrt{3} + 12\sqrt{2}$$

Sommiamo adesso i radicali simili: $\left(2 - \frac{3}{2}\right)\sqrt{3} + (12 - 8)\sqrt{2} = \frac{1}{2}\sqrt{3} + 4\sqrt{2}$

2. $\sqrt{a^5 b} - \sqrt{4a^3 b^3} + \sqrt{ab^5}$

Trasportiamo fuori dal simbolo di radice i possibili fattori tenendo presente che il prodotto ab deve essere positivo per l'esistenza dei radicali:

$$\sqrt{a^5 b} - \sqrt{4a^3 b^3} + \sqrt{ab^5} = a^2 \cdot \sqrt{ab} - 2ab \cdot \sqrt{ab} + b^2 \cdot \sqrt{ab} = \sqrt{ab}(a^2 - 2ab + b^2) = \sqrt{ab}(a - b)^2$$

3. $\sqrt{a^2(a - 1)} + \sqrt{(a - 1)^3}$

Per l'esistenza dei radicali deve essere $a \geq 1$. In questa ipotesi, portiamo fuori dal simbolo di radice i possibili fattori:

$$a\sqrt{a - 1} + (a - 1)\sqrt{a - 1} = \sqrt{a - 1}(a + a - 1) = \sqrt{a - 1} \cdot (2a - 1)$$

ulteriori esempi

ESERCIZI E PROBLEMI pag. 266

7 I RADICALI QUADRATICI DOPPI

Un **radicale quadratico doppio** ha una forma del tipo $\sqrt{a \pm \sqrt{b}}$.

Per esempio: $\sqrt{2+\sqrt{3}}$ $\sqrt{4-\sqrt{7}}$ $\sqrt{1+2\sqrt{5}}$ sono radicali doppi.

Un radicale doppio (sottointendiamo d'ora in poi la parola *quadratico*) si può qualche volta trasformare in una forma che contenga solo radicali semplici e che quindi è più comoda da usare.

Consideriamo per esempio il radicale $\sqrt{7+2\sqrt{6}}$ e scriviamolo in questo modo:

$$\sqrt{7+2\sqrt{6}} = \sqrt{6+1+2\sqrt{6}} = \sqrt{\left(\sqrt{6}+1\right)^2} = \sqrt{6}+1$$

Questo tipo di trasformazione si può fare tutte le volte che si riesce a scrivere il radicando della radice più esterna sotto forma del quadrato di un binomio. Nel nostro caso abbiamo scritto il termine razionale (il numero 7) come somma di due numeri che rappresentino i due quadrati, ed il termine irrazionale (il numero $2\sqrt{6}$) come loro doppio prodotto.

Ricordiamo che
$a^2 + b^2 \pm 2ab = (a \pm b)^2$

Qualche altro esempio:

- $\sqrt{5-2\sqrt{6}}$

  Si parte dal doppio prodotto $2\sqrt{6}$ che si può vedere in modi diversi:

  $$\underset{}{2}\cdot \underset{a}{\underset{\uparrow}{\sqrt{6}}}\cdot \underset{b}{\underset{\uparrow}{1}} \qquad \text{oppure} \qquad 2\cdot \underset{a}{\underset{\uparrow}{\sqrt{3}}}\cdot \underset{b}{\underset{\uparrow}{\sqrt{2}}}$$

  Nel nostro caso $a^2 + b^2$ deve essere uguale a 5, quindi $a = \sqrt{3}$ e $b = \sqrt{2}$. In definitiva:

  $$\sqrt{5-2\sqrt{6}} = \sqrt{3+2-2\sqrt{6}} = \sqrt{\left(\sqrt{3}-\sqrt{2}\right)^2} = \sqrt{3}-\sqrt{2}$$

L'ordine dei termini non è indifferente perché $\sqrt{3}-\sqrt{2}$ è un numero positivo mentre $\sqrt{2}-\sqrt{3}$ è negativo ed in questo secondo caso non può sussistere l'uguaglianza.

- $\sqrt{7+2\sqrt{10}}$

  Il doppio prodotto è $2\sqrt{10}$ che si può vedere come $2\cdot\sqrt{5}\cdot\sqrt{2}$; allora scriviamo il numero 7 come $5+2$ ed otteniamo:

  $$\sqrt{7+2\sqrt{10}} = \sqrt{5+2+2\sqrt{5}\sqrt{2}} = \sqrt{\left(\sqrt{5}+\sqrt{2}\right)^2} = \sqrt{5}+\sqrt{2}$$

LA FORMULA

Quando non è immediatamente riconoscibile il quadrato di un binomio si può usare la formula:

$$\boxed{\sqrt{a \pm \sqrt{b}} = \sqrt{\frac{a+\sqrt{a^2-b}}{2}} \pm \sqrt{\frac{a-\sqrt{a^2-b}}{2}}}$$

La formula si può applicare solo se $a^2 - b \geq 0$ ed è conveniente applicarla solo se $a^2 - b$ è un quadrato perfetto perché, in questo caso, il radicale doppio si trasforma nella somma di due radicali semplici.

Infatti, se eleviamo al quadrato separatamente i suoi membri, otteniamo:

I membro: $\left(\sqrt{a \pm \sqrt{b}}\right)^2 = a \pm \sqrt{b}$

II membro: $\left(\sqrt{\dfrac{a+\sqrt{a^2-b}}{2}} \pm \sqrt{\dfrac{a-\sqrt{a^2-b}}{2}}\right)^2 =$

$$= \frac{a+\sqrt{a^2-b}}{2} + \frac{a-\sqrt{a^2-b}}{2} \pm 2\sqrt{\frac{a+\sqrt{a^2-b}}{2}} \cdot \sqrt{\frac{a-\sqrt{a^2-b}}{2}} =$$

$$= \frac{a+\sqrt{a^2-b}+a-\sqrt{a^2-b}}{2} \pm 2\sqrt{\frac{a^2-(a^2-b)}{4}} = \frac{2a}{2} \pm \frac{2}{2}\sqrt{a^2-a^2+b} = a \pm \sqrt{b}$$

Avendo ottenuto risultati uguali, la relazione è vera. Questa formula si può ovviamente usare per trasformare qualunque radicale doppio.

ESEMPI

1. $\sqrt{4-\sqrt{7}}$

Calcoliamo $a^2 - b = 16 - 7 = 9 = 3^2$

Dunque abbiamo $\sqrt{4-\sqrt{7}} = \sqrt{\dfrac{4+\sqrt{3^2}}{2}} - \sqrt{\dfrac{4-\sqrt{3^2}}{2}} = \sqrt{\dfrac{4+3}{2}} - \sqrt{\dfrac{4-3}{2}} = \sqrt{\dfrac{7}{2}} - \sqrt{\dfrac{1}{2}}$

2. $\sqrt{12-3\sqrt{7}}$

Prima di poter applicare la formula, dobbiamo riscrivere il radicale portando all'interno della radice il fattore 3

$$\sqrt{12-\sqrt{63}}$$

Calcoliamo $a^2 - b = 144 - 63 = 81 = 9^2$

Dunque $\sqrt{12-3\sqrt{7}} = \sqrt{\dfrac{12+\sqrt{9^2}}{2}} - \sqrt{\dfrac{12-\sqrt{9^2}}{2}} = \sqrt{\dfrac{12+9}{2}} - \sqrt{\dfrac{12-9}{2}} = \sqrt{\dfrac{21}{2}} - \sqrt{\dfrac{3}{2}}$

ulteriori esempi

ESERCIZI E PROBLEMI pag. 272

8 LA RAZIONALIZZAZIONE

Quando una frazione ha per denominatore un radicale, può essere conveniente trasformarla in un'altra equivalente che abbia un denominatore razionale; per esempio, per eseguire una somma come la seguente:

$$\frac{1}{\sqrt{2}} + \frac{3}{\sqrt{2}+\sqrt{6}}$$

si deve trovare il *m.c.m.* fra $\sqrt{2}$ e $\sqrt{2}+\sqrt{6}$, che è sicuramente più laborioso che non trovare il *m.c.m.* fra due numeri interi.

L'operazione che permette di rendere razionale il denominatore di una frazione si chiama **razionalizzazione** e, per eseguirla, ci si avvale della proprietà invariantiva della divisione; in altre parole si moltiplica il numeratore e il denominatore della frazione per un opportuno fattore, detto **fattore razionalizzante**, in modo da rendere razionale il denominatore.

Proprietà invariantiva della divisione:

$$\frac{a}{b}=\frac{a\cdot c}{b\cdot c}$$

Per esempio, è facile intuire che per razionalizzare la frazione $\frac{1}{\sqrt{2}}$ basta moltiplicare numeratore e denominatore per $\sqrt{2}$:

$$\frac{1\cdot\sqrt{2}}{\sqrt{2}\cdot\sqrt{2}}=\frac{\sqrt{2}}{\sqrt{2^2}}=\frac{\sqrt{2}}{2} \qquad \text{il fattore razionalizzante è } \sqrt{2}$$

E' invece meno facile intuire quale sia il fattore razionalizzante nel caso della frazione $\frac{3}{\sqrt{2}+\sqrt{6}}$; esaminiamo uno alla volta i casi che si possono presentare.

Nel dare le regole generali conveniamo di porre sempre uguale a 1 il numeratore della frazione perché il suo valore non influisce sulle considerazioni che faremo. Supporremo inoltre che ogni radicale sia irriducibile e che si siano già portati fuori dal simbolo di radice eventuali fattori.

Razionalizzazione di frazioni del tipo $\frac{1}{\sqrt{a}}$

E' il caso che abbiamo visto prima; poichè $\sqrt{a^2}=a$, basta moltiplicare numeratore e denominatore per $\sqrt{a}$:

$$\frac{1}{\sqrt{a}}=\frac{1\cdot\sqrt{a}}{\sqrt{a}\cdot\sqrt{a}}=\frac{\sqrt{a}}{\sqrt{a^2}}=\frac{\sqrt{a}}{a}$$

Quindi:

$$\frac{1}{\sqrt{a}}=\frac{\sqrt{a}}{a}$$ ed il fattore razionalizzante è $\sqrt{a}$.

Per esempio:

- $\frac{1}{\sqrt{3}}$ fattore razionalizzante $\sqrt{3}$ $\qquad \frac{1\cdot\sqrt{3}}{\sqrt{3}\cdot\sqrt{3}}=\frac{\sqrt{3}}{3}$
- $\frac{10}{\sqrt{5}}$ fattore razionalizzante $\sqrt{5}$ $\qquad \frac{10\cdot\sqrt{5}}{\sqrt{5}\cdot\sqrt{5}}=\frac{10\cdot\sqrt{5}}{5}=2\sqrt{5}$
- $\frac{4}{3\sqrt{2}}$ fattore razionalizzante $\sqrt{2}$ $\qquad \frac{4\cdot\sqrt{2}}{3\cdot\sqrt{2}\cdot\sqrt{2}}=\frac{4\cdot\sqrt{2}}{3\cdot 2}=\frac{2\sqrt{2}}{3}$

Attenzione a quest'ultimo esempio: il fattore razionalizzante è $\sqrt{2}$ e non $3\sqrt{2}$; è inutile infatti moltiplicare anche per 3 che è un numero razionale.

Razionalizzazione di frazioni del tipo $\frac{1}{\sqrt[n]{a^k}}$ con $k<n$

È la forma generale del caso precedente; poiché $\sqrt[n]{a^n}=a$ conviene moltiplicare per la radice n-esima di a^{n-k}; si ha infatti che $a^k\cdot a^{n-k}=a^n$:

$$\frac{1}{\sqrt[n]{a^k}}=\frac{1\cdot\sqrt[n]{a^{n-k}}}{\sqrt[n]{a^k}\cdot\sqrt[n]{a^{n-k}}}=\frac{\sqrt[n]{a^{n-k}}}{\sqrt[n]{a^k\cdot a^{n-k}}}=\frac{\sqrt[n]{a^{n-k}}}{\sqrt[n]{a^n}}=\frac{\sqrt[n]{a^{n-k}}}{a}$$

Quindi:

$$\frac{1}{\sqrt[n]{a^k}} = \frac{\sqrt[n]{a^{n-k}}}{a} \qquad \text{ed il fattore razionalizzante è} \quad \sqrt[n]{a^{n-k}}$$

Per esempio:

- $\dfrac{1}{\sqrt[3]{5}}$ poiché l'indice della radice è 3 e l'esponente del radicando è 1, il fattore razionalizzante è $\sqrt[3]{5^2}$:

  $$\frac{1 \cdot \sqrt[3]{5^2}}{\sqrt[3]{5} \cdot \sqrt[3]{5^2}} = \frac{\sqrt[3]{25}}{\sqrt[3]{5^3}} = \frac{\sqrt[3]{25}}{5}$$

Razionalizzazione di frazioni del tipo $\dfrac{1}{\sqrt{a} \pm \sqrt{b}}$

VIDEO RECUPERO

Per scoprire quale sia il fattore razionalizzante ragioniamo in questo modo: dobbiamo fare in modo che $\sqrt{a}$ e $\sqrt{b}$ si trasformino rispettivamente in $\sqrt{a^2}$ e $\sqrt{b^2}$.

Allora, ricordando che $(a+b)(a-b) = a^2 - b^2$, possiamo dire che

$$(\sqrt{a}+\sqrt{b})(\sqrt{a}-\sqrt{b}) = (\sqrt{a})^2 - (\sqrt{b})^2 = a - b$$

Quindi per la frazione:

- $\dfrac{1}{\sqrt{a}+\sqrt{b}}$ il fattore razionalizzante è $\sqrt{a}-\sqrt{b}$
- $\dfrac{1}{\sqrt{a}-\sqrt{b}}$ il fattore razionalizzante è $\sqrt{a}+\sqrt{b}$

Nei due casi si ottiene:

$$\frac{1}{\sqrt{a}+\sqrt{b}} = \frac{1 \cdot (\sqrt{a}-\sqrt{b})}{(\sqrt{a}+\sqrt{b})(\sqrt{a}-\sqrt{b})} = \frac{\sqrt{a}-\sqrt{b}}{a-b}$$

$$\frac{1}{\sqrt{a}-\sqrt{b}} = \frac{1 \cdot (\sqrt{a}+\sqrt{b})}{(\sqrt{a}-\sqrt{b})(\sqrt{a}+\sqrt{b})} = \frac{\sqrt{a}+\sqrt{b}}{a-b}$$

Per esempio:

- $\dfrac{2}{\sqrt{3}-\sqrt{2}} = \dfrac{2(\sqrt{3}+\sqrt{2})}{(\sqrt{3}-\sqrt{2})(\sqrt{3}+\sqrt{2})} = \dfrac{2(\sqrt{3}+\sqrt{2})}{3-2} = 2(\sqrt{3}+\sqrt{2})$

- $\dfrac{4}{1+\sqrt{3}} = \dfrac{4(1-\sqrt{3})}{(1+\sqrt{3})(1-\sqrt{3})} = \dfrac{4(1-\sqrt{3})}{1-3} = \dfrac{4(1-\sqrt{3})}{-2} = 2(\sqrt{3}-1)$

Razionalizzazione di frazioni del tipo $\dfrac{1}{\sqrt[3]{a} \pm \sqrt[3]{b}}$

Il ragionamento è simile a quello fatto nel caso precedente: dobbiamo fare in modo che $\sqrt[3]{a}$ e $\sqrt[3]{b}$ si trasformino rispettivamente in $\sqrt[3]{a^3}$ e $\sqrt[3]{b^3}$.

Ricordando che

$$(a+b)(a^2-ab+b^2)=a^3+b^3 \quad \text{e che} \quad (a-b)(a^2+ab+b^2)=a^3-b^3$$

possiamo dire che

$$\left(\sqrt[3]{a}+\sqrt[3]{b}\right)\left(\sqrt[3]{a^2}-\sqrt[3]{ab}+\sqrt[3]{b^2}\right)=a+b \quad \text{e che} \quad \left(\sqrt[3]{a}-\sqrt[3]{b}\right)\left(\sqrt[3]{a^2}+\sqrt[3]{ab}+\sqrt[3]{b^2}\right)=a-b$$

Quindi per la frazione:

- $\dfrac{1}{\sqrt[3]{a}+\sqrt[3]{b}}$ il fattore razionalizzante è $\left(\sqrt[3]{a^2}-\sqrt[3]{ab}+\sqrt[3]{b^2}\right)$
- $\dfrac{1}{\sqrt[3]{a}-\sqrt[3]{b}}$ il fattore razionalizzante è $\left(\sqrt[3]{a^2}+\sqrt[3]{ab}+\sqrt[3]{b^2}\right)$

Nei due casi si ottiene:

$$\frac{1}{\sqrt[3]{a}+\sqrt[3]{b}}=\frac{1\cdot\left(\sqrt[3]{a^2}-\sqrt[3]{ab}+\sqrt[3]{b^2}\right)}{\left(\sqrt[3]{a}+\sqrt[3]{b}\right)\left(\sqrt[3]{a^2}-\sqrt[3]{ab}+\sqrt[3]{b^2}\right)}=\frac{\sqrt[3]{a^2}-\sqrt[3]{ab}+\sqrt[3]{b^2}}{a+b}$$

$$\frac{1}{\sqrt[3]{a}-\sqrt[3]{b}}=\frac{1\cdot\left(\sqrt[3]{a^2}+\sqrt[3]{ab}+\sqrt[3]{b^2}\right)}{\left(\sqrt[3]{a}-\sqrt[3]{b}\right)\left(\sqrt[3]{a^2}+\sqrt[3]{ab}+\sqrt[3]{b^2}\right)}=\frac{\sqrt[3]{a^2}+\sqrt[3]{ab}+\sqrt[3]{b^2}}{a-b}$$

Per esempio:

- $\dfrac{1}{\sqrt[3]{2}-\sqrt[3]{3}}=\dfrac{\sqrt[3]{4}+\sqrt[3]{6}+\sqrt[3]{9}}{\left(\sqrt[3]{2}-\sqrt[3]{3}\right)\left(\sqrt[3]{4}+\sqrt[3]{6}+\sqrt[3]{9}\right)}=\dfrac{\sqrt[3]{4}+\sqrt[3]{6}+\sqrt[3]{9}}{2-3}=-\left(\sqrt[3]{4}+\sqrt[3]{6}+\sqrt[3]{9}\right)$
- $\dfrac{3}{1+\sqrt[3]{2}}=\dfrac{3\left(1-\sqrt[3]{2}+\sqrt[3]{4}\right)}{\left(1+\sqrt[3]{2}\right)\left(1-\sqrt[3]{2}+\sqrt[3]{4}\right)}=\dfrac{3\left(1-\sqrt[3]{2}+\sqrt[3]{4}\right)}{1+2}=1-\sqrt[3]{2}+\sqrt[3]{4}$

Vediamo adesso qualche esempio riassuntivo sulla razionalizzazione.

ESEMPI

1. $\dfrac{2}{5\sqrt[3]{4}}=\dfrac{2}{5\sqrt[3]{2^2}}$ il fattore razionalizzante è $\sqrt[3]{2}$ $\rightarrow$ $\dfrac{2\sqrt[3]{2}}{5\sqrt[3]{2^2}\cdot\sqrt[3]{2}}=\dfrac{\cancel{2}\sqrt[3]{2}}{5\cdot\cancel{2}}=\dfrac{\sqrt[3]{2}}{5}$

2. $\dfrac{3-\sqrt{6}}{\sqrt{3}}=\dfrac{\left(3-\sqrt{6}\right)\cdot\sqrt{3}}{\sqrt{3}\cdot\sqrt{3}}=\dfrac{3\sqrt{3}-\sqrt{18}}{3}=\dfrac{3\sqrt{3}-3\sqrt{2}}{3}=\dfrac{\cancel{3}\left(\sqrt{3}-\sqrt{2}\right)}{\cancel{3}}=\sqrt{3}-\sqrt{2}$

3. $\dfrac{x^2-x}{\sqrt{x^3}}=\dfrac{x(x-1)}{x\cdot\sqrt{x}}=\dfrac{x-1}{\sqrt{x}}=\dfrac{(x-1)\sqrt{x}}{\sqrt{x}\cdot\sqrt{x}}=\dfrac{(x-1)\sqrt{x}}{x}$

4. Osserva il seguente esempio: dobbiamo razionalizzare $\dfrac{5}{\sqrt{5}}$.

Poiché $5=\sqrt{5}\cdot\sqrt{5}$ possiamo anche scrivere: $\dfrac{5}{\sqrt{5}}=\dfrac{\cancel{\sqrt{5}}\cdot\sqrt{5}}{\cancel{\sqrt{5}}}=\sqrt{5}$

ulteriori esempi

ATTENZIONE AGLI ERRORI

In nessun caso per eseguire una razionalizzazione si deve elevare a potenza:

- $\dfrac{2}{\sqrt{3}}$ non è equivalente a $\left(\dfrac{2}{\sqrt{3}}\right)^2 = \dfrac{4}{3}$

  ma è equivalente a $\dfrac{2}{\sqrt{3}} \cdot \dfrac{\sqrt{3}}{\sqrt{3}} = \dfrac{2\sqrt{3}}{3}$

- $\dfrac{1}{\sqrt{5}-1}$ non è equivalente a $\dfrac{1}{(\sqrt{5}-1)^2}$

  ma è equivalente a $\dfrac{1}{\sqrt{5}-1} \cdot \dfrac{\sqrt{5}+1}{\sqrt{5}+1} = \dfrac{\sqrt{5}+1}{4}$

Attenzione poi alla scelta dei fattori razionalizzanti; i seguenti procedimenti sono inutili al fine della razionalizzazione:

- $\dfrac{1}{\sqrt[3]{2}-1} = \dfrac{1}{\sqrt[3]{2}-1} \cdot \dfrac{\sqrt[3]{2}+1}{\sqrt[3]{2}+1}$ perché si ottiene $\dfrac{\sqrt[3]{2}+1}{\sqrt[3]{4}-1}$

- $\dfrac{2}{3+\sqrt{2}} = \dfrac{2}{3+\sqrt{2}} \cdot \dfrac{\sqrt{2}}{\sqrt{2}}$ perché si ottiene $\dfrac{2\sqrt{2}}{3\sqrt{2}+2}$

- $\dfrac{6}{\sqrt[3]{5}} = \dfrac{6}{\sqrt[3]{5}} \cdot \dfrac{\sqrt[3]{5}}{\sqrt[3]{5}}$ perché si ottiene $\dfrac{6\sqrt[3]{5}}{\sqrt[3]{25}}$

In tutti questi casi non solo non si ottiene quello desiderato, ma a volte si peggiora la situazione.

ESERCIZI E PROBLEMI pag. 274

9 POTENZE AD ESPONENTE RAZIONALE

Conosciamo il significato di potenza di un numero reale *a* quando il suo esponente *n* è un numero intero. Ci si può domandare se è possibile attribuire un significato alla scrittura a^n anche quando il suo esponente è un numero razionale, cioè ad esempio a scritture come $4^{\frac{1}{2}}$, $5^{\frac{3}{4}}$, $\left(\dfrac{3}{5}\right)^{\frac{1}{3}}$.

Queste potenze infatti non possono più avere lo stesso significato che è stato attribuito alla potenza di un numero reale con esponente intero; non ha senso dire, ad esempio, che $4^{\frac{1}{2}}$ significa che si deve calcolare il prodotto di $\dfrac{1}{2}$ fattori uguali a 4: la numerosità dei fattori di un prodotto è comunque un numero intero.

L'introduzione della radice *n*-esima di un numero reale positivo o nullo e le proprietà dei radicali ci consentono di dare significato anche a questo tipo di scritture.

Consideriamo, per esempio, le due scritture:

$$5^{\frac{2}{3}} \qquad \text{e} \qquad \sqrt[3]{5^2}$$

ed eleviamole entrambe al cubo:

$$\left(5^{\frac{2}{3}}\right)^3 = 5^2 \qquad \text{e} \qquad \left(\sqrt[3]{5^2}\right)^3 = 5^2$$

Avendo ottenuto lo stesso risultato, dobbiamo concludere che $\left(5^{\frac{2}{3}}\right)^3$ e $\left(\sqrt[3]{5^2}\right)^3$ sono espressioni uguali.
Inoltre, se due potenze di base positiva, come sono $5^{\frac{2}{3}}$ e 5^2, sono uguali, anche le loro basi devono esserlo.
Possiamo quindi concludere che deve essere

$$5^{\frac{2}{3}} = \sqrt[3]{5^2}$$

E' allora lecito attribuire alla potenza ad esponente frazionario il significato di radicale, **a condizione che la base della potenza sia un numero non negativo**.

E' invece possibile che l'esponente sia un numero negativo; per esempio:

$$3^{-\frac{2}{5}} = \left(\frac{1}{3}\right)^{\frac{2}{5}} = \sqrt[5]{\left(\frac{1}{3}\right)^2}$$

Possiamo allora dire che:

se $a > 0$ e m e n sono due numeri interi positivi:

$$a^{\frac{m}{n}} = \sqrt[n]{a^m} \qquad a^{-\frac{m}{n}} = \sqrt[n]{\left(\frac{1}{a}\right)^m}$$

ANIMAZIONE

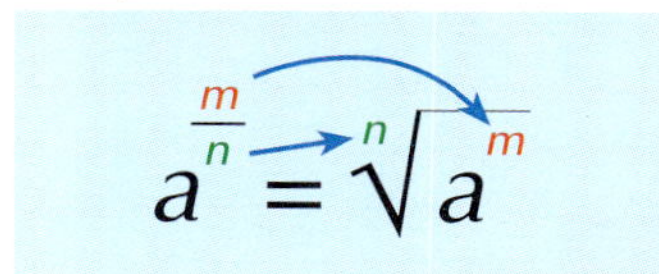

Per esempio:

- $4^{\frac{3}{2}} = \sqrt{4^3} = \sqrt{2^6} = 2^3 = 8$
- $\left(\frac{1}{2}\right)^{\frac{3}{4}} = \sqrt[4]{\left(\frac{1}{2}\right)^3} = \sqrt[4]{\frac{1}{8}}$
- $\left(\frac{1}{5}\right)^{-\frac{3}{2}} = 5^{\frac{3}{2}} = \sqrt{5^3} = 5\sqrt{5}$
- $\left(-\frac{4}{5}\right)^{\frac{1}{2}}$ non ha significato

Una volta attribuito alle potenze con esponente razionale il significato che abbiamo visto, ci rimane da verificare che anche le altre proprietà delle potenze siano ugualmente valide, cioè che:

- $a^{\frac{m}{n}} \cdot a^{\frac{p}{q}} = a^{\frac{m}{n}+\frac{p}{q}}$
- $a^{\frac{m}{n}} : a^{\frac{p}{q}} = a^{\frac{m}{n}-\frac{p}{q}}$
- $\left(a^{\frac{m}{n}}\right)^{\frac{p}{q}} = a^{\frac{mp}{nq}}$
- $(a \cdot b)^{\frac{m}{n}} = a^{\frac{m}{n}} \cdot b^{\frac{m}{n}}$
- $(a : b)^{\frac{m}{n}} = a^{\frac{m}{n}} : b^{\frac{m}{n}}$

Dimostriamo soltanto la prima di queste relazioni, lasciando a te la dimostrazione delle altre.
In base alla definizione posta e alle proprietà dei radicali abbiamo che:

$$a^{\frac{m}{n}} \cdot a^{\frac{p}{q}} = \sqrt[n]{a^m} \cdot \sqrt[q]{a^p} = \sqrt[nq]{a^{mq} \cdot a^{pn}} = \sqrt[nq]{a^{mq+pn}} = a^{\frac{mq+pn}{nq}} = a^{\frac{m}{n}+\frac{p}{q}}$$

Per esempio:

- $\left(3^{\frac{1}{5}} \cdot 3^{\frac{2}{3}}\right) : 3^{\frac{1}{2}} = 3^{\frac{1}{5}+\frac{2}{3}-\frac{1}{2}} = 3^{\frac{11}{30}}$
- $\left[\left(\frac{2}{3}\right)^{\frac{3}{4}}\right]^{\frac{2}{9}} \cdot \left(\frac{2}{3}\right)^{\frac{1}{3}} : \left(\frac{2}{3}\right)^{\frac{1}{2}} = \left(\frac{2}{3}\right)^{\frac{1}{6}} \cdot \left(\frac{2}{3}\right)^{\frac{1}{3}} : \left(\frac{2}{3}\right)^{\frac{1}{2}} = \left(\frac{2}{3}\right)^{\frac{1}{6}+\frac{1}{3}-\frac{1}{2}} = \left(\frac{2}{3}\right)^0 = 1$

L'analogia stabilita fra le potenze ad esponente frazionario ed i radicali ci consente di passare da una modalità di scrittura all'altra a seconda della convenienza.

ESEMPI

1. $\sqrt{2}\cdot\sqrt[3]{4}:\sqrt[4]{8}=\sqrt{2}\cdot\sqrt[3]{2^2}:\sqrt[4]{2^3}=2^{\frac{1}{2}}\cdot2^{\frac{2}{3}}:2^{\frac{3}{4}}=2^{\frac{1}{2}+\frac{2}{3}-\frac{3}{4}}=2^{\frac{5}{12}}=\sqrt[12]{2^5}$

2. $\left(2+3^{\frac{1}{2}}\right)^{\frac{1}{2}}\left(2-3^{\frac{1}{2}}\right)^{\frac{3}{2}}=\sqrt{2+\sqrt{3}}\cdot\sqrt{(2-\sqrt{3})^3}=\sqrt{(2+\sqrt{3})(2-\sqrt{3})^3}=$

   $=\sqrt{(2+\sqrt{3})(2-\sqrt{3})(2-\sqrt{3})^2}=(2-\sqrt{3})\sqrt{4-3}=2-\sqrt{3}$

3. $\left(3+5^{\frac{1}{2}}\right)^{\frac{1}{2}}\cdot\left(3-5^{\frac{1}{2}}\right)^{\frac{1}{2}}\cdot2^{\frac{1}{2}}=\sqrt{3+\sqrt{5}}\cdot\sqrt{3-\sqrt{5}}\cdot\sqrt{2}=\sqrt{2(3+\sqrt{5})(3-\sqrt{5})}=\sqrt{2(9-5)}=\sqrt{8}=2\sqrt{2}$

ESERCIZI E PROBLEMI pag. 286

10 I RADICALI IN *R*

10.1 La definizione

Supponiamo adesso di lavorare nell'insieme *R*, quindi di considerare numeri sia positivi che negativi, e vediamo dapprima qualche esempio che possa mostrarci quali sono i problemi che dobbiamo affrontare in questo caso.

- Consideriamo il radicale $\sqrt{4}$: in base alla definizione dobbiamo trovare un valore reale che, elevato al quadrato dà come risultato 4; ma in *R* esistono due valori che soddisfano a questa condizione:

  $(-2)^2=4$
  $(+2)^2=4$ saremmo quindi tentati di dire che $\sqrt{4}=\begin{cases}-2\\+2\end{cases}$

- Consideriamo il radicale $\sqrt{-9}$: questa volta non esiste alcun valore reale che, elevato al quadrato, dà come risultato -9.

- Consideriamo il radicale $\sqrt[3]{+8}$: sempre in base alla definizione, dobbiamo trovare il valore reale che, elevato al cubo, dà come risultato $+8$; questo numero esiste, è uno solo, ed è:

  $\sqrt[3]{+8}=+2$

- Consideriamo il radicale $\sqrt[3]{-27}$: sempre in base alla definizione, dobbiamo trovare il valore reale che, elevato al cubo, dà come risultato -27; questo numero esiste, è uno solo, ed è:

  $\sqrt[3]{-27}=-3$

Da questi esempi ci accorgiamo subito che un radicale di indice dispari non sembra presentare particolari problemi per la determinazione del suo valore, mentre qualche problema sorge quando l'indice della radice è pari.

Dobbiamo quindi fare qualche considerazione sui radicali di indice pari.

- Innanzi tutto il radicando non può essere un numero negativo, altrimenti il radicale non esiste; come per i radicali in R_0^+, deve quindi essere ancora $a \geq 0$.
- In secondo luogo un'operazione, per essere tale, **non deve mai** portare a due risultati distinti, altrimenti sarebbe il caos; una semplice operazione come la seguente

$$\sqrt{4}+\sqrt{9} \quad \text{avrebbe quattro risultati diversi:} \quad \begin{cases} 2+3=5 \\ 2-3=-1 \\ -2+3=+1 \\ -2-3=-5 \end{cases}$$

Dobbiamo quindi imporre delle restrizioni ai radicali di indice pari in modo che essi assumano sempre un solo valore; conveniamo allora che di un radicale come $\sqrt{4}$ si consideri il solo valore positivo.

*Una legge è un'operazione interna in un insieme A se ad ogni coppia di elementi a e b di A associa **uno e un solo** elemento c che appartiene ancora ad A.*

Diamo allora le seguenti definizioni di radicali in R.

Radicale di indice pari. Se n è un numero pari e a è un numero reale positivo o nullo, allora esiste un solo numero reale b positivo o nullo tale che sia $b^n = a$:

$$\sqrt[n]{a} = b \qquad \longleftrightarrow \qquad b^n = a$$

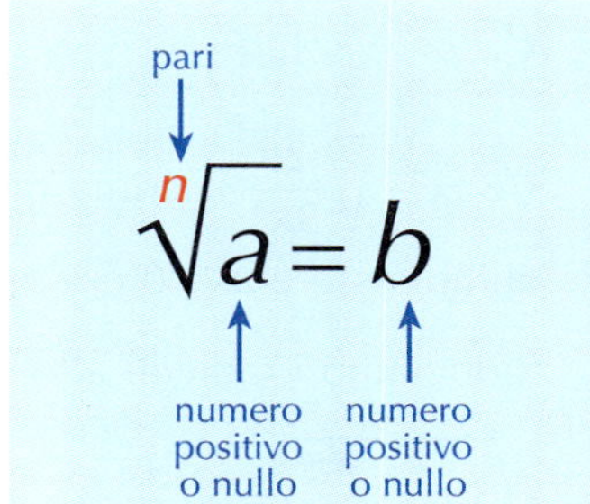

Un radicale di indice pari in R si comporta quindi ancora come un radicale di indice pari in R_0^+.

In R_0^+	In R
$\sqrt{9}=3$	$\sqrt{9}=3$
$\sqrt[4]{16}=2$	$\sqrt[4]{16}=2$
$\sqrt{x^2}=\lvert x\rvert$	$\sqrt{x^2}=\lvert x\rvert$

Radicale di indice dispari. Se n è un numero dispari e a è un numero reale qualsiasi (positivo, negativo o nullo), esiste uno e un solo numero reale b, dello stesso segno di a, tale che sia $b^n = a$:

$$\sqrt[n]{a} = b \qquad \longleftrightarrow \qquad b^n = a$$

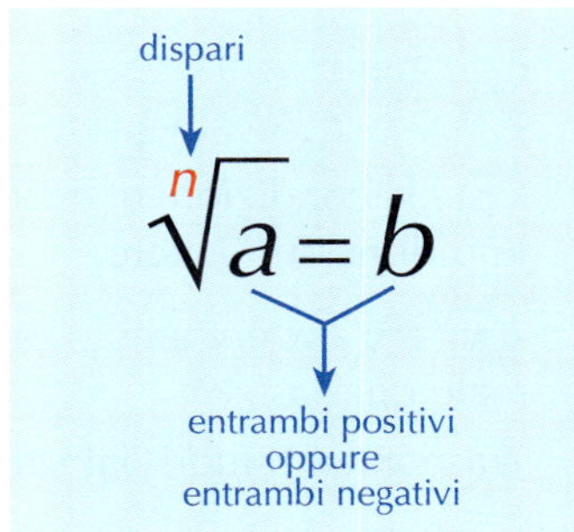

Per esempio:

- $\sqrt[3]{-\frac{1}{8}} = -\frac{1}{2}$
- $\sqrt[3]{+125} = +5$
- $\sqrt[5]{-32} = -2$
- $\sqrt[3]{x^3} = x$ qualunque sia x

Riassumendo, in R:

- un radicale di indice pari esiste solo se il radicando è positivo o nullo; il radicale ha valore positivo o nullo
- un radicale di indice dispari esiste per qualsiasi valore del radicando; il radicale ha lo stesso segno del radicando.

ATTENZIONE AGLI ERRORI

Si può trasportare il segno "meno" fuori dal simbolo di radice **solo se** il radicale è di indice dispari.
Poiché un radicale di indice pari esiste solo se il radicando è positivo o nullo, **è sbagliato scrivere:**

$\sqrt{-5} = -\sqrt{5}$ $\sqrt[4]{-16} = -\sqrt[4]{16} = -2$ $\sqrt{-1} = -\sqrt{1} = -1$

E' invece corretto scrivere:

$\sqrt[3]{-1} = -1$ $\sqrt[3]{-9} = -\sqrt[3]{9}$ $-\sqrt[3]{-8} = +\sqrt[3]{8} = 2$

10.2 Le proprietà

LE PROPRIETÀ DEI RADICALI DI INDICE PARI

Poiché abbiamo detto che trattare un radicale di indice pari in R è la stessa cosa che trattarlo in R_0^+, per questo tipo di radicali valgono tutte le proprietà che abbiamo già studiato nei precedenti paragrafi.
Qualche esempio:

- $\sqrt[4]{a^2b^6}$ semplifichiamo il radicale applicando la proprietà invariantiva

  $\sqrt[4]{a^2b^6} = \sqrt{|ab^3|}$

- $\sqrt[4]{3ax^2} \cdot \sqrt{\dfrac{2a}{3x^3}}$ il primo radicale esiste se $a \geq 0$, il secondo se $\dfrac{a}{x} \geq 0$; deve quindi essere $a \geq 0$ e $x > 0$.

  Riduciamo i radicali allo stesso indice e moltiplichiamo:

  $$\sqrt[4]{3ax^2 \cdot \frac{4a^2}{9x^6}} = \sqrt[4]{\frac{4a^3}{3x^4}}$$

  Trasportiamo il fattore x al denominatore fuori dal simbolo di radice:

  $$\frac{1}{x}\sqrt[4]{\frac{4}{3}a^3}$$

  Viste le condizioni di esistenza, non è necessario considerare il valore assoluto di nessun fattore.

- $\sqrt{x^3} + \sqrt{a^2x}$ entrambi i radicali esistono se $x \geq 0$, a può essere un numero reale quasiasi.
  Trasportiamo fuori dal simbolo di radice i possibili fattori: $x\sqrt{x} + |a|\sqrt{x}$
  Applichiamo la proprietà di raccoglimento: $\sqrt{x}(x + |a|)$

LE PROPRIETÀ DEI RADICALI DI INDICE DISPARI

Se si ha a che fare con radicali di indice dispari, l'applicazione delle proprietà deve essere fatta con opportune considerazioni se non si vuole incorrere in errori. Consideriamo per esempio il radicale:

$$\sqrt[3]{(-2)^3} \qquad \text{che è uguale a} \quad -2$$

Se, applicando la proprietà invariantiva, moltiplichiamo per 2 esponente del radicando e indice della radice troviamo:

$$\sqrt[3]{(-2)^3} = \sqrt[3\cdot 2]{(-2)^{3\cdot 2}} = \sqrt[6]{64} = \sqrt[6]{2^6} = 2$$

vale a dire che abbiamo detto che $-2 = 2$!

Per applicare correttamente le proprietà dei radicali dobbiamo tenere presente che, se n è dispari e a è un numero positivo:

$\sqrt[n]{-a}$ e $-\sqrt[n]{a}$ sono due modi diversi di scrivere la stessa espressione

In altre parole, il segno "meno" all'interno di un radicale di indice dispari può essere trasportato al di fuori del simbolo di radice. Per esempio:

- $\sqrt[3]{-8}$ e $-\sqrt[3]{8}$ sono entrambi uguali a -2
- $\sqrt[3]{-27}$ e $-\sqrt[3]{27}$ sono entrambi uguali a -3

Questa considerazione ci porta ad affermare che un radicale di indice dispari in R, una volta trasportato un eventuale segno negativo fuori dal simbolo di radice in modo da poter considerare il suo radicando come un numero positivo, dal punto di vista delle applicazioni delle proprietà dei radicali, si comporta come un radicale di indice dispari in R_0^+.
L'applicazione corretta della proprietà invariantiva al precedente esempio utilizza questa considerazione:

$$\sqrt[3]{(-2)^3} = \sqrt[3]{-2^3} = -\sqrt[3]{2^3} = -\sqrt[6]{2^6} = -2$$

Anche l'applicazione delle regole per moltiplicare, dividere, sommare o sottrarre radicali non necessita di considerazioni particolari se si opera con i radicali di indice dispari nel modo sopra esposto.

Gli esempi che seguono potranno chiarire eventuali dubbi.

ESEMPI

1. Semplifichiamo i seguenti radicali:

a. $\sqrt[6]{x^2 - 6x + 9} = \sqrt[6]{(x-3)^2} = \sqrt[3]{x-3}$

Il radicale $\sqrt[3]{x-3}$, essendo di indice dispari, esiste anche quando $x-3$ è negativo; l'espressione $\sqrt[6]{(x-3)^2}$ rappresenta però un numero positivo o nullo e quindi, affinché sussista l'uguaglianza, dobbiamo scrivere $\sqrt[6]{x^2 - 6x + 9} = \sqrt[3]{|x-3|}$

b. $\sqrt[9]{x^3(x+1)^3} = \sqrt[3]{x(x+1)}$

Il primo radicale, essendo di indice dispari, esiste per qualsiasi valore di x e può essere sia positivo o nullo che negativo. Il radicale semplificato ha le stesse caratteristiche del primo, quindi non è necessario considerare il modulo di nessun fattore.

2. Riduciamo i seguenti radicali allo stesso indice: $\sqrt[4]{7}$ $\sqrt[3]{-2}$ $\sqrt[3]{5}$

Tutti i radicali hanno significato in R. L'indice comune è 12 che è pari, quindi prima di applicare la proprietà invariantiva dobbiamo modificare la scrittura del secondo radicale in modo che abbia un radicando positivo:

$\sqrt[3]{-2} = -\sqrt[3]{2}$

Possiamo adesso procedere alla riduzione: $\sqrt[12]{7^3}$ $-\sqrt[12]{2^4}$ $\sqrt[12]{5^4}$

3. Semplifichiamo le seguenti espressioni:

a. $\sqrt[3]{-54}+\sqrt[3]{2}-\frac{1}{2}\sqrt[3]{-16}=-\sqrt[3]{54}+\sqrt[3]{2}+\frac{1}{2}\sqrt[3]{16}=-3\sqrt[3]{2}+\sqrt[3]{2}+\frac{1}{2}\cdot 2\sqrt[3]{2}=-\sqrt[3]{2}$

b. $\left(\sqrt[3]{1-x}:\sqrt[3]{x^2+4x+4}\right):\left(\sqrt{\frac{x-1}{x+2}}:\sqrt[6]{\frac{x-1}{(x+2)^2}}\right)$

Prima di procedere nel calcolo osserviamo che, per l'esistenza del radicale $\sqrt[6]{\frac{x-1}{(x+2)^2}}$ deve necessariamente essere $x \geq 1$; in queste ipotesi anche il radicale $\sqrt{\frac{x-1}{x+2}}$ ha un argomento non negativo (anche $x+2$ è positivo). Il primo radicale ha invece un argomento negativo ed è quindi opportuno riscrivere l'espressione in questo modo:

$$\left(-\sqrt[3]{x-1}:\sqrt[3]{(x+2)^2}:\left(\sqrt{\frac{x-1}{x+2}}:\sqrt[6]{\frac{x-1}{(x+2)^2}}\right)\right.$$

Tutti i radicali hanno adesso un argomento non negativo e possiamo procedere nel calcolo:

$$=-\sqrt[3]{\frac{x-1}{(x+2)^2}}:\sqrt[6]{\frac{(x-1)^3}{(x+2)^3}\cdot\frac{(x+2)^2}{x-1}}=-\sqrt[3]{\frac{x-1}{(x+2)^2}}:\sqrt[6]{\frac{(x-1)^2}{x+2}}=$$

$$=-\sqrt[6]{\frac{(x-1)^2}{(x+2)^4}\cdot\frac{x+2}{(x-1)^2}}=-\sqrt[6]{\frac{1}{(x+2)^3}}=-\sqrt{\frac{1}{x+2}}$$

ulteriori esempi

Esercizi e problemi pag. 288

Il capitolo si completa con:

Concetti chiave e regole | Laboratorio | Schede storiche e di curiosità | Presentazioni in PowerPoint

Radicals
BASIC CONCEPTS

CLIL

AUDIO FILE

Key Terms

nth-root
radical symbol, index, radicand
square root, cubed root
similar / like radicals
rationalize, rationalizing factor

The definition of radical

If n is a positive integer greater than 1 and a is a postive real number, we define $nth - root$ of a the positive real number b such that $b^n = a$:

$$\sqrt[n]{a} = b \qquad \text{means that} \qquad b^n = a$$

The symbol $\sqrt{}$ is called the **radical symbol**, n is the **index** of the radical, a is the **argument** of the radical or **radicand**.

The index 2 is usually not written in a radical, and we have:

$\sqrt{a}$ the square root of a (less common is "second root")

$\sqrt[3]{a}$ the cube (or third) root of a

$\sqrt[4]{a}$ the fourth root of a

and so on.
The *nth*-root of a positive real number is a positive real number; for instance:

- $\sqrt{9}$ is 3 because $3^2 = 9$
- $\sqrt[3]{8}$ is 2 because $2^3 = 8$
- $\sqrt{5}$ is not an integer or a rational number, because there is no rational numer b such that $b^2 = 5$; $\sqrt{5}$ is an irrational number.

Simplifying a radical

The most important property of radicals is the following:

$$\sqrt[n]{a^m} = \sqrt[n \cdot p]{a^{m \cdot p}}$$

that is we can multiply (or divide) the index of the radical and the exponent of the argument by the same number $p \neq 0$ and we obtain a radical which is equal to given one.
For instance:

$$\sqrt[3]{2} = \sqrt[3 \cdot 2]{2^2} = \sqrt[6]{2^2}$$

By applying this property, it is possible to simplify a radical if the index and the exponent of the argument have a common factor; for example:

$$\sqrt[4]{5^6} = \sqrt[4:2]{5^{6:2}} = \sqrt{5^3}$$

Pay attention to the following if you have to do with algebraic expressions:

- the domain of the obtained expression has to be the same as the one of the given radical
- the sign of the obtained expression has to be the same as the one of the given radical.

If those two conditions are not satisfied, we have to evaluate of what factor we have to consider the absolute value, so that we can maintain the same domain and the same sign.
For example:

$$\sqrt[4]{(x-1)^2} = \sqrt{|x-1|}$$

Multiplication and division

We can multiply or divide two radicals only if they have the same index; in this case the product (or the quotient) is a radical with the same index and with the radicand which is the product (or the quotient) of the two radicands:

$$\sqrt[n]{a} \cdot \sqrt[n]{b} = \sqrt[n]{ab} \qquad \sqrt[n]{a} : \sqrt[n]{b} = \sqrt[n]{a : b}$$

For instance:

$$\sqrt{3} \cdot \sqrt{6} = \sqrt{18} \qquad \sqrt{ax} : \sqrt{\frac{x}{a}} = \sqrt{ax \cdot \frac{a}{x}} = \sqrt{a^2} = |a|$$

When the two radicals do not have the same index, first we have to write them with a common index, which is the L.C.M. between the index of the two radicals:

$$\sqrt[3]{4} \cdot \sqrt{\frac{3}{2}} \qquad L.C.M.(3, 2) = 6 \qquad \sqrt[6]{4^2} \cdot \sqrt[6]{\left(\frac{3}{2}\right)^3} = \sqrt[6]{16 \cdot \frac{27}{8}} = \sqrt[6]{54}$$

The most common situation, however, is when the two radicals have index 2; in the following we will deal with these kind of radicals.

Applying the multiplication rule, we can simplify a radical taking some factors into or out of the radical symbol; for example:

- $3\sqrt{5}$ take the outside factor into the radical $\sqrt{3^2} \cdot \sqrt{5} = \sqrt{45}$
  the expression $3\sqrt{5}$ is read "three times square root of five".
- $\sqrt{24} = \sqrt{2^2 \cdot 6}$ take the inside factor 2^2 out of the radical $\sqrt{2^2} \cdot \sqrt{6} = 2\sqrt{6}$

Pay attention: you can take a factor outside of the radical only if its exponent is greater than or equal to the index; in this case you divide by 2 the exponent and:

- the quotient is the external exponent
- the remainder is the internal exponent.

For example:

- $\sqrt{12a^3b^2x^4} = \sqrt{2^2 \cdot 3a^3b^2x^4} = 2abx^2\sqrt{3a} = 2a|b|x^2\sqrt{3a}$

In this last expression we have to consider the absolute value of b because we do not know its sign.

Addition of radicals

We say that two radicals are **similar** if they have the same index and the same radicand:

$3\sqrt{2}$ and $6\sqrt{2}$ are similar

$5\sqrt{3}$ and $2\sqrt{2}$ are not similar

We can add (or subtract) two radicals only if they are similar; we add them as like terms:

$$\sqrt{5} - 4\sqrt{2} - 6\sqrt{5} + 8\sqrt{2} = (\sqrt{5} - 6\sqrt{5}) + (-4\sqrt{2} + 8\sqrt{2}) = -5\sqrt{5} + 4\sqrt{2}$$

$$\sqrt[3]{6} - 2\sqrt[3]{5} + 2\sqrt[3]{6} = (\sqrt[3]{6} + 2\sqrt[3]{6}) - 2\sqrt[3]{5} = 3\sqrt[3]{6} - 2\sqrt[3]{5}$$

Sometimes, to see if an expression has like radicals, it is necessary to simplify them:

$$\sqrt{8} - 3\sqrt{2} + 2\sqrt{18} = 2\sqrt{2} - 3\sqrt{2} + 2 \cdot 3\sqrt{2} = 5\sqrt{2}$$

$$\sqrt[3]{16} - 2\sqrt[3]{54} = \sqrt[3]{2^4} - 2\sqrt[3]{2 \cdot 3^3} = 2\sqrt[3]{2} - 2 \cdot 3\sqrt[3]{2} = -4\sqrt[3]{2}$$

Rationalizing denominators

If a fraction has a radical at the denominator we can **rationalize** it, that is write the fraction so that the denominator is a rational number or expression. To do this we have to multiply the numerator and the denominator of the fraction by an appropriate factor, that we call *rationalizing factor*, depending on the form of the denominator:

- $\frac{1}{\sqrt{a}}$ the rationalizing factor is $\sqrt{a}$: $\frac{1}{\sqrt{a}} \cdot \frac{\sqrt{a}}{\sqrt{a}} = \frac{\sqrt{a}}{a}$ for example: $\frac{3}{\sqrt{6}} = \frac{3}{\sqrt{6}} \cdot \frac{\sqrt{6}}{\sqrt{6}} = \frac{3\sqrt{6}}{6} = \frac{\sqrt{6}}{2}$
- $\frac{1}{\sqrt{a}+\sqrt{b}}$ the rationalizing factor is $\sqrt{a}-\sqrt{b}$: $\frac{1}{\sqrt{a}+\sqrt{b}} \cdot \frac{\sqrt{a}-\sqrt{b}}{\sqrt{a}-\sqrt{b}} = \frac{\sqrt{a}-\sqrt{b}}{\sqrt{a^2}-\sqrt{b^2}} = \frac{\sqrt{a}-\sqrt{b}}{a-b}$

  for example: $\frac{5}{\sqrt{2}+1} = \frac{5}{\sqrt{2}+1} \cdot \frac{\sqrt{2}-1}{\sqrt{2}-1} = \frac{5(\sqrt{2}-1)}{2-1} = 5(\sqrt{2}-1)$
- $\frac{1}{\sqrt{a}-\sqrt{b}}$ the rationalizing factor is $\sqrt{a}+\sqrt{b}$: $\frac{1}{\sqrt{a}-\sqrt{b}} \cdot \frac{\sqrt{a}+\sqrt{b}}{\sqrt{a}+\sqrt{b}} = \frac{\sqrt{a}+\sqrt{b}}{\sqrt{a^2}-\sqrt{b^2}} = \frac{\sqrt{a}+\sqrt{b}}{a-b}$

  for example: $\frac{4}{\sqrt{5}-\sqrt{3}} = \frac{4}{\sqrt{5}-\sqrt{3}} \cdot \frac{\sqrt{5}+\sqrt{3}}{\sqrt{5}+\sqrt{3}} = \frac{4(\sqrt{5}-\sqrt{3})}{5-3} = 2(\sqrt{3}+\sqrt{5})$

Powers with rational exponents

We can give significance to a power with a rational exponent using a radical; if a is a real number greater than or equal to zero we say that:

$$a^{\frac{m}{n}} = \sqrt[n]{a^m}$$

Basically, if the exponent of a power with base a $(a \geq 0)$ is a fraction, the base a is the radicand, the denominator of the fraction is the index of the radical and the numerator is the exponent of the radicand and vice versa.
We can apply all the properties of powers with integer exponent to a power with a rational exponent.
Here are some examples:

- $3^{\frac{2}{3}} \cdot 3^{\frac{1}{2}} : 3^{\frac{5}{6}} = 3^{\frac{2}{3}+\frac{1}{2}-\frac{5}{6}} = 3^{\frac{1}{3}} = \sqrt[3]{3}$
- $\sqrt{2} : \sqrt[3]{2} \cdot \sqrt[3]{4} = 2^{\frac{1}{2}} : 2^{\frac{1}{3}} \cdot 2^{\frac{2}{3}} = 2^{\frac{1}{2}-\frac{1}{3}+\frac{2}{3}} = 2^{\frac{5}{6}} = \sqrt[6]{2^5} = \sqrt[6]{32}$

Radicals in R

We know that it does not exist a real number such that, when squared, is a negative number; as a consequence, the square root of a negative number does not exist:

$\sqrt{-4}$ is not a real number

But it does exist the cubed root of a negative number:

$\sqrt[3]{-8} = -2$ because $(-2)^3 = -8$

It is also true that $-(2)^3 = -8$

Thus we can state that $\sqrt[3]{-8} = -\sqrt[3]{8} = -2$

In order to apply all the rules to simplify, multiply or divide, add or subtract radicals with a positive radicand, we state that:

- if n is an even number, $\sqrt[n]{a}$ is defined only if a is a non negative real number and there is only one number b such that $b^n = a$
- if n is an odd number, $\sqrt[n]{a}$ is defined for any a, positive or negative; in particular, if $a < 0$, then $\sqrt[n]{a} = -\sqrt[n]{a}$.

EXERCISES

CAPITOLO 2

Le equazioni di secondo grado

OBIETTIVI

- risolvere equazioni di secondo grado
- conoscere le relazioni fra i coefficienti e le radici dell'equazione
- risolvere problemi relativi ad equazioni parametriche
- risolvere problemi di secondo grado

1 LA FORMA DELL'EQUAZIONE

LA FORMA DELL'EQUAZIONE COMPLETA

Un'equazione di secondo grado si può sempre ricondurre alla forma

$$ax^2 + bx + c = 0$$

dove a, b, c sono numeri reali ed è $a \neq 0$ altrimenti l'equazione sarebbe di primo grado.
Il coefficiente c, che non è legato all'incognita, si chiama anche **termine noto**.
Se tutti i coefficienti sono diversi da zero si dice che l'equazione è **completa**, se b oppure c sono nulli, si dice **incompleta**.

LA FORMA DELL'EQUAZIONE INCOMPLETA

Un'equazione incompleta può quindi avere la forma:

- $ax^2 + bx = 0$ se $b \neq 0$ e $c = 0$ e in questo caso si dice **spuria**
- $ax^2 + c = 0$ se $b = 0$ e $c \neq 0$ e in questo caso si dice **pura**
- $ax^2 = 0$ se $b = 0$ e $c = 0$ e in questo caso si dice **monomia**.

Per esempio:

- è completa l'equazione $4x^2 - 3x + 1 = 0$
  dove è $a = 4, \quad b = -3, \quad c = 1$
- è incompleta spuria l'equazione $3x^2 - 5x = 0$
  dove è $a = 3, \quad b = -5, \quad c = 0$
- è incompleta pura l'equazione $x^2 - 6 = 0$
  dove è $a = 1, \quad b = 0, \quad c = -6$
- è monomia l'equazione $7x^2 = 0$
  dove è $a = 7, \quad b = 0, \quad c = 0$

2 LE EQUAZIONI INCOMPLETE

Le equazioni incomplete sono le più semplici da risolvere perché, a meno che il binomio sia irriducibile, si può ricorrere alla scomposizione del polinomio al primo membro e all'applicazione successiva della legge di annullamento del prodotto. Vediamo dapprima alcuni esempi.

- $x^2 - 6x = 0$

  Scomponiamo il polinomio al primo membro e applichiamo la legge di annullamento del prodotto:

$$x(x-6)=0$$
$$x = 0 \quad \vee \quad x - 6 = 0$$
$$x = 0 \quad \vee \quad x = 6$$

  Quindi $S = \{0, 6\}$.

Legge di annullamento del prodotto:
$$a \cdot b = 0$$
se e solo se
$$a = 0 \vee b = 0$$

- $x^2 - 5 = 0$

  Scomponiamo il polinomio al primo membro e applichiamo la legge di annullamento del prodotto:

$$(x-\sqrt{5})(x+\sqrt{5}) = 0$$
$$x - \sqrt{5} = 0 \quad \vee \quad x + \sqrt{5} = 0$$
$$x = \sqrt{5} \quad \vee \quad x = -\sqrt{5}$$

  In alternativa a questo metodo, possiamo riscrivere l'equazione in modo da lasciare x^2 al primo membro ed il termine noto al secondo: $x^2 = 5$

  Calcoliamo la radice quadrata delle espressioni nei due membri: $|x| = \sqrt{5}$

  da cui $x = \begin{cases} -\sqrt{5} \\ +\sqrt{5} \end{cases}$

  In entrambi i casi troviamo che $S = \{-\sqrt{5}, \sqrt{5}\}$.

Ricordiamo che
$$\sqrt{x^2} = |x|$$

- $x^2 + 9 = 0$

  Il polinomio $x^2 + 9$ è irriducibile, quindi non possiamo applicare il metodo della scomposizione.

  Se ricorriamo alla definizione di radicale otteniamo $x^2 = -9$ e sappiamo che la radice quadrata di un numero negativo non esiste in R.

  Dobbiamo quindi concludere che, non avendo soluzioni reali, l'equazione è impossibile in tale insieme.

- $4x^2 = 0$

  Il prodotto di 4 per x^2 è nullo solamente se $x = 0$.

Qualunque equazione della forma
$$ax^n = 0$$
ha come sola soluzione
$$x = 0$$

Da questi esempi possiamo trarre delle regole generali per la risoluzione delle equazioni di secondo grado incomplete.

Equazione della forma $ax^2 + bx = 0$

Si scompone il polinomio $ax^2 + bx$ mediante raccoglimento a fattor comune e si applica la legge di annullamento del prodotto:

$$x(ax+b) = 0$$
$$x = 0 \quad \vee \quad ax + b = 0$$
$$x = 0 \quad \vee \quad x = -\frac{b}{a}$$

Le due soluzioni dell'equazione sono quindi $x = 0 \vee x = -\dfrac{b}{a}$

- **Equazione della forma** $ax^2 + c = 0$

Primo metodo.

Si scompone il polinomio, se è possibile, e si applica la legge di annullamento del prodotto.

Secondo metodo.

Dopo aver scritto l'equazione nella forma $x^2 = -\frac{c}{a}$, si calcola la radice quadrata dei due membri

$x^2 = -\frac{c}{a} \rightarrow$

- se $-\frac{c}{a} \geq 0$ $\quad |x| = \sqrt{-\frac{c}{a}} \quad \rightarrow \quad x = \pm\sqrt{-\frac{c}{a}}$
- se $-\frac{c}{a} < 0$ $\quad$ l'equazione è impossibile

- **Equazione della forma** $ax^2 = 0$

L'unica soluzione è $x = 0$.

ESEMPI

1. $(x-2)^3 + x^2 = x^3 + 6x(2-x)$

Svolgiamo i calcoli e scriviamo l'equazione in forma normale:

$x^3 - 6x^2 + 12x - 8 + x^2 = x^3 + 12x - 6x^2 \quad \rightarrow \quad x^2 - 8 = 0$

Si tratta di un'equazione in cui manca il termine in x; risolvendo rispetto a x^2 otteniamo

$$x^2 = 8 \qquad \text{da cui} \qquad x = \pm\sqrt{8} \qquad \text{cioè} \qquad x = \pm 2\sqrt{2}$$

L'insieme delle soluzioni è $S = \{-2\sqrt{2}, +2\sqrt{2}\}$.

2. $(x-1)(3x+1) = 2x - 1$

Svolgiamo i calcoli e scriviamo l'equazione in forma normale:

$3x^2 - 3x + x - 1 = 2x - 1 \quad \rightarrow \quad 3x^2 - 4x = 0$

L'equazione è incompleta perché manca il termine noto; raccogliamo x a fattor comune e applichiamo la legge di annullamento del prodotto:

$x(3x-4) = 0 \quad \rightarrow \quad x = 0 \ \vee \ 3x - 4 = 0 \quad \rightarrow \quad x = 0 \ \vee \ x = \frac{4}{3}$

L'insieme delle soluzioni è $S = \left\{0, \frac{4}{3}\right\}$.

3. $(x+1)^2 + 7x + 1 = (4x+1)(x+2)$

Svolgiamo i calcoli e riduciamo l'equazione in forma normale:

$x^2 + 1 + 2x + 7x + 1 = 4x^2 + 9x + 2 \quad \rightarrow \quad 3x^2 = 0$

L'equazione ha due soluzioni coincidenti uguali a zero, quindi $S = \{0\}$.

ATTENZIONE AGLI ERRORI

- L'equazione $4x^2 = 0$
  - **non è equivalente a** $x^2 = 4$ quindi non ha soluzione $x = \pm 2$

- **non è equivalente a** $x^2 = \frac{1}{4}$ quindi non ha soluzione $x = \pm\frac{1}{2}$

La sua soluzione è $x = 0$.

- L'equazione $x^2 + 1 = 0$
si può scrivere nella forma $x^2 = -1$
ma **non ha soluzione** $x = \pm 1$
Questa equazione è impossibile in R.

ESERCIZI E PROBLEMI pag. 299

3 LE EQUAZIONI COMPLETE

In questo paragrafo ci proponiamo di trovare una regola per risolvere un'equazione di secondo grado completa che ha quindi la forma

$$ax^2 + bx + c = 0 \qquad \text{con } a,\ b,\ c \text{ non nulli}$$

Facciamo prima qualche osservazione introduttiva mediante un esempio.

Consideriamo l'equazione $(x-3)^2 = 4$
nella quale ci chiediamo per quali valori di x il quadrato di $x - 3$ è uguale a 4; se pensiamo alla definizione di radicale, rispondiamo subito che deve essere $|x - 3| = 2$ cioè $x - 3 = \pm 2$, quindi:

$x - 3 = -2 \quad \rightarrow \quad x = 1$

$x - 3 = +2 \quad \rightarrow \quad x = 5$

L'equazione ha come insieme delle soluzioni $S = \{1, 5\}$.

Questa equazione, se avessimo sviluppato i calcoli, avrebbe avuto la forma dell'equazione completa:

$$(x-3)^2 = 4 \quad \text{diventa} \quad x^2 - 6x + 5 = 0$$

IL METODO DEL COMPLETAMENTO DEL QUADRATO

La procedura per risolvere un'equazione completa può allora essere questa:

- operare sull'equazione in modo da scriverla nella forma $(x + k)^2 = h$
- procedere applicando la definizione di radicale.

Vediamo dapprima un esempio e poi il caso generale.

- Consideriamo l'equazione $16x^2 + 8x - 3 = 0$
  Il termine $16x^2$ è il quadrato di $4x$, il termine $8x = 2 \cdot 4x \cdot 1$ può essere considerato il doppio prodotto se il secondo termine del binomio è 1; se aggiungiamo 1 ad entrambi i membri dell'equazione (rispettando in questo modo i principi di equivalenza) otteniamo:
  $(16x^2 + 8x + 1) - 3 = 1 \quad \rightarrow \quad (4x + 1)^2 = 4$

Procedendo adesso come nei precedenti esempi troviamo le soluzioni dell'equazione data:

$$4x + 1 = 2 \quad \vee \quad 4x + 1 = -2 \qquad \rightarrow \qquad x = \frac{1}{4} \quad \vee \quad x = -\frac{3}{4}$$

Ripetiamo le stesse operazioni nel caso generale al fine di giungere ad una regola.

$$ax^2 + bx + c = 0$$

Il termine ax^2 deve essere il quadrato del primo termine del binomio; conviene allora moltiplicare entrambi i membri dell'equazione per $4a$ (ricorda che stiamo lavorando nell'ipotesi che sia $a \neq 0$) in modo da essere sicuri che questo monomio sia un quadrato:

Si moltiplica per 4a per facilitare il riconoscimento del quadrato.

$$4a^2x^2 + 4abx + 4ac = 0$$

A questo punto: $4a^2x^2 = (2ax)^2$ è il quadrato del primo monomio

$4abx = 2 \cdot 2ax \cdot b$ deve essere il doppio prodotto

In questo doppio prodotto c'è il termine b che deve quindi essere il secondo addendo del binomio da elevare al quadrato; aggiungiamo dunque il termine b^2 ad entrambi i membri dell'equazione:

$$(4a^2x^2 + 4abx + b^2) + 4ac = b^2$$

Evidenziando il quadrato e riorganizzando i termini otteniamo alla fine:

$$(2ax + b)^2 = b^2 - 4ac$$

- Se $b^2 - 4ac \geq 0$ possiamo calcolare la radice quadrata dei due membri ottenendo:

$$|2ax + b| = \sqrt{b^2 - 4ac} \qquad \text{cioè} \qquad 2ax + b = \pm\sqrt{b^2 - 4ac}$$

da cui ricaviamo infine che:

LA FORMULA RISOLUTIVA DELL'EQUAZIONE DI SECONDO GRADO

$$x = \frac{-b \pm \sqrt{b^2 - 4ac}}{2a} = \begin{cases} \dfrac{-b - \sqrt{b^2 - 4ac}}{2a} \\ \dfrac{-b + \sqrt{b^2 - 4ac}}{2a} \end{cases}$$

- Se $b^2 - 4ac < 0$ non possiamo invece calcolare la radice quadrata di questa espressione e dobbiamo concludere che l'equazione è impossibile in R.

Siamo quindi giunti alla regola che volevamo ottenere.

Osserviamo che nell'espressione delle due soluzioni il radicale viene una volta sottratto e l'altra sommato; esso è quindi il termine che differenzia una soluzione dall'altra. Per questo motivo l'espressione $b^2 - 4ac$ (senza la radice), che viene indicata con il simbolo Δ, viene detta **discriminante** dell'equazione.

$\Delta = b^2 - 4ac$

Vediamo alcuni esempi di applicazione di questa regola:

- risolviamo l'equazione $2x^2 + x - 6 = 0$ nella quale $a = 2$; $b = 1$; $c = -6$

  applichiamo la formula

$$x = \frac{-1 \pm \sqrt{1^2 - 4 \cdot 2 \cdot (-6)}}{2 \cdot 2} = \frac{-1 \pm \sqrt{49}}{4} = \frac{-1 \pm 7}{4} = \begin{cases} \dfrac{-1 - 7}{4} = -2 \\ \dfrac{-1 + 7}{4} = \dfrac{3}{2} \end{cases} \rightarrow \quad S = \left\{-2, \frac{3}{2}\right\}$$

- risolviamo l'equazione $x^2 + 8x + 16 = 0$ nella quale $a = 1;\ b = 8;\ c = 16$
  applichiamo la formula

$$x = \frac{-8 \pm \sqrt{8^2 - 4 \cdot 1 \cdot 16}}{2 \cdot 1} = \frac{-8 \pm 0}{2} = -4 \qquad \rightarrow \qquad S = \{-4\}$$

  In questo caso l'equazione ha due soluzioni coincidenti; in effetti l'espressione al primo membro è il quadrato del binomio $x + 4$ che è nullo solo se $x = -4$.

- risolviamo l'equazione $x^2 - 3x + 8 = 0$ nella quale $a = 1;\ b = -3;\ c = 8$

  applichiamo la formula $x = \dfrac{3 \pm \sqrt{3^2 - 4 \cdot 1 \cdot 8}}{2 \cdot 1} = \dfrac{3 \pm \sqrt{-23}}{2}$

Questa volta non possiamo procedere nella determinazione delle soluzioni perché $\sqrt{-23}$ non ha significato in R e dobbiamo concludere che l'equazione non ha soluzioni reali: $S = \varnothing$.

L'equazione di secondo grado $ax^2 + bx + c = 0$, con $a \neq 0$, ha come soluzioni i numeri reali dati dalla formula

$$\frac{-b \pm \sqrt{b^2 - 4ac}}{2a}$$

nell'ipotesi in cui sia $b^2 - 4ac \geq 0$.
L'espressione $\triangle = b^2 - 4ac$ viene detta **discriminante** dell'equazione e si verifica che:

- se $\triangle > 0$ l'equazione ammette due soluzioni **reali distinte**
- se $\triangle = 0$ l'equazione ammette due soluzioni **reali coincidenti.**

Se invece $\triangle < 0$, l'equazione non ha soluzioni reali.

La formula ha carattere generale e può anche essere usata per le equazioni incomplete; tuttavia i metodi di risoluzione specifici di queste equazioni sono più veloci ed immediati.

VIDEO RECUPERO

ESEMPI

Calcoliamo le soluzioni delle seguenti equazioni, dopo averne determinato la natura individuando il segno del discriminante.

1. $6x^2 - 17x + 5 = 0$

Calcoliamo il discriminante: $\Delta = (-17)^2 - 4 \cdot 6 \cdot 5 = 289 - 120 = 169$

$\Delta > 0$, quindi le soluzioni sono reali e distinte, determiniamole:

$$x = \frac{17 \pm \sqrt{169}}{12} = \frac{17 \pm 13}{12} = \begin{cases} \dfrac{17 - 13}{12} = \dfrac{4}{12} = \dfrac{1}{3} \\[2ex] \dfrac{17 + 13}{12} = \dfrac{30}{12} = \dfrac{5}{2} \end{cases} \qquad \rightarrow \qquad S = \left\{\frac{1}{3}, \frac{5}{2}\right\}.$$

2. $4x^2 + 4x + 1 = 0$

Calcoliamo il discriminante: $\Delta = (+4)^2 - 4 \cdot 4 \cdot 1 = 16 - 16 = 0$

$\Delta = 0$, quindi le soluzioni sono reali e coincidenti: $x = \dfrac{-4 \pm 0}{2 \cdot 4} = -\dfrac{1}{2} \quad \rightarrow \quad S = \left\{-\dfrac{1}{2}\right\}.$

Questo risultato si poteva dedurre subito osservando l'equazione; infatti il polinomio al primo membro è il quadrato di un binomio. L'equazione può quindi essere scritta nella forma:

$(2x+1)^2 = 0$ cioè, tenendo conto che una potenza vale zero solo se è zero la base,

$2x+1=0$ da cui $x = -\frac{1}{2}$.

3. $(3x-1)^2 + \frac{1}{2}(x-1)^3 - \frac{1}{2} = \frac{1}{2}(x-1)(x^2+x+1)$

Riduciamo l'equazione in forma normale: $9x^2 + 1 - 6x + \frac{1}{2}(x^3 - 1 - 3x^2 + 3x) - \frac{1}{2} = \frac{1}{2}(x^3-1)$

$$9x^2 + 1 - 6x + \cancel{\frac{1}{2}x^3} - \cancel{\frac{1}{2}} - \frac{3}{2}x^2 + \frac{3}{2}x - \frac{1}{2} = \cancel{\frac{1}{2}x^3} - \cancel{\frac{1}{2}}$$

$18x^2 + 2 - 12x - 3x^2 + 3x - 1 = 0 \quad \rightarrow \quad 15x^2 - 9x + 1 = 0$

Calcoliamo il discriminante: $\Delta = 81 - 60 = 21$

$\Delta > 0$, quindi le soluzioni sono reali e distinte: $x = \frac{9 \pm \sqrt{21}}{30} = \begin{cases} \frac{9-\sqrt{21}}{30} \\ \frac{9+\sqrt{21}}{30} \end{cases}$

Allora $S = \left\{ \frac{9-\sqrt{21}}{30}, \frac{9+\sqrt{21}}{30} \right\}$.

4. $\frac{x^2+1-5x}{15} = -\frac{1-3x}{15} - \frac{8}{5}$

Calcoliamo il *m.c.m.* fra i denominatori, quindi scriviamo l'equazione nella sua forma normale.

$x^2 + 1 - 5x = -1 + 3x - 24 \quad \rightarrow \quad x^2 - 8x + 26 = 0$

Calcoliamo il discriminante: $\Delta = 64 - 104 = -40 < 0$, quindi non esistono soluzioni reali: $S = \emptyset$.

La formula ridotta

Quando il coefficiente b dell'equazione $ax^2 + bx + c = 0$ è un numero pari la formula risolutiva può essere usata in forma semplificata; infatti, posto $b = 2k$, l'equazione diventa:

$$ax^2 + 2kx + c = 0$$

Applichiamo la formula: $x = \frac{-2k \pm \sqrt{4k^2 - 4ac}}{2a}$

Raccogliamo il fattore 4 nel discriminante e portiamolo fuori dalla radice:

$$x = \frac{-2k \pm \sqrt{4(k^2 - ac)}}{2a} = \frac{-2k \pm 2\sqrt{k^2 - ac}}{2a}$$

Raccogliamo il fattore 2 al numeratore e semplifichiamo: $x = \frac{2\left(-k \pm \sqrt{k^2 - ac}\right)}{2a} = \frac{-k \pm \sqrt{k^2 - ac}}{a}$

In definitiva, se teniamo presente che $k = \frac{b}{2}$, la formula risolutiva diventa

$$x = \frac{-\frac{b}{2} \pm \sqrt{\left(\frac{b}{2}\right)^2 - ac}}{a}$$

LA FORMULA RIDOTTA

Il discriminante di questa equazione, se sviluppiamo il calcolo, è uguale a $\frac{b^2 - 4ac}{4}$ e per questo motivo si indica con il simbolo $\frac{\Delta}{4}$.

$$\frac{\Delta}{4} = \left(\frac{b}{2}\right)^2 - ac$$

Questa formula è comoda perché rende i calcoli meno laboriosi e i risultati che si trovano sono spesso già semplificati.
Risolviamo per esempio con la formula normale e con quella ridotta l'equazione $3x^2 + 4x - 1 = 0$.

- **Con la formula normale**:

$$x = \frac{-4 \pm \sqrt{16+12}}{6} = \frac{-4 \pm \sqrt{28}}{6} = \frac{-4 \pm 2\sqrt{7}}{6} = \frac{\cancel{2}(-2 \pm \sqrt{7})}{\cancel{6}_3} = \begin{cases} \dfrac{-2-\sqrt{7}}{3} \\[2mm] \dfrac{-2+\sqrt{7}}{3} \end{cases}$$

- **Con la formula ridotta** $\left(\frac{b}{2} = 2\right)$: $x = \frac{-2 \pm \sqrt{4+3}}{3} = \begin{cases} \dfrac{-2-\sqrt{7}}{3} \\[2mm] \dfrac{-2+\sqrt{7}}{3} \end{cases}$

Qualche altro esempio:

- $x^2 - 6x + 8 = 0$ dove $\frac{b}{2} = -3$ $\quad\rightarrow\quad$ $x = \frac{3 \pm \sqrt{9-8}}{1} = 3 \pm 1 = \begin{cases} 2 \\ 4 \end{cases}$
- $15x^2 + 2x - 1 = 0$ dove $\frac{b}{2} = 1$ $\quad\rightarrow\quad$ $x = \frac{-1 \pm \sqrt{1+15}}{15} = \frac{-1 \pm 4}{15} = \begin{cases} -\dfrac{5}{15} = -\dfrac{1}{3} \\[2mm] \dfrac{3}{15} = \dfrac{1}{5} \end{cases}$

ATTENZIONE AGLI ERRORI

- Se dobbiamo risolvere l'equazione $x(2x-1) = 1$
  - **è sbagliato** scrivere $x = 1 \quad \vee \quad 2x - 1 = 1$
  - per risolvere correttamente l'equazione si devono sviluppare i calcoli, scrivere l'equazione in forma normale e applicare la formula risolutiva

$$2x^2 - x - 1 = 0 \qquad x = \frac{1 \pm \sqrt{1+8}}{4} = \frac{1 \pm 3}{4} = \begin{cases} -\dfrac{1}{2} \\[2mm] 1 \end{cases}$$

- Se applichiamo la formula ridotta alla risoluzione dell'equazione $x^2 - 6x + 5 = 0$:
  - **è sbagliato** scrivere $x = \frac{3 \pm \sqrt{9-5}}{2}$ ← il denominatore non è $2a$ ma a
  - **è corretto** scrivere $x = 3 \pm \sqrt{9-5}$ ← il denominatore è 1

ESERCIZI E PROBLEMI pag. 302

4 LE EQUAZIONI FRAZIONARIE

Se l'equazione è frazionaria occorre determinare per prima cosa il suo dominio D imponendo che ogni denominatore sia diverso da zero; ricondotta poi l'equazione alla forma intera, si applica la formula risolutiva se l'equazione è completa, si usano gli algoritmi specifici se è incompleta.
Una volta trovate le soluzioni di quest'ultima equazione, è necessario confrontarle con il dominio per verificarne l'appartenenza.
Vediamo ora degli esempi.

ESEMPI

1. $-\frac{3}{x}+x=2$

Deve essere $x \neq 0$; il dominio dell'equazione è quindi $D = R - \{0\}$.

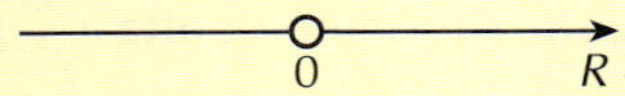

Scriviamo l'equazione in forma normale: $-3+x^2=2x \quad \rightarrow \quad x^2-2x-3=0 \quad \rightarrow$

$\rightarrow \quad x = 1 \pm \sqrt{1+3} = 1 \pm 2 \quad \rightarrow \quad x=-1 \vee x=3$

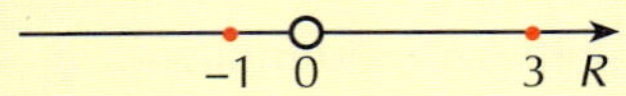

Dunque, poiché entrambe le soluzioni appartengono a D, $S = \{-1, 3\}$.

2. $\frac{2x-1}{x-1}+\frac{3x+1}{x-3}=\frac{-2}{x^2-4x+3}$

Sia per determinare il dominio che per calcolare il *m.c.m.* fra i denominatori, dobbiamo scomporre come prima cosa il denominatore della frazione al secondo membro:

$$\frac{2x-1}{x-1}+\frac{3x+1}{x-3}=\frac{-2}{(x-1)(x-3)}$$

Deve essere $x \neq 1 \wedge x \neq 3$

Allora $D = R - \{1, 3\}$ e, per i valori di x che gli appartengono, possiamo scrivere l'equazione in forma normale:

$(2x-1)(x-3)+(3x+1)(x-1)=-2 \quad \rightarrow \quad 2x^2-6x-\cancel{x}+3+3x^2-3x+\cancel{x}-1+2=0 \quad \rightarrow$

$\rightarrow \quad 5x^2-9x+4=0$

Calcoliamo il discriminante: $\Delta = 81-80=1>0$; le soluzioni sono dunque reali e distinte:

$x=\frac{9 \pm 1}{10} \quad \rightarrow \quad x=\frac{4}{5} \vee x=1$

Poiché $1 \notin D$, l'insieme delle soluzioni è $S = \left\{\frac{4}{5}\right\}$.

ulteriori esempi

ESERCIZI E PROBLEMI pag. 311

5 LE EQUAZIONI LETTERALI

Sappiamo che, quando un'equazione contiene dei parametri, cioè altre lettere oltre l'incognita, è necessario discutere che cosa accade all'insieme delle soluzioni al variare di tali parametri. Ricordiamo la procedura da seguire.

- Bisogna stabilire innanzi tutto qual è il dominio dell'equazione, cioè l'insieme dei valori che può assumere l'incognita: il dominio è in genere R se l'equazione è intera, è R esclusi i valori che rendono nulli i denominatori se l'equazione è frazionaria; per esempio

  $x^2 - \dfrac{x+a}{2} = 3a$ ha dominio R

  $\dfrac{x+a}{x-2} - \dfrac{x+1}{x-a} = 1$ ha dominio $R - \{2, a\}$

- Se l'equazione ha dei denominatori letterali, è necessario che questi non siano nulli; per esempio nell'equazione

  $\dfrac{x^2-2}{a+1} - \dfrac{x+1}{a-2} = a - 1$ si deve porre $a \neq -1 \wedge a \neq 2$

  Attenzione a non confondere il dominio di un'equazione con le condizioni che devono essere imposte al parametro: l'equazione precedente è intera e quindi il suo dominio è R, le condizioni sul parametro sono poste affinché l'equazione non perda significato. Nel seguito supporremo che il parametro sia un numero reale.

Il dominio di un'equazione si valuta sull'incognita, non sul parametro. Nell'equazione

$$\frac{1}{x-2} + \frac{ax}{a-1} = 0$$

- *il dominio è $R - \{2\}$*
- *relativamente al parametro deve essere $a \neq 1$*

- Si devono applicare correttamente i principi di equivalenza delle equazioni; per esempio si deve essere certi che, quando si dividono entrambi i membri di un'equazione per una stessa espressione letterale, questa non sia nulla.
- Quando si applica la formula risolutiva, si deve essere certi che il coefficiente a di x^2 non sia nullo perché, in caso contrario, la formula non si può applicare.

Vediamo allora un esempio di come procedere nella risoluzione di un'equazione letterale; risolviamo l'equazione:

$$\boldsymbol{x(2p - x) + 1 = -p(1 + x^2)} \qquad \text{di dominio } R$$

D=R

Svolgiamo i calcoli trasportando tutti i termini al primo membro e scriviamo l'equazione in modo da avere prima i termini in x^2, poi i termini in x e da ultimo i termini noti:

$$2px - x^2 + 1 = -p - px^2$$

$$px^2 - x^2 + 2px + p + 1 = 0$$

Effettuiamo adesso opportuni raccoglimenti in modo da evidenziare il coefficiente di x^2, il coefficiente di x e il gruppo dei termini noti (**forma normale dell'equazione**):

$$(p-1)x^2 + 2px + (p+1) = 0 \qquad \textbf{(A)}$$

Nella forma normale dell'equazione ci deve essere:
- *un solo termine in x^2*
- *un solo termine in x*
- *il termine noto.*

Si tratta di un'equazione completa in cui:

- $p - 1$ è il coefficiente di x^2 che corrisponde al valore a nella formula risolutiva
- $2p$ è il coefficiente di x che corrisponde al valore b
- $p + 1$ è il termine noto che corrisponde al valore c.

Essendo poi $2p$ pari, possiamo usare la formula ridotta.

Calcoliamo prima il discriminante:

$$\frac{\Delta}{4} = p^2 - (p-1)(p+1) = p^2 - p^2 + 1 = 1$$

Distinguiamo allora i seguenti casi:

- se $p - 1 \neq 0$, cioè $p \neq 1$, applicando la formula risolutiva si ottiene:

$$x = \frac{-p \pm 1}{p-1} = \begin{cases} \dfrac{-p-1}{p-1} = \dfrac{p+1}{1-p} \\[2ex] \dfrac{-p+1}{p-1} = -1 \end{cases}$$

- se $p - 1 = 0$, cioè $p = 1$, l'equazione non è più di secondo grado; sostituendo 1 al posto di p nell'equazione scritta nella forma normale (**A**) si ottiene l'equazione:

  $2x + 2 = 0$ dalla quale si ricava la sola soluzione $x = -1$.

Riassumendo:

- se $p \neq 1 : S = \left\{ \dfrac{p+1}{1-p}, -1 \right\}$
- se $p = 1 : S = \{-1\}$

Se Δ dipende da un parametro, si deve imporre che sia $\Delta \geq 0$.

Per poter applicare la formula risolutiva all'equazione

$$ax^2 + bx + c = 0$$

deve essere $a \neq 0$.

LA DISCUSSIONE DELL'EQUAZIONE

L'insieme dei ragionamenti che si fanno sul parametro per stabilire quante e quali sono le soluzioni di un'equazione rappresenta la **discussione dell'equazione**. Uno schema generale su come procedere è il seguente.

Caso dell'equazione intera

Il dominio è R, non ci sono condizioni sull'incognita; possono però esserci condizioni iniziali sul parametro.
Arrivati alla forma normale:

- si pone il coefficiente di x^2 diverso da zero (questa operazione non è necessaria se tale coefficiente è numerico o se la condizione coincide con una di quelle iniziali) e si risolve l'equazione;
- si verifica che cosa accade quando il parametro assume quel o quei valori che sono stati esclusi al punto precedente.

Caso dell'equazione frazionaria

Il dominio è R ad esclusione dei valori dell'incognita che annullano i denominatori; possono anche esserci condizioni iniziali sul parametro.
Arrivati alla forma normale:

- si pone il coefficiente di x^2 diverso da zero (questa operazione non è necessaria se tale coefficiente è numerico o se la condizione coincide con una di quelle iniziali) e si risolve l'equazione; trovate le soluzioni si procede al confronto con le condizioni imposte dal dominio;
- si verifica che cosa accade quando il parametro assume quel o quei valori che sono stati esclusi al punto precedente.

Quando, per risolvere un'equazione letterale, si applica la formula, il discriminante è di solito letterale. Occorre quindi essere certi che sia $\Delta \geq 0$.

Per esempio:

$x^2 - 2x + a = 0$

$x = 1 \pm \sqrt{1-a}$

e deve essere $1 - a \geq 0$.

Osserva ora con attenzione gli esempi, nei quali abbiamo seguito lo schema proposto, ponendo particolare attenzione all'esercizio 4 in cui l'equazione è frazionaria.

VIDEO RECUPERO

ESEMPI

1. $2ax^2-(1-4a^2)x-2a=0 \qquad D=R$

L'equazione si presenta già in forma normale; possiamo subito calcolare il discriminante:

$$\Delta=(1-4a^2)^2+16a^2=1+16a^4+8a^2=(1+4a^2)^2$$

Il coefficiente di x^2 è $2a$; procediamo alla discussione:

- se $a\neq 0$: $\quad x=\dfrac{1-4a^2\pm(1+4a^2)}{4a}=$

$$\dfrac{1-4a^2-1-4a^2}{4a}=\dfrac{-8a^2}{4a}=-2a$$

$$\dfrac{1-4a^2+1+4a^2}{4a}=\dfrac{2}{4a}=\dfrac{1}{2a}$$

- se $a=0$, l'equazione assume la forma $\quad -x=0$

  che è un'equazione di primo grado che ammette come soluzione soltanto il valore 0.

Riassumendo: se $a\neq 0$: $\quad S=\left\{-2a,\ \dfrac{1}{2a}\right\}$

se $a=0$: $\quad S=\{0\}$

2. $a^2x^2+2abx-15b^2=0 \qquad D=R$

L'equazione è completa, è già scritta in forma normale e dipende da due parametri.

Calcoliamo il discriminante applicando la formula ridotta:

$$\frac{\Delta}{4}=a^2b^2+15a^2b^2=16a^2b^2=(4ab)^2$$

Il coefficiente di x^2 è a^2; procediamo alla discussione:

- se $a\neq 0$: $\quad x=\dfrac{-ab\pm 4ab}{a^2}=$

$$\dfrac{-5ab}{a^2}=-\dfrac{5b}{a}$$

$$\dfrac{3ab}{a^2}=\dfrac{3b}{a}$$

- se $a=0$, l'equazione diventa: $\quad -15b^2=0$

  Allora, se $b=0$ l'equazione diventa $0=0$ e dunque $S=D$ cioè $S=R$

  se $b\neq 0$ l'equazione è impossibile e dunque $S=\varnothing$.

Riassumendo: se $a\neq 0$: $\quad S=\left\{-\dfrac{5b}{a},\ \dfrac{3b}{a}\right\}$

se $a=0\ \wedge\ b=0$: $\quad S=R$

se $a=0\ \wedge\ b\neq 0$: $\quad S=\varnothing$

3. $\dfrac{3x^2+4a}{3a+1}=2x$

L'equazione è intera e il dominio è l'insieme R.

Condizioni iniziali sul parametro: $\quad a\neq -\dfrac{1}{3}$

Scriviamo l'equazione in forma normale $3x^2 - 2(3a+1)x + 4a = 0$

Calcoliamo il discriminante usando la formula ridotta:

$$\frac{\Delta}{4} = (3a+1)^2 - 12a = 9a^2 - 6a + 1 = (3a-1)^2$$

Il coefficiente di x^2 è numerico, troviamo subito le soluzioni:

$$x = \frac{(3a+1) \pm (3a-1)}{3} = \begin{cases} \dfrac{3a+1-3a+1}{3} = \dfrac{2}{3} \\ \dfrac{3a+1+3a-1}{3} = 2a \end{cases}$$

Riassumendo: se $a \neq -\frac{1}{3}$: $S = \left\{\frac{2}{3}, 2a\right\}$

se $a = -\frac{1}{3}$: l'equazione perde significato.

4. $\dfrac{5(x+2)}{2} + \dfrac{b}{2} + \dfrac{b}{x} = 0$

L'equazione è frazionaria e deve essere $x \neq 0 \quad \rightarrow \quad D = R - \{0\}$.

Scriviamola in forma normale: $5x(x+2) + bx + 2b = 0 \quad \rightarrow \quad 5x^2 + (10+b)x + 2b = 0$

Calcoliamo il discriminante: $\Delta = (10+b)^2 - 40b = 100 + b^2 - 20b = (10-b)^2$

Il coefficiente di x^2 è numerico, troviamo subito le soluzioni:

$$x = \frac{-10 - b \pm (10-b)}{10} = \begin{cases} -\dfrac{20}{10} = -2 \\ -\dfrac{2b}{10} = -\dfrac{b}{5} \end{cases}$$

Vediamo se le soluzioni trovate sono accettabili.

- la soluzione -2 appartiene sicuramente al dominio
- dobbiamo invece confrontare la soluzione $-\frac{b}{5}$ con 0: $-\frac{b}{5} \neq 0$ se $b \neq 0$

  Quindi se $b = 0$ la soluzione $-\frac{b}{5}$ non è accettabile.

Riassumendo: se $b \neq 0$: $S = \left\{-2, -\frac{b}{5}\right\}$

se $b = 0$: $S = \{-2\}$

ulteriori esempi

ATTENZIONE AGLI ERRORI

Nella discussione di un'equazione letterale di secondo grado ridotta a forma normale, è sempre e solo il coefficiente di x^2 che deve essere posto diverso da zero e tale condizione è necessaria se non è già stata evidenziata come condizione di esistenza dell'equazione.

- L'equazione $\frac{x^2}{a-1} + \frac{x}{a} = \frac{1}{a(a-1)}$

  nella quale deve essere $a \neq 0 \ \wedge \ a \neq 1$, ridotta in forma intera è $ax^2 + x(a-1) - 1 = 0$

  e non si deve più chiedere che sia $a \neq 0$ perché ci si trova già in queste condizioni.
- Nell'equazione $a(a-1)x^2 + x - a = 0$ si devono porre entrambe le condizioni $a \neq 1$ e $a \neq 0$.
- Nell'equazione $3x^2 + ax = 0$ non si deve porre alcuna condizione sul parametro a e le soluzioni sono:

  $x(3x + a) = 0 \quad \rightarrow \quad x = 0 \ \vee \ x = -\frac{a}{3}$

ESERCIZI E PROBLEMI pag. 315

6 I LEGAMI FRA COEFFICIENTI E SOLUZIONI

6.1 Somma e prodotto delle soluzioni

Le soluzioni di un'equazione di secondo grado $ax^2 + bx + c = 0$ sono ovviamente funzioni dei suoi coefficienti. Ci si può allora domandare se esiste qualche relazione significativa fra a, b, c e le soluzioni dell'equazione che indichiamo con x_1 e x_2. Scriviamo allora per esteso le due soluzioni:

$$x_1 = \frac{-b - \sqrt{b^2 - 4ac}}{2a} \qquad x_2 = \frac{-b + \sqrt{b^2 - 4ac}}{2a}$$

Poiché le due espressioni differiscono solo per il segno fra i due addendi al numeratore:

- se eseguiamo la loro somma i due radicali si elidono:

$$x_1 + x_2 = \frac{-b - \sqrt{b^2 - 4ac}}{2a} + \frac{-b + \sqrt{b^2 - 4ac}}{2a} = \frac{-b - \sqrt{b^2 - 4ac} - b + \sqrt{b^2 - 4ac}}{2a} = \frac{-2b}{2a} = -\frac{b}{a}$$

- il loro prodotto è un prodotto notevole che dà origine ad una differenza di quadrati:

$$x_1 \cdot x_2 = \frac{\left(-b - \sqrt{b^2 - 4ac}\right) \cdot \left(-b + \sqrt{b^2 - 4ac}\right)}{4a^2} = \frac{b^2 - (b^2 - 4ac)}{4a^2} = \frac{4ac}{4a^2} = \frac{c}{a}$$

Le relazioni che abbiamo trovato ci dicono che la somma e il prodotto delle soluzioni si possono trovare a partire dai coefficienti dell'equazione senza dover obbligatoriamente risolvere l'equazione:

SOMMA E PRODOTTO DELLE SOLUZIONI

$$\boxed{x_1 + x_2 = -\frac{b}{a}} \qquad \boxed{x_1 \cdot x_2 = \frac{c}{a}}$$

Per esempio:

- nell'equazione $x^2 - 5x + 6 = 0$, essendo $a = 1$, $b = -5$, $c = 6$, si ha che $x_1 + x_2 = 5$ e $x_1 \cdot x_2 = 6$

- nell'equazione $2x^2 + x - 6 = 0$, essendo $a = 2$, $b = 1$, $c = -6$, si ha che

$$x_1 + x_2 = -\frac{1}{2} \quad \text{e} \quad x_1 \cdot x_2 = -\frac{6}{2} = -3$$

Queste relazioni si possono sfruttare per risolvere alcuni problemi.

I problema

Trovare le soluzioni di un'equazione senza applicare la formula risolutiva.

Riprendiamo l'equazione $x^2 - 5x + 6 = 0$ dell'esempio precedente di cui sappiamo che $x_1 + x_2 = 5$ e $x_1 \cdot x_2 = 6$. E' semplice in questo caso dire che le soluzioni dell'equazione sono 3 e 2 perché la somma di questi numeri è 5 ed il loro prodotto è 6. Analogamente:

- $x^2 - 4x - 5 = 0 \qquad x_1 + x_2 = 4 \quad \text{e} \quad x_1 \cdot x_2 = -5$

  allora $x_1 = -1$ e $x_2 = 5$ infatti $-1 + 5 = 4$ e $-1 \cdot 5 = -5$

- $x^2 + 5x - 24 = 0 \qquad x_1 + x_2 = -5 \quad \text{e} \quad x_1 \cdot x_2 = -24$

  allora $x_1 = -8$ e $x_2 = 3$ infatti $-8 + 3 = -5$ e $-8 \cdot 3 = -24$

Questo metodo non è tuttavia consigliabile se non è facile individuare da quali numeri provengono la somma e il prodotto; per esempio, per risolvere l'equazione $8x^2 - 2x - 3 = 0$, conviene applicare la formula risolutiva perché non è facile individuare due numeri la cui somma è $\frac{1}{4}$ ed il cui prodotto è $-\frac{3}{8}$.

II problema

Individuare due numeri conoscendo la loro somma e il loro prodotto.

Indichiamo con s la somma dei due numeri e con p il loro prodotto; se pensiamo ai due numeri come alle soluzioni di un'equazione di secondo grado, questo problema diventa l'inverso del precedente; allora, per trovare tali numeri, basta risolvere l'equazione

$$x^2 - sx + p = 0$$

Per esempio, i due numeri la cui somma s è $\frac{1}{15}$ ed il cui prodotto p è $-\frac{2}{15}$, sono le soluzioni dell'equazione

$$x^2 - \frac{1}{15}x - \frac{2}{15} = 0 \qquad \text{cioè} \qquad 15x^2 - x - 2 = 0 \qquad x = \frac{1 \pm \sqrt{1 + 120}}{30} = \begin{cases} -\frac{1}{3} \\ \frac{2}{5} \end{cases}$$

I due numeri sono quindi $-\frac{1}{3}$ e $\frac{2}{5}$.

III problema

Scrivere l'equazione che ha per soluzioni due numeri assegnati.

Indichiamo con x_1 e x_2 i due numeri; se s è la loro somma e p è il loro prodotto, l'equazione che li ha per soluzioni è

$$x^2 - sx + p = 0$$

Per esempio, scriviamo l'equazione che ha per soluzioni i numeri $-\frac{1}{3}$ e $\frac{7}{2}$. Calcoliamo la loro somma ed il loro prodotto:

$$s = -\frac{1}{3} + \frac{7}{2} = \frac{19}{6} \qquad\qquad p = -\frac{1}{3} \cdot \frac{7}{2} = -\frac{7}{6}$$

L'equazione ha quindi la forma $x^2 - \frac{19}{6}x - \frac{7}{6} = 0$ o anche $6x^2 - 19x - 7 = 0$

Un altro modo di procedere per risolvere questo problema sfrutta la legge di annullamento del prodotto. Se x_1 e x_2 sono le due radici, significa che l'equazione che cerchiamo si può scrivere nella forma $(x - x_1)(x - x_2) = 0$.
Nel nostro caso otteniamo:

$$\left(x+\frac{1}{3}\right)\left(x-\frac{7}{2}\right)=0 \quad \rightarrow \quad x^2+\frac{1}{3}x-\frac{7}{2}x-\frac{7}{6}=0 \quad \rightarrow \quad 6x^2-19x-7=0$$

IV problema

Scomporre un trinomio di secondo grado.

Finora, per scomporre un trinomio di secondo grado, ci siamo serviti della regola del trinomio caratteristico oppure della regola di Ruffini. Tuttavia con questi metodi risulta praticamente impossibile scomporre il trinomio $6x^2 - 4x - 1$. Ancora una volta ci vengono in aiuto le relazioni fra i coefficienti e le soluzioni di un'equazione di secondo grado.
Dato dunque il trinomio

$$ax^2 + bx + c$$

e indicate con x_1 e x_2 le soluzioni dell'equazione $ax^2 + bx + c = 0$ associata al polinomio, supposto che sia $\Delta \geq 0$, possiamo scrivere che:

$$ax^2+bx+c=a\left(x^2+\frac{b}{a}x+\frac{c}{a}\right)=a\left[x^2-\left(-\frac{b}{a}\right)x+\frac{c}{a}\right]=a[x^2-(x_1+x_2)x+x_1\cdot x_2]$$

Proseguendo nei calcoli e raccogliendo a fattor comune si ottiene:

$$ax^2+bx+c=a(x^2-x_1x-x_2x+x_1x_2)=a[x(x-x_1)-x_2(x-x_1)]=a(x-x_1)(x-x_2)$$

In definitiva, se $\Delta \geq 0$ $\boxed{ax^2+bx+c=a(x-x_1)(x-x_2)}$

Se invece $\Delta < 0$ il trinomio è irriducibile.

Con questo metodo, per scomporre il precedente trinomio $6x^2 - 4x - 1$ si procede in questo modo:

- si risolve l'equazione $6x^2 - 4x - 1 = 0$: $x=\dfrac{2\pm\sqrt{4+6}}{6}= \begin{cases}\dfrac{2-\sqrt{10}}{6}\\[2mm] \dfrac{2+\sqrt{10}}{6}\end{cases}$
- si applica la formula: $6\left(x-\dfrac{2-\sqrt{10}}{6}\right)\left(x-\dfrac{2+\sqrt{10}}{6}\right)$

ulteriori esempi

ATTENZIONE AGLI ERRORI

- Per scomporre il trinomio $6x^2 + 13x - 5$ si risolve l'equazione:

$$6x^2+13x-5=0 \quad \rightarrow \quad x=\frac{-13\pm17}{12}=\begin{cases}-\dfrac{5}{2}\\[2mm] \dfrac{1}{3}\end{cases}$$

La scomposizione del polinomio:

non è $\left(x+\dfrac{5}{2}\right)\left(x-\dfrac{1}{3}\right)$

ma è $6\left(x+\dfrac{5}{2}\right)\left(x-\dfrac{1}{3}\right)=6\cdot\dfrac{2x+5}{2}\cdot\dfrac{3x-1}{3}=(2x+5)(3x-1)$

- Per trovare due numeri la cui somma è 8 e il cui prodotto è 5 l'equazione da risolvere:

non è $x^2+8x+5=0$

ma è $x^2-8x+5=0$

Al valore della somma si deve cambiare il segno.

Approfondimento
La regola di Cartesio e il segno delle radici

6.2 Problemi sulle equazioni parametriche

Le soluzioni di un'equazione letterale sono funzioni dei parametri che in essa compaiono e ci si può chiedere per quali valori di tali parametri un'equazione ha delle soluzioni che soddisfano particolari condizioni.
Per esempio, data l'equazione

$$x^2+(k-1)x-2k=0$$

ci interessa sapere per quali valori di k le soluzioni sono reali coincidenti.

Si potrebbero trovare le soluzioni in funzione del parametro k e poi imporre che siano uguali, ma è molto più semplice ragionare sul discriminante: un'equazione di secondo grado ammette soluzioni reali coincidenti se $\Delta=0$. Calcoliamo allora il discriminante e poniamolo uguale a zero:

$$\Delta=(k-1)^2+8k=k^2+6k+1 \quad\rightarrow\quad k^2+6k+1=0 \quad\rightarrow$$

$$\rightarrow\quad k=-3\pm\sqrt{9-1}=-3\pm\sqrt{8}= \begin{cases} -3-2\sqrt{2} \\ -3+2\sqrt{2} \end{cases}$$

Otterremo quindi soluzioni coincidenti attribuendo a k i valori $-3-2\sqrt{2}$ oppure $-3+2\sqrt{2}$.

I problemi che coinvolgono le relazioni fra i parametri di un'equazione letterale e le sue soluzioni, che indicheremo sempre con x_1 e x_2, sono di diverso tipo; ce ne sono però alcuni che si possono risolvere facilmente applicando le relazioni fra i coefficienti dell'equazione e le sue soluzioni. Negli esempi che seguono ti presentiamo i casi più significativi.

ESEMPI

1. Data l'equazione parametrica $x^2-(k-2)x+k+1=0$ determiniamo i valori di k in modo che, essendo le soluzioni reali:

a. una radice sia l'opposto dell'altra

b. una radice sia uguale a 2

c. una radice sia inversa dell'altra

d. il prodotto delle radici sia uguale a -6.

La condizione che vale per tutti i casi è che le radici siano reali; imponiamo dunque che sia $\Delta \geq 0$ e risolviamo la disequazione ottenuta: $(k-2)^2-4(k+1) \geq 0 \quad \rightarrow \quad k^2-8k \geq 0 \quad \rightarrow \quad k(k-8) \geq 0$

Costruiamo la tabella dei segni di ciascun fattore della disequazione:

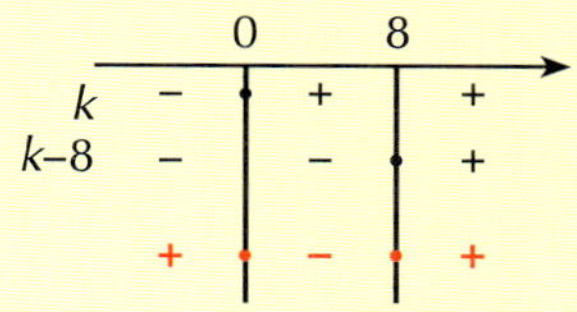

Le soluzioni sono quindi reali se $\quad k \leq 0 \ \vee \ k \geq 8$.

Analizziamo adesso le varie richieste tenendo presente che è $\quad a = 1 \qquad b = 2-k \qquad c = k+1$.

a. Una radice è l'opposto dell'altra se $\quad x_1 = -x_2 \quad$ cioè se $\quad x_1 + x_2 = 0$.

Ma $x_1 + x_2 = -\dfrac{b}{a}$, basta quindi imporre che sia $\quad k-2=0 \quad \rightarrow \quad k=2$

Per questo valore di k, tuttavia, le soluzioni non sono reali e quindi il problema non ha soluzioni.

b. Ricordiamo che *soluzione* di un'equazione è quel valore che sostituito all'incognita rende l'equazione un'uguaglianza vera; basta allora sostituire 2 al posto di x e risolvere l'equazione in k così ottenuta:

$$4-2(k-2)+k+1=0 \qquad \rightarrow \qquad k=9$$

Questa volta il valore trovato di k appartiene all'insieme definito dalla condizione di realtà delle radici $(9>8)$ ed è quindi la soluzione del problema.

c. Una radice è inversa dell'altra se $\quad x_1 = \dfrac{1}{x_2} \quad$ cioè se $\quad x_1 \cdot x_2 = 1$

Ma $x_1 \cdot x_2 = \dfrac{c}{a}$, basta quindi imporre che sia $\quad k+1=1 \quad \rightarrow \quad k=0$

Per questo valore di k le soluzioni sono reali e sono anche coincidenti; ne consegue che esse devono essere entrambe uguali a 1.

d. Deve essere $\dfrac{c}{a} = -6$ cioè $\quad k+1=-6 \quad \rightarrow \quad k=-7$

Anche questo valore di k è accettabile perché minore di 0.

2. I lati di un rettangolo sono tali che la sua base supera di 8cm il lato di un quadrato e la sua altezza è uguale al lato dello stesso quadrato diminuito di 2cm. L'area del rettangolo è k volte l'area del quadrato. Quali valori può assumere il parametro k affinché il problema abbia soluzione?

Se indichiamo la misura del lato del quadrato con x, possiamo indicare la misura della base del rettangolo con $x+8$ e quella della sua altezza con $x-2$ (***figura 1***).

Esprimendo per mezzo di x la relazione fra le aree data dal problema, otteniamo

$$(x-2)(x+8) = kx^2$$

Figura 1

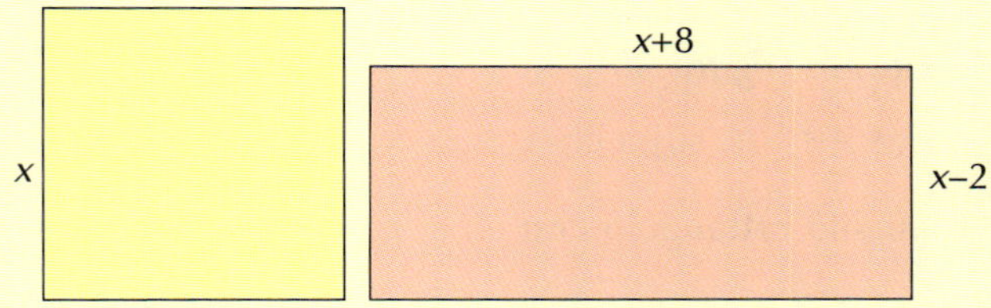

con la condizione $k>0$, dovendo essere positiva l'espressione di un'area.

Svolgendo i calcoli otteniamo: $kx^2 = x^2 - 2x + 8x - 16 \quad \longrightarrow \quad (k-1)x^2 - 6x + 16 = 0$

Affinché il problema abbia soluzione occorre che sia $\Delta \geq 0$, quindi, usando la formula ridotta, abbiamo:

$$\frac{\Delta}{4} = 9 - 16(k-1) \geq 0 \quad \longrightarrow \quad 9 - 16k + 16 \geq 0 \quad \longrightarrow \quad -16k + 25 \geq 0 \quad \longrightarrow \quad k \leq \frac{25}{16}$$

In definitiva, tenendo conto della condizione iniziale, deve essere $0 < k \leq \frac{25}{16}$.

ulteriori esempi

ESERCIZI E PROBLEMI pag. 328

7 PROBLEMI DI SECONDO GRADO

Si chiamano così tutti quei problemi che hanno come modello un'equazione di secondo grado. Per la risoluzione di questi problemi valgono le stesse considerazioni che avevamo fatto per i problemi lineari, quindi focalizzare le richieste del problema, porre attenzione alla scelta dell'incognita e alla determinazione del suo dominio in relazione al problema e così via. Nei problemi che vediamo di seguito abbiamo sempre usato una sola incognita in modo da ottenere una sola equazione; questo perché usare più incognite comporta dover risolvere un sistema e non abbiamo ancora visto come si risolve un sistema non lineare.
Per i problemi che coinvolgono figure geometriche occorre poi ricordare le proprietà delle figure e i teoremi più importanti. In particolare si usano spesso i teoremi di Pitagora e di Euclide relativi ai triangoli rettangoli che ricordiamo di seguito (***figura 2***):

- **teorema di Pitagora:** $\overline{AB}^2 + \overline{AC}^2 = \overline{BC}^2$
- **primo teorema di Euclide:** $\overline{AB}^2 = \overline{BC} \cdot \overline{BH} \qquad \overline{AC}^2 = \overline{BC} \cdot \overline{CH}$
- **secondo teorema di Euclide:** $\overline{AH}^2 = \overline{BH} \cdot \overline{HC}$

Figura 2

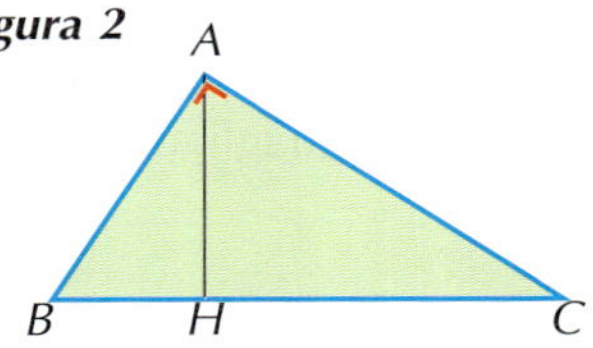

Risultano poi particolarmente utili le seguenti relazioni fra i lati e gli angoli di poligoni particolari:

- **triangolo equilatero** (***figura 3a***):

  posto $\overline{BC} = \ell$, si ha che: $\overline{HB} = \frac{1}{2}\ell \qquad \overline{CH} = \sqrt{\ell^2 - \frac{1}{4}\ell^2} = \frac{\sqrt{3}}{2}\ell$

  (abbiamo applicato il teorema di Pitagora)

- **quadrato** (***figura 3b***):

  posto $\overline{AB} = \ell$, si ha che: $\overline{DB} = \sqrt{\ell^2 + \ell^2} = \sqrt{2}\ell$

- **triangolo rettangolo con gli angoli di 30° e 60°** (***figura 3c***):

  posto $\overline{BC} = \ell \quad \rightarrow \quad \overline{AC} = \frac{1}{2}\ell \quad \rightarrow \quad \overline{AB} = \frac{\sqrt{3}}{2}\ell$

  perché tale triangolo è la metà di un triangolo equilatero

Figura 3

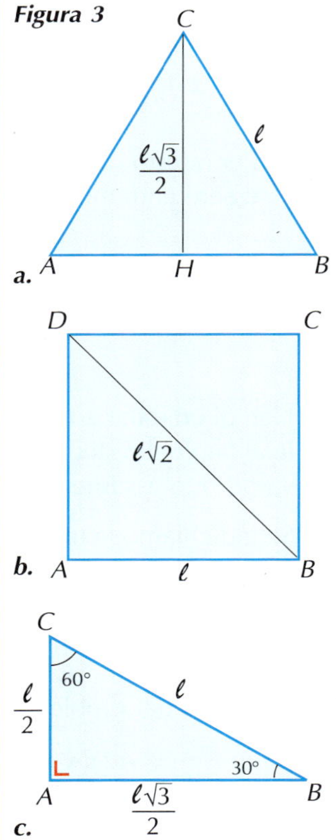

- **triangolo rettangolo isoscele** (angoli acuti di 45° ciascuno) (***figura 3d***):
  posto $\overline{AB} = \ell$, si ha che: $\overline{BC} = \sqrt{2}\ell$
  perché tale triangolo è la metà di un quadrato

Figura 3d.

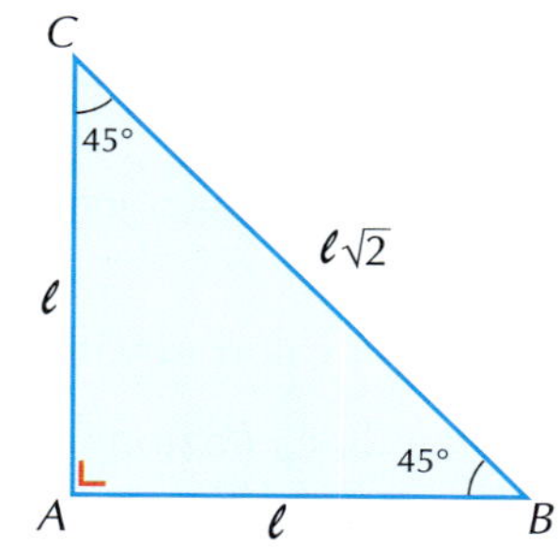

- **triangolo equilatero inscritto in una circonferenza di raggio *r*** (***figura 4a***):
  $\overline{AB} = \sqrt{3}r \qquad \overline{AH} = \frac{3}{2}r$
  perché il triangolo *OHC* è rettangolo con gli angoli di 30° e 60°, quindi
  $\overline{HC} = \frac{\sqrt{3}}{2}r$ e $\overline{OH} = \frac{1}{2}r$
- **quadrato inscritto in una circonferenza di raggio *r*** (***figura 4b***):
  $\overline{DB} = 2r$ e quindi $\overline{AB} = \sqrt{2}r$
- **esagono regolare inscritto in una circonferenza di raggio *r*** (***figura 4c***):
  $\overline{AB} = r$
  perché il triangolo *OAB* è equilatero.

Figura 4

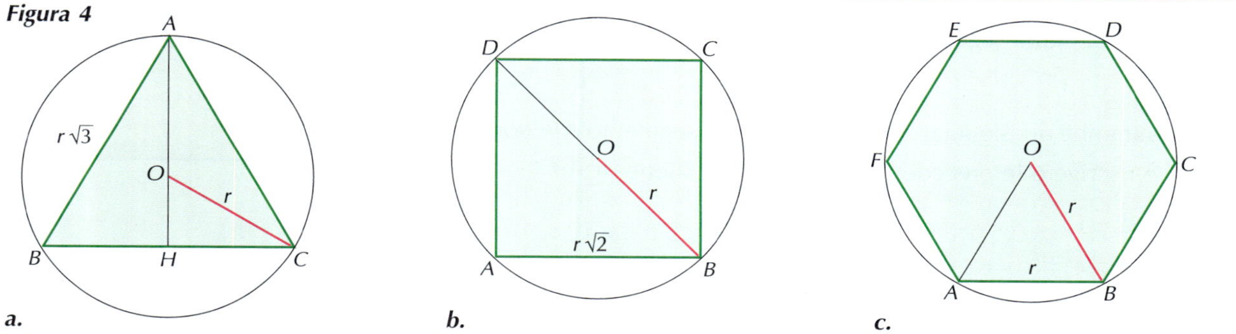

I problema

In una frazione il denominatore supera il numeratore di 3 unità; se si somma il doppio della frazione con la metà della sua reciproca si ottiene $\frac{41}{20}$. Qual è la frazione?

Scriviamo i dati indicando con *n* il numeratore e con *d* il denominatore della frazione:

- $d = n + 3$
- $\underbrace{2 \cdot \frac{n}{d}}_{\text{il doppio della frazione}} + \underbrace{\frac{1}{2} \cdot \frac{d}{n}}_{\text{la metà della frazione reciproca}} = \frac{41}{20}$

Poiché il denominatore è espresso in funzione del numeratore, sembra conveniente indicare con *x* il numeratore della frazione che, dovendo poi utilizzare la frazione reciproca, deve essere un numero intero non nullo: $x \in Z - \{0\}$.
Dalla prima informazione ricaviamo che il denominatore è $x + 3$.

Dalla seconda ricaviamo che $\mathbf{2 \cdot \frac{x}{x+3} + \frac{1}{2} \cdot \frac{x+3}{x} = \frac{41}{20}}$

Questa è dunque l'equazione modello del problema; affinché essa abbia significato deve essere $x \neq 0$, condizione già indicata dal problema, e $x \neq -3$. Il dominio deve quindi essere modificato ed è $x \in Z - \{-3, 0\}$.

Risolvendo l'equazione otteniamo: $x^2 - 7x + 10 = 0 \quad \rightarrow \quad x = \begin{cases} 2 \\ 5 \end{cases}$

Entrambi i valori trovati appartengono al dominio del problema e sono quindi accettabili. La frazione è il rapporto $\frac{x}{x+3}$, quindi abbiamo due possibili soluzioni:

- prima soluzione: per $x = 2$ la frazione è $\frac{2}{5}$
- seconda soluzione: per $x = 5$ la frazione è $\frac{5}{8}$.

Il problema

Di un rettangolo si sa che un lato supera di 13m l'altro e inoltre è inferiore di 4m rispetto alla diagonale; vogliamo calcolare le misure dei lati del rettangolo.

Figura 5

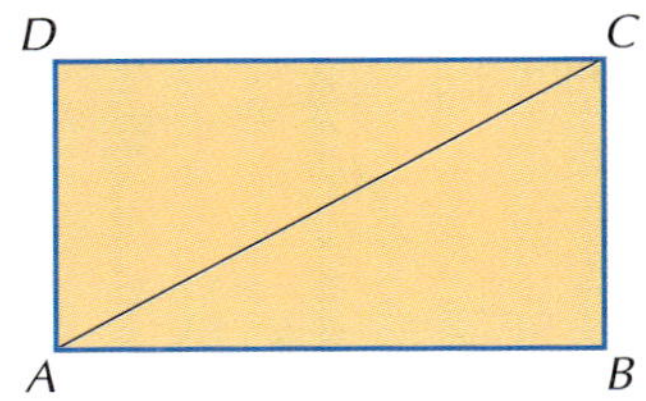

Disegniamo la figura (***figura 5***) e scriviamo i dati in relazione ad essa:

- $\overline{AB} = \overline{BC} + 13$
- $\overline{AB} = \overline{AC} - 4$

Poiché entrambe queste relazioni coinvolgono il segmento AB, conviene porre $\overline{AB} = x$ e riscrivere le precedenti relazioni in funzione di $\overline{AB}$:

- $\overline{BC} = \overline{AB} - 13 \quad \rightarrow \quad \overline{BC} = x - 13$
- $\overline{AC} = \overline{AB} + 4 \quad \rightarrow \quad \overline{AC} = x + 4$

L'insieme in cui x può variare è quello dei numeri reali positivi maggiori di 13 perché altrimenti la misura di BC sarebbe negativa o nulla; deve quindi essere $\boldsymbol{x > 13}$.

Per scrivere l'equazione che ci permetterà di trovare il valore di x dobbiamo sfruttare le proprietà geometriche della figura; osserviamo allora che il triangolo ABC è rettangolo e che per esso vale il teorema di Pitagora, quindi:

$$\overline{AB}^2 + \overline{BC}^2 = \overline{AC}^2 \qquad \text{cioè} \qquad \boldsymbol{x^2 + (x - 13)^2 = (x + 4)^2}$$

Questa è dunque l'equazione modello del problema; risolvendola si ottiene:

$$x^2 - 34x + 153 = 0 \quad \rightarrow \quad x = \begin{cases} 17 - 2\sqrt{34} \approx 5{,}34 \\ 17 + 2\sqrt{34} \approx 28{,}66 \end{cases}$$

La prima soluzione non appartiene al dominio del problema (deve essere $x > 13$); la sola soluzione accettabile è quindi la seconda. I lati del rettangolo misurano perciò:

$$\overline{AB} = 17 + 2\sqrt{34} \qquad \overline{BC} = \overline{AB} - 13 = 4 + 2\sqrt{34}$$

VIDEO RECUPERO

RIFLESSIONI SUL DOMINIO DELL'INCOGNITA

Questi esempi ci offrono l'occasione per fare qualche considerazione sul dominio dell'incognita.

In genere, a seconda di quello che rappresenta, l'incognita può assumere valori che appartengono a un sottoinsieme dei numeri reali o di qualche altro insieme numerico; l'equazione del problema ha poi un suo dominio del quale si deve tenere conto. Questo significa che se D_1 è il dominio dettato dalle considerazioni relative al problema e D_2 è il dominio dell'equazione, il dominio dell'incognita è l'insieme $D = D_1 \cap D_2$.

Quando l'insieme D è un intervallo del tipo $a < x < b$ (o anche $x > k$ oppure $x < h$), è necessario stabilire se i valori estremi di questo intervallo, che rappresentano i **casi limite**, possono essere accettati qualora facciano parte delle soluzioni dell'equazione.

Il criterio di accettabilità può essere quello che si basa sulla significatività del modello del problema: per esempio nel secondo problema il caso $x = 13$ non è stato considerato perché in questo caso il segmento BC avrebbe avuto lunghezza nulla e il rettangolo non avrebbe potuto esistere.

ulteriori esempi

ESERCIZI E PROBLEMI pag. 338

IL CAPITOLO SI COMPLETA CON:

CONCETTI CHIAVE E REGOLE | LABORATORIO | SCHEDE STORICHE E DI CURIOSITÀ | PRESENTAZIONI IN POWERPOINT

Quadratic equations
BASIC CONCEPTS

CLIL

AUDIO FILE

Key Terms

second degree equation
complete / incomplete equation
completing square method
quadratic formula
discriminant

The form of the equation

A **quadratic equation** is a second degree equation having the standard form

$$ax^2 + bx + c = 0$$

where $a \neq 0$, otherwise the equation is linear, and where:

- a is the quadratic coefficient
- b is the linear coefficient
- c is the known value or free term.

If either $b = 0$ or $c = 0$, the equation is called **incomplete**.

The solving procedures

Incomplete equations

- The equation $ax^2 = 0$
  has the only solution $x = 0$.

- The equation $ax^2 + bx = 0$
  can be solved by grouping the binomial $ax^2 + bx$ and then setting each factor equal to zero:
  $x(ax + b) = 0 \quad \rightarrow \quad x = 0 \quad \vee \quad ax + b = 0$

- The equation $ax^2 + c = 0$
  can be solved by radicals:

  $x^2 = -\frac{c}{a} \quad \rightarrow \quad x = \pm\sqrt{-\frac{c}{a}}$

  The solutions are real numbers only if $-\frac{c}{a} \geq 0$ (the square root of a negative number does not exist).

Here are some examples:

- $2x^2 = 0 \quad \rightarrow \quad x = 0$
- $3x^2 - 4x = 0 \quad x(3x - 4) = 0 \quad \rightarrow \quad x = 0 \quad \vee \quad x = \frac{4}{3}$
- $4x^2 - 9 = 0 \quad x^2 = \frac{9}{4} \quad \rightarrow x = \pm\sqrt{\frac{9}{4}} \quad x = \pm\frac{3}{2}$
- $5x^2 + 1 = 0 \quad x^2 = -\frac{1}{5}$ the equation has no real solutions.

Complete equations

To solve a complete quadratic equation we can apply the **completing square method**; let us see it through an example:

$$x^2 - 4x + 3 = 0$$

First step. Put the free term on the other side of the equation: $x^2 - 4x = -3$

Second step. Divide by 2 the linear coefficient: $-4 : 2 = -2$

Add the square of this number to both sides of the equation $x^2 - 4x + 4 = -3 + 4$

The trinomial at the left side is a perfect square: $(x-2)^2 = 1$

Third step. The equation can now be solved by radicals as follow:

$$\sqrt{(x-2)^2} = \sqrt{1} \quad \rightarrow \quad |x-2| = 1 \quad \rightarrow \quad x - 2 = \pm 1 \quad \rightarrow \quad x = 2 \pm 1 \quad \rightarrow \quad x = \begin{cases} 3 \\ 1 \end{cases}$$

Applying this procedure to the general form $ax^2 + bx + c = 0$ of the equation, we find that the value of x is given by the formula:

$$\boxed{x = \frac{-b \pm \sqrt{b^2 - 4ac}}{2a}}$$

which is called the **quadratic formula**.

Let us apply it to the previous equation $x^2 - 4x + 3 = 0$, where $a = 1$, $b = -4$, $c = 3$:

$$x = \frac{4 \pm \sqrt{4^2 - 4 \cdot 1 \cdot 3}}{2 \cdot 1} = \frac{4 \pm \sqrt{4}}{2} = \frac{4 \pm 2}{2} = \begin{cases} 3 \\ 1 \end{cases}$$

The expression underneath the square root sign is called the **discriminant** of the quadratic equation and it is represented by an upper case Greek delta:

$$\Delta = b^2 - 4ac$$

Depending on the value of its discriminant, a quadratic equation can have:

- two different real solutions if $\Delta > 0$
- two equal real solutions if $\Delta = 0$
- no real solutions if $\Delta < 0$.

For example:

- $x^2 - 3x - 5 = 0 \quad \rightarrow \quad \Delta = 3^2 - 4 \cdot 1 \cdot (-5) = 29$ the equation has two real solutions: $x = \dfrac{3 \pm \sqrt{29}}{2}$
- $4x^2 + 4x + 1 = 0 \quad \rightarrow \quad \Delta = 4^2 - 4 \cdot 4 \cdot 1 = 0$ the equation has two equal solutions: $x = \dfrac{-4 \pm 0}{8} = -\dfrac{1}{2}$
- $3x^2 - 5x + 4 = 0 \quad \rightarrow \quad \Delta = 5^2 - 4 \cdot 3 \cdot 4 = -23$ the equation has no real solutions.

If b is an even number, we can use a simplier formula that we obtain from the quadratic formula dividing all its terms by 2 (underneath the square root we have to divide by 4):

$$x = \frac{-\dfrac{b}{2} \pm \sqrt{\left(\dfrac{b}{2}\right)^2 - ac}}{a}$$

Let us solve as an example the equation $5x^2 - 4x - 1 = 0$ where $-\dfrac{b}{2} = 2$:

$$x = \frac{2 \pm \sqrt{4 - 5 \cdot (-1)}}{5} = \frac{2 \pm 3}{5} = \begin{cases} 1 \\ -\dfrac{1}{5} \end{cases}$$

CLIL

Relationship between solutions and coefficients

If we name x_1 and x_2 the two solutions of a quadratic equation $ax^2+bx+c=0$ then

$$x_1+x_2=-\frac{b}{a} \qquad \text{and} \qquad x_1\cdot x_2=\frac{c}{a}$$

In the equation $5x^2-4x-1=0$ that we solved above and where $x_1=1$ and $x_2=-\frac{1}{5}$, this relationship is evident:

$$x_1+x_2=1-\frac{1}{5}=\frac{4}{5} \qquad x_1\cdot x_2=1\cdot\left(-\frac{1}{5}\right)=-\frac{1}{5}$$

Some derivations are the following.

- Any quadratic equation can be written as $x^2-(x_1+x_2)x+x_1\cdot x_2=0$
  This is useful to solve the problem of finding two numbers knowing their sum and their product:
  - if the sum is $\frac{1}{2}$ and the product is $-\frac{3}{16}$, then we have to solve the equation $x^2-\frac{1}{2}x-\frac{3}{16}=0$
  - solving, we find the two numbers: $x_1=-\frac{1}{4}$ $x_2=\frac{3}{4}$
- We can write the equation which has two given numbers as solutions:
  - if $\frac{2}{3}$ and $-\frac{1}{6}$ are the solutions, then $\frac{2}{3}-\frac{1}{6}=\frac{1}{2}$ $\frac{2}{3}\cdot\left(-\frac{1}{6}\right)=-\frac{1}{18}$
  - and the equation is: $x^2-\frac{1}{2}x-\frac{1}{18}=0 \rightarrow 18x^2-9x-1=0$
- The trinomial ax^2+bx+c can be factorized as: $a(x-x_1)(x-x_2)$
  - to factorize $2x^2+5x+2$ first we solve the equation $2x^2+5x+2=0 \rightarrow x_1=-2$ $x_2=-\frac{1}{2}$
  - thus the factorization is: $2(x+2)\left(x+\frac{1}{2}\right)=(x+2)(2x+1)$

EXERCISES

CAPITOLO 3

Il piano cartesiano e la retta

OBIETTIVI

- fissare un sistema di riferimento nel piano
- operare con punti e segmenti dal punto di vista analitico
- operare con le principali isometrie nel piano cartesiano
- riconoscere e saper scrivere l'equazione di una retta
- riconoscere la perpendicolarità e il parallelismo fra rette
- risolvere problemi applicando il metodo delle coordinate

1 IL SISTEMA DI RIFERIMENTO SULLA RETTA

Sappiamo che i punti di una retta orientata r sono in corrispondenza biunivoca con i numeri reali (lo abbiamo visto nel capitolo relativo agli insiemi numerici del primo volume); questo significa che, fissato un punto O a cui far corrispondere il numero 0 e stabilito un segmento u come unità, ad ogni punto sulla retta corrisponde un numero reale e, viceversa, ad ogni numero reale corrisponde un punto sulla retta. Se a è il numero reale associato al punto P, questa corrispondenza si evidenzia con la scrittura

$$P(a)$$

e si dice che il punto P ha **ascissa** a.

Per esempio, con riferimento alla ***figura 1***, nella quale abbiamo fissato due quadretti come unità di misura, si ha che: $A(+2)$, $B\left(-\frac{3}{2}\right)$, $C(+2\sqrt{3})$.

Figura 1

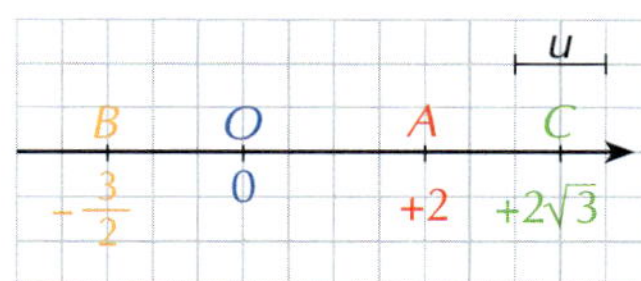

Nel seguito, quando vorremo distinguere le ascisse di due punti generici diversi, useremo la lettera x munita di un indice numerico oppure letterale che indica il nome del punto; per esempio scriveremo $A(x_1)$ e $B(x_2)$ oppure $A(x_A)$ e $B(x_B)$.

SEGMENTI ORIENTATI

Un segmento AB sulla retta r è individuato dai suoi estremi A e B; poiché una retta orientata si può percorrere nel verso indicato dall'orientamento oppure nel verso opposto, anche il segmento AB può essere percorso nel verso che va da A verso B oppure da B verso A. Quando di un segmento si vuole mettere in evidenza l'ordine con cui vengono considerati i suoi punti, si parla di **segmento orientato**. Avremo quindi che (***figura 2***):

- il segmento AB che ha il primo estremo in A ed il secondo estremo in B ha lo stesso orientamento della retta r cui appartiene e si dice che è orientato in senso positivo
- il segmento BA che ha il primo estremo in B ed il secondo estremo in A ha orientamento opposto a quello di r e si dice che è orientato in senso negativo.

Figura 2

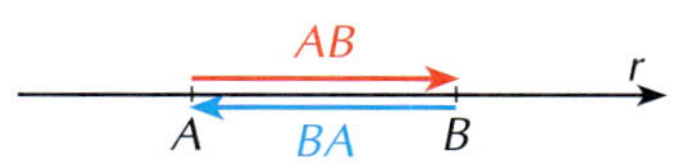

AB è un segmento positivo
BA è un segmento negativo

Un segmento orientato si indica ponendo una freccia sopra le lettere dei suoi estremi scritte nell'ordine di precedenza; così il segmento orientato da A verso

B si indica con il simbolo $\overrightarrow{AB}$, il segmento orientato da B verso A si indica con $\overrightarrow{BA}$. Due segmenti come $\overrightarrow{AB}$ e $\overrightarrow{BA}$ che differiscono solo per l'orientamento si dicono opposti.
Allo stesso modo, i segmenti $\overrightarrow{OP}$ nei quali P segue O nell'orientamento di r sono orientati positivamente, i segmenti $\overrightarrow{OP}$ nei quali P precede O sono orientati negativamente (***figura 3***).
L'ascissa del punto P diventa in questo modo la misura con segno del segmento $\overrightarrow{OP}$ rispetto al segmento scelto come unità; tale misura sarà quindi positiva per i segmenti orientati positivamente, sarà negativa per quelli orientati negativamente. Riferendoci ancora alla precedente ***figura 1***, la misura di $\overrightarrow{OA}$ è $+2$, la misura di $\overrightarrow{OB}$ è $-\frac{3}{2}$, la misura di $\overrightarrow{OC}$ è $+2\sqrt{3}$.

E' quindi semplice calcolare la misura di un segmento orientato quando uno dei suoi estremi coincide con l'origine O; per calcolare la misura di un segmento orientato $\overrightarrow{AB}$ di estremi $A(x_A)$ e $B(x_B)$ qualsiasi, dobbiamo riferirci alle proprietà dei segmenti orientati che si possono dedurre osservando la ***figura 4***:

- $\overrightarrow{AB} + \overrightarrow{BA} = \overrightarrow{0}$
  cioè la somma di due segmenti opposti è sempre il segmento nullo che si indica con il simbolo $\overrightarrow{0}$.
- $\overrightarrow{AC} + \overrightarrow{CB} = \overrightarrow{AB}$
  cioè, qualunque sia il punto C su r, la somma di due segmenti $\overrightarrow{AC}$ e $\overrightarrow{CB}$ che hanno C come estremo comune è il segmento che ha per estremi gli altri due punti.

Se adesso interpretiamo $\overrightarrow{AB}$ come somma di $\overrightarrow{AO}$ con $\overrightarrow{OB}$ (in ***figura 5*** i possibili casi che si possono presentare) otteniamo:

$\overrightarrow{AB} = \overrightarrow{AO} + \overrightarrow{OB}$ per la seconda proprietà

$\quad = \overrightarrow{OB} - \overrightarrow{OA}$ per la prima proprietà $\left(\overrightarrow{AO} = -\overrightarrow{OA}\right)$

Quindi la misura del segmento orientato $\overrightarrow{AB}$ è data dalla misura di $\overrightarrow{OB}$ (cioè l'ascissa di B) meno la misura di $\overrightarrow{OA}$ (cioè l'ascissa di A); se $A(x_A)$ e $B(x_B)$ avremo dunque che

$$\text{misura di } \overrightarrow{AB} = \overline{AB} = x_B - x_A$$

Per esempio (***figura 6***):

- se $A(+4)$ e $B(+9)$ (segmento orientato positivamente):
  misura di $\overrightarrow{AB} = +9 - (+4) = +5$
- se $A(-3)$ e $B(+5)$ (segmento orientato positivamente):
  misura di $\overrightarrow{AB} = +5 - (-3) = +8$
- se $A(+6)$ e $B(-1)$ (segmento orientato negativamente):
  misura di $\overrightarrow{AB} = -1 - (+6) = -7$

La misura di un segmento orientato non nullo può quindi essere positiva o negativa a seconda dell'orientamento del segmento.

Figura 3

Figura 4

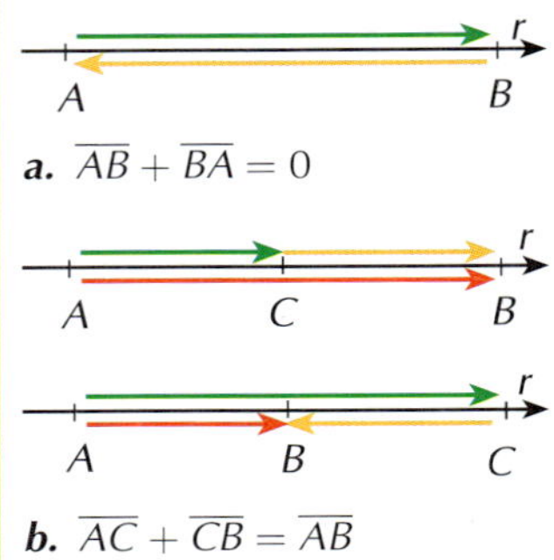

Figura 5

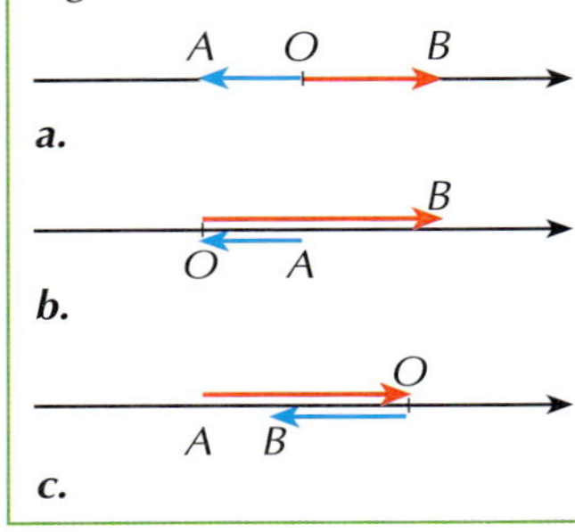

ANIMAZIONE

Figura 6

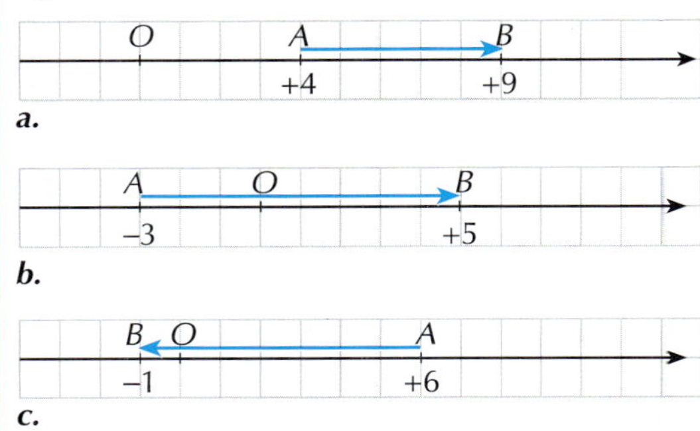

I segmenti orientati si usano tutte le volte che si vuole esprimere che una data grandezza ha cambiato il suo valore aumentandolo o diminuendolo; per esempio:

- se un titolo in Borsa è passato dal valore +15,28 (ascissa del punto A sulla retta orientata) al valore +16,35 (ascissa del punto B), esso ha subito un incremento rappresentabile con il segmento orientato $\overrightarrow{AB}$ la cui misura $+16{,}35 - (+15{,}28) = +1{,}07$ esprime un aumento della quotazione
- se la temperatura di un corpo è passata da +18,4°C (ascissa del punto A) a +9,5°C (ascissa del punto B), esso ha subito un incremento $\overrightarrow{AB}$ la cui misura $+9{,}5 - (+18{,}4) = -8{,}9$ esprime una diminuzione di temperatura, cioè un raffreddamento.

Un segmento orientato positivamente ha misura positiva.
Un segmento orientato negativamente ha misura negativa.

SEGMENTI NON ORIENTATI

Quando invece un segmento non rappresenta aumenti o diminuzioni di una grandezza si usano i segmenti non orientati (quelli della geometria classica euclidea) dove scrivere AB oppure BA è la stessa cosa. Un segmento non orientato ha una misura che è sempre non negativa e che, tenendo presente che $AB = BA$, si calcola con la formula

$$\text{misura di } AB = \overline{AB} = |x_B - x_A|$$

In definitiva possiamo dire che:

la misura di un segmento di estremi $A(x_A)$ e $B(x_B)$ si calcola facendo:
- la differenza nell'ordine fra l'ascissa del secondo estremo e quella del primo estremo se il segmento è orientato
- la differenza in modulo fra le ascisse dei due estremi presi in un ordine qualsiasi se il segmento non è orientato.

La misura di un segmento AB si indica sempre con il simbolo $\overline{AB}$ sia che il segmento sia orientato o che non lo sia. In genere è il contesto del discorso che chiarisce di quale tipo di misura si tratti.

PUNTO MEDIO DI UN SEGMENTO

Dato un segmento (orientato o meno) capita frequentemente di dover trovare il suo punto medio; per esempio tutte le volte che si deve tracciare una mediana in un triangolo, quando si deve trovare l'altezza relativa alla base in un triangolo isoscele, quando si deve costruire l'asse di un segmento.
Se $A(x_A)$ e $B(x_B)$ sono gli estremi del segmento, il suo punto medio $M(x_M)$ deve essere tale che $\overline{AM} = \overline{MB}$ (***figura 7***), cioè:

Figura 7

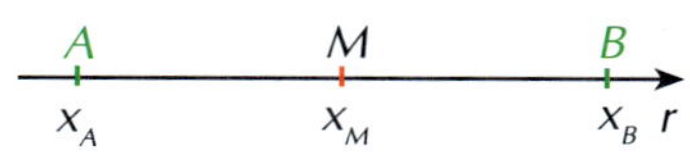

essendo $\overline{AM} = x_M - x_A$ e $\overline{MB} = x_B - x_M$

si ha che $x_M - x_A = x_B - x_M$

Risolvendo quest'ultima equazione rispetto a x_M troviamo che deve essere

$$2x_M = x_A + x_B \qquad \text{cioè} \qquad x_M = \frac{x_A + x_B}{2}$$

L'ascissa del punto medio di un segmento è data dalla semisomma delle ascisse dei suoi estremi.

Per esempio, se $A(+2)$ e $B(-7)$, il punto medio del segmento AB ha ascissa:

$$\frac{2 + (-7)}{2} = -\frac{5}{2}$$

ESEMPI

1. Calcoliamo la misura dei segmenti orientati individuati dalle coppie di punti:

$A(+5)\quad B(+2)\qquad P(-3)\quad Q(+1)\qquad C(-2)\quad D(-7)$

Due punti su una retta orientata individuano sempre due segmenti opposti; per determinare la loro misura dobbiamo calcolare la differenza fra l'ascissa del secondo estremo del segmento e quella del primo; si ha così che:

$\overline{AB} = +2 - (+5) = -3 \qquad \overline{PQ} = +1 - (-3) = +4 \qquad \overline{CD} = -7 - (-2) = -5$

$\overline{BA} = +5 - (+2) = +3 \qquad \overline{QP} = -3 - (+1) = -4 \qquad \overline{DC} = -2 - (-7) = +5$

2. Dati i punti $A(-5)$, $B\left(+\frac{1}{2}\right)$, $C(+3)$, $D\left(-\frac{3}{2}\right)$, calcoliamo la misura del segmento non orientato MN dove M e N sono rispettivamente i punti medi dei segmenti AB e CD.

Calcoliamo le ascisse di M e di N: $x_M = \dfrac{x_A + x_B}{2} = \dfrac{-5+\frac{1}{2}}{2} = -\dfrac{9}{4} \qquad x_N = \dfrac{x_C + x_D}{2} = \dfrac{+3-\frac{3}{2}}{2} = +\dfrac{3}{4}$

Calcoliamo la misura di MN: $\overline{MN} = |x_M - x_N| = \left|-\dfrac{9}{4} - \left(+\dfrac{3}{4}\right)\right| = 3$

ulteriori esempi

ESERCIZI E PROBLEMI pag. 359

2 IL PIANO CARTESIANO

2.1 Il sistema di coordinate

Fissare un sistema di ascisse su una retta orientata ci ha permesso di trattare enti geometrici come i punti e i segmenti dal punto di vista numerico. Sappiamo che è possibile estendere queste considerazioni al piano in modo da poter associare dei numeri anche ai suoi punti e quindi alle sue figure; ricordiamo come fare.

Consideriamo due rette orientate qualsiasi r e s, che siano incidenti e distinte e che per comodità supponiamo perpendicolari, anche se ciò non è strettamente necessario. Fissiamo su ciascuna di esse un sistema di ascisse in modo che il punto origine O sia il loro punto di intersezione; supponiamo, almeno inizialmente, anche se vedremo in seguito che ciò non è indispensabile, che l'unità di misura sia la stessa su entrambe le rette (***figura 8***).

Consideriamo un punto qualunque P del piano e da esso tracciamo le parallele ad r e s che le incontrano rispettivamente in P' e P''; per come abbiamo definito r e s, al punto P' è associata un'ascissa x e al punto P'' un'ascissa y (***figura 9***). Viceversa, assegnati un punto P' di ascissa x sulla retta r ed un punto P'' di ascissa y sulla retta s e tracciate da essi le parallele ad s e r, si viene ad individuare come loro intersezione un unico punto P.

Figura 8

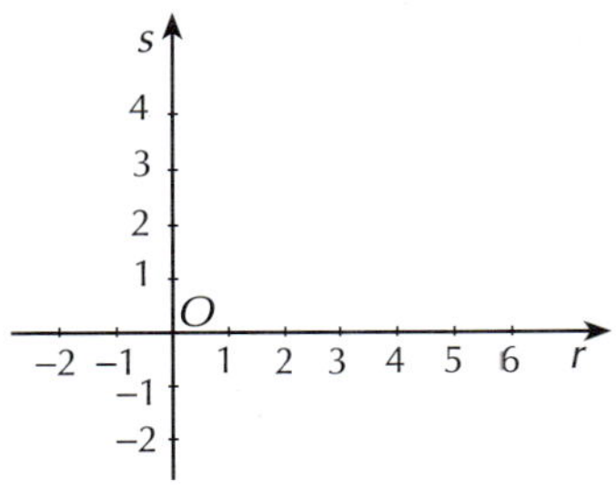

Figura 9

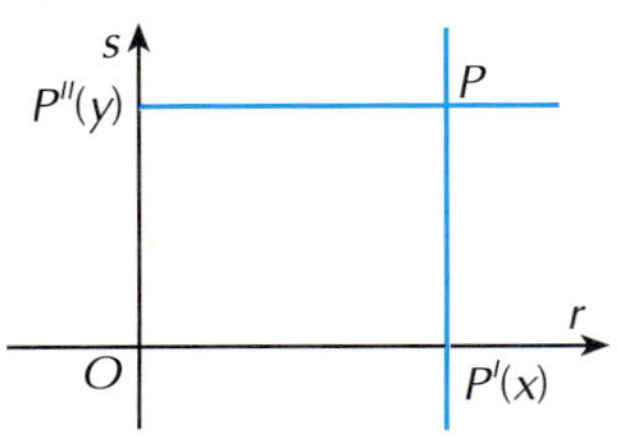

Fra le coppie ordinate (x, y) di numeri reali e i punti del piano si può dunque stabilire una corrispondenza biunivoca. Possiamo allora identificare le coppie (x, y), che sono elementi del prodotto cartesiano $R \times R$, con i punti del piano, compiendo in questo modo il primo passo verso quella trasformazione che ci siamo prefissati di effettuare da legami geometrici a equivalenti legami algebrici.

Se (x, y) è la coppia ordinata di numeri reali associata al punto P, si dice che P ha coordinate (x, y) e si scrive

$$P(x, y)$$

Il primo numero della coppia (il numero x), si dice **ascissa** del punto P, il secondo numero della coppia (il numero y), si dice **ordinata**.

Per questo motivo l'asse r, che di solito viene disegnato orizzontalmente ed orientato verso destra, si dice **asse delle ascisse** (o anche **asse *x***); l'asse s, che di conseguenza viene disegnato verticalmente ed orientato verso l'alto, si dice **asse delle ordinate** (o anche **asse *y***).

Il sistema di riferimento nel piano che si viene in questo modo a determinare prende il nome di cartesiano, e, più specificatamente, si parla di **sistema di riferimento cartesiano ortogonale** di origine O per il fatto che i due assi sono perpendicolari fra loro e si intersecano in O (***figura 10***).

Figura 10

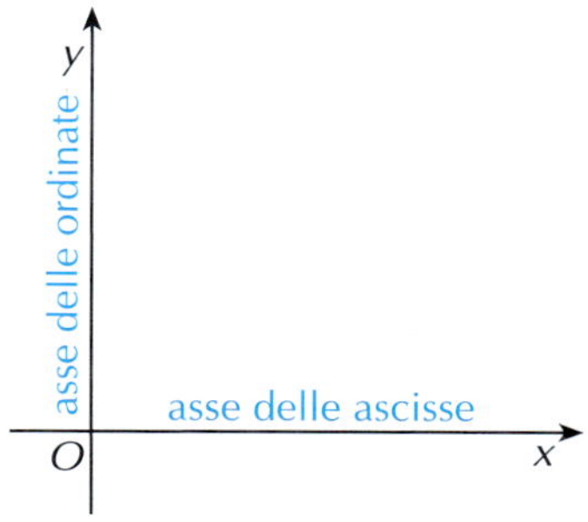

Alcune osservazioni.

- Fissato un sistema di riferimento cartesiano ortogonale i punti che appartengono all'asse delle ascisse hanno ordinata nulla, quelli che appartengono all'asse delle ordinate hanno ascissa nulla. L'origine del sistema di riferimento ha coordinate (0, 0).

- Tracciando gli assi cartesiani, dividiamo il piano in quattro regioni che chiamiamo **quadranti**; essi vengono indicati con un numero ordinale come appare in ***figura 11***.

Figura 11

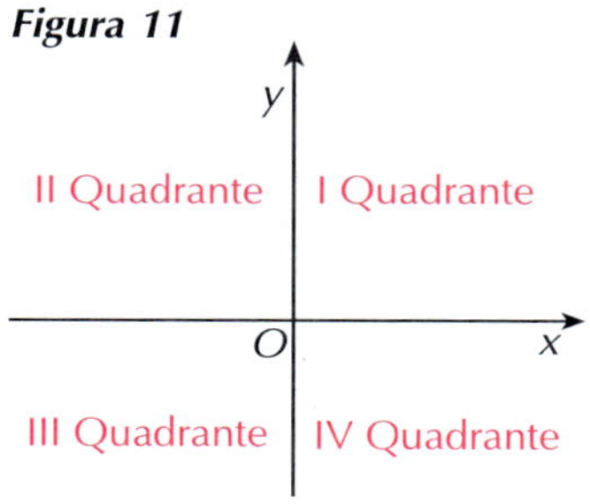

- I punti che appartengono al primo quadrante hanno entrambe le coordinate positive; quelli che appartengono al secondo hanno l'ascissa negativa e l'ordinata positiva; quelli che appartengono al terzo hanno entrambe le coordinate negative; infine, quelli che appartengono al quarto hanno l'ascissa positiva e l'ordinata negativa (in ***figura 12*** alcuni esempi).

Figura 12

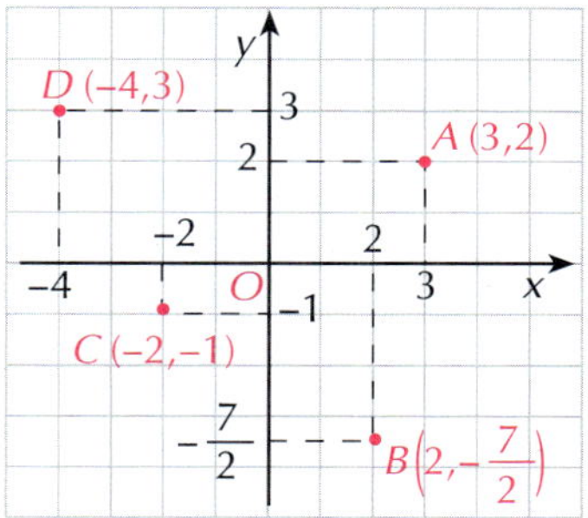

- I punti del piano sono individuati da **coppie ordinate** di numeri reali; questo significa che i due numeri devono essere dati in un ordine preciso: prima l'ascissa e poi l'ordinata. Scambiando fra loro tali valori si ottiene un punto diverso (in ***figura 13*** alcuni esempi).

Figura 13

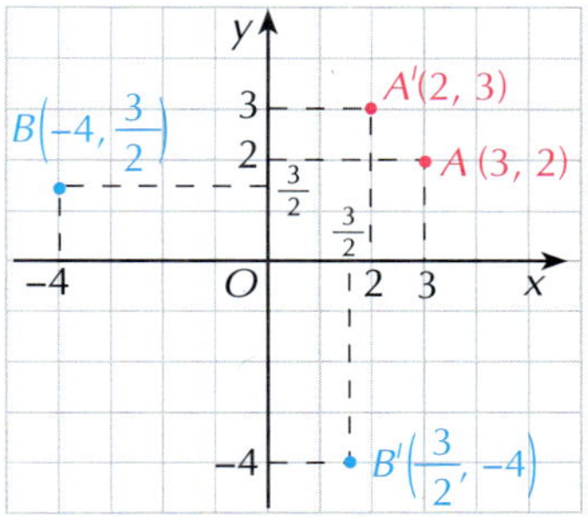

- Fino ad ora abbiamo usato la stessa unità di misura sui due assi cartesiani; si dice in questo caso che il sistema di riferimento è **monometrico**. E' tuttavia possibile scegliere una unità per l'asse delle ascisse ed una diversa per l'asse delle ordinate; si parla allora di sistema di riferimento **dimetrico**.
  In genere, si sceglie la prima soluzione per relazioni di tipo matematico, mentre è spesso più conveniente la seconda per problemi di tipo economico, fisico, chimico oppure quando sui due assi si devono rappresentare numeri di grandezze diverse (ad esempio numeri molto piccoli sull'asse delle ascisse e numeri molto grandi sull'asse delle ordinate o viceversa).

2.2 I segmenti nel piano

Dati nel piano cartesiano due punti $A(x_1, y_1)$ e $B(x_2, y_2)$, vogliamo esprimere la misura del segmento AB e le coordinate del suo punto medio in funzione delle coordinate dei suoi estremi.
Osserviamo che nel piano il segmento AB è inteso in senso euclideo e che quindi si tratta di un segmento non orientato; la sua misura sarà dunque un numero positivo o nullo. Si possono presentare i seguenti casi.

- **Il segmento *AB* è parallelo all'asse delle ascisse**
  Poiché $AB \cong A'B'$ (***figura 14a***), la misura di AB è uguale al valore assoluto della differenza fra l'ascissa del punto B e quella del punto A presi in ordine qualsiasi:

$$\overline{AB} = |x_2 - x_1|$$

  Per esempio, dato il segmento di estremi $A(3, 2)$ e $B(-5, 2)$, si ha che $\overline{AB} = |-5 - 3| = 8$.

- **Il segmento *AB* è parallelo all'asse delle ordinate**
  Analogamente, la misura di AB è uguale al valore assoluto della differenza fra l'ordinata del punto B e quella del punto A presi in ordine qualsiasi (***figura 14b***):

$$\overline{AB} = |y_2 - y_1|$$

  Per esempio, dato il segmento di estremi $A(3, -4)$ e $B(3, 7)$ si ha che $\overline{AB} = |7 - (-4)| = 11$.

Nelle due formule precedenti si può evitare di considerare il modulo se si valuta la differenza fra l'ascissa maggiore e quella minore (oppure fra l'ordinata maggiore e quella minore) perché in tal caso la differenza è sicuramente positiva.

- **Il segmento *AB* non è parallelo agli assi**
  Tracciamo da A la parallela all'asse delle ascisse e da B la parallela all'asse delle ordinate e indichiamo con C il loro punto di intersezione (***figura 14c***); il punto C ha coordinate (x_2, y_1). Se applichiamo il teorema di Pitagora al triangolo rettangolo ABC così ottenuto, troviamo che

$$\overline{AB}^2 = \overline{AC}^2 + \overline{CB}^2$$

  Ma il segmento AC è parallelo all'asse delle ascisse e quindi la sua misura è $|x_2 - x_1|$; il segmento CB è parallelo all'asse delle ordinate e quindi la sua misura è $|y_2 - y_1|$. Si ha quindi che

$$\overline{AB}^2 = (x_2 - x_1)^2 + (y_2 - y_1)^2$$

  da cui ricaviamo che $\boxed{\overline{AB} = \sqrt{(x_2 - x_1)^2 + (y_2 - y_1)^2}}$

  Per esempio, la misura del segmento AB di estremi $A(-2, 1)$ e $B(3, 4)$ è

$$\overline{AB} = \sqrt{[3-(-2)]^2 + (4-1)^2} = \sqrt{(3+2)^2 + 3^2} = \sqrt{25+9} = \sqrt{34}$$

Determiniamo adesso le coordinate del punto medio di un segmento. Sia AB un segmento di estremi $A(x_1, y_1)$ e $B(x_2, y_2)$ e sia $M(x_M, y_M)$ il punto medio del segmento; vogliamo esprimere le coordinate di M in funzione di quelle dei punti A e B. Proiettiamo i punti A, B e M sugli assi cartesiani (***figura 15***); per il teorema di Talete, se M è il punto medio di AB, M' è il punto medio di $A'B'$ e M'' è il punto medio di $A''B''$. Le coordinate di M sono quindi rispet-

Figura 14

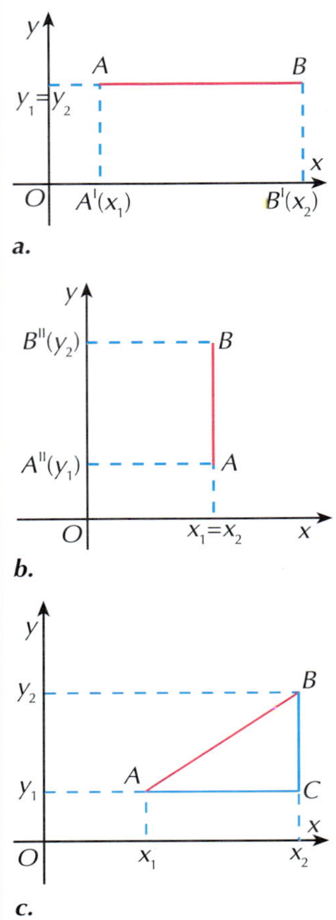

Teorema di Talete. *Un fascio di rette parallele individua su due trasversali segmenti proporzionali. Quindi se su una trasversale si individuano due segmenti congruenti, anche i loro corrispondenti sull'altra trasversale sono congruenti.*

Figura 15

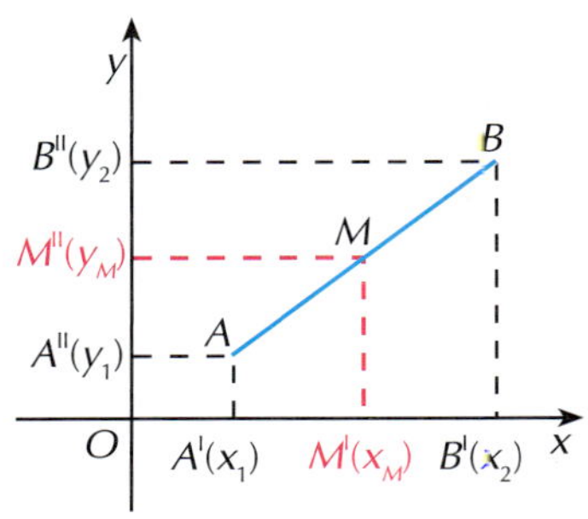

tivamente l'ascissa e l'ordinata dei punti medi dei segmenti $A'B'$ e $A''B''$:

$$x_M = \frac{x_1 + x_2}{2} \qquad \text{e} \qquad y_M = \frac{y_1 + y_2}{2}$$

Per esempio, se $A(5, -1)$ e $B(3, 5)$, si ha che $x_M = \frac{5+3}{2} = 4$ e $y_M = \frac{-1+5}{2} = 2$, quindi $M(4, 2)$.

VIDEO RECUPERO

ESEMPI

1. Calcoliamo le misure dei segmenti che hanno per estremi le seguenti coppie di punti:

a. $A(0, 3)$ $B(0, 5)$ **b.** $C(1, 5)$ $D(4, 5)$ **c.** $P(-2, 3)$ $Q(1, -1)$

a. I punti A e B hanno la stessa ascissa; il segmento AB è quindi parallelo all'asse y, anzi, in questo caso, AB appartiene all'asse y; la sua misura è quindi data dalla differenza in modulo delle ordinate degli estremi:

$$\overline{AB} = |5 - 3| = 2$$

b. I punti C e D hanno la stessa ordinata, quindi CD è un segmento parallelo all'asse x; la sua misura è data dalla differenza in modulo delle ascisse degli estremi:

$$\overline{CD} = |4 - 1| = 3$$

c. Il segmento PQ non è parallelo agli assi cartesiani; applicando la formula generale si ha che:

$$\overline{PQ} = \sqrt{[1-(-2)]^2 + (-1-3)^2} = \sqrt{3^2 + (-4)^2} = \sqrt{9+16} = 5$$

2. Verifichiamo che il quadrilatero $ABCD$ di vertici $A(4, 1)$, $B(5, 6)$, $C(-1, 3)$, $D(-2, -2)$ è un parallelogramma.

Per riconoscere se un quadrilatero è un parallelogramma si può:

- ***I modo:*** verificare che i lati opposti siano congruenti;
- ***II modo:*** verificare che le diagonali abbiano lo stesso punto medio.

Naturalmente si può anche verificare che i lati opposti siano paralleli oppure che gli angoli opposti siano congruenti, ma con le conoscenze che abbiamo acquisito finora non è possibile riconoscere il parallelismo fra rette o la congruenza fra angoli.
Costruiamo allora la figura del problema (***figura 16***) e procediamo alla risoluzione.

Figura 16

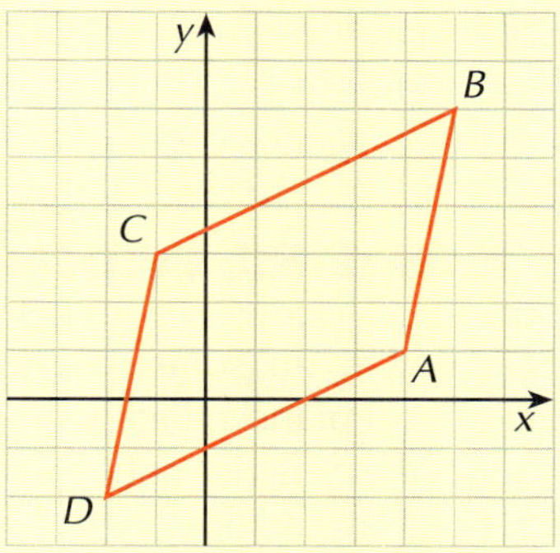

I modo.

Calcoliamo le lunghezze dei lati:

$$\overline{AB} = \sqrt{(5-4)^2+(6-1)^2} = \sqrt{26} \qquad \overline{CD} = \sqrt{(-2+1)^2+(-2-3)^2} = \sqrt{26} \qquad \rightarrow \qquad \overline{AB} = \overline{CD}$$

$$\overline{AD} = \sqrt{(4+2)^2+(1+2)^2} = 3\sqrt{5} \qquad \overline{BC} = \sqrt{(5+1)^2+(6-3)^2} = 3\sqrt{5} \qquad \rightarrow \qquad \overline{AD} = \overline{BC}$$

Il quadrilatero è un parallelogramma.

II modo.

Troviamo il punto medio M della diagonale AC:

$$x_M = \frac{4-1}{2} = \frac{3}{2} \qquad y_M = \frac{1+3}{2} = 2 \qquad \rightarrow \qquad M\left(\frac{3}{2}, 2\right)$$

Troviamo il punto medio N della diagonale BD:

$$x_N = \frac{5-2}{2} = \frac{3}{2} \qquad y_N = \frac{6-2}{2} = 2 \qquad \rightarrow \qquad N\left(\frac{3}{2}, 2\right)$$

Le diagonali hanno lo stesso punto medio, quindi $ABCD$ è un parallelogramma.

ulteriori esempi

ATTENZIONE AGLI ERRORI

Se due punti hanno coordinate $A(-4, -3)$ e $B(2, -1)$:

- per trovare la misura di AB si deve calcolare la differenza tra le ascisse e le ordinate e non la somma:

  è sbagliato scrivere $\overline{AB} = \sqrt{(2-4)^2 + (-1-3)^2}$

  è corretto scrivere $\overline{AB} = \sqrt{(2+4)^2 + (-1+3)^2}$

- per trovare il punto medio di AB si deve calcolare la semisomma delle ascisse e delle ordinate, non la semidifferenza:

  è sbagliato scrivere $x_M = \dfrac{-4-2}{2} \qquad y_M = \dfrac{-3+1}{2}$

  è corretto scrivere $x_M = \dfrac{-4+2}{2} \qquad y_M = \dfrac{-3-1}{2}$

ESERCIZI E PROBLEMI pag. 363

3 ISOMETRIE EVIDENTI NEL PIANO CARTESIANO

Sappiamo che un'isometria è una trasformazione geometrica che ad ogni segmento di un piano ne associa un altro congruente al primo.

Fra tutte le isometrie, quelle che ora ci interessano più da vicino sono le simmetrie e le traslazioni.

Trasformazione geometrica è una corrispondenza biunivoca fra i punti di un piano; essa è definita mediante una legge che indica come associare le coppie di punti. Trattandosi di una corrispondenza biunivoca, ogni trasformazione geometrica è una funzione del piano in sé.

Le simmetrie assiali

Data una retta r, la simmetria assiale di asse r è la funzione che ad ogni punto P del piano fa corrispondere il punto P' in modo che r sia l'asse del segmento PP'; del punto P' si dice che è il simmetrico di P.

In pratica, per trovare il simmetrico di un punto P rispetto a r si traccia da P la perpendicolare a r che la incontra in H e si prende su di essa, da parte opposta rispetto a r, il punto P' in modo che sia $PH \cong P'H$ (***figura 17*** di pagina seguente).

Nel piano cartesiano sono significative le simmetrie rispetto agli assi cartesiani. Dato un punto $P(x, y)$:

- il suo **simmetrico rispetto all'asse** x è il punto P' che ha la stessa ascissa di P ma ordinata opposta (***figura 18a***):

$$P(x, y) \quad \rightarrow \quad \mathbf{P'(x, -y)}$$

- il suo **simmetrico rispetto all'asse** y è il punto P'' che ha la stessa ordinata di P ma ascissa opposta (***figura 18b***):

$$P(x, y) \quad \rightarrow \quad \mathbf{P''(-x, y)}$$

Per esempio, i simmetrici del punto $P(-1, 2)$ rispetto ai due assi sono: $P'(-1, -2)$ rispetto all'asse x, $P''(1, 2)$ rispetto all'asse y (***figura 18c***).

Figura 17

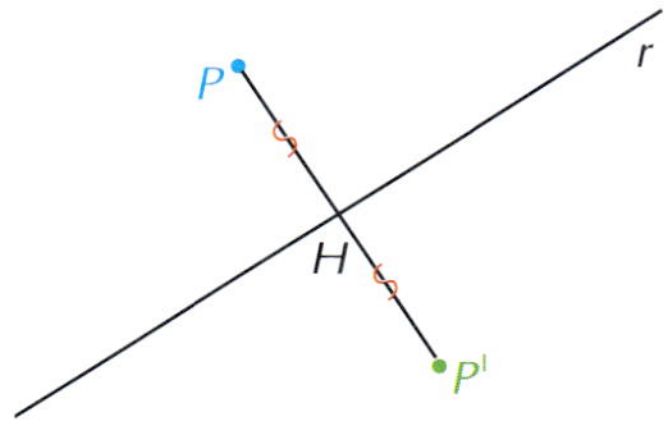

Figura 18

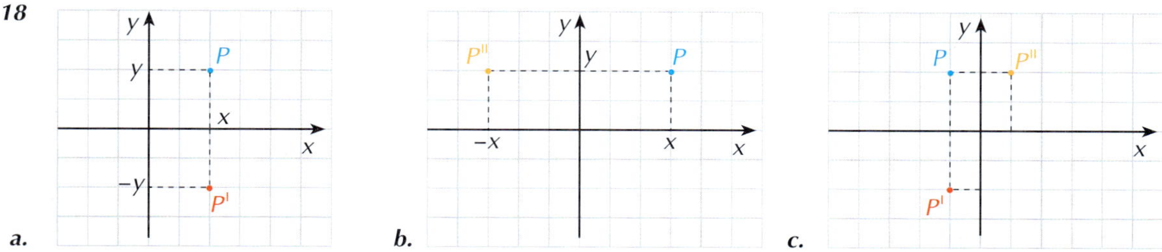

Le simmetrie centrali

Dato un punto A, la simmetria centrale di centro A è la funzione che ad ogni punto P del piano fa corrispondere il punto P' in modo che A sia il punto medio del segmento PP'. In pratica, per trovare il simmetrico di un punto P rispetto al centro A si traccia da P la semiretta PA e si prende su di essa, da parte opposta rispetto a A, il punto P' in modo che sia $PA \cong P'A$ (***figura 19***).
Particolarmente semplice nel piano cartesiano è la simmetria rispetto all'origine O; dato un punto $P(x, y)$, il suo simmetrico rispetto ad O è il punto P' che ha ascissa e ordinata opposte rispetto a P (***figura 20a***):

$$P(x, y) \quad \rightarrow \quad \mathbf{P'(-x, -y)}$$

È facile anche calcolare il simmetrico di $P(x, y)$ rispetto ad un punto qualsiasi $A(a, b)$ se teniamo presente che A è il punto medio di PP'; se (x', y') sono le coordinate di P' si ha che (***figura 20b***):

$$\frac{x + x'}{2} = a \quad \rightarrow \quad x' = 2a - x \quad \text{e} \quad \frac{y + y'}{2} = b \quad \rightarrow \quad y' = 2b - y$$

$$P(x, y) \quad \rightarrow \quad \mathbf{P'(2a - x, 2b - y)}$$

Per esempio, dato il punto $P(5, -4)$:

- il suo simmetrico rispetto all'origine è il punto $P'(-5, 4)$
- il suo simmetrico rispetto ad $A(-1, 2)$ ha coordinate:

$$x' = 2(-1) - 5 = -7 \qquad y' = 2 \cdot 2 - (-4) = 8 \quad \rightarrow \quad P'(-7, 8)$$

Figura 19

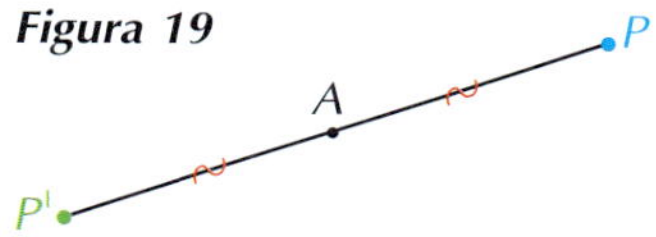

Figura 20

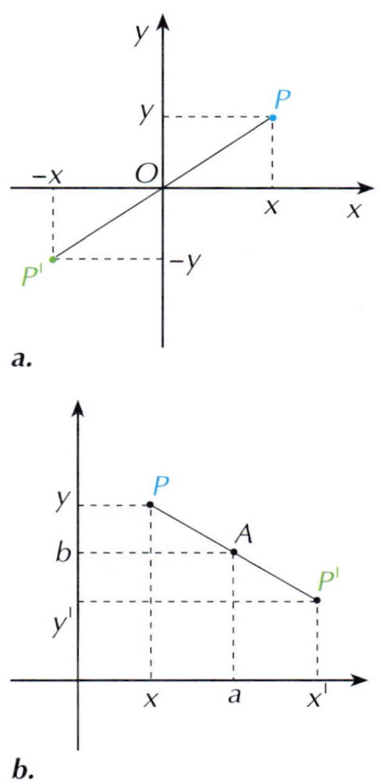

La traslazione

Dato un segmento orientato $\vec{v}$, la traslazione è la funzione che ad ogni punto P del piano fa corrispondere il punto P' in modo che il segmento $\vec{v}$ abbia il primo estremo in P ed il secondo in P' (***figura 21***).

Un segmento orientato del piano si chiama anche **vettore**; nel piano cartesiano, un vettore si individua facilmente mediante le sue componenti lungo gli assi cartesiani, che sono le misure dei segmenti orientati v_x e v_y che si ottengono proiettando il vettore $\vec{v}$ su tali assi o su due rette ad essi parallele; se $A(x_1, y_1)$ e $B(x_2, y_2)$ sono rispettivamente il primo e il secondo estremo del vettore, si ha subito che (***figura 22a***):

$$v_x = x_2 - x_1 \qquad \text{e} \qquad v_y = y_2 - y_1 \qquad \text{e si scrive} \qquad \vec{v}(v_x, v_y).$$

Per esempio, il vettore $\vec{v} = \overrightarrow{AB}$ con $A(3, -1)$ e $B(-2, 5)$ in ***figura 22b*** ha componenti $v_x = -2 - 3 = -5$ e $v_y = 5 + 1 = 6$ e scriviamo $\vec{v}(-5, 6)$.

Dato dunque un vettore $\vec{v}$ di componenti (v_x, v_y) ed un punto $P(x, y)$ del piano, le coordinate del punto P' ad esso corrispondente nella traslazione di vettore $\vec{v}$ si ottengono aggiungendo v_x e v_y rispettivamente alla sua ascissa e alla sua ordinata (***figura 23***):

$$P(x, y) \quad \rightarrow \quad \boldsymbol{P'(x + v_x, y + v_y)}$$

Per esempio, considerando ancora il vettore $\vec{v}(-5, 6)$, il punto P' che corrisponde a $P(1, -4)$ ha coordinate:

ascissa: $1 - 5 = -4$ ordinata: $-4 + 6 = 2$ $\rightarrow$ $P'(-4, 2)$

Figura 21

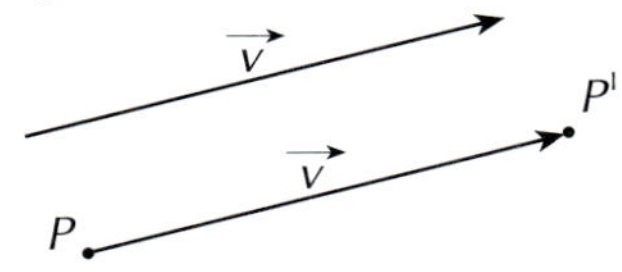

Figura 22

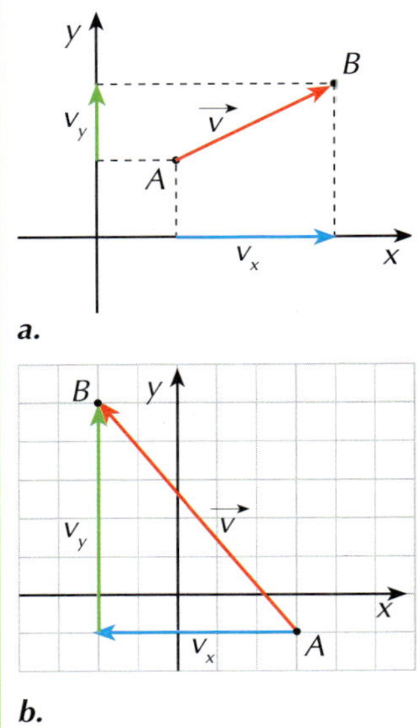

Gli elementi uniti di una isometria

In una trasformazione geometrica ogni punto ha di solito come corrispondente un punto diverso da se stesso; ci sono tuttavia dei casi in cui i punti trasformati coincidono con il punto stesso.

Tali punti si dicono **uniti** in quella particolare trasformazione.

Relativamente alle isometrie viste possiamo dire che:

- il solo punto unito di una simmetria centrale è il centro della simmetria, quindi nella simmetria rispetto all'origine il punto unito è l'origine stessa;
- in una simmetria assiale tutti i punti dell'asse sono uniti; quindi nella simmetria avente per asse l'asse delle ascisse, i punti uniti sono quelli dell'asse x, nella simmetria avente per asse l'asse delle ordinate, i punti uniti sono quelli dell'asse y;
- nelle traslazioni non ci sono invece punti uniti.

Figura 23

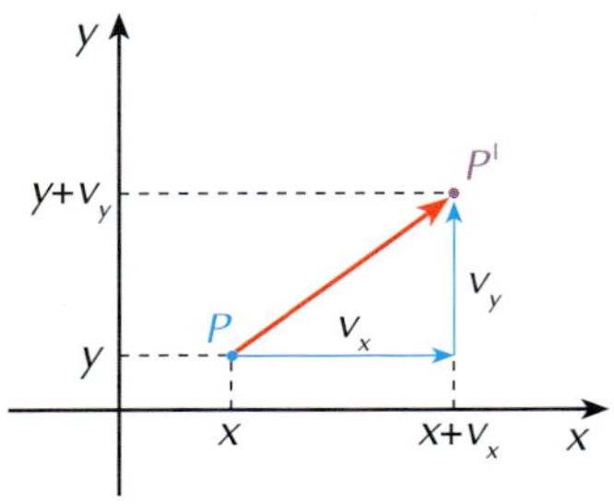

ESEMPI

1. Dato il triangolo ABC di vertici $A(2, 3)$, $B(-2, 0)$, $C(3, -1)$, troviamo le coordinate dei vertici del triangolo $A'B'C'$ corrispondente del triangolo ABC nella simmetria:

a. rispetto all'asse x
b. rispetto all'asse y
c. rispetto all'origine degli assi

a. I punti A', B', C' hanno la stessa ascissa dei punti A, B, C ma ordinate opposte; quindi (***figura 24a***)

$A'(2, -3)$ $B'(-2, 0)$ $C'(3, 1)$.

Poiché B coincide con B', si tratta di un **punto unito**.

Figura 24a

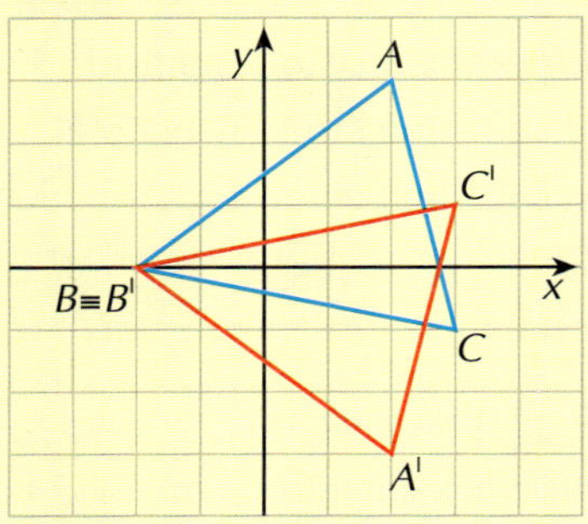

b. I punti A', B', C' hanno la stessa ordinata dei punti A, B, C ma ascisse opposte; quindi (***figura 24b***)

$A'(-2, 3)$ $\quad B'(2, 0)$ $\quad C'(-3, -1)$

c. I punti A', B', C' hanno ascisse ed ordinate opposte a quelle di A, B, C; quindi (***figura 24c***)

$A'(-2, -3)$ $\quad B'(2, 0)$ $\quad C'(-3, 1)$

Figura 24

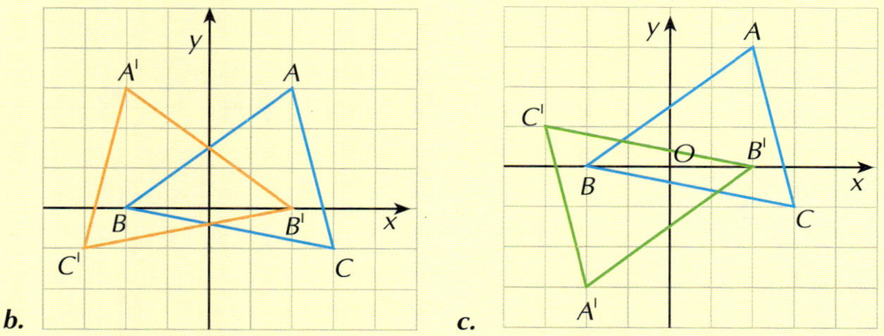

2. Dato il segmento di estremi $A(2, -1)$ e $B(-5, 3)$, troviamo il suo corrispondente $A'B'$ nella traslazione di vettore $\vec{v}\left(\frac{3}{2}, 1\right)$.

Figura 25

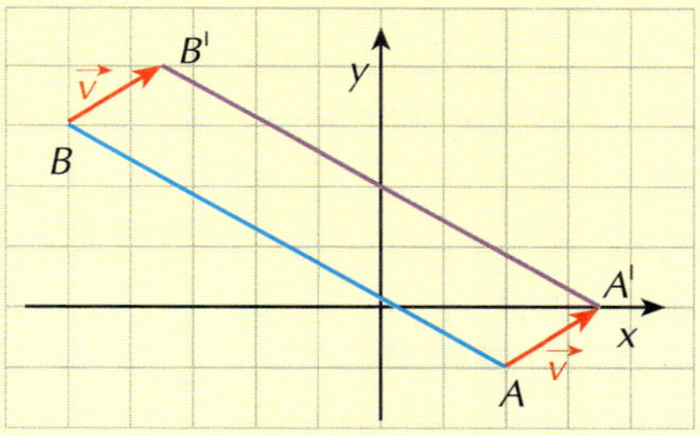

Le coordinate dei punti A' e B' si ottengono da quelle di A e B aggiungendo $\frac{3}{2}$ alle ascisse e 1 alle ordinate (***figura 25***).

Risolvendo i due sistemi:

$$\begin{cases} x_{A'} = 2 + \frac{3}{2} = \frac{7}{2} \\ y_{A'} = -1 + 1 = 0 \end{cases} \qquad \begin{cases} x_{B'} = -5 + \frac{3}{2} = -\frac{7}{2} \\ y_{B'} = 3 + 1 = 4 \end{cases}$$

si ottengono i punti: $A'\left(\frac{7}{2}, 0\right)$ e $B'\left(-\frac{7}{2}, 4\right)$

ulteriori esempi

ESERCIZI E PROBLEMI pag. 369

4 LA RETTA E LA SUA EQUAZIONE

4.1 L'equazione di una retta

Dopo aver imparato a lavorare con i segmenti, ci chiediamo come sia possibile trovare una relazione di tipo algebrico che esprima il legame esistente fra i punti di una retta.

Cominciamo dalle rette più semplici che possiamo tracciare nel piano: gli assi cartesiani e le rette ad essi parallele.

L'asse delle ascisse

I punti che appartengono all'asse x hanno la caratteristica di avere un'ascissa che varia a seconda della loro posizione (in ***figura 26a*** abbiamo rappresentato i punti di ascissa -5, -3, 2, 4), ma un'ordinata che vale sempre zero; questa caratteristica si può esprimere scrivendo che, per qualsiasi x è $y = 0$.
L'asse x è quindi rappresentato dall'equazione

$$\boxed{y = 0}$$

L'asse delle ordinate

I punti che appartengono all'asse y hanno la caratteristica di avere un'ordinata che varia a seconda della loro posizione (in ***figura 26b*** abbiamo rappresentato i punti di ordinata -4, -1, 2), ma un'ascissa che vale sempre zero; in questo caso, quindi, la relazione che individua l'asse y si può esprimere mediante l'equazione

$$\boxed{x = 0}$$

La retta parallela all'asse delle ascisse

Consideriamo per esempio la retta parallela all'asse x che passa per il punto di coordinate (0, 3); i punti di questa retta hanno un'ascissa variabile, ma un'ordinata costante sempre uguale a 3 (***figura 26c***). Possiamo quindi dire che la sua equazione è $y = 3$.
In generale, se k è il valore della costante che caratterizza l'ordinata di tutti i punti che appartengono a una retta parallela all'asse x, la sua equazione è (***figura 26d***)

$$\boxed{y = k}$$

La retta parallela all'asse delle ordinate

Consideriamo per esempio la retta parallela all'asse y che passa per il punto di coordinate (2, 0); i punti di questa retta hanno un'ordinata variabile, ma un'ascissa costante sempre uguale a 2 (***figura 26e***). Possiamo quindi dire che la sua equazione è $x = 2$.
In generale, se h è il valore della costante che caratterizza i punti che appartengono a una retta parallela all'asse y, la sua equazione è (***figura 26f***)

$$\boxed{x = h}$$

La retta passante per l'origine

Consideriamo una retta non parallela agli assi che passa per l'origine O del piano cartesiano, prendiamo su di essa alcuni punti distinti dall'origine e tracciamo da questi punti le parallele all'asse delle ordinate (***figura 27*** di pagina seguente).
I triangoli che si vengono in questo modo a formare sono tutti triangoli rettangoli simili fra loro ed hanno perciò i cateti proporzionali, vale a dire che:

$$\frac{A'A}{OA'} = \frac{B'B}{OB'} = \frac{C'C}{OC'} = \ldots\ldots$$

Se consideriamo tali segmenti come segmenti orientati, $A'A$ ha come misura l'ordinata del punto A, OA' ha come misura l'ascissa del punto A e analoga-

Figura 26

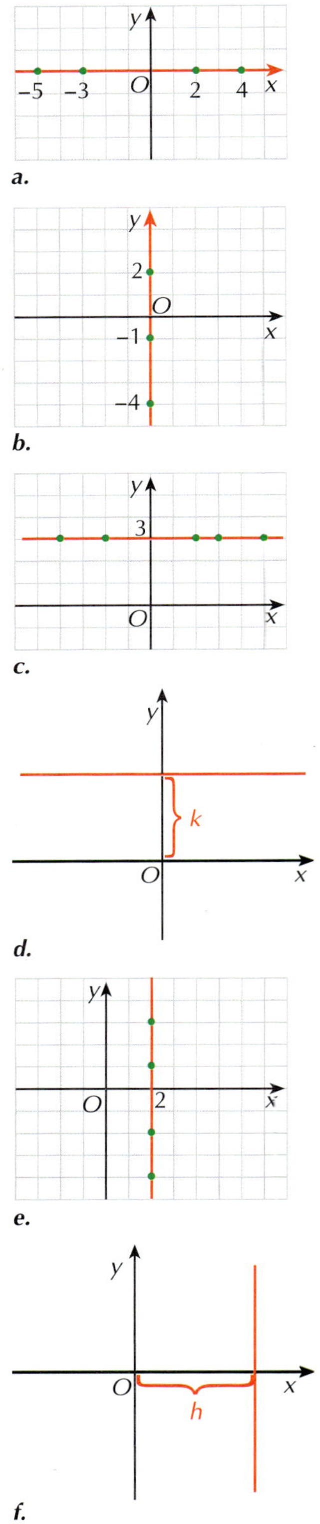

mente per gli altri punti; le precedenti uguaglianze possono quindi essere scritte in questo modo:

$$\frac{y_A}{x_A} = \frac{y_B}{x_B} = \frac{y_C}{x_C} = \ldots\ldots$$

vale a dire che il rapporto fra le ordinate e le ascisse dei punti di questa retta rimane costante al variare del punto su di essa. Se chiamiamo m il valore numerico di tale rapporto e indichiamo genericamente con y e x rispettivamente l'ordinata e l'ascissa di un punto qualsiasi della retta distinto dall'origine, deve essere

$\dfrac{y}{x} = m$ che possiamo anche scrivere nella forma $y = mx$

In questa seconda forma, anche l'origine soddisfa questa equazione, quindi possiamo concludere che

una retta passante per l'origine ha equazione $\boxed{y = mx}$

Il numero m viene detto **coefficiente angolare** della retta.

Figura 27

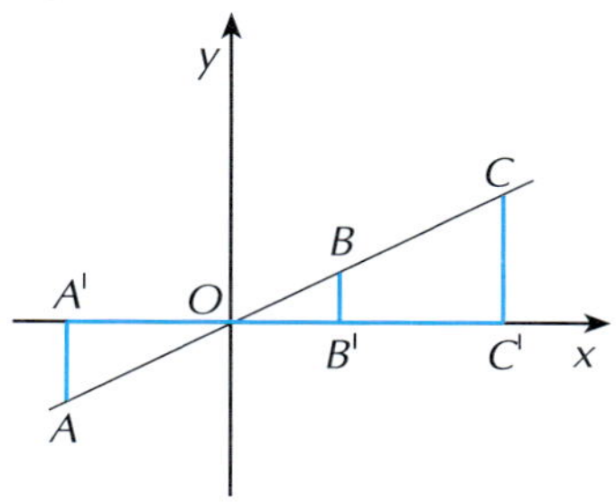

ANIMAZIONE

La retta non passante per l'origine

Da ultimo consideriamo il caso di una retta r non parallela agli assi che non passa per l'origine. Qualunque siano i punti A, B, C, D ..... di r, i triangoli rettangoli che si vengono a formare tracciando da essi le parallele agli assi cartesiani sono simili fra loro ed hanno quindi i cateti proporzionali (***figura 28***); per essi valgono le relazioni

$$\frac{HB}{AH} = \frac{KC}{BK} = \frac{RD}{CR} = \ldots\ldots$$

cioè $\dfrac{y_B - y_A}{x_B - x_A} = \dfrac{y_C - y_B}{x_C - x_B} = \dfrac{y_D - y_C}{x_D - x_C} = \ldots.$

Figura 28

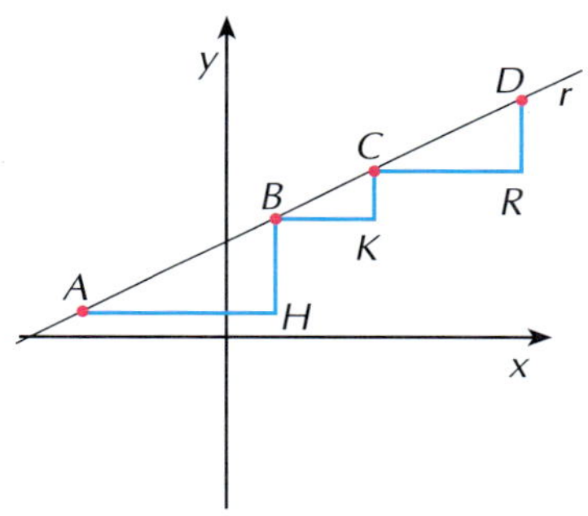

È quindi il rapporto fra la differenza delle ordinate e la differenza delle ascisse di due qualsiasi punti che si mantiene costante; indichiamo ancora con m questo rapporto.

Per trovare l'equazione di questa retta ragioniamo così: fissato un punto $A(x_0, y_0)$, qualunque altro punto $P(x, y)$ variabile sulla retta, per quanto detto in precedenza, deve soddisfare la relazione

$$\frac{y - y_0}{x - x_0} = m \qquad \text{cioè} \qquad y - y_0 = m(x - x_0) \quad \rightarrow \quad y = mx - mx_0 + y_0$$

Ma m, x_0, y_0 sono numeri e quindi anche l'espressione $-mx_0 + y_0$ è un numero che indichiamo con q; possiamo quindi concludere che:

Nell'equazione
$y = mx + q$
m è il coefficiente angolare
q è l'ordinata all'origine

una retta non parallela agli assi e che non passa per l'origine ha equazione

$$\boxed{y = mx + q}$$

Il numero q si ottiene dall'equazione della retta per $x = 0$ e rappresenta quindi l'ordinata del punto di intersezione con l'asse y; per questo motivo viene detto **ordinata all'origine**.

Se $q > 0$ la retta interseca l'asse y in un punto di ordinata positiva, se $q < 0$ la retta interseca l'asse y in un punto di ordinata negativa (***figura 29***); è poi evidente che se $q = 0$ ritroviamo la retta per l'origine.

Figura 29

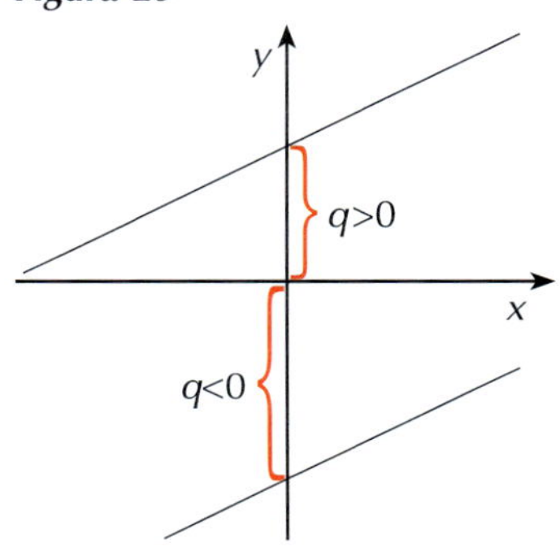

L'equazione generale di una retta

In tutti i casi che abbiamo analizzato abbiamo sempre trovato un'equazione di primo grado nelle variabili x e y; viceversa, si può dimostrare che una qualunque equazione di primo grado nelle stesse variabili rappresenta una retta.
Possiamo quindi identificare le equazioni lineari in due variabili con le rette del piano cartesiano.

Un'equazione di primo grado nelle variabili x e y assume sempre la forma

$$ax + by + c = 0$$

quindi l'equazione di una retta può sempre essere scritta in questo modo.

Per esempio, la retta $y = \frac{1}{4}x - 3$ si può scrivere così:

$$4y = x - 12 \quad \rightarrow \quad x - 4y - 12 = 0$$

Viceversa, la retta $2x + 3y - 1 = 0$ si può scrivere così:

$$3y = -2x + 1 \quad \rightarrow \quad y = -\frac{2}{3}x + \frac{1}{3}$$

In generale quindi, con opportuni calcoli e sotto opportune condizioni, è sempre possibile passare da una forma all'altra.

- La forma $ax + by + c = 0$ si dice **forma implicita** dell'equazione della retta.
- La forma $y = mx + q$ si dice **forma esplicita**.

In particolare:

- se $b \neq 0$ dall'equazione $ax + by + c = 0$ si ricava $y = -\frac{a}{b}x - \frac{c}{b}$

  le relazioni che legano i coefficienti a, b, c della forma implicita ai coefficienti m e q della forma esplicita sono quindi le seguenti:

  $$\boxed{m = -\frac{a}{b}} \quad \text{e} \quad \boxed{q = -\frac{c}{b}}$$

  Se inoltre:

  - $c = 0$, l'equazione assume la forma $y = -\frac{a}{b}x$ e quindi, avendo un'ordinata all'origine nulla, la retta passa per l'origine degli assi e ancora $m = -\frac{a}{b}$;
  - $a = 0$, l'equazione assume la forma $y = -\frac{c}{b}$ e quindi, essendo $-\frac{c}{b}$ una costante, la retta è parallela all'asse x.
    Una retta parallela all'asse x ha quindi coefficiente angolare nullo.

- se $b = 0$ l'equazione diventa $ax + c = 0 \quad \rightarrow \quad x = -\frac{c}{a}$

  che rappresenta l'equazione di una retta parallela all'asse y.

  Poiché non esiste il rapporto $-\frac{a}{b}$ perché $b = 0$, **di una retta parallela all'asse y non si può definire il coefficiente angolare**.

4.2 Il grafico di una retta

Il **grafico** di una retta, così come quello di una qualsiasi curva, è costituito da tutti e soli i punti le cui coordinate ne soddisfano l'equazione.
Uno dei primi assiomi della geometria ci assicura che per due punti passa una e una sola retta; di conseguenza, per tracciare il grafico di una retta è sufficiente individuare due suoi punti. Di solito conviene scrivere l'equazione della retta in forma esplicita, attribuire alla variabile x due valori a scelta e calcolare poi l'ordinata sostituendo nell'equazione. Per esempio, per disegnare il grafico della retta $2x - 3y + 1 = 0$ procediamo così:

- scriviamo l'equazione in forma esplicita $y = \frac{2}{3}x + \frac{1}{3}$
- troviamo il primo punto attribuendo il valore 1 alla variabile x:
  $y = \frac{2}{3} \cdot 1 + \frac{1}{3} = 1 \quad \rightarrow \quad$ il punto ha coordinate $(1, 1)$
- troviamo il secondo punto attribuendo il valore -2 a x:
  $y = \frac{2}{3} \cdot (-2) + \frac{1}{3} = -1 \quad \rightarrow \quad$ il punto ha coordinate $(-2, -1)$.

Per trovare le coordinate di due punti della retta, si può attribuire a x qualunque valore; è però conveniente, se è possibile, attribuire valori che determinano punti a coordinate intere, più facilmente rappresentabili nel piano cartesiano.

Ricordiamo che per determinare le coordinate di alcuni punti di una qualsiasi funzione $y = f(x)$ è comodo servirsi di una tabella in cui, per ogni punto, indicare il valore di x scelto e quello corrispondente calcolato di y (la tabella può svilupparsi in orizzontale oppure in verticale). Relativamente ai due punti precedenti:

x	1	-2
y	1	-1

Il grafico è in ***figura 30***.

Figura 30

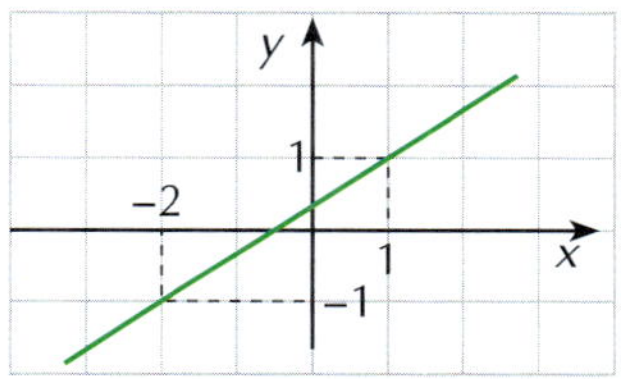

ESEMPI

1. L'equazione $y = 2x$ è in forma esplicita e rappresenta una retta passante per l'origine degli assi di coefficiente angolare 2.

Per costruire il suo grafico è sufficiente determinare le coordinate di un altro punto diverso da O; per esempio, si ha che se $x = 1$, $y = 2$. Il grafico è in ***figura 31***.

Figura 31

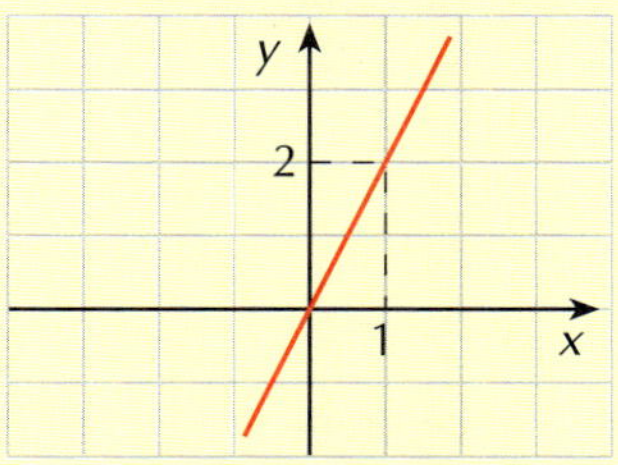

2. L'equazione $y + 2 = 0$ (forma implicita) può essere scritta nella forma $y = -2$ e rappresenta perciò una retta parallela all'asse delle ascisse il cui grafico è in ***figura 32***.

Figura 32

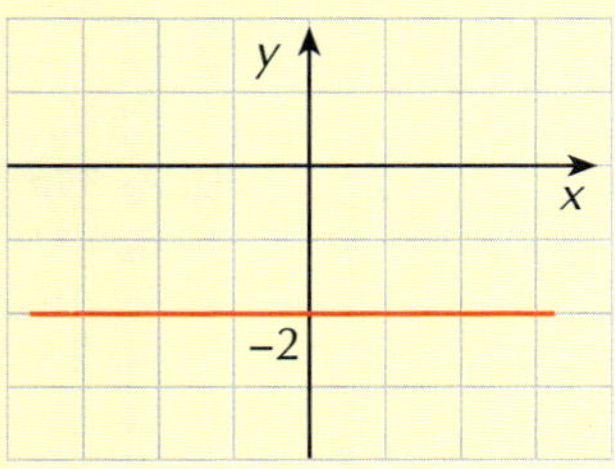

Figura 33

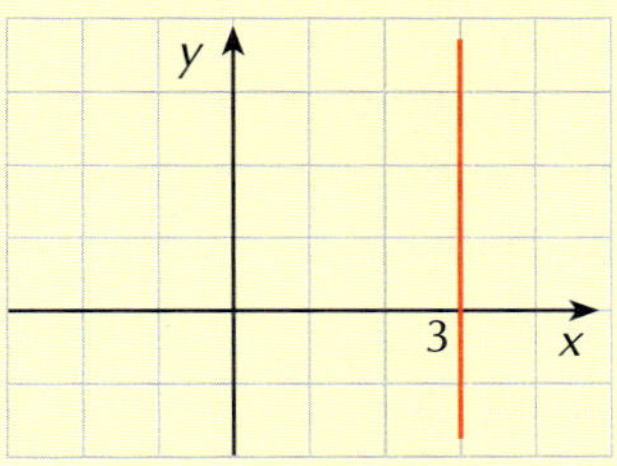

3. L'equazione $x - 3 = 0$ può essere scritta nella forma $x = 3$ e rappresenta quindi una retta parallela all'asse delle ordinate il cui grafico è in ***figura 33***.

4. L'equazione $x - y + 4 = 0$ può essere scritta nella forma $y = x + 4$ e rappresenta perciò una retta non parallela agli assi cartesiani e non passante per l'origine. Il coefficiente angolare della retta è 1 e l'ordinata all'origine vale 4.
Per tracciarne il grafico è sufficiente individuare due suoi punti che troviamo costruendo la tabella di coordinate attribuendo a x due valori a nostra scelta, per esempio 0 e -4 (***figura 34***):

x	0	−4
y	4	0

Figura 34

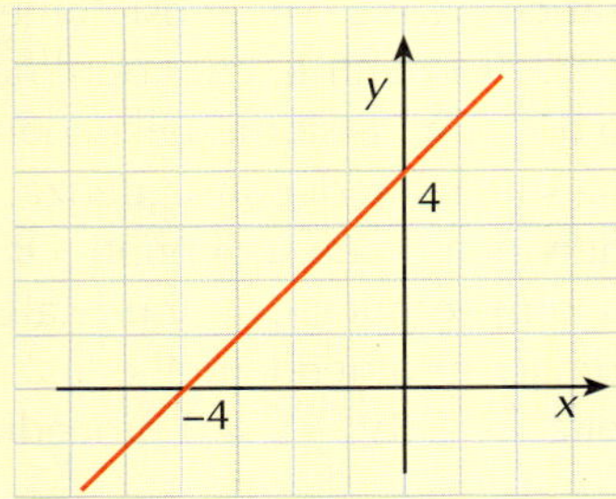

4.3 Il coefficiente angolare

Nell'equazione $y = mx + q$ il coefficiente angolare m esprime il rapporto fra la differenza delle ordinate, che indichiamo con Δy, e la differenza delle ascisse, che indichiamo con Δx, di due punti qualsiasi della retta; dati cioè due punti qualsiasi di coordinate (x_1, y_1) e (x_2, y_2), il coefficiente angolare m della retta che passa per tali punti si ottiene con la formula

$$m = \frac{\Delta y}{\Delta x} = \frac{y_2 - y_1}{x_2 - x_1}$$

che è indipendente dall'ordine con cui si considerano i punti.
Per esempio, il coefficiente angolare della retta che passa per i punti di coordinate $(3, -2)$ e $(4, 1)$ ha valore:

$$m = \frac{1-(-2)}{4-3} = 3 \qquad \text{oppure anche} \qquad m = \frac{-2-1}{3-4} = 3$$

L'importante è che, una volta stabilito un ordine, questo venga rispettato sia nel calcolare la differenza fra le ordinate che nel calcolare la differenza fra le ascisse.
Il coefficiente angolare di una retta per l'origine è un caso particolare di questa formula se poniamo che il punto (x_1, y_1) sia l'origine; in questo caso si ottiene infatti

$$m = \frac{y_2 - 0}{x_2 - 0} = \frac{y_2}{x_2}$$

cioè m è il rapporto fra l'ordinata e l'ascissa di un suo punto qualsiasi.

VIDEO RECUPERO

Una retta di equazione
$$y = mx + q$$
non è parallela all'asse y, quindi non può capitare che sia $x_1 = x_2$ e che quindi l'espressione $\frac{\Delta y}{\Delta x}$ perda significato.

Al variare di m si possono presentare i seguenti casi:

- $m > 0$

  ed allora Δy e Δx devono essere concordi, cioè essere entrambi positivi oppure entrambi negativi. Questo significa che ad incrementi positivi (o negativi) delle ascisse devono corrispondere incrementi positivi (o negativi) delle ordinate (***figura 35a***); di conseguenza, la retta deve formare un angolo acuto con la direzione positiva dell'asse x e diremo in questo caso che è **inclinata positivamente** rispetto a tale asse.

Figura 35a

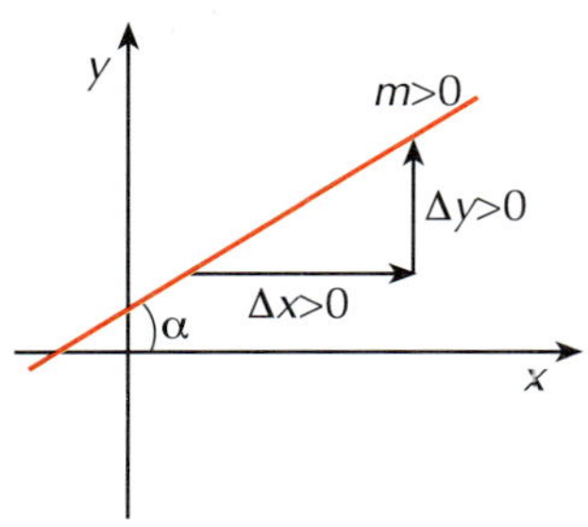

- $m < 0$

  ed allora Δy e Δx devono essere discordi, cioè se Δx è negativo, Δy deve essere positivo e viceversa. Questo significa che ad incrementi negativi (o positivi) delle ascisse devono corrispondere incrementi positivi (o negativi) delle ordinate (***figura 35b***); di conseguenza, la retta deve formare un angolo ottuso con la direzione positiva dell'asse x e diremo in questo caso che è **inclinata negativamente** rispetto a tale asse.

- $m = 0$
  la retta assume la forma $y = q$ e rappresenta l'asse x se $q = 0$, una retta parallela all'asse x se $q \neq 0$ (***figura 35c***).

- Una retta parallela all'asse y non si può invece ottenere dall'equazione $y = mx + q$ per alcun valore di m ed in effetti di queste rette non si definisce il coefficiente angolare (***figura 35d***).

Figura 35

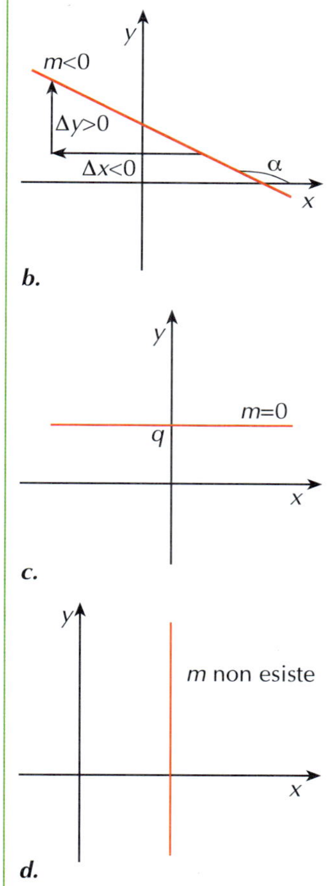

Un'altra osservazione che possiamo fare è la seguente: se disegniamo le rette $y = \frac{1}{2}x$, $y = 2x$, $y = 3x$ (***figura 36a***) (per semplicità abbiamo preso delle rette per l'origine ma le conclusioni a cui arriveremo sono valide per ogni retta del tipo $y = mx + q$), ci accorgiamo che la prima $\left(m = \frac{1}{2}\right)$ ha un'inclinazione minore della seconda ($m = 2$) che, a sua volta, ha un'inclinazione minore della terza ($m = 3$); questo perché il rapporto fra l'ordinata e l'ascissa di un punto cresce al crescere di m.
Possiamo ripetere un ragionamento analogo sulle rette $y = -\frac{1}{2}x$, $y = -2x$, $y = -3x$ (***figura 36b***): la retta di coefficiente angolare $-\frac{1}{2}$ è meno ripida di quella di coefficiente angolare -2 che, a sua volta, è meno ripida di quella di coefficiente angolare -3.

Il coefficiente angolare determina quindi la **pendenza** della retta: al crescere di m in valore assoluto aumenta anche la pendenza della retta.

Figura 36

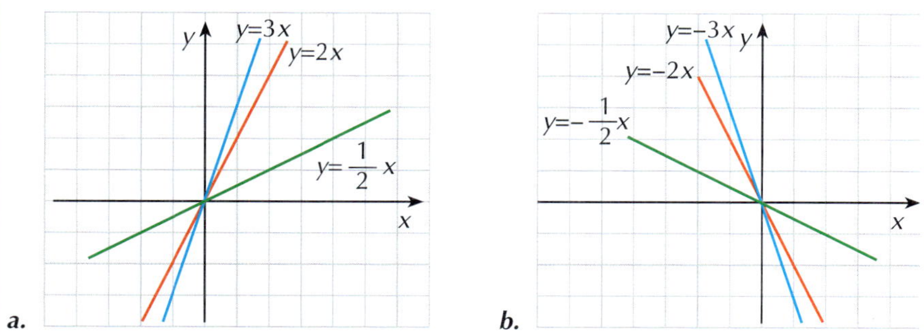

Fra le rette per l'origine vale poi la pena di ricordare le seguenti (***figura 37***):

- quella di equazione $\boldsymbol{y = x}$ che, rappresentando i punti che hanno l'ascissa uguale all'ordinata, corrisponde alla **bisettrice del primo e terzo quadrante**
- quella di equazione $\boldsymbol{y = -x}$ che, rappresentando i punti che hanno l'ordinata uguale all'opposto dell'ascissa, corrisponde alla **bisettrice del secondo e quarto quadrante**.

Figura 37

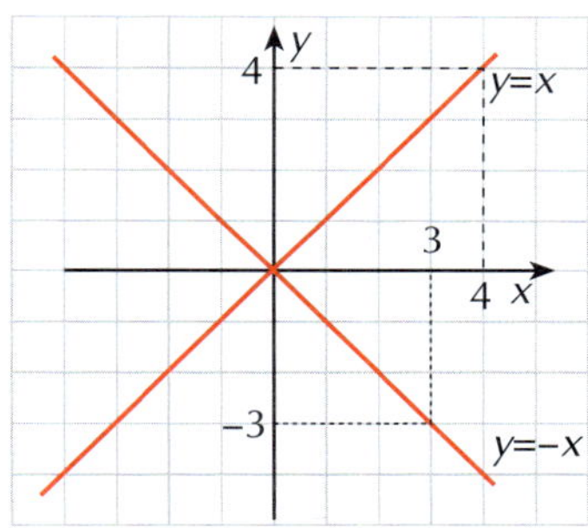

ESEMPI

1. Calcoliamo il coefficiente angolare della retta che passa per le seguenti coppie di punti:

a. $\left(\frac{1}{2}, -1\right)$ e $(-2, -4)$ **b.** $(0, 0)$ e $(5, -2)$ **c.** $(3, 4)$ e $(-1, 4)$ **d.** $(-2, 6)$ e $(-2, 1)$

a. $m = \dfrac{-4+1}{-2-\dfrac{1}{2}} = \dfrac{6}{5}$ la retta è inclinata positivamente rispetto all'asse x e forma quindi un angolo acuto con esso.

b. E' una retta che passa per l'origine, quindi $m = \dfrac{-2}{5} = -\dfrac{2}{5}$

la retta è inclinata negativamente rispetto all'asse x e forma quindi un angolo ottuso con esso.

c. I due punti hanno la stessa ordinata, quindi appartengono ad una retta parallela all'asse x, in particolare alla retta $y = 4$; il coefficiente angolare è quindi 0 e la pendenza della retta è nulla.

Osserviamo che m si può trovare anche applicando la formula: $m = \dfrac{4-4}{-1-3} = 0$

d. I due punti hanno la stessa ascissa, quindi appartengono ad una retta parallela all'asse y, in particolare alla retta di equazione $x = -2$; sappiamo che il coefficiente angolare di una tale retta non esiste e ciò è anche confermato dall'applicazione della formula:

$m = \dfrac{6-1}{-2+2} = \dfrac{5}{0}$ che, avendo un denominatore nullo, non ha significato.

2. Stabiliamo se i punti $A(0, -1)$, $B(1, 2)$ e $C(-2, -7)$ sono allineati.

I punti A e B definiscono una retta, così come i punti B e C; i tre punti sono allineati se le rette definite nei due casi sono la stessa retta; osserviamo allora che, poiché entrambe le rette passano per B, è sufficiente che abbiano lo stesso coefficiente angolare.

Il coefficiente angolare della retta AB è $m = \dfrac{2-(-1)}{1-0} = 3$

quello della retta BC è $m = \dfrac{-7-2}{-2-1} = 3$

Le due rette hanno lo stesso coefficiente angolare e si può concludere che i punti sono allineati.

CONDIZIONE DI ALLINEAMENTO DI TRE PUNTI

L'ultimo esempio che abbiamo proposto ci dà indicazioni su come trovare la condizione di allineamento di tre punti quando questi non appartengono a una retta parallela all'asse y.

Dati dunque i punti $A(x_1, y_1)$, $B(x_2, y_2)$, $C(x_3, y_3)$ con $x_1 \neq x_2 \neq x_3$ (***figura 38***)

- il coefficiente angolare della retta AB è $\dfrac{y_2 - y_1}{x_2 - x_1}$
- il coefficiente angolare della retta BC è $\dfrac{y_3 - y_2}{x_3 - x_2}$.

Se i due coefficienti angolari sono uguali, allora la retta AB e la retta BC sono la stessa retta e quindi i tre punti sono allineati. La condizione di allineamento di tre punti richiede quindi che sia vera l'uguaglianza

$$\frac{y_2 - y_1}{x_2 - x_1} = \frac{y_3 - y_2}{x_3 - x_2}$$

Figura 38

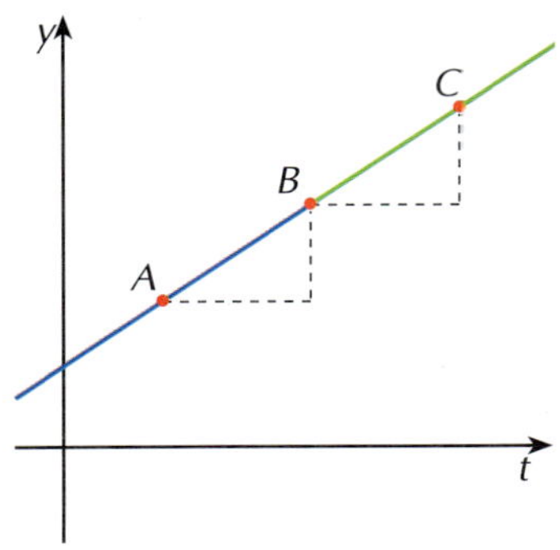

ATTENZIONE AGLI ERRORI

La formula per calcolare il coefficiente angolare di una retta è:

$m = \dfrac{y_2 - y_1}{x_2 - x_1}$ **e non** $m = \dfrac{x_2 - x_1}{y_2 - y_1}$

Attenzione poi a rispettare l'ordine delle coordinate.
Se $A(-2, 3)$ e $B(4, -6)$, il coefficiente angolare della retta AB:

non è $\dfrac{4+2}{-6-3} = -\dfrac{2}{3}$ **non è** $\dfrac{-6-3}{-2-4} = \dfrac{3}{2}$ ma è $\dfrac{-6-3}{4+2} = -\dfrac{3}{2}$

Inoltre una retta parallela all'asse y non ha coefficiente angolare; se $C(7, 1)$ e $D(7, -3)$:

è sbagliato dire che $m_{CD} = \dfrac{1+3}{7-7} = \dfrac{4}{0}$

perché questo numero non esiste e non è uguale né a 0 né a 4.

ESERCIZI E PROBLEMI pag. 375

5 CONDIZIONI PER DETERMINARE L'EQUAZIONE DI UNA RETTA

L'equazione di una retta, se non è parallela all'asse y, dipende sostanzialmente dai due parametri m e q; scriverne l'equazione significa determinare il valore numerico di questi due parametri. I casi che si possono presentare si possono tutti ricondurre a due problemi fondamentali:

- scrivere l'equazione della retta che passa per un punto dato e che ha un certo coefficiente angolare
- scrivere l'equazione della retta che passa per due punti assegnati.

Vediamo dunque come procedere nei due casi.

Retta di dato coefficiente angolare passante per un punto assegnato

Risolvere questo problema è semplice se ricordiamo il procedimento che avevamo seguito nel paragrafo 4.1. per determinare l'equazione di una retta generica. Se m è il coefficiente angolare noto e $A(x_0, y_0)$ è il punto assegnato, un punto P di coordinate (x, y) variabile sulla retta deve essere tale da soddisfare la relazione

$$\boxed{y - y_0 = m(x - x_0)}$$

Basta quindi sostituire in questa equazione le coordinate del punto A ed il valore del coefficiente angolare per avere l'equazione cercata.
Per esempio, la retta che passa per il punto di coordinate $(2, -3)$ ed ha coefficiente angolare 4 ha equazione

$$y - (-3) = 4(x - 2)$$

cioè, sviluppando i calcoli

$$y = 4x - 11 \qquad \text{oppure in forma implicita} \qquad 4x - y - 11 = 0$$

Retta per due punti assegnati

La retta che passa per i punti di coordinate (x_1, y_1) e (x_2, y_2), se non è parallela all'asse y, cioè se $x_1 \neq x_2$, ha coefficiente angolare $m = \dfrac{y_2 - y_1}{x_2 - x_1}$.

VIDEO RECUPERO

Possiamo adesso applicare la formula precedente e scrivere l'equazione della retta che ha quel coefficiente angolare e che passa per uno dei punti dati, per esempio il primo:

$$y - y_1 = \underbrace{\frac{y_2 - y_1}{x_2 - x_1}}_{m}(x - x_1)$$

Se la retta non è nemmeno parallela all'asse x, cioè se $y_1 \neq y_2$, possiamo dividere entrambi i membri dell'equazione per $y_2 - y_1$ in modo da raggruppare al primo membro tutti i termini che riguardano le ordinate e al secondo membro tutti i termini che riguardano le ascisse, ottenendo così la relazione:

$$\boxed{\frac{y - y_1}{y_2 - y_1} = \frac{x - x_1}{x_2 - x_1}}$$

Questa formula si può usare solo se $x_1 \neq x_2$ e $y_1 \neq y_2$, cioè se la retta non è parallela né all'asse x, né all'asse y.

Per esempio, la retta che passa per i punti di coordinate $(-4, 1)$ e $(3, 2)$ ha equazione:

$$\frac{y - 1}{2 - 1} = \frac{x + 4}{3 + 4} \qquad \text{cioè svolgendo i calcoli} \qquad x - 7y + 11 = 0$$

Osserviamo che si trova lo stesso risultato invertendo l'ordine con cui vengono presi i due punti:

$$\frac{y - 2}{1 - 2} = \frac{x - 3}{-4 - 3} \qquad \rightarrow \qquad x - 7y + 11 = 0$$

In definitiva:

- la retta di coefficiente angolare m e passante per $A(x_0, y_0)$ ha equazione
$$y - y_0 = m(x - x_0)$$
- la retta non parallela agli assi cartesiani che passa per i punti di coordinate (x_1, y_1) e (x_2, y_2) ha equazione
$$\frac{y - y_1}{y_2 - y_1} = \frac{x - x_1}{x_2 - x_1}$$

ESEMPI

1. Determiniamo l'equazione della retta che passa per $P(1, -2)$ e ha coefficiente angolare $-\dfrac{1}{2}$.

Applicando la formula $y - y_0 = m(x - x_0)$, otteniamo con pochi passaggi l'equazione della retta:

$$y + 2 = -\frac{1}{2}(x - 1) \qquad \text{cioè} \qquad y = -\frac{1}{2}x - \frac{3}{2} \qquad \text{o anche, in forma implicita} \qquad x + 2y + 3 = 0$$

2. Scriviamo l'equazione della retta che passa per $A(-2, -1)$ e $B(0,5)$.

Poiché i punti dati non hanno la stessa ascissa e nemmeno la stessa ordinata, possiamo usare la seconda formula; in essa considereremo A come primo punto e B come secondo (sarebbe la stessa cosa fare il contrario)

$$\frac{y+1}{5+1}=\frac{x+2}{0+2} \qquad \text{da cui} \qquad y=3x+5$$

Devi fare attenzione al modo di usare le coordinate dei due punti, rispettando soprattutto l'ordine; osserva allora che i secondi addendi del numeratore e del denominatore dei due membri dell'equazione devono essere uguali perché rappresentano la stessa coordinata: $\dfrac{y\textcircled{+1}}{5\textcircled{+1}}=\dfrac{x\textcircled{+2}}{0\textcircled{+2}}$.

Ricorda comunque che hai sempre modo di controllare se hai commesso errori di calcolo: basta verificare se le coordinate dei punti dati soddisfano l'equazione ottenuta oppure no.

3. Scriviamo l'equazione della retta che passa per $A(2, 5)$ e $B(-3, 5)$.

Questa volta i due punti hanno la stessa ordinata e quindi non è possibile usare la formula. Troviamo però subito l'equazione cercata osservando che essa deve rappresentare una retta parallela all'asse delle ascisse; l'equazione è pertanto $y=5$.

4. Scriviamo l'equazione della retta che passa per i punti $A(-4, 1)$ e $B(-4, 0)$.

I due punti hanno la stessa ascissa, quindi la retta è parallela all'asse y. La sua equazione è $x=-4$.

ESERCIZI E PROBLEMI pag. 377

6 RETTE PARALLELE E RETTE PERPENDICOLARI

In questo paragrafo ci proponiamo di trovare le relazioni che sussistono fra i coefficienti angolari di due rette parallele oppure perpendicolari fra loro.

Figura 39

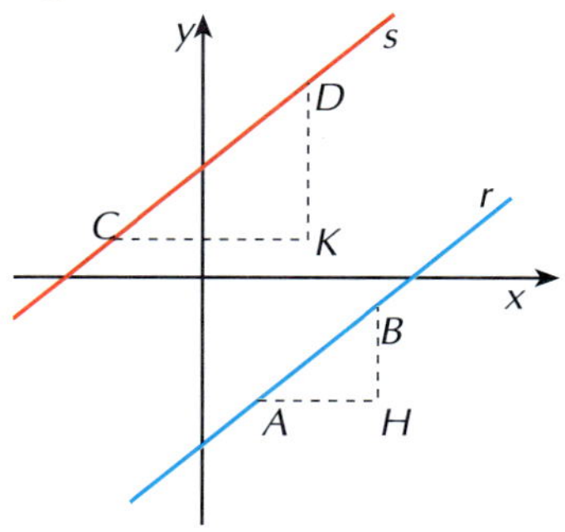

Rette parallele

Siano r e s due rette fra loro parallele di equazioni (***figura 39***)

$$r: y=mx+q \qquad \text{e} \qquad s: y=m'x+q'$$

Prendiamo due punti A e B sulla prima retta e calcoliamo il rapporto incrementale; si ha che

$$m=\frac{y_B-y_A}{x_B-x_A}$$

Prendiamo due punti C e D sulla seconda retta e calcoliamo il rapporto incrementale

$$m'=\frac{y_D-y_C}{x_D-x_C}$$

Osserviamo adesso che, essendo le rette parallele, i triangoli ABH e CDK sono simili, perciò $\dfrac{HB}{AH}=\dfrac{KD}{CK}$ e quindi i due rapporti incrementali sono uguali; allora se due rette sono parallele $m=m'$.

Viceversa, se due rette hanno coefficienti angolari uguali, anche i rapporti fra i cateti dei triangoli ABH e CDK sono uguali; poiché tali cateti sono a due a due paralleli, possiamo concludere che anche le rette sono parallele.
In definitiva:

due rette sono parallele se e solo se hanno coefficienti angolari uguali; la condizione di parallelismo è quindi espressa dalla relazione

$$\boxed{m = m'}$$

Per esempio, le rette di equazioni $3x - 2y + 1 = 0$ e $6x - 4y - 5 = 0$ sono parallele perché il coefficiente angolare di entrambe vale $\frac{3}{2}$.
È poi evidente che sono parallele anche due rette parallele all'asse y, per le quali il coefficiente angolare non è definito.

Rette perpendicolari

Consideriamo due rette r e s, non parallele agli assi cartesiani, di equazioni

$$r : y = mx + q \qquad \text{e} \qquad s : y = m'x + q'$$

e supponiamo che siano perpendicolari; osserviamo che, se esiste una relazione fra r ed s, la stessa relazione sussiste anche per le rette r' e s' di equazioni

$$r' : y = mx \qquad \text{e} \qquad s' : y = m'x$$

che sono parallele ad r e s ma che passano per l'origine O degli assi (***figura 40***).
Consideriamo ora il punto A di r' ed il punto B di s' entrambi di ascissa 1; le ordinate di tali punti si ottengono sostituendo nell'equazione di ogni retta il valore dell'ascissa; sarà quindi

$$A(1, m) \qquad \text{e} \qquad B(1, m')$$

Figura 40

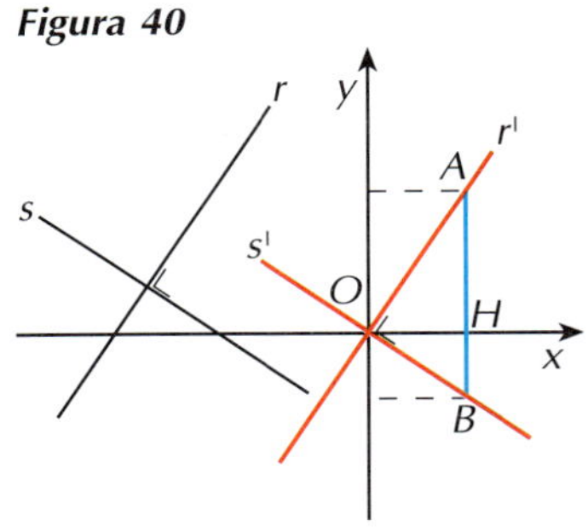

Se le rette sono perpendicolari, il triangolo ABO è rettangolo in O, il segmento OH rappresenta l'altezza relativa all'ipotenusa, i segmenti AH e BH sono le proiezioni dei cateti sull'ipotenusa; per il secondo teorema di Euclide, possiamo scrivere che

$$\overline{OH}^2 = \overline{AH} \cdot \overline{BH} \qquad \text{cioè} \qquad 1 = |m| \cdot |m'|$$

Secondo teorema di Euclide. *In ogni triangolo rettangolo il quadrato della misura dell'altezza relativa all'ipotenusa è uguale al prodotto delle misure delle proiezioni dei cateti sull'ipotenusa.*

Osserviamo ora che, se la retta r' appartiene al primo e terzo quadrante, la sua perpendicolare s' appartiene al secondo e quarto quadrante e viceversa.
I coefficienti angolari di tali rette sono allora di segno opposto e quindi possiamo scrivere la precedente relazione in questo modo

$$1 = -m \cdot m' \qquad \text{cioè} \qquad m \cdot m' = -1$$

Viceversa, poiché del teorema di Euclide vale anche l'inverso, se il prodotto dei coefficienti angolari di due rette vale -1, le rette sono perpendicolari. In definitiva

due rette non parallele agli assi cartesiani sono perpendicolari se e solo se il prodotto dei loro coefficienti angolari è -1:

$$\boxed{m \cdot m' = -1} \qquad \text{o anche} \qquad \boxed{m' = -\frac{1}{m}}$$

Due rette perpendicolari e non parallele agli assi cartesiani hanno i coefficienti angolari che sono uno l'antireciproco dell'altro.

Per esempio la retta $3x + 4y - 1 = 0$ di coefficiente angolare $-\frac{3}{4}$ è perpendicolare alla retta $4x - 3y + 2 = 0$ che ha coefficiente angolare $\frac{4}{3}$.

È poi evidente che una retta parallela all'asse x è sempre perpendicolare a una retta parallela all'asse y.

ESEMPI

1. Fra le seguenti rette individuiamo se ve ne sono di parallele o di perpendicolari:

a. $x - 2y + 1 = 0$ **b.** $x + 3 = 0$ **c.** $2x + y - 5 = 0$

d. $y - 5 = 0$ **e.** $x - 2y + 7 = 0$ **f.** $x - 8 = 0$

Individuiamo le caratteristiche di ogni retta (ricorda che se l'equazione della retta è data in forma implicita cioè nella forma $ax + by + c = 0$, il coefficiente angolare è dato dal rapporto $-\frac{a}{b}$):

a. $x - 2y + 1 = 0$ $m = -\frac{a}{b} = \frac{1}{2}$

b. $x + 3 = 0$ è una retta parallela all'asse y, non ha coefficiente angolare

c. $2x + y - 5 = 0$ $m = -\frac{a}{b} = -2$

d. $y - 5 = 0$ è una retta parallela all'asse x, $m = 0$

e. $x - 2y + 7 = 0$ $m = -\frac{a}{b} = \frac{1}{2}$

f. $x - 8 = 0$ è una retta parallela all'asse y, non ha coefficiente angolare

Possiamo allora concludere che:

- sono parallele le rette: **a.**, **e.** e anche **b.**, **f.** perché entrambe parallele all'asse y
- sono perpendicolari le rette: **a.**, **c.**; **c.**, **e.**; **b.**, **d.** e **d.**, **f.**

2. Scriviamo l'equazione della retta r passante per $P\left(-2, \frac{2}{3}\right)$ che sia

a. parallela a quella di equazione $3x - 5y + 1 = 0$

b. perpendicolare a quella di equazione $y = -2x + 5$.

a. La condizione di parallelismo implica che il coefficiente angolare di r sia uguale a quello della retta data, che è $\frac{3}{5}$; essa ha quindi equazione:

$y - \frac{2}{3} = \frac{3}{5}(x + 2)$ → in forma esplicita $y = \frac{3}{5}x + \frac{28}{15}$ in forma implicita $9x - 15y + 28 = 0$

b. La condizione di perpendicolarità implica che il prodotto dei coefficienti angolari delle due rette sia uguale a -1, quindi poiché nella retta data $m = -2$, la retta r ha coefficiente angolare $m' = \frac{1}{2}$ ed ha perciò equazione:

$y - \frac{2}{3} = \frac{1}{2}(x + 2)$ → in forma esplicita $y = \frac{1}{2}x + \frac{5}{3}$

in forma implicita $3x - 6y + 10 = 0$

ulteriori esempi

ATTENZIONE AGLI ERRORI

In questa fase sono diversi gli errori che si possono compiere.

- La retta $3y + 2x - 4 = 0$ ha coefficiente angolare $-\frac{2}{3}$ e non $\frac{3}{2}$ o $\frac{2}{3}$ o $-\frac{3}{2}$.
- Se una retta ha coefficiente angolare $\frac{1}{2}$, la sua perpendicolare ha coefficiente angolare -2 e non $-\frac{1}{2}$ o 2.
- Se una retta passa per i punti $A(2, 0)$ e $B(2, 8)$, punti di uguale ascissa, la sua equazione è $x = 2$ e non è possibile applicare la formula della retta per due punti perché troveremmo un denominatore nullo.
- Analogamente, se una retta passa per i punti $C(1, 3)$ e $D(-4, 3)$, punti di uguale ordinata, la sua equazione è $y = 3$ e, per lo stesso motivo, non si può applicare la formula della retta per due punti.

ESERCIZI E PROBLEMI pag. 380

7 RETTE E SISTEMI LINEARI

Sappiamo dallo studio della geometria euclidea che due rette complanari possono essere incidenti, quando si intersecano in un punto, oppure parallele quando non si intersecano o sono la stessa retta.
Dal punto di vista analitico, determinare la posizione reciproca di due rette significa stabilire se le equazioni che le rappresentano hanno delle soluzioni comuni, cioè se esistono delle coppie (x, y) che soddisfano entrambe le equazioni; ma le soluzioni comuni a due equazioni in due variabili si determinano risolvendo il sistema da esse formato. Possiamo quindi affermare che:

per ricercare i punti di intersezione di due rette si deve risolvere il sistema delle loro equazioni. In particolare:

- se le rette sono incidenti, e questo significa che hanno coefficienti angolari diversi, il sistema è determinato e la sua soluzione rappresenta le coordinate del punto intersezione
- se le rette sono parallele, e questo significa che hanno coefficienti angolari uguali, il sistema è:
  - impossibile se le rette sono parallele e distinte
  - indeterminato se le rette sono coincidenti.

Un sistema lineare di due equazioni in due incognite rappresenta, dal punto di vista grafico, l'intersezione tra le due rette. La sua soluzione, se esiste, rappresenta le coordinate del punto in cui esse si intersecano.

Per esempio:

- le rette di equazioni $r: x - 2y + 1 = 0$ e $s: 3x + y + 2 = 0$ sono incidenti perché il coefficiente angolare di r è $\frac{1}{2}$ mentre il coefficiente angolare di s è -3.
  Il loro punto di intersezione P si trova risolvendo il sistema

$$\begin{cases} x - 2y + 1 = 0 \\ 3x + y + 2 = 0 \end{cases} \rightarrow \begin{cases} x = -\frac{5}{7} \\ y = \frac{1}{7} \end{cases} \quad \text{quindi} \quad P\left(-\frac{5}{7}, \frac{1}{7}\right) \text{ (figura 41a)}$$

Figura 41a

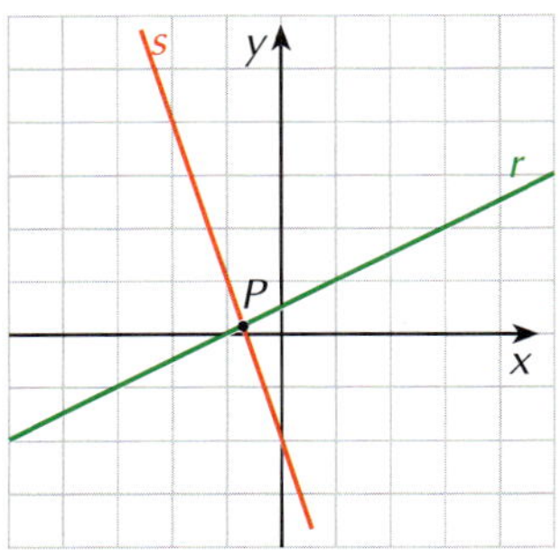

- le rette di equazioni $r: 5x + 3y - 2 = 0$ e $s: 5x + 3y - 9 = 0$ sono parallele perché $m_r = m_s = -\frac{5}{3}$ e sono distinte perché non hanno la stessa ordinata all'origine; il sistema delle loro equazioni è quindi impossibile come puoi facilmente verificare risolvendolo (***figura 41b***)
- le rette di equazioni $r: x - 2y + 1 = 0$ e $s: 4x - 8y + 4 = 0$ sono parallele perché $m_r = m_s = \frac{1}{2}$ e sono coincidenti perché i coefficienti delle due equazioni sono proporzionali; il sistema delle loro equazioni è quindi indeterminato (***figura 41c***).

Figura 41

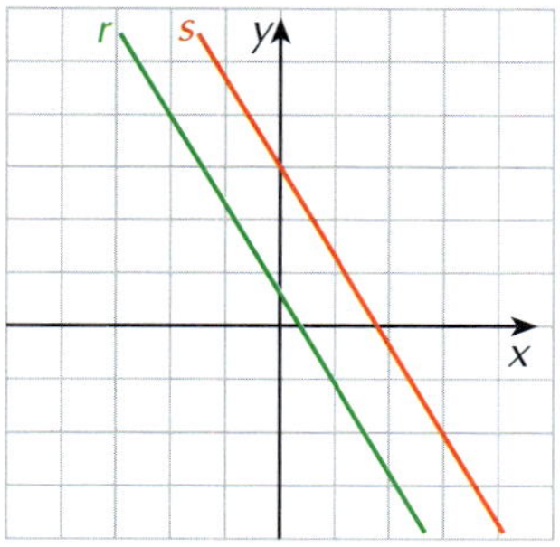

b.

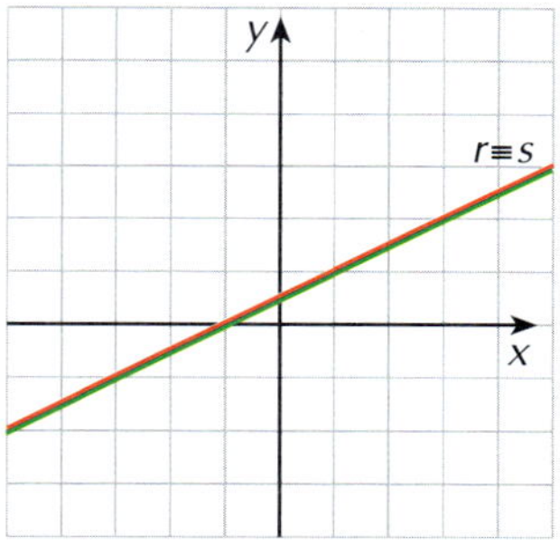

c.

ESEMPI

1. Determiniamo le coordinate dei vertici del triangolo i cui lati appartengono alle rette di equazione

$$r: 3x - 2y + 5 = 0 \qquad s: x - 7y - 11 = 0 \qquad t: 5x + 3y - 17 = 0$$

Dobbiamo determinare le intersezioni, a due a due, delle tre rette (***figura 42***); cominciamo dalle prime due risolvendo il sistema

$$\begin{cases} 3x - 2y + 5 = 0 \\ x - 7y - 11 = 0 \end{cases} \qquad \begin{cases} x = -3 \\ y = -2 \end{cases} \qquad A(-3, -2)$$

Intersechiamo ora le rette r e t:

$$\begin{cases} 3x - 2y + 5 = 0 \\ 5x + 3y - 17 = 0 \end{cases} \qquad \begin{cases} x = 1 \\ y = 4 \end{cases} \qquad B(1, 4)$$

Da ultimo, intersechiamo le rette s e t:

$$\begin{cases} x - 7y - 11 = 0 \\ 5x + 3y - 17 = 0 \end{cases} \qquad \begin{cases} x = 4 \\ y = -1 \end{cases} \qquad C(4, -1)$$

Figura 42

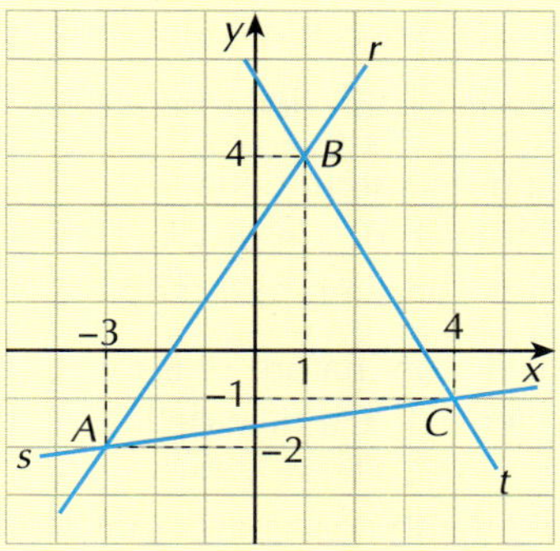

ulteriori esempi

ESERCIZI E PROBLEMI pag. 383

8 LA DISTANZA DI UN PUNTO DA UNA RETTA

Sappiamo che la distanza di un punto da una retta è rappresentata dal segmento PH di perpendicolare condotto dal punto alla retta (***figura 43***). In questo paragrafo cercheremo un metodo per calcolare la misura di tale distanza; esso infatti ci sarà utile, ad esempio, ogni volta che dovremo calcolare un'altezza, oppure la misura di un cateto di un triangolo rettangolo, oppure la distanza fra due rette parallele.

Figura 43

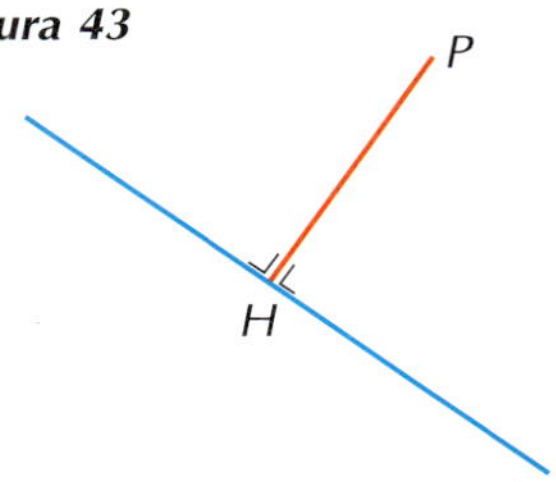

Vediamo come procedere attraverso un esempio. Consideriamo la retta r di equazione $x - 2y + 2 = 0$ ed il punto P di coordinate $(5, 1)$.
Per risolvere il problema, possiamo determinare il punto H come intersezione della retta data con la sua perpendicolare passante per P. Noto H, è poi immediato il calcolo di $\overline{PH}$ (***figura 44***).

Figura 44

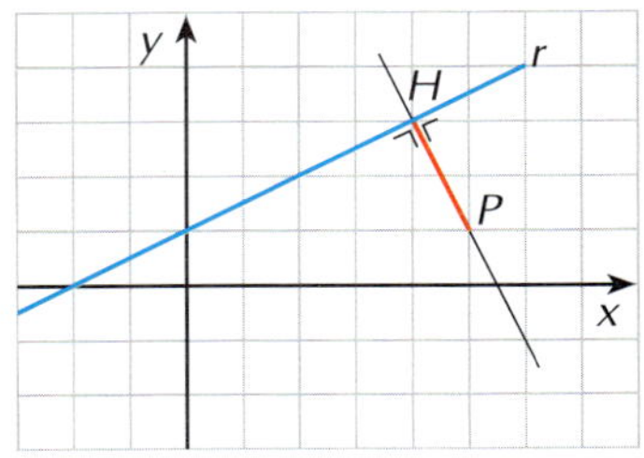

Retta per P perpendicolare a r $\qquad y - 1 = -2(x - 5)$

$$y + 2x - 11 = 0$$

Calcolo di H $\qquad \begin{cases} y + 2x - 11 = 0 \\ x - 2y + 2 = 0 \end{cases} \qquad H(4, 3)$

Calcolo di $\overline{PH}$ $\qquad \overline{PH} = \sqrt{(5-4)^2 + (1-3)^2} = \sqrt{5}$

La distanza del punto P dalla retta r è dunque $\sqrt{5}$.

Se adesso eseguiamo gli stessi calcoli per determinare la distanza d di un generico punto $P(x_0, y_0)$ da una generica retta r di equazione $ax + by + c = 0$, giungiamo alla relazione

$$d = \frac{|ax_0 + by_0 + c|}{\sqrt{a^2 + b^2}}$$

ANIMAZIONE

Il secondo membro di questa formula rappresenta quindi la **distanza del punto $P(x_0, y_0)$ dalla retta di equazione $ax + by + c = 0$.**

Per usarla correttamente osserva che:

- l'equazione della retta deve essere scritta in forma implicita
- il numeratore della frazione si ottiene sostituendo le coordinate del punto P al posto di x e di y nel polinomio $ax + by + c$; del valore ottenuto si deve poi considerare il modulo
- il denominatore è la radice quadrata della somma dei quadrati dei coefficienti di x e di y dello stesso polinomio.

Calcoliamo con questa formula la distanza del punto P dalla retta dell'esempio introduttivo:

la retta ha equazione implicita: $\quad x - 2y + 2 = 0$; $\quad$ il punto è: $\quad P(5, 1)$

si sostituisce 5 al posto di x e 1 al posto di y

applichiamo la formula $\quad d = \dfrac{|1 \cdot 5 - 2 \cdot 1 + 2|}{\sqrt{1^2 + 2^2}} = \dfrac{5}{\sqrt{5}} = \sqrt{5}$

1 è il coefficiente di x
2 è il coefficiente di y

Ritroviamo naturalmente lo stesso risultato.

ESEMPI

1. Calcoliamo la distanza del punto $P(3, -2)$ dalla retta di equazione $x - 5y + 5 = 0$.

$$d = \frac{|3 - 5(-2) + 5|}{\sqrt{1 + 25}} = \frac{18}{\sqrt{26}} = \frac{9\sqrt{26}}{13}$$

2. Calcoliamo la distanza del punto $P\left(\frac{1}{2}, -2\right)$ dalla retta di equazione $y = \frac{1}{3}x - 2$.

Scriviamo innanzi tutto l'equazione della retta in forma implicita: $x - 3y - 6 = 0$.

Applichiamo la formula: $d = \frac{\left|\frac{1}{2} - 3(-2) - 6\right|}{\sqrt{1 + 9}} = \frac{\sqrt{10}}{20}$.

ESERCIZI E PROBLEMI pag. 385

9 PROBLEMI SULLA RETTA

Quello che abbiamo imparato nei precedenti paragrafi ci permette di risolvere alcuni problemi geometrici riferendoci ad un piano cartesiano. Tenendo presente che, a volte, uno stesso problema può essere affrontato da diversi punti di vista, di alcuni di essi presenteremo differenti percorsi risolutivi mettendo in evidenza per ognuno il ragionamento seguito.

I problema

Calcoliamo l'area del triangolo di vertici $A(0, 4)$, $B(-1, -2)$, $C(5, 0)$.

Costruiamo prima di tutto il modello grafico del problema (***figura 45a***).
Per trovare l'area possiamo procedere in due modi.

Primo metodo.

Consideriamo il rettangolo con i lati paralleli agli assi cartesiani circoscritto al triangolo (***figura 45b***); se dalla sua area togliamo le aree dei triangoli rettangoli AQC, PBC e RAB, otteniamo l'area di ABC.
Calcolare le aree del rettangolo e dei triangoli che abbiamo indicato è semplice perché questi poligoni hanno i lati paralleli agli assi cartesiani; si ha quindi che:

$\overline{BP} = |5 + 1| = 6$ $\quad$ $\overline{BR} = |4 + 2| = 6$ $\quad \rightarrow \quad$ $\text{area}(BPQR) = 6 \cdot 6 = 36$

$\overline{PC} = |0 + 2| = 2$ $\quad$ $\overline{QC} = |4 - 0| = 4$

$\overline{AQ} = |5 - 0| = 5$ $\quad$ $\overline{AR} = |0 + 1| = 1$

quindi:

$\text{area}(\widehat{BPC}) = \frac{6 \cdot 2}{2} = 6$ $\quad$ $\text{area}(\widehat{AQC}) = \frac{5 \cdot 4}{2} = 10$ $\quad$ $\text{area}(\widehat{ARB}) = \frac{6 \cdot 1}{2} = 3$

L'area del triangolo è quindi: $36 - (6 + 10 + 3) = 17$.

Figura 45

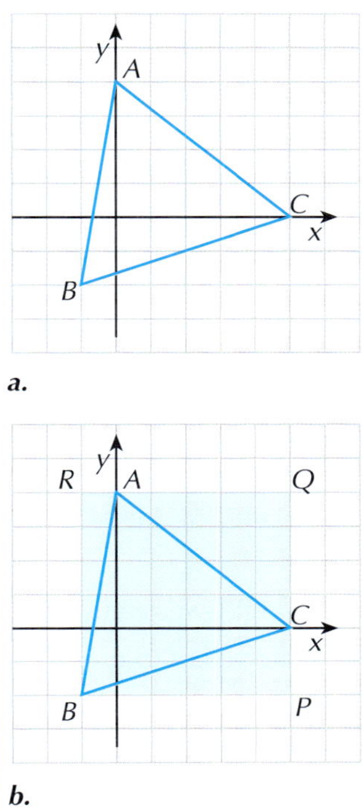

Secondo metodo.

Applichiamo la formula per il calcolo dell'area del triangolo; scegliamo un lato come base, per esempio BC e troviamo la misura dell'altezza calcolando la distanza del punto A dalla retta BC.

- Segmento BC : $\quad BC = \sqrt{(5+1)^2+(0+2)^2} = \sqrt{40} = 2\sqrt{10}$
- Retta BC : $\quad \dfrac{y+2}{0+2} = \dfrac{x+1}{5+1} \quad \rightarrow \quad x - 3y - 5 = 0$
- Calcolo dell'altezza come distanza di A dalla retta BC :

$$\frac{|0-3\cdot 4-5|}{\sqrt{1+9}} = \frac{17}{\sqrt{10}}$$

L'area del triangolo è quindi: $\dfrac{1}{2}\cdot 2\sqrt{10}\cdot\dfrac{17}{\sqrt{10}} = 17.$

Il problema

Data la retta r di equazione $y = \dfrac{1}{2}x + 1$, troviamo l'equazione:

a. di quella ad essa simmetrica rispetto all'asse x

b. di quella ad essa simmetrica rispetto all'asse y

c. di quella ad essa simmetrica rispetto all'origine

d. di quella ad essa corrispondente nella traslazione di vettore $\vec{v}(4, 3)$.

a. La retta r interseca l'asse delle ascisse nel punto $A(-2, 0)$ e l'asse delle ordinate nel punto $B(0, 1)$; la sua simmetrica rispetto all'asse x deve passare ancora per il punto A e per il simmetrico di B che è $B'(0, -1)$ (***figura 46a***); possiamo quindi scrivere l'equazione della retta s che passa per A e B' :

$$\frac{y-0}{-1-0} = \frac{x+2}{0+2} \quad \rightarrow \quad s: y = -\frac{1}{2}x - 1$$

Osserviamo che l'ordinata all'origine di questa retta, come è prevedibile, è l'opposto di quella della retta r, e che anche il coefficiente angolare è opposto; in effetti, la pendenza di s è la stessa di quella di r ma negativa. In generale:

due rette simmetriche rispetto all'asse *x* hanno ordinate all'origine e coefficienti angolari opposti.

Figura 46a

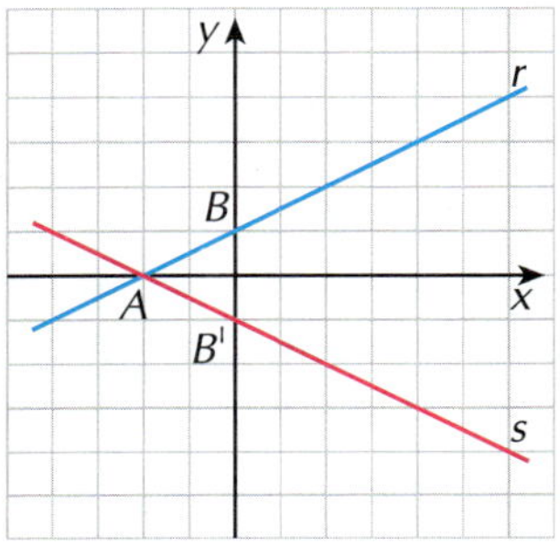

La simmetrica rispetto all'asse x della retta
$y = mx + q$
ha equazione
$y = -mx - q$

b. La simmetrica di r rispetto all'asse y passa ancora per il punto $B(0, 1)$ e per il punto $A'(2, 0)$ simmetrico di A (***figura 46b***); scriviamo allora l'equazione della retta t per B e A':

$$\frac{y-0}{1-0} = \frac{x-2}{0-2} \quad \rightarrow \quad t: y = -\frac{1}{2}x + 1$$

Con considerazioni analoghe alle precedenti, possiamo generalizzare il risultato ottenuto e dire che:

due rette simmetriche rispetto all'asse *y* hanno la stessa ordinata all'origine e coefficienti angolari opposti.

Figura 46b

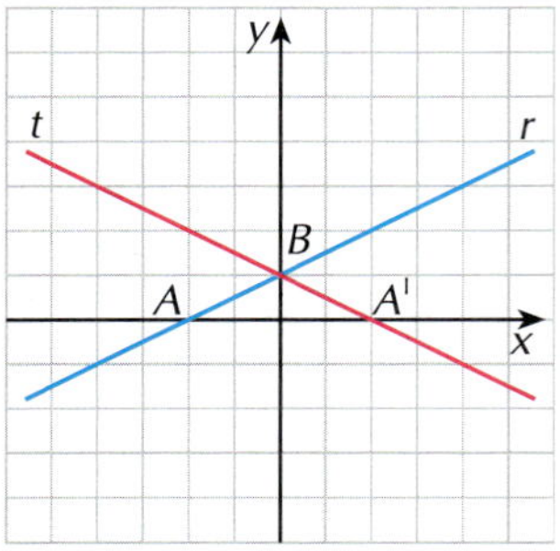

La simmetrica rispetto all'asse y della retta
$y = mx + q$
ha equazione
$y = -mx + q$

c. La simmetrica di r rispetto all'origine passa per il simmetrico di A che è

$A'(2, 0)$ e per il simmetrico di B che è $B'(0, -1)$ ed ha quindi equazione (***figura 46c***):

$$\frac{y-0}{-1-0} = \frac{x-2}{0-2} \qquad \rightarrow \qquad p: y = \frac{1}{2}x - 1$$

Le rette r e p, come prevedibile dalla definizione di simmetria centrale, sono dunque parallele:

due rette simmetriche rispetto all'origine hanno lo stesso coefficiente angolare e ordinate all'origine opposte.

d. Anche in questo caso scegliamo due punti su r, per esempio ancora i punti $A(-2, 0)$ e $B(0, 1)$, troviamo i loro corrispondenti nella traslazione di vettore $\vec{v}(4, 3)$ e poi scriviamo l'equazione della retta che passa per questi punti (***figura 46d***):

- i corrispondenti di A e B nella traslazione sono i punti

  $A'(-2+4, 0+3) = (2, 3)$ e $B'(0+4, 1+3) = (4, 4)$
- la retta per A' e B' ha equazione:

$$\frac{y-4}{3-4} = \frac{x-4}{2-4} \qquad \rightarrow \qquad y = \frac{1}{2}x + 2$$

ulteriori esempi

Figura 46c

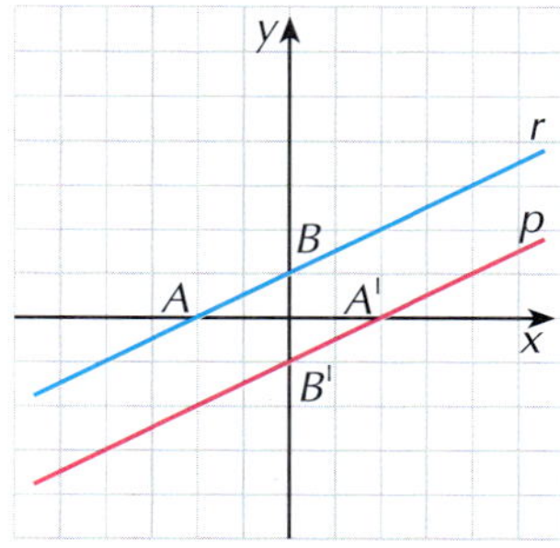

La simmetrica rispetto all'origine della retta

$$y = mx + q$$

ha equazione

$$y = mx - q$$

Figura 46d

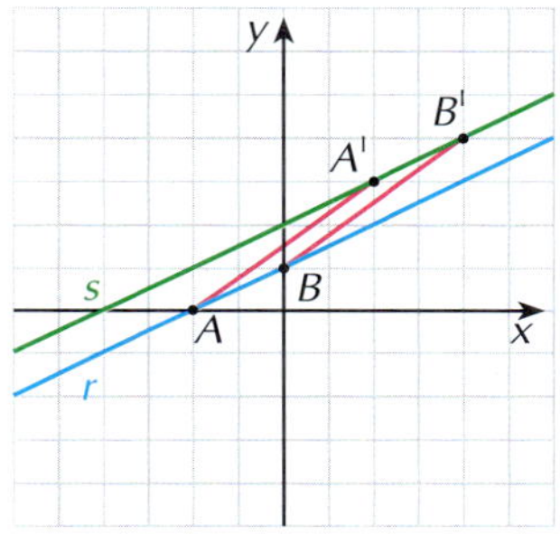

ESERCIZI E PROBLEMI pag. 386

10 I FASCI DI RETTE

In geometria euclidea esistono due tipi di fasci di rette, quelli propri e quelli impropri.

- Un **fascio proprio** è l'insieme di tutte e sole le rette che passano per un punto P assegnato. Se P ha coordinate (x_0, y_0), per scrivere l'equazione di tale fascio possiamo usare la formula $y - y_0 = m(x - x_0)$. Per esempio, il fascio di centro $P(2, -3)$ ha equazione:

$$y + 3 = m(x-2) \qquad \rightarrow \qquad mx - y - 2m - 3 = 0$$

  Al variare di m otteniamo tutte le rette del fascio tranne quella parallela all'asse y che non ha coefficiente angolare.

- Un **fascio improprio** è l'insieme di tutte e sole le rette parallele a una retta data; l'equazione di un fascio di questo tipo deve quindi avere un coefficiente angolare fisso e un'ordinata all'origine variabile. Per esempio, il fascio di rette parallele a quella di equazione $3x + 5y - 1 = 0$ ha equazione:

$$3x + 5y + k = 0$$

  oppure se scriviamo l'equazione della retta in forma esplicita $y = -\frac{3}{5}x + \frac{1}{5}$:

$$y = -\frac{3}{5}x + k$$

  Al variare di k otteniamo tutte le rette del fascio.

In generale, possiamo dire che, se un'equazione lineare in x e y contiene un parametro lineare k, allora non rappresenta una sola retta ma un insieme di rette, tutte quelle di un fascio, che può essere proprio o improprio a seconda dei casi. Per esempio:

- l'equazione $kx + (k - 1)y - 2k = 0$
  rappresenta un fascio di rette proprio perché il suo coefficiente angolare $m = -\dfrac{k}{k-1}$ varia al variare di k in R
- l'equazione $3kx - 2ky + k - 4 = 0$
  rappresenta un fascio improprio perché il suo coefficiente angolare $m = -\dfrac{3k}{-2k} = \dfrac{3}{2}$ è fisso e dunque le rette sono tutte tra loro parallele qualunque sia il valore di k.

Una qualunque retta del fascio si può ottenere attribuendo a k un valore particolare; nel caso dei due precedenti esempi si ha che:

- $kx + (k - 1)y - 2k = 0$ dà luogo alle seguenti rette:
  per $k = 2$: $2x + y - 4 = 0$
  per $k = -1$: $-x - 2y + 2 = 0$ e così via
- $3kx - 2ky + k - 4 = 0$ dà luogo alle seguenti rette:
  per $k = 1$: $3x - 2y - 3 = 0$
  per $k = 4$: $12x - 8y = 0$ e così via.

L'equazione di un qualsiasi fascio, sviluppando opportunamente i calcoli, può essere riscritta in modo da mettere in evidenza il parametro k; per esempio:

$(2k + 1)x - (k - 2)y + k - 3 = 0$ diventa $x + 2y - 3 + k(2x - y + 1) = 0$

In questa forma, nell'equazione del fascio vengono evidenziate due particolari rette:

$$\underbrace{x + 2y - 3}_{\text{parte che non contiene } k} = 0 \qquad \text{e} \qquad \underbrace{2x - y + 1}_{\text{parte moltiplicata per } k} = 0$$

che prendono il nome di **rette generatrici del fascio**, in quanto qualsiasi altra retta si può ottenere da esse sommando la prima con la seconda moltiplicata per un particolare valore di k. In particolare, la prima generatrice si ottiene per $k = 0$, la seconda (quella moltiplicata per k) non si ottiene per alcun valore di k.

Date due equazioni nella forma $A(x) = 0$ e $B(x) = 0$, dell'equazione che si ottiene sommando $A(x)$ con $B(x)$ moltiplicato per un parametro k, cioè

$$A(x) + kB(x) = 0$$

*si dice che è **combinazione lineare** delle prime due.*

Viceversa, date due rette, si può scrivere il fascio che le ha come generatrici considerando l'equazione che si ottiene sommando una di esse con l'altra moltiplicata per k; per esempio:

- le rette $x - 3y = 0$ e $2x + y - 4 = 0$
- danno origine al fascio di equazione $x - 3y + k(2x + y - 4) = 0$
- che, raggruppando i termini in x e in y, possiamo riscrivere nella forma: $(2k + 1)x + (k - 3)y - 4k = 0$

L'equazione di un fascio di rette si può quindi vedere come la combinazione lineare delle sue generatrici.

Di seguito vediamo come si risolvono i principali problemi sui fasci di rette.

ESEMPI

1. Individuiamo la natura del fascio di rette di equazione $3x + ky - k + 1 = 0$ e determiniamo poi fra tali rette quella che passa per il punto $A(0, 2)$.

Per stabilire la natura del fascio, calcoliamo il suo coefficiente angolare: $m = -\dfrac{3}{k}$

Avendo trovato un coefficiente angolare variabile, possiamo concludere che si tratta di un fascio proprio. Per trovare la retta del fascio che passa per A, imponiamo alle coordinate di A di soddisfarne l'equazione:

$$3 \cdot 0 + 2k - k + 1 = 0 \quad \to \quad k + 1 = 0 \quad \to \quad k = -1$$

La retta per A si ottiene per $k = -1$ ed ha quindi equazione $3x - y + 2 = 0$

2. Dato il fascio di rette di equazione $(2k + 1)x + 3ky + 1 + k = 0$, individuiamo:

a. le caratteristiche del fascio (tipo, equazioni delle generatrici)

b. per quale valore di k si ottiene la retta parallela a quella di equazione $5x + 3y + 1 = 0$.

a. Poiché $m = -\dfrac{2k+1}{3k}$, si tratta di un fascio proprio.

Le due generatrici si ottengono riscrivendo l'equazione del fascio in modo da evidenziare il parametro k:

$$2kx + x + 3ky + 1 + k = 0 \quad \to \quad x + 1 + k(2x + 3y + 1) = 0$$

Le equazioni delle generatrici sono: $x + 1 = 0$ e $2x + 3y + 1 = 0$

Per determinare il centro C del fascio intersechiamo le due generatrici:

$$\begin{cases} x + 1 = 0 \\ 2x + 3y + 1 = 0 \end{cases} \quad \to \quad C\left(-1, \frac{1}{3}\right)$$

b. La condizione di parallelismo prevede che le due rette abbiano lo stesso coefficiente angolare:

$$m_{fascio} = -\frac{2k+1}{3k} \qquad m_{retta} = -\frac{5}{3} \quad \to \quad -\frac{2k+1}{3k} = -\frac{5}{3}$$

Risolvendo l'equazione troviamo che deve essere $k = \dfrac{1}{3}$

e la retta ha equazione: $\left(2 \cdot \dfrac{1}{3} + 1\right)x + 3 \cdot \dfrac{1}{3} y + 1 + \dfrac{1}{3} = 0 \quad \to \quad 5x + 3y + 4 = 0$

ESERCIZI E PROBLEMI pag. 392

IL CAPITOLO SI COMPLETA CON:

CONCETTI CHIAVE E REGOLE | LABORATORIO | SCHEDE STORICHE E DI CURIOSITÀ | PRESENTAZIONI IN POWERPOINT

Straight lines
BASIC CONCEPTS

CLIL

AUDIO FILE

Key Terms

Cartesian coordinates
axis (pl. axes)
origin
quadrant
ordered pairs of numbers
collinear points
steepness
slope
intercept

The Cartesian Coordinates System

A real number line estabilishes a one-to-one correspondence between the points on a line and the set of the real numbers.
Let us take two perpendicular number lines crossing at a point O; the horizontal line is called the x*–axis* and the vertical line is called the y*-axis*; the point O is called the *origin*.
The plane is now divided into four quadrants so that:

- in the first quadrant both x and y are positive
- in the second quadrant x is negative and y is positive
- in the third quadrant both x and y are negative
- in the fourth quadrant x is positive and y is negative.

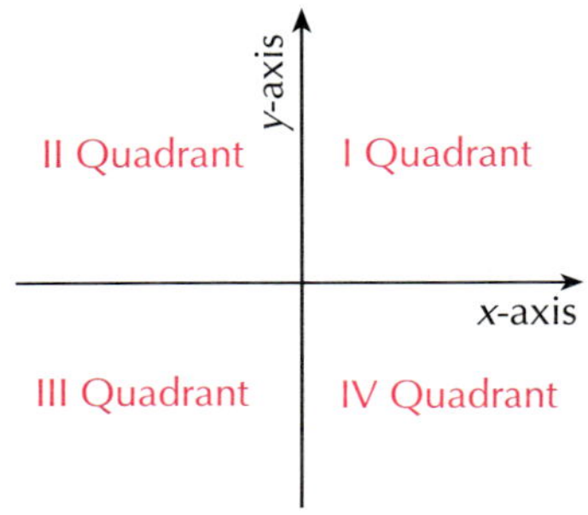

In this plane we can estabilish a one-to-one correspondence between the points P and the ordered pairs (x, y) of real numbers drawing a vertical line from x and a horizontal line from y; we say that the ordered couple (x, y) represents the coordinates of the point P:

$$P(x, y)$$

In the figure you can see some examples; note that when $x = 0$ the point belongs to the y–axis and when $y = 0$ the point belongs to the x–axis. The origin is represented by the couple $(0, 0)$.

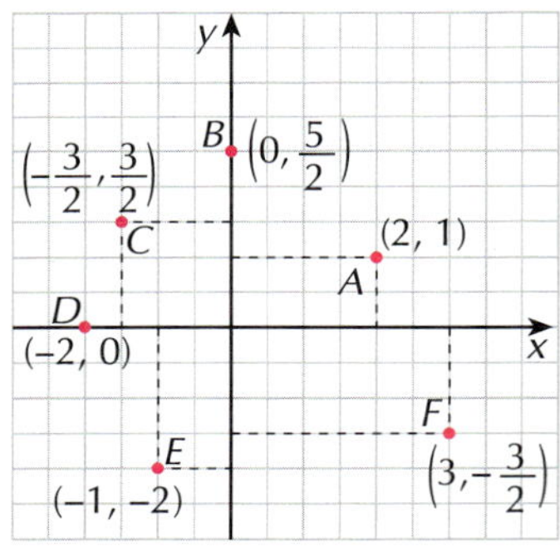

Distance and midpoints formula

The **distance** between two given points $A(x_1, y_1)$ and $B(x_2, y_2)$, that is the length of the segment AB, can be found by applying the Pythagorean theorem to the right angled triangle ABC in the figure:

$$\overline{AB} = \sqrt{(x_2 - x_1)^2 + (y_2 - y_1)^2}$$

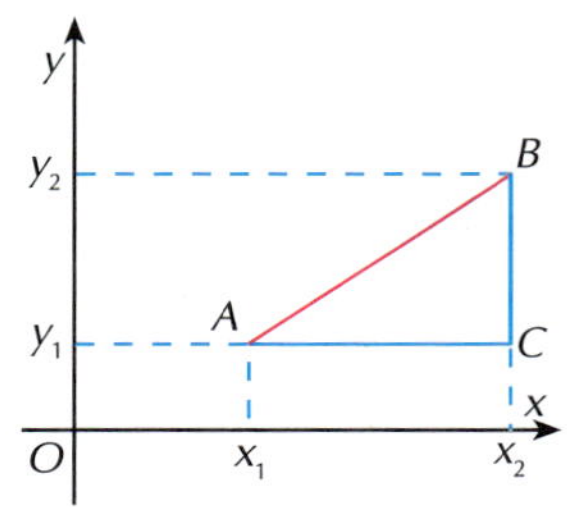

The **midpoint** M between these two points can be found by taking the average of their coordinates:

$$M\left(\frac{x_1 + x_2}{2}, \frac{y_1 + y_2}{2}\right)$$

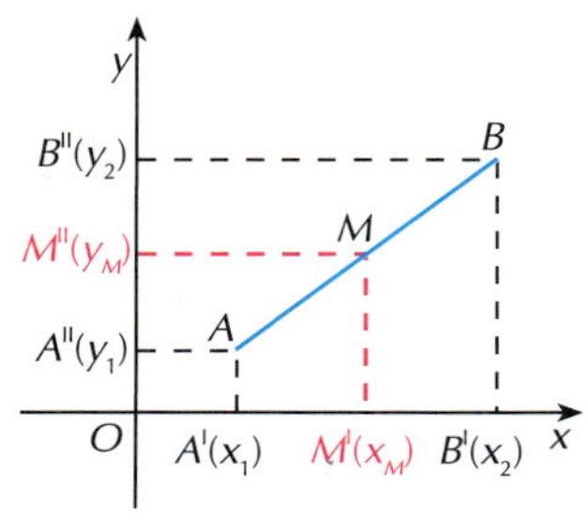

Considering as an example the triangle ABC, where $A(1, 1)$, $B(-1, 3)$, $C\left(-\frac{1}{2}, -\frac{3}{2}\right)$, we want to find the length of its sides and the length of the median from A.

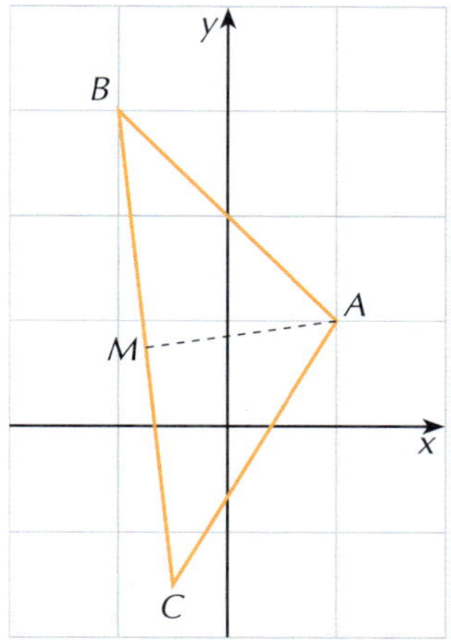

Let us apply the distance formula:

$$\overline{AB} = \sqrt{(-1-1)^2+(3-1)^2} = 2\sqrt{2}$$

$$\overline{AC} = \sqrt{\left(-\frac{1}{2}-1\right)^2+\left(-\frac{3}{2}-1\right)^2} = \frac{1}{2}\sqrt{34}$$

$$\overline{BC} = \sqrt{\left(-\frac{1}{2}+1\right)^2+\left(-\frac{3}{2}-3\right)^2} = \frac{1}{2}\sqrt{82}$$

To find the length of the median first we have to find the midpoint M of the segment BC:

$$x_M = \frac{-1-\frac{1}{2}}{2} = -\frac{3}{4} \qquad y_M = \frac{3-\frac{3}{2}}{2} = \frac{3}{4} \qquad \rightarrow \qquad M\left(-\frac{3}{4}, \frac{3}{4}\right)$$

The length of the median, then, is: $\overline{AM} = \sqrt{\left(-\frac{3}{4}-1\right)^2+\left(\frac{3}{4}-1\right)^2} = \frac{5}{4}\sqrt{2}$

Isometries in the Cartesian plane

In a Cartesian system of coordinates, the main isometries we can think of are the following.

① reflection in the x–axis:
the simmetric point of $P(x, y)$ is the point $P'(x, -y)$

② reflection in the y–axis:
the simmetric point of $P(x, y)$ is the point $P'(-x, y)$

③ reflection in the origin O:
the simmetric point of $P(x, y)$ is the point $P'(-x, -y)$

④ translation of vector $\vec{v}(v_x, v_y)$:
given that a vector $\vec{v}$ in the Cartesian plane can be represented by its two components v_x and v_y along the axes, the corresponding of the point $P(x, y)$ is the point $P'(x+v_x, y+v_y)$.

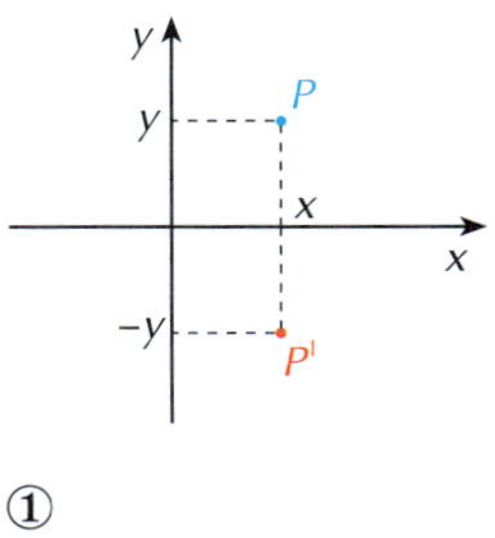

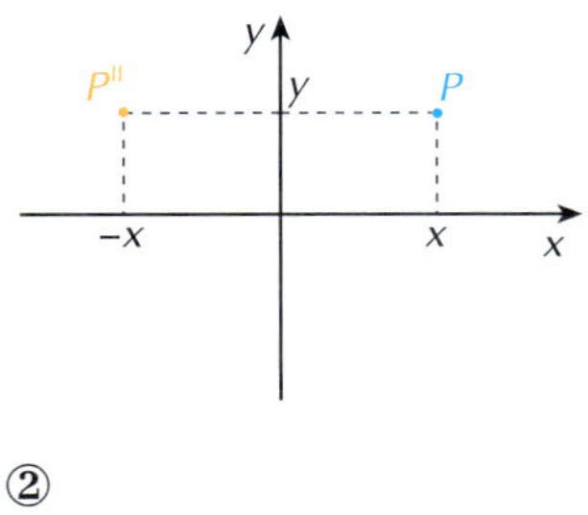

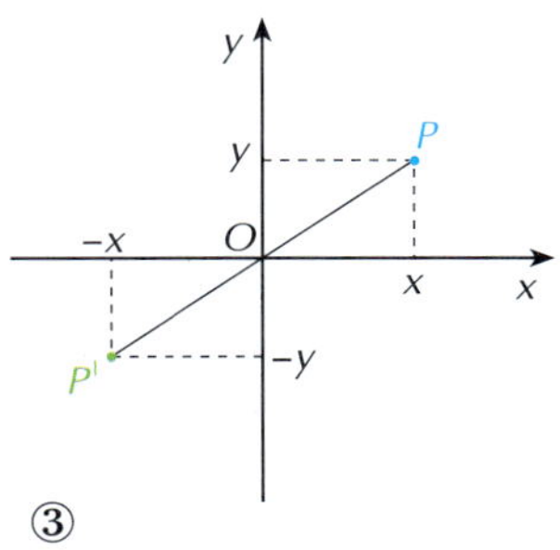

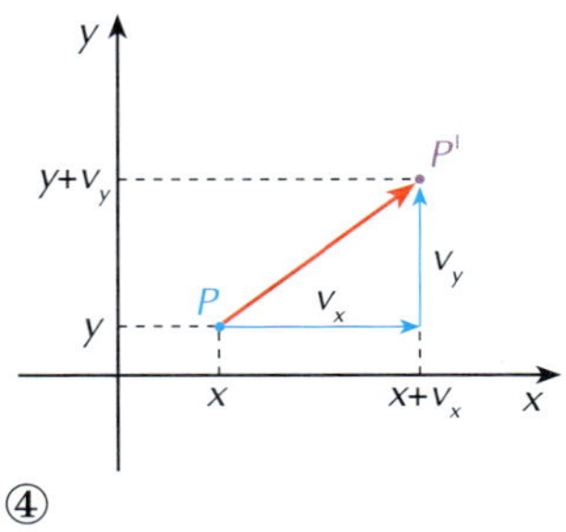

For example, given the point $P(-2, 5)$, its corresponding point in:

- a reflection in the x–axis is $P'(-2, -5)$

- a reflection in the y–axis is $P'(2, 5)$
- a reflection in the origin O is $P'(2, -5)$
- a translation of vector $\vec{v}(1, -3)$ is $P'(-2+1, 5-3) \rightarrow P'(-1, 2)$.

The general equation of a straight line

In a Cartesian system of coordinates:

① a line which is parallel to the x–axis has equation $y = k$
where k is the ordinate of the intersection point of the line with the y-axis
In particular, the x–axis has equation $y = 0$

② a line which is parallel to the y–axis has equation $x = h$
where h is the abscissa of the intersection point of the line with the x-axis
In particular, the y–axis has equation $x = 0$

③ a line which is not parallel to the axes has equation $y = mx + q$
where m is called the **slope** of the line and q is the **intercept**. This is why this equation is called the **slope-intercept** equation.

Note that q is the ordinate of the point of intersection of the line with the y–axis; therefore:

- if $q = 0$: the line passes through the origin and its equation is $y = mx$.

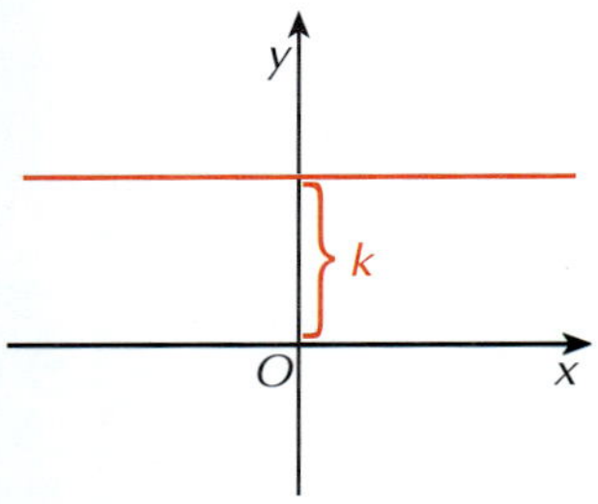

①

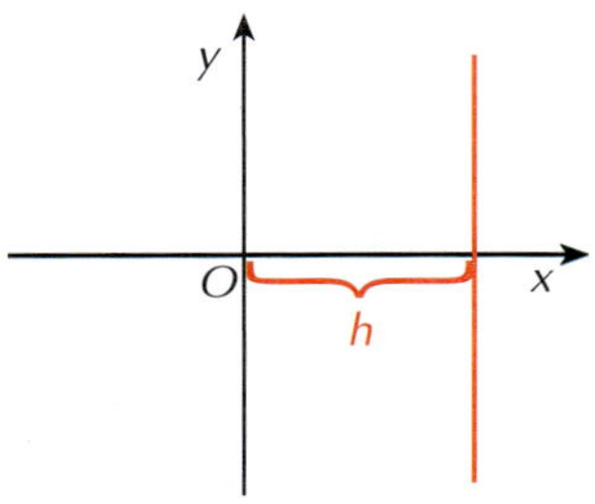

②

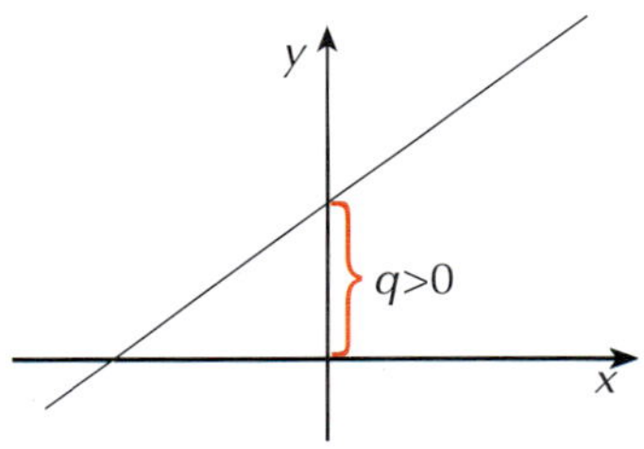

③

To sum up, in any case the equation of a line is a first-degree equation and its general form (*implicit form*) is:

$$ax + by + c = 0$$

For example:

- $2x - y = 0$ that is $y = 2x$ is the equation of a line which passes through the origin and has slope $m = 2$
- $x = 4$ is the equation of a line which is parallel to the y–axis
- $y = -2$ is the equation of a line which is parallel to the x–axis
- $y = \frac{1}{2}x - 1$ is the equation of a line with intercept $q = -1$ and slope $m = \frac{1}{2}$.

The slope m represents the *steepness* of the line; whatever the points $A(x_1, y_1)$ and $B(x_2, y_2)$ on the line, the steepness is measured by the expression:

$$m = \frac{y_2 - y_1}{x_2 - x_1}$$

Thus, the slope represents the ratio of a change in the y direction to the corresponding change in the x direction.

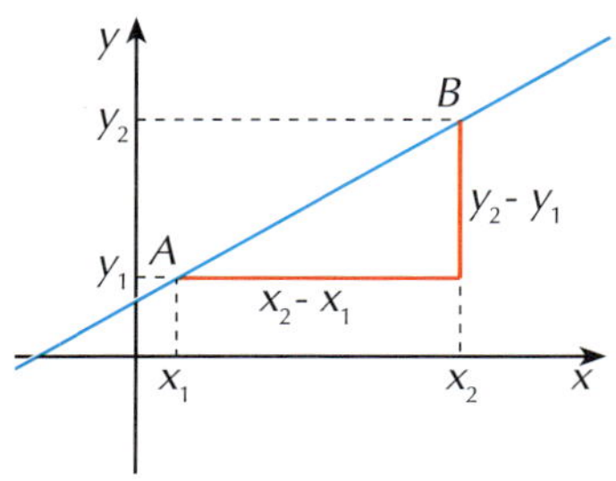

If m is a positive number, the line forms an acute angle with the positive direction of the x–axis, while if m is a negative number the angle is obtuse.

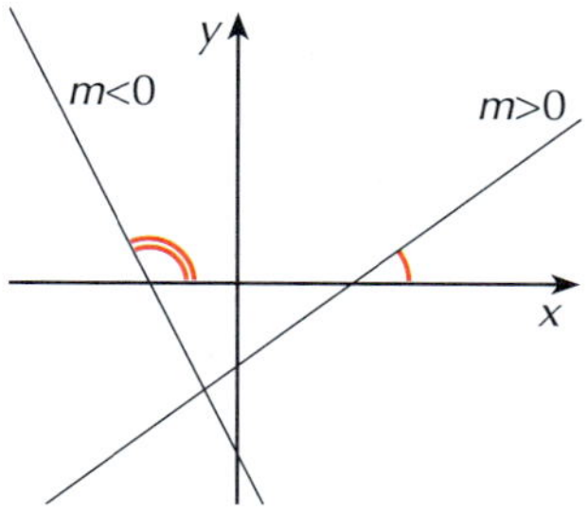

A line which is parallel to the x–axis has slope $m = 0$, while a line which is parallel to the y–axis does not have a slope.
Besides, as a particular case:

- the equation of the bisector line of the first and third quadrant is: $y = x$
- the equation of the bisector line of the second and fourth quadrant is: $y = -x$.

How to write the equation of a line

We can write the equation of a line if we have two information and the most important cases are the following.

- The coordinates of a point $A(x_1, y_1)$ on the line and the slope m are known.
  A point $P(x, y)$ on the plane belongs to the line if the ratio between $y - y_1$ (the increase on the y–axis) and $x - x_1$ (the increase on the x–axis) equals m:

  $$\frac{y - y_1}{x - x_1} = m \qquad \text{that is} \qquad \boxed{y - y_1 = m(x - x_1)}$$

  this equation is called the **point-slope equation**.

- The coordinates of two points on the line $A(x_1, y_1)$ and $B(x_2, y_2)$ are known.
  The slope of the line is: $m = \dfrac{y_2 - y_1}{x_2 - x_1}$
  If the line passes through A the equation is: $y - y_1 = \dfrac{y_2 - y_1}{x_2 - x_1} \cdot (x - x_1)$
  Rearranging the terms of this equation we have: $\boxed{\dfrac{y - y_1}{y_2 - y_1} = \dfrac{x - x_1}{x_2 - x_1}}$

  This equation has significance if the line is not parallel to one of the axes, otherwise the first or the second denominator are zero.

Some examples:

- the equation of the line passing through the point $A\left(-1, \dfrac{1}{2}\right)$ and with slope $m = \dfrac{3}{4}$, using the first formula is:
  $$y - \frac{1}{2} = \frac{3}{4}(x + 1) \qquad \rightarrow \qquad y = \frac{3}{4}x + \frac{5}{4}$$
- the equation of the line passing through the points $A(0, 2)$ and $B(-4, 3)$ (the two points do not belong to a line which is parallel to the x–axis or to the y–axis), applying the second formula is:
  $$\frac{y - 2}{3 - 2} = \frac{x - 0}{-4 - 0} \qquad \rightarrow \qquad y = -\frac{1}{4}x + 2$$

Moreover, the coordinates of the intersection point of two lines, if it exists, can be found by solving the system of the equation of the lines.

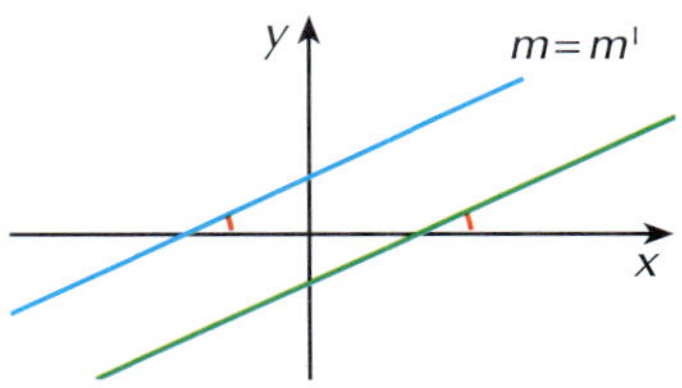

Parallel lines and perpendicular lines

Two parallel lines have the same steepness; so they must have the same slope. If m and m' are the slopes of the two lines, it has to be $m = m'$.

Two perpendicular lines have negative reciprocal slopes; that is: $m' = -\frac{1}{m}$.

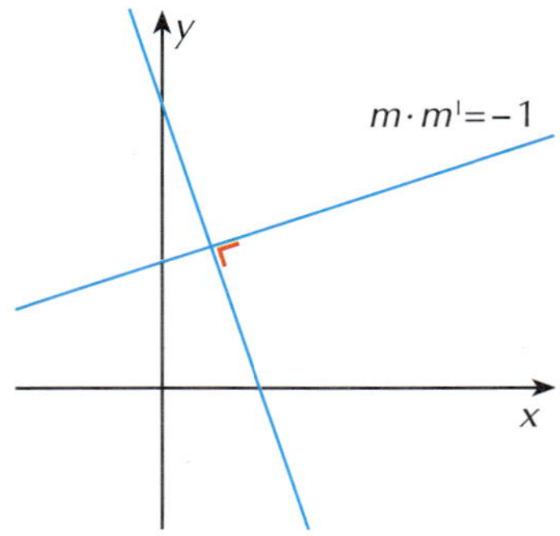

The line $2x - 3y + 1 = 0$ has slope $m = \frac{2}{3}$; the line $4x - 6y - 5 = 0$ has slope $m' = \frac{4}{6} = \frac{2}{3}$. The two lines are parallel.

The line $4x - 2y + 3 = 0$ has slope $m = \frac{4}{2} = 2$; the line $x + 2y - 1 = 0$ has slope $m' = -\frac{1}{2}$. The two lines are perpendicular.

The distance from a point to a line

The distance from a point P to a line r is the segment which is perpendicular to the line, beginning at P and ending on r.

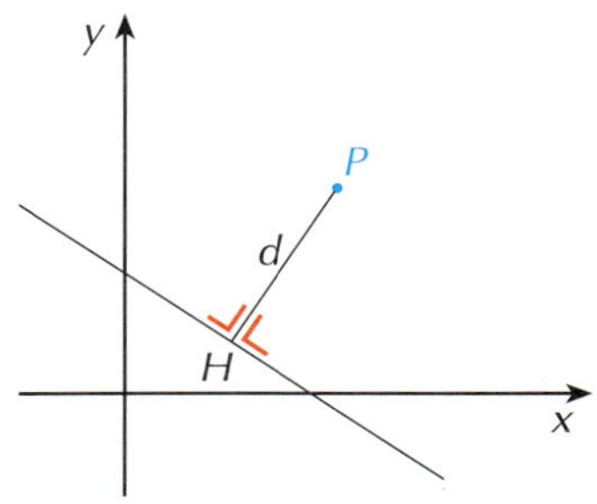

If $ax + by + c = 0$ is the equation (in the implicit form) of the line, and $P(x_0, y_0)$ is the point, the distance d is given by:

$$d = \frac{|ax_0 + by_0 + c|}{\sqrt{a^2 + b^2}}$$

Let us find the distance of $P(-2, 3)$ from the line $y = 3x - 4$.
First we have to write the equation of the line in the implicit form: $3x - y - 4 = 0$
Now we can apply the formula (at the numerator we have to substitute the coordinates of P in the equation of the line):

$$d = \frac{|3 \cdot (-2) - 3 - 4|}{\sqrt{3^2 + 1^2}} = \frac{13\sqrt{10}}{10}$$

EXERCISES

CAPITOLO 4 Funzioni nel piano cartesiano e applicazioni

OBIETTIVI

- riconoscere l'equazione di una parabola e saperne costruire il grafico
- riconoscere le funzioni di proporzionalità e saperne costruire il grafico
- comprendere il concetto di zero di una funzione e saper risolvere graficamente equazioni e disequazioni
- saper costruire grafici di particolari funzioni lineari
- risolvere problemi legati all'analisi di grafici

1 I LUOGHI DI PUNTI E LA PARABOLA

Dalla geometria sappiamo che:

un **luogo di punti** è l'insieme di **tutti e soli** i punti che godono di una determinata proprietà p.

Alcuni esempi di luoghi che già conosciamo sono (***figura 1***):

- l'asse di un segmento: luogo dei punti equidistanti dagli estremi del segmento
- la bisettrice di un angolo: luogo dei punti equidistanti dai lati dell'angolo.

La definizione di un oggetto geometrico come luogo ci permette di poterne trovare l'equazione in un sistema di riferimento cartesiano ortogonale.
Per esempio:

- per trovare l'asse del segmento AB, dove $A(-2, 3)$ e $B(4, -1)$, possiamo ragionare in questo modo: un punto $P(x, y)$ del piano cartesiano appartiene all'asse di AB se e solo se $\overline{PA} = \overline{PB}$ (***figura 2***):

  $$\overline{PA} = \sqrt{(x+2)^2+(y-3)^2}$$

  $$\overline{PB} = \sqrt{(x-4)^2+(y+1)^2}$$

  equazione del luogo: $\sqrt{(x+2)^2+(y-3)^2} = \sqrt{(x-4)^2+(y+1)^2}$

  cioè, sviluppando i calcoli: $3x - 2y - 1 = 0$

- per trovare la bisettrice dell'angolo formato dalle due rette di equazione $r: 4x - 3y + 1 = 0$ e $s: 6x - 8y - 5 = 0$ ragioniamo in modo analogo: un punto $P(x, y)$ del piano cartesiano appartiene alla bisettrice dell'angolo $\widehat{rs}$ se e solo se la distanza di P da r è uguale alla distanza di P da s (***figura 3*** di pagina seguente):

Figura 1

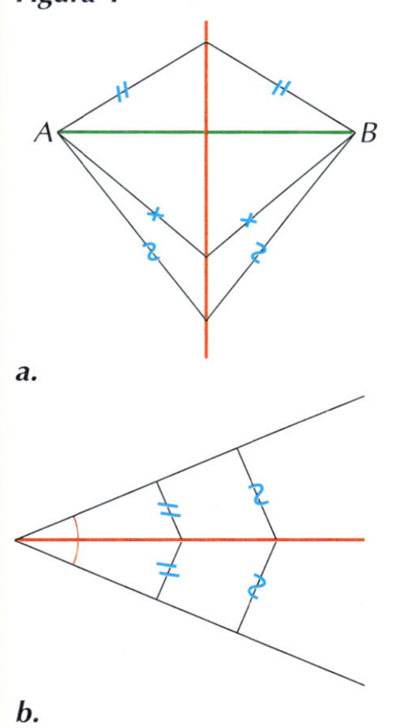

Figura 2

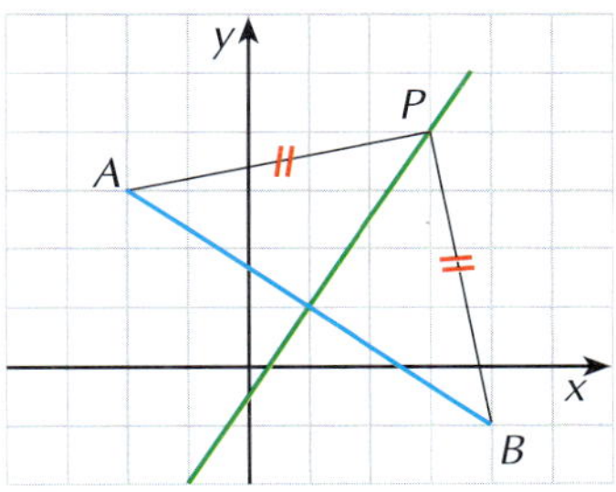

$$d(P,\ r) = \frac{|4x - 3y + 1|}{\sqrt{16 + 9}} = \frac{|4x - 3y + 1|}{5}$$

$$d(P,\ s) = \frac{|6x - 8y - 5|}{\sqrt{36 + 64}} = \frac{|6x - 8y - 5|}{10}$$

equazione del luogo: $\frac{|4x - 3y + 1|}{5} = \frac{|6x - 8y - 5|}{10}$

cioè, togliendo i moduli:

$$\frac{4x - 3y + 1}{5} = \frac{6x - 8y - 5}{10} \quad \vee \quad \frac{4x - 3y + 1}{5} = -\frac{6x - 8y - 5}{10}$$

otteniamo così le due rette: $2x + 2y + 7 = 0$ e $14x - 14y - 3 = 0$

che rappresentano rispettivamente la bisettrice dell'angolo ottuso e dell'angolo acuto formato dalle due rette. Osserviamo tra l'altro che le due bisettrici sono perpendicolari.

Figura 3

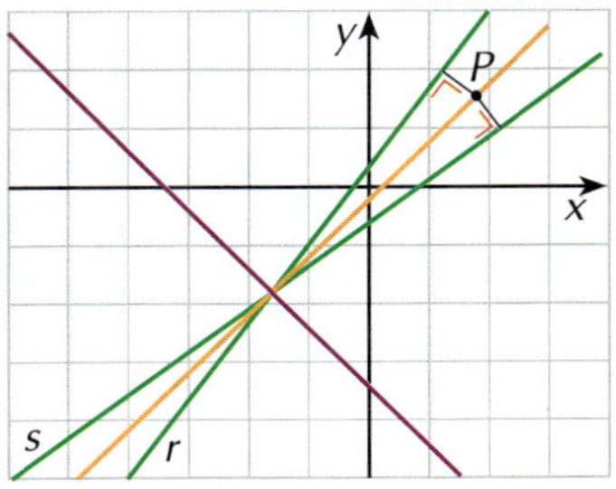

LA PARABOLA

Un altro luogo importante per le numerose applicazioni è quello che si definisce in questo modo.
Sia F un punto fisso che chiamiamo **fuoco** e sia d una retta fissa che chiamiamo **direttrice**; consideriamo i punti P del piano tali che il segmento PF e il segmento PH, che rappresenta la distanza di P dalla retta d, siano congruenti (***figura 4***).

Figura 4

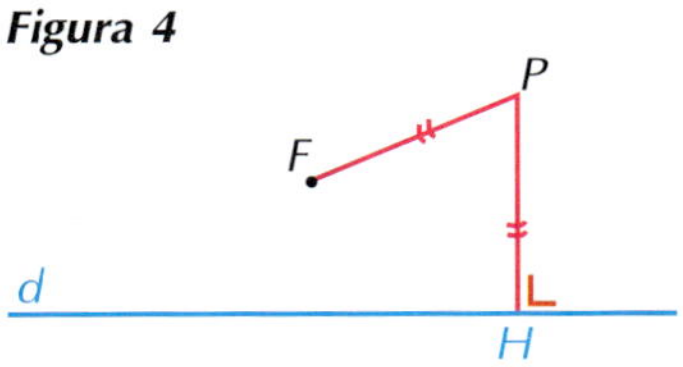

LA DEFINIZIONE

Il luogo dei punti P del piano che sono equidistanti dal fuoco F e dalla direttrice d si chiama **parabola**.

Per capire come è fatta una parabola dobbiamo trovare un modo per rappresentare tutti i punti P; eseguiamo allora la seguente costruzione (***figura 5a***):

- prendiamo un punto H su d e tracciamo il segmento FH
- costruiamo l'asse s del segmento FH
- tracciamo la perpendicolare t da H alla retta d e indichiamo con P il punto di intersezione di s e t.

Ricordiamo adesso che l'asse di un segmento gode della proprietà che tutti i suoi punti sono equidistanti dagli estremi del segmento, quindi i segmenti PF e PH così ottenuti sono congruenti e perciò il punto P appartiene alla parabola individuata da F e da d; al variare di H su d otteniamo tutti i punti della parabola, che assume quindi una forma come quella indicata in ***figura 5b***.
Evidenziamo subito le caratteristiche più importanti di questo luogo (***figura 5c***):

Figura 5

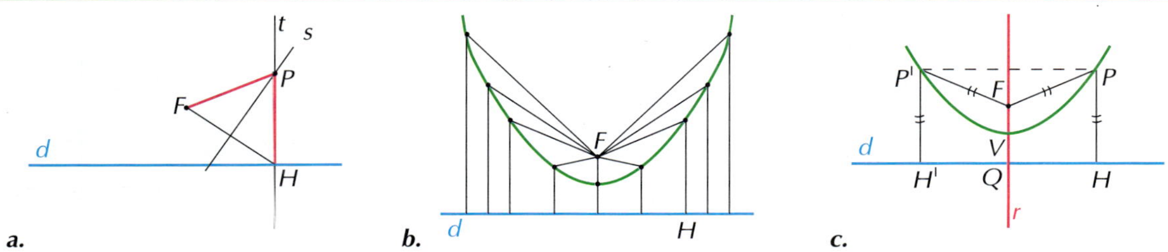

- il punto medio del segmento FQ, che si ottiene tracciando da F la retta r perpendicolare alla direttrice d, è un punto particolare della parabola che si chiama **vertice**
- la retta r è **asse di simmetria** per la parabola
  Infatti, se H e H' sono due punti della retta d simmetrici rispetto a r, i punti P e P' della parabola che si ottengono con la precedente costruzione sono anch'essi simmetrici rispetto a r.

Cerchiamo adesso di trovare l'equazione di questo luogo; le precedenti osservazioni sulla simmetria di questa curva suggeriscono di fissare il sistema di riferimento in modo che l'asse di simmetria sia parallelo a uno degli assi cartesiani, per esempio l'asse y (su questa retta si trova anche il fuoco); di conseguenza, la direttrice è parallela all'asse x.
Vediamo dapprima un esempio numerico e cerchiamo l'equazione della parabola che ha come direttrice la retta di equazione $y = -1$ e come fuoco il punto $F(2, 3)$ (l'asse di simmetria è quindi la retta $x = 2$).
Un punto $P(x, y)$ del piano appartiene a questa parabola se la distanza di P da F è uguale alla distanza di P da d (***figura 6***):

Figura 6

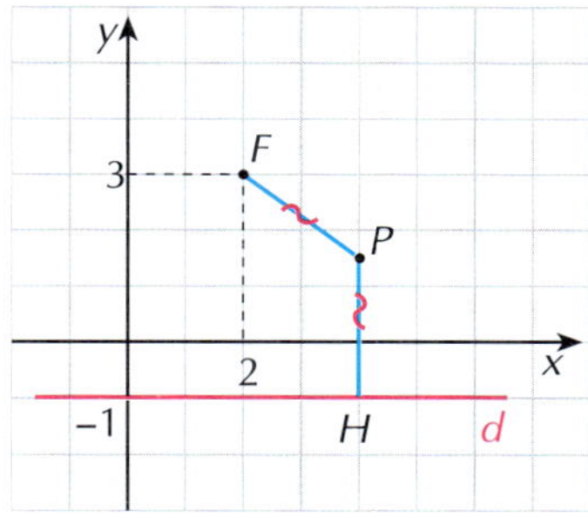

$$\overline{PF} = \sqrt{(x-2)^2+(y-3)^2} \qquad \text{distanza } (P, d) = |y+1|$$

uguagliando le due relazioni otteniamo $\sqrt{(x-2)^2+(y-3)^2} = |y+1|$

Per scrivere in una forma più semplice questa equazione dobbiamo eliminare la radice dal primo membro. Osserviamo allora che i due membri dell'equazione sono entrambi non negativi e che se due numeri non negativi sono uguali, anche le loro potenze n-esime sono uguali; otteniamo quindi un'equazione equivalente se eleviamo al quadrato i due membri:

Se $a>0$ e $b>0$ e se $a=b$ allora $a^2=b^2$

$$(x-2)^2+(y-3)^2= |y+1|^2$$

Sviluppando i calcoli ed esplicitando rispetto a y otteniamo:

$$y = \frac{1}{8}x^2 - \frac{1}{2}x + \frac{3}{2}$$

Questa è dunque l'equazione della parabola che stavamo cercando; si tratta di un'equazione della forma $y = f(x)$ dove $f(x)$ è un polinomio di secondo grado nella variabile x.
Se ripetiamo questi ragionamenti nel caso generale, arriviamo sempre ad un'equazione che ha la forma che abbiamo specificato; concludiamo quindi che:

LA FORMA DELL'EQUAZIONE

nel piano cartesiano una parabola con asse di simmetria parallelo all'asse y ha sempre un'equazione della forma

$$y = ax^2 + bx + c \qquad \text{con } a, b, c \in R \wedge a \neq 0$$

I coefficienti a, b, c determinano le caratteristiche della parabola. Per l'uso che ne faremo in seguito, ci interessa in particolare individuare l'asse di simmetria ed il vertice; se poniamo $\Delta = b^2 - 4ac$ si dimostra che:

- il vertice è il punto V di coordinate $\left(-\frac{b}{2a}, -\frac{\Delta}{4a}\right)$
- l'asse di simmetria ha equazione $x = -\frac{b}{2a}$

VIDEO RECUPERO

L'equazione di una parabola si presenta quindi nella forma $y = f(x)$ dove $f(x)$ è un polinomio di secondo grado in x; si tratta quindi di una funzione in quanto ad ogni valore di x viene associato un solo valore di y.
Il coefficiente a è quello che determina la concavità della parabola (***figura 7***):

- se $a > 0$ la parabola ha una forma come quella in ***figura 7a*** e si dice che è **concava verso l'alto**;
- se $a < 0$ la parabola ha una forma come quella in ***figura 7b*** e si dice che è **concava verso il basso**.

Per costruire il grafico di una parabola occorre sempre determinare le coordinate del vertice; l'asse di simmetria è poi la retta parallela all'asse y che passa per il vertice. Come abbiamo fatto con la retta, altri punti del grafico possono essere trovati attribuendo opportuni valori alla variabile x e calcolando quelli corrispondenti di y.

Figura 7

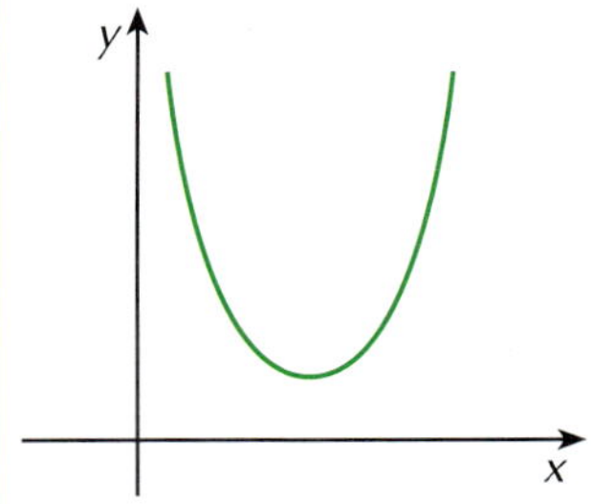

a. $a > 0$

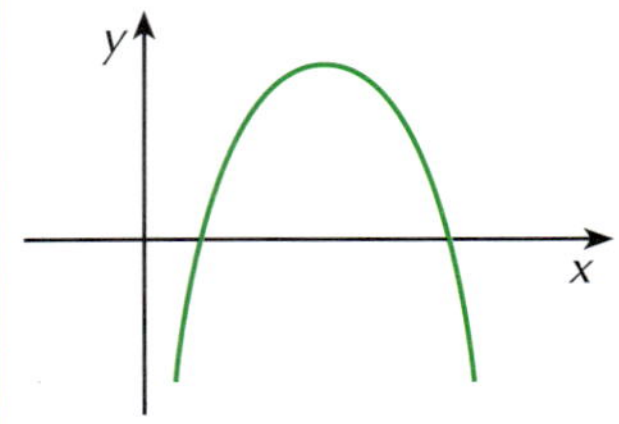

b. $a < 0$

Approfondimento
L'equazione della parabola e la dimostrazione della formula

ESEMPI

Costruiamo i grafici delle seguenti parabole.

1. $y = x^2 - 2x - 1$

In questa parabola $a = 1$, $b = -2$, $c = -1$ ed essendo $a > 0$, la concavità è rivolta verso l'alto.
Troviamo il vertice V:

$$x_V = -\frac{b}{2a} = -\frac{-2}{2} = 1 \qquad y_V = -\frac{b^2 - 4ac}{4a} = -\frac{4+4}{4} = -2 \qquad \rightarrow \qquad V(1, -2)$$

Osserviamo poi che il vertice è un punto della parabola e che quindi le sue coordinate ne devono soddisfare l'equazione; una volta trovata l'ascissa con la formula $-\frac{b}{2a}$, si può quindi trovare l'ordinata anche sostituendo nell'equazione:

$$y_V = 1^2 - 2 \cdot 1 - 1 = -2$$

L'asse di simmetria della parabola è la retta parallela all'asse y che passa per il vertice ed ha quindi equazione $x = 1$.
Troviamo le coordinate di qualche punto (normalmente ne bastano due oltre il vertice); conviene scegliere valori di x che si trovano tutti a sinistra o tutti a destra rispetto all'asse della parabola e costruire poi i loro simmetrici:

x	0	−1
y	−1	2

Il grafico che ne risulta è in ***figura 8***.

Figura 8

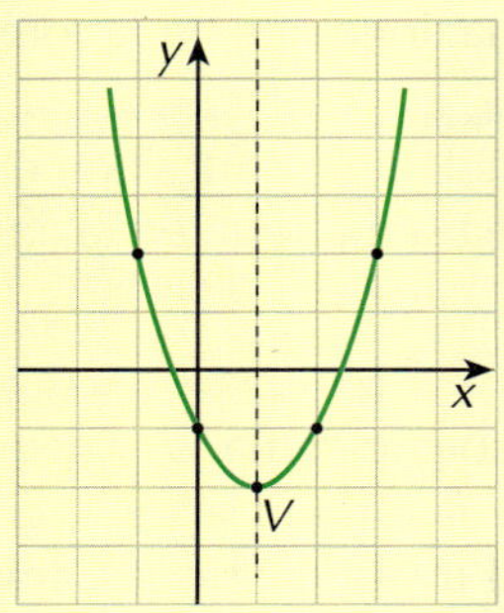

2. $y = -x^2 + 4$

I coefficienti della parabola sono $a = -1$, $b = 0$, $c = 4$ ed essendo $a < 0$, la concavità è rivolta verso il basso.

Troviamo il vertice:

$$x_v = -\frac{0}{-2} = 0 \qquad y_v = 4 \quad \rightarrow \quad V(0, 4)$$

l'ordinata è stata trovata per sostituzione.
L'asse di simmetria è proprio l'asse y; troviamo le coordinate di qualche punto e costruiamo anche i loro simmetrici:

x	1	2
y	3	0

Il grafico di questa parabola è in ***figura 9***.

Figura 9

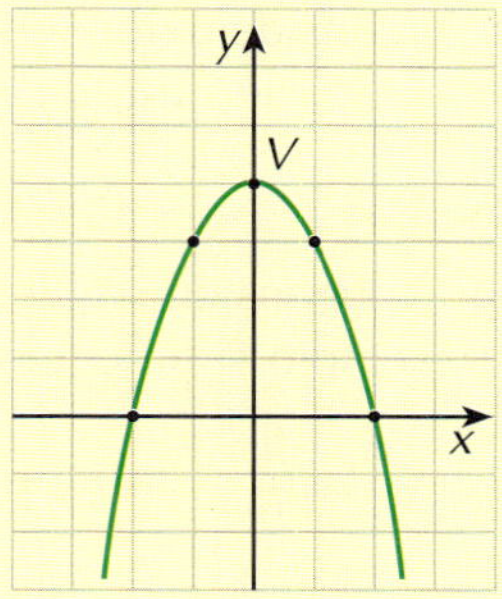

ulteriori esempi

ATTENZIONE AGLI ERRORI

Nella determinazione dell'ascissa del vertice di una parabola, occorre fare attenzione al valore dei coefficienti a, b, c.

- Nella parabola di equazione $y = x^2 + 3$:
  - il vertice **non ha** ascissa $x_V = \frac{-3}{2}$
  - il valore corretto dell'ascissa è $x_V = 0$ perché b è 0 e non 3.
- Nella parabola di equazione $y = x^2 - 3x$
  - l'ascissa del vertice è $x_V = \frac{3}{2}$
  - l'ordinata, applicando la formula $\frac{-b^2 + 4ac}{4a}$:

    non è uguale a $y_V = \frac{-9 + 4}{4}$

    ma è uguale a $y_V = \frac{-9 + 4 \cdot 0}{4}$ perché $c = 0$.

ESERCIZI E PROBLEMI **pag. 404**

2 LE FUNZIONI DI PROPORZIONALITÀ

Abbiamo già visto nel primo volume le caratteristiche fondamentali di queste funzioni; riprendiamo qui il discorso puntualizzando alcuni concetti.

LA PROPORZIONALITÀ DIRETTA

Dalla geometria sappiamo che due insiemi di grandezze si dicono **direttamente proporzionali** se:

- gli elementi dei due insiemi sono in corrispondenza biunivoca
- il rapporto tra due qualsiasi grandezze del primo insieme è uguale al rapporto tra le corrispondenti due del secondo insieme.

Per le considerazioni che dovremo fare in seguito, è poi conveniente valutare i rapporti tra le misure delle grandezze dei due insiemi. Se:

$$A = \{a, b, c, ...\} \quad \text{e} \quad B = \{a', b', c', ...\}$$

sono i due insiemi (gli elementi sono già rappresentati dalle loro misure), allora per esempio si ha che:

$$\frac{a}{b} = \frac{a'}{b'} \qquad \text{che possiamo anche scrivere nella forma} \qquad \frac{a}{a'} = \frac{b}{b'}$$

e questa relazione vale per qualunque coppia di elementi del primo insieme e dei loro corrispondenti nel secondo.

In altre parole:

se due insiemi di grandezze A e B sono direttamente proporzionali, i rapporti fra le misure di grandezze corrispondenti sono costanti; il valore comune di tutti i rapporti prende il nome di **costante di proporzionalità diretta**.

Si valutano i rapporti tra le misure e non tra le grandezze dei due insiemi perché le grandezze di A e quelle di B potrebbero non essere omogenee.

Se indichiamo con x e y le misure delle grandezze rispettivamente di A e di B e con m la costante di proporzionalità (in generale è $m \neq 0$), possiamo esprimere la relazione di proporzionalità diretta con la relazione:

$$\boxed{\frac{y}{x} = m}$$

Una proporzionalità diretta è quindi il *luogo dei punti per i quali rimane costante il rapporto tra l'ordinata e l'ascissa*.
Se riscriviamo questa relazione nella forma $y = mx$, riconosciamo in essa una retta che passa per l'origine.

Una relazione di proporzionalità diretta è sempre rappresentata da una retta passante per l'origine degli assi cartesiani nella quale il coefficiente angolare rappresenta la costante di proporzionalità.

LA PROPORZIONALITÀ INVERSA

Due insiemi di grandezze A e B sono **inversamente proporzionali** se:

- gli elementi dei due insiemi sono in corrispondenza biunivoca
- il rapporto tra due qualsiasi grandezze del primo insieme è uguale al rapporto inverso tra le corrispondenti due del secondo insieme.

Se i due insiemi A e B sono inversamente proporzionali, allora per esempio:

$$\frac{a}{b} = \frac{b'}{a'} \qquad \text{cioè} \qquad a \cdot a' = b \cdot b'$$

e anche questa relazione vale per qualunque coppia di elementi del primo insieme e dei loro corrispondenti nel secondo.

In altre parole:

se due insiemi di grandezze A e B sono inversamente proporzionali, il prodotto fra le misure di due elementi che si corrispondono non cambia al variare della coppia scelta; il valore comune di tutti i prodotti prende il nome di **costante di proporzionalità inversa**.

ANIMAZIONE

Se indichiamo con x e y le misure delle grandezze rispettivamente di A e di B e con k la costante di proporzionalità ($k \neq 0$), possiamo esprimere la relazione di proporzionalità inversa con l'equazione:

$$xy = k$$

La proporzionalità inversa è sempre rappresentata da un'iperbole equilatera.

Una proporzionalità inversa è quindi il *luogo dei punti per i quali rimane costante il prodotto tra l'ascissa e l'ordinata.*
La curva associata a questa equazione prende il nome di **iperbole equilatera** e di essa si può dire che:

- non incontra gli assi cartesiani non potendo essere né $x = 0$, né $y = 0$ (ricordiamo che è $k \neq 0$)
- se $k > 0$, le coordinate dei punti $P(x, y)$ che le appartengono sono entrambe positive oppure entrambe negative, quindi il grafico deve appartenere interamente al primo e al terzo quadrante
- se $k < 0$, le coordinate dei punti $P(x, y)$ che le appartengono sono discordi, quindi il grafico deve appartenere interamente al secondo e al quarto quadrante
- qualunque sia il valore di k, la curva è simmetrica rispetto all'origine; infatti se (a, b) è un punto della curva, anche il punto $(-a, -b)$ le appartiene.

Tenendo conto di queste osservazioni, il grafico di questa curva ha la forma rappresentata in ***figura 10***.

Figura 10

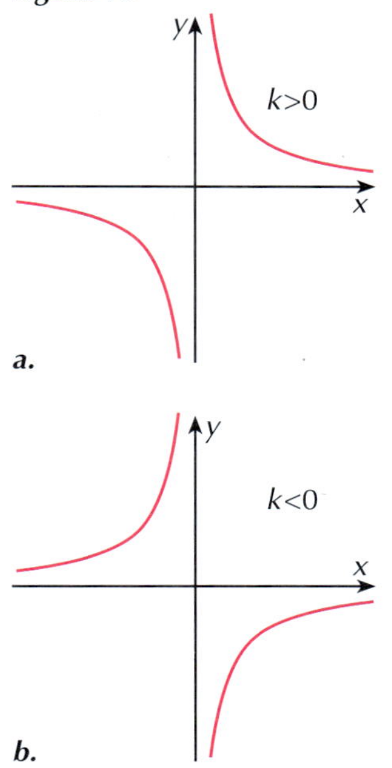

ESEMPI

1. Quando si deve acquistare un'auto, uno degli aspetti che si valuta è il consumo di carburante. Normalmente nel depliant pubblicitario si trovano indicazioni di questo tipo:

- consumo in città: 12km con 1 litro.

Questa informazione esprime il fatto che, con un normale utilizzo dell'auto, esiste proporzionalità diretta fra il numero y di chilometri percorsi ed il consumo x (in litri) di carburante, esprimibile con l'equazione

$$y = 12x$$

Ci si aspetta quindi ci consumare 2 litri di carburante per fare 24km, 5 litri per farne 60 e così via.
Il grafico di questa relazione è in ***figura 11***. Osserviamo che il sistema di riferimento è necessariamente dimetrico e che della retta $y = 12x$ abbiamo rappresentato solo la parte che appartiene al primo quadrante; per il significato che hanno le variabili x e y, non ha infatti senso considerare valori negativi.

Figura 11

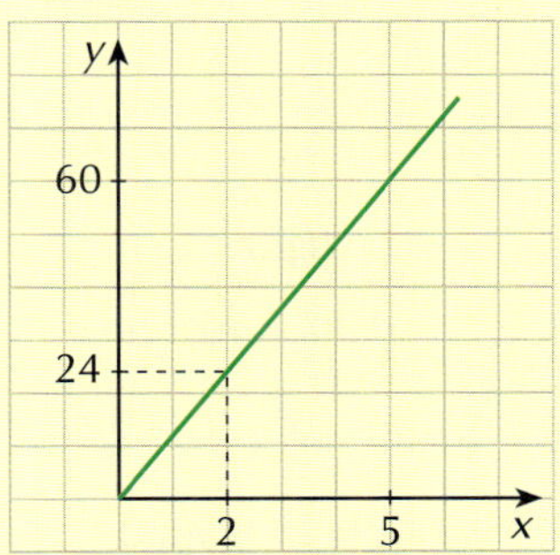

2. Un rettangolo ha area uguale a 20cm^2; indicando con x e y le misure dei suoi lati, la relazione che esprime l'area è

$$xy = 20.$$

Si tratta quindi di una proporzionalità inversa la cui rappresentazione grafica, tenendo conto che x e y devono essere positivi perché rappresentano misure di segmenti, è il ramo di iperbole in ***figura 12***.

ulteriori esempi

Figura 12

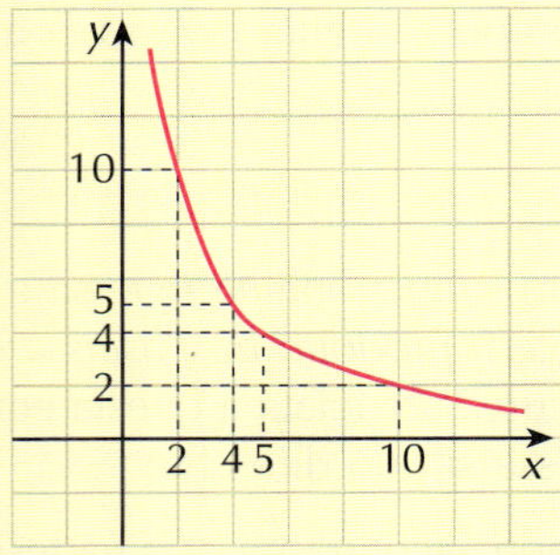

ESERCIZI E PROBLEMI pag. 406

3 L'INTERPRETAZIONE GRAFICA DI EQUAZIONI E DISEQUAZIONI

3.1 Gli zeri di una funzione

Il grafico di una funzione può intersecare o meno l'asse delle ascisse. In ogni caso, se $y = f(x)$ è l'equazione della funzione, le intersezioni con l'asse x sono le soluzioni del sistema:

$$\begin{cases} y = f(x) & \leftarrow \text{equazione della funzione} \\ y = 0 & \leftarrow \text{equazione dell'asse } x \end{cases}$$

I valori di x che soddisfano il sistema sono quindi le soluzioni dell'equazione

$$f(x) = 0$$

Tali punti prendono il nome di *zeri* della funzione.

Chiamiamo **zeri** di una funzione $f(x)$ le ascisse dei punti di intersezione del grafico della funzione stessa con l'asse x. Essi si determinano risolvendo l'equazione

$$f(x) = 0$$

Per esempio (***figura 13***):

- lo zero della funzione $y = \frac{1}{2}x - 1$ è il punto che si ottiene risolvendo l'equazione $\frac{1}{2}x - 1 = 0$ ed è il punto di ascissa $x = 2$
- gli zeri della funzione $y = x^2 - 2x - 3$ sono i punti che si ottengono risolvendo l'equazione $x^2 - 2x - 3 = 0$ ed hanno ascissa $x = -1 \vee x = 3$.

Viceversa, possiamo interpretare graficamente le soluzioni di un'equazione $f(x) = 0$ come le ascisse di punti di intersezione della funzione $y = f(x)$ con l'asse x, cioè come gli zeri di $f(x)$.

Figura 13

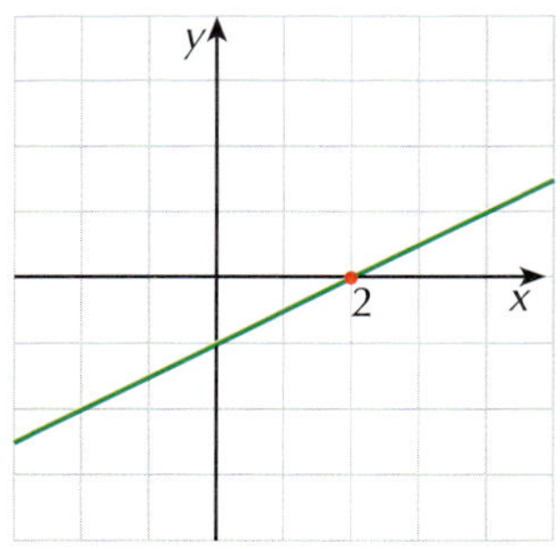

a.

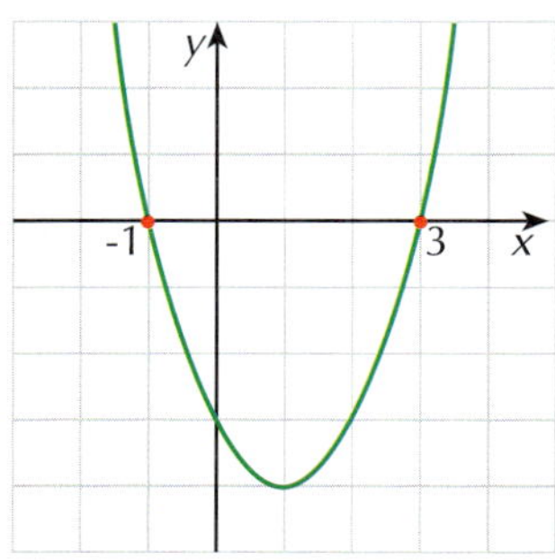

b.

Per esempio (***figura 14***):

- l'equazione $3 - x = 0$ ha soluzione $x = 3$ che rappresenta lo zero della funzione $y = 3 - x$
- l'equazione $2x^2 - x - 1 = 0$ ha soluzioni $x = -\frac{1}{2} \vee x = 1$ che rappresentano gli zeri della funzione $y = 2x^2 - x - 1$.

Figura 14

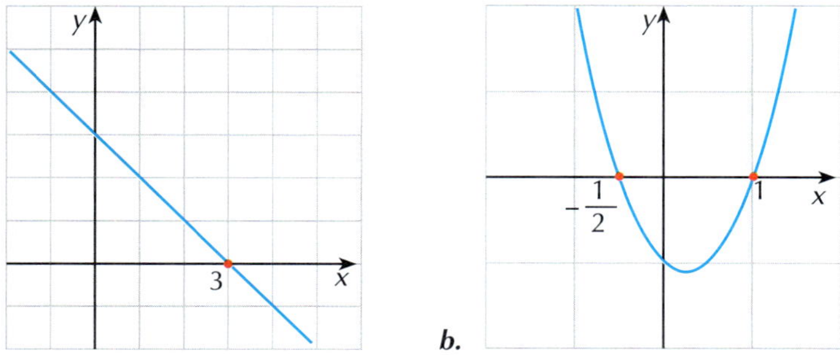

ESEMPI

Troviamo gli zeri, se esistono, delle seguenti funzioni.

1. $y = 2x + 3$

Dobbiamo risolvere l'equazione $\quad 2x + 3 = 0 \quad \rightarrow \quad x = -\frac{3}{2}$

La funzione ha uno zero in $\quad x = -\frac{3}{2}$.

2. $y = x^2 + 3x + 4$

Dobbiamo risolvere l'equazione $\quad x^2 + 3x + 4 = 0$

da cui $\quad x = \dfrac{-3 \pm \sqrt{9 - 16}}{2}$

L'equazione non ha soluzioni reali, quindi la funzione non interseca l'asse x e non ha zeri (***figura 15***).

Figura 15

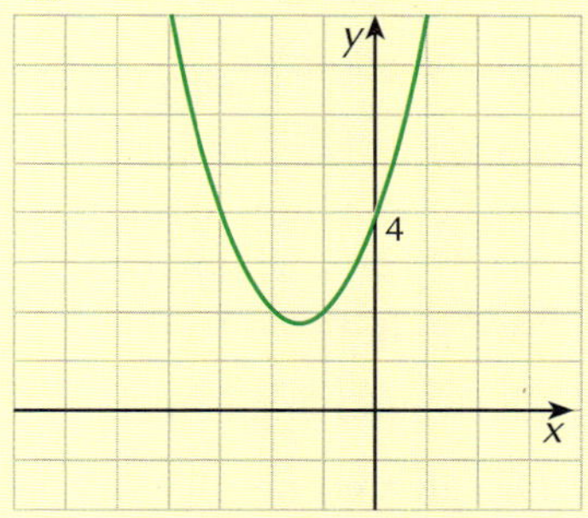

3. Troviamo gli zeri delle seguenti funzioni:

a. $y = 4x^2 - 4x + 1$

Dobbiamo risolvere l'equazione $\quad 4x^2 - 4x + 1 = 0$

da cui $\quad x = \dfrac{2 \pm \sqrt{4 - 4}}{4} \quad \rightarrow \quad x = \frac{1}{2}$

L'equazione ha due soluzioni coincidenti; la funzione ha quindi due zeri coincidenti in $x = \frac{1}{2}$. La parabola interseca l'asse x nel vertice (***figura 16a***).

b. $y = x^2 - 1$

Dobbiamo risolvere l'equazione $\quad x^2 - 1 = 0 \quad \rightarrow \quad x = \pm 1$

La funzione ha quindi due zeri in $x = -1$ e in $x = 1$ (***figura 16b***).

Figura 16

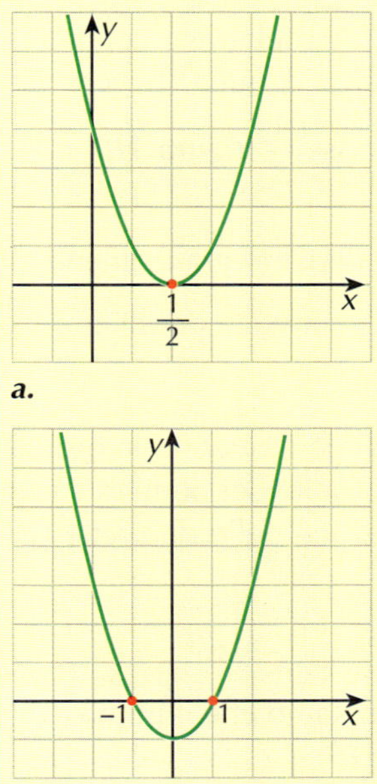

b.

3.2 Le disequazioni lineari dal punto di vista grafico

Anche una disequazione lineare si può interpretare dal punto di vista grafico associandole una retta. Consideriamo per esempio la disequazione

$$2x + 3 > 0$$

e indichiamo con y il polinomio al primo membro, poniamo cioè

$$y = 2x + 3.$$

La disequazione data è quindi equivalente a $y > 0$.

Interpretiamo graficamente quello che abbiamo ottenuto. L'equazione $y = 2x + 3$ è quella di una retta e chiedersi quando y è maggiore di zero significa chiedersi quando le ordinate dei punti di questa retta sono positive, in altre parole quando la retta si trova nel semipiano positivo delle ordinate che è quello che comprende il primo ed il secondo quadrante.
Se tracciamo il grafico (***figura 17***), ci accorgiamo che la parte di retta che soddisfa questa condizione è la semiretta in colore rosso. Allora, individuata l'ascissa del punto di intersezione della retta con l'asse x, che in questo caso è $-\frac{3}{2}$, i punti che appartengono alla semiretta in rosso sono quelli che hanno l'ascissa maggiore di $-\frac{3}{2}$, dunque l'insieme delle soluzioni della disequazione è $x > -\frac{3}{2}$.

Figura 17

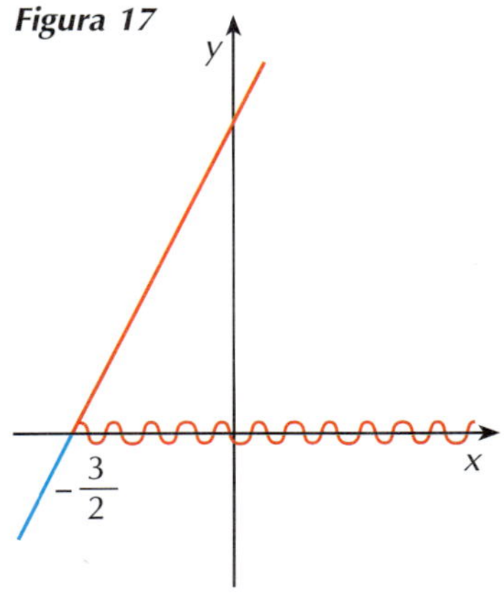

ESEMPI

1. Risolviamo graficamente la disequazione $3x - 4 \leq 0$.

Disegniamo nel piano cartesiano la retta di equazione $y = 3x - 4$; essa interseca l'asse x nel punto di ascissa $\frac{4}{3}$. Poiché deve essere $y \leq 0$, del grafico ci interessa la parte i cui punti hanno ordinata negativa o nulla, ovvero la semiretta in rosso compreso il punto di ascissa $\frac{4}{3}$ (***figura 18***). L'intervallo delle soluzioni è quindi $x \leq \frac{4}{3}$.

Figura 18

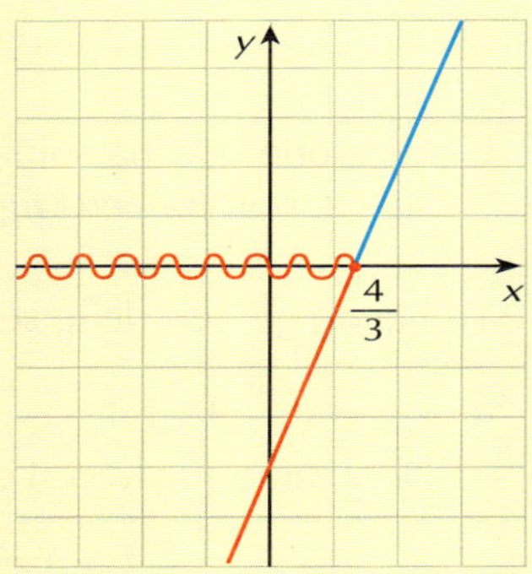

2. Risolviamo graficamente la disequazione $x - 2 > -2x + 1$.

Questa volta dobbiamo considerare le due rette di equazioni

$$r : y = x - 2 \quad \text{e} \quad s : y = -2x + 1$$

e vedere quando le ordinate dei punti di r hanno ordinata maggiore di quelle dei punti di s. Determiniamo innanzi tutto il punto di intersezione delle due rette risolvendo il sistema

$$\begin{cases} y = x - 2 \\ y = -2x + 1 \end{cases}$$

Troviamo che il punto di intersezione è $P(1, -1)$ (il grafico è in ***figura 19***).

Figura 19

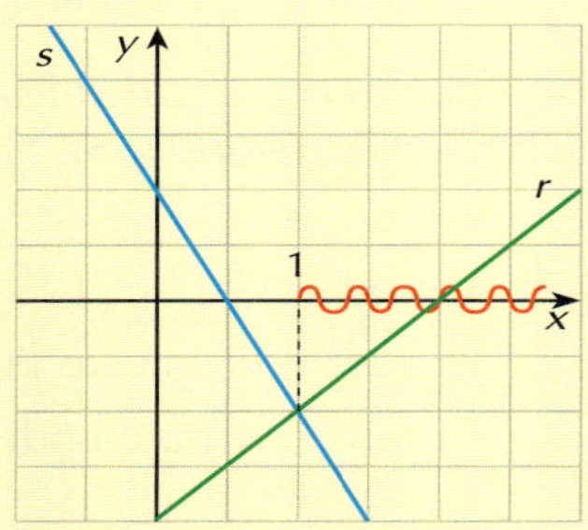

Osserviamo adesso che, quando x è minore di 1, i punti della retta r (in verde) hanno, a parità di ascissa, ordinata minore di quelli della retta s (in blu), mentre, quando x è maggiore di 1, i punti di r hanno un'ordinata maggiore di quelli di s.
Dobbiamo allora concludere che l'intervallo delle soluzioni è $x > 1$.

Approfondimento
Le disequazioni lineari in due variabili

ESERCIZI E PROBLEMI pag. 409

4 GRAFICI DI PARTICOLARI FUNZIONI

FUNZIONI LINEARI CON I MODULI

Vogliamo tracciare il grafico della funzione $y = |x|$.

Sappiamo che $|x|$ significa: x quando $x \geq 0$; $-x$ quando $x < 0$

Possiamo allora riscrivere l'equazione di questa funzione in questo modo:

$$y = \begin{cases} x & \text{se } x \geq 0 \\ -x & \text{se } x < 0 \end{cases}$$

e disegnare (***figura 20***):

- la retta di equazione $y = x$ nel semipiano delle ascisse positive o nulle
- la retta $y = -x$ nel semipiano delle ascisse negative.

Figura 20

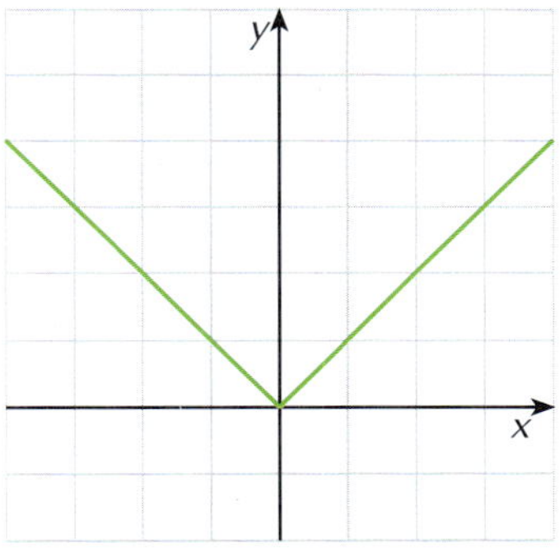

Osserviamo che il grafico trovato si può ottenere anche con questa procedura (***figura 21***):

- si disegna la retta $y = x$ per intero
- si esegue una simmetria rispetto all'asse x della sola parte negativa del grafico (in pratica si esegue un ribaltamento della parte del grafico che si trova sotto l'asse x).

Infatti considerare il modulo di una qualsiasi espressione significa in pratica far diventare positivo ciò che è negativo.

Figura 21

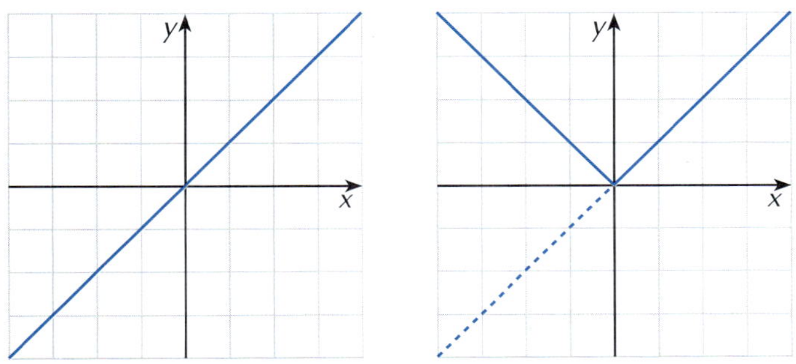

VIDEO RECUPERO

Questa procedura può essere generalizzata a una qualunque funzione di equazione $y = |f(x)|$:

- si disegna il grafico di $f(x)$
- si ribaltano le parti di grafico che si trovano nel semipiano delle ordinate negative.

Figura 22

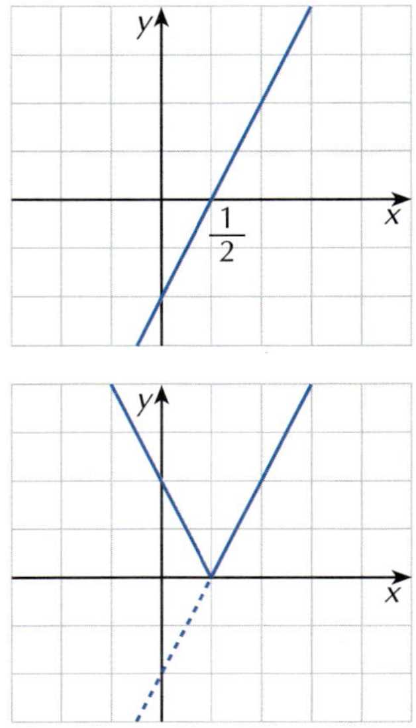

Costruiamo con questa procedura i seguenti grafici:

- $y = |2x - 1|$ (***figura 22***)
  - disegniamo la retta $y = 2x - 1$;
  - disegniamo la simmetrica rispetto all'asse x della parte negativa.
- $y = |x^2 - 2x|$ (***figura 23***)
  - costruiamo il grafico della parabola $y = x^2 - 2x$;
  - costruiamo il simmetrico rispetto all'asse x del ramo negativo della curva.

Figura 23

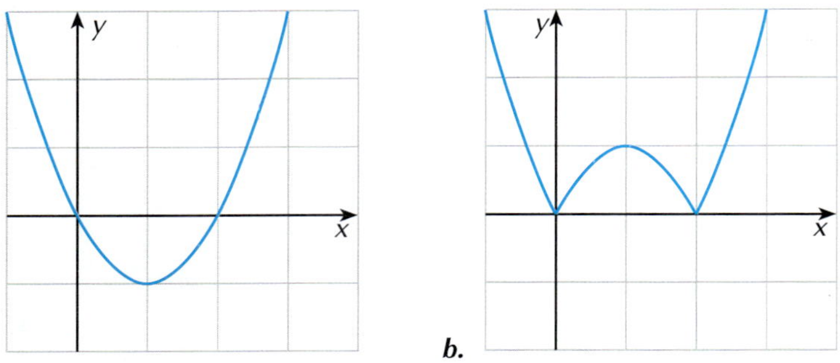

a. **b.**

ANIMAZIONE

FUNZIONI LINEARI A TRATTI

Alcune funzioni lineari sono definite da espressioni diverse in intervalli diversi e disgiunti: si parla di **funzioni lineari a tratti**. Consideriamo per esempio la funzione

$$y = \begin{cases} x - 2 & \text{se } x < 1 \\ 3 - 2x & \text{se } x \geq 1 \end{cases}$$

Essa ha come dominio l'insieme R, ma ha due espressioni distinte a seconda che x sia maggiore o minore di 1. Il suo grafico è quindi formato da (***figura 24***):

- quello della retta $y = x - 2$ disegnata solo per valori di x più piccoli di 1 (in pratica consideriamo solo la semiretta a sinistra del punto di ascissa di 1)
- quello della retta $y = 3 - 2x$ disegnata solo per valori di x maggiori o uguali a 1 (in pratica consideriamo solo la semiretta a destra del punto di ascissa di 1).

Figura 24

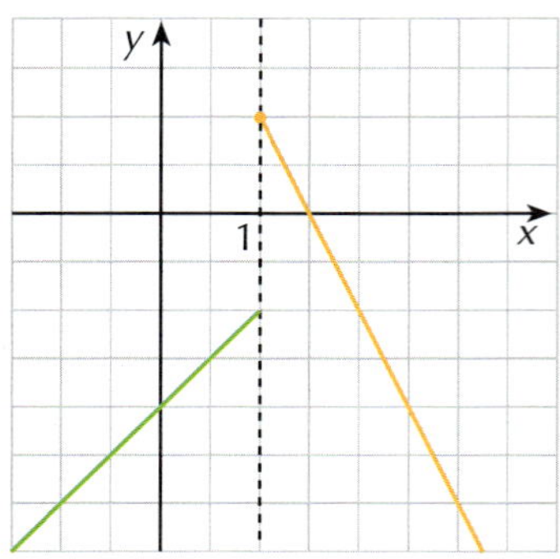

Funzioni di questo tipo sono il modello di molti problemi reali; per esempio i costi delle telefonate, dove si paga in funzione dei minuti di conversazione ed il costo al minuto è diverso a seconda della lunghezza della telefonata. Una possibile funzione dei costi in funzione del tempo t potrebbe essere la seguente:

$$y = \begin{cases} 0{,}5 + \dfrac{1}{2}t & \text{se } 0 < t \leq 5 \\ 3 + (t - 5) & \text{se } t > 5 \end{cases}$$

che ha questo significato:

- si paga un costo fisso di $0,5$ euro più mezzo euro al minuto per telefonate di al massimo 5 minuti

- si paga un costo fisso di 3 euro (corrispondente al costo di una telefonata di 5 minuti) più 1 euro al minuto per telefonate più lunghe di 5 minuti.

Il grafico di questa funzione è in ***figura 25*** dove sull'asse delle ascisse è rappresentato il tempo t.

Figura 25

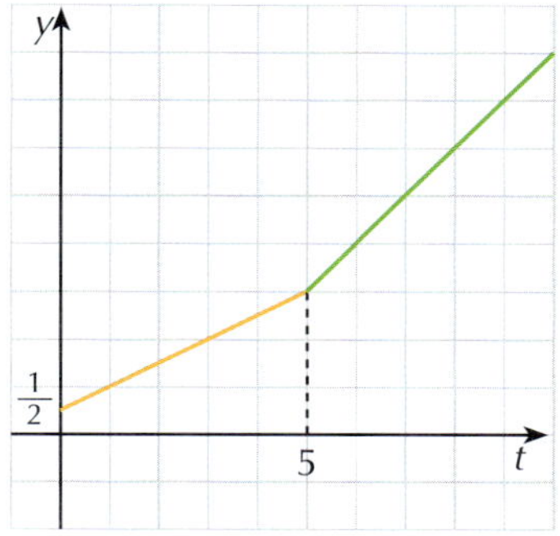

ESERCIZI E PROBLEMI pag. 413

5 PROBLEMI DI SCELTA

Ciò che abbiamo studiato a proposito delle funzioni lineari (la retta) e quadratiche (la parabola) ci può essere di aiuto per risolvere problemi in cui si deve fare una scelta tra diverse possibilità.
Per esempio quando si acquista un'auto e ci vengono proposte diverse possibilità di pagamento, quando un'azienda deve investire nell'acquisto di un macchinario e deve scegliere tra alcuni che presentano caratteristiche operative diverse, o più semplicemente se si deve scegliere il preventivo migliore per andare in gita (che non è sempre quello che offre il prezzo più basso!). Nel corso di questo paragrafo affronteremo alcuni esempi di problemi di questo tipo.

5.1 Problemi lineari

I problema

Ad un impiegato, che si presenta in una agenzia di pratiche automobilistiche, viene offerto un lavoro che consiste nella compilazione di alcune serie di moduli per l'evasione di particolari pratiche. Gli vengono proposte due forme di calcolo dello stipendio lordo:

A: € 800 al mese fisse più € 5 per ogni pratica evasa;

B: € 1500 fisse.

Tenendo presente che non si possono evadere meno di 100 pratiche, pena il licenziamento, quale sarà la scelta più conveniente per l'impiegato?

Analizziamo il problema. Il guadagno dell'impiegato è indipendente dal numero di pratiche evase nel caso B, dipende invece da questo nel caso A.
Indichiamo con x il numero di pratiche che vengono espletate in un mese; non essendo possibile evadere meno di 100 pratiche, il dominio di x è l'insieme $D = \{x \in N \mid x \geq 100\}$.
Se indichiamo con y lo stipendio dell'impiegato, y è funzione di x e avremo, nei due casi, le seguenti relazioni:

A: $y = 5x + 800$ $\qquad$ B: $y = 1500$

Sappiamo che, nel piano cartesiano, queste due relazioni rappresentano delle rette, il cui punto di intersezione si calcola risolvendo il sistema delle loro equazioni:

$$\begin{cases} y = 5x + 800 \\ y = 1500 \end{cases} \qquad \begin{cases} x = 140 \\ y = 1500 \end{cases}$$

Le rette si intersecano in $P(140, 1500)$.

Disegniamo le due rette tenendo presente che, per il tipo di numeri coinvolti, si rende necessario usare due unità di misura diverse sui due assi (***figura 26***). Dall'osservazione del grafico possiamo dedurre che

- quando x assume valori minori di 140, i punti della retta r associata all'equazione A hanno una ordinata minore di quelli sulla retta s associata all'equazione B;
- viceversa, se x è maggiore di 140, i punti della retta r hanno ordinata maggiore di quelli della retta s.

Figura 26

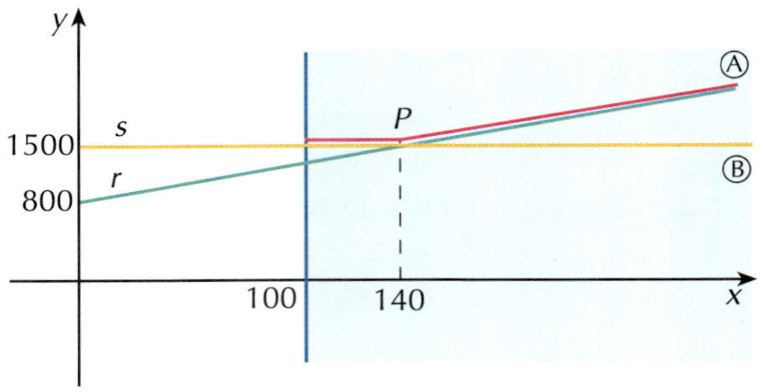

L'ordinata del punto P, corrispondente al caso in cui x vale 140, è la stessa per le due rette.

Lo stipendio dell'impiegato, e di conseguenza la scelta che egli deve fare sulla modalità di pagamento dello stesso, dipenderà dalla sua abilità ad evadere le pratiche: se egli prevede di portare a termine meno di 140 pratiche, gli converrà scegliere la modalità di pagamento B; se egli prevede di riuscire a sbrigare più di 140 pratiche, gli converrà scegliere la modalità A; nel caso particolare in cui egli dovesse evadere proprio 140 pratiche, la scelta diventa indifferente.

ANIMAZIONE

Il punto P corrispondente alle 140 pratiche, viene detto **punto di indifferenza**.
Riepilogando:

- se $100 \leq x < 140$ la scelta più conveniente è la B
- se $x = 140$ la scelta è indifferente
- se $x > 140$ la scelta più conveniente è la A.

Nella figura abbiamo messo in evidenza la scelta ottimale con un tratto rosso.
La soluzione di questo problema può essere rappresentata da una funzione lineare a tratti che ha la seguente equazione:

$$y = \begin{cases} 1500 & \text{se } 100 \leq x < 140 \\ 5x + 800 & \text{se } x \geq 140 \end{cases}$$

Il problema

Una azienda vinicola può imbottigliare, sulla base della disponibilità dei materiali, una quantità di vino variabile fra 30 e 300 litri al giorno in bottiglie da 1 litro ciascuna.
Per fare ciò ha a disposizione tre macchinari che indicheremo con A, B, C, che hanno gli stessi costi di utilizzo per unità di tempo, e di cui si sa che:

- la macchina A impiega 30 secondi per riempire una bottiglia ed ha dei tempi di preparazione iniziali di 1 ora;
- la macchina B impiega 40 secondi per lo stesso lavoro e la sua preparazione iniziale è di 30 minuti;
- la macchina C impiega 1 minuto per l'imbottigliamento, ma la sua preparazione iniziale richiede solo 15 minuti.

Quale macchina conviene usare?

Analizziamo il problema. La scelta di quale macchina usare dipende dalla quantità di vino disponibile per l'imbottigliamento, ma in ogni caso sappiamo che la produzione minima è di 30 bottiglie al giorno, quella massima di 300. Se indichiamo con x il numero di bottiglie prodotte in un giorno, il dominio di x è l'insieme $D = \{x \in N \mid 30 \leq x \leq 300\}$.

Indichiamo con y il tempo, misurato in minuti, di utilizzo di ogni macchina per l'imbottigliamento delle x bottiglie; y è funzione di x e le relazioni algebriche che legano le due variabili sono nei tre casi:

- Per la macchina *A*: il tempo totale è dato da mezzo minuto per ognuna delle x bottiglie $\left(\frac{1}{2}x\right)$ più 1 ora (60 minuti) per la preparazione. Otteniamo la relazione: $y = \frac{1}{2}x + 60$.
- Per la macchina *B*: il tempo totale è dato da 40 secondi, equivalente a $\frac{2}{3}$ di minuto, per ognuna delle x bottiglie $\left(\frac{2}{3}x\right)$, più 30 minuti per la preparazione. Otteniamo la relazione: $y = \frac{2}{3}x + 30$.
- Per la macchina *C*: il tempo totale è dato da 1 minuto per ognuna delle x bottiglie più 15 minuti per la preparazione. Otteniamo la relazione: $y = x + 15$.

Rappresentiamo in un sistema di riferimento cartesiano le tre rette corrispondenti alle equazioni ottenute (***figura 27***).

La scelta più conveniente per l'azienda è quella che comporta un minor tempo di utilizzo della macchina e quindi un minor costo di produzione; graficamente le scelte ottimali sono indicate dal percorso in rosso. Dobbiamo dunque determinare i punti di intersezione delle rette dei tempi delle macchine *C* e *B* e poi *B* e *A*. Non è invece necessario trovare il punto d'intersezione delle rette dei tempi di *A* e *C*.

Risolviamo dunque i sistemi

$$\begin{cases} y = \frac{2}{3}x + 30 \\ y = x + 15 \end{cases} \rightarrow \quad R(45, 60) \qquad \begin{cases} y = \frac{1}{2}x + 60 \\ y = \frac{2}{3}x + 30 \end{cases} \rightarrow \quad P(180, 150)$$

R e *P* rappresentano i punti in cui è indifferente scegliere di usare una macchina piuttosto che l'altra fra le due rappresentate dalle rette in questione.

Dall'analisi del grafico deduciamo che:

- se $30 \leq x < 45$ i tempi minori sono quelli relativi alla macchina *C* perché per tali valori di x la retta di questa macchina ha le ordinate minori;
- se $x = 45$ i tempi della macchina *C* e quelli della macchina *B* sono uguali, quindi la scelta può cadere indifferentemente sull'una o sull'altra macchina;
- se $45 < x < 180$ i tempi minori sono quelli relativi alla macchina *B*;
- se $x = 180$ i tempi delle macchine *A* e *B* sono uguali, quindi la scelta è indifferente;

Figura 27

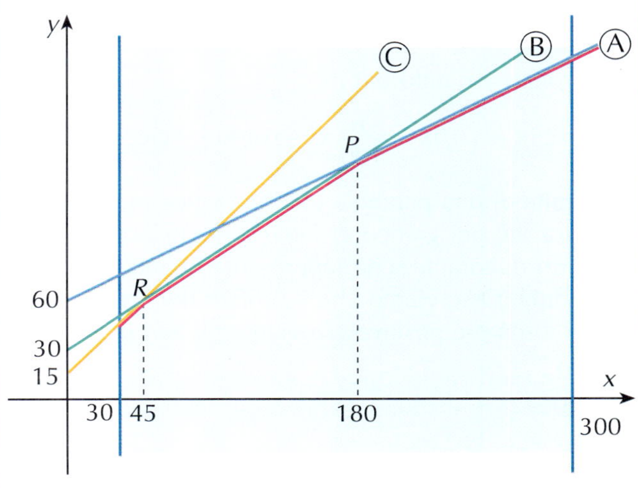

- se $180 < x \leq 300$ i tempi minori sono quelli della macchina A.

Anche la soluzione di questo problema può essere rappresentata mediante una funzione lineare a tratti di equazione:

$$y = \begin{cases} x + 15 & \text{se } 30 \leq x < 45 \\ \dfrac{2}{3}x + 30 & \text{se } 45 \leq x \leq 180 \\ \dfrac{1}{2}x + 60 & \text{se } 180 < x \leq 300 \end{cases}$$

5.2 Problemi non lineari

I problema

Un'impresa acquista e rivende della merce a peso. Il prezzo y d'acquisto in Euro dei beni dipende dalla quantità ordinata x, espressa in chilogrammi, secondo la legge:

$$y = 10x + \frac{1}{100}x^2$$

Il prezzo di vendita è di € 25 al chilogrammo e tutto ciò che viene acquistato viene poi rivenduto. Altri costi dovuti alla gestione delle commesse e alla spedizione (deposito, trasporti, movimentazione, costo dei dipendenti, ecc.) si possono quantificare complessivamente in € 1400. Si vuole sapere:

a. qual è la funzione che determina il profitto dell'impresa;

b. qual è la quantità che si deve acquistare e vendere per avere il massimo profitto nel caso in cui l'impresa possa acquistare e vendere qualsiasi quantità di merce;

c. qual è la quantità che si deve acquistare e vendere per avere il massimo profitto nel caso in cui l'impresa possa acquistare e vendere al massimo 600kg.

a. Il profitto dell'impresa è dato dal ricavo meno i costi.
Il ricavo è dato dall'espressione: $25x$
I costi si calcolano sommando il costo della merce con le spese di gestione e sono quindi determinati dall'espressione:

$$10x + \frac{1}{100}x^2 + 1400$$

Il profitto y è dato da:

$$y = 25x - \left(10x + \frac{1}{100}x^2 + 1400\right) \quad \text{cioè} \quad y = -\frac{1}{100}x^2 + 15x - 1400$$

Si tratta di una parabola che ha vertice in $V(750, 4225)$ il cui grafico è in ***figura 28***; del grafico ci interessa solo la parte che appartiene al primo e quarto quadrante, che rappresenta quantità positive di merce acquistata e venduta. Osserviamo che il profitto dell'impresa, secondo questo modello, non è sempre positivo. Troviamo gli zeri della funzione:

$$-\frac{1}{100}x^2 + 15x - 1400 = 0 \quad \rightarrow$$

$$x^2 - 1500x + 140\,000 = 0 \quad \rightarrow \quad x = \begin{cases} 100 \\ 1400 \end{cases}$$

Figura 28

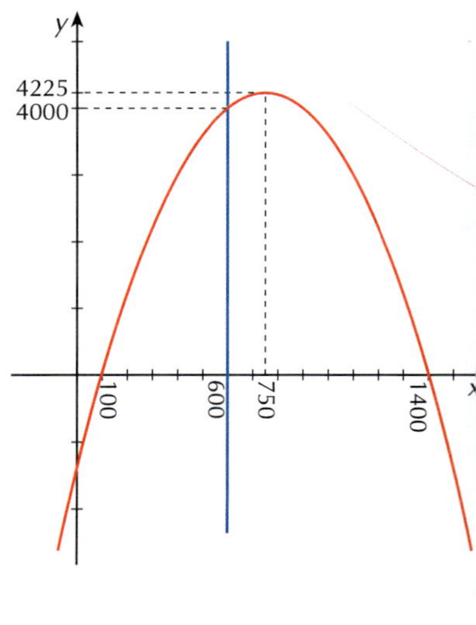

L'azienda ha un profitto positivo solo per ordini di valore compreso tra 100kg e 1400kg; per valori diversi i costi sono maggiori dei ricavi. Non vale la pena quindi accettare ordini inferiori ai 100kg o superiori ai 1400.

b. Il profitto massimo è rappresentato graficamente dal punto di ordinata più grande, cioè dal vertice della parabola; l'impresa ha quindi massimo guadagno se acquista e rivende 750kg di merce e il guadagno corrispondente è di € 4225.

c. Se l'azienda non può gestire più di 600kg di merce, allora il suo profitto massimo si ha per $x = 600$ che rappresenta il punto di ordinata più grande per $x \leq 600$. Il valore di tale profitto si ottiene sostituendo 600 nell'equazione della parabola ed è di € 4000.

Il problema

Per produrre un olio lubrificante si possono seguire due procedimenti diversi A e B il cui costo di produzione y (espresso in migliaia di Euro) dipende dalla quantità x di olio prodotto (espressa in ettolitri) secondo le due leggi:

$$A: y = \frac{1}{8}x + 1 \qquad\qquad B: y = \frac{6}{x}$$

Stabiliamo quale processo produttivo è più opportuno utilizzare al variare della quantità di olio da produrre, sapendo anche che la massima capacità produttiva giornaliera è di 6 ettolitri.

Rappresentiamo le due curve nel piano cartesiano ed evidenziamo con uno sfondo verde la zona che rappresenta la possibile produzione, cioè l'insieme degli x che sono compresi tra 0 e 6 (***figura 29***).

Figura 29

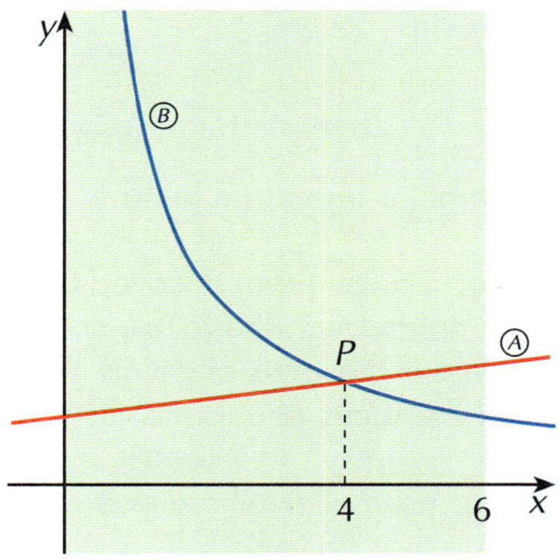

Dall'analisi del grafico appare evidente che conviene utilizzare il processo A fino al punto P, il processo B dopo P.
Per trovare l'ascissa del punto P uguagliamo le due espressioni di y e risolviamo l'equazione in x ottenuta:

$$\frac{1}{8}x + 1 = \frac{6}{x} \qquad \rightarrow \qquad x^2 + 8x - 48 = 0$$

Si tratta di un'equazione di secondo grado; applichiamo la formula risolutiva (ridotta):

$$x = -4 \pm \sqrt{16 + 48} = -4 \pm 8 = \begin{cases} -12 \\ 4 \end{cases}$$

La soluzione che ci interessa è $x = 4$, dunque l'ascissa del punto P è 4.

Possiamo allora concludere che per una produzione di olio:

- minore di 4 ettolitri è più conveniente il processo A
- compresa tra 4 e 6 ettolitri conviene di più il processo B.

ESERCIZI E PROBLEMI pag. 416

IL CAPITOLO SI COMPLETA CON:

CONCETTI CHIAVE E REGOLE

LABORATORIO

PRESENTAZIONI IN POWERPOINT

Functions in a Cartesian coordinate system

BASIC CONCEPTS

CLIL

AUDIO FILE

Key Terms

locus (pl. loci)	parabola	direct/inverse proportional
focus (pl. foci)	vertex	factor of proportionality
directrix	axis of simmetry	zero

The definition of locus and the parabola

A locus of points is the set of points, and only those points, that satisfies a given condition.
The loci we know from geometry are the following:

① the locus of points equidistant from two given points A and B is the perpendicular bisector of the line segment AB

② the locus of points equidistant from the sides of a given angle is the bisector of the angle.

①
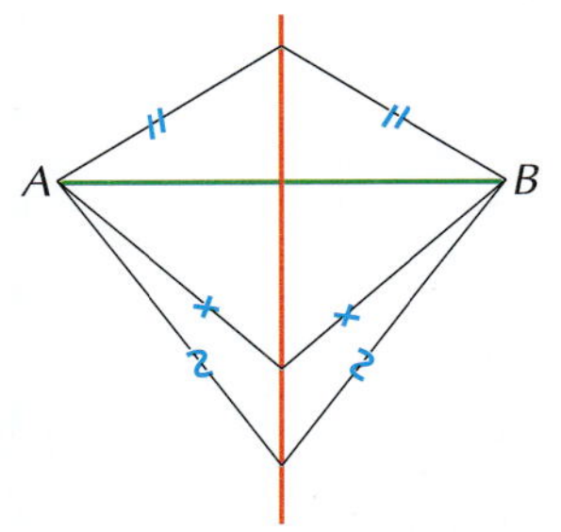

②
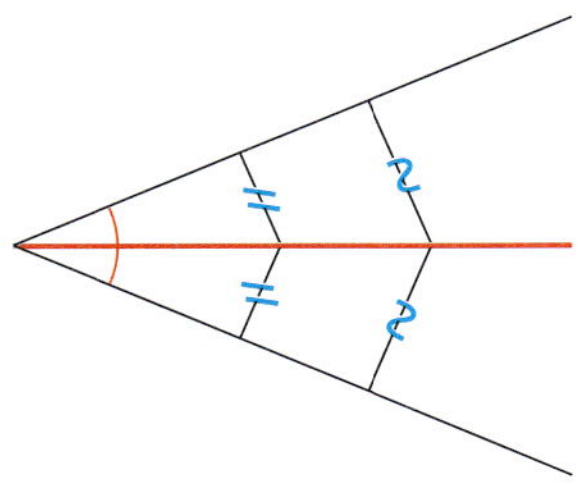

Another important locus is the following.

For a given point F, called the *focus*, and a given line d not through the focus, called the *directrix*, a **parabola** is the locus of points P such that the distance PF to the focus equals the distance PH to the directrix.

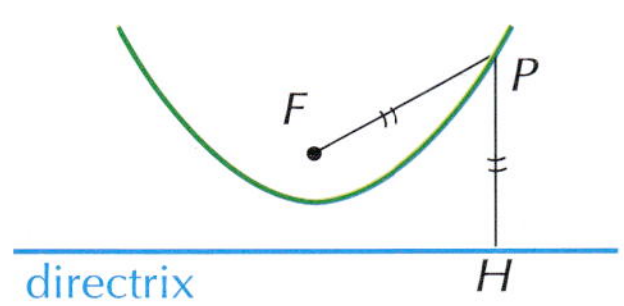

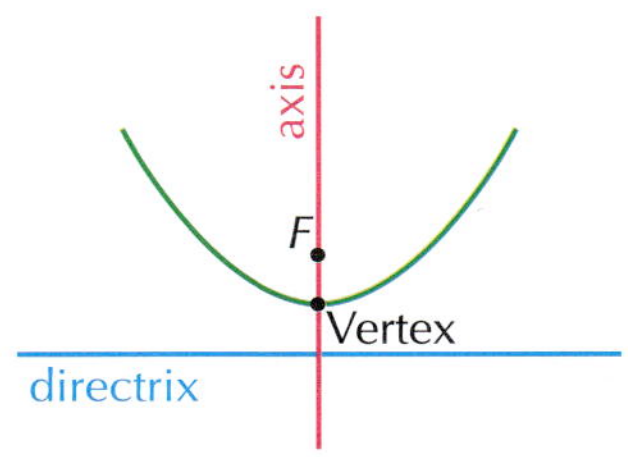

So, no matter where you are on the parabola, it is true that $PF \cong PH$.
The line perpendicular to the directrix and passing through the focus is called the *axis of symmetry*; the point on this axis which intersects the parabola is called the *vertex*.
In a cartesian system of coordinates the equation of a parabola having the directix parallel to the x–axis and, therefore, the axis of simmetry parallel to the y–axis, is

$$y = ax^2 + bx + c$$

From this equation we can derive the coordinates of the vertex and the equation of the axis:

- coordinates of the vertex: $V\left(-\frac{b}{2a}, -\frac{\Delta}{4a}\right)$ where $\Delta = b^2 - 4ac$
- equation of the axis: $x = -\frac{b}{2a}$

To draw the graph of a parabola, we have to find the vertex and some points; other points can be found through the simmetry about the axis.

Let us find, for example, the vertex and the axis of the parabola of equation $y = x^2 - 4x + 1$ and then draw its graph.

In this example we have that: $a = 1$ $\quad b = -4$ $\quad c = 1$

Therefore: $-\dfrac{b}{2a} = -\dfrac{-4}{2 \cdot 1} = 2 \qquad -\dfrac{\Delta}{4a} = -\dfrac{(-4)^2 - 4 \cdot 1 \cdot 1}{4 \cdot 1} = -3$

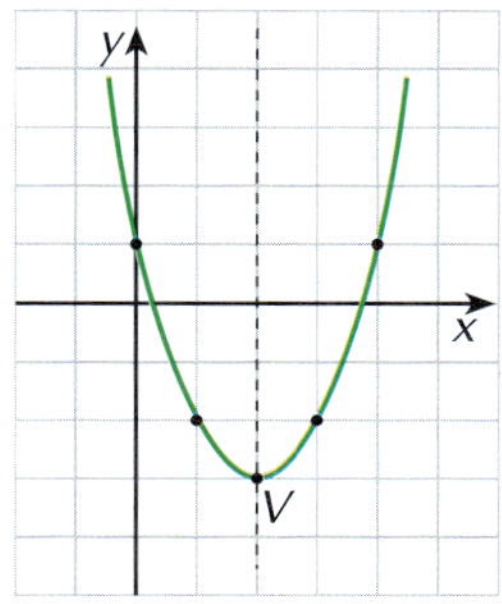

and we have that: the vertex is $V(2, -3)$ the equation of the axis is $x = 2$

To find some points of the parabola, let us give values to x and find the corresponding values for y :

x	0	1
y	1	-2

Other points on the parabola are the symmetric of these about the axis.

Proportional functions

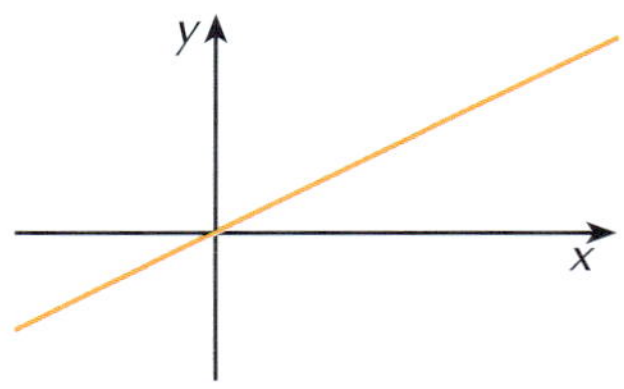

If two variables x and y are **directly proportional**, the functional dependance between them is represented by the equation

$$y = kx$$

where k is the *factor of proportionality*.
Therefore, the graph of a direct proportionality is a straight line through the origin which has as the slope the constant k.

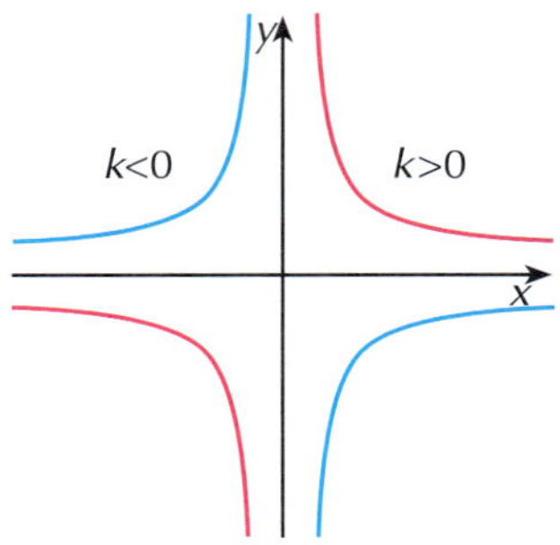

If two variables x and y are **inversely proportional**, the functional dependance between them is represented by the equation

$$xy = k \qquad \text{or} \qquad y = \frac{k}{x}$$

where k is the *factor of inverse proportionality*.
The graph of an inverse proportionality is an equilateral hyperbola.

The zeros of a function

The **zero** of a function $f(x)$ is the value of x where the function is equal to zero.
To find the zeros we have to solve the equation $f(x) = 0$.
Therefore a zero represents the abscissa of the point in which the graph of $f(x)$ intersects the x–axis.
For example:

① the zero of $f(x) = 2x - 5$ is the point x where $2x - 5 = 0$ that is $x = \dfrac{5}{2}$

② the zeros of $f(x) = x^2 + x - 2$ are the points where $x^2 + x - 2 = 0$ that is $x = -2 \vee x = 1$

In the figure the graphic interpretation.

①
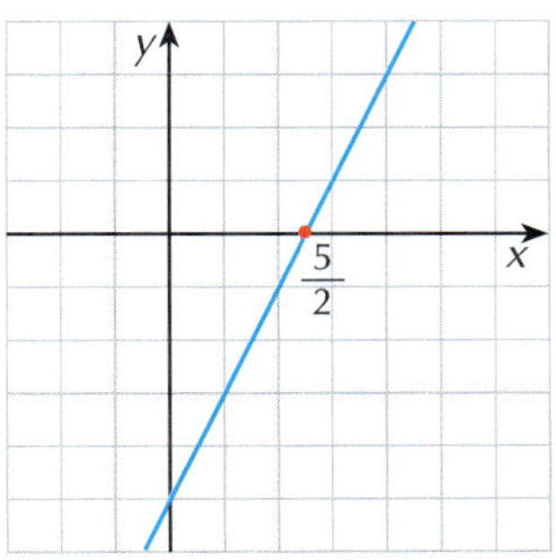

②
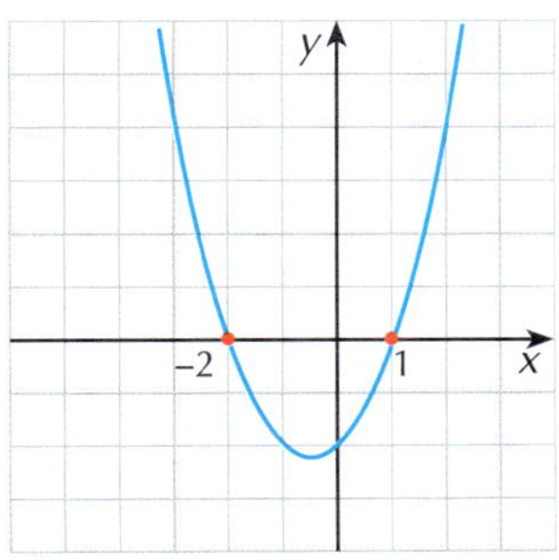

Other particular functions

Given the graph of a function $f(x)$, it is very simple to draw the graph of the function $|f(x)|$: you maintain the positive part of the graph, that is the part which stays above the x–axis, and make a simmetry about the x–axis of the negative parts of the graph.

Let us draw, for example, the graph of $y = |x^2 - 4|$:

- first we draw the graph of $y = x^2 - 4$
- then we make a simmetry of the negative parts of this graph.

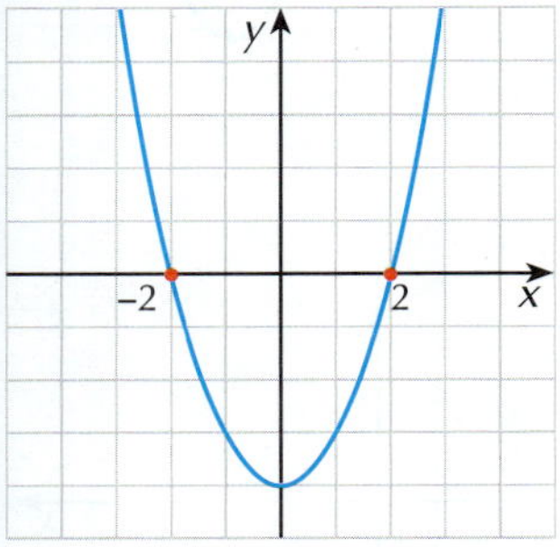

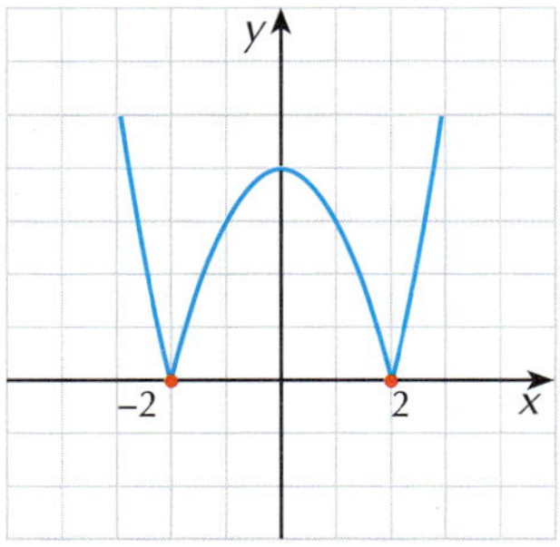

EXERCISES

CAPITOLO 5

Disequazioni non lineari

OBIETTIVI

- saper studiare il segno di un trinomio di secondo grado
- risolvere disequazioni di secondo grado
- risolvere sistemi di disequazioni

1 LE DISEQUAZIONI DI SECONDO GRADO

Una disequazione di secondo grado, dopo aver svolto le eventuali opportune semplificazioni, si presenta nella forma

$$ax^2 + bx + c > 0 \qquad \text{oppure} \qquad ax^2 + bx + c < 0 \qquad \text{con } a \neq 0$$

Le sue soluzioni sono rappresentate dai valori di x che rendono il trinomio al primo membro rispettivamente positivo oppure negativo.
Questi valori possono essere trovati associando alla disequazione la parabola $y = ax^2 + bx + c$ e analizzando quando il suo grafico è "positivo" oppure "negativo", cioè appartiene al semipiano superiore o inferiore rispetto all'asse x (***figura 1***).
Vediamo la procedura di risoluzione attraverso alcuni esempi.

Figura 1

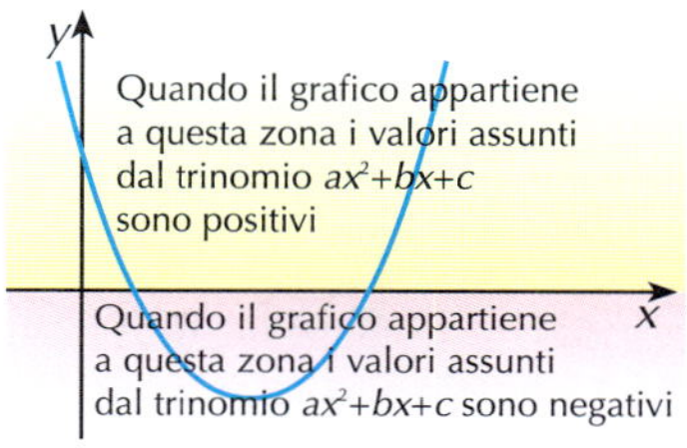

ANIMAZIONE

I esempio. Troviamo le soluzioni della disequazione $x^2 + 2x - 3 > 0$.

Associamo a questa disequazione la parabola $y = x^2 + 2x - 3$
e tracciamone il grafico mettendo in evidenza gli zeri, che troviamo risolvendo l'equazione

$$x^2 + 2x - 3 = 0 \quad \rightarrow \quad x = \begin{cases} -3 \\ 1 \end{cases}$$

La parabola ha la concavità verso l'alto, interseca l'asse x nei punti di ascissa -3 e 1 e il suo grafico è in ***figura 2a***.
Il trinomio associato alla parabola assume quindi (***figura 2b***)

- valori positivi quando x è minore di -3 oppure maggiore di 1
- valori negativi quando x è compreso tra -3 e 1
- si annulla quando x è uguale a -3 oppure a 1.

Poiché nella disequazione si chiede quando il trinomio è positivo, l'insieme delle soluzioni della disequazione è costituito dagli intervalli:

$$x < -3 \quad \vee \quad x > 1$$

Figura 2

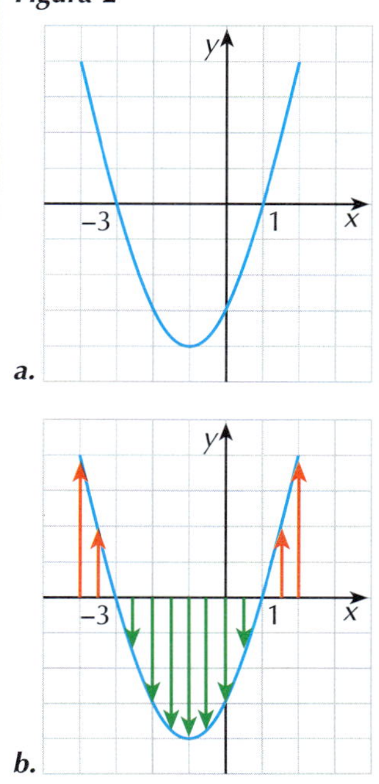

II esempio. Troviamo le soluzioni della disequazione $-\frac{1}{2}x^2 + 3x > 0$

Procediamo in modo analogo al caso precedente e associamo a questa disequazione la parabola $y = -\frac{1}{2}x^2 + 3x$.

Tracciamone il grafico mettendo in evidenza i suoi zeri, che troviamo risolvendo l'equazione

$$-\frac{1}{2}x^2 + 3x = 0 \quad \rightarrow \quad x = \begin{cases} 0 \\ 6 \end{cases}$$

La parabola ha la concavità verso il basso, interseca l'asse x nei punti di ascissa 0 e 6 e il suo grafico è in ***figura 3a***.

Il trinomio associato alla parabola assume quindi (***figura 3b***)

- valori positivi quando x è compreso tra 0 e 6
- valori negativi quando x è minore di 0 oppure maggiore di 6
- si annulla quando x è uguale a 0 oppure a 6.

Poiché nella disequazione si chiede quando il trinomio è positivo, l'insieme delle soluzioni della disequazione è costituito dall'intervallo:

$$0 < x < 6$$

ANIMAZIONE

Figura 3

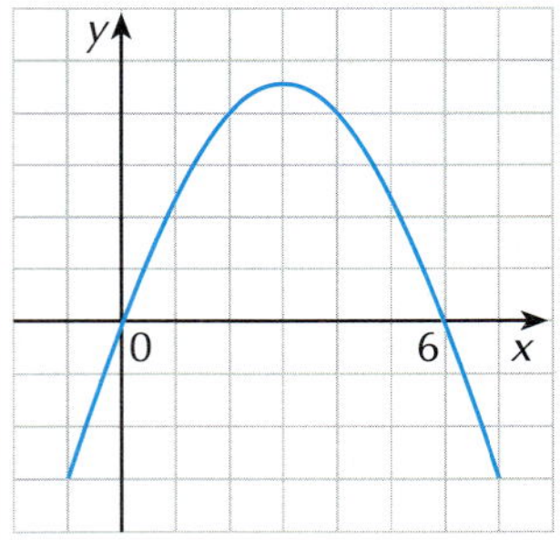

a.

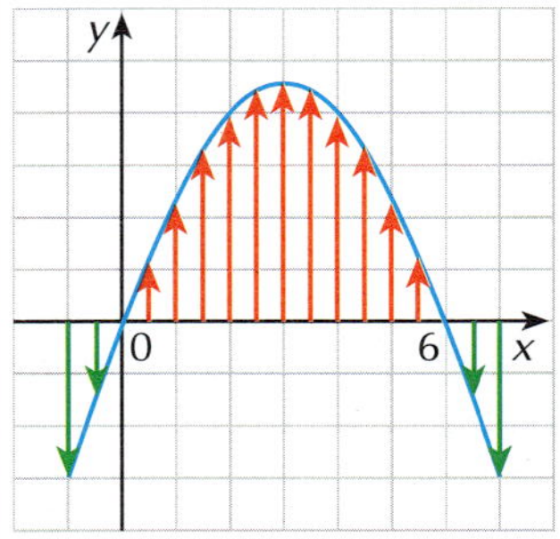

b.

III esempio. Troviamo le soluzioni della disequazione $x^2 - 2x + 3 > 0$

Di nuovo, associamo a questa disequazione la parabola $y = x^2 - 2x + 3$

Osserviamo però che, questa volta, la funzione non ha zeri perché l'equazione $x^2 - 2x + 3 = 0$ non ha soluzioni reali avendo un discriminante negativo:

$$x = 1 \pm \sqrt{1 - 3}$$

La parabola ha la concavità verso l'alto e il suo grafico è in ***figura 4a***.

Il trinomio associato alla parabola assume quindi valori sempre positivi (***figura 4b***).

La disequazione è allora verificata per ogni valore reale di x e scriviamo che l'insieme delle soluzioni è R.

ANIMAZIONE

Figura 4

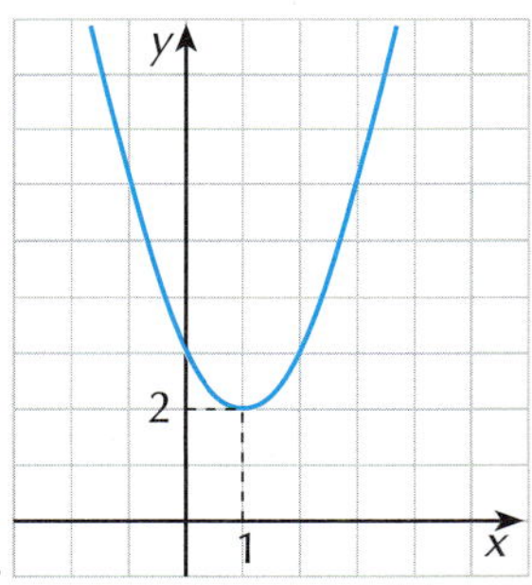

a.

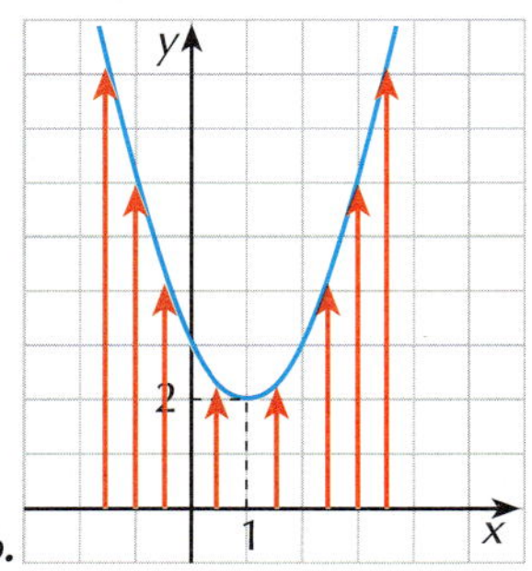

b.

Da questi esempi possiamo dedurre una procedura generale per risolvere una disequazione di secondo grado; facciamo però prima qualche osservazione.

- Nel costruire il grafico della parabola associata alla disequazione è necessario conoscere la sua posizione relativamente all'asse delle ascisse; non è invece indispensabile conoscere l'esatta posizione del vertice o di altri punti.

  Basterà quindi rappresentare la parabola solo in relazione all'asse x; per esempio, nei tre casi precedenti, l'insieme delle soluzioni si deduce dai seguenti grafici:

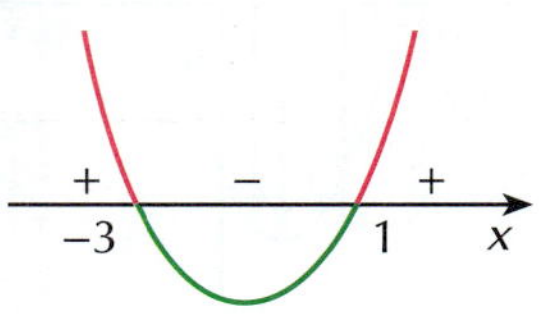

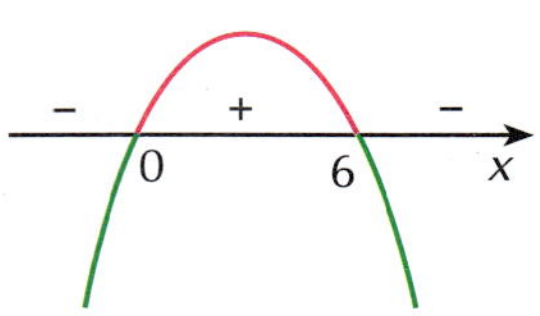

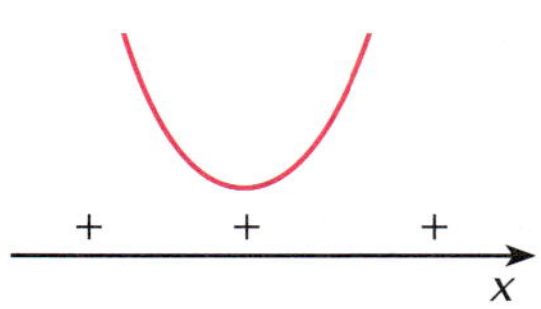

- In ogni disequazione si può fare in modo che il coefficiente del termine di grado massimo sia positivo, cambiando eventualmente segni e verso alla disequazione; potremo quindi sempre considerare parabole con la concavità rivolta verso l'alto.
  Per esempio, la disequazione del secondo esempio si può trasformare in questo modo:

$$-\frac{1}{2}x^2 + 3x > 0 \qquad \rightarrow \qquad \frac{1}{2}x^2 - 3x < 0$$

  e determinare poi le soluzioni mediante la parabola in ***figura 5***.

Figura 5

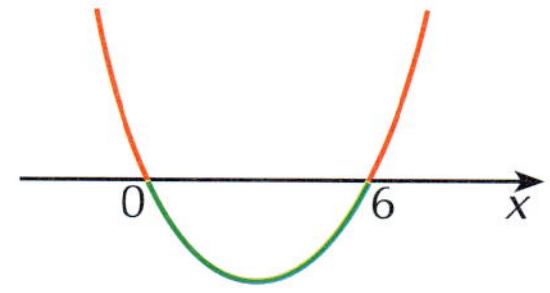

insieme delle soluzioni:
$0 < x < 6$

Tenendo anche presenti le precedenti osservazioni, la procedura per risolvere una disequazione di secondo grado nella forma $ax^2 + bx + c \gtrless 0$ è la seguente:

1 ci si pone nella situazione in cui sia $a > 0$ eventualmente cambiando segni e verso alla disequazione

2 si risolve l'equazione $ax^2 + bx + c = 0$ determinando in questo modo gli zeri (se esistono) della parabola associata al trinomio

3 si rappresenta la parabola $y = ax^2 + bx + c$ solo in relazione alla sua posizione rispetto all'asse x evidenziando, se esistono, gli zeri

4 si deduce dal grafico l'insieme delle soluzioni tenendo presente che si può presentare una sola delle seguenti situazioni:

- l'equazione ha due soluzioni distinte x_1 e x_2
  in questo caso il trinomio è:
  - positivo per i valori esterni all'intervallo della radici:
    $x < x_1 \quad \vee \quad x > x_2$
  - negativo per valori interni all'intervallo della radici:
    $x_1 < x < x_2$

$\Delta > 0$

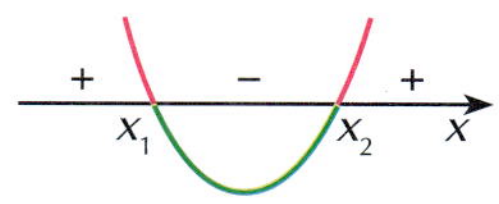

- l'equazione ha due soluzioni coincidenti $x_1 = x_2$
  in questo caso il trinomio è positivo per ogni valore di x escluso il punto x_1

$\Delta = 0$

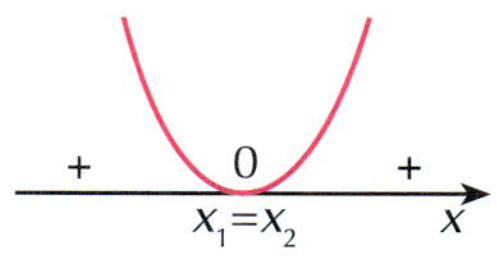

- l'equazione non ha soluzioni reali
  in questo caso il trinomio è positivo per ogni valore di x.

$\Delta < 0$

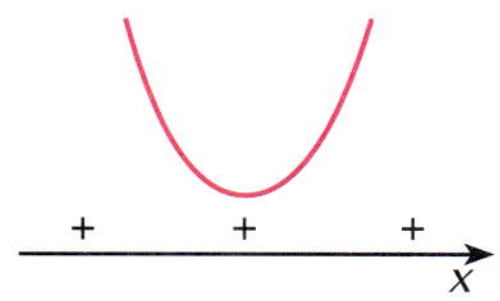

ESEMPI

1. $x^2 - 3x + 2 < 0$

Risolviamo l'equazione associata:

$$x^2 - 3x + 2 = 0 \qquad \rightarrow \qquad x = \frac{3 \pm \sqrt{9-8}}{2} = \begin{cases} 2 \\ 1 \end{cases}$$

Rappresentiamo la parabola solo in relazione alla sua posizione rispetto all'asse delle ascisse:

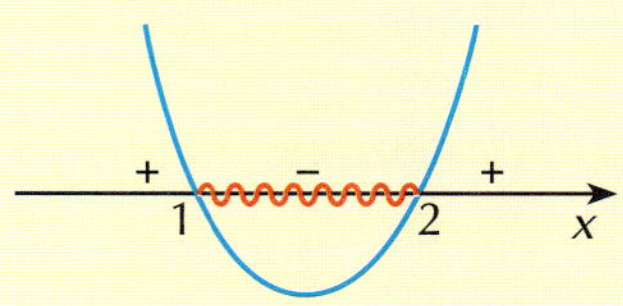

Poiché vogliamo che il trinomio sia negativo, l'insieme delle soluzioni è l'intervallo: $1 < x < 2$.

2. $30x - 9x^2 - 25 < 0$

Riordiniamo i termini della disequazione e cambiamo segni e verso: $9x^2 - 30x + 25 > 0$

Risolviamo l'equazione associata: $9x^2 - 30x + 25 = 0 \quad \rightarrow \quad x = \dfrac{15 \pm \sqrt{225 - 225}}{9} = \dfrac{5}{3}$

L'equazione ammette due soluzioni coincidenti quindi la parabola ha un solo zero e il suo grafico è il seguente:

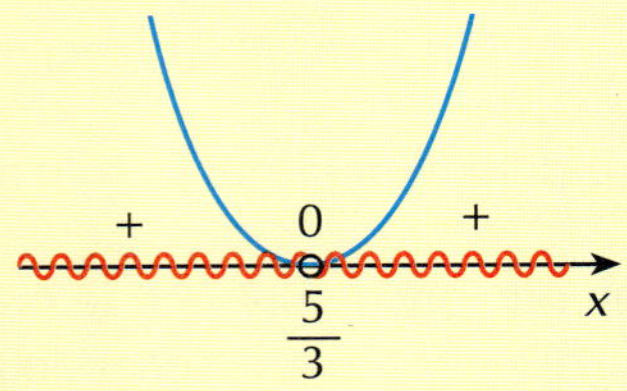

L'insieme delle soluzioni, dopo il cambio del segno e del verso, è costituito dai valori di x che rendono positivo il trinomio al primo membro, cioè ogni valore reale di x eccettuato $\frac{5}{3}$; scriviamo l'insieme delle soluzioni in questo modo:

$$R - \left\{\frac{5}{3}\right\}$$

3. $-4x^2 > 0$

Cambiamo segno e verso: $4x^2 < 0$
Possiamo subito affermare che la disequazione non ha soluzioni reali in quanto $4x^2$ si annulla in $x = 0$ e può assumere solo valori positivi in ogni altro punto.
Alle stesse conclusioni arriviamo anche considerando la parabola $y = 4x^2$ associata alla disequazione, che appartiene interamente al semipiano delle ordinate positive o nulle.
L'insieme delle soluzioni è l'insieme vuoto: $\varnothing$.

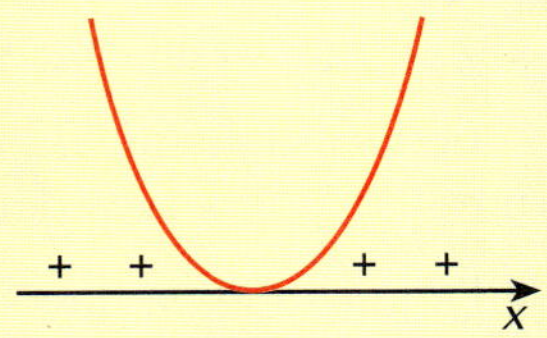

ulteriori esempi

ATTENZIONE AGLI ERRORI

- Per risolvere la disequazione $x^2 - 9 > 0$
  - è sbagliato scrivere: $x^2 > 9 \quad \rightarrow \quad x > \pm 3$
  - è corretto scrivere: soluzioni dell'equazione $x = \pm 3$
    soluzioni della disequazione $x < -3 \ \vee \ x > 3$

- Per risolvere la disequazione $x^2 + x + 1 > 0$
  - è sbagliato scrivere:
    soluzioni dell'equazione $x = \dfrac{-1 \pm \sqrt{1-4}}{2} = \dfrac{-1 \pm \sqrt{-3}}{2}$
    poiché non vi sono soluzioni reali la disequazione non è mai verificata
  - è corretto scrivere:
    l'equazione non ha soluzioni reali

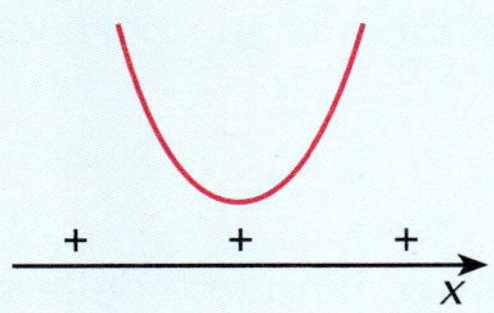

la disequazione è verificata $\forall x \in R$

- Per risolvere la disequazione $x(x-3) > 0$
  - è sbagliato scrivere: $x > 0 \lor x > 3$
  - è corretto scrivere:
    soluzioni dell'equazione $x = 0 \lor x = 3$

    soluzioni della disequazione $x < 0 \lor x > 3$

- Per risolvere la disequazione $(x-5)^2 > 0$
  - è sbagliato scrivere: $x - 5 > 0 \quad \rightarrow \quad x > 5$
  - è corretto dire che è verificata se $x \in R - \{5\}$
    perché un quadrato è sempre positivo o nullo e non è mai negativo.

ESERCIZI E PROBLEMI pag. 427

2 DISEQUAZIONI FRAZIONARIE E DI GRADO SUPERIORE AL SECONDO

2.1 Disequazioni frazionarie

Conosciamo già la procedura per risolvere una disequazione frazionaria; quello che dobbiamo ricordare è che **non si devono mai eliminare i denominatori dei quali non si conosce il segno**.

VIDEO RECUPERO

Una volta scritta la disequazione nella forma $\dfrac{A(x)}{B(x)} > 0$ (oppure $\dfrac{A(x)}{B(x)} < 0$) e individuato il suo dominio:

- si studiano i segni dei fattori che si trovano al numeratore e al denominatore
- si costruisce la tabella dei segni
- si deduce il segno finale della frazione in base alle regole sul prodotto dei segni
- si individua l'insieme delle soluzioni.

Nella tabella dei segni ogni fattore deve avere una e una sola riga di segni.

ESEMPI

1. $\dfrac{x^2+3}{x^2-2x} > 0$

Il dominio della disequazione è $R - \{0, 2\}$. Studiamo il segno dei polinomi al numeratore e al denominatore:

- $x^2 + 3 > 0 \quad \forall x \in R$ (***figura 6a***)
- $x^2 - 2x > 0 \quad x < 0 \lor x > 2$ (***figura 6b***)

Figura 6

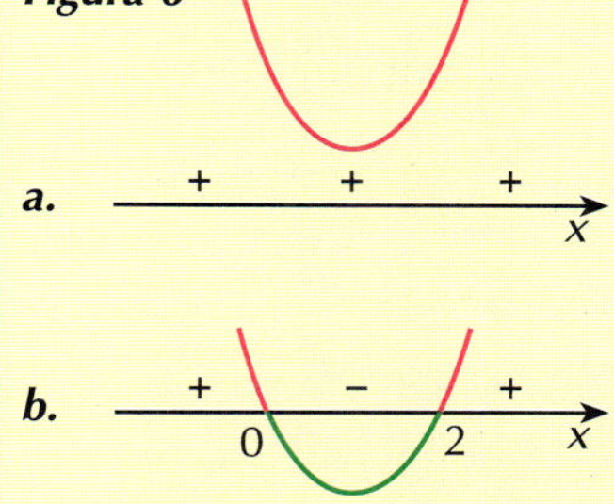

Costruiamo la tabella dei segni (mettiamo la doppia linea in corrispondenza dei valori esclusi dal dominio):

R		0		2	
segno di x^2+3	+	‖	+	‖	+
segno di x^2-2x	+	‖	−	‖	+
frazione	+	‖	−	‖	+
S	——	‖		‖	——

L'insieme delle soluzioni è quindi formato dagli intervalli: $x < 0 \quad \vee \quad x > 2$

2. $\dfrac{2x}{x-1} \geq \dfrac{5x}{x^2-1} - \dfrac{2}{3-3x}$

Scomponiamo i denominatori e trasportiamo tutti i termini al primo membro:

$$\frac{2x}{x-1} - \frac{5x}{(x-1)(x+1)} + \frac{2}{3(1-x)} \geq 0$$

Il dominio è l'insieme $D = R - \{-1, 1\}$ e conviene riscrivere la terza frazione in una forma più comoda:

$$\frac{2x}{x-1} - \frac{5x}{(x-1)(x+1)} - \frac{2}{3(x-1)} \geq 0$$

Scriviamo la disequazione in forma normale:

$$\frac{6x(x+1) - 15x - 2(x+1)}{3(x-1)(x+1)} \geq 0 \quad \to \quad \frac{6x^2 - 11x - 2}{3(x-1)(x+1)} \geq 0 \quad \to \quad \frac{6x^2 - 11x - 2}{x^2 - 1} \geq 0$$

Studiamo il segno dei fattori al numeratore e al denominatore:

- $6x^2 - 11x - 2 \geq 0$ l'equazione associata ha soluzioni

  $$x = \frac{11 \pm \sqrt{121 + 48}}{12} = \begin{cases} -\dfrac{1}{6} \\ 2 \end{cases}$$

  La disequazione è verificata se $x \leq -\dfrac{1}{6} \vee x \geq 2$ (***figura 7a***)

- $x^2 - 1 > 0$ l'equazione associata ha soluzioni $x = \pm 1$

  La disequazione è verificata se $x < -1 \vee x > 1$ (***figura 7b***)

Figura 7

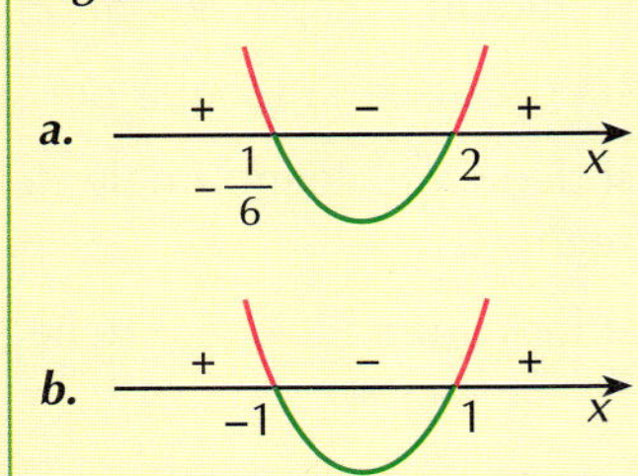

Tabella dei segni:

R		−1		$-\frac{1}{6}$		1		2	
segno di $6x^2-11x-2$	+	‖	+	•	−	‖	−	•	+
segno di x^2-1	+	‖	−		−	‖	+		+
frazione	+	‖	−	•	+	‖	−	•	+
S	——	‖		•——	——	‖		•——	——

In definitiva: $x < -1 \quad \vee \quad -\dfrac{1}{6} \leq x < 1 \quad \vee \quad x \geq 2$

ulteriori esempi

2.2 Disequazioni di grado superiore al secondo

Saper risolvere disequazioni di primo e secondo grado ci permette di risolvere anche tutte le disequazioni della forma $E(x) \gtrless 0$ con $E(x)$ polinomio di grado superiore al secondo, a condizione che $E(x)$ si possa scomporre in fattori al massimo di secondo grado.
Vediamo anche in questo caso alcuni esempi.

ESEMPI

1. $x^3 - 4x^2 + x + 6 < 0$

Scomponiamo il polinomio in fattori con la regola di Ruffini:

$P(-1) = -1 - 4 - 1 + 6 = 0$

Dividiamo per $x + 1$

	1	−4	1	6
−1		−1	5	−6
	1	−5	6	0

Il polinomio al primo membro equivale al prodotto $(x^2 - 5x + 6)(x + 1)$ e quindi la disequazione può essere scritta in questo modo:

$$(x^2 - 5x + 6)(x + 1) < 0$$

Studiamo il segno di ogni fattore:

- $x^2 - 5x + 6 > 0$

  Risolviamo l'equazione $x^2 - 5x + 6 = 0$: $\quad x = \dfrac{5 \pm \sqrt{25 - 24}}{2} = \begin{cases} 2 \\ 3 \end{cases}$

  La disequazione è verificata per $x < 2 \ \lor \ x > 3$.

- $x + 1 > 0 \qquad x > -1$

  Costruiamo la tabella dei segni:

		−1		2		3		R
segno di x^2-5x+6	+		+		−		+	
segno di $x+1$	−		+		+		+	
prodotto	−		+		−		+	
S	———				———			

$x < -1 \ \lor \ 2 < x < 3$

2. $x^5 - x^4 - 9x^3 + 9x^2 \geq 0$

Scomponiamo in fattori il polinomio al primo membro, eseguendo prima un raccoglimento totale e poi uno parziale:

$x^2(x^3 - x^2 - 9x + 9) \geq 0 \quad \rightarrow \quad x^2[x^2(x - 1) - 9(x - 1)] \geq 0 \quad \rightarrow \quad x^2(x^2 - 9)(x - 1) \geq 0$

Studiamo il segno di ogni fattore

- $x^2 \geq 0 \qquad \forall x \in R$ (si annulla in $x = 0$)
- $x^2 - 9 \geq 0 \qquad x \leq -3 \ \lor \ x \geq 3$
- $x - 1 \geq 0 \qquad x \geq 1$

Costruiamo la tabella dei segni:

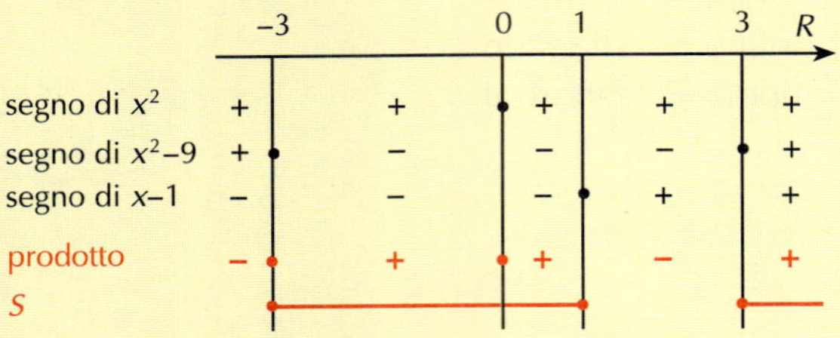

$-3 \leq x \leq 1 \ \vee \ x \geq 3$

ulteriori esempi

Approfondimento
Consigli per risolvere in modo rapido le disequazioni

ESERCIZI E PROBLEMI **pag. 435**

3 SISTEMI DI DISEQUAZIONI

Ricordiamo che un sistema di disequazioni è verificato nell'insieme intersezione delle soluzioni di ciascuna disequazione; conviene quindi:

- risolvere ciascuna disequazione
- costruire la tabella delle soluzioni in modo da mettere in evidenza le eventuali intersezioni.

Vediamo alcuni esempi.

ESEMPI

1. $\begin{cases} x^2+2x+1>0 \\ x^2-8x \leq 0 \end{cases}$

Risolviamo la prima disequazione: $x^2+2x+1>0$ $\quad (x+1)^2>0 \quad \forall x \in R-\{-1\} \quad \leftarrow \quad S_1$

Risolviamo la seconda disequazione: $x^2-8x \leq 0 \quad 0 \leq x \leq 8 \quad \leftarrow \quad S_2$

Nella tabella delle soluzioni abbiamo indicato con un pallino vuoto il valore -1 escluso dalle soluzioni della prima disequazione:

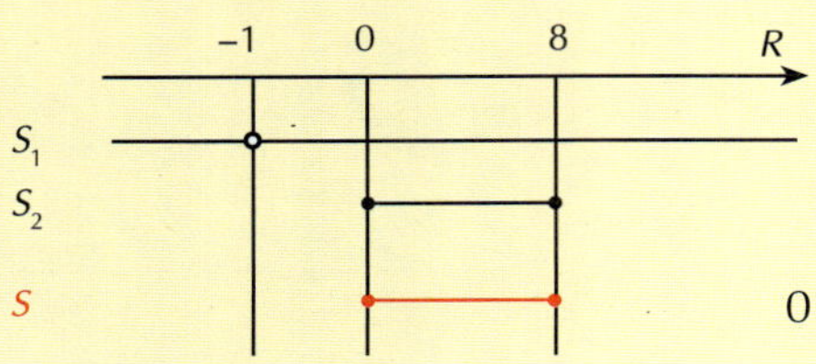

$0 \leq x \leq 8$

2. $\begin{cases} x^2 < 0 \\ x^2 + 5 > 0 \\ 3x^2 - 1 \leq 0 \end{cases}$

Osserviamo che la prima disequazione non è mai verificata; è quindi inutile risolvere le altre perché, dovendo determinare l'intersezione fra gli insiemi soluzione, si ha che comunque: $S = \varnothing$.

3. $\begin{cases} \dfrac{x^2 - 1}{x} \geq 0 \\ x^2 + 1 > 0 \end{cases}$

Osserviamo che la seconda disequazione è sempre verificata, quindi l'insieme delle soluzioni del sistema coincide con quello della prima disequazione. Risolviamo dunque la disequazione:

$\dfrac{x^2 - 1}{x} \geq 0$ di dominio $D = R - \{0\}$.

Studiamo il segno del numeratore e del denominatore:

- $x^2 - 1 \geq 0$ $x \leq -1 \vee x \geq 1$
- $x > 0$

Tabella dei segni:

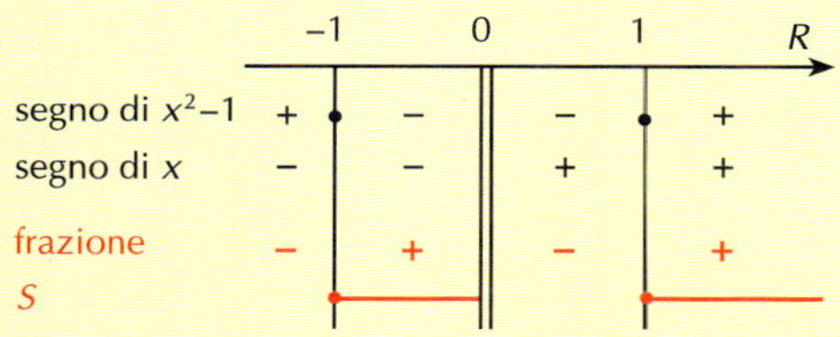

L'insieme S delle soluzioni è costituito dagli intervalli $-1 \leq x < 0 \vee x \geq 1$.

ulteriori esempi

Esercizi e problemi **pag. 442**

4 Le equazioni e le disequazioni con i moduli

Per risolvere un'equazione o una disequazione che ha dei moduli si deve dapprima valutare il segno dell'argomento di ciascun modulo; ricordiamo allora che:

$$|A(x)| = \begin{cases} A(x) & \text{per tutti gli } x \text{ che rendono positiva o nulla l'espressione } A(x) \\ -A(x) & \text{per tutti gli } x \text{ che la rendono negativa} \end{cases}$$

Per esempio, poiché $2x^2 - x - 3$ si annulla in $x = -1$ e in $x = \dfrac{3}{2}$, è positivo per $x < -1 \vee x > \dfrac{3}{2}$ ed è negativo per $-1 < x < \dfrac{3}{2}$ (***figura 8***), si ha che:

Figura 8

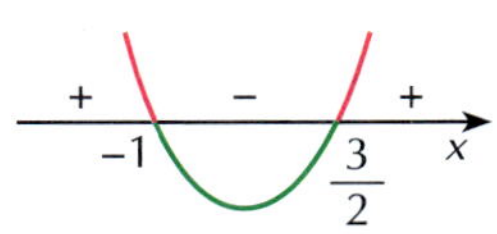

$$|2x^2 - x - 3| = \begin{cases} 2x^2 - x - 3 & \text{se } x \leq -1 \ \vee \ x \geq \dfrac{3}{2} \\[2ex] -2x^2 + x + 3 & \text{se } -1 < x < \dfrac{3}{2} \end{cases}$$

Sulla base di queste considerazioni, ogni equazione o disequazione che ha dei moduli deve essere risolta in insiemi diversi a seconda del segno assunto dagli argomenti di tali moduli.

4.1 Le equazioni con i moduli

I esempio

Risolviamo l'equazione $4|x^2 - 1| - 3x^2 = 3(1 - 2x)$.

Studiamo il segno dell'argomento del modulo:

$$|x^2 - 1| = \begin{cases} x^2 - 1 & \text{se } x^2 - 1 \geq 0 \\ -x^2 + 1 & \text{se } x^2 - 1 < 0 \end{cases} \quad \text{cioè}$$

$$|x^2 - 1| = \begin{cases} x^2 - 1 & \text{se } x \leq -1 \ \vee \ x \geq 1 \\ 1 - x^2 & \text{se } -1 < x < 1 \end{cases}$$

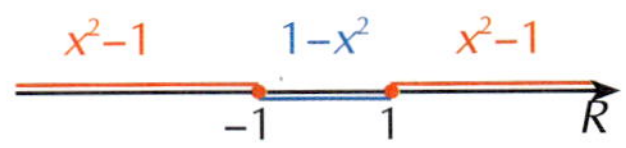

L'equazione è quindi equivalente ai due sistemi:

$$\begin{cases} x \leq -1 \vee x \geq 1 \\ 4(x^2 - 1) - 3x^2 = 3(1 - 2x) \end{cases} \quad \vee \quad \begin{cases} -1 < x < 1 \\ 4(1 - x^2) - 3x^2 = 3(1 - 2x) \end{cases}$$

- Risolviamo l'equazione del primo sistema:

  $4x^2 - 4 - 3x^2 - 3 + 6x = 0 \qquad x^2 + 6x - 7 = 0 \qquad x = \begin{cases} -7 \\ 1 \end{cases}$

  Entrambe le soluzioni appartengono all'insieme definito dalla prima disequazione e sono quindi accettabili.

- Risolviamo l'equazione del secondo sistema:

  $4 - 4x^2 - 3x^2 - 3 + 6x = 0 \qquad 7x^2 - 6x - 1 = 0 \qquad x = \begin{cases} -\dfrac{1}{7} \\ 1 \end{cases}$

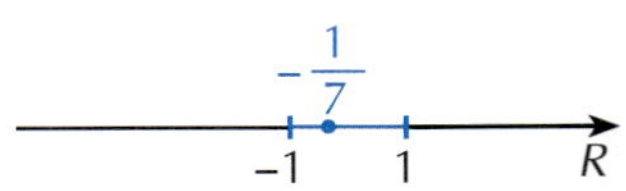

  La soluzione $-\dfrac{1}{7}$ è accettabile, la soluzione 1 non appartiene all'insieme definito dalla prima disequazione; in ogni caso tale radice è già stata accettata fra le soluzioni del primo sistema.

In definitiva l'equazione ha come insieme delle soluzioni $S = \left\{-7, 1, -\dfrac{1}{7}\right\}$.

II esempio

Risolviamo l'equazione $3 - |4 - x^2| = |2x - 1| - 2x^2$.

Questa volta i moduli sono due e conviene costruire una tabella che sintetizzi le variazioni di segno delle espressioni dei due moduli.

$4 - x^2 \geq 0 \quad$ se $\quad -2 \leq x \leq 2$

$2x - 1 \geq 0 \quad$ se $\quad x \geq \dfrac{1}{2}$

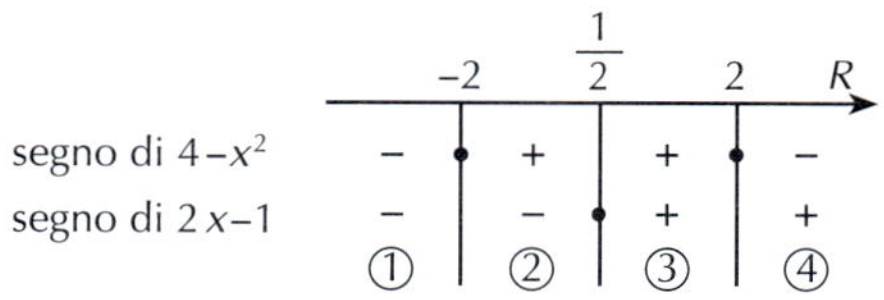

La retta dei numeri reali rimane divisa in quattro zone ciascuna con una tipologia di segni diversa; dobbiamo quindi analizzare quattro casi.

① Quando $\quad x \leq -2 \quad$ gli argomenti dei due moduli sono entrambi negativi; togliendo i moduli occorre quindi cambiare loro il segno:

$$3 - \boxed{(x^2 - 4)} = \boxed{1 - 2x} - 2x^2$$

② Quando $\quad -2 < x \leq \dfrac{1}{2} \quad$ l'argomento del primo modulo è positivo, quello del secondo è negativo; bisogna allora cambiare segno solo all'argomento del secondo modulo:

$$3 - \boxed{(4 - x^2)} = \boxed{1 - 2x} - 2x^2$$

③ Quando $\quad \dfrac{1}{2} < x \leq 2 \quad$ gli argomenti dei due moduli sono entrambi positivi e, togliendo i moduli, non occorre cambiare segno:

$$3 - \boxed{(4 - x^2)} = \boxed{2x - 1} - 2x^2$$

④ Quando $\quad x > 2 \quad$ l'argomento del primo modulo è negativo, quello del secondo è positivo; bisogna allora cambiare segno solo all'argomento del primo modulo:

$$3 - \boxed{(x^2 - 4)} = \boxed{2x - 1} - 2x^2$$

I casi in cui x è uguale a $-2,\ \dfrac{1}{2},\ 2$ si possono attribuire indifferentemente all'uno o all'altro caso di competenza.
In definitiva dobbiamo risolvere i quattro sistemi:

① $\begin{cases} x \leq -2 \\ 3 - (x^2 - 4) = 1 - 2x - 2x^2 \end{cases}$ ② $\begin{cases} -2 < x \leq \dfrac{1}{2} \\ 3 - (4 - x^2) = 1 - 2x - 2x^2 \end{cases}$

③ $\begin{cases} \dfrac{1}{2} < x \leq 2 \\ 3 - (4 - x^2) = 2x - 1 - 2x^2 \end{cases}$ ④ $\begin{cases} x > 2 \\ 3 - (x^2 - 4) = 2x - 1 - 2x^2 \end{cases}$

① Risolvendo l'equazione del primo sistema otteniamo:

$x^2 + 2x + 6 = 0 \qquad x = -1 \pm \sqrt{1 - 6} \quad$ nessuna soluzione reale

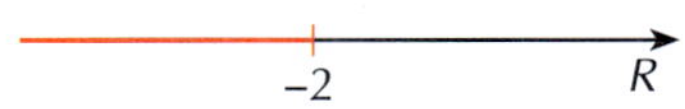

② Risolvendo l'equazione del secondo sistema otteniamo:

$$3x^2 + 2x - 2 = 0 \qquad x = \begin{cases} \dfrac{-1 - \sqrt{7}}{3} \approx -1{,}22 \\ \dfrac{-1 + \sqrt{7}}{3} \approx 0{,}55 \end{cases}$$

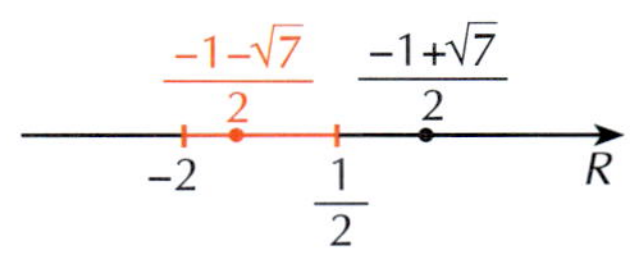

di esse solo $\dfrac{\mathbf{-1 - \sqrt{7}}}{\mathbf{3}}$ appartiene all'intervallo $-2 < x \leq \dfrac{1}{2}$.

③ Risolvendo l'equazione del terzo sistema otteniamo:

$$3x^2 - 2x = 0 \qquad x = \begin{cases} 0 \\ \dfrac{2}{3} \end{cases}$$

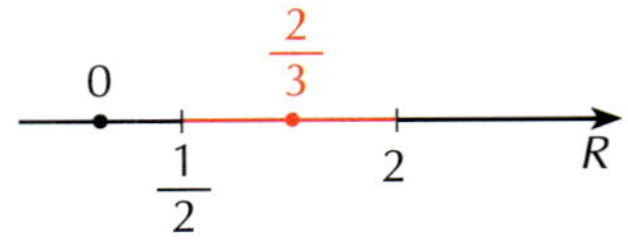

di esse solo $\mathbf{\frac{2}{3}}$ appartiene all'intervallo $\frac{1}{2} < x \leq 2$.

④ Risolvendo l'equazione del quarto sistema otteniamo:

$x^2 - 2x + 8 = 0 \qquad x = 1 \pm \sqrt{1-8} \qquad$ nessuna soluzione reale

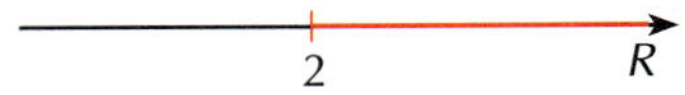

In definitiva: $S = \left\{ \dfrac{-1-\sqrt{7}}{3}, \dfrac{2}{3} \right\}$.

Casi particolari

IL CASO $|f(x)| = k$

Se l'equazione assume la forma $|f(x)| = k$, con $k \geq 0$ altrimenti l'equazione sarebbe impossibile (un numero positivo non può essere uguale ad un numero negativo), la procedura di risoluzione si semplifica; infatti:

- per tutti gli x per i quali è $f(x) \geq 0$ l'equazione è equivalente a $f(x) = k$
  Ma se $f(x)$ deve essere uguale a k, che è positivo, la condizione $f(x) \geq 0$ è già implicita nell'equazione.
- per tutti gli x per i quali è $f(x) < 0$ l'equazione è equivalente a $-f(x) = k$ cioè $f(x) = -k$
  Ma se $f(x)$ deve essere uguale a $-k$, che è negativo, anche la condizione $f(x) < 0$ è già implicita nell'equazione.

$|f(x)| = k \quad$ con $k \geq 0$

$\begin{cases} f(x) \geq 0 \\ f(x) = k \end{cases}$ ← *condizione superflua*

$\begin{cases} f(x) < 0 \\ f(x) = -k \end{cases}$ ← *condizione superflua*

In definitiva, la disequazione $|f(x)| = k$ è equivalente alle due equazioni:

$$f(x) = k \quad \vee \quad f(x) = -k$$

Per esempio: $|3x^2 + 4x| = 1$ è equivalente alle due equazioni:

$$3x^2 + 4x = 1 \quad \vee \quad 3x^2 + 4x = -1$$

Risolvendole troviamo: $x = \begin{cases} \dfrac{-2-\sqrt{7}}{3} \\ \dfrac{-2+\sqrt{7}}{3} \end{cases} \quad \vee \quad x = \begin{cases} -1 \\ -\dfrac{1}{3} \end{cases}$

L'insieme delle soluzioni è quindi: $S = \left\{ \dfrac{-2 \pm \sqrt{7}}{3}, -1, -\dfrac{1}{3} \right\}$.

VIDEO RECUPERO

ESEMPI

1. $4x - \dfrac{1}{2}|4x^2 - x| = x^2$

Studiamo il segno dell'argomento del modulo: $4x^2 - x \geq 0 \quad \rightarrow \quad x \leq 0 \vee x \geq \dfrac{1}{4}$

- se $x \leq 0 \vee x \geq \dfrac{1}{4}$ l'equazione diventa

$$4x - \frac{1}{2}(4x^2 - x) = x^2 \quad \rightarrow \quad 6x^2 - 9x = 0 \quad \rightarrow \quad x = \begin{cases} 0 \\ \frac{3}{2} \end{cases}$$

Entrambe le soluzioni appartengono all'intervallo considerato e sono quindi accettabili.

- se $0 < x < \frac{1}{4}$ l'equazione diventa

$$4x - \frac{1}{2}(-4x^2 + x) = x^2 \quad \rightarrow \quad 2x^2 + 7x = 0 \quad \rightarrow \quad x = \begin{cases} 0 \\ -\frac{7}{2} \end{cases}$$

Entrambe le soluzioni non sono accettabili perché non appartengono all'intervallo considerato.

L'insieme delle soluzioni dell'equazione è quindi $S = \left\{0, \frac{3}{2}\right\}$.

2. $|x^2 - 1| = 5$

Dobbiamo risolvere le due equazioni: $x^2 - 1 = 5 \quad \vee \quad x^2 - 1 = -5$

La prima ha soluzioni: $x^2 = 6 \quad \rightarrow \quad x = \pm\sqrt{6}$

La seconda è impossibile: $x^2 = -4$

Quindi $S = \{\pm\sqrt{6}\}$.

ulteriori esempi

ATTENZIONE AGLI ERRORI

- Considerata l'espressione $|-x^2 - 3x - 2|$
  è sbagliato scrivere $|-(x^2 + 3x + 2)| = x^2 + 3x + 2$
  perché il trinomio $x^2 + 3x + 2$ non è sempre positivo

- L'equazione $|3x^2 - 4| = -1$
  non è equivalente a $3x^2 - 4 = 1 \ \vee \ 3x^2 - 4 = -1$
  Essa è impossibile perché il modulo di una qualunque espressione non può essere uguale a un numero negativo

- L'equazione $|x^2 - 4| = x$
  non è equivalente a $x^2 - 4 = x \ \vee \ x^2 - 4 = -x$
  perché il secondo membro non è un numero noto.

  Essa è equivalente ai due sistemi: $\begin{cases} x^2 - 4 \geq 0 \\ x^2 - 4 = x \end{cases} \quad \vee \quad \begin{cases} x^2 - 4 < 0 \\ 4 - x^2 = x \end{cases}$

4.2 Le disequazioni con i moduli

I esempio

Risolviamo la disequazione $2x^2 + |x^2 - 3x| > 7x - 3$.

A seconda del segno dell'argomento del modulo sono possibili due situazioni:

$$\begin{cases} x^2 - 3x \geq 0 \\ 2x^2 + \boxed{x^2 - 3x} > 7x - 3 \end{cases} \quad \text{oppure} \quad \begin{cases} x^2 - 3x < 0 \\ 2x^2 + \boxed{3x - x^2} > 7x - 3 \end{cases}$$

- Risolviamo il primo sistema:

$$\begin{cases} x^2 - 3x \geq 0 \\ 3x^2 - 10x + 3 > 0 \end{cases} \quad \rightarrow \quad \begin{cases} x \leq 0 \vee x \geq 3 \\ x < \frac{1}{3} \vee x > 3 \end{cases}$$

Tabella delle soluzioni:

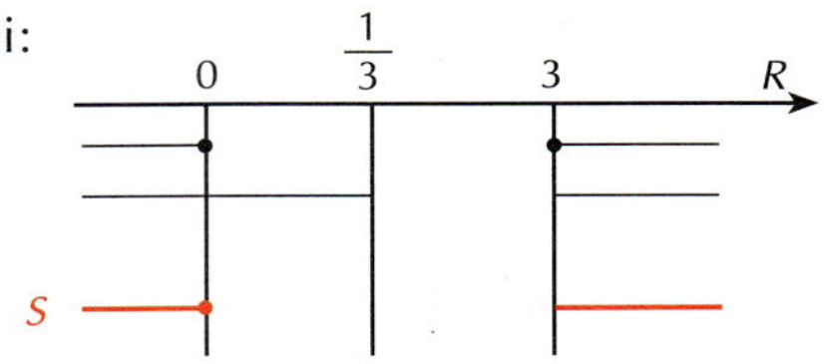

$\rightarrow \quad S_1 : \quad x \leq 0 \ \vee \ x > 3$

- Risolviamo il secondo sistema:

$$\begin{cases} x^2 - 3x < 0 \\ x^2 - 4x + 3 > 0 \end{cases} \quad \rightarrow \quad \begin{cases} 0 < x < 3 \\ x < 1 \vee x > 3 \end{cases}$$

Tabella delle soluzioni:

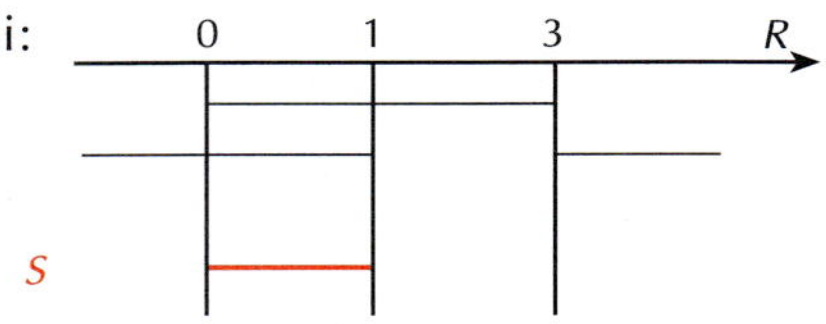

$\rightarrow \quad S_2 : \quad 0 < x < 1$

L'insieme delle soluzioni è $S_1 \cup S_2$ rappresentato sulla retta a lato, quindi l'insieme $x < 1 \ \vee \ x > 3$.

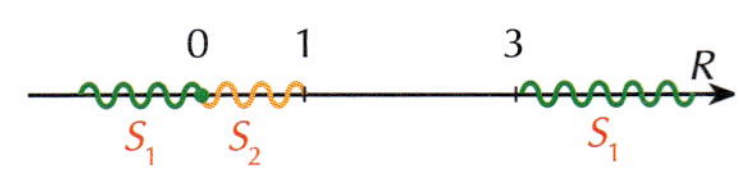

II esempio

Risolviamo la disequazione $\quad 2 - |4x^2 - 1| < |3 - x| + 3x^2 - 5x$

Studiamo il segno delle espressioni argomento dei moduli:

$4x^2 - 1 \geq 0 \quad \rightarrow \quad x \leq -\frac{1}{2} \ \vee \ x \geq \frac{1}{2}$

$3 - x \geq 0 \quad \rightarrow \quad x \leq 3$

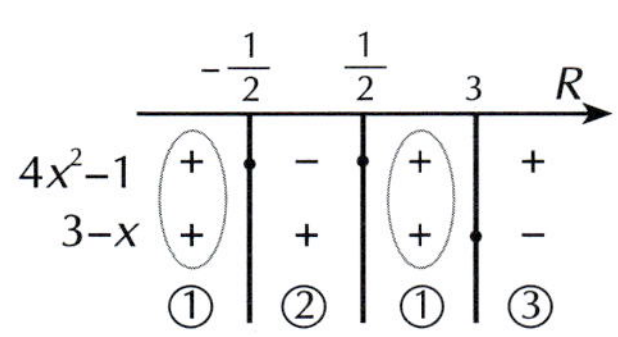

Anche se dalla tabella si individuano quattro casi, ne dobbiamo distinguere solo tre perché nel primo intervallo e nel terzo si presenta la stessa situazione:

- ***caso*** ①: nei due insiemi $x \leq -\frac{1}{2}$ o $\frac{1}{2} \leq x \leq 3$ entrambi gli argomenti dei moduli sono positivi e dobbiamo perciò risolvere il sistema:

$$\begin{cases} x \leq -\frac{1}{2} \ \vee \ \frac{1}{2} \leq x \leq 3 \\ 2 - (4x^2 - 1) < (3 - x) + 3x^2 - 5x \end{cases} \quad \rightarrow \quad \begin{cases} x \leq -\frac{1}{2} \ \vee \ \frac{1}{2} \leq x \leq 3 \\ 6x - 7x^2 < 0 \end{cases} \quad \rightarrow$$

$$\rightarrow \quad \begin{cases} x \le -\dfrac{1}{2} \ \vee \ \dfrac{1}{2} \le x \le 3 \\ x < 0 \ \vee \ x > \dfrac{6}{7} \end{cases}$$

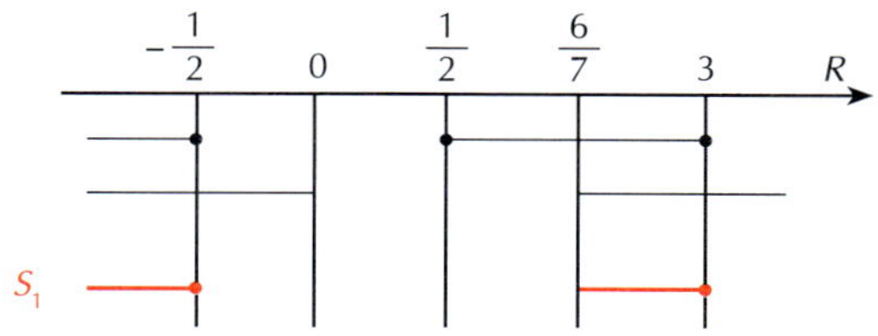

Pertanto $\quad S_1 : x \le -\dfrac{1}{2} \ \vee \ \dfrac{6}{7} < x \le 3$

- ***caso*** ②: nell'insieme $-\dfrac{1}{2} < x < \dfrac{1}{2}$ l'argomento del primo modulo è negativo, quello del secondo è positivo ed il sistema che ne risulta è il seguente

$$\begin{cases} -\dfrac{1}{2} < x < \dfrac{1}{2} \\ 2 - (-4x^2 + 1) < (3 - x) + 3x^2 - 5x \end{cases} \quad \rightarrow \quad \begin{cases} -\dfrac{1}{2} < x < \dfrac{1}{2} \\ x^2 + 6x - 2 < 0 \end{cases} \quad \rightarrow$$

$$\rightarrow \quad \begin{cases} -\dfrac{1}{2} < x < \dfrac{1}{2} \\ -3 - \sqrt{11} < x < -3 + \sqrt{11} \end{cases}$$

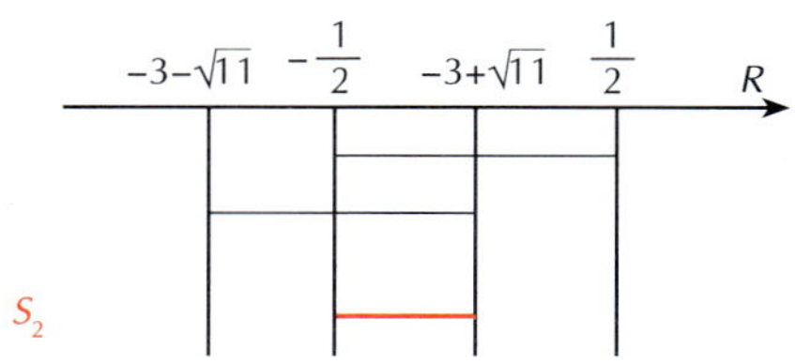

Pertanto $\quad S_2 : -\dfrac{1}{2} < x < -3 + \sqrt{11}$

- ***caso*** ③: nell'intervallo $x > 3$ l'argomento del primo modulo è positivo, quello del secondo è negativo:

$$\begin{cases} x > 3 \\ 2 - (4x^2 - 1) < -(3 - x) + 3x^2 - 5x \end{cases} \quad \rightarrow \quad \begin{cases} x > 3 \\ -7x^2 + 4x + 6 < 0 \end{cases} \quad \rightarrow$$

$$\rightarrow \quad \begin{cases} x > 3 \\ x < \dfrac{2 - \sqrt{46}}{7} \ \vee \ x > \dfrac{2 + \sqrt{46}}{7} \end{cases}$$

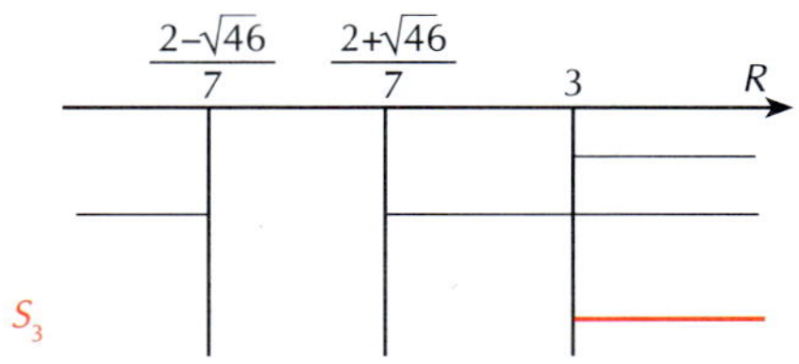

Pertanto $\quad S_3 : x > 3$

In definitiva, l'insieme delle soluzioni della disequazione data, essendo l'unione dei tre insiemi S_1, S_2, S_3, è:

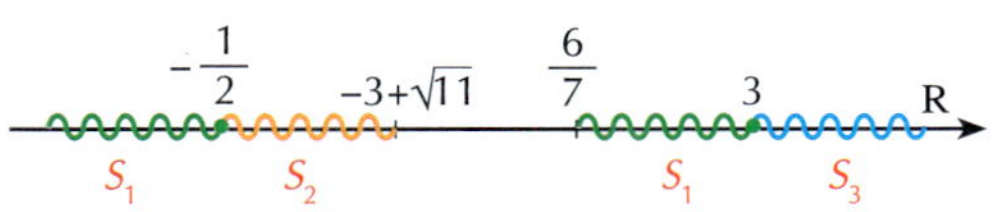

$$S : x < -3 + \sqrt{11} \ \vee \ x > \dfrac{6}{7}$$

Casi particolari

IL CASO $|f(x)| < k$

- Quando la disequazione è della forma $\quad |f(x)| < k$
con k numero reale non nullo, la procedura di risoluzione può essere abbreviata con qualche semplice considerazione.
Innanzi tutto se $k < 0$ la disequazione non è mai verificata perché un numero positivo non può essere minore di un numero negativo.

Se $k > 0$ dovremmo risolvere i due sistemi:

$$\begin{cases} f(x) \geq 0 \\ f(x) < k \end{cases} \quad \vee \quad \begin{cases} f(x) < 0 \\ f(x) > -k \end{cases}$$

In essi chiediamo che $f(x)$ sia compreso fra 0 (incluso) e k nel primo, che $f(x)$ sia compreso fra $-k$ e 0 nel secondo; dovendo poi unire i due risultati, in sostanza chiediamo che $f(x)$ sia compreso fra $-k$ e k (***figura 9***). Risolvere l'equazione data significa quindi risolvere il solo sistema

Figura 9

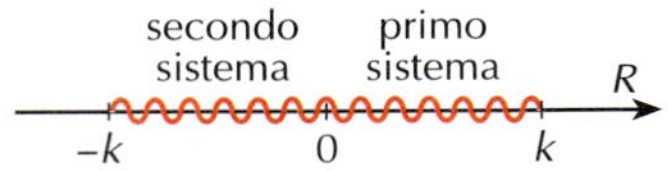

$$\boxed{\begin{cases} f(x) > -k \\ f(x) < k \end{cases}}$$

Per esempio, la disequazione $|5x^2 - 6x| < 1$ è equivalente al sistema:

$$\begin{cases} 5x^2 - 6x > -1 \\ 5x^2 - 6x < 1 \end{cases} \quad \rightarrow \quad \begin{cases} x < \dfrac{1}{5} \vee x > 1 \\ \dfrac{3-\sqrt{14}}{5} < x < \dfrac{3+\sqrt{14}}{5} \end{cases}$$

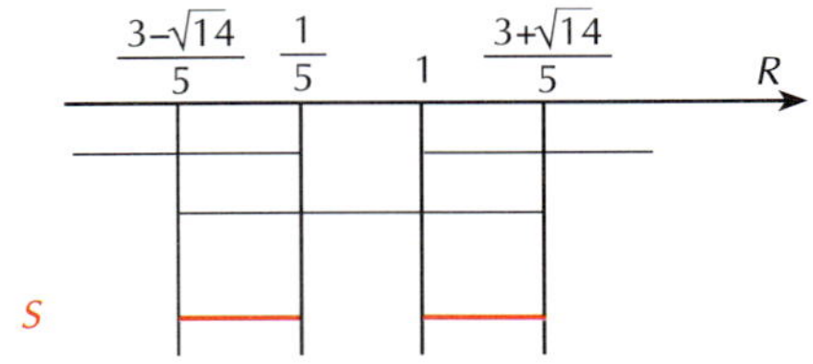

ed il suo insieme delle soluzioni è $S: \dfrac{3-\sqrt{14}}{5} < x < \dfrac{1}{5} \vee 1 < x < \dfrac{3+\sqrt{14}}{5}$

IL CASO $|f(x)| > k$

■ Consideriamo adesso una disequazione della forma $|f(x)| > k$ con k numero reale non nullo.

- Se $k < 0$ la disequazione è sempre verificata nell'ambito del suo dominio perché un numero positivo è sempre maggiore di un numero negativo.
- Se $k > 0$ dobbiamo risolvere i due sistemi:

$$\begin{cases} f(x) \geq 0 \\ f(x) > k \end{cases} \quad \vee \quad \begin{cases} f(x) < 0 \\ f(x) < -k \end{cases}$$

Ci accorgiamo che le due condizioni $f(x) \geq 0$ e $f(x) < 0$ in ciascuno dei due sistemi sono superflue:

- nel primo sistema se $f(x) > k$ (ci chiediamo quando $f(x)$ è maggiore di un numero positivo) è implicito che deve essere anche $f(x) \geq 0$
- nel secondo sistema se $f(x) < -k$ (ci chiediamo quando $f(x)$ è minore di un numero negativo) è implicito che deve essere anche $f(x) < 0$.

Allora basta risolvere le due disequazioni

$$\boxed{f(x) > k \quad \vee \quad f(x) < -k}$$

e **unire** i due insiemi soluzione.

Per esempio, la disequazione $|3x^2 - 7| > 5$ è equivalente a:

$3x^2 - 7 > 5 \quad \vee \quad 3x^2 - 7 < -5$

La prima disequazione è verificata se $x < -2 \vee x > 2$.

La seconda è verificata se $-\dfrac{\sqrt{6}}{3} < x < \dfrac{\sqrt{6}}{3}$.

L'insieme delle soluzioni è quindi $S: x < -2 \vee -\dfrac{\sqrt{6}}{3} < x < \dfrac{\sqrt{6}}{3} \vee x > 2$.

VIDEO RECUPERO

Riassumendo:

- la disequazione $|f(x)| < k$
  - è equivalente al sistema $\begin{cases} f(x) > -k \\ f(x) < k \end{cases}$ se $k > 0$
  - non è mai verificata se $k < 0$
- la disequazione $|f(x)| > k$
  - è equivalente alle due disequazioni $f(x) > k \vee f(x) < -k$ se $k > 0$
  - è sempre verificata nel suo dominio se $k < 0$.

Il caso $k = 0$ va poi analizzato caso per caso; per esempio:

- $|3x - 1| < 0$ non è mai verificata
- $|3x - 1| > 0$ è verificata $\forall\ x \in R - \left\{\frac{1}{3}\right\}$
- $|3x - 1| \leq 0$ è verificata solo se $x = \frac{1}{3}$
- $|3x - 1| \geq 0$ è verificata $\forall\ x \in R$.

ESEMPI

1. $|x^2 - 8| < 4$

La disequazione è equivalente al sistema $\begin{cases} x^2 - 8 > -4 \\ x^2 - 8 < 4 \end{cases} \rightarrow \begin{cases} x < -2 \vee x > 2 \\ -2\sqrt{3} < x < 2\sqrt{3} \end{cases}$

e ha quindi soluzione

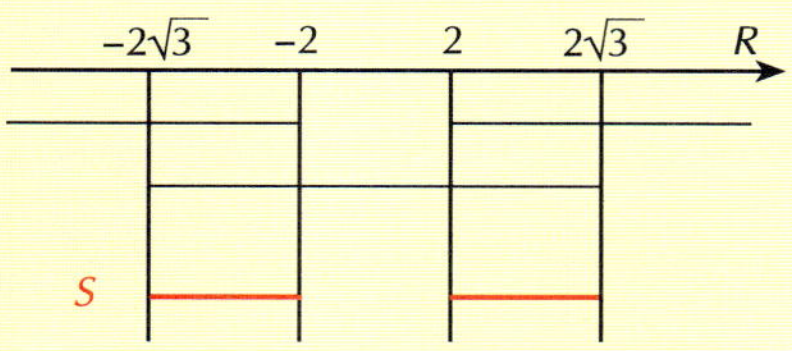

$-2\sqrt{3} < x < -2 \vee 2 < x < 2\sqrt{3}$

2. $|x - 3x^2| > 4$

La disequazione è equivalente alle due seguenti: $x - 3x^2 > 4 \vee x - 3x^2 < -4$

Risolviamo la prima: $3x^2 - x + 4 < 0$
la disequazione ha un discriminante negativo e non è mai verificata.

Risolviamo la seconda: $3x^2 - x - 4 > 0 \rightarrow x < -1 \vee x > \frac{4}{3}$

Unendo le due soluzioni otteniamo che $S : x < -1 \vee x > \frac{4}{3}$

3. $|5x - 6x^2| + 3 > 0$

Senza svolgere calcoli possiamo dire subito qual è l'intervallo delle soluzioni; il primo membro della disequazione è infatti la somma di due numeri dei quali il primo è sempre positivo o nullo (è il modulo di un'espressione), il secondo è sempre positivo.
La loro somma è quindi sempre positiva e l'insieme delle soluzioni è R.

4. $x^2 - 2\left|x^2 + \dfrac{1}{2}x\right| > -2$

La disequazione è equivalente ai due sistemi:

$$\begin{cases} x^2 + \dfrac{1}{2}x \geq 0 \\ x^2 - 2\left(x^2 + \dfrac{1}{2}x\right) > -2 \end{cases} \quad \vee \quad \begin{cases} x^2 + \dfrac{1}{2}x < 0 \\ x^2 - 2\left(-x^2 - \dfrac{1}{2}x\right) > -2 \end{cases}$$

■ Risolviamo il primo sistema:

$$\begin{cases} x^2 + \dfrac{1}{2}x \geq 0 \\ -x^2 - x + 2 > 0 \end{cases} \rightarrow \begin{cases} x \leq -\dfrac{1}{2} \ \vee \ x \geq 0 \\ -2 < x < 1 \end{cases} \rightarrow$$

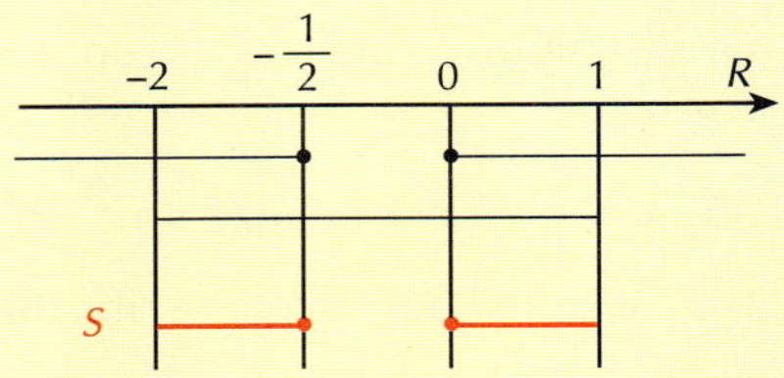

e pertanto $S_1 : -2 < x \leq -\dfrac{1}{2} \ \vee \ 0 \leq x < 1$

■ Risolviamo il secondo sistema:

$$\begin{cases} x^2 + \dfrac{1}{2}x < 0 \\ 3x^2 + x + 2 > 0 \end{cases} \rightarrow \begin{cases} -\dfrac{1}{2} < x < 0 \\ R \end{cases} \rightarrow \quad S_2 : -\dfrac{1}{2} < x < 0$$

La soluzione del sistema si ottiene dall'unione di S_1 e S_2:

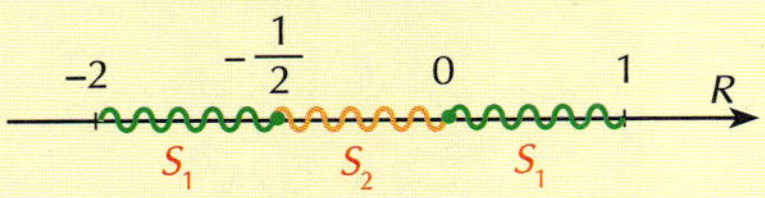

$S : -2 < x < 1.$

ulteriori esempi

ATTENZIONE AGLI ERRORI

■ $|x^2 - 3x| < -1$

- non è equivalente a $\begin{cases} x^2 - 3x > -1 \\ x^2 - 3x < 1 \end{cases}$
- la disequazione è impossibile perché un numero positivo o nullo (l'espressione del modulo) non può essere minore di un numero negativo

■ $|x^2 + 3x + 2| > 5$

- non è equivalente a $\begin{cases} x^2 + 3x + 2 > 5 \\ x^2 + 3x + 2 < -5 \end{cases}$
- ma è equivalente a $\quad x^2 + 3x + 2 < -5 \ \vee \ x^2 + 3x + 2 > 5$

Le due scritture sono diverse perché nel primo caso si deve calcolare l'intersezione delle soluzioni delle due disequazioni (metodo sbagliato che individua sempre l'insieme vuoto), nel secondo si deve calcolare la loro unione (metodo corretto).

■ $|4x^2 + 5x - 6| < 3$

- non è equivalente a $\quad 4x^2 + 5x - 6 > -3 \ \vee \ 4x^2 + 5x - 6 < 3$

- ma è equivalente a $\begin{cases} 4x^2 + 5x - 6 > -3 \\ 4x^2 + 5x - 6 < 3 \end{cases}$

Nel primo caso si chiede infatti che un'espressione sia maggiore di -3 **oppure** minore di 3 e questo accade sempre qualunque sia il testo della disequazione (soluzione sbagliata).

Approfondimento
Le disequazioni in due variabili

ESERCIZI E PROBLEMI pag. 448

IL CAPITOLO SI COMPLETA CON:

CONCETTI CHIAVE E REGOLE

LABORATORIO

PRESENTAZIONI IN POWERPOINT

Quadratic and non linear inequalities
BASIC CONCEPTS

CLIL

AUDIO FILE

Key Terms

quadratic polynomial
inequality
$<$: less than
$>$: greater than
$\leq$: less than or equal to
$\geq$: greater than or equal to
table of signs

Quadratic inequalities

A quadratic inequality is of the kind

$ax^2 + bx + c > 0$ or $ax^2 + bx + c < 0$

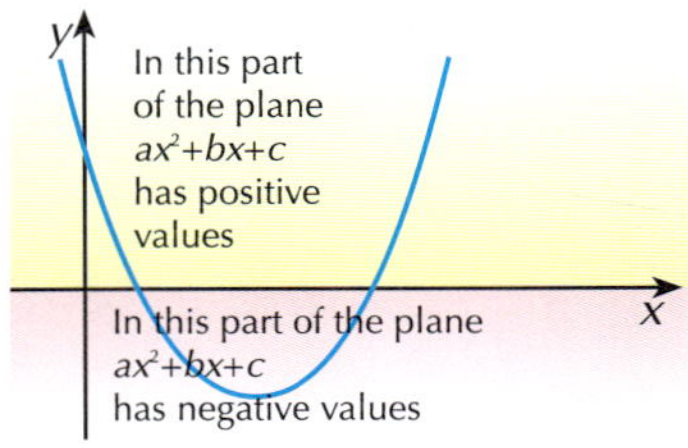

To solve it, we can draw the graph of the parabola $y = ax^2 + bx + c$: the quadratic polynomial $ax^2 + bx + c$ is greater than zero when the graph is above the x−axis, is less than zero when it is below the x−axis.
Solution-sets of quadratic inequalities are expressed in form of intervals.
Let us see the procedure to solve such inequalities through some examples.

I example. Let us solve the inequality $3x + 2 > 2x^2$

First, we have to move all the terms on the left hand side:

$$-2x^2 + 3x + 2 > 0$$

Let us now change all the signs of the terms of the equation, and the sign of the inequality too, in order to have a positive number as the quadratic coefficient (this is not compulsory, but it is a better way to proceed):

$$2x^2 - 3x - 2 < 0$$

Now we want to know when the quadratic polynomial at the left-hand side is negative.
Let us find the zeros of this polynomial (that is the x−intercepts if they exist):

$$2x^2 - 3x - 2 = 0 \quad \rightarrow \quad x = \begin{cases} -\frac{1}{2} \\ 2 \end{cases}$$

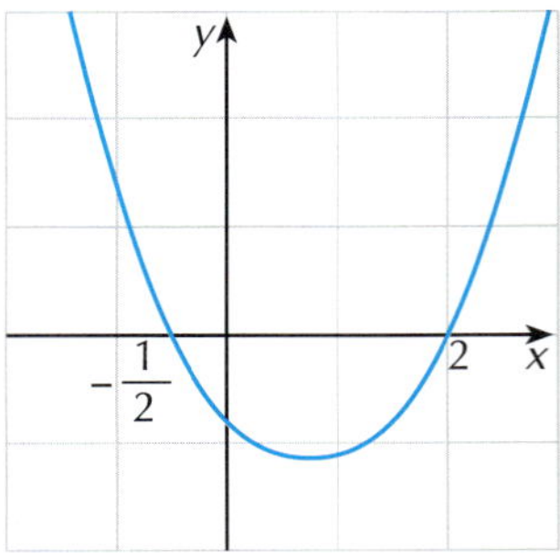

and draw the graph of the parabola $y = 2x^2 - 3x - 2$ pointing out its position with respect to the x−axis and the zeroes:

The two zeroes split the numer-line into three intervals, namely

$x < -\frac{1}{2}$ $\quad -\frac{1}{2} < x < 2$ $\quad x > 2$

Since this is a "less than" inequality, we need the intervals where the parabola is below the x−axis, that is the second of these intervals.
We can conclude that the solution set of the given inequality is: $-\frac{1}{2} < x < 2$.

II example. Let us solve the inequality $x^2 + x + 1 < 0$

All the terms are on the left-hand side; let us find the zeros:

$x^2 + x + 1 = 0 \quad \rightarrow x = \frac{-1 \pm \sqrt{1-4}}{2}$ there are no zeros

The graph of the corresponding parabola $y = x^2 + x + 1$ does non intersect the x–axis and it is always above it.

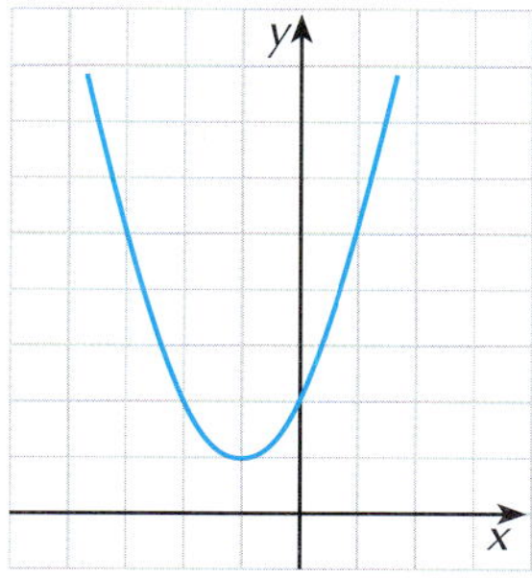

So the inequality has no solutions and we can state that the solution set is empty: $\varnothing$.

To sum up, the procedure to solve a quadratic inequality is the following.

- Be sure that on the right-hand side there is a zero by moving all the terms on the left-hand side.
- Make a be a positive number, changing all the sign of the terms of the equation as well as the sign of the inequality if necessary.
- If they exist, find the zeros of the polynomial at the left-hand side.
- Draw the graph of the parabola $y = ax^2 + bx + c$ pointing out its position with respect to the x–axis. The following can happen:

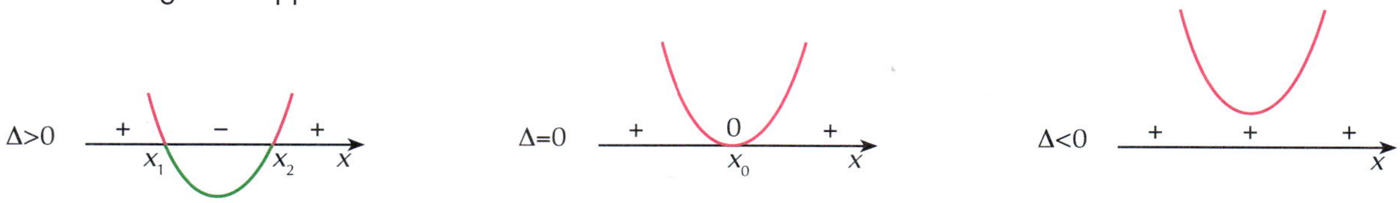

  - the parabola has two different zeros: the trinomial is positive for all the values that are outside the roots, while it is negative for all values between them
  - the parabola has two equal zeros: the trinomial is positive for all real numbers, except for the point which is the zero
  - the parabola has no zeros: the trinomial is positive for any real number.

Quadratic inequalities with fractions

Let us solve the inequality: $\dfrac{2}{x^2 - 1} + \dfrac{x}{x + 1} > \dfrac{4}{3}$

where it has to be $x \neq \pm 1$.

First, we move all the terms to the left-hand side: $\dfrac{2}{x^2 - 1} + \dfrac{x}{x + 1} - \dfrac{4}{3} > 0$

Then we find the L.C.D. and simplify the fraction:

$$\frac{6 + 3x(x - 1) - 4(x^2 - 1)}{3(x^2 - 1)} > 0 \qquad \frac{-x^2 - 3x + 10}{3(x^2 - 1)} > 0$$

In order to have a positive quadratic coefficient at the numerator, we multiply by -1 and change the direction of the inequality sign:

$$\frac{x^2 + 3x - 10}{3(x^2 - 1)} < 0$$

To determine the solution set, we have to study the signs of the numerator and the denominator separately and keep note of their variation in a *table of signs*.

- $x^2 + 3x - 10 > 0 \qquad x = \dfrac{-3 \pm \sqrt{9 + 40}}{2} = \begin{cases} -5 \\ 2 \end{cases}$

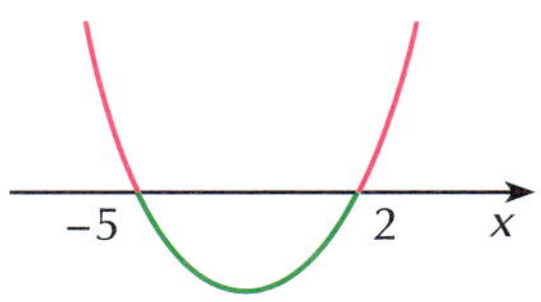

$x < -5 \ \vee \ x > 2$

- $3(x^2 - 1) > 0$ $\quad x = \pm 1$

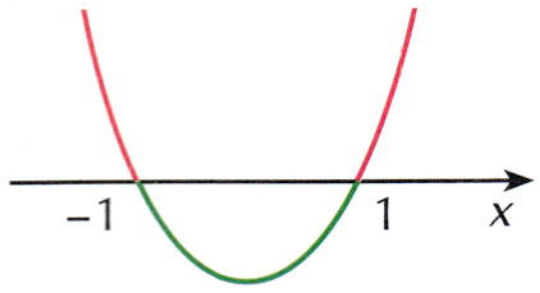

$x < -1 \lor x > 1$

Table of signs:

$x < -5$	$-5 < x < -1$	$-1 < x < 1$	$1 < x < 2$	$x > 2$
+	−	−	−	+
+	+	−	+	−
+	−	+	−	+

Since this is a "less than" inequality, we have to choose the intervals where there is a negative sign; the solution set is: $-5 < x < -1 \lor 1 < x < 2$.

Higher degree inequalities

To solve the inequality $A(x) \gtrless 0$ where $A(x)$ is a polynomial with a degree greather than 2, we have to factorize $A(x)$ and then study the sign of each factor.

Let use solve the inequality $x^3 - 4x > 0$

We can collect x: $x(x^2 - 4) > 0$

Let us study the sign of each factor:

- $x > 0$
- $x^2 - 4 > 0$ $\quad x = \pm 2$

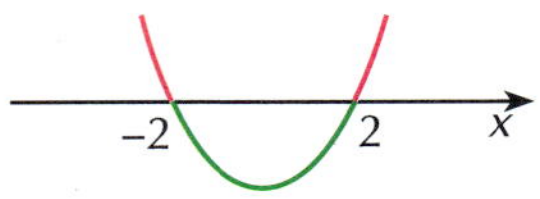

$x < -2 \lor x > 2$

Table of signs:

$x < -2$	$-2 < x < 0$	$0 < x < 2$	$x > 2$
−	−	+	+
+	−	−	+
−	+	−	+

Since this is a "greather than" inequality, we have to choose the intervals where there is a positive sign; the solution set is: $-2 < x < 0 \lor x > 2$.

EXERCISES

CAPITOLO 6

Approfondimenti di algebra

OBIETTIVI

- risolvere equazioni razionali di grado superiore al secondo mediante scomposizione
- risolvere equazioni e disequazioni di tipo particolare:
  - reciproche
  - binomie
  - trinomie
- risolvere equazioni e disequazioni irrazionali
- risolvere sistemi di secondo grado
- risolvere sistemi di grado superiore al secondo
- risolvere problemi che hanno come modello un sistema

1 EQUAZIONI DI GRADO SUPERIORE AL SECONDO

Qualunque equazione razionale, una volta sviluppati i calcoli, si può sempre scrivere nella forma

$$E(x) = 0$$

dove $E(x)$ è un polinomio di grado n nella variabile x.
Se $n = 1$ oppure $n = 2$, sappiamo come risolvere l'equazione, ma non esistono formule risolutive alla nostra portata per risolvere equazioni di grado $n > 2$; in questi casi, occorre trovare dei metodi alternativi e in questo capitolo vedremo che cosa si può fare a seconda della forma dell'equazione.

1.1 L'applicazione della legge di annullamento del prodotto

VIDEO RECUPERO

Se il polinomio $E(x)$ è fattorizzabile nel prodotto di polinomi al più di secondo grado, per trovare le soluzioni dell'equazione, si può imporre che ogni fattore del prodotto sia uguale a zero.
Vediamo qualche esempio.

I esempio. Risolviamo l'equazione $x^2 - 2x = 2x^3 - x^4$

Trasportiamo tutti i termini al primo membro: $x^4 - 2x^3 + x^2 - 2x = 0$

Raccogliamo x: $x(x^3 - 2x^2 + x - 2) = 0$

Raccogliamo parzialmente all'interno della parentesi:

$$x[x^2(x-2) + (x-2)] = 0$$

Raccogliamo totalmente: $x(x-2)(x^2+1)=0$

Possiamo adesso applicare la legge di annullamento del prodotto:

$x=0 \quad \vee \quad x-2=0 \quad \vee \quad x^2+1=0$

La seconda equazione ha soluzione 2, la terza è impossibile in R, quindi

$$S=\{0,\ 2\}$$

II esempio. Risolviamo l'equazione $3x^3+2x^2-7x+2=0$

Per scomporre il polinomio al primo membro dobbiamo usare la **regola di Ruffini** e trovare i divisori del tipo $x-a$; ricordiamo che i valori di a sono da ricercarsi fra i divisori del termine noto e fra le frazioni della forma $\dfrac{m}{n}$ dove m è un divisore del termine noto e n è un divisore del coefficiente del termine di grado massimo.

Nel nostro caso i possibili valori di a sono: $\pm 1,\ \pm 2,\ \pm\dfrac{1}{3},\ \pm\dfrac{2}{3}$

Cominciamo a valutare $E(1)$: $E(1)=3+2-7+2=0$

Possiamo già concludere che 1, visto che soddisfa l'equazione, è una delle sue radici. Per trovare le altre determiniamo il polinomio $Q(x)$ quoziente della divisione di $E(x)$ per $(x-1)$:

	3	2	−7	2
1		3	5	−2
	3	5	−2	0

$Q(x)=3x^2+5x-2$

Dobbiamo quindi risolvere l'equazione

$$3x^2+5x-2=0 \quad \rightarrow \quad x=\frac{-5\pm\sqrt{25+24}}{6}=\frac{-5\pm 7}{6}=\begin{cases}-2\\[4pt] \dfrac{1}{3}\end{cases}$$

In definitiva, l'insieme delle soluzioni è $S=\left\{-2,\ \dfrac{1}{3},\ 1\right\}$.

ulteriori esempi

Le equazioni reciproche

Un caso particolare di applicazione della legge di annullamento del prodotto riguarda quelle equazioni che, una volta ordinato il polinomio $E(x)$, hanno i coefficienti dei termini equidistanti dagli estremi che sono uguali a due a due oppure opposti a due a due.

Per esempio:

- $2x^3-3x^2-3x+2=0$

  i coefficienti dei termini equidistanti dagli estremi sono uguali

- $12x^4-25x^3+25x-12=0$

  i coefficienti dei termini equidistanti dagli estremi sono opposti

Equazioni di questo tipo si dicono **reciproche**.

In un'equazione reciproca come la prima, il polinomio $E(x)$ si annulla per $x = -1$:

$$E(-1) = 2 \cdot (-1)^3 - 3 \cdot (-1)^2 - 3 \cdot (-1) + 2 = -2 - 3 + 3 + 2 = 0$$

In un'equazione reciproca come la seconda, il polinomio $E(x)$ si annulla sia per $x = 1$ che per $x = -1$:

$$E(1) = 12 \cdot 1^4 - 25 \cdot 1^3 + 25 \cdot 1 - 12 = 12 - 25 + 25 - 12 = 0$$

$$E(-1) = 12 \cdot (-1)^4 - 25 \cdot (-1)^3 + 25 \cdot (-1) - 12 = 12 + 25 - 25 - 12 = 0$$

In entrambi i casi, questo capita proprio perché i coefficienti si elidono a due a due.
Anche la procedura per risolvere questo tipo di equazioni si basa quindi sulla scomposizione del polinomio $E(x)$ e sull'applicazione della legge di annullamento del prodotto.

Un caso a parte è costituito invece dalle equazioni come la seguente:

$$12x^4 - 4x^3 - 41x^2 - 4x + 12 = 0$$

che ha i termini equidistanti dagli estremi che sono uguali ma che, per la presenza del termine centrale $-41x^2$, non si annulla né per $x = 1$, né per $x = -1$.
In uno dei successivi approfondimenti online puoi vedere come sia possibile risolvere questo tipo di equazioni con una particolare sostituzione.

Le precedenti considerazioni possono essere generalizzate nella seguente regola.

IL METODO RISOLUTIVO

- Se un'equazione reciproca è di grado dispari essa ammette:
  - la soluzione 1 se i termini equidistanti dagli estremi hanno coefficienti opposti:
    $ax^3 + bx^2 - bx - a = 0 \quad \rightarrow \quad$ soluzione 1
  - la soluzione -1 se i termini equidistanti dagli estremi hanno coefficienti uguali:
    $ax^3 + bx^2 + bx + a = 0 \quad \rightarrow \quad$ soluzione -1
- Se un'equazione reciproca è di grado pari, se i termini equidistanti dagli estremi hanno coefficienti opposti e se il termine centrale è nullo essa ammette sia la soluzione $+1$ che la soluzione -1:
  - $ax^4 + bx^3 - bx - a = 0 \quad \rightarrow \quad$ soluzione -1 e $+1$

Le altre soluzioni si determinano calcolando il polinomio quoziente $Q(x)$, ottenuto dividendo per $x + 1$ o per $x - 1$ o per entrambi, e risolvendo l'equazione $Q(x) = 0$ che si ottiene annullandolo.

ESEMPI

Risolviamo le prime due precedenti equazioni.

1. $2x^3 - 3x^2 - 3x + 2 = 0$

Sappiamo già che $E(-1) = 0$, quindi una soluzione è -1; determiniamo il polinomio quoziente con la regola di Ruffini:

	2	−3	−3	2
−1		−2	5	−2
	2	−5	2	0

$Q(x) = 2x^2 - 5x + 2$

Dobbiamo risolvere l'equazione: $2x^2 - 5x + 2 = 0$: $x = \dfrac{5 \pm \sqrt{25 - 16}}{4} = \dfrac{5 \pm 3}{4} = \begin{cases} \frac{1}{2} \\ 2 \end{cases}$

Dunque $S = \left\{-1, \frac{1}{2}, 2\right\}$.

2. $12x^4 - 25x^3 + 25x - 12 = 0$

Per la forma assunta dall'equazione, sappiamo che $E(1) = 0$ ed anche che $E(-1) = 0$.

Determiniamo il quoziente della divisione di $E(x)$ per $(x - 1)$ e $(x + 1)$:

	12	−25	0	25	−12
1		12	−13	−13	12
	12	−13	−13	12	0
−1		−12	25	−12	
	12	−25	12	0	

$Q(x) = 12x^2 - 25x + 12$

Risolviamo l'equazione $12x^2 - 25x + 12 = 0$: $x = \dfrac{25 \pm \sqrt{625 - 576}}{24} = \dfrac{25 \pm 7}{24} = \begin{cases} \frac{3}{4} \\ \frac{4}{3} \end{cases}$

Dunque $S = \left\{1, -1, \frac{3}{4}, \frac{4}{3}\right\}$.

ulteriori esempi

Osserviamo che, in entrambe le equazioni dei precedenti esempi, le soluzioni trovate, oltre a 1 e −1, sono valori reciproci:

$$\frac{1}{2} \text{ e } 2 \qquad\qquad \frac{3}{4} \text{ e } \frac{4}{3}$$

Questo vale in generale:

> ogni equazione reciproca, oltre alle eventuali soluzioni −1 e 1, se ammette soluzione k, ammette anche la soluzione reciproca $\frac{1}{k}$.

Da qui il nome di reciproche dato a questo tipo di equazioni.

ESERCIZI E PROBLEMI pag. 467

1.2 Le equazioni binomie e trinomie

Equazioni binomie

Un'equazione si dice **binomia** se si può scrivere nella forma

$$x^n = k$$

dove n è un intero positivo e k un numero reale.

Anche se n può essere un valore intero positivo qualsiasi, i casi che ci interessano ora sono quelli in cui $n > 2$, in quanto per $n = 1$ oppure $n = 2$ ci troviamo a dover risolvere equazioni di primo o secondo grado.

LA RISOLUZIONE MEDIANTE SCOMPOSIZIONE

Anche un'equazione binomia si può risolvere mediante scomposizione e applicando poi la legge di annullamento del prodotto; per esempio:

- $x^4 = 16$

  Trasportiamo al primo membro e scomponiamo:

  $x^4 - 16 = 0 \qquad (x^2 - 4)(x^2 + 4) = 0 \qquad \rightarrow$
  - $x^2 - 4 = 0 \quad \rightarrow \quad x = \pm 2$
  - $x^2 + 4 = 0 \quad \rightarrow \quad$ impossibile in R

- $x^3 = -27$

  Trasportiamo al primo membro e scomponiamo:

  $x^3 + 27 = 0 \qquad (x + 3)(x^2 - 3x + 9) = 0 \qquad \rightarrow$
  - $x + 3 = 0 \quad \rightarrow \quad x = -3$
  - $x^2 - 3x + 9 = 0 \quad \rightarrow \quad$ impossibile in R

LA RISOLUZIONE CON I RADICALI

Vi è però un modo più rapido di procedere che si basa sulla definizione di radicale:

- per la prima equazione:

  se deve essere $\quad x^4 = 16$

  allora deve anche essere $\quad \sqrt[4]{x^4} = \sqrt[4]{16}$

  ma $\sqrt[4]{x^4} = |x|$ quindi l'equazione è equivalente a $\quad |x| = 2$

  cioè $\quad x = \pm 2$

- per la seconda equazione:

  se deve essere $\quad x^3 = -27$

  allora deve anche essere $\quad \sqrt[3]{x^3} = \sqrt[3]{-27}$

  ma $\sqrt[3]{x^3} = x$ quindi l'equazione è equivalente a $\quad x = -\sqrt[3]{27}$

  cioè $\quad x = -3$

Generalizziamo il procedimento.

L'equazione $x^n = k$ è equivalente in R all'equazione $\sqrt[n]{x^n} = \sqrt[n]{k}$ e si ha che:

- se n è pari, essendo $\quad \sqrt[n]{x^n} = |x| \quad$ l'equazione ammette:
  - due soluzioni opposte se $k \geq 0$: $\quad x = \pm\sqrt[n]{k}$
  - nessuna soluzione se $k < 0$
- se n è dispari, essendo $\quad \sqrt[n]{x^n} = x \quad$ l'equazione ammette:
  - una sola soluzione per qualsiasi valore di k : $\quad x = \sqrt[n]{k}$

ESEMPI

Determiniamo le soluzioni reali delle seguenti equazioni binomie applicando il concetto di radicale.

1. $6x^4 - 1 = 0$

Ricaviamo x^4: $x^4 = \frac{1}{6}$

n è pari, quindi l'equazione, essendo $\frac{1}{6}$ un numero positivo, ha due soluzioni reali opposte:

$$x = +\sqrt[4]{\frac{1}{6}} \quad \vee \quad x = -\sqrt[4]{\frac{1}{6}}$$

L'insieme delle soluzioni è $S = \left\{\sqrt[4]{\frac{1}{6}}, -\sqrt[4]{\frac{1}{6}}\right\}$.

2. $8x^3 + 1 = 0 \qquad x^3 = -\frac{1}{8}$

n è dispari, quindi l'equazione ammette una sola soluzione reale: $x = \sqrt[3]{-\frac{1}{8}}$ cioè $x = -\frac{1}{2}$

Allora $S = \left\{-\frac{1}{2}\right\}$.

ulteriori esempi

Equazioni trinomie

VIDEO RECUPERO

Un'equazione si dice **trinomia** se si può scrivere nella forma

$$ax^{2n} + bx^n + c = 0 \quad \text{con } a \neq 0$$

dove n è un intero positivo e gli esponenti dell'incognita sono uno il doppio dell'altro.

LA RISOLUZIONE MEDIANTE SCOMPOSIZIONE

Poiché per $n = 1$ abbiamo un'equazione di secondo grado, è evidente che i casi di cui ci dobbiamo occupare sono quelli in cui $n > 1$.
Anche per risolvere queste equazioni, e nei casi in cui ciò è possibile, si può applicare il metodo di scomposizione; per esempio:

$$x^4 - 3x^2 + 2 = 0 \quad \rightarrow \quad (x^2 - 1)(x^2 - 2) = 0 \quad \rightarrow \quad \begin{cases} x^2 - 1 = 0 \quad \rightarrow \quad x = \pm 1 \\ x^2 - 2 = 0 \quad \rightarrow \quad x = \pm\sqrt{2} \end{cases}$$

Non sempre però è possibile percorrere questa strada, come per esempio nel caso dell'equazione $x^6 - 4x^3 + 1 = 0$ nella quale non si riesce a scomporre il polinomio al primo membro in fattori con coefficienti razionali.

LA RISOLUZIONE MEDIANTE CAMBIO DI VARIABILE

Operando però un cambio di variabile e ponendo $x^3 = t$, e quindi $x^6 = t^2$, possiamo trasformare l'equazione data in una di secondo grado della quale sappiamo trovare le soluzioni:

$$x^6 - 4x^3 + 1 = 0 \quad \text{diventa} \quad t^2 - 4t + 1 = 0$$

che ha soluzioni $t = 2 \pm \sqrt{4 - 1} = 2 \pm \sqrt{3}$

Tornando poi alla variabile x abbiamo che: $x^3 = 2 - \sqrt{3}$

e anche $x^3 = 2 + \sqrt{3}$

Da queste due equazioni binomie ricaviamo poi che

$$x=\sqrt[3]{2-\sqrt{3}} \qquad \vee \qquad x=\sqrt[3]{2+\sqrt{3}}$$

Generalizziamo il procedimento.

Per risolvere l'equazione trinomia $ax^{2n}+bx^n+c=0$

- si opera la sostituzione di variabile $x^n=t$
- si risolve l'equazione di secondo grado in t così ottenuta $at^2+bt+c=0$
- indicate con t_1 e t_2 le due soluzioni, se esistono reali, si risolvono le due equazioni binomie $x^n=t_1 \quad \vee \quad x^n=t_2$.

*Nel caso particolare in cui $n=2$, l'equazione assume la forma $ax^4+bx^2+c=0$ e si dice **biquadratica**.*

ESEMPI

1. $2x^4-x^2-3=0$

Essendo $n=2$ l'equazione è biquadratica.

Operando la sostituzione $x^2=t$ otteniamo $2t^2-t-3=0$

Risolviamo ora l'equazione ottenuta nell'incognita t: $t=\dfrac{1\pm\sqrt{1+24}}{4}=\begin{cases}-1\\ \dfrac{3}{2}\end{cases}$

Operando poi la sostituzione inversa si ha: $x^2=\dfrac{3}{2}$ da cui $x=\pm\sqrt{\dfrac{3}{2}}$

$x^2=-1$ che non ha soluzioni reali

L'insieme delle soluzioni pertanto è: $S=\left\{\sqrt{\dfrac{3}{2}},\ -\sqrt{\dfrac{3}{2}}\right\}$.

2. $8x^6+7x^3-1=0$

Ponendo $x^3=t$ otteniamo $8t^2+7t-1=0$

Risolviamo l'equazione in t: $t=\dfrac{-7\pm\sqrt{49+32}}{16}=\dfrac{-7\pm 9}{16}=\begin{cases}-1\\ \dfrac{1}{8}\end{cases}$

Operiamo la sostituzione inversa: $x^3=-1 \quad \rightarrow \quad x=\sqrt[3]{-1} \quad x=-1$

$x^3=\dfrac{1}{8} \quad \rightarrow \quad x=\sqrt[3]{\dfrac{1}{8}} \quad x=\dfrac{1}{2}$

L'insieme delle soluzioni è: $S=\left\{-1,\ \dfrac{1}{2}\right\}$.

ulteriori esempi

ATTENZIONE AGLI ERRORI

Per risolvere l'equazione $x^4-5x^2-14=0$

si pone $x^2=t$: $t^2-5t-14=0 \quad \rightarrow \quad t=-2 \ \vee \ t=7$

L'insieme delle soluzioni **non è** $S = \{-2, 7\}$

perché l'incognita è x e non t; si deve perciò operare la sostituzione inversa:

$x^2 = -2$ impossibile in R

$x^2 = 7$ $x = \pm\sqrt{7}$

e l'insieme delle soluzioni è dunque $S = \{\pm\sqrt{7}\}$.

ESERCIZI E PROBLEMI pag. 472

1.3 Equazioni che si risolvono con particolari artifici

Operare un cambio di variabile in un'equazione spesso può far risparmiare calcoli; vediamo subito alcuni esempi.

I esempio

Risolviamo l'equazione $(2x-1)^3 + 8 = 0$

Le procedure di risoluzione possono essere diverse:

- possiamo sviluppare il calcolo e poi cercare di scomporre il polinomio al primo membro
- possiamo scomporre $(2x-1)^3 + 8$ come somma di cubi e poi annullare ogni fattore
- possiamo operare un cambio di variabile ponendo $2x - 1 = t$ e risolvere l'equazione binomia $t^3 + 8 = 0$.

  E' evidente che, fra i metodi proposti, il terzo è il meno faticoso e il più immediato:

  $t^3 = -8 \quad \rightarrow \quad t = -2$

  operiamo la sostituzione inversa $2x - 1 = -2 \quad \rightarrow \quad x = -\frac{1}{2}$.

II esempio

Risolviamo l'equazione $(x^2+1)^4 + 2(x^2+1)^2 - 3 = 0$

E' subito evidente che non conviene sviluppare il calcolo e che è più vantaggioso operare il seguente cambio di variabile:

$$(x^2+1)^2 = t$$

con il quale l'equazione diventa $t^2 + 2t - 3 = 0$

ed ha soluzione $t = \begin{cases} -3 \\ 1 \end{cases}$

Operando la sostituzione inversa otteniamo le due equazioni:

- $(x^2+1)^2 = -3$ equazione impossibile (un quadrato non può essere uguale ad un numero negativo)

- $(x^2+1)^2=1$ che è equivalente alle due equazioni

$x^2+1=-1 \quad \rightarrow \quad$ impossibile in R

$x^2+1=1 \quad \rightarrow \quad x=0$

In definitiva, la sola soluzione dell'equazione è $x=0$: $S=\{0\}$.

ESEMPI

1. $(x^2-1)^2-4=0$

Poniamo $x^2-1=t \quad \rightarrow \quad t^2-4=0 \quad t=\pm 2$

Operando la sostituzione inversa $x^2-1=+2 \quad \vee \quad x^2-1=-2$

$x^2=3 \qquad x^2=-1$

$x=\pm\sqrt{3} \qquad$ non ha soluzioni reali

Dunque $S=\{-\sqrt{3}, \sqrt{3}\}$.

2. $(x^2+x-1)^2-5(x^2+x-1)+6=0$

Poniamo $x^2+x-1=t \quad \rightarrow \quad t^2-5t+6=0 \quad t=\begin{cases}2\\3\end{cases}$

Operando la sostituzione inversa $x^2+x-1=2 \quad \vee \quad x^2+x-1=3$

$x^2+x-3=0 \qquad x^2+x-4=0$

$x=\dfrac{-1\pm\sqrt{13}}{2} \qquad x=\dfrac{-1\pm\sqrt{17}}{2}$

Allora $S=\left\{\dfrac{-1-\sqrt{13}}{2}, \dfrac{-1+\sqrt{13}}{2}, \dfrac{-1-\sqrt{17}}{2}, \dfrac{-1+\sqrt{17}}{2}\right\}$.

3. $(x^2-6)^2=4(x+1)^2$

In questo caso non possiamo operare cambi di variabile significativi; osserviamo però che entrambi i membri dell'equazione sono quadrati; tenendo presente che:

$[A(x)]^2=[B(x)]^2$ è equivalente a $A(x)=B(x) \quad \vee \quad A(x)=-B(x)$

possiamo risolvere le seguenti due equazioni:

$x^2-6=2(x+1) \quad \vee \quad x^2-6=-2(x+1)$

Risolvendo la prima otteniamo: $x^2-2x-8=0 \qquad x=\begin{cases}-2\\4\end{cases}$

Risolvendo la seconda otteniamo: $x^2+2x-4=0 \qquad x=\begin{cases}-\sqrt{5}-1\\\sqrt{5}-1\end{cases}$

L'insieme delle soluzioni è quindi: $S=\{-2, 4, -1\pm\sqrt{5}\}$.

ulteriori esempi

Approfondimento
Le equazioni reciproche di quarto grado complete

ESERCIZI E PROBLEMI pag. 477

2 LE DISEQUAZIONI BINOMIE E TRINOMIE

Una disequazione **binomia** ha la forma

$$x^n > a \qquad \text{oppure} \qquad x^n < a$$

e può essere risolta in modo semplice applicando opportune considerazioni sui radicali.
Per esempio:

- $x^4 > 16$ è equivalente a $|x| > \sqrt[4]{16}$ cioè $|x| > 2$
  ed ha soluzione: $x < -2 \ \vee \ x > 2$
- $x^4 < 9$ è equivalente a $|x| < \sqrt[4]{9}$ cioè $|x| < \sqrt{3}$
  ed ha soluzione: $-\sqrt{3} < x < \sqrt{3}$
- $x^3 < 8$ è equivalente a $x < \sqrt[3]{8}$
  ed ha soluzione: $x < 2$
- $x^4 > -1$ è sempre verificata ed ha soluzione R
- $x^4 < -5$ non è mai verificata ed ha per soluzione l'insieme vuoto.

In generale, si dimostra che:

se n è pari e $a > 0$ (il caso $a < 0$ va analizzato caso per caso):

- la disequazione $x^n > a$ è equivalente a $|x| > \sqrt[n]{a}$ ed ha quindi soluzione $x < -\sqrt[n]{a} \ \vee \ x > \sqrt[n]{a}$
- la disequazione $x^n < a$ è equivalente a $|x| < \sqrt[n]{a}$ ed ha quindi soluzione $-\sqrt[n]{a} < x < \sqrt[n]{a}$.

se n è dispari:

- la disequazione $x^n > a$ è equivalente a $x > \sqrt[n]{a}$
- la disequazione $x^n < a$ è equivalente a $x < \sqrt[n]{a}$.

Una disequazione **trinomia** ha la forma

$$ax^{2n} + bx^n + c > 0 \qquad \text{oppure} \qquad ax^{2n} + bx^n + c < 0$$

e può essere risolta utilizzando una procedura simile a quella vista per le analoghe equazioni.
Vediamo qualche esempio.

I esempio

$x^4 - 3x^2 + 2 > 0$

Operiamo il cambio di variabile $x^2 = t$: $\quad t^2 - 3t + 2 > 0$

Risolviamo la disequazione di secondo grado ottenuta: $\quad t < 1 \quad \vee \quad t > 2$

Torniamo nella variabile x : $\quad x^2 < 1 \quad \vee \quad x^2 > 2$

Risolvendo la prima disequazione otteniamo: $\quad x^2 < 1 \quad \rightarrow \quad -1 < x < 1$

Risolvendo la seconda disequazione otteniamo: $\quad x^2 > 2 \quad \rightarrow \quad x < -\sqrt{2} \vee x > \sqrt{2}$

Delle soluzioni di queste ultime due disequazioni dobbiamo considerare l'unione (il simbolo $\vee$ indica unione)

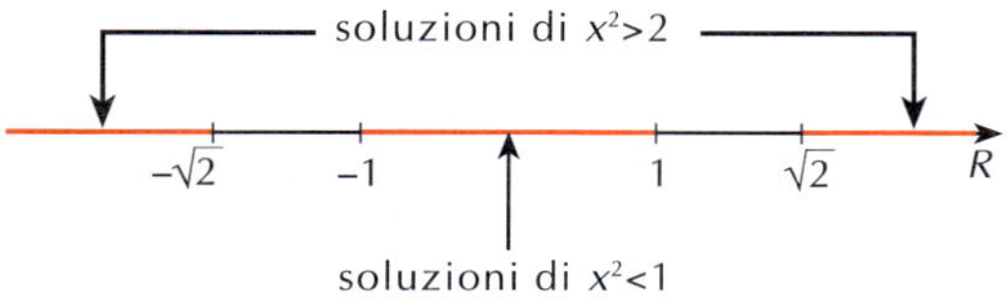

La soluzione della disequazione data è rappresentata dagli intervalli:

$$x < -\sqrt{2} \quad \vee \quad -1 < x < 1 \quad \vee \quad x > \sqrt{2}$$

II esempio

$12x^4 - 39x^2 + 9 < 0$

Operiamo il cambio di variabile $x^2 = t$: $\quad 12t^2 - 39t + 9 < 0$

Risolviamo la disequazione di secondo grado ottenuta: $\quad \dfrac{1}{4} < t < 3$

Torniamo nella variabile x: $\quad \dfrac{1}{4} < x^2 < 3$

Questa scrittura significa che x^2 deve contemporaneamente essere maggiore di $\dfrac{1}{4}$ e minore di 3 ed è quindi equivalente al sistema

$$\begin{cases} x^2 > \dfrac{1}{4} \\ x^2 < 3 \end{cases} \quad \rightarrow \quad \begin{cases} x < -\dfrac{1}{2} \vee x > \dfrac{1}{2} \\ -\sqrt{3} < x < \sqrt{3} \end{cases}$$

Tabella delle soluzioni:

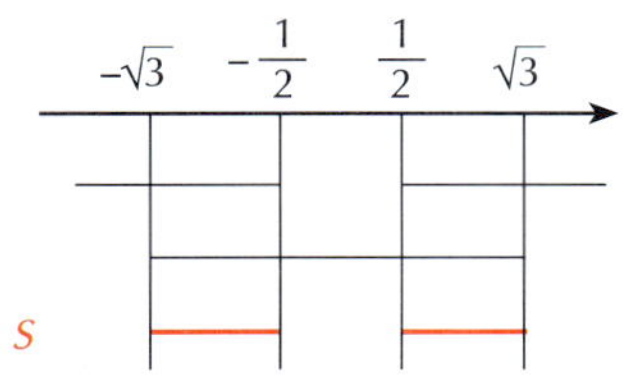

La disequazione data ha come soluzione gli intervalli:

$$-\sqrt{3} < x < -\frac{1}{2} \quad \vee \quad \frac{1}{2} < x < \sqrt{3}$$

ESERCIZI E PROBLEMI pag. 480

3 LE EQUAZIONI IRRAZIONALI

3.1 Considerazioni preliminari

Si dice **irrazionale** un'equazione che contiene radicali nei cui argomenti compare l'incognita.

Per esempio:

- sono equazioni irrazionali $\sqrt{2x+1} = 3x - 1$ e $\sqrt[3]{x} + 1 = 2x$
- non sono equazioni irrazionali: $\sqrt{7}x = x + 2$ e $x^2 + \sqrt{3} = \sqrt{2}x - 3$

Per risolvere un'equazione irrazionale occorre in qualche modo passare ad un'equazione equivalente nella quale si è riusciti ad eliminare qualsiasi simbolo di radice; ma il solo modo possibile di eliminare una radice di indice n è quello di elevare a potenza n. Consideriamo, ad esempio, l'equazione

$$\sqrt{x-1} = x - 3$$

se eleviamo al quadrato i due membri otteniamo

$$\left(\sqrt{x-1}\right)^2 = (x-3)^2 \quad \rightarrow \quad x - 1 = x^2 - 6x + 9$$

Il problema è che i principi di equivalenza, validi per qualunque equazione, non consentono di fare questa operazione, o meglio, non garantiscono che elevando entrambi i membri di un'equazione a potenza n, l'equazione che si ottiene sia equivalente a quella data.
In effetti, se risolviamo l'equazione $x - 1 = x^2 - 6x + 9$, troviamo come soluzioni 2 e 5, ma di queste solo la seconda è soluzione anche dell'equazione irrazionale; basta fare una verifica:

- per $x = 2$ $\quad \sqrt{2-1} = 2 - 3 \quad \rightarrow \quad 1 = -1$ falso
- per $x = 5$ $\quad \sqrt{5-1} = 5 - 3 \quad \rightarrow \quad 2 = 2$ vero

Non esiste un principio di equivalenza che afferma che l'equazione

$$A(x) = B(x)$$

è equivalente all'equazione

$$[A(x)]^n = [B(x)]^n$$

per qualsiasi valore di n.

L'equazione ottenuta dall'elevamento al quadrato non è quindi equivalente a quella data.

Tuttavia, se ripetiamo la stessa operazione sull'equazione $\sqrt[3]{x^2 + 6x} = 3$, elevando entrambi i membri al cubo otteniamo:

$$x^2 + 6x = 27 \quad \rightarrow \quad x^2 + 6x - 27 = 0 \quad \rightarrow \quad x = -9 \ \vee \ x = 3$$

ed entrambe le soluzioni trovate sono anche soluzioni dell'equazione irrazionale:

- per $x = -9$ $\quad \sqrt[3]{81 - 54} = 3 \quad \rightarrow \quad 3 = 3$ vero
- per $x = 3$ $\quad \sqrt[3]{9 + 18} = 3 \quad \rightarrow \quad 3 = 3$ vero

In questo caso l'equazione ottenuta dopo l'elevamento a potenza è equivalente all'equazione irrazionale.

Possiamo motivare questi risultati considerando che un elevamento a potenza pari dei due membri di un'equazione fa sempre ottenere un'uguaglianza tra espressioni positive (o tutt'al più nulle), anche quando le due basi non lo sono; il rischio che si corre in questo caso è di:

- passare da una relazione falsa a una vera: $3 = -3$ è falsa elevando al quadrato $9 = 9$ è vera
- introdurre soluzioni estranee come nel caso analizzato nel primo esempio, dove dall'equazione che si ottiene dopo l'elevamento al quadrato si ottengono le due soluzioni 2 e 5, delle quali però solo 5 è soluzione dell'equazione iniziale.

Un elevamento a potenza dispari mantiene invece il segno delle basi e la verità o la falsità di una relazione non viene alterata; non si rischia quindi di introdurre soluzioni estranee.
Possiamo allora affermare che, nell'insieme dei numeri reali:

- un elevamento di entrambi i membri di un'equazione a potenza pari non conduce, in generale, a un'equazione equivalente a quella data
- un elevamento a potenza dispari conduce invece sempre a un'equazione equivalente a quella data.

Per risolvere un'equazione irrazionale dobbiamo quindi per prima cosa trovare le condizioni da porre affinché sia possibile elevare a potenza i due membri dell'equazione mantenendo l'equivalenza tra l'equazione data e quella ottenuta.

3.2 Le equazioni con un solo radicale

Tutte queste equazioni si possono ricondurre alla forma

$$\sqrt[n]{A(x)} = B(x)$$

VIDEO RECUPERO

e per risolverle si devono elevare a potenza n entrambi i membri. In base alle considerazioni fatte nel precedente paragrafo, è quindi necessario distinguere il caso n dispari dal caso n pari. Inoltre, poiché ciò che si presenta con maggiore frequenza è che $n = 3$ oppure $n = 2$, nel seguito ci occuperemo solo di questi casi.

Il caso *n* dispari

Se n è dispari, e consideriamo che sia $n = 3$, l'equazione ha la forma

$$\sqrt[3]{A(x)} = B(x)$$

ed il radicale esiste per qualsiasi valore di $A(x)$. Le sue soluzioni sono le stesse dell'equazione che si ottiene elevando al cubo entrambi i membri

$$A(x) = [B(x)]^3$$

Risolviamo, per esempio, l'equazione $\frac{1}{3}x - \sqrt[3]{x+2} = 0$

Riscriviamola in modo da isolare il radicale al primo membro $\sqrt[3]{x+2} = \frac{1}{3}x$

Eleviamo al cubo e risolviamo l'equazione polinomiale che si ottiene:

$$x + 2 = \frac{1}{27}x^3 \quad \rightarrow \quad x^3 - 27x - 54 = 0 \quad \rightarrow \quad (x-6)(x+3)^2 = 0 \quad \rightarrow \quad x = 6 \lor x = -3$$

L'insieme delle soluzioni dell'equazione irrazionale è quindi $S = \{-3, 6\}$.

Il caso *n* pari

Se n è pari, e consideriamo che sia $n = 2$, l'equazione ha la forma:

$$\sqrt{A(x)} = B(x)$$

Per l'esistenza del radicale deve essere: $A(x) \geq 0$
e, in queste condizioni, il primo membro è un numero positivo o nullo.
Affinché sussista l'uguaglianza, anche il secondo membro deve essere positivo o nullo e dobbiamo perciò richiedere che sia: $B(x) \geq 0$.

In queste ipotesi, l'equazione $\sqrt{A(x)} = B(x)$ è equivalente all'equazione: $A(x) = [B(x)]^2$.

Possiamo quindi scrivere il sistema:

$$\begin{cases} A(x) \geq 0 \\ B(x) \geq 0 \\ A(x) = [B(x)]^2 \end{cases}$$

Osserviamo però che, nell'ultima equazione, il secondo membro è un numero positivo o nullo e che l'uguaglianza scritta fa sì che automaticamente anche $A(x)$ lo sia.
La condizione $A(x) \geq 0$ richiesta diventa quindi superflua e possiamo affermare che:

$$\begin{cases} A(x) \geq 0 \\ B(x) \geq 0 \\ A(x) = [B(x)]^2 \end{cases} \quad \text{diventa} \quad \begin{cases} B(x) \geq 0 \\ A(x) = [B(x)]^2 \end{cases}$$

In definitiva:

$$\sqrt{A(x)} = B(x) \quad \text{è equivalente al sistema} \quad \begin{cases} B(x) \geq 0 \\ A(x) = [B(x)]^2 \end{cases}$$

*La condizione $B(x) \geq 0$ esprime la richiesta di **concordanza di segno** tra i due membri dell'equazione senza la quale ogni uguaglianza è impossibile.*

In alternativa a questo metodo, possiamo risolvere l'equazione $A(x) = [B(x)]^2$ senza porre alcuna condizione ed effettuare poi una verifica delle soluzioni.

Risolviamo per esempio l'equazione $\sqrt{x^2 + 2x - 4} = 3x - 4$ applicando i due metodi indicati.

I metodo

L'equazione è equivalente al sistema:

$$\begin{cases} 3x - 4 \geq 0 & \text{condizione di non negatività del polinomio al secondo membro} \\ x^2 + 2x - 4 = (3x - 4)^2 & \text{equazione che si ottiene elevando al quadrato} \end{cases}$$

Risolviamo la prima disequazione: $3x - 4 \geq 0 \quad \rightarrow \quad x \geq \frac{4}{3}$

Risolviamo l'equazione polinomiale:

$$x^2 + 2x - 4 = (3x - 4)^2 \quad \rightarrow \quad 8x^2 - 26x + 20 = 0 \quad \rightarrow \quad x = \frac{5}{4} \lor x = 2$$

Confrontiamo le soluzioni ottenute con la condizione $x \geq \frac{4}{3}$:

- poiché $\frac{5}{4}$ non è maggiore di $\frac{4}{3}$, questa soluzione non è accettabile
- poiché 2 è maggiore di $\frac{4}{3}$, la soluzione è accettabile.

In definitiva, $S = \{2\}$.

II metodo

Eleviamo al quadrato entrambi i membri senza preoccuparci di porre condizioni:

$$x^2 + 2x - 4 = (3x - 4)^2$$

Risolvendo l'equazione troviamo ovviamente: $x = \frac{5}{4} \quad \vee \quad x = 2.$

Dobbiamo ora procedere alla verifica delle soluzioni:

- per $x = \frac{5}{4}$: $\sqrt{\frac{25}{16} + 2 \cdot \frac{5}{4} - 4} = 3 \cdot \frac{5}{4} - 4 \quad \rightarrow \quad \frac{1}{4} = -\frac{1}{4}$ falsa

  $\frac{5}{4}$ **non è soluzione** dell'equazione irrazionale
- per $x = 2$: $\sqrt{4 + 4 - 4} = 3 \cdot 2 - 4 \quad \rightarrow \quad 2 = 2$ vera

  2 **è soluzione** dell'equazione irrazionale

L'insieme delle soluzioni è ovviamente lo stesso: $S = \{2\}$.

ESEMPI

1. $\sqrt{2x - 1} = 3$

Il secondo membro dell'equazione è positivo e quindi, essendoci concordanza di segno fra i due membri, elevando al quadrato otteniamo un'equazione equivalente:

$$2x - 1 = 9 \quad \rightarrow \quad x = 5 \quad \text{quindi} \quad S = \{5\}$$

2. $3\sqrt{x^2 - 4} = -2$

Il secondo membro dell'equazione è negativo mentre il primo è positivo o nullo; poiché non può sussistere l'uguaglianza fra un numero positivo o nullo ed un numero negativo, dobbiamo concludere che l'equazione è impossibile: $S = \varnothing$

3. $\sqrt[3]{x + 1} = -3$

L'indice del radicale è dispari ed il dominio dell'equazione è *R*; possiamo elevare al cubo entrambi i membri essendo certi di ottenere un'equazione equivalente a quella data:

$$x + 1 = -27 \qquad x = -28 \qquad S = \{-28\}$$

4. $\sqrt{x + 1} - 2x + 1 = 0$

Scriviamo innanzi tutto l'equazione nella forma $\sqrt{A(x)} = B(x)$; trasportiamo cioè tutti i termini razionali al secondo membro isolando il radicale:

$$\sqrt{x + 1} = 2x - 1$$

Risolviamo l'equazione nei due modi che abbiamo visto.

I metodo.

Scriviamo il sistema equivalente: $\begin{cases} 2x - 1 \geq 0 \\ x + 1 = (2x + 1)^2 \end{cases}$

Soluzione della disequazione: $2x - 1 \geq 0 \quad \rightarrow \quad x \geq \frac{1}{2}$

Soluzione dell'equazione: $x + 1 = (2x + 1)^2 \quad \rightarrow \quad 4x^2 - 5x = 0 \quad \rightarrow \quad x = \begin{cases} 0 \\ \frac{5}{4} \end{cases}$

Delle due, solo la seconda soluzione rispetta la condizione $x \geq \frac{1}{2}$, dunque $S = \left\{\frac{5}{4}\right\}$.

Il metodo.

Elevando al quadrato i due membri dell'equazione e risolvendo, troviamo le soluzioni

$$x = 0 \quad \vee \quad x = \frac{5}{4}$$

Procediamo alla loro verifica:

- per $x = 0$ otteniamo $\sqrt{0+1} = 2 \cdot 0 - 1 \quad 1 = -1$ l'equazione non è verificata
- per $x = \frac{5}{4}$ otteniamo $\sqrt{\frac{5}{4}+1} = 2 \cdot \frac{5}{4} - 1 \quad \frac{3}{2} = \frac{3}{2}$ l'equazione è verificata

Di nuovo $S = \left\{\frac{5}{4}\right\}$.

ulteriori esempi

ATTENZIONE AGLI ERRORI

- Per risolvere l'equazione $\sqrt{x^2 - x} = -3$

  è sbagliato scrivere $x^2 - x = 9$

  perché l'equazione è impossibile; infatti un numero positivo quale è il primo membro non può essere uguale a un numero negativo

- Per risolvere l'equazione $\sqrt{2x^2 - 1} + x = 1$
  - è sbagliato scrivere $2x^2 - 1 + x^2 = 1$

    perché il primo membro non è lo sviluppo di $\left(\sqrt{2x^2 - 1} + x\right)^2$
  - è corretto scrivere $\sqrt{2x^2 - 1} = 1 - x$

    e se $x \leq 1$ $2x^2 - 1 = (1 - x)^2$

- Allo stesso modo, per risolvere l'equazione $\sqrt{x - 1} - 3 = 0$
  - è sbagliato scrivere $x - 1 + 9 = 0$
  - è corretto scrivere $\sqrt{x - 1} = 3 \quad \rightarrow \quad x - 1 = 9 \quad \rightarrow \quad x = 10$

ESERCIZI E PROBLEMI pag. 484

3.3 Equazioni con due o più radicali

Quando un'equazione irrazionale ha più di un radicale, in genere non basta un solo elevamento a potenza per giungere a un'equazione razionale ed è necessario ripetere più volte questa operazione.

Per esempio, considerata l'equazione $\sqrt{x+2} = 2 - \sqrt{x+1}$

- si eleva una prima volta al quadrato: $x + 2 = 4 + x + 1 - 4\sqrt{x+1}$
- si svolgono i calcoli e si isola il radicale: $4\sqrt{x+1} = 3$

- si eleva una seconda volta al quadrato: $16(x+1)=9$
- si può adesso trovare la soluzione: $x=-\frac{7}{16}$

Mediante verifica, stabiliamo se quella trovata è anche soluzione dell'equazione data:

$$\sqrt{-\frac{7}{16}+2}=2-\sqrt{-\frac{7}{16}+1} \quad \rightarrow \quad \sqrt{\frac{25}{16}}=2-\sqrt{\frac{9}{16}} \quad \rightarrow \quad \frac{5}{4}=\frac{5}{4}$$

Avendo trovato un'identità, possiamo dire che l'insieme delle soluzioni è $S=\left\{-\frac{7}{16}\right\}$.

Anziché procedere alla verifica delle soluzioni, si può determinare l'insieme di esistenza dell'equazione e, ad ogni passaggio di elevamento a potenza, determinare le condizioni di concordanza di segno dei due membri.
Questo metodo è però spesso laborioso e non sempre è facile risolvere le condizioni di equivalenza.
Per esempio, nell'equazione precedente, nella forma in cui si presenta, dovremmo porre:

$$\begin{cases} x+2\geq 0 \\ x+1\geq 0 \\ 2-\sqrt{x+1}\geq 0 \end{cases}$$

e non siamo ancora in grado di risolvere la terza disequazione. Di volta in volta si dovrà quindi scegliere il metodo più adatto.
Vediamo alcuni esempi.

*Le condizioni di esistenza dei radicali e quella di concordanza di segno esprimono l'**insieme di accettabilità** delle soluzioni.*

ESEMPI

1. $\sqrt{x+6}+\sqrt{x-2}=4$

I metodo: eseguiamo un primo elevamento a potenza senza preoccuparci né dell'insieme di definizione, né della concordanza di segno tra i due membri:

$$\left(\sqrt{x+6}+\sqrt{x-2}\right)^2=16 \quad \rightarrow \quad x+6+x-2+2\sqrt{(x+6)(x-2)}=16$$

Isoliamo adesso il radicale, dividiamo per 2 i due membri dell'equazione ed eleviamo di nuovo al quadrato:

$$2\sqrt{(x+6)(x-2)}=-2x+12 \quad \rightarrow \quad \sqrt{(x+6)(x-2)}=-x+6$$

$$(x+6)(x-2)=(6-x)^2 \quad \rightarrow \quad 16x=48 \quad \rightarrow \quad x=3$$

Verifichiamo se il valore trovato è soluzione dell'equazione:

$\sqrt{3+6}+\sqrt{3-2}=4 \quad \rightarrow \quad 3+1=4$ l'equazione è verificata.

Quindi $S=\{3\}$.

II metodo: imponiamo le condizioni di esistenza dei due radicali e la concordanza di segno dei due membri. Deve quindi essere:

- $x + 6 \geq 0$ per l'esistenza del primo radicale
- $x - 2 \geq 0$ per l'esistenza del secondo radicale

Per quanto riguarda la concordanza di segno osserviamo che il primo membro, essendo la somma di due numeri positivi o nulli, è positivo o nullo; il secondo membro è positivo, quindi la condizione è sempre verificata. Risolviamo dunque il sistema:

$$\begin{cases} x+6 \geq 0 \\ x-2 \geq 0 \end{cases} \quad \rightarrow \quad \begin{cases} x \geq -6 \\ x \geq 2 \end{cases}$$

cioè (***figura 1***) $E_1 = \{x \geq 2\}$

Figura 1

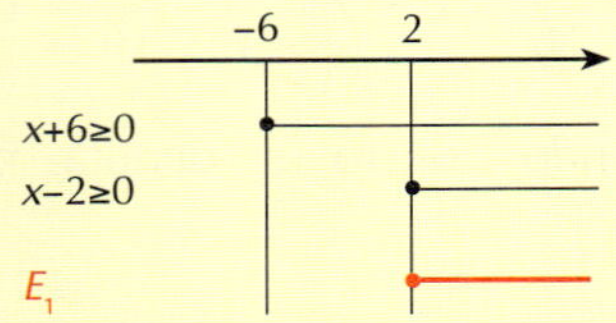

Elevando al quadrato e svolgendo i calcoli come nel caso precedente troviamo l'equazione:

$$\sqrt{(x+6)(x-2)} = -x + 6$$

Il primo membro dell'equazione è positivo ma non conosciamo il segno del secondo; esprimiamo la condizione di concordanza di segno:

$$-x + 6 \geq 0 \qquad \text{cioè} \qquad x \leq 6$$

che va confrontata con l'insieme E_1.

In definitiva, il nuovo insieme di accettabilità delle soluzioni E_2 è la soluzione del sistema $\begin{cases} x \geq 2 \\ x \leq 6 \end{cases}$ cioè l'intervallo $2 \leq x \leq 6$.

Elevando di nuovo al quadrato e risolvendo l'equazione troviamo la soluzione $x = 3$ che, appartenendo all'intervallo individuato, è soluzione dell'equazione: $S = \{3\}$.

2. $\sqrt{x+1} - \sqrt{3x-4} = 1$

Risolviamo l'equazione senza porci per il momento problemi di esistenza dei radicali e di equivalenza delle equazioni. Trasportiamo il secondo radicale al secondo membro in modo da semplificare il calcolo:

$$\sqrt{x+1} = \sqrt{3x-4} + 1$$

Eleviamo al quadrato: $x + 1 = 3x - 4 + 1 + 2\sqrt{3x-4} \ \rightarrow \ 2\sqrt{3x-4} = 4 - 2x \ \rightarrow \ \sqrt{3x-4} = 2 - x$

Eleviamo di nuovo al quadrato: $3x - 4 = 4 + x^2 - 4x \quad \rightarrow \quad x^2 - 7x + 8 = 0$

$$x = \frac{7 - \sqrt{17}}{2} \quad \vee \quad x = \frac{7 + \sqrt{17}}{2}$$

E' evidente che non conviene procedere alla verifica delle soluzioni. Per determinare l'insieme di equivalenza, conviene considerare l'equazione nella forma:

$$\sqrt{x+1} = \sqrt{3x-4} + 1$$

che ha già entrambi i membri positivi o nulli (il secondo poi non è mai nullo); resta quindi da risolvere il sistema con le condizioni di realtà dei radicali:

$$\begin{cases} x+1 \geq 0 \\ 3x-4 \geq 0 \end{cases} \quad \text{cioè} \quad \begin{cases} x \geq -1 \\ x \geq \dfrac{4}{3} \end{cases}$$

e quindi $E_1 = \left\{x \geq \frac{4}{3}\right\}$ (***figura 2a***)

Figura 2a

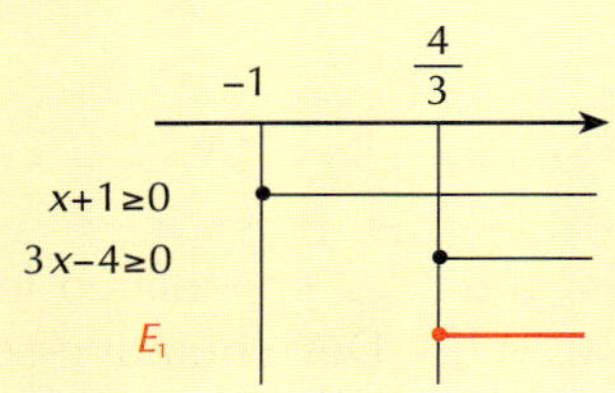

Dopo aver elevato al quadrato ed ottenuto l'equazione nella forma $\sqrt{3x-4}=2-x$, dobbiamo aggiungere l'ulteriore condizione $2-x\geq 0$, cioè $x\leq 2$. In definitiva, l'intervallo di accettabilità delle soluzioni è l'insieme E_2:

Figura 2b

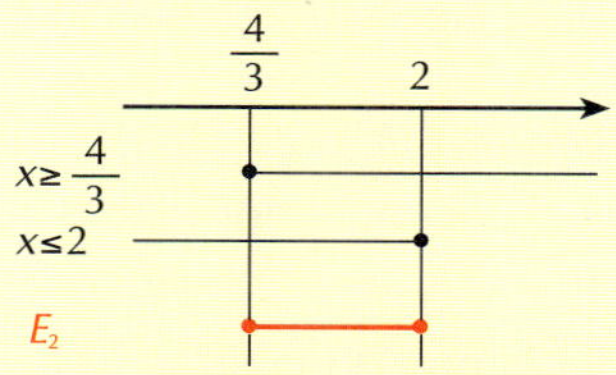

$$\begin{cases} x\geq \dfrac{4}{3} \\ x\leq 2 \end{cases} \quad \text{cioè} \quad E_2=\left\{\frac{4}{3}\leq x\leq 2\right\} \quad (\textbf{\textit{figura 2b}})$$

Per stabilire se le soluzioni trovate appartengono a tale insieme conviene calcolare un loro valore approssimato:

$$x=\frac{7-\sqrt{17}}{2}\approx 1{,}44 \qquad\qquad x=\frac{7+\sqrt{17}}{2}\approx 5{,}56$$

Solo la prima soluzione appartiene all'insieme E_2, quindi $S=\left\{\dfrac{7-\sqrt{17}}{2}\right\}$.

3. $\sqrt[3]{x+1}+\sqrt[3]{2-x}=\sqrt[3]{3}$

L'equazione contiene radicali di indice dispari, quindi il suo dominio è R. Per semplificare il calcolo, prima di elevare al cubo i due membri dell'equazione, trasportiamo al secondo membro uno dei due radicali:

$$\sqrt[3]{x+1}=\sqrt[3]{3}-\sqrt[3]{2-x}$$

Elevando al cubo otteniamo:

$$x+1=\left(\sqrt[3]{3}-\sqrt[3]{2-x}\right)^3 \quad\rightarrow\quad x+1=3-3\sqrt[3]{9(2-x)}+3\sqrt[3]{3(2-x)^2}-(2-x)$$

$$3\sqrt[3]{9(2-x)}-3\sqrt[3]{3(2-x)^2}=0 \quad\rightarrow\quad \sqrt[3]{9(2-x)}=\sqrt[3]{3(2-x)^2}$$

Eleviamo di nuovo al cubo: $9(2-x)=3(2-x)^2 \quad\rightarrow\quad 3(2-x)=(2-x)^2$

$$x^2-x-2=0 \quad\rightarrow\quad x=2 \;\vee\; x=-1 \quad \text{e quindi} \quad S=\{-1,\,2\}.$$

ulteriori esempi

ATTENZIONE AGLI ERRORI

- Attenzione agli elevamenti a potenza; nell'equazione

  $\sqrt{x-3}+\sqrt{x+1}=x-2$

  - è sbagliato scrivere $(x-3)+(x+1)=(x-2)^2$
    perché al primo membro manca il doppio prodotto
  - è corretto scrivere $x-3+x+1+2\sqrt{(x-3)(x+1)}=(x-2)^2$

Equazioni con i radicali al denominatore

I seguenti esempi completano la trattazione sulle equazioni irrazionali e presentano casi diversi da quelli visti nei precedenti paragrafi.

I esempio

Risolviamo l'equazione $\sqrt{x}+1=\dfrac{20}{\sqrt{x}}$.

I metodo.

Determiniamo il dominio dell'equazione osservando che, visto che $\sqrt{x}$ compare anche al denominatore, dovremo porre $x>0$ e non $x\geq 0$.

Riduciamo l'equazione in forma intera: $x+\sqrt{x}=20$

L'equazione ottenuta ha un solo radicale; isolandolo otteniamo: $\sqrt{x}=20-x$

Determiniamo l'insieme di accettabilità tenendo conto che, viste le condizioni iniziali, il secondo membro non può essere uguale a zero:

$$\begin{cases} x>0 \\ 20-x>0 \end{cases} \qquad E=\{0<x<20\}$$

Eleviamo al quadrato: $x=400+x^2-40x \quad \rightarrow \quad x^2-41x+400=0$

Risolviamo l'equazione: $x=25 \quad \vee \quad x=16$

Solo la seconda delle soluzioni trovate appartiene all'insieme di accettabilità, quindi $S=\{16\}$.

II metodo.

Un altro modo di procedere è quello di operare un cambio di variabile ponendo $\sqrt{x}=t$:

$$t+1=\frac{20}{t}$$

dove, tenendo presente che $\sqrt{x}$ è un numero positivo, deve essere $t>0$

$$t^2+t-20=0 \quad \rightarrow \quad t = \begin{cases} -5 \text{ non accettabile} \\ 4 \end{cases}$$

Operando la sostituzione inversa otteniamo: $\sqrt{x}=4 \quad \rightarrow \quad x=16$

Dunque $S=\{16\}$.

II esempio

Risolviamo l'equazione $\sqrt{x+2}+\sqrt{x+4}=\dfrac{6}{\sqrt{x+4}}$

Imponiamo le condizioni di esistenza dei radicali

$$\begin{cases} x+2\geq 0 \\ x+4>0 \end{cases} \qquad \text{cioè} \qquad x\geq -2$$

Riduciamo l'equazione in forma intera: $\sqrt{(x+2)(x+4)}+x+4=6$

Isoliamo il radicale: $\sqrt{(x+2)(x+4)}=2-x$

Determiniamo l'insieme di accettabilità:

$$\begin{cases} x\geq -2 \\ 2-x\geq 0 \end{cases} \qquad E=\{-2\leq x\leq 2\}$$

Eleviamo al quadrato e risolviamo l'equazione:

$$(x+2)(x+4)=(2-x)^2 \quad \rightarrow \quad 10x+4=0 \quad \rightarrow \quad x=-\frac{2}{5}$$

La soluzione trovata appartiene all'insieme E, quindi $S=\left\{-\frac{2}{5}\right\}$.

ulteriori esempi

ESERCIZI E PROBLEMI pag. 490

4 LE DISEQUAZIONI IRRAZIONALI

VIDEO RECUPERO

Una disequazione irrazionale, se ha un solo radicale, si presenta nella forma

$$\sqrt[n]{A(x)} > B(x) \qquad \text{oppure} \qquad \sqrt[n]{A(x)} < B(x)$$

Per risolvere questo tipo di disequazioni è necessario elevare entrambi i membri a potenza n, ma questa operazione comporta dei problemi di equivalenza ancora più vasti rispetto alla stessa operazione fatta sulle equazioni.
Facciamo qualche osservazione iniziale di tipo numerico.

- **Elevamento a potenza dispari**
  Qualunque sia il segno delle basi, un elevamento a potenza dispari non altera il verso della disuguaglianza:

  $+2<+3 \rightarrow (+2)^5<(+3)^5 \qquad -4<-1 \rightarrow (-4)^3<(-1)^3 \qquad -3<+4 \rightarrow (-3)^3<(+4)^3$

- **Elevamento a potenza pari**
  A seconda del segno e del valore delle basi, un elevamento a potenza pari può alterare il verso della disuguaglianza:

  $+2<+5 \rightarrow (+2)^4<(+5)^4$ ma $-6<-3 \rightarrow (-6)^2>(-3)^2$

  $-1<+4 \rightarrow (-1)^2<(+4)^2$ ma $-3<+2 \rightarrow (-3)^2>(+2)^2$

Nel risolvere una disequazione irrazionale dovremo dunque tenere presenti queste considerazioni e, visto che i casi più frequenti sono quelli in cui $n=2$ o $n=3$, ci occuperemo esclusivamente di questi casi.

Le disequazioni irrazionali con n = 3

Se il radicale è di indice dispari basta elevare al cubo entrambi i membri della disequazione e procedere alla risoluzione dell'equazione razionale ottenuta.
Vediamo qualche esempio.

> $\sqrt[3]{A(x)} \gtreqless B(x)$
> *è equivalente a*
> $A(x) \gtreqless [B(x)]^3$

I esempio

Sia da risolvere la disequazione $\sqrt[3]{4x-1}>3$.

Sappiamo che un radicale di indice dispari esiste purché esista il radicando, quindi il dominio della disequazione è l'insieme R. Per le considerazione fatte, possiamo elevare entrambi i membri della disequazione al cubo, ottenendo

$$4x-1>27 \qquad \text{da cui} \qquad x>7$$

II esempio

Sia da risolvere la disequazione $\sqrt[3]{x^3-9} < x-3$.

Il dominio della disequazione è l'insieme R; eleviamo entrambi i membri della disequazione al cubo, ottenendo

$$x^3-9 < x^3-9x^2+27x-27 \quad \rightarrow \quad x^2-3x+2<0 \quad \text{cioè} \quad 1<x<2$$

Le disequazioni irrazionali con $n=2$

Vediamo dapprima qualche esempio in modo da giungere a una regola generale.

I esempio

Risolviamo la disequazione $\sqrt{x^2-4} < x+1$

Per l'esistenza del radicale deve essere: $x^2-4 \geq 0$. Osserviamo adesso che:

- il primo membro è un numero positivo o nullo
- la disequazione richiede che il primo membro sia minore del secondo
- quindi il secondo membro non può essere negativo e deve necessariamente essere un numero positivo.

$\sqrt{x^2-4}$ ↓	$<$	$x+1$ ↓	
numero positivo o nullo	$<$	numero positivo	è possibile
numero positivo o nullo	$<$	numero negativo	non è possibile

In queste condizioni (disuguaglianza fra due numeri non negativi) possiamo elevare al quadrato mantenendo il verso della disequazione: $x^2-4<(x+1)^2$

In definitiva, la disequazione data è equivalente al sistema:

$$\begin{cases} x^2-4 \geq 0 & \text{condizione di esistenza del radicale} \\ x+1>0 & \text{condizione di positività del secondo membro} \\ x^2-4<(x+1)^2 & \text{disequazione dopo l'elevamento al quadrato} \end{cases}$$

Risolvendolo si ottiene: $\begin{cases} x \leq -2 \ \vee \ x \geq 2 \\ x > -1 \\ x > -\dfrac{5}{2} \end{cases} \quad \rightarrow \quad x \geq 2$

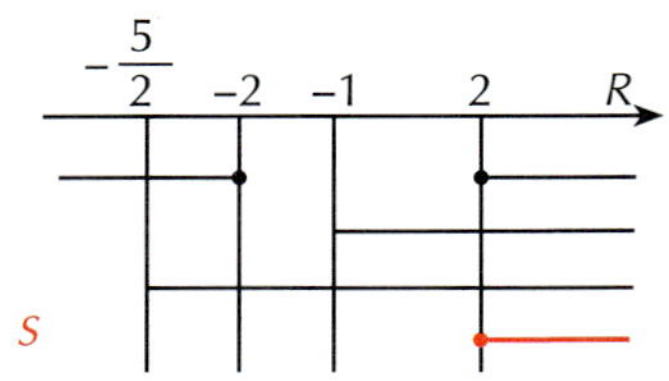

II esempio

Risolviamo la disequazione $\sqrt{x-2} > 2x-5$

Per l'esistenza del radicale deve essere: $x-2 \geq 0$. Osserviamo adesso che:

- il primo membro è un numero positivo o nullo
- la disequazione richiede che il primo membro sia maggiore del secondo
- quindi il secondo membro può essere sia un numero positivo che un numero negativo.

$\sqrt{x-2}$ ↓	$>$	$2x-5$ ↓	
numero positivo o nullo	$>$	numero positivo o nullo	è possibile
numero positivo o nullo	$>$	numero negativo	è possibile ed è sempre vero

Per risolvere la disequazione dobbiamo considerare entrambe le situazioni:

- se i due membri sono entrambi positivi o nulli, possiamo elevare al quadrato ottenendo il sistema:

$$\begin{cases} x-2 \geq 0 \\ 2x-5 \geq 0 \\ x-2 > (2x-5)^2 \end{cases}$$

  Dalla terza disequazione si deduce che $x-2$, dovendo essere maggiore di un quadrato, è necessariamente positivo; possiamo quindi ritenere superflua la prima disequazione e considerare il sistema:

$$\begin{cases} 2x-5 \geq 0 \\ x-2 > (2x-5)^2 \end{cases}$$

- se il secondo membro è negativo, la disequazione è automaticamente soddisfatta; dobbiamo quindi considerare il sistema:

$$\begin{cases} x-2 \geq 0 \\ 2x-5 < 0 \end{cases}$$

In definitiva, le soluzioni della disequazione si trovano risolvendo i due sistemi:

$$\begin{cases} 2x-5 \geq 0 \\ x-2 > (2x-5)^2 \end{cases} \quad \vee \quad \begin{cases} x-2 \geq 0 \\ 2x-5 < 0 \end{cases}$$

e calcolando l'unione degli intervalli ottenuti.

I sistema: $\begin{cases} 2x-5 \geq 0 \\ x-2 > (2x-5)^2 \end{cases} \rightarrow \begin{cases} x \geq \dfrac{5}{2} \\ \dfrac{9}{4} < x < 3 \end{cases} \rightarrow S_1 : \dfrac{5}{2} \leq x < 3$

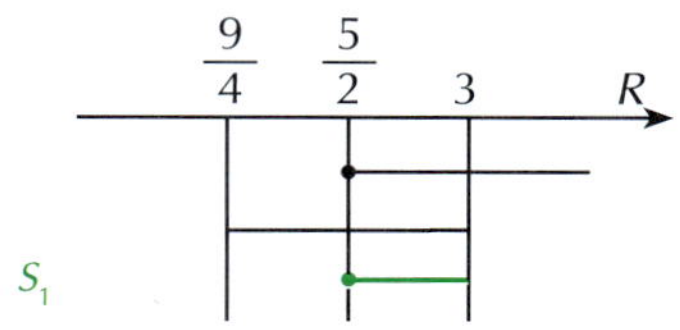

II sistema: $\begin{cases} x-2 \geq 0 \\ 2x-5 < 0 \end{cases} \rightarrow \begin{cases} x \geq 2 \\ x < \dfrac{5}{2} \end{cases} \rightarrow S_2 : 2 \leq x < \dfrac{5}{2}$

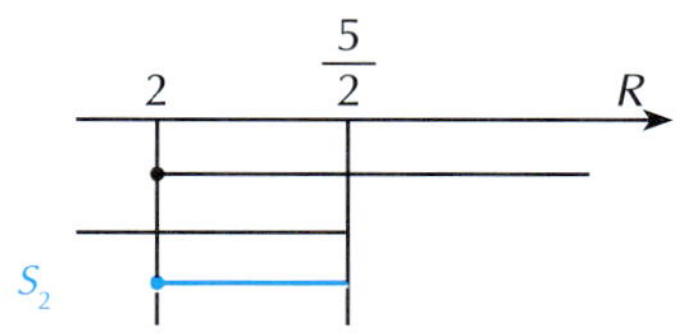

Determiniamo infine l'unione dei due intervalli (***figura 3***), che è anche la soluzione della disequazione: $2 \leq x < 3$.

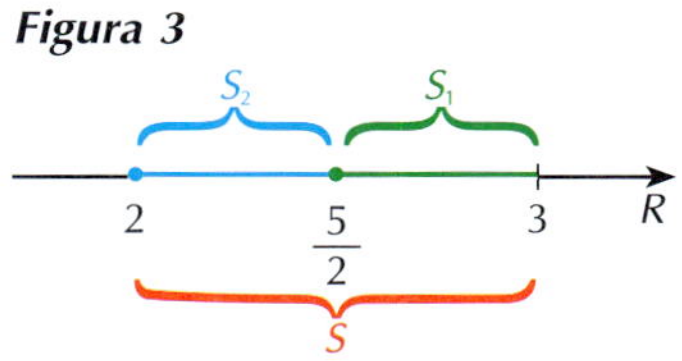

Figura 3

Dagli esempi presentati possiamo trarre le seguenti regole.

LA REGOLA

- Per risolvere la disequazione $\sqrt[3]{A(x)} \gtrless B(x)$ basta elevare alla terza potenza entrambi i membri e risolvere l'equazione algebrica ottenuta.
- Per risolvere la disequazione $\sqrt{A(x)} < B(x)$ si deve risolvere il sistema

$$\begin{cases} A(x) \geq 0 \\ B(x) > 0 \\ A(x) < [B(x)]^2 \end{cases}$$

- Per risolvere la disequazione $\sqrt{A(x)} > B(x)$ si devono risolvere i sistemi

$$\begin{cases} A(x) \geq 0 \\ B(x) < 0 \end{cases} \quad \vee \quad \begin{cases} B(x) \geq 0 \\ A(x) > [B(x)]^2 \end{cases}$$

  La soluzione della disequazione è l'**unione** degli insiemi delle soluzioni di ciascuno dei due sistemi.

ESEMPI

1. $2x - 5 > \sqrt{x^2 - 6x + 10}$

Per riconoscerne il tipo, riscriviamo la disequazione in modo che il radicale sia al primo membro: $\sqrt{x^2 - 6x + 10} < 2x - 5$.

Essa è quindi equivalente al sistema:

$$\begin{cases} x^2 - 6x + 10 \geq 0 & \text{esistenza del radicale} & (\mathbf{A}) \\ 2x - 5 > 0 & \text{il 2° membro deve essere positivo} & (\mathbf{B}) \\ x^2 - 6x + 10 < (2x-5)^2 & \text{verifica della disuguaglianza} & (\mathbf{C}) \end{cases} \rightarrow \begin{cases} \forall\, x \in R \\ x > \dfrac{5}{2} \\ x < \dfrac{5}{3} \ \vee \ x > 3 \end{cases}$$

L'insieme delle soluzioni della disequazione si deduce immediatamente dalla tabella a lato, ed è $x > 3$.

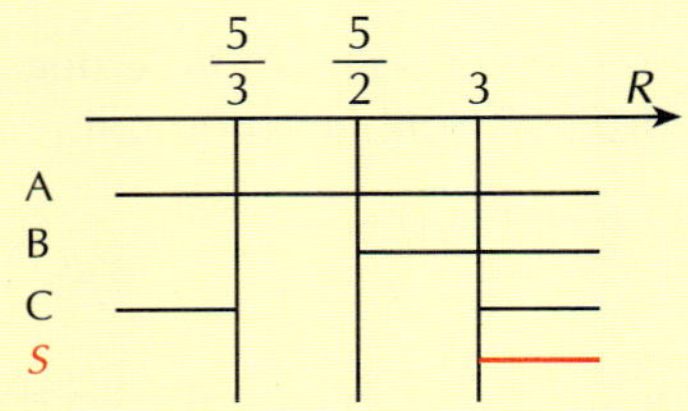

2. $\sqrt{x^2 - 8x + 15} > 2x - 1$

La disequazione ha la forma $\sqrt{A(x)} > B(x)$. Essa è quindi equivalente ai due sistemi:

$$\begin{cases} x^2 - 8x + 15 \geq 0 \\ 2x - 1 < 0 \end{cases} \vee \begin{cases} 2x - 1 \geq 0 \\ x^2 - 8x + 15 > (2x-1)^2 \end{cases}$$

$$\begin{cases} x \leq 3 \ \vee \ x \geq 5 \\ x < \dfrac{1}{2} \end{cases} \vee \begin{cases} x \geq \dfrac{1}{2} \\ \dfrac{-2 - \sqrt{46}}{3} < x < \dfrac{-2 + \sqrt{46}}{3} \end{cases}$$

Il primo sistema ha soluzione (***tabella a.***) $S_1 : x < \dfrac{1}{2}$

Il secondo sistema ha soluzione (***tabella b.***) $S_2 : \dfrac{1}{2} \leq x < \dfrac{-2 + \sqrt{46}}{3}$

La disequazione ha soluzione (***tabella c.***) $S = S_1 \cup S_2 : x < \dfrac{-2 + \sqrt{46}}{3}$

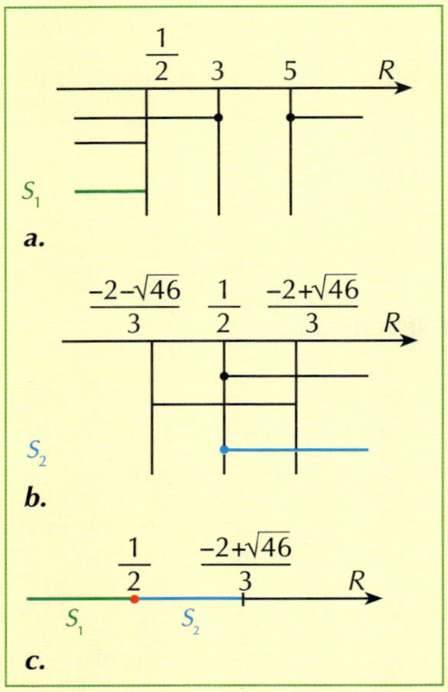

3. $\sqrt[3]{\dfrac{x+1}{x}} \geq 2$

L'indice del radicale è dispari, quindi per risolvere la disequazione basta elevare entrambi i membri al cubo.

Il radicando è però costituito da una frazione algebrica di cui dobbiamo determinare l'esistenza: il dominio della disequazione è l'insieme $D = R - \{0\}$.

Elevando al cubo otteniamo la disequazione equivalente $\dfrac{x+1}{x} \geq 8$.

Svolgendo i calcoli su quest'ultima troviamo $\dfrac{1 - 7x}{x} \geq 0$.

Dall'analisi della tabella a lato si deduce che l'insieme soluzione è $0 < x \leq \dfrac{1}{7}$.

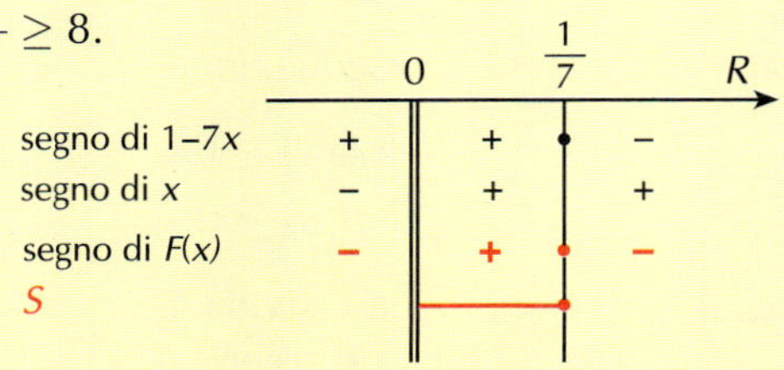

4. $\sqrt{\dfrac{x^2+1}{x-3}} \geq 2$

La disequazione è del tipo $\sqrt{A(x)} \geq B(x)$ che prevede la risoluzione di due sistemi. Osserviamo però che il secondo membro è comunque positivo e che quindi basta risolvere il sistema

$$\begin{cases} 2 \geq 0 \\ \dfrac{x^2+1}{x-3} \geq 4 \end{cases} \quad \text{cioè la disequazione} \quad \frac{x^2+1}{x-3} \geq 4 \quad \longrightarrow \quad \frac{x^2-4x+13}{x-3} \geq 0$$

Poiché il numeratore di quest'ultima disequazione è sempre positivo, la soluzione è $x > 3$.

L'ultimo esempio visto ci suggerisce una regola per risolvere una disequazione irrazionale nel caso in cui il secondo membro sia un numero k positivo:

se $k > 0$:
- $\sqrt{A(x)} > k$ è equivalente a $A(x) > k^2$
- $\sqrt{A(x)} < k$ è equivalente a $A(x) < k^2$

ATTENZIONE AGLI ERRORI

- Nella disequazione $\sqrt{x} > -2$ si può essere tentati di dire che è sempre verificata; in realtà essa è sempre verificata nell'ambito del suo dominio che è l'insieme $x \geq 0$. Si deve quindi concludere che essa è verificata se $x \geq 0$.
- Nella disequazione $\sqrt{x} < -5$ possiamo invece dire subito che non è mai verificata perché un numero positivo o nullo $(\sqrt{x})$ non può essere minore di un numero negativo.

In entrambi i casi **è comunque sbagliato** scrivere

$$\sqrt{x} > -2 \;\rightarrow\; x > 4 \qquad\qquad \sqrt{x} < -5 \;\rightarrow\; x < 25$$

ESERCIZI E PROBLEMI pag. 497

5 SISTEMI NON LINEARI

5.1 Sistemi di secondo grado

VIDEO RECUPERO

Ricordiamo che il grado di un sistema è il prodotto dei gradi delle equazioni che lo formano; di conseguenza un sistema di secondo grado deve avere tutte le equazioni di primo grado tranne una che è di secondo.
Per esempio:

$$\begin{cases} 3x - 2y = 1 & \longleftarrow \text{ equazione di primo grado} \\ x^2 - 2xy + 4x = 1 - y & \longleftarrow \text{ equazione di secondo grado} \end{cases} \qquad \text{grado del sistema: } 1 \cdot 2 = 2$$

Per risolvere questi sistemi si applicano ancora gli stessi principi di equivalenza che abbiamo studiato a proposito dei sistemi lineari e che ricordiamo di seguito.

- **Principio di sostituzione.** Se in un sistema si sostituisce ad una incognita la sua espressione ricavata da un'altra equazione, si ottiene un sistema equivalente a quello dato.
- **Principio di riduzione.** Se in un sistema si sommano membro a membro le sue equazioni (tutte o solo alcune) e si sostituisce l'equazione ottenuta ad una di esse, si ottiene un sistema equivalente a quello dato.

I sistemi di due equazioni

In un sistema di questo tipo conviene di solito ricavare l'espressione di una delle incognite dall'equazione di primo grado e sostituire in quella di secondo. Vediamo alcuni esempi.

ESEMPI

1. $\begin{cases} y - 2x + 1 = 0 \\ x^2 + y = 4x - 1 \end{cases}$

Conviene ricavare l'espressione di y dalla prima equazione e sostituire nella seconda:

$$\begin{cases} y = 2x - 1 \\ x^2 + \boxed{2x - 1} = 4x - 1 \end{cases} \quad \rightarrow \quad \begin{cases} y = 2x - 1 \\ x^2 - 2x = 0 \end{cases} \quad \rightarrow \quad \begin{cases} y = 2x - 1 \\ x(x-2) = 0 \end{cases}$$

Risolvendo la seconda equazione si ottiene: $x = \begin{matrix} 0 \\ 2 \end{matrix}$

Sostituiamo adesso questi valori nella prima equazione:

- sostituendo $x = 0$: $\begin{cases} x = 0 \\ y = 2 \cdot 0 - 1 \end{cases} \quad \rightarrow \quad \begin{cases} x = 0 \\ y = -1 \end{cases}$
- sostituendo $x = 2$: $\begin{cases} x = 2 \\ y = 2 \cdot 2 - 1 \end{cases} \quad \rightarrow \quad \begin{cases} x = 2 \\ y = 3 \end{cases}$

Il sistema ha quindi come soluzione le coppie ordinate (x, y) :

$$(0, -1) \vee (2, 3).$$

Dal punto di vista grafico questo sistema rappresenta l'intersezione della parabola di equazione $y = -x^2 + 4x - 1$ con la retta di equazione $y = 2x - 1$; le soluzioni del sistema sono le coordinate dei punti di intersezione. Le due curve quindi si intersecano nei punti $A(0, -1)$ e $B(2, 3)$ (***figura 4***).

Figura 4

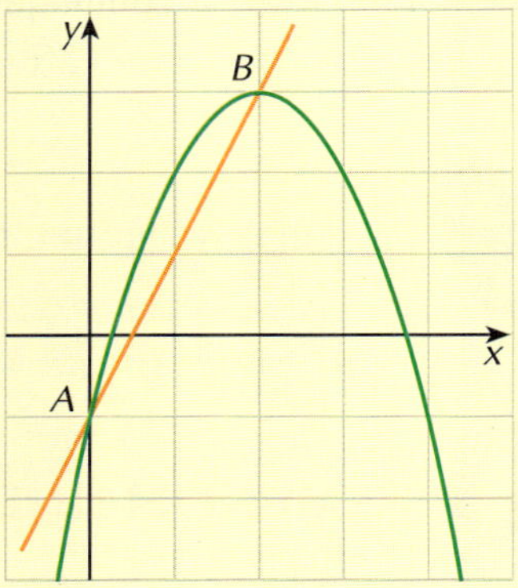

2. $\begin{cases} xy = 4 \\ x - 4y = 0 \end{cases}$

Ricaviamo x dalla seconda equazione e sostituiamo nella prima:

$$\begin{cases} \boxed{4y} \cdot y = 4 \\ x = 4y \end{cases} \quad \rightarrow \quad \begin{cases} y^2 = 1 \\ x = 4y \end{cases}$$

Dalla prima equazione ricaviamo che $y = \begin{matrix} -1 \\ 1 \end{matrix}$

Sostituiamo nella seconda equazione:

- sostituendo $y = -1$: $\begin{cases} y = -1 \\ x = -4 \end{cases}$
- sostituendo $y = 1$: $\begin{cases} y = 1 \\ x = 4 \end{cases}$

Il sistema ha quindi come soluzione le coppie ordinate (x, y) :

$$(-4, -1) \lor (4, 1).$$

Dal punto di vista grafico questo sistema rappresenta l'intersezione dell'iperbole di equazione $xy = 4$ con la retta di equazione $x - 4y = 0$; le coordinate dei punti di intersezione sono quindi $A(-4, -1)$ e $B(4, 1)$ (***figura 5***).

Figura 5

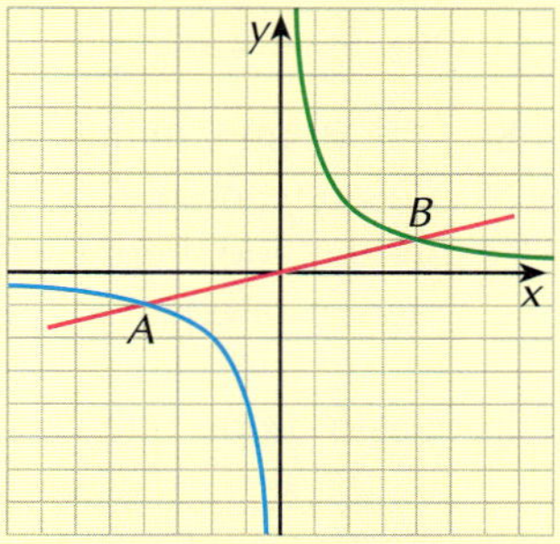

ulteriori esempi

Approfondimento
Sistemi di più equazioni

ESERCIZI E PROBLEMI **pag. 500**

5.2 Sistemi di grado superiore al secondo

Il metodo che abbiamo seguito per risolvere sistemi di secondo grado di due o più equazioni in altrettante incognite permette di risolvere anche sistemi di grado superiore al secondo, purché si riescano a individuare le radici dell'equazione in una sola incognita alla quale, in generale, si perviene.

ESEMPI

1. Troviamo i punti di intersezione delle due parabole di equazioni $y = x^2 - 6x + 7$ e $y = -x^2 + 8x - 13$.

Disegnando le due parabole troviamo che esse si intersecano in due punti (***figura 6***).

Per trovare le loro coordinate dobbiamo risolvere il sistema

$\begin{cases} y = x^2 - 6x + 7 \\ y = -x^2 + 8x - 13 \end{cases}$ che è di quarto grado.

Confrontando le due espressioni di y otteniamo:

$$\begin{cases} -x^2 + 8x - 13 = x^2 - 6x + 7 \\ y = -x^2 + 8x - 13 \end{cases} \rightarrow \begin{cases} x^2 - 7x + 10 = 0 \\ y = -x^2 + 8x - 13 \end{cases}$$

Risolvendo la prima equazione otteniamo: $x = 2 \lor x = 5$

Il sistema ha quindi soluzioni $\begin{cases} x = 2 \\ y = -1 \end{cases} \lor \begin{cases} x = 5 \\ y = 2 \end{cases}$

e le due parabole si intersecano nei punti $A(2, -1)$ e $B(5, 2)$.

Figura 6

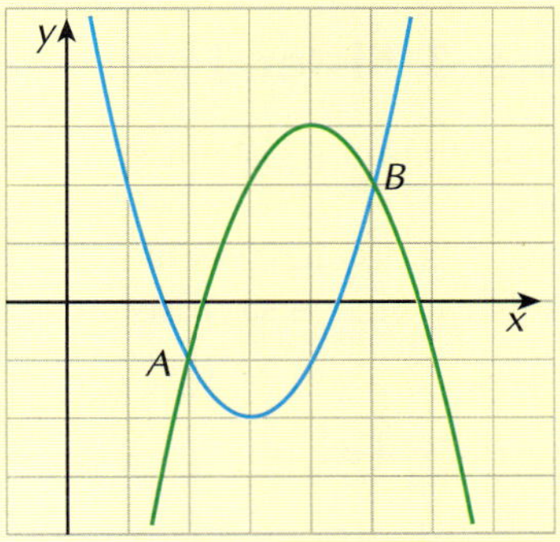

2. $\begin{cases} x^2 + y^2 + 4x + 2y = 11 \\ x^2 + y^2 + x + y = 6 \end{cases}$

Si tratta di un sistema di quarto grado.
Non è conveniente ricavare l'espressione di x o di y da una delle equazioni perché sono entrambe di secondo grado. Per trovare le soluzioni reali del sistema possiamo però applicare il principio di riduzione sottraendo le equazioni una dall'altra.

In questo modo otteniamo il sistema equivalente $\begin{cases} 3x + y = 5 \\ x^2 + y^2 + x + y = 6 \end{cases}$

che è di secondo grado e che possiamo risolvere con il metodo di sostituzione:

$$\begin{cases} y = 5 - 3x \\ x^2 + (5 - 3x)^2 + x + (5 - 3x) = 6 \end{cases} \rightarrow \begin{cases} y = 5 - 3x \\ 10x^2 - 32x + 24 = 0 \end{cases} \rightarrow \begin{cases} y = 5 - 3x \\ 5x^2 - 16x + 12 = 0 \end{cases}$$

Le soluzioni dell'equazione di secondo grado, sono $x = 2 \lor x = \frac{6}{5}$, quindi le coppie di valori reali che soddisfano il sistema dato sono

$$\begin{cases} x = 2 \\ y = -1 \end{cases} \quad \lor \quad \begin{cases} x = \frac{6}{5} \\ y = \frac{7}{5} \end{cases}$$

e allora $S = \left\{(2, -1); \left(\frac{6}{5}, \frac{7}{5}\right)\right\}$.

Figura 7

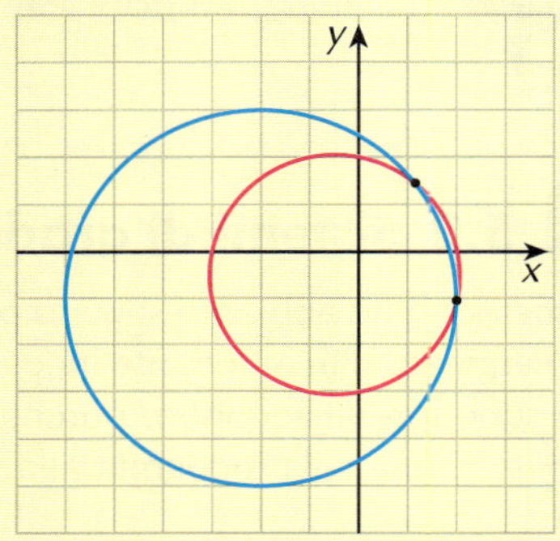

Studiando la geometria analitica, imparerai che le due equazioni del sistema rappresentano delle circonferenze; risolvendo il sistema, hai trovato le coordinate dei loro punti di intersezione (***figura 7***).

ulteriori esempi

ESERCIZI E PROBLEMI pag. 510

5.3 Sistemi simmetrici

VIDEO RECUPERO

Consideriamo il sistema di secondo grado $\begin{cases} x + y = 4 \\ xy = -5 \end{cases}$

e osserviamo inizialmente che, se scambiamo le due variabili ponendo x al posto di y e viceversa, il sistema rimane lo stesso:

$$\begin{cases} x + y = 4 \\ xy = -5 \end{cases} \quad \text{è la stessa cosa di} \quad \begin{cases} y + x = 4 \\ yx = -5 \end{cases}$$

perché l'addizione e la moltiplicazione sono operazioni commutative.
Risolviamo il sistema con il metodo di sostituzione ricavando l'espressione di x dalla prima equazione:

$$\begin{cases} x = 4 - y \\ y(4-y) = -5 \end{cases} \rightarrow \begin{cases} x = 4 - y \\ y^2 - 4y - 5 = 0 \end{cases} \rightarrow \begin{cases} x = 5 \\ y = -1 \end{cases} \vee \begin{cases} x = -1 \\ y = 5 \end{cases}$$

Osserviamo che anche nelle soluzioni x e y si scambiano i valori.

Un sistema che presenta queste caratteristiche si dice simmetrico.

LA DEFINIZIONE E LE CARATTERISTICHE

Si dice **simmetrico** un sistema di due equazioni nelle due incognite x e y che rimane invariato se x si scambia con y.
Se un sistema simmetrico ammette come soluzione la coppia (a, b), allora ammette anche la coppia (b, a).

Sistemi simmetrici di secondo grado

Un sistema simmetrico di secondo grado è sempre riconducibile alla forma

$$\begin{cases} x + y = s \\ xy = p \end{cases}$$

dove s e p sono numeri reali.
Questo sistema è il modello algebrico di un problema che abbiamo già affrontato nel capitolo relativo alle equazioni di secondo grado: trovare due numeri x e y conoscendo la loro somma s ed il loro prodotto p.
Oltre al metodo di sostituzione, per risolvere un sistema simmetrico possiamo allora anche ricondurci alla determinazione delle radici dell'equazione di secondo grado

$$t^2 - st + p = 0$$

Le soluzioni di questa equazione, chiamiamole t_1 e t_2, accoppiate nei due modi possibili, sono anche le soluzioni del sistema; si ha cioè che il sistema è verificato dalle coppie:

$$\begin{cases} x = t_1 \\ y = t_2 \end{cases} \vee \begin{cases} x = t_2 \\ y = t_1 \end{cases}$$

Le soluzioni del sistema

$$\begin{cases} x + y = s \\ xy = p \end{cases}$$

sono le coppie (t_1, t_2) e (t_2, t_1) che sono le radici dell'equazione

$$t^2 - st + p = 0$$

Se applichiamo questo metodo al sistema precedente, dobbiamo risolvere l'equazione

$$t^2 - 4t - 5 = 0$$

(osserviamo che essa coincide con l'equazione $y^2 - 4y - 5 = 0$ che avevamo ottenuto risolvendo il sistema col metodo di sostituzione); poiché le soluzioni di questa equazione sono $t_1 = -1$ e $t_2 = 5$, l'insieme delle soluzioni è

$$S = \{(-1, 5); (5, -1)\}$$

ESEMPI

1. $\begin{cases} x + y = -2 \\ xy = -15 \end{cases}$

Impostiamo l'equazione ausiliaria $\quad t^2 + 2t - 15 = 0$

le cui soluzioni sono $t = 3 \vee t = -5$.

Allora le soluzioni del sistema sono le coppie ordinate (x, y) tali che:

$$\begin{cases} x = 3 \\ y = -5 \end{cases} \quad \vee \quad \begin{cases} x = -5 \\ y = 3 \end{cases}$$

cioè $S = \{(3, -5); (-5, 3)\}$.

2. $\begin{cases} 2x + 2y = 3 \\ 2xy = 1 \end{cases}$

Questo sistema è equivalente a:

$$\begin{cases} x + y = \dfrac{3}{2} \\ xy = \dfrac{1}{2} \end{cases}$$

Risolviamo allora l'equazione:

$$t^2 - \frac{3}{2}t + \frac{1}{2} = 0 \quad \rightarrow \quad 2t^2 - 3t + 1 = 0 \quad \rightarrow \quad t = \frac{1}{2} \vee t = 1$$

La soluzione del sistema è $S = \left\{ \left(\frac{1}{2}, 1 \right); \left(1, \frac{1}{2} \right) \right\}$.

ulteriori esempi

ATTENZIONE AGLI ERRORI

Il sistema $\begin{cases} x + 2y = 1 \\ 2xy = 1 \end{cases}$ non è simmetrico

perché scambiando le variabili si ottiene un sistema diverso: $\begin{cases} y + 2x = 1 \\ 2xy = 1 \end{cases}$
(la prima equazione è diversa)

E' invece simmetrico il sistema $\begin{cases} 3x + 3y = 4 \\ 2xy = 1 \end{cases}$

simile a quello dell'esempio 2 precedente

perché si può scrivere nella forma $\begin{cases} x + y = \dfrac{4}{3} \\ xy = \dfrac{1}{2} \end{cases}$

Sistemi simmetrici di grado superiore

Se il sistema simmetrico è di grado superiore al secondo, ci si può sempre ricondurre alla situazione presentata mediante opportuni accorgimenti; a questo proposito ricordiamo alcune uguaglianze che si ricavano dallo sviluppo del quadrato e del cubo del binomio e che ci saranno utili per la risoluzione di questi sistemi:

- $x^2 + y^2 = (x+y)^2 - 2xy$
- $x^3 + y^3 = (x+y)^3 - 3x^2y - 3xy^2 = (x+y)^3 - 3xy(x+y)$

ESEMPI

1. $\begin{cases} x^2 + y^2 = \dfrac{274}{25} \\ xy = -\dfrac{21}{5} \end{cases}$

Il sistema è simmetrico di quarto grado.

Utilizzando la prima delle due uguaglianze ricordate, possiamo riscriverlo nella forma

$$\begin{cases} (x+y)^2 - 2xy = \dfrac{274}{25} \\ xy = -\dfrac{21}{5} \end{cases}$$

Sostituiamo il valore di xy nella prima equazione e svolgiamo i calcoli.

$$\begin{cases} (x+y)^2 + \dfrac{42}{5} = \dfrac{274}{25} \\ xy = -\dfrac{21}{5} \end{cases} \rightarrow \begin{cases} (x+y)^2 = \dfrac{64}{25} \\ xy = -\dfrac{21}{5} \end{cases}$$

Dalla prima equazione si ottengono due valori per $x + y$, quindi il sistema equivale ai seguenti

$$\begin{cases} x + y = -\dfrac{8}{5} \\ xy = -\dfrac{21}{5} \end{cases} \vee \begin{cases} x + y = \dfrac{8}{5} \\ xy = -\dfrac{21}{5} \end{cases}$$

Risolvendo le due equazioni ausiliarie $t^2 + \dfrac{8}{5}t - \dfrac{21}{5} = 0 \quad \vee \quad t^2 - \dfrac{8}{5}t - \dfrac{21}{5} = 0$

si determinano le soluzioni del sistema. Esse sono le coppie (x, y) tali che

$$\begin{cases} x = -3 \\ y = \dfrac{7}{5} \end{cases} \vee \begin{cases} x = \dfrac{7}{5} \\ y = -3 \end{cases} \vee \begin{cases} x = 3 \\ y = -\dfrac{7}{5} \end{cases} \vee \begin{cases} x = -\dfrac{7}{5} \\ y = 3 \end{cases}$$

Pertanto $S = \left\{ \left(-3, \dfrac{7}{5}\right); \left(\dfrac{7}{5}, -3\right); \left(3, -\dfrac{7}{5}\right); \left(-\dfrac{7}{5}, 3\right) \right\}$.

2. $\begin{cases} x^3 + y^3 = -72 \\ x + y = -6 \end{cases}$

Il sistema è simmetrico di terzo grado. Per risolverlo dobbiamo usare la seconda delle uguaglianze ricordate e scriverlo in questo modo

$$\begin{cases} (x+y)^3 - 3xy(x+y) = -72 \\ x + y = -6 \end{cases}$$

Sostituendo -6 al posto di $x + y$ nella prima equazione, otteniamo il sistema

$$\begin{cases} (-6)^3 - 3xy(-6) = -72 \\ x + y = -6 \end{cases} \rightarrow \begin{cases} -216 + 18xy = -72 \\ x + y = -6 \end{cases} \rightarrow \begin{cases} x + y = -6 \\ xy = 8 \end{cases}$$

Risolviamo l'equazione associata $t^2 + 6t + 8 = 0$

Le soluzioni reali del sistema sono le coppie ordinate (x, y) tali che $\begin{cases} x = -4 \\ y = -2 \end{cases} \vee \begin{cases} x = -2 \\ y = -4 \end{cases}$

cioè $S = \{(-4, -2); (-2, -4)\}$.

ulteriori esempi

Approfondimento
Sistemi omogenei
Sistemi che si risolvono con artifici

ESERCIZI E PROBLEMI pag. 513

6 PROBLEMI

La risoluzione di un problema può condurre ad un modello algebrico che, in generale, è costituito da un'equazione se viene utilizzata una sola incognita, da un sistema di due o più equazioni se vengono utilizzate più incognite.
Il saper risolvere equazioni irrazionali e sistemi di secondo grado o più ci permette di affrontare una classe più vasta di problemi. Vediamone alcuni esempi.

I esempio. **Un problema che conduce ad un'equazione irrazionale.**

Un artigiano ha progettato per una cliente un lampadario fatto in questo modo. Su una lamina di acciaio lucido a forma di triangolo rettangolo, ha appoggiato una lastra di rame opaco di forma circolare come in figura e tutto intorno a quest'ultima ha agganciato delle spirali rigide di diversa lunghezza ciascuna delle quali termina con una piccolissima ma potente lampadina (***figura 8a***).
Per poterne costruire di simili anche per altri clienti, ha scritto queste annotazioni:

- raggio cerchio in rame: 8cm
- cateto lungo del triangolo: 32cm

Consegnato e posizionato il lampadario, la signora lo chiama perché vorrebbe inserire delle altre spirali tutt'intorno alla lamina di acciaio in modo da aumentare la luminosità e rendere più importante il lampadario.
Visto che si può inserire una spirale ogni 4cm, come può l'artigiano sapere quante gliene occorrono per soddisfare la richiesta della cliente?

Figura 8

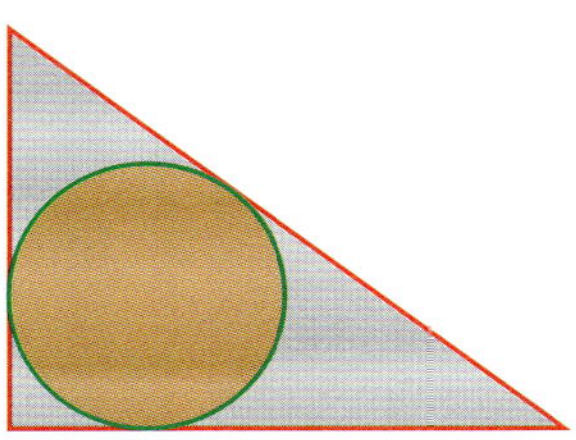

a.

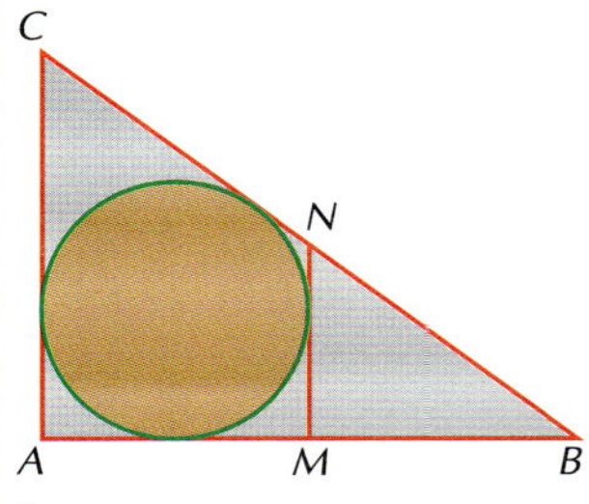

b.

E' evidente che è necessario trovare le lunghezze dei lati della lamina triangolare. Cerchiamo allora di individuare le informazioni necessarie a risolvere il problema. Dal punto di vista geometrico si ha a che fare con un triangolo rettangolo nel quale è inscritta una circonferenza di raggio 8cm, cioè di diametro 16cm. Poiché il lato AB è lungo 32cm, il segmento AM, dove con M abbiamo indicato il punto medio di AB, è lungo 16cm, esattamente come il diametro della circonferenza (***figura 8b***). Allora, se indichiamo con N il punto medio di BC, avremo che il segmento MN è sia tangente alla circonferenza, sia parallelo ad AC e congruente alla sua metà.

Indicando con x la misura, in cm, del segmento MN, avremo le seguenti relazioni:

$\overline{MN} = x \qquad \text{con} \qquad x > 0$

$\overline{AC} = 2x$

$\overline{AM} = \overline{MB} = 2 \cdot 8 = 16$

$\overline{CN} = \overline{NB} = \sqrt{\overline{MN}^2 + \overline{MB}^2} = \sqrt{x^2 + 16^2} = \sqrt{x^2 + 256}$

Il segmento che congiunge i punti medi di due lati di un triangolo è parallelo al terzo lato e congruente alla sua metà.

Osserviamo ora che il quadrilatero $ACNM$, essendo circoscritto ad una circonferenza, è tale che $\overline{CN} + \overline{AM} = \overline{CA} + \overline{MN}$.

Il modello algebrico di questo problema è dunque dato dall'equazione

$$\sqrt{x^2 + 256} + 16 = 2x + x$$

che ridotta in forma normale diventa $\sqrt{x^2 + 256} = 3x - 16$

Se un quadrilatero è circoscritto a una circonferenza, la somma di due lati opposti è congruente alla somma degli altri due.

La condizione di equivalenza: $3x - 16 \geq 0 \qquad \rightarrow \qquad x \geq \dfrac{16}{3}$

è più restrittiva della condizione geometrica $x > 0$ imposta dal problema, quindi la nuova limitazione per l'incognita è proprio $x \geq \dfrac{16}{3}$.

In tutti i problemi che hanno come modello un'equazione irrazionale, oltre alle condizioni imposte dal problema, che si riferiscono a particolari situazioni geometriche o di carattere diverso, bisogna sempre tener conto di quelle imposte dalle condizioni di equivalenza e considerare come limitazioni finali per l'incognita quelle più restrittive.

Risolvendo l'equazione otteniamo:

$x^2 + 256 = (3x - 16)^2 \qquad \rightarrow \qquad 8x^2 - 96x = 0 \qquad \rightarrow 8x(x - 12) = 0$

Per la legge dell'annullamento del prodotto $x = \begin{cases} 0 \\ 12 \end{cases}$

Delle soluzioni trovate solo 12 soddisfa la condizione $x \geq \dfrac{16}{3}$ pertanto

$\overline{NM} = 12 \qquad \overline{AC} = 24 \qquad \overline{AB} = \overline{AM} + \overline{BM} = 32$

$\overline{CN} = \sqrt{144 + 256} = 20 \qquad \overline{CB} = 2 \cdot \overline{CN} = 40$

Dunque, potendo mettere una spirale ogni 4cm, l'artigiano ne userà (***figura 9***):

- 9 sul lato AB, la prima nel vertice A, l'ultima in B
- 10 sul lato BC (quella in B è già stata contata)
- 5 sul lato AC (quelle in A e in C sono già state contate)

In totale gli serviranno altre 24 spirali.

Figura 9

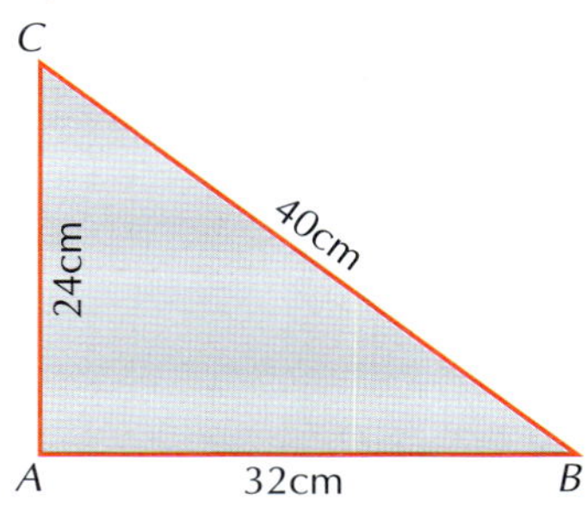

II esempio. **Un problema che conduce ad un sistema di secondo grado.**

Un negoziante si reca da un distributore per comperare 20 giochi elettronici di due tipi diversi che indichiamo con A e B. Ogni gioco di tipo A costa € 5 in più di quello di tipo B ed il negoziante spende complessivamente € 69 per i giochi di tipo A e € 6 per i giochi di tipo B. Quanti giochi di ciascun tipo ha comprato?

Analizziamo il problema:

Incognite: indichiamo con x il numero dei giochi di tipo A e con y il numero di giochi di tipo B.

Dominio: x e y sono numeri naturali.

Relazioni: la somma dei giochi è 20: $x + y = 20$

il costo di un gioco di tipo A è $\frac{69}{x}$

il costo di un gioco di tipo B è $\frac{6}{y}$

un gioco di tipo A costa € 5 in più dell'altro: $\frac{69}{x} = \frac{6}{y} + 5$

La soluzione del problema, se esiste, appartiene all'insieme soluzione del sistema formato dalle equazioni individuate:

$$\begin{cases} x + y = 20 \\ \dfrac{69}{x} = \dfrac{6}{y} + 5 \end{cases}$$

Nel sistema compare un'equazione frazionaria, quindi dobbiamo porre $x \neq 0 \ \wedge \ y \neq 0$. Ricaviamo poi l'espressione di x dalla prima equazione e sostituiamola nella seconda; con semplici calcoli otteniamo il sistema equivalente

$\begin{cases} x = 20 - y \\ y^2 - 5y - 24 = 0 \end{cases}$ che ha come soluzioni le coppie $(23, -3)$ e $(12, 8)$.

Poiché soltanto i valori della seconda coppia sono numeri naturali, dobbiamo concludere che il negoziante ha comprato 12 giochi del primo tipo e 8 del secondo.

III esempio. **Un problema di Fisica.**

Due treni percorrono rotaie parallele (***figura 10***); il primo, che si muove di moto uniforme con velocità costante $v = 10\text{m/s}$, transita per il punto A proprio mentre il secondo parte da fermo dalla stessa posizione A, muovendosi di moto uniformemente accelerato con accelerazione costante $a = 5\text{m/s}^2$. Dopo quanto tempo i due treni si troveranno affiancati di nuovo sulle due rotaie?

Figura 10

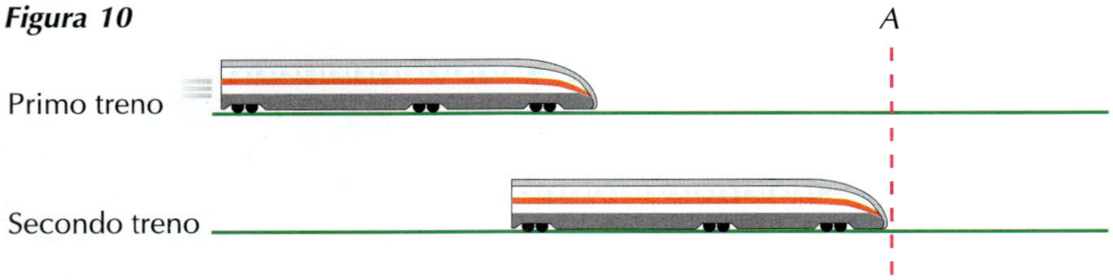

Dall'analisi del problema si ricava:

Incognite: il tempo t in corrispondenza del quale i treni si affiancano e lo spazio s che essi percorrono.

Dominio: $t \in R^+ \land s \in R^+$.

Relazioni: la legge di moto del primo è $s = 10t$;
quella del secondo, tenendo presente che la velocità iniziale v_0 è nulla, è $s = \frac{1}{2} \cdot 5 \cdot t^2$.

In un moto rettilineo uniforme l'equazione oraria è

$$s = vt$$

In un moto uniformemente accelerato l'equazione oraria è:

$$s = v_0 t + \frac{1}{2} a t^2$$

Se i due treni si devono trovare nuovamente affiancati dopo aver transitato per il punto *A*, significa che, dopo un certo tempo, entrambi devono aver percorso lo stesso tratto di rotaia. Occorre dunque risolvere il sistema formato dalle relazioni trovate

$$\begin{cases} s = 10t \\ s = \frac{5}{2} t^2 \end{cases}$$

Con il metodo del confronto, otteniamo il sistema equivalente $\begin{cases} 10t = \frac{5}{2} t^2 \\ s = 10t \end{cases}$

Le soluzioni della prima equazione sono $t = 0 \lor t = 4$, ed escludendo il primo valore che corrisponde all'istante iniziale, la soluzione del problema è 4 secondi. In corrispondenza di tale valore per il tempo, lo spazio percorso dai due treni è 40m.

ESERCIZI E PROBLEMI pag. 520

IL CAPITOLO SI COMPLETA CON:

CONCETTI CHIAVE E REGOLE

LABORATORIO

SCHEDE STORICHE E DI CURIOSITÀ

PRESENTAZIONI IN POWERPOINT

Other problems of algebra
BASIC CONCEPTS

CLIL

AUDIO FILE

Key Terms

polynomial equation
formula (pl. formulas or formulae)
cubic, quartic equation
Rational Root Test
biquadratic equation
irrational equations
to check the solutions
extraneous solutions

Polynomial equations

A polynomial equation is any equation that can be written in the form

$$E(x) = 0$$

where $E(x)$ is a polynomial. The degree n of $E(x)$ is the degree of the equation.
Linear and quadratic equations are particular types of polynomial equations (with $n = 1$ or $n = 2$) and we already know how to solve them; unfortunately, when dealing with equations of higher degree, no simple formulas exist.
The only thing we can do is to factorize the polynomial $E(x)$ and equal to zero each factor of the product obtained.

Let us solve, for example, the cubic equation $2x^3 - 9x^2 + x + 12 = 0$.
To factorize the polynomial on the left side of the equation we can apply the *Rational Root Test* and find if there is a value a such that $E(a) = 0$, where a is a divisor of 12 (that is ±1, ±2, ±3, ±4, ±6, ±12); as it is:

$$E(-1) = 2(-1)^3 - 9(-1)^2 + (-1) + 12 = 0$$

we can state that a solution is -1. Dividing the polynomial by $(x + 1)$ we obtain the quotient $(2x^2 - 11x + 12)$ and the equation can be written in the form:

$$(x + 1)(2x^2 - 11x + 12) = 0$$

We have the solutions by solving the equations: $x + 1 = 0 \quad \vee \quad 2x^2 - 11x + 12 = 0$

that is $x = -1 \quad \vee \quad x = 4 \quad \vee \quad x = \dfrac{3}{2}$.

Particular cases of polynomial equations are the following:

- $x^n = b$

  The real solutions of these equations can be found by applying the definition of radical; for example:

  $$x^3 = 8 \quad \rightarrow \quad x = \sqrt[3]{8} \quad \rightarrow \quad x = 2$$

  $$x^4 = \frac{4}{81} \quad \rightarrow \quad |x| = \sqrt[4]{\frac{4}{81}} \quad \rightarrow \quad x = \pm\frac{\sqrt{2}}{3}$$

- $ax^{2n} + bx^n + c = 0$

  These equations are solved by introducing a new variable: setting $x^n = t$ and $x^{2n} = t^2$ we obtain a quadratic equation with the unkonwn t:

  $$at^2 + bt + c = 0$$

  If $n = 2$, the equation is called a **biquadratic equation**.
  For example: $x^4 + 4x^2 - 21 = 0$

  Let $x^2 = t$, we obtain the quadratic equation: $t^2 + 4t - 21 = 0$
  whose solutions are: $t = -7 \quad \vee \quad t = 3$
  that is: $x^2 = -7 \quad \vee \quad x^2 = 3$
  The first equation has no real roots, the second has two real roots: $x = \pm\sqrt{3}$

Irrational equations

An **irrational equation** (or **radical equation**) has the unknown value under a radical. The general form of an irrational equation with only one radical is

$$\sqrt[n]{A(x)} = B(x)$$

and the most frequent cases are $n = 3$ and $n = 2$.

The case $n = 3$

To solve an irrational equation of the form $\sqrt[3]{A(x)} = B(x)$

we have to cube both sides of the equation and then solve for x.

In this case, we do not introduce extraneous solutions because a cube maintains the sign of the base of the power. Thus, the roots of the polynomial equation obtained are the roots of the irrational one.

For example: $\sqrt[3]{x^3 - 4x + 1} = x - 1$

is equivalent to: $x^3 - 4x + 1 = (x - 1)^3$

Solving this equation we have: $3x^2 - 7x + 2 = 0 \quad \rightarrow \quad x = \frac{1}{3} \quad \vee \quad x = 2$

and these roots are the solutions of the given irrational equation.

The case $n = 2$

To solve an irrational equation of the form $\sqrt{A(x)} = B(x)$

we have to square both sides of the equation and solve the polynomial equation obtained.

But in doing this we have to pay attention, because whenever we square both sides of an equation, there is a possibility that we can introduce *extraneous solutions* that will not check in the original problem.

The reason of this is because when we square a term, it always becomes positive whichever its sign is.

Thus, we have then to check if the solutions obtained verify the initial equation.

Consider, for example, the irrational equation: $\sqrt{4 - x} = x - 2$

Let us square both members: $4 - x = (x - 2)^2 \quad \rightarrow \quad 3x - x^2 = 0$

Solving the equation obtained we have: $x = 0 \quad \vee \quad x = 3$

It is now necessary to check the solutions:

- check for $x = 0$: $\sqrt{4 - 0} = 0 - 2 \quad \rightarrow \quad 2 = -2$ as this relation is false, 0 is not a root
- check for $x = 3$: $\sqrt{4 - 3} = 3 - 2 \quad \rightarrow \quad 1 = 1$ as this relation is true, 3 is a root.

The equation has only one solution: $x = 3$.

Another way to solve this kind of irrational equation is to first check the signs of the two members of the equation: as $\sqrt{A(x)}$ is a non-negative value, $B(x)$ has to be non-negative too.

The equation is thus equivalent to the following: $\begin{cases} B(x) \geq 0 \\ A(x) = [B(x)]^2 \end{cases}$

Let us solve the same equation $\sqrt{4 - x} = x - 2$ using this procedure:

$$\begin{cases} x - 2 \geq 0 \\ 4 - x = (x - 2)^2 \end{cases} \quad \rightarrow \quad \begin{cases} x \geq 2 \\ x = 0 \quad \vee \quad x = 3 \end{cases}$$

The only value of x that satisfies the condition $x \geq 2$ is $x = 3$ and this is the only root of this equation.

Irrational inequalities

- The set of solutions of the irrational inequality $\sqrt{A(x)} > B(x)$

  is given by the union of the sets of solutions of the two systems: $\begin{cases} A(x) \geq 0 \\ B(x) < 0 \end{cases} \vee \begin{cases} B(x) \geq 0 \\ A(x) > [B(x)]^2 \end{cases}$

- The set of solutions of the irrational inequality $\sqrt{A(x)} < B(x)$

  is given by the solution set of the system: $\begin{cases} A(x) \geq 0 \\ B(x) > 0 \\ A(x) < [B(x)]^2 \end{cases}$

- The set of solutions of the irrational inequality $\sqrt[3]{A(x)} \gtrless B(x)$

  is given by the solution set of the inequality: $A(x) \gtrless [B(x)]^3$

These procedures can be simplified if $B(x)$ is a constant. For example:

- $\sqrt{x-3} > -1$
  is verified for each value of x belonging to the domain of the equation, that is: $x \geq 3$
- $\sqrt{2x+1} < -2$
  has no solutions because a positive number (as the expression on the letf side) cannot be less than a negative number (as the number on the right side)
- $\sqrt{x^2-1} > 2$
  has the same solution of the inequality $x^2 - 1 > 4$
  that is $x < -\sqrt{5} \vee x > \sqrt{5}$
  because the terms on both sides are positive numbers.

Nonlinear systems of equations

Let us recall that to solve a system of equations we have to apply two fundamental rules.

- First rule (*substitution principle*). We can solve one of the equations in the system for a selected variable in terms of the other unknowns; then replace all occurrences of the selected variable in the other equations.
- Second rule (*reduction principle*). Any equation in the system may be replaced by its sum with some multiple of one of the other equations.

By applying these rules we can solve any system of any degree.

Let us solve, for example, the system: $\begin{cases} x^2 + 3x - y + 2 = 0 \\ y - 2x = 4 \end{cases}$

We can solve the second equation for y and then plug into the first equation (remember that the order of the equation is irrelevant):

$$\begin{cases} y = 2x + 4 \\ x^2 + 3x - (2x+4) + 2 = 0 \end{cases}$$

The second equation of the system is now in only one variable and can be solved for x :

$x^2 + 3x - (2x+4) + 2 \quad \rightarrow \quad x^2 + x - 2 = 0 \quad \rightarrow \quad x = -2 \vee x = 1$

The given system is thus equivalent to the following:

$$\begin{cases} x = -2 \\ y = 2x + 4 \end{cases} \quad \vee \quad \begin{cases} x = 1 \\ y = 2x + 4 \end{cases}$$

We have now to backsolve for the corresponding y :

$$\begin{cases} x = -2 \\ y = 2 \cdot (-2) + 4 = 0 \end{cases} \quad \vee \quad \begin{cases} x = 1 \\ y = 2 \cdot 1 + 4 = 6 \end{cases}$$

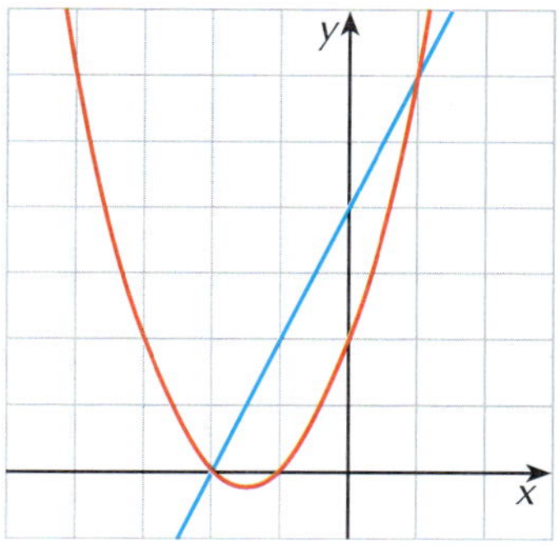

Graphically, this system is a parabola (the first equation $y = x^2 + 3x + 2$) crossing a straight line (the second equation $y = 2x + 4$), as you can see in the picture aside.

EXERCISES

CAPITOLO 7

La probabilità

OBIETTIVI

- definire e calcolare un valore di probabilità
- comprendere il concetto di dipendenza e indipendenza tra eventi
- applicare i teoremi sul calcolo delle probabilità:
  - probabilità contraria
  - probabilità totale
  - probabilità composta

1 IL CONCETTO DI PROBABILITÀ

1.1 Esperimenti aleatori

Per comprendere il significato che dobbiamo attribuire alla parola *probabilità*, dobbiamo prima imparare il significato di alcuni termini.

L'ESPERIMENTO ALEATORIO

Chiamiamo **esperimento aleatorio** ogni fenomeno del mondo reale alle cui manifestazioni può essere associata una situazione di incertezza.

Sono per esempio esperimenti aleatori:

- il lancio di un dado
- l'estrazione dei numeri della Roulette, della tombola o del Lotto
- una interrogazione nella quale la scelta dello studente avviene per sorteggio
- un sondaggio
- la sperimentazione di un nuovo farmaco
- l'immissione sul mercato di un nuovo prodotto.

Un esperimento aleatorio può avere diversi risultati, tutti però nell'ambito di un certo insieme; se giochiamo alla Roulette, sappiamo che ad ogni giro della ruota può uscire un numero compreso fra 0 e 36 e che il numero, se non è lo zero, può essere pari o dispari oppure rosso o nero; non è quindi possibile che l'esito di questo esperimento aleatorio sia il numero 48 o che il numero uscito sia giallo.

LO SPAZIO CAMPIONARIO

L'insieme dei possibili risultati di un esperimento aleatorio si dice **spazio campionario** e viene di solito indicato con Ω.

Per esempio:

- nel lancio di un dado, lo spazio campionario è dato dall'insieme $\Omega = \{1, 2, 3, 4, 5, 6\}$
- nel lancio di una moneta, lo spazio campionario è l'insieme $\Omega = \{T, C\}$ dove T sta per *Testa* e C sta per *Croce*

- nell'estrazione di una pallina da un'urna che ne contiene una gialla (G), una rossa (R) e una blu (B), lo spazio campionario è l'insieme $\Omega = \{G, R, B\}$
- nel gioco della tombola, lo spazio campionario è l'insieme Ω dei numeri naturali da 1 a 90
- nell'estrazione di uno studente in una interrogazione di matematica, lo spazio campionario è l'insieme Ω degli studenti della classe.

L'EVENTO ALEATORIO

Qualunque esperimento aleatorio, quando viene eseguito, ha sempre un solo risultato che può confermare o meno le previsioni; per esempio, se lanciamo un dado e, prima del lancio, facciamo l'affermazione «esce un numero pari» possono capitare due cose: l'esecuzione dell'esperimento aleatorio è favorevole a quanto affermato se il dado presenta la faccia con i numeri 2, 4, o 6, è sfavorevole se la faccia è quella dei numeri 1, 3, 5.

Chiamiamo **evento aleatorio** uno dei possibili esiti di un esperimento aleatorio. In particolare si parla di **evento elementare** quando l'evento aleatorio coincide con uno dei possibili elementi dello spazio campionario, di **evento composto** negli altri casi.

Sono per esempio eventi aleatori:
- nell'estrazione di un numero della tombola: «esce un numero pari», «esce un numero minore di 10» (eventi composti), «esce il 5» (evento elementare)
- nell'estrazione di una carta da un mazzo di carte da gioco: «esce una carta di quadri», «esce una figura» (eventi composti); «esce il re di cuori», «esce il 2 di picche» (eventi elementari).

Le parole chiave della probabilità:
- *esperimento aleatorio*
- *spazio campionario*
- *evento aleatorio*

Un evento aleatorio è verificato solo da alcuni elementi dello spazio campionario; per esempio, nell'esperimento del lancio di un dado, l'evento «esce un numero pari» è un evento composto e si verifica se esce uno qualunque dei numeri 2, 4, 6, e l'insieme $\{2, 4, 6\}$ è un sottoinsieme di Ω.
Ad ogni evento corrisponde quindi un sottoinsieme proprio dello spazio campionario Ω, costituito da tutti e soli gli elementi di Ω che lo verificano; diciamo che questo sottoinsieme è l'**insieme di verità** dell'evento.
Nel seguito conveniamo di indicare con la stessa lettera maiuscola dell'alfabeto sia l'evento aleatorio che il suo insieme di verità.
Relativamente al precedente esempio scriveremo quindi:

$$\underset{\text{evento}}{A : \text{«esce un numero pari»}} \quad \text{e} \quad \underset{\text{insieme di verità}}{A = \{2, 4, 6\}} \quad \text{con } A \subset \Omega$$

Fra tutti i possibili eventi di un esperimento aleatorio ce ne sono due di tipo particolare:
- l'evento che ha come insieme di verità l'intero spazio campionario e che, poiché si verifica sempre, viene detto **evento certo**
- l'evento che ha come insieme di verità un insieme vuoto e che, visto che non si verifica mai, viene detto **evento impossibile.**

Per esempio, nel lancio di un dado:
- sono eventi certi: «esce un numero intero minore di 7», «esce un numero positivo»
- sono eventi impossibili: «esce il numero 8», «esce un numero di due cifre».

Vogliamo adesso vedere come sia possibile valutare la possibilità che un evento aleatorio ha di realizzarsi; diamo la seguente definizione.

Chiamiamo **probabilità** di un evento E un numero che esprime una stima della possibilità che esso si verifichi.

La valutazione di questa stima può essere fatta in diversi modi, ciascuno associato alle diverse tipologie di esperimenti aleatori. Nei prossimi paragrafi ci occuperemo di quegli esperimenti che sono in genere associati alle estrazioni come, per esempio, la Roulette, la tombola, il Lotto, il lancio dei dadi; solo verso la fine dell'unità ci occuperemo di altri tipi di esperimenti legati maggiormente alla frequenza con cui gli eventi si verificano (come per esempio l'efficacia di un particolare farmaco nella cura di una malattia o la possibilità che un certo individuo sia ancora in vita all'età di 80 anni); concluderemo infine con quegli esperimenti nei quali è il soggetto che, con le informazioni che possiede e con la propria percezione della situazione, esprime una stima personale.

1.2 La definizione classica

Per valutare in modo corretto la probabilità di un evento si devono tenere presenti alcune considerazioni che riguardano sostanzialmente le condizioni nelle quali viene eseguito l'esperimento. Per esempio, nell'esperimento aleatorio che consiste nell'estrazione dei numeri della Tombola, occorre essere a conoscenza della composizione dell'urna (cioé quanti e quali numeri contiene), occorre che i dischetti siano tutti uguali nel loro aspetto fisico (a parte il numero impresso), occorre che i dischetti vengano ben mescolati prima di ogni estrazione, occorre che chi esegue l'estrazione non possa vedere il contenuto dell'urna.

IL MODELLO DI EQUIPROBABILITÀ

Tutte queste ipotesi portano ad introdurre un modello secondo il quale ogni numero della tombola ha le stesse possibilità di essere estratto di un altro; parleremo allora di equiprobabilità nell'estrazione.
Se un evento elementare ha la stessa possibilità di accadere di un altro, diremo che gli eventi sono **equiprobabili**. Ad esempio, anche l'estrazione di carte da un mazzo da gioco regolare è un modello di equiprobabilità, così come il lancio di un dado o di una moneta non truccati, o come qualunque fenomeno che abbia a che fare con estrazioni di tipo casuale.

In quest'ottica si concepisce la probabilità di un evento come il rapporto fra il numero f dei casi ad esso favorevoli ed il numero n degli eventi elementari dello spazio campionario Ω, nell'ipotesi che questo sia un insieme finito.
Si pone cioè $p(E) = \frac{f}{n}$

Definizione classica:
$$p = \frac{\text{numero casi favorevoli}}{\text{numero casi possibili}}$$

Così, per esempio, diremo che:

- nell'estrazione del primo numero di una tombola la probabilità che esca un numero di una sola cifra è $\frac{9}{90} = \frac{1}{10}$ perché ci sono 9 dischetti che hanno un numero di una sola cifra su un numero complessivo di 90;
- nel lancio di un dado la probabilità che esca 5 è $\frac{1}{6}$ perché uno solo è il caso favorevole all'evento sui 6 possibili, la probabilità che esca un numero minore di 4 è $\frac{3}{6} = \frac{1}{2}$ perché 3 sono i casi favorevoli all'evento (può uscire sia 1 che 2 che 3) sui 6 possibili;

- nell'estrazione di una carta da un mazzo di 52, la probabilità che esca una carta di fiori è $\frac{13}{52} = \frac{1}{4}$ perché nel mazzo ci sono 13 carte di fiori.

Poiché f è un numero naturale che è sempre minore o uguale a n, la probabilità di un evento E è un numero reale compreso fra 0 e 1; si ha cioè che

$$\boldsymbol{0 \le p(E) \le 1}$$

In particolare,

- l'evento impossibile ha probabilità 0 (il numero dei casi favorevoli è 0);
- l'evento certo ha probabilità 1 (il numero dei casi favorevoli è n).

Per esempio, la probabilità che nell'estrazione di un numero della tombola esca 93 è zero; l'evento «esce 93» è un evento impossibile. La probabilità che, nello stesso esperimento, esca un numero compreso tra 1 e 90 è 1 e tale evento è certo.

ESEMPI

1. Calcoliamo la probabilità che abbiamo di ottenere testa nel lancio di una moneta.

L'evento è E: «viene testa», lo spazio campionario è $\Omega = \{T, C\}$, dunque $n = 2$. Possiamo ritenere che la possibilità di ottenere testa sia uguale a quella di ottenere croce, cioè che gli eventi elementari siano ugualmente possibili; infatti se la moneta non è truccata non esiste un elemento che ci faccia pensare il contrario. L'evento E: «viene testa» ha un solo caso favorevole, quindi $f = 1$.

La probabilità di questo evento è dunque: $p(E) = \frac{f}{n} = \frac{1}{2}$

Spesso la probabilità di un evento si esprime in termini percentuali; nel nostro caso, essendo $\frac{1}{2} = 0{,}5$, abbiamo una probabilità del 50%.

2. Un sacchetto contiene 5 confetti, di cui 3 sono al cioccolato e 2 alle mandorle. Quale probabilità abbiamo di estrarre, al primo tentativo, un confetto al cioccolato? Se il confetto estratto è proprio al cioccolato e lo mangiamo, quale probabilità abbiamo di estrarne successivamente ancora uno al cioccolato?

Indicando con C_1, C_2, C_3 ed M_1, M_2 rispettivamente i tre confetti al cioccolato e i due alle mandorle, lo spazio campionario è $\Omega = \{C_1, C_2, C_3, M_1, M_2\}$, quindi $n = 5$; inoltre possiamo supporre tutti i casi egualmente possibili.
L'evento E: «estraiamo un confetto al cioccolato» ha tre casi favorevoli perché questo è il numero dei confetti al cioccolato, quindi $f = 3$. Allora la probabilità di questo evento è

$p(E) = \frac{f}{n} = \frac{3}{5} = 0{,}6$ pari al 60% in termini percentuali

Supponendo di aver davvero tolto dal sacchetto un confetto al cioccolato, lo spazio campionario diventa $\Omega = \{C_1, C_2, M_1, M_2\}$, quindi $n = 4$. L'evento è ancora lo stesso E: «estraiamo un confetto al cioccolato», ma questa volta i casi favorevoli sono 2 perché ci sono ancora due confetti al cioccolato nel sacchetto, quindi:

$p(E) = \frac{f}{n} = \frac{2}{4} = \frac{1}{2} = 0{,}5$ pari al 50% in termini percentuali

ulteriori esempi

ESERCIZI E PROBLEMI pag. 540

2 PROBABILITÀ CONTRARIA E TOTALE

Quando gli eventi sono più complessi di quelli che abbiamo visto nei precedenti esempi, la valutazione di un valore di probabilità non è spesso immediata.

Consideriamo per esempio un'azienda che affida il controllo della sua produzione a due controllori che, prelevando dei pezzi a caso, ne verificano la funzionalità; può capitare anche che uno stesso pezzo venga controllato da entrambi gli addetti. Supponiamo che, dopo il controllo, uno dei pezzi risulti difettoso e ci si chieda quale sia la probabilità che sia stato controllato. Se conosciamo il numero di pezzi controllati dal primo addetto e il numero dei pezzi controllati dal secondo, possiamo valutare la probabilità che il controllo sia stato fatto dal primo addetto e la probabilità che il controllo sia stato fatto dal secondo addetto, ma non sappiamo poi come operare con i valori di probabilità trovati per ottenere quello cercato.

Per risolvere questo problema dobbiamo fare due cose:

- capire che relazione c'è fra gli eventi composti e quelli elementari che li compongono
- dare delle regole per determinare i valori di probabilità degli eventi composti.

Il teorema della probabilità contraria

Per affrontare la prima questione dobbiamo riflettere sul significato di un evento dal punto di vista insiemistico. Consideriamo l'esperimento aleatorio dell'estrazione di una carta da un mazzo e gli eventi ad esso relativi definiti dagli enunciati aperti «esce una carta di cuori» e «esce una carta che non è di cuori». Possiamo ritenere che questi due eventi siano uno la negazione dell'altro e considerare che, dal punto di vista insiemistico, se E è l'insieme di verità dell'uno, il suo complementare $\overline{E}$ è l'insieme di verità dell'altro (***figura 1***). È allora evidente che la probabilità $p(E)$ di un evento E e quella $p(\overline{E})$ del suo complementare sono legati dalla relazione $p(E) + p(\overline{E}) = 1$.

Figura 1

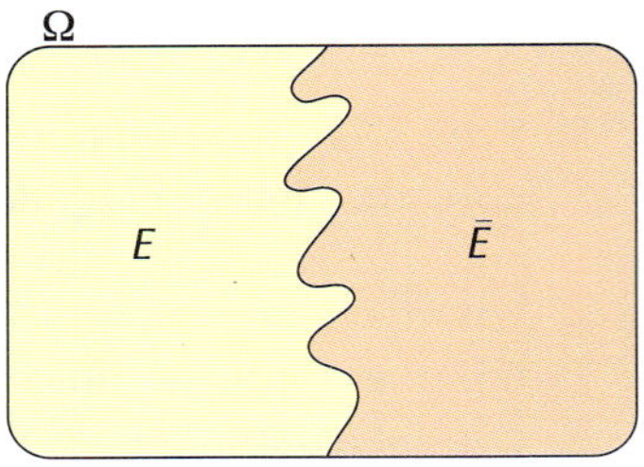

Infatti, se n è il numero dei casi possibili e f è il numero dei casi favorevoli all'evento E, il numero dei casi favorevoli all'evento $\overline{E}$ è $n - f$, quindi

$$p(\overline{E}) = \frac{n-f}{n} = 1 - \frac{f}{n} = 1 - p(E).$$

Questa relazione è espressa dal seguente teorema.

Teorema della probabilità contraria. Se p è la probabilità di un evento E, allora la probabilità dell'evento contrario $\overline{E}$ è $p(\overline{E}) = 1 - p$.

Nel precedente esperimento aleatorio, se il mazzo ha 52 carte:

- dato l'evento E : «esce una carta di cuori» dove $p(E) = \frac{13}{52} = \frac{1}{4}$, allora $\overline{E}$: «non esce una carta di cuori» ed è $p(\overline{E}) = 1 - \frac{1}{4} = \frac{3}{4}$
- dato l'evento E : «esce una donna» dove $p(E) = \frac{4}{52} = \frac{1}{13}$, allora $\overline{E}$: «non esce una donna» ed è $p(\overline{E}) = 1 - \frac{1}{13} = \frac{12}{13}$

L'evento unione e l'evento intersezione

L'EVENTO UNIONE

Estraiamo una pallina da un'urna che ne contiene di rosse, nere e gialle e consideriamo adesso l'evento:

E : «esce una pallina rossa o nera»

Interpretando E come l'unione dei seguenti due eventi elementari:

A : «esce una pallina rossa» B : «esce una pallina nera»

possiamo ritenere che E sia verificato se si verifica uno dei due eventi A o B.

Diciamo allora che E è l'**evento unione** di A e B e scriviamo

$$E = A \cup B$$

Diciamo che E è l'evento unione di A e B se riteniamo E verificato quando si verifica A oppure si verifica B.

L'EVENTO INTERSEZIONE

Consideriamo adesso l'esperimento aleatorio dell'estrazione di una carta da un mazzo e l'evento:

E : «esce una figura di fiori»

In questo caso possiamo considerare l'evento come l'intersezione di altri due eventi:

A : «esce una figura» B : «esce una carta di fiori»

e possiamo ritenere che E sia verificato se si verificano entrambi gli eventi A e B.

Diciamo allora che E è l'**evento intersezione** di A e B e scriviamo

$$E = A \cap B$$

Diciamo che E è l'evento intersezione di A e B se riteniamo E verificato quando si verificano contemporaneamente sia A che B.

Conoscendo la composizione dell'urna nel primo caso e la composizione del mazzo di carte nel secondo non è difficile calcolare la probabilità di ciascuno dei due eventi E:

- se l'urna ha 10 palline gialle, 20 nere e 5 rosse, allora:
  evento E : «esce una pallina rossa o nera»
  - i casi favorevoli sono $20 + 5 = 25$
  - i casi possibili sono $10 + 20 + 5 = 35$
  - quindi $p(E) = \frac{25}{35} = \frac{5}{7}$
- se il mazzo ha 52 carte allora:
  evento E : «esce una figura di fiori»
  - i casi favorevoli sono 3 (le tre figure di fiori)
  - i casi possibili sono 52
  - quindi $p(E) = \frac{3}{52}$

VIDEO RECUPERO

Il teorema della probabilità totale

Stabilito il significato di *evento unione* ed *evento intersezione*, vogliamo adesso cercare una regola generale che permetta di calcolare la probabilità dell'evento unione di due eventi elementari A e B.

Per calcolare il valore di probabilità associato all'evento E dobbiamo tenere presenti due possibili situazioni.

- **I due insiemi di verità A e B sono disgiunti** (si parla in questo caso di eventi **incompatibili**)
  Per calcolare la probabilità di E possiamo ragionare in questo modo (***figura 2***):

Figura 2

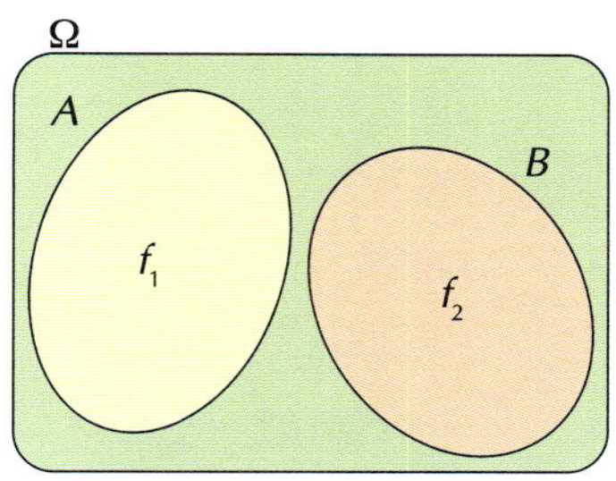

se f_1 è il numero dei casi favorevoli all'evento A e f_2 è il numero dei casi favorevoli a B, il numero dei casi favorevoli ad $A \cup B$ è $f_1 + f_2$; dunque, se n è il numero dei casi possibili:

$$p(E) = \frac{f_1 + f_2}{n} = \frac{f_1}{n} + \frac{f_2}{n} = p(A) + p(B)$$

Per esempio, nell'estrazione di una carta da un mazzo di 52, l'evento E : «esce una donna oppure un re» è formato dai due eventi disgiunti A : «esce una donna» e B : «esce un re», e poiché $p(A) = \frac{4}{52} = \frac{1}{13}$ e anche $p(B) = \frac{1}{13}$, si ha subito che:

$$p(E) = \frac{1}{13} + \frac{1}{13} = \frac{2}{13}$$

- **I due insiemi di verità A e B non sono disgiunti** (si dice che i due eventi sono **compatibili**)

Se l'intersezione fra i due insiemi non è vuota, e supponiamo che in essa vi siano k elementi, il numero dei casi favorevoli all'evento E è dato dall'espressione (***figura 3***)

$$\underbrace{(f_1 - k)}_{\text{elementi di } A-B} + \underbrace{(f_2 - k)}_{\text{elementi di } B-A} + \underbrace{k}_{\text{elementi di } A\cap B} = f_1 + f_2 - k$$

Quindi $\quad p(E) = \frac{f_1 + f_2 - k}{n} = \frac{f_1}{n} + \frac{f_2}{n} - \frac{k}{n} = p(A) + p(B) - p(A \cap B)$

Per esempio, considerando sempre l'esempio dell'estrazione di una carta da un mazzo, l'evento E : «esce una donna oppure una carta di un seme rosso» è formato dai due eventi

A : «esce una donna» $\qquad B$: «esce una carta di un seme rosso».

Questi due eventi sono compatibili e la loro intersezione è formata da due elementi (***figura 4***).

Tenendo presente che $p(A) = \frac{4}{52} = \frac{1}{13}$ e $p(B) = \frac{26}{52} = \frac{1}{2}$, si ha quindi che:

$$p(E) = \frac{1}{13} + \frac{1}{2} - \frac{2}{52} = \frac{7}{13}$$

Figura 3

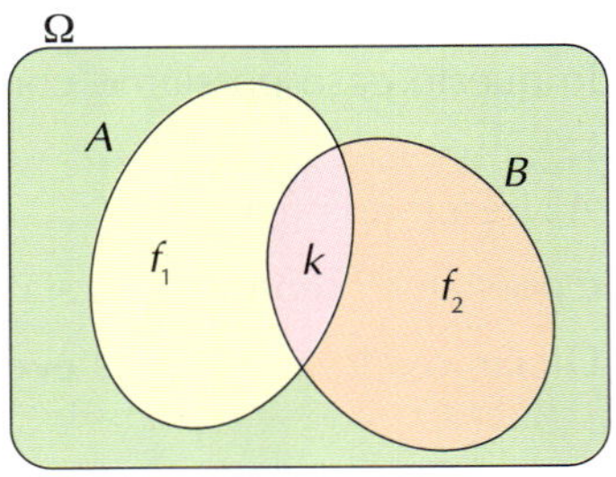

Figura 4

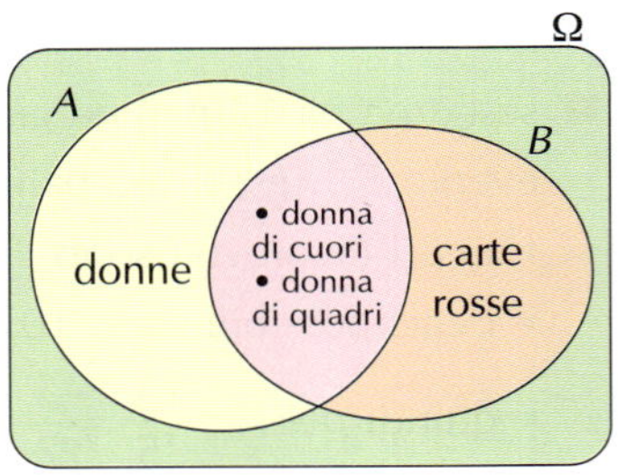

In definitiva, le osservazioni che abbiamo fatto si possono riassumere nel seguente teorema.

Teorema (della probabilità totale). Dati due eventi A e B dello stesso spazio campionario Ω, si ha che

$$p(A \cup B) = p(A) + p(B) - p(A \cap B)$$

E' evidente che se i due eventi sono incompatibili $p(A \cap B) = 0$ e quindi in questo enunciato ritroviamo che $p(A \cup B) = p(A) + p(B)$.

ESEMPI

1. Consideriamo l'evento E: «il primo estratto sulla ruota di Milano è 1», relativo all'estrazione del lotto. L'evento contrario è allora $\overline{E}$: «non esce il numero 1».

Poiché $p(E) = \frac{1}{90}$, $p(\overline{E}) = 1 - \frac{1}{90} = \frac{89}{90} = 0{,}9\overline{8}$ cioè circa il 99%.

2. Riprendiamo l'esempio fatto all'inizio del paragrafo e supponiamo che su 100 pezzi prodotti dalla macchina, 10 siano stati controllati dal tecnico A e 16 dal tecnico B; fra i pezzi controllati, si ha poi che 3 sono passati attraverso il controllo di entrambi i tecnici. Qual è la probabilità che, scegliendo un pezzo a caso fra i 100, questo sia stato controllato?

Dobbiamo calcolare la probabilità dell'evento E: «il pezzo è stato controllato da A o da B»; possiamo ragionare così (riferisciti alla ***figura 5*** in cui Ω è l'insieme dei 100 pezzi prodotti): A ha controllato il pezzo con probabilità $\frac{10}{100}=\frac{1}{10}$, B ha controllato il pezzo con probabilità $\frac{16}{100}=\frac{4}{25}$, entrambi lo hanno controllato con probabilità $\frac{3}{100}$. Allora $p(E)=\frac{1}{10}+\frac{4}{25}-\frac{3}{100}=\frac{23}{100}$, pari al 23%.

Figura 5

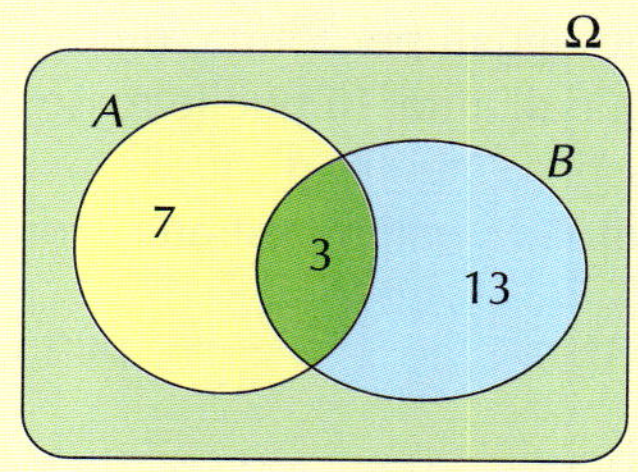

ulteriori esempi

ESERCIZI E PROBLEMI pag. 546

3 LA PROBABILITÀ COMPOSTA

Eventi dipendenti e indipendenti

VIDEO RECUPERO

Abbiamo più volte sottolineato l'importanza che ha avere il maggior numero di informazioni possibili per poter prendere decisioni consapevoli e motivate. Anche nel campo della probabilità ci si può chiedere se avere delle indicazioni in più modifica il valore di probabilità di un evento. Per comprendere quello che può accadere consideriamo due esperimenti aleatori diversi e vediamo che cosa succede alla probabilità di uno stesso evento quando si hanno delle informazioni aggiuntive sulla loro conduzione.

I esempio

Estraiamo una carta da un mazzo di 52 e consideriamo l'evento A : «esce una figura».

Poiché in un mazzo di 52 carte ci sono 12 figure, si può subito concludere che $p(A)=\frac{12}{52}=\frac{3}{13}$.

Supponiamo adesso che qualcuno abbia visto l'esito dell'esperimento prima che questo ci venga comunicato e che questa persona ci dica che è uscita una carta di fiori; valutiamo la probabilità p^* dell'evento A con questa nuova indicazione:

$p^*(A)=\frac{3}{13}$ perché ci sono 3 figure su 13 carte di fiori

In questo caso $p(A)=p^*(A)$ e l'informazione aggiuntiva non ha modificato la probabilità dell'evento.

Possiamo quindi dire che, se chiamiamo B l'evento «esce una carta di fiori», il sapere che si è verificato B non modifica la probabilità di A, vale a dire che A **non dipende** da B.

II esempio

Consideriamo adesso un'urna che contiene 20 palline rosse e 10 palline nere tutte uguali per forma, dimensione e peso in modo da non poterle distinguere una dall'altra; di quelle rosse si sa che 15 sono di vetro e che le altre 5 sono di plastica, mentre di quelle nere 2 sono di vetro e 8 sono di plastica. Sia A l'evento «la pallina estratta è di vetro»; abbiamo subito che:

$$p(A) = \frac{15+2}{30} = \frac{17}{30}$$ perché ci sono 17 palline di vetro sulle 30 totali

Supponiamo adesso che qualcuno abbia visto la pallina estratta e che ci comunichi che è rossa; valutiamo la probabilità p^* dell'evento A con questa nuova informazione:

$$p^*(A) = \frac{15}{20} = \frac{3}{4}$$ perché ci sono 15 palline di vetro sulle 20 che sono rosse

Questa volta la probabilità dell'evento A si è modificata.
Allora, se chiamiamo B l'evento «la pallina estratta è rossa», il sapere che si è verificato B modifica la probabilità di A, vale a dire che A **dipende** da B.
Diamo allora questa definizione.

PROBABILITÀ CONDIZIONATA, EVENTI DIPENDENTI E INDIPENDENTI

Considerati due eventi A e B di un medesimo esperimento aleatorio, si dice **probabilità condizionata di A rispetto a B**, e si indica con il simbolo $p(A|B)$, la probabilità che si verifichi A supposto di sapere che si è verificato B.

La probabilità condizionata è quindi quella che negli esempi abbiamo indicato con p^* e, come abbiamo visto si possono presentare i seguenti casi:

- $p(A|B) = p(A)$
  cioè sapere che si è verificato B non influenza la probabilità di A (primo esempio); si dice allora che i due eventi A e B sono **indipendenti**
- $p(A|B) \neq p(A)$
  cioè sapere che si è verificato B modifica la probabilità di A (secondo esempio); si dice allora che i due eventi A e B sono **dipendenti.**

Possiamo quindi affermare che gli eventi A e B del primo esempio sono indipendenti, mentre quelli del secondo esempio sono dipendenti.

Il teorema della probabilità composta

Riprendiamo i due esperimenti aleatori precedenti e continuiamo con le nostre considerazioni.

I esempio

Nell'esperimento di estrazione di una carta da un mazzo da 52 carte, consideriamo l'evento E : «esce una figura di fiori» ed interpretiamolo come l'intersezione di altri due eventi:

A : «esce una figura» B : «esce una carta di fiori»

cioè $E = A \cap B$ (***figura 6***).

Figura 6

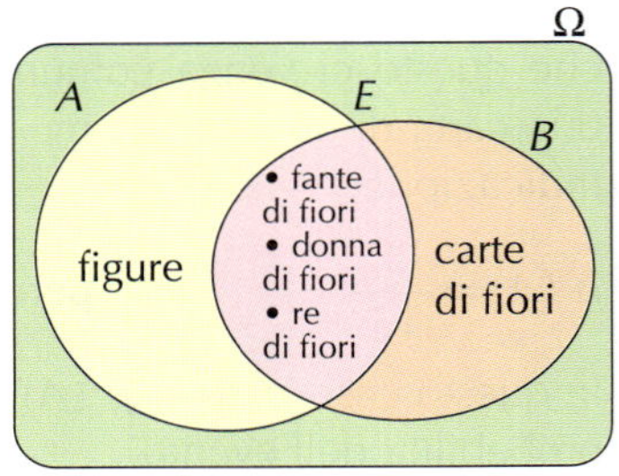

Valutiamo le probabilità di ciascuno di questi eventi; sappiamo che A e B sono indipendenti (cioè $p(A|B) = p(A)$), quindi valutare la probabilità di A senza avere informazioni su B oppure sapendo che si è verificato, non influenza la probabilità di questo evento.
Otteniamo quindi che:

$$p(E) = p(A \cap B) = \frac{3}{52} \qquad p(A) = p(A|B) = \frac{12}{52} = \frac{3}{13} \qquad p(B) = \frac{13}{52} = \frac{1}{4}$$

e poiché $\frac{3}{52} = \frac{3}{13} \cdot \frac{1}{4}$ possiamo dire che fra le tre probabilità, almeno in questo caso, sussiste la relazione $p(A \cap B) = p(A|B) \cdot p(B)$.

II esempio

Nell'esperimento di estrazione di una pallina dall'urna (ricordiamo che le palline sono 30, delle quali 15 sono rosse di vetro, 5 sono rosse di plastica, 2 sono nere di vetro, 8 sono nere di plastica), consideriamo l'evento E: «la pallina estratta è rossa e di vetro»; anche questo evento può essere visto come l'intersezione di altri due eventi:

A: «la pallina è di vetro» $\qquad$ B: «la pallina è rossa»

Sappiamo che gli eventi A e B sono dipendenti e che quindi $p(A|B) \neq p(A)$; vediamo se, anche in questo caso, la probabilità dell'evento $A|B$ ha una qualche relazione con gli eventi $E = A \cap B$ e B; calcoliamo le tre probabilità:

$$p(E) = p(A \cap B) = \frac{15}{30} = \frac{1}{2} \qquad p(A|B) = \frac{15}{20} = \frac{3}{4} \qquad p(B) = \frac{20}{30} = \frac{2}{3}$$

e poiché $\frac{1}{2} = \frac{3}{4} \cdot \frac{2}{3}$, anche in questo caso si ha che $p(A \cap B) = p(A|B) \cdot p(B)$.

IL CALCOLO DI UNA PROBABILITÀ CONDIZIONATA

Il risultato a cui siamo giunti in questi due esempi vale in generale; si può cioè affermare che:

$$\boxed{p(A \cap B) = p(A|B) \cdot p(B)} \qquad \text{o anche} \qquad \boxed{p(A|B) = \frac{p(A \cap B)}{p(B)}}$$

Questi due modi di scrivere la stessa relazione ci permettono di trovare una probabilità condizionata in dipendenza della probabilità dell'evento intersezione (seconda formula) oppure la probabilità dell'evento intersezione in funzione di una probabilità condizionata (prima formula). La prima formula esprime il cosiddetto teorema della probabilità composta che possiamo così enunciare:

Teorema (della probabilità composta). Dati gli eventi A e B di un medesimo esperimento aleatorio, la probabilità dell'evento $A \cap B$ è uguale al prodotto della probabilità di uno dei due eventi per la probabilità condizionata dell'altro, supposto che il primo si sia verificato.

Essendo poi $p(B \cap A) = p(A \cap B)$ si ottiene anche che

$$p(A \cap B) = p(B|A) \cdot p(A)$$

nella quale sostanzialmente A e B si sono scambiati i ruoli.

Dunque, tenendo presente che se due eventi sono indipendenti si ha che $p(A|B) = p(A)$, della probabilità dell'evento intersezione di due eventi A e B possiamo dire che:

- $p(A \cap B) = p(A) \cdot p(B)$ se gli eventi A e B sono indipendenti
- $p(A \cap B) = p(A|B) \cdot p(B)$ se gli eventi sono dipendenti.

ESEMPI

1. Si lancia una moneta e contemporaneamente si estrae una pallina da un'urna che ne contiene 2 rosse, 3 bianche e 5 nere e si vuole valutare la probabilità dell'evento E : «esce Testa e viene estratta una pallina rossa».

L'evento E è l'intersezione dei due eventi elementari: A : «esce Testa» B : «esce una pallina rossa»

e si ha che: $p(A) = \frac{1}{2}$ $p(B) = \frac{2}{10} = \frac{1}{5}$

Inoltre i due eventi sono indipendenti perché sapere che dal lancio della moneta è uscito Testa non modifica la probabilità di B, quindi

$$p(E) = p(A) \cdot p(B) = \frac{1}{2} \cdot \frac{1}{5} = \frac{1}{10}$$

2. Dalla stessa urna dell'esercizio precedente si estraggono successivamente due palline e si vuole valutare la probabilità dell'evento E : «escono due palline bianche» nei seguenti casi:

a. la pallina estratta viene rimessa nell'urna prima di procedere alla seconda estrazione

b. la pallina non viene rimessa nell'urna.

E è l'intersezione dei due eventi:

A : «alla prima estrazione esce una pallina bianca»

B : «alla seconda estrazione esce una pallina bianca»

Alla prima estrazione l'urna è completa e quindi la probabilità dell'evento A è $\frac{3}{10}$; la probabilità dell'evento B dipende dal fatto che la pallina estratta venga o meno rimessa nell'urna. Distinguiamo allora i due casi come richiesto dal problema.

I caso.

La composizione dell'urna alla seconda estrazione è completa quindi $p(B) = \frac{3}{10}$ e il fatto di conoscere l'esito della prima estrazione non influenza questa probabilità; i due eventi sono quindi indipendenti e si ha che

$$p(E) = p(A) \cdot p(B) = \frac{3}{10} \cdot \frac{3}{10} = \frac{9}{100}$$

II caso.

La composizione dell'urna alla seconda estrazione è cambiata perché adesso ci sono 9 palline; la probabilità dell'evento B questa volta dipende dall'esito dell'evento A perché:

- se A si è verificato nell'urna ci sono 2 palline bianche e quindi $p(B \mid A) = \frac{2}{9}$
- se A non si è verificato nell'urna ci sono ancora 3 palline bianche e quindi $p(B \mid \overline{A}) = \frac{3}{9} = \frac{1}{3}$.

I due eventi sono quindi dipendenti e perciò $p(E) = p(A) \cdot p(B|A)$; inoltre, visto che ci interessa solo il caso in cui la prima pallina estratta è bianca (altrimenti l'evento E non si verifica), possiamo considerare che $p(B|A) = \frac{2}{9}$ e perciò:

$$p(E) = \frac{3}{10} \cdot \frac{2}{9} = \frac{1}{15}$$

ESERCIZI E PROBLEMI pag. 550

4 LE ALTRE DEFINIZIONI DI PROBABILITÀ

Il modello classico di probabilità si adatta bene a tutti quegli esperimenti aleatori nei quali è possibile valutare il numero dei casi favorevoli rispetto a quello dei casi possibili, ma non è di nessuna utilità se si deve calcolare la probabilità di successo di un farmaco su una malattia oppure la probabilità che la squadra del cuore vinca lo scudetto; questo perché i casi che si possono presentare, e cioè *ha successo / non ha successo* e *vince / non vince*, non hanno la stessa possibilità di verificarsi, non sono cioè equiprobabili.
In questi casi occorre valutare la probabilità in modo diverso a seconda della tipologia dell'esperimento; in particolare si deve tener conto del fatto che un esperimento si possa ripetere un numero molto grande di volte oppure sia irripetibile: l'efficacia di un farmaco si può testare su molti pazienti, un campionato di calcio oppure l'esito di una interrogazione in matematica sono eventi unici e irripetibili.
Vediamo dunque come definire la probabilità in questi casi.

Il modello statistico o frequentista

Questo modello si adatta a tutti quegli esperimenti aleatori che possono essere ripetuti un numero molto grande di volte.
Consideriamo, per esempio, un tiratore scelto e chiediamoci quale sia la probabilità che abbia di centrare il bersaglio con un solo tiro; quello che possiamo fare è osservare il comportamento del tiratore in numerose prove e attribuire un valore alla probabilità richiesta calcolando il rapporto fra il numero di repliche dell'esperimento che hanno dato esito favorevole e quello delle prove fatte. Se il tiratore, su 1000 prove, avesse centrato il bersaglio per 800 volte e se si ritenesse sufficientemente grande il numero di prove effettuate, potremmo dire che ha una probabilità di centrare il bersaglio pari a $\frac{800}{1000} = \frac{4}{5}$.
In generale diciamo che:

LA PROBABILITÀ STATISTICA

relativamente ad un esperimento aleatorio A, che può essere osservato molte volte, la probabilità di un evento E è il valore a cui tende il rapporto tra il numero di prove che hanno avuto esito favorevole ad E ed il numero totale di prove fatte (tutte alle stesse condizioni) quando queste tendono ad essere un numero molto grande.

Ad esempio, supponiamo di prendere un comune dado da gioco di plastica rigida e di riuscire ad inserire al suo interno, attaccato alla faccia in corrispondenza del numero 6, un piccolo peso di ferro. È evidente che il dado non è più «regolare», nel senso che ad ogni lancio, le sue facce non hanno più la stessa probabilità di presentarsi. Per determinare allora le nuove probabilità dovremo effettuare un grande numero di lanci e vedere quante volte si presenta ciascuna faccia; ciascuna probabilità è quindi determinabile come limite, al crescere del numero delle prove, del rapporto fra la frequenza degli esiti favorevoli ed il numero delle prove stesse. Anche in questo caso si verifica che la probabilità p è un numero reale compreso tra 0 e 1, estremi inclusi.
Occorre sottolineare che, con questa concezione, la probabilità di un evento non può essere calcolata a priori, ma viene determinata solo dopo aver effettuato delle osservazioni sperimentali e che essa non ha significato separatamente da tali prove; inoltre ha senso parlare di probabilità solo all'interno di una certa popolazione: se, ad esempio, si è valutata, sulla base di osservazioni ripetute, una probabilità del 40% di sopravvivenza fino a 80 anni degli esseri umani che vivono in Europa, questa probabilità può non essere la stessa per le popolazioni dell'Africa, dell'Asia o di un'altra zona della Terra. In ogni caso si verifica che il modello frequentista approssima quello classico nelle situazioni in cui, potendo dare anche una valutazione in senso classico, si può effettuare un numero molto grande di prove. Se, per esempio, lanciamo una moneta moltissime volte, si verifica che il numero di quelle in cui esce Testa si avvicina al numero delle volte in cui esce Croce; inoltre la vicinanza è tanto maggiore quanto più grande è il numero di lanci effettuati (vedi a questo proposito l'esercitazione del laboratorio di informatica). Questo significa che, per questo tipo di esperimenti aleatori, la probabilità statistica approssima quella classica.
Questa constatazione va sotto il nome di legge **empirica del caso** o **legge dei grandi numeri**:

in un grande numero di prove, ripetute alle stesse condizioni, la probabilità a posteriori di un evento, cioè la sua frequenza relativa, tende ad essere uguale alla sua probabilità teorica.

Il modello soggettivista

Né il modello classico, né il modello statistico sono però in grado di dare valutazioni di probabilità su esperimenti aleatori che ci coinvolgono direttamente o che non possono essere ripetuti sempre alle stesse condizioni: per esempio non possiamo determinare quale sia la probabilità che il cavallo su cui abbiamo puntato vincerà nella prossima corsa perché ogni corsa è diversa da un'altra e non possiamo fare confronti, oppure stabilire chi vincerà fra i quattro giocatori di una partita di poker perché ogni partita è diversa da un'altra e anche la fortuna gioca un ruolo importante; inoltre non ha senso parlare di rapporto fra casi favorevoli e casi possibili perché questo significherebbe dire che ogni cavallo ha esattamente le stesse possibilità di vincere di un altro, così come ogni giocatore della partita di poker. La probabilità diventa in questo caso una misura della fiducia che noi riponiamo nel fatto che si verifichi o meno un certo evento; tale fiducia si può misurare in termini di somma di denaro che il soggetto che sta valutando la probabilità è disposto a versare in anticipo per poter ricevere una quota maggiore se l'evento si verifica.

In altri termini:

La probabilità soggettiva

la probabilità di un evento E è rappresentata dal rapporto fra il prezzo P che un individuo ritiene giusto pagare e la somma S che ha diritto ad avere in cambio se l'evento si verifica, perdendo P se l'evento non si verifica:

$$p(E) = \frac{P}{S}$$

Vi è un'unica limitazione alla libertà di scommessa dell'individuo, che risponde ad un **principio di coerenza**: l'individuo che accetta di pagare P per ricevere S, deve anche essere disposto a ricevere P da un'altra persona pagandole S nel caso in cui l'evento si verifichi.
Per esempio, se in una corsa di cavalli la probabilità che un cavallo vinca è stimata da una persona pari a $\frac{1}{8}$, significa che egli considera equo pagare € 1 per vincerne 8 nel caso in cui l'evento si verifichi; per coerenza, però, egli deve ritenere giusto pagare € 8 ad un'altra persona quando questa è disposta a versarne 1.
Conseguenza di ciò è che anche questo modo di concepire la probabilità dà origine ad un numero compreso fra 0 e 1, estremi inclusi.
Va poi sottolineato che se un individuo A, in base alle informazioni in suo possesso, attribuisce probabiltà p ad un evento, un individuo B potrebbe attribuire allo stesso evento una probabilità diversa perché in possesso di informazioni diverse oppure perché, pur avendo le stesse informazioni, ha un diverso grado di fiducia che l'evento si realizzi; la probabilità di un evento dipende cioè principalmente dalle informazioni che il soggetto possiede e dalla sua propensione al rischio.

Esempi

1. Un dado viene lanciato 10000 volte e le sue facce si sono presentate con queste frequenze:

faccia	1	2	3	4	5	6
frequenza	2766	3715	1728	436	1271	84

In base alla legge empirica del caso, si può affermare che il dado non è truccato?

Le facce di un dado regolare hanno, ciascuna, una probabilità teorica di presentarsi pari a $\frac{1}{6} \approx 0{,}167$; per concludere che il dado è regolare, le corrispondenti probabilità statistiche non devono scostarsi di molto da questo valore. Calcoliamo ciascuna probabilità facendo il rapporto fra la frequenza e il numero di lanci:

faccia	1	2	3	4	5	6
probabilità	0,2766	0,3715	0,1728	0,0436	0,1271	0,0084

Poiché le probabilità trovate sono molto diverse tra loro e anche dal valore teorico 0,167, dobbiamo concludere che il dado potrebbe essere truccato.

2. Un'urna contiene 1200 palline ma non si sa di che colore sono. Per stimare la composizione dell'urna possiamo fare in questo modo: estraiamo una pallina, prendiamo nota del colore, la rimettiamo nell'urna e ripetiamo molte volte questo stesso esperimento aleatorio.

Supponiamo che, dopo aver fatto 100 estrazioni si siano ottenuti questi risultati:

Colore	N. Palline
Bianco	12
Rosso	36
Verde	52
TOTALE	**100**

Se riteniamo che il numero delle prove effettuate sia sufficiente, possiamo dire che:

$$p(B) = \frac{12}{100} = \frac{3}{25} \qquad p(R) = \frac{36}{100} = \frac{9}{25} \qquad p(V) = \frac{52}{100} = \frac{13}{25}$$

e che quindi l'urna potrebbe contenere:

- $1\,200 \cdot \frac{3}{25} = 144$ palline bianche
- $1\,200 \cdot \frac{9}{25} = 432$ palline rosse
- $1\,200 \cdot \frac{13}{25} = 624$ palline verdi

E' probabile che facendo altre 100 estrazioni si trovino valori diversi di probabilità e quindi una diversa composizione dell'urna; ricordiamo infatti che stiamo trattando problemi non deterministici nei quali non è possibile avere la certezza del risultato.
Una seconda osservazione che possiamo fare è che il non aver trovato palline nere non garantisce che l'urna non ne contenga, cioè un evento che ha probabilità statistica nulla non è necessariamente impossibile; analogamente, un evento che ha probabilità statistica uguale a 1 non è l'evento certo: trovare nelle 100 estrazioni solo palline bianche, quindi con $p(B) = 1$, non implica che non ve ne siano di altri colori.

3. Carla dice che la sua squadra ha una probabilità del 60% di vincere la partita, mentre secondo Anna la probabilità è solo del 35%. Che significato si attribuisce a queste probabilità?

Carla è disposta a pagare € 60 per riceverne 100 in cambio se la squadra vince, Anna invece è disposta a pagarne solo 35 perché ha una valutazione più negativa dell'evento «la squadra vince».

4. Marco è disposto a pagare € 20 per riceverne in cambio 80 se si verifica un certo evento E; per lo stesso evento Giulio è disposto a pagare € 30 per averne in cambio 100. Quale dei due attribuisce una maggiore probabilità all'evento?

Per Marco $p(E) = \frac{20}{80} = \frac{1}{4} = 0{,}25$; per Giulio $p(E) = \frac{30}{100} = \frac{3}{10} = 0{,}3$. Poiché $\frac{3}{10} > \frac{1}{4}$, dobbiamo concludere che Giulio è più fiducioso che accada l'evento E.

Conclusioni sulle diverse concezioni di probabilità

Nei paragrafi precedenti abbiamo cercato di illustrare le diverse concezioni di probabilità. È importante però comprendere che non si tratta di tre teorie distinte e contrapposte fra loro; esse differiscono l'una dall'altra solo per il modo di concepire ed interpretare le applicazioni.
Dal punto di vista matematico esse possono essere riunite in un'unica teoria assiomatica che, se proseguirai in questi studi, avrai modo di conoscere.

Quello che riteniamo fondamentale è che si comprenda l'importanza di questa disciplina, che ci consente di analizzare in modo coerente le nostre decisioni nei casi di incertezza che quotidianamente dobbiamo affrontare.
Riassumiamo dunque brevemente le principali differenze fra le tre concezioni e le situazioni in cui si possono applicare.

- La **concezione classica** si adatta ad esperimenti aleatori, quali il lancio di dadi, estrazioni casuali da un gruppo, nei quali si può parlare di eventi favorevoli in rapporto ai casi possibili, tutti equiprobabili.
  Essa non è adatta a valutare la probabilità di eventi in cui non si conosce il numero dei casi possibili o quello dei casi favorevoli, oppure in casi in cui gli eventi non sono equiprobabili.

- La **concezione frequentista** si adatta ad esperimenti aleatori che possono essere ripetuti molte volte alle stesse condizioni, o per i quali si hanno grandi masse di dati a disposizione.
  Secondo questa concezione la probabilità è intesa come rapporto fra il numero degli esiti che sono risultati favorevoli all'evento e la totalità delle osservazioni fatte.

- La **concezione soggettivista** esprime il grado di fiducia che si ha nella realizzazione di un evento. La sua misura si valuta considerando il rapporto fra la somma P che si stima giusto pagare e la somma S che si ha il diritto di ricevere se l'evento si verifica. In base a questa definizione, nella misura della probabilità di un evento diventa preponderante il fattore soggettivo; essa si adatta perciò a valutare probabilità di eventi quali le scommesse o eventi singoli non ripetibili, come ad esempio una gara sportiva.

ESERCIZI E PROBLEMI pag. 555

IL CAPITOLO SI COMPLETA CON:

CONCETTI CHIAVE E REGOLE | LABORATORIO | SCHEDE STORICHE E DI CURIOSITÀ | PRESENTAZIONI IN POWERPOINT

Probability
BASIC CONCEPTS

CLIL

AUDIO FILE

Key Terms

probability
random experiment
sample space
event
outcome
elementary / compound events
certain / impossible event
die (pl. dice) (rolling/throwing a die, rolling/throwing dice)
Heads / Tails (tossing a coin)
complementary events
union / intersection of two events
mutually exclusive events
independent / dependent events
conditional probability

The concept of probability

Probability is a measure or estimation of likelihood of occurrence of an event. In order to understand this concept, we first need to know the meaning of a few words.

A **random experiment** is a situation where the result is uncertain.
Tossing a coin, throwing dice, playing bingo, are all examples of random experiments.

The **sample space** is the set Ω of all the possible outcomes of an experiment.
For example:

- when rolling a single die the sample space is the set $\Omega = \{1, 2, 3, 4, 5, 6\}$
- when tossing a coin the sample space is the set $\Omega = \{Heads, Tails\}$

An **event** is any collection of outcomes of an experiment.
An event which consists of a single outcome in the sample space is called an *elementary event*; an event which consists of more than one outcome is called a *compound event*.
For example:

- choosing a Queen from a deck of cards is an elementary event
- rolling an even number (that is 2, 4 or 6) when throwing dice is a compound event.

Any event which does not belong to the sample space is an *impossible event*; the event which is the sample space is a *certain event*. For example, throwing dice:

- rolling 7 is an impossible event
- rolling a number less then 7 is a certain event.

The probability of an event E measures how likely the event is going to happen. We can define the probability p of E as:

$$p(E) = \frac{\text{number of ways the event } E \text{ can happen}}{\text{total number of possible outcomes}}$$

As the numerator of p is less than or equal to the denominator, the probability p of any event is a real number between 0 and 1:

$$0 \leq p \leq 1$$

In particular, the probability of the certain event is 1, while the probability of the impossible event is 0.
For example, in throwing dice:

- the probability of getting 5 is $\frac{1}{6}$ because there is 1 way of having a 5 and the total number of possible outcomes is 6
- the probability of getting a number which is less than 4 is $\frac{3}{6} = \frac{1}{2}$ because there are 3 cases out of 6 that are in favour of that event happening (1, 2, 3).

- the probability of getting 7 (the impossible event) is 0
- the probability of getting a number less than 7 (the certain event) is $\frac{6}{6} = 1$.

Complementary events

Venn diagrams provide a useful way to represent information about probability.

Consider the experiment of rolling a die and:

- let A be the event that the number rolled is 2 or less (1, 2)
- let B be the event that the number rolled is greater than 2 (3, 4, 5, 6).

As the Venn diagram shows, B is A complement and we have that:

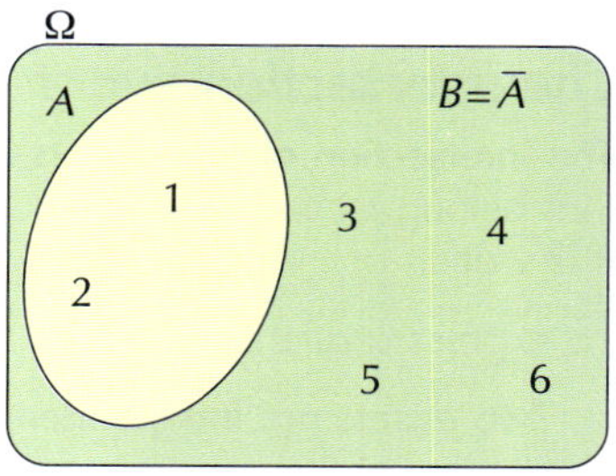

$p(A) = \frac{2}{6} = \frac{1}{3}$ $\qquad$ $p(B) = \frac{4}{6} = \frac{2}{3}$ $\qquad$ and $\qquad$ $p(A) + p(B) = 1$

The **complement** of an event A is the event $\overline{A}$ that contains all the elements of the sample space Ω that do not belong to A and we have that:

$$p(\overline{A}) = 1 - p(A)$$

The union event

Let us now consider two events A and B; we define:

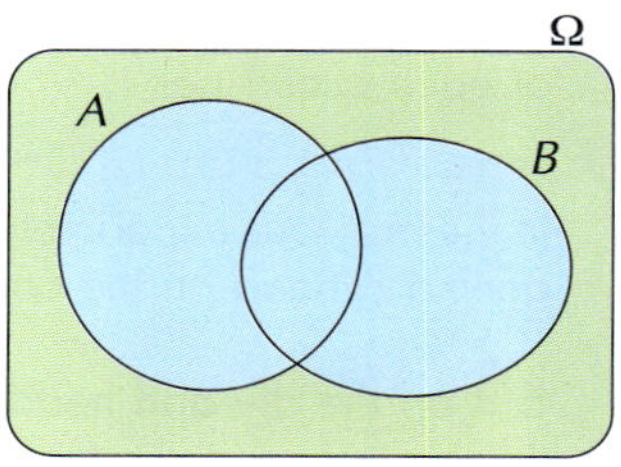

the **union of *A* and *B*** the event that contains all the outcomes of A alone, all the outcomes of B alone and all the outcomes that belong to both A and B.
It is written as $A \cup B$ and we have that:

$$p(A \cup B) = p(A) + p(B) - p(A \cap B)$$

To understand this result just look at the picture: the probability is the sum of the probabilities of the two events A and B, but the probability of their intersection needs to be subtracted out, since the intersection is counted twice in the sum $p(A) + p(B)$.

If $A \cap B = \varnothing$, we have that $p(A \cap B) = 0$ and we say that A and B are *mutually exclusive*; in this particular case:

$$p(A \cup B) = p(A) + p(B)$$

Consider the following examples.

1. We have a box full of balls, 5 of which are red, 20 are black and 10 are yellow; consider the following event:
E: «a red or black ball is drawn»

We interpret E as the union of the two following elementary events:
A: «a red ball is drawn»
B: «a black ball is drawn»

As $p(A) = \frac{5}{35}$ $\qquad$ $p(B) = \frac{20}{35}$ $\qquad$ and $\quad p(A \cap B) = 0$

we have that $p(E) = \frac{5}{35} + \frac{20}{35} = \frac{5}{7}$.

2. We have a deck of 52 cards without jokers; consider the following event E: «a face card or a club card is drawn»

E is the union of the two events:
A: «a face card is drawn»
B: «a club card is drawn»

As there are 12 face cards in a deck: $p(A) = \frac{12}{52}$

As there are 13 club cards in a deck: $p(B) = \frac{13}{52}$

As there are 3 face cards among the clubs: $p(A \cap B) = \frac{3}{52}$

Thus: $p(E) = \frac{12}{52} + \frac{13}{52} - \frac{3}{52} = \frac{11}{26}$.

The intersection event

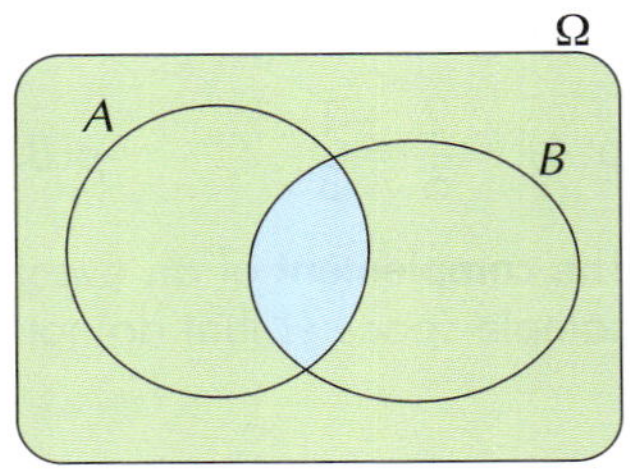

The **intersection of two events *A* and *B*** is the event that contains all the outcomes that belong to both *A* and *B*.
It is written as $A \cap B$.

To express a rule to find $p(A \cap B)$ we first have to introduce some definitions.

- Two events are **independent** if the occurrence of one does not change the probability of the other occurring.

  For example, rolling a 4 on a die and tossing a *head* on a coin are independent events, because having a 4 does not affect the probability of having a *head*.
  If two events *A* and *B* are independent, then the probability of them both occurring is the product of the probabilities of each occurring:

  $$p(A \cap B) = p(A) \cdot p(B)$$

  In the previous experiment of rolling a die and tossing a coin, getting 4 on the die does not modify the probability of getting a head on the coin; thus the two events are independent and we have that:

  $p(4 \text{ on the die } \textbf{and} \text{ head on the coin}) = \frac{1}{6} \cdot \frac{1}{2} = \frac{1}{12}$

- Two events are **dependent** if the occurrence of one event does affect the probability of the other occurring.

  For example, in the experiment of choosing a card from a deck, we get two cards one after the other. The event *E*: «two aces are drawn» is the intersection of the two events:
  A: «first an ace is drawn» *B*: «second an ace is drawn»

  If the result of the first drawing is "not an ace", then $p(B) = \frac{4}{51}$.

  If the result of the first drawing is "an ace", then $p(B) = \frac{3}{51}$.

  In this case the occurrence of the first event affects the probability of the second.

  When two events are dependent, we speak of **conditional probability**.
  The probability of event *B*, occurring that event *A* has already occurred, is read *the probability of B given A* and is written: $p(B \mid A)$.

  Given two dependent events *A* and *B*, the probability of $A \cap B$ is given by the rule:

  $$p(A \cap B) = p(A) \cdot p(B \mid A)$$

  According to this rule, the probability of getting two aces in the previous experiment is:

  $p(\text{two aces are drawn}) = p(\text{the first card is an ace}) \cdot p(\text{the second card is an ace occurring that the first card is an ace})$

  $= \frac{4}{52} \cdot \frac{3}{51} = \frac{1}{221}$

Other probability models

The probability of an event can be evaluated through other models.

- In the **statistical model**, the probability is the ratio between the number f of outcomes corresponding to the event and the total number n of outcomes:

  $$p = \frac{f}{n}$$

  For example, if we hit a target 30 times on 100 shots, the probability to hit the target at the next shot is $\frac{30}{100} = \frac{3}{10}$.

  The law of large numbers in statistics also tells us that the value of probability, when n is a very big number, tends to be equal to the theorical probability in the traditional sense.

- In the **subjective model**, the probability describes an individual's personal judgment about how likely a particular event is to occur and describes his/her degree of belief in the event.
  We can define this probability as the ratio between the price P that an individual is willing to pay (and possibly to lose, if the event does not occur), and the sum S he/she will receive in exchange in case the event occurs:

  $$p = \frac{P}{S}$$

EXERCISES

CAPITOLO 8 Goniometria, trigonometria e le applicazioni in Fisica

OBIETTIVI

- definire le funzioni goniometriche fondamentali e stabilire le principali relazioni che intercorrono tra esse
- conoscere e saper applicare i teoremi di trigonometria sui triangoli
- risolvere triangoli
- rappresentare un vettore nel piano ed operare con esso
- scomporre un vettore lungo due direzioni prestabilite
- operare con i vettori nel piano cartesiano
- applicare alla Fisica le conoscenze acquisite

1 Come si misurano gli angoli

Un angolo può essere definito in modi diversi a seconda di quello che si vuole mettere in evidenza; nel nostro caso ci servirà parlare di angoli orientati, per cui la definizione più conveniente è la seguente (***figura 1***):

Figura 1

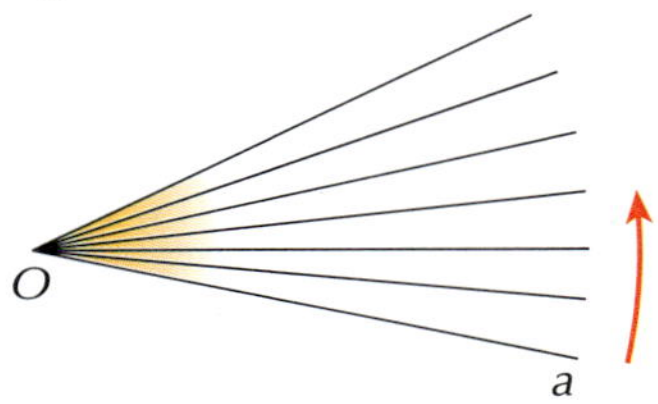

angolo è la parte di piano descritta da una semiretta *a* che ruota attorno alla sua origine.

Inoltre, poiché la rotazione può avvenire in due modi diversi conveniamo di considerare:

- angoli orientati positivamente se la rotazione avviene in verso antiorario (***figura 2a***)
- angoli orientati negativamente se la rotazione avviene in verso orario (***figura 2b***).

Figura 2

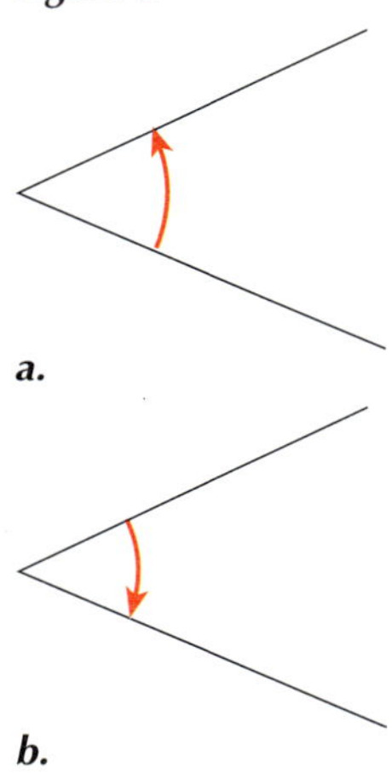

In geometria siamo abituati a considerare angoli la cui ampiezza massima è un angolo giro; pensando però alla definizione ora data, è possibile considerare anche angoli la cui ampiezza supera l'angolo giro: basta continuare a far ruotare la semiretta oltre tale angolo. In ***figura 3***, l'angolo α supera l'angolo giro dell'angolo β. Angoli di questo tipo si incontrano, per esempio, tutte le volte che si fa girare una manovella o che si stringe o si allenta una vite.

Figura 3

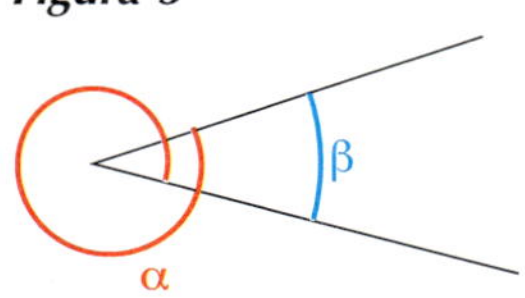

Vediamo adesso in che modo possiamo misurare l'ampiezza di un angolo. Ricordiamo che misurare una grandezza significa confrontarla con un'altra ad essa omogenea che si assume come unità; a seconda dell'unità di misura scelta, una stessa grandezza può avere misure espresse da numeri diversi. Per esempio:

- in Fisica, il calore si può misurare in Joule, che è l'unità di misura dell'energia nel Sistema Internazionale (SI), oppure in calorie, ed il tasso di conversione da un sistema all'altro è 4,186, nel senso che 1 caloria corrisponde a 4,186 Joule;

- le lunghezze si possono misurare in metri (SI) oppure in yarde (sistema anglosassone) e 1 yarda corrisponde a 0,9144m.

Il passaggio da un sistema di misurazione all'altro si fa moltiplicando o dividendo la misura espressa in un sistema per il tasso di conversione:

$7 \text{ Joule} = \dfrac{7}{4{,}186} \text{ calorie}$ e $25 \text{ calorie} = 25 \cdot 4{,}186 \text{ Joule}$

$125 \text{ metri} = \dfrac{125}{0{,}9144} \text{ yarde}$ e $8 \text{ yarde} = 8 \cdot 0{,}9144 \text{ metri}$

Anche gli angoli si possono misurare in modi diversi a seconda dell'unità di misura scelta; le principali unità di misura per gli angoli sono il **grado sessagesimale** e il **radiante**.

Misurare in gradi

Il grado sessagesimale viene definito come la novantesima parte dell'angolo retto, vale a dire che si prende un angolo retto, lo si divide in 90 parti congruenti e si chiama grado l'ampiezza di ciascuna di queste parti.
Dire che l'ampiezza di un angolo α è di 65° significa quindi dire che α è ampio come quell'angolo che si ottiene dalla somma di 65 angoli di ampiezza un grado. Il grado non ha multipli, ma ha dei sottomultipli:

- il **primo**, corrispondente a $\dfrac{1}{60}$ di grado
- il **secondo**, corrispondente a $\dfrac{1}{60}$ di primo, cioè a $\dfrac{1}{3600}$ di grado.

Nel caso di angoli orientati, si conviene di associare misure positive ad angoli orientati positivamente, misure negative ad angoli orientati negativamente.

Osserva gli esempi che seguono nei quali abbiamo ricordato come si eseguono le principali operazioni sugli angoli misurati in gradi sessagesimali.

ESEMPI

1. Esprimiamo in gradi, primi e secondi le misure dei seguenti angoli date in gradi sessagesimali in forma decimale, arrotondando il risultato, se necessario, a meno di un secondo.

a. 23,46°
Tenendo presente quanto ricordato, basta trasformare la parte decimale della misura data in primi e secondi:

$23{,}46° = 23° + 0{,}46° = 23° + 0{,}46 \cdot 60' = 23°\ 27{,}6'$

Trasformiamo adesso in secondi la parte decimale dei primi:

$23°\ 27{,}6' = 23° + 27' + 0{,}6' = 23° + 27' + 0{,}6 \cdot 60'' = 23°27'36''$

b. 86,317°

$86{,}317° = 86° + 0{,}317 \cdot 60' = 86° + 19{,}02' = 86° + 19' + 0{,}02 \cdot 60'' = 86°19'\ 1{,}2'' \approx 86°19'1''$

2. Esprimiamo in gradi sessagesimali nella forma decimale le misure dei seguenti angoli, approssimando il risultato al millesimo di grado:

a. $25°15'38'' = 25° + 15 \cdot \left(\dfrac{1}{60}\right)^{\circ} + 38 \cdot \left(\dfrac{1}{3600}\right)^{\circ} \approx 25{,}261°$

b. $97°12'27'' = 97° + 12 \cdot \left(\dfrac{1}{60}\right)^{\circ} + 27 \cdot \left(\dfrac{1}{3600}\right)^{\circ} \approx 97{,}208°$

ulteriori esempi

Misurare in radianti

Un altro modo di misurare gli angoli utilizza il confronto tra due lunghezze. Consideriamo un angolo α di vertice C e tracciamo una circonferenza avente centro in C e raggio arbitrario r; indichiamo con ℓ la lunghezza dell'arco AB individuato sulla circonferenza dall'angolo α (***figura 4a***).
Al variare di α anche la lunghezza dell'arco AB cambia (***figura 4b***) e, poiché gli angoli al centro di una circonferenza sono proporzionali agli archi che sottendono, si potrebbe pensare di assumere ℓ come misura di α; ciò però non è possibile perché per ogni angolo α la lunghezza dell'arco AB dipende dal raggio della circonferenza e non è costante (***figura 4c***).
Se cambia la lunghezza ℓ dell'arco AB, non cambia però il rapporto $\frac{\ell}{r}$ tra l'arco e il raggio; possiamo allora assumere questo rapporto come misura dell'angolo α.

Figura 4

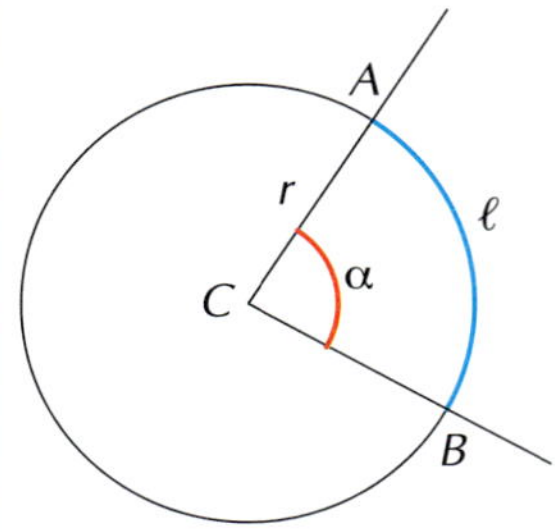

a.

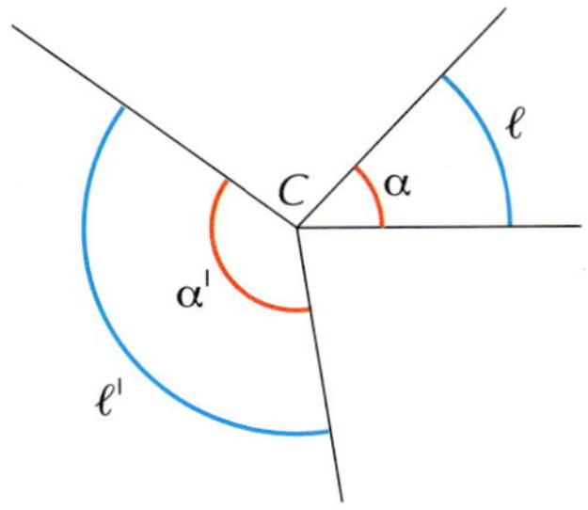

b.

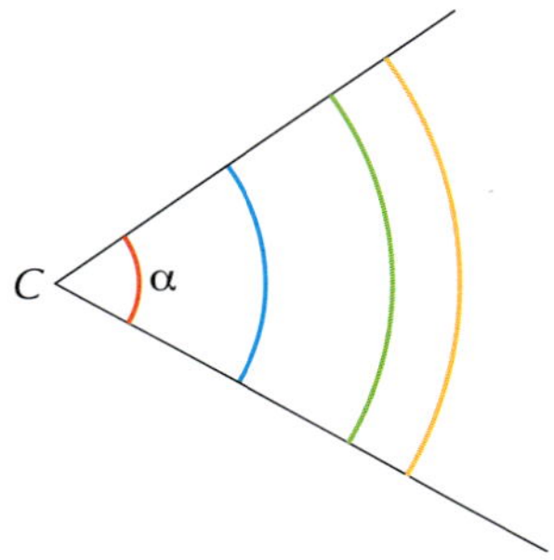

c.

Dato un angolo α e la circonferenza avente centro nel vertice dell'angolo e raggio r, si assume come misura di α il rapporto tra la lunghezza ℓ dell'arco sotteso da α e il raggio r:

$$\text{misura di } \alpha = \frac{\ell}{r}$$

L'unità di questo nuovo sistema di misurazione si chiama *radiante*.

Un **radiante** è l'ampiezza di un angolo al quale corrisponde un arco AB la cui lunghezza ℓ è uguale al raggio r.

In questo modo, ad esempio,

- un angolo giro misura

$$\frac{\text{lunghezza circonferenza rettificata}}{\text{raggio}} = \frac{2\pi r}{r} = 2\pi$$

- un angolo piatto, essendo la metà di un angolo giro, misura, in radianti, π
- un angolo retto, essendo la metà di un angolo piatto, misura, in radianti, $\frac{\pi}{2}$.

α (gradi)	α (radianti)
0°	0
30°	$\frac{\pi}{6}$
45°	$\frac{\pi}{4}$
60°	$\frac{\pi}{3}$
90°	$\frac{\pi}{2}$
180°	π
270°	$\frac{3}{2}\pi$
360°	2π

Nella tabella a lato abbiamo riportato la corrispondenza fra la misura in gradi e quella in radianti di alcuni angoli.
In generale, per passare da un sistema di misura all'altro, si usa la seguente proporzione

$$\pi : x = 180 : y$$

dove con x abbiamo indicato la misura dell'angolo in radianti e con y la misura dello stesso angolo in gradi.
Per esempio:

- se vogliamo sapere quanto misura in radianti un angolo di $22°30'$, trasformiamo prima la misura dell'angolo in modo che sia espresso solo in gradi e poi utilizziamo la proporzione:

  $22°30' = 22{,}5°$ $\quad\rightarrow\quad$ $\pi : x = 180 : 22{,}5$

  da cui otteniamo che $\quad x = 22{,}5 \cdot \frac{\pi}{180} = \frac{\pi}{8} \approx 0{,}392699$

- se vogliamo sapere quanto misura in gradi un angolo che, in radianti, misura $\frac{\pi}{5}$ scriviamo la proporzione

$$\pi : \frac{\pi}{5} = 180 : y \quad \rightarrow \quad y = \frac{180 \cdot \frac{\pi}{5}}{\pi} = 36°$$

In particolare, scrivendo 1 al posto di x nella proporzione e ricordando il valore di π (3,14159...), ricaviamo che 1 radiante corrisponde a $\left(\frac{180}{\pi}\right)^{\circ}$, cioè a circa 57°17′45″. In pratica:

- data la misura di un angolo in gradi sessagesimali, per averla in radianti basta moltiplicarla per $\frac{\pi}{180}$: $15° \rightarrow 15 \cdot \frac{\pi}{180} = \frac{\pi}{12}$
- data la misura di un angolo in radianti, per averla in gradi basta moltiplicarla per $\frac{180}{\pi}$ e, se questa è espressa in funzione di π, basta porre 180° al posto di π: $\frac{3}{4}\pi \rightarrow \frac{3}{4} \cdot 180° = 135°$

L'espressione $\frac{\pi}{180}$ rappresenta il tasso di conversione da gradi a radianti.

L'espressione $\frac{180}{\pi}$ rappresenta il tasso di conversione da radianti a gradi.

Gli angoli e la calcolatrice scientifica

Per effettuare il passaggio da un sistema di misurazione degli angoli all'altro è spesso utile servirsi di una calcolatrice scientifica; le modalità di utilizzo variano però a seconda della calcolatrice, per cui ti consigliamo di leggere attentamente il manuale di quella che utilizzi abitualmente. In generale, comunque, i tasti che vengono utilizzati sono i seguenti:

- il tasto [MODE] consente di passare dal sistema radiale a quello sessagesimale; tali sistemi vengono indicati con i simboli:
  - DEG per l'impostazione in gradi sessagesimali
  - RAD per l'impostazione in radianti

  Vi è poi anche la modalità GRAD che però non ci riguarda.
- nel sistema sessagesimale (impostazione DEG), il tasto [° ′ ″] oppure [DMS] che sta per Degrees-Minutes-Seconds, converte in notazione decimale il valore dell'angolo espresso in gradi, primi e secondi. A seconda delle calcolatrici si opera sostanzialmente in due modi diversi; vediamo per esempio come convertire in forma decimale l'angolo di 65°12′48″:
  - si digita ciascun gruppo di cifre premendo ogni volta il tasto [° ′ ″]:

    65 [° ′ ″] 12 [° ′ ″] 48 [° ′ ″] → 65,21333
  - si digita il valore dei gradi, il punto decimale e di seguito il numero di primi e di secondi sempre con due cifre per gruppo (per esempio 5′ diventa 05) seguito dal tasto [DMS]:

    65.1248 [DMS] → 65,21333

  L'operazione contraria, cioè la conversione dalla forma decimale a quella in gradi, primi e secondi è effettuata dallo stesso tasto [° ′ ″] oppure [DMS] preceduto dal tasto [SHIFT] oppure [2-ND] oppure ancora [INV] a seconda delle calcolatrici.

ESEMPI

1. Calcoliamo la misura x in radianti dell'angolo di $15°35'12''$.

Per eseguire il calcolo e determinare il valore di x occorre prima trasformare la misura dell'angolo, che così è espressa in gradi, primi e secondi, solo in gradi. Tenendo conto delle relazioni fra grado, primo e secondo, si ha che:

$$15°35'12'' = \left(15 + \frac{35}{60} + \frac{12}{3600}\right)^{\circ} = 15{,}5867$$ (oppure usa la calcolatrice per la conversione automatica)

Possiamo ora scrivere la proporzione: $\pi : x = 180° : 15{,}5867°$ da cui $x = 15{,}5867° \cdot \dfrac{\pi}{180°}$

Ricaviamo allora che $x = 0{,}2720392$

2. Calcoliamo la misura y in gradi di un angolo che, in radianti, misura 1,7354.

Scriviamo la proporzione: $\pi : 1{,}7354 = 180 : y$ da cui $y = \left(\dfrac{1{,}7354 \cdot 180}{\pi}\right)^{\circ} = 99{,}431096°$

La misura calcolata, è espressa in gradi; per trasformarla in gradi, primi e secondi possiamo usare il tasto di conversione automatica che c'è sulla calcolatrice trovando così che la misura dell'angolo è $99°25'52''$.

ESERCIZI E PROBLEMI pag. 564

2 LE FUNZIONI GONIOMETRICHE FONDAMENTALI

2.1 Le definizioni

La parola *goniometria* deriva dal greco e significa *misura degli angoli*; *trigonometria* significa invece *misura degli elementi di un triangolo* e, visto che gli elementi di un triangolo sono i suoi lati e i suoi angoli, studiare trigonometria significa cercare le relazioni che esistono tra questi elementi.

Per poter stabilire queste relazioni è necessario introdurre alcune **funzioni angolari**.

In un sistema di riferimento cartesiano ortogonale consideriamo una circonferenza avente centro nell'origine O e raggio unitario che chiameremo **circonferenza goniometrica**. Una semiretta OP, a partire dal semiasse Ox e ruotando in senso antiorario, descrive un angolo positivo α (***figura 5***).

Figura 5

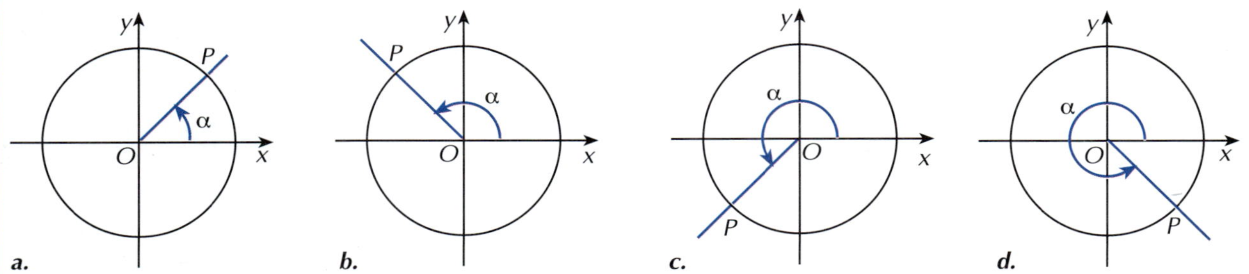

A seconda dell'ampiezza di α, il punto P può appartenere:

- al primo quadrante se $0° < \alpha < 90°$ (in radianti $0 < \alpha < \frac{\pi}{2}$) (***figura 5a***)
- al secondo quadrante se $90° < \alpha < 180°$ (in radianti $\frac{\pi}{2} < \alpha < \pi$) (***figura 5b***)
- al terzo quadrante se $180° < \alpha < 270°$ (in radianti $\pi < \alpha < \frac{3}{2}\pi$) (***figura 5c***)
- al quarto quadrante se $270° < \alpha < 360°$ (in radianti $\frac{3}{2}\pi < \alpha < 2\pi$) (***figura 5d***)

Figura 6

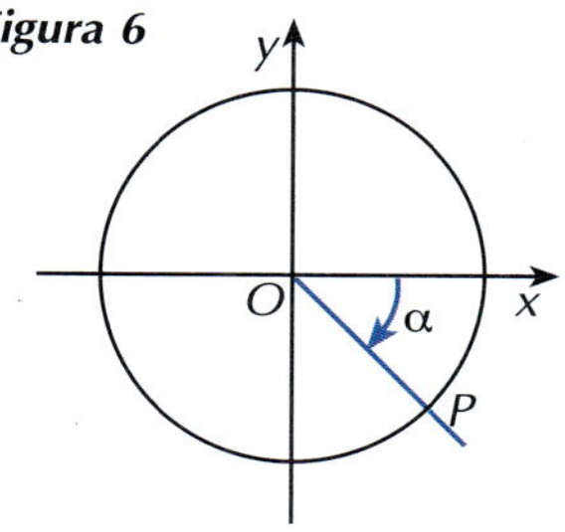

Diremo che α appartiene al primo, al secondo, al terzo o al quarto quadrante in corrispondenza di dove si trova il punto P.
I punti P degli angoli che sono maggiori di 360° si ottengono facendo compiere più "giri" alla semiretta OP, mentre quelli degli angoli che sono negativi si ottengono facendo compiere una rotazione oraria ad OP (***figura 6***); in ogni caso, possiamo dire che ad ogni angolo resta associato un solo punto P della circonferenza goniometrica.
Questa corrispondenza non è però biunivoca perché ad ogni punto P della circonferenza goniometrica corrispondono infiniti angoli; per esempio al punto che individua l'angolo di 120°, sono associati anche gli angoli di 480°, 840°, $-240°$ (***figura 7***) e in generale tutti gli angoli di ampiezza $120° + k360°$, dove k è un numero intero positivo o negativo che indica il numero di giri completi che deve compiere la semiretta OP per ritornare su se stessa.
Stabilita questa convenzione, un angolo α è completamente individuato, a meno di multipli dell'angolo giro, se sono date le coordinate del punto P sulla circonferenza goniometrica. Introduciamo allora le seguenti definizioni (***figura 8***).
Chiamiamo:

Figura 7

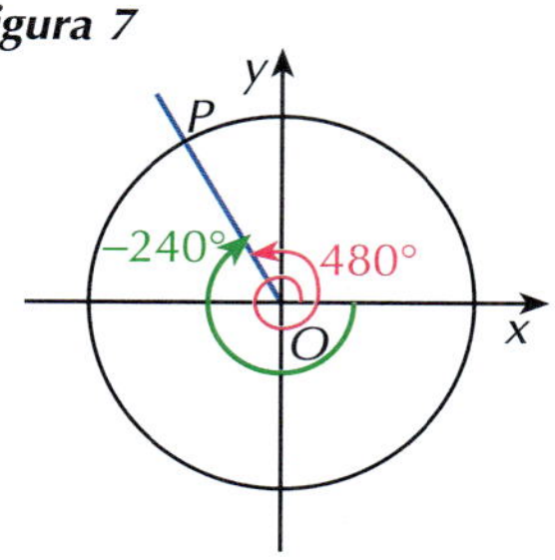

Figura 8

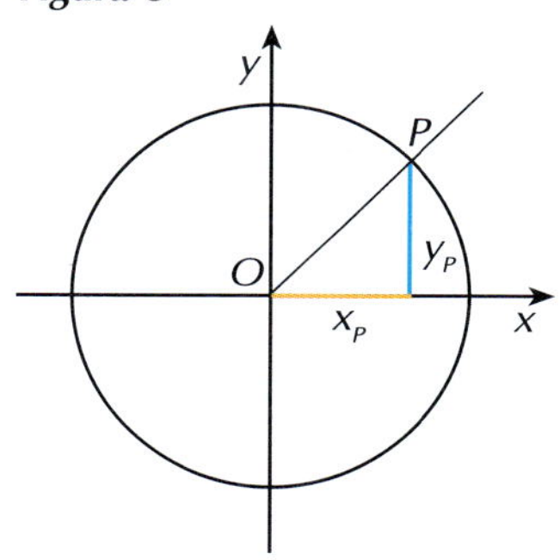

- **seno** dell'angolo α, e scriviamo sin α, l'ordinata del punto P: $\sin\alpha = y_P$
- **coseno** dell'angolo α, e scriviamo cos α, l'ascissa del punto P: $\cos\alpha = x_P$

Consideriamo poi la retta t tangente alla circonferenza goniometrica nel punto A di intersezione della circonferenza stessa con il semiasse positivo delle ascisse. Se l'angolo α è del primo o del quarto quadrante la semiretta OP incontra t in un punto Q (***figura 9a***); se α è del secondo o del terzo quadrante, per determinare il punto Q occorre prolungare la semiretta OP dalla parte di O fino ad incontrare la retta t (***figura 9b***).

ANIMAZIONE

Figura 9

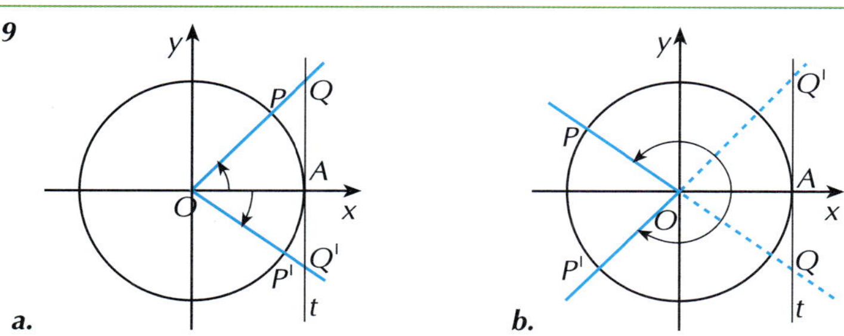

In ogni caso, ad ogni angolo α resta associato un solo punto Q sulla retta t e possiamo dare la seguente definizione (***figura 10***). Chiamiamo:

Figura 10

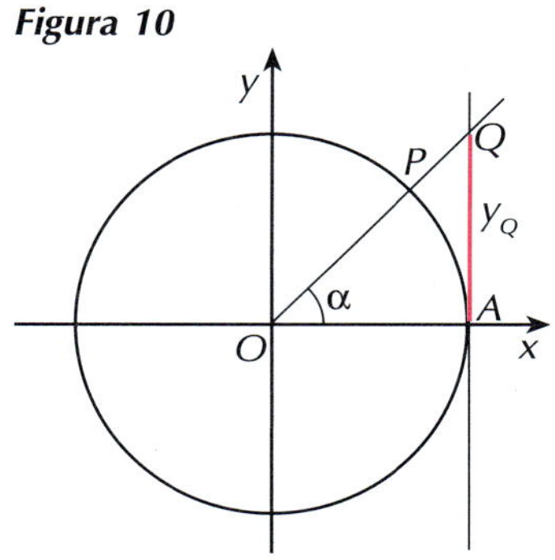

- **tangente** dell'angolo α, e scriviamo tan α, l'ordinata del punto Q: $\tan\alpha = y_Q$

Osserviamo che, per come sono stati definiti, il seno, il coseno e la tangente di un angolo sono numeri reali positivi, nulli o negativi a seconda di dove si trova il punto P; se, per esempio, α è un angolo ottuso e quindi P si trova nel secondo quadrante (***figura 11***), allora sin α è positivo, cos α è negativo, tan α è negativa. Inoltre, poiché il punto P ed il punto Q hanno coordinate che variano al variare dell'angolo α, possiamo dire che sin α, cos α e tan α sono funzioni di α; esse si indicano in generale con il termine di **funzioni goniometriche**.

Figura 11

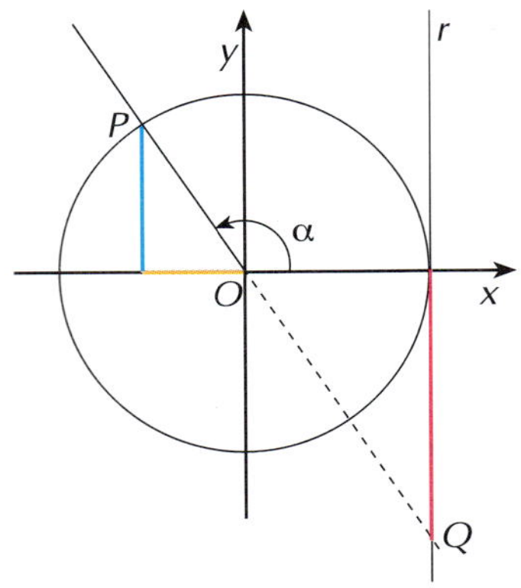

Vediamo di stabilire le caratteristiche più importanti di queste funzioni. Cominciamo innanzi tutto con l'osservare che angoli di ampiezza α, $\alpha \pm 360°$, $\alpha \pm 2 \cdot 360°$ e in generale $\alpha + k \cdot 360°$ (con k numero intero positivo o negativo) hanno lo stesso seno e lo stesso coseno perché la semiretta OP che li definisce è la stessa (***figura 12a***).
Si esprime questo fatto dicendo che **la funzione seno e la funzione coseno sono periodiche di periodo 360**°, cioè

$$\boxed{\sin(\alpha + k360°) = \sin\alpha} \qquad \boxed{\cos(\alpha + k360°) = \cos\alpha} \qquad k \in Z.$$

Per quanto riguarda la tangente osserviamo che, visto che per tutti gli angoli compresi fra 90° e 270° la semiretta OP deve essere prolungata fino ad incontrare la retta della tangente, angoli di ampiezza di α, $\alpha \pm 180°$, $\alpha \pm 2 \cdot 180°$, $\alpha \pm 3 \cdot 180°$ e in generale $\alpha + k180°$ (con k intero) hanno la stessa tangente (***figura 12b***).
Si esprime questo fatto dicendo che **la funzione tangente è periodica di periodo** 180°, cioè

$$\boxed{\tan(\alpha + k180°) = \tan\alpha} \qquad k \in Z.$$

Figura 12

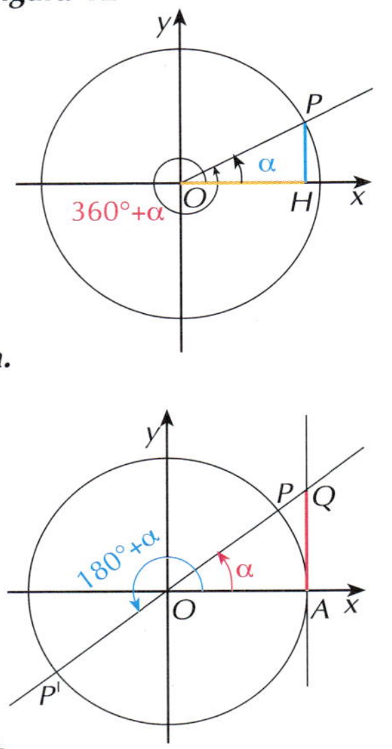

a. **b.**

In molte applicazioni, come vedremo nel successivo paragrafo 4, capita spesso di dover calcolare il reciproco della funzione tangente; a tale reciproco si dà il nome di cotangente dell'angolo α :

$$\text{cotan}\ \alpha = \frac{1}{\tan\alpha}$$

LA FUNZIONE COTANGENTE

Per esempio:

- se $\tan\alpha = -2$, allora $\text{cotan}\ \alpha = -\dfrac{1}{2}$
- se $\tan\alpha = \dfrac{7}{3}$, allora $\text{cotan}\ \alpha = \dfrac{3}{7}$.

VIDEO RECUPERO

ESEMPI

1. Rappresentiamo graficamente il seno, il coseno e la tangente dei seguenti angoli:

a. 30° **b.** 140° **c.** −135°

a. L'angolo ha misura positiva ed è perciò orientato in senso antiorario (***figura 13a***).
Poiché il punto P appartiene al primo quadrante, sia il coseno (in colore arancio) che il seno (in colore azzurro) dell'angolo sono positivi, così come la tangente (in colore rosso).

Figura 13

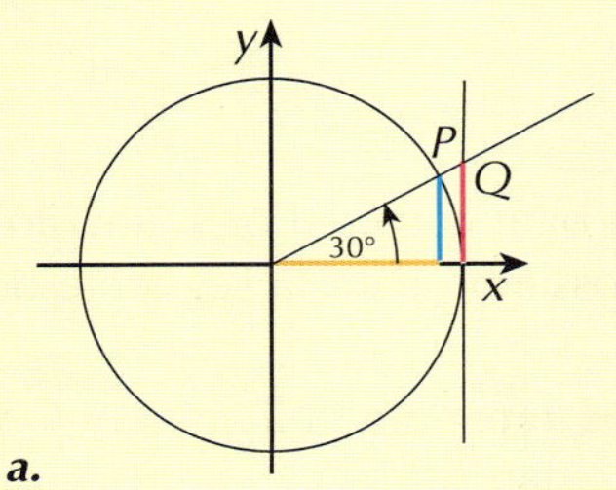

a.

b. Anche quest'angolo ha misura positiva ed è quindi orientato in senso antiorario (***figura 13b***). Il punto P appartiene al secondo quadrante ed ha perciò ascissa negativa ed ordinata positiva; conseguentemente il seno dell'angolo considerato (nella figura in colore azzurro) è positivo ed il coseno (nella figura in colore arancio) è negativo. Per individuare il punto Q dobbiamo prolungare la semiretta OP; l'ordinata di Q (nella figura in colore rosso) è negativa quindi anche $\tan\alpha < 0$.

c. L'angolo ha misura negativa e perciò è orientato in senso orario (***figura 13c***). Sia il seno che il coseno dell'angolo sono negativi, mentre la tangente è positiva.

Figura 13

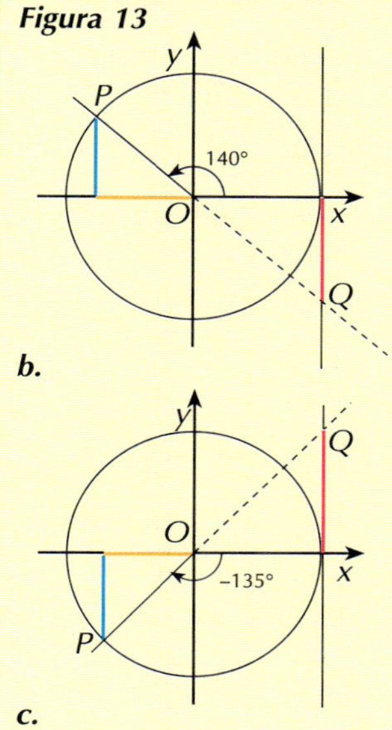

2. Dati i seguenti valori del seno, del coseno o della tangente di un angolo α, disegna α supponendo che sia $0° \leq \alpha \leq 360°$.

a. $\sin\alpha = \frac{1}{2}$ **b.** $\cos\alpha = -\frac{2}{3}$ **c.** $\tan\alpha = 2$

a. Disegniamo la circonferenza goniometrica e, ricordando che il seno di un angolo è l'ordinata del punto P, disegniamo sull'asse y un segmento di lunghezza $\frac{1}{2}$, individuando così un punto A (***figura 14a***).

Se da A tracciamo una retta parallela all'asse delle ascisse, determiniamo sulla circonferenza goniometrica due punti P e P'. Le semirette OP e OP' individuano due angoli orientati, α e α', il cui seno vale proprio $\frac{1}{2}$. Tenendo presente che, per questioni di simmetria, anche l'angolo $P'\widehat{O}R = \alpha$, abbiamo che $\alpha' = 180° - \alpha$.

b. Disegniamo la circonferenza goniometrica e, ricordando che il coseno di un angolo è l'ascissa del punto P, disegniamo sull'asse x un segmento di lunghezza $-\frac{2}{3}$, individuando così un punto B (***figura 14b***).

Se da B tracciamo una retta parallela all'asse delle ordinate, determiniamo sulla circonferenza goniometrica due punti P e P'. Le semirette OP e OP' individuano gli angoli α e α' cercati. Inoltre, poiché $P'\widehat{O}S = \alpha$, abbiamo che $\alpha' = 360° - \alpha$.

c. Disegniamo la circonferenza goniometrica e la retta su cui si individua la tangente. Su tale retta disegniamo il punto Q di ordinata 2 (***figura 14c***); la retta OQ interseca la circonferenza goniometrica nei punti P e P' definendo così i due angoli α e $\alpha' = 180° + \alpha$ cercati.

Figura 14

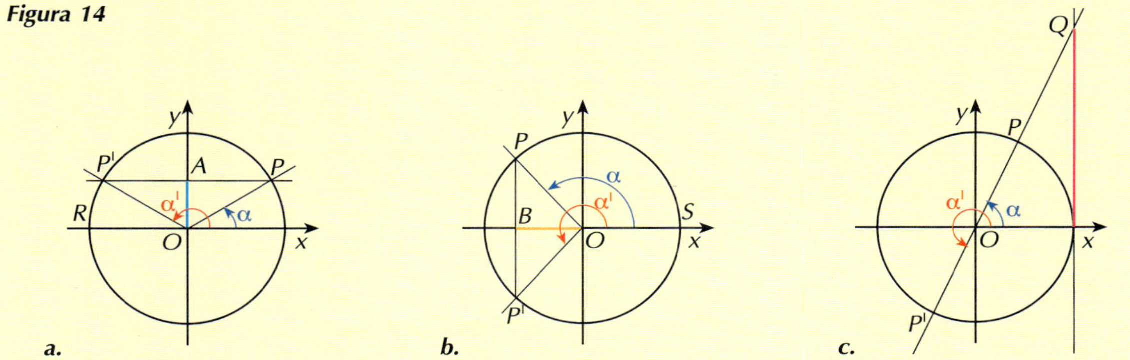

Gli esempi visti ci permettono di fare alcune considerazioni sulle funzioni goniometriche che ci saranno utili in seguito.

- Due angoli supplementari hanno lo stesso valore del seno e valori opposti del coseno (***figura 15a***):

  $\sin(180° - \alpha) = \sin\alpha \qquad \cos(180° - \alpha) = -\cos\alpha$

- Due angoli opposti hanno lo stesso valore del coseno e valori opposti del seno (***figura 15b***):

  $\cos(-\alpha) = \cos\alpha \qquad \sin(-\alpha) = -\sin\alpha$

Figura 15

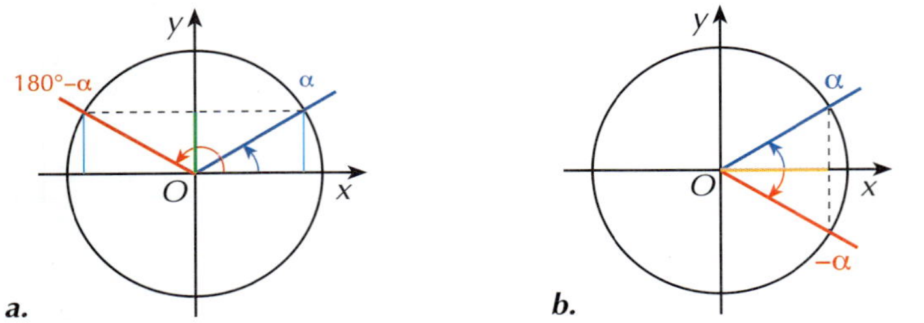

2.2 Le caratteristiche e i grafici

Abbiamo visto che il seno, il coseno e la tangente di un angolo α sono funzioni dell'angolo stesso; poiché in una funzione si è soliti rappresentare la variabile indipendente con x, e la variabile dipendente con y, scriviamo le equazioni delle funzioni goniometriche in questa forma:

$$y = \sin x \qquad y = \cos x \qquad y = \tan x$$

Per costruire il loro grafico, non possiamo però procedere come al solito trovando le coordinate di qualche punto; la difficoltà sta nel fatto che se assegniamo a x un valore, per esempio 20°, non sappiamo come calcolare sin 20°, cos 20° e tan 20°. Possiamo però determinare il valore y mediante un ragionamento di tipo grafico come abbiamo fatto negli esempi del precedente paragrafo; vediamo come procedere.

Nei grafici delle funzioni goniometriche è opportuno misurare gli angoli in radianti che, essendo numeri reali, sono più facilmente rappresentabili sull'asse x.
Inoltre, vista la periodicità della funzione seno, attribuiamo a x valori compresi tra 0 e 2π.

Il grafico di y = sin x

Come prima cosa osserviamo che sappiamo determinare il valore di $\sin x$ per particolari valori di x (segui la ***figura 16*** di pagina seguente):

- se $x = 0$, il punto P si trova sull'asse x e ha coordinate $(1, 0)$; poiché il seno è l'ordinata del punto P, si ha subito che $\sin 0 = 0$
- se $x = \frac{\pi}{2}$, il punto P si trova sull'asse y e ha coordinate $(0, 1)$, quindi $\sin\frac{\pi}{2} = 1$
- se $x = \pi$, P ha coordinate $(-1, 0)$, quindi $\sin\pi = 0$
- se $x = \frac{3}{2}\pi$, P ha coordinate $(0, -1)$, quindi $\sin\frac{3}{2}\pi = -1$
- se infine $x = 2\pi$, abbiamo la stessa situazione di quando $x = 0$, P ha coordinate $(1, 0)$, quindi $\sin 2\pi = 0$.

Figura 16

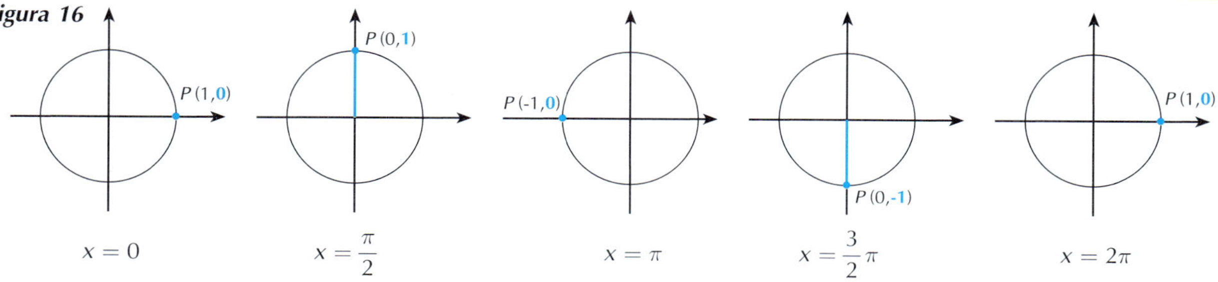

Inoltre, poiché il segmento che rappresenta sin x è sempre minore o uguale del raggio della circonferenza, possiamo dire che la funzione seno assume sempre valori che sono compresi tra -1 e 1.

Cominciamo a rappresentare nel piano cartesiano i punti che corrispondono agli angoli che abbiamo considerato; sull'asse x dobbiamo riportare i valori degli angoli (espressi in radianti), sull'asse y i corrispondenti valori del seno (***figura 17***).

Fissato un segmento a sull'asse x che facciamo corrispondere a $\frac{\pi}{2}$ (cioè circa 1,6 unità), gli angoli di π, $\frac{3}{2}\pi$ e 2π hanno come corrispondenti i punti rappresentati da due, tre, quattro segmenti uguali ad a; sull'asse y fissiamo un segmento che rappresenta l'unità.

Figura 17

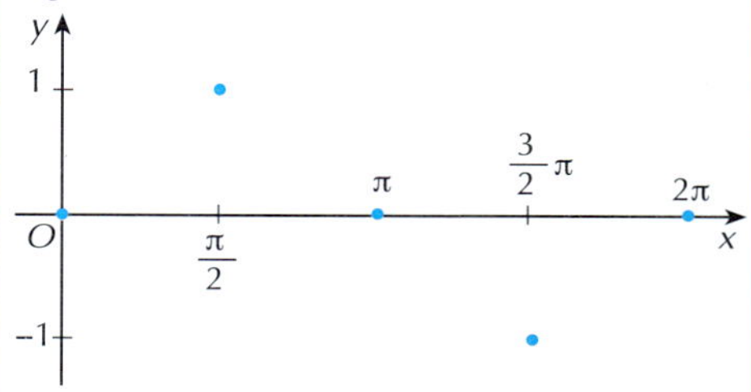

La funzione $y = \sin x$ passa dunque per i punti

$(0, 0)$ $\left(\frac{\pi}{2}, 1\right)$ $(\pi, 0)$ $\left(\frac{3}{2}\pi, -1\right)$ $(2\pi, 0)$

Per trovare qualche altro punto, usiamo una costruzione particolare (segui la ***figura 18***):

- a sinistra dell'asse y riportiamo la circonferenza goniometrica (il suo raggio è il segmento che abbiamo usato come unità di misura sull'asse y) in modo che il suo asse y sia parallelo all'asse y del piano cartesiano e il suo asse x sia lo stesso del piano cartesiano
- dividiamo ciascun quadrante della circonferenza in un certo numero di parti uguali, per esempio tre
- per ciascuno degli angoli così individuati rappresentiamo il segmento che corrisponde a sin x

ANIMAZIONE

Eseguiamo una procedura analoga sull'asse x :

Figura 18

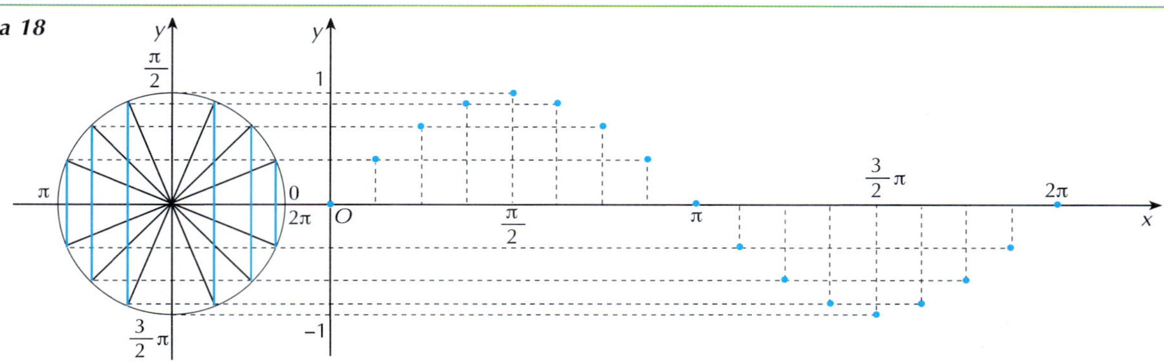

- dividiamo ciascun segmento tra 0 e $\frac{\pi}{2}$, tra $\frac{\pi}{2}$ e π e così via in tre parti uguali; ciascuno dei punti individuati corrisponde all'ampiezza degli angoli sulla circonferenza goniometrica
- riportiamo nel piano cartesiano il valore del seno di ciascun angolo (il segmento misurato sull'asse y).

Il numero di punti ottenuto dà un'idea migliore rispetto alla precedente dell'andamento del grafico. Volendo essere ancora più precisi si può dividere ciascun quadrante e ciascun segmento corrispondente sull'asse x in un numero maggiore di parti uguali e infittire il numero dei punti del grafico.
In questo modo, quello che si ottiene è la linea in ***figura 19***.
Inoltre, poiché abbiamo detto che la funzione seno è periodica di periodo 2π, il suo grafico si ripete identico ad ogni intervallo successivo o precedente di ampiezza 2π (***figura 20***).

Figura 19

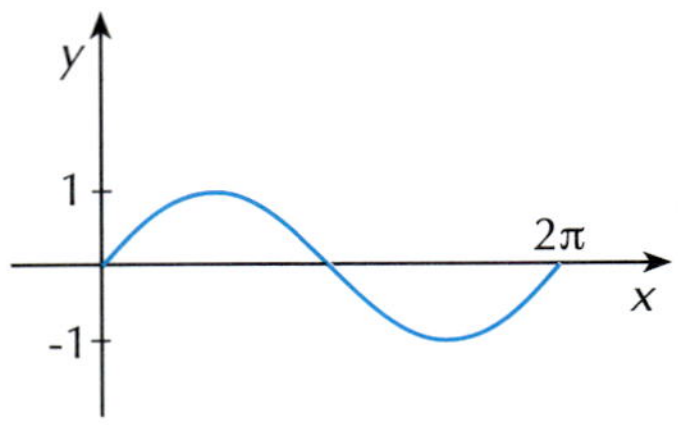

Figura 20

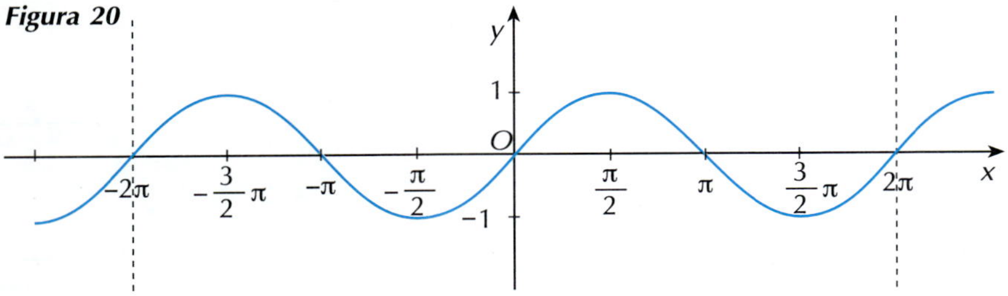

Il grafico della funzione seno è simmetrico rispetto all'origine

$$\sin(-\alpha) = -\sin\alpha$$

Il grafico di $y = \cos x$

In modo del tutto analogo possiamo costruire il grafico della funzione coseno (***figura 21***); questa volta però il valore di $\cos x$ è dato dall'ascissa dei punti P, quindi:

- se $x = 0$ → $P(1, 0)$ → $\cos 0 = 1$
- se $x = \frac{\pi}{2}$ → $P(0, 1)$ → $\cos\frac{\pi}{2} = 0$
- se $x = \pi$ → $P(-1, 0)$ → $\cos\pi = -1$
- se $x = \frac{3}{2}\pi$ → $P(0, -1)$ → $\cos\frac{3}{2}\pi = 0$
- se $x = 2\pi$ → $P(1, 0)$ → $\cos 2\pi = 1$

Figura 21

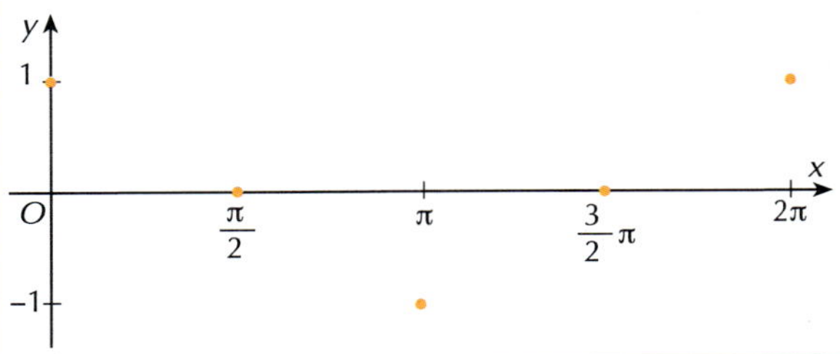

Anche la funzione coseno assume sempre valori compresi tra -1 e 1.

Figura 22

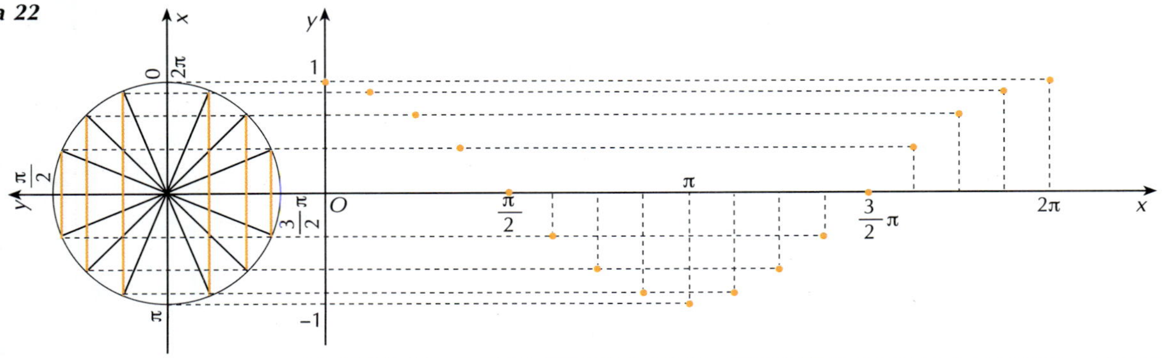

Usiamo ancora la circonferenza goniometrica avendo però l'accortezza di ruotarla di $\frac{\pi}{2}$ rispetto alla costruzione precedente perché il coseno di un angolo si misura sull'asse x (***figura 22***).
Dividiamo ciascun quadrante in tre parti uguali, individuiamo il coseno di ciascun angolo e riportiamolo nel piano cartesiano.
Il grafico che si ottiene è in ***figura 23***.
Anche la funzione coseno è periodica di periodo 2π e possiamo ripetere il grafico ottenuto (***figura 24***).

Figura 23

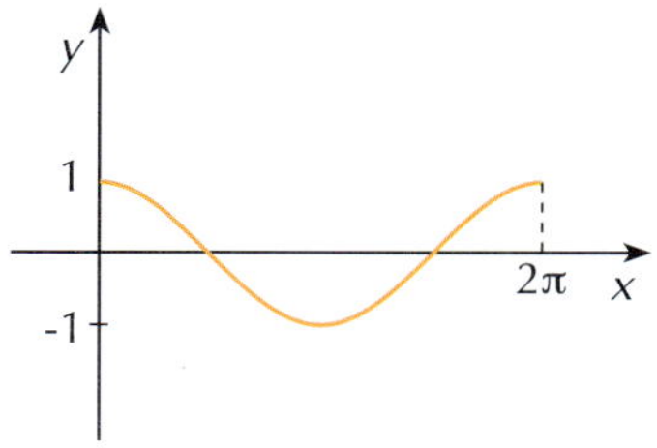

Figura 24

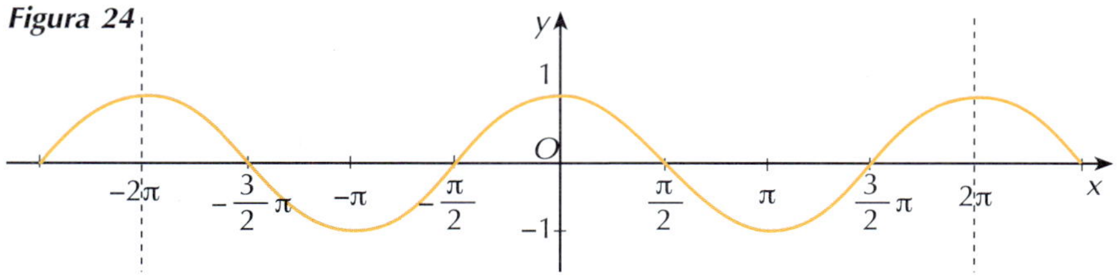

Il grafico della funzione coseno è simmetrico rispetto all'asse y, quindi

$$\cos(-\alpha) = \cos\alpha$$

La funzione $y = \tan x$

Individuiamo adesso le caratteristiche della funzione $y = \tan x$.
Essendo la funzione periodica di periodo π, la studiamo per valori di x compresi fra $-\frac{\pi}{2}$ e $+\frac{\pi}{2}$.
Per ottenere il suo grafico ripetiamo nuovamente la costruzione fatta per disegnare le due funzioni goniometriche precedenti, osservando però che, quando $x = \frac{\pi}{2}$ oppure $x = -\frac{\pi}{2}$, la tangente non esiste perché, essendo la semiretta OP parallela alla retta della tangente, non esiste nemmeno il punto Q (***figura 25***); inoltre, man mano che l'angolo x si avvicina a $\frac{\pi}{2}$ oppure a $-\frac{\pi}{2}$, il valore della tangente aumenta in valore assoluto e tende a diventare molto grande (si dice che tende all'infinito).
Dal punto di vista grafico, questo significa che la curva della tangente si avvicina alle rette $x = -\frac{\pi}{2}$ e $x = \frac{\pi}{2}$ senza mai intersecarle; queste rette sono dette **asintoti** per la curva della tangente (***figura 26***).

Figura 25

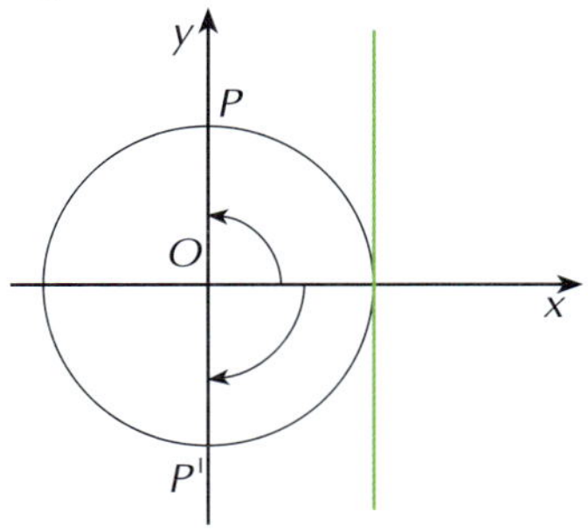

Dall'osservazione del grafico deduciamo che:

- la funzione tangente può assumere un qualunque valore reale;
- angoli compresi fra 0 e $\frac{\pi}{2}$ hanno una tangente positiva che cresce molto rapidamente al crescere di x;
- angoli compresi fra $-\frac{\pi}{2}$ e 0 hanno una tangente negativa che diminuisce molto rapidamente quando x si avvicina a $-\frac{\pi}{2}$;
- quando $x = 0$, $\tan x$ assume valore 0;
- quando $x = \frac{\pi}{2}$ oppure quando $x = -\frac{\pi}{2}$, $\tan x$ non esiste.

Figura 26

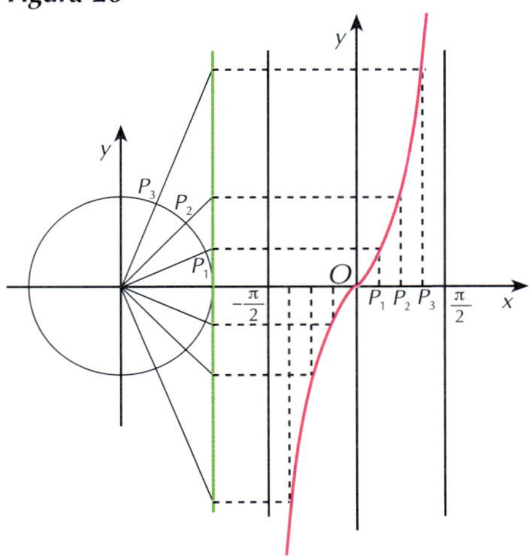

Ripetendo infinite volte lo stesso disegno, otteniamo poi il grafico completo della funzione tangente (***figura 27***) che prende il nome di **tangentoide**.

Figura 27

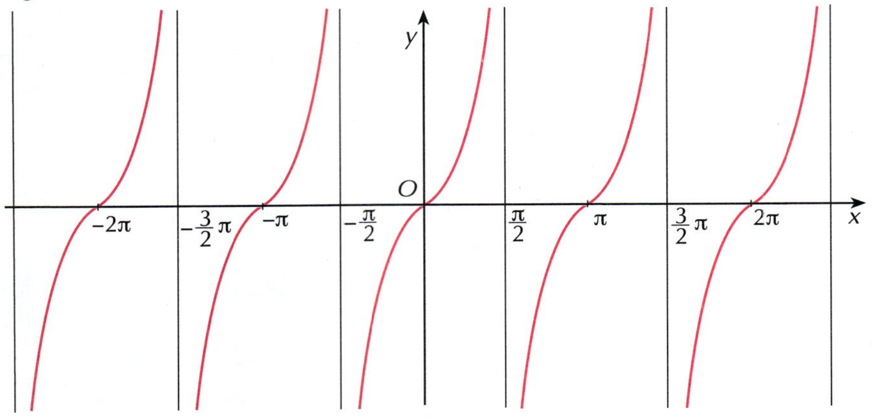

Il grafico della funzione tangente è simmetrico rispetto all'origine, quindi

$$\tan(-\alpha) = -\tan\alpha$$

2.3 Le relazioni fondamentali

Fra le funzioni goniometriche che abbiamo definito esistono delle relazioni; osserva infatti la ***figura 28*** in cui è rappresentato, sulla circonferenza goniometrica, un angolo α. In tale figura il segmento orientato HP rappresenta $\sin\alpha$, il segmento orientato OH rappresenta $\cos\alpha$, OP è il raggio unitario. Se applichiamo il teorema di Pitagora al triangolo rettangolo OPH possiamo scrivere

$$\overline{HP}^2 + \overline{OH}^2 = \overline{OP}^2 \qquad \text{cioè} \qquad (\sin\alpha)^2 + (\cos\alpha)^2 = 1$$

Figura 28

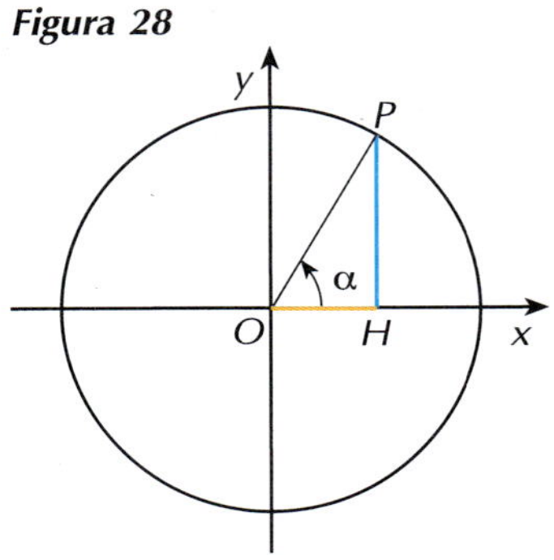

Per evitare l'uso delle parentesi, per indicare il quadrato del seno o del coseno di un angolo si usano le notazioni:

$$\sin^2\alpha \qquad \text{e} \qquad \cos^2\alpha$$

Con queste convenzioni la relazione precedente diventa

$$\boxed{\sin^2\alpha + \cos^2\alpha = 1}$$

e rappresenta la **prima relazione fondamentale della goniometria**.

Osserviamo ora la ***figura 29***: i triangoli rettangoli OPH e OQK, avendo l'angolo α in comune, sono simili e perciò vale la proporzione

$$HP : OH = KQ : OK$$

Tenendo presente il significato goniometrico dei segmenti coinvolti e supponendo che sia $\cos\alpha \neq 0$ possiamo scrivere

$$\sin\alpha : \cos\alpha = \tan\alpha : 1 \qquad \text{cioè} \qquad \boxed{\tan\alpha = \frac{\sin\alpha}{\cos\alpha}}$$

Figura 29

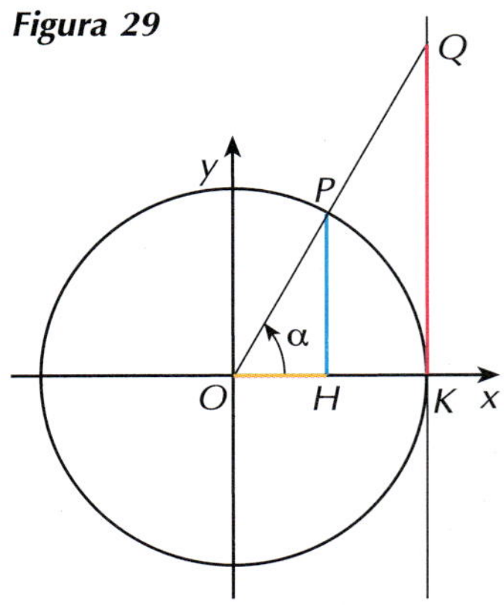

Quest'ultima rappresenta la **seconda relazione fondamentale della goniometria**.

Queste considerazioni valgono per qualunque angolo α e ci dicono che le funzioni goniometriche di uno stesso angolo non sono indipendenti una dall'altra e che, noto il valore di una di esse, è possibile calcolare quello delle altre.

- Dalla prima relazione fondamentale ricaviamo che
  - $\sin\alpha = \pm\sqrt{1-\cos^2\alpha}$
  - $\cos\alpha = \pm\sqrt{1-\sin^2\alpha}$

- Per trovare le espressioni di $\sin\alpha$ e di $\cos\alpha$ in funzione della tangente, consideriamo la prima relazione fondamentale e dividiamo entrambi i suoi membri per $\cos^2\alpha$, supponendo $\cos\alpha \neq 0$:

  $$\sin^2\alpha + \cos^2\alpha = 1 \quad \rightarrow \quad \frac{\sin^2\alpha}{\cos^2\alpha} + \frac{\cos^2\alpha}{\cos^2\alpha} = \frac{1}{\cos^2\alpha}$$

  $$\tan^2\alpha + 1 = \frac{1}{\cos^2\alpha} \quad \rightarrow \quad \cos^2\alpha = \frac{1}{1+\tan^2\alpha}$$

  da quest'ultima relazione si può ricavare adesso l'espressione di $\cos\alpha$:

  - $\cos\alpha = \pm\dfrac{1}{\sqrt{1+\tan^2\alpha}}$

  Dalla seconda relazione fondamentale ricaviamo che:

  $$\frac{\sin\alpha}{\cos\alpha} = \tan\alpha \quad \rightarrow \quad \sin\alpha = \tan\alpha \cdot \cos\alpha \quad \text{e quindi}$$

  - $\sin\alpha = \pm\dfrac{\tan\alpha}{\sqrt{1+\tan^2\alpha}}$

In queste formule si deve poi scegliere il segno opportuno a seconda delle informazioni che si hanno su α. Per esempio:

- se α è un angolo acuto ed è noto $\cos\alpha$, allora $\sin\alpha = +\sqrt{1-\cos^2\alpha}$ perché il seno di un angolo acuto è positivo;
- se α è un angolo ottuso ed è noto $\sin\alpha$, allora $\cos\alpha = -\sqrt{1-\sin^2\alpha}$ perché il coseno di un angolo ottuso è negativo.

Riassumiamo in una tabella le formule che abbiamo ottenuto e che esprimono le funzioni goniometriche di un angolo α in funzione delle altre.

	$\sin\alpha$	$\cos\alpha$	$\tan\alpha$
$\sin\alpha$	$\sin\alpha$	$\pm\sqrt{1-\cos^2\alpha}$	$\pm\dfrac{\tan\alpha}{\sqrt{1+\tan^2\alpha}}$
$\cos\alpha$	$\pm\sqrt{1-\sin^2\alpha}$	$\cos\alpha$	$\pm\dfrac{1}{\sqrt{1+\tan^2\alpha}}$
$\tan\alpha$	$\pm\dfrac{\sin\alpha}{\sqrt{1-\sin^2\alpha}}$	$\pm\dfrac{\sqrt{1-\cos^2\alpha}}{\cos\alpha}$	$\tan\alpha$

ESEMPI

1. Sapendo che $\sin\alpha = \dfrac{3}{4}$ e che α è un angolo acuto, calcoliamo le altre funzioni goniometriche fondamentali di α.

Dalle precedenti relazioni, tenendo presente che tutte le funzioni goniometriche di un angolo acuto sono positive, troviamo subito che

$$\cos\alpha = \sqrt{1-\sin^2\alpha} = \sqrt{1-\frac{9}{16}} = \frac{\sqrt{7}}{4} \qquad \tan\alpha = \frac{\sin\alpha}{\cos\alpha} = \frac{3}{4}\cdot\frac{4}{\sqrt{7}} = \frac{3}{\sqrt{7}}$$

2. Sapendo che $\cos\alpha = -\frac{2}{3}$ e che $\frac{\pi}{2} < \alpha < \pi$, calcoliamo il valore delle altre funzioni goniometriche di α.

Poichè α appartiene al secondo quadrante, $\sin\alpha$ è positivo, quindi:

$$\sin\alpha = +\sqrt{1-\cos^2\alpha} = \sqrt{1-\frac{4}{9}} = \sqrt{\frac{5}{9}} = \frac{\sqrt{5}}{3}$$

Dalla seconda relazione fondamentale ricaviamo poi che

$$\tan\alpha = \frac{\sin\alpha}{\cos\alpha} = \frac{\frac{\sqrt{5}}{3}}{-\frac{2}{3}} = -\frac{\sqrt{5}}{2}$$

3. Sapendo che $\tan\alpha = -2$ e che α è un angolo ottuso, troviamo i valori delle altre funzioni goniometriche fondamentali.

Un angolo ottuso ha il seno positivo e il coseno negativo; per applicare correttamente la formula che esprime $\sin\alpha$ dobbiamo quindi cambiare segno a $\tan\alpha$:

$$\sin\alpha = \frac{-\tan\alpha}{\sqrt{1+\tan^2\alpha}} = \frac{2}{\sqrt{5}} \qquad \cos\alpha = -\frac{1}{\sqrt{1+\tan^2\alpha}} = -\frac{1}{\sqrt{5}}$$

ESERCIZI E PROBLEMI pag. 566

3 I VALORI DELLE FUNZIONI GONIOMETRICHE

3.1 Angoli particolari

Ci poniamo ora il problema di come si possa calcolare il valore del seno, del coseno e della tangente di un angolo x dato. Per esempio, se $x = 72°$, quanto valgono sin 72°, cos 72° e tan 72°? Cominciamo dal caso di angoli particolari per i quali ci viene in aiuto la geometria.

Figura 30a

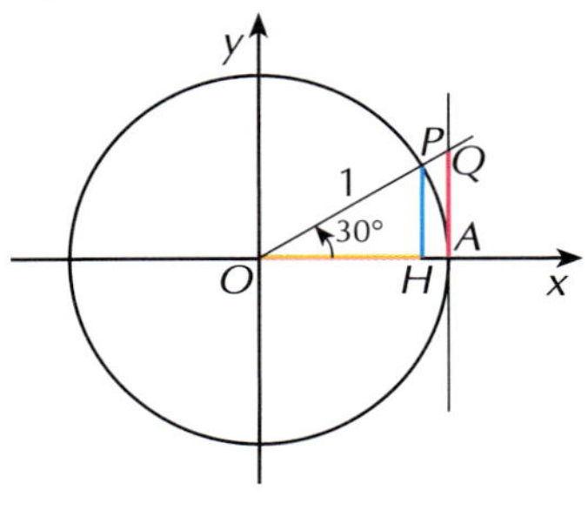

- Se $x = 30°$ (in radianti $\frac{\pi}{6}$), il seno ed il coseno di x sono i cateti di un triangolo rettangolo con gli angoli di 30° e di 60° e con l'ipotenusa che, essendo il raggio della circonferenza goniometrica, ha misura 1 (***figura 30a***); possiamo quindi dire che:

essendo $\overline{HP} = \frac{1}{2}\overline{OP} \qquad \overline{OH} = \frac{\sqrt{3}}{2}\overline{OP} \qquad \overline{AQ} = \frac{\overline{HP}}{\overline{OH}} = \frac{\sqrt{3}}{3}$

allora $\quad \sin 30° = \dfrac{1}{2} \qquad \cos 30° = \dfrac{\sqrt{3}}{2} \qquad \tan 30° = \dfrac{\sqrt{3}}{3}$

■ Con considerazioni analoghe (***figura 30b***) possiamo trovare i valori delle funzioni goniometriche dell'angolo di 60° (in radianti $\frac{\pi}{3}$):

$$\overline{HP} = \frac{\sqrt{3}}{2}\overline{OP} \qquad \overline{OH} = \frac{1}{2}\overline{OP} \qquad \overline{AQ} = \frac{\overline{HP}}{\overline{OH}} = \sqrt{3}$$

$$\sin 60° = \frac{\sqrt{3}}{2} \qquad \cos 60° = \frac{1}{2} \qquad \tan 60° = \sqrt{3}$$

■ Le funzioni dell'angolo di 45° (in radianti $\frac{\pi}{4}$) si ricavano osservando che il triangolo OPH in ***figura 30c*** è rettangolo isoscele e quindi

essendo $\overline{HP} = \overline{OH} = \dfrac{\sqrt{2}}{2}\overline{OP}$, $\quad$ allora

$$\sin 45° = \frac{\sqrt{2}}{2} \qquad \cos 45° = \frac{\sqrt{2}}{2} \qquad \tan 45° = 1$$

Figura 30

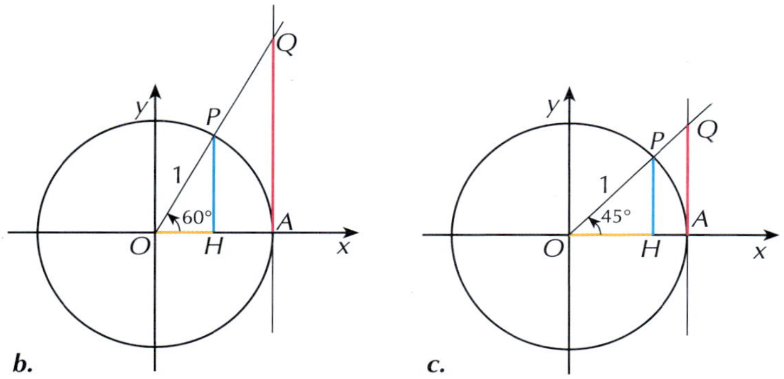

Riassumiamo in una tabella i risultati ottenuti.

x (in gradi)	**30°**	**45°**	**60°**
x (in radianti)	$\frac{\pi}{6}$	$\frac{\pi}{4}$	$\frac{\pi}{3}$
sin x	$\frac{1}{2}$	$\frac{\sqrt{2}}{2}$	$\frac{\sqrt{3}}{2}$
cos x	$\frac{\sqrt{3}}{2}$	$\frac{\sqrt{2}}{2}$	$\frac{1}{2}$
tan x	$\frac{\sqrt{3}}{3}$	1	$\sqrt{3}$

3.2 Le funzioni goniometriche con la calcolatrice

A parte i casi che abbiamo visto e pochissimi altri che però non possiamo ancora considerare, non è possibile calcolare il valore del seno, del coseno o della

tangente di un angolo qualunque con considerazioni geometriche; è però possibile determinarne un valore approssimato usando una calcolatrice scientifica. Ogni calcolatrice ha delle procedure di calcolo proprie ed è per questo consigliabile consultare il libretto delle istruzioni; nella maggior parte dei casi, tuttavia, la procedura è simile a quella che descriviamo di seguito.
Dopo aver acceso la tua calcolatrice accertati che la modalità di misurazione degli angoli sia in gradi: sul display deve comparire la dicitura **DEG** (DEG sta per degree) oppure D.
Vediamo come procedere attraverso degli esempi.

Dall'angolo al valore delle funzioni goniometriche

- Vogliamo calcolare il valore di sin 38°
  1. Premi il tasto [sin]
  2. Digita l'ampiezza in gradi dell'angolo: 38
  3. Premi il tasto =

  Ottieni che $\sin 38° = 0{,}6156614......$

E' possibile che in alcuni modelli i passi 1 e 2 debbano essere invertiti, che cioè si debba prima digitare l'ampiezza dell'angolo e poi premere il tasto della funzione goniometrica.

- Vogliamo calcolare il valore di cos 135°
  1. Premi il tasto [cos]
  2. Digita l'ampiezza in gradi dell'angolo: 135
  3. Premi il tasto =

  Ottieni che $\cos 135° = -0{,}7071067......$

- Vogliamo calcolare il valore di tan 109°
  1. Premi il tasto [tan]
  2. Digita l'ampiezza in gradi dell'angolo: 109
  3. Premi il tasto =

  Ottieni che $\tan 109° = -2{,}9042108......$

- Vogliamo calcolare il valore di sin (−25°)
  1. Premi il tasto [sin]
  2. Digita l'ampiezza in gradi dell'angolo: −25
  3. Premi il tasto =

  Ottieni che $\sin(-25°) = -0{,}4226182............$

Quando l'angolo è espresso in gradi, primi e secondi occorre prima trasformare la misura in soli gradi.
In genere la conversione, come abbiamo già detto, avviene in modo automatico mediante la pressione di un particolare tasto funzione; se la tua calcolatrice non dovesse possedere questo tasto ricorda che devi eseguire il calcolo impostandolo in questo modo:

$$20°15'32'' = \left(20 + \frac{15}{60} + \frac{32}{3600}\right)^{\circ} = 20{,}2588.....°$$

Vediamo anche qui alcuni esempi.

- Calcoliamo il valore di sin 118°25′46″
  1. Premi il tasto [sin]
  2. Trasforma l'angolo in gradi digitando separatamente le cifre dei gradi, dei primi e dei secondi intercalando il tasto funzione contrassegnato con il simbolo [° ′ ″]: 118 [° ′ ″] 25 [° ′ ″] 46 [° ′ ″]
  3. Premi il tasto =

  Ottieni che sin 118°25′46″ = 0,8794040......

  In alcune calcolatrici il tasto [° ′ ″] è sostituito dal tasto funzione [DMS]

- Calcoliamo il valore di cos 14°17′38″
  1. Premi il tasto [cos]
  2. Trasforma l'angolo in gradi: 14 [° ′ ″] 17 [° ′ ″] 38 [° ′ ″]
  3. Premi il tasto =

  Ottieni che cos 14°17′38″ = 0,969042...........

Dai valori delle funzioni goniometriche all'angolo

Questo problema è l'inverso del precedente, vale a dire che si conosce il valore di una funzione goniometrica e si vuole sapere qual è l'ampiezza dell'angolo; per esempio se sin $\alpha = 0{,}25$, quanto vale α?
Occorre precisare che la risposta data dalla calcolatrice si riferisce ad uno dei possibili angoli il cui seno vale 0,25; nell'intervallo che va da 0 a 360° ci sono infatti due angoli che rispondono a questa caratteristica: l'angolo acuto α ed il suo supplementare $180° - \alpha$ (***figura 31***). A seconda del problema che si sta affrontando si potrà decidere a quale angolo ci si deve riferire. Vediamo alcuni esempi.

Figura 31

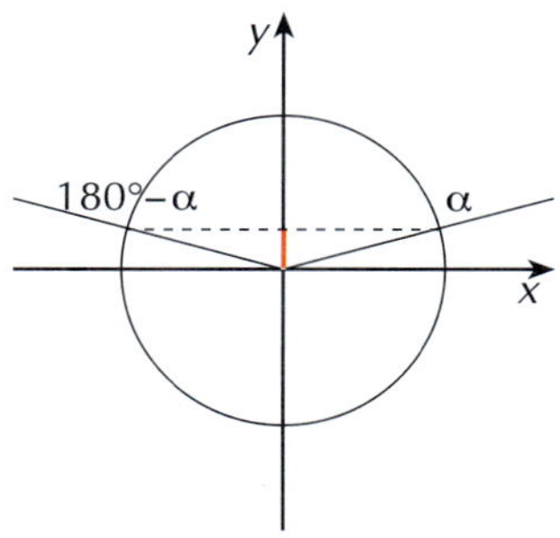

- Calcolare l'angolo acuto α tale che sin $\alpha = 0{,}25$.
  1. Premere in successione i tasti funzione [INV] e [sin]

  In molte calcolatrici il tasto [INV] è sostituito da [SHIFT] oppure [2-nd]

  2. Digitare il valore della funzione goniometrica usando il punto decimale: 0.25
  3. Premere =

  Il valore trovato, cioè 14,47751219, esprime la misura dell'angolo α in gradi; volendo avere il valore in gradi, primi e secondi:

  4. premere in successione i tasti funzione [INV] e [° ′ ″]

  Si ottiene così che un valore approssimato di α è 14°28′39″.

L'angolo ottuso il cui seno è uguale a 0,25 è l'angolo di ampiezza
180° – 14°28′39″
cioè l'angolo di 165°31′21″

In alcuni modelli si deve invertire l'ordine dei tasti digitando prima il valore della funzione goniometrica; relativamente al nostro esempio: 0,25 [INV] [sin]

- Calcolare l'angolo acuto α tale che cos $\alpha = 0{,}135$.
  1. Premere in successione i tasti funzione [INV] e [cos]
  2. Digitare il valore della funzione goniometrica: 0.135
  3. Premere =
  4. Premere in successione i tasti funzione [INV] e [° ′ ″]

  Si ottiene così che un valore approssimato di α è 82°14′29″.

- Calcolare l'angolo acuto α tale che $\tan\alpha = 6{,}35$.
  1. Premere in successione i tasti funzione INV e tan
  2. Digitare il valore della funzione goniometrica: 6.35
  3. Premere =
  4. Premere in successione i tasti funzione INV e ° ′ ″

  Si ottiene così che un valore approssimato di α è $81°3'2''$.

ESERCIZI E PROBLEMI pag. 570

4 I TRIANGOLI RETTANGOLI

4.1 La risoluzione dei triangoli

Risolvere un triangolo significa trovare le lunghezze di tutti i suoi lati e le misure di tutti i suoi angoli, noti alcuni suoi elementi.

Per affrontare questo problema dobbiamo prima di tutto introdurre alcuni teoremi.

I teoremi

Consideriamo un triangolo *ABC* rettangolo in *A* e stabiliamo di indicare:

- con *a* la misura dell'ipotenusa *BC*, con *b* la misura del cateto opposto al vertice *B*, con *c* la misura del cateto opposto al vertice *C* (***figura 32***)
- con β l'angolo acuto di vertice *B*, con γ l'angolo acuto di vertice *C*.

Essendo il triangolo rettangolo, è evidentemente $\beta + \gamma = 90°$.

Figura 32

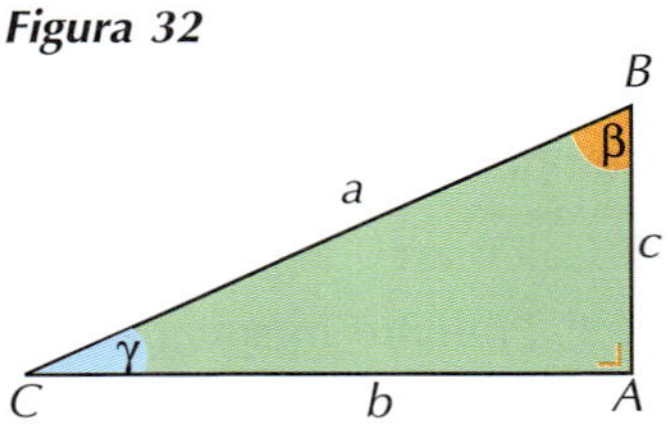

Consideriamo ora la circonferenza goniometrica avente centro nel vertice *C* del triangolo e fissiamo il sistema di riferimento in modo che l'asse delle ascisse sia la retta sostegno del cateto *AC* (***figura 33***).

L'ipotenusa *BC* del triangolo incontra la circonferenza in un punto *P* le cui coordinate sono $(\cos\gamma, \sin\gamma)$. Se da *P* tracciamo la perpendicolare all'asse *x* il triangolo *PHC* così ottenuto è simile al triangolo *ABC* dato. Si ha dunque che

$$\frac{\overline{HP}}{\overline{CP}} = \frac{\overline{AB}}{\overline{CB}}$$

Figura 33

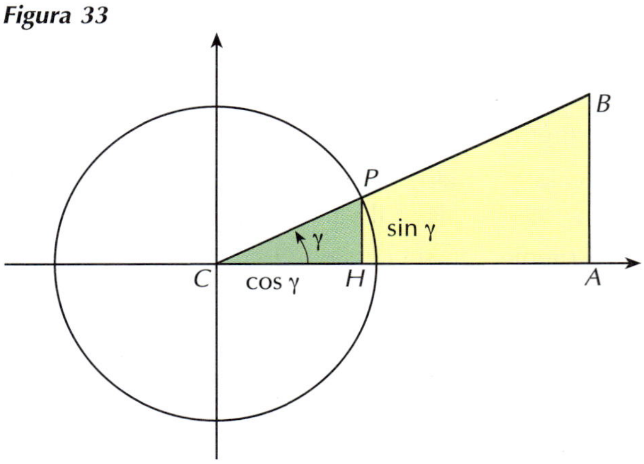

e poiché $\overline{HP} = \sin\gamma$ e $\overline{CP} = 1$ possiamo scrivere che

$$\frac{\overline{AB}}{\overline{CB}} = \sin\gamma \qquad \text{cioè} \qquad \overline{AB} = \overline{CB}\sin\gamma$$

Relativamente agli stessi triangoli possiamo anche scrivere la relazione

$$\frac{\overline{CH}}{\overline{CP}} = \frac{\overline{CA}}{\overline{CB}}$$

che, essendo $\overline{CH} = \cos\gamma$, diventa

$$\frac{\overline{CA}}{\overline{CB}} = \cos\gamma \qquad \text{cioè} \qquad \overline{CA} = \overline{CB}\cos\gamma$$

Le due relazioni che esprimono la misura dei cateti AB e AC in funzione dell'ipotenusa BC e degli angoli acuti del triangolo rappresentano l'enunciato del seguente **primo teorema sui triangoli rettangoli**.

Teorema. In ogni triangolo rettangolo, la misura di un cateto è uguale:

- al prodotto della misura dell'ipotenusa per il seno dell'angolo opposto (al cateto che si deve trovare),

oppure

- al prodotto della misura dell'ipotenusa per il coseno dell'angolo adiacente (al cateto che si deve trovare).

ANIMAZIONE

In simboli, adottando la convenzione esposta (***figura 34***)

$$b = a\sin\beta \qquad b = a\cos\gamma$$
$$c = a\sin\gamma \qquad c = a\cos\beta$$

Figura 34

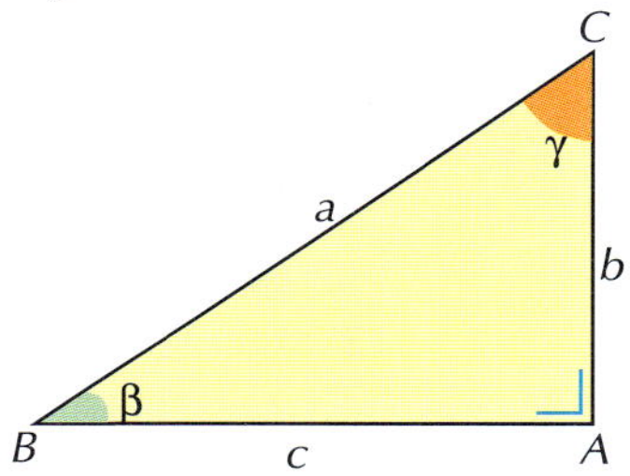

Sempre riferendoci ai triangoli simili CPH e CAB della ***figura 33***, possiamo anche scrivere che

$$\frac{\overline{HP}}{\overline{CH}} = \frac{\overline{AB}}{\overline{CA}}$$

cioè, tenendo sempre presente che $\overline{HP} = \sin\gamma$ e $\overline{CH} = \cos\gamma$,

$$\frac{\overline{AB}}{\overline{CA}} = \frac{\sin\gamma}{\cos\gamma} \qquad \text{quindi} \qquad \overline{AB} = \overline{CA}\tan\gamma$$

o anche $\quad \overline{CA} = \dfrac{\overline{AB}}{\tan\gamma} = \overline{AB}\,\text{cotan}\,\gamma$.

Ricorda che

$$\frac{1}{\tan\alpha} = \text{cotan}\,\alpha$$

Siamo ora in grado di enunciare il **secondo teorema sui triangoli rettangoli**.

Teorema. In ogni triangolo rettangolo, la misura di ciascun cateto è uguale:

- al prodotto della misura dell'altro cateto per la tangente dell'angolo opposto (al cateto che si deve trovare),

oppure

- al prodotto della misura dell'altro cateto per la cotangente dell'angolo adiacente (al cateto che si deve trovare).

In simboli (riferisciti ancora alla ***figura 34***):

$$b = c\tan\beta \qquad b = c\,\text{cotan}\,\gamma$$
$$c = b\tan\gamma \qquad c = b\,\text{cotan}\,\beta$$

VIDEO RECUPERO

I problemi sui triangoli rettangoli

Con questi due teoremi siamo in grado di risolvere un qualsiasi problema di misura nel quale siano coinvolti triangoli rettangoli.
Osserviamo che per risolvere un triangolo rettangolo si devono conoscere due dei suoi elementi, oltre all'angolo retto, dei quali almeno uno sia un lato; per esempio, si possono conoscere la misura di un cateto e di un angolo acuto, le misure dei due cateti e così via.
Vediamo alcuni esempi.

Non si può risolvere un triangolo se sono noti solo i suoi angoli; tutti i triangoli simili tra loro hanno infatti gli stessi angoli.

ESEMPI

1. In un triangolo ABC, rettangolo in C, l'ipotenusa AB è lunga 15cm e l'angolo di vertice B ha ampiezza 36°. Vogliamo risolvere il triangolo.

Poiché l'angolo $\widehat{C}$ è retto, ricaviamo subito che (***figura 35***) $\widehat{A} = 90° - 36° = 54°$.

Figura 35

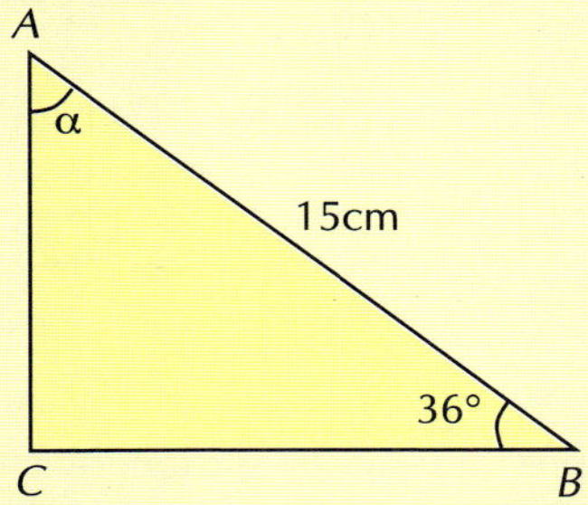

Per determinare le misure dei cateti (in centimetri) usiamo le prime due relazioni:

$\overline{AC}$ = ipotenusa · seno dell'angolo opposto $= \overline{AB} \cdot \sin 36° =$
$= 15 \cdot 0{,}58778..... = 8{,}82$

$\overline{CB}$ = ipotenusa · coseno dell'angolo adiacente $= \overline{AB} \cdot \cos 36° =$
$= 15 \cdot 0{,}80901..... = 12{,}14$

2. Di un triangolo rettangolo sono note la lunghezza di un cateto, 28,4cm, e l'ampiezza dell'angolo acuto opposto, 46°25′18″. Vogliamo risolvere il triangolo.

Figura 36

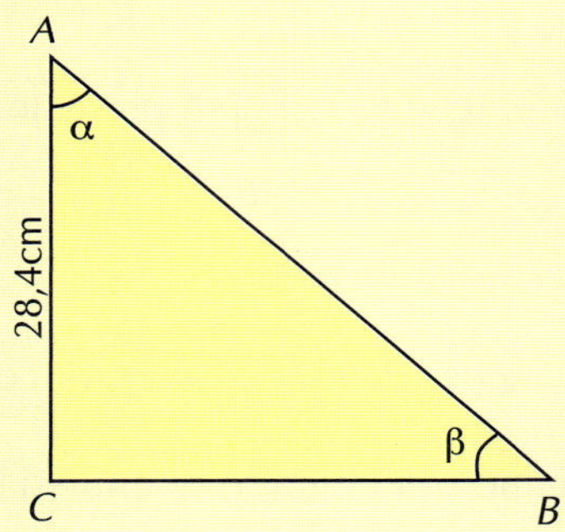

Con riferimento alla ***figura 36***, poniamo $\overline{AC} = 28{,}40$ e $\beta = 46°25'18''$; di conseguenza

$$\alpha = 90° - 46°25'18'' = 43°34'42''$$

Per trovare la misura (in cm) del cateto BC usiamo la terza relazione:
$\overline{BC} = \overline{AC} \cdot \tan\alpha = 28{,}40 \cdot \tan 43°34'42'' = 27{,}02$

Per trovare la misura (in cm) dell'ipotenusa possiamo usare indifferentemente:

– il teorema di Pitagora: $\overline{AB} = \sqrt{\overline{AC}^2 + \overline{BC}^2} = \sqrt{28{,}40^2 + 27{,}02^2} = 39{,}20$

– la prima relazione: $\overline{AC} = \overline{AB} \cdot \sin\beta \quad \rightarrow \quad \overline{AB} = \dfrac{\overline{AC}}{\sin\beta} = 39{,}20$

Il secondo metodo è di solito preferibile perché usa i dati del problema e non introduce altri errori di arrotondamento dei risultati.

ulteriori esempi

4.2 Le applicazioni

I teoremi sui triangoli rettangoli ci permettono di risolvere problemi più generali di vario tipo; vediamo in particolare i due che seguono.

Il calcolo delle aree

Il calcolo dell'area di un poligono qualsiasi può sempre essere ricondotto mediante opportune suddivisioni, per esempio tracciando le diagonali uscenti da un vertice (***figura 37***), al calcolo dell'area di un triangolo. Possiamo quindi concentrare la nostra attenzione sui metodi per calcolare l'area di un triangolo. Consideriamo dunque un triangolo ABC di cui supponiamo siano note le misure a e b di due lati e la misura γ dell'angolo fra essi compreso (***figura 38a***); considerato il lato di misura a come base, la misura h dell'altezza, applicando il primo teorema al triangolo ACH, è

$$h = b \cdot \sin \gamma$$

e dunque la misura S dell'area è $\dfrac{a \cdot h}{2} = \dfrac{a \cdot b \sin \gamma}{2}$ cioè

$$S = \frac{1}{2} ab \sin \gamma$$

Questa relazione vale anche nel caso in cui γ è un angolo ottuso (***figura 38b***); in questo caso l'altezza è il segmento AH in ***figura 38b*** e si ha che:

$$\overline{AH} = b \sin (180° - \gamma) \qquad \text{e poiché} \qquad \sin (180° - \gamma) = \sin \gamma$$

di nuovo si ha che $\overline{AH} = b \sin \gamma$. In definitiva possiamo dire che:

la misura dell'area di un triangolo è data dal semiprodotto delle misure di due suoi lati per il seno dell'angolo fra essi compreso.

Figura 37

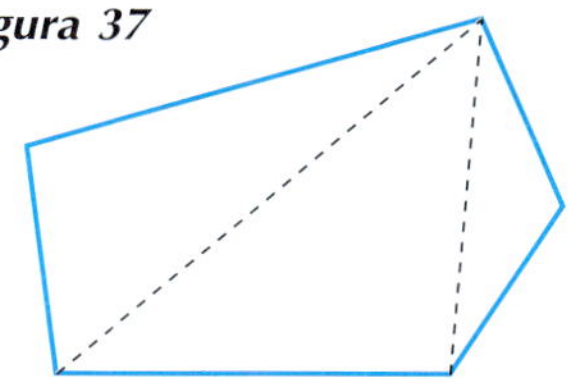

Figura 38

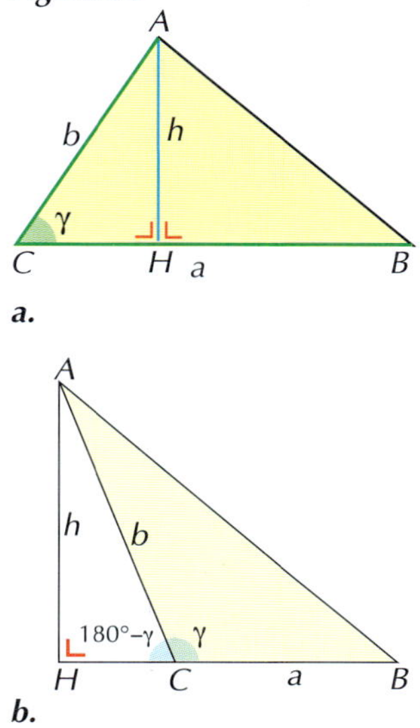

Il teorema della corda

In una circonferenza di raggio r consideriamo una corda AB. Dalla geometria sappiamo che tutti gli angoli alla circonferenza che insistono su AB sono congruenti fra loro (***figura 39a***). In particolare, anche l'angolo $\widehat{ACB}$ che si ottiene tracciando il diametro AC della circonferenza ha la stessa ampiezza α (***figura 39b***).

Osserviamo che il triangolo ABC è rettangolo in B perché inscritto in una semicirconferenza; possiamo allora calcolare la misura di AB con la prima relazione relativa ai triangoli rettangoli:

$$\overline{AB} = 2r \sin \alpha$$

Osserviamo poi che tutti gli angoli alla circonferenza che insistono sull'arco AB hanno ampiezza α oppure $180° - \alpha$ (***figura 39c***) ma che, in ogni caso, $\sin \alpha = \sin (180° - \alpha)$.

Figura 39

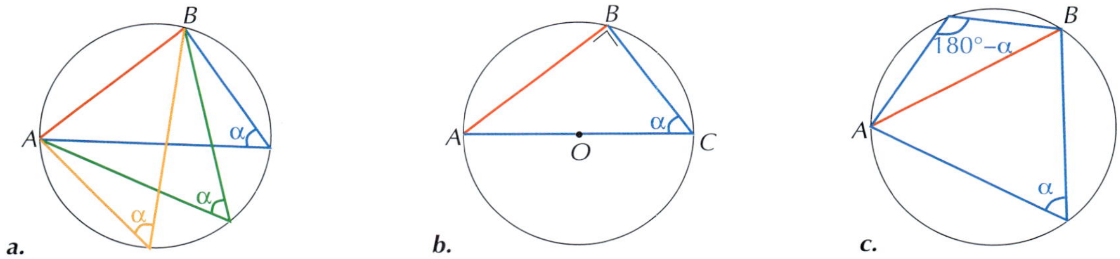

Possiamo allora enunciare il seguente teorema:

Teorema. In ogni circonferenza, ciascuna corda è uguale al prodotto del diametro per il seno di uno qualunque degli angoli alla circonferenza che insistono sulla corda.

ESEMPI

1. Di un parallelogramma *ABCD* si sa che il lato *AB* è lungo 6cm, che la diagonale *AC* è lunga 8cm e che $\sin \widehat{CAB} = \frac{2}{3}$. Vogliamo calcolare l'area del parallelogramma.

Costruito il parallelogramma come in ***figura 40***, la sua area è il doppio dell'area del triangolo *ABC* di cui sono note le misure di due lati e del seno dell'angolo compreso. Si ha dunque che:

$$\text{area}(ABCD) = 2\text{area}(\widehat{ABC}) = 2 \cdot \frac{1}{2} \cdot 6 \cdot 8 \cdot \sin \widehat{CAB} = 48 \cdot \frac{2}{3} = 32(\text{cm}^2)$$

Figura 40

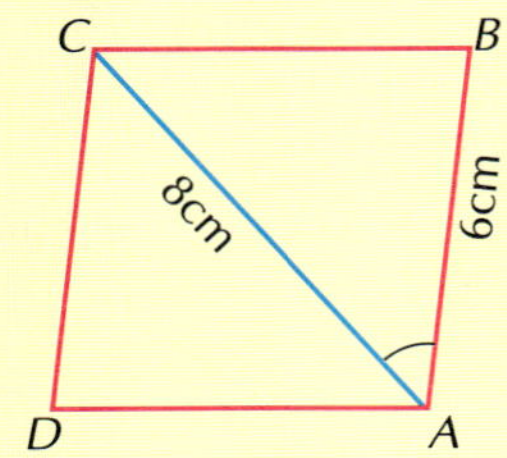

2. In una circonferenza di raggio 15cm è inscritto un triangolo isoscele avente l'angolo al vertice di 25°. Vogliamo calcolare il perimetro e l'area del triangolo.

Con riferimento alla ***figura 41***, l'angolo di vertice *A* misura 25°, mentre gli angoli alla base del triangolo misurano ciascuno $\frac{180° - 25°}{2} = 77{,}5°$.

Applicando il teorema della corda possiamo dunque calcolare le misure dei lati del triangolo (valori approssimati a meno di 0,01):

- $\overline{BC} = 2r \sin \alpha = 30 \sin 25° = 12{,}68$
- $\overline{AB} = \overline{AC} = 2r \sin \beta = 30 \sin 77{,}5° = 29{,}29$

Il perimetro del triangolo è quindi uguale a: $12{,}68 + 2 \cdot 29{,}29 = 71{,}26\text{cm}$

Per calcolare l'area del triangolo applichiamo la formula: $S = \frac{1}{2} \cdot 29{,}29 \cdot 29{,}29 \cdot \sin 25° = 181{,}28$

Figura 41

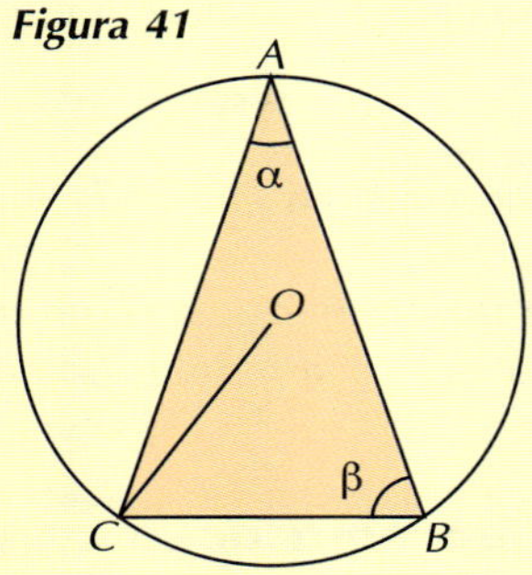

ESERCIZI E PROBLEMI pag. 574

5 I TRIANGOLI QUALSIASI

Con i teoremi sui triangoli rettangoli possiamo risolvere molti problemi, ma non tutti. Supponiamo, per esempio, di conoscere le misure dei lati di un triangolo (***figura 42***) e di voler trovare quelle degli angoli. Per poter applicare i teoremi sui triangoli rettangoli dobbiamo tracciare le altezze, ma anche in questo modo non riusciamo a trovare quello che vogliamo (osserva la ***figura 43*** di pagina seguente).

Dobbiamo allora trovare altre relazioni che leghino i lati e le funzioni goniometriche degli angoli di un triangolo qualsiasi.

Figura 42

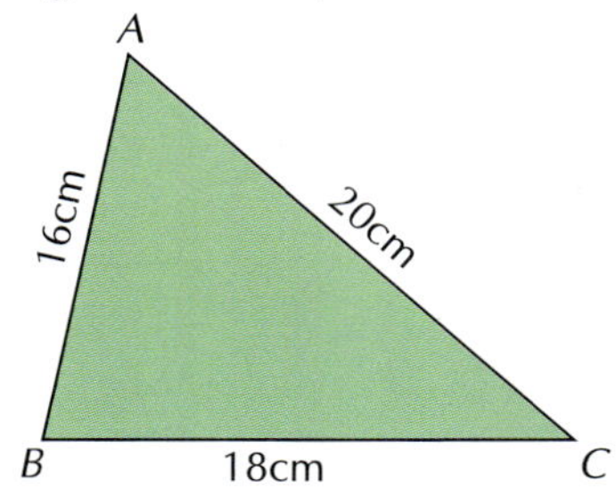

Figura 43

Dati calcolabili:

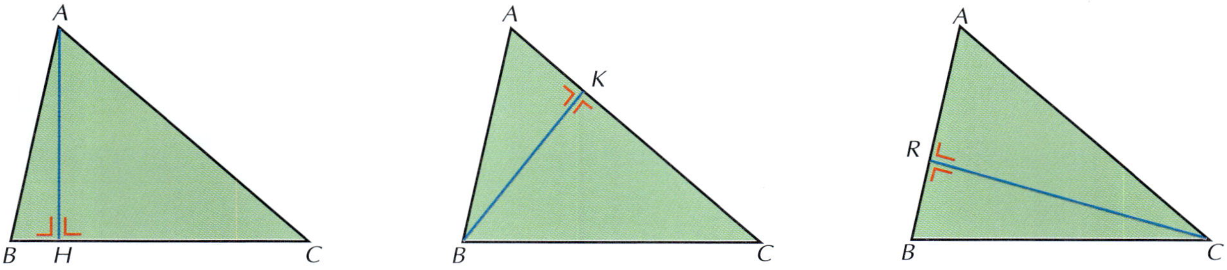

- tracciando *AH*, nessuno
- tracciando *BK*, nessuno
- tracciando *RC*, nessuno

Nel seguito, dato un triangolo *ABC*, adotteremo la convenzione di indicare con a la misura del lato opposto al vertice A, con b quella del lato opposto al vertice B, con c quella del lato opposto al vertice C; l'ampiezza dell'angolo di vertice A verrà indicata con α, quella dell'angolo di vertice B con β, quella dell'angolo di vertice C con γ come illustrato in ***figura 44***.

Figura 44

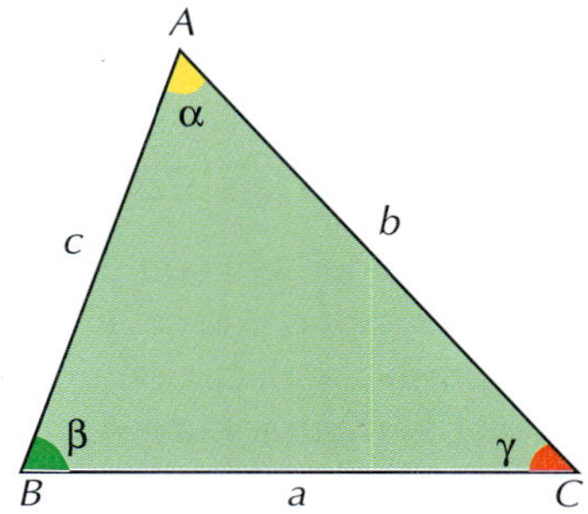

Il teorema dei seni

Consideriamo un triangolo qualsiasi e cerchiamo di scoprire se esistono delle relazioni fra i suoi lati ed i suoi angoli. Sicuramente possiamo inscrivere tale triangolo in una circonferenza: basta tracciare gli assi dei suoi lati per individuarne il centro, il raggio è poi il segmento che unisce il centro con uno qualunque dei vertici del triangolo.
In tale situazione possiamo allora utilizzare il teorema della corda; infatti l'angolo α è uno degli angoli alla circonferenza che insistono sul lato di misura a, l'angolo β insiste sul lato di misura b e l'angolo γ insiste sul lato di misura c (***figura 45***). Possiamo quindi scrivere che:

Figura 45

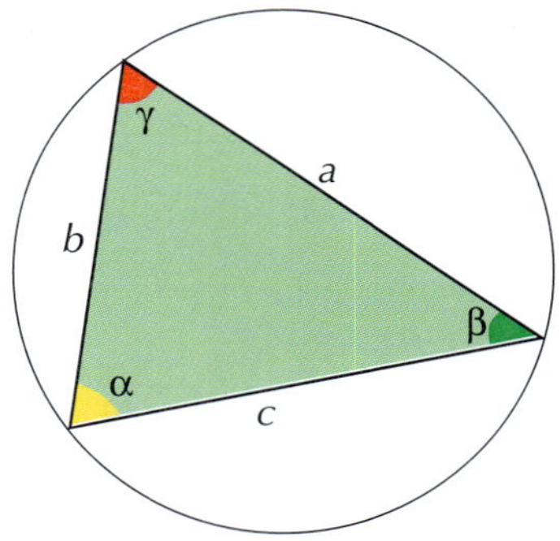

- $a = 2r \sin\alpha$ cioè $\dfrac{a}{\sin\alpha} = 2r$
- $b = 2r \sin\beta$ cioè $\dfrac{b}{\sin\beta} = 2r$
- $c = 2r \sin\gamma$ cioè $\dfrac{c}{\sin\gamma} = 2r$

Le ultime relazioni scritte indicano che, in un triangolo, è costante il rapporto fra un lato ed il seno dell'angolo opposto e che tale rapporto è uguale alla misura del diametro della circonferenza circoscritta al triangolo. Uguagliando tali rapporti otteniamo

$$\frac{a}{\sin\alpha} = \frac{b}{\sin\beta} = \frac{c}{\sin\gamma} = 2r$$

Possiamo quindi enunciare il seguente teorema.

Teorema (dei seni). In ogni triangolo i lati sono proporzionali ai seni degli angoli opposti.

Questo teorema ci consente di risolvere in modo semplice alcuni problemi relativi ai triangoli e alle figure che ad essi si possono ricondurre. Consideriamo ad esempio il parallelogramma di ***figura 46*** su cui si hanno le seguenti informazioni: $AB = 28\text{cm}$, $\widehat{ADB} = 60°$, $\widehat{DBA} = 45°$. Vogliamo calcolare il suo perimetro.

Per risolvere il problema è sufficiente calcolare la misura di AD; a questo scopo possiamo applicare il teorema dei seni al triangolo ABD:

$$\frac{\overline{AB}}{\sin 60°} = \frac{\overline{AD}}{\sin 45°}$$

da cui ricaviamo che $\overline{AD} = \dfrac{\overline{AB} \cdot \sin 45°}{\sin 60°} = \dfrac{28 \cdot \dfrac{\sqrt{2}}{2}}{\dfrac{\sqrt{3}}{2}} = \dfrac{28}{3}\sqrt{6} \approx 22{,}86\text{cm}.$

Il perimetro del parallelogramma è quindi

$$2p = 2(28 + 22{,}86) = 101{,}72$$

Figura 46

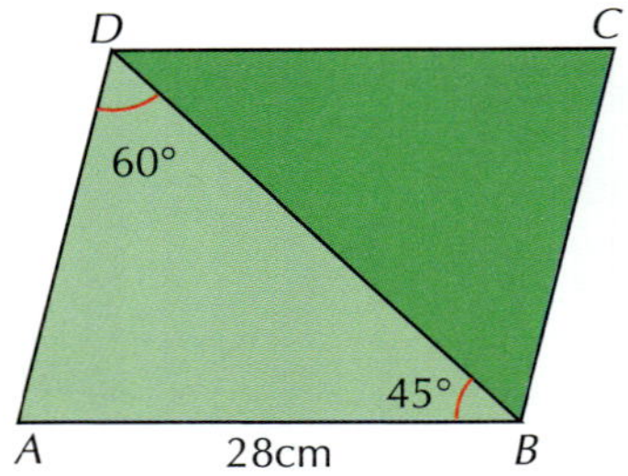

Il teorema di Carnot

Il teorema dei seni non è sufficiente a risolvere un triangolo in tutte le situazioni che si possono presentare; per esempio, quando sono noti due lati e l'angolo compreso l'applicazione del teorema dei seni non porta alla risoluzione del triangolo (***figura 47a***).

In casi come questo si ricorre ad un teorema che si può dedurre dai teoremi sui triangoli rettangoli. Consideriamo ancora il triangolo di ***figura 47b*** e, dal vertice A, tracciamo l'altezza relativa al lato BC. Procediamo adesso in questo modo:

- troviamo la misura di AH e di CH applicando il primo teorema sui triangoli rettangoli al triangolo ACH:

  $\overline{AH} = \overline{AC} \sin 40° = 10 \sin 40° = 6{,}43$

  $\overline{CH} = \overline{AC} \cos 40° = 10 \cos 40° = 7{,}66$

- troviamo la misura di HB per differenza: $\overline{HB} = 12 - 7{,}66 = 4{,}34$
- troviamo la misura di AB applicando il teorema di Pitagora al triangolo AHB:

  $\overline{AB} = \sqrt{6{,}43^2 + 4{,}34^2} = 7{,}76$

Figura 47

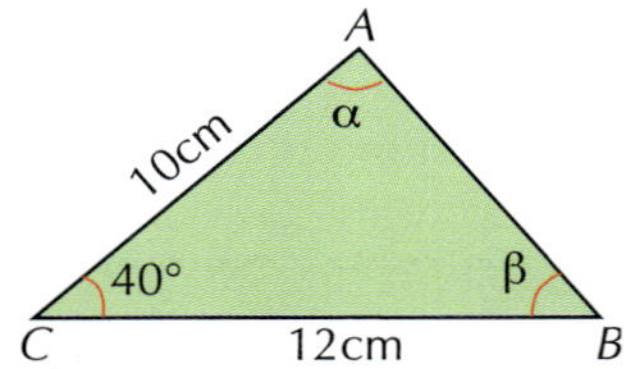

a.

$\dfrac{BC}{\sin\alpha} = \dfrac{AC}{\sin\beta}$ incognite α e β

$\dfrac{BC}{\sin\alpha} = \dfrac{AB}{\sin\gamma}$ incognite AB e α

$\dfrac{AB}{\sin\gamma} = \dfrac{AC}{\sin\beta}$ incognite AB e β

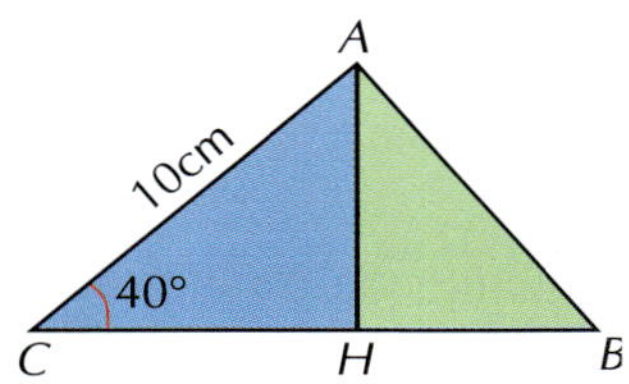

b.

Se adesso indichiamo con a la misura del lato BC, con b la misura del lato AC, con c la misura del lato AB e con γ la misura dell'angolo di vertice C del triangolo, possiamo generalizzare la procedura (***figura 48***):

- triangolo ACH: $\overline{AH} = b \sin\gamma$ $\qquad \overline{CH} = b\cos\gamma$
- misura di HB per differenza: $\overline{HB} = a - b\cos\gamma$
- misura di AB col teorema di Pitagora:

  $c = \sqrt{\overline{AH}^2 + \overline{HB}^2} = \sqrt{(b\sin\gamma)^2 + (a - b\cos\gamma)^2}$

Elevando al quadrato entrambi i membri e sviluppando i calcoli troviamo la seguente relazione

$$c^2 = a^2 + b^2 - 2ab\cos\gamma$$

Figura 48

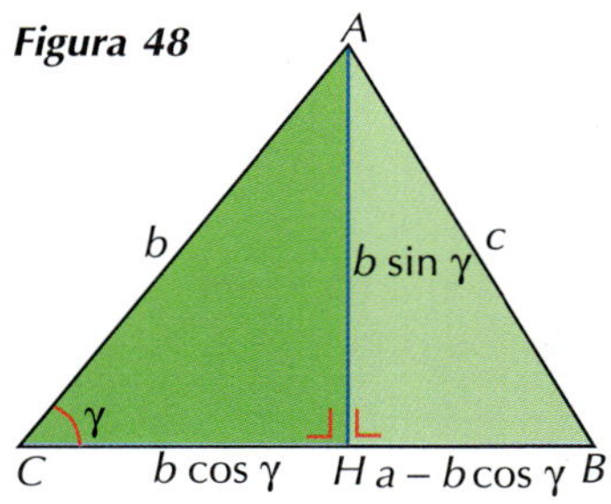

che costituisce un nuovo teorema che possiamo così enunciare.

Teorema (di Carnot). In ogni triangolo, il quadrato della misura di un lato è uguale alla somma dei quadrati delle misure degli altri due lati, diminuita del loro doppio prodotto moltiplicato per il coseno dell'angolo fra essi compreso. In simboli

$$a^2 = b^2 + c^2 - 2bc \cos \alpha$$

$$b^2 = a^2 + c^2 - 2ac \cos \beta$$

$$c^2 = a^2 + b^2 - 2ab \cos \gamma$$

Questo teorema è anche noto come **teorema del coseno** perché coinvolge questa funzione goniometrica.
Anche se lo abbiamo ricavato ragionando su un triangolo acutangolo, si dimostra che il teorema vale per qualsiasi tipo di triangolo.
Applichiamolo quindi direttamente al triangolo di ***figura 47b*** per trovare $\overline{AB}$:

$$\overline{AB}^2 = 10^2 + 12^2 - 2 \cdot 10 \cdot 12 \cdot \cos 40° = 100 + 144 - 240 \cos 40° = 60{,}15$$

cioè

$$\overline{AB} = \sqrt{60{,}15} = 7{,}76$$

Approfondimento
La risoluzione dei triangoli

ESERCIZI E PROBLEMI **pag. 580**

6 PROBLEMI APPLICATIVI

I metodi di risoluzione dei triangoli si possono applicare a situazioni concrete di diversa natura; di seguito presentiamo qualche esempio significativo.

I Problema.

Un corpo scivola senza attrito lungo un piano inclinato di lunghezza 300m e arriva in fondo con una velocità di $v = 30$m/s. Vogliamo determinare l'inclinazione del piano rispetto a quello orizzontale.

Il modello geometrico del problema è un triangolo rettangolo come quello in ***figura 49*** di cui conosciamo, per il momento, solo l'ipotenusa e di cui vogliamo determinare l'angolo β.
Sappiamo che la velocità finale di un corpo che scivola lungo un piano inclinato è data, in assenza di attrito, dalla relazione

$$v = \sqrt{2gh}$$

dove h rappresenta l'altezza del piano e g è l'accelerazione gravitazionale.

Figura 49

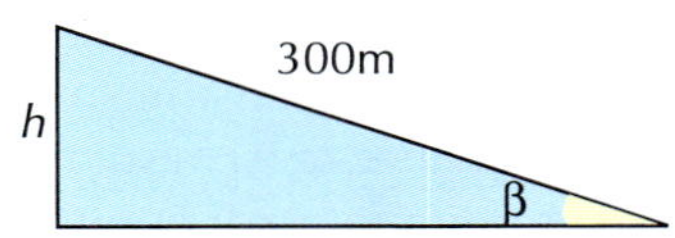

Poiché $v = 30$m/s possiamo scrivere l'equazione

$$30 = \sqrt{2 \cdot 9{,}8 \cdot h} \qquad \text{da cui} \qquad h = 45{,}92\text{m}$$

Del triangolo rettangolo modello del problema conosciamo ora l'ipotenusa e il cateto opposto all'angolo che vogliamo determinare; applicando allora il primo dei teoremi sui triangoli rettangoli otteniamo

$$\sin \beta = \frac{45{,}92}{300} \qquad \text{da cui} \qquad \beta = 8°48'17''$$

II Problema.

Si devono collegare due località A e B, che si trovano ai due lati opposti di una montagna, con una galleria rettilinea. Per poter valutare i costi dell'opera, si vuole sapere quanto sarà lunga la galleria.

Figura 50

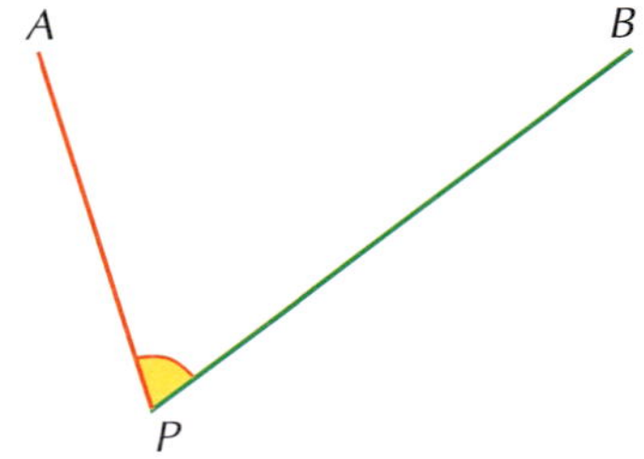

Schematizziamo la situazione come in ***figura 50***. Scegliamo un punto P dal quale sia possibile accedere alle due località in modo da poter misurare le lunghezze di PA e PB. Con un un goniometro ottico misuriamo l'angolo $\widehat{APB}$.
La risoluzione del problema è ricondotta allora alla determinazione del lato AB del triangolo APB, conoscendone gli altri due lati e l'angolo fra essi compreso.
Supponiamo dunque che le misurazioni abbiano fornito i seguenti dati:

$$PA = 860\text{m} \qquad PB = 1\,250\text{m} \qquad \widehat{APB} = 68°20'37''$$

Possiamo calcolare la misura di AB e quindi la lunghezza della galleria applicando il teorema di Carnot

$$\overline{AB}^2 = \overline{AP}^2 + \overline{PB}^2 - 2 \cdot \overline{AP} \cdot \overline{PB} \cdot \cos \widehat{APB}$$

da cui

$$\overline{AB} = \sqrt{860^2 + 1250^2 - 2 \cdot 860 \cdot 1250 \cdot \cos 68°20'37''} = 1228{,}2773$$

La galleria sarà lunga circa 1228m.

7 I VETTORI

7.1 Grandezze scalari e grandezze vettoriali

In Fisica si lavora con due tipi di grandezze: le **grandezze scalari** e le **grandezze vettoriali**.

GRANDEZZE SCALARI

Le **grandezze scalari** sono quelle grandezze che sono individuate in modo completo da un numero, il quale esprime la misura della grandezza rispetto all'unità prefissata.

Sono per esempio grandezze scalari il tempo (si misura in secondi con i suoi multipli), la massa (si misura in chilogrammi, con i suoi multipli e sottomultipli), la lunghezza (si misura in metri, con i suoi multipli e sottomultipli), l'angolo (si misura in gradi oppure in radianti).
Parlando con un collega di lavoro che ci chiede quante ore abbiamo impiegato ad arrivare in ufficio quella mattina, basta rispondere con un numero, per esempio 2; il numero 2 identifica in modo unico la grandezza scalare *tempo*.

Operare con le grandezze scalari non comporta alcuna difficoltà perché si tratta di operare con i numeri reali:

- se a una lunghezza di 5 metri aggiungiamo una lunghezza di 7,2 metri otteniamo una lunghezza di 12,2 metri;
- dell'appartamento del nostro amico, che è grande il doppio del nostro che è di 120 metri quadrati, possiamo dire che è di 240 metri quadrati.

Non aggiungiamo quindi altro sulle operazioni con le grandezze scalari.

Altre grandezze fisiche, per poter essere descritte, necessitano di un numero maggiore di informazioni; per esempio, se dobbiamo indicare uno spostamento, non basta dire "Mi sono spostato di tre metri", dobbiamo anche indicare in quale direzione e verso ci siamo mossi.
Grandezze come quella di questo esempio si dicono vettoriali.

GRANDEZZE VETTORIALI

Le **grandezze vettoriali** sono quelle grandezze che sono individuate da tre caratteristiche:

- una **direzione**, che indica la retta lungo cui agisce la grandezza
- un **verso**, determinato dal senso di percorrenza della retta che rappresenta la direzione
- una **intensità** o **modulo**, che è il valore numerico che esprime la misura della grandezza rispetto a una certa unità.

Altri esempi di grandezze vettoriali oltre agli spostamenti sono la velocità e l'accelerazione.

Per rappresentare una grandezza vettoriale si usa un **vettore**.
Un vettore si rappresenta mediante un segmento orientato e si indica di solito con una lettera minuscola cui viene sovrapposta una freccia (***figura 51***):

$$\vec{v} \qquad \vec{s} \qquad \vec{a}$$

Il modulo di un vettore si indica con la stessa lettera senza la freccia:

$$v \qquad s \qquad a$$

Un vettore è **nullo** se il segmento orientato che lo rappresenta ha il primo estremo che coincide con il secondo; la direzione e il verso di un vettore nullo sono necessariamente arbitrari. Il vettore nullo si indica con il simbolo $\vec{0}$ e il suo modulo è uguale a zero.

Figura 51

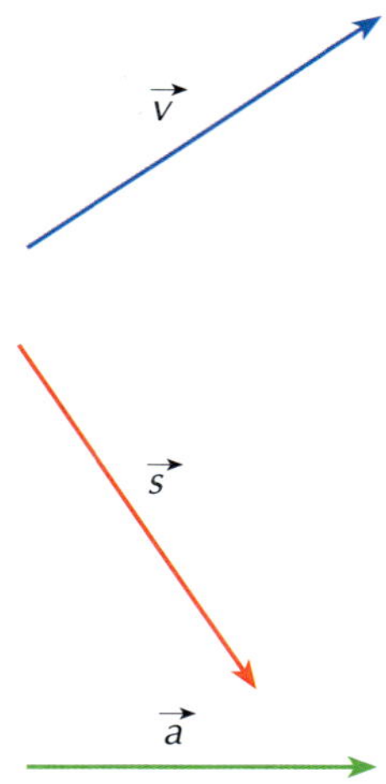

Se due vettori hanno la stessa direzione e lo stesso modulo ma versi opposti, diremo che sono **opposti** (***figura 52***). L'opposto di un vettore $\vec{v}$ si indica con $-\vec{v}$.

Figura 52

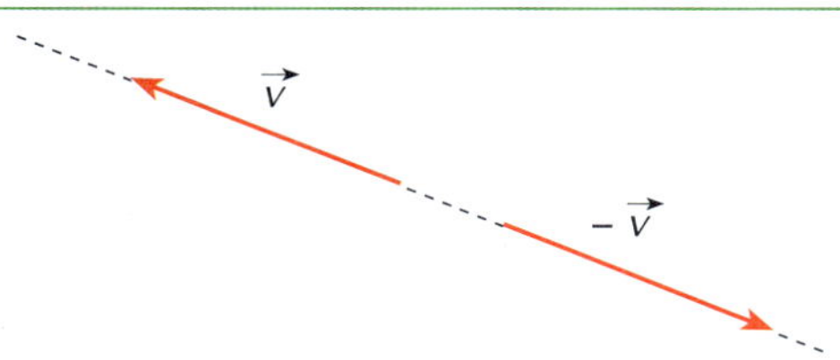

Le grandezze vettoriali si possono sommare e sottrarre, fra esse si possono anche eseguire dei prodotti, ma le regole sono diverse rispetto a quelle delle operazioni con i numeri.

Per esempio, consideriamo un oggetto che si sposta da un punto A a un punto B e poi da B a un punto C (***figura 53***):

- lo spostamento corrispondente al tratto AB si può descrivere con il vettore $\vec{a}$, supponiamo di modulo 4,
- lo spostamento corrispondente al tratto BC si può descrivere con il vettore $\vec{b}$, supponiamo di modulo 3,
- lo spostamento complessivo, corrispondente al tratto AC, è descritto dal vettore $\vec{c}$ che si può considerare la somma dei due spostamenti $\vec{a}$ e $\vec{b}$:

$$\vec{c} = \vec{a} + \vec{b}$$

Non possiamo però dire che il vettore $\vec{c}$ ha come modulo la somma dei moduli di $\vec{a}$ e $\vec{b}$: il modulo di $\vec{c}$ non è uguale a $4 + 3 = 7$.
Per le operazioni con le grandezze vettoriali è necessario introdurre altre regole.

Figura 53

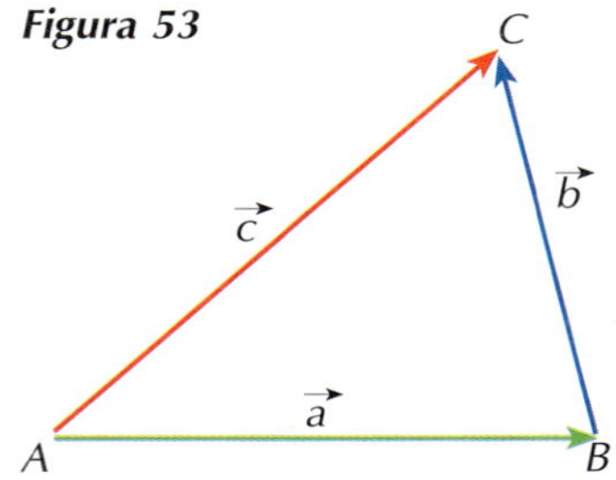

7.2 Le operazioni con i vettori

L'addizione

Dati due vettori $\vec{a}$ e $\vec{b}$, si definisce loro **somma** il vettore $\vec{c}$ che si ottiene con la seguente regola:

- si dispongono i due vettori in modo che $\vec{b}$ sia consecutivo ad $\vec{a}$
- si considera il vettore $\vec{c}$ che ha come origine l'origine di $\vec{a}$ e come secondo estremo l'estremo di $\vec{b}$.

Di $\vec{c}$ si dice che è il **vettore risultante** della somma $\vec{a} + \vec{b}$.

Questa regola è nota con il nome di ***punta-coda*** *perché il secondo vettore ha la coda dove il primo ha la punta.*

In ***figura 54*** abbiamo evidenziato i casi che si possono presentare.

Figura 54

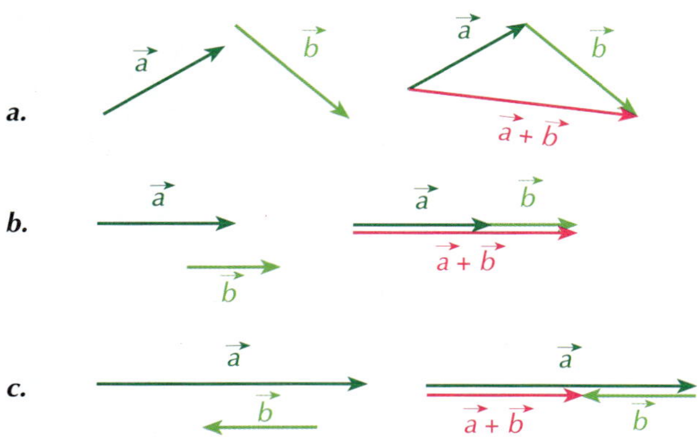

ANIMAZIONE

Approfondimento
Le proprietà dell'addizione tra vettori

La sottrazione

Dati due vettori $\vec{a}$ e $\vec{b}$, si dice loro **differenza** il vettore $\vec{c}$ che si ottiene sommando $\vec{a}$ con l'opposto di $\vec{b}$.

In ***figura 55*** puoi vedere qualche esempio.

Figura 55

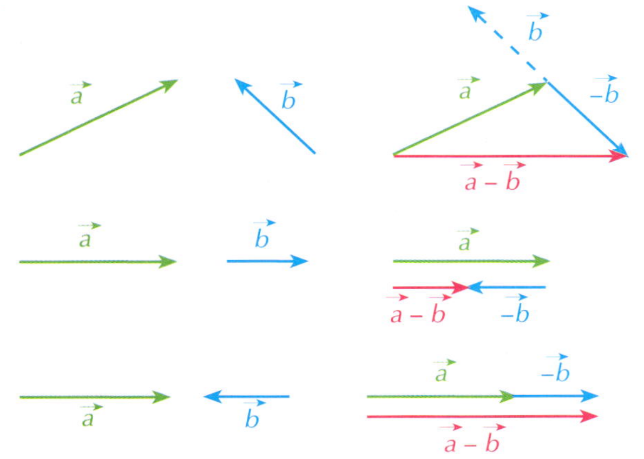

ANIMAZIONE

LA SOMMA E LA DIFFERENZA CON LA REGOLA DEL PARALLELOGRAMMA

Le definizioni date di somma e differenza di due vettori $\vec{a}$ e $\vec{b}$, che costituiscono anche un procedimento per determinarle, equivalgono a quella che solitamente viene indicata come "regola del parallelogramma".
Disegnati i due vettori in modo che le loro origini coincidano in un punto O, si costruisce il parallelogramma che ha per lati i due vettori (***figura 56a***): la loro somma è la diagonale uscente da O, la loro differenza è l'altra diagonale (orientata verso il primo termine della sottrazione) (***figura 56b***).

Figura 56

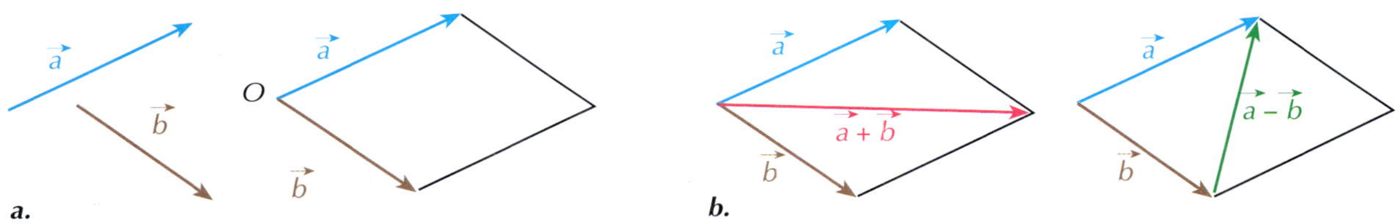

La moltiplicazione per uno scalare

Consideriamo un vettore $\vec{a}$ e un numero reale k non nullo (uno scalare); si dice **prodotto di $\vec{a}$ per k**, e si indica con $k \cdot \vec{a}$, il vettore che ha

- la stessa direzione di $\vec{a}$
- lo stesso verso di $\vec{a}$ se è $k > 0$, verso opposto ad $\vec{a}$ se è $k < 0$
- modulo che si ottiene moltiplicando il modulo di $\vec{a}$ per il valore assoluto di k.

Se è $k = 0$ il prodotto $k \cdot \vec{a}$ è il vettore nullo.

Figura 57

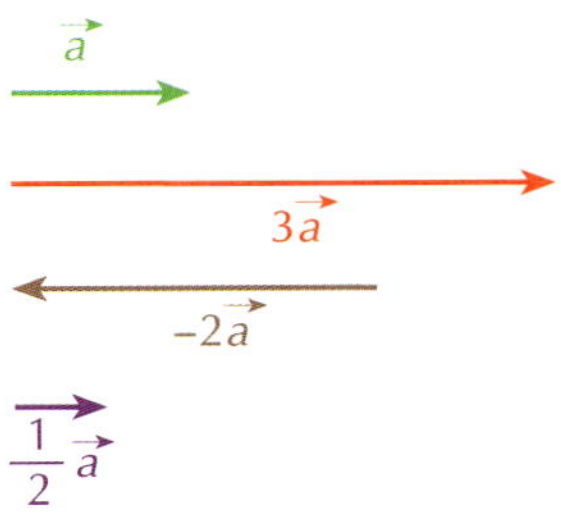

In ***figura 57*** puoi vedere qualche esempio.

In particolare, ogni vettore $\vec{v}$ può essere visto come il prodotto del suo modulo v per il vettore unitario $\vec{u}$ che ha la stessa direzione e lo stesso verso di $\vec{v}$: $\vec{v} = v \cdot \vec{u}$.

*Un vettore di modulo uguale a 1 si dice anche **versore**.*

Approfondimento
Le proprietà della moltiplicazione di un vettore per uno scalare

La scomposizione di un vettore

Ogni vettore può essere considerato come la risultante di altri due vettori di cui sono note le direzioni.
Supponiamo che il vettore $\vec{v}$ in ***figura 58*** sia il vettore risultante di altri due vettori $\vec{r}$ e $\vec{s}$ di cui sono note le direzioni (rappresentate dalle rette r e s nella ***figura 58a***). I due vettori $\vec{r}$ e $\vec{s}$ si ottengono applicando in senso inverso la regola del parallelogramma:

- si tracciano dal secondo estremo del vettore $\vec{v}$ le parallele alle direzioni r e s (***figura 58b***)
- individuati gli altri due vertici del parallelogramma, si tracciano i vettori $\vec{r}$ e $\vec{s}$ uscenti da O (***figura 58c***).

Dei due vettori $\vec{r}$ e $\vec{s}$ si dice che sono le **componenti del vettore** $\vec{v}$ lungo le direzioni prescelte.

Figura 58

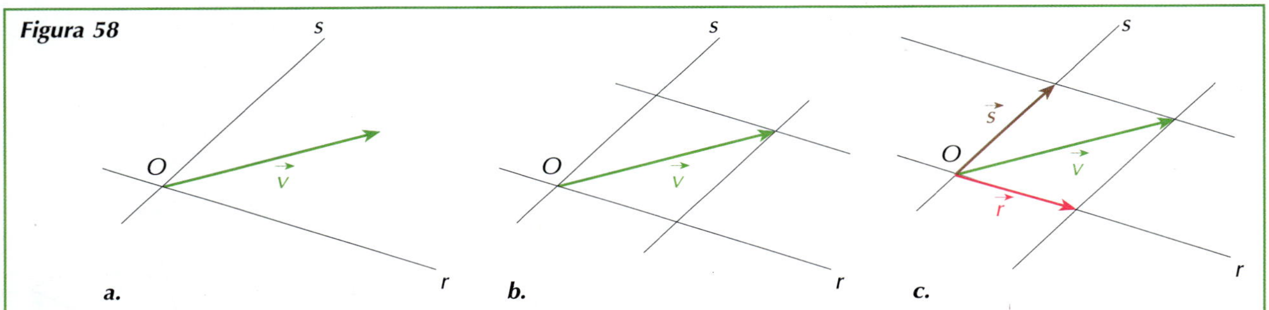

ESERCIZI E PROBLEMI pag. 581

8 I VETTORI NEL PIANO CARTESIANO E LA TRIGONOMETRIA

Vettori uscenti dall'origine

Per come lo abbiamo definito, si può sempre supporre che un vettore $\vec{v}$ nel piano cartesiano sia rappresentato da un segmento orientato che ha la sua origine nell'origine O degli assi. In tal caso, esso può essere scomposto nei due vettori $\vec{v}_x$ e $\vec{v}_y$ che hanno per direzioni rispettivamente l'asse x e l'asse y (***figura 59***) e risulta quindi che $\vec{v} = \vec{v}_x + \vec{v}_y$.

Figura 59

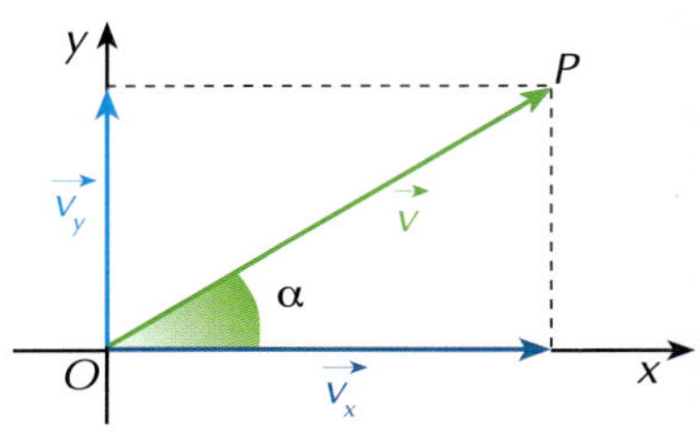

Si conviene di associare al modulo dei vettori $\vec{v}_x$ e $\vec{v}_y$ un segno positivo se essi giacciono sui semiassi positivi delle ascisse e delle ordinate, un segno negativo se essi giacciono sui semiassi negativi. In questo modo, il modulo del vettore $\vec{v}_x$ è semplicemente l'ascissa del punto P, secondo estremo del vettore $\vec{v}$, il modulo del vettore $\vec{v}_y$ è l'ordinata del punto P.
Per indicare che v_x e v_y sono i moduli delle componenti del vettore $\vec{v}$ lungo gli assi cartesiani si scrive, con una notazione già usata a proposito delle traslazioni:

$$\vec{v}(v_x, v_y)$$

Per esempio, il vettore $\vec{v}(3, -2)$ è rappresentato in ***figura 60***.

Figura 60

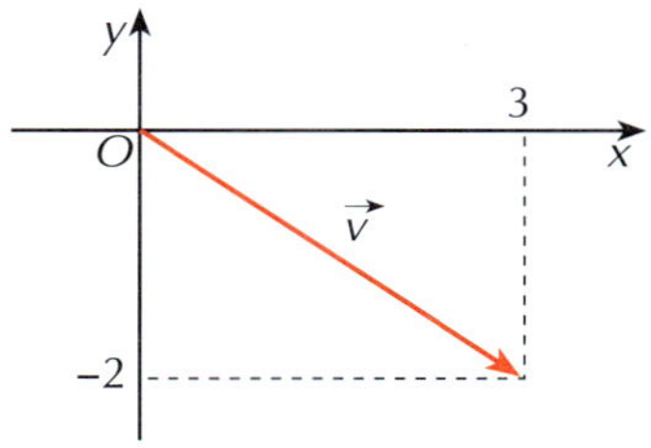

Se ora indichiamo con α l'angolo orientato che il vettore forma con la direzione positiva dell'asse delle ascisse, fra i moduli v_x e v_y delle componenti cartesiane del vettore $\vec{v}$ e il modulo di $\vec{v}$ stesso sussistono le seguenti relazioni che si possono ricavare dai teoremi sui triangoli rettangoli visti nei precedenti paragrafi (fai ancora riferimento alla ***figura 59***):

$$v_x = v \cos\alpha \qquad\qquad v_y = v \sin\alpha$$

Queste relazioni valgono per qualunque vettore $\vec{v}$; il segno di v_x e v_y risulta dai valori di $\sin\alpha$ e $\cos\alpha$ che sono entrambi positivi per un angolo acuto ma possono essere negativi per altri angoli, come puoi vedere negli esempi successivi.

Inoltre, applicando il teorema di Pitagora si ha che: $v = \sqrt{v_x^2 + v_y^2}$.

Per esempio:

- se il vettore $\vec{v}$ ha modulo 10 e forma un angolo di 60° con la direzione positiva dell'asse x, le sue componenti sono (***figura 61a***):

  $$v_x = 10 \cos 60° = 10 \cdot \frac{1}{2} = 5$$

  $$v_y = 10 \sin 60° = 10 \cdot \frac{\sqrt{3}}{2} = 5\sqrt{3}$$

- se $\vec{v}(-1, \sqrt{2})$, allora $v_x = -1$, $v_y = \sqrt{2}$ ed è (***figura 61b***):

  $$v = \sqrt{(-1)^2 + (\sqrt{2})^2} = \sqrt{1+2} = \sqrt{3}$$

  Per trovare l'angolo α, che è un angolo ottuso, possiamo riferirci al triangolo OAH, del quale conosciamo le misure dei lati, e trovare dapprima l'angolo acuto β applicando i teoremi di trigonometria:

  $$\text{poiché} \quad \overline{AH} = \overline{OH} \tan\beta \quad \text{allora} \quad \tan\beta = \frac{\overline{AH}}{\overline{OH}} = \sqrt{2}$$

  Con l'aiuto della calcolatrice ricaviamo che $\beta = 54°44'8''$ e quindi α, che è il supplementare di β è dato da:

  $$\alpha = 180° - 54°44'8'' = 125°15'52''$$

Figura 61

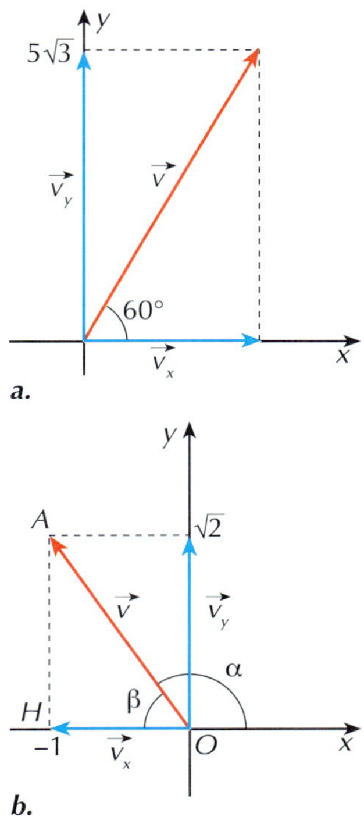

Approfondimento
Vettori mediante le coordinate degli estremi

VIDEO RECUPERO

ESEMPI

1. Dato il vettore $\vec{v}(3, -\sqrt{3})$, calcoliamo il suo modulo e l'angolo che esso forma con la direzione positiva dell'asse delle ascisse.

Considerando il vettore che ha origine in O, abbiamo che (***figura 62***)

$$v = \sqrt{9+3} = \sqrt{12} = 2\sqrt{3}$$

Lavorando sul triangolo OAH ricaviamo che:

$$\overline{AH} = \overline{OH} \tan\alpha \quad \text{cioè} \quad \tan\alpha = \frac{\overline{AH}}{\overline{OH}} = \frac{\sqrt{3}}{3}$$

L'angolo α è quindi di 30°.

Considerando l'orientamento di quest'angolo, possiamo dire che il vettore $\vec{v}$ forma un angolo di −30° con la direzione positiva dell'asse x.

Figura 62

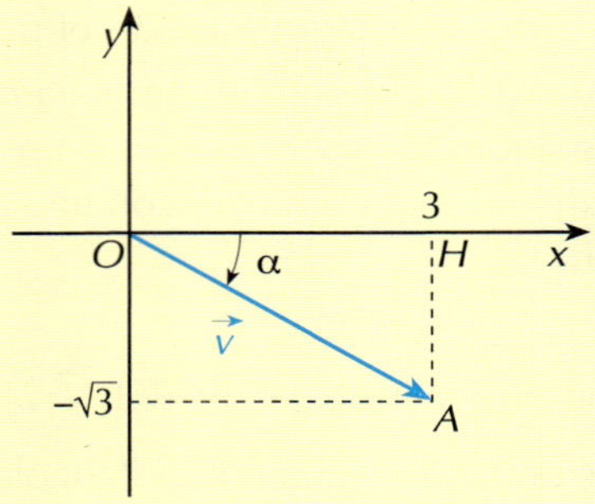

2. Un vettore $\vec{v}$ uscente dall'origine e di modulo 3 forma con la direzione positiva dell'asse delle ascisse un angolo di 120°. Vogliamo determinare le sue componenti cartesiane.

Dalle relazioni della trigonometria ricaviamo subito che (***figura 63***)

$$x = v \cdot \cos 120° = 3 \cdot \left(-\frac{1}{2}\right) = -\frac{3}{2}$$

$$y = v \cdot \sin 120° = 3 \cdot \frac{\sqrt{3}}{2} = \frac{3\sqrt{3}}{2}$$

Quindi $\vec{v}\left(-\frac{3}{2}, \frac{3\sqrt{3}}{2}\right)$.

Figura 63

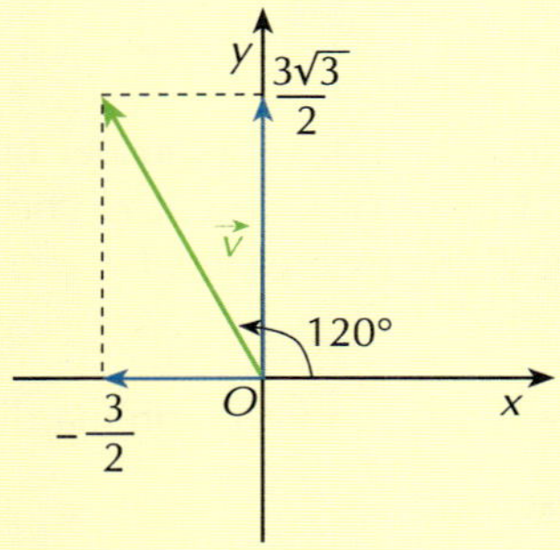

Le operazioni con i vettori nel piano cartesiano

Sommare o sottrarre due vettori diventa molto semplice se questi sono dati mediante le loro componenti cartesiane.

- Con riferimento alla ***figura 64*** a lato, osserviamo che, essendo $OA \cong CB$, perché lati opposti di un parallelogramma, anche le loro proiezioni sugli assi cartesiani sono congruenti; si ha quindi che dati $\vec{r}(r_x, r_y)$ e $\vec{s}(s_x, s_y)$ allora

$$\vec{v} = \vec{r} + \vec{s} = (r_x + s_x, r_y + s_y)$$

cioè **il vettore somma ha per componenti la somma delle componenti dei due vettori addendi.**

Figura 64

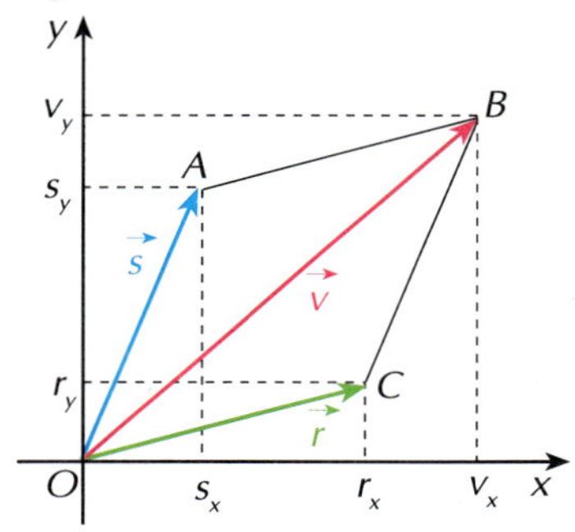

- Analogamente per la sottrazione (***figura 65***), tenendo anche conto che sottrarre due vettori significa sommare il primo con l'opposto del secondo, si ha che dati $\vec{r}(r_x, r_y)$ e $\vec{s}(s_x, s_y)$ allora

$$\vec{v} = \vec{r} - \vec{s} = (r_x - s_x, r_y - s_y)$$

cioè **il vettore differenza ha per componenti la differenza delle componenti dei due vettori dati.**

Figura 65

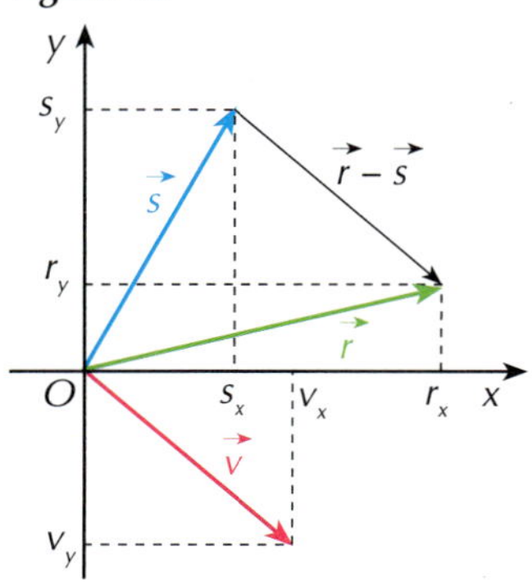

- Per la moltiplicazione con uno scalare (***figura 66***) dati $\vec{r}(r_x, r_y)$ e $k \in R$ allora

$$\vec{v} = k\vec{r} = (kr_x, kr_y)$$

Osserviamo ora che, moltiplicando un vettore $\vec{r}$ per uno scalare, si ottiene un vettore $\vec{v}$ che è parallelo a $\vec{r}$; i due vettori infatti, per come abbiamo definito il prodotto (rivedi il paragrafo 7.2) hanno la stessa direzione.

Possiamo quindi concludere che **due vettori che hanno le coordinate proporzionali sono paralleli**; viceversa, se i due vettori sono paralleli, le loro coordinate sono proporzionali.

Figura 66

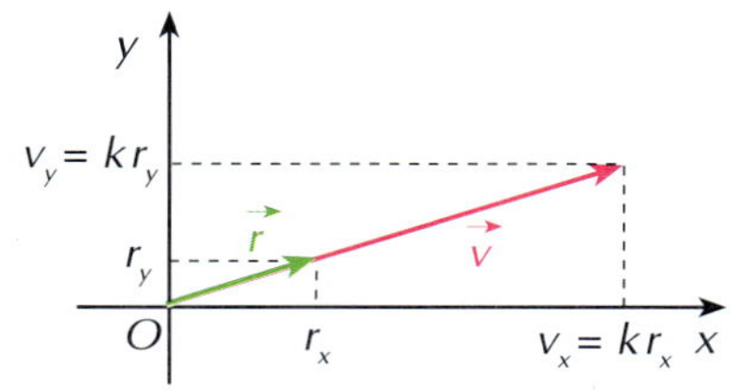

ESEMPI

1. Dati i due vettori $\vec{r}(3,2)$ e $\vec{s}(-2,1)$, calcoliamo la loro somma e la loro differenza.

Abbiamo subito (***figura 67***)

$$\vec{r} + \vec{s} = (3 - 2, 2 + 1) = (1,3)$$

$$\vec{r} - \vec{s} = (3 + 2, 2 - 1) = (5,1)$$

Figura 67

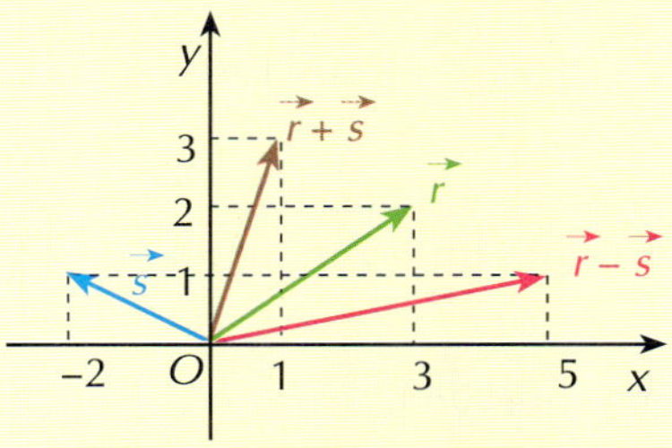

2. Dati i vettori $\vec{r}(-3, -1)$ e $\vec{s}(2, -4)$ calcoliamo il vettore $\vec{v} = 2\vec{r} - 5\vec{s}$.

Applichiamo le regole

$$v_x = 2 \cdot (-3) - 5 \cdot 2 = -16$$

$$v_y = 2 \cdot (-1) - 5 \cdot (-4) = 18$$

Si ha dunque che $\vec{v}(-16, 18)$.

ulteriori esempi

Approfondimento
I vettori nello spazio

ESERCIZI E PROBLEMI pag. 583

9 LE APPLICAZIONI ALLA FISICA

Il prodotto tra vettori

Oltre alle operazioni di addizione e sottrazione tra vettori e di moltiplicazione di un vettore per uno scalare, in Fisica si definiscono anche due tipi di prodotto tra vettori: il **prodotto scalare**, il cui risultato è uno scalare, e il **prodotto vettoriale**, il cui risultato è un vettore.

IL PRODOTTO SCALARE

Il **prodotto scalare** di due vettori $\vec{a}$ e $\vec{b}$ si indica con il simbolo $\vec{a} \cdot \vec{b}$; esso è uno scalare (quindi un numero) che, indicato con α l'angolo formato dai due vettori, si definisce in questo modo (***figura 68***)

$$\vec{a} \cdot \vec{b} = ab \cos \alpha$$

Figura 68

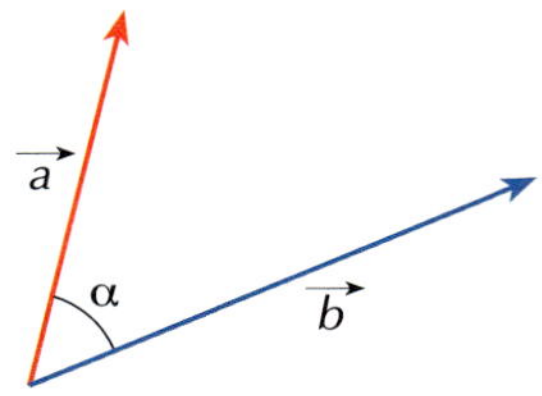

Per esempio:

- se il modulo di $\vec{a}$ è 4, il modulo di $\vec{b}$ è 6 e i due vettori formano un angolo α di 45°, allora

  $$\vec{a} \cdot \vec{b} = 4 \cdot 6 \cdot \cos 45° = 24 \cdot \frac{\sqrt{2}}{2} = 12\sqrt{2}$$

- se il modulo di $\vec{a}$ è $\frac{1}{2}$, il modulo di $\vec{b}$ è 8 e i due vettori formano un angolo α di 120°, allora

  $$\vec{a} \cdot \vec{b} = \frac{1}{2} \cdot 8 \cdot \cos 120° = 4 \cdot \left(-\frac{1}{2}\right) = -2.$$

Il prodotto scalare viene usato in Fisica in diverse occasioni, per esempio per il calcolo di un lavoro, come puoi vedere in uno dei problemi successivi.

IL PRODOTTO VETTORIALE

Dati due vettori $\vec{a}$ e $\vec{b}$ e indicato con α l'angolo da essi formato, il loro **prodotto vettoriale** si indica con il simbolo $\vec{a} \times \vec{b}$; esso è un vettore $\vec{c}$ che ha:

- modulo dato dall'espressione $c = ab \sin \alpha$
- direzione perpendicolare al piano definito dai due vettori $\vec{a}$ e $\vec{b}$
- verso stabilito dalla regola della mano destra.

ANIMAZIONE

In base a questa regola il verso del vettore risultante si calcola usando le dita della mano destra (osserva la ***figura 69***):

- si punta il pollice nella direzione del primo vettore (il vettore $\vec{a}$)
- si puntano le altre dita nella direzione del secondo vettore (il vettore $\vec{b}$)
- il verso del vettore $\vec{c}$ è uscente dal palmo della mano.

Figura 69

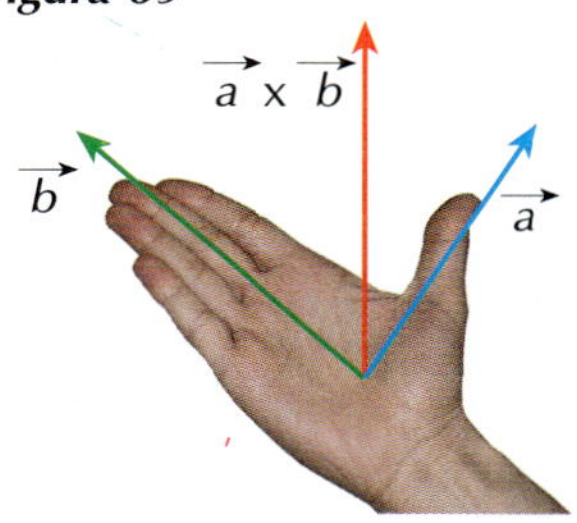

Per esempio, sapendo che i vettori $\vec{a}$ e $\vec{b}$ appartengono al piano della pagina che stai leggendo e sono orientati come in ***figura 70***, che $\vec{a}$ ha modulo 8, $\vec{b}$ ha modulo 12 e che l'angolo fra i due vettori è di 60°, del prodotto $\vec{c} = \vec{a} \times \vec{b}$ si può dire che:

- ha modulo uguale a: $c = 8 \cdot 12 \cdot \sin 60° = 96 \cdot \frac{\sqrt{3}}{2} = 48\sqrt{3}$
- ha direzione perpendicolare al piano della pagina
- verso entrante nella pagina (il pollice nella direzione di $\vec{a}$, le altre dita nella direzione di $\vec{b}$, la mano è rivolta con il palmo appoggiato alla pagina).

Figura 70

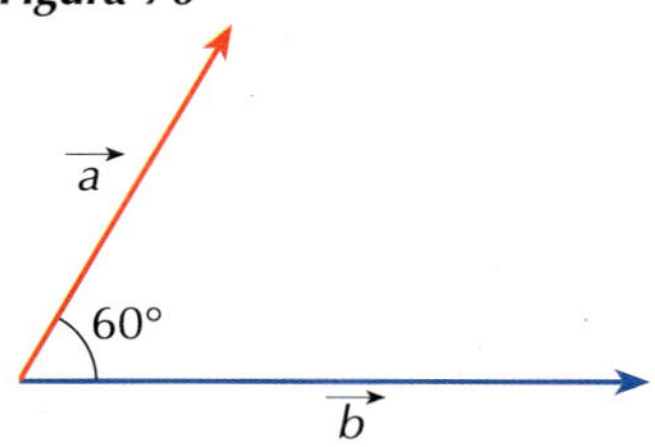

Di seguito vediamo alcuni problemi di Fisica che, per essere risolti, necessitano delle conoscenze sui vettori apprese in questo capitolo.

ESEMPI

1. Un corpo di massa $m = 500g$, soggetto al proprio peso, scivola senza attrito lungo un piano, inclinato di 15° rispetto al suolo. Vogliamo calcolare la componente della forza peso che agisce nella direzione del piano inclinato.

Ricordiamo che la forza peso è $F = mg$, dove g rappresenta l'accelerazione gravitazionale che vale $9{,}8 m/s^2$, e che tale forza ha sempre direzione verticale. Per calcolare la sua componente F' nella direzione del piano inclinato ci possiamo riferire al triangolo rettangolo formato dalle due forze F e F' e dalla perpendicolare alla linea del piano stesso; tale triangolo, infatti, ha gli stessi angoli del triangolo che è il modello del piano inclinato (***figura 71***).

Figura 71

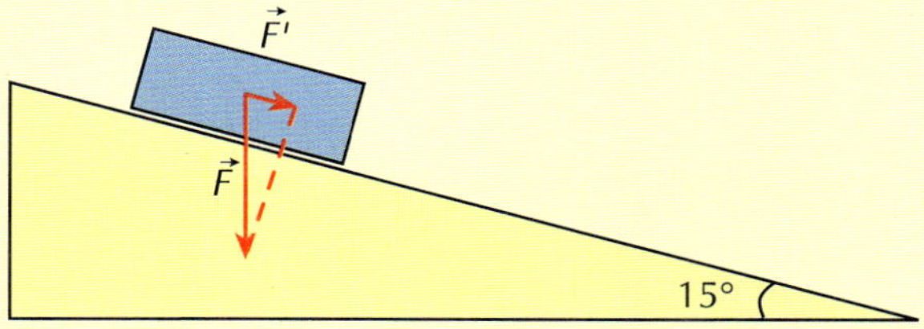

Tenendo conto che $F = 0{,}5kg \cdot 9{,}8m/s^2$, possiamo quindi scrivere che la misura di F', espressa in Newton, è

$F' = F \cdot \sin 15° = (0{,}5 \cdot 9{,}8 \cdot \sin 15°) = 1{,}27$

2. Un corpo che si sta muovendo su una traiettoria rettilinea viene fermato in uno spazio di 15m da una forza $\vec{F}$ che forma un angolo di 162° con la direzione dello spostamento. Qual è il modulo di $\vec{F}$ se il lavoro compiuto è di $-285J$?

Il lavoro L compiuto da una forza costante $\vec{F}$ quando il corpo si sposta di un tratto $\vec{s}$ è dato dal prodotto scalare dei due vettori (***figura 72***)

$$L = \vec{F} \cdot \vec{s} \qquad \text{cioè} \qquad L = F \cdot s \cos\alpha$$

Figura 72

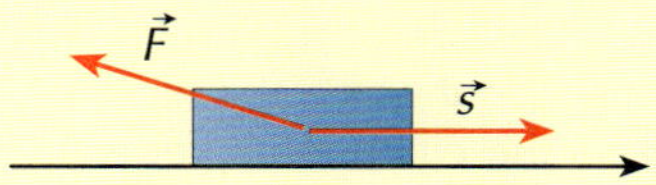

Sostituendo i valori noti troviamo l'equazione

$$-285 = F \cdot 15 \cdot \cos 162°$$

da cui ricaviamo che $F = -\dfrac{285}{15 \cdot \cos 162°}$ cioè $F = 19{,}98N$

ulteriori esempi

ESERCIZI E PROBLEMI pag. 587

IL CAPITOLO SI COMPLETA CON:

CONCETTI CHIAVE E REGOLE | LABORATORIO | PRESENTAZIONI IN POWERPOINT

Trigonometry, vectors and applications
BASIC CONCEPTS

CLIL

AUDIO FILE

Key Terms

- degrees, minutes, seconds
- radians
- unit circle
- goniometric functions
- sine, cosine, tangent
- scalar
- vector
- magnitude, direction
- initial point, terminal point
- standard position
- components of a vector
- dot product (scalar product)
- cross product (vector product)
- Right Hand Rule (for cross product)

Measurement of angles

There are two commonly used units of measurement for angles: **degrees** and **radians**.

To measure by degrees, a right angle is divided into 90 equal parts; each one of these parts is one *degree*. Degrees may be further divided into minutes and seconds:

- each degree is divided into 60 equal parts called *minutes*
- each minute is further divided into 60 equal parts called *seconds*.

For instance, 25 degrees 37 minutes 28 seconds is written $25°37'28''$.

To measure by radians, we have to consider the unit circle, that is a circle of radius 1, whose center is the vertex of the angle α that has to be measured; the angle cuts off an arc *AB* on the circle. The measure l of the lenght of that arc is the *radian measure* of the angle.
Thus a radian is defined as an angle subtended at the center of a circle for which the arc length is equal to the radius of that circle.

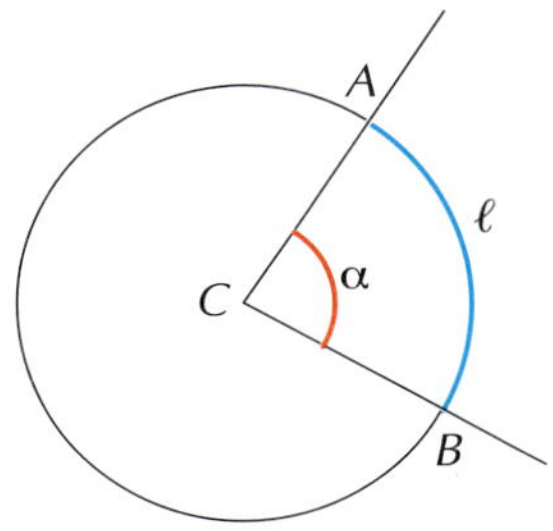

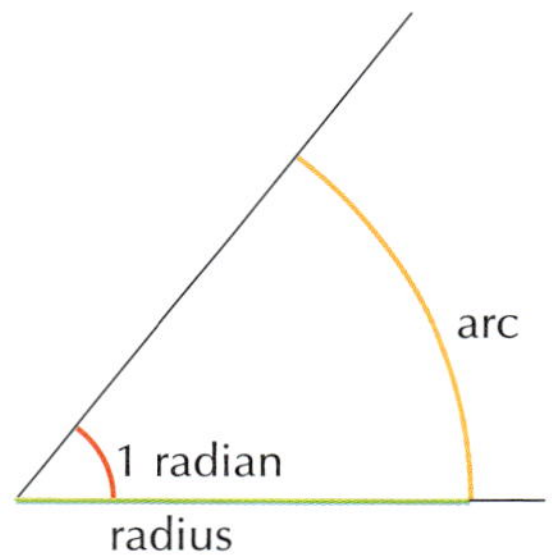

It is easy to convert between degree measurement and radian measurement. The circumference of the entire circle is 2π, so it follows that $360°$ equals 2π radians. Hence:

1 degree equals $\frac{\pi}{180}$ radians and 1 radian equals $\frac{180}{\pi}$ degrees

For instance:

- $36°$ equals $36 \cdot \frac{\pi}{180} = \frac{\pi}{5}$ radians
- $\frac{3}{4}\pi$ equals $\frac{3}{4}\pi \cdot \frac{180}{\pi} = 135°$

Goniometric functions

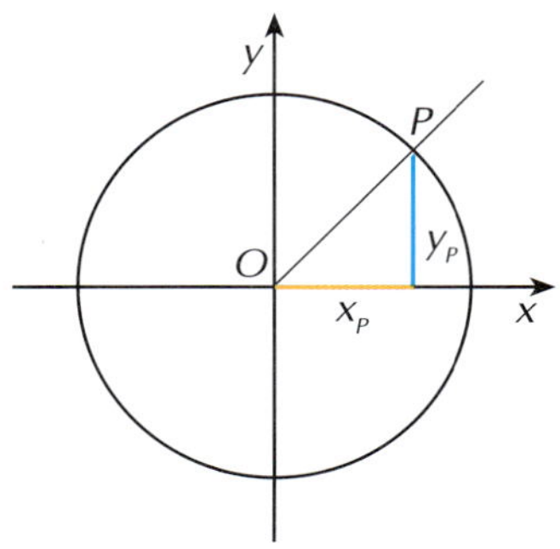

In a cartesian system of coordinates let us take the unit circle with its centre in the origin. If P is a point on the unit circle, the ray OP makes an angle α with the positive x-axis (such that the counterclockwise direction is considered positive) and we define:

- the **sine** of an angle α the ordinate of the point P : $\sin\alpha = y_P$
- the **cosine** of an angle α the abscissa of the point P : $\cos\alpha = x_P$

Besides, considering the tangent line through point $A(1, 0)$, and naming Q the point where the ray OP meets this line, we define:

- the **tangent** of an angle α the ordinate of the point Q: $\tan \alpha = y_Q$

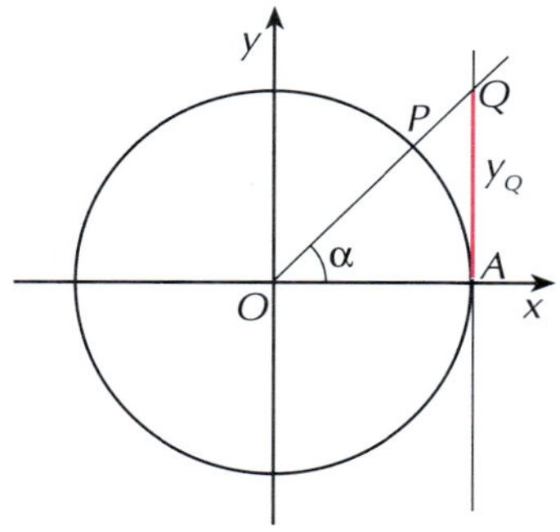

Observe that as the coordinates of P on the unit circle and of Q on the tangent line change when α changes its value, $\sin \alpha$, $\cos \alpha$ and $\tan \alpha$ are functions of α, and we call them **goniometric functions**.

For example:

- if $\alpha = 0°$, then P and Q have coordinates $(1, 0)$; therefore:
  $\sin 0° = 0 \qquad \cos 0° = 1 \qquad \tan 0° = 0$
- if $\alpha = 90°$, then P has coordinates $(0, 1)$; therefore:
  $\sin 90° = 1 \qquad \cos 90° = 0$
  $\tan 90°$ does not exist because the point Q does not exist as the tangent line does not meet the ray OP.

The figure below shows a unit circle with some of the most common values of the goniometric functions: the abscissa is the value of $\cos \alpha$, the ordinate is the value of $\sin \alpha$.

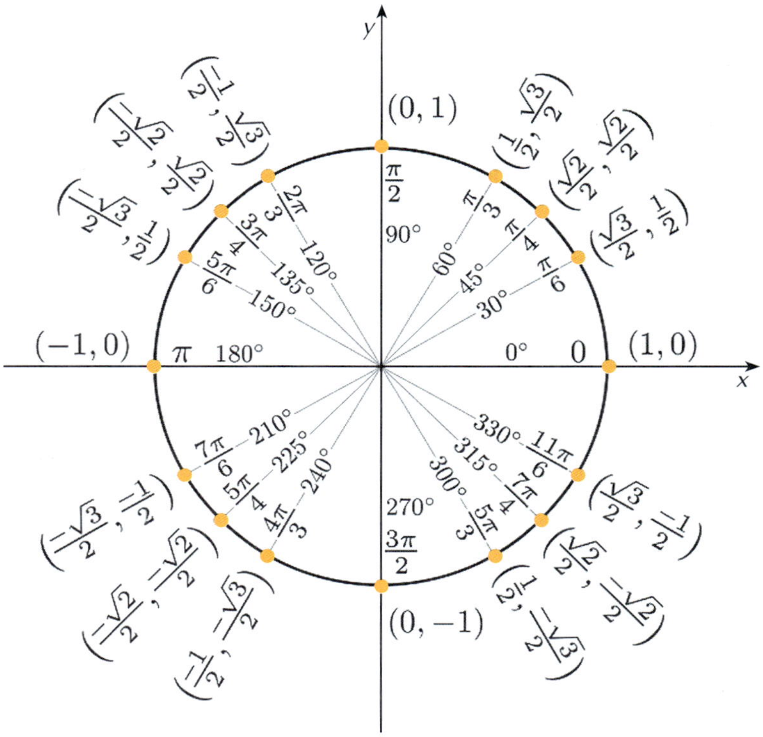

To determine the value of a goniometric function of any angle we can use the scientific calculator; when using it, pay attention to the system of measurement of angles.
In any case:

- the functions $y = \sin x$ and $y = \cos x$ have all real numbers in their domain, but their range is the interval $[-1, 1]$; the two functions are periodic with periodicity 360° (or 2π radians).
- the function $y = \tan x$ has all real numbers except odd multiples of 90° in its domain (or odd multiples of $\frac{\pi}{2}$), and its range is all real numbers; the function is periodic with periodicity 180° (or π radians).

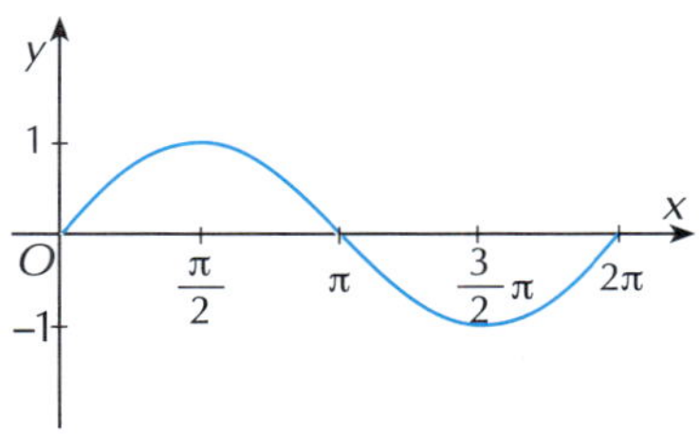

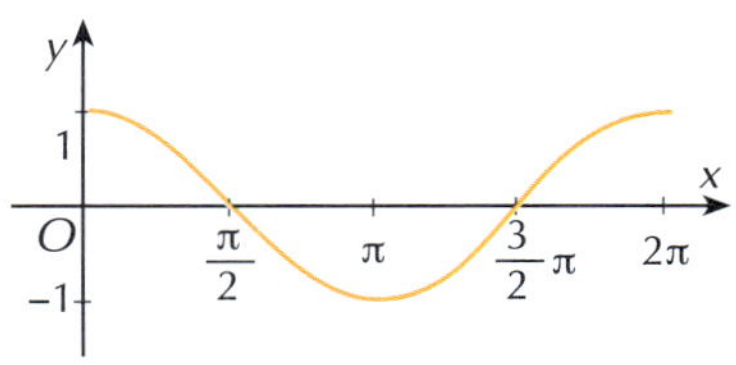

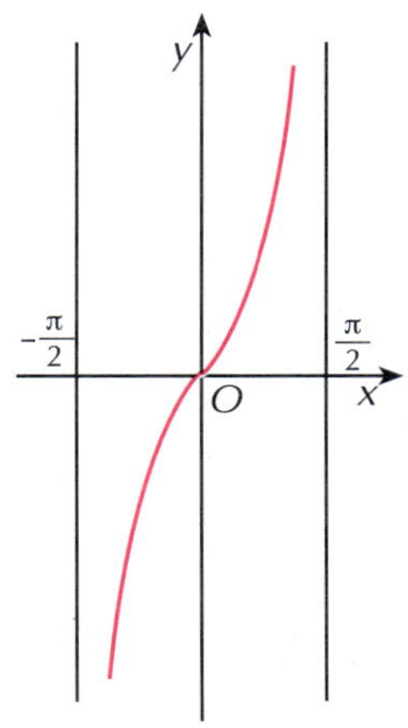

Useful relationships among goniometric functions are the following:

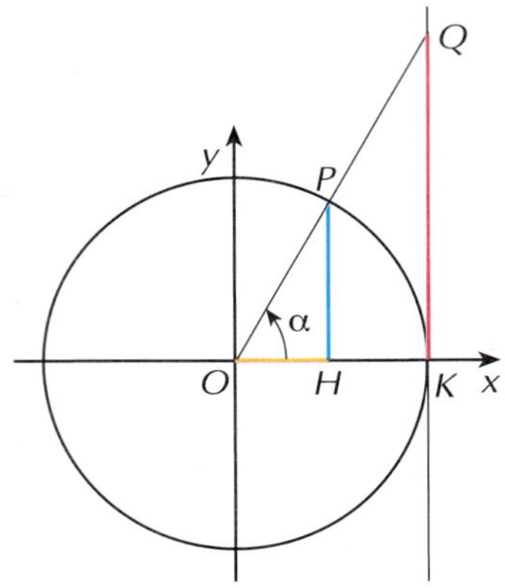

- $\sin^2 \alpha + \cos^2 \alpha = 1$
  As $OP = 1$, this relation derives from the Pythagorean theorem applied to the right angled triangle OPH.
- $\tan \alpha = \dfrac{\sin \alpha}{\cos \alpha}$
  This relation derives from the similarity of the two triangles OPH and OQK.

Theorems about triangles

Right angled triangles

Considering the similarity between the two right angled triangles CPH and CBA, and recalling that $CP = 1$, we can state that:

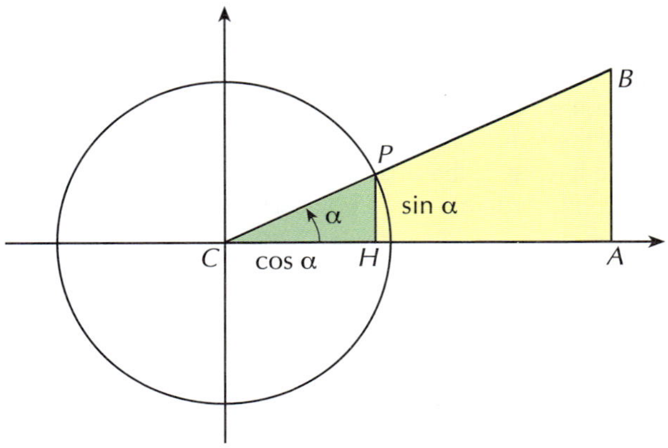

- $\dfrac{HP}{CP} = \dfrac{AB}{CB}$ that is $\sin \alpha = \dfrac{AB}{CB}$
  Generally speaking, this relation states that:
  $\sin \alpha = \dfrac{\text{the leg opposite angle } \alpha}{\text{the hypotenuse}}$ or
  the leg opposite angle α = (the hypotenuse) $\cdot$ ($\sin \alpha$)
- $\dfrac{CH}{CP} = \dfrac{CA}{CB}$ that is $\cos \alpha = \dfrac{CA}{CB}$
  Generally speaking, this relation states that:
  $\cos \alpha = \dfrac{\text{the leg adjacent angle } \alpha}{\text{the hypotenuse}}$ or the leg adjacent angle α = (the hypotenuse) $\cdot$ ($\cos \alpha$)
- $\dfrac{HP}{CH} = \dfrac{AB}{CA}$ that is $\dfrac{\sin \alpha}{\cos \alpha} = \dfrac{AB}{CA}$
  Generally speaking and recalling that $\dfrac{\sin \alpha}{\cos \alpha} = \tan \alpha$, this relation states that:
  $\tan \alpha = \dfrac{\text{the leg oppostite angle } \alpha}{\text{the leg adjacent angle } \alpha}$ or the leg oppostite angle α = (the leg adjacent angle α) $\cdot$ ($\tan \alpha$)

A useful mnemonic strategy for remembering the above theorems is:

- *SOH*, where *S* stands for sin α, *O* stands for *Opposite* and *H* stands for *Hypotenuse*: Sin $\alpha = \dfrac{\text{Opposite}}{\text{Hypothenuse}}$
- *CAH*, where *C* stands for cos α, *A* stands for *Adjacent* and *H* stands for *Hypotenuse*: Cos $\alpha = \dfrac{\text{Adjacent}}{\text{Hypothenuse}}$
- *TOA*, where *T* stands for tan α, *O* stands for *Opposite* and *A* stands for *Adjacent*: Tan $\alpha = \dfrac{\text{Opposite}}{\text{Adjacent}}$

For example, if a right triangle has a leg which is 25cm and the adjacent angle is 38°, then:

Tan $\alpha = \dfrac{\text{Opposite}}{\text{Adjacent}}$ $\rightarrow$ $\tan 38° = \dfrac{\text{Opposite}}{25}$ $\rightarrow$ Opposite $= 25 \cdot \tan 38° = 19.53$cm

$$\text{Cos } \alpha = \frac{\text{Adjacent}}{\text{Hypothenuse}} \quad \rightarrow \quad \cos 38^\circ = \frac{25}{\text{Hypothenuse}} \quad \rightarrow \quad \text{Hypothenuse} = \frac{25}{\cos 38^\circ} = 31.73$$

As a consequence of these theorems we can find other useful relations.

- A relation to find the area of a triangle knowing the length of two sides and the measure of the included angle: as the altitude h equals $b\sin\gamma$, we have that:

  $$\text{area} = \frac{1}{2} ab \sin\gamma$$

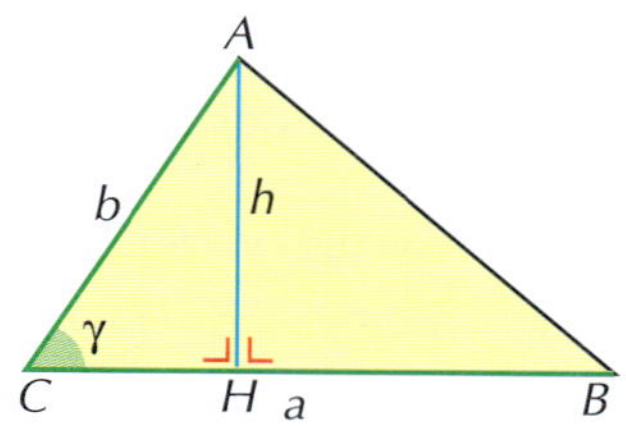

- A relation to find the length of a chord of a circumference knowing the measure of a corresponding inscribed angle and the radius:

  $$\text{chord} = 2r \sin\alpha$$

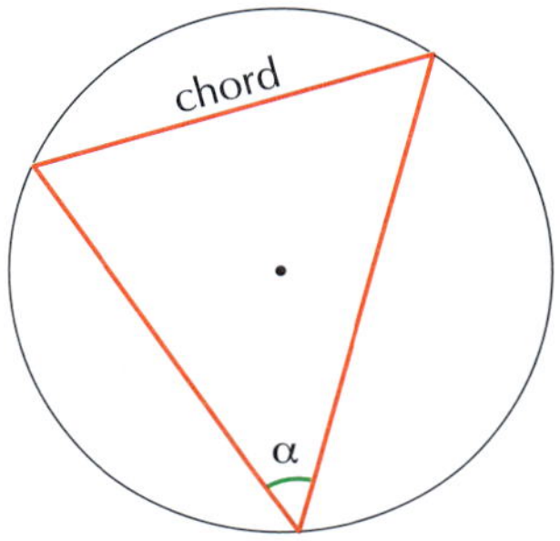

Other triangles

We can now free ourselves from using only right triangles and be able to work with all sorts of triangles. We will do it by introducing the law of sines and the law of cosines.
Let us consider a triangle whose sides are named a, b, c and whose angles are named α, β, γ as in the figure.

The law of sines states that: $$\frac{a}{\sin\alpha} = \frac{b}{\sin\beta} = \frac{c}{\sin\gamma}$$

The low of cosines states that:
$$a^2 = b^2 + c^2 - 2bc\cos\alpha$$
$$b^2 = a^2 + c^2 - 2ac\cos\beta$$
$$c^2 = a^2 + b^2 - 2ab\cos\gamma$$

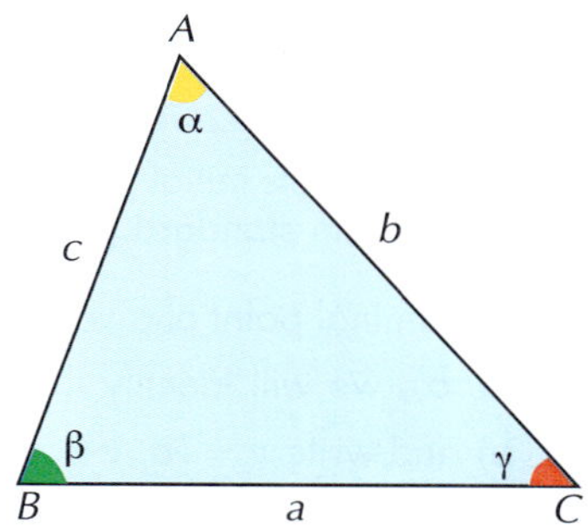

Scalars and vectors

Some data are completely described by a single number, such as the time you need to go to school or the weight of your schoolbag; in these cases we talk about scalars:

- a **scalar** is a quantity that is completely described by its magnitude.

But if you want to describe the motion of a billiard ball on a billiard table or the velocity of the ball you need more information and in these cases we talk about vectors:

- a **vector** is a quantity that is completely described by a magnitude and a direction.

To denote a vector we will use a lower case letter with an arrow on top; for example: $\vec{v}$.
Because vectors are determined by both a magnitude and a direction, they are represented geometrically as directed line segments or arrows. The length of the arrow corresponds to the magnitude of the vector while the direction of the arrow corresponds to the direction of the vector. The tail of the arrow is called the *initial point* of the vector while the tip of the arrow is called the *terminal point* of the vector.

Adding and subtracting vectors

The **sum of two vectors** $\vec{a}$ and $\vec{b}$, is the vector determined as follows. Place the vector $\vec{a}$ so that its initial point coincides with the terminal point of the vector $\vec{b}$. The vector $\vec{a}+\vec{b}$ is the vector whose initial point is the initial point of $\vec{a}$ and whose terminal point is the terminal point of $\vec{b}$.

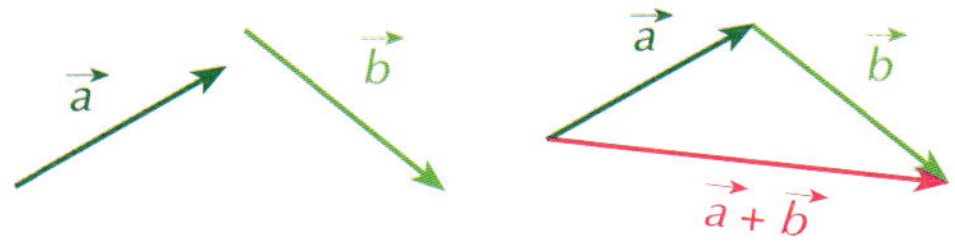

If $\vec{b}$ is a nonzero vector, we define the **negative** of $\vec{b}$, denoted by $-\vec{b}$ to be the vector whose magnitude is the same as the magnitude of the vector $\vec{b}$, but whose direction is opposite to that of $\vec{b}$.

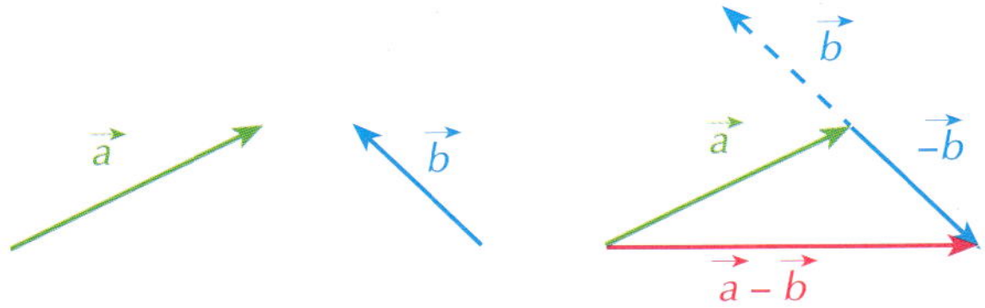

If $\vec{a}$ and $\vec{b}$ are any two vectors, we define the **difference** of $\vec{a}$ and $\vec{b}$ to be the vector $\vec{a}+\left(-\vec{b}\right)$. To construct the vector $\vec{a}-\vec{b}$ we can construct the sum of the vector $\vec{a}$ and the vector $-\vec{b}$.

Multiplying a vector by a scalar

If $\vec{a}$ is a nonzero vector and k is a nonzero scalar, we define the product of k and $\vec{a}$, denoted $k\vec{a}$, to be the vector whose length is k times the length of $\vec{a}$ and whose direction is the same as that of $\vec{a}$ if $k > 0$ and opposite to that of $\vec{a}$ of $k < 0$.

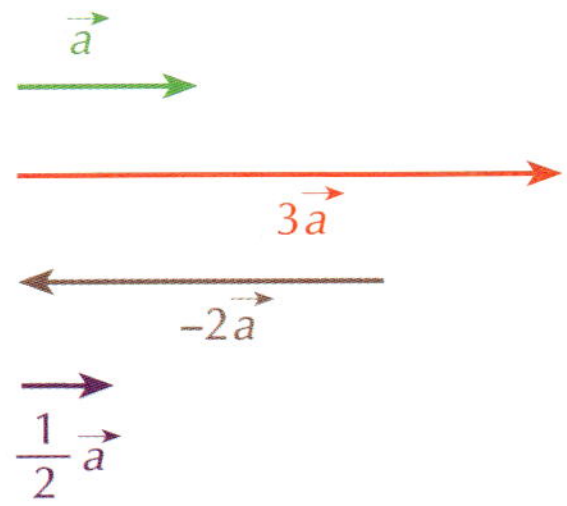

Vectors in a cartesian system of coordinates

A vector $\vec{v}$ with its initial point in the origin of a cartesian system of coordinates is said to be in **standard position**.

As the terminal point of a vector in a standard position is a point P of coordinates (a, b), we will identify the vector $\vec{v}$ with the ordered pair of real numbers (a, b) and write $\vec{v}=(a, b)$.

The two numbers a and b are said the **components** of the vector.

Il two vectors are defined through their components, it is very easy to find their sum, their difference and the product of one of them by a scalar; if $\vec{v}=(a, b)$, $\vec{s}=(c, d)$ and k is a nonzero scalar then:

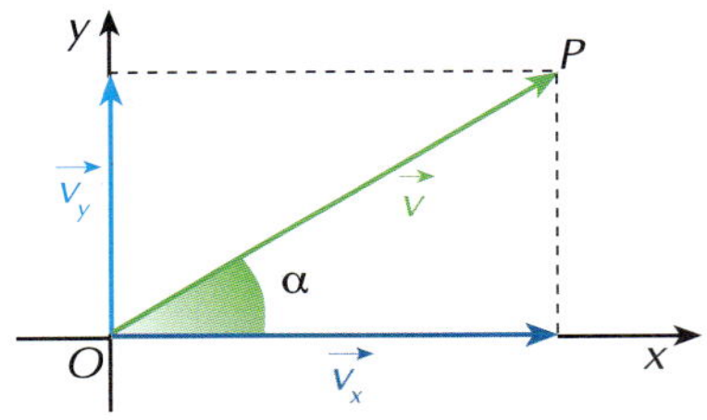

- $\vec{v}+\vec{s}=(a+c,\ b+d)$
- $\vec{v}-\vec{s}=(a-c,\ b-d)$
- $k\cdot\vec{v}=(ka,\ kb)$

The length of a vector $\vec{v}=(a, b)$ and its direction α can be found by applying the Pythagorean theorem to its components and the theorems about right angled triangles:

$$v=\sqrt{a^2+b^2} \qquad \tan\alpha=\frac{b}{a}$$

If a vector is given by its magnitude v and its direction α, we can find its components by applying the right angled triangle theorems:

$$a=v\cos\alpha \qquad b=v\sin\alpha$$

For example:

- if $\vec{v} = (3, 5)$ than $v = \sqrt{3^2 + 5^2} = \sqrt{34}$ $\tan \alpha = \frac{5}{3}$

and as the vector belongs to the first quadrant $\alpha = 59°2'10''$

- if the magnitude of $\vec{v}$ is 8 and its direction is $\alpha = 30°$, then $a = 8\cos 30° = 4\sqrt{3}$ and $b = 8\sin 30° = 4$.

The dot product and the cross product

Two vectors can be multiplied into two different ways. Given two vectors $\vec{v}$ and $\vec{s}$ which directions form an angle α:

- the **dot product**, or *scalar product* as the result of the multiplication is a scalar, is denoted by $\vec{v} \bullet \vec{s}$ and is defined as:

$$\vec{v} \bullet \vec{s} = vs \cos \alpha$$

- the **cross product**, or **vector product** as the result of the multiplication is a vector, is denoted by $\vec{v} \times \vec{s}$ and is defined as follows.
  The magnitude is given by the product:

$$vs \sin \alpha$$

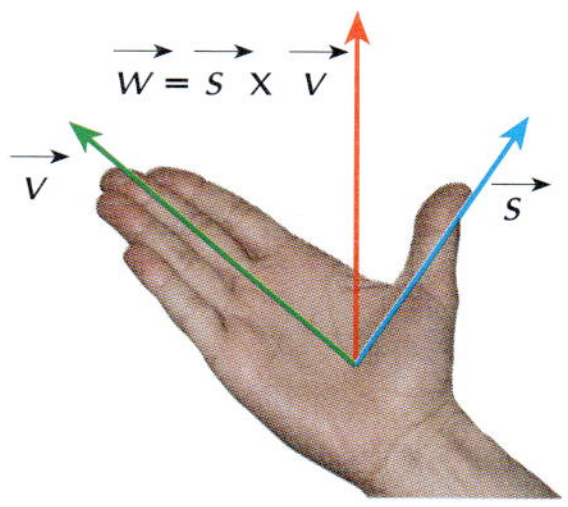

To find the direction we place $\vec{v}$ and $\vec{s}$ so that their initial points are at a common point. Then, their cross product is a vector, say $\vec{w}$, whose direction is perpendicular to both $\vec{v}$ and $\vec{s}$; this direction depends on the **Right Hand Rule**.

If we put our thumb in the direction of $\vec{v}$, the other fingers in the direction of $\vec{s}$, then the vector $\vec{w}$ has the direction exiting from the palm of the hand.

ESERCIZI

CAPITOLO 1

I radicali

POTENZE E RADICI

teoria a pagina 9

SOLUZIONI ES. COMPRENSIONE

Comprensione

1 La funzione potenza $y = x^n$, con n intero positivo, è invertibile per qualsiasi valore di n se x è:

a. un numero reale
b. un numero intero
c. un numero reale positivo
d. un numero reale positivo o nullo

2 La scrittura $\sqrt[4]{a^3} = 2$ equivale a:

a. $a^3 = 2$
b. $a^3 = 2^4$
c. $a^4 = 2^3$

3 Si può calcolare la radice n-esima di un numero a

a. solo se $a \geq 0$ V F
b. solo se $a \geq 0$ quando n è pari V F
c. per qualsiasi valore di a quando n è dispari V F
d. solo se $a \neq 0$ per qualsiasi valore di n. V F

4 In R_0^+ il radicale $\sqrt[n]{-a}$:

a. esiste solo se $a \geq 0$
b. esiste per qualsiasi valore di a
c. esiste solo se $a \leq 0$
d. non esiste per nessun valore di a.

5 La scrittura $\sqrt{a} = -3$, con $a \geq 0$, equivale a:

a. $a = 9$
b. $a = -9$
c. nessuna delle precedenti perché è impossibile

6 Il radicale $\sqrt{a+1}$ esiste in R_0^+:

a. $\forall a \in R$
b. solo se $a \in R^+$
c. solo se $a \geq -1$
d. solo se $a \geq 0$

Applicazione

Calcola applicando la definizione di radice n-esima e considerando non negativa ciascuna lettera che eventualmente compare nel radicando.

7 $\sqrt[4]{81}$ $\quad$ $\sqrt[5]{32}$ $\quad$ $\sqrt[3]{8}$ $\quad$ $\sqrt{16}$ $\quad$ $\sqrt[4]{625}$

8 $\sqrt{\dfrac{16}{9}}$ $\quad$ $\sqrt[5]{243}$ $\quad$ $\sqrt[3]{\dfrac{27}{8}}$ $\quad$ $\sqrt{10^{-2}}$ $\quad$ $\sqrt{0{,}16}$

9 $\sqrt{0{,}09}$ $\quad$ $\sqrt{5^4}$ $\quad$ $\sqrt[3]{343}$ $\quad$ $\sqrt{0{,}36}$ $\quad$ $\sqrt[5]{0{,}00032}$

10 $\sqrt{a^{10}}$ $\quad$ $\sqrt[4]{b^4}$ $\quad$ $\sqrt[6]{c^{12}}$ $\quad$ $\sqrt{x^4}$ $\quad$ $\sqrt[3]{8a^6}$

11 $\sqrt{(-5)^2}$ $\quad$ $\sqrt{(-3)^4}$ $\quad$ $\sqrt{(-2)^6}$ $\quad$ $\sqrt[4]{(-13)^4}$ $\quad$ $\sqrt[6]{(-2)^6}$

12 $\sqrt{(\sqrt{3}-1)^2}$ $\quad\sqrt{(3-\sqrt{2})^2}$ $\quad\sqrt[4]{(-2-\sqrt{7})^4}$ $\quad\sqrt[3]{(1+\sqrt[3]{6})^3}$ $\quad\sqrt{(\sqrt{2}+\sqrt{3})^2}$

13 $\sqrt[4]{(\sqrt{2}-\sqrt{5})^4}$ $\quad\sqrt[4]{(\sqrt{3}-2\sqrt{2})^8}$ $\quad\sqrt[6]{(1-\sqrt[3]{10})^6}$ $\quad\sqrt{(\sqrt{5}-3)^2}$ $\quad\sqrt{(2\sqrt{3}-3\sqrt{7})^2}$

14 $\sqrt[5]{32b^5}$ $\quad\sqrt{4a^4}$ $\quad\sqrt[3]{27x^{12}}$ $\quad\sqrt{16a^4}$ $\quad\sqrt[7]{(xyz)^{14}}$

15 $\sqrt[15]{x^{30}y^{15}}$ $\quad\sqrt[3]{0{,}008a^3b^6}$ $\quad\sqrt{225x^2}$ $\quad\sqrt[4]{a^8b^{12}}$ $\quad\sqrt[3]{27a^6x^9}$

16 $\sqrt{\frac{36}{25}x^2y^4}$ $\quad\sqrt[3]{\frac{1}{27}a^3b^6}$ $\quad\sqrt{0{,}01x^2}$ $\quad\sqrt[3]{\frac{a^6b^3}{1000\,x^9}}$ $\quad\sqrt{0{,}04x^2y^2}$

Determina il dominio dei seguenti radicali in R_0^+.

17 $\sqrt[3]{x+1}$ $\quad\sqrt{x^3}$ $\quad\sqrt[4]{x^2-4}$

18 $\sqrt[4]{2ab^2}$ $\quad\sqrt[8]{y^2}$ $\quad\sqrt{a^2b^3x}$

19 $\sqrt{\frac{x}{x-3}}$ $\quad\sqrt{x^2(x-1)}$ $\quad\sqrt[3]{1-a}$

20 $\sqrt[5]{2y+4}$ $\quad\sqrt{3y(y+2)}$ $\quad\sqrt[6]{2b+5}$

21 $\sqrt{x^2-4}$ $\quad\sqrt{9-x^2}$ $\quad\sqrt{x^3-x}$

22 $\sqrt[4]{\frac{3x-1}{x+1}}$ $\quad\sqrt[3]{\frac{x}{x^2+1}}$ $\quad\sqrt[5]{2x^3-x^2-x}$

23 $\sqrt{\frac{x^2}{x^2+9}}$ $\quad\sqrt{\frac{x^2-4}{x-2}}$ $\quad\sqrt[6]{6x^2-x^3-12x+8}$

Stabilisci se le seguenti uguaglianze sono vere o false.

24 $\left(\sqrt[20]{a^{20}}\right)^3=a^3$ $\quad\left(\sqrt[14]{b^{14}}\right)^2=b^2$ $\quad\left(\sqrt[15]{b}\right)^{15}=b$ $\quad\left(\sqrt[7]{a^7}\right)^{-2}=\frac{1}{a^2}$

25 $\left(\sqrt[3]{a}\right)^6=a^6$ $\quad\left(\sqrt[15]{a^{15}}\right)^4=a^4$ $\quad\left(\sqrt[3]{32}\right)^3=32^3$ $\quad\left(\sqrt[5]{b^{15}}\right)=b^3$

26 $\left[\left(\sqrt[4]{a}\right)^4\right]^{-3}=a^{-3}$ $\quad\left(\sqrt[6]{a^6}\right)^{-2}=a^{-2}$ $\quad\left(\sqrt[7]{b^3}\right)^7=b^3$ $\quad\sqrt{b^4}=\sqrt[4]{b^8}$

27 $\left(\sqrt{\frac{25a^4}{9}}\right)^2=\frac{25}{9}a^4$ $\quad\left(\sqrt[5]{a^3}\right)^{-5}=-a^3$ $\quad\left(-\sqrt[3]{\frac{x^2}{3}}\right)^3=-\frac{x^2}{3}$ $\quad\left(-\sqrt{\frac{5a}{b}}\right)^2=-\frac{5a}{b}$

Calcola applicando la definizione di radicale.

28 $\sqrt{32+\sqrt{16}}$ $\quad\sqrt{33+\sqrt[3]{27}}$ $\quad\sqrt{\sqrt[3]{8}+\sqrt{4}}$ $\quad\sqrt{8\sqrt{81}-\sqrt{64}}$ [6, 6, 2, 8]

29 $\sqrt{3+\sqrt{31+\sqrt{25}}}$ $\quad\sqrt{\left(3\sqrt{55-6\sqrt{81}}\right)\cdot 27}$ $\quad\sqrt{19+\sqrt{27+\sqrt{72+\sqrt{80+\sqrt{1}}}}}$ [3, 9, 5]

30 $\sqrt[3]{(2-\sqrt{3})^3}-\sqrt[3]{(2+\sqrt{6})^3}+\sqrt{(\sqrt{3}+\sqrt{6})^2}$ [0]

31 $\sqrt{3\cdot\sqrt{25-\sqrt{256}}}-\sqrt{2+\sqrt{5-1}}$ [1]

teoria a pagina 11

SOLUZIONI ES. COMPRENSIONE

Comprensione

32 Per semplificare un radicale:

a. si divide l'indice della radice e l'esponente delle sole lettere per uno stesso numero non nullo

b. si divide l'indice della radice e l'esponente del radicando per uno stesso numero intero positivo

c. si divide l'indice della radice e l'esponente del radicando per uno stesso numero reale.

Qual è la procedura corretta?

33 Indica quali dei seguenti radicali sono stati semplificati in modo corretto:

a. $\sqrt[6]{6^3 \cdot 8} = \sqrt{12}$ **b.** $\sqrt[10]{2^5 \cdot 5} = \sqrt{2 \cdot 1}$ **c.** $\sqrt[4]{4 \cdot 625} = \sqrt{2 \cdot 25}$ **d.** $\sqrt{9 + 36} = 3 + 6 = 9$

34 Il radicale

a. $\sqrt[4]{9a^2b^4}$ si semplifica in: ① $\sqrt{9ab^2}$ ② $\sqrt{3a|b^2|}$ ③ $\sqrt{3|a|b^2}$ ④ $\sqrt{9|a|b^2}$

b. $\sqrt[12]{4a^6}$ si semplifica in: ① $\sqrt[6]{2a^3}$ ② $\sqrt{4a}$ ③ $\sqrt[6]{2|a^3|}$ ④ $\sqrt{4|a|}$

35 Stabilisci se le seguenti uguaglianze sono vere o false motivando la risposta in base alle proprietà dei radicali:

a. $\sqrt{a^2 + b^4} = a + b^2$ V F

b. $\sqrt[6]{a^2x^6} = \sqrt[3]{ax^3}$ V F

c. $\sqrt[6]{3b^3} = \sqrt{3b}$ V F

d. $\sqrt{2(a-3)} = \sqrt[3]{2^3(a-3)^3}$ V F

e. $\sqrt[8]{b^4} = \sqrt{b}$ se $b \geq 0$ V F

f. $\sqrt[6]{a^4} = \sqrt[3]{a^2}$ V F

g. $\sqrt[3]{x^3 + 8} = x + 2$ V F

36 Indica quali delle seguenti uguaglianze sono vere:

a. $\sqrt[3n]{a^{n+3}} = \sqrt[n]{a^n}$ **b.** $\sqrt[2n]{32} = \sqrt[n]{5}$ **c.** $\sqrt[k]{5} = \sqrt[2k]{10}$ **d.** $\sqrt[4]{a^2b^4} = \sqrt{|a|b^2}$

37 Semplificando il radicale $\sqrt[6]{25x^2y^6}$ si ottiene:

a. $\sqrt[3]{5xy^3}$ **b.** $\sqrt[3]{25xy^3}$ **c.** $\sqrt[3]{5xy^2}$ **d.** $\sqrt[3]{5|xy^3|}$

38 Semplificando il radicale $\sqrt[6]{x^2 - 6x + 9}$ si ottiene:

a. $\sqrt[3]{x-3}$ **b.** $\sqrt[3]{|x-3|}$ **c.** $\sqrt[3]{3-x}$ **d.** $\sqrt[3]{x+3}$

39 Semplificando il radicale $\sqrt{(x-1)^2}$ si ottiene:

a. $x - 1$ **b.** $1 - x$ **c.** $|x - 1|$ **d.** $\pm(x - 1)$

40 Semplificando il radicale $\sqrt[9]{a^3b^{15}}$ si ottiene:

a. $\sqrt[3]{ab^5}$ **b.** $\sqrt[3]{|a|b^5}$ **c.** $\sqrt[3]{|ab^5|}$ **d.** $\sqrt[3]{a|b^5|}$

Applicazione

Completa le seguenti uguaglianze.

41 **ESERCIZIO GUIDATO**

$\sqrt{12} = \sqrt[4]{\cdots}$

L'indice della radice è stato moltiplicato per 2, anche l'esponente del radicando deve essere moltiplicato per lo stesso numero; quindi

$\sqrt{12} = \sqrt[4]{12^2} = \sqrt[4]{144}$

42 **ESERCIZIO GUIDATO**

$\sqrt[15]{27a^3b^6} = \sqrt[5]{\cdots}$

L'indice della radice è stato diviso per 3, anche l'esponente del radicando deve esserlo. Quindi poiché

$\sqrt[15]{27a^3b^6} = \sqrt[15]{(3ab^2)^3}$ si ha $\sqrt[15]{27a^3b^6} = \sqrt[5]{3ab^2}$

43 $\sqrt[3]{2} = \sqrt[6]{\cdots}$ $\sqrt[4]{81} = \sqrt{\cdots}$ $\sqrt{9} = \sqrt[6]{\cdots}$ $\sqrt[3]{4} = \sqrt[6]{\cdots}$

44 $\sqrt{a^2} = \sqrt[4]{\cdots}$ $\sqrt[3]{27} = \sqrt[9]{\cdots}$ $\sqrt[15]{2^{10}} = \sqrt[3]{\cdots}$ $\sqrt{8} = \sqrt[4]{\cdots}$

45 $\sqrt{6} = \sqrt[4]{\cdots}$ $\sqrt[4]{2^6} = \sqrt{\cdots}$ $\sqrt[6]{18^2} = \sqrt[3]{\cdots}$ $\sqrt[4]{a} = \sqrt[8]{\cdots}$

46 $\sqrt{b} = \sqrt[4]{\cdots}$ $\sqrt[12]{b^3} = \sqrt[4]{\cdots}$ $\sqrt[12]{a^8} = \sqrt[3]{\cdots}$ $\sqrt{b^3} = \sqrt[8]{\cdots}$

47 $\sqrt[3]{7^2 \cdot 8} = \sqrt[6]{\cdots}$ $\sqrt{2^3 \cdot 3} = \sqrt[4]{\cdots}$ $\sqrt[3]{a^2} = \sqrt[9]{\cdots}$ $\sqrt[3]{2ax^2} = \sqrt[6]{\cdots}$

48 $\sqrt{x^2y^5} = \sqrt[4]{\cdots}$ $\sqrt[3]{5a^2bc} = \sqrt[9]{\cdots}$ $\sqrt[4]{9} = \sqrt{\cdots}$ $\sqrt{2x} = \sqrt[6]{\cdots}$

Determina in quali casi è possibile completare le seguenti uguaglianze, motivando le tue risposte.

49 $\sqrt[6]{3a^2b^4} = \sqrt[3]{\cdots}$ $\sqrt{2ab^3} = \sqrt[5]{\cdots}$

50 $\sqrt[3]{\frac{1}{2}xy^2} = \sqrt[6]{\cdots\cdots\cdots}$ $\sqrt[8]{4x^2y^4} = \sqrt[4]{\cdots}$

51 $\sqrt[4]{9x^2y^3} = \sqrt{\cdots}$ $\sqrt[3]{\frac{4}{5}ax^2} = \sqrt[9]{\cdots\cdots\cdots}$

52 $\sqrt{a+b} = \sqrt[3]{\cdots}$ $\sqrt[3]{x^3 - y} = \sqrt[6]{\cdots}$

Riconosci, fra i seguenti radicali, quelli irriducibili e spiega perché sono tali.

53 **ESERCIZIO GUIDATO**

a. $\sqrt[3]{24} = \sqrt[3]{3 \cdot 2^3}$ Non potendo dividere l'indice della radice e l'esponente del radicando per uno stesso numero, il radicale è irriducibile.

b. $\sqrt[6]{9a^4b^6} = \sqrt[6]{(3a^2b^3)^2}$ Poiché l'indice della radice e l'esponente del radicando hanno come fattore comune 2, il radicale è riducibile.

c. $\sqrt[5]{9x^2y^4} = \sqrt[5]{(3xy^2)^2}$ Poiché l'indice della radice e l'esponente del radicando sono primi fra loro, il radicale è irriducibile.

54 $\sqrt[4]{25}$; $\sqrt[3]{15}$; $\sqrt[6]{32}$

55 $\sqrt[4]{32}$; $\sqrt[6]{16}$; $\sqrt[10]{32}$

56 $\sqrt[7]{14}$; $\sqrt[4]{28}$; $\sqrt[6]{27}$

57 $\sqrt{20}$; $\sqrt[4]{64}$; $\sqrt[3]{21}$

58 $\sqrt{26}$; $\sqrt[5]{25}$; $\sqrt[5]{243}$

59 $\sqrt{14}$; $\sqrt[10]{100}$; $\sqrt[8]{64}$

60 $\sqrt{a^3}$; $\sqrt[5]{5a}$; $\sqrt[10]{a^5}$

61 $\sqrt[4]{b^{16}}$; $\sqrt[3]{3a^3}$; $\sqrt[4]{8a^8}$

62 $\sqrt[12]{4b^2}$; $\sqrt[5]{a^{15}x}$; $\sqrt[6]{12a^6z}$

Semplifica i seguenti radicali.

63 **ESERCIZIO GUIDATO**

a. $\sqrt[8]{16}$

Scomponiamo il radicando in fattori primi $\sqrt[8]{2^4}$

Dividiamo per 4 l'indice della radice e l'esponente del radicando $\sqrt{2}$

In definitiva $\sqrt[8]{16} = \sqrt{2}$

b. $\sqrt[6]{3600}$

Scomponiamo il radicando in fattori primi $\sqrt[6]{2^4 \cdot 3^2 \cdot 5^2}$

Dividiamo per 2 l'indice della radice e l'esponente del radicando $\sqrt[3]{2^2 \cdot 3 \cdot 5}$

In definitiva $\sqrt[6]{3600} = \sqrt[3]{2^2 \cdot 3 \cdot 5} = \sqrt[3]{60}$

64 $\sqrt[6]{64}$; $\sqrt[4]{25}$; $\sqrt[3]{27}$ $[2; \sqrt{5}; 3]$

65 $\sqrt[6]{27}$; $\sqrt[4]{36}$; $\sqrt[4]{64}$ $[\sqrt{3}; \sqrt{6}; \sqrt{8}]$

66 $\sqrt{6}$; $\sqrt[8]{256}$; $\sqrt[6]{100}$ $[\sqrt{6}; 2; \sqrt[3]{10}]$

67 $\sqrt[3]{12}$; $\sqrt[4]{196}$; $\sqrt[3]{75}$ $[\sqrt[3]{12}; \sqrt{14}; \sqrt[3]{75}]$

68 $\sqrt[9]{27}$; $\sqrt[10]{32}$; $\sqrt[6]{625}$ $[\sqrt[3]{3}; \sqrt{2}; \sqrt[3]{25}]$

69 $\sqrt[4]{\frac{4}{25}}$; $\sqrt[6]{\frac{64}{27}}$; $\sqrt[4]{0{,}0025}$ $\left[\sqrt{\frac{2}{5}}; \sqrt{\frac{4}{3}}; \sqrt{0{,}05}\right]$

70 $\sqrt[6]{1728}$; $\sqrt[4]{2025}$; $\sqrt[8]{32400}$ $[\sqrt{12}; \sqrt{45}; \sqrt[4]{180}]$

71 $\sqrt[4]{900}$; $\sqrt[6]{1000}$; $\sqrt[18]{729}$ $[\sqrt{30}; \sqrt{10}; \sqrt[3]{3}]$

72 $\sqrt[4]{0{,}0081}$; $\sqrt[4]{0{,}36}$; $\sqrt[6]{0{,}027}$ $[0{,}3; \sqrt{0{,}6}; \sqrt{0{,}3}]$

73 $\sqrt[4]{4+\frac{9}{4}}$; $\sqrt[6]{\frac{81}{16}}$; $\sqrt{9-\frac{47}{8}}$ $\left[\sqrt{\frac{5}{2}}; \sqrt[3]{\frac{9}{4}}; \sqrt{\frac{25}{8}}\right]$

74 $\sqrt[4]{3^2 \cdot 5^4}$; $\sqrt[4]{3^2 \cdot 2^2}$; $\sqrt[5]{2^{10} \cdot 3^5}$ $[\sqrt{75}; \sqrt{6}; 12]$

Semplifica i seguenti radicali tenendo conto delle variazioni di segno dei suoi fattori letterali.

75 **ESERCIZIO GUIDATO**

a. $\sqrt[6]{512a^3b^6}$

Il radicale esiste se è $a \geq 0$, mentre b può assumere qualsiasi valore reale.

Scomponiamo il coefficiente numerico: $512 = 2^9$

Semplifichiamo il radicale dividendo per 3 l'indice della radice e ciascun esponente del radicando:

$\sqrt[6]{2^9a^3b^6} = \sqrt{2^3ab^2}$

Anche il radicale ottenuto ha lo stesso dominio di quello dato, quindi non si deve considerare il modulo di nessun fattore.

b. $\sqrt[4]{\frac{16x^6}{9y^2}}$

Il radicale esiste per ogni valore reale di x e di y con $y \neq 0$.

Semplifichiamo dopo aver scomposto il coefficiente numerico: $\sqrt[4]{\frac{2^4x^6}{3^2y^2}} = \sqrt{\frac{2^2x^3}{3y}}$

Il radicale ottenuto esiste solo se il rapporto $\frac{x^3}{y}$ è positivo o nullo e poiché tale rapporto potrebbe anche essere negativo, dobbiamo considerarne il modulo; otteniamo quindi che:

$\sqrt[4]{\frac{16x^6}{9y^2}} = \sqrt{\frac{4}{3}\left|\frac{x^3}{y}\right|}$

76 $\sqrt[6]{a^3}$; $\sqrt[4]{a^2b^4}$; $\sqrt[9]{a^3c^3}$ $[\sqrt{a}; \sqrt{|a|b^2}; \sqrt[3]{ac}]$

77 $\sqrt[10]{x^5y^{10}}$; $\sqrt[4]{a^8b^4}$; $\sqrt[5]{ab^5}$ $[\sqrt{xy^2}; a^2|b|; \sqrt[5]{ab^5}]$

78 $\sqrt[15]{\frac{32x^5y^{10}}{z^{20}}}$; $\sqrt[4]{\frac{x^2y^4}{25}}$; $\sqrt[6]{6a^3b^9}$ $\left[\sqrt[3]{\frac{2xy^2}{z^4}}; \sqrt{\frac{1}{5}|x|y^2}; \sqrt[6]{6a^3b^9}\right]$

79 $\sqrt[6]{\frac{1}{16}a^2x^4}$; $\sqrt[10]{32x^{10}y^5}$; $\sqrt[9]{\frac{8}{27}x^6y^{12}}$ $\left[\sqrt[3]{\frac{1}{4}|a|x^2}; \sqrt{2x^2y}; \sqrt[3]{\frac{2}{3}x^2y^4}\right]$

80 $\sqrt[6]{\frac{a^3b^6}{c^9}}$; $\sqrt[8]{\frac{x^4y^2}{z^8}}$; $\sqrt[5]{\frac{32}{a^{10}}}$ $\left[\sqrt{\frac{ab^2}{c^3}}; \sqrt[4]{\frac{x^2|y|}{z^4}}; \frac{2}{a^2}\right]$

81 $\sqrt[9]{\frac{0{,}008a^{15}b^9}{27}}$; $\sqrt[12]{81x^8y^{16}}$; $\sqrt[6]{\frac{25a^2}{b^4}}$ $\left[\sqrt[3]{\frac{0{,}2a^5b^3}{3}}; \sqrt[3]{3x^2y^4}; \sqrt[3]{\frac{5|a|}{b^2}}\right]$

82 $\sqrt[8]{9x^2y^4}$; $\sqrt[6]{\dfrac{81a^2}{b^4}}$ $\left[\sqrt[4]{3|x|y^2};\ \sqrt[3]{\dfrac{9|a|}{b^2}}\right]$

83 $\sqrt[15]{\dfrac{32a^{10}}{b^{30}}}$; $\sqrt[9]{\dfrac{27b^3}{a^6}}$ $\left[\sqrt[3]{\dfrac{2a^2}{b^6}};\ \sqrt[3]{\dfrac{3b}{a^2}}\right]$

84 $\sqrt[4]{\dfrac{4a^2}{b^4c^2}}$; $\sqrt[6]{\dfrac{81a^2b^4}{x^2}}$ $\left[\sqrt{\dfrac{2}{b^2}\left|\dfrac{a}{c}\right|};\ \sqrt[3]{9b^2\left|\dfrac{a}{x}\right|}\right]$

85 $\sqrt[6]{\dfrac{4x^4}{y^2}}$; $\sqrt[8]{\dfrac{16x^4y^6}{9a^2}}$ $\left[\sqrt[3]{\dfrac{2x^2}{|y|}};\ \sqrt[4]{\dfrac{4x^2}{3}\left|\dfrac{y^3}{a}\right|}\right]$

86 **ESERCIZIO GUIDATO**

a. $\sqrt[6]{\dfrac{x^2+4xy+4y^2}{9x^4y^6}}$

Scomponiamo il polinomio al numeratore e semplifichiamo:

$$\sqrt[6]{\frac{x^2+4xy+4y^2}{9x^4y^6}}=\sqrt[6]{\frac{(x+2y)^2}{3^2x^4y^6}}=\sqrt[3]{\frac{x+2y}{3x^2y^3}}$$

Il fattore x^2 continua ad essere positivo, mentre dei fattori $(x+2y)$ e y^3 non conosciamo il segno e dobbiamo quindi considerarne il modulo:

$$\sqrt[6]{\frac{x^2+4xy+4y^2}{9x^4y^6}}=\sqrt[3]{\frac{1}{3x^2}\left|\frac{x+2y}{y^3}\right|}$$

b. $\sqrt[4]{\dfrac{4}{a^2}-\dfrac{8}{ab}+\dfrac{4}{b^2}}$

Facciamo il denominatore comune e poi scomponiamo:

$$\sqrt[4]{\frac{4}{a^2}-\frac{8}{ab}+\frac{4}{b^2}}=\sqrt[4]{\frac{4b^2-8ab+4a^2}{a^2b^2}}=\sqrt[4]{\frac{4(b^2-2ab+a^2)}{a^2b^2}}=\sqrt[4]{\frac{2^2(a-b)^2}{a^2b^2}}=\sqrt{\frac{2(a-b)}{ab}}$$

Di nessun fattore letterale conosciamo il segno, quindi dobbiamo considerarne il modulo:

$$\sqrt[4]{\frac{4}{a^2}-\frac{8}{ab}+\frac{4}{b^2}}=\sqrt{2\left|\frac{a-b}{ab}\right|}$$

87 $\sqrt[6]{a^2+4a+4}$; $\sqrt{a^2+1}$ $\left[\sqrt[3]{|a+2|};\ \sqrt{a^2+1}\right]$

88 $\sqrt[4]{\dfrac{4x^2+4+8x}{9}}$; $\sqrt[6]{x^3-1-3x^2+3x}$ $\left[\sqrt{\dfrac{2}{3}|x+1|};\ \sqrt{x-1}\right]$

89 $\sqrt[4]{\dfrac{4y^4+4y^2+1}{16}}$; $\sqrt[9]{\dfrac{x^3}{y^3+6y^2+12y+8}}$ $\left[\sqrt{\dfrac{2y^2+1}{4}};\ \sqrt[3]{\dfrac{x}{y+2}}\right]$

90 $\sqrt[4]{x^2-16x+64}$; $\sqrt[6]{x^2-10x+25}$ $\left[\sqrt{|x-8|};\ \sqrt[3]{|x-5|}\right]$

91 $\sqrt{a^4+2a^2+1}$; $\sqrt{a^2+2a+1}$ $[a^2+1;\ |a+1|]$

92 $\sqrt[3]{x^3+y^3}$; $\sqrt[6]{\dfrac{(b^2+1+2b)^3}{729b^6}}$ $\left[\sqrt[3]{x^3+y^3};\ \left|\dfrac{b+1}{3b}\right|\right]$

93 $\sqrt[3]{\dfrac{x^3+y^3}{x+y}}$; $\sqrt[4]{\dfrac{4+9x^2+y^4+12x+4y^2+6xy^2}{1+x^2+2x}}$ $\left[\sqrt[3]{x^2-xy+y^2};\ \sqrt{\left|\dfrac{2+3x+y^2}{1+x}\right|}\right]$

94 $\sqrt[4]{1-\dfrac{8(x+1)}{(2x+3)^2}}$; $\sqrt[9]{\dfrac{(x+1)(x-1)(x^4+1-2x^2)}{27}}$ $\left[\sqrt{\left|\dfrac{2x+1}{2x+3}\right|};\ \sqrt[3]{\dfrac{x^2-1}{3}}\right]$

95 $\sqrt[4]{\dfrac{27b^3+1}{3b+1}+9b}$; $\sqrt[4]{\dfrac{1}{x^2}+\dfrac{2}{x^3}+\dfrac{1}{x^4}}$ $\left[\sqrt{|3b+1|};\ \sqrt{\dfrac{|x+1|}{x^2}}\right]$

96 $\sqrt[6]{1-\dfrac{4a}{(a+1)^2}}$; $\sqrt[4]{\dfrac{(64a^6-1)(2a+1)}{(8a^3-1)(4a^2-2a+1)}}$ $\left[\sqrt[3]{\left|\dfrac{a-1}{a+1}\right|};\ \sqrt{2a+1}\right]$

97 $\sqrt[6]{\dfrac{9a^2b^4}{(a-b)^2}}$; $\sqrt[4]{\dfrac{9(x+3)^2}{4(x-1)^6}}$ $\left[\sqrt[3]{3b^2\left|\dfrac{a}{a-b}\right|};\ \sqrt{\dfrac{3}{2}\left|\dfrac{x+3}{(x-1)^3}\right|}\right]$

98 $\sqrt[4]{27(a+1)^2}$; $\sqrt[9]{64(a^2-4)^6}$ $\left[\sqrt[4]{27(a+1)^2};\ \sqrt[3]{4(a^2-4)^2}\right]$

99 $\sqrt[6]{\dfrac{y^6+2y^5+y^4}{4y^2}}$; $\sqrt[6]{(x^5+x^3+2x^4)(x+1)}$ $\left[\sqrt[3]{\dfrac{|y(1+y)|}{2}};\ \sqrt{x(x+1)}\right]$

100 $\sqrt[8]{\dfrac{x^4+9x^2+6x^3}{y^4}}$; $\sqrt[4]{\dfrac{a^6-4a^5+4a^4}{b^2}}$ $\left[\sqrt[4]{\dfrac{|x(x+3)|}{y^2}};\ \sqrt{a^2\left|\dfrac{a-2}{b}\right|}\right]$

101 $\sqrt[4]{\dfrac{x^2+4x+4}{(x^2-1)^2}}$; $\sqrt[4]{\dfrac{1}{x^2}+\dfrac{1}{y^2}+\dfrac{2}{xy}}$ $\left[\sqrt{\left|\dfrac{x+2}{x^2-1}\right|};\ \sqrt{\left|\dfrac{x+y}{xy}\right|}\right]$

102 $\sqrt[6]{\dfrac{(8a^2+8-16a)^3}{8a^3}}$; $\sqrt[6]{\dfrac{(x-3)^9}{x^6}}$ $\left[\sqrt{\dfrac{4(a-1)^2}{a}};\ \sqrt{\dfrac{(x-3)^3}{x^2}}\right]$

103 $\sqrt{\dfrac{9a^{10}+9+18a^5}{4x^2+4-8x}}$; $\sqrt[6]{\dfrac{8x^3+8y^3}{x^6+1+2x^3}}$ $\left[\dfrac{3}{2}\left|\dfrac{a^5+1}{x-1}\right|;\ \text{irriducibile}\right]$

104 $\sqrt[6]{\dfrac{a^6+3a^5+3a^4+a^3}{8b^6}}$; $\sqrt[6]{a^9(a^2-1)^3}$ $\left[\sqrt{\dfrac{a(a+1)}{2b^2}};\ \sqrt{a^3(a^2-1)}\right]$

105 $\sqrt[6]{\dfrac{a^4(a-1)^6}{(a+1)^2}}$; $\sqrt[4]{\dfrac{x^4-2x^3+x^2}{(x-4)^4}}$ $\left[\sqrt[3]{a^2\left|\dfrac{(a-1)^3}{a+1}\right|};\ \sqrt{\dfrac{|x(x-1)|}{(x-4)^2}}\right]$

106 $\sqrt[n^2]{4^{2n}\cdot 3^n}$; $\sqrt[9n]{27^n}$; $\sqrt[4n]{\dfrac{2^{5n}}{3^{2n}}}$ $\left[\sqrt[n]{48};\ \sqrt[3]{3};\ \sqrt[4]{\dfrac{32}{9}}\right]$

107 $\sqrt[3n]{27^n\cdot 8^n}$; $\sqrt[4n]{16^n\cdot 25^n}$; $\sqrt[4n]{2^n\cdot 4^{n^2}}$ $[6;\ \sqrt{20};\ \sqrt[4]{2^{1+2n}}]$

108 $\sqrt[2n]{x^2+y^2+2xy}$; $\sqrt[2n]{x^{4n}+y^{4n}+2x^{2n}y^{2n}}$; $\sqrt{\left(\dfrac{2}{3}xy+x^2+\dfrac{1}{9}y^2\right)^n}$

$\left[\sqrt[n]{|x+y|};\ \sqrt[n]{x^{2n}+y^{2n}};\ \left|\left(x+\dfrac{1}{3}y\right)^n\right|\right]$

CORREGGI GLI ERRORI

109 $\sqrt{x^2+y^2}=x+y$; $\sqrt[6]{6(x+y)^2}=\sqrt[3]{6(x+y)}$

110 $\sqrt[3]{3x}=\sqrt{x}$; $\sqrt{20(x+y)^2}=20(x+y)$

111 $\sqrt[9]{x^3+y^3}=\sqrt[3]{x+y}$; $\sqrt[8]{(x+y)^4}=\sqrt{x+y}$

112 $\sqrt[5]{3\cdot 5}=3$; $\sqrt[4]{x^6y^6}=\sqrt{x^3y^3}$

113 $\sqrt[3]{4}=\sqrt[6]{2\cdot 4}$; $\sqrt[6]{(a+1)^2}=\sqrt[3]{a+1}$

114 $\sqrt{x^2+y^2}=|x|+|y|$; $\sqrt[n]{x^{2n}+y^{2n}+2x^ny^n}=|x+y|$

LE OPERAZIONI CON I RADICALI: MOLTIPLICAZIONE E DIVISIONE

teoria a pagina 15

SOLUZIONI ES. COMPRENSIONE

Comprensione

115 Le uguaglianze $\sqrt[n]{ab}=\sqrt[n]{a}\cdot\sqrt[n]{b}$ e $\sqrt[n]{\frac{a}{b}}=\frac{\sqrt[n]{a}}{\sqrt[n]{b}}$ sono entrambe vere:

a. per qualsiasi valore di a e di b
b. solo se il prodotto ab è positivo o nullo
c. solo se il prodotto ab è negativo o nullo
d. solo se $a\geq 0$ e $b>0$.

116 Il prodotto $\sqrt[4]{x^3y}\cdot\sqrt[8]{x^3y}$

a. è uguale a $\sqrt[8]{x^9y^3}$
b. è uguale a $2\sqrt[8]{x^3y}$
c. è uguale a $\sqrt[4]{x^6y^2}$
d. non si può calcolare perché i due radicali non hanno lo stesso indice.

117 Il passaggio corretto da eseguire per semplificare l'espressione $\sqrt{2x}\cdot\sqrt[3]{\frac{y}{x}}:\sqrt{\frac{y^2}{x^3}}$ è:

a. $\sqrt[6]{8x^3\cdot\frac{y^2}{x^2}\cdot\frac{x^9}{y^6}}$ **b.** $\sqrt[6]{4x^2\cdot\frac{y^2}{x^2}\cdot\frac{x^3}{y^2}}$ **c.** $\sqrt[6]{8x^3\cdot\frac{y^2}{x^2}\cdot\frac{x^6}{y^4}}$ **d.** $\sqrt[6]{2x^3\cdot\frac{y^2}{x^2}\cdot\frac{x^9}{y^6}}$

118 Semplificando l'espressione $\frac{\sqrt{20}\cdot\sqrt{15}}{\sqrt{60}}$ si ottiene:

a. 5 **b.** $\sqrt{5}$ **c.** $\sqrt{15}$ **d.** $\sqrt{10}$

119 Eseguendo il prodotto $\sqrt[3]{5xy^2}\cdot\sqrt{\frac{2}{5xy}}$ si ottiene:

a. $\sqrt[6]{\frac{8y}{5x}}$ **b.** $\sqrt[6]{\frac{8y}{5|x|}}$ **c.** $\sqrt[6]{\frac{8|y|}{5x}}$ **d.** $\sqrt[6]{\frac{8}{5}\left|\frac{y}{x}\right|}$

Applicazione

Riduci i seguenti radicali al minimo comune indice.

120 ESERCIZIO GUIDATO

a. $\sqrt{5}$; $\sqrt[3]{2}$

Il *m.c.m.* fra gli indici 2 e 3 è 6, dobbiamo quindi applicare la proprietà invariantiva moltiplicando l'indice della prima radice e l'esponente del radicando per 3, l'indice della seconda radice e l'esponente del radicando per 2:

$$\sqrt{5} = \sqrt[6]{5^3} \qquad \sqrt[3]{2} = \sqrt[6]{2^2}$$

b. $\sqrt[4]{9}$; $\sqrt[3]{12}$

Vediamo prima se è possibile semplificare i radicali per avere un indice comune di valore più piccolo:

$$\sqrt[4]{9} = \sqrt[4]{3^2} = \sqrt{3} \qquad \sqrt[3]{12} = \sqrt[3]{2^2 \cdot 3} \text{ il radicale è irriducibile}$$

L'indice comune è quindi 6 e si ha che: $\sqrt{3} = \sqrt[6]{3^3} = \sqrt[6]{27}$ $\qquad \sqrt[3]{12} = \sqrt[6]{12^2} = \sqrt[6]{144}$

121 ESERCIZIO GUIDATO

Riduci i radicali $\sqrt[14]{a^7}$, $\sqrt[18]{x^{12}}$, $\sqrt[12]{a^2x^4}$ allo stesso indice completando i passaggi indicati:

Semplifica i radicali: $\sqrt[14]{a^7} =$ .... $\qquad \sqrt[18]{x^{12}} =$ .... $\qquad \sqrt[12]{a^2x^4} =$ ....

L'indice comune delle radici è ....

Riducendo allo stesso indice si ottiene: $\sqrt[\cdots]{a^{\cdots}}$ $\qquad \sqrt[\cdots]{x^{\cdots}}$ $\qquad \sqrt[\cdots]{a^{\cdots}x^{\cdots}}$

122 $\sqrt{3}$; $\quad \sqrt[3]{2}$ $\qquad [\sqrt[6]{3^3};\ \sqrt[6]{2^2}]$

123 $\sqrt[3]{5}$; $\quad \sqrt[4]{2}$ $\qquad [\sqrt[12]{5^4};\ \sqrt[12]{2^3}]$

124 $\sqrt[5]{2}$; $\quad \sqrt[3]{3}$ $\qquad [\sqrt[15]{2^3};\ \sqrt[15]{3^5}]$

125 $\sqrt{6}$ $\quad \sqrt[4]{2}$ $\qquad [\sqrt[4]{6^2};\ \sqrt[4]{2}]$

126 $\sqrt{4}$; $\quad \sqrt[6]{12}$; $\quad \sqrt[12]{3}$ $\qquad [\sqrt[12]{4^6};\ \sqrt[12]{12^2};\ \sqrt[12]{3}]$

127 $\sqrt[4]{9}$; $\quad \sqrt[3]{4}$; $\quad \sqrt{5}$ $\qquad [\sqrt[6]{3^3};\ \sqrt[6]{2^4};\ \sqrt[6]{5^3}]$

128 $\sqrt[4]{25}$; $\quad \sqrt[8]{64}$; $\quad \sqrt{3}$ $\qquad [\sqrt[4]{25};\ \sqrt[4]{8};\ \sqrt[4]{9}]$

129 $\sqrt{5}$; $\quad \sqrt[3]{6}$; $\quad \sqrt{3}$ $\qquad [\sqrt[6]{5^3};\ \sqrt[6]{6^2};\ \sqrt[6]{3^3}]$

130 $\sqrt{x}$; $\quad \sqrt[4]{y}$; $\quad \sqrt{xy}$ $\qquad \left[\sqrt[4]{x^2};\ \sqrt[4]{y};\ \sqrt[4]{x^2y^2}\right]$

131 $\sqrt[6]{a}$; $\quad \sqrt[3]{a}$; $\quad \sqrt[15]{a^{10}}$ $\qquad [\sqrt[6]{a};\ \sqrt[6]{a^2};\ \sqrt[6]{a^4}]$

132 $\sqrt{2ab^2}$; $\quad \sqrt[3]{3abc}$; $\quad \sqrt[6]{9a^5}$ $\qquad [\sqrt[6]{8a^3b^6};\ \sqrt[6]{9a^2b^2c^2};\ \sqrt[6]{9a^5}]$

133 $\sqrt{3x}$; $\quad \sqrt[3]{x^2}$; $\quad \sqrt[4]{2x^3}$ $\qquad [\sqrt[12]{3^6x^6};\ \sqrt[12]{x^8};\ \sqrt[12]{8x^9}]$

134 $\sqrt{\frac{x^2}{y}}$; $\quad \sqrt[8]{\frac{x+y}{xy}}$; $\quad \sqrt[4]{\frac{(x-y)^2}{x}}$ $\qquad \left[\sqrt[8]{\frac{x^8}{y^4}};\ \sqrt[8]{\frac{x+y}{xy}};\ \sqrt[8]{\frac{(x-y)^4}{x^2}}\right]$

135 $\sqrt[3]{m+n}$; $\sqrt[4]{\dfrac{m+n}{m-n}}$; $\sqrt[6]{\dfrac{m+n}{m}}$ $\left[\sqrt[12]{(m+n)^4};\ \sqrt[12]{\dfrac{(m+n)^3}{(m-n)^3}};\ \sqrt[12]{\dfrac{(m+n)^2}{m^2}}\right]$

136 $\sqrt[4]{x(x+2)^2}$; $\sqrt{\dfrac{x}{x^2+4+4x}}$; $\sqrt{\dfrac{x}{2}}$ $\left[\sqrt[4]{x(x+2)^2};\ \sqrt[4]{\dfrac{x^2}{(x+2)^4}};\ \sqrt[4]{\dfrac{x^2}{4}}\right]$

137 $\sqrt[3]{\dfrac{x-y}{x}}$; $\sqrt[6]{\dfrac{9(x-y)}{y}}$; $\sqrt{\dfrac{x^2+y^2+2xy}{xy}}$ $\left[\sqrt[6]{\dfrac{(x-y)^2}{x^2}};\ \sqrt[6]{\dfrac{9(x-y)}{y}};\ \sqrt[6]{\dfrac{(x+y)^6}{x^3y^3}}\right]$

138 $\sqrt{2x(x-1)}$; $\sqrt[3]{8xy}$; $\sqrt{x+y}$ $\left[\sqrt[6]{8x^3(x-1)^3};\ \sqrt[6]{64x^2y^2};\ \sqrt[6]{(x+y)^3}\right]$

Esegui le seguenti moltiplicazioni e divisioni fra radicali.

139 ESERCIZIO GUIDATO

a. $\sqrt{3}\cdot\sqrt{5}$

I radicali hanno lo stesso indice quindi $\sqrt{3}\cdot\sqrt{5}=\sqrt{3\cdot 5}=\sqrt{15}$

b. $\sqrt[3]{2}\cdot\sqrt[4]{5}\cdot\sqrt{3}$

I radicali devono essere ridotti allo stesso indice $\sqrt[3]{2}\cdot\sqrt[4]{5}\cdot\sqrt{3}=\sqrt[12]{2^4\cdot 5^3\cdot 3^6}$

c. $\sqrt{2a}\cdot\sqrt[3]{9b^2}:\sqrt{4ab}$

Riduciamo i radicali allo stesso indice ed eseguiamo il calcolo

$$\sqrt[6]{(2a)^3\cdot(9b^2)^2:(4ab)^3}=\sqrt[6]{\overset{1}{\cancel{8}}\cancel{a^3}\cdot 81b^{\cancel{4}}\cdot\frac{1}{\underset{8}{\cancel{64}}\cancel{a^3}\cancel{b^3}}}=\sqrt[6]{\frac{81b}{8}}$$

Dobbiamo adesso decidere se attribuire il modulo al fattore b; osserviamo allora che, dal testo iniziale dell'esercizio, sappiamo che il fattore a è positivo o nullo (primo radicale) e che anche il prodotto ab è positivo o nullo (terzo radicale), dunque anche b deve essere positivo o nullo. Non è quindi necessario attribuire il modulo al fattore b.

140 $\sqrt{5}\cdot\sqrt{7}$; $\sqrt{50}\cdot\sqrt{2}$ $[\sqrt{35};\ 10]$

141 $\sqrt{14}\cdot\sqrt{56}$; $\sqrt{32}\cdot\sqrt{2}$ $[28;\ 8]$

142 $\sqrt[3]{16}\cdot\sqrt[3]{4}$; $\sqrt[3]{25}\cdot\sqrt[3]{625}$ $[4;\ 25]$

143 $\sqrt[4]{xy}\cdot\sqrt[4]{x^3}\cdot\sqrt[4]{y^3}$; $\sqrt[5]{x^2y}\cdot\sqrt[5]{xy}\cdot\sqrt[5]{x^2y^3}$ $[xy;\ xy]$

144 $\sqrt{25}:\sqrt{5}$; $\sqrt[3]{\dfrac{10}{7}}:\sqrt[3]{\dfrac{15}{14}}$ $\left[\sqrt{5};\ \sqrt[3]{\dfrac{4}{3}}\right]$

145 $\sqrt[3]{36}:\sqrt[3]{4}$; $\sqrt{\dfrac{12}{5}}:\sqrt{\dfrac{6}{25}}$ $[\sqrt[3]{9};\ \sqrt{10}]$

146 $\sqrt[4]{x^3y}:\sqrt[4]{xy}$; $\sqrt[3]{a^2}:\sqrt[3]{\dfrac{1}{a}}$ $[\sqrt{|x|};\ a]$

147 $\sqrt[3]{\dfrac{1}{a}}\cdot\sqrt[3]{\dfrac{2}{a}}\cdot\sqrt[3]{\dfrac{1}{2}}$; $\sqrt{\dfrac{3}{x}}\cdot\sqrt{\dfrac{1}{15}}\cdot\sqrt{\dfrac{x^2}{2}}$ $\left[\sqrt[3]{\dfrac{1}{a^2}};\ \sqrt{\dfrac{x}{10}}\right]$

148 $\sqrt[6]{2}\cdot\sqrt[4]{6}:\sqrt[6]{12}$; $\quad\sqrt[3]{\frac{a}{b}}:\sqrt[3]{\frac{a^2}{b^2}}$ $\left[1;\ \sqrt[3]{\frac{b}{a}}\right]$

149 $\sqrt[4]{3}\cdot\sqrt{7}$; $\quad\sqrt[3]{4}\cdot\sqrt[6]{4}$ $[\sqrt[4]{147};\ 2]$

150 $\sqrt[3]{2}\cdot\sqrt[6]{8}$ $\quad\sqrt[4]{\frac{25}{9}}\cdot\sqrt{3}$ $[\sqrt[6]{32};\ \sqrt{5}]$

151 $\sqrt{\frac{x}{y}}\cdot\sqrt[3]{y^2}:\sqrt[6]{\frac{y}{x}}$; $\quad\left(\sqrt[6]{2x}:\sqrt[4]{\frac{1}{8x^3}}\right)\cdot\sqrt[3]{2x}$ $[\sqrt[3]{x^2};\ \sqrt[4]{32x^5}]$

152 $\sqrt{\frac{1}{a^6}}\cdot\sqrt[4]{\frac{a^6b}{5}}:\sqrt{\frac{b}{5a^4}}$ $\left[\sqrt[4]{\frac{5a^2}{b}}\right]$

153 $\sqrt{\frac{4}{9}}\cdot\sqrt{\frac{9}{4}a}\cdot\sqrt[4]{3b}:\sqrt{\frac{1}{2}a^2b^2}$ $\left[\sqrt[4]{\frac{12}{a^2b^3}}\right]$

154 **ESERCIZIO GUIDATO**

$$\sqrt[3]{\frac{x^2}{4x^2+4x+1}}\cdot\sqrt{\frac{2x^2-3x-2}{3x}}:\sqrt[4]{\frac{(x-2)^2}{9x^2}}$$

Scomponiamo i radicandi: $\sqrt[3]{\frac{x^2}{(2x+1)^2}}\cdot\sqrt{\frac{(2x+1)(x-2)}{3x}}:\sqrt[4]{\frac{(x-2)^2}{3^2x^2}}$

I tre radicali hanno significato se: $x\neq-\frac{1}{2}\ \wedge\ x\neq0\ \wedge\ \frac{(2x+1)(x-2)}{3x}\geq0$,

cioè nell'insieme D: $-\frac{1}{2}<x<0\ \vee\ x\geq2$.

Eseguiamo le operazioni indicate semplificando prima il terzo radicale:

$$\sqrt[3]{\frac{x^2}{(2x+1)^2}}\cdot\sqrt{\frac{(2x+1)(x-2)}{3x}}:\sqrt{\frac{x-2}{3x}}=\sqrt[6]{\frac{x^4}{(2x+1)^4}\cdot\frac{(2x+1)^3(x-2)^3}{27x^3}\cdot\frac{27x^3}{(x-2)^3}}=\sqrt[6]{\frac{x^4}{2x+1}}$$

Del radicale ottenuto possiamo dire che x^4 è sempre positivo perchè è un quadrato e che $2x+1$ è anch'esso positivo nel dominio dell'espressione (è positivo per $x>-\frac{1}{2}$, quindi a maggior ragione in D).

In definitiva, il risultato dell'espressione è: $\sqrt[6]{\frac{x^4}{2x+1}}$

155 $\sqrt{\frac{1+a}{a^2}}\cdot\sqrt{\frac{a^2+1+2a}{2}}:\sqrt{\frac{4}{a^2}}$ $\left[\sqrt{\frac{(a+1)^3}{8}}\right]$

156 $\sqrt{\frac{a+2}{a-4}}\cdot\sqrt[3]{\frac{a-4}{a+2}}$ $\left[\sqrt[6]{\frac{a+2}{a-4}}\right]$

157 $\sqrt{\frac{x^2+2x+1}{x^3}}\cdot\sqrt[4]{\frac{x^4-2x^3y+x^2y^2}{x+1}}\cdot\sqrt[6]{\frac{x^5}{x^3-3x^2y+3xy^2-y^3}}$ $\left[\sqrt[12]{\frac{(x+1)^9}{x^2}}\right]$

158 $\left(\sqrt[3]{\frac{a-b}{a^2+2ab+b^2}}:\sqrt{\frac{a^2+ab+b^2}{a^2+2ab+b^2}}\right):\sqrt{\frac{a^2-b^2}{a^3+a^2b+ab^2}}$ $\left[\sqrt[6]{\frac{a^3}{a^2-b^2}}\right]$

159 $\dfrac{\sqrt[3]{x-3}}{\sqrt[4]{x^2+y^2+2xy}}\cdot\sqrt{x+y}$ $\left[\sqrt[3]{x-3}\right]$

160 $\dfrac{\sqrt{4a^4-1}}{\sqrt[4]{a^2-1}\cdot\sqrt{2a^2+1}}$ $\left[\sqrt[4]{\dfrac{(2a^2-1)^2}{a^2-1}}\right]$

161 $\dfrac{\sqrt{3ax}:\sqrt{9ab}}{\sqrt{8a^2x}:\sqrt[4]{8ab^2x}}$ $\left[\sqrt[4]{\dfrac{x}{72a^3}}\right]$

162 $\sqrt{\dfrac{x^3-y^3-3x^2y+3xy^2}{x^2+y^2+2xy}}\cdot\sqrt[3]{\dfrac{x+y}{x}}:\sqrt{\dfrac{(x-y)^3}{x^2+xy}}$ $\left[\sqrt[6]{\dfrac{x}{x+y}}\right]$

163 $\sqrt{\dfrac{x^2+x-2}{x+1}}\cdot\sqrt{\dfrac{x+1}{x-1}}\cdot\sqrt{\dfrac{x+2}{x+1}}$ $\left[\sqrt{\dfrac{(x+2)^2}{x+1}}\right]$

164 $\sqrt{\dfrac{x-1}{x^2+4x+3}}\cdot\sqrt{\dfrac{x^2-1}{x+3}}:\sqrt{\dfrac{x-1}{x+3}}$ $\left[\sqrt{\dfrac{x-1}{x+3}}\right]$

165 $\sqrt[4]{\dfrac{a^2+b^2-2ab}{a^2}}\cdot\sqrt{\dfrac{1}{a-b}}$ $\left[\sqrt{\dfrac{1}{|a|}}\right]$

166 $\sqrt[10]{\dfrac{32x^{10}}{y^5}}\cdot\sqrt[6]{\dfrac{y^3(x+y)^2}{2x}}$ $\left[\sqrt[6]{4x^5(x+y)^2}\right]$

167 $\sqrt{\dfrac{(a^5+b^5)^4}{8x^3}}:\sqrt{\dfrac{(a^5+b^5)^2}{32x^5}}$ $\left[2x|a^5+b^5|\right]$

168 $\sqrt[6]{\dfrac{x^4+y^4-2x^2y^2}{x^4y^4}}:\sqrt[3]{\dfrac{x^2-2xy+y^2}{xy}}$ $\left[\sqrt[3]{\dfrac{x+y}{xy(x-y)}}\right]$

169 $\sqrt[4]{\dfrac{a+2b}{a^2-4b^2}}\cdot\sqrt[3]{\dfrac{a-2b}{a+2b}}\cdot\sqrt[12]{\dfrac{a^3-2a^2b}{b^2}}$ $\left[\sqrt[6]{\left|\dfrac{a}{b}\right|\dfrac{a-2b}{(a+2b)^2}}\right]$

170 $\left(\sqrt{x^2-1}:\sqrt[3]{x^2-4}\right):\left(\sqrt[3]{x^2-1}:\sqrt{x^2-4}\right)$ $\left[\sqrt[6]{(x^2-1)(x^2-4)}\right]$

171 $\sqrt[3]{\dfrac{x^2y+xy^2}{4x^3}}\cdot\sqrt[4]{\dfrac{x^2+y^2-2xy}{x^2+y^2+2xy}}:\sqrt[6]{\dfrac{(x-y)^3}{4x^3}}$ $\left[\sqrt[6]{\dfrac{y^2}{4|x(x+y)|}}\right]$

172 $\dfrac{\sqrt[6]{\dfrac{x}{y}-\dfrac{y}{x}}:\sqrt{\dfrac{x}{y}-\dfrac{y}{x}}}{\sqrt[3]{\dfrac{xy}{(x+y)^2}}}$ $\left[\sqrt[3]{\dfrac{x+y}{x-y}}\right]$

173 $\dfrac{\sqrt{27a^3b^2}:\sqrt{\dfrac{9a^2b^4}{a^2+b^2}}}{\sqrt[6]{27a^3(a^6+b^6+3a^4b^2+3a^2b^4)}}$ $\left[\dfrac{1}{|b|}\right]$

174 $\left(\sqrt[4]{\dfrac{a^2+b^2+2ab}{a^2}}\cdot\sqrt[6]{\dfrac{a^2+b^2-2ab}{b^9(a^2+b^2+2ab)}}\right):\sqrt{\dfrac{a^2+b^2+2ab}{a^2b^3}}$ $\left[\sqrt[6]{(a-b)^2\left|\dfrac{a^3}{(a+b)^5}\right|}\right]$

175 $\sqrt[3]{\dfrac{x^3-3x^2y+3xy^2-y^3}{x^2+xy}} : \left[\sqrt{\dfrac{x^2-y^2}{x}}\cdot\sqrt[6]{\dfrac{(x-y)^3}{(x+y)^3}}\right]$ $\left[\sqrt[6]{\dfrac{|x|}{(x+y)^2}}\right]$

176 $\sqrt{\dfrac{3a^2}{2a+2}} : \left[\sqrt[4]{\dfrac{1}{a+1}}\cdot\sqrt{\dfrac{3a}{a^2-a-2}}\right]$ $\left[\sqrt[4]{\dfrac{a^2(a+1)(a-2)^2}{4}}\right]$

177 $\sqrt{\dfrac{4x^3}{x^2+2x+1}}\cdot\sqrt[3]{\dfrac{x^3+3x^2+3x+1}{x^3}} : \sqrt{\dfrac{2x}{x^2-1}}$ $\left[\sqrt{2(x^2-1)}\right]$

178 $\left(\sqrt{\dfrac{x+a}{x-a}} : \sqrt[3]{\dfrac{x^2+2ax+a^2}{x^2(x-a)}}\right)\cdot\sqrt{\dfrac{x+a}{x}}$ $\left[\sqrt[6]{\dfrac{x(x+a)^2}{x-a}}\right]$

179 $\sqrt[3]{\dfrac{ax}{4a^2-4ab+b^2}}\cdot\left(\sqrt[3]{\dfrac{4a^2-b^2}{a^2}} : \sqrt{\dfrac{2a+b}{a}}\right)\cdot\sqrt[3]{\dfrac{(2a-b)^2}{x}}$ $\left[\sqrt[6]{\dfrac{a(2a-b)^2}{2a+b}}\right]$

180 $\sqrt{\dfrac{2x-1}{x+1}}\cdot\sqrt{x+2+\dfrac{1}{x}} : \left(\sqrt[3]{4x^2-4x+1} : \sqrt{\dfrac{2x-1}{x^2+x}}\right)$ $\left[\sqrt[3]{\dfrac{|2x-1|}{x^3}}\right]$

181 $\left(\sqrt{x^3+3x^2+3x+1}\cdot\sqrt[3]{x^2+2x+1}\right) : \left(\sqrt{x^2+2x+1}\cdot\sqrt{x+1}\right)$ $\left[\sqrt[3]{(x+1)^2}\right]$

182 $\left(\sqrt{\dfrac{x-2y}{2x}} : \sqrt[3]{\dfrac{x^2-4xy+4y^2}{4x^2}}\right) : \left(\sqrt{\dfrac{2x}{x-2y}} : \sqrt[3]{\dfrac{2x}{x-2y}}\right)$ [1]

183 $\sqrt[6]{\dfrac{a^3-1}{a^3+1}} : \sqrt[6]{\dfrac{a^2+a+1}{a^2-a+1}}\cdot\sqrt{\dfrac{a+1}{a-1}}$ $\left[\sqrt[3]{\dfrac{a+1}{a-1}}\right]$

184 $\sqrt[3]{\dfrac{a+2b}{a^2-4b^2}}\cdot\sqrt{\dfrac{a-2b}{a+2b}} : \sqrt[4]{\dfrac{a^4b^2}{(a^3+2a^2b)^2}}$ $\left[\sqrt[6]{\left|\dfrac{a-2b}{b^3}\right|}\right]$

185 $\sqrt[2k]{\dfrac{2x^2-2xy+y^2}{x^2+xy}-\dfrac{x}{x+y}}\cdot\sqrt[3k]{\dfrac{x+y}{x}} : \sqrt[6k]{\dfrac{1}{x^5}}$ $\left[\sqrt[6k]{\dfrac{(x-y)^6}{x+y}}\right]$

186 $\left(\sqrt[3n]{\dfrac{x^2-y^2}{(a^2-b^2)^{2n}}} : \sqrt[9n]{\dfrac{x^2+2xy+y^2}{(a^2-b^2)^{4n}}}\right)\cdot\sqrt[3]{\sqrt[3n]{\dfrac{1}{(x^2-y^2)(x-y)^2}}}$ $\left[\dfrac{1}{\sqrt[9]{(a^2-b^2)^2}}\right]$

187 $\sqrt[5n]{\dfrac{2x^n}{(x+1)^n}}\cdot\sqrt[10n]{\dfrac{(x+1)^n}{2}} : \sqrt[15]{\dfrac{x^3}{8}}$ $\left[\sqrt[10n]{\dfrac{2^{2n+1}}{(x+1)^n}}\right]$

CORREGGI GLI ERRORI

188 $\sqrt{x}\cdot\sqrt[3]{x}=\sqrt[6]{x^2}=\sqrt[3]{x}$

189 $\sqrt[3]{a}\cdot\sqrt[3]{a^2}=\sqrt[6]{a^3}=\sqrt{a}$

190 $\sqrt{\dfrac{a-3}{a+2}} : \sqrt[3]{\dfrac{a-3}{a+2}}=1$

191 $\sqrt[3]{\dfrac{1}{xy}}\cdot\sqrt{xy}=\sqrt[6]{\dfrac{1}{x^3y^3}\cdot x^2y^2}=\sqrt[6]{\dfrac{1}{xy}}$

Il trasporto di un fattore dentro e fuori il simbolo di radice

teoria a pagina 17

SOLUZIONI ES. COMPRENSIONE

Comprensione

192 Dato il radicale $3x\sqrt{x}$, trasportando il fattore esterno sotto il simbolo di radice si ottiene:

a. $\sqrt{9x^3}$ per qualsiasi valore di x

b. $\sqrt{9x^3}$ solo se $x \geq 0$

c. $-\sqrt{-9x^3}$ se $x \leq 0$

Una sola delle precedenti affermazioni è vera; individuala spiegando perchè le altre sono false.

193 Dato il radicale $a\sqrt{3}$ trasportando il fattore esterno sotto il simbolo di radice si ottiene:

a. $\sqrt{3|a|}$ **b.** se $a \geq 0: \sqrt{3a^2}$, se $a < 0: -\sqrt{3a^2}$ **c.** $-\sqrt{3a^2}$ **d.** $\sqrt{3a^2}$

194 Dato il radicale $\sqrt{45x^3y^2}$, trasportando fuori dal simbolo di radice tutti i possibili fattori, si ottiene:

a. $3y\sqrt{5x^3}$ **b.** $3xy\sqrt{5x}$ **c.** $15xy\sqrt{x}$ **d.** $3x|y|\sqrt{5x}$

195 Dato il radicale $\sqrt{\dfrac{8a^5b^3}{9x}}$, trasportando i possibili fattori fuori dal simbolo di radice si ottiene:

a. $\dfrac{2}{3}a^2b\sqrt{\dfrac{2ab}{x}}$ **b.** $2a^2b\sqrt{\dfrac{2ab}{9x}}$ **c.** $\dfrac{2}{3}a^2|b|\sqrt{\dfrac{2ab}{x}}$ **d.** $\dfrac{2}{3}\dfrac{a^2b}{x}\sqrt{2ab}$

196 Il radicale $a\sqrt[4]{5b^2}$ è equivalente a:

a. $\sqrt[4]{5a^4b^2}$ **b.** $\sqrt[4]{5a^4b^2}$ se $a \geq 0$ $\vee$ $\sqrt[4]{-5a^4b^2}$ se $a < 0$

c. $\sqrt[4]{5a^4b^2}$ se $a \neq 0$ **d.** $\sqrt[4]{5a^4b^2}$ se $a \geq 0$ $\vee$ $-\sqrt[4]{5a^4b^2}$ se $a < 0$

197 Il radicale $\sqrt{\dfrac{8x^3y}{a^2}}$ è uguale a:

a. $\dfrac{2x}{a}\sqrt{2xy}$ **b.** $2\left|\dfrac{x}{a}\right|\sqrt{2xy}$ **c.** $\dfrac{2|x|}{a}\sqrt{2xy}$ **d.** $2\left|\dfrac{x}{a}\right|\sqrt{2|xy|}$

198 Il radicale $\sqrt{9+a^2}$ è uguale a:

a. $3+a$ **b.** $|3+a|$ **c.** $\sqrt{9+a^2}$ perché è irriducibile **d.** $3+|a|$

199 Barra Vero o Falso:

a. $\sqrt[6]{a^7} = a\sqrt[6]{a}$ V F

b. $\sqrt{9y^2(x+3)} = 3y\sqrt{x+3}$ V F

c. $\sqrt[3]{(x-2)^4} = |x-2|\sqrt[3]{|x-2|}$ V F

d. $a\sqrt[4]{a^3} = \sqrt[4]{a^7}$ V F

e. $x\sqrt[5]{x^4} = \begin{cases} \sqrt[5]{x^9} & \text{se } x \geq 0 \\ -\sqrt[5]{-x^9} & \text{se } x < 0 \end{cases}$ V F

Applicazione

Trasporta sotto il simbolo di radice i fattori esterni, supponendoli non negativi se letterali.

200 **ESERCIZIO GUIDATO**

a. $5\sqrt{3} = \sqrt{5^2 \cdot 3} = \sqrt{75}$

b. $\frac{3}{5}\sqrt[3]{\frac{25}{9}} = \sqrt[3]{\frac{3^{\cancel{3}}}{5^{\cancel{3}}} \cdot \frac{\cancel{5^2}}{\cancel{3^2}}} = \sqrt[3]{\frac{3}{5}}$

c. $2a \cdot \sqrt{\frac{x}{a}} = \sqrt{4a^{\cancel{2}} \cdot \frac{x}{\cancel{a}}} = \sqrt{4ax}$

201 $5\sqrt[3]{2}$; $\frac{1}{2}\sqrt[4]{8}$; $\frac{2}{3}\sqrt{6}$

202 $2\sqrt[3]{2}$; $6\sqrt{\frac{1}{3}}$; $\left(\frac{4}{5}-1\right)\sqrt{\frac{5}{2}}$

203 $\left(2+\frac{1}{2}\right)\sqrt{\frac{2}{5}}$; $\left(3-\frac{1}{6}\right)\sqrt[3]{\frac{2}{17}}$; $5\sqrt[3]{\frac{1}{5}}$

204 $3a \cdot \sqrt{\frac{1}{3}}$; $-3\sqrt{6}$; $\left(\frac{1}{2}+\frac{3}{4}\right)\sqrt{1-\frac{1}{5}}$

205 $\frac{1}{4}\sqrt[3]{4x^2}$; $\left(1+\frac{1}{3}\right)\sqrt{1+\frac{1}{2}}$; $-3\sqrt{2}$

206 $-\frac{1}{2}\sqrt[3]{6}$; $\left(1+\frac{1}{3}\right)\sqrt{6}$; $\left(2-\frac{3}{2}\right)\sqrt{1-\frac{1}{3}}$

207 $-5\sqrt[3]{\frac{1}{5}}$; $-2\sqrt{\frac{1}{2}x}$; $4\sqrt[3]{3}$

208 $\left(\frac{1}{2}-3\right)\sqrt{2}$; $(1+\sqrt{2})\sqrt{5}$; $3\sqrt{\frac{1}{3}a}$

209 $(3-\sqrt{2}) \cdot \sqrt[3]{\frac{1}{3}}$; $\frac{1}{(2-\sqrt{6})} \cdot \sqrt{2}$; $\frac{8}{3}\sqrt{\frac{1}{2}}$

210 $a \cdot \sqrt[5]{\frac{b^2}{a^3}}$; $\frac{1}{2}x^2y \cdot \sqrt[4]{\frac{16}{x^3y^2}}$; $\frac{4}{3}\sqrt[3]{\frac{3}{2}ab}$ $\left[\sqrt[5]{a^2b^2};\ \sqrt[4]{x^5y^2};\ \sqrt[3]{\frac{32ab}{9}}\right]$

211 $b^2 \cdot \sqrt[7]{\frac{a}{b^6}}$; $x^3y^2 \cdot \sqrt[3]{\frac{1}{x^5y^7}}$; $(x-3y) \cdot \sqrt[3]{\frac{1}{x^2}}$ $\left[\sqrt[7]{ab^8};\ \sqrt[3]{\frac{x^4}{y}};\ \sqrt[3]{\frac{(x-3y)^3}{x^2}}\right]$

212 $(a+b) \cdot \sqrt[3]{\frac{1}{a^2+b^2+2ab}}$ $\left[\sqrt[3]{a+b}\right]$

213 $\frac{x+2y}{x-2y} \cdot \sqrt{\frac{2y}{(x+2y)^2}}$ $\left[\sqrt{\frac{2y}{(x-2y)^2}}\right]$

214 $2(x-y)\cdot\sqrt{\dfrac{1}{4x^2-4y^2}}$ $\left[\sqrt{\dfrac{x-y}{x+y}}\right]$

215 $\dfrac{1}{a+2b}\cdot\sqrt[4]{3(a^2+4ab+4b^2)}$ $\left[\sqrt[4]{\dfrac{3}{(a+2b)^2}}\right]$

216 $(4a^2+1-4a)\cdot\sqrt{\dfrac{1}{2a^2+3a-2}}$ $\left[\sqrt{\dfrac{(2a-1)^3}{a+2}}\right]$

217 $\left(1+\dfrac{x}{y}+\dfrac{y}{x}\right)\cdot\sqrt{\dfrac{1}{x^3-y^3}}$ $\left[\sqrt{\dfrac{xy+x^2+y^2}{x^2y^2(x-y)}}\right]$

218 $\dfrac{1}{3x-1}\cdot\sqrt[3]{\dfrac{27x^3-1-27x^2+9x}{x+1}}$ $\left[\sqrt[3]{\dfrac{1}{x+1}}\right]$

219 $\left(1+\dfrac{2y}{1-y}\right)\cdot\sqrt[3]{\dfrac{1-y}{4}}$ $\left[\sqrt[3]{\dfrac{(1+y)^3}{4(1-y)^2}}\right]$

220 $\dfrac{x-2y}{xy}\cdot\sqrt[3]{\dfrac{x^5y^5}{x^2+4y^2-4xy}}$ $\left[\sqrt[3]{x^2y^2(x-2y)}\right]$

221 $\dfrac{\dfrac{x}{y}-1}{\dfrac{x}{y}+1}\cdot\sqrt{\dfrac{y+x}{x-y}-\dfrac{2x+2y}{x^2+y^2-2xy}}$ $\left[\sqrt{\dfrac{x-y-2}{x+y}}\right]$

222 $\dfrac{y}{x+y}\cdot\sqrt[3]{\dfrac{x^2}{y^2}+\dfrac{2x}{y}+1}$ $\left[\sqrt[3]{\dfrac{y}{x+y}}\right]$

223 $\left(\dfrac{a}{a+b}+\dfrac{b}{a-b}\right)\cdot\sqrt{\dfrac{a^2+b^2-2ab}{2a^3+2ab^2+a^2b+b^3}}$ $\left[\sqrt{\dfrac{a^2+b^2}{(a+b)^2(2a+b)}}\right]$

Trasporta sotto il simbolo di radice i fattori esterni dei quali, se letterali, non si conosce il segno.

224 **ESERCIZIO GUIDATO**

a. $x\sqrt[4]{x}$

Per l'esistenza del radicale deve essere $x \geq 0$; il fattore esterno è quindi positivo o nullo. Si ottiene quindi: $\sqrt[4]{x^4\cdot x}=\sqrt[4]{x^5}$

b. $a\sqrt[3]{a^2}$

Il radicando è sempre positivo o nullo per qualsiasi valore di a; dobbiamo quindi distinguere due casi:

- se $a\geq 0:\ \sqrt[3]{a^3\cdot a^2}=\sqrt[3]{a^5}$
- se $a<0:\ -\sqrt[3]{(-a)^3\cdot a^2}=-\sqrt{-a^5}$

225 $(x-1)\sqrt{x-1}$ $\qquad (a+1)\sqrt[3]{a}$ $\left[\sqrt{(x-1)^3};\ \sqrt[3]{a(a+1)^3}\right]$

226 $2x \cdot \sqrt{\frac{5}{2x}}$; $a^2 \cdot \sqrt{\frac{1}{a}}$ $[\sqrt{10x};\ \sqrt{a^3}]$

227 $a \cdot \sqrt{a}$; $2x \cdot \sqrt{\frac{1}{2x^2}}$ $[\sqrt{a^3};\ x>0:\sqrt{2},\ x<0:-\sqrt{2}]$

228 $(2a-1)\sqrt{a}$; $xy \cdot \sqrt{y}$ $\left[a \geq \frac{1}{2}: \sqrt{a(2a-1)^2},\ 0 \leq a < \frac{1}{2}: -\sqrt{a(2a-1)^2};\ x \geq 0: \sqrt{x^2y^3},\ x<0: -\sqrt{x^2y^3}\right]$

229 $\frac{1}{x-1}\sqrt[3]{(x-1)^2}$; $bx \cdot \sqrt{\frac{b}{x}}$ $\left[x>1: \sqrt[3]{\frac{1}{x-1}},\ x<1: -\sqrt[3]{\frac{1}{1-x}};\ \sqrt{b^3x}\right]$

230 $ab \cdot \sqrt[3]{ab^2}$; $-2b \cdot \sqrt{\frac{1}{2b}}$ $[b \geq 0: \sqrt[3]{a^4b^5},\ b<0: -\sqrt[3]{-a^4b^5};\ b \neq 0: -\sqrt{2b}]$

231 $\frac{2a}{x}\sqrt[3]{\frac{x^2}{a}}$; $b \cdot \sqrt{b-2}$ $\left[x>0: \sqrt[3]{\frac{8a^2}{x}},\ x<0: -\sqrt[3]{-\frac{8a^2}{x}};\ \sqrt{b^2(b-2)}\right]$

232 **ESERCIZIO GUIDATO**

$$\frac{2x-3}{x^2} \cdot \sqrt{\frac{x}{4x^2-12x+9}}$$

Riscriviamo l'espressione in questo modo $\frac{2x-3}{x^2} \cdot \sqrt{\frac{x}{(2x-3)^2}}$

Osservando sia l'espressione esterna che il radicando deduciamo che deve essere $x>0 \wedge x \neq \frac{3}{2}$, ma in questo insieme $2x-3$ può essere positivo o negativo. Dobbiamo quindi distinguere due casi:

- se $2x-3>0 \wedge x>0$, cioè $x>\frac{3}{2}$ il radicale diventa $\sqrt{\frac{(2x-3)^2}{x^4} \cdot \frac{x}{(2x-3)^2}} = \sqrt{\frac{1}{x^3}}$
- se $2x-3<0 \wedge x>0$, cioè $0<x<\frac{3}{2}$ il radicale diventa $-\sqrt{\frac{(3-2x)^2}{x^4} \cdot \frac{x}{(2x-3)^2}} = -\sqrt{\frac{1}{x^3}}$

233 $\frac{x+2}{x+5}\sqrt{\frac{5-x}{x+2}}$ $\left[-2<x \leq 5: \sqrt{\frac{(x+2)(5-x)}{(x+5)^2}}\right]$

234 $\frac{x-1}{x-3}\sqrt{\frac{x-3}{x+2}}$ $\left[x<-2 \vee x>3: \sqrt{\frac{(x-1)^2}{(x-3)(x+2)}}\right]$

235 $\frac{b-2}{3}\sqrt{\frac{3}{b^2-4}}$ $\left[b>2: \sqrt{\frac{b-2}{3(b+2)}},\ b<-2: -\sqrt{\frac{b-2}{3(b+2)}}\right]$

236 $\frac{a-2}{6}\sqrt{\frac{12}{a^2-a-2}}$ $\left[a>2: \sqrt{\frac{a-2}{3(a+1)}},\ a<-1: -\sqrt{\frac{a-2}{3(a+1)}}\right]$

237 $\frac{1}{2x+3}\sqrt{\frac{4x^3+12x^2+9x}{x-1}}$ $\left[x<-\frac{3}{2}: -\sqrt{\frac{x}{x-1}};\ -\frac{3}{2}<x \leq 0 \vee x>1: \sqrt{\frac{x}{x-1}}\right]$

Trasporta fuori dal simbolo di radice tutti i possibili fattori.

238 **ESERCIZIO GUIDATO**

a. $\sqrt{162}$

Scomponiamo in fattori il radicando: $\sqrt{2 \cdot 3^4}$

Possiamo portar fuori dalla radice il fattore 3 ma non il fattore 2: $3^2 \cdot \sqrt{2} = 9\sqrt{2}$

b. $\sqrt[3]{144}$

Scomponiamo in fattori: $\sqrt[3]{2^4 \cdot 3^2}$

Possiamo portar fuori dalla radice il fattore 2 ma non il fattore 3: $2 \cdot \sqrt[3]{2 \cdot 3^2} = 2\sqrt[3]{18}$

239 $\sqrt{5^4 \cdot 7}$; $\sqrt[3]{5 \cdot 2^9}$; $\sqrt[4]{2^8 \cdot 3}$ $[25\sqrt{7};\ 8\sqrt[3]{5};\ 4\sqrt[4]{3}]$

240 $\sqrt[5]{2^{15} \cdot 3^{10}}$; $\sqrt{5^5 \cdot 3^3}$; $\sqrt[6]{5^2 \cdot 2^{18}}$ $[72;\ 75\sqrt{15};\ 8\sqrt[3]{5}]$

241 $\sqrt{108}$; $\sqrt{7056}$; $\sqrt{124}$ $[6\sqrt{3};\ 84;\ 2\sqrt{31}]$

242 $\sqrt{68}$; $\sqrt{171}$; $\sqrt{180}$ $[2\sqrt{17};\ 3\sqrt{19};\ 6\sqrt{5}]$

243 $\sqrt{200}$; $\sqrt[3]{81}$; $\sqrt{500}$ $[10\sqrt{2};\ 3\sqrt[3]{3};\ 10\sqrt{5}]$

244 $\sqrt{72}$; $\sqrt{75}$; $\sqrt[3]{24}$ $[6\sqrt{2};\ 5\sqrt{3};\ 2\sqrt[3]{3}]$

245 $\sqrt{99}$; $\sqrt[3]{1250}$; $\sqrt[4]{288}$ $[3\sqrt{11};\ 5\sqrt[3]{10};\ 2\sqrt[4]{18}]$

246 $\sqrt{\frac{9}{8}}$; $\sqrt[5]{\frac{135}{64}}$; $\sqrt[6]{\frac{128}{9}}$ $\left[\frac{3}{2}\sqrt{\frac{1}{2}};\ \frac{1}{2}\sqrt[5]{\frac{135}{2}};\ 2\sqrt[6]{\frac{2}{9}}\right]$

247 $\sqrt[2n]{3^{2n+1}}$; $\sqrt[n]{8^n \cdot 3^{n+1}}$; $\sqrt[3n]{27^n \cdot 2^{3n+3}}$ $[3\sqrt[2n]{3};\ 24\sqrt[n]{3};\ 6\sqrt[n]{2}]$

248 $\sqrt[n]{3^{5n+1} \cdot 5^{4n}}$; $\sqrt[2n]{81^n \cdot 7^2}$; $\sqrt[2n+1]{4^n \cdot 2 \cdot 5^{6n+3}}$ $[3^5 \cdot 5^4\sqrt[n]{3};\ 9\sqrt[n]{7};\ 250]$

249 **ESERCIZIO GUIDATO**

$$\sqrt{\frac{4}{5}a^2x^3} = \sqrt{\frac{2^2}{5}a^2x^3}$$

Per l'esistenza del radicale deve essere $x \geq 0$; il fattore a può invece assumere qualsiasi valore reale.

Trasportiamo fuori dal simbolo di radice il fattore numerico 2 e i fattori letterali a e x: $2ax \cdot \sqrt{\frac{1}{5}x}$

Del fattore a non conosciamo il segno e quindi, affinchè il radicale ottenuto sia uguale a quello dato dobbiamo considerarne il modulo; in definitiva:

$$\sqrt{\frac{4}{5}a^2x^3} = 2|a|x \cdot \sqrt{\frac{1}{5}x}$$

250 $\sqrt[3]{b^5}$; $\sqrt[4]{a^7}$; $\sqrt{x^3y^5}$ $[b\sqrt[3]{b^2};\ a\sqrt[4]{a^3};\ |x|y^2\sqrt{xy}]$

251 $\sqrt{8a^5b^2c^7}$; $\sqrt[3]{125a^6b^7c^{11}}$; $\sqrt{a^3bc^5}$ $[2a^2|bc^3|\sqrt{2ac};\ 5a^2b^2|c^3|\sqrt[3]{|b|c^2};\ |a|c^2\sqrt{abc}]$

252 $\sqrt{12(a-b)^2}$; $\sqrt[3]{\frac{32x^5}{y^6}}$; $\sqrt[4]{\frac{x^2y^5}{z^8}}$ $\left[2|a-b|\sqrt{3};\ \frac{2x}{y^2}\sqrt[3]{4x^2};\ \frac{y}{z^2}\sqrt[4]{x^2y}\right]$

253 $\sqrt{\frac{2ab}{9c^2}}$; $\sqrt{18(a^2+b^2+2ab)}$ $\left[\frac{1}{3|c|}\sqrt{2ab};\ 3|a+b|\sqrt{2}\right]$

254 $\sqrt[3]{\frac{54}{8}(x-y)^5}$; $\frac{1}{ab}\sqrt{a^5b^8}$ $\left[3(x-y)\sqrt[3]{\frac{(x-y)^2}{4}};\ ab^3\sqrt{a}\right]$

255 $\sqrt[3]{(8a^3-4a^2)^2}$; $\sqrt{\frac{x^3+1+3x^2+3x}{27}}$ $\left[2|a|\sqrt[3]{2|a|(2a-1)^2};\ \frac{x+1}{3}\sqrt{\frac{x+1}{3}}\right]$

256 $\sqrt{80a^3(a+1)^3}$; $\sqrt{\frac{20a^3b}{a^2+1-2a}}$ $\left[4a(a+1)\sqrt{5a(a+1)};\ 2\left|\frac{a}{a-1}\right|\sqrt{5ab}\right]$

257 $\sqrt[5]{100000a^7b^{10}}$; $x\cdot\sqrt{\frac{28}{(x^3+x^2y)^2}}$ $\left[10ab^2\sqrt[5]{a^2};\ \frac{2\sqrt{7}}{x|x+y|}\right]$

258 $\sqrt[3]{(x^2y-x^3)^2:\frac{1}{y-x}}$; $\frac{x}{x-y}\cdot\sqrt[3]{(x^2+y^2-2xy)^2}$ $\left[|x|(y-x)\sqrt[3]{|x|};\ \frac{x|x-y|}{x-y}\sqrt[3]{|x-y|}\right]$

CORREGGI GLI ERRORI

259 $x^2\cdot\sqrt[3]{5}=\sqrt[3]{5x^2}$

260 $3\sqrt[5]{2}=\sqrt{3\cdot5\cdot2}$

261 $x+2\sqrt{3}=\sqrt{(x+2)^2\cdot3}$

262 $(a+b)\sqrt[3]{5}=\sqrt{5(a^3+b^3)}$

263 $-3\sqrt{3}=\sqrt{27}$

264 $\sqrt{a}\cdot\sqrt[3]{2}=\sqrt[5]{2a}$

265 $\sqrt{-2}\cdot\sqrt{-5}=\sqrt{(-2)(-5)}=\sqrt{10}$

266 $\sqrt{5a^2b^4}=ab^2\sqrt{5}$

POTENZE E RADICI DI RADICALI

teoria a pagina 22

Comprensione

SOLUZIONI ES. COMPRENSIONE

267 Per elevare a potenza m il radicale $\sqrt[n]{a^k}$ si deve:
a. moltiplicare per m l'indice della radice
b. moltiplicare per m l'esponente k del radicando
c. moltiplicare per m sia l'indice della radice che l'esponente del radicando.
Quale di queste affermazioni è corretta?

268 Dalla semplificazione dell'espressione $\left(\sqrt[4]{3}\right)^2\cdot\left(\sqrt{3}\right)^3$ si ottiene:
a. $\sqrt[4]{3^5}$ **b.** $\sqrt[6]{3^5}$ **c.** $3\sqrt[4]{3}$ **d.** 9

269 L'espressione $\left(\sqrt[4]{ax^3}\right)^2$ è uguale a:
a. $\sqrt{a^2x^6}$ **b.** $\sqrt[8]{a^2x^6}$ **c.** $\sqrt[8]{ax^3}$ **d.** $\sqrt{ax^3}$

270 Il radicale $\sqrt{2\sqrt[4]{2}}$ è uguale a:
a. $\sqrt[8]{4}$ **b.** $\sqrt[6]{32}$ **c.** $\sqrt[8]{32}$ **d.** $\sqrt[6]{4}$

271 Sviluppando la potenza del seguente binomio $\left(1-2\sqrt{3}\right)^2$ si ottiene:
a. 13 **b.** $13-4\sqrt{3}$ **c.** $7-4\sqrt{3}$ **d.** $13-2\sqrt{3}$

272 L'espressione $a\sqrt[3]{a\sqrt{a}}$ è uguale a:

a. $\sqrt[5]{a^9}$ **b.** $\sqrt{a^3}$ **c.** $\sqrt[6]{a^7}$ **d.** nessuna delle precedenti espressioni

Applicazione

Calcola le potenze indicate.

273 **ESERCIZIO GUIDATO**

a. $(\sqrt[5]{9})^2 = \sqrt[5]{9^2} = \sqrt[5]{81}$

b. $(\sqrt[4]{7})^2$

Poiché l'indice della radice è multiplo dell'esponente della potenza, possiamo scrivere subito:

$$(\sqrt[\not{4}\,2]{7})^{\not{2}} = \sqrt{7}$$

c. $(\sqrt[6]{2})^8$

Poiché l'indice della radice e l'esponente della potenza hanno il fattore 2 in comune, possiamo prima semplificare in questo modo $\left(\sqrt[\not{6}\,3]{2}\right)^{\not{8}\,4} = (\sqrt[3]{2})^4$ e procedere poi come di consueto ottenendo

$$\sqrt[3]{2^4} = 2\sqrt[3]{2}$$

274 $(\sqrt{3})^2$; $(2\sqrt{3})^2$; $(\sqrt[3]{9})^3$ [3; 12; 9]

275 $\left(\frac{1}{2}\sqrt{3}\right)^4$; $\left(-\frac{3}{4}\sqrt{2}\right)^2$; $\left(\frac{2}{5}\sqrt[3]{5}\right)^3$ $\left[\frac{9}{16}; \frac{9}{8}; \frac{8}{25}\right]$

276 $(2\sqrt[3]{6})^3$; $\left(\frac{1}{2}\sqrt[4]{2}\right)^2$; $\left[\left(\frac{1}{3}-1\right)\sqrt{3}\right]^2$ $\left[48; \frac{\sqrt{2}}{4}; \frac{4}{3}\right]$

277 $(\sqrt[5]{2})^8$; $\left(\frac{3}{2}\sqrt[4]{2}\right)^5$; $\left(\frac{1}{7}\sqrt[5]{7}\right)^6$ $\left[2\sqrt[5]{8}; \frac{243}{16}\sqrt[4]{2}; \frac{1}{7^5}\sqrt[5]{7}\right]$

278 $\left(\frac{2}{5}\sqrt[3]{\frac{5}{2}}\right)^4$; $\left(\frac{1}{2}\sqrt[6]{2}\right)^5$; $\left(\frac{1}{3}\sqrt[6]{3}\right)^2$ $\left[\frac{8}{125}\sqrt[3]{\frac{5}{2}}; \frac{1}{32}\sqrt[6]{32}; \frac{1}{9}\sqrt[3]{3}\right]$

279 $(2x\sqrt{x})^3$; $\left(y\sqrt[3]{3y^2}\right)^2$; $(a\sqrt{ab})^2$ $\left[8x^4\sqrt{x}; |y^3|\sqrt[3]{9|y|}; a^3b\right]$

280 $\left(\frac{3}{2}b\sqrt{\frac{a}{b}-1}\right)^3$; $\left(\sqrt[3]{y^2-1}\right)^6$; $(\sqrt{1-a})^4$ $\left[\frac{27}{8}b^2(a-b)\sqrt{\frac{a-b}{b}}; (y^2-1)^2; (1-a)^2\right]$

281 $(\sqrt{x+y})^2$; $\left(\sqrt{\frac{1}{2}(a-b)}\right)^6$; $\left(2\sqrt[3]{\frac{x-2y}{4}}\right)^2$ $\left[x+y; \frac{1}{8}(a-b)^3; 2\sqrt[3]{\frac{(x-2y)^2}{2}}\right]$

282 $(\sqrt[3]{x-y})^5$; $\left(\sqrt[4]{\frac{a^2-b^2}{4}}\right)^3$ $\left[(x-y)\sqrt[3]{(x-y)^2}; \frac{1}{2}\sqrt[4]{\frac{(a^2-b^2)^3}{4}}\right]$

283 $\left[\sqrt{\frac{3}{4}(x+2y)}\right]^5$; $\left[\sqrt[6]{3x^2(x-1)}\right]^2$ $\left[\frac{9}{16}(x+2y)^2\cdot\sqrt{\frac{3}{4}(x+2y)}; \sqrt[3]{3x^2(x-1)}\right]$

284 $(\sqrt[3]{2ab^2})^2$; $\left[\sqrt[4]{\frac{(x-y)^2}{x}}\right]^2$ $\left[|b|\sqrt[3]{4a^2|b|};\ |x-y|\sqrt{\frac{1}{x}}\right]$

285 $\left(\sqrt[5]{\frac{a^2b}{c^3}}\right)^3$; $\left(2\sqrt{\frac{4x^2-12x+9}{2x}}\right)^3$ $\left[\left|\frac{a}{c}\right|\sqrt[5]{\frac{|ab^3|}{c^4}};\ \frac{4|(2x-3)^3|}{x}\sqrt{\frac{1}{2x}}\right]$

286 $\frac{1}{2}\left(\sqrt[3]{\frac{2}{3}}\right)^2 : \left(\sqrt{\frac{2}{3}}\right)^5$ $\left[\frac{3}{4}\sqrt[6]{\left(\frac{3}{2}\right)^5}\right]$

287 $\left(\sqrt{\frac{x+y}{2}}\right)^2 : \left(\sqrt[3]{\frac{(x+y)^2}{4}}\right)^2$ $\left[\sqrt[3]{\frac{2}{x+y}}\right]$

288 $\sqrt[3]{\frac{3a-1}{9a^2-1}} : \left(\frac{\sqrt[6]{3a+1}}{\sqrt{3a+1}}\right)^2$ $[\sqrt[3]{3a+1}]$

289 $\left(\sqrt{\frac{a^2+a-2}{a^2+4a+4}} : \sqrt{\frac{a^2-1}{a^2}}\right)^3 : \left(\frac{a^2}{a+2}\cdot\sqrt[3]{\frac{a^2}{(a+1)(a+2)}}\right)$ $\left[\frac{1}{|a+1|}\sqrt[6]{\frac{a^2}{(a+2)(a+1)}}\right]$

290 $(\sqrt[3]{4x^2-9} : \sqrt[3]{4x^2-12x+9})^2\cdot\left(\sqrt{\frac{8x^3-27}{4x^2+6x+9}}\right)^3$ $\left[\sqrt[6]{(2x+3)^4(2x-3)^5}\right]$

Scrivi le seguenti espressioni in modo che vi compaia un solo simbolo di radice.

291 **ESERCIZIO GUIDATO**

$\sqrt{2\cdot\sqrt[3]{\frac{1}{2}}}$

Trasportiamo il fattore 2 sotto la radice più interna $\sqrt{2\cdot\sqrt[3]{\frac{1}{2}}} = \sqrt{\sqrt[3]{2^3\cdot\frac{1}{2}}}$

moltiplichiamo gli indici delle due radici $\sqrt[6]{2^2}$

semplifichiamo il radicale $\sqrt[3]{2}$

292 $\sqrt[4]{\sqrt[3]{5}}$; $\sqrt[3]{\sqrt{\frac{1}{2}}}$; $\sqrt[3]{\sqrt[5]{2}}$ $\left[\sqrt[12]{5};\ \sqrt[6]{\frac{1}{2}};\ \sqrt[15]{2}\right]$

293 $\sqrt[5]{\sqrt[3]{32}}$; $\sqrt[4]{\sqrt[3]{81}}$; $\sqrt[3]{\sqrt[3]{27}}$ $[\sqrt[3]{2};\ \sqrt[3]{3};\ \sqrt[3]{3}]$

294 $\sqrt{3\sqrt{2}}$; $\sqrt[3]{4\sqrt{3}}$; $\sqrt{2\sqrt[3]{3}}$ $[\sqrt[4]{18};\ \sqrt[6]{48};\ \sqrt[6]{24}]$

295 $\sqrt[5]{\frac{6}{5}\sqrt{\frac{1}{6}}}$; $\sqrt[8]{5\sqrt{\frac{1}{5}}}$; $\sqrt{\frac{3}{4}\sqrt[3]{\frac{2}{3}}}$ $\left[\sqrt[10]{\frac{6}{25}};\ \sqrt[16]{5};\ \sqrt[6]{\frac{9}{32}}\right]$

296 $\sqrt{3\sqrt{3\sqrt{3}}}$; $\sqrt{2\sqrt{4\sqrt{3}}}$; $\sqrt{2\sqrt[3]{2\sqrt{6}}}$ $[\sqrt[8]{3^7};\ 2\sqrt[8]{3};\ \sqrt[12]{2^9\cdot 3}]$

297 $\sqrt{\frac{4}{\sqrt[3]{2}}}$; $\sqrt[4]{\frac{3\sqrt{3}}{2}}$; $\sqrt[5]{\frac{\sqrt[3]{27}}{9}}$ $\left[\sqrt[6]{32};\ \sqrt[8]{\frac{27}{4}};\ \sqrt[5]{\frac{1}{3}}\right]$

298 $\sqrt[3]{\dfrac{2\sqrt{3}}{3\sqrt{2}}}$; $\quad\sqrt[3]{\dfrac{3\sqrt[3]{3}}{2\sqrt[3]{2}}}$; $\quad\sqrt{\dfrac{\sqrt{3}}{3\sqrt{2}}}$ $\quad\left[\sqrt[6]{\dfrac{2}{3}};\ \sqrt[9]{\dfrac{81}{16}};\ \sqrt[4]{\dfrac{1}{6}}\right]$

299 $\sqrt[3]{3\sqrt{\dfrac{1}{3}\sqrt[4]{9}}}$; $\quad\sqrt[5]{\dfrac{9}{4}\sqrt[3]{\dfrac{16}{27}}}$; $\quad\sqrt[3]{\dfrac{1}{2}\sqrt{\dfrac{5}{6}\sqrt{\dfrac{32}{25}}}}$ $\quad\left[\sqrt[4]{3};\ \sqrt[15]{\dfrac{27}{4}};\ \sqrt[12]{\dfrac{1}{18}}\right]$

300 $\sqrt{x\sqrt{x^2}}$; $\quad\sqrt[3]{y^2\sqrt{y^8}}$; $\quad\sqrt{2a\sqrt[3]{a}}$ $\quad\left[x;\ y^2;\ \sqrt[6]{8a^4}\right]$

301 $\sqrt[4]{\dfrac{y}{x}\sqrt{\dfrac{x}{y}}}$; $\quad\sqrt{\dfrac{2x^2}{9}\sqrt[6]{\dfrac{x}{3}}}$; $\quad\sqrt[3]{\dfrac{8}{x^2}\sqrt[4]{\dfrac{x^6}{4}}}$ $\quad\left[\sqrt[8]{\dfrac{y}{x}};\ \dfrac{x}{3}\sqrt[12]{\dfrac{64x}{3}};\ \sqrt[6]{\dfrac{32}{x}}\right]$

302 $\sqrt[2n]{\dfrac{1}{5}\sqrt[3]{5}}$; $\quad\sqrt[n]{\dfrac{1}{3}\sqrt{3^{n+2}}}$; $\quad\sqrt[n]{2\sqrt[4]{8^n}}$ $\quad\left[\sqrt[3n]{\dfrac{1}{5}};\ \sqrt{3};\ \sqrt[4n]{2^{3n+4}}\right]$

303 $\sqrt[n]{7\sqrt{49^n}}$; $\quad\sqrt[n]{5\sqrt{3}}$; $\quad\sqrt[n]{4\sqrt[n+1]{\dfrac{1}{4}}}$ $\quad\left[\sqrt[n]{7^{n+1}};\ \sqrt[2n]{75};\ \sqrt[n+1]{4}\right]$

304 $\sqrt[n]{3\sqrt[n+1]{3^{3n+3}}}$; $\quad\sqrt[2n]{3\sqrt[4]{3^{6+2n}}}$; $\quad\sqrt[n]{2\sqrt[n-1]{2\sqrt{4}}}$ $\quad\left[\sqrt[n]{81};\ \sqrt[4n]{3^{5+n}};\ \sqrt[n(n-1)]{2^{n+1}}\right]$

305 $\dfrac{a^2}{b^2}\cdot\sqrt[3]{\dfrac{a^4}{b^4}\sqrt{\dfrac{a^2}{b^2}}}$; $\quad\sqrt{(a^2-b^2)\sqrt[3]{\dfrac{1}{a-b}}}$ $\quad\left[\left|\dfrac{a^3}{b^3}\right|\sqrt[3]{\dfrac{a^2}{b^2}};\ \sqrt[6]{(a-b)^2(a+b)^3}\right]$

306 $\sqrt[4]{\dfrac{1}{4a^2-9}\sqrt[3]{\dfrac{4a^2+9-12a}{3}}}$; $\quad\sqrt{\dfrac{1}{x+1}\sqrt{x^2+4x+3}}$ $\quad\left[\sqrt[12]{\dfrac{1}{3(2a-3)(2a+3)^3}};\ \sqrt[4]{\dfrac{x+3}{x+1}}\right]$

307 $\left(\sqrt{\dfrac{2}{3}x}:\sqrt{\dfrac{2}{3x^2}}\right)^2\cdot\left(\sqrt[3]{\dfrac{2}{3}\sqrt{\dfrac{27}{4}}}\right)^4$ $\quad\left[x^3\sqrt[3]{9}\right]$

308 $2a\left(\sqrt{\dfrac{1}{a}\sqrt{\dfrac{(a-1)^2}{2}}}\right)^2\cdot\sqrt[3]{\dfrac{1}{(a-1)^2}}$ $\quad\left[\sqrt[6]{8(a-1)^2}\right]$

309 $\left(\sqrt{(2x-1)^3\sqrt[3]{2x-1}}:\sqrt{\sqrt{2x-1}}\right):(2x-1)$ $\quad\left[\sqrt[12]{(2x-1)^5}\right]$

LE OPERAZIONI CON I RADICALI: ADDIZIONE E SOTTRAZIONE

teoria a pagina 23

Comprensione

SOLUZIONI ES. COMPRENSIONE

310 Nell'espressione $4\sqrt[3]{6}-2\sqrt{3}+4\sqrt{6}-2\sqrt[3]{6}-5\sqrt{3}$ sono simili i radicali:

a. $4\sqrt[3]{6}$ e $4\sqrt{6}$ perché i due radicali hanno lo stesso radicando

b. $4\sqrt[3]{6}$ e $2\sqrt[3]{6}$ perché i due fattori radicali sono uguali

c. $2\sqrt{3}$ e $5\sqrt{3}$ perché i due fattori radicali sono uguali

d. $2\sqrt{3}$ e $4\sqrt{6}$ perché gli indici delle due radici sono uguali.

311 Sommando i radicali simili dell'espressione $\sqrt[4]{2}-3\sqrt{2}+4\sqrt[4]{2}-\sqrt[4]{2}-\sqrt{2}$ si ottiene:

a. $4\sqrt[4]{2}-4\sqrt{2}$ **b.** 0 **c.** $4\sqrt[4]{6}-4\sqrt{4}$ **d.** $3\sqrt[4]{2}-3\sqrt{2}$

312 Sviluppando i calcoli, l'espressione $(2-\sqrt{3})^2(2+\sqrt{3})^2$ è uguale a

a. 0 **b.** 7^4 **c.** 49 **d.** 1

313 Semplificando l'espressione $(\sqrt[4]{3})^2+(\sqrt{3}-1)^2$ si ottiene:

a. $4+3\sqrt{3}$ **b.** $4-\sqrt{3}$ **c.** $3+3\sqrt{3}$ **d.** $4+\sqrt{3}$

314 Semplificando l'espressione $\sqrt{3\sqrt{2}}+(2\sqrt[8]{18})^2$ si ottiene:

a. $\sqrt[4]{6}+2\sqrt[4]{18}$ **b.** $\sqrt{6}+4\sqrt[4]{18}$ **c.** $3\sqrt[4]{18}$ **d.** $5\sqrt[4]{18}$

315 Semplificando l'espressione $2\sqrt{32}+2\sqrt{18}-2\sqrt{50}$ si ottiene:

a. 20 **b.** 0 **c.** $4\sqrt{2}$ **d.** $2\sqrt{2}$

316 L'espressione $\sqrt{2a^3}+a\sqrt{8a}-3\sqrt{a^3}$ è uguale a:

a. 0 **b.** $\sqrt{a}$ **c.** $3a(\sqrt{2a}-\sqrt{a})$ **d.** $3a\sqrt{a}$

317 L'espressione $\sqrt{(a+1)^3}-\sqrt{a^2(a+1)}-\sqrt{a+1}$ è uguale a:

a. 0 se $a \geq 0$ **b.** 0 per ogni valore reale di a

c. $2a\sqrt{a+1}$ se $-1 \leq a < 0$ **d.** nessuno dei valori precedenti.

Applicazione

Esegui le seguenti addizioni e sottrazioni fra radicali.

318 **ESERCIZIO GUIDATO**

a. $\sqrt{32}-4\sqrt{18}+3\sqrt{50}-\frac{3}{2}\sqrt{\frac{2}{9}}$

Trasportiamo fuori dal simbolo di radice i possibili fattori:

$$4\sqrt{2}-4\cdot 3\sqrt{2}+3\cdot 5\sqrt{2}-\frac{3}{2}\cdot\frac{1}{3}\sqrt{2}=4\sqrt{2}-12\sqrt{2}+15\sqrt{2}-\frac{1}{2}\sqrt{2}$$

I radicali sono tutti simili, quindi possiamo eseguire la somma:

$$\sqrt{2}\left(4-12+15-\frac{1}{2}\right)=\frac{13}{2}\sqrt{2}$$

b. $6\sqrt[3]{\frac{9}{8}}-5\sqrt[3]{\frac{27}{375}}+4\sqrt[3]{2}-2\left(3\sqrt[3]{9}+\frac{1}{2}\sqrt[3]{16}\right)$

Trasportiamo anche in questo caso fuori dal simbolo di radice i possibili fattori:

$$6\cdot\frac{1}{2}\sqrt[3]{9}-5\cdot\frac{1}{5}\sqrt[3]{9}+4\sqrt[3]{2}-2\left(3\sqrt[3]{9}+\frac{1}{2}\cdot 2\sqrt[3]{2}\right)=3\sqrt[3]{9}-\sqrt[3]{9}+4\sqrt[3]{2}-2(3\sqrt[3]{9}+\sqrt[3]{2})$$

Eseguiamo i calcoli: $3\sqrt[3]{9}-\sqrt[3]{9}+4\sqrt[3]{2}-6\sqrt[3]{9}-2\sqrt[3]{2}$

Sommiamo i radicali simili: $\sqrt[3]{9}(3-1-6)+\sqrt[3]{2}(4-2)=2\sqrt[3]{2}-4\sqrt[3]{9}$

319 $5\sqrt{7}-2\sqrt{5}+3\sqrt{7}-3\sqrt{5}$; $\quad 3\sqrt{2}+\sqrt{18}-\sqrt{50}$ $\quad [8\sqrt{7}-5\sqrt{5};\ \sqrt{2}]$

320 $\sqrt{2}(\sqrt{8}+\sqrt{6})$; $\quad \sqrt{7}(\sqrt{14}+\sqrt{21})$ $\quad [2(2+\sqrt{3});\ 7(\sqrt{2}+\sqrt{3})]$

321 $2\sqrt{3}+4\sqrt{5}-\sqrt{5}+\sqrt{3}$; $\quad \sqrt{2}+7\sqrt{2}-\sqrt{2}$ $\quad [3(\sqrt{3}+\sqrt{5});\ 7\sqrt{2}]$

322 $4\sqrt{3}-\sqrt{12}+\sqrt{27}$; $\quad 4\sqrt{2}-\sqrt{32}+\sqrt{18}-\sqrt{50}$ $\quad [5\sqrt{3};\ -2\sqrt{2}]$

323 $4\sqrt{20}-\sqrt{320}+3\sqrt{125}$; $\quad \sqrt{\frac{32}{27}}+\sqrt{\frac{8}{27}}-\sqrt{\frac{50}{48}}$ $\quad \left[15\sqrt{5};\ \frac{3}{4}\sqrt{\frac{2}{3}}\right]$

324 $\frac{1}{2}\sqrt[3]{27}+\sqrt[3]{3}-\frac{1}{2}\sqrt[3]{24}$ $\quad \left[\frac{3}{2}\right]$

325 $7+4\sqrt{3}-\sqrt{12}-\sqrt{49}+\sqrt{75}$ $\quad [7\sqrt{3}]$

326 $\sqrt{45}+\sqrt{8}-\sqrt{245}+2\sqrt{18}$ $\quad [4(2\sqrt{2}-\sqrt{5})]$

327 $\sqrt[3]{8}-2\sqrt[3]{\frac{2}{27}}+5\sqrt[6]{4}-7\sqrt[3]{2}$ $\quad \left[2\left(1-\frac{4}{3}\sqrt[3]{2}\right)\right]$

328 $\sqrt[3]{750}+\sqrt[3]{48}-\sqrt[6]{384}$ $\quad [7\sqrt[3]{6}-2\sqrt[6]{6}]$

329 $-3\sqrt[4]{5}+\sqrt[3]{24}+\sqrt[4]{80}+\sqrt[3]{81}$ $\quad [5\sqrt[3]{3}-\sqrt[4]{5}]$

330 $\sqrt[3]{250}+7\sqrt{12}-\sqrt[3]{54}-4\sqrt{48}$ $\quad [2(\sqrt[3]{2}-\sqrt{3})]$

331 $(2\sqrt{5})^2-\frac{1}{2}\sqrt{50}+\frac{1}{5}\sqrt{200}-\frac{4}{3}(\sqrt[4]{2})^2$ $\quad \left[20-\frac{11}{6}\sqrt{2}\right]$

332 $(2\sqrt{3}-3\sqrt{2})(2\sqrt{15}-3\sqrt{10})$ $\quad [6\sqrt{5}(5-2\sqrt{6})]$

333 $3\sqrt{2}-\sqrt{50}+3-\sqrt{8}+\sqrt{288}-\sqrt{9}$ $\quad [8\sqrt{2}]$

334 $\sqrt{15}:\sqrt{3}+\sqrt{20}:2-\sqrt[4]{25}$ $\quad [\sqrt{5}]$

335 $(\sqrt{33}-\sqrt{55}+2\sqrt{77}):\sqrt{11}-2(\sqrt{7}-\sqrt{3})$ $\quad [3\sqrt{3}-\sqrt{5}]$

336 $(\sqrt{6}+\sqrt{18}):\sqrt{3}-\left(\sqrt{27}:\frac{3}{\sqrt{2}}\right)$ $\quad [\sqrt{2}]$

337 $[(\sqrt{27}+\sqrt{48}-\sqrt{75}):\sqrt{3}](1+\sqrt{3})-\sqrt{3}(2+2\sqrt{3})$ $\quad [-4]$

338 $3\sqrt{x}+\sqrt{4x}-\sqrt{25x}+\sqrt{\frac{1}{81}x}$ $\quad \left[\frac{1}{9}\sqrt{x}\right]$

339 $2\sqrt[3]{a}+\sqrt[6]{a^2}-\sqrt[18]{a^6}$ $\quad [2\sqrt[3]{a}]$

340 $-7\sqrt[3]{x^2}+\sqrt[3]{27x^2}+\sqrt[3]{64x^2}$ $\quad [0]$

341 $4\sqrt{a}-2\sqrt{ab}+\sqrt{a}-7\sqrt{ab}$ $\quad [5\sqrt{a}-9\sqrt{ab}]$

342 $\sqrt[3]{125x^4}+\sqrt[6]{x^8}$ $\quad \left[6|x|\sqrt[3]{|x|}\right]$

343 $ab+\sqrt[4]{a^2b^2}-\frac{1}{ab}\cdot\sqrt[8]{a^{16}b^{16}}$ $\quad \left[\sqrt{|ab|}\right]$

344 $(\sqrt{x}+\sqrt{y})\sqrt{xy}-2y\sqrt{x}-x\sqrt{y}$ $\quad [-y\sqrt{x}]$

345 $\frac{2a}{b}\cdot\sqrt{\frac{2}{a^2b}}+2\sqrt{\frac{2}{b}}-\sqrt{\frac{32}{b}}$ $\left[2\sqrt{\frac{2}{b}}\left(\frac{a}{b|a|}-1\right)\right]$

346 $\sqrt{x-2y}+\sqrt{4x-8y}-\sqrt{36x-72y}$ $\left[-3\sqrt{x-2y}\right]$

347 $\sqrt[3]{\frac{3a+b}{27}}-\sqrt[3]{24a+8b}+\sqrt[3]{375a+125b}$ $\left[\frac{10}{3}\sqrt[3]{3a+b}\right]$

348 $\sqrt{20y-4}+\frac{1}{2}\sqrt{5y-1}-\sqrt[4]{25y^2+1-10y}$ $\left[\frac{3}{2}\sqrt{5y-1}\right]$

349 $\sqrt{a^2+1}+\sqrt{9a^2+9}+\sqrt[4]{16a^4+16+32a^2}$ $\left[6\sqrt{a^2+1}\right]$

350 $\sqrt{48a^2xy}+8\sqrt{3a^2xy}-\left(\sqrt[8]{9a^4x^2y^2}\right)^2$ $\left[11|a|\sqrt{3xy}\right]$

351 $\sqrt[3]{(x+y)^4(x-y)^3}+2x\cdot\sqrt[3]{x+y}-x^2\cdot\sqrt[6]{(x+y)^2}$ $\left[(2x-y^2)\sqrt[3]{x+y}\right]$

352 $\sqrt{\frac{1}{a}-\frac{1}{a^2}}+\sqrt{a^3-a^2}$ $\left[\frac{1+a^2}{a}\sqrt{a-1}\right]$

353 $(5\sqrt{xy}+3\sqrt{x})(3\sqrt{x}-5\sqrt{xy})-(3\sqrt{xy}+2\sqrt{x})(2\sqrt{x}-3\sqrt{xy})$ $[5x-16xy]$

354 $\sqrt{2a^2+4a+2}+\sqrt{32a^4}-\sqrt{50a^2-100a+50}$ con $a-1\geq 0$ $\left[2(2a^2-2a+3)\sqrt{2}\right]$

355 $\sqrt[3]{ax^3-a-3ax^2+3ax}+\sqrt[6]{a^2(x^2+1)^{12}}-\sqrt[9]{512a^3}$ $\left[(x^4+2x^2+x-2)\sqrt[3]{a}\right]$

356 $\left[\sqrt{\frac{(x^2-1)(x+3)}{8(x+1)}}\right]^3-\frac{x-1}{4}\cdot\left[\sqrt{\frac{(x-1)^2(x+3)}{4}}:\sqrt{\frac{x-1}{2}}\right]$ $\left[\frac{(x-1)^2}{16}\cdot\sqrt{\frac{(x-1)(x+3)}{2}}\right]$

357 $\left[\left(1-\frac{3}{2}\right)\sqrt[4]{\frac{(a-5)^2}{2a}}\right]:\sqrt{\frac{a^2-4a-5}{2a}}+\sqrt[4]{\frac{a}{8(a+1)^2}}$ $[0]$

358 $\sqrt{x\sqrt{x-2}}+2\sqrt[8]{x^4(x^2+4-4x)}+\sqrt{x-2}\cdot\sqrt[4]{\frac{x^2}{x-2}}$ $\left[4\sqrt[4]{x^2(x-2)}\right]$

359 $\sqrt{27(a+1)^6}+\sqrt{3(a+1)^4+6(a+1)^2+3}-\sqrt{3}(a^2+2+2a)$ $\left[3|a+1|^3\sqrt{3}\right]$

Ricordando anche le regole sui prodotti notevoli, calcola il valore delle seguenti espressioni.

360 **ESERCIZIO GUIDATO**

a. $(\sqrt{5}-2)^2=(\sqrt{5})^2-2\cdot 2\cdot\sqrt{5}+(-2)^2=5-4\sqrt{5}+4=9-4\sqrt{5}$

b. $(\sqrt{2}+\sqrt{3})(\sqrt{2}-\sqrt{3})=(\sqrt{2})^2-(\sqrt{3})^2=2-3=-1$

c. $(1+\sqrt{2})^3=(1)^3+(\sqrt{2})^3+3\cdot(1)^2\cdot\sqrt{2}+3\cdot 1\cdot(\sqrt{2})^2=1+\sqrt{8}+3\sqrt{2}+6=$
$=7+2\sqrt{2}+3\sqrt{2}=7+5\sqrt{2}$

361 $(2+\sqrt{2})^2$; $\quad (1-3\sqrt{2})^2$ $\quad [6+4\sqrt{2};\ 19-6\sqrt{2}]$

362 $(\sqrt[3]{3}-1)^3$; $\quad (\sqrt{3}-\sqrt{5})(\sqrt{3}+\sqrt{5})$ $\quad [2-3\sqrt[3]{9}+3\sqrt[3]{3};\ -2]$

363 $(1-2\sqrt{3})^2$; $\quad (\sqrt[3]{2}+1)^3$ $\quad [13-4\sqrt{3};\ 3(1+\sqrt[3]{4}+\sqrt[3]{2})]$

364 $(\sqrt[3]{2}-\sqrt[3]{3})(\sqrt[3]{4}+\sqrt[3]{6}+\sqrt[3]{9})$; $\quad (\sqrt{3}+1)^2$ $\quad [-1;\ 4+2\sqrt{3}]$

365 $\left[(2-\sqrt[4]{5})(2+\sqrt[4]{5})\right]^2$; $\quad (\sqrt[4]{2}+\sqrt[3]{2})^2$ $\quad [21-8\sqrt{5};\ \sqrt{2}+\sqrt[3]{4}+2\sqrt[12]{2^7}]$

366 $(1+\sqrt{5}-\sqrt{10})^2$; $\quad (1-2\sqrt[3]{5})^3$ $\quad [16+2\sqrt{5}-2\sqrt{10}-10\sqrt{2};\ -39-6\sqrt[3]{5}+12\sqrt[3]{25}]$

367 $(1+\sqrt[3]{3})(1-\sqrt[3]{3}+\sqrt[3]{9})$; $\quad (\sqrt[3]{5}-2)(\sqrt[3]{25}+2\sqrt[3]{5}+4)$ $\quad [4;\ -3]$

368 $(a+\sqrt{b})^2$; $\quad (2\sqrt{a}+\sqrt{2b})^2$ $\quad [a^2+b+2a\sqrt{b};\ 2(2a+b+2\sqrt{2ab})]$

369 $(3b-\sqrt{a})(3b+\sqrt{a})$; $\quad (\sqrt{2}x-y)(\sqrt{2}x+y)$ $\quad [9b^2-a;\ 2x^2-y^2]$

370 $(\sqrt{3}a-\sqrt{5}b)(\sqrt{3}a+\sqrt{5}b)$; $\quad \left(\frac{1}{2}x-\sqrt{3}b\right)^2$ $\quad \left[3a^2-5b^2;\ \frac{1}{4}x^2-\sqrt{3}\,bx+3b^2\right]$

371 $(\sqrt[3]{3}+1)^3$; $\quad (\sqrt{2}-\sqrt[3]{4})^3$ $\quad [4+3\sqrt[3]{9}+3\sqrt[3]{3};\ 2\sqrt{2}-4-6\sqrt[3]{4}+6\sqrt[6]{32}]$

372 $\left(\frac{\sqrt{3}}{2}+\sqrt{2}\right)^2$; $\quad (2\sqrt{5}-5\sqrt{2})(2\sqrt{5}+5\sqrt{2})$ $\quad \left[\frac{11}{4}+\sqrt{6};\ -30\right]$

373 $\left[(2\sqrt{3}-3\sqrt{2})^2:6\right]\cdot(5+2\sqrt{6})$; $\quad \left\{\left[17-(\sqrt{5}-2\sqrt{3})^2\right]:\sqrt{3}-1\right\}^2$ $\quad [1;\ 81-8\sqrt{5}]$

374 $(1-\sqrt{2})^2+(2\sqrt{2}-3)^2-(3\sqrt{2}-4)(4+3\sqrt{2})$ $\quad [18-14\sqrt{2}]$

375 $(\sqrt{x}-2)(\sqrt{x}+2)-(\sqrt{x}-1)^2+2(\sqrt{x}+3)$ $\quad [4\sqrt{x}+1]$

376 $(1-\sqrt{3})^3+(1+\sqrt{3})^3-(2\sqrt{3}-1)^3$ $\quad [57-30\sqrt{3}]$

377 $\left[(\sqrt{3}-\sqrt{5})(\sqrt{3}+1)-(\sqrt{3}+\sqrt{5})(\sqrt{3}-1)\right]:2\sqrt{3}-(2\sqrt{5}-1)^2$ $\quad [3\sqrt{5}-20]$

378 $\left[(\sqrt{3}-\sqrt{2})^2+2\sqrt{6}\right]^2\left[(\sqrt{2}+2\sqrt{3})^2-4(\sqrt{6}+3)\right]-(\sqrt[5]{32})^6$ $\quad [-14]$

379 $\left[(1-\sqrt{3})(3+\sqrt{3}):(-2\sqrt{3})+\sqrt{3}\right]^2:2$ $\quad [\sqrt{3}+2]$

380 $(\sqrt[3]{a^2}+\sqrt[3]{ax}+\sqrt[3]{x^2})(\sqrt[3]{x}-\sqrt[3]{a})-(\sqrt{x}+\sqrt{a})(\sqrt{x}-\sqrt{a})$ $\quad [0]$

381 $(\sqrt[3]{5}-\sqrt[3]{2})^3+(\sqrt[3]{5}-1)(\sqrt[3]{25}+\sqrt[3]{5}+1)+3(\sqrt[3]{50}-\sqrt[3]{20})$ $\quad [7]$

Scomponi in fattori.

382 **ESERCIZIO GUIDATO**

a. $\sqrt{3}-\sqrt{6}+\sqrt{15}$

Raccogliamo il fattore comune $\sqrt{3}$: $\quad \sqrt{3}(1-\sqrt{2}+\sqrt{5})$

b. $\sqrt{15}-\sqrt{5}+2\sqrt{3}-2$

Raccogliamo $\sqrt{5}$ tra i primi due termini e 2 tra i secondi due: $\sqrt{5}(\sqrt{3}-1)+2(\sqrt{3}-1)$

Raccogliamo adesso $(\sqrt{3}-1)$: $(\sqrt{3}-1)(\sqrt{5}+2)$

383 $\sqrt{5}+\sqrt{10}-\sqrt{15}$; $3\sqrt{2}-6\sqrt{3}+3$ $\left[\sqrt{5}(1+\sqrt{2}-\sqrt{3});\ 3(\sqrt{2}-2\sqrt{3}+1)\right]$

384 $x\sqrt{3}-2x\sqrt{6}$; $a\sqrt{2}-a\sqrt{10}+2a\sqrt{6}$ $\left[x\sqrt{3}(1-2\sqrt{2});\ a\sqrt{2}(1-\sqrt{5}+2\sqrt{3})\right]$

385 $2\sqrt{2}-\sqrt{3}-\sqrt{6}+2$; $\sqrt{5}-\sqrt{3}+\sqrt{6}-\sqrt{10}$ $\left[(2-\sqrt{3})(1+\sqrt{2});\ (\sqrt{5}-\sqrt{3})(1-\sqrt{2})\right]$

386 $\sqrt{12}-\sqrt{6}-\sqrt{18}+3$; $\sqrt{6}+\sqrt{10}+\sqrt{15}+3$ $\left[(\sqrt{3}-\sqrt{6})(\sqrt{3}-\sqrt{2});\ (\sqrt{2}+\sqrt{3})(\sqrt{3}+\sqrt{5})\right]$

387 **ESERCIZIO GUIDATO**

$$\underset{(2)^2}{\underset{\uparrow}{4}}+\underset{(\sqrt{5})^2}{\underset{\uparrow}{5}}+\underset{2\cdot 2\cdot\sqrt{5}}{\underset{\uparrow}{4\sqrt{5}}}$$

Quindi $4+5+4\sqrt{5}=\ldots..$

388 $1+8+4\sqrt{2}$; $9+2-6\sqrt{2}$ $\left[(1+2\sqrt{2})^2;\ (3-\sqrt{2})^2\right]$

389 $7+5-2\sqrt{35}$; $4+50-20\sqrt{2}$ $\left[(\sqrt{7}-\sqrt{5})^2;\ (2-5\sqrt{2})^2\right]$

390 $\frac{1}{4}+2+\sqrt{2}$; $13-2\sqrt{30}$ $\left[\left(\frac{1}{2}+\sqrt{2}\right)^2;\ (\sqrt{10}-\sqrt{3})^2\right]$

391 $6-2\sqrt{5}$; $9+4\sqrt{2}$ $\left[(\sqrt{5}-1)^2;\ (2\sqrt{2}+1)^2\right]$

392 $a^2+4a+4a\sqrt{a}$; $1+a-2\sqrt{a}$ $\left[(a+2\sqrt{a})^2;\ (1-\sqrt{a})^2\right]$

393 $x+4-4\sqrt{x}$; $2x^2-1$ $\left[(\sqrt{x}-2)^2;\ (\sqrt{2}x-1)(\sqrt{2}x+1)\right]$

394 $3-a^2$; $20+a^2-4\sqrt{5}a$ $\left[(\sqrt{3}+a)(\sqrt{3}-a);\ (2\sqrt{5}-a)^2\right]$

395 $3-x^2$; x^2-5 $\left[(\sqrt{3}-x)(\sqrt{3}+x);\ (x-\sqrt{5})(x+\sqrt{5})\right]$

396 $2x^2+3-2\sqrt{6}x$; $1+\sqrt{x}-2\sqrt[4]{x}$ $\left[(\sqrt{2}x-\sqrt{3})^2;\ (1-\sqrt[4]{x})^2\right]$

397 $\sqrt[3]{3}+1-2\sqrt[6]{3}$; $\sqrt[3]{4}+\sqrt[3]{9}+2\sqrt[3]{6}$ $\left[(\sqrt[6]{3}-1)^2;\ (\sqrt[3]{2}+\sqrt[3]{3})^2\right]$

398 $x-2\sqrt{xy}+y$; $2a+b-2\sqrt{2ab}$ $\left[(\sqrt{x}-\sqrt{y})^2;\ (\sqrt{2a}-\sqrt{b})^2\right]$

399 $\sqrt{8}+1+6+3\sqrt{2}$; $5-8-6\sqrt[3]{5^2}+12\cdot\sqrt[3]{5}$ $\left[(\sqrt{2}+1)^3;\ (\sqrt[3]{5}-2)^3\right]$

400 $\sqrt{x^3}-\sqrt{y^3}-3x\sqrt{y}+3y\sqrt{x}$; $(\sqrt[4]{2})^3-(\sqrt[4]{3})^3$ $\left[(\sqrt{x}-\sqrt{y})^3;\ (\sqrt[4]{2}-\sqrt[4]{3})(\sqrt[4]{4}+\sqrt[4]{6}+\sqrt[4]{9})\right]$

401 $\sqrt{8}+\sqrt{27}+6\sqrt{3}+9\sqrt{2}$; $8-\sqrt[4]{8}-12\sqrt[4]{2}+6\sqrt[4]{4}$ $\left[(\sqrt{2}+\sqrt{3})^3;\ (2-\sqrt[4]{2})^3\right]$

402 $(\sqrt[5]{3})^3+8$; $\sqrt[4]{27}-8$ $\left[(\sqrt[5]{3}+2)(\sqrt[5]{9}-2\sqrt[5]{3}+4);\ (\sqrt[4]{3}-2)(\sqrt[4]{9}+2\sqrt[4]{3}+4)\right]$

CORREGGI GLI ERRORI

403 $2\sqrt{a}+\sqrt{2a}=4\sqrt{a}$

404 $\sqrt{x^3}-\sqrt{x^5}+\sqrt{x}=\sqrt{x^3-x^5+x}$

405 $(\sqrt{3}-1)^2=3+1=4$

406 $(2\sqrt{3}-5)(2\sqrt{3}+5)=6-25=-19$

407 $\sqrt{x\sqrt{x}+x\sqrt{x}}=\sqrt{2x\sqrt{x}}$

408 $(\sqrt[4]{x^3})^2+(\sqrt{x^3})^2=\sqrt{x^6}+\sqrt{x^6}=2\sqrt{x^6}$

I RADICALI QUADRATICI DOPPI

teoria a pagina 25

Comprensione

SOLUZIONI ES. COMPRENSIONE

409 Indica quali fra i seguenti sono radicali doppi:

a. $\sqrt{2-\sqrt{3}}$ **b.** $\sqrt{5\sqrt{2}}$ **c.** $\sqrt{3}+\sqrt{2}$ **d.** $\sqrt{\sqrt{5}+6}$

410 La formula che si usa per trasformare un radicale doppio nella somma di due radicali semplici si può applicare:
a. solo se $a^2 \geq b$ anche se non sempre è utile
b. solo se a^2-b è un quadrato perfetto
c. solo se $a>b$.
Qual è la risposta esatta?

411 Il radicale doppio $\sqrt{2-\sqrt{3}}$:
a. applicando la formula si trasforma in $\sqrt{\frac{3}{2}}+\sqrt{\frac{1}{2}}$
b. applicando la formula si trasforma in $\sqrt{\frac{3}{2}}-\sqrt{\frac{1}{2}}$
c. non si può trasformare nella somma di due radicali semplici
d. nessuna delle precedenti risposte è corretta.

412 Semplificando l'espressione $\sqrt{5+\sqrt{7}}\cdot\sqrt{5-\sqrt{7}}$ si ottiene:

a. $2\sqrt{18}$ **b.** $3\sqrt{2}$ **c.** $(5+\sqrt{7})^2$ **d.** $(5-\sqrt{7})^2$

413 A quali dei seguenti radicali doppi è conveniente applicare la formula per ottenere radicali semplici?

a. $\sqrt{6-2\sqrt{3}}$ **b.** $\sqrt{5+2\sqrt{6}}$ **c.** $\sqrt{9-4\sqrt{2}}$ **d.** $\sqrt{8+\sqrt{11}}$

414 Il radicale doppio $\sqrt{51-14\sqrt{2}}$ è uguale a:

a. $\sqrt{2}-7$ **b.** $7+\sqrt{2}$ **c.** $7-\sqrt{2}$ **d.** $6-\sqrt{2}$

Applicazione

415 **ESERCIZIO GUIDATO**

$\sqrt{8-2\sqrt{15}}$

Possiamo procedere in due modi:

- riconoscendo in $8-2\sqrt{15}$ il quadrato di un binomio:

  $8-2\sqrt{15}=5+3-2\sqrt{5\cdot 3}=\left(\sqrt{5}-\sqrt{3}\right)^2$ quindi $\sqrt{8-2\sqrt{15}}=\sqrt{5}-\sqrt{3}$

- applicando la formula

  riscriviamo prima il radicale nella forma $\sqrt{a\pm\sqrt{b}}$: $\sqrt{8-2\sqrt{15}}=\sqrt{8-\sqrt{60}}$

  calcoliamo a^2-b: $64-60=4=2^2$

  applichiamo la formula: $\sqrt{8-2\sqrt{15}}=\sqrt{\frac{8+2}{2}}-\sqrt{\frac{8-2}{2}}=\sqrt{5}-\sqrt{3}$

416 $\sqrt{9-\sqrt{80}}$; $\sqrt{7+2\sqrt{6}}$ $[\sqrt{5}-2;\ \sqrt{6}+1]$

417 $\sqrt{4-2\sqrt{3}}$; $\sqrt{3+2\sqrt{2}}$ $[\sqrt{3}-1;\ \sqrt{2}+1]$

418 $\sqrt{9-4\sqrt{5}}$; $\sqrt{4+2\sqrt{3}}$ $[\sqrt{5}-2;\ 1+\sqrt{3}]$

419 $\sqrt{27-10\sqrt{2}}$; $\sqrt{6+2\sqrt{5}}$ $[5-\sqrt{2};\ 1+\sqrt{5}]$

420 $\sqrt{7+\sqrt{13}}$; $\sqrt{14-\sqrt{27}}$ $\left[\sqrt{\frac{13}{2}}+\sqrt{\frac{1}{2}};\ \sqrt{\frac{27}{2}}-\sqrt{\frac{1}{2}}\right]$

421 $\sqrt{2+\sqrt{3}}$; $\sqrt{24+\sqrt{47}}$ $\left[\sqrt{\frac{3}{2}}+\sqrt{\frac{1}{2}};\ \sqrt{\frac{47}{2}}+\sqrt{\frac{1}{2}}\right]$

422 $\sqrt{\frac{7}{3}+\sqrt{\frac{3}{4}}}$; $\sqrt{\frac{9}{2}-\sqrt{14}}$ $\left[\frac{3}{2}+\frac{1}{2}\sqrt{\frac{1}{3}};\ \sqrt{\frac{7}{2}}-1\right]$

423 $\sqrt{20-5\sqrt{7}}$; $\sqrt{11+6\sqrt{2}}$ $\left[\sqrt{\frac{35}{2}}-\sqrt{\frac{5}{2}};\ 3+\sqrt{2}\right]$

424 $\sqrt{19+2\sqrt{78}}$; $\sqrt{24-4\sqrt{11}}$ $[\sqrt{13}+\sqrt{6};\ \sqrt{22}-\sqrt{2}]$

425 $\sqrt{24+9\sqrt{\frac{5}{3}}}$; $\sqrt{\frac{15}{2}-\sqrt{\frac{78}{3}}}$ $\left[\sqrt{\frac{45}{2}}+\sqrt{\frac{3}{2}};\ \sqrt{\frac{13}{2}}-1\right]$

426 **ESERCIZIO GUIDATO**

$\sqrt{2y+x+2\sqrt{2xy}}$

Osserva che il radicando della radice più esterna può essere visto come il quadrato di $\sqrt{2y}+\sqrt{x}$.
Dunque:

$$\sqrt{2y+x+2\sqrt{2xy}}=\sqrt{\left(\sqrt{2y}+\sqrt{x}\right)^2}=\sqrt{2y}+\sqrt{x}$$

Applicando la formula avremmo ottenuto:

$a^2-b=(2y+x)^2-8xy=4y^2+x^2+4xy-8xy=4y^2+x^2-4xy=(2y-x)^2$

$$\sqrt{\frac{2y+x+(2y-x)}{2}}+\sqrt{\frac{2y+x-(2y-x)}{2}}=\sqrt{\frac{4y}{2}}+\sqrt{\frac{2x}{2}}=\sqrt{2y}+\sqrt{x}$$

427 $\sqrt{a^2+b+2a\sqrt{b}}$; $\sqrt{9-6\sqrt{x}+x}$ $\left[\left|a+\sqrt{b}\right|;\ \left|3-\sqrt{x}\right|\right]$

428 $\sqrt{a+25+10\sqrt{a}}$; $\sqrt{x^2+y-2x\sqrt{y}}$ $\left[\sqrt{a}+5;\ \left|x-\sqrt{y}\right|\right]$

429 $\sqrt{b+1-2\sqrt{b}}$; $\sqrt{4x+9-12\sqrt{x}}$ $\left[\left|\sqrt{b}-1\right|;\ \left|2\sqrt{x}-3\right|\right]$

430 $\sqrt{a^2+5+2a\sqrt{5}}$; $\sqrt{3+x+2\sqrt{3x}}$ $\left[\left|a+\sqrt{5}\right|;\ \sqrt{3}+\sqrt{x}\right]$

431 $\sqrt{4x^2+3+4x\sqrt{3}}$; $\sqrt{ab+4-4\sqrt{ab}}$ $\left[\left|2x+\sqrt{3}\right|;\ \left|\sqrt{ab}-2\right|\right]$

432 $\sqrt{3x+2-2\sqrt{6x}}$; $\frac{1}{2}\sqrt{16a+4+16\sqrt{a}}$ $\left[\left|\sqrt{3x}-\sqrt{2}\right|;\ 2\sqrt{a}+1\right]$

LA RAZIONALIZZAZIONE

teoria a pagina 26

Comprensione

SOLUZIONI ES. COMPRENSIONE

433 Il fattore razionalizzante della frazione $\frac{1}{4\sqrt{3}}$ è:

a. 4 b. $\sqrt{3}$ c. $4\sqrt{3}$ d. $4-\sqrt{3}$

434 Il fattore razionalizzante della frazione $\frac{1}{4+\sqrt{3}}$ è:

a. $\sqrt{3}$ b. $4+\sqrt{3}$ c. $4\sqrt{3}$ d. $4-\sqrt{3}$

435 Per ogni frazione data individua fra quelli indicati il fattore razionalizzante:

① $\frac{3}{\sqrt[3]{5}}$: a. $\sqrt[3]{25}$ b. $\sqrt[3]{5}$ c. $\sqrt{5}$

② $\frac{6}{\sqrt{2}-1}$: a. $\sqrt{2}-1$ b. $\sqrt{2}+1$ c. $\sqrt{2}$

③ $\frac{\sqrt{2}}{2+\sqrt[3]{5}}$: a. $2-\sqrt[3]{5}$ b. $4+2\sqrt[3]{5}+\sqrt[3]{25}$ c. $4-2\sqrt[3]{5}+\sqrt[3]{25}$

436 Razionalizzando $\frac{3}{\sqrt{6}}$ si ottiene

a. $\frac{1}{2}$ b. $\sqrt{3}$ c. $\frac{\sqrt{6}}{2}$ d. $\frac{\sqrt{6}}{12}$

437 Razionalizzando $\frac{4}{5\sqrt[3]{2}}$ si ottiene

a. $\frac{2\sqrt[3]{2}}{5}$ b. $\frac{2\sqrt[3]{4}}{5}$ c. $\frac{2\sqrt{2}}{5}$ d. $\frac{4+\sqrt[3]{4}}{10}$

438 Razionalizzando $\frac{2}{1-\sqrt{5}}$ si ottiene

a. $-\frac{2\sqrt{5}}{4}$ b. $\frac{2\sqrt{5}}{6}$ c. $-\frac{1+\sqrt{5}}{2}$ d. $\frac{1-\sqrt{5}}{2}$

439 Razionalizzando $\frac{6}{\sqrt[3]{4}-1}$ si ottiene

a. $4\sqrt[3]{2}+2\sqrt[3]{4}+2$ b. $2\sqrt[3]{2}+\sqrt[3]{4}+1$ c. $2\left(\sqrt[3]{4}+1\right)$ d. $\frac{6^3}{\left(\sqrt[3]{4}-1\right)^3}$

Applicazione

Rendi razionali i denominatori delle seguenti frazioni.

440 **ESERCIZIO GUIDATO**

a. $\dfrac{5}{\sqrt[3]{25}} = \dfrac{5}{\sqrt[3]{5^2}} \cdot \dfrac{\sqrt[3]{5}}{\sqrt[3]{5}} = \dfrac{\cancel{5}\sqrt[3]{5}}{\cancel{5}} = \sqrt[3]{5}$

b. $\dfrac{1}{\sqrt[5]{x^3+3x^2y+3xy^2+y^3}} = \dfrac{1}{\sqrt[5]{(x+y)^3}} \cdot \dfrac{\sqrt[5]{(x+y)^2}}{\sqrt[5]{(x+y)^2}} = \dfrac{\sqrt[5]{(x+y)^2}}{x+y}$

441 $\dfrac{2}{\sqrt{2}}$; $\dfrac{1}{\sqrt{5}}$; $\dfrac{2}{\sqrt{3}}$; $\dfrac{3}{\sqrt{7}}$ $\left[\sqrt{2};\ \dfrac{\sqrt{5}}{5};\ \dfrac{2\sqrt{3}}{3};\ \dfrac{3\sqrt{7}}{7}\right]$

442 $\dfrac{5}{2\sqrt{3}}$; $\dfrac{1}{3\sqrt{7}}$; $\dfrac{9}{\sqrt{18}}$; $\dfrac{20}{3\sqrt{5}}$ $\left[\dfrac{5\sqrt{3}}{6};\ \dfrac{\sqrt{7}}{21};\ \dfrac{3\sqrt{2}}{2};\ \dfrac{4\sqrt{5}}{3}\right]$

443 $\dfrac{3}{\sqrt{12}}$; $\dfrac{15}{2\sqrt{27}}$; $\dfrac{14}{\sqrt{8}}$; $\dfrac{\sqrt{3}}{\sqrt{5}}$ $\left[\dfrac{\sqrt{3}}{2};\ \dfrac{5}{6}\sqrt{3};\ \dfrac{7}{2}\sqrt{2};\ \dfrac{\sqrt{15}}{5}\right]$

444 $\dfrac{1}{\sqrt[3]{4}}$; $\dfrac{4}{\sqrt[5]{8}}$; $\dfrac{6}{\sqrt[4]{27}}$; $-\dfrac{6}{\sqrt{8}}$ $\left[\dfrac{1}{2}\sqrt[3]{2};\ 2\sqrt[5]{4};\ 2\sqrt[4]{3};\ -\dfrac{3\sqrt{2}}{2}\right]$

445 $\dfrac{120}{\sqrt{40}}$; $-\dfrac{1}{2\sqrt[4]{3}}$; $\dfrac{12}{\sqrt[7]{2}}$; $\dfrac{5}{\sqrt[4]{125}}$ $\left[6\sqrt{10};\ -\dfrac{\sqrt[4]{27}}{6};\ 6\sqrt[7]{64};\ \sqrt[4]{5}\right]$

446 **ESERCIZIO GUIDATO**

a. $\dfrac{15}{\sqrt{3}}$

Visto che 15 contiene nella sua scomposizione il fattore 3, anziché moltiplicare numeratore e denominatore per $\sqrt{3}$, possiamo anche procedere in questo modo:

$$\frac{3 \cdot 5}{\sqrt{3}} = \frac{\sqrt{3} \cdot \cancel{\sqrt{3}} \cdot 5}{\cancel{\sqrt{3}}} = 5\sqrt{3}$$

b. $\dfrac{20}{\sqrt[3]{5}} = \dfrac{5 \cdot 4}{\sqrt[3]{5}} = \dfrac{\sqrt[3]{5} \cdot \cancel{\sqrt[3]{5}} \cdot \sqrt[3]{5} \cdot 4}{\cancel{\sqrt[3]{5}}} = 4\sqrt[3]{25}$

c. $\dfrac{3a}{2\sqrt{a}} = \dfrac{3 \cdot \sqrt{a} \cdot \cancel{\sqrt{a}}}{2\cancel{\sqrt{a}}} = \dfrac{3}{2}\sqrt{a}$

447 $\dfrac{5\sqrt{2}}{4\sqrt{5}}$; $\dfrac{30}{\sqrt[3]{6}}$; $\dfrac{8}{\sqrt[4]{2}}$; $\dfrac{21}{2\sqrt{7}}$ $\left[\dfrac{\sqrt{10}}{4};\ 5\sqrt[3]{36};\ 4\sqrt[4]{8};\ \dfrac{3}{2}\sqrt{7}\right]$

448 $\dfrac{12}{\sqrt{3}}$; $\dfrac{12}{\sqrt{6}}$; $\dfrac{30}{7\sqrt{15}}$; $\dfrac{50}{3\sqrt{10}}$ $\left[4\sqrt{3};\ 2\sqrt{6};\ \dfrac{2}{7}\sqrt{15};\ \dfrac{5}{3}\sqrt{10}\right]$

449 $\dfrac{8}{\sqrt{72}}$; $\dfrac{6}{\sqrt{54}}$; $\dfrac{21}{\sqrt{63}}$; $\dfrac{15}{\sqrt{27}}$ $\left[\dfrac{2}{3}\sqrt{2};\ \dfrac{1}{3}\sqrt{6};\ \sqrt{7};\ \dfrac{5}{3}\sqrt{3}\right]$

450 $\dfrac{xy}{\sqrt[3]{xy}}$; $\dfrac{6ay}{\sqrt{2y}}$; $\dfrac{2ax^2}{\sqrt{ax}}$; $\dfrac{6a^2b}{\sqrt{2ab}}$ $\left[\sqrt[3]{x^2y^2};\ 3a\sqrt{2y};\ 2x\sqrt{ax};\ 3a\sqrt{2ab}\right]$

451 $\frac{5a}{\sqrt{5}}$; $\frac{x^2}{\sqrt{x}}$; $\frac{4y}{\sqrt{2y}}$; $\frac{2ab}{\sqrt{3ab}}$ $\left[a\sqrt{5};\ x\sqrt{x};\ 2\sqrt{2y};\ \frac{2}{3}\sqrt{3ab}\right]$

452 $\frac{10ab}{\sqrt{25a}}$; $\frac{8x^2}{\sqrt{16x}}$; $\frac{a}{2\sqrt{a}}$; $\frac{9xy}{\sqrt{9y}}$ $\left[2b\sqrt{a};\ 2x\sqrt{x};\ \frac{\sqrt{a}}{2};\ 3x\sqrt{y}\right]$

453 $\frac{1}{\sqrt[4]{x}}$; $\frac{3a}{\sqrt[3]{a^2}}$ con $a > 0$; $\frac{3y}{\sqrt[4]{y^3}}$; $\frac{4a}{\sqrt[5]{a^3}}$ $\left[\frac{\sqrt[4]{x^3}}{x};\ 3\sqrt[3]{a};\ 3\sqrt[4]{y};\ 4\sqrt[5]{a^2}\right]$

454 $\frac{15a^2b}{\sqrt[5]{25a^2b}}$ con $a > 0$; $\frac{21ab}{\sqrt{49ab}}$; $\frac{-4xy^2}{\sqrt[3]{4xy^2}}$ con $y > 0$ $\left[3a\sqrt[5]{125a^3b^4};\ 3\sqrt{ab};\ -2y\sqrt[3]{2x^2y}\right]$

455 $\frac{\sqrt{5}-\sqrt{2}}{\sqrt{3}}$; $\frac{\sqrt{2}+1}{\sqrt{2}}$; $\frac{10-5\sqrt{5}}{\sqrt{5}}$ $\left[\frac{\sqrt{15}-\sqrt{6}}{3};\ \frac{2+\sqrt{2}}{2};\ 2\sqrt{5}-5\right]$

456 $\frac{\sqrt{20}-\sqrt{15}}{2\sqrt{5}}$; $\frac{4-\sqrt{2}}{\sqrt{8}}$; $\frac{10\sqrt{3}-5}{5\sqrt{3}}$ $\left[\frac{2-\sqrt{3}}{2};\ \frac{2\sqrt{2}-1}{2};\ \frac{6-\sqrt{3}}{3}\right]$

457 $\frac{4-\sqrt[3]{4}}{\sqrt[3]{4}}$; $\frac{\sqrt[3]{54}+\sqrt[3]{6}}{\sqrt[3]{3}}$; $\frac{\sqrt[4]{128}-2}{\sqrt[4]{8}}$ $\left[2\sqrt[3]{2}-1;\ \sqrt[3]{18}+\sqrt[3]{2};\ 2-\sqrt[4]{2}\right]$

458 $\frac{2a^2}{\sqrt{a-1}}$; $\frac{\sqrt{a-1}}{\sqrt{a+1}}$; $\frac{4x^2+1-4x}{\sqrt{2x-1}}$ $\left[\frac{2a^2\sqrt{a-1}}{a-1};\ \frac{\sqrt{a^2-1}}{a+1};\ (2x-1)\sqrt{2x-1}\right]$

459 $\frac{\sqrt{x}-\sqrt{xy}}{2\sqrt{x}}$; $\frac{(x+2)\sqrt{x-2}}{\sqrt{x^2-4}}$; $\frac{\sqrt[3]{a^2b^4}-\sqrt[3]{a^4b^2}}{\sqrt[3]{a^2b^2}}$ con $ab > 0$ $\left[\frac{1-\sqrt{y}}{2};\ \sqrt{x+2};\ \sqrt[3]{b^2}-\sqrt[3]{a^2}\right]$

460 $\frac{7}{\sqrt[3]{7\sqrt{7}}}$; $\frac{100}{\sqrt{5\sqrt{2}}}$; $\frac{ab}{\sqrt[4]{a\cdot\sqrt[3]{b}}}$ $\left[\sqrt{7};\ 10\sqrt[4]{200};\ \sqrt[12]{a^9b^{11}}\right]$

461 $\frac{4xy}{\sqrt{x^2y}}$; $\frac{7y}{\sqrt{7x^2y^5}}$; $\frac{5y}{\sqrt{5x^5y}}$ $\left[\text{se } x>0: 4\sqrt{y},\ \text{se } x<0: -4\sqrt{y};\ \frac{\sqrt{7y}}{|x|y^2};\ \frac{\sqrt{5xy}}{x^3}\right]$

462 **ESERCIZIO GUIDATO**

a. $\frac{7}{\sqrt{2}-4} = \frac{7}{\sqrt{2}-4}\cdot\frac{\sqrt{2}+4}{\sqrt{2}+4} = \frac{7(\sqrt{2}+4)}{2-16} = -\frac{\cancel{7}(\sqrt{2}+4)}{\cancel{14}_2} = -\frac{\sqrt{2}+4}{2}$

b. $\frac{a-3}{\sqrt{a}-\sqrt{3}} = \frac{a-3}{\sqrt{a}-\sqrt{3}}\cdot\frac{\sqrt{a}+\sqrt{3}}{\sqrt{a}+\sqrt{3}} = \frac{\cancel{(a-3)}(\sqrt{a}+\sqrt{3})}{\cancel{a-3}} = \sqrt{a}+\sqrt{3}$

463 $\frac{-5}{1-\sqrt{6}}$; $\frac{2}{\sqrt{2}+\sqrt{3}}$; $\frac{1}{2-\sqrt{3}}$ $\left[1+\sqrt{6};\ 2(\sqrt{3}-\sqrt{2});\ 2+\sqrt{3}\right]$

464 $\frac{6}{-\sqrt{5}-\sqrt{2}}$; $\frac{-24}{2+2\sqrt{7}}$; $\frac{6}{\sqrt{7}-\sqrt{5}}$ $\left[2(\sqrt{2}-\sqrt{5});\ 2(1-\sqrt{7});\ 3(\sqrt{7}+\sqrt{5})\right]$

465 $\frac{2}{\sqrt{7}-\sqrt{3}}$; $\frac{3}{3\sqrt{2}+\sqrt{3}}$; $\frac{38}{1-2\sqrt{5}}$ $\left[\frac{\sqrt{7}+\sqrt{3}}{2};\ \frac{3\sqrt{2}-\sqrt{3}}{5};\ -2(1+2\sqrt{5})\right]$

466 $\frac{2\sqrt{3}}{\sqrt{3}-\sqrt{2}}$; $\frac{\sqrt{5}+1}{\sqrt{5}-1}$; $\frac{1}{\sqrt{11}-2\sqrt{3}}$ $\left[6+2\sqrt{6};\ \frac{3+\sqrt{5}}{2};\ -(\sqrt{11}+2\sqrt{3})\right]$

467 $\frac{\sqrt{6}-\sqrt{5}}{\sqrt{3}+\sqrt{2}}$; $\frac{2\sqrt{3}-2\sqrt{5}}{\sqrt{3}+\sqrt{5}}$; $\frac{6\sqrt{3}-6\sqrt{2}}{2\sqrt{3}-3\sqrt{2}}$ $\left[3\sqrt{2}-2\sqrt{3}-\sqrt{15}+\sqrt{10};\ -2(4-\sqrt{15});\ -\sqrt{6}\right]$

468 $\dfrac{\sqrt{40}-\sqrt{60}}{\sqrt{5}-\sqrt{35}}$; $\dfrac{3\sqrt{2}-\sqrt{10}}{\sqrt{6}+2}$; $\dfrac{2(\sqrt{30}-8)}{\sqrt{20}-\sqrt{24}}$ $\left[\dfrac{(\sqrt{3}-\sqrt{2})(1+\sqrt{7})}{3};\ (3-\sqrt{5})(\sqrt{3}-\sqrt{2});\ 2\sqrt{5}+3\sqrt{6}\right]$

469 **ESERCIZIO GUIDATO**

a. $\dfrac{1}{\sqrt{3}-\sqrt{2}}$

Visto che $3-2=1$, un altro modo di procedere rispetto a quello solito è il seguente:

$$\frac{1}{\sqrt{3}-\sqrt{2}}=\frac{3-2}{\sqrt{3}-\sqrt{2}}=\frac{(\sqrt{3}-\sqrt{2})(\sqrt{3}+\sqrt{2})}{\sqrt{3}-\sqrt{2}}=\sqrt{3}+\sqrt{2}$$

b. $\dfrac{6}{\sqrt{5}-\sqrt{3}}$

Visto che $5-3=2$, cerchiamo di scomporre il numeratore in modo da poter semplificare:

$$\frac{6}{\sqrt{5}-\sqrt{3}}=\frac{3\cdot 2}{\sqrt{5}-\sqrt{3}}=\frac{3\cdot(5-3)}{\sqrt{5}-\sqrt{3}}=\frac{3(\sqrt{5}-\sqrt{3})(\sqrt{5}+\sqrt{3})}{\sqrt{5}-\sqrt{3}}=3(\sqrt{3}+\sqrt{5})$$

470 $\dfrac{8}{\sqrt{3}-1}$; $\dfrac{14}{3-\sqrt{2}}$; $\dfrac{4}{\sqrt{2}+\sqrt{6}}$ $\left[4(\sqrt{3}+1);\ 2(\sqrt{2}+3);\ \sqrt{6}-\sqrt{2}\right]$

471 $\dfrac{x^2-y^2}{\sqrt{x}+\sqrt{y}}$; $\dfrac{a-2b}{\sqrt{a}+\sqrt{2b}}$; $\dfrac{x+2}{\sqrt{x}+\sqrt{2}}$ $\left[(\sqrt{x}-\sqrt{y})(x+y);\ \sqrt{a}-\sqrt{2b};\ \sqrt{x}-\sqrt{2}\right]$

472 $\dfrac{3(2x-y)}{\sqrt{2x}-\sqrt{y}}$; $\dfrac{1-x}{2-2\sqrt{x}}$; $\dfrac{x-a}{\sqrt{x}-\sqrt{a}}$ $\left[3(\sqrt{2x}+\sqrt{y});\ \dfrac{\sqrt{x}+1}{2};\ \sqrt{x}+\sqrt{a}\right]$

473 $\dfrac{2}{\sqrt{x}-\sqrt{2}}$; $\dfrac{y-3}{\sqrt{3}-\sqrt{y}}$; $\dfrac{x-25}{5-\sqrt{x}}$ $\left[\dfrac{2(\sqrt{x}+\sqrt{2})}{x-2};\ -(\sqrt{3}+\sqrt{y});\ -(5+\sqrt{x})\right]$

474 $\dfrac{x^3}{\sqrt{xy}-\sqrt{x}}$; $\dfrac{b-3x}{4\sqrt{b}-\sqrt{48x}}$; $\dfrac{-2}{\sqrt{x-2}-\sqrt{x}}$ $\left[\dfrac{x^2\sqrt{x}(\sqrt{y}+1)}{y-1};\ \dfrac{\sqrt{b}+\sqrt{3x}}{4};\ \sqrt{x-2}+\sqrt{x}\right]$

475 $\dfrac{3x}{\sqrt{x}-\sqrt{x-3}}$; $\dfrac{\sqrt{2+a}-\sqrt{2-a}}{\sqrt{2+a}+\sqrt{2-a}}$; $\dfrac{(a-3)^2}{\sqrt{a^2+10}-\sqrt{1+6a}}$

$\left[x(\sqrt{x}+\sqrt{x-3});\ \dfrac{2-\sqrt{4-a^2}}{a};\ \sqrt{a^2+10}+\sqrt{1+6a}\right]$

476 $\dfrac{\sqrt{a}+a^2}{a\sqrt{a}+1}$; $\dfrac{1-x}{1+x-2\sqrt{x}}$; $\dfrac{1+2y}{\sqrt{3y}-\sqrt{y-1}}$ $\left[\sqrt{a};\ \dfrac{1+x+2\sqrt{x}}{1-x};\ \sqrt{3y}+\sqrt{y-1}\right]$

477 $\dfrac{a-1}{a+\sqrt{2a-1}}$; $\dfrac{x^2-5x+6}{\sqrt{x-1}-\sqrt{2}}$; $\dfrac{4+x^2-4x}{\sqrt{2}-\sqrt{x}}$ $\left[\dfrac{a-\sqrt{2a-1}}{a-1};\ (x-2)(\sqrt{x-1}+\sqrt{2});\ (2-x)(\sqrt{2}+\sqrt{x})\right]$

478 $\dfrac{2}{(1+\sqrt{2})-\sqrt{5}}$; $\dfrac{2-2\sqrt{3}}{(1-\sqrt{3})+\sqrt{2}}$; $\dfrac{3+6\sqrt{6}}{(\sqrt{2}+\sqrt{3})+2}$

$\left[3+2\sqrt{2}+\sqrt{10}+\sqrt{5};\ 1-\sqrt{3}-\sqrt{2};\ 3(\sqrt{2}+\sqrt{3}-2)\right]$

479 $\dfrac{22}{\sqrt{5}+2+\sqrt{3}}$; $\dfrac{4-\sqrt{21}}{\sqrt{7}-\sqrt{3}+\sqrt{2}}$; $\dfrac{5-2\sqrt{6}}{2\sqrt{3}+\sqrt{2}+2\sqrt{6}}$

$\left[4+\sqrt{5}+3\sqrt{3}-2\sqrt{15};\ \dfrac{\sqrt{7}-\sqrt{3}-\sqrt{2}}{2};\ -\dfrac{2\sqrt{3}+\sqrt{2}-2\sqrt{6}}{2}\right]$

480 $\dfrac{4\sqrt{6}}{1+\sqrt{2}-\sqrt{3}}$; $\sqrt{\dfrac{1}{5}}-\dfrac{2}{1+\sqrt{3}}$; $\sqrt{\dfrac{2}{3}}+\dfrac{\sqrt{3}-\sqrt{6}}{1-\sqrt{2}}$

$\left[2\sqrt{3}(1+\sqrt{2}+\sqrt{3});\ \dfrac{\sqrt{5}+5-5\sqrt{3}}{5};\ \dfrac{\sqrt{3}(\sqrt{2}+3)}{3}\right]$

481 ## ESERCIZIO GUIDATO

a. $\dfrac{1}{\sqrt[3]{2}+\sqrt[3]{5}}=\dfrac{\sqrt[3]{2^2}-\sqrt[3]{2\cdot 5}+\sqrt[3]{5^2}}{(\sqrt[3]{2}+\sqrt[3]{5})\cdot(\sqrt[3]{2^2}-\sqrt[3]{2\cdot 5}+\sqrt[3]{5^2})}=\dfrac{\sqrt[3]{4}-\sqrt[3]{10}+\sqrt[3]{25}}{2+5}=\dfrac{\sqrt[3]{4}-\sqrt[3]{10}+\sqrt[3]{25}}{7}$

b. $\dfrac{1}{\sqrt[3]{7}-\sqrt[3]{3}}=\dfrac{\sqrt[3]{7^2}+\sqrt[3]{7\cdot 3}+\sqrt[3]{3^2}}{(\sqrt[3]{7}-\sqrt[3]{3})\cdot(\sqrt[3]{7^2}+\sqrt[3]{7\cdot 3}+\sqrt[3]{3^2})}=\dfrac{\sqrt[3]{49}+\sqrt[3]{21}+\sqrt[3]{9}}{7-3}=\dfrac{\sqrt[3]{49}+\sqrt[3]{21}+\sqrt[3]{9}}{4}$

482 $\dfrac{1}{\sqrt[3]{5}-\sqrt[3]{4}}$; $-\dfrac{5}{1+\sqrt[3]{9}}$; $\dfrac{12}{\sqrt[3]{15}-\sqrt[3]{3}}$

$\left[\sqrt[3]{25}+2\sqrt[3]{2}+\sqrt[3]{20};\ \dfrac{\sqrt[3]{9}-3\sqrt[3]{3}-1}{2};\ \sqrt[3]{225}+\sqrt[3]{9}+\sqrt[3]{45}\right]$

483 $\dfrac{\sqrt[3]{49}+\sqrt[3]{4}+\sqrt[3]{14}}{\sqrt[3]{2}+\sqrt[3]{7}}$; $\dfrac{2\sqrt{5}}{\sqrt[3]{3}-1}$; $\dfrac{2\sqrt[3]{2}+1-4\sqrt[3]{2^2}}{2\sqrt[3]{2}-1}$

$\left[\dfrac{\sqrt[3]{7^4}+\sqrt[3]{2^4}+\sqrt[3]{7^2\cdot 2^2}}{9};\ \sqrt{5}(\sqrt[3]{9}+\sqrt[3]{3}+1);\ \dfrac{4\sqrt[3]{4}+1-28\sqrt[3]{2}}{15}\right]$

484 $\dfrac{a+b}{\sqrt[3]{a}+\sqrt[3]{b}}$; $\dfrac{2x-2y}{\sqrt[3]{x}-\sqrt[3]{y}}$; $\dfrac{a+2b}{\sqrt[3]{a}+\sqrt[3]{2b}}$

$\left[\sqrt[3]{a^2}-\sqrt[3]{ab}+\sqrt[3]{b^2};\ 2\left(\sqrt[3]{x^2}+\sqrt[3]{xy}+\sqrt[3]{y^2}\right);\ \sqrt[3]{a^2}+\sqrt[3]{4b^2}-\sqrt[3]{2ab}\right]$

485 $\dfrac{1}{\sqrt{3-\sqrt{5}}}$; $\dfrac{12}{\sqrt{7-\sqrt{13}}}$; $\dfrac{42}{\sqrt{15+\sqrt{29}}}$ $\left[\dfrac{\sqrt{3+\sqrt{5}}}{2};\ 2\sqrt{7+\sqrt{13}};\ 3\sqrt{15-\sqrt{29}}\right]$

(Suggerimento: elimina prima il radicale più interno; per esempio moltiplica e dividi la prima frazione per $\sqrt{3+\sqrt{5}}$)

486 $\dfrac{1}{\sqrt{2\sqrt{7}-2}}$; $\dfrac{8}{\sqrt{5+\sqrt{21}}}$; $\dfrac{1}{\sqrt{3+\sqrt{2}}}$ $\left[\dfrac{\sqrt{3(\sqrt{7}+1)}}{6};\ 2(\sqrt{14}-\sqrt{6});\ \dfrac{\sqrt{7}\sqrt{3-\sqrt{2}}}{7}\right]$

CORREGGI GLI ERRORI

487 $\dfrac{1}{1+\sqrt{2}}=\dfrac{1}{1+\sqrt{2}}\cdot\dfrac{\sqrt{2}}{\sqrt{2}}=\dfrac{\sqrt{2}}{1+2}=\dfrac{\sqrt{2}}{3}$

488 $\dfrac{4}{\sqrt[3]{2}}=\dfrac{4}{\sqrt[3]{2}}\cdot\dfrac{\sqrt[3]{2}}{\sqrt[3]{2}}=\dfrac{4\sqrt[3]{2}}{2}=2\sqrt[3]{2}$

489 $\dfrac{1+x}{1+\sqrt{x}}=\dfrac{1+\sqrt{x}\cdot\sqrt{x}}{1+\sqrt{x}}=1+\sqrt{x}$

490 $\dfrac{5}{\sqrt{3}+\sqrt{2}}=\dfrac{5}{\sqrt{3+2}}=\dfrac{5}{\sqrt{5}}=\sqrt{5}$

491 $\dfrac{1}{1+\sqrt[3]{5}}=\dfrac{1}{(1+\sqrt[3]{5})^3}=\dfrac{1}{1+5}=\dfrac{1}{6}$

492 $\dfrac{1}{3-\sqrt[3]{2}}=\dfrac{1}{3-\sqrt[3]{2}}\cdot\dfrac{3+\sqrt[3]{2}}{3+\sqrt[3]{2}}=\dfrac{3+\sqrt[3]{2}}{7}$

493 $\dfrac{1}{\sqrt{6}-\sqrt{3}}=\dfrac{1}{\sqrt{6}-\sqrt{3}}\cdot\dfrac{\sqrt{6}-\sqrt{3}}{\sqrt{6}-\sqrt{3}}=\dfrac{\sqrt{6}-\sqrt{3}}{3}$

494 $\dfrac{2}{\sqrt{3}+\sqrt{2}}=\left(\dfrac{2}{\sqrt{3}+\sqrt{2}}\right)^2=\dfrac{4}{3+2}=\dfrac{4}{5}$

ESERCIZI RIASSUNTIVI

Espressioni

495 $2+\sqrt{2}+\dfrac{1}{2+\sqrt{2}}+\dfrac{1}{2-\sqrt{2}}$ $\left[4+\sqrt{2}\right]$

496 $3+\dfrac{1}{2\sqrt{3}-3}-\dfrac{2}{\sqrt{3}}$ $[4]$

497 $(\sqrt{2}-\sqrt{3}+1)^2-2(-\sqrt{6}+\sqrt{2})$ $\left[2(3-\sqrt{3})\right]$

498 $\dfrac{2(\sqrt{2}+\sqrt{6})}{3\sqrt{2+\sqrt{3}}}$ $\left[\dfrac{4}{3}\right]$

499 $\sqrt[3]{5}\cdot\left(2-\dfrac{2}{3}\right)^2+\sqrt[3]{40}$ $\left[\dfrac{34}{9}\sqrt[3]{5}\right]$

500 $1-\dfrac{1}{1+\sqrt{3}}+\dfrac{1}{1-\sqrt{3}}$ $\left[1-\sqrt{3}\right]$

501 $\left(\sqrt{7}+\dfrac{3}{2}-\dfrac{1}{\sqrt{7}}\right):(4\sqrt{7}+7)$ $\left[\dfrac{3}{14}\right]$

502 $\left(3\sqrt[6]{2}-\dfrac{1}{2}\sqrt[12]{4}+\sqrt[6]{128}\right)\cdot\left(\sqrt{\dfrac{1}{3}}:\sqrt[3]{\dfrac{1}{2}}\right)$ $\left[\dfrac{9}{2}\sqrt{\dfrac{2}{3}}\right]$

503 $\left(\sqrt{6}+\dfrac{6}{3-\sqrt{6}}\right)\left(\sqrt{6}-\dfrac{6}{3+\sqrt{6}}\right)$ $[18]$

504 $\left(\dfrac{7}{\sqrt{2}+\sqrt{3}}+\dfrac{2}{\sqrt{2}-\sqrt{3}}\right):(5\sqrt{6}-18)$ $\left[\dfrac{\sqrt{2}}{2}\right]$

505 $\sqrt{2+\sqrt{3}}\cdot\sqrt{2-\sqrt{3}}-\sqrt{5-2\sqrt{6}}-1$ $\left[\sqrt{2}-\sqrt{3}\right]$

506 $\sqrt{\dfrac{3-\sqrt{2}}{6}}:\dfrac{\sqrt{2}-3}{\sqrt{3-\sqrt{2}}}$ $\left[-\dfrac{\sqrt{6}}{6}\right]$

507 $\sqrt{\dfrac{1}{2}\sqrt[3]{\dfrac{1}{2}}}:\sqrt[3]{\dfrac{1}{2}\sqrt{\dfrac{1}{2}}}\cdot\sqrt[3]{2}$ $\left[\sqrt[6]{2}\right]$

508 $\left[(\sqrt{3}+2\sqrt{2})^2-(\sqrt{6}+2)^2\right]\cdot\dfrac{3\sqrt{6}-2}{2\sqrt{3}}$ $\left[\dfrac{3}{2}\sqrt{2}-\dfrac{\sqrt{3}}{3}\right]$

509 $\dfrac{\sqrt{5}+\sqrt{6}}{\sqrt{5}}-\dfrac{\sqrt{6}-\sqrt{5}}{2\sqrt{5}}-(\sqrt{6}+\sqrt{5})^2$ $\left[-\dfrac{19}{10}(\sqrt{30}+5)\right]$

510 $\left(\dfrac{\sqrt{24}}{6}+\dfrac{\sqrt{12}}{3}-\dfrac{\sqrt{18}}{2}\right)\cdot\sqrt{2}:\left(\dfrac{\sqrt{2}}{\sqrt{2}-1}\right)-\dfrac{2\sqrt{6}+18+9\sqrt{2}}{6}$ $[-6]$

511 $\dfrac{\sqrt{3}+1}{\sqrt{3}-1}\cdot\dfrac{6}{7-8\sqrt{5}}\left[(\sqrt{5}-1)^2-(\sqrt{5}-1)(\sqrt{5}+1)+\dfrac{1-2\sqrt{5}}{3}\right]-(\sqrt{3}-1)^2$ $\left[4\sqrt{3}\right]$

512 $\dfrac{5}{(1-\sqrt{3})^2}\left[\dfrac{2\sqrt{18}-2\sqrt{3}}{\sqrt{5}}+(\sqrt{8}-6)\sqrt[6]{\left(\dfrac{2}{5}\right)^3}\right]$ $\left[\sqrt{5}\right]$

513 $\sqrt[4]{\sqrt{20}-\sqrt{4}}\cdot\sqrt[4]{\sqrt{20}+\sqrt{4}}+\sqrt[6]{\sqrt{325}-\sqrt{5}}\cdot\sqrt[6]{\sqrt{325}+\sqrt{5}}-\left(\sqrt[6]{5}+1\right)^2$ $\quad[1-\sqrt[3]{5}]$

514 $\sqrt{\frac{5}{6}-\sqrt{\frac{2}{3}}}+\sqrt{4-2\sqrt{3}}+\sqrt{9+4\sqrt{2}}$ $\quad\left[\frac{4\sqrt{3}+15\sqrt{2}}{6}\right]$

515 $\sqrt{4-\sqrt{7}}\left(\sqrt{\frac{7}{2}}+\sqrt{\frac{1}{2}}\right)+\frac{2+\sqrt{3}}{\sqrt{2}-\sqrt{6}}$ $\quad\left[\frac{12-5\sqrt{2}-3\sqrt{6}}{4}\right]$

516 $\left(\sqrt[3]{3+\sqrt{5}}+\sqrt[3]{3-\sqrt{5}}\right)^3-3\left(\sqrt[3]{12+4\sqrt{5}}+\sqrt[3]{12-4\sqrt{5}}\right)$ $\quad[6]$

517 $(\sqrt{15}-\sqrt{2})(3\sqrt{3}+2\sqrt{6})+(2\sqrt{5}-3\sqrt{8})(\sqrt{5}-\sqrt{3})-\sqrt{5}(9-2\sqrt{3})+\sqrt{3}(4-3\sqrt{2})$ $\quad[10]$

518 $\sqrt{2+\sqrt{2}}\sqrt{2-\sqrt{2}}\left(\frac{1}{\sqrt{2}}-\frac{1}{\sqrt{8}}\right)$ $\quad\left[\frac{1}{2}\right]$

519 $\sqrt[3]{(2-\sqrt{3})(2+\sqrt{3})}+\sqrt[4]{(3-2\sqrt[4]{5})(3+2\sqrt[4]{5})}\sqrt{2+\sqrt{5}}-2$ $\quad[0]$

520 $\left[\left(\frac{1}{\sqrt{7}+1}-\frac{1}{\sqrt{7}-1}\right):\frac{\sqrt{27}}{6}\right]^2-\frac{2}{(5+\sqrt{2})^2-10\sqrt{2}}$ $\quad\left[\frac{2}{27}\right]$

521 $\frac{\sqrt{3}-\sqrt{2}}{\sqrt{3}+\sqrt{2}}\cdot\frac{5+\left(\sqrt{2\sqrt[3]{3}}\right)^3}{4\sqrt[3]{4}}:\sqrt[3]{\frac{1}{4}}$ $\quad\left[\frac{1}{4}\right]$

522 $\left(\sqrt{72}-\frac{3}{\sqrt{2}}+\frac{\sqrt{2}}{2}\right):\frac{5}{\sqrt[3]{4}}$ $\quad[2\sqrt[6]{2}]$

523 $\left(\frac{\sqrt[3]{3}}{\sqrt[3]{3}-\sqrt[3]{2}}-\frac{\sqrt[3]{6}}{\sqrt[3]{9}+\sqrt[3]{6}+\sqrt[3]{4}}\right):(3+2\sqrt[3]{12})$ $\quad[1]$

524 $\left(\frac{1}{\sqrt{3}+1}-\frac{\sqrt{3}+1}{1-\sqrt{3}}\right)\left(1+\frac{1}{\sqrt{3}}\right):\frac{3+2\sqrt{3}}{\sqrt{3}}$ $\quad[\sqrt{3}]$

525 $\left[\sqrt{9\sqrt[n]{3}}\cdot\sqrt[2n]{\frac{1}{3}}\right]^2$ $\quad[9]$

526 $\sqrt[n]{\sqrt[3]{24}-\sqrt[3]{3}+\sqrt[3]{81}}:\sqrt[3n]{48}+2\sqrt[3n]{4}$ $\quad[3\sqrt[3n]{4}]$

527 $\left(\sqrt[n]{3\sqrt{3\sqrt[4]{81}+2\sqrt[6]{64}+4\sqrt{9}}}\cdot\sqrt[n]{15^{n+1}}\right):(15\sqrt[2n]{81})$ $\quad[\sqrt[n]{25}]$

528 $\left[\sqrt[n]{12}:\sqrt[n^3]{12^{n^2-1}}\right]:\sqrt[n^3]{12}$ $\quad[1]$

529 $\frac{\sqrt{x+3}}{\sqrt{x+3}-\sqrt{x-3}}+\frac{\sqrt{x-3}}{\sqrt{x+3}+\sqrt{x-3}}$ $\quad\left[\frac{\sqrt{x^2-9}+3}{3}\right]$

530 $\frac{x-\sqrt{y}}{x+\sqrt{y}}-\frac{x+\sqrt{y}}{x-\sqrt{y}}+\frac{4x\cdot\sqrt{y}}{x^2-y}$ $\quad[0]$

531 $\frac{2\sqrt{a}}{\sqrt{b}}+\sqrt[3]{\frac{a}{b}\sqrt{\frac{a}{b}}}-\frac{3a^2b}{\sqrt{a^3b^3}}$ $\quad[0]$

532 $\sqrt{\frac{(a+3b)^2}{ab}} \cdot \sqrt{\frac{ab}{a^2-9b^2}} \cdot \sqrt[4]{\frac{a^2+9b^2-6ab}{ab}}$ $\left[\sqrt[4]{\frac{(a+3b)^2}{ab}}\right]$

533 $\left[\left(1+\frac{\sqrt{a}}{\sqrt{2}}\right)\left(1-\frac{\sqrt{2}}{\sqrt{a}+\sqrt{2}}\right)\right] : \left[\left(\sqrt{a}+\frac{\sqrt{a}}{2}\right)\left(1-\frac{\sqrt{2}}{1+\sqrt{2}}\right)\right]$ $\left[\frac{\sqrt{2}+2}{3}\right]$

534 $\left[\sqrt{\frac{1}{a^2}-\frac{1}{a^3}}+\sqrt{a^4-a^3}-2\sqrt{a-1}\right] \cdot \frac{1}{\sqrt{a-1}\left(1-a\sqrt{a}\right)^2}$ $\left[\frac{\sqrt{a}}{a^2}\right]$

535 $\left[\sqrt{(2b+a)^3} : \frac{1}{\sqrt{2b+a}}\right] \cdot \frac{1}{\sqrt[3]{4b^2+a^2+4ab}} : \frac{1}{\sqrt[3]{\sqrt{2b+a}}}$ $\left[(2b+a)\sqrt{2b+a}\right]$

536 $\sqrt{x-2+\frac{1}{x}}-\sqrt{\frac{x^4-2x^2+1}{x}} : (x+1)$ con $x \geq 1$ $[0]$

537 $\left(\sqrt{\frac{x+y}{2}-\frac{4x+9y}{8}+y-\frac{x}{2}} \cdot \sqrt{\frac{3y}{8}}\right) \cdot \sqrt{\frac{24x-8}{3x^2-x}}$ $\left[\left(1-\frac{x}{2}\right)\sqrt{\frac{3y}{x}}\right]$

538 $\frac{1}{1-\sqrt{2a-a^2}}-\frac{\sqrt{a}}{(1-a)^2}+\frac{1}{1+\sqrt{2a-a^2}}$ $\left[\frac{2-\sqrt{a}}{(1-a)^2}\right]$

539 $\sqrt[4]{(a+2b)\sqrt{\frac{1}{a+2b}}}-\sqrt[16]{a^2+4b^2+4ab}$ $[0]$

540 $\sqrt[4]{a^4-2a^2b^2+b^4} \cdot \sqrt{a^3-3a^2b+3ab^2-b^3}-\frac{a^3+b^3}{\sqrt{a+b}}$ $\left[-ab\sqrt{a+b}\right]$

541 $\sqrt{3+\left(\frac{x-3}{2\sqrt{x}}\right)^2} \cdot \left[\frac{x-3}{2\sqrt{x}}+\sqrt{\left(\frac{x-3}{2\sqrt{x}}\right)^2+3}\right]$ $\left[\frac{x+3}{2}\right]$

542 $\frac{\sqrt{x+1}+\sqrt{x-1}}{\sqrt{x+1}-\sqrt{x-1}} : \frac{1}{x-\sqrt{x^2-1}}+x\left(\frac{1}{\sqrt{x}}-\frac{1}{x}\right)$ $\left[\sqrt{x}\right]$

543 $\left(\sqrt{\frac{9-3a}{a}}\right)^3 \frac{a}{\sqrt{9-a^2}} : \sqrt{\frac{3}{a}}+\frac{a(a+9)}{\sqrt{3+a}}$ $\left[(a+3)\sqrt{a+3}\right]$

544 $\left(\frac{1}{\sqrt{a^2-1}+a}-\frac{1}{\sqrt{a^2-1}-a}\right) \cdot \sqrt{\frac{a-1}{2a}}$ $\left[\sqrt{2a(a-1)}\right]$

545 $\frac{a\sqrt{b}+b\sqrt{a}}{\sqrt{a}+\sqrt{b}}-\sqrt{a}\left(\frac{a}{\sqrt{a}-\sqrt{b}}-\frac{b\sqrt{b}}{a-b}\right)$ $\left[\frac{a^2}{b-a}\right]$

546 $\left(\frac{\sqrt{x-1}+\sqrt{x+1}}{\sqrt{x-1}}+\frac{\sqrt{x-1}-\sqrt{x+1}}{\sqrt{x+1}}\right) : \left(\sqrt{x^2-1}+\frac{2x+1}{\sqrt{x^2-1}}\right)$ $\left[\frac{2}{x+2}\right]$

547 $\left(\frac{1}{\sqrt{a}-1}+\frac{1}{\sqrt{a}+1}\right)\left(\frac{\sqrt{a+1}}{\sqrt{a-1}}+\frac{a-3}{\sqrt{a^2-1}}\right) : \sqrt{\frac{a^3(a+1)}{a-1}}$ $\left[\frac{4}{a(a+1)}\right]$

548 $\left(\dfrac{a-\sqrt{a+2}}{a+\sqrt{a+2}}-\dfrac{a+\sqrt{a+2}}{a-\sqrt{a+2}}\right)\left(\sqrt{a+2}-\dfrac{4}{\sqrt{a+2}}\right)$ $\left[-\dfrac{4a}{a+1}\right]$

549 $\dfrac{x-2y}{\sqrt{xy}-\sqrt{2y}}:\dfrac{\sqrt{y}}{\sqrt{x}-\sqrt{2y}}\cdot\left(\dfrac{x}{y}+2\right)$ $\left[\dfrac{x^2-4y^2}{y^2}\right]$

550 $\dfrac{x^2-4}{x-2\sqrt{2x}+2}\cdot\dfrac{\sqrt{x}-\sqrt{2}}{x+\sqrt{2x}}:(x+2)-\dfrac{1}{\sqrt{x}}$ $[0]$

551 $\left(\dfrac{\sqrt{x}}{\sqrt{y}+\sqrt{x}}+\dfrac{\sqrt{x}}{\sqrt{x}-\sqrt{y}}-\dfrac{2y}{x-y}\right)\sqrt{3x+2y+2\sqrt{6xy}}$ $\left[2\left(\sqrt{3x}+\sqrt{2y}\right)\right]$

552 $\dfrac{\left(\dfrac{6a-1}{3\sqrt{a}+1}\cdot\dfrac{3a-\sqrt{a}}{\sqrt{a}}\right)}{3\sqrt{a}-1}+\dfrac{1}{3\sqrt{a}+1}$ $\left[\dfrac{6a(3\sqrt{a}-1)}{9a-1}\right]$

553 $\dfrac{x+1}{2-2x}\sqrt{\dfrac{2-2x}{x^2+2x+1}+\dfrac{x-1}{x+1}}$ $\left[\text{se } x<-1 \vee x>1: -\dfrac{1}{2}; \text{ se } -1<x<1: \dfrac{1}{2}\right]$

554 $\sqrt{a+1+2\sqrt{a}}+\sqrt{a^2+2a+1}+\sqrt{a^2-2a+1}$ $\left[\text{se } a\geq 1: \sqrt{a}+2a+1; \text{ se } 0\leq a<1: \sqrt{a}+3\right]$

555 $\dfrac{1}{2-x}\cdot\sqrt{\dfrac{1}{4}+\dfrac{1}{x^2}-\dfrac{1}{x}+\dfrac{1}{2x}}$ $\left[\text{se } x<0 \vee x>2: 0; \text{ se } 0<x<2: \dfrac{1}{x}\right]$

556 $\left(\sqrt{a^2-2a+1}+\dfrac{1}{2}\sqrt{4a^2-4a+1}+\dfrac{1}{2}\right):(1-2a)$

$\left[\text{se } a<\dfrac{1}{2}: \dfrac{2(a-1)}{2a-1}; \text{ se } \dfrac{1}{2}<a<1: \dfrac{1}{1-2a}; \text{ se } a\geq 1: -1\right]$

557 $\sqrt{\dfrac{x^2+1}{x^2}}-\sqrt{\dfrac{(x^2+2x+1)(x^2+1)}{x^2}}+\sqrt{x^2+1}$ $\left[\begin{array}{l}\text{se } x>0: 0\\ \text{se } -1\leq x<0: 2\sqrt{x^2+1}\\ \text{se } x<-1: -\dfrac{2}{x}\sqrt{x^2+1}\end{array}\right]$

Equazioni a coefficienti irrazionali

558 **ESERCIZIO GUIDATO**

$\sqrt{3}x-1=2x+3$

Trasportiamo i termini in x al primo membro ed i termini noti al secondo: $\sqrt{3}x-2x=3+1$

Raccogliamo x: $(\sqrt{3}-2)x=4$

Dividiamo per il coefficiente di x: $x=\dfrac{4}{\sqrt{3}-2}$

Razionalizziamo: $x=\dfrac{4(\sqrt{3}+2)}{(\sqrt{3}-2)(\sqrt{3}+2)}$ $\rightarrow$ $x=-4(\sqrt{3}+2)$

559 $x\sqrt{3}+2=-1;$ $\qquad 2x\sqrt{5}+x=19$ $\left[S=\{-\sqrt{3}\}; S=\{2\sqrt{5}-1\}\right]$

560 $\sqrt{5}(x+1)=10;\qquad \sqrt{2}(x+\sqrt{3})=\sqrt{6}+\sqrt{2}$ $[S=\{2\sqrt{5}-1\};\ S=\{1\}]$

561 $3(x+\sqrt{2})=\sqrt{2}+3;\qquad x(\sqrt{2}-1)=x+\sqrt{6}$ $\left[S=\left\{\frac{3-2\sqrt{2}}{3}\right\};\ S=\{-\sqrt{6}-\sqrt{3}\}\right]$

562 $\frac{\sqrt{3}}{2}x-\frac{1}{3}+x=\frac{5}{3};\qquad x-\sqrt{2}(\sqrt{3}x+1)=\sqrt{3}\left(x-\sqrt{2}-2\right)$ $\left[S=\left\{4(2-\sqrt{3});\ S=\{\sqrt{2}\}\right\}\right]$

563 $\sqrt{2}x+\sqrt{8}=\sqrt{18};\qquad (3+\sqrt{7})x=(\sqrt{7}-2)x$ $[S=\{1\};\ S=\{0\}]$

564 $\sqrt{7}(5+\sqrt{2}x)-6(\sqrt{14}x+8)=2(5\sqrt{7}-24)$ $\left[S=\left\{-\frac{\sqrt{2}}{2}\right\}\right]$

565 $(-\sqrt{5}-2\sqrt{3})x+3(\sqrt{5}-\sqrt{3})x=2(4\sqrt{3}+\sqrt{5})-13\sqrt{3}$ $[S=\{1\}]$

566 $(3-\sqrt{2})(3+\sqrt{2})x+7\sqrt{2}x=3+2\sqrt{2}$ $\left[S=\left\{\frac{1+\sqrt{2}}{7}\right\}\right]$

567 $(1+2\sqrt{2}x)(1-2\sqrt{2}x)+(\sqrt{2}-2)(x-1)+(2\sqrt{2}x-1)^2=0$ $[S=\{\sqrt{2}-1\}]$

568 $(2x-\sqrt{2})^2=\left(2x-\frac{1}{3}\sqrt{2}\right)^2$ $\left[S=\left\{\frac{1}{3}\sqrt{2}\right\}\right]$

569 $-5(\sqrt{3}-\sqrt{5})(x+\sqrt{3})=\frac{5}{\sqrt{5}}(x-3\sqrt{5})+20$ $[S=\{\sqrt{5}\}]$

570 $\frac{x+\sqrt{10}}{\sqrt{5}}=\frac{x-\sqrt{5}}{\sqrt{10}};\qquad \frac{4}{\sqrt{2}+1}-x=\frac{x}{\sqrt{2}-1}$ $[S=\{-3\sqrt{5}(\sqrt{2}+1)\};\ S=\{6\sqrt{2}-8\}]$

571 $\frac{2+x}{1-2\sqrt{2}}+\frac{\sqrt{8}}{2}=0;\qquad \frac{1-x}{2+\sqrt{3}}=\frac{x}{2-\sqrt{3}}$ $\left[S=\{2-\sqrt{2}\};\ S=\left\{\frac{2-\sqrt{3}}{4}\right\}\right]$

572 $\frac{\sqrt{2}x}{\sqrt[4]{2}}-\frac{1}{\sqrt[8]{2}}=0;\qquad \frac{x}{\sqrt[3]{6}}-\frac{\sqrt[3]{2}}{\sqrt[6]{9}}=0$ $\left[S=\left\{\frac{\sqrt[8]{32}}{2}\right\};\ S=\{\sqrt[3]{4}\}\right]$

573 $\frac{x}{2}-\sqrt{3}=\left(x-\frac{\sqrt{3}}{2}\right)\sqrt{3};\qquad 2-\frac{x\sqrt{2}}{3-\sqrt{3}}=\frac{2}{3+\sqrt{3}}$ $\left[S=\left\{\frac{4\sqrt{3}-9}{11}\right\};\ S=\{\sqrt{2}\}\right]$

574 $\frac{\sqrt{3}}{x}=\frac{1}{\sqrt{3}x-1};\qquad \frac{1}{x-\sqrt{2}}=\frac{\sqrt{2}}{x+\sqrt{2}}$ $\left[S=\left\{\frac{\sqrt{3}}{2}\right\};\ S=\{4+3\sqrt{2}\}\right]$

575 $\frac{\sqrt{5}}{2\sqrt{2}-3}-\frac{x}{2\sqrt{2}+3}=5$ $[S=\{-10\sqrt{2}-12\sqrt{10}-17\sqrt{5}-15\}]$

576 $\frac{2x+\sqrt{5}}{\sqrt{3}}-\frac{x-2\sqrt{5}}{\sqrt{12}}=\frac{\sqrt{5}(\sqrt{27}+3)}{6}$ $\left[S=\left\{\frac{\sqrt{5}}{3}(\sqrt{3}-1)\right\}\right]$

577 $\frac{x+\sqrt{3}}{\sqrt{3}}+\frac{x-2\sqrt{3}}{3-\sqrt{3}}-\frac{x}{3+\sqrt{3}}=0$ $\left[S=\left\{\frac{3}{2}\right\}\right]$

578 $\frac{3}{x-\sqrt{2}}+\frac{\sqrt{2}}{x+\sqrt{2}}=\frac{1}{x^2-2}$ $\left[S=\left\{\frac{3(5-4\sqrt{2})}{7}\right\}\right]$

579 $\frac{\sqrt{3}}{\sqrt{2}-x}-\frac{\sqrt{6}+x}{(x-\sqrt{2})^2}=\frac{\sqrt{3}(2\sqrt{2}-x)}{(\sqrt{2}-x)^2}$ $[S=\{-2\sqrt{6}\}]$

580 $\frac{\sqrt{2}(2x-1)}{x-\sqrt{3}}-\sqrt{3}=\frac{\sqrt{2}-2\sqrt{6}}{\sqrt{3}-x}$ $[S=\varnothing]$

Sistemi lineari a coefficienti irrazionali

581 $\begin{cases} \sqrt{2}x - y = \sqrt{2} \\ x + 4\sqrt{2}y = 5 \end{cases}$ $\begin{cases} x - \sqrt{5}y = 0 \\ 4\sqrt{2}x - y = 4\sqrt{10} - 1 \end{cases}$ $\left[S = \left\{\left(\frac{13}{9}, \frac{4\sqrt{2}}{9}\right)\right\}; S = \{(\sqrt{5}, 1)\}\right]$

582 $\begin{cases} 2\sqrt{2}x + \sqrt{3}y = 7 \\ -\sqrt{2}x + 4\sqrt{3}y = 10 \end{cases}$ $\begin{cases} 3\sqrt{3}x + 4\sqrt{2}y = 10 \\ 5\sqrt{2}y + 6\sqrt{3}x - 26 = 0 \end{cases}$ $[S = \{(\sqrt{2}, \sqrt{3})\}; S = \{(2\sqrt{3}, -\sqrt{2})\}]$

583 $\begin{cases} \sqrt{6}x + \sqrt{5}y = \sqrt{10} \\ \sqrt{12}x + 2\sqrt{10}y = 2\sqrt{20} \end{cases}$ $\begin{cases} \sqrt{3}x = 1 - 2y \\ \dfrac{x}{\sqrt{3} - 1} + \sqrt{3}y = 1 \end{cases}$ $\left[S = \{(0, \sqrt{2})\}; S = \left\{\left(-1, \frac{\sqrt{3}+1}{2}\right)\right\}\right]$

584 $\begin{cases} 3x + \sqrt{3}y = x + 5 \\ x - 2y = 1 - 2\sqrt{3} \end{cases}$ $\begin{cases} (2 - \sqrt{5})x + 5y = \sqrt{5} \\ 3x + (\sqrt{5} + 2)y = 1 + 2\sqrt{5} \end{cases}$ $\left[S = \{(1, \sqrt{3})\}; S = \left\{\left(\frac{\sqrt{5}}{2}, \frac{1}{2}\right)\right\}\right]$

585 $\begin{cases} (1 + \sqrt{2})x - (1 - \sqrt{2})y = 1 \\ x + 2y = 2(1 + \sqrt{2}) \end{cases}$ $\begin{cases} x - \sqrt{7} = (1 - \sqrt{3})y \\ \sqrt{3}y = -x \end{cases}$ $[S = \{(0, 1 + \sqrt{2})\}; S = \{(\sqrt{21}, -\sqrt{7})\}]$

586 $\begin{cases} \dfrac{x - \sqrt{2}}{y} = -2 \\ \sqrt{3}x - \sqrt{2}y = 3\sqrt{6} + 2 \end{cases}$ $\begin{cases} \dfrac{y}{x - 1} = 4\sqrt{2} \\ \dfrac{x}{y - \sqrt{2}} = \dfrac{2}{3\sqrt{2}} \end{cases}$ $[S = \{(3\sqrt{2}, -\sqrt{2})\}; S = \{(2, 4\sqrt{2})\}]$

Disequazioni a coefficienti irrazionali

Risolvi le seguenti disequazioni.

587 **ESERCIZIO GUIDATO**

$\sqrt{3}(-\sqrt{2} - x) > 2 - \sqrt{2}(x + 2\sqrt{3})$

Svolgiamo i calcoli e trasportiamo i termini in x al primo membro e i termini noti al secondo:

$$-\sqrt{6} - \sqrt{3}x > 2 - \sqrt{2}x - 2\sqrt{6} \quad \rightarrow \quad \sqrt{2}x - \sqrt{3}x > 2 - \sqrt{6} \quad \rightarrow \quad (\sqrt{2} - \sqrt{3})x > 2 - \sqrt{6}$$

Osserviamo adesso che il coefficiente di x è un numero negativo e che, dividendo entrambi i membri per $(\sqrt{2} - \sqrt{3})$ dobbiamo cambiare anche il verso della disequazione:

$$x < \frac{2 - \sqrt{6}}{\sqrt{2} - \sqrt{3}} \quad \text{cioè} \quad x < \frac{\sqrt{2}(\sqrt{2} - \sqrt{3})}{\sqrt{2} - \sqrt{3}} \quad \rightarrow \quad x < \sqrt{2}$$

Nella risoluzione di disequazioni dove i coefficienti sono dei radicali, si deve prestare molta attenzione al segno del coefficiente di x perché non è sempre evidente se si tratta di un numero positivo oppure negativo.

588 $\sqrt{3}x + \sqrt{75}x > 16;$ $\sqrt{3}(\sqrt{3} - x) \geq 1 + \sqrt{2}(x - \sqrt{2})$ $\left[x > \frac{8\sqrt{3}}{9}; x \leq 4(\sqrt{3} - \sqrt{2})\right]$

589 $\sqrt{2}x + \sqrt{8} \leq \sqrt{18};$ $(3 + \sqrt{7})x - 4\sqrt{7} > (\sqrt{7} - 2)x$ $\left[x \leq 1; x > \frac{4}{5}\sqrt{7}\right]$

590 $\dfrac{x - 1}{\sqrt{3}} < \dfrac{\sqrt{2}}{3}(1 - x);$ $\sqrt{2}(1 - \sqrt{5} + x) + \sqrt{10} \geq \sqrt{2}(1 - x)$ $[x < 1; x \geq 0]$

591 $\frac{x}{4} - 3 > \frac{x}{\sqrt{2}} - 6\sqrt{2}$; $\sqrt{7}(5 + \sqrt{2}x) - 6(\sqrt{14}x + 8) < 2(5\sqrt{7} - 24)$ $\left[x < 12;\ x > -\frac{\sqrt{2}}{2}\right]$

592 $\frac{x}{\sqrt{5} - 1} + \frac{4}{1 + \sqrt{5}} < 1$; $\frac{\sqrt{2}x}{1 + \sqrt{2}} - \frac{\sqrt{2}}{\sqrt{2} - 1} + \left(1 + \frac{2x}{\sqrt{2}}\right) \leq 0$ $\left[x < 3\sqrt{5} - 7;\ x \leq \frac{\sqrt{2} + 1}{2}\right]$

593 $\frac{x}{\sqrt{6} - \sqrt{2}} + \frac{2 - x}{\sqrt{6} + \sqrt{2}} > 0$; $2\left(1 + \frac{x}{5}\right) \geq \frac{x}{\sqrt{5}} + 2(3 - \sqrt{5})$ $[x > 1 - \sqrt{3};\ x \leq 10]$

594 $\frac{3 + x}{\sqrt{2}} > \frac{3x + \sqrt{5}}{2\sqrt{2}}$; $\frac{x + 1}{\sqrt{3} - 1} - \frac{2x - 1}{\sqrt{3} + 1} \leq x$ $[x < 6 - \sqrt{5};\ x \geq \sqrt{3} + 3]$

595 $\frac{1 + \sqrt{3}x}{3 - \sqrt{2}x} > 0$; $\frac{\sqrt{5} - \sqrt{20}x}{\sqrt{5}x} \leq 0$ $\left[-\frac{\sqrt{3}}{3} < x < \frac{3\sqrt{2}}{2};\ x < 0 \vee x \geq \frac{1}{2}\right]$

596 $\frac{1 - 4\sqrt{2}x}{\sqrt{3}x + 1} < 0$; $\frac{\sqrt{5} - \sqrt{15}x}{\sqrt{3} + 3x} \geq 0$ $\left[x < -\frac{\sqrt{3}}{3} \vee x > \frac{\sqrt{2}}{8};\ -\frac{\sqrt{3}}{3} < x \leq \frac{\sqrt{3}}{3}\right]$

597 $\frac{(1 - x\sqrt{2})^2}{(x\sqrt{2} + 1)^2} \leq 1$; $\frac{3 + \sqrt{3}x}{1 - x} > 1$ $[x \geq 0;\ 1 - \sqrt{3} < x < 1]$

598 $\frac{2\sqrt{3} - 3x}{\sqrt{3} - x} + \frac{1}{x - \sqrt{3}} < 2$; $\frac{5x}{\sqrt{3} - x} > 1 + \frac{\sqrt{3}}{2\sqrt{3} - 2x}$ $\left[-1 < x < \sqrt{3};\ \frac{\sqrt{3}}{4} < x < \sqrt{3}\right]$

599 $\frac{2\sqrt{3}(x - 1)}{x(3 - \sqrt{3})} \geq \frac{\sqrt{3}(x - \sqrt{3})}{x(\sqrt{3} - 1)}$ $[x \leq -\sqrt{3} - 2 \vee x > 0]$

600 $\frac{\sqrt{2} - 1}{2x} + \frac{1}{x} > \frac{1 + \sqrt{2}}{x\sqrt{2}} + 2 - \sqrt{3}$ $\left[\frac{-2 - \sqrt{3}}{2} < x < 0\right]$

601 $\frac{\sqrt{3}}{\sqrt{2} - x} + \frac{\sqrt{2}}{\sqrt{3} - x} \geq 0$ $[x < \sqrt{2} \vee 5\sqrt{3} - 5\sqrt{2} \leq x < \sqrt{3}]$

602 $\frac{1}{\sqrt{3}} + \frac{\sqrt{3}}{x + \sqrt{3}} > \frac{\sqrt{3} + x}{\sqrt{3}x}$ $\left[-\sqrt{3} < x < 0 \vee x > \frac{3 + \sqrt{3}}{2}\right]$

603 $\frac{2x}{x - \sqrt{3}} < 3 - \frac{x - \sqrt{3}}{x}$ $[x < -\sqrt{3} \vee 0 < x < \sqrt{3}]$

604 $\frac{(\sqrt{3}x + 1)^2 - (\sqrt{3}x - 1)^2}{x + \sqrt{3}} > \sqrt{3}$ $\left[x < -\sqrt{3} \vee x > \frac{\sqrt{3}}{3}\right]$

605 $\frac{2}{x - \sqrt{6}} + \frac{x^2 + 8}{x^2 - 6} \geq \frac{x - \sqrt{6}}{x + \sqrt{6}}$ $[-\sqrt{6} < x \leq -1 \vee x > \sqrt{6}]$

606 $\frac{x + \sqrt{5}}{\sqrt{5} - x} - \frac{x - \sqrt{5}}{\sqrt{5} + x} < \frac{2x^2 + 2\sqrt{10}x}{5 - x^2}$ $\left[x < -\sqrt{5} \vee \frac{\sqrt{10}}{2} < x < \sqrt{5}\right]$

Risolvi i seguenti sistemi di disequazioni.

607 $\begin{cases} \sqrt{3}(x - 2) < 2 - x \\ x - 2\sqrt{3} > 2x - \sqrt{3} \end{cases}$ $\begin{cases} x > x\sqrt{3} \\ (4 - 2\sqrt{2})x + \sqrt{2} - 2 < 0 \end{cases}$ $[x < -\sqrt{3};\ x < 0]$

608 $\begin{cases} \sqrt{5}x < \sqrt{15} \\ \sqrt{3}(x - 3) > 3x - 6 \end{cases}$ $\begin{cases} 3(\sqrt{2}x - 2) < 12 \\ 2(x - 1) > \sqrt{3}(1 - x) \end{cases}$ $\left[x < \frac{3 - \sqrt{3}}{2};\ 1 < x < 3\sqrt{2}\right]$

609 $\begin{cases} (2-\sqrt{7})x-3>0 \\ (2+\sqrt{7})x>21 \end{cases}$ $\begin{cases} \dfrac{x}{3+\sqrt{2}} > \dfrac{1-x}{\sqrt{2}-3}+\dfrac{3}{7} \\ \sqrt{2}x+1<6 \end{cases}$ $\left[S=\varnothing;\ x<\dfrac{1}{2}\right]$

610 $\begin{cases} \dfrac{x+\sqrt{2}}{\sqrt{3}} < 1+\dfrac{1-x}{2\sqrt{3}} \\ \sqrt{6}x > \sqrt{2}+\sqrt{3} \end{cases}$ $\begin{cases} \dfrac{x-\sqrt{5}}{\sqrt{2}} < 2+\dfrac{\sqrt{2}-x}{\sqrt{5}} \\ \sqrt{2}(x+2\sqrt{2})+(3\sqrt{2}+4)x \geq 0 \end{cases}$ $[S=\varnothing;\ 1-\sqrt{2}\leq x<\sqrt{5}+\sqrt{2}]$

611 $\begin{cases} \dfrac{x-\sqrt{3}}{x} > 1 \\ \dfrac{2x+\sqrt{3}x-1}{x} < 4 \end{cases}$ $\begin{cases} \sqrt{3}x-2>0 \\ \dfrac{\sqrt{3}x-2}{3x-\sqrt{2}} \geq 0 \end{cases}$ $\left[x<-\sqrt{3}-2;\ x>\dfrac{2\sqrt{3}}{3}\right]$

612 $\begin{cases} \dfrac{\sqrt{2}+x}{x^2} > \dfrac{1}{1+x-\sqrt{2}} \\ \sqrt{5}x-1 \leq 0 \end{cases}$ $\begin{cases} \dfrac{x^2-1}{\sqrt{3}x} \geq 0 \\ \dfrac{\sqrt{3}x+1}{x-\sqrt{3}} < 1 \end{cases}$ $[x<\sqrt{2}-1 \ \wedge\ x\neq 0;\ -1\leq x<0 \ \vee\ 1\leq x<\sqrt{3}]$

613 $\begin{cases} \dfrac{x^2}{x-\sqrt{5}}+\dfrac{x}{5x-5\sqrt{5}} < \dfrac{1}{5}+x \\ \dfrac{\sqrt{5}-x}{x} > 0 \end{cases}$ $\begin{cases} \dfrac{1}{\sqrt{2}-x}+\dfrac{2}{x+\sqrt{2}} > \dfrac{x}{x^2-2} \\ \dfrac{x}{\sqrt{3}-x} < 0 \end{cases}$ $[0<x<\sqrt{5};\ -\sqrt{2}<x<0]$

POTENZE AD ESPONENTE RAZIONALE

teoria a pagina 30

SOLUZIONI ES. COMPRENSIONE

Comprensione

614 Scegli la risposta corretta fra quelle elencate:

a. $3^{\frac{4}{3}}$ corrisponde a: ① $\sqrt[4]{27}$ ② $\sqrt{\dfrac{4}{3}}$ ③ $3\sqrt[3]{3}$

b. $4^{-\frac{1}{4}}$ corrisponde a: ① $\sqrt[4]{4}$ ② $\sqrt{\dfrac{1}{2}}$ ③ $-\sqrt{2}$

615 Barra Vero o Falso.

a. $3^{\frac{2}{3}}=\sqrt[3]{9}$ V F

b. $\left(\dfrac{1}{81}\right)^{-\frac{3}{4}}=27$ V F

c. $\left(\dfrac{1}{8}\right)^{-\frac{1}{2}}=\dfrac{1}{2\sqrt{2}}$ V F

d. $\left(\dfrac{8x^3}{y^6}\right)^{\frac{2}{3}}=\left(\dfrac{2x}{y^2}\right)^2$ V F

e. $5^{-\frac{7}{4}}=\sqrt[4]{5^{-7}}$ V F

616 Il valore di $3^{\frac{1}{2}}\cdot 3^{-\frac{2}{3}}$ è:

a. $-\sqrt[6]{3}$ **b.** $-\dfrac{1}{\sqrt[6]{3}}$ **c.** $\dfrac{1}{\sqrt[6]{3}}$ **d.** $\sqrt[6]{3}$

617 Semplificando l'espressione $3^{\frac{1}{2}} - 4 \cdot 3^{\frac{3}{2}} + 2 \cdot 3^{\frac{5}{2}}$ si ottiene:

a. $\sqrt{3} - 4\sqrt[3]{3} + 2\sqrt[5]{3}$ **b.** $-\sqrt{3}$ **c.** $7\sqrt{3}$

Applicazione

Trasforma in radicali le seguenti potenze ad esponente razionale e semplifica, quando possibile, il risultato ottenuto.

618 **ESERCIZIO GUIDATO**

a. $5^{\frac{3}{2}} = \sqrt{5^3} = 5\sqrt{5}$ **b.** $x^{-\frac{2}{3}} = \left(\frac{1}{x}\right)^{\frac{2}{3}} = \sqrt[3]{\frac{1}{x^2}}$ con $x > 0$

619 $4^{\frac{3}{2}}$; $27^{\frac{1}{3}}$; $81^{\frac{3}{4}}$; $49^{\frac{3}{2}}$

620 $8^{-\frac{2}{3}}$; $25^{-\frac{3}{2}}$; $9^{\frac{3}{2}}$; $16^{-\frac{3}{4}}$

621 $\left(\frac{9}{25}\right)^{-\frac{3}{2}}$; $\left(\frac{81}{16}\right)^{-\frac{3}{4}}$; $\left(\frac{1}{32}\right)^{-\frac{2}{5}}$; $\left(\frac{8}{27}\right)^{\frac{4}{3}}$

622 $\left(\frac{36}{25}\right)^{-\frac{1}{2}}$; $\left(\frac{49}{64}\right)^{\frac{3}{2}}$; $\left(\frac{25}{4}\right)^{-\frac{3}{2}}$; $\left(\frac{243}{32}\right)^{-\frac{2}{5}}$

623 $\left(\frac{x^3}{y^6}\right)^{\frac{1}{3}}$; $\left(\frac{16x^4}{y^8}\right)^{-\frac{5}{4}}$; $\left(\frac{a^4}{81}\right)^{\frac{3}{4}}$; $\left(\frac{64x^6}{b^{12}}\right)^{\frac{1}{6}}$

624 $(a^6)^{\frac{1}{4}}$; $\left(\frac{32b^5}{243}\right)^{\frac{3}{5}}$; $\left(\frac{16a^2}{x^6}\right)^{\frac{1}{2}}$; $\left(\frac{27a^3}{b^9}\right)^{-\frac{1}{3}}$

625 $\left[(81a^2)^{\frac{3}{2}}\right]^{\frac{1}{3}}$; $\left[\left(\frac{25}{4}x^4y^{\frac{1}{2}}\right)^3\right]^{\frac{1}{2}}$

626 $\left[\left(\frac{x^3y^6}{27a^3}\right)^{\frac{1}{3}}\right]^2$; $\left[\left(\frac{64b^{12}a^6}{25x^2}\right)^{\frac{1}{4}}\right]^3$

627 $\left[\left(\frac{8a^2b}{x}\right)^{\frac{1}{2}}\right]^3$; $\left[\left(\frac{4x^3y^2}{3a^4}\right)^{\frac{2}{3}}\right]^{\frac{1}{3}}$

Riscrivi le seguenti espressioni in modo da non far comparire il simbolo di radice.

628 **ESERCIZIO GUIDATO**

a. $\sqrt[3]{9} = \sqrt[3]{3^2} = 3^{\frac{2}{3}}$ **b.** $\sqrt{x^2y^3} = xy^{\frac{3}{2}}$ con $x, y \geq 0$

629 $\sqrt{2}$; $\sqrt[4]{3^7}$; $\sqrt{9^3}$; $\sqrt[4]{81^5}$

630 $\sqrt[5]{a^2}$; $\sqrt[7]{b^3}$; $\sqrt[3]{t^2}$; $\sqrt{a^3}$

631 $\sqrt[4]{x^3y}$; $\sqrt[6]{a^2b}$; $\sqrt[12]{x^4y^3}$; $\sqrt[8]{64a^6}$

632 $\sqrt{x+y}$; $\sqrt{x^2+y^2}$; $\sqrt{a^2-2ab+b^2}$

633 $\sqrt{a^3\sqrt{b}}$; $\sqrt[3]{x^4\sqrt[5]{y}}$; $\sqrt[6]{\sqrt[5]{32x^5y}}$

634 $\sqrt[4]{a^2\sqrt{bc}}$; $\sqrt[5]{\sqrt{x+y}}$; $\sqrt[3]{a+\sqrt[3]{b}}$

635 $\sqrt[3]{x^3-\sqrt{y}}$; $\sqrt[7]{\sqrt[3]{x^2+y^2}}$; $\sqrt[5]{a+\sqrt[3]{b}}$

636 $\sqrt{\dfrac{a\sqrt{b}}{c}}$; $\sqrt{\dfrac{x^2\sqrt{x+y}}{\sqrt[3]{x^2}}}$; $\sqrt{\dfrac{a^2+\sqrt{a-b}}{8}}$

Calcola il valore delle seguenti espressioni utilizzando i teoremi sulle proprietà delle potenze.

637 **ESERCIZIO GUIDATO**

Supposto $a > 0$, semplifica la seguente espressione completando i passaggi:

$$\left(a^{\frac{1}{2}}\cdot a\right)^{\frac{1}{2}}:\left[a^{-\frac{2}{3}}\cdot\left(a^{\frac{3}{4}}\right)^{\frac{4}{9}}\right]^2=\left(a^{\frac{1}{2}+\ldots\ldots}\right)^{\frac{1}{2}}:\left[a^{-\frac{2}{3}}\cdot a^{\ldots\ldots}\right]^2=\left(a^{\ldots\ldots}\right)^{\frac{1}{2}}:\left[a^{\ldots\ldots}\right]^2=a^{\frac{3}{4}}:a^{-\frac{2}{3}}=a^{\ldots\ldots}=\sqrt[12]{a^{17}}=\ldots\ \sqrt[12]{\ldots\ldots}$$

638 $3xy^2\cdot\dfrac{1}{9}x^{\frac{1}{2}}y^{-2}$ $\left[\dfrac{1}{3}x^{\frac{3}{2}}\right]$

639 $-5a^{\frac{3}{2}}b^4\cdot 5^{-2}a^{\frac{1}{2}}b^{-3}$ $\left[-\dfrac{1}{5}a^2b\right]$

640 $\left(\dfrac{1}{4}a^{-2}b^4\right)^{\frac{1}{2}}:\left(b^3:8a^3\right)^{\frac{1}{3}}$ $[b]$

641 $\left[\left(ab^2\right)^{\frac{1}{2}}\right]^3\cdot\left[\left(ab^2\right)^2\right]^3$ $\left[a^{\frac{15}{2}}b^{15}\right]$

642 $\left[\left(2a^{\frac{1}{2}}b^2c^{-3}\right)^2\right]^{\frac{3}{4}}\cdot\left(2a^{\frac{1}{2}}c^{-1}\right)^{\frac{1}{2}}\cdot b^{-3}$ $\left[\dfrac{4a}{c^5}\right]$

643 $\left[\left(a-b^{\frac{1}{2}}\right)\left(a+b^{\frac{1}{2}}\right)\right]^2:\left(a^2-b\right)$ $[a^2-b]$

644 $32^{\frac{1}{2}}+2^{\frac{3}{2}}\cdot 9^{\frac{1}{2}}+3\cdot 2^{\frac{1}{2}}\cdot 5$ $\left[25\cdot 2^{\frac{1}{2}}\right]$

645 $\left(3^{\frac{1}{2}}+2^{\frac{1}{3}}\right)^2-\left(2\cdot 3^{\frac{1}{2}}-2^{\frac{1}{3}}\right)^2-6\cdot 3^{\frac{1}{2}}\cdot 2^{\frac{1}{3}}$ $[-9]$

I RADICALI IN *R*

teoria a pagina 32

Comprensione

SOLUZIONI ES. COMPRENSIONE

646 Indica quali dei seguenti radicali non hanno significato in R:

a. $\sqrt[6]{9}$ **b.** $\sqrt[3]{-12}$ **c.** $\sqrt{-16}$ **d.** $\sqrt[4]{11}$ **e.** $\sqrt[5]{-17}$ **f.** $\sqrt[4]{81}$

647 Il radicale $\sqrt[3]{-5}$:

a. non esiste
b. è uguale a $\sqrt[3]{5}$
c. è uguale a $-\sqrt[3]{-5}$
d. nessuna delle precedenti risposte è corretta

648 Scegli fra quelle indicate le relazioni che definiscono l'insieme di esistenza di ciascuno dei seguenti radicali:

① $\sqrt[4]{5-x}$: **a.** $x \geq 5$ **b.** $x < 5$ **c.** $x \leq 5$ **d.** R

② $\sqrt[3]{2x-8}$: **a.** $x \geq 4$ **b.** R **c.** $x \leq 4$ **d.** $R - \{4\}$

③ $\sqrt[3]{-x^2-16}$: **a.** $\varnothing$ **b.** R **c.** $R - \{-4, 4\}$ **d.** $x \leq -2 \vee x \geq 2$

④ $\sqrt{\frac{1}{x}}$: **a.** R **b.** $R - \{0\}$ **c.** $x > 0$ **d.** $x \geq 0$

649 Barra Vero o Falso dando giustificazione alla tua risposta.

a. $\sqrt[3]{-2} \cdot \sqrt[3]{-3} = \sqrt[3]{6}$ V F

b. $\left(\sqrt[3]{-6}\right)^2 = \sqrt[3]{36}$ V F

c. $\sqrt[6]{(-2)^2} = \sqrt[3]{-2}$ V F

d. $\sqrt[6]{\left(-\frac{5}{2}\right)^2} = -\sqrt[3]{-\frac{5}{2}}$ V F

650 Dell'espressione $\sqrt[3]{-8} + 3\sqrt{4} - \sqrt[3]{-27}$ si può dire che:

a. vale 1 **b.** vale -1 **c.** vale 7 **d.** non ha significato in R

651 Semplificando il radicale $\sqrt[4]{(x-1)^2}$ si ottiene:

a. $\sqrt{x-1}$ **b.** $\sqrt{x-1}$ se $x \geq 1$ **c.** $-\sqrt{x-1}$ se $x \leq 1$ **d.** nessuna delle precedenti

652 Semplificando il radicale $\sqrt[9]{(a-3)^3}$ si ottiene:

a. $\sqrt[3]{a-3}$ **b.** $\sqrt[3]{a-3}$ solo se $a \geq 3$ **c.** $\sqrt[3]{|a-3|}$ **d.** nessuna delle precedenti

Applicazione

Determina le condizioni di esistenza dei seguenti radicali in R.

653 **ESERCIZIO GUIDATO**

a. $\sqrt{a^2+2a}$ **b.** $\sqrt[3]{x-1}$ **c.** $\sqrt[4]{|x|-3}$

a. Il radicale è di indice pari ed esiste solo se $a^2 + 2a \geq 0$ cioè se $a \leq -2 \ \vee \ a \geq 0$.

b. Il radicale è di indice dispari quindi esiste per qualsiasi valore di x.

c. Il radicale è di indice pari ed esiste solo se $|x| - 3 \geq 0$. Risolviamo questa disequazione:

$$\begin{cases} x \geq 0 \\ x - 3 \geq 0 \end{cases} \vee \begin{cases} x < 0 \\ -x - 3 \geq 0 \end{cases} \rightarrow \begin{cases} x \geq 0 \\ x \geq 3 \end{cases} \vee \begin{cases} x < 0 \\ x \leq -3 \end{cases}$$

Dal primo sistema otteniamo $x \geq 3$, dal secondo $x \leq -3$, quindi il radicale esiste se è $x \leq -3 \ \vee \ x \geq 3$.

654 $\sqrt[3]{x^2-1}$; $\quad\sqrt{1-x}$; $\quad\sqrt[4]{x^2-3x}$ $\quad[R;\ x \le 1;\ x \le 0\ \vee\ x \ge 3]$

655 $\sqrt[5]{\dfrac{x}{x+1}}$; $\quad\sqrt{\dfrac{a-2}{a+2}}$; $\quad\sqrt[3]{\dfrac{a^2+1}{a}}$ $\quad[x \ne -1;\ a < -2\ \vee\ a \ge 2;\ a \ne 0]$

656 $\sqrt[3]{\dfrac{ab}{a^2-b^2}}$; $\quad\sqrt[4]{\dfrac{2a+1}{|a|}}$; $\quad\sqrt[5]{\dfrac{x^2+y}{x-y}}$ $\quad\left[a \ne \pm b;\ a \ge -\dfrac{1}{2}\ \wedge\ a \ne 0;\ x \ne y\right]$

657 $\sqrt{(a^2+1)(b+1)}$; $\quad\sqrt[4]{b^2(x-3)}$; $\quad\sqrt[3]{b^2x^2-x^2}$ $\quad[b \ge -1;\ x \ge 3;\ R]$

658 $\sqrt{\dfrac{-5}{x^2-3x}}$; $\quad\sqrt[3]{\dfrac{-1}{x^3-x}}$; $\quad\sqrt[4]{\dfrac{-8}{2x-x^2-3}}$ $\quad[0 < x < 3;\ x \ne 0\ \wedge\ x \ne \pm 1;\ R]$

659 $\sqrt[3]{\dfrac{(a-3)(b+1)}{ab}}$; $\quad\sqrt{\dfrac{3b^2+4}{x}}$; $\quad\sqrt{\dfrac{a^2-4}{4a-8}}$ $\quad[a \ne 0\ \wedge\ b \ne 0;\ x > 0;\ a \ge -2\ \wedge\ a \ne 2]$

660 $\sqrt[6]{\dfrac{b^2-6b}{b}}$; $\quad\sqrt[3]{\dfrac{a^3}{a^3-8}}$; $\quad\sqrt{\dfrac{a^3}{a^3-8}}$ $\quad[b > 6;\ a \ne 2;\ a \le 0\ \vee\ a > 2]$

661 $\sqrt{\dfrac{|x-2|}{x+2}}$; $\quad\sqrt[4]{\dfrac{1}{|x|}+1}$; $\quad\sqrt{\dfrac{a|a|}{a^2+1}}$ $\quad[x > -2;\ x \ne 0;\ a \ge 0]$

662 $\sqrt[3]{\dfrac{2|y-3|}{y^2}}$; $\quad\sqrt[6]{\dfrac{2y}{|y-1|}}$; $\quad\sqrt[4]{\dfrac{x^2-3}{|x|}}$ $\quad[y \ne 0;\ y \ge 0\ \wedge\ y \ne 1;\ x \le -\sqrt{3}\ \vee\ x \ge \sqrt{3}]$

Semplifica i seguenti radicali.

663 **ESERCIZIO GUIDATO**

a. $\sqrt[6]{\dfrac{9a^8}{x^4}}$

Il radicale esiste per qualsiasi valore di a e se $x \ne 0$.
Mettiamo in evidenza anche la potenza della parte numerica: $\sqrt[6]{\dfrac{3^2a^8}{x^4}}$

Possiamo dividere esponente della radice ed esponente del radicando per 2: $\sqrt[3]{\dfrac{3a^4}{x^2}}$

Il radicando continua a mantenersi positivo o nullo, quindi non è necessario considerare valori assoluti:

$$\sqrt[6]{\frac{9a^8}{x^4}} = \sqrt[3]{\frac{3a^4}{x^2}}$$

b. $\sqrt[6]{x^2(x-5)^2}$

Il radicale esiste per qualsiasi valore di x.
Dividiamo esponente della radice ed esponente del radicando per 2: $\sqrt[3]{x(x-5)}$
Il radicale ottenuto è di indice dispari, quindi esiste anche se il suo argomento è negativo; tuttavia, poiché il radicale ottenuto dopo la semplificazione deve avere lo stesso segno di quello dato, che è positivo, è necessario che anche l'argomento di questo radicale sia positivo o nullo. Dunque

$$\sqrt[6]{x^2(x-5)^2} = \sqrt[3]{|x(x-5)|}$$

664 $\sqrt[6]{\dfrac{8a^3}{b^6y^3}}$; $\quad\sqrt[8]{\dfrac{x^6y^4}{16a^2}}$ $\quad\left[\sqrt{\dfrac{2a}{b^2y}};\ \sqrt[4]{\dfrac{y^2}{4}\left|\dfrac{x^3}{a}\right|}\right]$

665 $\sqrt[6]{\frac{8a^3x^6}{27y^3}}$; $\sqrt[9]{\frac{x^6y^{12}}{a^3}}$ $\left[\sqrt{\frac{2ax^2}{3y}};\ \sqrt[3]{\frac{x^2y^4}{a}}\right]$

666 $\sqrt[6]{(2x-3)^2}$; $\sqrt[4]{4x^2+4xy+y^2}$ $\left[\sqrt[3]{|2x-3|};\ \sqrt{|2x+y|}\right]$

667 $\sqrt[4]{\frac{9x^2+6ax+a^2}{a^4}}$; $\sqrt[9]{\frac{27a^6}{a^3+3a^2+3a+1}}$ $\left[\sqrt{\frac{|3x+a|}{a^2}};\ \sqrt[3]{\frac{3a^2}{a+1}}\right]$

668 $\sqrt[12]{\frac{(3x-1)^4}{y^8}}$; $\sqrt[6]{1+\frac{6}{x^2}+\frac{9}{x^4}}$ $\left[\sqrt[3]{\frac{|3x-1|}{y^2}};\ \sqrt[3]{\frac{x^2+3}{x^2}}\right]$

669 $\sqrt[4]{\frac{(ab-a)^2}{a^4b^2}}$; $\sqrt[9]{\frac{x^3-3x^2+3x-1}{6x+12x^2+8x^3+1}}$ $\left[\sqrt{\left|\frac{b-1}{ab}\right|};\ \sqrt[3]{\frac{x-1}{2x+1}}\right]$

670 $\sqrt[4]{\frac{36x^2(x-1)^4}{a^2}}$; $\sqrt[6]{\frac{4b^2(y^2-6y+9)}{y^4}}$ $\left[\sqrt{6(x-1)^2\left|\frac{x}{a}\right|};\ \sqrt[3]{\frac{2|b(y-3)|}{y^2}}\right]$

Semplifica le seguenti espressioni.

671 $\sqrt{8}+\sqrt{100}-\sqrt[3]{-\frac{1}{27}}\cdot\sqrt[3]{27}$; $\sqrt{\frac{2}{9}}(\sqrt[3]{-24}+\sqrt[3]{3})$ $\left[11+2\sqrt{2};\ -\frac{1}{3}\sqrt[6]{72}\right]$

672 $\sqrt{\frac{4}{25}}:(\sqrt[3]{27}+\sqrt[3]{-8})$; $(1-\sqrt{2})^2+2$ $\left[\frac{2}{5};\ 5-2\sqrt{2}\right]$

673 $\sqrt[3]{-\frac{27}{8}}:\left(\sqrt{\frac{1}{4}}-2\sqrt{\frac{1}{16}}+\sqrt{\frac{9}{4}}\right)$; $\sqrt{\frac{9}{4}}\cdot\left(\sqrt{\frac{1}{9}}-\sqrt[3]{\frac{-8}{27}}+\sqrt{-\frac{4}{25}}\right)$ [-1; impossibile]

674 $(\sqrt{3}-1)^2-(\sqrt{9}+1)^2$; $3-(1+\sqrt[3]{2})^3$ $\left[-2\sqrt{3};\ -3(\sqrt[3]{2}+\sqrt[3]{4})\right]$

675 $\frac{(1-\sqrt[3]{27})^2}{\sqrt{16}}$; $\frac{(1-\sqrt[3]{x^2})(1+\sqrt[3]{x})+\sqrt[3]{x}(\sqrt[3]{x}-1)}{\sqrt[3]{-8}\cdot\sqrt[6]{x^2}}$ $\left[1;\ \frac{x-1}{2\sqrt[3]{|x|}}\right]$

676 $(\sqrt[4]{x}-1)(\sqrt[4]{x}+1)(\sqrt{x}+1)\sqrt{x}$ $\left[x\sqrt{x}-\sqrt{x}\right]$

677 $\frac{3x-1}{x+1}\cdot\sqrt[3]{\frac{1}{3x}}:\sqrt{\frac{9x^2+1-6x}{x}}$ $\left[\sqrt[6]{\frac{x}{9(x+1)^6}}\right]$

678 $\sqrt{\frac{a}{x}+\frac{x}{a}}-5\sqrt{\frac{ab^2}{x}+\frac{b^2x}{a}}$ $\left[(1-5|b|)\sqrt{\frac{a^2+x^2}{ax}}\right]$

679 $\frac{2}{x}\sqrt[3]{\frac{x^4-x^3}{y+1}}-3x\sqrt[3]{\frac{x-1}{x^3y+x^3}}$ $\left[-\sqrt[3]{\frac{x-1}{y+1}}\right]$

680 $\sqrt{\frac{x^3}{4}+\frac{x^2}{2}}+\sqrt{\frac{4}{x}+\frac{8}{x^2}}+2\sqrt{x+2}$ $\left[x>0:\frac{(x+2)^2}{2x}\sqrt{x+2};\ -2\le x<0:-\frac{(x-2)^2}{2x}\sqrt{x+2}\right]$

681 $\frac{1+\sqrt{a^2}}{\sqrt{1+a^2+2a}}+\frac{6}{\sqrt{9a-9}}-1$ $\left[\frac{2\sqrt{a-1}}{a-1}\right]$

682 $\frac{\sqrt{x+2y}}{\sqrt{x+2y}-\sqrt{x-2y}}-\frac{x-2y}{\sqrt{x^2-4y^2}-x+2y}$ [1]

683 $\left[\frac{a}{\sqrt{a}+2}+\frac{2}{\sqrt{a}-2}-\frac{2(a-2)}{4-a}\right]\cdot\frac{a-4}{\sqrt{a}}$ $[a+2]$

684 $\left(\sqrt{\frac{x+1}{2\sqrt{x}}+1}-\sqrt{\frac{x+1}{2\sqrt{x}}-1}\right):\left(\sqrt{\frac{x+1}{2\sqrt{x}}+1}+\sqrt{\frac{x+1}{2\sqrt{x}}-1}\right)$ $\left[0<x<1:\sqrt{x};\ x\geq 1:\frac{\sqrt{x}}{x}\right]$

685 $\frac{\sqrt{a-1}+1}{4a}\left(\frac{1}{a-1+\sqrt{a-1}}+\frac{\sqrt{a-1}}{a-1}-\frac{1}{\sqrt{a-1}+1}\right):\frac{4}{\sqrt{a-1}}$ $\left[\frac{1}{8a}\right]$

686 $\left[\frac{(x+3)^{\frac{1}{2}}}{\sqrt{x+3}-\sqrt{x-3}}-\frac{(x-3)^{\frac{1}{2}}}{\sqrt{x+3}+\sqrt{x-3}}\right]^{\frac{1}{3}}\cdot\sqrt[3]{\frac{3}{x}}$ $[1]$

687 $\left[x+\frac{x^2-1}{2(x+1)^{\frac{1}{2}}}\right]\cdot\frac{2}{(x+1)^{-\frac{1}{2}}}-2x\sqrt{x+1}$ $[x^2-1]$

688 $\frac{[(1-x^3):(3-3x^2)]^{\frac{1}{2}}}{[(x+x^2+x^3)(x+1)^{-1}]^{\frac{1}{2}}:(3x^3)^{\frac{1}{2}}}$ $[x]$

689 $\left[\frac{(a-b)(a+b)}{c(c+d)}\right]^{\frac{1}{2}}\cdot\left(\frac{ac+bc}{a-b}\right)^{\frac{1}{3}}\cdot\frac{(c+d)^{\frac{1}{2}}}{(a+b)^{\frac{5}{6}}}$ $\left[(a-b)^{\frac{1}{6}}\cdot c^{-\frac{1}{6}}\right]$

690 $\left\{[(x-1)^4]^{\frac{1}{3}}:\left([(x-1)^3]^{\frac{1}{2}}\right)^{\frac{4}{9}}\right\}^{\frac{3}{2}}$ $[x-1]$

691 $\left(a\cdot a^{\frac{3}{7}}\right)^{\frac{1}{5}}\cdot\left(a\cdot a^{-\frac{2}{7}}\right)^{\frac{1}{2}}:\left(a^4\cdot a^{\frac{1}{2}}\right)^{\frac{1}{7}}$ $[1]$

Esercizi per lo sviluppo delle competenze

Determina il dominio delle seguenti funzioni che contengono radicali.

1 $y=\sqrt{2x-3}+\sqrt[3]{x+1}$; $\quad y=\sqrt[3]{x-3}+\frac{\sqrt{x^2+1}}{\sqrt[3]{x-2}}$ $\left[x\geq\frac{3}{2};\ R-\{2\}\right]$

2 $y=\sqrt{2-x}+\sqrt{2x-4}$; $\quad y=\sqrt{\frac{x}{x+2}}-\sqrt[3]{x-2}$ $[\{2\};\ x<-2\ \vee\ x\geq 0]$

3 $y=\sqrt[4]{x-1}-\sqrt{3-x}$; $\quad y=\sqrt{\frac{2x+1}{3x-2}}+\sqrt{2x+1}$ $\left[1\leq x\leq 3;\ x>\frac{2}{3}\vee x=-\frac{1}{2}\right]$

4 $y=\frac{\sqrt{2x-3}}{\sqrt{x+1}}$; $\quad y=\sqrt{\frac{2x-3}{x+1}}$ $\left[x\geq\frac{3}{2};\ x<-1\ \vee\ x\geq\frac{3}{2}\right]$

Risolvi i seguenti problemi.

5 E' data la funzione $f(x)=\sqrt{49+x^2-14x}+\sqrt{25+x^2+10x}$; riscrivila in forma semplificata al variare di x in R. $[x\leq -5: f(x)=2-2x;\ -5<x\leq 7: f(x)=12;\ x>7: f(x)=2x-2]$

6 Della funzione $f(x) = \sqrt{\dfrac{(x-1)(x+2)}{x+1}} - \sqrt{\dfrac{(x+1)(x+2)}{x-1}}$:

a. determina l'insieme di esistenza $[-2 \leq x < -1 \vee x > 1]$

b. calcola il prodotto $f(2) \cdot f(3)$ e razionalizzalo. $\left[\dfrac{2\sqrt{30}}{3}\right]$

7 Data la funzione $f(x) = \dfrac{x^2-4}{\sqrt{x-2}} + \dfrac{x-3}{\sqrt{x}+\sqrt{3}}$:

a. determina il suo dominio $[x > 2]$

b. riscrivila razionalizzando il denominatore $[f(x) = (x+2)\sqrt{x-2} + \sqrt{x} - \sqrt{3}]$

c. calcola il quoziente $\dfrac{f(3)}{f(5)}$ e razionalizzalo. $\left[\dfrac{30\sqrt{3}-5\sqrt{5}}{103}\right]$

8 Data la funzione $f(x) = \dfrac{10\sqrt{x+5}}{\sqrt{x+5}-\sqrt{x-5}}$ determina:

a. il dominio $[x \geq 5]$

b. riscrivila razionalizzando il denominatore $[x+5+\sqrt{x^2-25}]$

c. valuta l'espressione $\dfrac{f(5)-f(10)}{f(20)}$ $\left[\dfrac{3\sqrt{5}+\sqrt{15}-5\sqrt{3}-5}{10}\right]$

9 Dopo aver stabilito qual è il suo dominio D, semplifica l'espressione della funzione:

$$g(x) = \left[\left(\sqrt{5x+1} + \frac{1}{\sqrt{5x-1}}\right) : \left(1 + \frac{1}{\sqrt{25x^2-1}}\right)\right] : \sqrt{(5x+1)\sqrt{5x+1}}$$

Stabilisci poi, nell'ambito del dominio D, per quali valori di x si verifica che:

a. $[g(x)]^4 < 1$ **b.** $[g(x)]^4 < \dfrac{1}{3}$ **c.** $0 \leq [g(x)]^4 \leq \dfrac{1}{4}$

$\left[D: x > \dfrac{1}{5};\ g(x) = \dfrac{1}{\sqrt[4]{5x+1}};\ \textbf{a. } D;\ \textbf{b. } x > \dfrac{2}{5};\ \textbf{c. } x \geq \dfrac{3}{5}\right]$

10 Sono date le funzioni $f(x) = \sqrt{x^2+2a-2x\sqrt{2a}}$ e $g(x) = \sqrt{\dfrac{x}{(x-\sqrt{2a})^2}} - \sqrt{\dfrac{x}{(x+\sqrt{2a})^2}}$ con $a \geq 0$.

a. Semplifica le espressioni delle due funzioni e determinane il dominio.

$\left[f(x) = |x-\sqrt{2a}|,\ D_1: R;\ g(x) = \sqrt{x}\left(\dfrac{1}{|x-\sqrt{2a}|} - \dfrac{1}{|x+\sqrt{2a}|}\right),\ D_2: x \geq 0 \wedge x \neq \sqrt{2a}\right]$

b. Trova il dominio H della funzione $h(x) = f(x) \cdot g(x)$ e scrivine l'espressione al variare di x in H.

$$\left[H = D_2;\ h(x) = \begin{cases} \dfrac{2\sqrt{2ax}(x-\sqrt{2a})}{x^2-2a} & \text{se } x > \sqrt{2a} \\ \dfrac{2x\sqrt{x}(\sqrt{2a}-x)}{2a-x^2} & \text{se } x < \sqrt{2a} \end{cases}\right]$$

IL CAPITOLO SI COMPLETA CON:

ESERCIZI DI CONSOLIDAMENTO E PER LE ECCELLENZE

VERIFICA INTERATTIVA

Test Finale

1 Semplifica i seguenti radicali in R_0^+:

a. $\sqrt[4]{a^4b^2(a^2+b^2)}$ **b.** $\sqrt[6]{0{,}04x^2y^6}$ **c.** $\sqrt[6]{x+\dfrac{1-x^3}{1-x}}$ **d.** $\sqrt[4]{\dfrac{x^2}{9}+\dfrac{9}{x^2}-2}$

0,25 punti per ogni esercizio

2 Semplifica le seguenti espressioni in R_0^+:

a. $\sqrt{\dfrac{x-2}{2x}}\cdot\sqrt[3]{\dfrac{x^5}{x^2-4x+4}}:\left(\sqrt{\dfrac{2x}{x-2}}:\sqrt[3]{\dfrac{x}{x-2}}\right)$ — 1 punto

b. $\dfrac{2\sqrt{8}-\sqrt{18}+4\sqrt{50}}{3\sqrt{2}}\cdot\dfrac{4\sqrt{3}-3\sqrt{12}}{\sqrt{7}}$ — 1 punto

c. $(\sqrt{3}-1)^2+4(\sqrt{3}-2\sqrt{2})^2+2\sqrt{3}(1+8\sqrt{2}-4\sqrt{3})$ — 1 punto

d. $\left[\left(2x\sqrt{x}-\sqrt{x^3}+2\sqrt[4]{16x^6}\right)\cdot(x-\sqrt{x})\right]:5x^2$ — 1 punto

e. $\dfrac{\sqrt{1-3x}-\sqrt{1+3x}}{\sqrt{1+3x}+\sqrt{1-3x}}+\dfrac{\sqrt{x-9x^3}}{2x\sqrt{x}}$ — 1 punto

3 Razionalizza i denominatori delle seguenti frazioni:

a. $\dfrac{1+\sqrt{5}}{2\sqrt{5}}$ **b.** $\dfrac{6}{\sqrt[3]{3}}$ **c.** $\dfrac{9}{2\sqrt{3}-3}$ **d.** $\dfrac{6}{\sqrt{6}-\sqrt{3}}$

0,25 punti per ogni esercizio

4 Risolvi le seguenti equazioni:

a. $\dfrac{x}{1+\sqrt{2}}-\dfrac{x-2}{1-\sqrt{2}}=-1$ — 0,5 punti

b. $\dfrac{3(x+\sqrt{5})}{\sqrt{5}x}-1=\sqrt{5}\left(1-\dfrac{1}{x}\right)$ — 0,5 punti

5 Risolvi le seguenti disequazioni:

a. $\dfrac{x}{\sqrt{3}-\sqrt{2}}+2>\dfrac{x}{\sqrt{3}+\sqrt{2}}$ — 0,5 punti

b. $\dfrac{1}{\sqrt{2}}-\dfrac{2\sqrt{2}}{x-\sqrt{2}}>1$ — 1 punto

6 Semplifica in R:

$\sqrt[3]{54}+2\sqrt[3]{-16}+\sqrt[3]{6}(\sqrt[3]{9}+\sqrt[3]{-4})-(\sqrt[3]{4}+\sqrt[3]{-6})^2$ — 0,5 punti

Soluzioni

1 **a.** è irriducibile; **b.** $\sqrt[3]{0{,}2xy^3}$; **c.** $\sqrt[3]{|x+1|}$; **d.** $\sqrt{\left|\frac{x^2-9}{3x}\right|}$

2 **a.** $\frac{1}{2}x$; **b.** $-2\sqrt{21}$; **c.** 24; **d.** $\sqrt{x}-1$; **e.** $\frac{\sqrt{1-9x^2}+2}{6x}$

3 **a.** $\frac{5+\sqrt{5}}{10}$; **b.** $2\sqrt[3]{9}$; **c.** $6\sqrt{3}+9$; **d.** $2(\sqrt{6}+\sqrt{3})$

4 **a.** $S=\left\{\frac{\sqrt{2}+4}{4}\right\}$; **b.** $S=\{5-\sqrt{5}\}$

5 **a.** $x>-\frac{\sqrt{2}}{2}$; **b.** $-3\sqrt{2}-4<x<\sqrt{2}$

6 $2\sqrt[3]{3}-\sqrt[3]{36}$

Esercizio	1	2	3	4	5	6	
Punteggio							

Valutazione in decimi

MATEMATICA & SCIENZE

ULTERIORI COLLEGAMENTI

La caduta libera

Nel 1604 Galileo studiò il moto di caduta di una pallina di bronzo che si muoveva verticalmente al terreno. Comprese presto che le sue misurazioni risultavano errate a causa della elevata velocità che la pallina acquistava nel suo moto. Per meglio misurare i tempi rallentò tale moto servendosi di un'asta sistemata su un piano inclinato (vedi figura a destra).
Con questo stratagemma osservò che se la pallina partiva dal centro dell'asta impiegava un tempo pari a $\frac{1}{4}$ di quello impiegato per percorrerla tutta e se percorreva $\frac{1}{3}$ dell'asta il tempo diventava $\frac{1}{9}$. Arrivò così ad enunciare la legge che lega lo spazio percorso da un corpo in caduta libera con il tempo impiegato a percorrerlo: $h = \frac{1}{2} \cdot g \cdot t^2$ dove h è l'altezza da cui il corpo cade, t è il tempo di caduta e g è l'accelerazione di gravità che in prossimità della terra vale circa 9,8 m/s^2.
Sostituendo il valore numerico di g nella formula precedente giunse alla relazione:

$$h = 4{,}9 \cdot t^2$$

Mediante la formula inversa è possibile calcolare il tempo impiegato da un corpo a cadere da una certa altezza h:

$$t = \sqrt{\frac{h}{4{,}9}}$$

Calcola quanti secondi impiega ad arrivare a terra un oggetto che cade da un'altezza di 70 m. [3,78s]

L'energia cinetica

L'energia è la capacità di un corpo a compiere un lavoro. In natura esistono diverse forme di energia: energia termica, energia luminosa, energia potenziale, ... In particolare, l'energia cinetica è l'energia che un corpo possiede in seguito al movimento. È abbastanza evidente che tale forma di energia dipenda dalla massa del corpo (un autobus che si muove alla velocità di 40 km/h possiede molta più energia di una bicicletta che si muove alla stessa velocità) e dalla velocità dell'oggetto (è tanto maggiore quanto maggiore è la sua velocità).
In effetti la legge matematica che definisce l'energia cinetica, che si misura in Joule, è la seguente:

$$E_C = \frac{1}{2} \cdot m \cdot v^2$$

Per determinare la velocità necessaria ad ottenere una data energia si deve applicare la seguente relazione inversa:

$$v = \sqrt{\frac{2 \cdot E_C}{m}}$$

Calcola la velocità di un sasso di 60 g che possiede un'energia di 10 Joule (attenzione: ricordati di trasformare i grammi in chilogrammi). [18,26s]

MATEMATICA DELLA VITA QUOTIDIANA

Le tolleranze dimensionali

Nelle produzioni industriali del settore meccanico, e non solo in quello, uno dei problemi più importanti è quello delle tolleranze.
Non è infatti possibile produrre un oggetto meccanico con l'esatta dimensione voluta perché nel ciclo di produzione ci sono errori che si possono imputare a diversi fattori: le inevitabili imprecisioni delle macchine di produzione dovute per esempio all'usura degli utensili, le imprecisioni degli strumenti di misurazione che, proprio perché anch'essi "costruiti", sono affetti da errore, le attrezzature di montaggio che possono creare imprecisioni nella posizionatura dei pezzi, gli errori di tipo geometrico dovuti per esempio alle rugosità delle superfici o alle deviazioni delle superfici reali da quelle nominali (per esempio, siamo sicuri che la superficie del tavolo su cui siamo appoggiati sia davvero un piano, o che la sferetta che permette alla tua biro di scrivere sia davvero una sfera?).
La forma e le dimensioni di un oggetto disegnato (dimensioni nominali) rappresentano solo delle condizioni ideali che nessun processo di costruzione potrà mai rispettare. Per questo motivo nei disegni che rappresentano il progetto di un pezzo è necessario indicare quali sono i limiti massimi di variabilità consentiti, le cosiddette *tolleranze*.
Nei due disegni della ***figura 1*** sono rappresentati rispettivamente:

- un foro di diametro 28cm praticato in un oggetto pieno dove viene indicato che la dimensione massima consentita è $(28 + 0{,}05)$cm e quella minima è $(28 - 0{,}02)$cm
- una cavità angolare di ampiezza $118°$ la cui dimensione massima consentita è $118° + 15'$ e quella minima è $118° - 15'$.

Figura 1

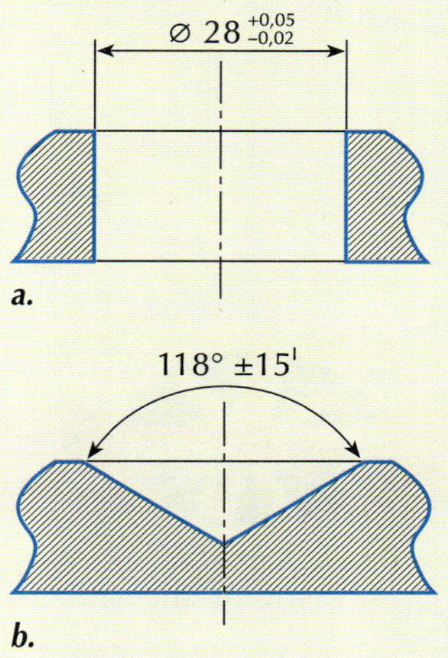

Molti pezzi meccanici sono poi costruiti in modo da potersi accoppiare: per esempio un pistone nel suo cilindro, un dado con un bullone.
Per ottenere un accoppiamento corretto è necessario che vengano fissati gli scostamenti dalla dimensione nominale affinché il gioco che naturalmente si viene a creare rispetti le tolleranze fissate. Un gioco troppo grande fra la punta di un trapano e il suo alloggiamento sicuramente creerebbe problemi nella foratura, un gioco troppo stretto in un pistone provocherebbe un surriscaldamento o addirittura un blocco del meccanismo.
I parametri di tolleranza sono fissati dalle norme ISO (International Organization for Standardization) e il loro rispetto dà una serie di vantaggi che riguardano la facilità di montaggio dei pezzi, la loro intercambiabilità, la funzionalità e la durata.
Nel valutare le dimensioni di un oggetto reale si ha spesso a che fare con la geometria, perché di un progetto fanno parte anche dei disegni e i disegni coinvolgono figure geometriche e calcoli riguardanti segmenti, angoli, superfici. I calcoli, come già sappiamo, amplificano gli errori e il rischio che si corre è quello di compiere degli errori di valutazione che possono compromettere la valutazione di una tolleranza.
Per esempio, quanto vale la superficie della ***figura 2***, nella quale i due poligoni sono due quadrati che si intersecano?
A seconda di come viene eseguito il calcolo si possono trovare valori leggermente diversi; il problema è: queste diversità rientrano nelle tolleranze fissate?
Nel proseguimento online trovi la risposta a questa domanda.

Figura 2

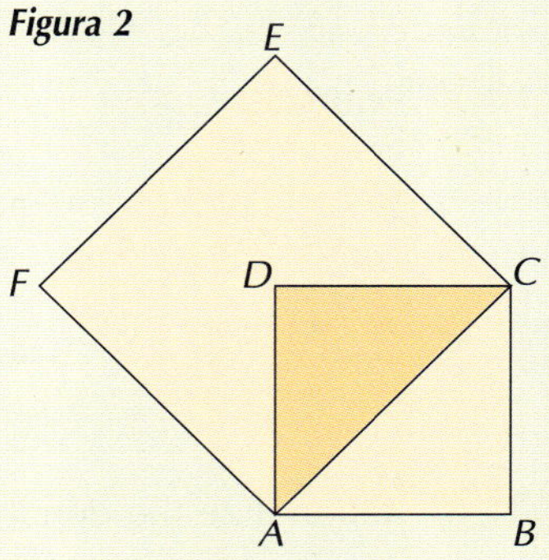

ULTERIORI COLLEGAMENTI

gare di matematica

ULTERIORI GARE

1 Quale fra queste serie di disuguaglianze è corretta?

a. $2\sqrt{2} < \sqrt{10} < \sqrt{5}+\sqrt{3}$ **b.** $\sqrt{5}+\sqrt{3} < 2\sqrt{2} < \sqrt{10}$ **c.** $2\sqrt{2} < \sqrt{5}+\sqrt{3} < \sqrt{10}$

d. $\sqrt{10} < 2\sqrt{2} < \sqrt{5}+\sqrt{3}$ **e.** $\sqrt{5}+\sqrt{3} < \sqrt{10} < 2\sqrt{2}$ [a.]

2 Se $\sqrt{a^2+1} = b$ quale delle seguenti affermazioni è certamente vera?

a. $a \geq 0$ **b.** $b \geq 0$ **c.** $a > 1$ **d.** $b \geq a^2+1$ **e.** nessuna delle precedenti

[b.]

3 Quanti simboli di radice quadrata, come minimo, devono comparire nell'espressione

$\sqrt{\ldots\sqrt{\sqrt{123\,456\,789}}}$ affinché il risultato sia minore di 2?

a. 5 **b.** 6 **c.** 7 **d.** 8 **e.** 9 [a.]

4 Se ordiniamo le cifre seguenti secondo la somma delle lunghezze dei segmenti di cui sono composte, quale cifra occupa la posizione centrale?

a. il 3 **b.** il 2 **c.** il 4 **d.** ce n'è più di una **e.** nessuna delle precedenti [a.]

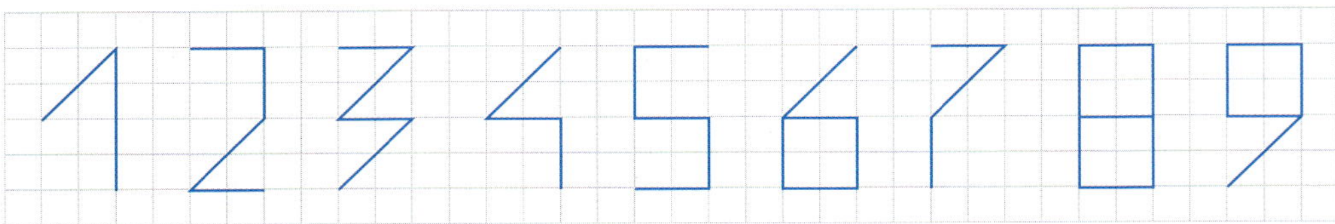

Math in English

Theory on page 37

CLIL

1 Simplify the radical: $\sqrt[5]{-32x^7y^9}$:

a. $-2\sqrt[5]{x^7y^9}$ **b.** $-4\sqrt[5]{2x^7y^9}$ **c.** $-2xy\sqrt[5]{x^2y^4}$ **d.** $-4xy\sqrt[5]{2x^2y^4}$ **e.** not a real number

[c.]

2 Evaluate:

① $\left(\frac{8}{27}\right)^{-\frac{2}{3}}$: **a.** $-\frac{2}{3}$ **b.** $\frac{4}{9}$ **c.** $-\frac{9}{4}$ **d.** $\frac{9}{4}$ **e.** not a real number

② $\frac{(9x^4y^{-2})^{-\frac{1}{2}}}{(x^6y^{-3})^{\frac{1}{3}}}$: **a.** $\frac{3y^2}{x^4}$ **b.** $\frac{x^4y^2}{3}$ **c.** $-\frac{9}{2x^4}$ **d.** $-\frac{9y^2}{2}$ **e.** $\frac{y^2}{3x^4}$

[① d.; ② e.]

3 Rationalize the denominator: $\frac{\sqrt{5}-\sqrt{3}}{\sqrt{5}+\sqrt{3}}$

a. $\frac{8-\sqrt{8}}{2}$ **b.** $\frac{4-\sqrt{15}}{2}$ **c.** -1

d. $4-\sqrt{15}$ **e.** none of these [d.]

MORE EXERCISES

ESERCIZI CAPITOLO 2

Le equazioni di secondo grado

LE EQUAZIONI INCOMPLETE

teoria a pagina 40

Comprensione

SOLUZIONI ES. COMPRENSIONE

1 L'equazione $f(x) \cdot g(x) = 0$ è equivalente a:

a. $\begin{cases} f(x) = 0 \\ g(x) = 0 \end{cases}$ **b.** $f(x) = 0 \lor g(x) = 0$ **c.** $\begin{cases} f(x) = 0 \land g(x) \neq 0 \\ g(x) = 0 \land f(x) \neq 0 \end{cases}$

2 Un'equazione di secondo grado della forma $ax^2 + bx = 0$:

a. ammette sempre come soluzione $x = 0$ V F
b. ha sempre due soluzioni reali V F
c. non ha soluzioni reali se i coefficienti a e b sono concordi V F
d. ha soluzione $x = 0$ solo se $a = 0$. V F

3 Un'equazione di secondo grado della forma $ax^2 + c = 0$:

a. non ha mai soluzione $x = 0$ V F
b. è impossibile se $a = 0 \land c \neq 0$ V F
c. non ha soluzioni reali se i coefficienti a e c sono concordi V F
d. se ha soluzioni reali, queste sono opposte. V F

4 L'equazione $6x^2 + x = 0$:

a. non ha soluzioni reali **b.** ha soluzioni $x = 0 \lor x = -\dfrac{1}{6}$

c. ha soluzioni $x = 0 \lor x = -6$ **d.** ha soluzioni $x = \pm\dfrac{1}{\sqrt{6}}$

5 Associa a ciascuna delle seguenti equazioni il proprio insieme soluzione:

a. $3x = 2\sqrt{3}x^2$ ① $S = \left\{0, \dfrac{1}{3}\right\}$

b. $x^2 + 3\sqrt{3}x = 0$ ② $S = \{0, -3\sqrt{3}\}$

c. $5x = 15x^2$ ③ $S = \left\{0, \dfrac{\sqrt{3}}{3}\right\}$

d. $3x^2 - \sqrt{3}x = 0$ ④ $S = \left\{0, \dfrac{\sqrt{3}}{2}\right\}$

6 In R, l'equazione $(1 + \sqrt{3})x^2 = 1 - \sqrt{3}$ ha:

a. una soluzione **b.** due soluzioni **c.** nessuna soluzione

7 Indica quale fra le seguenti equazioni ha soluzioni 0 e -4:

a. $x^2 - 4x = 0$ **b.** $x^2 + 16 = 0$ **c.** $x^2 - 16 = 0$ **d.** $x^2 + 4x = 0$

Applicazione

Risolvi le seguenti equazioni.

8 **ESERCIZIO GUIDATO**

$2x^2 - 5x = 0$

Scomponiamo raccogliendo x : $x(2x - 5) = 0$

Applichiamo la legge di annullamento del prodotto: $x = 0 \lor 2x - 5 = 0 \quad \rightarrow \quad x = \frac{5}{2}$

Quindi $S = \left\{0, \frac{5}{2}\right\}$.

9 $5x^2 - 15x = 0$ $\qquad 13x^2 + 26x = 0$ $\qquad [S = \{0, 3\};\ S = \{0, -2\}]$

10 $-3x^2 + 2x = 0$ $\qquad 7x - 4x^2 = 0$ $\qquad \left[S = \left\{0, \frac{2}{3}\right\};\ S = \left\{0, \frac{7}{4}\right\}\right]$

11 $15x - 5x^2 = 0$ $\qquad x^2 - \sqrt{3}x = 0$ $\qquad [S = \{0, 3\};\ S = \{0, \sqrt{3}\}]$

12 $\sqrt{5}x^2 + 10x = 0$ $\qquad 3x - \sqrt{6}x^2 = 0$ $\qquad \left[S = \{0, -2\sqrt{5}\};\ S = \left\{0, \frac{\sqrt{6}}{2}\right\}\right]$

13 **ESERCIZIO GUIDATO**

$9x^2 - 5 = 0$

Ricaviamo x^2 : $x^2 = \frac{5}{9}$

Applichiamo la definizione di radicale: $x = \pm\sqrt{\frac{5}{9}} \quad \rightarrow \quad x = \pm\frac{\sqrt{5}}{3}$

L'insieme delle soluzioni è quindi: $S = \left\{-\frac{\sqrt{5}}{3}, \frac{\sqrt{5}}{3}\right\}$.

14 $x^2 - 9 = 0$ $\qquad \frac{1}{5}x^2 + \frac{1}{5} = 0$ $\qquad [S = \{\pm 3\};\ S = \varnothing]$

15 $9x^2 - 4 = 0$ $\qquad 4\left(x^2 - \frac{7}{4}\right) = 2$ $\qquad \left[S = \left\{\pm\frac{2}{3}\right\};\ S = \left\{\pm\frac{3}{2}\right\}\right]$

16 $0{,}1x = 0{,}01x^2$ $\qquad x^2 + \sqrt{5}x = 0$ $\qquad [S = \{0, 10\};\ S = \{0, -\sqrt{5}\}]$

17 $-9x^2 = 1$ $\qquad 10 - 2x^2 = 0$ $\qquad [S = \varnothing;\ S = \{\pm\sqrt{5}\}]$

18 $7 - \sqrt{7}x^2 = 0$ $\qquad x^2 + 6 - 2\sqrt{2} = 0$ $\qquad [S = \{\pm\sqrt[4]{7}\};\ S = \varnothing]$

19 $(3 - 2\sqrt{2}) - x^2 = 0$ $\qquad \sqrt{2} - 1 + x^2 = 0$ $\qquad [S = \{\pm(\sqrt{2} - 1)\};\ S = \varnothing]$

20 $6\sqrt{2}x^2 - \sqrt{6}x = 0$ $\qquad (2 + \sqrt{2})x^2 = 2 - \sqrt{2}$ $\qquad \left[S = \left\{0, \frac{\sqrt{3}}{6}\right\};\ S = \{\pm(\sqrt{2} - 1)\}\right]$

21 $\sqrt{3}x^2 - 2x = 0$ $\qquad 4x^2 + \sqrt{8} = 0$ $\qquad \left[S = \left\{0, \frac{2}{3}\sqrt{3}\right\};\ S = \varnothing\right]$

22 $(4x - 1)^2 + 5x = 1$ $\qquad (2x - 2)(x + 1) + 5 = 7$ $\qquad \left[S = \left\{0, \frac{3}{16}\right\};\ S = \{\pm\sqrt{2}\}\right]$

23 $(x+2)^2 = \frac{22}{3}x - \frac{2}{3}x\left(5 + \frac{8}{3}x\right)$ $[S = \varnothing]$

24 $\frac{1}{3}(x-3)(x-2) - 2 = 0$ $[S = \{0, 5\}]$

25 $(10x-1)^2 - (8x-3)(x+1) - 20 = (8x+3)^2 - 73x$ $\left[S = \left\{\pm\frac{5\sqrt{7}}{14}\right\}\right]$

26 $-2x + (x-1)^3 = x + (x-1)(x^2+x+1)$ $[S = \{0\}]$

27 $\frac{x-(8-x)}{2} = x - 4 + \left(\frac{x-2}{2}\right)^2 - 1$ $[S = \{4, 0\}]$

28 $\left(x-\sqrt{3}\right)^2 + 2(x-1)^2 = 5 - 4x$ $\left[S = \left\{0, \frac{2\sqrt{3}}{3}\right\}\right]$

29 $\left(2x-\sqrt{2}\right)^2 + \frac{1}{5}(x-2)^2 = \frac{1}{5}[x(x-4)+14]$ $[S = \{0, \sqrt{2}\}]$

30 $3\left(x+\frac{1}{2}\right)\left(x+\frac{1}{3}\right) + \frac{1}{3}(x-3)(x+3) = \frac{5}{6}(1+3x)$ $[S = \{\pm 1\}]$

31 $\frac{4}{3}\left(x-\sqrt{3}\right)\left(x+\sqrt{3}\right) = \frac{5}{6}(x-1)(x+1) - \frac{7}{6}$ $[S = \{\pm 2\}]$

32 $(2x-1)(1-2x) - (3-x)(3+x) + 10 = 0$ $\left[S = \left\{0, \frac{4}{3}\right\}\right]$

33 $(1+x)\left(\frac{x}{3} - \frac{2-x}{2}\right) + \frac{4+7x}{6} = x$ $\left[S = \left\{\pm\frac{\sqrt{10}}{5}\right\}\right]$

34 $\frac{2x^2+1}{3} - \frac{3x-2}{4} = \frac{5}{6}$ $\left[S = \left\{0, \frac{9}{8}\right\}\right]$

35 $\left(\frac{1}{2}x - 1\right)\left(-1 - \frac{1}{2}x\right) - \frac{3}{2}x = (x-1)^2$ $\left[S = \left\{0, \frac{2}{5}\right\}\right]$

36 $x^2 + \left[\frac{x\left(1-\sqrt{5}\right)}{1+\sqrt{5}}\right]^2 = 12$ $\left[S = \left\{\pm\left(\sqrt{5}+1\right)\right\}\right]$

Risolvi le seguenti equazioni incomplete operando una opportuna sostituzione.

37 **ESERCIZIO GUIDATO**

$9(2x-1)^2 = 25$

Se poniamo $2x - 1 = t$ l'equazione diventa $9t^2 = 25$

che ha soluzioni $t = \pm\frac{5}{3}$

Operando poi la sostituzione inversa abbiamo $2x - 1 = -\frac{5}{3} \quad \vee \quad 2x - 1 = \frac{5}{3}$

Risolvendo la prima equazione otteniamo $x = -\frac{1}{3}$; risolvendo la seconda otteniamo $x = \frac{4}{3}$.

L'insieme delle soluzioni è quindi $S = \left\{-\frac{1}{3}, \frac{4}{3}\right\}$.

38 **ESERCIZIO GUIDATO**

$(x+1)^2-3(x+1)=0$

Ponendo $x+1=t$ l'equazione diventa	$t^2-3t=0 \quad \rightarrow \quad t(t-3)=0$
che ha soluzioni	$t=0 \quad \vee \quad t=3$
Operando la sostituzione inversa si ottiene	$x+1=0 \quad \vee \quad x+1=3$
da cui le soluzioni	$x=-1 \quad \vee \quad x=2$

39 $(1-3x)^2=25$ $\qquad$ $8(4x+1)^2=72$ $\qquad$ $\left[S=\left\{-\frac{4}{3}, 2\right\}; S=\left\{-1; \frac{1}{2}\right\}\right]$

40 $(2x+1)^2=\frac{1}{9}$ $\qquad$ $(1+5x)^2+1=0$ $\qquad$ $\left[S=\left\{-\frac{1}{3}, -\frac{2}{3}\right\}; S=\varnothing\right]$

41 $4(3x-1)^2=1$ $\qquad$ $49(2-x)^2=4$ $\qquad$ $\left[S=\left\{\frac{1}{6}, \frac{1}{2}\right\}; S=\left\{\frac{12}{7}, \frac{16}{7}\right\}\right]$

42 $3(x+2)^2-5(x+2)=0$ $\qquad$ $(2x-1)^2-6x+3=0$ $\qquad$ $\left[S=\left\{-2, -\frac{1}{3}\right\}; S=\left\{\frac{1}{2}, 2\right\}\right]$

43 $2(4x-2)^2+2-4x=0$ $\qquad$ $3(3x-6)^2-2(3x-6)=0$ $\qquad$ $\left[S=\left\{\frac{1}{2}, \frac{5}{8}\right\}; S=\left\{2, \frac{20}{9}\right\}\right]$

44 $(x-\sqrt{2})^2+2(x-\sqrt{2})=0$ $\qquad$ $(2x+\sqrt{3})^2-3(2x+\sqrt{3})=0$ $\qquad$ $\left[S=\{\sqrt{2}-2, \sqrt{2}\}; S=\left\{-\frac{\sqrt{3}}{2}, \frac{3-\sqrt{3}}{2}\right\}\right]$

CORREGGI GLI ERRORI

45	$5x^2-3x=0$	$\cancel{x}(5x-3)=0$	$5x-3=0$	$x=\frac{3}{5}$
46	$1-6x^2=0$	$x^2=6$	$x=\pm\sqrt{6}$	
47	$x^2-5=0$	$x^2=5$	$x=\sqrt{5}$	
48	$x^2+9=0$	$x^2=-9$	$x=-3$	
49	$3x-4x^2=0$	$x(3-4x)=0$	$x=0 \vee x=\frac{4}{3}$	

LE EQUAZIONI COMPLETE

teoria a pagina 43

Comprensione

SOLUZIONI ES. COMPRENSIONE

50 Considerata l'equazione $3x^2-7x+2=0$, il discriminante è l'espressione:

a. $\sqrt{49-24}$ $\qquad$ **b.** $49-24$ $\qquad$ **c.** $\sqrt{49-6}$ $\qquad$ **d.** $49-6$

51 Se un'equazione di secondo grado ha un discriminante che è:

a. positivo, allora ha due soluzioni reali distinte V F

b. nullo, allora non ha soluzioni reali V F

c. negativo, allora ha due soluzioni reali negative V F

d. nullo, allora ha due soluzioni reali uguali. V F

52 Un'equazione di secondo grado, completa o incompleta:

a. può avere una soluzione reale e l'altra non reale — V F

b. ha sempre due soluzioni in R — V F

c. può avere soluzioni non reali — V F

d. può avere soluzioni reali opposte. — V F

53 Applicando la formula risolutiva a un'equazione di secondo grado intera si ottiene $x = \dfrac{1 \pm \sqrt{-9}}{2}$. In R, l'insieme delle soluzioni è:

a. $S = \{-1, 2\}$ **b.** $S = \{2\}$ **c.** $S = \{1, 2\}$ **d.** $S = \varnothing$

54 Indica quali condizioni devono soddisfare i coefficienti a, b, c di un'equazione di secondo grado affinché essa:

a. abbia una soluzione nulla e l'altra positiva

b. abbia soluzioni reali opposte

c. abbia soluzioni reali uguali

d. non abbia soluzioni reali.

55 Nell'equazione $2x^2 + 5x - 3 = 0$:

a. il discriminante è uguale a: ① 1 ② 49 ③ 31 ④ 19

b. le soluzioni sono: ① $\dfrac{-5 \pm \sqrt{31}}{2}$ ② $-1, 6$ ③ $3, -\dfrac{1}{2}$ ④ $-3, \dfrac{1}{2}$

56 La formula risolutiva applicata all'equazione $4x^2 - 5x - 6 = 0$ ha espressione:

a. $\dfrac{5 \pm \sqrt{25+24}}{8}$ **b.** $\dfrac{-5 \pm \sqrt{25+96}}{8}$

c. $\dfrac{5 \pm \sqrt{25+96}}{8}$ **d.** $\dfrac{5 \pm \sqrt{25+96}}{4}$

57 Applicando la formula ridotta all'equazione $x^2 - 6x + 8 = 0$ si ottiene:

a. $\dfrac{3 \pm \sqrt{9-8}}{2}$ **b.** $3 \pm \sqrt{9-8}$ **c.** $\dfrac{3 \pm \sqrt{9+8}}{2}$ **d.** $3 \pm \sqrt{9-32}$

58 Le soluzioni dell'equazione $x(4x-3) = 1$ si ottengono ponendo:

a. $x = 1 \vee 4x - 3 = 1$ **b.** $x = 0 \vee 4x - 3 = 1$

c. $x(4x-3) - 1 = 0$ **d.** $x = 4x - 3$

59 Le soluzioni dell'equazione $(x-3)(2x-5) = 1$ sono:

a. $4, 3$ **b.** $4, \dfrac{5}{2}$ **c.** $3, \dfrac{5}{2}$ **d.** $2, \dfrac{7}{2}$

60 In R :

a. l'equazione $x^2 + 2x + 5 = 0$ ha soluzioni: ① 3 ② $3 \vee -1$ ③ $\varnothing$ ④ -1

b. l'equazione $4x^2 - 12x + 9 = 0$ ha soluzioni: ① $\dfrac{3}{2}$ ② $\pm\dfrac{2}{3}$ ③ $\varnothing$ ④ $\pm\dfrac{3}{2}$

61 A quali delle seguenti equazioni si può applicare la formula risolutiva dell'equazione di secondo grado?

A. $x^2 - 3x = 0$ **B.** $2 - 5x^2 = 0$ **C.** $1 + 6x + x^2 = 0$ **D.** $1 - 7x = 0$ **E.** $9x^2 + 1 = 0$

a. a tutte **b.** a tutte tranne la E **c.** a tutte tranne la D **d.** solo alla C

Applicazione

Risolvi in R le seguenti equazioni di secondo grado riconducendole, col metodo del quadrato, a due equazioni di primo grado.

62 **ESERCIZIO GUIDATO**

$4x^2 - 18x + 8 = 0$

- $4x^2$ è il quadrato di $2x$
- $-18x$ deve essere il doppio prodotto, quindi $-18x = -2 \cdot (2x) \cdot \frac{9}{2}$
- il secondo termine del quadrato deve essere $\frac{9}{2}$

Dobbiamo quindi riscrivere l'equazione nella forma:

$4x^2 - 18x + \left(\frac{9}{2}\right)^2 - \left(\frac{9}{2}\right)^2 + 8 = 0$ cioè $\left(2x - \frac{9}{2}\right)^2 = \frac{49}{4}$

Deve quindi essere: $2x - \frac{9}{2} = \frac{7}{2} \quad \vee \quad 2x - \frac{9}{2} = -\frac{7}{2}$

$x = 4 \quad \vee \quad x = \frac{1}{2}$

63 $9x^2 - 6x - 3 = 0$ $\quad x^2 - x - 6 = 0$ $\quad \left[S = \left\{-\frac{1}{3}, 1\right\}; S = \{-2, 3\}\right]$

64 $x^2 - 4x - 5 = 0$ $\quad 2x^2 + 3x - 2 = 0$ $\quad \left[S = \{-1, 5\}; S = \left\{-2, \frac{1}{2}\right\}\right]$

65 $3x^2 - x - 2 = 0$ $\quad 2x^2 - 3x - 5 = 0$ $\quad \left[S = \left\{1, -\frac{2}{3}\right\}; S = \left\{-1, \frac{5}{2}\right\}\right]$

66 $x^2 - 6x + 4 = 0$ $\quad x^2 + 2x - 8 = 0$ $\quad \left[S = \{3 \pm \sqrt{5}\}; S = \{-4, 2\}\right]$

Senza risolverle determina la natura delle soluzioni delle seguenti equazioni.

67 **ESERCIZIO GUIDATO**

a. $3x^2 - 4x + 5 = 0$

Calcoliamo il discriminante dell'equazione $\Delta = b^2 - 4ac$

Nel nostro caso, essendo $a = 3 \quad b = -4 \quad c = 5 \qquad \Delta = 16 - 4 \cdot 3 \cdot 5 = 16 - 60 = -44$

Poiché $\Delta < 0$, le soluzioni non sono reali.

b. $x^2 - 6x - 3 = 0$

Essendo $a = 1 \quad b = -6 \quad c = -3 \qquad \Delta = 36 - 4 \cdot (1)(-3) = 36 + 12 = 48$

Poiché $\Delta > 0$, le soluzioni sono reali distinte.

68 $x^2 - 5x + 1 = 0$ $\quad 3x^2 + x - 2 = 0$ $\quad 2x^2 - x + 3 = 0$

69 $5x^2 - 3x + 1 = 0$ $\quad x^2 + x - 2 = 0$ $\quad 9x^2 - 6x + 1 = 0$

70 $3x^2 - 5x + 4 = 0$ $\quad 3x^2 - 5x - 4 = 0$ $\quad \frac{1}{2}x^2 + x - 1 = 0$

71 $\frac{3}{4}x^2+\frac{1}{2}x+2=0$ $\qquad$ $\frac{2}{3}x^2-x-2=0$ $\qquad$ $x^2+6x=0$

Risolvi le seguenti equazioni applicando, dove è conveniente, la formula ridotta.

72 **ESERCIZIO GUIDATO**

$2x^2+x-6=0$

Essendo $b=1$ non conviene applicare la formula ridotta:

$$x=\frac{-1\pm\sqrt{1^2-4\cdot 2\cdot(-6)}}{2\cdot 2}=\frac{-1\pm\sqrt{1+48}}{4}=\frac{-1\pm 7}{4}= \begin{cases}\frac{-1-7}{4}=-2\\ \frac{-1+7}{4}=\frac{3}{2}\end{cases}$$

Allora $S=\left\{-2,\ \frac{3}{2}\right\}$.

73 $x^2-5x+6=0$ $\qquad$ $x^2+7x+12=0$ $\qquad$ $[S=\{2,3\};\ S=\{-4,-3\}]$

74 $x^2-x-2=0$ $\qquad$ $x^2-3x-4=0$ $\qquad$ $[S=\{-1,2\};\ S=\{-1,4\}]$

75 $x^2-x-6=0$ $\qquad$ $x^2+7x+10=0$ $\qquad$ $[S=\{-2,3\};\ S=\{-5,-2\}]$

76 **ESERCIZIO GUIDATO**

$2x^2-6x-8=0$

Il coefficiente b è pari ed è quindi conveniente applicare la formula ridotta $\dfrac{-\frac{b}{2}\pm\sqrt{\left(\frac{b}{2}\right)^2-ac}}{a}$.

Per applicarla in modo semplice osserviamo che il primo termine all'interno della radice è sempre il quadrato del termine esterno, quindi, una volta calcolato il valore di $-\frac{b}{2}$, basta elevarlo al quadrato; nel nostro caso $-\frac{b}{2}=3$ quindi $\left(\frac{b}{2}\right)^2=9$

$$x=\frac{3\pm\sqrt{9+16}}{2}=\frac{3\pm 5}{2}=\begin{cases}-1\\ 4\end{cases}\qquad\rightarrow\qquad S=\{-1,4\}$$

77 $x^2+6x+8=0$ $\qquad$ $x^2+4x-5=0$ $\qquad$ $[S=\{-4,-2\};\ S=\{-5,1\}]$

78 $x^2-x-6=0$ $\qquad$ $x^2+8x-33=0$ $\qquad$ $[S=\{-2,3\};\ S=\{-11,3\}]$

79 $x^2+x-42=0$ $\qquad$ $x^2+10x-25=0$ $\qquad$ $\left[S=\{-7,6\};\ S=\{-5\pm 5\sqrt{2}\}\right]$

80 $x^2+20x+36=0$ $\qquad$ $x^2+4x-12=0$ $\qquad$ $[S=\{-18,-2\};\ S=\{-6,2\}]$

81 $8x^2-2x-3=0$ $\qquad$ $15x^2+4x-3=0$ $\qquad$ $\left[S=\left\{-\frac{1}{2},\frac{3}{4}\right\};\ S=\left\{-\frac{3}{5},\frac{1}{3}\right\}\right]$

82 $2x^2+2x-40=0$ $\qquad$ $3x^2-x+5=0$ $\qquad$ $[S=\{-5,4\};\ S=\varnothing]$

83 $4x^2-4x+1=0$ $\qquad$ $5x^2-11x+2=0$ $\qquad$ $\left[S=\left\{\frac{1}{2}\right\};\ S=\left\{\frac{1}{5},2\right\}\right]$

84 $2x^2-2=3x$ $\qquad$ $8x^2-2x-15=0$ $\qquad$ $\left[S=\left\{-\frac{1}{2},2\right\};\ S=\left\{-\frac{5}{4},\frac{3}{2}\right\}\right]$

85 $16x^2+8x=3$ $\quad 9x^2+4=12x$ $\left[S=\left\{-\frac{3}{4},\frac{1}{4}\right\};\ S=\left\{\frac{2}{3}\right\}\right]$

86 $5x^2+4x-1=0$ $\quad 12x^2+2x=2$ $\left[S=\left\{-1,\frac{1}{5}\right\};\ S=\left\{-\frac{1}{2},\frac{1}{3}\right\}\right]$

87 $\frac{1}{25}x^2+\frac{2}{5}x+1=0$ $\quad 7x^2-1=-\frac{2}{3}x$ $\left[S=\{-5\};\ S=\left\{-\frac{3}{7},\frac{1}{3}\right\}\right]$

88 $2x^2-5x+17=0$ $\quad \frac{1}{9}x^2+\frac{9}{4}+x=0$ $\left[S=\varnothing;\ S=\left\{-\frac{9}{2}\right\}\right]$

Risolvi le seguenti equazioni a coefficienti irrazionali.

89 **ESERCIZIO GUIDATO**

$x^2+(\sqrt{2}-2\sqrt{3})x-2\sqrt{6}=0$

L'equazione si presenta già in forma normale, non è quindi necessario sviluppare il prodotto dove c'è la parentesi tonda e si può applicare subito la formula risolutiva. Tuttavia, poiché lo sviluppo del discriminante potrebbe comportare qualche calcolo in più per la presenza di radicali, conviene dapprima calcolare Δ:

$$\Delta=(\sqrt{2}-2\sqrt{3})^2-4\cdot(-2\sqrt{6})=2+12-4\sqrt{6}+8\sqrt{6}=2+12+4\sqrt{6}=(\sqrt{2}+2\sqrt{3})^2$$

Osserviamo che non conviene eseguire la somma $2+12$ perché capita spesso in questo genere di calcoli che si ottenga il quadrato di un binomio molto simile a quello appena calcolato; in alternativa, scrivendo $14+4\sqrt{6}$ si dovrebbe poi applicare la formula dei radicali doppi.

Possiamo adesso trovare le soluzioni: $x=\dfrac{-(\sqrt{2}-2\sqrt{3})\pm(\sqrt{2}+2\sqrt{3})}{2}=$ $-\sqrt{2}$; $2\sqrt{3}$

90 $x^2-6\sqrt{3}x+27=0$ $\quad x^2-\sqrt{2}x-12=0$ $[S=\{3\sqrt{3}\};\ S=\{-2\sqrt{2},3\sqrt{2}\}]$

91 $x^2+(1-\sqrt{2})x-\sqrt{2}=0$ $\quad x^2-(\sqrt{3}-\sqrt{5})x-\sqrt{15}=0$ $[S=\{-1,\sqrt{2}\};\ S=\{-\sqrt{5},\sqrt{3}\}]$

92 $x^2+x\sqrt{3}-x-\sqrt{3}=0$ $\quad x^2-(\sqrt{6}+2)x+2\sqrt{6}=0$ $[S=\{-\sqrt{3},1\};\ S=\{2,\sqrt{6}\}]$

93 $x^2+(\sqrt{3}-\sqrt{2})x-\sqrt{6}=0$ $\quad x^2+(1-3\sqrt{5})x=3\sqrt{5}$ $[S=\{-\sqrt{3},\sqrt{2}\};\ S=\{-1,3\sqrt{5}\}]$

94 $x^2-(\sqrt{5}+\sqrt{3})x+\sqrt{15}=0$ $\quad x^2-\sqrt{3}x=18$ $[S=\{\sqrt{5},\sqrt{3}\};\ S=\{-2\sqrt{3},3\sqrt{3}\}]$

95 $x^2-(1-2\sqrt{2})x-2\sqrt{2}=0$ $\quad x^2-2x=\sqrt{6}(x-2)$ $[S=\{-2\sqrt{2},1\};\ S=\{2,\sqrt{6}\}]$

96 $\sqrt{6}x^2-(3-\sqrt{2})x-\sqrt{3}=0$ $\left[S=\left\{-\frac{\sqrt{3}}{3},\frac{\sqrt{6}}{2}\right\}\right]$

97 $x^2+2(2\sqrt{6}-\sqrt{2})x-16\sqrt{3}=0$ $[S=\{-4\sqrt{6},2\sqrt{2}\}]$

98 $4x^2+2(\sqrt{3}-1)x-\sqrt{3}=0$ $\left[S=\left\{-\frac{\sqrt{3}}{2},\frac{1}{2}\right\}\right]$

99 $x^2+4\sqrt{2}x-2x-8\sqrt{2}=0$ $[S=\{-4\sqrt{2},2\}]$

100 $\sqrt{2}x^2+\sqrt{10}x-3x-3\sqrt{5}=0$ $\left[S=\left\{-\sqrt{5},\frac{3\sqrt{2}}{2}\right\}\right]$

101 $x^2-2\sqrt{2}x-(1+2\sqrt{2})=0$ $[S=\{-1,1+2\sqrt{2}\}]$

102 $\sqrt{3}x^2 - \sqrt{2}(1-\sqrt{3})x - 2 = 0$ $\left[S = \left\{\frac{\sqrt{6}}{3}, -\sqrt{2}\right\}\right]$

Risolvi le seguenti equazioni.

103 **ESERCIZIO GUIDATO**

$(2x-1)(x+2) = 4x(x-1)+3$

Svolgiamo i calcoli e trasportiamo tutti i termini al primo membro:

$2x^2 - x + 4x - 2 = 4x^2 - 4x + 3 \quad \rightarrow \quad -2x^2 + 7x - 5 = 0 \quad \rightarrow \quad 2x^2 - 7x + 5 = 0$

Applichiamo la formula risolutiva: $x = \frac{7 \pm \sqrt{49-40}}{4} = \frac{7 \pm 3}{4} = \begin{cases} \frac{5}{2} \\ 1 \end{cases} \quad \rightarrow \quad S = \left\{1, \frac{5}{2}\right\}$

104 $(x-2)(2x+1) - 9 = 9(1-x)$ $\quad (2x-1)(x+3) = 6x - x(x+1)$ $[S = \{-5, 2\};\ S = \{\pm 1\}]$

105 $(x-3)(x+3) + 3 - 5x = 0$ $\quad 4 + (x-4)(2x+1) = 0$ $\left[S = \{-1, 6\};\ S = \left\{0, \frac{7}{2}\right\}\right]$

106 $x(x+11) + 18 = 0$ $\quad 3x(1-x) = 3(x^2-3)$ $\left[S = \{-9, -2\};\ S = \left\{-1, \frac{3}{2}\right\}\right]$

107 $x + 2 + x\left(\frac{x+1}{6}\right) = 0$ $\quad \frac{x-1}{4} + \frac{x^2-1}{2} = -x$ $\left[S = \{-4, -3\};\ S = \left\{-3, \frac{1}{2}\right\}\right]$

108 $-1 = \frac{(x+6)^2}{2}$ $\quad \frac{(2x+1)^2}{3} - \frac{x^2}{9} = \frac{1}{3}$ $\left[S = \varnothing;\ S = \left\{0, -\frac{12}{11}\right\}\right]$

109 $\left(\frac{2x-1}{2}\right)^2 = 2\left(x - \frac{1}{2}\right)$ $\left[S = \left\{\frac{1}{2}, \frac{5}{2}\right\}\right]$

110 $x\left(x + \frac{1}{2}\right) = \frac{8}{25}\left(\frac{x-3}{2}\right)^2$ $\left[S = \left\{\frac{1}{2}, -\frac{36}{23}\right\}\right]$

111 $2x - 1 + 4(x-3) + (x-1)^2 = 0$ $[S = \{-6, 2\}]$

112 $x(3x+1) = (x-2)^2 + \frac{2}{3}x(x+1)$ $\left[S = \left\{-4, \frac{3}{4}\right\}\right]$

113 $(x-\sqrt{2})(x+2\sqrt{2}) = x(4\sqrt{2}-x)$ $\left[S = \left\{-\frac{\sqrt{2}}{2}, 2\sqrt{2}\right\}\right]$

114 $6(x^2+1) = 11\sqrt{2}x$ $\left[S = \left\{\frac{1}{3}\sqrt{2}, \frac{3}{2}\sqrt{2}\right\}\right]$

115 $(x+1)^2 - 4x(x+1) = 2(1-3x)$ $\left[S = \left\{\frac{1}{3}, 1\right\}\right]$

116 $3(2x-3)^2 - 4(x-2)(2x+7) = 20$ $\left[S = \left\{\frac{3}{2}, \frac{21}{2}\right\}\right]$

117 $2(x-2)(x+3) = (x+2)^2 - 8$ $[S = \{-2, 4\}]$

118 $(x-1)(2x+3) = 4(x+2)^2 - 6x$ $[S = \varnothing]$

119 $(3x-1)^2 + 2(1-3x) = (-1)^{-3}$ $\left[S = \left\{\frac{2}{3}\right\}\right]$

120 $(5x-3)(1-4x)+x(3x+7)=8$ $[S=\varnothing]$

121 $x^2+2(3x+10)=(x-2)(x-4)-(x+1)(x-3)+4x$ $[S=\{-3\}]$

122 $9+\left(2\sqrt{5}x+3\right)^2-2\sqrt{5}(7x+2)=x(19x-2)+18$ $[S=\{-2,\ 2\sqrt{5}\}]$

123 $\left(x-\sqrt{3}\right)\left(x+\sqrt{3}\right)-\left(x-\sqrt{3}\right)^2-2\sqrt{3}=\left(x+\sqrt{3}-1\right)^2-5x$ $[S=\{2,\ 5\}]$

124 $-5x^2+(x-4)(x+4)+3(x-1)^2=0$ $[S=\varnothing]$

125 $(x-1)(x+1)+(x-1)(1-x)+3=x(2x+3)$ $\left[S=\left\{-1,\ \frac{1}{2}\right\}\right]$

126 $\left(x-\frac{1}{2}\right)\left(x+\frac{1}{2}\right)-(2x+1)^2=3\left(\frac{1}{4}+x\right)$ $\left[S=\left\{-2,\ -\frac{1}{3}\right\}\right]$

127 $(x-1)^3-(x-1)(x-2)(x+3)=x^2-x+1-x(x-2)$ $[S=\varnothing]$

128 $(x+1)^2-3(x-1)(x+2)+x^3=(x-1)^3-2$ $[S=\varnothing]$

129 $5(x+1)+(x-1)^4+4x(3+x^2)=(x^2-1)(x^2+1)$ $\left[S=\left\{-1,\ -\frac{7}{5}\right\}\right]$

130 $(x^2+x-1)^2-(x^2-1)(x^2+1)=2x(x^2-2x+2)-(x+1)^2$ $[S=\varnothing]$

131 $\left(3x-\frac{1}{2}\right)^2-\frac{1}{2}(2x-1)^2=(2x+1)^2-\left(13x-\frac{7}{4}\right)$ $\left[S=\left\{-3,\ \frac{1}{3}\right\}\right]$

132 $\frac{x-1}{3}-\frac{2x-x^2}{2}+6=-3x+\frac{1}{2}+\frac{(x-1)^2}{6}$ $[S=\{-5,\ -3\}]$

133 $\frac{x+1}{5}-\frac{x}{10}=\frac{x^2+1}{15}-\frac{1}{30}+\frac{(2x+1)^2}{3}$ $\left[S=\left\{-\frac{5}{7},\ -\frac{1}{5}\right\}\right]$

134 $\frac{\sqrt{2}}{6}x\left(\frac{2x-1}{6}\right)-\frac{x}{3}+\frac{1}{6}=\frac{\sqrt{2}}{3}x\left[x+\frac{3}{4}\left(1-\sqrt{2}\right)\right]$ $\left[S=\left\{-1,\ \frac{3\sqrt{2}}{10}\right\}\right]$

135 $\left(\frac{x}{2}-1\right)^2-\left(\frac{x}{2}+1\right)^3=\left[\left(\frac{1}{2}-1\right)x\right]^3+x\cdot\frac{x-1}{2}$ $[S=\{-2,\ 0\}]$

136 $x(2x-1)+\left(x+\frac{1}{3}\right)^2=(2x-1)^2-\left[-\left(\frac{x-2}{3}-\frac{5}{18}\right)(x-1)+x\right]$ $\left[S=\left\{\frac{1}{3},\ \frac{33}{8}\right\}\right]$

137 $\frac{x^2+1-x}{6}=\frac{x+1}{2}-\frac{x+1}{6}\left(\frac{x-1}{2}+\frac{5}{2}\right)$ $[S=\{0,\ 1\}]$

138 $2\left(-\frac{x+3}{2}\right)^2+6\left(-\frac{x+3}{2}\right)+5x+1=0$ $[S=\{-5\pm4\sqrt{2}\}]$

139 $\frac{x-1}{4}+\frac{x^2}{3}=-\frac{1}{12}+\frac{5}{6}x\left(\frac{x-1}{2}\right)+\frac{x(x+2)}{4}$ $[S=\varnothing]$

140 $\frac{1}{3}(x-3)(x+3)+\frac{1}{2}(x-2)(x+5)+9=-\frac{1}{6}x(x+3)$ $[S=\{-1\}]$

141 $-\frac{3}{4}(x-1)(x+2)+\frac{1}{3}(x+2)^3=\frac{1}{3}(x-3)(x^2+3x+9)+\frac{1}{6}(15x+91)$ $\left[S=\left\{-\frac{8}{5},\ 1\right\}\right]$

142 $\frac{(x+2)(x-3)}{2}=\frac{x^2+2+x}{4}+x-\left[5-\frac{x(x-1)}{2}\right]$ $[S=\{1,\ -6\}]$

143 $\dfrac{(x-1)^3-(x+1)^3}{4}-(x-1)(-x-1)=x-x^2-1$ $\quad[S=\{1\pm\sqrt{2}\}]$

144 $(x+5)^2-48=-2(x-3)^2-\dfrac{3}{2}\left[\dfrac{(2x+1)^2}{2}+x\left(\dfrac{1}{2}x-1\right)\right]-\dfrac{9}{2}$ $\quad[S=\varnothing]$

145 $2(1-x+2\sqrt{2})=(x-\sqrt{2})^2-2(x+\sqrt{2})(x-2\sqrt{2})$ $\quad[S=\{2-2\sqrt{2},\ 2\sqrt{2}\}]$

146 $4\left(\dfrac{2}{3}x^2-\dfrac{1}{5}x\right)+(x+1)^2-1=x^2+\dfrac{3}{5}$ $\quad\left[S=\left\{-\dfrac{3}{4},\ \dfrac{3}{10}\right\}\right]$

147 $\dfrac{x^2-25}{9}+\dfrac{(x-2)^2}{3}=\dfrac{1}{3}-\left[\dfrac{x(2x-3)}{9}+\dfrac{2}{3}-x\right]$ $\quad\left[S=\left\{\dfrac{6\pm\sqrt{51}}{3}\right\}\right]$

148 $\left(x-\dfrac{3}{2}\right)\left(x+\dfrac{3}{2}\right)+2x\left(x-\dfrac{1}{2}\right)=\left(x-\dfrac{5}{2}\right)\left(x+\dfrac{5}{2}\right)-x^2$ $\quad[S=\varnothing]$

149 $(x-1)\left(\dfrac{x+2}{2}-\dfrac{2x-1}{3}\right)=x\left(\dfrac{11-3x}{6}\right)-\dfrac{5}{3}\left(x^2-\dfrac{1}{2}x\right)+\dfrac{1}{3}$ $\quad\left[S=\left\{\dfrac{5}{4},\ -\dfrac{2}{3}\right\}\right]$

150 $\dfrac{(x-2)(x+2)}{4}-\dfrac{(x-2)^2}{2}=2x-1-\dfrac{7+x}{4}$ $\quad[S=\varnothing]$

151 $\dfrac{x}{\dfrac{1}{2}+\dfrac{1}{4}}+\dfrac{3x^2-2x}{\dfrac{1}{4}-\dfrac{1}{16}}=\dfrac{x}{\dfrac{1}{2}-\dfrac{1}{4}}+\dfrac{x(x-2)}{\dfrac{1}{2}-\dfrac{1}{8}}$ $\quad\left[S=\left\{0,\ \dfrac{3}{5}\right\}\right]$

152 $\dfrac{1}{2}[3(x^2-3x)+4]+(3x^2-5x+6)=\dfrac{(x+2)(x-1)}{2}-\dfrac{(4-x)(x-3)}{2}$ $\quad\left[S=\left\{\dfrac{6}{7},\ 1\right\}\right]$

153 $\left(2x+\dfrac{1}{5}\right)^2-\left(\dfrac{1}{5}-x\right)\left(\dfrac{1}{5}+x\right)+6-14x=5(1-x)(1+x)-\dfrac{31}{5}x$ $\quad\left[S=\left\{\dfrac{1}{5},\ \dfrac{1}{2}\right\}\right]$

154 $\dfrac{(1-x)(x+2)}{5}+\dfrac{24x+1}{35}=\dfrac{(3-x)(3+x)}{7}$ $\quad\left[S=\left\{\dfrac{5}{2},\ 6\right\}\right]$

155 $\dfrac{(x-2)^2}{16}+\dfrac{(x+1)^2}{6}=\dfrac{11}{24}-\dfrac{5}{48}x-\dfrac{1}{2}\left[\dfrac{4}{3}x\cdot\dfrac{2x-3}{4}-x\left(x-\dfrac{3}{8}\right)\right]$ $\quad\left[S=\left\{\dfrac{3\pm\sqrt{15}}{3}\right\}\right]$

156 $(2x-1)^3+\dfrac{(x-1)^2}{2}-\dfrac{(x+2)^2}{3}=x^2\left(8x-\dfrac{5}{6}\right)$ $\quad[S=\varnothing]$

157 $\dfrac{(x-2)(x-1)}{2}=\dfrac{(x+1)(x-2)}{6}-\dfrac{(x+2)(x+1)}{3}+4$ $\quad\left[S=\left\{-\dfrac{3}{2},\ 2\right\}\right]$

158 $\dfrac{(2x+3)(2x-1)}{2}-(2x+1)^2=-x\left(x+\dfrac{1}{2}\right)-5$ $\quad\left[S=\left\{-\dfrac{5}{2},\ 1\right\}\right]$

159 $\dfrac{1}{2}(x-2)-x(1-3x)=x(2x-1)-\dfrac{5}{4}-\dfrac{(3-2x)(x-2)}{4}$ $\quad\left[S=\left\{-5,\ \dfrac{1}{2}\right\}\right]$

160 $(x+2)\left(x-\dfrac{1}{3}\right)+\dfrac{1}{3}(x+3)^2=\dfrac{2x+1}{2}+\dfrac{10}{3}+\dfrac{17}{6}x$ $\quad\left[S=\left\{-1,\ \dfrac{9}{8}\right\}\right]$

161 $\dfrac{(x-3)(x+5)}{4}+\dfrac{(x-1)(x-3)}{6}-\dfrac{x^2-5x+6}{3}=\dfrac{x(x-3)}{2}$ $\quad\left[S=\left\{\dfrac{21}{5},\ 3\right\}\right]$

162 $-\left(x+\dfrac{1}{2}\right)^2+\left(2x-\dfrac{1}{3}\right)\left(2x+\dfrac{1}{3}\right)-\left(\dfrac{3}{2}x+1\right)^2=-\dfrac{1}{18}(63x+20)$ $\quad\left[S=\left\{-\dfrac{1}{3},\ 1\right\}\right]$

163 $\dfrac{16x^2+24x-16}{16}+\dfrac{7}{2}+\dfrac{(x-3)(x+1)}{2}=\dfrac{(x+2)^2}{3}$ $\left[S=\left\{-\frac{2}{7},1\right\}\right]$

164 $\dfrac{1}{12}(1+3x)^2-\dfrac{1}{4}(x-2)\left(\dfrac{1-x}{3}\right)=\dfrac{7}{4}+\dfrac{1}{12}(2-x)(5x-1)$ $\left[S=\left\{-\frac{4}{5},\frac{4}{3}\right\}\right]$

165 $\dfrac{5x^2+45+30x}{15}+\left(\dfrac{x-5}{5}\right)^2-\dfrac{1}{5}\left(\dfrac{26}{3}+\dfrac{1}{5}x^2\right)=\dfrac{1}{3}\left(\dfrac{1}{25}-\dfrac{2}{5}x\right)$ $\left[S=\left\{-\frac{13}{5}\right\}\right]$

166 $\left(x-\dfrac{2}{3}\right)\left(x+\dfrac{1}{3}\right)+\left(x-\dfrac{2}{3}\right)^2=3^{-2}(5x-1)^2-2x+\dfrac{5+2x}{9}$ $\left[S=\left\{\frac{4}{7},1\right\}\right]$

167 $\left(2x+\dfrac{1}{5}\right)^2-\dfrac{4}{5}(4x+1)^2+\left(1+\dfrac{29}{25}\right)=-(6x+1)^2$ $[S=\emptyset]$

168 $\dfrac{(x^2-x+1)^2}{3}-\dfrac{(x-3)^2}{2}+\dfrac{x^4-3}{3}=\dfrac{(2x^2-x+1)^2}{6}$ $[S=\{4\}]$

169 $\dfrac{x+\frac{1}{2}}{2}-\dfrac{\frac{x}{3}-\frac{1}{2}}{8}=\dfrac{x^2}{16}-\dfrac{2x-1}{4}+\dfrac{51x+1}{48}$ $\left[S=\left\{-2,\frac{1}{3}\right\}\right]$

170 $-\dfrac{\left(x-\frac{1}{2}\right)\left(x+\frac{1}{2}\right)}{\frac{3}{4}}-\dfrac{1+39x}{12}=3\left(\dfrac{x}{2}-\dfrac{1}{3}\right)\left(\dfrac{x}{2}+\dfrac{1}{3}\right)-\dfrac{5}{4}x^2-4x+\dfrac{1}{2}$ $\left[S=\left\{-\frac{1}{10},1\right\}\right]$

171 $2x-\left[\left(\dfrac{x+3}{2}\right)^2-\dfrac{3}{2}\left(\dfrac{x+1}{3}-\dfrac{1-2x}{6}\right)-x\right]=\dfrac{1}{2}+\dfrac{3}{4}x$ $[S=\{2;5\}]$

172 $\dfrac{x^2+4}{1-\sqrt{2}}-\dfrac{\sqrt{2}x}{1+\sqrt{2}}=\dfrac{8+x^2(1-\sqrt{2})}{\sqrt{2}-2}-\dfrac{x^2}{\sqrt{2}}$ $[S=\{-\sqrt{2},4-2\sqrt{2}\}]$

173 $0,\overline{3}(x+1)(x^2+1)+(x^2-x-2)(x-2)=\dfrac{(x-1)(x^2+2)}{2}+\dfrac{1}{6}x(5x^2+4)$ $\left[S=\left\{-2,\frac{14}{13}\right\}\right]$

174 $\dfrac{5}{12}+\left(x-\dfrac{3}{2}\right)^3-\left(x+\dfrac{1}{2}\right)^2\left(\dfrac{x}{3}+1\right)-\dfrac{1}{3}\left(2x^3-\dfrac{81}{8}\right)=0$ $\left[S=\left\{-\frac{1}{35},1\right\}\right]$

175 $\dfrac{(1-2x)(1+2x)}{2}-0,\overline{2}(x+1)=-\dfrac{1}{6}\left(10x^2-x-\dfrac{2}{3}\right)$ $\left[S=\left\{-\frac{3}{2},\frac{1}{3}\right\}\right]$

176 $3,\overline{6}(x+1)^3+0,\overline{3}(x^3+1)=48x+(2x+1)^2(x-3)$ $\left[S=\left\{\frac{7}{19},1\right\}\right]$

CORREGGI GLI ERRORI

177 $4x-3x^2-1=0 \quad\rightarrow\quad x=\dfrac{3\pm\sqrt{9+16}}{8}=\dfrac{3\pm5}{8}=\begin{cases}1\\-\dfrac{1}{4}\end{cases} \quad\rightarrow\quad S=\left\{-\dfrac{1}{4},1\right\}$

178 $3x^2-4x+1=0 \quad\rightarrow\quad x=\dfrac{2\pm\sqrt{4-3}}{6}=\dfrac{2\pm1}{6}=\begin{cases}\dfrac{1}{2}\\\dfrac{1}{6}\end{cases} \quad\rightarrow\quad S=\left\{\dfrac{1}{2},\dfrac{1}{6}\right\}$

179 $2x(x-1)=4 \quad \rightarrow \quad x(x-1)=2 \quad \rightarrow \quad x=2 \vee x-1=2 \quad \rightarrow \quad S=\{2,3\}$

180 $x^2-8x+25=0 \quad \rightarrow \quad x=4\pm\sqrt{16-25} \quad \rightarrow \quad x=4\pm\sqrt{-9}=4\pm 3 = \begin{cases} 7 \\ 1 \end{cases} \quad \rightarrow \quad S=\{7,1\}$

181 $(3x-1)\cancel{3(x+1)}=2\cdot\cancel{3(x+1)} \quad \rightarrow \quad 3x-1=2 \quad \rightarrow \quad 3x=3 \quad \rightarrow \quad x=1 \quad \rightarrow \quad S=\{1\}$

182 $\cancel{6}(x-3)(x+2)=\cancel{6} \quad \rightarrow \quad (x-3)(x+2)=0 \quad \rightarrow \quad x=3 \vee x=-2 \quad \rightarrow \quad S\{-2,3\}$

LE EQUAZIONI FRAZIONARIE

teoria a pagina 48

Comprensione

SOLUZIONI ES. COMPRENSIONE

183 L'equazione $\dfrac{4x^2-2x-3}{x^2+x}=1$ e l'equazione $4x^2-2x-3=x^2+x$ sono equivalenti:

a. in R **b.** in $R-\{0\}$ **c.** in $R-\{0,1\}$ **d.** in $R-\{0,-1\}$

184 Un'equazione frazionaria A ha dominio $D=R-\{\pm 1, 0\}$; ridotta in forma intera assume la forma $B: x^2-x-2=0$. Si può dire che:

a. le soluzioni di B sono anche soluzioni di A

b. delle soluzioni di B una sola è anche soluzione di A

c. nessuna delle soluzioni di B è anche soluzione di A.

Quale delle precedenti affermazioni è la sola vera?

185 Se il dominio di un'equazione è $R-\{-2,0\}$ e la sua forma equivalente intera è $x^2+2x=0$, l'insieme delle soluzioni è:

a. $S=\{0,-2\}$ **b.** $S=\{2\}$ **c.** $S=\left\{-\dfrac{1}{2}\right\}$ **d.** $S=\varnothing$

186 L'equazione $x-\dfrac{5}{x+1}=\dfrac{2x-3}{x+1}$ ridotta in forma normale assume la forma $x^2-x-2=0$. Le sue soluzioni sono:

a. 2, 1 **b.** 2, -1 **c.** 1 **d.** 2

Applicazione

Risolvi le seguenti equazioni frazionarie dopo averne determinato il dominio.

187 **ESERCIZIO GUIDATO**

$$\frac{x+3}{3}+\frac{4}{3}\left(\frac{x+5}{x+3}-1\right)=\frac{5x+1}{x+3}$$

Determiniamo il dominio imponendo le condizioni di esistenza: $x+3\neq 0$ cioè $x\neq -3$.

Allora $D=R-\{-3\}$.

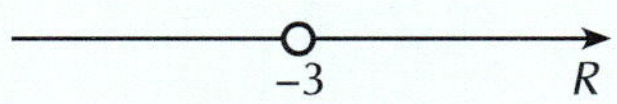

Svolgiamo i calcoli e trasportiamo tutti i termini al primo membro:

$$\frac{x+3}{3}+\frac{4}{3}\cdot\frac{x+5-x-3}{x+3}=\frac{5x+1}{x+3} \quad\rightarrow\quad \frac{x+3}{3}+\frac{8}{3(x+3)}=\frac{5x+1}{x+3} \quad\rightarrow$$

$$3\cancel{(x+3)}\cdot\frac{(x+3)^2+8}{3\cancel{(x+3)}}=\frac{3(5x+1)}{3\cancel{(x+3)}}\cdot 3\cancel{(x+3)} \quad\rightarrow\quad x^2+6x+9+8=15x+3 \quad\rightarrow$$

$$x^2-9x+14=0 \quad\rightarrow\quad x=\frac{9\pm\sqrt{81-56}}{2}=\frac{9\pm 5}{2}=\begin{cases}2\\7\end{cases}$$

Le soluzioni trovate appartengono a D quindi: $S=\{2, 7\}$.

188 **ESERCIZIO GUIDATO**

$$\frac{6x-(x^2+5)}{x-1}=x-1$$

Il dominio dell'equazione è l'insieme $D=R-\{1\}$.

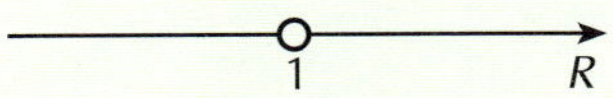

L'equazione in forma intera assume la forma:

$$6x-(x^2+5)=(x-1)^2 \quad\rightarrow\quad 2x^2-8x+6=0 \quad\rightarrow\quad x^2-4x+3=0$$

Applicando la formula ridotta otteniamo: $x=2\pm\sqrt{4-3}=2\pm 1=\begin{cases}1\\3\end{cases}$

Delle soluzioni trovate solo 3 appartiene al dominio, quindi: $S=\{3\}$.

189 $x-\dfrac{1}{x}=2$ $\qquad 2-\dfrac{3}{x+10}=-\dfrac{x+4}{8}$ $\qquad \left[S=\{1\pm\sqrt{2}\};\ S=\{-22,-8\}\right]$

190 $\dfrac{4}{3-2x}=8+\dfrac{5x-1}{x+1}$ $\qquad \dfrac{13+3x}{3(3x+1)}=\dfrac{(3x+1)}{6}$ $\qquad \left[S=\left\{-\dfrac{1}{2}, \dfrac{17}{13}\right\};\ S=\left\{\pm\dfrac{5}{3}\right\}\right]$

191 $\dfrac{3x}{x^2-4}=\dfrac{4x}{x-2}+\dfrac{6x}{x+2}$ $\qquad \dfrac{7-x}{x-5}=\dfrac{13}{6}-\dfrac{x-5}{7-x}$ $\qquad \left[S=\left\{0, \dfrac{7}{10}\right\};\ S=\left\{\dfrac{29}{5}, \dfrac{31}{5}\right\}\right]$

192 $\dfrac{8}{x^2}+4=\dfrac{x-x^2}{2x^2}-\dfrac{25}{2x}$ $\qquad \dfrac{6}{x+1}-\dfrac{1}{x-1}=\dfrac{2}{x}$ $\qquad \left[S=\left\{-\dfrac{4}{3}\right\};\ S=\left\{\dfrac{1}{3}, 2\right\}\right]$

193 $\dfrac{x-4}{x^2-9}-1+\dfrac{1}{3-x}=0$ $\qquad x=\dfrac{3x^2-2x-4}{x-2}$ $\qquad \left[S=\{\pm\sqrt{2}\};\ S=\{\pm\sqrt{2}\}\right]$

194 $\dfrac{x}{x-2}-\dfrac{6}{x^2-x-2}=\dfrac{5}{x+1}$ $\qquad \dfrac{5}{x+5}=1-\dfrac{4}{x+4}$ $\qquad \left[S=\varnothing;\ S=\{\pm 2\sqrt{5}\}\right]$

195 $\dfrac{(x-1)^2-1}{(1-x)^2}+\dfrac{3x}{x-1}=0$ $\qquad \dfrac{x+1}{x+3}+\dfrac{4+4x}{3(2-x)}=1$ $\qquad \left[S=\left\{0, \dfrac{5}{4}\right\},\ S=\left\{0, -\dfrac{11}{2}\right\}\right]$

196 $\dfrac{(x+1)^3}{x^2+2x+1}=\dfrac{1}{2x}$ $\qquad \dfrac{1}{x}+\dfrac{2}{x^2}-3=0$ $\qquad \left[S=\left\{\dfrac{-1\pm\sqrt{3}}{2}\right\};\ S=\left\{-\dfrac{2}{3}, 1\right\}\right]$

197 $\dfrac{x(x-2)}{x+1}+1=\dfrac{31}{x+1}$ $\qquad \dfrac{2}{x}(x^2+3x-18)=x+6$ $\qquad \left[S=\{-5, 6\};\ S=\{\pm 6\}\right]$

198 $\dfrac{1}{4x-x^2}-\dfrac{3}{x(x+3)}=\dfrac{1}{2x}$ $\qquad \dfrac{x}{x-1}+\dfrac{x+2}{x+1}=\dfrac{x^2+6x-5}{x^2-1}$ $\qquad \left[S=\{-10, 3\};\ S=\{3\}\right]$

199 $\frac{(2x-1)^2}{x-3} - 4 = 2x - \frac{13}{3-x}$ $\quad \frac{3}{x} - \frac{1}{x^2} = 2$ $\left[S = \{0, 1\};\ S = \left\{\frac{1}{2}, 1\right\}\right]$

200 $\frac{2x^2-2x}{x^2-4x+3} + 1 = \frac{x-1}{x+3}$ $\quad \frac{x+1}{x^2} - \frac{x-1}{x} = 3$ $\left[S = \{-6\};\ S = \left\{\frac{1 \pm \sqrt{5}}{4}\right\}\right]$

201 $\frac{2x+3}{x-2} - \frac{2x-3}{1-x} + \frac{6x-7}{x^2-3x+2} = 0$ $\quad \frac{2}{x^2-x} + \frac{3}{x^2+x} = \frac{x}{x^2-1}$ $\left[S = \{-1\};\ S = \left\{\frac{5 \pm \sqrt{21}}{2}\right\}\right]$

202 $\frac{2x-1}{x+2} + \frac{x+2}{1-2x} = \frac{7+5x}{2x^2+3x-2}$ $\quad \frac{1}{3x} + \frac{x}{x-1} = \frac{x^2-3}{x^2+x}$ $\left[S = \left\{-\frac{2}{3}, 5\right\};\ S = \left\{-2, \frac{5}{7}\right\}\right]$

203 $\frac{1}{x+1} + \frac{2(x^2-3)-9x}{(x+1)^2} + 2 = 0$ $\quad \left(\frac{1}{x} - \frac{2}{x-1}\right)(x+1) = \frac{x-2}{x-1}$ $\left[S = \left\{-\frac{1}{2}, \frac{3}{2}\right\};\ S = \varnothing\right]$

204 $\frac{2(3x^2-4x+2)}{x^2-5x+8} - \frac{2x-1}{x-2} = \frac{1-4x}{x-3}$ $\quad \left(1 + \frac{x-1}{x^2+2x}\right)\left(1 - \frac{x-5}{x-3}\right) = -\frac{1}{x}$ $\left[S = \left\{\frac{1}{2}, \frac{3}{4}\right\};\ S = \left\{-\frac{8}{3}, 1\right\}\right]$

205 $\frac{2(1+2x)}{x^2-x-2} - \frac{x^2}{2-x} = \frac{7x}{x-2} + \frac{2+x^3}{(x-2)(x+1)}$ $\left[S = \left\{0, -\frac{1}{2}\right\}\right]$

206 $\frac{-2\sqrt{3}(x-\sqrt{2})}{(x-\sqrt{2})(x-\sqrt{3})} + \frac{x+\sqrt{3}}{x-\sqrt{2}} + \frac{2x}{x-\sqrt{3}} = 2$ $\left[S = \{-\sqrt{3}\}\right]$

207 $\frac{1}{4} + \frac{1}{3} \cdot \frac{(x+1)^2}{x^2+4x+4} - \frac{2}{3} - \frac{1}{3}\left(\frac{x+3}{x+2}\right)^2 = 0$ $\left[S = \left\{-\frac{26}{5}\right\}\right]$

208 $\frac{(x+1)^2}{2x^3+x^2-8x-4} + \frac{1}{4x+2} = 0$ $\left[S = \left\{\frac{-2 \pm \sqrt{10}}{3}\right\}\right]$

209 $\frac{x^2+8x+11}{x^2+5x+6} + \frac{x-1}{x+3} = \frac{x-2}{x+2}$ $\left[S = \{-5\}\right]$

210 $\frac{3}{x-1} + \frac{2x}{x+3} = \frac{10}{x^2+2x-3}$ $\left[S = \left\{-1, \frac{1}{2}\right\}\right]$

211 $\frac{x+1}{2x+5} + \frac{5}{4x^2-25} + \frac{3x}{5-2x} = 0$ $\left[S = \left\{-\frac{9}{2}, 0\right\}\right]$

212 $\frac{1}{4x} - \frac{1}{4x+1} + \frac{1}{4x-1} = \frac{x - \frac{3}{4}}{x^3 - \frac{1}{16}x}$ $\left[S = \left\{\frac{7 \pm \sqrt{2}}{4}\right\}\right]$

213 $\frac{8x}{x^2+10x+25} = \frac{4}{x^2+7x+10} - \frac{1}{x+2}$ $\left[S = \left\{\frac{-11 \pm 2\sqrt{19}}{9}\right\}\right]$

214 $\frac{x(3x-2)}{x-3} - 1 = \frac{2x^2+1}{x-2} + \frac{x(x^2-4)-3}{x^2-5x+6}$ $\left[S = \{0, 4\}\right]$

215 $\frac{x}{x-1} - \frac{x}{x+1} - \frac{2x}{x^2-2x+1} = \frac{2}{x^2-1} - \frac{1}{x-1} - \frac{1}{x+1}$ $\left[S = \{2 \pm \sqrt{3}\}\right]$

216 $\frac{2}{x^2-3x+2} + \frac{2x(3-x)+4}{x^3-2x^2-x+2} = 0$ $\left[S = \{2 \pm \sqrt{7}\}\right]$

217 $\frac{1}{x-2\sqrt{2}} + \frac{1}{x^2-8} + \frac{1+2\sqrt{2}}{x^2+8-4\sqrt{2}x} = 0$ $\left[S = \{-2(1+\sqrt{2}), 0\}\right]$

218 $\frac{x-\sqrt{3}}{x+\sqrt{3}}-\frac{x+2\sqrt{3}}{x-2\sqrt{3}}=3-\frac{6\sqrt{3}x}{x^2-\sqrt{3}x-6}$ $[S=\varnothing]$

219 $\frac{1}{x-1}+\frac{6}{2x-7}=\frac{9}{4}-\frac{5}{2x^2-9x+7}$ $\left[S=\left\{\frac{95}{18}\right\}\right]$

220 $\frac{1}{-x^2+5x-6}=\frac{1}{x-3}\left(1+\frac{1}{x-3}\right)+\frac{1}{2-x}\left(1-\frac{1}{2-x}\right)$ $\left[S=\left\{\frac{4\pm\sqrt{2}}{2}\right\}\right]$

221 $\frac{x+1}{x-3}+\frac{x-1}{1-3x}=\frac{2(x-2)}{3x^2-10x+3}$ $[S=\{0,-2\}]$

222 $\frac{x-2}{x-1}-2=\frac{3}{2-x}+\frac{x-1}{x-2}+\frac{x+1}{x^2-3x+2}$ $[S=\varnothing]$

223 $\frac{1}{x}-\frac{x+1}{x-2}=\frac{(x-2\sqrt{2})(x+2\sqrt{2})}{x^2-2x}$ $[S=\{\pm\sqrt{3}\}]$

224 $\frac{24}{x-1}+3x\left(1+\frac{5}{x}-\frac{1}{3x}\right)=\frac{12(x+1)}{x-1}$ $\left[S=\left\{-\frac{2}{3}\right\}\right]$

225 $\frac{2}{1+\sqrt{3}x}-\frac{2x+2}{1-\sqrt{3}x}=\frac{x(x-\sqrt{3})}{1-3x^2}-\sqrt{3}(\sqrt{3}+1)$ $\left[S=\left\{1-\sqrt{3};\ \frac{\sqrt{3}}{5}\right\}\right]$

226 $\frac{1-4x}{1-x}-\frac{1}{x^2-2x+1}=1+\left(1+\frac{2}{x}\right):\left(1-\frac{1}{x}\right)$ $\left[S=\left\{\frac{2\pm\sqrt{2}}{2}\right\}\right]$

227 $\frac{x}{x+\frac{1}{2}}+\frac{x}{x-\frac{1}{2}}+\frac{32}{1-4x^2}=0$ $[S=\{\pm 2\}]$

228 $\frac{\frac{2}{x}-2-\frac{1}{x+1}}{1+\frac{1}{x}}=\frac{4-x^2}{(x+1)^2}-2$ $[S=\{-3\}]$

229 $\frac{\left(\frac{x+3}{3}\right)^2+x^2-7}{\frac{x^2+3x}{3}+2}=1+\frac{x+3}{x^2+3x+6}$ $\left[S=\left\{\frac{27}{7},-3\right\}\right]$

230 $\frac{1}{1+\frac{1}{1+x}}-\frac{2+\frac{1}{x}}{\frac{1}{x}-1}=\frac{5+\frac{4}{x}}{2x-1-\frac{1}{x}}$ $\left[S=\left\{\frac{-7-\sqrt{7}}{6},\ \frac{-7+\sqrt{7}}{6}\right\}\right]$

231 $\frac{x-1}{x^2+x}+\frac{x^2-2x+3}{x}=\frac{\frac{1}{x}+\frac{x+2}{x-2}}{\frac{1}{x-2}}$ $\left[S=\left\{1,-\frac{4}{5}\right\}\right]$

232 $\frac{\frac{1}{x-\sqrt{3}}+\frac{1}{x+\sqrt{3}}}{\frac{2x}{x^2-3}\left(1+\frac{1}{x}\right)}=\frac{3x^2-1}{x^2+x}-\frac{\sqrt{2}+4}{2}$ $[S=\{1-\sqrt{2},\ -2-\sqrt{2}\}]$

teoria a pagina 49

Comprensione

SOLUZIONI ES. COMPRENSIONE

233 Prima di applicare la formula risolutiva all'equazione $x(a-3)-2+x^2(a-1)=ax^2$ è necessario porre:

a. $a \neq 3$ **b.** $a \neq 1$ **c.** $a \neq 1 \wedge a \neq 0$ **d.** nessuna condizione

234 Nell'equazione di secondo grado letterale $(3a+1)x^2-2ax-8a-4=0$:

a. se $a=1$ le soluzioni sono $-\frac{3}{2} \vee 2$ V F

b. se $a=-\frac{1}{3}$ l'equazione è impossibile V F

c. se $a=-\frac{1}{3}$ l'equazione ha soluzione 2 V F

d. se $a=0$ l'equazione è indeterminata. V F

235 L'equazione $ax^2-(a^2+1)x+a=0$ di dominio R ha soluzioni:

a. $a \vee \frac{1}{a}$ per ogni a V F

b. $a \vee \frac{1}{a}$ se $a \neq 0$ V F

c. 0 se $a=0$ V F

d. 1 se $a=1$ V F

236 Risolvendo un'equazione letterale di dominio $R-\{0\}$ si ottengono le soluzioni $x=a+1$ e $x=a$; l'insieme delle soluzioni è:

a. $\{a, a+1\}\ \forall a \in R$ **b.** $\{a, a+1\}$ se $a \neq 0$

c. $\{a, a+1\}$ se $a \neq 0 \wedge a \neq -1$ **d.** $\{a, a+1\}$ se $a \neq 0 \wedge a \neq 1$

237 Il dominio dell'equazione letterale $\frac{x^2+x-1}{a}-\frac{x(x+1)}{1-a}=\frac{x-1}{a}$ è:

a. R **b.** $R-\{0, 1\}$ **c.** $R-\{0\}$ **d.** $R-\{1\}$

238 L'equazione del precedente esercizio ha soluzioni $x=0 \vee x=\frac{a}{1-2a}$; esse sono accettabili:

a. $\forall a \in R$ **b.** se $a \neq 0 \wedge a \neq 1 \wedge a \neq \frac{1}{3}$

c. se $a \neq 0 \wedge a \neq 1$ **d.** se $a \neq 0 \wedge a \neq 1 \wedge a \neq \frac{1}{2}$

239 Un'equazione di secondo grado di dominio $R-\{0, 1\}$ ha soluzioni a e $a-1$; entrambe le soluzioni sono accettabili se:

a. $a \neq 0$ **b.** $a \neq 0 \wedge a \neq 1$ **c.** $a \neq 0 \wedge a \neq 1 \wedge a \neq 2$ **d.** per qualunque valore di a

240 Il dominio di un'equazione letterale di parametro a è l'insieme $R-\{-a, a\}$; non vi sono condizioni iniziali sul parametro che può assumere qualsiasi valore reale. Risolvendo l'equazione si ottiene $x=a+1 \vee x=6a$. Le soluzioni sono accettabili:

a. $\forall a \in R$ **b.** solo se $a \neq 0$ **c.** se $a \neq 0 \wedge a \neq -\frac{1}{2}$ **d.** se $a \neq \pm\frac{1}{6} \wedge a \neq 0$

Applicazione

Equazioni letterali intere

Risolvi e discuti le seguenti equazioni.

241 **ESERCIZIO GUIDATO**

$(a+1)x^2 - 2ax + a - 1 = 0$

L'equazione si presenta già in forma normale e possiamo procedere alla sua risoluzione. Discutiamo il coefficiente del termine di secondo grado:

- se $a+1 \neq 0$ cioè se $a \neq -1$

  possiamo applicare la formula risolutiva; visto poi che il coefficiente del termine di primo grado è divisibile per 2, possiamo usare la formula ridotta.

  Calcoliamo dapprima il discriminante: $\frac{\Delta}{4} = a^2 - (a+1)(a-1) = a^2 - a^2 + 1 = 1$

  Applichiamo la formula: $x = \frac{a \pm 1}{a+1} = \begin{cases} \frac{a-1}{a+1} \\ \frac{a+1}{a+1} = 1 \end{cases}$

- se $a+1 = 0$ cioè se $a = -1$

  non possiamo applicare la formula; sostituendo questo valore nell'equazione otteniamo:

  $(-1+1)x^2 + 2x - 1 - 1 = 0 \quad \rightarrow \quad 2x - 2 = 0 \quad \rightarrow \quad x = 1$

Riassumendo: se $a \neq -1 : S = \left\{1, \frac{a-1}{a+1}\right\}$; se $a = -1 : S = \{1\}$.

242 $2ax^2 + (a^2 - 2)x - a = 0$ $\left[\text{se } a \neq 0 : S = \left\{-\frac{a}{2}, \frac{1}{a}\right\}; \text{ se } a = 0 : S = \{0\}\right]$

243 $(b-2)x^2 + bx + 2(4 - 3b) = 0$ $\left[\text{se } b \neq 2 : S = \left\{2, \frac{3b-4}{2-b}\right\}; \text{ se } b = 2 : S = \{2\}\right]$

244 $2x^2(2a-1) + (6a-1)x + 2a = 0$ $\left[\text{se } a \neq \frac{1}{2} : S = \left\{-\frac{1}{2}, \frac{2a}{1-2a}\right\}; \text{ se } a = \frac{1}{2} : S = \left\{-\frac{1}{2}\right\}\right]$

245 $x^2 + x - 2ax = a - a^2$ $[S = \{a, a-1\}]$

246 $(a-x)^2 = 9$ $[S = \{a+3, a-3\}]$

247 $2(x-1)(x+1) = 2a(x-1)$ $[S = \{1, a-1\}]$

248 $(x-a)^2 = (a-x)(a+x)$ $[S = \{0. a\}]$

249 $2x(a-1) - 2(a-2) = \frac{1}{2}\left[(x+1)^2 + (x-1)^2\right]$ $[S = \{1, 2a-3\}]$

250 $\left(x - \frac{a}{9}\right)^2 - \left(3x - \frac{a}{3}\right)^2 = -\frac{8}{81}a^2$ $\left[S = \left\{0, \frac{2}{9}a\right\}\right]$

251 $x(3a + x + 1) + (3a + x - 1)(6a + x) = 2[1 + 3a(3a+1)]$ $[S = \{1, -(6a+1)\}]$

252 $(3a - x)(3a + x) + (x + 3a)^2 - 9(a^2 + x^2) = 0$ $\left[S = \left\{\frac{a}{3}\left(1 \pm \sqrt{10}\right)\right\}\right]$

253 $a(x-2)+x(x-2)=0$ $\quad [S=\{-a, 2\}]$

254 $(1-a)x^2+2ax=0$ $\quad \left[\text{se } a\neq 1: S=\left\{0, \frac{2a}{a-1}\right\}; \text{ se } a=1: S=\{0\}\right]$

255 $\left(\frac{a}{3}-x\right)\left(\frac{a}{3}+x\right)-\left(2x-\frac{1}{3}a\right)^2=(a-5)x^2+\frac{1}{3}ax$ $\quad [\text{se } a=0: S=R; \text{ se } a\neq 0: S=\{0, 1\}]$

256 $k(x-3)(x+3)=3x-9$ $\quad \left[\text{se } k\neq 0: S=\left\{3, \frac{3(1-k)}{k}\right\}; \text{ se } k=0: S=\{3\}\right]$

257 **ESERCIZIO GUIDATO**

$2ax-(a-x)(ax+1)=x(x+a)$

Svolgiamo i calcoli fino ad arrivare alla forma risolutiva: $2ax-a^2x+ax^2-a+x-x^2-ax=0$

Ordiniamo secondo le potenze decrescenti di x e raggruppiamo i termini in x^2, in x e il termine noto:

$$ax^2-x^2-a^2x+ax+x-a=0 \quad \rightarrow \quad (a-1)x^2-x(a^2-a-1)-a=0$$

Procediamo alla risoluzione discutendo il coefficiente di x^2 :

- se $a-1\neq 0$ cioè se $a\neq 1$:

$$\Delta=(a^2-a-1)^2+4a(a-1)=\underbrace{a^4+a^2+1}_{\text{i tre quadrati}}\underbrace{-2a^3-2a^2+2a}_{\text{i doppi prodotti}}+4a^2-4a=$$

$$=\underbrace{a^4+a^2+1}_{\text{i tre quadrati}}\underbrace{-2a^3+2a^2-2a}_{\text{i doppi prodotti}}=(a^2-a+1)^2$$

$$x=\frac{(a^2-a-1)\pm(a^2-a+1)}{2(a-1)}= \begin{cases} \frac{(a^2-a-1)-(a^2-a+1)}{2(a-1)}=\frac{-2}{2(a-1)}=\frac{1}{1-a} \\ \frac{(a^2-a-1)+(a^2-a+1)}{2(a-1)}=\frac{2a^2-2a}{2(a-1)}=\frac{2a(a-1)}{2(a-1)}=a \end{cases}$$

- se $a-1=0$ cioè se $a=1$ l'equazione diventa:

$$(1-1)x^2-x(1-1-1)-1=0 \quad \rightarrow \quad x-1=0 \quad \rightarrow \quad x=1$$

Riassumendo: se $a\neq 1: S=\left\{a, \frac{1}{1-a}\right\}$; se $a=1: S=\{1\}$.

258 $ax(x+a)-a=a(x+a)+x$ $\quad \left[\text{se } a\neq 0: S=\left\{-a, \frac{a+1}{a}\right\}; \text{ se } a=0: S=\{0\}\right]$

259 $a^2x^2-x(a+2)+1=4x^2-x(a-2)+2$ $\quad \left[\text{se } a\neq 2 \wedge a\neq -2: S=\left\{\frac{1}{a-2}, \frac{-1}{a+2}\right\}; \text{ se } a=2 \vee a=-2: S=\left\{-\frac{1}{4}\right\}\right]$

260 $x^2-\frac{1}{2}ax=\left(\frac{1}{2}+a\right)\left(x-\frac{1}{2}a\right)$ $\quad \left[S=\left\{\frac{a}{2}, \frac{1+2a}{2}\right\}\right]$

261 $ax(x-2)=1-a$ $\quad \left[\text{se } a>0: S=\left\{1+\frac{\sqrt{a}}{a}, 1-\frac{\sqrt{a}}{a}\right\}; \text{ se } a\leq 0: S=\varnothing\right]$

262 $(3x+a)^2-3x(2x+a)=7a^2$ $\quad [S=\{-2a, a\}]$

263 $\left(\frac{1}{2}+a\right)\left[x^2-\left(\frac{1}{2}+a\right)x+1\right]=x$ $\quad \left[\text{se } a\neq -\frac{1}{2}: S=\left\{\frac{2}{1+2a}, \frac{1+2a}{2}\right\}; \text{ se } a=-\frac{1}{2}: S=\{0\}\right]$

264 $(x+2)^2=(a+2)^2-a^2$ $\left[\text{se } a \geq -1: S=\left\{-2\pm 2\sqrt{1+a}\right\}\right]$

265 $\left(a-\frac{1}{2}\right)x^2=ax-\frac{1}{2}(a-ax^2)$ $\left[\text{se } a<0: S=\varnothing;\ \text{se } a=1: S=\left\{\frac{1}{2}\right\};\ \text{se } a\geq 0 \land a\neq 1: S=\left\{\frac{a\pm\sqrt{a}}{a-1}\right\}\right]$

266 ## ESERCIZIO GUIDATO

$$\frac{x^2-1}{2}=x+2a$$

Scriviamo l'equazione in forma normale: $x^2-2x-4a-1=0$

Applichiamo la formula risolutiva (ridotta): $x=1\pm\sqrt{1+4a+1}=1\pm\sqrt{2+4a}$

Le soluzioni trovate sono reali solo se l'argomento del radicale è positivo o nullo; dobbiamo quindi imporre la condizione che sia

$$2+4a\geq 0 \quad\rightarrow\quad a\geq -\frac{1}{2}$$

In definitiva: se $a\geq -\frac{1}{2}$ l'equazione ha due soluzioni reali, quindi $S=\left\{1\pm\sqrt{2+4a}\right\}$

se $a<-\frac{1}{2}$ l'equazione non ha soluzioni reali, quindi $S=\varnothing$.

267 $(1-2x)^2=k+2$ $\left[\text{se } k>-2: S=\left\{\frac{1\pm\sqrt{k+2}}{2}\right\};\ \text{se } k<-2: S=\varnothing\right]$

268 $(kx-1)^2+3k(x-1)=k-1$ $\left[\text{se } k\geq\frac{7}{16}: S=\left\{\frac{-1\pm\sqrt{16k-7}}{2k}\right\};\ \text{se } k\neq 0\land k<\frac{7}{16}: S=\varnothing\right]$

269 $(3b-1)x^2-9b^2+1=0$ $\left[\text{se } b>-\frac{1}{3}\land b\neq\frac{1}{3}: S=\left\{\pm\sqrt{3b+1}\right\};\ \text{se } b=\frac{1}{3}: S=R;\ \text{se } b<-\frac{1}{3}: S=\varnothing\right]$

270 $(a^2-2)x^2-2ax=1$ $\left[\text{se } a\neq\pm\sqrt{2}\land(a\leq -1\lor a\geq 1): S=\left\{\frac{a\pm\sqrt{2a^2-2}}{a^2-2}\right\};\ \text{se } a=-\sqrt{2}: S=\left\{\frac{\sqrt{2}}{4}\right\};\ \text{se } a=\sqrt{2}: S=\left\{-\frac{\sqrt{2}}{4}\right\};\ \text{se } -1<a<1: S=\varnothing\right]$

271 ## ESERCIZIO GUIDATO

$$\frac{x}{a-1}+\frac{x-a}{a}=\frac{ax(x+1-a)}{a^2-a}$$

Scomponiamo il terzo denominatore e individuiamo le condizioni sul parametro:

$$\frac{x}{a-1}+\frac{x-a}{a}=\frac{ax(x+1-a)}{a(a-1)}$$ deve quindi essere $a\neq 0\land a\neq 1$

Svolgendo i calcoli si ottiene l'equazione in forma normale: $ax^2-x(a^2+a-1)+a^2-a=0$

Abbiamo già posto la condizione $a\neq 0$ relativa al coefficiente di x^2, possiamo quindi applicare la formula risolutiva senza porre altre condizioni sul parametro:

$$\Delta=(a^2+a-1)^2-4a(a^2-a)=\underbrace{a^4+a^2+1}_{\text{i tre quadrati}}\underbrace{+2a^3-2a^2-2a}_{\text{i doppi prodotti}}-4a^3+4a^2=$$

$$=\underbrace{a^4+a^2+1}_{\text{i tre quadrati}}\underbrace{-2a^3+2a^2-2a}_{\text{i doppi prodotti}}=(a^2-a+1)^2$$

$$x = \frac{a^2 + a - 1 \pm (a^2 - a + 1)}{2a} = \begin{cases} \dfrac{a-1}{a} \\ a \end{cases}$$

Riassumendo: se $a \neq 0 \wedge a \neq 1$: $S = \left\{a, \dfrac{a-1}{a}\right\}$

se $a = 0 \vee a = 1$: l'equazione perde significato.

272 $\dfrac{ax+2}{a-2} + \dfrac{(ax+2)^2}{a^2-4} + 2 = \dfrac{2a(a+2x)+4(a+2)}{a^2-4}$ [se $a \neq 0 \wedge a \neq \pm 2 : S = \left\{-\dfrac{a+4}{a}, \dfrac{2}{a}\right\}$; se $a = 2 \vee a = -2$: l'equazione perde significato; se $a = 0 : S = \varnothing$]

273 $\dfrac{x}{a} + x^2 - \dfrac{6}{a^2} = 0$ [se $a = 0$: l'equazione perde significato; se $a \neq 0 : S = \left\{-\dfrac{3}{a}, \dfrac{2}{a}\right\}$]

274 $\dfrac{x-a}{a} + x^2 = 9\left(a^2 + \dfrac{2}{9}\right)$ [se $a \neq 0 : S = \left\{3a, -\dfrac{3a^2+1}{a}\right\}$; se $a = 0$: l'equazione perde significato]

275 $\dfrac{x^2}{a^2} - \dfrac{1+x^2}{2} = \dfrac{(a-\sqrt{2})x - a}{2a}$ [se $a \neq 0 \wedge a \neq \pm\sqrt{2} : S = \left\{0, \dfrac{-a}{a+\sqrt{2}}\right\}$; se $a = -\sqrt{2} : S = \{0\}$; se $a = \sqrt{2} : S = R$; se $a = 0$: l'equazione perde significato]

276 $\dfrac{2(2x^2+a)}{2a+1} + 2x = 0$ [se $a = -\dfrac{1}{2}$: l'equazione perde significato; se $a \neq -\dfrac{1}{2} : S = \left\{-a, -\dfrac{1}{2}\right\}$]

277 $\dfrac{4ax}{(a+1)^2} + (a-1)^2 = \dfrac{x^2}{(a+1)^2}$ [se $a \neq -1 : S = \{(a+1)^2, -(a-1)^2\}$; se $a = -1$: l'equazione perde significato]

278 $\dfrac{3x^2}{a-3} + \dfrac{2x}{a} = \dfrac{4}{a^2-3a}$ [se $a = 0 \vee a = 3$: l'equazione perde significato; se $a \neq 0 \wedge a \neq 3 : S = \left\{\dfrac{2}{a}, -\dfrac{2}{3}\right\}$]

279 $\dfrac{x^2+a}{a-1} + \dfrac{x^2-a}{a+1} = \dfrac{5ax}{a^2-1}$ [se $a = -1 \vee a = 1$: l'equazione perde significato; se $a \neq 0 \wedge a \neq \pm 1 : S = \left\{\dfrac{1}{2}, 2\right\}$; se $a = 0 : S = R$]

280 $x(x+a) = \dfrac{a+x}{a+2}$ [se $a = -2$: l'equazione perde significato; se $a \neq -2 : S = \left\{\dfrac{1}{a+2}, -a\right\}$]

281 $\dfrac{(x-b)(bx-1)}{b-2} = \dfrac{(b+2)(bx-1)}{b}$ [se $b = 0 \vee b = 2$: l'equazione perde significato; se $b \neq 0 \wedge b \neq 2 : S = \left\{\dfrac{1}{b}, \dfrac{2b^2-4}{b}\right\}$]

282 $\dfrac{x^2}{a-1} - 16 = \dfrac{(4-x)(4+x)+x^2}{a-1}$ [se $a = 1$: l'equazione perde significato; se $a < 0 : S = \varnothing$; se $a \geq 0 \wedge a \neq 1 : S = \{\pm 4\sqrt{a}\}$]

283 $\dfrac{x^2-3}{a+2} = \dfrac{x^2+3}{a-2}$ [se $a = \pm 2$ l'equazione perde significato; se $a \leq 0 \wedge a \neq -2 : S = \left\{\pm\dfrac{\sqrt{-6a}}{2}\right\}$; se $a > 0 \wedge a \neq 2 : S = \varnothing$]

284 $\frac{x-a}{2a}+\frac{4}{a-1}=\frac{x^2+4a}{a^2-a}$

$\left[\begin{array}{l}\text{se } a=0 \vee a=1 \text{ l'equazione perde significato;}\\ \text{se } -\frac{1}{7}\le a<1 \wedge a\ne 0: S=\left\{\frac{a-1\pm\sqrt{-7a^2+6a+1}}{4}\right\};\\ \text{se } a<-\frac{1}{7} \vee a>1: S=\varnothing\end{array}\right]$

Equazioni letterali frazionarie

Risolvi e discuti le seguenti equazioni.

285 **ESERCIZIO GUIDATO**

$(a+1)x-\frac{2(x-a)}{x}=a(a+1)$

L'equazione è frazionaria e quindi deve essere $x\ne 0$;

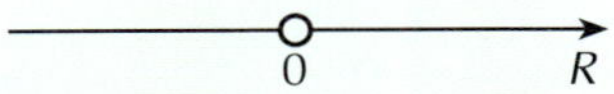

il dominio dell'incognita è allora $R-\{0\}$. Svolgiamo i calcoli:

$(a+1)x^2-2(x-a)=ax(a+1) \quad\rightarrow\quad (a+1)x^2-2x+2a-a^2x-ax=0 \quad\rightarrow$

$(a+1)x^2-x(a^2+a+2)+2a=0$

- se $a\ne -1$ possiamo applicare la formula risolutiva. Calcoliamo innanzi tutto il discriminante:

  $\Delta=(a^2+a+2)^2-8a(a+1)=a^4+a^2+4+2a^3-4a^2-4a=(a^2+a-2)^2$

  Applichiamo la formula: $x=\frac{(a^2+a+2)\pm(a^2+a-2)}{2(a+1)}= \begin{cases}\frac{2}{a+1}\\ a\end{cases}$

  Stabiliamo se le soluzioni sono accettabili:

  - $x_1\ne 0 \qquad \frac{2}{a+1}\ne 0 \qquad \forall a\ne -1$ condizione già posta
  - $x_2\ne 0 \qquad a\ne 0$

- se $a=-1$ l'equazione diventa $-2x-2=0 \quad\rightarrow\quad x=-1$.

Dunque

- se $a\ne -1 \wedge a\ne 0: S=\left\{\frac{2}{a+1}, a\right\}$
- se $a=0$ la seconda soluzione non è accettabile, la prima diventa $\frac{2}{1}$, quindi $S=\{2\}$
- se $a=-1: S=\{-1\}$.

286 $\frac{x+a}{x-1}-\frac{x-a}{x}+\frac{1+a}{1-x}+1=0$ $\quad$ [se $a\ne 0 \wedge a\ne -1: S=\{-a\}$; se $a=0 \vee a=-1: S=\varnothing$]

287 $\frac{a^2}{x}\left(\frac{1}{2}-\frac{1}{x}\right)=\frac{2(a-1)}{x+2}$

$\left[\begin{array}{l}\text{se } a\ne 2 \wedge a\ne 0 \wedge a\ne 1: S=\left\{\pm\frac{2a}{a-2}\right\};\\ \text{se } a=2 \vee a=0: S=\varnothing;\\ \text{se } a=1: S=\{2\}\end{array}\right]$

288 $(x+1)a^2=a+\frac{a(x+1)-1}{2x+1}$

$\left[\begin{array}{l}\text{se } a\ne 0 \wedge a\ne 2: S=\left\{\frac{1-a}{2a}, \frac{1-a}{a}\right\};\\ \text{se } a=2: S=\left\{-\frac{1}{4}\right\};\\ \text{se } a=0: S=\varnothing\end{array}\right]$

289 $\dfrac{2(2a+x)}{x-a}+\dfrac{4a}{x+a}=0$ $\left[\text{se } a \neq 0: S=\{0, -5a\}; \text{ se } a=0: S=\varnothing\right]$

290 $x\left(2+\dfrac{1}{x}+\dfrac{ax}{x+1}\right)-\left(1+x-\dfrac{a}{x+1}\right)=(x-1)a+\dfrac{3(x+a)}{x+1}$ $\left[\begin{array}{l}\text{se } a>-1 \ \wedge \ a\neq 0: S=\{1\pm\sqrt{a+1}\};\\ \text{se } a=0: S=\{2\}\end{array}\right]$

291 **ESERCIZIO GUIDATO**

$$\frac{a(x-1)}{a-2}+1=\frac{1}{2-x}+\frac{2+a}{ax-2x-2a+4}$$

Scomponiamo dapprima i denominatori: $\dfrac{a(x-1)}{a-2}+1=-\dfrac{1}{x-2}+\dfrac{2+a}{(a-2)(x-2)}$

Il dominio dell'equazione è l'insieme $D=R-\{2\}$

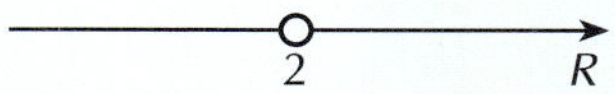

Dobbiamo inoltre imporre la condizione sul parametro: $a\neq 2$

Svolgendo i calcoli si giunge alla forma normale dell'equazione:

$$ax^2-2ax-2x=0 \qquad \rightarrow \qquad x(ax-2a-2)=0$$

Procediamo alla discussione:

- se $a\neq 0$: $\quad x=0 \quad \vee \quad x=\dfrac{2(a+1)}{a}$

  La prima soluzione è accettabile, la seconda lo è se: $\dfrac{2(a+1)}{a}\neq 2$

  Poiché questa condizione è sempre verificata anche questa soluzione è sempre accettabile.

- se $a=0$ l'equazione diventa: $-2x=0$ che ha soluzione $x=0$.

In definitiva: se $a=2$: l'equazione perde significato

se $a\neq 0 \wedge a\neq 2$: $S=\left\{0, \dfrac{2(a+1)}{a}\right\}$

se $a=0$: $S=\{0\}$

292 $\dfrac{x}{2}+\dfrac{x-3}{2a(3-x)}=0$ $\left[\text{se } a=0: \text{l'equazione perde significato; se } a\neq 0 \ \wedge \ a\neq\dfrac{1}{3}: S=\left\{\dfrac{1}{a}\right\}; \text{ se } a=\dfrac{1}{3}: S=\varnothing\right]$

293 $\dfrac{42}{x^2-a^2}-\dfrac{x-a}{x+a}=\dfrac{x-a}{a^2-x^2}$ $\left[\begin{array}{l}\text{se } a\neq 3 \ \wedge \ a\neq-\dfrac{7}{2}: S=\{a+7, a-6\};\\ \text{se } a=3: S=\{10\};\\ \text{se } a=-\dfrac{7}{2}: S=\left\{-\dfrac{19}{2}\right\}\end{array}\right]$

294 $\dfrac{a}{x^2+x-2ax-2a}=\dfrac{2}{x-2a}-\dfrac{1}{x+1}+\dfrac{2}{a}$ $\left[\begin{array}{l}\text{se } a\neq 0 \ \wedge \ a\neq -1 \ \wedge \ a\neq-\dfrac{2}{3}: S=\left\{a, \dfrac{a-2}{2}\right\};\\ \text{se } a=0: \text{l'equazione perde significato;}\\ \text{se } a=-1: S=\left\{-\dfrac{3}{2}\right\};\\ \text{se } a=-\dfrac{2}{3}: S=\left\{-\dfrac{2}{3}\right\}\end{array}\right]$

295 $\dfrac{2x-\dfrac{x}{a}(4+a)}{4-a}+\dfrac{2a}{x}=-1$ $\left[\begin{array}{l}\text{se } a\neq 4 \ \wedge \ a\neq 0: S=\{-a, 2a\};\\ \text{se } a=0 \ \vee \ a=4: \text{l'equazione perde significato}\end{array}\right]$

296 $\frac{36}{x^2-9}+\frac{x-3}{x+3}=a\left[\frac{1}{x+3}+\frac{x+3}{a(x-3)}-1\right]$

$\left[\begin{array}{l}\text{se } a\neq-12 \wedge a\neq\frac{12}{5} \wedge a\neq 0: S=\left\{\frac{2(6-a)}{a}\right\};\\ \text{se } a=0: \text{l'equazione perde significato;}\\ \text{se } a=-12 \vee a=\frac{12}{5}: S=\varnothing\end{array}\right]$

297 $\frac{1}{2}-\frac{7a}{2(x-7a)}=\frac{-5a^2}{2x^2-21ax+49a^2}$

$\left[\text{se } a\neq 0: S=\left\{4a,\ \frac{27}{2}a\right\};\ \text{se } a=0: S=\varnothing\right]$

298 $\frac{2(6-a)}{2x-a}-\frac{3}{x}=1$

$\left[\text{se } a\neq 0 \wedge a\neq 6: S=\left\{3,\ -\frac{a}{2}\right\};\ \text{se } a=0: S=\{3\};\ \text{se } a=6: S=\{-3\}\right]$

299 $\frac{5x}{2(5a+1)}-\frac{4(5a+1)}{5x}=-1$

$\left[\begin{array}{l}\text{se } a\neq-\frac{1}{5}: S=\left\{\frac{-4(5a+1)}{5},\ \frac{2(5a+1)}{5}\right\};\\ \text{se } a=\frac{1}{5}: \text{l'equazione perde significato}\end{array}\right]$

300 $\frac{-a}{ax-x}+\frac{x}{a^2-a}=\frac{1}{a-1}$

$\left[\begin{array}{l}\text{se } a\neq 1 \wedge a\neq 0: S=\left\{\frac{a(1\pm\sqrt{5})}{2}\right\};\\ \text{se } a=1 \vee a=0: \text{l'equazione perde significato}\end{array}\right]$

301 $3\left(\frac{b^2-x^2}{x^2-3b^2}\right)(x^2-b^2)+b^2=6b^2-3x^2$

$\left[\text{se } b\neq 0: S=\left\{\pm\frac{b\sqrt{6}}{2}\right\};\ \text{se } b=0: S=R-\{0\}\right]$

302 $\frac{x+1}{1+b^2+2b-4x^2}+\frac{x+1}{1-4x^2+b-2bx}=0$

$\left[\begin{array}{l}\text{se } b\neq 1 \wedge b\neq-3 \wedge b\neq-\frac{4}{3} \wedge b\neq 0: S=\left\{-1,\ \frac{b+2}{4}\right\};\\ \text{se } b=1: S=\left\{\frac{3}{4}\right\};\ \text{se } b=-3: S=\left\{-\frac{1}{4}\right\};\\ \text{se } b=-\frac{4}{3} \vee b=0: S=\varnothing\end{array}\right]$

303 $\frac{a+x}{(x-2)^2}=\frac{a-x+5}{x^2-5x+6}-\frac{a}{(x-3)(x^2-4x+4)}$

$\left[S=\left\{\frac{5\pm\sqrt{5}}{2}\right\}\right]$

CORREGGI GLI ERRORI

304 $(a-1)x^2=a^2$

- $a\neq 1 \ \wedge\ a\neq 0: x=\pm\frac{a}{\sqrt{a-1}}$
- $a=1: x=1$
- $a=0$: equazione impossibile

305 $ax^2-4x=0$

- $a\neq 0: x=0 \ \vee\ x=4a$
- $a=0: x=4$

306 $(a+1)x^2+2ax+a-1=0$

- $a\neq 1: x=\frac{-a\pm\sqrt{a^2-(a-1)(a+1)}}{2(a+1)}=\frac{-a\pm 1}{2(a+1)}=\begin{cases}-\frac{1}{2}\\ \frac{1-a}{2(a+1)}\end{cases}$
- $a=1: 2x=0 \quad\rightarrow\quad x=0$

307 $\frac{a}{x}+(a-1)x=2a-1$ $\qquad D=R-\{0\}$

$(a-1)x^2-(2a-1)x+a=0$

- se $a\neq 1$ $\qquad \Delta=(2a-1)^2-4a(a-1)=1 \quad\rightarrow\quad x=\frac{2a-1\pm 1}{2(a-1)}=\begin{cases}\frac{a}{a-1}\\ 1\end{cases}$
- se $a=1$ $\qquad (2a-1)x-a=0 \quad\rightarrow\quad x=\frac{a}{2a-1}$

Le soluzioni sono sempre accettabili.

308 $\frac{1}{x+1}+\frac{4(x-1)-a}{2a}=0$ $\qquad D=R-\{-1,0\}$

$2a+4(x^2-1)-a(x+1)=0 \quad\rightarrow\quad 4x^2-ax+a-4=0$

- se $a\neq 0$ $\qquad x=\frac{a\pm\sqrt{a^2-16(a-4)}}{8}=\frac{a\pm(a-8)}{8}=\begin{cases}1\\ \frac{a-4}{4}\end{cases}$
- se $a=0$ $\qquad$ l'equazione è impossibile.

La soluzione $x=1$ è sempre accettabile.

La soluzione $\frac{a-4}{4}$ è accettabile se: $\frac{a-4}{4}\neq -1$ cioè se $a\neq 0$

$\frac{a-4}{4}\neq 0$ cioè se $a\neq 4$

ESERCIZI RIASSUNTIVI SULLE EQUAZIONI

Risolvi in R le seguenti equazioni e discuti quelle letterali (la discussione è riportata nei risultati in forma più sintetica).

309 $\frac{7x^2-37}{2\sqrt{3}x^2}=1$ $\qquad \left[S=\left\{\pm\sqrt{7+2\sqrt{3}}\right\}\right]$

310 $\frac{1}{3x^2-2}=\frac{1}{2\sqrt{2}x^2-1}$ $\qquad [S=\{\pm(\sqrt{2}+1)\}]$

311 $\frac{x^2}{x-2}-\frac{1-2x}{2x-4}=\frac{x^2-20}{2(x-2)}+2(x-1)$ $\qquad \left[S=\left\{\frac{7}{3}\pm\frac{1}{3}\sqrt{82}\right\}\right]$

312 $\frac{x^2-9}{3x-2x^2}+\frac{3+2x}{x}+\frac{2(x+4)}{3-2x}=\frac{2x-6}{x(3-2x)}$ $\qquad [S=\{3\pm\sqrt{15}\}]$

313 $\frac{2x+1}{x-1}=\frac{5x+4}{2x^2-x-1}-\frac{4(x+2)}{8x+4}$ $\qquad [S=\{-1\}]$

314 $\frac{3(x+2)}{x^2+2x}=\frac{x+3}{x}-\frac{1-x}{x+2}$ $\qquad \left[S=\left\{-\frac{1}{2}\right\}\right]$

315 $\frac{3a-1}{ax-x}=\frac{a(x^2+2)}{x(a-1)}+\frac{1}{1-a}$ $\qquad$ [se $a\neq 0\wedge a\neq 1$: $S=\left\{1;\frac{1-a}{a}\right\}$; se $a=0$: $S=\{1\}$; se $a=1$ l'equazione perde significato]

316 $\left(\frac{1}{x^2}+\frac{2}{ax}-\frac{x^2+a^2}{a^2x^2}-\frac{3}{a^2}+\frac{12}{3a^2}\right):\left(-\frac{1}{x}+\frac{1}{a}\right)-\frac{a+1}{x-a}-x=0$ $\qquad$ [se $a\neq 0\ \wedge\ a\neq 1$: $S=\{1, a-1\}$; se $a=1$: $S=\{0\}$]

317 $\left(\frac{a-2x}{a+x}+\frac{3x-a}{a-x}\right)\cdot\frac{a^2+2ax+x^2}{5x-a}=1-\frac{2a}{a-x}$ $\left[\begin{array}{l}\text{se } a\neq\pm1 \ \wedge \ a\neq-5: S=\{-\ \} \\ \text{se } a=\pm1 \ \vee \ a=-5: S=\varnothing\end{array}\right]$

318 $\frac{\frac{2x}{x+1}-x}{1+\frac{1}{x-2}}+\frac{\frac{2x}{x+1}-1}{\frac{1}{x}+\frac{1}{1-2x}}=0$ $[S=\varnothing]$

319 $\frac{2}{2x^2-32}\left\{\left(1-\frac{x^2-16}{x^2+16}\right)\left[\frac{x^2(x^2+32)}{16}+16\right]-64\right\}=5x^2-1$ $\left[S=\left\{\pm\sqrt{\frac{3}{5}}\right\}\right]$

320 $\frac{x}{2a}-\frac{a}{2x}=\frac{1}{2}$ $\left[\text{se } a\neq0: S=\left\{\frac{a(1\pm\sqrt{5})}{2}\right\}\right]$

321 $x+4\sqrt{2}=\frac{4(\sqrt{2}x+2)}{x}$ $[S=\{\pm2\sqrt{2}\}]$

322 $\left[\frac{1-27x^3}{3x}:\left(1+3x+\frac{1}{3x}\right)\right]\left\{(1-x^3):\left[\left(\frac{1}{x^2}+\frac{1}{x}+1\right)\left(x^2+\frac{x^3}{1-x}\right)\right]\cdot\frac{x+1}{1-2x+x^2}\right\}=0$

$\left[S=\left\{-1,\ \frac{1}{3}\right\}\right]$

323 $\left[\frac{x}{b}-\frac{x+b}{x}\left(\frac{x+b}{b-x}+\frac{x-b}{x+b}\right)\right]+\frac{3x}{b-x}=0$ $[\text{se } b\neq0: S=\{2b\}]$

324 $(3ax+x)(3ax-x)-x^2(6a-1)+4x-1=(x-3ax)^2-ax(1-4x)-x^2$ $\left[\begin{array}{l}\text{se } a\neq0: S=\left\{\frac{1}{a},\ \frac{1}{4}\right\}; \\ \text{se } a=0: S=\left\{\frac{1}{4}\right\}\end{array}\right]$

325 $\frac{x^2}{a^2-a}-\frac{x^2}{a^2+a}=\frac{2-x}{a^2-1}+\frac{8}{a^3-a}$ $\left[\text{se } a\neq\pm1 \ \wedge \ a\neq0: S=\left\{2,\ -\frac{(a+4)}{2}\right\}\right]$

326 $\frac{x^3+x^2+x+1}{x^4-1}-\frac{1}{1+x^2}-\frac{2x^2-x-1}{x^3-x^2-x+1}=\frac{-x^2}{x^3-x^2+x-1}+\frac{x}{x^4-1}$ $\left[S=\left\{\frac{1}{2}\right\}\right]$

327 $\frac{2\sqrt{2}x}{(x-\sqrt{2})^2}-\frac{x}{x^2-2}=\frac{-(x^2+1)}{x^3-\sqrt{2}x^2-2x+2\sqrt{2}}$ $\left[S=\left\{-\frac{1+\sqrt{2}}{\sqrt{2}},\ \frac{1-\sqrt{2}}{2}\right\}\right]$

328 $\frac{2x}{ax-x-3a^2+3a}-\frac{x}{ax-x+3a^2-3a}=\frac{7x}{x^2-9a^2}+\frac{2(3x-a)}{ax^2-9a^3-x^2+9a^2}$

$\left[\begin{array}{l}\text{se } a\neq1 \ \wedge \ a\neq0 \ \wedge \ a\neq\pm\frac{1}{3}: S=\{-1,\ -2a\}; \\ \text{se } a=0: S=\{-1\};\ \text{se } a=-\frac{1}{3}: S=\left\{\frac{2}{3}\right\};\ \text{se } a=\frac{1}{3}: S=\left\{-\frac{2}{3}\right\}\end{array}\right]$

329 $\frac{x-8}{3x^2+2x-8}=\frac{x^2-3x+2}{x^2-4}\cdot\frac{x^2-9}{x^2-4x+3}$ $\left[S=\left\{\frac{2}{3}\right\}\right]$

330 $\frac{x}{x+a-3}-\frac{2x}{x-1}+\frac{x}{x-a+3}=0$ $\left[\begin{array}{l}\text{se } a\neq2 \ \wedge \ a\neq3 \ \wedge \ a\neq4: S=\{0,\ (a-3)^2\}; \\ \text{se } a=3: S=\varnothing;\ \text{se } a=2 \ \vee \ a=4: S=\{0\}\end{array}\right]$

331 $\frac{x-a}{a}-\frac{x+a}{x}=\frac{5x-a-2}{2ax}-\frac{a}{x}-1$ $\left[\begin{array}{l}\text{se } a\neq-2 \ \wedge \ a\neq0: S=\left\{\frac{1}{2},\ a+2\right\}; \\ \text{se } a=-2: S=\left\{\frac{1}{2}\right\};\ \text{se } a=0: \text{l'equazione perde significato}\end{array}\right]$

332 $\frac{x - ax + 2a^2}{x^2 - a^2} - \frac{2}{x + a} = \frac{x - 2a}{a - x}$ $\left[\begin{array}{l}\text{se } a \neq 1 \ \wedge \ a \neq -1 \ \wedge \ a \neq 0 : S = \{1,\ 2a\};\\ \text{se } a = 0 : S = \{1\};\\ \text{se } a = -1 \ \vee \ a = 1 : S = \{2a\}\end{array}\right]$

333 $\frac{x}{a+1} + \frac{3(x + 4a^2)}{ax + x - 4a^2 - 4a} = \frac{12a}{x - 4a}$ $\left[\begin{array}{l}\text{se } a \neq \frac{3}{4} \ \wedge \ a \neq -1 : S = \{-3\};\\ \text{se } a = -\frac{3}{4} : S = \varnothing\end{array}\right]$

334 $\left(x - \frac{x^2}{x+4}\right)^3 \left(\frac{x+4}{x-4}\right)^2 : \left(4 + \frac{16}{x-4}\right)^3 = \frac{x^2 + 4x + 16}{x^3 - 64} : \frac{4}{x+4}$ $\left[S = \left\{\frac{4}{3},\ 12\right\}\right]$

335 $1 + \frac{x}{a+5} + \frac{5a + x}{x(a+5)} - \frac{1}{a+5} = 0$ $\left[\begin{array}{l}\text{se } a \neq 0 \ \wedge \ a \neq -5 : S = \{-5,\ -a\};\\ \text{se } a = 0 : S = \{-5\}\end{array}\right]$

336 $\frac{\frac{75}{2}}{15x + 3} + \frac{1}{30x^2 + 6x} - \frac{5}{3x} = 0$ $\left[S = \left\{\frac{9}{25}\right\}\right]$

337 $\frac{ax^2}{a+1} - \frac{x(3a^2 - 1)}{a^2 - 1} + \frac{2a + 1}{a - 1} = 0$ $\left[\begin{array}{l}\text{se } a \neq 0 \ \wedge \ a \neq \pm 1 : S = \left\{\frac{2a+1}{a},\ \frac{a+1}{a-1}\right\};\\ \text{se } a = 0 : S = \{-1\}\end{array}\right]$

338 $\frac{a^2}{x + 2a} + a = \frac{x^2}{x + 2a}$ $\left[\begin{array}{l}\text{se } a \neq 0 : S = \left\{\frac{a \pm a\sqrt{13}}{2}\right\};\\ \text{se } a = 0 : S = \varnothing\end{array}\right]$

339 $\frac{2x}{a - x} - \frac{a(x^2 + 1)}{x^2 - ax} = \frac{1 - x}{x}$ $[\text{se } a \neq -1 : S = \{-1\};\ \text{se } a = -1 : S = R - \{0,\ -1\}]$

340 $\frac{x + 1}{a(x - 1)} - \frac{2}{a(x + 1)} = \frac{4(a - 1)}{x^2 - 1} - \frac{4}{a - ax^2}$ $\left[\begin{array}{l}\text{se } a \neq 0 \ \wedge \ a \neq 1 : S = \{\pm(2a - 1)\};\\ \text{se } a = 1 : S = \varnothing;\\ \text{se } a = 0 : \text{l'equazione perde significato}\end{array}\right]$

341 $\frac{\left(\sqrt{6} - x\right)^2}{3\sqrt{6} - 3} - x = \frac{x - 6}{\sqrt{6} - 1}$ $[S = \{4\sqrt{6},\ \sqrt{6}\}]$

342 $\frac{1}{x + \sqrt{2} + 1} - 1 = \frac{x + \sqrt{2} + 1}{x + \sqrt{2} - 1} - \frac{1}{(x + \sqrt{2})^2 - 1}$ $\left[S = \left\{-\sqrt{2},\ \frac{-1 - 2\sqrt{2}}{2}\right\}\right]$

343 $\frac{\frac{1}{2x} + \frac{1}{x^2 - 2x + 1}}{\frac{x^2 + 1}{2}} + \frac{1}{4x^2 - 2x - 2} + \frac{\left(\frac{3}{2} - 1\right)^2 x}{2x + 2x^2 - 4x^3} = \frac{x + 3}{16x^3 - 24x^2 + 8}$ $[S = \{-1,\ -4\}]$

344 $\left(\frac{-x^2}{x + \frac{1}{2}} + x\right)^3 \cdot \left(\frac{x + \frac{1}{2}}{x - \frac{1}{2}}\right) = \frac{1}{2} - \frac{x(3x + 1)}{8x^2 - 2}$ $\left[S = \left\{\frac{-3 \pm \sqrt{5}}{2}\right\}\right]$

345 $x = \frac{a\left(2a - 1 - \frac{1}{a}\right)}{x - 2 - a}$ $\left[\begin{array}{l}\text{se } a \neq 0 \ \wedge \ a \neq 1 \ \wedge \ a \neq -\frac{1}{2} : S = \{1 - a,\ 1 + 2a\};\\ \text{se } a = 0 : \text{l'equazione perde significato};\\ \text{se } a = 1 : S = \{1 - a\};\\ \text{se } a = -\frac{1}{2} : S = \{1 + 2a\}\end{array}\right]$

346 $\dfrac{2x-a}{2x+a}=\dfrac{a-1}{2}+\dfrac{a^2-2ax}{4x^2+2ax}-\dfrac{a}{2x}$ $\left[\text{se } a\neq 3: S=\varnothing;\ \text{se } a=3: R-\left\{0, -\dfrac{3}{2}\right\}\right]$

347 $\dfrac{\dfrac{1}{a^2}-\dfrac{16}{x^2}}{\dfrac{1}{a^2}+\dfrac{16}{x^2}+\dfrac{8}{ax}}\cdot\dfrac{x^2-4x+4ax-16a}{x^2-16}=\dfrac{8a-x^2}{x^2-16}$ $\left[\begin{array}{l}\text{se } a\neq 0\ \wedge\ a\neq\pm 2: S=\{2a, 2\};\\ \text{se } a=2\ \vee\ a=-2: S=\{2\}\end{array}\right]$

348 $\dfrac{1}{1-\dfrac{1}{x}}+x+a=\dfrac{5x+3a}{1-\dfrac{1}{x}}-\dfrac{4x+1}{1-x}$ $\left[\begin{array}{l}\text{se } a\neq -1\ \wedge\ a\neq -3: S=\left\{-\dfrac{1}{2}, -\dfrac{a+1}{2}\right\};\\ \text{se } a=-1\ \vee\ a=-3: S=\left\{-\dfrac{1}{2}\right\}\end{array}\right]$

349 $\dfrac{3}{x-2\sqrt{3}}+\dfrac{1}{x}-\dfrac{x(2x-2\sqrt{3})-(2\sqrt{3})^2}{x^3-12x}=\left[\dfrac{1}{x-2\sqrt{3}}-\dfrac{x-6\sqrt{3}}{(x-2\sqrt{3})^2}\right]:\dfrac{2\sqrt{3}}{x-2}$ $[S=\{12-2\sqrt{3}\}]$

350 $\dfrac{2-2a^2}{ax}=\dfrac{x^2-a^2}{ax}+\dfrac{x}{a}-\dfrac{x^2-1}{ax}-x$ con $a\geq -1$ $\left[\begin{array}{l}\text{se } a\neq 0\ \wedge\ a\neq\pm 1: S=\{\pm\sqrt{a+1}\};\\ \text{se } a=1: S=R-\{0\};\ \text{se } a=-1: S=\varnothing\end{array}\right]$

351 $\dfrac{1}{x^2-5x+6}+\dfrac{1}{x^2-7x+10}+\dfrac{2}{x^2-8x+15}=\dfrac{5}{x-2}$ $\left[S=\left\{\dfrac{29}{5}\right\}\right]$

352 $\dfrac{\left(1-\dfrac{2}{1-x}\right)^2:\left(3+\dfrac{x}{1-x}\right)}{\dfrac{x}{1-x}-\dfrac{x}{4-3x}}=-1+\dfrac{x^2}{4x^2+9-12x}$ $\left[S=\left\{\dfrac{7\pm\sqrt{105}}{14}\right\}\right]$

353 $2-\dfrac{2}{4-x^2}+\dfrac{10x^4}{x^4-9x^2+20}=-6\left[1-\dfrac{x^2-16}{3(x^2-5)}\right]+\dfrac{16x^4}{x^4-9x^2+20}$ $\left[S=\left\{\pm\sqrt{\dfrac{11}{15}}\right\}\right]$

354 $\dfrac{2x-1}{2x^2+\sqrt{3}}=\dfrac{\sqrt{3}}{2x+1}$ $[S=\{\pm(\sqrt{3}+$ [illegible] $)\}]$

355 $\dfrac{b-a+x}{b}=1-\left(\dfrac{x-a}{ab}\right)^2-\dfrac{a-x}{b}$ $[\text{se } a\neq 0\ \wedge\ b\neq 0: S=\{a\}]$

356 $ax-\dfrac{4}{a^2-1}=\dfrac{8}{ax-x}+\dfrac{2a-2a^2}{a^2-1}$ $\left[\begin{array}{l}\text{se } a\neq 0\ \wedge\ a\neq\pm 1: S=\left\{-\dfrac{4}{a}, \dfrac{2}{a-1}\right\};\\ \text{se } a=0: S=\{-2\}\end{array}\right]$

357 $-\dfrac{1}{2}\left(\dfrac{1-a^2}{1-x}\right)=\dfrac{a^2+3}{2x^2-2x+2}$ $\left[\begin{array}{l}\text{se } a\neq\pm 1: S=\left\{\dfrac{2}{1-a}, \dfrac{2}{1+a}\right\};\\ \text{se } a=\pm 1: S=\varnothing\end{array}\right]$

358 $\dfrac{\dfrac{x}{x^2-9}+\dfrac{x}{3-x}}{\dfrac{x-2}{x-3}}=(x^2-6x+9)\left(1+\dfrac{1}{x-3}\right)^2\left(1-\dfrac{x}{x-2}\right)^2$ $\left[S=\left\{-\dfrac{3}{5}\pm\dfrac{1}{5}\sqrt{129}\right\}\right]$

359 $\left(\dfrac{x-1}{2x-2}-\dfrac{x-1}{2x+2}+\dfrac{x^2+4x+1}{1-x^2}\right):\left(\dfrac{x}{x-1}+\dfrac{2x^2}{1-x^2}-\dfrac{x^2}{x^2+1}+\dfrac{2x^4}{x^4-1}\right)=0$ $[S=\{-2\}]$

360 $\dfrac{x-(a+4)}{x^2+2ax-3a^2}-\dfrac{a+x}{a^2x-ax^2}=\left(\dfrac{3}{ax}-\dfrac{1}{a^2}\right)^2:\dfrac{x^2-9a^2}{a^3x}$

$\left[\begin{array}{l}\text{se } a\neq 0\ \wedge\ a\neq -2\ \wedge\ a\neq 1\ \wedge\ a\neq 4: S=\{a-4\};\\ \text{se } a=-2\ \vee\ a=1\ \vee\ a=4: S=\varnothing\end{array}\right]$

Operando opportune sostituzioni, risolvi le seguenti equazioni.

361 $(x-1)^2-5(x-1)-36=0$ $[S=\{-3, 10\}]$

362 $\left(\frac{x+2}{2}\right)^2+\left(\frac{x+2}{2}\right)-2=0$ $[S=\{-6, 0\}]$

363 $\left(\frac{x+3}{x-1}\right)^2-\left(\frac{x+3}{x-1}\right)-2=0$ $[S=\{-1, 5\}]$

364 $3\left(\frac{2x+1}{2x}\right)^2+\left(\frac{2x+1}{2x}\right)-2=0$ $\left[S=\left\{-\frac{3}{2}, -\frac{1}{4}\right\}\right]$

365 $4\left(\frac{x^2+1}{x}\right)^2-5\left(\frac{x^2+1}{x}\right)-\frac{25}{2}=0$ $\left[S=\left\{2, \frac{1}{2}\right\}\right]$

366 $\left(\frac{x-\sqrt{2}}{x-1}\right)^2-\left(\frac{x-\sqrt{2}}{x-1}\right)-6=0$ $\left[S=\left\{\frac{2+\sqrt{2}}{3}, \frac{3-\sqrt{2}}{2}\right\}\right]$

367 $\frac{x^2+2x+1}{x^2}+2\left(\frac{x+1}{x}\right)-8=0$ $\left[S=\left\{-\frac{1}{5}, 1\right\}\right]$

368 $\left(\frac{x+\sqrt{5}}{x}\right)^2-\left(\frac{6x+6\sqrt{5}}{x}\right)+4=0$ $[S=\{5-2\sqrt{5}, -2\sqrt{5}-5\}]$

Le equazioni con i moduli

Risolvi in R le seguenti equazioni che contengono anche termini in modulo.

369 **ESERCIZIO GUIDATO**

$3x^2-|2x-1|=4$

Studiamo il segno dell'argomento del modulo: $|2x-1| = \begin{cases} 2x-1 & \text{se } x \geq \frac{1}{2} \\ 1-2x & \text{se } x < \frac{1}{2} \end{cases}$

L'equazione è quindi equivalente a: $\begin{cases} x \geq \frac{1}{2} \\ 3x^2-(2x-1)=4 \end{cases} \vee \begin{cases} x < \frac{1}{2} \\ 3x^2-(1-2x)=4 \end{cases}$

Risolvendo l'equazione del primo sistema si ottiene:

$3x^2-2x-3=0 \quad \rightarrow \quad x =$
- $\frac{1-\sqrt{10}}{3}$ soluzione non accettabile perché minore di $\frac{1}{2}$
- $\frac{1+\sqrt{10}}{3}$ soluzione accettabile perché maggiore di $\frac{1}{2}$

Risolvendo l'equazione del secondo sistema si ottiene:

$3x^2+2x-5=0 \quad \rightarrow \quad x =$
- $-\frac{5}{3}$ soluzione accettabile perché minore di $\frac{1}{2}$
- 1 soluzione non accettabile perché maggiore di $\frac{1}{2}$

In definitiva $S=\left\{\frac{1+\sqrt{10}}{3}, -\frac{5}{3}\right\}$.

370 $1 + x \cdot |2 - x| = x - 5$ $[S = \{-2\}]$

371 $x^2 - 6|x - 1| = 2x - 6$ $[S = \{-4, 0, 2, 6\}]$

372 $|x - 3| + x^2 = 3$ $[S = \{0, 1\}]$

373 $4x|1 - 2x| = 4x^2 + 3$ $\left[S = \left\{\frac{3}{2}\right\}\right]$

374 $3x - 2|x - 1| = x^2$ $\left[S = \left\{2, \frac{5 - \sqrt{17}}{2}\right\}\right]$

375 $2x^2 - 5x = 4 - |4 - x|$ $[S = \{0, 3\}]$

376 $x^2 - 6|x| + 5 = 0$ $[S = \{-5, -1, 1, 5\}]$

377 $x^2 - 2|x + 1| = 2x$ $[S = \{2 \pm \sqrt{6}\}]$

378 $-2 + 9x = 2x\left|3x + \frac{1}{2}\right|$ $\left[S = \left\{\frac{-5 - \sqrt{37}}{6}, \frac{1}{3}, 1\right\}\right]$

379 $2(5x - 3)^2 = 4|3 - 5x|$ $\left[S = \left\{\frac{1}{5}, \frac{3}{5}, 1\right\}\right]$

380 $4x \cdot |x + 1| + 3(x + 2) = 3$ $\left[S = \left\{-1, -\frac{3}{4}\right\}\right]$

381 $2 + 3x \cdot |3x + 4| = 6x + 1$ $\left[S = \left\{-\frac{1}{3}, \frac{-3 - \sqrt{10}}{3}\right\}\right]$

382 $3x^2 - x \cdot |4x - 1| = 5x$ $[S = \{0\}]$

383 $1 + x + |x - 1| = x(1 + x)$ $[S = \{-2, 1\}]$

384 $x\left(x - 2\sqrt{2}\right) = 3 \cdot \left|x - 2\sqrt{2}\right|$ $[S = \{\pm 3, 2\sqrt{2}\}]$

385 $(x + 3)(x - 2) = 2(x - 1) \cdot |x - 2|$ $\left[S = \left\{-\frac{1}{3}, 2, 5\right\}\right]$

386 $\frac{|x - 1|}{2} + \frac{2}{3}x = \frac{1 + 3x^2}{12}$ $\left[S = \left\{-1, \frac{7 + 2\sqrt{7}}{3}\right\}\right]$

I LEGAMI FRA COEFFICIENTI E SOLUZIONI

teoria a pagina 53

Comprensione

SOLUZIONI ES. COMPRENSIONE

387 Data l'equazione $4x^2 - 3x - 1 = 0$ si può dire che:

a. la somma delle soluzioni è: ① $\frac{3}{8}$ ② $\frac{3}{4}$ ③ $-\frac{1}{4}$

b. il prodotto delle soluzioni è: ① $\frac{3}{4}$ ② $\frac{1}{4}$ ③ $-\frac{1}{4}$

388 Data l'equazione $2x^2 - \left(\sqrt{3} - 2\right)x - \sqrt{3} = 0$, si ha che:

a. la somma delle radici è uguale a: ① $1 - \frac{\sqrt{3}}{2}$ ② $\frac{\sqrt{3}}{2} - 1$ ③ $-\frac{\sqrt{3}}{2}$

b. il prodotto delle radici è uguale a: ① $1 - \frac{\sqrt{3}}{2}$ ② $\frac{\sqrt{3}}{2}$ ③ $-\frac{\sqrt{3}}{2}$

389 L'equazione che ha per soluzione i numeri -2 e 5 è:

a. $x^2 + 3x - 10 = 0$ **b.** $x^2 - 3x + 10 = 0$ **c.** $x^2 - 3x - 10 = 0$ **d.** $x^2 - 10x - 3 = 0$

390 Data l'equazione $3x^2 - 8x - 7 = 0$, si ha che:

a. la somma dei reciproci delle radici è uguale a: ① $-\frac{7}{8}$ ② $\frac{7}{8}$ ③ $-\frac{8}{7}$

b. la somma dei quadrati delle radici è uguale a: ① $\frac{106}{9}$ ② $\frac{64}{9}$ ③ $\frac{22}{9}$

391 Un'equazione di secondo grado, avente il coefficiente di x^2 uguale a 3, ha soluzioni -1 e $\frac{2}{3}$; il trinomio ad essa associato si scompone in:

a. $3(x-1)\left(x+\frac{2}{3}\right)$ **b.** $(x+1)(3x-2)$ **c.** $(x-1)\left(\frac{2}{3}x+1\right)$ **d.** $(x-2)(x-3)$

392 Il polinomio $6x^2 + x - 2$ si scompone in:

a. $\left(x+\frac{2}{3}\right)\left(x-\frac{1}{2}\right)$ **b.** $(3x+2)(2x-1)$ **c.** $\left(x-\frac{2}{3}\right)\left(x+\frac{1}{2}\right)$ **d.** $(3x-2)(2x+1)$

393 L'equazione che ha per soluzioni due numeri h e k ha equazione:

a. $x^2 - kx - h = 0$ **b.** $x^2 - hx + k = 0$

c. $x^2 + (h+k)x - hk = 0$ **d.** $x^2 - (h+k)x + hk = 0$

394 Senza applicare la formula risolutiva, ma osservando i coefficienti, puoi dire che l'equazione $x^2 + (a+b)x + ab = 0$ ha soluzioni:

a. $a \vee b$ **b.** $-a \vee -b$ **c.** $a \vee -b$ **d.** $-a \vee b$

395 L'equazione $x^2 + (k-1)x + k - 3 = 0$ ammette soluzioni reali $\forall k \in R$; il valore di k per il quale:

a. una radice ha valore 3 è: ① $k = -\frac{4}{3}$ ② $k = \frac{4}{3}$ ③ $k = -\frac{3}{4}$ ④ $k = \frac{3}{4}$

b. il prodotto delle radici vale 4 è: ① $k = -1$ ② $k = 1$ ③ $k = 7$ ④ $k = 3$

396 Le due equazioni $(h-2)x^2 - (h+k)x - k = 0$ e $3x^2 - 9x + 4 = 0$ hanno la stessa somma delle radici e prodotti opposti:

a. se $h = \frac{13}{5} \wedge k = -\frac{4}{5}$ **b.** se $h = 5 \wedge k = 4$

c. se $h = \frac{5}{4} \wedge k = 1$ **d.** per nessun valore di h e k

Applicazione

Applicando le relazioni tra i coefficienti e le soluzioni di una equazione di secondo grado, trova le soluzioni delle seguenti equazioni.

397 **ESERCIZIO GUIDATO**

$x^2 - 6x - 16 = 0$

$x_1 + x_2 = 6$ $x_1 \cdot x_2 = -16$ quindi $x_1 = 8$ $x_2 = -2$

L'insieme delle soluzioni è $S = \{8, -2\}$.

398 **ESERCIZIO GUIDATO**

$x^2+2x-15=0$

$x_1+x_2=-2$ $\quad x_1\cdot x_2=-15$ $\quad$ Quindi $x_1=.....$ $\quad x_2=.....$

399 $x^2+4x-21=0$

400 $x^2+8x-20=0$

401 $x^2+12x-13=0$

402 $x^2+2x-24=0$

403 $x^2+16x+15=0$

404 $x^2-7x-18=0$

405 $x^2-8x+15=0$

406 $x^2-5x-14=0$

407 $x^2+\frac{7}{4}x+\frac{3}{4}=0$

408 $x^2-4\sqrt{3}x-15=0$

409 $x^2-3x-28=0$

410 $x^2+(2-\sqrt{3})x-2\sqrt{3}=0$

411 $x^2+11x+10=0$

412 $x^2-\sqrt{2}x-4=0$

413 $x^2+(\sqrt{2}-\sqrt{3})x-\sqrt{6}=0$

414 $x^2-(4\sqrt{2}-\sqrt{3})x-4\sqrt{6}=0$

415 $x^2+\sqrt{3}x-2\sqrt{5}x-2\sqrt{15}=0$

416 $x^2+3\sqrt{3}x-30=0$

Di due numeri sono noti la somma s ed il prodotto p. Determina tali numeri nei seguenti casi.

417 **ESERCIZIO GUIDATO**

$s=\frac{5}{4}$ $\quad p=\frac{3}{8}$

Dobbiamo scrivere un'equazione di secondo grado in cui il coefficiente di x^2 è 1, quello di x è $-\frac{5}{4}$ ed il termine noto è $\frac{3}{8}$:

$x^2-\frac{5}{4}x+\frac{3}{8}=0$ $\quad$ cioè $\quad 8x^2-10x+3=0$

Risolviamo l'equazione: $x=\frac{5\pm\sqrt{25-24}}{8}=\frac{5\pm 1}{8}=\begin{cases}\frac{1}{2}\\ \frac{3}{4}\end{cases}$

I numeri richiesti sono quindi $\frac{1}{2}$ e $\frac{3}{4}$.

418 $s=1$ $\quad p=\frac{2}{9}$

419 $s=1$ $\quad p=\frac{17}{4}$

420 $s=\frac{5}{4}$ $\quad p=\frac{3}{8}$

421 $s=8$ $\quad p=17$

422 $s=2\sqrt{2}+1$ $\quad p=\sqrt{2}$

423 $s=\frac{5}{2}$ $\quad p=-\frac{3}{2}$

424 $s=2$ $\quad p=2$

425 $s=2a$ $\quad p=a^2-4$

426 $s=-\frac{3}{10}$ $\quad p=-\frac{1}{10}$

427 $s=3a+1$ $\quad p=2a^2+a$

428 $s=2\sqrt{3}-1$ $\quad p=3-\sqrt{3}$

429 $s=1+\sqrt{3}$ $\quad p=\sqrt{3}$

430 $s = \sqrt{5} - 2$ $\quad p = -2\sqrt{5}$

431 $s = 4\sqrt{3} - \sqrt{2}$ $\quad p = 8 - 2\sqrt{6}$

432 $s = \sqrt{7}$ $\quad p = \sqrt{7} - 1$

433 $s = 3\sqrt{3} - 1$ $\quad p = 6 - 2\sqrt{3}$

Tenendo presenti le relazioni tra i coefficienti e le soluzioni di un'equazione di secondo grado, scrivi le equazioni che hanno le seguenti soluzioni.

434 **ESERCIZIO GUIDATO**

$x_1 = 3 \quad \vee \quad x_2 = -7$

$x_1 + x_2 = 3 - 7 = -4$ e $x_1 \cdot x_2 = 3 \cdot (-7) = -21$. L'equazione cercata è $x^2 + 4x - 21 = 0$.

435 $x_1 = 5$ $\quad x_2 = 8$

436 $x_1 = 1$ $\quad x_2 = \frac{1}{2}$

437 $x_1 = \sqrt{2}$ $\quad x_2 = -6$

438 $x_1 = \sqrt{3} + 1$ $\quad x_2 = \sqrt{3} - 1$

439 $x_1 = 4$ $\quad x_2 = a$

440 $x_1 = \frac{a}{2}$ $\quad x_2 = \frac{b}{2}$

441 $x_1 = -3a$ $\quad x_2 = 2$

442 $x_1 = -3$ $\quad x_2 = \sqrt{2}$

443 $x_1 = -\frac{5}{3}$ $\quad x_2 = \frac{3}{10}$

444 $x_1 = a$ $\quad x_2 = a + 1$

445 $x_1 = a + 1$ $\quad x_2 = 2a - 1$

446 $x_1 = a + \sqrt{2}$ $\quad x_2 = -a - \sqrt{2}$

447 $x_1 = 2ab$ $\quad x_2 = a - b$

448 $x_1 = a - \sqrt{3}$ $\quad x_2 = a + \sqrt{3}$

449 $x_1 = \frac{a-2}{1-a}$ $\quad x_2 = \frac{a+1}{a-2}$

450 $x_1 = a - b$ $\quad x_2 = \frac{1}{a-b}$

451 $x_1 = \frac{1}{\sqrt{3-a}}$ $\quad x_2 = -\sqrt{3-a}$

452 $x_1 = -\frac{1}{2a+3b}$ $\quad x_2 = -\frac{1}{2a-3b}$

Delle seguenti equazioni è data una soluzione; senza applicare la formula risolutiva, determina l'altra.

453 **ESERCIZIO GUIDATO**

$3x^2 - 5x - 2 = 0 \qquad x_1 = 2$

poiché $x_1 \cdot x_2 = -\frac{2}{3}$ e $x_1 = 2$ si ha che $2x_2 = -\frac{2}{3}$ cioè $x_2 = -\frac{1}{3}$.

454 **a.** $2x^2 + 5x - 3 = 0$ $\quad x_1 = -3$ $\qquad$ **b.** $2x^2 + 11x - 21 = 0$ $\quad x_1 = \frac{3}{2}$

455 **a.** $3x^2 + 10x - 8 = 0$ $\quad x_1 = \frac{2}{3}$ $\qquad$ **b.** $3x^2 + 4x - 20 = 0$ $\quad x_1 = 2$

456 **a.** $4x^2 - 7x - 2 = 0$ $\quad x_1 = 2$ $\qquad$ **b.** $12x^2 + 16x - 3 = 0$ $\quad x_1 = \frac{1}{6}$

457 **a.** $3x^2 - 2x - 5 = 0$ $\quad x_1 = -1$ $\qquad$ **b.** $6x^2 + 13x - 5 = 0$ $\quad x_1 = \frac{1}{3}$

458 **a.** $x^2 - x\sqrt{2} - 24 = 0$ $\quad x_1 = 4\sqrt{2}$ $\qquad$ **b.** $x^2 + 6\sqrt{3} + (2\sqrt{3} + 3)x = 0$ $\quad x_1 = -2\sqrt{3}$

459 **a.** $ax^2 + x(1 - a^2) - a = 0$ $x_1 = a$ **b.** $x^2 + x(a+1) + a = 0$ $x_1 = -1$

460 **a.** $6x^2 + x(4 - 3a) - 2a = 0$ $x_1 = \frac{1}{2}a$ **b.** $4x^2 + 6ax - 18a^2 = 0$ $x_1 = -3a$

Scomponi in fattori i seguenti trinomi.

461 **ESERCIZIO GUIDATO**

$6x^2 + 7x - 3$

Determiniamo le soluzioni dell'equazione associata:

$$6x^2 + 7x - 3 = 0 \qquad x = \frac{-7 \pm \sqrt{49 + 72}}{12} = \frac{-7 \pm 11}{12} = \begin{cases} -\frac{3}{2} \\ \frac{1}{3} \end{cases}$$

Allora: $6x^2 + 7x - 3 = 6\left(x + \frac{3}{2}\right)\left(x - \frac{1}{3}\right) = 6\left(\frac{2x+3}{2}\right)\left(\frac{3x-1}{3}\right) = (2x+3)(3x-1)$

462 $x^2 - 3x - 4$ $10x^2 - 27x - 28$

463 $45x^2 + 3x - 84$ $x^2 + 2x + 3$

464 $2x^2 - \sqrt{2}x - 2$ $x^2 + 3x + 4$

465 $x^2 + x + 5$ $13x^2 - 10x + 13$

466 $3x^2 + 4x + 7$ $x^2 - \frac{1}{2}x - \frac{1}{2}$

467 $a(a+1)x^2 + x - 1$ $28x^2 + x(7 - 4a) - a$

468 $x^2 - (2\sqrt{2} + \sqrt{3})x + 2\sqrt{6}$ $2x^2 + x(a - 2\sqrt{3}) - a\sqrt{3}$

469 $12x^2 + 2x - 4$ $2ax^2 + \left(2a - \frac{2a^2}{3}\right)x - \frac{2}{3}a^2$

470 $10x^2 + 4\sqrt{6}x - 30$ $\frac{1}{2}x^2 - 3ax + 4a^2$

471 $2x^2 + 2bx + 5b^2$ $2ax^2 - x(2 - 3a) - 3$

Semplifica le seguenti frazioni.

472 $\frac{3x^2 - 2x - 8}{6x^2 + 5x - 4}$ $\frac{x^2 + x}{2x^2 - x - 3}$ $\left[\frac{x-2}{2x-1}; \frac{x}{2x-3}\right]$

473 $\frac{6x^2 + 7x - 10}{x^2 - x - 6}$ $\frac{4x^2 - 1}{6x^2 - 5x - 4}$ $\left[\frac{6x-5}{x-3}; \frac{2x-1}{3x-4}\right]$

474 $\frac{2x^3 + x^2 - x}{x^2 - 1}$ $\frac{2x^2 - 11x - 6}{2x^2 - 3x - 2}$ $\left[\frac{x(2x-1)}{x-1}; \frac{x-6}{x-2}\right]$

475 $\frac{3x^2 + 5x - 2}{x^2 - 4}$ $\frac{4x^2 - \frac{22}{3}x + 2}{2x - 4x^2 + 6}$ $\left[\frac{3x-1}{x-2}; \frac{1-3x}{3(x+1)}\right]$

476 $\frac{x^2 - x(\sqrt{3} - 1) - \sqrt{3}}{2x^2 + 5x + 3}$ $\frac{4x^2 + 3x - 10}{4x^2 - x(5 + 4\sqrt{2}) + 5\sqrt{2}}$ $\left[\frac{x-\sqrt{3}}{2x+3}; \frac{x+2}{x-\sqrt{2}}\right]$

477 $\dfrac{x^2 - x(\sqrt{2} - \sqrt{3}) - \sqrt{6}}{x^2 - 2}$ $\qquad \dfrac{2x^2 + x - 1}{\sqrt{2} - x(1 - \sqrt{2}) - x^2}$ $\qquad \left[\dfrac{x + \sqrt{3}}{x + \sqrt{2}}; \dfrac{2x - 1}{\sqrt{2} - x}\right]$

478 $\dfrac{2x^2 - x(1 + 2\sqrt{5}) + \sqrt{5}}{x^2 - 5}$ $\qquad \dfrac{x^2 + x(\sqrt{2} - \sqrt{3}) - \sqrt{6}}{x^2 + x(1 - \sqrt{3}) - \sqrt{3}}$ $\qquad \left[\dfrac{2x - 1}{x + \sqrt{5}}; \dfrac{x + \sqrt{2}}{x + 1}\right]$

479 $\dfrac{3x^2 + 2ax - a^2}{6x^2 + ax - a^2}$ $\qquad \dfrac{3x^2 + 4ax - 4a^2}{6x^2 - 19ax + 10a^2}$ $\qquad \left[\dfrac{x + a}{2x + a}; \dfrac{x + 2a}{2x - 5a}\right]$

480 $\dfrac{2ax^2 + ab^2x + 2b^2x + b^4}{4x^2 + 2x + 2b^2x + b^2}$ $\qquad \dfrac{x^2 + 4bx - 2ax - 8ab}{x^2 - 3x + 4bx - 12b}$ $\qquad \left[\dfrac{ax + b^2}{2x + 1}; \dfrac{x - 2a}{x - 3}\right]$

481 $\dfrac{4x^2 - 2x(2a + 1) + a(a + 1)}{6x^2 + x(2 - 3a) + 2(x - a)}$ $\qquad \dfrac{x^2 - x(1 - a) - 2a^2 + a}{2ax^2 - x(2a^2 - 1) - a}$ $\qquad \left[\dfrac{2x - (a + 1)}{3x + 2}; \dfrac{x + 2a - 1}{2ax + 1}\right]$

Problemi sulle equazioni parametriche

482 Data l'equazione $\dfrac{x(x - 1) - m - 1}{(x - 1)(m - 1)} = \dfrac{x}{m}$ determina il valore di m in modo che le sue soluzioni siano coincidenti. $\left[m = -\dfrac{1}{2}\right]$

483 Determina il valore del parametro k affinché l'equazione $x^2 + kx + 2k = 0$ abbia soluzioni reali. $[k \leq 0 \ \vee \ k \geq 8]$

484 Determina per quali valori di k l'equazione $(k + 1)x^2 - (k - 2)x + 1 = 0$ non ha soluzioni reali. $[0 < k < 8]$

485 Determina per quali valori di k l'equazione $kx^2 - (2k + 1)x + k + 2 = 0$ ammette due soluzioni reali distinte. $\left[k < \dfrac{1}{4}\right]$

486 Determina per quali valori del parametro k le seguenti equazioni ammettono soluzioni reali:

a. $x^2 - 3x + k = 0$ $\qquad \left[k \leq \dfrac{9}{4}\right]$

b. $2x^2 - 5x - 2k = 0.$ $\qquad \left[k \geq -\dfrac{25}{16}\right]$

487 Determina per quali valori del parametro m le seguenti equazioni ammettono soluzioni non reali:

a. $2mx^2 - 3x + 1 = 0$ $\qquad \left[m > \dfrac{9}{8}\right]$

b. $x^2 - 2(m + 1)x + 16 = 0.$ $\qquad [-5 < m < 3]$

Trova i valori dei parametri in modo che le soluzioni di ciascuna delle seguenti equazioni siano reali e soddisfino le condizioni indicate.

488 **ESERCIZIO GUIDATO**

Data l'equazione $(a - 2)x^2 + (a + 1)x - a = 0$, determina per quali valori del parametro a essa ammette in R:

a. soluzioni coincidenti;

b. una soluzione uguale a 2;

c. due soluzioni opposte;

d. una soluzione doppia dell'altra.

Per prima cosa occorre stabilire quando le soluzioni sono reali; imponiamo quindi che sia $\Delta \geq 0$:

$$(a+1)^2+4a(a-2) \geq 0 \quad \rightarrow \quad 5a^2-6a+1 \geq 0 \quad \rightarrow \quad (a-1)(5a-1) \geq 0$$

Tabella dei segni:

		$\frac{1}{5}$		1	
$a-1$	$-$		$-$	•	$+$
$5a-1$	$-$	•	$+$		$+$
	$+$	•	$-$	•	$+$

La disequazione è verificata se $a \leq \frac{1}{5} \vee a \geq 1 \quad \leftarrow \quad$ insieme A

a. Le soluzioni sono coincidenti se $\Delta = 0$, quindi, tenendo conto dei precedenti calcoli se $a = \frac{1}{5} \vee a = 1$

b. Sostituiamo 2 al posto di x nell'equazione: $4(a-2)+2(a+1)-a=0$

Risolviamo l'equazione ottenuta: $4a-8+2a+2-a=0 \quad \rightarrow \quad a=\frac{6}{5}$

Il valore ottenuto è accettabile perché appartiene ad A.

c. $x_1=-x_2$ significa $x_1+x_2=0$ quindi $-\frac{b}{a}=0$ cioè $b=0$.

Allora deve essere $a+1=0$ quindi $a=-1$ valore accettabile perché appartiene ad A.

d. $x_1 = 2x_2$

Sappiamo che se $a \neq 2$, $x_1+x_2=\frac{a+1}{2-a}$ e che $x_1 \cdot x_2 = \frac{a}{2-a}$ basta allora impostare il sistema:

$$\begin{cases} x_1 = \boxed{2x_2} \\ x_1 + x_2 = \frac{a+1}{2-a} \\ x_1 \cdot x_2 = \frac{a}{2-a} \end{cases} \rightarrow \begin{cases} x_1 = 2x_2 \\ 3x_2 = \frac{a+1}{2-a} \\ x_1 \cdot x_2 = \frac{a}{2-a} \end{cases} \rightarrow \begin{cases} x_1 = \frac{2(a+1)}{3(2-a)} \\ x_2 = \frac{a+1}{3(2-a)} \\ x_1 \cdot x_2 = \frac{a}{2-a} \end{cases}$$

Sostituendo le espressioni di x_1 e x_2 nella terza equazione troviamo $2\left[\frac{a+1}{3(2-a)}\right]^2=\frac{a}{2-a}$

Risolvendo l'equazione si trova il valore di a cercato:

$$11a^2-14a+2=0 \quad \rightarrow \quad a = \begin{cases} \frac{7-3\sqrt{3}}{11} \approx 0{,}16 \\ \frac{7+3\sqrt{3}}{11} \approx 1{,}11 \end{cases}$$

Entrambi i valori trovati appartengono all'insieme A.

489 Determina il valore del parametro b in modo che l'equazione $(b^2-4)x^2-2bx+1=0$:

a. abbia il prodotto delle soluzioni uguale a $-\dfrac{9}{32}$ $\left[b=\pm\dfrac{2}{3}\right]$

b. abbia la somma dei reciproci delle soluzioni uguale a 4 $[\nexists b]$

c. abbia una soluzione uguale a 1 $[b=-1 \vee b=3]$

d. sia di primo grado. $[b=2 \vee b=-2]$

(Suggerimento: **b.** $\dfrac{1}{x_1}+\dfrac{1}{x_2}$ è la somma dei reciproci delle soluzioni che può anche essere scritta così $\dfrac{x_1+x_2}{x_1x_2}$, quindi...)

490 Nell'equazione $x^2-2x+3k=0$, trova il valore del parametro k affinché:

a. le radici siano reali $\left[k\leq\dfrac{1}{3}\right]$

b. l'equazione sia di primo grado $[\nexists k \in R]$

c. la somma dei cubi delle radici sia uguale a 2 $\left[k=\dfrac{1}{3}\right]$

(Suggerimento: $x_1^3+x_2^3=(x_1+x_2)^3-3x_1^2x_2-3x_1x_2^2=(x_1+x_2)^3-3x_1x_2(x_1+x_2)$)

491 Data l'equazione $8x^2-(k-1)x+k-7=0$ ed indicate con x_1 e x_2 le sue soluzioni, determina il valore di k in modo che sia:

a. $x_1=x_2$ **b.** $x_1=-\dfrac{1}{x_2}$ [**a.** $k=25 \vee k=9$; **b.** $k=-1$]

c. $x_1=-3$ **d.** $x_1=-x_2$ $\left[\textbf{c. } k=-\dfrac{31}{2}; \textbf{ d. } k=1\right]$

492 Nell'equazione $4x^2-4mx+m^2-9=0$, determina il valore del parametro m in modo che siano verificate le seguenti condizioni:

a. $\dfrac{1}{x_1}+\dfrac{1}{x_2}=-\dfrac{1}{2}$ **b.** $x_1=\dfrac{3}{4x_2}$ [**a.** $m=-9 \vee m=1$; **b.** $m=\pm2\sqrt{3}$]

c. $x_1=0$ **d.** $x_2=3x_1$ [**c.** $m=\pm3$; **d.** $m=\pm6$]

493 Nell'equazione $x^2-(k+1)x+k=0$, determina il valore del parametro k in modo che siano verificate le seguenti condizioni:

a. $x_1=x_2$ **b.** $x_2-x_1=4$ **c.** $\dfrac{1}{x_1}+\dfrac{1}{x_2}=3$ $\left[\textbf{a. } k=1; \textbf{ b. } k=-3 \vee k=5; \textbf{ c. } k=\dfrac{1}{2}\right]$

494 Nell'equazione $x^2+2(k-2)x+1=0$ determina il valore del parametro k in modo che:

a. $x_1=\dfrac{1}{2}$ **b.** $x_1=9-x_2$ $\left[\textbf{a. } k=\dfrac{3}{4}; \textbf{ b. } k=-\dfrac{5}{2}\right]$

c. $x_1^2+x_2^2=14$ **d.** $\dfrac{1}{x_1}=\dfrac{3}{4}-\dfrac{1}{x_2}$ [**c.** $k=0 \vee k=4$; **d.** $\nexists k$]

495 Determina il valore del parametro k affinché l'equazione $kx^2-(k-2)x+k-1=0$ abbia:

a. radici coincidenti $\left[k=\pm\dfrac{2\sqrt{3}}{3}\right]$

b. la somma delle radici uguale a 2 $[\nexists k]$

c. soluzioni reciproche $[\nexists k]$

d. la somma dei reciproci delle radici uguale a 3 $\left[k=\dfrac{1}{2}\right]$

496 Nell'equazione $(3-m)x^2+2(m+1)x-m-3=0$ determina il valore del parametro m affinchè siano verificate le seguenti condizioni:

a. $x_1 = 4$ **b.** $x_1 = -x_2$ **c.** $x_1 = \frac{4}{x_2}$ $\left[\mathbf{a.}\ m=\frac{53}{9};\ \mathbf{b.}\ m=-1;\ \mathbf{c.}\ m=5\right]$

497 Data l'equazione $2ax^2+x+a=0$, determina il valore di a in modo che si abbia:

a. $x_1 = x_2$ **b.** $x_1 = \frac{1}{3}$ $\left[\mathbf{a.}\ a=\pm\frac{\sqrt{2}}{4};\ \mathbf{b.}\ a=-\frac{3}{11}\right]$

c. $x_1^2+x_2^2=5$ **d.** $\frac{1}{x_1}\cdot\frac{1}{x_2}=-\frac{1}{2}$ $\left[\mathbf{c.}\ a=\pm\frac{\sqrt{6}}{12};\ \mathbf{d.}\ \nexists a\right]$

498 Data l'equazione $x^2-(m-1)x-\frac{1}{4}(2m-1)=0$ determina il valore di m in modo che:

a. $x_1 = 2x_2$ **b.** $x_1 = -x_2$ $\left[\mathbf{a.}\ m=-\frac{1}{2} \vee m=\frac{1}{4};\ \mathbf{b.}\ m=1\right]$

c. $\frac{1}{x_1}+\frac{1}{x_2}=\frac{1}{3}$ **d.** $|x_1+x_2|=6$ $\left[\mathbf{c.}\ m=\frac{11}{10};\ \mathbf{d.}\ m=-5 \vee m=7\right]$

499 Data l'equazione $3kx^2+(1-5k)x-2(k+1)=0$ determina il valore di k in modo che sia:

a. $x_1 = 0$ **b.** $\frac{2}{x_1}+\frac{2}{x_2}=-\frac{1}{2}$ **c.** $x_1 = 4-x_2$ $\left[\mathbf{a.}\ k=-1;\ \mathbf{b.}\ k=\frac{1}{3};\ \mathbf{c.}\ k=-\frac{1}{7}\right]$

d. $x_2 = 1+x_1$ **e.** $\frac{1}{x_1^2}+\frac{1}{x_2^2}=\frac{1}{2}$ $\left[\mathbf{d.}\ k=-\frac{1}{10} \vee k=-\frac{1}{4};\ \mathbf{e.}\ k=-\frac{1}{7} \vee k=\frac{1}{5}\right]$

500 Data l'equazione $kx^2-kx+k+2=0$, determina il valore di k in modo che:

a. le soluzioni siano coincidenti $\left[k=-\frac{8}{3}\right]$

b. le soluzioni siano una doppia dell'altra $\left[k=-\frac{18}{7}\right]$

c. il prodotto delle soluzioni sia uguale alla metà della loro somma $[\nexists k]$

d. la somma delle soluzioni sia uguale a 1. $[\forall k \in R-\{0\}]$

501 Nell'equazione $kx^2-(2k+1)x+k=0$, determina il valore del parametro k affinchè siano verificate le seguenti condizioni:

a. $3x_1x_2 = x_1+x_2$ **b.** $x_1+x_2+2x_1x_2=\frac{2}{5}$ **c.** $x_1^2+x_2^2=2$

$\left[\mathbf{a.}\ k=1;\ \mathbf{b.}\ \nexists K \in R;\ \mathbf{c.}\ k=-\frac{1}{4}\right]$

502 Determina il valore del parametro k, affinchè l'equazione $(k-2)x^2+(2k-3)x+1+k=0$ abbia:

a. la somma degli inversi delle radici uguale a 1 $\left[k=\frac{2}{3}\right]$

b. la somma dei quadrati delle radici uguale a 2 $[\nexists k \in R]$

c. una soluzione sia l'opposto del doppio dell'altra. $\left[k=1 \vee k=\frac{16}{9}\right]$

503 Trova il valore di m in modo che l'equazione $(m-1)x^2-2mx+m+1=0$:

a. abbia radici reali distinte $[\forall m \in R]$

b. abbia radici reali coincidenti $[\nexists m \in R]$

c. $x_1^2-3x_1+x_2^2-3x_2=0$ $\left[\frac{3\pm\sqrt{17}}{4}\right]$

504 Trova i valori del parametro a per i quali l'equazione $(1-2a)x^2+(2a+1)x-(2a-1)=0$ soddisfa le seguenti condizioni:

a. $x_1=-2$ **b.** $x_1x_2(x_1+x_2)=6$ **c.** $x_1=0 \wedge x_2=1$

$\left[\mathbf{a}.\ a=\frac{3}{14};\ \mathbf{b}.\ a=\frac{7}{10};\ \mathbf{c}.\ \nexists a\in R\right]$

505 Nell'equazione $x^2-(k+3)x+3k=0$ determina il valore del parametro k in modo che siano verificate le seguenti condizioni:

a. $x_1=\sqrt{2}-1$ **b.** $x_1+x_2=\frac{x_1x_2}{5}$ **c.** $\frac{x_1^3+x_2^3}{x_1+x_2}=7$

$\left[\mathbf{a}.\ k=\sqrt{2}-1;\ \mathbf{b}.\ k=-\frac{15}{2};\ \mathbf{c}.\ k=1\ \vee\ k=2\right]$

506 Considerata l'equazione $(2-k)x^2-2(k+1)x-k=0$, determina il valore del parametro reale k in modo che:

a. la somma delle radici sia maggiore di -3 $\left[-\frac{1}{4}\leq k<2\vee k>8\right]$

b. il prodotto delle radici sia minore di 1 $\left[-\frac{1}{4}\leq k<2\right]$

c. la somma dei reciproci delle radici sia maggiore di $\frac{1}{2}$ $\left[-\frac{1}{4}\leq k<0\right]$

507 Considerata l'equazione $(2k-3)x^2+kx-k+1=0$, determina il valore del parametro reale k in modo che sia:

a. $\left|\frac{1}{x_1}+\frac{1}{x_2}\right|=1$ **b.** $|x_1x_2|<6$ **c.** $x_1^2+x_2^2<1$

$\left[\mathbf{a}.\ k=\frac{1}{2};\ \mathbf{b}.\ x<\frac{19}{13}\ \vee\ k>\frac{17}{11};\ \mathbf{c}.\ -3<k<1\right]$

508 Considerata l'equazione $kx^2+(k+1)x+\frac{1}{4}k=0$, determina il valore del parametro reale k in modo che sia:

a. $|x_1+x_2|>3$ $\left[-\frac{1}{4}<k<0\ \vee\ 0<k<\frac{1}{2}\right]$

b. $|x_1+x_2|-x_1x_2>\frac{1}{2}$ $\left[k<-4\ \vee\ k>-\frac{4}{7}\ \wedge\ k\neq 0\right]$

c. $\left|\frac{1}{x_1}+\frac{1}{x_2}\right|+4x_1x_2\geq 5$ $\left[k\geq-\frac{1}{2}\ \wedge\ k\neq 0\right]$

509 Considerata l'equazione $4(2k-1)x^2+4kx+4k-3=0$, determina il valore del parametro reale k in modo che sia:

a. $|x_1+x_2|+2>0$ **b.** $x_1x_2>1$ **c.** $2(x_1+x_2)+3|x_1x_2|+4>0$

$\left[\mathbf{a}.\ \frac{3}{7}\leq k\leq 1;\ \mathbf{b}.\ \frac{3}{7}\leq k<\frac{1}{2};\ \mathbf{c}.\ \frac{3}{7}\leq k<\frac{1}{2}\ \vee\ \frac{7}{12}<k\leq 1\right]$

510 Considerata l'equazione $(k+1)x^2-2(k-1)x+k=0$, determina il valore del parametro reale k in modo che:

a. le radici siano reali e concordi $\left[k<-1\ \vee\ 0<k\leq\frac{1}{3}\right]$

b. le radici siano reali ed entrambe positive $[k<-1]$

c. le radici siano reali ed entrambe negative. $\left[0<k\leq\frac{1}{3}\right]$

SOLUZIONI ES. COMPRENSIONE

Comprensione

511 Le limitazioni a cui è soggetta l'incognita x di un problema indicano che x deve essere compresa tra 0 e un numero a. Risolvendo l'equazione modello del problema si trova che $x = \frac{1-\sqrt{2}}{2}a \lor x = \frac{1+\sqrt{2}}{2}a$. Si può dire che il problema ha:

a. due soluzioni **b.** una sola soluzione **c.** nessuna soluzione.

512 Su un segmento AB lungo 10cm si vuole individuare un punto C in modo che il segmento AC sia medio proporzionale fra AB e BC. Posto $\overline{AC} = x$:

a. l'equazione del problema è: ① $x^2 = 10(x-10)$ ② $x^2 = 10(10-x)$ ③ $x^2 = \frac{x-10}{10}$

b. il dominio del problema è: ① $x < 10$ ② $0 < x < 10$ ③ $x > 0$

Applicazione

Problemi di natura algebrica

513 **ESERCIZIO GUIDATO**

La somma di due numeri è 48 ed il loro prodotto è 560. Calcola il valore dei due numeri.

Indicando con x il primo numero, il secondo è $48 - x$. L'equazione allora è:

$x(48-x) = 560 \quad \rightarrow \quad 48x - x^2 = 560 \quad \rightarrow \quad x^2 - 48x + 560 = 0 \quad \rightarrow \quad x = 28 \lor x = 20$

Se il primo numero è 28 l'altro è $48 - 28 = 20$ e reciprocamente. I due numeri sono perciò 28 e 20.

514 Trova due numeri naturali consecutivi il cui prodotto sia 306. [17, 18]

515 Trova due numeri consecutivi tali che la somma dei loro quadrati sia 25. [$-4, -3 \lor 3, 4$]

516 Trova due numeri positivi consecutivi pari tali che la somma dei loro quadrati sia 100. [6, 8]

517 Determina nell'insieme N un numero tale che la differenza fra il quadrato del suo successivo ed il suo triplo sia uguale a 3. [2]

518 Determina in R^+ un numero tale che il prodotto fra il numero stesso diminuito di $\sqrt{5}$ e il numero stesso sommato a 2 sia uguale a $\frac{5}{9}$. $\left[\frac{3+5\sqrt{5}}{6}\right]$

519 Il prodotto di un numero per il suo doppio aumentato di 1 vale 0; quanto vale il numero? $\left[0 \lor -\frac{1}{2}\right]$

520 Il quadrato di un numero razionale è uguale al numero stesso aumentato di 6. Trova il numero. [$-2 \lor 3$]

521 Trova tre numeri interi consecutivi tali che la somma dei quadrati del primo e del terzo superi di 68 il secondo. [5, 6, 7]

522 Dividi il numero 30 in due parti in modo che il quadrato della prima parte superi di 36 il doppio del quadrato della seconda. [12, 18]

523 Un numero naturale supera un altro di 4 unità. Trova i due numeri sapendo che la somma dei loro reciproci è uguale a $\frac{4}{15}$. [6, 10]

524 Trova i medi di una proporzione fra numeri naturali sapendo che uno supera l'altro di 17 e che gli estremi sono 12 e 5. [3, 20]

525 Il quadrato di un numero reale, aumentato di 1, è uguale al triplo della differenza fra il numero stesso e 1. Trova il numero. [impossibile in R]

526 Il doppio del quadrato di un numero negativo, diminuito di 6, è uguale all'opposto del numero stesso. Qual è il numero? [−2]

527 Il doppio della differenza fra un numero e 3 è uguale al prodotto del numero stesso per tale differenza. Determina il numero. [$2 \vee 3$]

528 Una frazione ha il numeratore che supera di 4 unità il denominatore. Aggiungendo ad essa la somma del suo numeratore con il denominatore si ottiene $\frac{37}{3}$. Qual è la frazione? $\left[\frac{7}{3}\right]$

529 Di tre numeri naturali consecutivi si sa che il prodotto dei primi due addizionato al prodotto del secondo e del terzo è uguale al quadruplo della loro somma. Quali sono i tre numeri? [5, 6, 7]

530 La somma dei quadrati di tre numeri naturali dispari consecutivi è 155. Trova i tre numeri. [5, 7, 9]

531 Trova due numeri pari consecutivi in modo che la somma dei loro reciproci sia $\frac{5}{12}$. [4, 6]

532 In un numero di due cifre la prima è il doppio della seconda aumentata di 1. Scambiando le cifre si ottiene un numero il cui quadrato diminuito di 573 è uguale al primo numero. Qual è il numero iniziale?
(Suggerimento: indica con x la cifra delle unità, quella delle decine allora, ricordando la forma polinomiale di un numero sarà....) [52]

533 Due numeri interi di una sola cifra sono tali che la loro differenza è 2 e la somma del maggiore con il quadrato del minore è $\frac{8}{3}$ della loro somma. Quanto valgono i due numeri? [5, 7]

534 In un numero intero positivo di tre cifre quella delle unità è il triplo di quella delle decine che, a sua volta, è metà di quella delle centinaia. Scambiando fra loro la cifra delle centinaia con quella delle decine si ottiene un numero che, diminuito del prodotto della cifra delle unità con quella delle decine e del prodotto della cifra delle centinaia con quella delle unità, è uguale a 210. Trova il numero. [426]

535 Determina il numero di due cifre in cui la cifra delle unità supera di due quella delle decine sapendo che il suo quadrato, aumentato del doppio della somma delle cifre, è uguale a 177. [13]

536 In un numero di due cifre la cifra delle decine è doppia di quella delle unità. Dividendo il numero per il prodotto delle cifre si ottiene quoziente 3 e resto 9. Trova il numero. [63]

537 La differenza fra il multiplo di un numero secondo 18 e l'inverso del numero stesso è 3. Trova tale numero. $\left[-\frac{1}{6} \vee \frac{1}{3}\right]$

538 Il quadrato di un numero addizionato a 8 è uguale al suo multiplo secondo 9. Trova il numero. [1, 8]

539 Se il numero delle diagonali che possono essere tracciate in un poligono è 170, quanti lati ha il poligono? [20]

540 Aggiungendo ad un numero naturale il quoziente fra 36 ed il numero stesso diminuito di 15, si ottiene 0. Trova il numero. [$3 \vee 12$]

541 Determina un numero naturale tale che il quoziente della divisione di 10 con il numero stesso sia uguale alla somma fra 6 ed il numero ed il resto sia uguale a 3. [1]

542 La somma dei quadrati di due numeri naturali consecutivi è uguale al doppio del minore di essi. Trova i due numeri. [impossibile]

543 Trova due numeri sapendo che la loro somma è 3 e che la somma dei loro quadrati diminuita del loro prodotto è $\frac{21}{9}$. $\left[\frac{4}{3}, \frac{5}{3}\right]$

544 La somma dei primi n numeri pari è $S_n = n(n+1)$; sapendo che la somma calcolata è 756 qual è il valore dell'addendo maggiore della somma? [54]

Problemi nel mondo reale

545 In un torneo di tennis fra amici ognuno gioca con ciascuno degli altri una sola volta. Se le partite giocate sono in tutto 28, quanti sono i giocatori? [8]

546 La somma delle età di due amici è 34. Fra due anni il prodotto delle loro età sarà 360. Quanti anni ha ciascun amico? [16, 18]

547 Fra tre anni l'età di un bambino sarà un quadrato perfetto; tre anni fa la sua età era esattamente la radice di quel quadrato. Quanti anni ha il bambino? [6]

548 La mamma di Lucia ha 40 anni e Lucia ne ha 5. Fra quanti anni il quadrato dell'età che avrà allora Lucia sarà uguale all'età che avrà la madre aumentata di 11 volte il numero di tali anni? [5 anni]

549 La spesa per la potatura delle piante del giardino di un condominio è di € 2 400 e va ripartita in parti uguali fra tutti i condomini. Due di essi, tuttavia, sono in difficoltà economiche e gli altri decidono di accollarsi anche le loro quote; la spesa di ciascuno aumenta così di € 5. Quanti sono i condomini in tutto? [32]

550 Una ditta spende mensilmente € 73 500 in stipendi per i propri dipendenti. Aumentando di 5 il numero dei dipendenti e riducendo l'orario di lavoro, riesce, diminuendo in corrispondenza ciascun stipendio di € 200, a spendere € 2 500 in più. Quanti dipendenti aveva inizialmente l'azienda e quanto guadagnava ciascuno? [35, € 2 100]

551 In una pizzeria la pizza margherita costa € 8 e ha il diametro di 28cm. Si aumenta il diametro della pizza di una quantità x (se $x > 0$ la pizza è più grande, se $x < 0$ la pizza è più piccola) variando i prezzi in proporzione. Qual è la funzione che esprime il costo C di ogni pizza al variare del diametro? Se una pizza costa € 12, qual è il suo diametro? $\left[C = \frac{2}{49}\left(14 + \frac{1}{2}x\right)^2; \approx 34{,}3\text{cm}\right]$

552 Una forza di 50N viene applicata perpendicolarmente ad una superficie quadrata producendo una pressione che è la metà di quella esercitata da una forza quadrupla della precedente e che agisce perpendicolarmente ad una superficie quadrata che supera di 100cm^2 la precedente. Quanto misura il lato di ciascuna delle due superfici?
(Suggerimento: la pressione è il rapporto tra la forza e la superficie su cui questa viene esercitata) $\left[10\text{cm}, 10\sqrt{2}\text{cm}\right]$

553 Carlo e Mario abitano nello stesso palazzo ma a piani diversi. Da una finestra dei rispettivi appartamenti lanciano contemporaneamente nel cortile due palloni uguali. Carlo lancia il suo da un'altezza di 15m con una velocità iniziale $v_0 = 7$m/s; Mario da un'altezza di 12m con una velocità iniziale $v_0 = 5$m/s. Quale dei due palloni tocca terra per primo?
(Suggerimento: il moto di caduta è uniformemente accelerato e la sua equazione oraria è data dalla relazione $s = v_0 t + \frac{1}{2} g t^2$. Toccherà terra per primo quello che impiega meno tempo, quindi....)
[quello di Mario]

554 Una palla è lanciata verticalmente verso l'alto a partire dal suolo con una velocità iniziale $v_0 = 29{,}4$m/s. Dopo quanto tempo la palla sarà a 39,2m di altezza dal suolo? Interpreta i risultati ottenuti.
(Suggerimento: il moto è uniformemente decelerato e l'equazione oraria è $s = v_0 t - \frac{1}{2} g t^2$) [2*s*, 4*s*]

555 Un corpo parte con velocità iniziale di 2m/s e subisce un'accelerazione di 0,2m/s^2 percorrendo un certo spazio y. Un secondo corpo parte con velocità iniziale di 1m/s e subisce un'accelerazione di 0,4m/s^2 percorrendo lo stesso spazio y. Quanto dura il moto di ognuno dei due corpi? Qual è lo spazio percorso? [10s, 30m]

556 Due fratelli, Lucio e Alberto, decidono di imbiancare casa. Per dipingere l'appartamento lavorano insieme 12 ore; se Lucio dipingesse la casa da solo impiegherebbe 7 ore in più di quante non ne impieghi Alberto. Quanto tempo avrebbe impiegato da solo Lucio?
(Suggerimento: indica con x il tempo in ore che Alberto impiegherebbe per dipingere la casa da solo; il tempo che impiegherebbe Lucio è $x + 7$. Se indichi con L il lavoro di imbiancatura, il lavoro fatto da Alberto in 1 ora è $\frac{L}{x}$, quello fatto da Lucio è.........) [28 ore]

557 Il Paradiso è un luogo bellissimo ma non è comodo da raggiungere; per arrivare si deve salire una scalinata lunghissima e con gradini molto alti e scivolosi e pochi ce la fanno. Ma una volta arrivati, il panorama che si gode da lassù non ha eguali!
Lucilla tenta la scalata ma dopo aver fatto i primi 15 scalini si deve fermare a riposare e così facendo scivola in giù di uno scalino.
Ma non si perde d'animo e riprende la salita; di nuovo fa 15 scalini ma anche questa volta si deve fermare perché ha il fiatone e così scivola in giù di due.
Al terzo tentativo sale ancora di 15 scalini ma, essendo sempre più stanca, si ferma a riposare di più e scivola in giù di tre.
Ad ogni nuovo tentativo riesce sempre a salire di 15 scalini ma scivola in giù di uno scalino in più ogni volta.
La povera Lucilla non si arrende ma, alla fine, si ritrova al punto di partenza, sulla Terra. Quante serie di 15 scalini ha fatto?
Morale della favola: se vuoi andare in Paradiso ti devi allenare prima e fare tutti i gradini in una volta sola.
(Suggerimento: al primo tentativo Lucilla fa $15 - 1$ gradini, al secondo ne fa $15 - 2$, al terzo ne fa $15 - 3$ e così via; in totale, dopo n tentativi ne fa: $(15 - 1) + (15 - 2) + (15 - 3) + \ldots.. + (15 - n)$.
È poi necessario considerare che la somma dei primi n numeri naturali vale $\frac{n(n+1)}{2}$).
[29 serie di 15 gradini]

Problemi di natura geometrica

Ricordiamo i principali teoremi e proprietà che possono essere utili per la risoluzione di questo gruppo di esercizi.

■ **Teoremi di Pitagora e di Euclide:**

- $\overline{BC}^2 = \overline{AB}^2 + \overline{AC}^2$
- $\overline{AB}^2 = \overline{BC} \cdot \overline{BH}$
- $\overline{AH}^2 = \overline{BH} \cdot \overline{HC}$

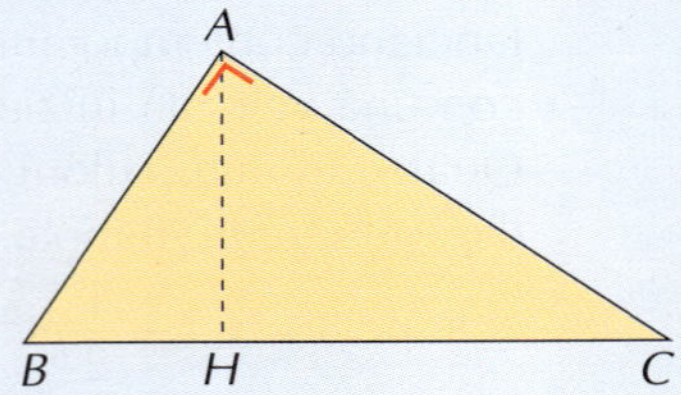

■ **Proprietà della circonferenza:**

- ogni triangolo inscritto in una semicirconferenza è rettangolo e l'ipotenusa è il diametro;
- se da un punto P esterno ad una circonferenza di centro O si conducono le tangenti, i segmenti di tangenza sono congruenti e la semiretta PO è la bisettrice dell'angolo formato dalle tangenti;
- un quadrilatero inscritto in una circonferenza ha gli angoli opposti supplementari;
- in un quadrilatero circoscritto ad una circonferenza la somma di due lati opposti è congruente alla somma degli altri due;
- il centro del cerchio inscritto in un triangolo è il punto d'incontro delle bisettrici;
- il centro del cerchio circoscritto ad un triangolo è il punto d'incontro degli assi dei lati.

■ **Sulle similitudini:**

- due triangoli che hanno due angoli congruenti sono simili;
- se due corde di una circonferenza si intersecano i segmenti dell'una sono i medi, i segmenti dell'altra sono gli estremi di una proporzione;
- se da un punto esterno a una circonferenza si conducono due semirette secanti, una secante e la sua parte esterna sono i medi, l'altra secante e la sua parte esterna sono gli estremi di una proporzione;
- se da un punto esterno a una circonferenza si conducono una secante e una tangente, il segmento di tangente è medio proporzionale fra l'intera secante e la sua parte esterna.

558 Il triplo dell'area di un quadrato di lato x supera di 1m^2 quella del rettangolo che ha un lato congruente a quello del quadrato e l'altro di 2m. Quanto misura il perimetro del quadrato? $[2p = 4\text{m}]$

559 Un segmento AB lungo 15cm è diviso da un punto C in due parti in modo che la somma delle aree dei quadrati costruite su di esse vale 153cm^2. Determina la lunghezza di AC. $[AC = 12\text{cm} \ \vee \ AC = 3\text{cm}]$

560 L'area di un triangolo rettangolo è 54cm^2; determina il suo perimetro sapendo che un cateto è $\frac{3}{4}$ dell'altro. [36cm]

561 Determina area e perimetro di un triangolo rettangolo sapendo che l'altezza relativa all'ipotenusa, che è lunga 12cm, divide l'ipotenusa stessa in due parti la cui differenza è di 7cm. $[150\text{cm}^2, 60\text{cm}]$

562 Calcola perimetro e area di un triangolo rettangolo sapendo che un cateto è lungo 2,4cm e che l'ipotenusa è uguale alla differenza fra il doppio dell'altro cateto e il primo. $[9{,}6\text{cm}, 3{,}84\text{cm}^2]$

563 La lunghezza della tangente condotta da un punto A esterno ad una circonferenza di raggio r è $\frac{4}{3}r$. Calcola la misura della distanza di A dalla circonferenza. $\left[\frac{2}{3}r\right]$

564 La base di un triangolo isoscele è lunga 18cm. Sapendo che il triplo dell'altezza supera di 6cm il doppio del lato obliquo trova perimetro e area del triangolo. $[48\text{cm}, 108\text{cm}^2]$

565 Un triangolo ABC è inscritto in una semicirconferenza di diametro $AB = 6\sqrt{2}\text{cm}$. Se l'altezza relativa all'ipotenusa è $\sqrt{10}\text{cm}$, calcola le misure dei segmenti CA e CB. $[2\sqrt{3}\text{cm}, 2\sqrt{15}\text{cm}]$

566 Sul lato AB di un rettangolo di dimensioni $\overline{AB} = 3a$ e $\overline{BC} = a$ determina un punto P in modo che sia verificata la relazione $\overline{DP}^2 + \overline{PC}^2 = 7a^2$. $[\overline{AP} = a \vee 2a]$

567 I lati di un rettangolo misurano 80cm e 90cm, internamente ad esso disegna un quadrato di lato ℓ in modo che i lati del quadrato siano paralleli a quelli del rettangolo. Determina la misura del lato ℓ in modo che l'area del quadrato sia uguale alla parte complementare rispetto al rettangolo. $[\ell = 60\text{cm}]$

568 In un cerchio di diametro AB si conduca la corda BC, che misura $\frac{15}{4}a$, in modo che la sua proiezione sul diametro sia i $\frac{9}{25}$ del diametro stesso. Dopo aver trovato la lunghezza del diametro, calcola il perimetro e l'area del triangolo ABC. $\left[\overline{AB} = \frac{25}{4}a;\ 2p = 15a,\ \text{area} = \frac{75}{8}a^2\right]$

569 E' dato il triangolo scaleno ABC nel quale le proiezioni dei lati AB e AC sul lato BC sono rispettivamente uguali ai $\frac{4}{5}$ e ai $\frac{3}{5}$ del lato AB. Sapendo che l'altezza AH è lunga 30cm calcola il perimetro e l'area del triangolo. $\left[2p = 30(4+\sqrt{2})\text{cm},\ \text{area} = 1050\text{cm}^2\right]$

570 In un triangolo ABC, rettangolo in A, il cateto AB è lungo 36cm e l'altezza AH relativa all'ipotenusa è $\frac{4}{3}$ della proiezione BH del cateto AB sull'ipotenusa. Calcola il perimetro e l'area del triangolo ABC. $[144\text{cm},\ 864\text{cm}^2]$

571 In un triangolo rettangolo ABC i cateti AB e AC misurano rispettivamente 10cm e 7cm; prolunga il cateto AB dalla parte di B di un segmento BP e prendi poi un punto Q su AC in modo che $CQ \cong BP$. Determina la lunghezza del segmento BP in modo che l'area del triangolo APQ sia di 15cm^2. [5cm]

572 Un triangolo ABC ha gli angoli adiacenti alla base AB di $60°$ e $45°$. Sapendo che la sua area è $\frac{2}{3}\sqrt{3}a^2(\sqrt{3}+1)$, trovane il perimetro. $[2a(1+\sqrt{2}+\sqrt{3})]$

573 Un angolo di un rombo è di $120°$, sapendo che la sua area $162\sqrt{3}a^2$ trovane il perimetro. $[72a]$

574 Dovendo preparare un cartellone pubblicitario di forma rettangolare, la cui superficie deve essere di 70dm^2, l'addetto deve determinare le sue dimensioni in modo che il lato maggiore superi il minore di 3dm. Quali sono le dimensioni del cartellone? [7dm, 10dm]

575 Su un segmento AB lungo 20cm considera un punto P e costruisci il triangolo APD rettangolo in A con l'angolo $\widehat{APD}$ che misura $30°$. Determina la lunghezza del segmento AP in modo che tale triangolo sia equivalente al rettangolo di lati AP e BP diminuito di $(96 - 24\sqrt{3})\text{cm}^2$. $\left[AP = \left(\frac{108 - 40\sqrt{3}}{11}\right)\text{cm} \vee 12\text{cm}\right]$

576 In un trapezio isoscele la base minore è metà della maggiore e supera $\frac{1}{3}$ dell'altezza di 5cm. Determina la lunghezza delle basi sapendo che l'area del trapezio è 108cm^2. [8cm, 16cm]

577 Trova le lunghezze dei lati di un rettangolo inscritto in una circonferenza di raggio 13cm sapendo che il lato maggiore supera di 4 il doppio del lato minore. [10cm, 24cm]

578 È dato un triangolo equilatero ABC di lato 10cm. Per un punto S del lato AC traccia la parallela ST al lato CB. Determina la misura di ST in modo che l'area del trapezio $STBC$ sia pari a $\frac{3}{4}$ dell'area del triangolo dato. [5cm]

579 La base di un triangolo isoscele è 6cm e la misura dei lati congruenti è 12cm. Calcola la misura del raggio della circonferenza circoscritta al triangolo. $\left[r = \frac{8\sqrt{15}}{5}\right]$

580 Dato il triangolo ABC di altezza CH uguale a $9a$, determina a quale distanza dal vertice C deve essere condotta una retta parallela alla base AB in modo che il triangolo venga diviso in due parti equivalenti.
$\left[\text{distanza da } C = \frac{9a\sqrt{2}}{2}\right]$

581 Il rapporto tra le due diagonali di un rombo è $\frac{3}{4}$. Calcola il perimetro del rombo sapendo che la sua area misura $864a^2$.Trova inoltre la misura della distanza tra due lati opposti del rombo. $\left[120a,\ \frac{144}{5}a\right]$

582 In un triangolo ABC il lato AB è congruente alla mediana AM relativa al lato BC e misura 4cm. Determina la misura del lato BC in modo che il quadrato costruito su di esso sia equivalente a 4 volte il quadrato costruito sull'altezza ad esso relativa.
$\left[\frac{16\sqrt{5}}{5}\text{cm}\right]$

583 I lati BC e AB di un rettangolo $ABCD$ misurano 12cm e 25cm rispettivamente; determina dove deve essere preso un punto E su AB in modo che il triangolo CDE sia rettangolo in E.
$[AE = 16\text{cm} \ \vee \ AE = 9\text{cm}]$

584 ABC è un triangolo, rettangolo in C, il cui cateto BC misura 3cm mentre la proiezione del cateto AC sull'ipotenusa misura $\frac{\sqrt{2}}{4}$cm. Determina la misura dell'ipotenusa del triangolo. $\left[\frac{9}{4}\sqrt{2}\text{cm}\right]$

585 E' dato il triangolo rettangolo ABC di ipotenusa AB in cui il rapporto tra i cateti è $\frac{3}{4}$ e l'ipotenusa misura $\frac{25}{2}a$. Trova l'altezza del rettangolo di area $\frac{50}{3}a^2$ inscritto nel triangolo con un lato sull'ipotenusa.
$[4a \ \vee \ 2a]$

586 E' dato il triangolo rettangolo ABC di area 96cm^2 in cui i cateti AC e CB sono proporzionali ai numeri 3 e 4. Dal punto P preso sull'ipotenusa AB traccia la perpendicolare all'ipotenusa stessa che incontra CB in K. Determina la posizione di P in modo che l'area del triangolo PKB sia 24cm^2. $[AP = 12\text{cm}]$

587 E' dato il triangolo isoscele ABC di altezza $\overline{CH} = 24a$. Sapendo che il doppio della base AB supera di $14a$ il lato obliquo, determina sul lato AC il punto P in modo che la parallela ad AB passante per P stacchi sul triangolo dato un triangolo di area $\frac{960}{169}a^2$. $[PC = 4a]$

588 Su un segmento $\overline{AB} = 2\ell$ prendi un punto P e traccia le circonferenze di diametri AP e PB; sia r una delle tangenti comuni alle due circonferenze non perpendicolare ad AB. Detti R ed S i punti di intersezione con le circonferenze, determina la lunghezza del segmento PB in modo che $\overline{RS}^2 = \frac{3}{4}\ell^2$. $\left[\frac{1}{2}\ell \ \vee \ \frac{3}{2}\ell\right]$

589 Su una semicirconferenza di centro O e diametro $\overline{AB} = 4r$ e determina un punto P tale che, essendo K la proiezione di P su AB, sia verificata la relazione: $\frac{2\overline{PB}^2 + \overline{OK}^2 - \overline{PK}^2}{\overline{PA}^2} = \frac{41}{12}$. $\left[\overline{AK} = \frac{4}{3}r\right]$

590 Un rettangolo ha dimensioni 30m e 50m. Di quanto si devono aumentare i suoi lati affinché la sua area aumenti di 249m^2. [3m]

591 Un rettangolo è inscritto in una circonferenza di raggio r in modo che $AB = 2BD$ (figura a lato). Determina le dimensioni del rettangolo.
$\left[\frac{6}{5}r,\ \frac{8}{5}r\right]$

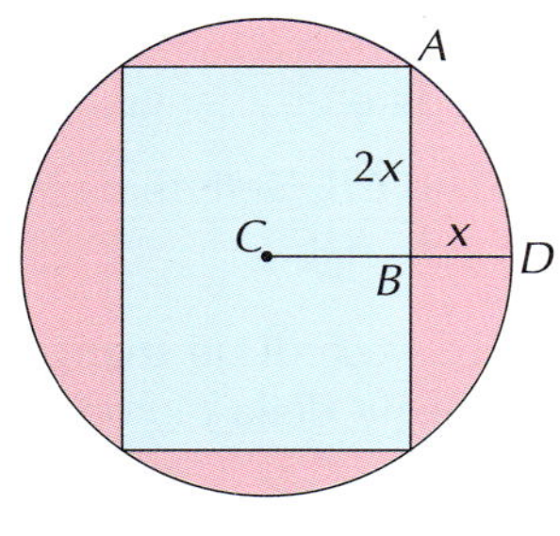

592 In un trapezio isoscele la base maggiore è doppia della minore che, a sua volta, è i $\frac{3}{4}$ dell'altezza. Determina il perimetro del trapezio sapendo che esso è equivalente ad un quadrato il cui lato è uguale al prodotto di $\sqrt{2}$ per la base minore del trapezio diminuita di 10cm. $\left[\left(\frac{45+5\sqrt{73}}{3}\right)\text{cm}\right]$

593 Da un rettangolo di dimensioni 15cm e 8cm si vuole ritagliare una parte triangolare come nella figura a lato in modo che la sua area sia i $\frac{7}{40}$ dell'area del rettangolo. Quali devono essere le misure della base e dell'altezza del triangolo? [7cm, 6cm]

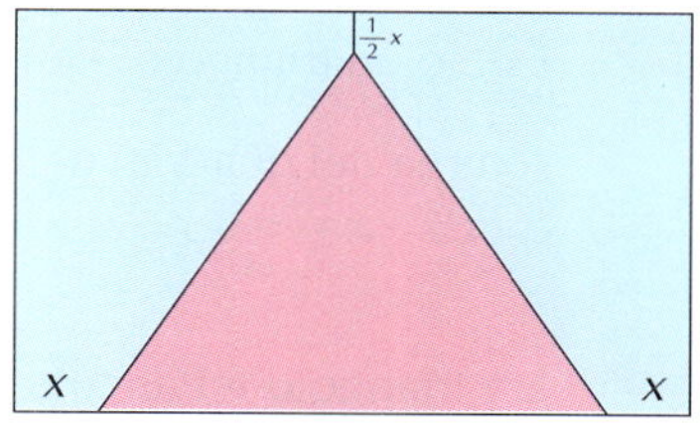

594 E' dato il triangolo equilatero ABC di lato $3a$. Traccia una corda DE parallela al lato BC in modo che il triangolo DHE abbia area uguale ad $\frac{a^2\sqrt{3}}{2}$, essendo H il piede dell'altezza del triangolo relativa al lato BC. $[DE = a \vee 2a]$

595 Calcola la misura del raggio del cerchio inscritto nel triangolo isoscele ABC di base BC sapendo che la distanza del vertice A dal centro del cerchio è $\frac{5}{3}$ del raggio e che la somma dei quadrati del lato obliquo e della base del triangolo è uguale a $244a^2$. $[3a]$

596 E' dato il trapezio rettangolo $ABCD$. Il rapporto tra l'altezza AD e la differenza delle basi AB e DC è $\frac{4}{3}$, la base minore è $10a$ e l'area del triangolo ABE ottenuto prolungando l'altezza DA del trapezio e il lato obliquo CB è uguale a $\frac{968}{3}a^2$. Calcola il perimetro del trapezio. $[68a]$

597 E' dato il triangolo ABC, rettangolo in C, nel quale il cateto AC è lungo 2cm e l'ipotenusa AB è i suoi $\frac{5}{3}$. Determina la posizione di un punto P su AB in modo che, condotte da P le perpendicolari PH e PK rispettivamente ai cateti CB e AC sia verificata la relazione $6PH^2 + PK^2 = 6a^2$. $\left[AP = 3a \vee \frac{15}{7}a\right]$

598 E' dato un triangolo ABC rettangolo in A. La mediana CM relativa al cateto AB forma con il lato stesso l'angolo $CMA = 30°$. Sapendo che l'area del triangolo CMB misura $8\sqrt{3}\text{cm}^2$, calcola il perimetro del triangolo ABC. $[4(1+2\sqrt{3}+\sqrt{13})\text{cm}]$

599 Nel trapezio rettangolo $ABCD$ (retto in A e D) il lato obliquo CB forma un angolo di 60° con la base maggiore AB e la diagonale AC è perpendicolare al lato obliquo. Sapendo che l'area misura $168a^2\sqrt{3}$ calcola il perimetro del trapezio. $[12a(1+3\sqrt{3})]$

600 Il quadrilatero $ABCD$ è composto da un triangolo rettangolo isoscele ABC di ipotenusa AB e da un triangolo equilatero ABD che giace nel semipiano opposto. Sapendo che l'area del quadrilatero $ADBC$ è uguale a $36a^2(1+\sqrt{3})$ trovane il perimetro. $[12a(2+\sqrt{2})]$

601 Un triangolo ABC è inscritto in una semicirconferenza di diametro $AB = 6\sqrt{2}\text{cm}$. La sua altezza CH è 4cm. Determina le lunghezze di AC e BC. $[2\sqrt{6}\text{cm}, 4\sqrt{3}\text{cm}]$

602 In un triangolo isoscele gli angoli alla base sono di 30° e l'area misura $\frac{2-\sqrt{3}}{\sqrt{3}}\text{cm}^2$. Calcola il perimetro del triangolo. $\left[\frac{\sqrt{6}}{3}(\sqrt{3}-1)(\sqrt{3}+2)\text{cm}\right]$

603 In un trapezio isoscele $ABCD$ gli angoli adiacenti alla base maggiore AB misurano 60°. Sapendo che la somma dei quadrati delle due basi è uguale a 544cm^2 e che la base maggiore supera di 8cm la minore trova perimetro e area del trapezio. $[80\text{cm}, 192\sqrt{3}\text{cm}^2]$

604 E' dato il parallelogramma $ABCD$ in cui l'angolo DAB misura 60° e l'angolo DBA misura 45°. Sapendo che la somma dei quadrati di DB e AB è uguale a $18(\sqrt{3}+5)\text{cm}^2$, trova il perimetro del parallelogramma. $[6\sqrt{3}(\sqrt{3}+1)\text{cm}]$

605 È dato un triangolo equilatero ABC di lato ℓ. Trova la posizione di un punto P sul lato AB in modo che la somma dei quadrati delle sue distanze dai lati AC e BC sia uguale ai $\frac{5}{2}$ dell'area del rettangolo di lati AP e PB. $\left[\overline{AP}=\frac{1}{4}\ell \vee \frac{3}{4}\ell\right]$

606 Un triangolo rettangolo ha un cateto di 15cm e la sua proiezione sull'ipotenusa sta all'ipotenusa stessa come 9 sta a 25. Calcola la lunghezza dell'altezza relativa all'ipotenusa. [12cm]

607 In un rettangolo il segmento tracciato da uno dei vertici perpendicolarmente alla diagonale è lungo 48cm. Calcola l'area del rettangolo sapendo che il piede della perpendicolare divide la diagonale in due parti tali che una è $\frac{1}{9}$ dell'altra. $[A=7680\text{cm}^2]$

608 In un trapezio rettangolo la diagonale minore è 24cm ed è perpendicolare al lato obliquo. Calcola il perimetro e l'area del trapezio sapendo che la lunghezza della proiezione della diagonale minore sulla base maggiore è $\frac{1}{4}$ rispetto a quella della base stessa. $\left[2p=(60+36\sqrt{3})\text{cm};\ A=360\sqrt{3}\text{cm}^2\right]$

609 La diagonale minore di un trapezio rettangolo è perpendicolare al lato obliquo ed è i $\frac{5}{4}$ della sua proiezione sulla base maggiore. Calcola il perimetro e l'area del trapezio sapendo che la proiezione del lato obliquo sulla base maggiore è 27cm. $[2p=204\text{cm};\ A=2214\text{cm}^2]$

610 Sul diametro AB di una circonferenza di raggio r determina un punto P in modo che il quadrato della corda RQ, perpendicolare ad AB in P, sia uguale al quadrato del raggio.
$\left[\overline{AP}=\frac{2+\sqrt{3}}{2}r \vee \overline{AP}=\frac{2-\sqrt{3}}{2}r\right]$

611 L'area di un rettangolo è 1440cm^2 e la base è il doppio dell'altezza. Dopo aver tracciato da uno dei vertici il segmento perpendicolare alla diagonale, calcola l'area e il perimetro dei due triangoli così ottenuti. $\left[A_1=144\text{cm}^2;\ 2p_1=(36+12\sqrt{5})\text{cm};\ A_2=576\text{cm}^2;\ 2p_2=(72+24\sqrt{5})\text{cm}\right]$

612 In un quadrato di lato ℓ è inscritto un rettangolo come nella figura qui a lato. Determina le sue dimensioni in modo che la sua area sia i $\frac{4}{9}$ di quella del quadrato. $\left[\frac{1}{3}\ell\sqrt{2},\ \frac{2}{3}\ell\sqrt{2}\right]$

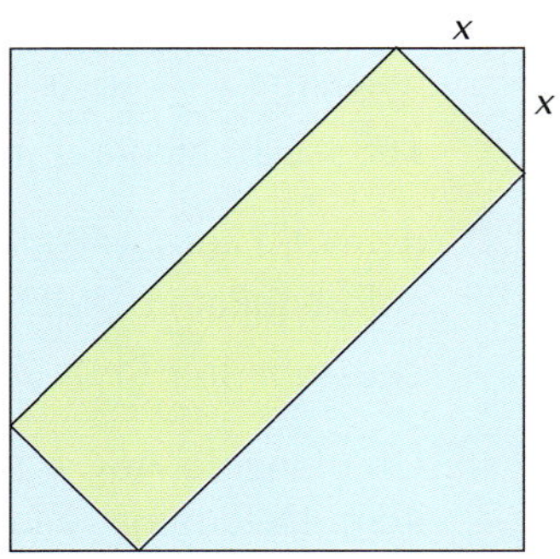

613 In un triangolo rettangolo l'altezza relativa all'ipotenusa è i $\frac{12}{25}$ dell'ipotenusa stessa e la proiezione di uno dei cateti sull'ipotenusa è 144cm. Calcola l'area e il perimetro del triangolo.
$[2p=960\text{cm},\ A=38400\text{cm}^2 \vee 2p=540\text{cm},\ A=12150\text{cm}^2]$

614 In un trapezio isoscele le diagonali sono perpendicolari ai lati obliqui, l'altezza è i $\frac{4}{3}$ della proiezione del lato obliquo sulla base maggiore; si sa inoltre che la base maggiore è lunga 50cm. Determina area e perimetro del trapezio. $[A=768\text{cm}^2;\ 2p=124\text{cm}]$

615 Un rettangolo ha i lati lunghi 5cm e 8cm; se si aumenta ciascun lato di un segmento di misura (in cm) x, la diagonale del nuovo rettangolo che si ottiene è lunga $\sqrt{149}$cm. Quanto vale x? [2]

616 Un triangolo isoscele è inscritto in una circonferenza di diametro 25cm. Determina la lunghezza dell'altezza del triangolo in modo che la base sia 24cm. [16cm ∨ 9cm]

617 Sull'ipotenusa BC del triangolo rettangolo ABC, avente i cateti $\overline{AB} = 3a$ e $\overline{AC} = 4a$, determina un punto P in modo che, dette H e K le sue proiezioni su AB e AC, l'area del rettangolo $AHPK$ valga $\frac{72}{25}a^2$.
[$\overline{PB} = 2a \lor \overline{PB} = 3a$]

618 Determina la base e l'altezza di un triangolo isoscele inscritto in una circonferenza di raggio r in modo che la loro somma dei loro quadrati sia uguale a $5r^2$.
$\left[\text{base} = 2r;\ \text{altezza} = r \lor \text{base} = \frac{2\sqrt{5}}{3}r;\ \text{altezza} = \frac{5}{3}r\right]$

619 In un parallelogramma $ABCD$ la diagonale AC è perpendicolare al lato AD; si sa inoltre che $\overline{AB} = 25a$ e che l'area del parallelogramma è $300a^2$. Calcola la misura delle diagonali. [$20a,\ 10a\sqrt{13}$]

620 In un triangolo isoscele la base supera il lato obliquo di 3cm e l'altezza è 12cm. Determina la lunghezza della corda parallela alla base che divide il triangolo in due parti equivalenti. [$9\sqrt{2}$cm]

621 In un triangolo rettangolo l'altezza relativa all'ipotenusa supera di 4cm la proiezione del cateto minore sull'ipotenusa, mentre è minore di 6cm rispetto alla proiezione del cateto maggiore sull'ipotenusa. Calcola la lunghezza dell'altezza relativa all'ipotenusa. [12cm]

622 In un quadrato di lato $(\sqrt{3}+3)$cm disegna un altro quadrato come nella figura a lato. Determina il lato del quadrato più interno in modo che la sua area sia pari a quella di uno dei due trapezi congruenti in cui resta divisa la parte rimanente del quadrato più esterno.
[$(\sqrt{3}+1)$cm]

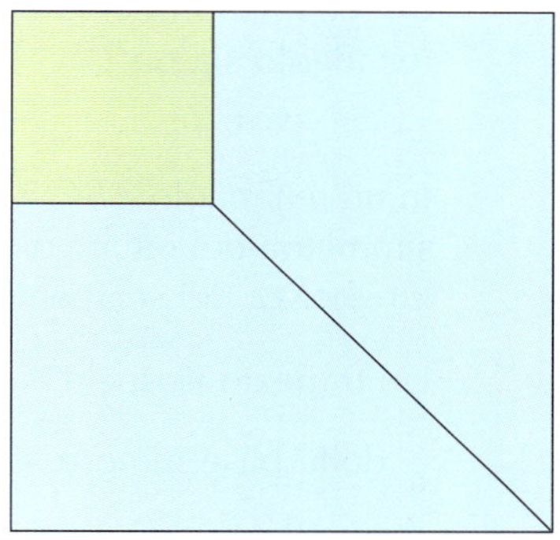

623 Di un triangolo ABC rettangolo in A si sa che l'angolo di vertice B ha ampiezza 60° e $\overline{AB} = a$.
Determina un punto P sul cateto AB in modo che, indicata con H la proiezione di P sull'ipotenusa BC, sia verificata la relazione $\overline{PC}^2 + 2\overline{PH}^2 = \frac{37}{40}\overline{CB}^2$.
$\left[\overline{AP} = \frac{4}{5}a \lor \overline{AP} = \frac{2}{5}a\right]$

624 Sul segmento AB di misura ℓ determina un punto P in modo che, disegnata la circonferenza di diametro AP e tracciata la tangente BT ad essa uscente da B, sia verificata la relazione $\overline{BT}^2 + \overline{AP}^2 = \frac{35}{2}\overline{PB}^2$.
$\left[\overline{AP} = \frac{34 \pm \sqrt{67}}{33}\ell\right]$

625 In un rombo di area $80\sqrt{\frac{3}{2}}$ cm^2, il raggio della circonferenza inscritta divide il lato in due parti tali che una è i $\frac{3}{2}$ dell'altra. Trova il perimetro del rombo. [40cm]

626 La diagonale di un rettangolo che è lunga 20cm divide l'angolo retto in due parti tali che una è doppia dell'altra. Da un punto P di uno dei suoi lati e dal suo simmetrico Q rispetto al centro del rettangolo traccia le parallele alle diagonali. Dopo aver dimostrato che esse si incontrano sugli altri due lati del rettangolo, calcola la posizione del punto P in modo che il parallelogramma così inscritto nel rettangolo abbia area $48\sqrt{3}$cm^2. [$6\sqrt{3}$cm ∨ $4\sqrt{3}$cm]

627 In una semicirconferenza di diametro $\overline{AB} = 2r$ e di centro O, considera un punto C su OA ed un punto D su OB in modo che $CO \cong 2OD$. Indicati rispettivamente con P e con Q le intersezioni delle perpendicolari al diametro in C e D con la semicirconferenza, determina la misura, in funzione del raggio, del segmento OD in modo che: $\overline{CP}^2 + \overline{DQ}^2 = \frac{13}{9}\overline{CD}^2$. $\left[\overline{OD} = \frac{1}{3}r\right]$

628 E' data una circonferenza di raggio r ed una sua corda AB. Per A traccia la retta tangente alla circonferenza che incontra la retta del diametro perpendicolare ad AB in P. Determina a quale distanza dal centro deve essere condotta la corda AB affinché $\overline{AP} = \frac{4}{3}r$. $\left[\frac{3}{5}r\right]$

629 In un parallelogramma avente il perimetro di 80cm la diagonale AC è perpendicolare al lato AD ed il loro rapporto è $\frac{4}{3}$. Dopo aver determinato le lunghezze dei lati del parallelogramma, determina un punto P su AD in modo che $\overline{PC}^2 = \frac{4}{5}\overline{DC}^2$. $[AP = 10\text{cm}]$

630 Dato il triangolo equilatero ABC di lato $\overline{AB} = \ell$, sia r una retta parallela al lato CB che interseca in D e in E i lati AC e AB. Su r, ed esternamente al triangolo, considera un punto P in modo che $PD \cong DE$. Determina come deve essere tracciata la retta r in modo che $\overline{PA}^2 + \overline{PK}^2 = \frac{29}{12}\ell^2$ essendo K il piede dell'altezza uscente dal vertice A. $\left[\overline{PD} = \frac{2}{3}\ell\right]$

631 In un triangolo ABC, la base AB è lunga $8a$ e l'altezza CH è lunga $3a$. Determina la lunghezza dei lati di un rettangolo in esso inscritto in modo che uno dei suoi lati appartenga ad AB e che la superficie del rettangolo sia $6a^2$. $\left[\frac{3}{2}a,\ 4a\right]$

632 In un rettangolo $ABCD$ il lato AD è lungo 12cm ed il lato AB è lungo 34cm. Indicato con O il centro di simmetria del rettangolo, sia r una retta per O che incontra il lato DC in P e il lato AB in Q. Calcola la lunghezza del segmento DP in modo che il triangolo APQ risulti rettangolo in P. $[8\text{cm} \vee 9\text{cm}]$

633 Un trapezio isoscele è inscritto in una semicirconferenza di raggio 50cm; di esso si sa che l'altezza è i $\frac{2}{3}$ della base minore. Calcola il perimetro e l'area del trapezio. $\left[2p = 40\left(4 + \sqrt{5}\right)\text{cm};\ A = 3\,200\text{cm}^2\right]$

634 Considera un triangolo rettangolo ABC in cui l'angolo C è di 60° e l'ipotenusa BC è lunga 4dm. Determina sul cateto AC un punto D in modo che, condotta la perpendicolare DE all'ipotenusa, i triangoli CDE e ABD risultino equivalenti. $\left[4\left(\sqrt{2} - 1\right)\text{dm}\right]$

635 Di un rettangolo $ABCD$ si sa che $AB = 6\text{cm}$ e $AD = 4\text{cm}$; determina la posizione di due punti P e Q sul lato AB ed equidistanti dagli estremi di tale lato, in modo che DQ e CP siano perpendicolari. $[AP = BQ = 2\text{cm}]$

636 In un triangolo rettangolo ABC il cateto AB è doppio del cateto AC che misura a. Conduci dal vertice C la retta r parallela ad AB e da un punto D dell'ipotenusa la parallela ad AC che incontra r in E ed il cateto AB in F. Determina la posizione di D in modo che la somma delle aree dei triangoli CED e FDB valga $\frac{5}{9}a^2$. $\left[\overline{CD} = \frac{a\sqrt{5}}{3} \vee \overline{CD} = \frac{2a\sqrt{5}}{3}\right]$

637 In un trapezio isoscele la diagonale è perpendicolare al lato obliquo; sapendo che il perimetro è di 124cm e che la somma delle basi è pari a 64cm, trova l'area del trapezio. $[768\text{cm}^2]$

638 In un triangolo ABC si sa che $AB = 63\text{cm}$, $BC = 52\text{cm}$, $AC = 25\text{cm}$. Dopo aver calcolato la lunghezza dell'altezza CH, determina il lato del quadrato inscritto avente un lato sulla base. $\left[20\text{cm};\ \frac{1\,260}{83}\text{cm}\right]$

639 Un triangolo isoscele è inscritto in una circonferenza e l'angolo al vertice è di 30°. Sapendo che l'area misura $\frac{25}{4}a^2(2+\sqrt{3})$ calcola la misura della base del triangolo. [$5a$]

640 E' dato il segmento AB di lunghezza 60cm. Determina su di esso un punto H in modo che sia verificata la relazione $\overline{AH}^2 + \overline{HB}^2 = \frac{17}{25}\overline{AB}^2$. Traccia poi: la semicirconferenza di diametro AB, dal punto H la perpendicolare ad AB che incontra la circonferenza in C, da C la tangente alla semicirconferenza che incontra il prolungamento di AB in P. Calcola l'area del triangolo ACP.
[$\overline{AH} = 12 \vee 48$; area $= 240\text{cm}^2 \vee 960\text{cm}^2$]

641 E' dato il triangolo isoscele ABC nel quale la base AB è lunga 16cm e il lato obliquo supera di 2cm l'altezza CH. Da un punto P della base AB traccia la parallela all'altezza del triangolo che interseca il lato CB nel punto R e il prolungamento del lato AC nel punto S. Determina la posizione di P in modo che l'area del triangolo CSR sia di $\frac{15}{2}\text{cm}^2$. [$PB = 6\text{cm}$]

642 Nel trapezio rettangolo $ABCD$ la diagonale AC è perpendicolare al lato obliquo BC. Sapendo che il rapporto tra le due basi è $\frac{169}{144}$ e che l'altezza CH misura $\frac{60}{13}a$, trova il perimetro del trapezio. [$\frac{438}{13}a$]

643 Un parallelogramma $ABCD$ ha l'angolo di vertice A che è di 45°. Sapendo che l'altezza DH divide il lato AB in due parti AH e HB rispettivamente una $\frac{2}{3}$ dell'altra e che la diagonale minore misura $5\sqrt{13}$cm, trova perimetro e area del parallelogramma e la misura della diagonale AC.
[$10(5+2\sqrt{2})$cm, 250cm^2, $5\sqrt{53}$cm]

644 Il raggio del cerchio inscritto in un rombo misura $36a$ e il punto di tangenza del cerchio con il lato lo divide in due parti proporzionali ai numeri 16 e 9. Calcola l'area del rombo e quella del rettangolo che si ottiene congiungendo i punti di tangenza dei lati del rombo. [$5400a^2$, $\frac{62208}{25}a^2$]

645 Un punto H si trova sul diametro AB di una semicirconferenza ed è tale che AH e HB stanno nel rapporto $\frac{9}{4}$. Traccia da H la perpendicolare al diametro che incontra la semicirconferenza in P e da P la tangente alla semicirconferenza che incontra in K la retta di AB. Sapendo che HP misura $12a$ calcola l'area del triangolo APK. [$\frac{1404}{5}a^2$]

646 Da un punto P esterno ad una circonferenza di centro O si conducono le rette tangenti alla circonferenza stessa che la incontrano nei punti A e B. Sapendo che P dista dal centro 40cm e che i segmenti di tangenza sono i $\frac{2}{3}$ del diametro, calcola il perimetro del triangolo PAB. [102,4cm]

647 In un cerchio sono tracciate da parti opposte del centro due corde parallele AB e CD rispettivamente uguali al lato del triangolo equilatero inscritto e al raggio del cerchio. Sapendo che l'area del trapezio $ABDC$ è 32cm^2 trova la misura del raggio. [$4\sqrt{2}(\sqrt{3}-1)$cm]

648 Il trapezio $ABCD$, rettangolo in A e D, è circoscritto ad una circonferenza di raggio $12a$. Sapendo che la differenza tra la misura delle due parti in cui il lato obliquo è diviso dal punto di tangenza T con la circonferenza vale $7a$, calcola perimetro e area del trapezio. [$98a$, $588a^2$]

649 E' dato un triangolo isoscele ABC inscritto in una circonferenza di centro O. La base è $\frac{2}{3}$ dell'altezza e il raggio del cerchio è lungo 10cm. Trova il perimetro e l'area del triangolo. [$12(1+\sqrt{10})$cm, 108cm^2]

650 In una semicirconferenza è inscritto un trapezio $ABCD$ con la base maggiore AB coincidente con il diametro. L'altezza DH, di 40cm, divide la base maggiore in due parti AH e BH dove BH supera di 52cm i $\frac{7}{5}$ di AH. Calcola l'area del trapezio. [3200cm²]

651 Il rapporto tra le dimensioni del rettangolo $ABCD$ inscritto in una circonferenza di centro O è $\frac{4}{3}$. Determina il raggio della circonferenza in modo che il rombo avente per lati le tangenti alla circonferenza nei vertici del rettangolo abbia area $\frac{1250}{3}\text{cm}^2$. [10cm]

652 Nel triangolo ABC l'angolo al vertice B è di $60°$, $AB : BC = 2 : 3$ e la loro differenza misura $4a$. Dopo aver determinato le misure di AB e BC, conduci l'altezza AH e determina su AB un punto D in modo che risulti $\overline{DC}^2 + \overline{DH}^2 = 136a^2$. [$\overline{BD} = 6a \vee 2a$]

653 Sui prolungamenti dell'ipotenusa BC di un triangolo rettangolo isoscele ABC avente i cateti di misura a considera i segmenti congruenti BB' e CC' (B' dalla parte di B). Determina la loro lunghezza in modo che risulti $\overline{AB'}^2 + \overline{AC'}^2 = \frac{5}{9}\overline{B'C'}^2$. [$a\sqrt{2}$]

654 In un triangolo isoscele di altezza h il raggio della circonferenza inscritta è $\frac{1}{3}$ della base. Calcola l'area del triangolo e la lunghezza del segmento parallelo alla base e tangente alla circonferenza. $\left[\frac{5}{12}h^2; \frac{10}{27}h\right]$

655 Considera un triangolo equilatero ABC di lato ℓ e determina sul lato BC un punto D in modo che, condotte le corde DE parallela ad AB e DF parallela ad AC, si abbia $EF^2 = \frac{1}{3}\ell^2$. $\left[\overline{DB} = \frac{1}{3}\ell \vee \overline{DB} = \frac{2}{3}\ell\right]$

656 Determina la misura delle basi di un trapezio rettangolo circoscritto a una circonferenza di raggio r sapendo che il lato obliquo misura $\frac{13}{6}r$. $\left[\frac{5}{3}r; \frac{5}{2}r\right]$

657 Considerato un quadrato $ABCD$ di lato a, determina sul lato CD un punto E in modo che, condotta da C la parallela ad EB che incontra in F il prolungamento della diagonale DB, risulti $\sqrt{2}\overline{EC} + \overline{BF} = \frac{5\sqrt{2}}{6}a$. In tal caso qual è il rapporto tra le aree dei triangoli DBE e DFC? $\left[\overline{EC} = \frac{a}{3}; \text{rapporto} = \frac{4}{9}\right]$

658 Un quadrilatero $ABCD$ è inscritto in una circonferenza; le diagonali AC e BD sono perpendicolari fra loro e misurano $8a$ e $7a$ rispettivamente e si incontrano in un punto E tale che $\overline{AE} = \frac{1}{3}\overline{EC}$. Calcola il perimetro del quadrilatero e il raggio della circonferenza. $\left[a(5\sqrt{5} + 3\sqrt{13}); \frac{\sqrt{65}}{2}a\right]$

659 Da un punto P che dista $\frac{5r}{3}$ dal centro di una circonferenza di raggio r traccia una retta che interseca la circonferenza in A e B in modo che sia $PB = \frac{4}{9}PA$. Calcola la lunghezza della corda AB.
(Suggerimento: traccia da P anche una tangente alla circonferenza) $\left[\frac{10}{9}r\right]$

660 Un trapezio isoscele è circoscritto ad una semicirconferenza di diametro $\overline{AB} = 2r$ e la sua base maggiore appartiene alla retta del diametro. Calcola le misure dei suoi lati sapendo che il perimetro è $6r$. (Suggerimento: dimostra come prima cosa che il lato obliquo è congruente alla metà della base maggiore; ricorda poi che se da un punto esterno a una circonferenza mandi le rette tangenti, i segmenti di tangenza sono congruenti) $\left[r, \frac{5}{2}r, \frac{5}{4}r \vee 2r, 2r, r \text{ (il trapezio è un rettangolo)}\right]$

661 Su una semicirconferenza di diametro $\overline{AB} = 2r$ determina un punto P in modo che, detta C la sua proiezione sul diametro, sia verificata la relazione $2\overline{AC}^2 + \overline{PC}^2 + \overline{CB}^2 = \frac{7}{2}r^2$. $\left[\overline{CB} = \frac{3}{2}r\right]$

662 Un trapezio rettangolo $ABCD$ ha la base minore DC congruente all'altezza AD e l'angolo di vertice B è di 45°. Supponendo che $DC = 10$cm, trova un punto P sul lato obliquo BC in modo che sia verificata la relazione $\overline{PD}^2 + \overline{PA}^2 = 444$. $[PC = 4\sqrt{2}\text{cm}]$

663 Nel triangolo isoscele ABC, l'angolo di vertice A è di 120°. Determina un punto P sul lato AC in modo che sia verificata la relazione $\overline{PC}^2 + \overline{PB}^2 = 1096$ sapendo che $AC = \frac{40}{\sqrt{3}}$cm. $[PC = 6\sqrt{3}\text{cm}]$

664 In un trapezio rettangolo la base maggiore forma con il lato obliquo un angolo di 45°. Sapendo che la somma delle basi è 11ℓ e che la somma dei quadrati di tutti i lati del trapezio è $92\ell^2$, calcola le lunghezze dei lati. $[4\ell; 7\ell; 3\ell; 3\sqrt{2}\ell]$

665 È dato un quadrato $ABCD$ di lato a; una retta passante per C ed esterna al quadrato incontra le semirette dei lati AB e AD rispettivamente in P e in Q. Trova le lunghezze dei segmenti BP e DQ in modo che l'area del triangolo APQ sia uguale a $\frac{8}{3}a^2$. $\left[\frac{1}{3}a, 3a\right]$

666 È data una semicirconferenza di diametro $\overline{AB} = 2r$ e centro O; inscrivi in essa una circonferenza di centro C come in figura tangente alla semicirconferenza in D e al diametro in E. Dopo aver dimostrato che C appartiene al raggio DO, determina la misura di CE in modo che sia $\overline{OE}^2 + \overline{CE}^2 + \overline{CD}^2 = \frac{5}{9}r^2$. $\left[\overline{CE} = \frac{1}{3}\right]$

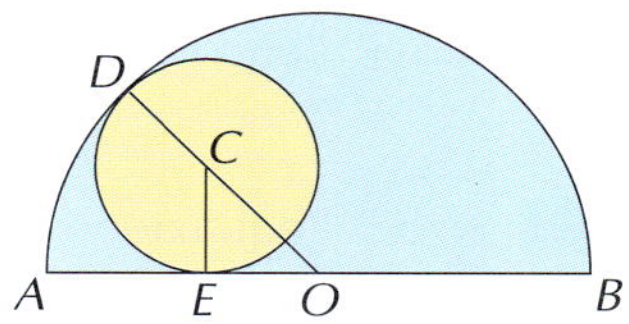

Esercizi per lo sviluppo delle competenze

1 Il semiperimetro e l'area di un rettangolo misurano rispettivamente 150m e 1250m². Indicata con x una delle sue dimensioni, l'equazione modello del problema è:

a. $x^2 + 150x + 1250 = 0$ **b.** $x^2 + 150x - 1250 = 0$

c. $x^2 - 150x - 1250 = 0$ **d.** $x^2 - 150x + 1250 = 0$ [d.]

2 L'equazione $x^2 - 5kx + 5 - k = 0$ ha una soluzione uguale a $\frac{1}{2}$ se k è uguale a:

a. $-\frac{3}{2}$ **b.** $\frac{3}{2}$ **c.** $\frac{2}{3}$ **d.** un valore diverso dai precedenti [b.]

3 L'equazione $x^2 + bx + c = 0$ ha due radici reali x_1 e x_2; se $x_1 = -\frac{b}{2}$, allora:

a. $x_1 \cdot x_2 = 0$ **b.** $x_1 \cdot x_2 = -\frac{b^2}{2}$ **c.** $x_1 \cdot x_2 = \frac{b^2}{4}$ **d.** $x_1 \cdot x_2 = \frac{1}{2}b$ [c.]

4 L'equazione $\frac{2}{2x-1} = \frac{1}{3x}$ è equivalente a:

a. $3x = \frac{2x-1}{2}$ in $D = R - \left\{0, -\frac{1}{2}\right\}$

b. $3x = \frac{2x - 1}{2}$ in $D = R$

c. $6x = 2x - 1$ in $D = R - \left\{0, \frac{1}{2}\right\}$

d. $6x = 2x - 1$ in $D = R$ [c.]

5 Quali tra le seguenti equazioni:

① $x^2 + 1 = 0$ ② $(x + 1)^2 = 0$ ③ $x^2 - 1 = 0$ ④ $x^2 - 4x - 5 = 0$ ⑤ $(x + 1)^2 = x(x + 2)$

ammettono tra le soluzioni -1?

a. ① e ② **b.** ②, ③ e ④ **c.** ②, ③ e ⑤ **d.** solo la ② [b.]

6 Dell'equazione di secondo grado $ax^2 + bx + c = 0$ si sa che il prodotto delle radici è uguale a 1. Quale tra le seguenti relazioni sui suoi coefficienti è vera?

a. $a = b$ **b.** $a = b = c$ **c.** $a = c$ **d.** $a \cdot c = 1$ [c.]

7 Scrivi l'equazione di secondo grado che ha per soluzioni gli opposti delle soluzioni dell'equazione $2x^2 + (1 - 3a)x + a^2 - 1 = 0$ senza risolvere quest'ultima.
(Suggerimento: indicate con x_1 e x_2 le due soluzioni dell'equazione data, le loro opposte sono $-x_1$ e $-x_2$. Allora $-x_1 - x_2 = -(x_1 + x_2)$ e $(-x_1)(-x_2) = x_1 x_2$ quindi....) $[2x^2 - (1 - 3a)x + a^2 - 1 = 0]$

8 Scrivi l'equazione di secondo grado che ha per soluzioni le stesse soluzioni dell'equazione $2x^2 + 5x - 3 = 0$ aumentate di k, senza risolvere quest'ultima. $[2x^2 + x(5 - 4k) + 2k^2 - 5k - 3 = 0]$

9 Scrivi l'equazione di secondo grado le cui soluzioni sono il doppio di quelle dell'equazione $x^2 - 2(a + 1)x - (3a - 1)(a - 1) = 0$ senza risolvere quest'ultima.
$[x^2 - 4(a + 1)x - 4(3a - 1)(a - 1) = 0]$

10 Nell'equazione $2x^2 - hx + 2k = 0$ la somma delle soluzioni è 4 ed il prodotto è 3. Determina i valori di h e k. $[h = 8,\ k = 3]$

11 Data l'equazione $hx^2 - kx + 25 = 0$, determina il valore di k e di h in modo che essa abbia come soluzioni i quadrati delle soluzioni dell'equazione $2x^2 + x - 10 = 0$ $\left[k = \frac{41}{4},\ h = 1\right]$

12 Data l'equazione $(2k + 1)x^2 - 6(2k + 1) + 2k = 0$, determina il valore di k in modo che $x_1^2 - x_2^2 = 12$.
$\left[k = -\frac{4}{7}\right]$

13 Data l'equazione $2mx^2 - 8mx + 8m + 1 = 0$ determina per quali valori del parametro m essa ammette due soluzioni positive. $\left[m < -\frac{1}{8}\right]$

14 Data l'equazione $x^2 - (b + 4)x + b + 7 = 0$ determina per quali valori di b essa ammette due soluzioni concordi. $[-7 \leq b \leq -6 \ \vee \ b \geq 2]$

15 Data l'equazione $(a + 2)x^2 - 3x + a - 2 = 0$ determina per quali valori di a essa ammette due soluzioni discordi. $[-2 < a < 2]$

16 Data l'equazione $(5k - 1)x^2 + (k + 3)x + 1 = 0$ determina il valore di k in modo che essa abbia due soluzioni negative. $[k > 13]$

17 Determina le condizioni alle quali deve soddisfare il parametro k affinché l'equazione $x^2 + 4x + k = 0$ ammetta soluzioni reali negative. Esiste un valore di k in corrispondenza del quale le radici sono entrambe positive? $[0 < k \leq 4]$

18 Considerate le funzioni

$f(x) = 3x + 6$ e $g(x) = -\frac{1}{2}x^2 - 1$

determina gli zeri di:

a. $f(x) + g(x)$ **b.** $f(x) - g(x)$ **c.** $2f(x) + 3g(x)$ **d.** $[f(x)]^2 + 6g(x)$

[**a.** $3 \pm \sqrt{19}$; **b.** $\nexists x$; **c.** $2 \pm \sqrt{10}$; **d.** $-5, -1$]

19 Determina le condizioni alle quali deve soddisfare il parametro h affinché l'equazione $x^2 - 2x + 9h = 0$ ammetta:

a. soluzioni reali positive $\left[0 < h \leq \frac{1}{9}\right]$

b. soluzioni reali negative [$\nexists h$]

c. soluzioni discordi. [$h < 0$]

20 Quali condizioni deve soddisfare il parametro a affinché l'equazione $4ax^2 - 2(a+1)x + 1 = 0$ ammetta:

a. soluzioni reali [$\forall a \in R$]

b. soluzioni di segno positivo [$a > 0$]

c. soluzioni di segno negativo [$\nexists a$]

d. soluzioni di segno opposto. [$a < 0$]

21 Determina l'insieme dei valori che può assumere il parametro h affinché l'equazione $hx^2 - 16x + 1 = 0$ ammetta:

a. soluzioni reali distinte [$h < 64$]

b. soluzioni coincidenti [$h = 64$]

c. una soluzione nulla [$\nexists h$]

d. soluzioni reali negative. [$\nexists h$]

22 Determina i valori che può assumere il parametro k affinché l'equazione $x^2 - 4x - 8k = 0$ ammetta:

a. soluzioni reali di segno discorde [$k > 0$]

b. una soluzione uguale a 3 $\left[k = -\frac{3}{8}\right]$

c. il prodotto delle soluzioni uguale a 1. $\left[k = -\frac{1}{8}\right]$

IL CAPITOLO SI COMPLETA CON:

ESERCIZI DI CONSOLIDAMENTO E PER LE ECCELLENZE

VERIFICA INTERATTIVA

Test Finale

1 Risolvi le seguenti equazioni intere in R:

a. $\frac{1}{5}(x+1)^2-\frac{2}{3}x=\frac{5}{3}+\frac{1}{5}(2x+1)$ 0,5 punti

b. $\left(\frac{1}{3}-x\right)\left(x+\frac{1}{2}\right)+\frac{6x+1}{6}=\frac{1}{3}(x+1)$ 0,5 punti

2 Risolvi le seguenti equazioni frazionarie:

a. $\frac{1}{x}+\frac{x}{x-1}=\frac{2-x^2}{x^2-x}$ 1 punto

b. $\left(\frac{8x-2}{x^2-3x+2}-\frac{x+2}{x-2}\right):(x^2-8x+7)+\frac{2x}{x^2-3x+2}=0$ 1 punto

3 Risolvi e discuti le seguenti equazioni letterali:

a. $\frac{x^2}{a+1}-\frac{ax+2}{a-1}=\frac{x^2+a^2x+2+2a}{1-a^2}$ 1,5 punti

b. $1+\frac{2(a-1)}{x-2}-\frac{x+a+1}{x}=\frac{a+3}{x+2}$ 1,5 punti

4 Utilizzando le relazioni fra i coefficienti e le soluzioni di un'equazione di secondo grado, risolvi i seguenti esercizi:

a. scrivi un'equazione di secondo grado che ha come insieme delle soluzioni $S=\{\sqrt{6},\,-2\sqrt{6}\}$

b. scomponi in fattori il trinomio $6x^2+x-35$

c. semplifica la frazione $\frac{2x^3-2x^2\sqrt{2}+x^2\sqrt{5}-x\sqrt{10}}{4x^2-5}$ 1 punto

5 Nell'equazione parametrica $kx^2-2(k+3)x+k=0$ determina il valore del parametro k in modo che le soluzioni siano reali e soddisfino le seguenti condizioni:

a. una soluzione sia uguale a 2 0,5 punti

b. la somma delle soluzioni sia uguale a $-\frac{6}{7}$. 0,5 punti

6 Risolvi il seguente problema.
In un triangolo isoscele ABC di perimetro $64a$, il lato obliquo è $\frac{5}{4}$ dell'altezza AH relativa alla base BC. Dopo avere trovato le misure dei lati del triangolo, prendi un punto P sulla base in modo che tracciate da P le parallele ai lati del triangolo dato, che intersecano AC in R e AB in S, l'area del quadrilatero $PRAS$ sia uguale a $\frac{190}{3}a^2$. 2 punti

Soluzioni

1 **a.** $S=\left\{-\frac{5}{3}, 5\right\}$; **b.** $S=\left\{0, \frac{1}{2}\right\}$

2 **a.** $S=\left\{-\frac{3}{2}\right\}$; **b.** $S=\left\{0, \frac{3}{2}\right\}$

3 **a.** se $a \neq 0 \ \wedge \ a \neq 1 \ \wedge \ a \neq -1 : S=\{0, 1\}$; se $a=\pm 1$: l'equazione perde significato; se $a=0 : S=R$;

b. se $a=1 \ \vee \ a=-1 \ \vee \ a=-3 : S=\left\{-\frac{2}{3}\right\}$; se $a \neq 1 \ \wedge \ a \neq -1 \ \wedge a \ \neq -3 : S=\left\{-\frac{2}{3}, a+1\right\}$

4 **a.** $x^2+x\sqrt{6}-12=0$; **b.** $(2x+5)(3x-7)$; **c.** $\dfrac{(x-\sqrt{2})x}{2x-\sqrt{5}}$

5 condizione di realtà $k \geq -\frac{3}{2}$; **a.** $k=12$; **b.** $\nexists k$ $\left(k=-\frac{21}{10}\right.$ non è accettabile$\left.\right)$

6 $PC=19a \ \vee \ 5a$

Esercizio	1	2	3	4	5	6	
Punteggio							

Valutazione in decimi

MATEMATICA & SCIENZE

Le equazioni di secondo grado e la Fisica

Molti fenomeni della Fisica sono regolati da equazioni di secondo grado; uno di questi è il **moto uniformemente accelerato** che descrive che cosa accade quando lasci cadere un oggetto o lo lanci verso l'alto, quando freni o quando acceleri in un tratto rettilineo di autostrada.
Per descrivere questo tipo di moto, non si prendono in considerazione le dimensioni dell'oggetto, che per questo viene chiamato genericamente *punto materiale*.
L'equazione oraria di un moto uniformemente accelerato, cioè l'equazione che descrive, istante per istante, la posizione del punto materiale, è funzione del tempo t e si esprime con la relazione di secondo grado

$$s = s_0 + v_0 t + \frac{1}{2} a t^2$$

dove s_0 rappresenta la distanza del punto dall'osservatore che descrive il moto (cioè l'origine del sistema di riferimento), v_0 è la velocità iniziale e a è l'accelerazione.
La relazione che esprime la velocità è invece una relazione di primo grado in t :

$$v = v_0 + at$$

Con queste due equazioni possiamo descrivere il moto di qualsiasi punto materiale che abbia un'accelerazione costante.

James Bond, inseguito dal cattivo di turno, si trova sul bordo di un precipizio a picco sul mare ad un'altezza di 75m; decide di tuffarsi e si dà una spinta verso l'alto che gli imprime una velocità di 1,8m/s.
Sotto il precipizio, la bellissima spia russa che lavora con lui, guida un motoscafo che trascina un gommone sul quale l'agente segreto più famoso del mondo atterrerà dopo il tuffo, evitando di bagnarsi visto che indossa il suo smoking.
Dopo quanti secondi la bella spia dovrà passare con il gommone sotto James Bond?

Analizziamo il problema; si tratta di un moto uniformemente accelerato con accelerazione $g = 9{,}8 \text{m/s}^2$ e con velocità iniziale $v_0 = 1{,}8 \text{m/s}$.
Fissiamo il sistema di riferimento con l'origine nel punto di lancio e l'asse y rivolto verso il basso.
In tale sistema, $s_0 = 0$ in quanto l'origine è nel punto di lancio, l'accelerazione g è positiva, la velocità iniziale v_0 è negativa; l'equazione oraria del moto è quindi:

$$s = -1{,}8t + 4{,}9t^2$$

Poiché James Bond si trova ad un'altezza di 75m, in questa equazione è $s = 75$; per trovare dopo quanti secondi arriva sulla superficie del mare, dobbiamo risolvere l'equazione

$$75 = -1{,}8t + 4{,}9t^2 \qquad \text{cioè} \qquad 4{,}9t^2 - 1{,}8t - 75 = 0$$

Applicando la formula risolutiva troviamo che $t = -3{,}7$ e $t = 4{,}1$.
La soluzione del problema è il valore positivo trovato, quindi la bella spia russa ha poco più di 4 secondi per salvare da un bagno in smoking il nostro eroe.

ULTERIORI COLLEGAMENTI

MATEMATICA DELLA VITA QUOTIDIANA

La caccia al tesoro

L'associazione E-state-con-noi ha organizzato una caccia al tesoro a coppie per la città alla quale si sono iscritti anche Paolo e Francesca. Si sa come funzionano giochi di questo tipo: un'informazione iniziale fa raggiungere un luogo, dove si trova una seconda informazione che fa arrivare in un altro luogo, dove si trova una terza informazione .... e così via fino al ritrovamento del tesoro.

- "Meglio dotarsi di carta, matita e calcolatrice perché non si sa mai" dice Paolo.
- "OK, prendo anche una mappa della città e una squadra, così se dobbiamo tracciare una rotta non facciamo fatica" dice Francesca.

E via, i nostri due eroi partono per l'avventura. Vuoi aiutarli a trovare il tesoro?

Tieni presente che le vie della città, intersecandosi fra loro, formano tutte angoli retti e che si avrà diritto ad avere il tesoro solo se verrà trovato in meno di un'ora.

Prima busta: *In via Dei Mille ci stan due case; il numero civico devi scoprire se il nuovo biglietto vorrai trovare.*

La somma dei numeri civici delle due case è 80, il prodotto è 1536. Troverai la nuova informazione al numero civico più grande.

Seconda busta: *Davanti a te dritta è la via, 600 metri di corsa dovrai fare e poi alla destra per un più lungo percorso girare. Insieme a te partì un uccelletto e tanti metri in diagonale volò per alfin posarsi sul prezioso tuo foglietto. Il suo cammin, rapportato al tuo, cinque parti fece e a te ne furon sette.*

Scopri la lunghezza del secondo lato del percorso; raggiunto il luogo cerca l'albero più alto e pesca una busta dal sacco che troverai appeso fra le sue fronde.

Terza busta: *Ora un problema risolvere dovrai. Se* $x^2 = \dfrac{1-t^2}{1+t^2}$ *e* $y^2 = \dfrac{2t}{1+t^2}$, *in qual caso che* $x^2 + y^2 = 1$ *troverai?*

Il più grande dei due numeri affiancato all'altro è il numero del piano del grattacielo nella piazza; è lì che troverai la prossima busta.

Quarta busta: (Nella busta, oltre alle istruzioni, si trova una biglia di vetro abbastanza pesante). *Nel tempo che la biglia il suolo toccherà, la porta qui di fianco si aprirà; presto presto, non indugiare, se la prossima missiva vuoi trovare.*

La porta si aprirà solo digitando come codice sei volte la cifra delle unità del numero che indica quanti secondi ci mette la biglia a cadere al suolo dal decimo piano. Considera che ogni piano sia alto 4 metri e poni $g = 10\text{m/s}^2$.

(Suggerimento: devi usare l'equazione del moto di caduta $s = \dfrac{1}{2}gt^2$)

Quinta busta: (Contiene un foglio di carta ripiegato in due con la piegatura sul lato più lungo; su di esso sta scritto quanto segue). *Son lungo 100 ma non so quanto son largo. Se mi pieghi come mi hai trovato, simile a me stesso mi rivedrai.*

Trova quanto è largo il foglio e approssima all'intero più vicino. Corri alla fermata dell'autobus di questo numero, sali e scendi dopo due fermate. Dietro alla panchina troverai l'ultima busta.

Sesta busta: *Vicino al tesoro tu ora sei; ma ancora una prova superare dovrai. Quale età ha colui che di anni ne ha sette in meno del proprio figlio per sè stessi e la cui moglie, più giovane di sette anni, ha cinque volte gli anni che ha il figlio?*

L'età del padre, l'età della madre e l'età del figlio, affiancate nell'ordine una all'altra, sono la combinazione della cassaforte che si trova nell'ufficio del Sindaco al Palazzo comunale e che contiene il tesoro.

Paolo e Francesca il tesoro lo hanno trovato ed era bellissimo, e tu? Se hai impiegato meno di un'ora la soddisfazione che hai provato è già un grande tesoro, ma forse il tuo insegnante vorrà premiarti anche con un bel voto.

[Prima busta: 48, 32; Seconda busta: si devono percorrere 800 metri dopo aver girato a destra; Terza busta: 1, 0 quindi al decimo piano; Quarta busta: $t = 2\sqrt{2} \approx 2{,}8$, occorre digitare sei volte il 2; Quinta busta: $50\sqrt{2} \approx 70{,}7$; l'autobus è il numero 71; Sesta busta: il padre ha 42 anni, la madre 35 e il figlio 7; la combinazione è 42357]

ULTERIORI COLLEGAMENTI

gare di matematica

ULTERIORI GARE

1 Il cortile della casa di Luigi ha la forma di un triangolo rettangolo isoscele. Sapendo che l'area del cortile è $16 m^2$, quanto misura il lato più lungo del cortile?

a. 2m **b.** 4m **c.** $2\sqrt{2}$m **d.** 8m **e.** $8\sqrt{2}$ [d.]

2 Alberto cammina da A a B e poi (senza fermarsi in B) torna ad A; Barbara cammina da B ad A e poi (senza fermarsi in A) torna a B. Entrambi si muovono in linea retta, con velocità costante (ma le due velocità non sono necessariamente uguali). Partono nello stesso istante, e si incontrano una prima volta, all'andata, a 700 metri da B, e una seconda volta mentre Alberto sta andando da B ad A e Barbara da A a B, a 400 metri da A. Quanto dista A da B?

a. 900 m **b.** 1100m **c.** 1700m **d.** 2000m **e.** non si può determinare [c.]

3 Sapendo che l'equazione $ax^2 - bx + c = 0$ con $a > 1$ ha due soluzioni positive strettamente minori di 1, possiamo sicuramente affermare che:

a. $c + b < 3a$ **b.** $c \leq b < a$ **c.** $b \leq c$ **d.** $c \leq b < 2$ **e.** $b < 2$ e $c < a$

(Suggerimento: ricorda le relazioni fra coefficienti dell'equazione e la somma e il prodotto delle radici) [a.]

Math in English

Theory on page 62

CLIL

1 Solve the equation $\frac{x}{x-3} + \frac{2}{x} = \frac{3}{x-3}$

a. $x = 4$ **b.** no solution **c.** $x = -2$ **d.** $x = 3$ or $x = -2$ **e.** $x = 6$ or $x = 3$ [c.]

2 If the completing square method is used to solve the equation $4x^2 - 8x = 12$, the number which must be added to both sides to produce a perfect square trinomial on the left is what?

a. 16 **b.** -16 **c.** 4 **d.** 1 **e.** 5 [c.]

3 The sum of two numbers is 4, and the product of the number is -21. The smaller of the two numbers is:

a. 3 **b.** -3 **c.** 7 **d.** -7 **e.** none of these [b.]

4 Solve the equation $x^{-2} - 2 = x^{-1}$. One of the solutions is:

a. $x = 2$ **b.** $x = \frac{1}{2}$ **c.** $x = -2$ **d.** $x = 1$ **e.** none of these [b.]

5 Solve the equation $(x+1)^2 + 2(x+1) = 3$. One of the solutions is:

a. $x = -3$ **b.** $x = 1$ **c.** $x = -4$ **d.** $x = 3$ **e.** none of these [c.]

6 Working together, two roommates can paint their apartament in 10 hours. Working alone, one of them can complete the job in 15 hours less time than the other. How long would the faster person take, working alone?

a. 30 hours **b.** 15 hours **c.** 19 hours **d.** 10 hours **e.** none of these [b.]

MORE EXERCISES

ESERCIZI

CAPITOLO 3

Il piano cartesiano e la retta

IL SISTEMA DI RIFERIMENTO SULLA RETTA

teoria a pagina 65

Comprensione

SOLUZIONI ES. COMPRENSIONE

1 Fissato un sistema di ascisse sulla retta, l'ascissa a di un punto A rappresenta:

a. la distanza del punto A dall'origine

b. la misura del segmento OA

c. la misura del segmento orientato $\overrightarrow{OA}$

d. la misura del segmento orientato $\overrightarrow{AO}$.

2 Dati i punti $A(a)$ e $B(b)$ su una retta orientata, si può dire che:

a. la misura del segmento AB è data dall'espressione $|a - b|$ V F

b. la misura del segmento $\overrightarrow{AB}$ è data dall'espressione $a - b$ V F

c. la misura del segmento $\overrightarrow{AB}$ è data dall'espressione $b - a$ V F

d. misura di $\overrightarrow{AB}$ = misura di $\overrightarrow{BA}$. V F

3 Barra vero o falso. Considerati su una retta orientata i punti $A(-4)$, $B(-1)$, $C\left(+\frac{4}{3}\right)$:

a. la misura del segmento $\overrightarrow{AB}$ è uguale a $+3$ V F

b. la misura del segmento $\overrightarrow{CB}$ è uguale a $+\frac{7}{3}$ V F

c. la misura del segmento AC è uguale a $\frac{16}{3}$ V F

4 Dato il segmento di estremi $A(+3)$ e $B(-7)$:

a. la misura di AB è:

① 10 ② -10 ③ -4 ④ 4

b. il punto medio di AB ha ascissa:

① $+5$ ② -5 ③ $+2$ ④ -2

5 Fissato su una retta orientata un sistema di ascisse e dati i punti $A(a)$ e $B(b)$, indica a che cosa corrispondono le seguenti espressioni:

a. $|a - b|$ **b.** $a - b$ **c.** $b - a$ **d.** $\frac{a+b}{2}$

6 Di un segmento AB avente punto medio M si sa che $B(+4)$ e che $M(+1)$. Per trovare l'ascissa x di A si deve risolvere l'equazione:

a. $|x - 4| = 1$ **b.** $\frac{x+4}{2} = 1$ **c.** $\frac{|x+4|}{2} = 1$ **d.** $\frac{x-4}{2} = 1$

Applicazione

7 Dopo aver fissato un sistema di ascisse su una retta, disegna su di essa i seguenti punti:

a. $A(-2)$ $B(+3)$ $C(-7)$ $D(+8)$ $E(+11)$ $F(-1)$

b. $A\left(-\frac{1}{4}\right)$ $B\left(-\frac{7}{3}\right)$ $C\left(\frac{11}{2}\right)$ $D\left(\frac{7}{6}\right)$ $E\left(\frac{1}{4}\right)$ $F\left(-\frac{3}{2}\right)$

c. $A(+3)$ $B\left(-\frac{1}{2}\right)$ $C\left(+\frac{1}{3}\right)$ $D\left(-\frac{2}{5}\right)$ $E\left(+\frac{1}{7}\right)$ $F(-4)$

d. $A\left(-\frac{2}{9}\right)$ $B\left(+\frac{3}{5}\right)$ $C\left(-\frac{9}{2}\right)$ $D\left(+\frac{10}{3}\right)$ $E\left(-\frac{10}{3}\right)$ $F\left(-\frac{4}{3}\right)$

8 Scrivi le ascisse dei punti indicati nelle seguenti figure.

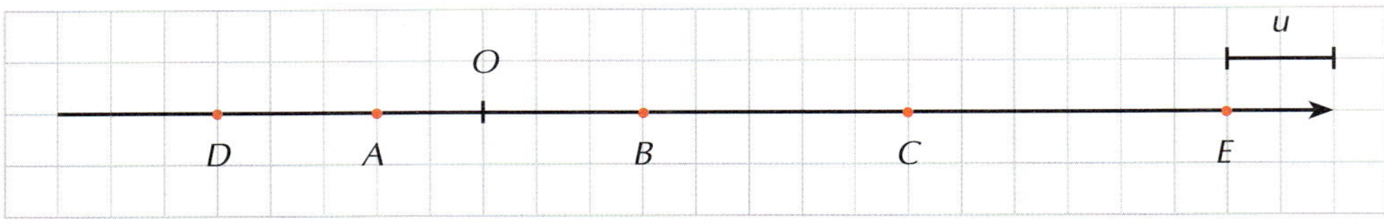

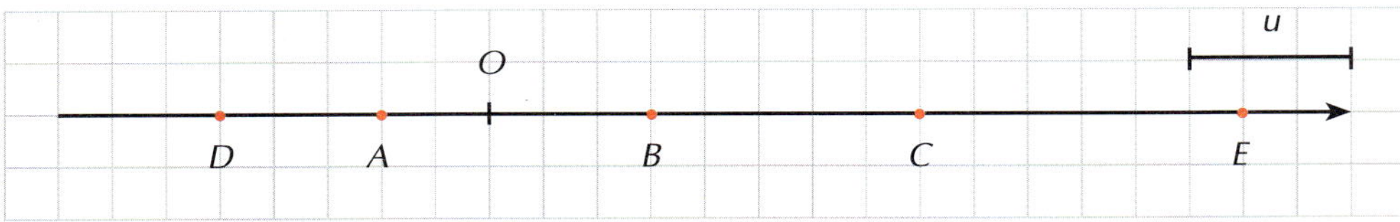

Fissato su una retta r un sistema di ascisse, risolvi i seguenti esercizi.

9 **ESERCIZIO GUIDATO**

Dati i punti $A(+2)$ e $B(-3)$, calcola la misura del segmento orientato AB e quella del segmento orientato BA.

La misura di un segmento orientato è data dalla differenza fra l'ascissa del secondo estremo e quella del primo; quindi:

- $\overline{AB} = b - a = -3 - (+2) = -5$
- $\overline{BA} = a - b = +2 - (-3) = +5$

Come abbiamo già osservato, segmenti opposti hanno misure opposte.

10 Dati i punti $A(+3)$, $B(-2)$, $C(+1)$, calcola le misure dei segmenti orientati $\overrightarrow{AB}$, $\overrightarrow{AC}$, $\overrightarrow{BC}$ e $\overrightarrow{CA}$.

11 Siano $A(+2)$, $B\left(+\frac{5}{2}\right)$, $C\left(-\frac{1}{2}\right)$ tre punti sulla retta r. Determina le misure dei segmenti non orientati AB, AC, BC.

12 Dati i punti $A(+2)$, $B(-5)$, $C\left(-\frac{3}{4}\right)$, calcola i rapporti $\frac{\overrightarrow{AB}}{\overrightarrow{AC}}$ e $\frac{\overrightarrow{BC}}{\overrightarrow{CA}}$. $\left[\frac{28}{11}; \frac{17}{11}\right]$

13 Sia $A(-3)$ un estremo di un segmento orientato $\overrightarrow{AB}$ la cui misura è 8. Qual è l'ascissa di B? $[B(+5)]$

14 Sapendo che $\overline{AB} = -\frac{12}{5}$ e che $A(+3)$, calcola l'ascissa del punto B. $\left[B\left(+\frac{3}{5}\right)\right]$

15 Trova l'ascissa di un punto B tale che $\overline{AB} = -3$, essendo $A(-1)$. [$B(-4)$]

16 Sapendo che $\overline{AB} = +5$, $\overline{CB} = +10$ e che $A(+3)$, calcola la misura di $\overrightarrow{AC}$. [$\overline{AC} = -5$]

17 **ESERCIZIO GUIDATO**

Calcoliamo l'ascissa dei punti B che hanno distanza uguale a 3 dal punto $A\left(+\frac{7}{5}\right)$.

Come si può osservare nella figura, ci sono due punti B che risolvono il problema: uno che segue A e l'altro che lo precede.

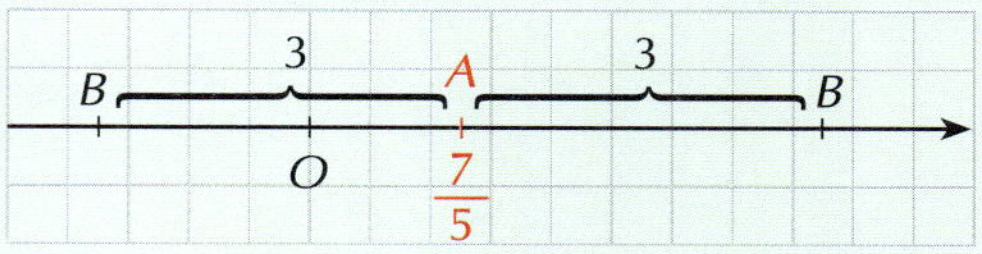

Dobbiamo quindi risolvere l'equazione:

$\left|x_B - \frac{7}{5}\right| = 3$ che si trasforma nelle due seguenti:

- quando B segue A: $x_B - \frac{7}{5} = 3$
- quando B precede A: $\frac{7}{5} - x_B = 3$

Risolvendo le due equazioni si trova che i punti B hanno ascissa: $B_1\left(+\frac{22}{5}\right)$ $B_2\left(-\frac{8}{5}\right)$.

18 Fissato sulla retta r il punto $A(+4)$, determina le ascisse dei punti che hanno distanza da A uguale a $\frac{7}{2}$.
[$B_1\left(+\frac{15}{2}\right)$; $B_2\left(+\frac{1}{2}\right)$]

19 La misura di un segmento non orientato AB è $2\sqrt{3}$; trova l'ascissa del punto A sapendo che $B\left(-\frac{\sqrt{3}}{2}\right)$.
[$A_1\left(\frac{3\sqrt{3}}{2}\right)$; $A_2\left(-\frac{5\sqrt{3}}{2}\right)$]

20 Se l'ascissa di un punto A è -2 e la sua distanza da B è 6, qual è l'ascissa di B? [$B_1(+4)$; $B_2(-8)$]

21 Dati i punti A e B, calcola le ascisse dei punti medi dei segmenti AB nei casi indicati:

a. $A(+4)$ $B(-8)$ **b.** $A\left(-\frac{1}{4}\right)$ $B\left(+\frac{1}{8}\right)$ **c.** $A(-12)$ $B\left(-\frac{2}{3}\right)$

22 Dati i punti $A(-3)$, $B\left(+\frac{5}{4}\right)$, $C(+7)$, determina le ascisse dei punti medi dei segmenti AB, AC, BC.

23 Considera sulla retta r i punti $A(+2)$, $B(+6)$, $C(-4)$ e $D(+12)$ e verifica che i segmenti AB e CD hanno lo stesso punto medio.

24 Sulla retta r sono assegnati i punti $A(+3)$ ed $M(+5)$, dove M è il punto medio del segmento AB. Calcola l'ascissa di B.
(Suggerimento: indica con x_B l'ascissa del punto B; deve essere $\frac{3 + x_B}{2} = +5$, quindi ....) [$B(+7)$]

25 Considerati su r i punti $A\left(+\frac{1}{2}\right)$ e $M\left(-\frac{9}{2}\right)$, determina l'ascissa del punto B tale che M sia il punto medio di AB.
[$B\left(-\frac{19}{2}\right)$]

26 Sapendo che $A(-2)$, $B\left(+\frac{1}{2}\right)$ e che il rapporto $\frac{\overrightarrow{AB}}{\overrightarrow{CB}} = -5$, calcola l'ascissa di C. [$C(+1)$]

27 Dati i punti $A(-2)$ e $B(3)$, determina l'ascissa del punto C in modo che $\frac{\overrightarrow{BC}}{\overrightarrow{CA}} = -\frac{3}{5}$. [$C\left(+\frac{21}{2}\right)$]

28 ## ESERCIZIO GUIDATO

Dati i punti $A\left(-\frac{3}{2}\right)$ e $B(+2)$, determina l'ascissa di un punto C in modo che il rapporto fra i segmenti AB e BC sia uguale a $\frac{1}{2}$, distinguendo il caso in cui i segmenti si intendono orientati da quello in cui non lo sono.

Sia $C(x_C)$ e consideriamo dapprima il caso il cui i segmenti sono orientati:

$$\overline{AB} = +2 + \frac{3}{2} = \frac{7}{2} \qquad \overline{BC} = x_C - 2 \qquad \rightarrow \qquad \frac{\frac{7}{2}}{x_C - 2} = \frac{1}{2}$$

Risolvendo l'equazione si ottiene: $x_C = +9 \quad \rightarrow \quad C(+9)$

Consideriamo adesso AB e AC come segmenti non orientati:

$$\overline{AB} = \left|+2 + \frac{3}{2}\right| = \frac{7}{2} \qquad \overline{BC} = |x_C - 2| = \begin{cases} x_C - 2 & \text{se } C \text{ segue } B \\ 2 - x_C & \text{se } C \text{ precede } B \end{cases}$$

Dobbiamo quindi risolvere due equazioni:

- $\dfrac{\frac{7}{2}}{x_C - 2} = \dfrac{1}{2}$ che è identica alla precedente
- $\dfrac{\frac{7}{2}}{2 - x_C} = \dfrac{1}{2}$ la cui soluzione è $x = -5$

In questo secondo caso abbiamo quindi due soluzioni: $C_1(+9)$ e $C_2(-5)$.

29 Dati i punti $A(5)$ e $B(-8)$, determina l'ascissa del punto C in modo che AC sia il triplo di AB distinguendo il caso in cui si considerano segmenti orientati o non orientati. [$C_1(-34)$, $C_2(+44)$]

30 Considera i punti $A(-5)$, $B(+3)$, $C(+11)$ e siano M, N rispettivamente i punti medi di AB e BC. Determina l'ascissa del punto D in modo che $\overrightarrow{AD} = 2\overrightarrow{AM} + \overrightarrow{BN}$. [$D(+7)$]

31 ## ESERCIZIO GUIDATO

Sul segmento AB di estremi $A(+4)$ e $B(+24)$ determina un punto P che divida il segmento dato in parti proporzionali ai numeri 2 e 3.

Poiché $P \in AB$, P segue A e precede B, quindi deve essere

$$\frac{\overrightarrow{AP}}{\overrightarrow{PB}} = \frac{2}{3}$$

Indicata con x l'ascissa di P si ha l'equazione... [$P(+12)$]

32 Considera su r i punti $A(+2)$, $B(+4)$, $C(+10)$. Determina l'ascissa di un punto P in modo tale che sia verificata la seguente relazione fra segmenti orientati: $\dfrac{\overrightarrow{BP}}{\overrightarrow{BC}} = \dfrac{\overrightarrow{AC}}{\overrightarrow{AB}}$. [$P(+28)$]

33 Sulla retta orientata r sono assegnati i punti: $A(-6)$, $B(+2)$, $C(-1)$, $D(+3)$ ed $E(-4)$. Verifica che $AB = 2CD$ e che i segmenti AB ed EO, dove O è l'origine del sistema di ascisse, hanno lo stesso punto medio M. Verifica quindi che $MB = CD$ e che il punto medio del segmento CD coincide con quello di OB.

34 Dati i punti $A(-\sqrt{5})$ e $B(2\sqrt{5}-k)$, determina per quale valore reale del parametro k la misura del segmento orientato $\overrightarrow{AB}$ è:

a. uguale a $\frac{\sqrt{5}}{2}$ $\left[k = \frac{5\sqrt{5}}{2}\right]$

b. minore di $-\sqrt{5}$. $[k > 4\sqrt{5}]$

IL PIANO CARTESIANO

teoria a pagina 68

Comprensione

SOLUZIONI ES. COMPRENSIONE

35 Determina la posizione nel piano di un punto che ha:

a. entrambe le coordinate positive
b. ascissa nulla
c. ordinata nulla
d. ascissa positiva e ordinata negativa
e. ascissa negativa e ordinata positiva
f. ascissa nulla e ordinata positiva
g. ascissa negativa e ordinata nulla
h. entrambe le coordinate negative.

36 Se un segmento AB è parallelo all'asse x, la sua misura è data da:

a. $|x_A - x_B|$ **b.** $|x_B - x_A|$ **c.** $x_A - x_B$ **d.** $x_B - x_A$.

Quali delle formule indicate sono corrette? Spiega perché le altre sono sbagliate.

37 Per calcolare la misura di un segmento di estremi $A(x_A, y_A)$ e $B(x_B, y_B)$ si applica la formula (sono possibili più risposte):

a. $\sqrt{(x_A + x_B)^2 + (y_A + y_B)^2}$ **b.** $\sqrt{(x_A - x_B)^2 + (y_A - y_B)^2}$ **c.** $\sqrt{(x_A - x_B)^2 - (y_A - y_B)^2}$

d. $\sqrt{(x_B - x_A)^2 + (y_B - y_A)^2}$ **e.** $\sqrt{(x_A + x_B)^2 - (y_A + y_B)^2}$

38 Le coordinate del punto medio M del segmento di estremi $A\left(\frac{1}{2}, -1\right)$ e $B\left(-\frac{3}{2}, 2\right)$ sono:

a. $x_M = \dfrac{\frac{1}{2}+\frac{3}{2}}{2} = 1 \qquad y_M = \dfrac{-1-2}{2} = -\dfrac{3}{2}$

b. $x_M = \dfrac{1}{2} - \dfrac{3}{2} = -1 \qquad y_M = -1 - 2 = -3$

c. $x_M = \left|\dfrac{1}{2} - \dfrac{3}{2}\right| = 1 \qquad y_M = |-1-2| = 3$

d. $x_M = \dfrac{\frac{1}{2}-\frac{3}{2}}{2} = -\dfrac{1}{2} \qquad y_M = \dfrac{-1+2}{2} = \dfrac{1}{2}$

39 Del segmento di estremi $A\left(3, -\frac{1}{2}\right)$ e $B(-1, -2)$ si può dire che:

a. ha misura: ① $\frac{\sqrt{73}}{2}$ ② $\frac{\sqrt{41}}{2}$ ③ $\frac{5}{2}$ ④ $\frac{\sqrt{89}}{2}$

b. il punto medio ha coordinate: ① $\left(2, -\frac{5}{4}\right)$ ② $\left(1, -\frac{3}{4}\right)$ ③ $\left(1, -\frac{5}{4}\right)$ ④ $\left(2, \frac{3}{4}\right)$

40 La mediana CM del triangolo di vertici $A(-1, 2)$, $B(3, 0)$, $C(2, 4)$ ha misura:

a. $\sqrt{34}$ **b.** $\sqrt{10}$ **c.** $\sqrt{26}$ **d.** $\sqrt{2}$

41 Di un triangolo sono noti i tre vertici $A(0, 2)$, $B(1, -3)$, $C(5, 3)$. Possiamo dire che:

a. il segmento AB misura: ① $\sqrt{2}$ ② 2 ③ $\sqrt{26}$

b. il punto medio del lato BC ha coordinate: ① $(0, 3)$ ② $(3, 0)$ ③ $(2, 3)$

c. la mediana relativa al lato BC misura: ① 3 ② $\sqrt{5}$ ③ $\sqrt{13}$

d. il triangolo è: ① isoscele ② equilatero ③ scaleno

Applicazione

42 Disegna, nel piano cartesiano ortogonale, i punti che corrispondono alle seguenti coppie ordinate:

a. $(1, 3)$ $(-2, 7)$ $(3, 2)$ $(-4, 5)$

b. $(-2 - 1)$ $(+3, -2)$ $(-5, -3)$ $(5, -3)$

c. $\left(\frac{1}{2}, \frac{3}{4}\right)$ $\left(-\frac{2}{7}, \frac{1}{5}\right)$ $\left(-\frac{3}{2}, -\frac{1}{4}\right)$ $\left(\frac{3}{2}, \frac{1}{8}\right)$

43 Scrivi le coordinate dei punti rappresentati nel seguente piano cartesiano.

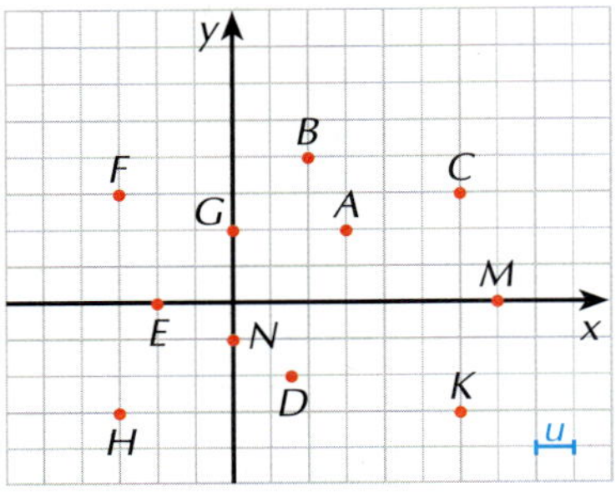

Trova il valore del parametro h affinché sia soddisfatta la condizione indicata.

44 Il punto $P(1, 2h - 3)$ appartenga all'asse delle ascisse. $\left[h = \frac{3}{2}\right]$

45 Il punto $P(1 - h, -4)$ appartenga all'asse delle ordinate. $[h = 1]$

46 Il punto $P(h + 3, 1 - 2h)$ appartenga al secondo quadrante. $[h < -3]$

47 Il punto $P(2h + 3, -4h - 20)$ appartenga al terzo quadrante. $\left[-5 < h < -\frac{3}{2}\right]$

48 Il punto $P(h - 1, 3h - 2)$ non appartenga né al primo né al terzo quadrante. $\left[\frac{2}{3} < h < 1\right]$

Calcola le lunghezze dei segmenti che hanno per estremi le seguenti coppie di punti.

49 **ESERCIZIO GUIDATO**

a. $A\left(\frac{1}{2}, 8\right)$ $B(-2, 8)$

I due punti hanno la stessa ordinata, quindi il segmento AB è parallelo all'asse x; per trovare la misura di AB basta calcolare la differenza in modulo delle ascisse dei due punti:

$$\overline{AB} = \left|\frac{1}{2} + 2\right| = \frac{5}{2}$$

b. $C(-3, 2)$ $\quad D(-3, -1)$

I due punti hanno la stessa ascissa, quindi il segmento CD è parallelo all'asse y; per trovare la sua misura basta calcolare la differenza in modulo delle ordinate dei due punti:

$\overline{CD} = |2 + 1| = 3$

c. $E(3, 4)$ $\quad F(2, -1)$

Il segmento EF non è parallelo agli assi cartesiani, dobbiamo quindi applicare la formula generale:

$\overline{EF} = \sqrt{(3-2)^2+(4+1)^2} = \sqrt{1+25} = \sqrt{26}$

50 **a.** $A(2, 2)$ $\quad B(3, 4)$ **b.** $C(-2, 5)$ $\quad D(-1, 1)$ **c.** $E(-1, -3)$ $\quad F(1, 0)$

51 **a.** $A\left(\frac{3}{4}, -1\right)$ $\quad B(1, 0)$ **b.** $C(1, 1)$ $\quad D\left(-2, \frac{3}{2}\right)$ **c.** $E\left(\frac{1}{6}, -\frac{1}{2}\right)$ $\quad F\left(-\frac{2}{3}, -\frac{1}{2}\right)$

52 **a.** $A(-2, -2)$ $\quad B\left(-\frac{1}{4}, -2\right)$ **b.** $C\left(4, \frac{5}{6}\right)$ $\quad D\left(4, -\frac{7}{6}\right)$ **c.** $E\left(-\frac{1}{2}, \sqrt{2}\right)$ $\quad F\left(\frac{3}{8}, -2\sqrt{2}\right)$

53 **a.** $A(-\sqrt{3}, 0)$ $\quad B(\sqrt{3}, 0)$ **b.** $C(1, 0)$ $\quad D\left(1, -\frac{4}{5}\right)$ **c.** $E\left(\frac{\sqrt{2}}{2}, -1\right)$ $\quad F\left(-\frac{\sqrt{2}}{3}, 2\right)$

54 **a.** $A(-1, -\sqrt{2})$ $\quad B(1, 2\sqrt{2})$ **b.** $C(\sqrt{3}, 0)$ $\quad D(-3\sqrt{3}, 1)$ **c.** $E\left(\frac{1}{2}, -\sqrt{2}\right)$ $\quad F\left(\frac{1}{2}, -3\sqrt{2}\right)$

55 **a.** $A(\sqrt{3}, -\sqrt{2})$ $\quad B(2\sqrt{3}, 3\sqrt{2})$ **b.** $C\left(\frac{1}{2}, \frac{3}{5}\right)$ $\quad D\left(\frac{3}{2}, \frac{3}{5}\right)$ **c.** $E\left(-\frac{4}{3}, \frac{5}{6}\right)$ $\quad F\left(-\frac{8}{3}, \frac{1}{3}\right)$

56 **a.** $A(\sqrt{2}, -1)$ $\quad B(0, 1)$ **b.** $C\left(\frac{3}{4}, -1\right)$ $\quad D\left(\frac{3}{2}, \frac{1}{3}\right)$ **c.** $E\left(\frac{\sqrt{3}}{4}, \frac{1}{2}\right)$ $\quad F\left(-\frac{\sqrt{3}}{4}, \frac{3}{2}\right)$

57 Dati i punti $P(1, -2)$ e $Q(4, 2)$, verifica che la distanza di Q dall'origine degli assi è doppia rispetto a quella di P.

58 Verifica che i punti $A(5, 2)$ e $B(2, -5)$ hanno la stessa distanza dall'origine O e trova il perimetro del triangolo AOB. $[2\sqrt{29} + \sqrt{58}]$

59 **ESERCIZIO GUIDATO**

Calcola le coordinate di un punto P, appartenente all'asse delle ordinate, in modo che sia equidistante dai punti $R(1, 3)$ ed $S(-1, 4)$.

Un punto che appartiene all'asse delle ordinate ha ascissa nulla, quindi possiamo indicare con $(0, k)$ le sue coordinate; di conseguenza:

$$\overline{PR} = \sqrt{(0-1)^2 + (k-3)^2} \qquad \text{e} \qquad \overline{PS} = \sqrt{(0+1)^2 + (k-4)^2}$$

Osserviamo adesso che se deve essere $\overline{PR} = \overline{PS}$, sarà anche $\overline{PR}^2 = \overline{PS}^2$; si deve quindi risolvere l'equazione

$\cancel{1} + (k-3)^2 = \cancel{1} + (k-4)^2 \quad \rightarrow \quad \cancel{k^2} - 6k + 9 = \cancel{k^2} - 8k + 16 \quad \rightarrow \quad 2k = 7 \quad \rightarrow \quad k = \frac{7}{2}$

Il punto P ha dunque coordinate $\left(0, \frac{7}{2}\right)$.

60 Calcola le coordinate di un punto P, appartenente all'asse delle ascisse, equidistante da $Q(2, 3)$ e da $T(1, -2)$. $[P(4, 0)]$

61 Un punto A ha ascissa 2; calcola la sua ordinata in modo che A sia equidistante dai punti $R(-1, 4)$ e $S(3, 0)$. $[A(2, 3)]$

62 Ricordando che se un quadrilatero ha i lati opposti congruenti è un parallelogramma, stabilisci se il quadrilatero di vertici $A(1, 4)$, $B(9, 4)$, $C(13, 9)$, $D(5, 9)$ lo è.

63 Determina l'ordinata del punto $A(0, k)$ in modo che formi un triangolo isoscele ABC, di base BC, con i punti $B(2, -1)$ e $C(-4, 1)$. $[A(0, 3)]$

Determina le coordinate dei punti medi dei segmenti che hanno per estremi le seguenti coppie di punti.

64 **ESERCIZIO GUIDATO**

$A\left(-\frac{3}{2}, \frac{1}{2}\right)$ $\quad B\left(\frac{1}{3}, -\frac{1}{6}\right)$

Calcoliamo l'ascissa: $x = \frac{x_A + x_B}{2} = \frac{-\frac{3}{2}+\frac{1}{3}}{2} = -\frac{7}{12}$

Calcoliamo l'ordinata: $y = \frac{y_A + y_B}{2} = \frac{\frac{1}{2}-\frac{1}{6}}{2} = \frac{1}{6}$

Il punto medio ha coordinate $\left(-\frac{7}{12}, \frac{1}{6}\right)$.

65 **a.** $A(-4, 2)$ $\quad B(6, -1)$ $\qquad$ **b.** $C(6, 3)$ $\quad D(-2, 1)$

66 **a.** $A\left(-\frac{7}{2}, \frac{5}{2}\right)$ $\quad B\left(\frac{2}{3}, -\frac{2}{3}\right)$ $\qquad$ **b.** $C\left(-\frac{5}{3}, \frac{4}{3}\right)$ $\quad D\left(\frac{1}{6}, -\frac{4}{3}\right)$

67 **a.** $A\left(-1, \frac{1}{2}\right)$ $\quad B\left(\frac{1}{3}, 5\right)$ $\qquad$ **b.** $C\left(-\frac{1}{5}, -\frac{1}{2}\right)$ $\quad D\left(\frac{1}{2}, -\frac{1}{2}\right)$

68 **a.** $A(1, 5)$ $\quad B(-3, 2)$ $\qquad$ **b.** $C\left(\frac{1}{2}, 0\right)$ $\quad D\left(-\frac{7}{4}, 0\right)$

69 Calcola la distanza dell'origine O dal punto medio M del segmento di estremi $A(-3, -3)$ e $B\left(-3, \frac{1}{2}\right)$. $\left[\frac{13}{4}\right]$

70 Indicato con $M(3, 1)$ il punto medio del segmento AB, calcola le coordinate del punto B sapendo che $A(-1, 2)$. $[B(7, 0)]$

71 Trova il valore del parametro reale h in modo che il punto medio M del segmento di estremi $P(h, 4h-2)$ e $Q(3, 2h+6)$ abbia ordinata 8; quali sono le coordinate di M? $\left[h = 2; M\left(\frac{5}{2}, 8\right)\right]$

72 Trova il valore del parametro reale k affinché l'ascissa del punto medio M del segmento di estremi $A(3k-1, 2k-2)$ e $B(5k+3, 2-4k)$ sia doppia dell'ordinata. Quali sono in questo caso le coordinate di M? $\left[k = -\frac{1}{6}; M\left(\frac{1}{3}, \frac{1}{6}\right)\right]$

73 Trova il valore del parametro reale h per il quale l'ascissa del punto medio del segmento di estremi

$P(h+3, 3h-5)$ e $Q(h+1, h-3)$ è uguale all'ordinata del punto medio del segmento di estremi $A(-1, -2)$ e $B(3, -4)$. Calcola poi la distanza fra i due punti medi. $[h=-5; \sqrt{137}]$

74 Dopo avere rappresentato nel piano i punti $A(4, 6)$, $B(6, -8)$, $C(-1, -3)$, $D(11, 1)$, calcola le coordinate dei punti medi di AB e CD. In base ai risultati ottenuti che cosa puoi dire sul quadrilatero $ACBD$?

75 Verifica che il triangolo di vertici $A(-2, 2)$, $B(2, 0)$, $C(2, 5)$ è isoscele di base AB e calcola la sua area. [area = 10]

76 Dato il triangolo di vertici $A(-3, 2)$, $B(7, 0)$, $C(3, 6)$, verifica che è isoscele e calcolane il perimetro. Indicato poi con MNP il triangolo che ha per vertici i punti medi dei lati del triangolo, verifica che il perimetro di tale triangolo è la metà di quello del triangolo dato. $\left[2p(ABC) = 4\sqrt{13} + 2\sqrt{26}\right]$

77 Sono dati i punti $A(5, 1)$ e $B(-1, -1)$. Determina le coordinate di un punto C sull'asse y in modo che il triangolo ABC sia isoscele di base AB.
(Suggerimento: il punto C ha coordinate $(0, k)$ e deve essere $\overline{AC} = \overline{BC}$) $[C(0, 6)]$

78 Dopo avere verificato che il triangolo di vertici $A(-12, 9)$, $B(12, 9)$, $C(0, -7)$ è isoscele sulla base AB, calcola il perimetro e l'area del triangolo. $[2p = 64; \text{area} = 192]$

79 **ESERCIZIO GUIDATO**

Trova un punto P sul segmento AB di estremi $A(-2, -3)$ e $B(5, 4)$ che lo divida in parti proporzionali ai numeri 3 e 2.

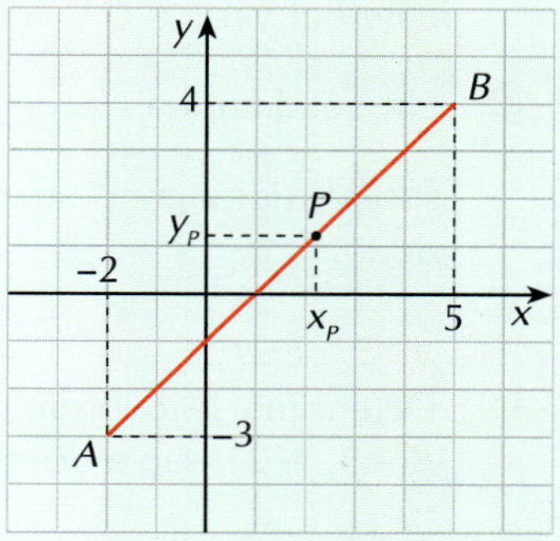

Siano (x_P, y_P) le coordinate del punto P; dire che P divide AB in parti proporzionali ai numeri 3 e 2 significa che deve essere verificata la relazione:

$$\frac{\overline{AP}}{\overline{PB}} = \frac{3}{2}$$

Questa stessa relazione, per il teorema di Talete, deve essere vera anche per le proiezioni dei segmenti AP e PB sugli assi cartesiani; otteniamo quindi le seguenti relazioni:

- proiettando sull'asse x: $\frac{x_P - x_A}{x_B - x_P} = \frac{3}{2}$ cioè, considerando le ascisse dei punti A e B $\frac{x_P + 2}{5 - x_P} = \frac{3}{2}$
- proiettando sull'asse y: $\frac{y_P - y_A}{y_B - y_P} = \frac{3}{2}$ cioè, considerando le ordinate dei punti A e B $\frac{y_P + 3}{4 - y_P} = \frac{3}{2}$

Risolvendo le due equazioni troviamo che deve essere: $x_P = \frac{11}{5}$, $y_P = \frac{6}{5}$

Quindi il punto P ha coordinate $\left(\frac{11}{5}, \frac{6}{5}\right)$.

80 Trova il punto P appartenente al segmento AB di estremi $A(-3, -1)$ e $B(0,4)$ in modo che sia $4\overline{AP} = 5\overline{PB}$. $\left[P\left(-\frac{4}{3}, \frac{16}{9}\right)\right]$

81 Dato il segmento di estremi $A(1, 2)$ e $B(21, 17)$, determina su di esso un punto P che lo divida in due parti tali che sia verificata la relazione $\overline{AP} = 4\overline{PB}$. Determina inoltre il rapporto fra le aree dei trapezi $APP'A'$ e $PBB'P'$ essendo A', P', B' le proiezioni dei punti A, P, B sull'asse delle ascisse. $\left[P(17, 14); \frac{64}{31}\right]$

82 Dopo aver verificato che il triangolo di vertici $A(-1, -1)$, $B(3, 1)$, $C(0, 2)$ è rettangolo, calcolane perimetro ed area.
(Suggerimento: per stabilire se un triangolo è rettangolo puoi trovare le misure dei suoi lati e verificare che soddisfano la relazione del teorema di Pitagora) $\left[2p = 2(\sqrt{10} + \sqrt{5});\ \text{area} = 5\right]$

83 Un parallelogramma $ABCD$ ha i primi tre vertici nei punti $A(-2, -1)$, $B(2, 0)$, $C(4, 5)$; trova le coordinate del quarto vertice D. $[D(0, 4)]$

84 I punti $A\left(-\frac{1}{2}, 2\right)$ e $C\left(\frac{3}{2}, -6\right)$ sono i vertici opposti di un parallelogramma. Trova le coordinate del punto d'incontro delle diagonali. $\left[\left(\frac{1}{2}, -2\right)\right]$

85 Il parallelogramma $ABCD$ ha tre vertici nei punti $A(1, 2)$, $B(4, -1)$, $C(7, 4)$; trova le coordinate del punto P di intersezione delle diagonali e del quarto vertice D. $[D(4, 7);\ P(4, 3)]$

86 Un parallelogramma ha due vertici consecutivi nei punti $A(0, 3)$ e $B(4, 6)$; sapendo che il punto di incontro delle diagonali è $C(2, 2)$, determina gli altri vertici del quadrilatero; verifica poi che si tratta di un rombo e calcolane il perimetro l'area. $[2p = 20;\ \text{area} = 20]$

87 Un parallelogramma $ABCD$ ha per vertici i punti $A\left(\frac{3}{2}, \frac{3}{2}\right)$, $B\left(2, \frac{1}{2}\right)$, $D\left(-\frac{3}{2}, 0\right)$; trova le coordinate del vertice C e verifica che si tratta di un rettangolo. $[C(-1, -1)]$

88 Un quadrato ha i lati paralleli agli assi cartesiani ed il suo perimetro misura 14; trova le coordinate dei suoi vertici sapendo che uno di essi ha coordinate $\left(-\frac{1}{2}, \frac{3}{2}\right)$ e che l'origine è un punto interno al quadrato. $\left[\left(3, \frac{3}{2}\right), (3, -2), \left(-\frac{1}{2}, -2\right)\right]$

89 Determina le coordinate del vertice C di un triangolo isoscele ABC di base AB, con $A(4, -2)$ e $B(-3, -2)$, sapendo che l'area ha misura 14 e che il vertice C appartiene al primo quadrante. $\left[C\left(\frac{1}{2}, 2\right)\right]$

90 Determina i vertici B e C di un triangolo conoscendo le coordinate del vertice $A(-1, 1)$ e i punti medi $M(7, 4)$ di AB e $N(14, 8)$ di BC. $[B(15, 7);\ C(13, 9)]$

91 Dati i punti $A(-2, 6)$ e $B(4, -4)$, determina i valori dei parametri reali h e k in modo che il punto $M(h+2, 3k-2)$ sia medio fra A e B. Verifica che per tali valori di h e k il punto $P(h+7, k+3)$ forma un triangolo APB isocele di base AB; calcola infine il perimetro e l'area di tale triangolo.
$[h = -1,\ k = 1;\ 2p = 4\sqrt{17} + 2\sqrt{34};\ \text{area} = 34]$

92 **ESERCIZIO GUIDATO**

Il triangolo ABC ha vertici nei punti $A(-1, 2)$, $B(5, 0)$, $C(1, 6)$. Calcola le coordinate del suo baricentro.

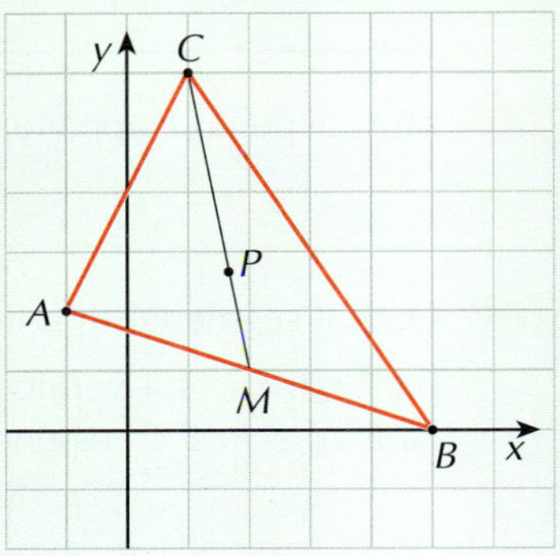

Il baricentro di un triangolo è il punto di intersezione delle mediane ed ha la proprietà di dividere ciascuna mediana in due parti tali che quella che contiene il vertice è doppia dell'altra.
Con riferimento alla figura del problema, per trovare il punto P che corrisponde al baricentro, basta tracciare una mediana qualsiasi, per esempio CM, e poi trovare su di essa un punto P in modo che sia $\overline{CP} = 2\overline{PM}$.

Posto $P(x_p, y_p)$ ed essendo $M(2, 1)$, si ha quindi che:

- $x_p - 1 = 2(2 - x_p) \quad \rightarrow \quad x_p = \dfrac{5}{3}$
- $6 - y_p = 2(y_p - 1) \quad \rightarrow \quad y_p = \dfrac{8}{3}$

Ripetendo questa procedura nel caso generale di un triangolo di vertici $A(x_A, y_A)$, $B(x_B, y_B)$, $C(x_C, y_C)$, si trova che il baricentro di un triangolo ha coordinate date dalle seguenti relazioni:

$$\boldsymbol{x = \frac{x_A + x_B + x_C}{3}} \qquad \boldsymbol{y = \frac{y_A + y_B + y_C}{3}}$$

93 Dato il triangolo ABC con $A(-2, 2)$, $B(6, 2)$, $C(2, 8)$ trova le coordinate del baricentro e la sua distanza dai tre vertici del triangolo. Dai risultati ottenuti, che cosa puoi dire delle mediane relative ai lati AC e BC e del triangolo ABC? $[(2, 4); 2\sqrt{5}, 2\sqrt{5}, 4]$

94 Trova le coordinate del vertice C di un triangolo ABC conoscendo le coordinate degli altri due vertici $A(3, -5)$ e $B(7, 3)$ e quelle del baricentro $G(6, 4)$. $[C(8, 14)]$

CORREGGI GLI ERRORI

95 Se $A(0, -1)$ e $B(3, 4)$ allora $\overline{AB} = \sqrt{3^2 + (4-1)^2} = \sqrt{18} = 3\sqrt{2}$.

96 Se $A(6, -2)$ e $B(4, -2)$, il punto medio del segmento AB ha coordinate $x = \dfrac{6-4}{2} = 1$, $y = \dfrac{-2+2}{2} = 0$.

97 Se $A(7, 1)$, $M(2, -2)$ e M è il punto medio di AB allora le coordinate di B sono:

$x_B = \dfrac{7+2}{2} = \dfrac{9}{2} \qquad y_B = \dfrac{1-2}{2} = -\dfrac{1}{2}$.

ISOMETRIE EVIDENTI NEL PIANO CARTESIANO

teoria a pagina 72

Comprensione

SOLUZIONI ES. COMPRENSIONE

98 Un punto P ha coordinate (a, b); completa le seguenti proposizioni:

a. il suo simmetrico rispetto all'asse x ha coordinate ....

b. il suo simmetrico rispetto all'asse y ha coordinate ....

c. il suo simmetrico rispetto all'origine ha coordinate ....

99 Dati i punti $A(x_A, y_A)$ e $B(x_B, y_B)$, si può dire che:

a. se $y_A + y_B = 0$ i punti A e B sono simmetrici rispetto all'asse y V F

b. se $x_A + x_B = 0$ i punti A e B sono simmetrici rispetto all'asse x V F

c. se $x_A + x_B = 0 \wedge y_A + y_B = 0$ i punti A e B sono simmetrici rispetto all'origine V F

d. se $x_A - x_B = 0 \wedge y_A + y_B = 0$ i punti A e B sono simmetrici rispetto all'asse x. V F

100 I punti $A\left(\dfrac{1}{2}, 3\right)$ e $B\left(\dfrac{1}{2}, -3\right)$ si corrispondono nella simmetria:

a. rispetto all'asse x **b.** rispetto all'asse y **c.** rispetto all'origine

101 Un vettore nel piano cartesiano è individuato dalle sue componenti cartesiane; se $A(x_A, y_A)$ e $B(x_B, y_B)$ sono i punti estremi del vettore $\overrightarrow{AB}$, le sue componenti cartesiane sono:

a. $(x_B - x_A, y_B - y_A)$ **b.** $(x_A - x_B, y_A - y_B)$

c. indifferentemente le risposte dei due punti precedenti

d. $\sqrt{(x_A - x_B)^2 + (y_A - y_B)^2}$

102 Il punto $B(2, 2)$ è il corrispondente del punto $A(3, -1)$ nella traslazione di vettore:

a. $\vec{v}(3, -1)$ **b.** $\vec{v}(1, -3)$ **c.** $\vec{v}(-1, 3)$

103 I punti $A(2, 1)$ e $C(0, 5)$ sono due dei tre vertici di un triangolo ABC isoscele di base AB. Osservato che di triangoli di questo tipo ce ne sono infiniti, quale fra le seguenti può essere una possibile posizione del punto B?

a. è simmetrico di A rispetto all'asse y ed ha coordinate $(-2, 1)$

b. è simmetrico di A rispetto all'asse x ed ha coordinate $(2, -1)$

c. è simmetrico di C rispetto all'asse x ed ha coordinate $(-5, 0)$

104 Nella simmetria di centro $P(3, 2)$, il corrispondente del segmento AB di estremi $A(2, -1)$ e $B(0, 3)$ è il segmento $A'B'$ di estremi:

a. $A'(-1, 0)$; $B'(3, -2)$ **b.** $A'(8, 3)$; $B'(6, 9)$ **c.** $A'(4, 3)$; $B'(6, 7)$ **d.** $A'(4, 5)$; $B'(6, 1)$.

105 Dati i punti $A(x_A, y_A)$ e $B(x_B, y_B)$, si può dire che:

a. se $x_A = x_B + k \wedge y_A = y_B + h$ il punto B è il corrispondente di A nella traslazione di vettore $\vec{v}(k, h)$ V F

b. se $x_A = x_B + k \wedge y_A = y_B + h$ il punto A è il corrispondente di B nella traslazione di vettore $\vec{v}(k, h)$ V F

c. se $x_A = x_B - k \wedge y_A = y_B + h$ il punto A è il corrispondente di B nella traslazione di vettore $\vec{v}(-k, h)$ V F

d. se $x_A = x_B + k \wedge y_A = y_B - h$ il punto A è il corrispondente di B nella traslazione di vettore $\vec{v}(-h, k)$. V F

106 Il corrispondente del punto $P(3, -5)$ nella traslazione di vettore $\vec{v}(-1, 3)$ ha coordinate:

a. $(-4, 8)$ **b.** $(4, -8)$ **c.** $(-2, 2)$ **d.** $(2, -2)$

107 Il punto $P'(0, 4)$ è il corrispondente di P nella traslazione di vettore $\vec{v}(-2, 1)$. Le coordinate di P sono:

a. $(-2, 3)$ **b.** $(3, -2)$ **c.** $(2, 3)$ **d.** $(-2, 5)$

Applicazione

108 **ESERCIZIO GUIDATO**

Del punto $P(1, -2)$ troviamo il corrispondente P':

a. nella simmetria rispetto all'asse x

b. nella simmetria rispetto all'asse y

c. nella simmetria rispetto all'origine

d. nella traslazione di vettore $\vec{v}(3, -1)$.

a. Il simmetrico di P rispetto all'asse x ha la stessa ascissa e ordinata opposta, quindi: $P'(1, 2)$

b. Il simmetrico di P rispetto all'asse y ha la stessa ordinata e ascissa opposta, quindi: $P'(-1, -2)$

c. Il simmetrico di P rispetto all'origine ha entrambe le coordinate opposte, quindi: $P'(-1, 2)$

d. Le coordinate di P' si ottengono dalle relazioni $\begin{cases} x' = 1 + 3 \\ y' = -2 - 1 \end{cases}$, quindi: $P'(4, -3)$.

109 Calcola le coordinate dei punti P' simmetrici dei punti P assegnati rispetto all'asse x:

$P(3, 1)$ $\quad P(-2, 4)$ $\quad P\left(\frac{1}{2}, 1\right)$ $\quad P\left(-\frac{3}{2}, \frac{1}{4}\right)$

110 Individua quali fra i seguenti punti sono simmetrici rispetto all'asse x:

$A(3, -2)$ $\quad B\left(\frac{1}{3}, 4\right)$ $\quad C(3, 5)$ $\quad D(3, 2)$ $\quad E\left(-\frac{1}{3}, 4\right)$ $\quad F\left(\frac{1}{3}, -4\right)$ $\quad G\left(\frac{2}{5}, 4\right)$

111 Calcola le coordinate dei punti P' simmetrici dei punti P assegnati rispetto all'asse y:

$P(1, 1)$ $\quad P(-4, 2)$ $\quad P\left(\frac{5}{2}, -1\right)$ $\quad P\left(\frac{7}{2}, \frac{1}{4}\right)$

112 Dato il triangolo di vertici $A(0, 2)$, $B(3, 1)$, $C(0, -2)$, determina le coordinate dei vertici del suo simmetrico rispetto all'asse y. Ci sono punti uniti nella trasformazione?

113 Calcola le coordinate dei punti P' simmetrici dei punti P assegnati rispetto all'origine del sistema di riferimento e rispetto al punto $A\left(3, \frac{1}{2}\right)$:

$P(4, -1)$ $\quad P(-1, 3)$ $\quad P\left(\frac{2}{5}, 1\right)$ $\quad P\left(-\frac{3}{2}, \frac{5}{4}\right)$

114 Verifica che il quadrilatero di vertici $A(2, 3)$, $B(-2, 1)$, $C(-2, -3)$, $D(2, -1)$ ammette l'origine come centro di simmetria. Di che tipo di quadrilatero si tratta?

115 Un parallelogramma ha due vertici consecutivi nei punti $A\left(3, \frac{5}{2}\right)$ e $B\left(-1, -\frac{1}{2}\right)$ ed ha centro di simmetria nell'origine; trova le coordinate degli altri due vertici.

116 Trova il punto P' corrispondente del punto P nella traslazione di vettore $\vec{v}$ assegnato:

a. $P(2, 3)$ $\quad \vec{v}(-1, 4)$ $\qquad$ **b.** $P(1, -3)$ $\quad \vec{v}(2, 1)$ $\qquad$ **c.** $P(2, -1)$ $\quad \vec{v}\left(\frac{5}{2}, -\frac{1}{2}\right)$

117 **ESERCIZIO GUIDATO**

Il punto $P'(5, -3)$ è l'immagine di un punto P nella traslazione di vettore $\vec{v}\left(-\frac{1}{2}, 2\right)$; calcola le coordinate di P.

Fra le coordinate (x, y) del punto P e quelle del punto P' devono sussistere le seguenti relazioni:

$$x - \frac{1}{2} = 5 \qquad \text{e} \qquad y + 2 = -3$$

Risolvendo queste due equazioni si ottiene che $x = \frac{11}{2}$ e $y = -5$, quindi $P\left(\frac{11}{2}, -5\right)$.

118 Nella traslazione di vettore $\vec{v}(-3, 5)$ al segmento AB corrisponde il segmento $A'B'$ di estremi $A'(-2, 3)$ e $B'(1, -3)$. Calcola le coordinate di A e B. [$A(1, -2)$, $B(4, -8)$]

119 Il triangolo di coordinate $A'(4, -4)$, $B'(5, 1)$, $C'(2, -1)$ è il corrispondente del triangolo ABC nella traslazione di vettore $\vec{v}(5, -5)$; calcola le coordinate dei vertici di ABC. [$A(-1, 1)$, $B(0, 6)$, $C(-3, 4)$]

120 Un sistema di assi xOy subisce una traslazione che porta l'origine O nel punto $O'\left(\frac{1}{2}, -3\right)$. Determina le coordinate dei seguenti punti nel nuovo sistema di riferimento: $(1, 1)$, $(-2, -2)$, $\left(\frac{1}{2}, 6\right)$, $(-2, 1)$, $(2, -3)$.

121 Verifica che il quadrilatero di vertici $A(3, 5)$, $B(5, 2)$, $C(0, -1)$, $D(-2, 2)$ è un parallelogramma e trova le coordinate dei vertici del suo simmetrico:

a. rispetto all'asse x **b.** rispetto all'asse y **c.** rispetto all'origine.

122 Due vertici del quadrilatero $ABCD$ sono i punti $A(2, 1)$ e $B(-1, 2)$ e gli altri due sono i loro simmetrici rispetto all'origine; dopo aver trovato tali punti ed aver verificato che il quadrilatero ottenuto è un quadrato, trovane il perimetro e l'area. $[2p = 4\sqrt{10};\ A = 10]$

123 Sia M il punto medio del segmento AB di estremi $A(-4, 2)$, $B(2, -4)$; calcola le coordinate del punto M' simmetrico di M rispetto all'origine e, dopo aver verificato che il triangolo $AM'B$ è isoscele, calcolane l'area. $[M'(1, 1);\ \text{area} = 12]$

124 Dato il triangolo di vertici $A(3, 1)$, $B(6, 2)$, $C(4, 4)$, determina le coordinate dei vertici del triangolo $A'B'C'$ simmetrico di ABC rispetto all'origine degli assi e poi i vertici del triangolo $A''B''C''$ simmetrico di $A'B'C'$ rispetto all'asse y. Qual è la trasformazione in cui si corrispondono ABC e $A''B''C''$?

125 Dato il segmento di estremi $A(2, -1)$, $B(3, 5)$, determina il suo corrispondente $A'B'$ nella traslazione di vettore $\vec{v}(-2, 3)$, quindi verifica che i due segmenti hanno la stessa lunghezza.

126 Dato il triangolo di vertici $A(1, 2)$, $B(5, 3)$ e $C(6, 1)$, determina le coordinate dei vertici del suo corrispondente nella simmetria di asse x. Verifica poi che i due triangoli hanno lo stesso perimetro.

127 Determina il trasformato del triangolo $A(-4, 2)$, $B(5, 5)$, $C(2, -1)$ mediante la simmetria rispetto all'asse y. Verifica che i due triangoli sono entrambi isosceli e che hanno lo stesso perimetro.

$\left[2p = 3\sqrt{10}(1 + \sqrt{2})\right]$

128 Trova le coordinate dei punti A' e B' simmetrici dei punti $A(4, 1)$ e $B(1, 5)$ rispetto all'asse y. Determina la natura del quadrilatero $ABB'A'$ e trovane perimetro e area. $[2p = 20;\ \text{area} = 20]$

129 Di un parallelogramma $ABCD$ sono noti i vertici $A(6, 9)$ e $B(-3, 2)$. Trova le coordinate degli altri due vertici sapendo che il punto di intersezione delle diagonali è l'origine del piano cartesiano e verifica che si tratta di un rombo. $[C(-6, -9);\ D(3, -2)]$

130 Trova i simmetrici A e B dei punti $C(0, 4)$ e $D(-3, 0)$ rispetto all'origine degli assi cartesiani. Dopo aver stabilito la natura del quadrilatero $ABCD$, calcolane il perimetro e l'area. $[2p = 20;\ \text{area} = 24]$

131 Trova il trasformato del poligono di vertici $A(0, 1)$, $B(4, 2)$, $C(-3, 6)$, $D(-5, 2)$ nella traslazione di vettore $\vec{v}(2, -1)$.

132 Un segmento ha estremi di coordinate $A(-3, 0)$ e $B(0, -2)$. Dopo aver individuato i loro corrispondenti A' e B' nella traslazione di vettore $\vec{v}(3, 3)$, calcola il perimetro del quadrilatero $AA'B'B$.

$\left[A'(0, 3);\ B'(3, 1);\ 2p = 6\sqrt{2} + 2\sqrt{13}\right]$

ESERCIZI DI SINTESI SUL PIANO CARTESIANO

133 I punti $A(0, 3)$, $B(-2, -1)$ e $C(1, -5)$ sono tre vertici di un parallelogramma; calcola le coordinate del quarto vertice D valutando le diverse possibilità. Considerato poi il parallelogramma $ABCD$ il cui vertice D appartiene al secondo quadrante, trova le coordinate del suo simmetrico rispetto all'origine; indipendentemente dall'ordine dei punti, esiste una traslazione che trasforma $ABCD$ nel parallelogramma ottenuto? $[D_1(3, -1);\ D_2(-3, 7);\ D_3(-1, -9)]$

134 Determina le coordinate del vertice C di un triangolo ABC isoscele di base AB, con $A(4, -2)$, $B(10, -2)$, sapendo che l'area misura 12 e che il vertice C giace nel primo quadrante. $[C(7, 2)]$

135 Un punto P di ascissa $-\frac{3}{2}$ è equidistante dai punti $A(-3, -2)$ e $B(5, 2)$; dopo aver trovato le coordinate di P, siano P' il suo simmetrico rispetto all'asse y e P'' il suo simmetrico rispetto all'origine. Calcola il perimetro e l'area del triangolo $PP'P''$.
$\left[P\left(-\frac{3}{2}, 5\right); 2p = 13 + \sqrt{109}; \text{area} = 15\right]$

136 Di un triangolo ABC si sa che $A(-4, 2)$, il punto medio del lato AB è $M(1, 5)$, C è simmetrico di A rispetto all'origine. Dopo aver trovato le coordinate dei vertici B e C, calcola quelle del baricentro G.
$\left[B(6, 8); C(4, -2); G\left(2, \frac{8}{3}\right)\right]$

137 Un triangolo ABC ha un vertice nel punto $A(3, 4)$, il vertice B è simmetrico di A rispetto al punto $P(1, 2)$ ed il suo baricentro è il punto $G\left(\frac{4}{3}, \frac{1}{3}\right)$. Dopo aver trovato le coordinate del vertice C, sia C' il suo simmetrico rispetto all'asse x; calcola l'area del triangolo BCC'. $[C(2, -3); \text{area} = 9]$

138 Determina le coordinate dei punti A' e B' simmetrici rispetto al punto $P(-1, 4)$ rispettivamente dei punti $A(2, 5)$ $B(-2, 1)$, verifica che il punto medio M' di $A'B'$ è il trasformato del punto medio M di AB e che il quadrilatero $AB'A'B'$ è un rettangolo. $[M(0, 3); M'(0, -3)]$

139 Un triangolo ha i vertici nei punti $A(2, 2)$, $B(1, 4)$, $C\left(6, \frac{13}{2}\right)$; dopo aver verificato che è rettangolo in B, trova le coordinate del punto D simmetrico di B rispetto al punto medio del lato AC. Calcola infine perimetro e area del quadrilatero $ABCD$.
$\left[D\left(7, \frac{9}{2}\right); 2p = 7\sqrt{5}; \text{area} = \frac{25}{2}\right]$

140 Un segmento AB è diviso da un punto P in due parti tali che $\frac{\overline{AP}}{\overline{PB}} = \frac{5}{3}$; calcola le coordinate di A sapendo che $P\left(3, \frac{17}{8}\right)$ e $B(6, 1)$. Considerate poi le proiezioni A', B', P' dei punti A, B e P sull'asse delle ascisse, calcola il rapporto fra le aree dei due trapezi rettangoli $AA'P'P$ e $PP'B'B$. $\left[A(-2, 4); \frac{49}{15}\right]$

141 Il segmento di estremi $A(-2, -4)$ e $B(7, 8)$ è diviso dai punti P e Q in tre parti uguali; dopo aver trovato le coordinate di questi punti, determina un punto C sull'asse y in modo che il triangolo CPQ sia isoscele e di tale triangolo trova il perimetro e l'area.
$\left[P(4, 4); Q(1, 0); C\left(0, \frac{31}{8}\right); 2p = 5 + \frac{5}{4}\sqrt{41}; \text{area} = \frac{125}{16}\right]$

142 Dopo aver verificato che il triangolo di vertici $A(3, 5)$, $B(-1, 2)$, $C(2, -2)$ è rettangolo isoscele, calcola la misura dell'altezza relativa all'ipotenusa. Trova poi le coordinate del punto D che insieme a tali punti forma il trapezio rettangolo $ABCD$ con la base maggiore CD doppia di quella minore AB.
$\left[\frac{5\sqrt{2}}{2}; D(10, 4)\right]$

143 Un triangolo ABC isoscele di base AB ha due vertici nei punti $A(-3, 0)$ e $B(3, -2)$ ed il vertice C di ordinata 5 e ascissa positiva. Calcola il perimetro del triangolo che si ottiene congiungendo i punti medi dei suoi lati.
$\left[C(2, 5); \sqrt{2}(5 + \sqrt{5})\right]$

144 Trova le coordinate dei vertici B e D del rombo $ABCD$ sapendo che i primi due vertici sono $A(3, -2)$, $C(3, 2)$ e che la diagonale BD è lunga 3.
$\left[B\left(\frac{3}{2}, 0\right); D\left(\frac{9}{2}, 0\right)\right]$

145 In un sistema di riferimento cartesiano ortogonale sono dati i punti $A(0, 1)$, $B(5, 0)$. Determina l'ordinata positiva di un punto P di ascissa 4 in modo che sia $\overline{PA}^2 + \overline{PB}^2 = 130$. $[P(4, 8)]$

146 In un sistema di riferimento cartesiano ortogonale sono dati i punti $A(-3, 2)$, $B(1, 7)$, $C(8, y)$, $D(x, 3)$, vertici di un parallelogramma $ABCD$. Determina le coordinate dei vertici C e D. [$C(8, 8)$, $D(4, 3)$]

147 Di un triangolo ABC si sa che $A(1, 0)$ e che i punti medi dei lati AB e BC sono rispettivamente i punti $M(-1, 1)$ e $N\left(-\frac{1}{2}, 3\right)$. Trova le coordinate dei vertici B e C e il perimetro del triangolo.
[$B(-3, 2)$, $C(2, 4)$; $2p = \sqrt{29} + \sqrt{17} + 2\sqrt{5}$]

148 Sono dati i punti $A(1, -2)$ e $B(-4, 3k)$; determina per quali valori di k si ha che $\overline{AB}^2 = 26$. Scelto fra quelli trovati il punto di ordinata maggiore, trova le coordinate del punto C appartenente all'asse delle ordinate in modo che il triangolo ABC sia isoscele di base AB. [$k = -1 \vee k = -\frac{1}{3}$; $C(0, 6)$]

149 Di un triangolo isoscele AVB di vertice $V(2, 5)$ si sa che il punto medio della base AB è $M(3, 2)$ e che l'ascissa del punto B è doppia della sua ordinata. Quali sono le coordinate dei vertici A e B? (Suggerimento: ragiona sul triangolo BVM) [$A(0, 1)$, $B(6, 3)$]

150 Dopo aver verificato che il quadrilatero $ABCD$ di vertici $A(-2, 2)$, $B(3, 3)$, $C(5, -3)$, $D(0, -4)$ è un parallelogramma, trova:

a. il centro della simmetria che manda A in C e B in D [$\left(\frac{3}{2}, -\frac{1}{2}\right)$]

b. il vettore della traslazione che trasforma il segmento AB nel segmento DC [$\vec{v}(2, -6)$]

c. il vettore della traslazione che trasforma il segmento AD nel segmento BC. [$\vec{v}(5, 1)$]

151 Trova le coordinate del centro di simmetria P che fa corrispondere al triangolo ABC di coordinate $A(1, 2)$, $B(5, 1)$, $C(8, -2)$ il triangolo $A'B'C'$di coordinate $A'(9, 6)$, $B'(5, 7)$, $C'(2, 10)$. [$P(5, 4)$]

152 Trova il vettore della traslazione che porta il triangolo ABC di vertici $A(-1, 1)$, $B(-6, 0)$, $C(-3, -2)$ nel triangolo $A'B'C'$ di vertici $A(-2, 3)$, $B'(-7, 2)$, $C'(-4, 0)$. [$\vec{v}(-1, 2)$]

153 Dopo aver verificato che il quadrilatero di vertici $A(-1, 1)$, $B(2, -1)$, $C(4, 2)$, $D(1, 4)$ è un quadrato, trova i vertici A', B', D' del suo corrispondente nella simmetria di centro C. Verifica che anche $BDB'D'$ è un quadrato e calcola il rapporto fra l'area di $ABCD$ e quella del suo trasformato. [$\frac{1}{2}$]

154 I punti $A(-2, 4)$ e $B(-3, -1)$ si corrispondono nella simmetria di centro P; dopo aver trovato le coordinate di P, determina le coordinate di un punto Q sull'asse delle ordinate che formi con A e B un triangolo isoscele di base AB. Trovato poi il simmetrico R di Q rispetto a P, verifica che il quadrilatero $AQBR$ è un quadrato. [$P\left(-\frac{5}{2}, \frac{3}{2}\right)$; $Q(0, 1)$; $R(-5, 2)$]

155 Dopo aver trovato il trasformato $A'B'C'$ del triangolo di vertici $A(1, 3)$, $B(-4, 0)$, $C(-1, -2)$ nella simmetria avente centro in $P(2, -1)$, trova $A''B''C''$ trasformato in $A'B'C'$ nella simmetria di centro $Q(5, 2)$ e verifica che $A''B''C''$ è il trasformato di ABC nella traslazione che ha come vettore un segmento uguale a $2\overrightarrow{PQ}$.

156 Considerato il segmento AB di vertici $A(-3, 0)$ e $B(0, 3)$ definisci una traslazione che, detti A' e B' i traslati di A e B, faccia in modo che $AA'B'B$ sia un quadrato che contiene l'origine. [$\vec{v}(3, -3)$]

157 Una traslazione è definita dal vettore $\vec{v}$ che porta l'origine nel punto di coordinate $(-1, 2)$; calcola le coordinate dei punti A', B' e C' corrispondenti di $A(1, 1)$, $B(4, -2)$, $C(6, 3)$ in tale traslazione. Successivamente trova i corrispondenti A'', B'', C'' dei punti A', B', C' nella simmetria rispetto all'asse y e stabilisci se esiste una traslazione che porta A in A'', B in B'' e C in C''.
[$A'(0, 3)$, $B'(3, 0)$, $C'(5, 5)$; non esiste traslazione]

teoria a pagina 75

Comprensione

SOLUZIONI ES. COMPRENSIONE

158 Scegli fra quelli elencati il completamento corretto:

a. La retta di equazione $x = -3$:

① passa per l'origine ② è parallela all'asse x ③ è parallela all'asse y

b. La retta di equazione $2x - 3y = 0$:

① passa per l'origine e ha un coefficiente angolare positivo
② passa per l'origine e ha un coefficiente angolare negativo
③ non passa per l'origine.

159 Indica il tipo di ciascuna delle seguenti rette:

a. $3x - 1 = 0$ **b.** $2x + 3y = 0$ **c.** $2 - 5y = 0$
d. $x + 2 - y = 0$ **e.** $x = y - 3$ **f.** $7x = 0$

160 Dopo aver spiegato il significato geometrico del coefficiente angolare m, stabilisci che cosa accade se:

a. $m > 0$ **b.** $m < 0$ **c.** $m = 0$ **d.** m non esiste

161 Il coefficiente angolare della retta non parallela all'asse y che passa per i punti $A(x_1, y_1)$ e $B(x_2, y_2)$ si può trovare con la formula (sono possibili più risposte):

a. $\dfrac{x_2 - x_1}{y_2 - y_1}$ **b.** $\dfrac{y_2 - y_1}{x_2 - x_1}$ **c.** $\dfrac{y_1 - y_2}{x_2 - x_1}$ **d.** $\dfrac{y_1 - y_2}{x_1 - x_2}$

162 Il coefficiente angolare della retta che passa per i punti di coordinate $(-3, 8)$ e $(1, 5)$ è:

a. $-\dfrac{3}{4}$ **b.** $-\dfrac{4}{3}$ **c.** $\dfrac{3}{2}$ **d.** $-\dfrac{3}{2}$

163 Una retta ha equazione $3x - 4y + 2 = 0$:

a. la sua equazione in forma esplicita è:

① $y = -\dfrac{3}{4}x - \dfrac{1}{2}$ ② $y = \dfrac{3}{4}x + \dfrac{1}{2}$ ③ $x = \dfrac{4}{3}y - \dfrac{2}{3}$

b. il suo coefficiente angolare è:

① $\dfrac{3}{4}$ ② $-\dfrac{3}{4}$ ③ $\dfrac{4}{3}$

164 La retta di equazione $2y + x - 4 = 0$:

a. ha coefficiente angolare uguale a: ① 2 ② $\dfrac{1}{2}$ ③ $-\dfrac{1}{2}$

b. ha ordinata all'origine uguale a: ① 4 ② 2 ③ -4

165 Il coefficiente angolare dell'asse y :

a. è uguale a 0 **b.** è uguale a 1 **c.** non esiste **d.** è uguale a quello dell'asse x

166 Il coefficiente angolare dell'asse x :

a. è uguale a 0 **b.** è uguale a 1 **c.** non esiste **d.** è uguale a quello dell'asse y

167 Il punto di coordinate $(-1, 2)$ appartiene alla retta:

a. $y = 3x + 4$ **b.** $x - y + 1 = 0$ **c.** $x + y = -1$ **d.** $x - y + 3 = 0$

Applicazione

Riconosci la tipologia delle rette associate alle seguenti equazioni e costruisci poi il loro grafico.

168 $y = 3$; $y = \frac{3}{4}x$; $y = -\frac{1}{2}x$; $x = 5$

169 $x = -1$; $y = -x$; $2x - 1 = 0$; $2y + 4 = 0$

170 $x - y + 1 = 0$; $x + 2y - 3 = 0$; $2x - 3y = -1$; $3x - y = 0$

171 **ESERCIZIO GUIDATO**

Troviamo le equazioni delle rette parallele agli assi cartesiani che passano per il punto $P(-3, 2)$.

Una retta parallela all'asse delle ascisse ha equazione $y = k$ dove k nel nostro caso vale 2.

Una retta parallela all'asse delle ordinate ha equazione $x = h$ dove h nel nostro caso vale -3.

Le due rette hanno quindi rispettivamente equazioni $y = 2$ e $x = -3$.

172 Scrivi le equazioni delle rette parallele agli assi coordinati passanti per ognuno dei seguenti punti:

$A(4, -5)$; $B(0, \sqrt{2})$; $C\left(\frac{1}{6}, 0\right)$; $D\left(\frac{4}{5}, -\sqrt{3}\right)$

173 Date le equazioni in forma esplicita delle seguenti rette, individua il coefficiente angolare e l'ordinata all'origine; costruisci il grafico e riscrivile poi in forma implicita:

a. $y = x - 2$ **b.** $y = -2x - 5$ **c.** $y = -\frac{3}{5}x - 1$ **d.** $y = \frac{1}{3}x$ **e.** $y = -x + \frac{5}{3}$

174 Date le equazioni in forma implicita delle seguenti rette, riscrivile in forma esplicita ed individua il coefficiente angolare e l'ordinata all'origine; costruisci poi il loro grafico:

a. $3x - y + 2 = 0$ **b.** $-x + y + 3 = 0$ **c.** $2x - 4y + 7 = 0$
d. $-6x + 5y - 10 = 0$ **e.** $2x - 3y + 1 = 0$ **f.** $9x + 3y - 2 = 0$

175 Stabilisci, valutando il coefficiente angolare, se le rette corrispondenti alle seguenti equazioni formano un angolo acuto oppure ottuso con il semiasse positivo delle ascisse:

$y = x$ $y = -\frac{1}{3}x$ $y = -\frac{1}{4}x$ $y = 10x$

176 Stabilisci per via analitica se i punti $A\left(1, \frac{5}{4}\right)$, $B\left(\frac{5}{4}, 1\right)$, $C\left(\frac{4}{5}, 1\right)$, $O(0, 0)$, $D\left(\frac{1}{4}, \frac{5}{4}\right)$ appartengono alla retta di equazione $y = \frac{5}{4}x$. Controlla l'esattezza delle tue conclusioni riportando i punti e la retta su un grafico.

177 **ESERCIZIO GUIDATO**

Scriviamo l'equazione della retta che passa per l'origine degli assi e per il punto $P(2, 5)$.

L'equazione della retta è del tipo $y = mx$. Per calcolare il valore di m applichiamo la formula usando il punto P e l'origine O:

$$m = \frac{y_P - y_O}{x_P - x_O} = \frac{5 - 0}{2 - 0} = \frac{5}{2}$$

La retta ha quindi equazione $y = \frac{5}{2}x$.

Se una retta passa per l'origine, il suo coefficiente angolare è uguale al rapporto fra l'ordinata e l'ascissa di un suo punto.

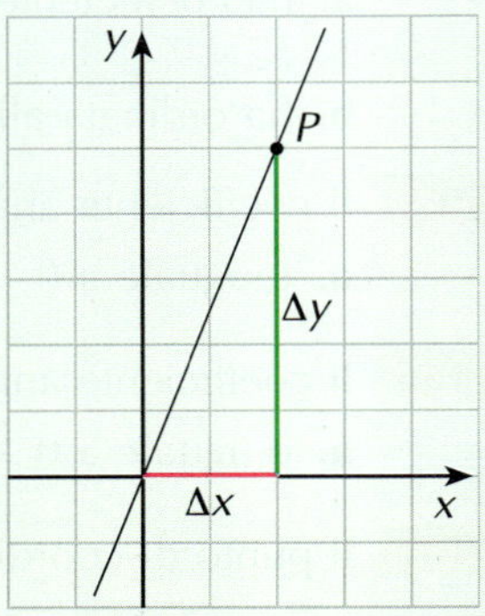

178 Scrivi le equazioni delle rette che passano per l'origine degli assi cartesiani e per i punti indicati di seguito:

a. $A(-3, 2)$ **b.** $B\left(\frac{5}{2}, 1\right)$ **c.** $C(-\sqrt{2}, 2)$ **d.** $D\left(\frac{1}{2}, -\frac{3}{2}\right)$

179 Scrivi in forma implicita l'equazione della retta di coefficiente angolare m e ordinata all'origine assegnata in ciascuno dei seguenti casi e costruiscine poi il grafico:

a. $m = \frac{3}{4}$ $q = 3$ **b.** $m = -2$ $q = \frac{2}{5}$

c. $m = -\frac{\sqrt{2}}{4}$ $q = \frac{1}{6}$ **d.** $m = -1$ $q = \frac{\sqrt{3}}{3}$

180 Calcola il coefficiente angolare delle rette che passano per le seguenti coppie di punti:

a. $A(4, -5)$ e $B(2, 3)$ $[m = -4]$

b. $A(-3, 1)$ e $B(-1, -2)$ $\left[m = -\frac{3}{2}\right]$

c. $A(1, 1)$ e $B(2, -4)$ $[m = -5]$

d. $A\left(4, \frac{1}{2}\right)$ e $B\left(\frac{2}{3}, -2\right)$ $\left[m = \frac{3}{4}\right]$

181 Stabilisci se le seguenti terne di punti sono allineate:

a. $A(2, 7)$; $B(-1, 2)$; $C(0, 1)$ [no]

b. $A(1, 5)$; $B(2, -2)$; $C(3, 1)$ [no]

c. $A(2, 0)$; $B(-1, 3)$; $C(-2, 4)$ [si]

d. $A(-3, 1)$; $B(-2, 5)$; $C(-1, 6)$ [no]

e. $A(3, -4)$; $B(-1, 0)$; $C(0, -1)$ [si]

CONDIZIONI PER DETERMINARE L'EQUAZIONE DI UNA RETTA

teoria a pagina 83

Comprensione

SOLUZIONI ES. COMPRENSIONE

182 La retta che passa per il punto $A\left(-\frac{3}{4}, 1\right)$ ed ha coefficiente angolare -1 ha equazione:

a. $4x + 4y + 7 = 0$ **b.** $4x + 4y + 1 = 0$ **c.** $4x + 4y - 1 = 0$ **d.** $4x + 4y - 7 = 0$

183 La retta che passa per $P(4, 2)$ ed ha coefficiente angolare $m = 3$ ha equazione:

a. $y - 3x - 10 = 0$ **b.** $y = 3x - 2$ **c.** $y = 3x - 10$ **d.** $y + 3x - 10 = 0$

184 La formula $\frac{y - y_1}{y_2 - y_1} = \frac{x - x_1}{x_2 - x_1}$ per trovare la retta che passa per due punti assegnati si può usare:

a. sempre
b. solo se la retta non passa per l'origine
c. solo se la retta non è parallela all'asse x
d. solo se la retta non è parallela agli assi cartesiani.

185 La retta che passa per i punti $A(2, 2)$ e $B(3, -1)$ ha equazione:

a. $3x - y - 8 = 0$ **b.** $3x + y - 8 = 0$ **c.** $y = x$ **d.** $y = 3x + 8$

Applicazione

186 **ESERCIZIO GUIDATO**

Scriviamo l'equazione della retta r che ha lo stesso coefficiente angolare di quella di equazione $x - 2y + 3 = 0$ e passa per il punto $P(-1, -2)$.

La retta data ha coefficiente angolare uguale a $\frac{1}{2}$; per scrivere l'equazione di r dobbiamo usare la formula $y - y_0 = m(x - x_0)$ essendo (x_0, y_0) le coordinate di P:

$$y + 2 = \frac{1}{2}(x + 1) \quad \rightarrow \quad y = \frac{1}{2}x - \frac{3}{2}$$

Scrivi l'equazione della retta che passa per il punto P e ha coefficiente angolare m assegnato.

187 $P(0, -1)$ $\quad m = 3$ $\quad [3x - y - 1 = 0]$

188 $P(2, -2)$ $\quad m = -1$ $\quad [x + y = 0]$

189 $P(-2, 3)$ $\quad m = \frac{1}{2}$ $\quad [x - 2y + 8 = 0]$

190 $P(0, -2)$ $\quad m = \frac{5}{3}$ $\quad [5x - 3y - 6 = 0]$

191 $P(3, -7)$ $\quad m = -2$ $\quad [2x + y + 1 = 0]$

192 $P\left(\frac{1}{2}, 0\right)$ $\quad m = -\frac{3}{2}$ $\quad [6x + 4y - 3 = 0]$

193 $P\left(\frac{1}{4}, -2\right)$ $\quad m = 4$ $\quad [4x - y - 3 = 0]$

194 $P\left(-3, \frac{1}{2}\right)$ $\quad m = 0$ $\quad [2y - 1 = 0]$

195 Scrivi l'equazione della retta r che passa per il punto P in cui la retta $x - y + 2 = 0$ interseca l'asse y e ha coefficiente angolare uguale a -2. $[y = -2x + 2]$

196 Scrivi l'equazione della retta che passa per il punto $P(1, 0)$ e che ha coefficiente angolare opposto di quello della retta $4x - 2y + 5 = 0$. $[y = -2x + 2]$

197 Una retta interseca l'asse delle ordinate nel punto $P\left(0, \frac{4}{3}\right)$ ed ha lo stesso coefficiente angolare della retta di equazione $2y - 10 = 0$; trovane l'equazione. $\left[y = \frac{4}{3}\right]$

198 **ESERCIZIO GUIDATO**

Scriviamo l'equazione della retta r che passa per i punti $A(3, 2)$ e $B(0, -1)$ e della retta s che passa per i punti $C\left(\frac{1}{2}, -3\right)$ e $D\left(\frac{1}{2}, \sqrt{2}\right)$.

Poiché i punti A e B non hanno né la stessa ascissa né la stessa ordinata, la retta r non è parallela agli assi e possiamo quindi usare la formula

$$\frac{y - y_1}{y_2 - y_1} = \frac{x - x_1}{x_2 - x_1} \quad \text{cioè in questo caso} \quad \frac{y + 1}{2 + 1} = \frac{x - 0}{3 - 0} \quad \rightarrow \quad y = x - 1$$

I punti C e D hanno la stessa ascissa e quindi appartengono ad una retta parallela all'asse y che ha equazione: $x = \frac{1}{2}$.

In questo secondo caso non è possibile usare la formula precedente.

Scrivi l'equazione delle rette passanti per le seguenti coppie di punti.

199 $(3, -1)$ e $(5, 1)$ $\quad$ $(4, 1)$ e $(-8, 7)$ $\quad$ $\left[y = x - 4;\ y = -\frac{1}{2}x + 3\right]$

200 $(-3, -2)$ e $(1, 6)$ $\quad$ $(9, -5)$ e $(-1, 0)$ $\quad$ $\left[y = 2x + 4;\ y = -\frac{1}{2}x - \frac{1}{2}\right]$

201 $\left(\frac{1}{2}, -\frac{1}{2}\right)$ e $(4, 6)$ $\quad$ $\left(\frac{1}{2}, -\frac{1}{2}\right)$ e $(-1, 1)$ $\quad$ $\left[y = \frac{13}{7}x - \frac{10}{7};\ y = -x\right]$

202 $\left(\frac{1}{2}, -\frac{1}{2}\right)$ e $\left(\frac{1}{2}, 3\right)$ $\quad$ $\left(\frac{1}{2}, -\frac{1}{2}\right)$ e $\left(-2, -\frac{1}{2}\right)$ $\quad$ $\left[x = \frac{1}{2};\ y = -\frac{1}{2}\right]$

203 Scrivi l'equazione della retta che passa per i punti $A\left(-2, \frac{1}{2}\right)$ e $B(1, 3)$ e stabilisci se il punto $C(-2, 1)$ le appartiene. $[5x - 6y + 13;\ \text{no}]$

204 Scrivi l'equazione della retta r che passa per i punti $A(1, 0)$ e $B(2, 4)$, trova le coordinate del suo punto C di intersezione con l'asse y e scrivi l'equazione della retta s che passa per C e ha lo stesso coefficiente angolare della retta $6y - 2x + 5 = 0$. $\left[r: y = 4x - 4;\ s: y = \frac{1}{3}x - 4\right]$

Dal grafico all'equazione

Scrivi le equazioni delle rette che hanno i seguenti grafici.

205 **ESERCIZIO GUIDATO**

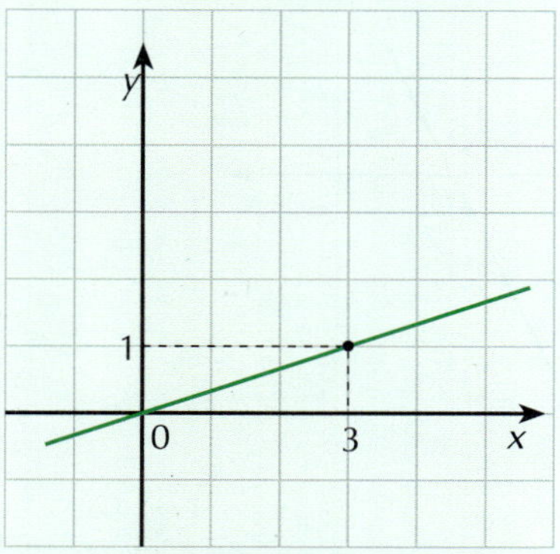

In generale, dato il grafico di una retta, per scriverne l'equazione basta scegliere le coordinate di due suoi punti e usare la formula appropriata.

Nel caso di una retta per l'origine basta sceglierne uno solo, per esempio il punto di coordinate $(3, 1)$ già evidenziato nel grafico; il coefficiente angolare è il rapporto fra l'ordinata e l'ascissa di questo punto ed è quindi uguale a $\frac{1}{3}$.

L'equazione della retta è $y = \frac{1}{3}x$.

206

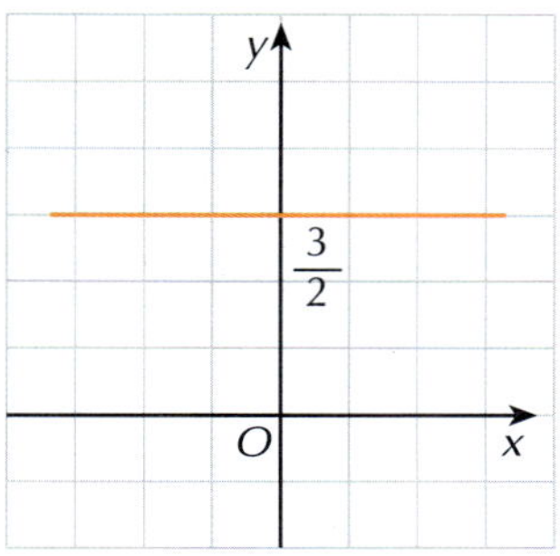

$\left[y = \frac{3}{2}\right]$

207

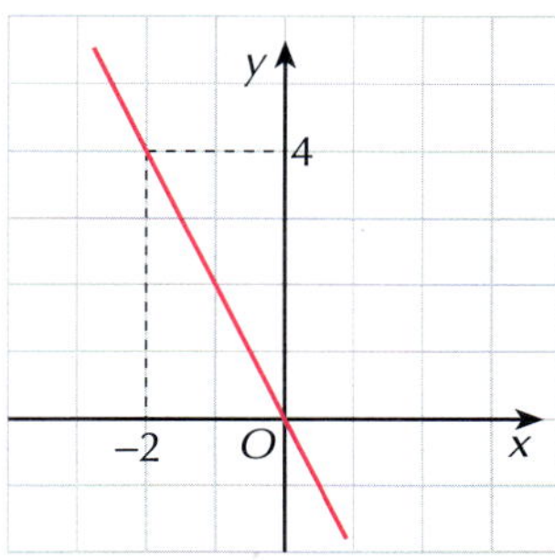

$[y = -2x]$

208

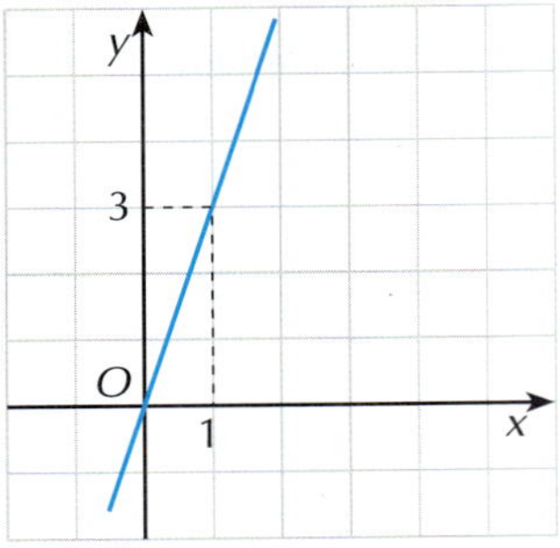

$[y = 3x]$

209

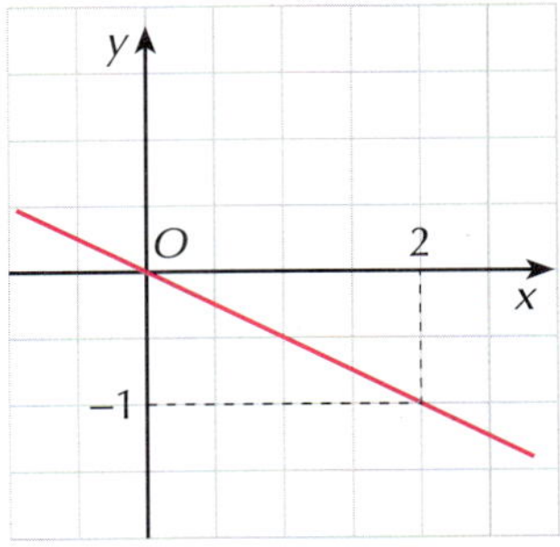

$\left[y = -\frac{1}{2}x\right]$

210

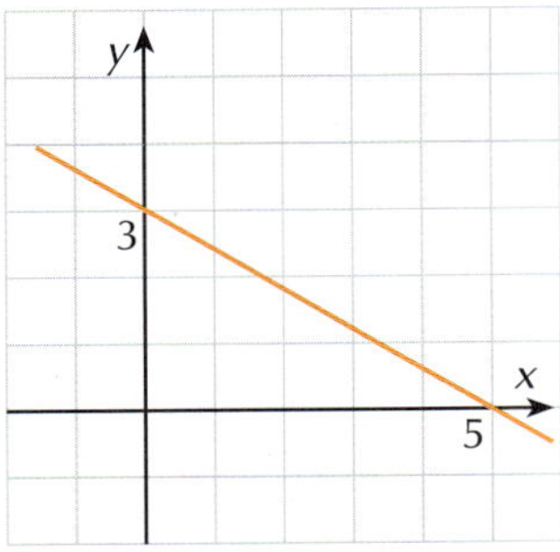

$\left[y = -\frac{3}{5}x + 3\right]$

211

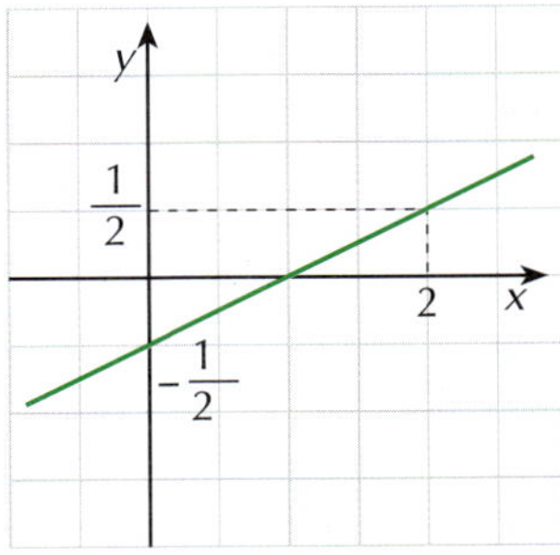

$\left[y = \frac{1}{2}x - \frac{1}{2}\right]$

212

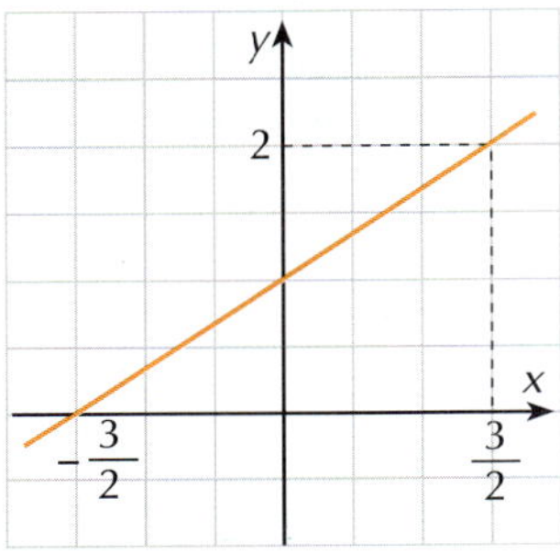

$\left[y = \frac{2}{3}x + 1\right]$

213

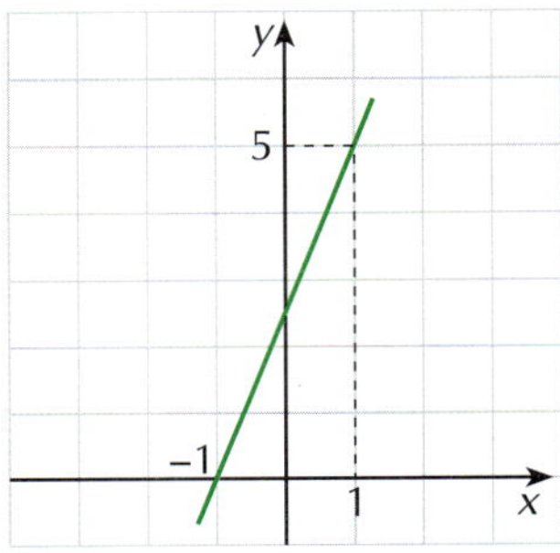

$\left[y = \frac{5}{2}x + \frac{5}{2}\right]$

214

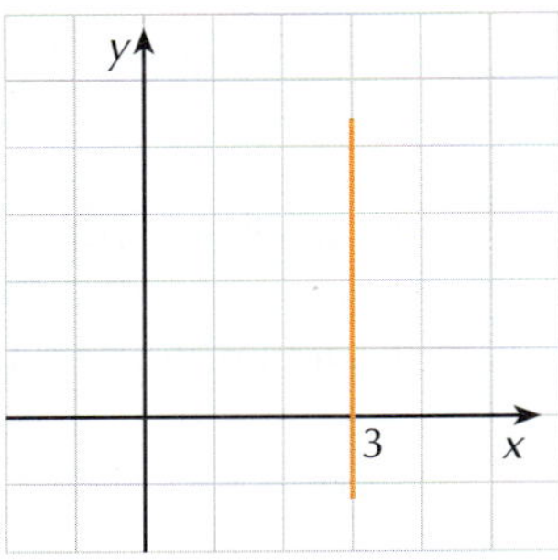

$[x = 3]$

215

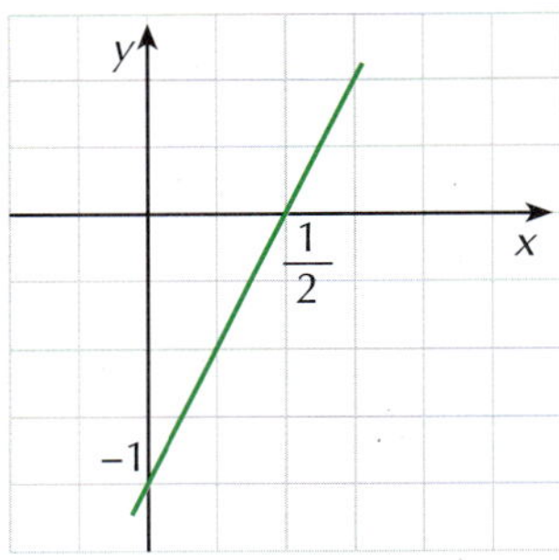

$[y = 2x - 1]$

RETTE PARALLELE E RETTE PERPENDICOLARI

teoria a pagina 85

Comprensione

SOLUZIONI ES. COMPRENSIONE

216 Stabilisci se le seguenti coppie di rette sono parallele, perpendicolari o né parallele né perpendicolari:

a.	$6x - 4y + 1 = 0$	$2x + 3y = 0$	**b.**	$x + 1 = 0$	$2y - 5 = 0$
c.	$y = x - 2$	$x + y - 1 = 0$	**d.**	$2x + 4y - 1 = 0$	$4x + 2y - 3 = 0$
e.	$3x - 4 = 0$	$y = \frac{1}{2}x - 3$	**f.**	$y = -\frac{4}{5}x$	$10y + 8x - 1 = 0$

217 La retta che passa per il punto $P(1, -4)$ ed è perpendicolare alla retta $2x - 3y + 1 = 0$:

a. ha coefficiente angolare: ① $\frac{3}{2}$ ② $-\frac{3}{2}$ ③ $\frac{2}{3}$ ④ $-\frac{2}{3}$

b. ha equazione:

① $3x - 2y - 5 = 0$ ② $3x + 2y - 5 = 0$ ③ $3x + 2y + 5 = 0$ ④ $3x + 2y + 1 = 0$

218 Le rette di equazioni $3x - 6y + 4 = 0$ e $y = \frac{1}{2}x - \frac{2}{3}$ sono:

a. parallele e distinte **b.** parallele e coincidenti **c.** incidenti

219 La retta che passa per i punti $A(-2, 6)$ e $B(1, 4)$ è perpendicolare a quella che passa per i punti di coordinate:

a. $(5, 4)$ e $(2, 2)$ **b.** $(-5, -4)$ e $(-2, -2)$ **c.** $(1, -2)$ e $(-1, -5)$ **d.** $(0, 0)$ e $(-2, 3)$

Applicazione

220 **ESERCIZIO GUIDATO**

Stabiliamo la posizione reciproca delle tre rette di equazioni:

$r: x + 2y - 3 = 0$ $s: 2x + 4y + 10 = 0$ $t: 2x - y + 1 = 0$

Calcoliamo i coefficienti angolari delle tre rette: $m_r = -\frac{1}{2}$ $m_s = -\frac{1}{2}$ $m_t = 2$

Possiamo concludere che:

- le rette r ed s sono parallele perché hanno coefficienti angolari uguali
- la retta t è perpendicolare sia a r che a s perché il suo coefficiente angolare 2 è l'antireciproco di $-\frac{1}{2}$.

221 Individua se fra le rette che hanno le seguenti equazioni ve ne sono di parallele:

$y = -3x + 1$ $y = 5x + 6$ $y = -x + 1$ $2y + 6x - 4 = 0$ $-2x + 6 - 2y = 0$ $y = 3x + 5$

222 Individua se fra le rette che hanno le seguenti equazioni ve ne sono di perpendicolari:

$y - 3x + 1 = 0$ $5y + x - 25 = 0$ $y = 5x + 10$ $2y + x - 4 = 0$ $3y + x = 21$ $y = 3x + 5$

223 Senza scriverne l'equazione, stabilisci se le rette AB e CD sono parallele, perpendicolari oppure né parallele né perpendicolari nei seguenti casi:

a. $A(0, -1)$ $B(1, 1)$; $C\left(0, \frac{3}{2}\right)$ $D\left(2, \frac{1}{2}\right)$ [perpendicolari]

b. $A\left(\frac{3}{2}, 0\right)$ $B(1, -1)$; $C(1, 0)$ $D\left(-2, -\frac{1}{2}\right)$ [né perpendicolari, né parallele]

c. $A(0, 2)$ $B(-1, 0)$; $C(-3, -1)$ $D(-1, 3)$ [parallele]

d. $A\left(\frac{3}{4}, 1\right)$ $B(0, 4)$; $C(1, -1)$ $D(-3, -2)$ [perpendicolari]

224 Scrivi l'equazione della retta che passa per l'origine degli assi ed è parallela a quella di equazione $-x + 3y - 5 = 0$. [$3y - x = 0$]

225 Scrivi l'equazione della retta che ha ordinata all'origine -2 ed è parallela a quella di equazione $2x - 5y + 1 = 0$. [$2x - 5y - 10 = 0$]

226 Scrivi l'equazione della retta che passa per il punto $P\left(\frac{1}{3}, -2\right)$ ed è parallela a quella di equazione $-5x + y + 4 = 0$. [$15x - 3y - 11 = 0$]

227 Scrivi l'equazione della retta che passa per l'origine degli assi ed è perpendicolare a quella di equazione $x - 3y + 5 = 0$. [$3x + y = 0$]

228 Scrivi l'equazione della retta che ha ordinata all'origine 5 ed è perpendicolare a quella di equazione $10x - 5y + 3 = 0$. [$x + 2y - 10 = 0$]

229 Scrivi l'equazione della retta che passa per il punto $P\left(\frac{1}{3}, -2\right)$ ed è perpendicolare a quella di equazione $y = -\frac{2}{3}x + 1$. [$3x - 2y - 5 = 0$]

230 Scrivi l'equazione della retta parallela a quella di equazione $y = -\frac{3}{4}x + 8$ e che taglia l'asse y nello stesso punto in cui lo taglia la retta di equazione $y = 2x + \frac{4}{5}$. Il punto $P(3, 0)$ appartiene a tale retta? Verificalo analiticamente e graficamente. [$15x + 20y - 16 = 0$]

231 Scrivi le equazioni delle rette con ordinata all'origine 4 e rispettivamente parallela e perpendicolare alla bisettrice del secondo e quarto quadrante. [$y + x - 4 = 0$; $y - x - 4 = 0$]

232 Dopo aver determinato il coefficiente angolare della retta r che passa per i punti $A(2, -3)$ e $B(-3, 7)$, scrivi le equazioni delle rette rispettivamente parallela e perpendicolare a r e passanti per il punto $P(1, 1)$. [$2x + y - 3 = 0$; $x - 2y + 1 = 0$]

233 Fra le rette parallele a quella di equazione $x + 2y - 6 = 0$ determina quella che passa per il punto $P\left(-1, \frac{1}{2}\right)$. [$x + 2y = 0$]

234 Scrivi l'equazione della retta perpendicolare a quella di equazione $y = -3x + 4$ e passante per $P\left(\frac{3}{2}, -5\right)$. $\left[y = \frac{1}{3}x - \frac{11}{2}\right]$

235 Scrivi le equazioni delle rette passanti per il punto $P\left(\frac{3}{4}, -\frac{1}{2}\right)$ e rispettivamente parallela e perpendicolare alla bisettrice del secondo e quarto quadrante. [$4x - 4y - 5 = 0$; $4x + 4y - 1 = 0$]

236 Scrivi l'equazione della retta perpendicolare alla retta r di equazione $y = -\frac{3}{7}x + 5$ e che passa per il punto di intersezione fra r e l'asse y. [$7x - 3y + 15 = 0$]

237 Fra le rette che passano per il punto $P(2, -5)$ determina quella parallela alla retta $2y - x + 1 = 0$. [$x - 2y - 12 = 0$]

238 Verifica che il triangolo di vertici $A(6, 4)$, $B(2, 2)$, $C(5, -4)$ è rettangolo in B e che M, punto medio dell'ipotenusa, è equidistante dai tre vertici.
(Suggerimento: verifica che le rette AB e BC sono perpendicolari)

239 **ESERCIZIO GUIDATO**

Scrivi l'equazione della retta passante per $A(3, -2)$ e parallela alla retta passante per $P\left(\frac{1}{2}, -1\right)$ e $Q(3, 4)$.

Osserva che la retta cercata deve avere lo stesso coefficiente angolare della retta PQ e che questo si può determinare con la formula $\frac{y_2 - y_1}{x_2 - x_1}$. Non è dunque necessario scrivere l'equazione della retta PQ, basta calcolare il suo coefficiente angolare. [$y = 2x - 8$]

240 Scrivi l'equazione della retta che passa per il punto $P(-1, 3)$ e per il punto della retta di equazione $x - y - 2 = 0$ di ascissa nulla. $[5x + y + 2 = 0]$

241 Dati i punti $A(-2, -8)$ e $B(10, 4)$, determina l'equazione dell'asse del segmento AB. $[x + y - 2 = 0]$
(Suggerimento: l'asse di un segmento è la retta ad esso perpendicolare nel suo punto medio)

242 Scrivi l'equazione dell'asse del segmento di estremi $A(3, 1)$ e $B(-1, -1)$. $[y = -2x + 2]$

243 Sono dati i punti $A(-7, 5)$, $B(4, -5)$, $C(-5, 8)$, $D(6, -2)$. Dopo averli disegnati nel piano cartesiano, calcola le coordinate dei punti M e N rispettivamente punti medi di AB e CD. Verifica quindi che le rette AB e CD sono parallele così come le rette AC, MN, BD.

244 Dato il parallelogramma di vertici $A(1, 1)$, $B(4, 2)$, $C\left(1, -\frac{1}{2}\right)$, $D\left(-2, -\frac{3}{2}\right)$ verifica che la retta che congiunge i punti medi dei lati AB e BC è parallela a quella che congiunge i punti medi degli altri due lati.

CORREGGI GLI ERRORI

245 La retta che passa per il punto $A(-3, -1)$ ed è parallela a quella di equazione $3x - y + 2 = 0$ è: $y - 1 = 3(x - 3)$.

246 La retta che passa per $B\left(-\frac{1}{2}, 1\right)$ ed è perpendicolare a quella di equazione $x - 2y = 0$ è: $y - 1 = 2\left(x + \frac{1}{2}\right)$.

247 La retta che passa per i punti $A(1, -4)$ e $B(3, 2)$ ha equazione: $\frac{y - 2}{-4 - 2} = \frac{x - 1}{3 - 1}$.

248 La retta che passa per i punti $C\left(1, -\frac{1}{2}\right)$ e $B\left(3, \frac{1}{2}\right)$ ha equazione: $y = \frac{1}{2}$.

RETTE E SISTEMI LINEARI

teoria a pagina 88

Comprensione

SOLUZIONI ES. COMPRENSIONE

249 Le due rette di equazioni $2x - 4y + 3 = 0$ e $x - 3y + 1 = 0$:

a. si intersecano in $P\left(\frac{5}{2}, \frac{1}{2}\right)$ **b.** si intersecano in $P\left(-\frac{5}{2}, -\frac{1}{2}\right)$

c. si intersecano in $P\left(-\frac{1}{2}, -\frac{5}{2}\right)$ **d.** non si intersecano

250 Le due rette di equazioni $3y - 4 = 0$ e $2x = 6$ si incontrano nel punto di coordinate:

a. $\left(3, \frac{3}{4}\right)$ **b.** $\left(\frac{4}{3}, 3\right)$ **c.** $\left(3, \frac{4}{3}\right)$ **d.** non si intersecano

251 Senza risolvere il sistema delle loro equazioni che cosa si può dire relativamente alla posizione reciproca delle seguenti coppie di rette?

a. $3x - y + 1 = 0$ e $3x + y - 2 = 0$: ① incidenti ② parallele ③ coincidenti

b. $x + y = 0$ e $2x + 2y - 5 = 0$: ① incidenti ② parallele ③ coincidenti

c. $x + 1 = 0$ e $y - 3 = 0$: ① incidenti ② parallele ③ coincidenti

d. $4x - 6y - 1 = 0$ e $2x - 3y = \frac{1}{2}$: ① incidenti ② parallele ③ coincidenti

252 Scrivi alcuni esempi di equazioni di rette che siano
a. incidenti **b.** parallele e distinte **c.** coincidenti.

Applicazione

Stabilisci la posizione reciproca delle seguenti coppie di rette e, nel caso di rette incidenti, determina le coordinate del punto P di intersezione.

253 $3x - 1 = 0$ $\quad 5 + 2x = 0$ [rette parallele]

254 $2x - 7 = 0$ $\quad y + 3 = 0$ $\left[\text{rette perpendicolari; } P\left(\frac{7}{2}, -3\right)\right]$

255 $x - y + 2 = 0$ $\quad 3x - 3y = 0$ [rette parallele]

256 $y = \frac{2}{3}x - 1$ $\quad 4x - 6y - 6 = 0$ [rette coincidenti]

257 $5x - 3y - 4 = 0$ $\quad 5x - y - 2 = 0$ $\left[\text{rette incidenti; } P\left(\frac{1}{5}, -1\right)\right]$

258 $2x - 4y - 15 = 0$ $\quad 4x + 4y - 9 = 0$ $\left[\text{rette incidenti; } P\left(4, -\frac{7}{4}\right)\right]$

259 $\sqrt{3}x - y - \sqrt{2} = 0$ $\quad \sqrt{6}x - \sqrt{2}y - 2 = 0$ [rette coincidenti]

260 **ESERCIZIO GUIDATO**

Dopo aver trovato il punto P d'intersezione delle rette di equazioni $x - 2y = 0$ e $3x + 2y - 6 = 0$, scrivi l'equazione della retta che passa per P ed è parallela a quella di equazione $5x + 6y - 1 = 0$.

Il punto d'intersezione delle rette date è la soluzione del sistema delle loro equazioni:

$$\begin{cases} x - 2y = 0 \\ 3x + 2y - 6 = 0 \end{cases} \rightarrow \begin{cases} x = 2y \\ 6y + 2y - 6 = 0 \end{cases} \rightarrow \begin{cases} x = \frac{3}{2} \\ y = \frac{3}{4} \end{cases} \rightarrow P\left(\frac{3}{2}, \frac{3}{4}\right)$$

La terza retta ha coefficiente angolare $-\frac{5}{6}$.

Dobbiamo adesso scrivere l'equazione della retta che passa per P ed ha coefficiente angolare $-\frac{5}{6}$:

$$y - \frac{3}{4} = -\frac{5}{6}\left(x - \frac{3}{2}\right) \quad \rightarrow \quad y = -\frac{5}{6}x + 2$$

261 Scrivi l'equazione della retta che passa per il punto di intersezione delle rette di equazioni $3x - 2y - 3 = 0$ e $-4x + y = 1$ ed è parallela a quella di equazione $2y - x + 8 = 0$.
$[x - 2y - 5 = 0]$

262 Determina le coordinate dei punti A, B, C, D intersezione delle rette $y + \frac{3}{4}x - 3 = 0$ e $3x + 4y - 6 = 0$ con gli assi coordinati. Di che natura è il quadrilatero ottenuto? Calcola il suo perimetro. $[2p = 11]$

263 Data la retta di equazione $y + 3x - 2 = 0$, indica con A e B i punti in cui essa interseca gli assi coordinati. Calcola l'area del triangolo AOB.
$\left[\frac{2}{3}\right]$

264 Per il punto di intersezione delle due rette di equazioni $x - y + 7 = 0$ e $2x + y - 2 = 0$ conduci le rette rispettivamente parallela e perpendicolare a quella di equazione $y - 2x = 0$ e scrivine le equazioni.
$[6x - 3y + 26 = 0; 3x + 6y - 27 = 0]$

265 Le rette di equazioni $x-3=0$, $x+7=0$, $y-2=0$, $y+3=0$ incontrandosi individuano un quadrilatero. Stabilisci la natura di tale quadrilatero e calcola le equazioni delle diagonali.

$[2y-x-1=0;\ 2y+x+3=0]$

266 Per il punto P di intersezione delle rette di equazioni $2x-y+8=0$ e $y+4x-2=0$, traccia la perpendicolare r alla bisettrice del secondo e quarto quadrante e indica con A e B i punti in cui r interseca gli assi cartesiani. Calcola perimetro ed area del triangolo AOB, dove O è l'origine degli assi.

$\left[7(2+\sqrt{2}) : \frac{49}{2}\right]$

LA DISTANZA DI UN PUNTO DA UNA RETTA

teoria a pagina 90

Comprensione

SOLUZIONI ES. COMPRENSIONE

267 La distanza del punto $P(h, k)$ dalla retta di equazione $y = mx + q$ si calcola con la formula:

a. $\frac{|mh-k+q|}{\sqrt{1+m^2}}$ **b.** $\frac{mh-k+q}{\sqrt{1+m^2}}$ **c.** $\frac{|k+mk+q|}{\sqrt{1+m^2}}$ **d.** $\frac{|k+mk+q|}{\sqrt{1-m^2}}$

268 La distanza del punto $A(1, -3)$ dalla retta di equazione $x+y-3=0$ è uguale a:

a. 5 **b.** $-\frac{5\sqrt{2}}{2}$ **c.** $\frac{5\sqrt{2}}{2}$ **d.** nessuno dei precedenti valori

269 La distanza del punto $P(3, -5)$ dalla retta $y = 1-3x$ è:

a. 3 **b.** $\frac{3}{2}$ **c.** $\frac{13}{\sqrt{10}}$ **d.** $\frac{3}{\sqrt{10}}$

270 La distanza dell'origine degli assi cartesiani dalla retta di equazione $y=-2$ è uguale a:

a. -2 **b.** 2 **c.** $\sqrt{2}$ **d.** nessuno dei precedenti valori

271 La distanza dell'origine degli assi cartesiani dalla retta di equazione $3x=5$ è uguale a:

a. $\frac{2}{3}$ **b.** 5 **c.** 3 **d.** nessuno dei precedenti valori

272 Considerato il triangolo di vertici $A(1, -3)$, $B(4, 3)$, $C(-1, 3)$:

a. l'altezza relativa al lato BC misura: ① 6 ② 3 ③ $\sqrt{6}$

b. l'altezza relativa al lato AC misura: ① $3\sqrt{10}$ ② $\frac{3\sqrt{10}}{2}$ ③ $\frac{9\sqrt{10}}{10}$

Applicazione

273 **ESERCIZIO GUIDATO**

Calcola la distanza del punto $P(-1, 3)$ dalla retta di equazione $y = -\frac{1}{2}x + 4$.

Scriviamo l'equazione della retta in forma implicita: $x + 2y - 8 = 0$

Applicando la formula otteniamo: $d = \frac{|-1+2\cdot 3-8|}{\sqrt{1+4}} = \frac{3\sqrt{5}}{5}$

274 Calcola la distanza dei punti P dalle rette assegnate:

a. $P(3, 2)$; $4x - 3y + 2 = 0$ **b.** $P(-2, -3)$; $x + 2y - 1 = 0$ $\left[\frac{8}{5}; \frac{9\sqrt{5}}{5}\right]$

c. $P(-3, -4)$; $y = \frac{2}{3}x + \frac{7}{3}$ **d.** $P(0, 0)$; $4x + 5y - 41 = 0$ $[\sqrt{13}; \sqrt{41}]$

e. $P(1, 0)$; $y = 3x + 7$ **f.** $P(4, 5)$; $6x + 2\sqrt{7}y - 10\sqrt{7} = 0$ $[\sqrt{10}; 3]$

g. $P(4\sqrt{2}, 1)$; $x - 2\sqrt{2}y + \sqrt{2} = 0$ $[\sqrt{2}]$

275 **ESERCIZIO GUIDATO**

I punti $A(-1, -2)$, $B\left(4, \frac{1}{2}\right)$, $C\left(0, \frac{7}{2}\right)$ sono i vertici di un triangolo. Calcoliamo la sua area.

Se scegliamo il segmento AB come base, la misura dell'altezza del triangolo è la distanza del punto C dalla retta AB.
Troviamo dunque l'equazione della retta AB e scriviamola in forma implicita:

$$\frac{y+2}{\frac{1}{2}+2} = \frac{x+1}{4+1} \quad \rightarrow \quad x - 2y - 3 = 0$$

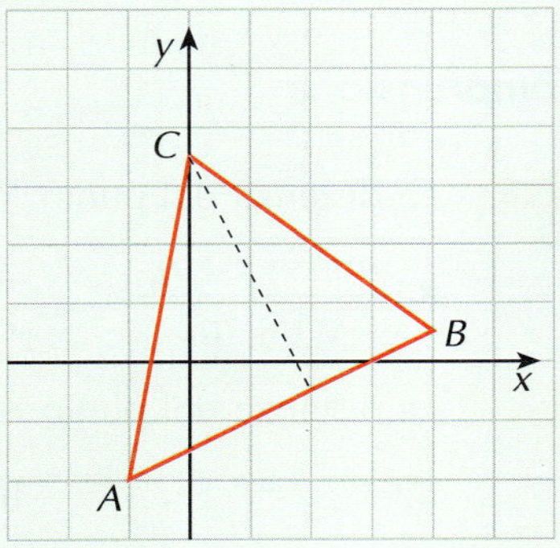

Per trovare l'altezza h calcoliamo la distanza di C dalla retta:

$$h = \frac{\left|0 - 2 \cdot \frac{7}{2} - 3\right|}{\sqrt{1+4}} = \frac{10}{\sqrt{5}} = 2\sqrt{5}$$

Calcoliamo adesso la misura della base: $\overline{AB} = \sqrt{(4+1)^2 + \left(\frac{1}{2}+2\right)^2} = \frac{5\sqrt{5}}{2}$

L'area S del triangolo è uguale a: $S = \frac{1}{2} \cdot \frac{5\sqrt{5}}{2} \cdot 2\sqrt{5} = \frac{25}{2}$.

276 Calcola l'area dei triangoli ABC nei seguenti casi:

a. $A(3, 3)$ $B(-3, 0)$ $C(1, -2)$ $[12]$

b. $A(0, 2)$ $B(2, 0)$ $C(-1, -1)$ $[4]$

c. $A(-1, 1)$ $B(4, 0)$ $C(3, -2)$ $\left[\frac{11}{2}\right]$

d. $A\left(\frac{3}{2}, 2\right)$ $B\left(-\frac{1}{2}, -\frac{1}{2}\right)$ $C(4, 0)$ $\left[\frac{41}{8}\right]$

PROBLEMI SULLA RETTA

teoria a pagina 91

Applicazione

277 Scrivi le equazioni delle mediane del triangolo di vertici $A(3, 9)$, $B(1, 1)$, $C(5, 7)$; verifica poi che:

a. passano tutte e tre per uno stesso punto (baricentro)

b. le coordinate del punto trovato corrispondono a $\left(\frac{x_A + x_B + x_C}{3}, \frac{y_A + y_B + y_C}{3}\right)$.

278 Fra le rette che passano per $A(1, -2)$ trova l'equazione delle rette r e s rispettivamente parallela e perpendicolare alla retta t di equazione $2y - x = 0$. Tali rette intersecano quella di equazione $y = 2$ nei punti B e C. Trova l'area del triangolo ABC. [20]

279 Determina le coordinate del punto C appartenente alla retta di equazione $y - x - 3 = 0$ in modo che l'area del triangolo APC sia 14, dove A è il punto della retta data di ordinata nulla e $P(4, 0)$. [$C(1, 4) \vee C(-7, -4)$]

280 Dopo avere scritto l'equazione della retta passante per $A\left(\frac{3}{2}, 2\right)$ e $B(-3, -1)$, determina le coordinate del punto C in cui essa incontra l'asse delle ordinate. Quindi scrivi:

a. l'equazione della retta passante per C e parallela all'asse delle ascisse;

b. l'equazione della retta passante per A e parallela all'asse delle ordinate;

c. le coordinate del punto D in cui quest'ultima retta incontra l'asse delle ascisse.

Calcola infine l'area del triangolo CDA. $\left[\text{area} = \frac{3}{2}\right]$

281 Disegna le rette di equazioni $4x - 3y + \frac{36}{5} = 0$ e $3x + 4y - \frac{48}{5} = 0$ e determina le coordinate dei punti A, B, C, in cui esse incontrano gli assi coordinati. Verifica quindi che il triangolo ABC è rettangolo e determinane perimetro ed area. [$2p = 12$, area $= 6$]

282 Dopo avere verificato che il quadrilatero $ABCD$, di vertici $A(-1, 1)$, $B(8, 4)$, $C(4, 6)$, $D(1, 5)$ è un trapezio isoscele, determina la sua area ed il suo perimetro. $\left[\text{area} = 20,\ 2p = 4\sqrt{5}\left(\sqrt{2} + 1\right)\right]$

283 Scrivi le equazioni delle rette dei lati del triangolo ABC, i cui vertici hanno coordinate $A(2, 1)$, $B(-1, 0)$, $C(2, 5)$ e quindi calcolane l'area. [$x = 2$; $x - 3y + 1 = 0$; $5x - 3y + 5 = 0$; area $= 6$]

284 Il triangolo ABC è rettangolo in B ed è isoscele. Trova le coordinate del vertice C sapendo che $A(-2, 1)$, $B(0, 4)$ e che C appartiene al primo quadrante. [$C(3, 2)$]

285 Dopo aver verificato che il quadrilatero di vertici $A(0, 1)$, $B(-2, 4)$, $C(-5, 2)$, $D(-3, -1)$ è un quadrato, considera quello che ha vertici nei punti medi dei suoi lati; calcola le equazioni dei lati di questo secondo quadrato e verifica che le sue diagonali sono parallele ai lati di $ABCD$.
[$10x - 2y + 41 = 0$; $10x - 2y + 15 = 0$; $2x + 10y - 23 = 0$; $2x + 10y + 3 = 0$]

286 Dato il triangolo di vertici $A(-8, -1)$, $B(0, 3)$, $C(-5, 8)$, scrivi le equazioni delle sue altezze e verifica che esse si incontrano nel punto $H(-3, 4)$.

287 Considera il triangolo di vertici $O(0, 0)$, $A(6, 2)$ e $B(2, 4)$ e verifica che esso è isoscele. Usando il metodo analitico verifica che altezza e mediana relative alla base coincidono. Successivamente verifica che è isoscele anche il triangolo che ottieni congiungendo i punti medi dei lati del triangolo OAB. In che rapporto stanno le aree dei due triangoli? $\left[\frac{1}{4}\right]$

288 Dal punto A di intersezione della retta r di equazione $y = -2x + 1$ con l'asse x, traccia la retta s ad essa perpendicolare. Successivamente traccia dal punto $P(1, -1)$ la parallela ad s e indica con Q il suo punto di intersezione con l'asse delle ordinate. Calcola perimetro ed area del triangolo PQR, dove R indica il punto in cui la retta r taglia l'asse y. $\left[2p = \frac{5}{2} + \frac{3}{2}\sqrt{5},\ \text{area} = \frac{5}{4}\right]$

289 Calcola perimetro ed area del triangolo di vertici $A(-2, 1)$, $B(2, 2)$ e $C(3, 1)$. Scrivi quindi l'equazione della retta che passa per A ed è parallela alla retta BC. Indicate con D ed E le sue intersezioni con gli assi, calcola l'area del triangolo ODE. $\left[2p = \sqrt{17} + \sqrt{2} + 5,\ S(\widehat{ABC}) = \frac{5}{2},\ y = -x - 1,\ S(\widehat{ODE}) = \frac{1}{2}\right]$

290 Date le rette di equazioni $y = \frac{3}{2}x + \frac{3}{4}$ e $2y + 6x = 15$ che si intersecano in P, calcola l'area del triangolo APB essendo A e B i punti di intersezione di tali rette con l'asse delle ascisse. $\left[\frac{9}{2}\right]$

291 Per il punto $P(2, 1)$ conduci la retta che passa anche per l'origine degli assi, quindi da P traccia la retta perpendicolare alla retta PO. Questa taglia l'asse delle ordinate in A e quello delle ascisse in B. Calcola perimetro ed area dei triangoli APO, POB e AOB.

$\left[\widehat{APO}: 2p = 5 + 3\sqrt{5},\ \text{area} = 5;\ \widehat{PBO}: 2p = \frac{1}{2}(5 + 3\sqrt{5}),\ \text{area} = \frac{5}{4};\ \widehat{AOB}: 2p = \frac{5}{2}(3 + \sqrt{5}),\ \text{area} = \frac{25}{4}\right]$

292 Sia A il punto di intersezione delle rette $r: y = -2x + 1$ e $s: y = 3x + 6$. Scrivi l'equazione della retta che passa per A ed è parallela all'asse delle ascisse ed indica con B il punto in cui essa interseca l'asse delle ordinate. Indica poi con C il punto in cui la retta s taglia l'asse x e calcola perimetro ed area del trapezio $ABOC$. $\left[2p = 6 + \sqrt{10},\ S = \frac{9}{2}\right]$

293 Sia B il punto di intersezione delle rette $r: y = x + 4$ e $s: y + 2x = 10$; siano poi A il punto di r e C il punto di s di ordinata nulla. Scrivi l'equazione della retta passante per C e parallela ad r e indica con D il suo punto di intersezione con l'asse y. Stabilisci la natura del quadrilatero $ABCD$ e calcolane l'area. $\left[\frac{99}{2}\right]$

294 Determina le equazioni degli assi dei lati del triangolo i cui vertici sono i punti $A(-1, -1)$, $B(-2, 4)$ e $C(1, 1)$. Verifica che i tre assi passano per uno stesso punto A e che tale punto è equidistante dai vertici del triangolo. $\left[5y - x - 9 = 0;\ y = x + 3;\ y + x = 0;\ A\left(-\frac{3}{2}, \frac{3}{2}\right)\right]$

295 Stabilisci la natura del quadrilatero di vertici $A(-3, 3)$, $B(2, 3)$, $C(5, -1)$, $D(0, -1)$; quindi

a. scrivi le equazioni delle rette delle diagonali $[2y + x - 3 = 0,\ 2x - y - 1 = 0]$

b. trova le coordinate del centro di simmetria $[H(1, 1)]$

c. calcolane il perimetro $[20]$

d. calcolane l'area. $[20]$

296 Verifica che il triangolo di vertici $A(5, 0)$, $B(3, 4)$, $C(1, 3)$ è rettangolo e determina la posizione di un punto D in modo che il quadrilatero $ABCD$ sia un rettangolo. $[D(3, -1)]$

297 Data la retta r di equazione $y = \frac{1}{2}x + 3$, considera la retta s per $A(6, 1)$ e perpendicolare ad r, e la retta t per A che ha coefficiente angolare $-\frac{3}{4}$. Le rette s e t, intersecando r, formano un triangolo. Calcola il perimetro e l'area di tale triangolo. $\left[2p = (3\sqrt{5} + 5),\ \text{area} = 5\right]$

298 Dato il triangolo di vertici $A(1, 5)$, $B(-1, 2)$, $C(3, 2)$, considera il punto $D\left(\frac{11}{3}, 0\right)$ e da esso conduci la retta parallela ad AB che interseca le rette di BC e di AC rispettivamente in E ed in F. Calcola il rapporto fra le aree dei triangoli ABC e CFE. $[4]$

299 Per il punto $A(3, 0)$ conduci la retta r perpendicolare alla retta t di equazione $4x - 3y + 3 = 0$, e la retta s passante anche per il punto $(4, 1)$. Intersecandosi le tre rette formano un triangolo rettangolo di cui si chiede di calcolare il perimetro e l'area. $\left[\text{area} = \frac{63}{2},\ 2p = 24 + 15\sqrt{2}\right]$

300 Per il punto P di intersezione delle rette r ed s di equazioni rispettive $2y - x = 3$ e $2y + 6x - 31 = 0$ conduci la retta t parallela all'asse delle ascisse che incontra in Q l'asse delle ordinate. Detto T il punto in cui la retta s taglia l'asse delle ascisse, calcola l'area del trapezio rettangolo $PQOT$, essendo O l'origine degli assi cartesiani. $\left[\frac{385}{24}\right]$

301 La retta di equazione $3x - y + 4 = 0$ incontra l'asse delle ordinate nel punto C; scrivi l'equazione della retta s passante per C e perpendicolare a quella che passa per i punti $A(2, -1)$ e $B(5, 2)$ e verifica che è l'asse del segmento AB. Detto P il punto di s di ascissa 1, calcola l'area del triangolo OPM essendo M il punto medio di AB e O l'origine degli assi. $[5]$

302 Calcola le coordinate del baricentro del triangolo i cui lati hanno equazioni: $\left[\left(\frac{8}{3}, \frac{4}{3}\right)\right]$
$3y - x - 10 = 0$; $\quad 2y - 5x + 28 = 0$; $\quad 4y + 3x + 4 = 0$

303 E' dato il quadrilatero di vertici $A(-5, 0)$, $B(5, 2)$, $C(7, -2)$, $D(1, -8)$; verifica che congiungendo i punti medi dei suoi lati si ottiene un parallelogramma del quale si chiede il perimetro. Giustifica poi con una dimostrazione che questa proprietà vale in generale per tutti i quadrilateri convessi. $\left[2p = 2\left(\sqrt{37} + \sqrt{29}\right)\right]$

304 Determina i punti P di ascissa 1 che hanno distanza uguale a $\frac{3\sqrt{5}}{2}$ dalla retta di equazione $y = 2x - 4$. $\left[P_1\left(1, -\frac{19}{2}\right); P_2\left(1, \frac{11}{2}\right)\right]$

305 Trova i valori di h per i quali la retta di equazione $hx - 2(h+1)y + 1 = 0$ ha distanza 1 dal punto $P(2, 1)$; scrivi poi l'equazione delle rette che si ottengono per tali valori di h. $[x = 1; 3x + 4y - 5 = 0]$

306 Trova le coordinate del punto P appartenente alla retta di equazione $y = \frac{1}{2}x + 1$ che sia equidistante dai punti $A(3, 5)$ e $B(-1, 3)$. $[P(2, 2)]$

307 Di un quadrilatero convesso $ABCD$ sono noti i punti $A(0, 2)$, $B(-2,0)$, $C(2, -4)$; il punto D appartiene alla retta di equazione $x - 2y - 5 = 0$, ha ascissa positiva ed è tale che $\overline{DA}^2 + \overline{DC}^2 = 54$. Trova le coordinate di D e l'area del quadrilatero $ABCD$. $[D(5, 0);\ \text{area} = 21]$

308 Un triangolo isoscele ha per base il segmento AB di estremi $A(1, 3)$ e $B(-3, 5)$ mentre il suo vertice C si trova sull'asse x. Calcola le coordinate di C e l'area del triangolo. $[C(-3, 0);\ \text{area} = 10]$

309 Calcola l'area del triangolo individuato dalle rette per $P\left(1, -\frac{2}{5}\right)$ perpendicolari alle bisettrici dei quadranti e dall'asse y. $[1]$

310 Un triangolo isoscele di base BC ha vertice in $A(3, 2)$. Il punto medio M di BC ha coordinate $(-3, 0)$ e la retta del lato AB passa per il punto $P(-1, 4)$. Calcola il perimetro del triangolo ABC e la sua area. $\left[2p = 4\sqrt{5}\left(2 + \sqrt{2}\right);\ \text{area} = 40\right]$

311 Dopo aver scritto l'equazione dell'asse r del segmento AB di estremi $A(-2, 1)$ e $B(4, -2)$, calcola l'area del triangolo ABC, essendo C il punto di intersezione della retta r con l'asse y. $\left[4x - 2y - 5 = 0;\ \text{area} = \frac{15}{2}\right]$

312 Sono assegnati i punti $A(-1,1)$, $B(2, -2)$ e la retta di equazione $y = 3x$. Determina un punto C appartenente a tale retta in modo che l'area del triangolo ABC sia uguale a 6. $[C(\pm 1, \pm 3)]$

313 Un triangolo equilatero ha per base un segmento AB di estremi $A(2, -3)$, $B(-2, 1)$. Calcola le coordinate del terzo vertice C. $\left[C_1\left(2\sqrt{3}, 2\sqrt{3} - 1\right); C_2\left(-2\sqrt{3}, -2\sqrt{3} - 1\right)\right]$

314 Un parallelogramma ha due lati consecutivi sulle rette di equazioni $y = \frac{1}{2}x + \frac{7}{2}$ e $y + x - 2 = 0$ ed ha centro di simmetria nel punto $(3, 2)$. Trova le coordinate dei suoi vertici. $[(-1, 3), (3, 5), (7, 1), (3, -1)]$

315 Alle rette di equazioni $r: x+3=0$, $s: x-y+4=0$, $t: x-y-2=0$ appartengono tre dei lati di un trapezio isoscele avente un vertice nel punto di intersezione della retta s con l'asse y. Trova le coordinate degli altri vertici e la sua area. $[(-3,\ -5);\ (-3,\ 1);\ (0,\ 4);\ (6,\ 4);\ \text{area} = 36]$

316 I punti $A(1,\ 1)$, $B(11,\ 3)$, $C(5,\ 7)$, sono i tre vertici consecutivi di un trapezio rettangolo $ABCD$ in cui AB è la base maggiore. Trova le coordinate del punto D e l'area del trapezio. $[D(0,\ 6);\ \text{area} = 39]$

317 E' dato il triangolo ABC con $A(-2,\ 1)$ e $B(2,\ 5)$. Determina le coordinate del vertice C sapendo che appartiene alla retta r di equazione $y=3x+7$ e che è equidistante da A e da B. $[C(-1,\ 4)]$

Problemi che coinvolgono simmetrie e traslazioni

318 **ESERCIZIO GUIDATO**

Data la retta r di equazione $x+2y-4=0$ troviamo le equazioni delle rette ad essa simmetriche rispetto all'asse x, rispetto all'asse y e rispetto all'origine.

Per trovare le equazioni delle rette richieste si può procedere in questo modo: scegliere due punti sulla retta r, trovare i loro simmetrici e poi scrivere l'equazione della retta che passa per tali punti. In alternativa, basta ricordare che:

a. due rette simmetriche rispetto all'asse x hanno ordinate all'origine e coefficienti angolari opposti

b. due rette simmetriche rispetto all'asse y hanno la stessa ordinata all'origine e coefficienti angolari opposti

c. due rette simmetriche rispetto all'origine sono parallele e quindi hanno lo stesso coefficiente angolare e ordinate all'origine opposte.

Scriviamo l'equazione di r in forma esplicita $y=-\dfrac{1}{2}x+2$ e seguiamo questo secondo metodo che è più rapido:

a. retta simmetrica rispetto all'asse x: $\quad y=\dfrac{1}{2}x-2$

b. retta simmetrica rispetto all'asse y: $\quad y=\dfrac{1}{2}x+2$

c. retta simmetrica rispetto all'origine: $\quad y=-\dfrac{1}{2}x-2.$

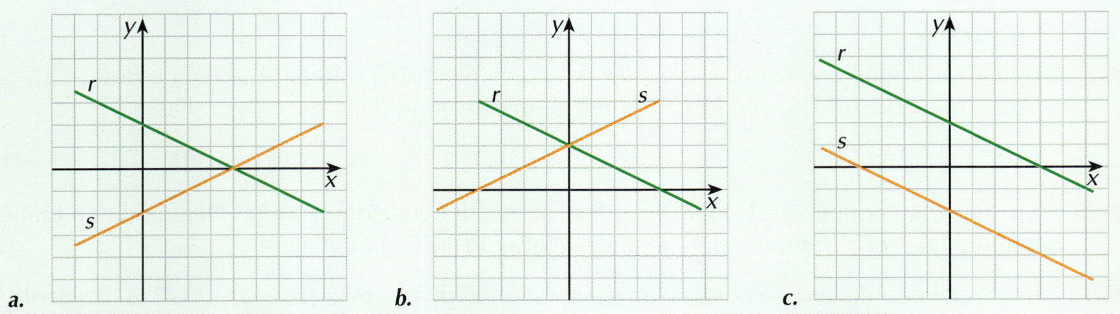

319 Calcola la distanza del punto $P(-1,\ 3)$ dalla retta r' simmetrica della retta r di equazione $y=\dfrac{1}{2}x+1$ rispetto all'asse x.

$\left[\dfrac{7\sqrt{5}}{5}\right]$

320 Trova l'equazione della retta simmetrica rispetto all'origine di quella passante per i punti $A(2, -1)$, $B(-1, 3)$. $[3y + 4x + 5 = 0]$

321 Dopo aver trovato il simmetrico A' del punto $A(1, 2)$ rispetto all'origine e l'equazione della retta r' simmetrica della $r: 2x - y + 3 = 0$ anch'essa rispetto all'origine, verifica che la distanza di A da r è uguale alla distanza di A' da r'. $\left[\text{distanza} = \frac{3\sqrt{5}}{5}\right]$

322 Trova l'equazione della retta passante per il punto $A(1, 1)$ e parallela alla trasformata della retta di equazione $2x - 3y + 1 = 0$ nella simmetria rispetto all'asse x. $[2x + 3y - 5 = 0]$

323 Scrivi l'equazione della retta passante per il punto $A(1, 1)$ e per il punto B, unito nella simmetria rispetto all'asse y della retta di equazione $y + x + 2 = 0$. $[y = 3x - 2]$

324 Trova il perimetro del triangolo avente per lati l'asse y, la retta di equazione $y = x + 2$ e la sua simmetrica rispetto all'asse x. $[4(1 + \sqrt{2})]$

325 Dato il triangolo di vertici $A(-3, 0)$, $B(3, -4)$, $C(1, 4)$, trova le coordinate dei punti uniti dei suoi lati nella simmetria rispetto all'asse y. $[(0, -2), (0, 3)]$

326 Trova l'equazione della retta r' simmetrica rispetto all'asse y della retta r di equazione $2x - y - 1 = 0$; considerato poi il punto $P(0, 4)$, scrivi l'equazione della retta per P e perpendicolare alla r'. Calcola l'area del triangolo individuato dalle tre rette. $\left[r': y = -2x - 1;\ y = \frac{1}{2}x + 4;\ \text{area} = \frac{40}{3}\right]$

327 **ESERCIZIO GUIDATO**

Trova l'equazione della retta corrispondente a quella di equazione $y = \frac{4}{5}x - 3$ nella traslazione di vettore $\vec{v}(-1, 4)$.

Possiamo scegliere due punti sulla retta data, trovare i loro corrispondenti e poi scrivere l'equazione della retta che passa per questi due punti; oppure, tenendo presente che due rette che si corrispondono in una traslazione sono parallele, possiamo trovare il corrispondente di un solo punto e scrivere l'equazione della retta che passa per tale punto ed è parallela alla retta data.

Seguiamo questo secondo metodo:

punto di r: $(0, -3)$

punto traslato: $x = 0 - 1 = -1 \quad y = -3 + 4 = 1 \quad \rightarrow \quad (-1, 1)$

coefficiente angolare: $\frac{4}{5}$

retta traslata: $y - 1 = \frac{4}{5}(x + 1) \quad \rightarrow \quad y = \frac{4}{5}x + \frac{9}{5}$

328 Nella traslazione di vettore $\vec{v}(-2, 3)$ trova il corrispondente del punto $P(-1, 2)$ e della retta di equazione $2x - 3y + 1 = 0$. $[(-3; 5);\ 2x - 3y + 14 = 0]$

329 Operando una traslazione che porta l'origine degli assi cartesiani nel punto di coordinate $(1, 2)$, scrivi l'equazione della retta traslata di quella di equazione $y = -2x + 1$. $[y = -2x + 5]$

330 Trova la trasformata della retta $r: 3x - 5y + 1 = 0$ nella traslazione che manda il punto $P(1, 3)$ nel punto $P'(-1, 2)$. $[3x - 5y + 2 = 0]$

331 Dopo avere trovato l'equazione della retta corrispondente di quella di equazione $2x + 3y + 3 = 0$ nella traslazione che porta il punto $A(1, 1)$ nel punto $A'(4, 3)$, calcola la distanza fra le due rette. $\left[2x + 3y - 9 = 0;\ \frac{12\sqrt{13}}{13}\right]$

332 Data la retta r di equazione $x - 2y = 4$, trova le equazioni delle sue simmetriche rispetto agli assi cartesiani e all'origine e verifica che il quadrilatero che si ottiene dalla loro intersezione è un rombo del quale si chiede di determinare il perimetro. $\left[y = -\frac{1}{2}x + 2;\ y = -\frac{1}{2}x - 2;\ y = \frac{1}{2}x + 2;\ 2p = 8\sqrt{5}\right]$

333 Data la retta r di equazione $y = 2x + 5$, trova l'equazione della sua simmetrica s rispetto all'origine degli assi e calcola l'area del quadrilatero che ha per vertici i punti di intersezione di r e s con gli assi cartesiani. $[s : y = 2x - 5;\ \text{area} = 25]$

334 Siano D e C i corrispondenti dei punti $A(3, 2)$ e $B(5, -1)$ nella traslazione di vettore $\vec{v}(-2, 2)$. Dopo averne individuato la natura, calcola il perimetro e l'area del quadrilatero $ABCD$.
$\left[D(1, 4);\ C(3, 1);\ 2p = 2\left(2\sqrt{2} + \sqrt{13}\right);\ \text{area} = 2\right]$

335 **ESERCIZIO GUIDATO**

Troviamo le coordinate dei vertici del triangolo $A'B'C'$ simmetrico del triangolo ABC di vertici $A(1, -1)$, $B\left(-2, \sqrt{2}\right)$, $C\left(\sqrt{3}, 3\right)$ nella simmetria rispetto alla retta $y = 4$.

In base alla definizione di simmetria assiale, il punto A' simmetrico di A ha la stessa ascissa di A e la sua ordinata deve essere tale da soddisfare la relazione

$$y_{A'} - 4 = 4 - y_A \qquad \text{o anche} \qquad \frac{y_A + y_{A'}}{2} = 4$$

che esprimono entrambe il fatto che il punto H di intersezione del segmento AA' con la retta asse di simmetria è il punto medio del segmento stesso; da esse ricaviamo che deve essere

$$y_{A'} = 8 - y_A \qquad \text{cioè} \qquad y_{A'} = 8 + 1 = 9 \qquad \rightarrow \qquad A'(1, 9)$$

Procedendo analogamente per gli altri due punti si trova che:

$$y_{B'} = 8 - y_B \qquad \rightarrow \qquad y_{B'} = 8 - \sqrt{2} \qquad \rightarrow \qquad B'\left(-2, 8 - \sqrt{2}\right)$$

$$y_{C'} = 8 - y_C \qquad \rightarrow \qquad y_{C'} = 8 - 3 = 5 \qquad \rightarrow \qquad B'\left(\sqrt{3}, 5\right)$$

336 Determina le coordinate del trasformato del triangolo ABC di vertici $A(1, 0)$, $B(5, 1)$, $C(3, 1)$ nella simmetria rispetto alla retta di equazione $x = -1$. $[A'(-3, 0);\ B'(-7, 1);\ C'(-5, 1)]$

337 Data la retta di equazione $y = -x + 2$ trova l'equazione della trasformata nella simmetria assiale avente per asse la retta $x = 2$. $[y = x - 2]$

I FASCI DI RETTE

teoria a pagina 93

Comprensione

SOLUZIONI ES. COMPRENSIONE

338 L'equazione $2kx - y + 3k - 1 = 0$ rappresenta un fascio di rette:

a. proprio con centro in $C\left(-\frac{3}{2}, -1\right)$ **b.** proprio con centro in $C\left(\frac{3}{2}, -1\right)$

c. improprio di coefficiente angolare 2 **d.** improprio di coefficiente angolare $\frac{1}{2}$

339 La retta del fascio di equazione $(k + 2)x - ky + 2k - 1 = 0$ che passa per l'origine si ottiene per:

a. $k = \frac{1}{2}$ **b.** $k = 0$ **c.** $k = \infty$ **d.** $k = -\frac{1}{2}$

340 Del fascio di rette di equazione $(k-3)x-(k-3)y+5=0$ si può dire che è un fascio

a. proprio che ha centro in $C(1, 0)$

b. proprio che ha centro in $C\left(-\frac{5}{6}, -\frac{5}{6}\right)$

c. improprio di coefficiente angolare 1

d. improprio di coefficiente angolare -1.

Qual è la risposta esatta?

341 Le generatrici del fascio di equazione $x+(k-1)y-k+3=0$ hanno equazione:

a. $x+3=0$ e $y-1=0$

b. $y=1$ e $x+y-3=0$

c. $x-y+3=0$ e $x=1$

d. $y=1$ e $x-y+3=0$

342 Relativamente al fascio proprio di equazione $(k+1)x+ky+1=0$ si può dire che:

a. le generatrici hanno equazione $x+y=0$ e $x+1=0$ V F

b. Il centro ha coordinate $(-1, -1)$ V F

c. non esiste un valore di k che fa ottenere una retta passante per l'origine V F

d. se $k=-1$ la retta che si ottiene è parallela all'asse x. V F

Applicazione

Determina il tipo di ciascuno dei fasci di rette che hanno le seguenti equazioni; individua poi il centro dei fasci propri e il coefficiente angolare di quelli impropri.

343 $y+2=5k(x-3)$

344 $y-3kx+2-k=0$

345 $y=kx+2k-1$

346 $2x-3y+5k-11=0$

347 $2kx-y+3+2k=0$

348 $x+2y+k(3x-5y)=0$

349 $x-2y+1+k(2x-4y+3)=0$

350 $3x-2y-k(-6x+4y+1)=0$

351 $(1+k)x-(1+2k)y-1=0$

352 $(2+3k)x+(1-2k)y+4+6k=0$

Risolvi i seguenti esercizi utilizzando le conoscenze sui fasci di rette.

353 **ESERCIZIO GUIDATO**

Fra le rette di coefficiente angolare $\frac{3}{2}$ determina quella che:

a. passa per il punto $A(-1, 5)$

b. taglia l'asse x nel punto di ascissa 2

c. interseca la retta $x-4y+1=0$ nel suo punto di ascissa -2.

Le rette di coefficiente angolare $\frac{3}{2}$ formano un fascio improprio che ha equazione $y=\frac{3}{2}x+q$.
Dobbiamo determinare il valore di q che soddisfa alle condizioni indicate.

a. Se la retta deve passare per A, le coordinate di A devono soddisfarne l'equazione:

$5 = \frac{3}{2} \cdot (-1) + q$ da cui ricaviamo $q = \frac{13}{2}$

La retta per A ha quindi equazione $y = \frac{3}{2}x + \frac{13}{2}$.

b. Questa condizione implica che la retta passi per il punto di coordinate $(2, 0)$; procedendo come nel caso precedente otteniamo:

$0 = \frac{3}{2} \cdot 2 + q \quad \rightarrow \quad q = -3.$ Equazione della retta: $y = \frac{3}{2}x - 3$.

c. Il punto di intersezione delle due rette ha ascissa -2 e appartiene alla retta indicata; quindi la sua ordinata vale:

$-2 - 4y + 1 = 0 \quad \rightarrow \quad y = -\frac{1}{4}$

Anche la retta del fascio deve passare per il punto $\left(-2, -\frac{1}{4}\right)$: $-\frac{1}{4} = \frac{3}{2} \cdot (-2) + q \quad \rightarrow \quad q = \frac{11}{4}$

Essa ha equazione $y = \frac{3}{2}x + \frac{11}{4}$.

354 Fra le rette parallele a quella di equazione $y = -4x + 7$ determina quella che:

a. ha ordinata all'origine uguale a 5 [$y = -4x + 5$]

b. passa per l'origine degli assi [$y = -4x$]

c. passa per il punto $P(-2, 6)$ [$y = -4x - 2$]

d. taglia l'asse y nel punto in cui lo taglia la retta di equazione $y = \frac{1}{4}x + 1$. Come sono le due rette? [$y = -4x + 1$; perpendicolari]

355 Fra le rette parallele a quella di equazione $3x + 4y - 8 = 0$ determina la retta che:

a. passa per il punto $A(2, -1)$ [$3x + 4y - 2 = 0$]

b. passa per l'origine [$3x + 4y = 0$]

c. ha ordinata all'origine $\sqrt{2}$ [$3x + 4y - 4\sqrt{2} = 0$]

d. interseca l'asse x nel punto di ascissa -1. [$3x + 4y + 3 = 0$]

356 Scrivi l'equazione della retta che passa per l'origine e che è:

a. parallela a quella di equazione $3x - 2y + 1 = 0$ $\left[y = \frac{3}{2}x\right]$

b. perpendicolare a quella di equazione $x - 3y + 4 = 0$. [$y = -3x$]

c. parallela a quella che passa per i punti $A(0, 3)$, $B(-3, -1)$. [$4x - 3y = 0$]

357

ESERCIZIO GUIDATO

Fra le rette che passano per $P(1, -2)$ determina quella che:

a. passa per il punto Q di coordinate $\left(-\frac{1}{2}, 0\right)$

b. è parallela alla retta $2x + 4y - 1 = 0$

c. è perpendicolare a quella che passa per i punti $A(1, 1)$ e $B(-3, 6)$.

Le rette che passano per P formano un fascio proprio che ha equazione

$y + 2 = m(x - 1) \quad \rightarrow \quad y = mx - m - 2.$

Dobbiamo determinare il valore di m che soddisfa alle condizioni indicate.

a. Sostituiamo le coordinate di Q nell'equazione del fascio e risolviamo:

$$0=-\frac{1}{2}m-m-2 \quad \rightarrow \quad m=-\frac{4}{3}$$

La retta ha equazione $y=-\frac{4}{3}x+\frac{4}{3}-2 \quad \rightarrow \quad y=-\frac{4}{3}x-\frac{2}{3}$.

b. La retta data ha coefficiente angolare uguale a $-\frac{1}{2}$; anche la retta del fascio deve avere lo stesso coefficiente angolare ed ha quindi equazione:

$$y=-\frac{1}{2}x+\frac{1}{2}-2 \quad \rightarrow \quad y=-\frac{1}{2}x-\frac{3}{2}.$$

c. Troviamo prima il coefficiente angolare della retta AB: $\frac{6-1}{-3-1}=-\frac{5}{4}$

La retta del fascio ad essa perpendicolare ha coefficiente angolare $\frac{4}{5}$ ed ha quindi equazione:

$$y=\frac{4}{5}x-\frac{4}{5}-2 \quad \rightarrow \quad y=\frac{4}{5}x-\frac{14}{5}.$$

358 Fra le rette che passano per il punto $P(1, 1)$ determina quella che:

a. passa per l'origine degli assi [$x-y=0$]

b. ha coefficiente angolare 5 [$5x-y-4=0$]

c. passa per $A(3, 2)$ [$x-2y+1=0$]

d. è parallela alla bisettrice del secondo e quarto quadrante [$x+y-2=0$]

e. è perpendicolare alla retta di equazione $y=2x+6$. [$x+2y-3=0$]

359 Fra le rette del fascio di centro $P\left(3, \frac{5}{2}\right)$ determina quella che:

a. passa per $A(-1, 2)$ [$x-8y+17=0$]

b. è parallela a quella di equazione $y=2x$ [$4x-2y-7=0$]

c. è perpendicolare a quella di equazione $y=-\frac{3}{4}x$ [$8x-6y-9=0$]

d. passa per l'origine [$5x-6y=0$]

e. ha ordinata all'origine uguale a $\frac{7}{2}$. [$2x+6y-21=0$]

360 Fra le rette di coefficiente angolare $m=\frac{3}{4}$, determina quella che:

a. incontra l'asse delle ordinate in $A(0, -3)$ [$3x-4y-12=0$]

b. passa per l'origine degli assi [$3x-4y=0$]

c. incontra l'asse delle ascisse nel punto $B\left(\frac{2}{3}, 0\right)$ [$3x-4y-2=0$]

d. passa per $C\left(\frac{1}{2}, -3\right)$. [$6x-8y-27=0$]

361 Date le rette di equazioni $2x-y+4=0$ e $kx+y-3=0$, determina il valore del parametro k in modo che le rette siano:

a. parallele [$k=-2$]

b. perpendicolari. $\left[k=\frac{1}{2}\right]$

362 Trova i valori del parametro k in modo che la retta di equazione $(k+1)x-(2k-1)y+1=0$:

a. sia parallela a quella di equazione $2x-y+3=0$ [$k=1$]

b. tagli l'asse x nel punto di ascissa 1 $[k = -2]$

c. abbia ordinata all'origine uguale a -2. $\left[k = \frac{1}{4}\right]$

363 Trova il valore del parametro k nell'equazione $3x - ky + 2 = 0$, in modo che la retta corrispondente sia:

a. parallela alla bisettrice del primo e terzo quadrante $[k = 3]$

b. perpendicolare alla bisettrice del primo e terzo quadrante. $[k = -3]$

364 Determina per quali valori del parametro k l'equazione $kx + 2(k - 1)y - k + 4 = 0$ rappresenta:

a. una retta per l'origine $[k = 4]$

b. una retta perpendicolare alla retta di equazione $2y + x = 1$ $\left[k = \frac{4}{5}\right]$

c. una retta parallela all'asse x $[k = 0]$

d. una retta che taglia l'asse y nel punto di ordinata 1. $[k = -2]$

365 Determina il valore di m in modo che la retta di equazione $y = (m + 1)x - m + 2$ sia:

a. parallela all'asse delle ascisse $[m = -1]$

b. parallela all'asse delle ordinate $[\nexists\ m]$

c. parallela alla bisettrice del secondo e quarto quadrante $[m = -2]$

d. passante per l'origine degli assi $[m = 2]$

e. perpendicolare alla retta di equazione $2x - 5y = 0$ $\left[m = -\frac{7}{2}\right]$

f. passante per il punto $P(9, 2)$. $\left[m = -\frac{9}{8}\right]$

366 Determina per quale valore del parametro reale k la retta di equazione $(3k + 1)x + (2k - 1)y - 3k = 0$ è:

a. parallela alla retta $2y - 5x = 0$ $\left[k = \frac{3}{16}\right]$

b. perpendicolare alla retta $2x + 3 = 0$ $\left[k = -\frac{1}{3}\right]$

c. perpendicolare alla retta $5y - 9 = 0$ $\left[k = \frac{1}{2}\right]$

d. parallela alla bisettrice del primo e terzo quadrante. $[k = 0]$

367 Considerato il fascio di rette di equazione $y = (2k + 1)x - 1$, determina il valore del parametro k in modo che le rette corrispondenti:

a. abbiano un coefficiente angolare positivo $\left[k > -\frac{1}{2}\right]$

b. abbiano un coefficiente angolare positivo ma minore di 4 $\left[-\frac{1}{2} < k < \frac{3}{2}\right]$

c. abbiano un coefficiente angolare variabile tra -1 e 1. $[-1 < k < 0]$

368 Scrivi l'equazione del fascio di rette avente per generatrici le rette di equazioni $2x + 1 = 0$ e $2x - 5y + 11 = 0$. Determina poi:

a. le caratteristiche del fascio

b. la retta del fascio parallela alla bisettrice del primo e del terzo quadrante $\left[y = x + \frac{5}{2}\right]$

c. la retta del fascio che dista $2\sqrt{5}$ dal punto $A\left(\frac{7}{2}, 0\right)$ $[2x - y + 3 = 0]$

d. la retta del fascio passante per il punto $P(-1, 3)$. $[2x + y - 1 = 0]$

369 Dato il fascio di rette di equazione $5x + 3y - 15 + k(x - 2y + 10) = 0$ determina:

a. le caratteristiche del fascio

b. la retta del fascio parallela all'asse x $[y - 5 = 0]$

c. la retta del fascio perpendicolare alla retta passante per i punti $A(1, 8)$ e $B(5, 4)$. $[x - y + 5 = 0]$

370 Dato il fascio di rette di equazione $kx + 3(2 - k)y + 1 - k = 0$, dopo aver stabilito se si tratta di un fascio proprio o improprio:

a. individua le due generatrici e trova l'area del trapezio da esse delimitato insieme agli assi cartesiani $\left[x - 3y - 1 = 0;\ 6y + 1 = 0;\ \text{area} = \frac{1}{8}\right]$

b. trova il valore di k per il quale si ottiene la retta r di coefficiente angolare negativo che intercetta sull'asse y un segmento di lunghezza $\frac{5}{6}$ e l'equazione della retta stessa $\left[k = \frac{12}{7};\ 12x + 6y - 5 = 0\right]$

c. trova la retta s del fascio di coefficiente angolare positivo che ha distanza uguale a $\frac{\sqrt{2}}{3}$ dall'origine $[k = 3;\ 3x - 3y - 2 = 0]$

d. calcola l'area del triangolo che r e s formano con l'asse y. $\left[\frac{3}{8}\right]$

Esercizi per lo sviluppo delle competenze

1 Un triangolo isoscele ha per asse di simmetria la retta di equazione $y = x$. Un estremo della base ha coordinate $(-3, 2)$ ed il suo vertice ha ascissa 5. Trova il perimetro del triangolo e la sua area. $\left[2p = 2\sqrt{73} + 5\sqrt{2};\ \text{area} = \frac{55}{2}\right]$

2 Un quadrato ha come diagonale la retta $y = x$ ed ha centro nel punto $(2, 2)$. Se uno dei suoi vertici ha coordinate $\left(\frac{1}{2}, \frac{1}{2}\right)$, quali sono le coordinate degli altri suoi vertici? $\left[\left(\frac{7}{2}, \frac{7}{2}\right); \left(\frac{7}{2}, \frac{1}{2}\right); \left(\frac{1}{2}, \frac{7}{2}\right)\right]$

3 Le rette di equazioni $y = \frac{1}{2}x$ e $y = -3x$ sono le rette sostegno di due lati consecutivi di un parallelogramma in cui il vertice opposto al punto di intersezione delle rette date ha coordinate $(3, 5)$. Determina gli altri vertici del parallelogramma e la sua area. $[(0, 0), (4, 2), (-1, 3);\ \text{area} = 14]$

4 Un triangolo isoscele ha vertice in $A(0, 4)$ e la sua base appartiene alla retta di equazione $y - x + 2 = 0$. Un estremo della base sta, oltre che sulla retta data, anche sull'asse delle ascisse. Calcola gli altri due vertici del triangolo. $[B(2, 0);\ C(4, 2)]$

5 Le equazioni delle rette sostegno dei lati AB e BC del parallelogramma $ABCD$ sono rispettivamente $3y - 4x + 2 = 0$ e $3x - 4y + 9 = 0$. Sapendo che il punto d'incontro delle diagonali ha coordinate $\left(\frac{11}{2}, \frac{11}{2}\right)$, trova le coordinate dei vertici, stabilisci la natura del parallelogramma e trovane il perimetro e l'area. $[A(2, 2);\ B(5, 6);\ C(9, 9);\ D(6, 5);\ \text{rombo};\ 2p = 20;\ \text{area} = 7]$

6 Un triangolo ABC ha il lato AB parallelo all'asse delle ascisse, il vertice B di coordinate $(-6, 3)$ ed il punto medio M di BC di coordinate $(-1, -3)$. Calcola l'area del triangolo sapendo che il lato AC è parallelo alla retta di equazione $y - 2x = 0$. [96]

7 I punti $A(-2, -1)$ e $B(6, 1)$ sono due dei vertici di un triangolo isoscele ABC di base AB ed il vertice C appartiene alla retta di equazione $2x + y - 6 = 0$. Dopo aver calcolato le coordinate del punto C, trova il perimetro e l'area del triangolo. Sia poi D il simmetrico del punto C rispetto alla retta AB; dopo averne individuato la natura, calcola il perimetro e l'area del quadrilatero $ADBC$.

$\left[C(1, 4);\ 2p = 2\sqrt{17}(1 + \sqrt{2});\ \text{area} = 17;\ D(3, -4);\ 2p = 4\sqrt{34};\ \text{area} = 34\right]$

8 Determina un punto C sull'asse del segmento di estremi $A(-3, 3)$ e $B(2, -2)$ in modo che il triangolo ABC abbia area uguale a $\frac{45}{2}$. $[C_1(4, 5);\ C_2(-5, -4)]$

9 Trova le coordinate di un punto P sul segmento AB di estremi $A(-3, 1)$ e $B(9, 4)$ in modo che sia $\overline{AP} = 2\overline{PB}$. Tracciata da P la retta r perpendicolare ad AB, determina un punto Q su r in modo che il triangolo ABQ abbia area uguale a $\frac{51}{2}$. $[P(5, 3);\ Q_1(4, 7);\ Q_2(6, -1)]$

10 Tre dei lati di un trapezio isoscele appartengono rispettivamente all'asse y, alla retta $x + y + 4 = 0$, alla bisettrice del secondo e quarto quadrante. Trova l'equazione della retta sostegno del quarto lato sapendo che il suo perimetro è uguale a $8(1 + \sqrt{2})$. $[y = 2 \ \vee \ y = -6]$

11 Nel triangolo ABC di vertici $A(1, 0)$ e $B(4, -2)$, il vertice C è simmetrico di B rispetto alla retta di equazione $y = -x + 6$. Trova il perimetro del triangolo. $\left[C(8, 2);\ 2p = 4\sqrt{2} + \sqrt{13} + \sqrt{53}\right]$

12 Sia P il punto di ascissa -1 che appartiene alla retta r' simmetrica della retta di equazione $y = 4x - 3$ rispetto all'asse y; condotta da P la perpendicolare a r che la incontra in Q, trova il perimetro del triangolo APQ, essendo A il punto unito della trasformazione.

$\left[y = -4x - 3;\ Q\left(\frac{15}{17}, \frac{9}{17}\right);\ 2p = \frac{40\sqrt{17}}{17}\right]$

13 Data la retta r di equazione $y = \frac{1}{3}x + 1$, trova la sua simmetrica s rispetto all'asse x ed indica con P il punto unito della trasformazione. Detto Q il punto di s di ascissa 3, e T il punto di r di ascissa 6 trova la misura dell'area del triangolo PQT. [18]

14 La retta di equazione $y = 3x - 6$ interseca gli assi cartesiani nei punti A e B; determina le coordinate di un punto P che appartiene alla retta $x - 8 = 0$ in modo che sia $\overline{PA}^2 + \overline{PB}^2 = 120$.

$[P_1(8, -2) \ \vee \ P_2(8, -4)]$

15 Una retta r interseca l'asse x nel punto di ascissa -2 e l'asse y nel punto di ordinata 3. Quali sono i punti di questa retta per i quali vale la relazione $\overline{PA}^2 + \overline{PB}^2 = 78$ essendo $A(5, 4)$ e $B(1, -2)$. Verificato che di tali punti P ne esistono due, descrivi le caratteristiche del quadrilatero convesso che ha per vertici A, B e i due punti P. $[P_1(2, 6),\ P_2(-2, 0);$ è un rettangolo$]$

16 Sia r la retta di coefficiente angolare -2 che passa per il punto $P(6, 2)$ e sia s la retta ad essa perpendicolare che passa per il punto $A\left(-1, \frac{7}{2}\right)$. Determina un punto B su s in modo che il triangolo APB sia isoscele di base AB.

$\left[B\left(9, \frac{17}{2}\right)\right]$

IL CAPITOLO SI COMPLETA CON:

ESERCIZI DI CONSOLIDAMENTO E PER LE ECCELLENZE

VERIFICA INTERATTIVA

Test Finale

1 Un triangolo ABC ha un vertice in $A(2, -2)$, $M(3, 1)$ è punto medio del lato AB, l'origine O è il punto medio del lato AC. Dopo aver trovato le coordinate dei vertici B e C, stabilisci la tipologia del triangolo, calcola la lunghezza delle sue mediane e l'area.

1 punto

2 Un triangolo isoscele ABC di base BC ha due vertici nei punti $B\left(\frac{7}{2}, -1\right)$ e $C\left(\frac{1}{2}, 5\right)$ ed il vertice A appartiene all'asse x. Dopo aver trovato le coordinate di A, calcola quelle del punto D che formi insieme agli altri tre punti il rombo $ABDC$. Di tale rombo calcola infine il perimetro e l'area.

1 punto

3 Scrivi l'equazione della retta che passa per il punto $P\left(2, -\frac{3}{5}\right)$ ed è perpendicolare a quella che passa per $B(2, 0)$ e $C(-1, 3)$.

0,5 punti

4 Calcola la distanza del punto P di intersezione delle rette di equazioni $x - 2y + 7 = 0$ e $3x + y = 0$ dalla bisettrice del primo e terzo quadrante.

0,5 punti

5 Trova l'asse del segmento di estremi $A(2, -3)$ e $B(5, 3)$ e il punto C in cui esso incontra l'asse y. Calcola poi il vertice D del rombo $ABCD$.

1 punto

6 Un parallelogramma $ABCD$ ha un vertice in $A(-3, 0)$, il suo centro è nel punto $M(1, 3)$, la diagonale BD è parallela all'asse x e misura 6. Trova le coordinate degli altri vertici del parallelogramma e la sua area.

1,5 punti

7 Un triangolo ABC ha il vertice A nel primo quadrante che appartiene alla retta di equazione $x + y - 7 = 0$ e gli altri due vertici sono i punti $B(-1, -1)$ e $C(5, 1)$. Calcola:

a. l'equazione del lato BC
b. le coordinate di A in modo che il triangolo abbia area 11
c. l'equazione della mediana uscente dal vertice A.

1,5 punti

8 La retta che passa per i punti $A(1, 3)$ e $B(4, 2)$ è la diagonale di un parallelogramma che ha un vertice in O. Calcola le coordinate del quarto vertice C e determina l'area del parallelogramma.

1,5 punti

9 Dato il fascio di rette di equazione $(k - 1)x + (3 + 2k)y - 6 + 3k = 0$, determina:

a. le equazioni delle generatrici e deduci da esse la tipologia del fascio determinandone eventualmente il centro
b. il valore del parametro k che corrisponde alla retta del fascio parallela all'asse x
c. il valore del parametro k che corrisponde alla retta del fascio perpendicolare a quella che passa per i punti di coordinate $(1, 1)$ e $\left(-2, \frac{1}{2}\right)$.

1,5 punti

Soluzioni

1 $B(4, 4)$, $C(-2, 2)$; il triangolo è isoscele di base AC; $\overline{CM} = \sqrt{26}$, $\overline{BO} = 4\sqrt{2}$, $\overline{AN} = \sqrt{26}$; area $= 16$

2 $A(-2, 0)$, $D(6, 4)$; $2p = 10\sqrt{5}$, area $= 30$

3 $5x - 5y - 13 = 0$

4 $2\sqrt{2}$

5 equazione dell'asse: $2x + 4y - 7 = 0$; $C\left(0, \frac{7}{4}\right)$; $D\left(7, -\frac{7}{4}\right)$

6 $B(4, 3)$, $C(5, 6)$, $D(-2, 3)$; area $= 18$

7 **a.** $x - 3y - 2 = 0$; **b.** $A(3, 4)$; **c.** $y = 4x - 8$

8 $C(5, 5)$; area $= 10$

9 **a.** $x + 2y + 3 = 0$; $x - 3y + 6 = 0$, $C\left(-\frac{21}{5}, \frac{3}{5}\right)$, **b.** $k = 1$, **c.** $k = -\frac{19}{11}$

Esercizio	1	2	3	4	5	6	7	8	9	
Punteggio										

Valutazione in decimi

MATEMATICA & SCIENZE

La matematica in palestra

Ad un corso di aggiornamento per un gruppo di personal trainer il relatore sottopone ai partecipanti una serie di articoli tratti da riviste specilizzate che si possono riassumere brevemente così.

Quando si svolge un'attività sportiva, la frequenza del battito cardiaco aumenta; per questioni di salute tale frequenza non dovrebbe superare una certa soglia che dipende dall'età della persona secondo questa legge:

$$\text{frequenza cardiaca massima consigliata} = 220 - \text{età della persona}$$

Recenti studi hanno successivamente mostrato che questa relazione dovrebbe essere modificata nella seguente:

$$\text{frequenza cardiaca massima consigliata} = 208 - (0{,}7 \times \text{età della persona})$$

Una conseguenza dell'uso della nuova formula è che il numero massimo consigliato di battiti cardiaci al minuto diminuisce leggermente per i giovani e aumenta leggermente per gli anziani.
Alcune ricerche hanno poi rivelato che l'esercizio fisico ha la massima efficacia quando i battiti sono all'80% della frequenza massima cardiaca consigliata.

Dalla discussione che ne segue emergono alcune domande alle quali si deve cercare di dare una risposta.
Come risponderesti ai quesiti che si sono posti i partecipanti?

1. Indicando con x l'età di una persona e con y la frequenza cardiaca massima consigliata, come si possono scrivere le due leggi riportate negli articoli? Riconoscine il tipo e rappresentale entrambe in un piano cartesiano. [$y = 220 - x$; $y = 208 - 0{,}7x$]
2. Per quale età le due formule si equivalgono e qual è la corrispondente frequenza cardiaca consigliata? [40 anni; 180 battiti al minuto]
3. Tenendo presente il grafico ottenuto, come si giustifica l'affermazione *il numero massimo consigliato di battiti cardiaci al minuto diminuisce leggermente per i giovani e aumenta leggermente per gli anziani*?
4. Quale formula fornisce la frequenza cardiaca f in funzione dell'età x in modo che l'esercizio fisico abbia la massima efficacia? [$f = 166 - 0{,}56x$]
5. Qual è la frequenza cardiaca ottimale per un ragazzo di 15 anni? quale quella per un adulto di 30 e di 50 anni? [158, 149, 138]

ULTERIORI COLLEGAMENTI

MATEMATICA DELLA VITA QUOTIDIANA

La tassazione dei redditi

L'articolo 53 della Costituzione della Repubblica Italiana recita:

Art. 53. Tutti sono tenuti a concorrere alle spese pubbliche in ragione della loro capacità contributiva. Il sistema tributario è informato a criteri di progressività.

In base a questo articolo, l'imposta che ogni contribuente deve corrispondere allo Stato, al netto degli oneri deducibili, si calcola in base a scaglioni progressivi di reddito con il seguente criterio (salvo modifiche successive alla stesura di questa rubrica):

- 23% fino a 15 000 euro
- 27% da 15 001 euro a 28 000 euro
- 38% da 28 001 euro a 55 000 euro
- 41% da 55 001 euro a 75 000 euro
- 43% oltre 75 001 euro.

Per esempio, per un contribuente che ha un reddito di 45 000 euro l'imposta dovuta allo Stato si calcola in questo modo:

- il 23% sui primi 15 000 euro: $15000 \cdot \frac{23}{100} = 3450(€)$
- il 27% calcolato su $(28000 - 15000) = 13000$ euro: $13000 \cdot \frac{27}{100} = 3510(€)$
- il 38% calcolato su $(45000 - 28000) = 17000$ euro: $17000 \cdot \frac{38}{100} = 6460(€)$

In totale, il nostro contribuente deve pagare $3450 + 3510 + 6460 = 13420$ euro.

In ogni caso, si tratta di una tassazione di tipo lineare che, indicando con T l'imposta e con R il reddito può essere espressa mediante le seguenti relazioni:

- fino a 15 000 euro: $T = \frac{23}{100}R$
- da 15 001 euro a 28 000 euro: $T = 3450 + \frac{27}{100}(R - 15000)$
- da 28 001 euro a 55 000 euro: $T = \underbrace{6960}_{3450+3510} + \frac{38}{100}(R - 28000)$
- da 55 001 euro a 75 000 euro: $T =$ ....
- oltre 75 001 euro: $T =$ ....

Dopo aver completato le ultime due relazioni, rispondi ai quesiti che seguono.

1 Rappresenta graficamente le precedenti relazioni in uno stesso diagramma cartesiano ponendo il reddito R (in migliaia di euro) sull'asse delle ascisse e l'imposta T sull'asse delle ordinate.

$$\left[\begin{array}{l} R \leq 15 : T = 0{,}23R \\ 15 < R \leq 28 : T = 3{,}45 + 0{,}27(R - 15) \\ 28 < R \leq 55 : T = 6{,}96 + 0{,}38(R - 28) \\ 55 < R \leq 75 : T = 17{,}22 + 0{,}41(R - 55) \\ R > 75 : T = 25{,}42 + 0{,}43(R - 75) \end{array}\right]$$

2 Calcola l'imposta che deve pagare un cittadino che ha un reddito imponibile di:

a. 12000 euro **b.** 18000 euro
c. 65000 euro **d.** 80000 euro.

[**a.** € 2760; **b.** € 4260; **c.** € 21320; **d.** € 27570]

ULTERIORI COLLEGAMENTI

gare di matematica

1 Giovanni ha bevuto troppo e comincia a camminare in modo strano:
- fa 1 passo in avanti;
- poi si volta di 90° verso destra e fa 2 passi in avanti;
- poi si volta di 90° verso destra e fa 1 passo in avanti;
- poi si volta di 90° verso sinistra e fa 1 passo all'indietro;
- dopo di che ricomincia da capo.

Ogni passo è 1 metro. Dopo 186 passi cade a terra svenuto. A quanti metri da dove era partito finisce la passeggiata di Giovanni?

a. 0 **b.** 1 **c.** 2 **d.** $\sqrt{5}$ **e.** 4 [c.]

2 Un triangolo ha due vertici nei punti di coordinate $(-4, 1)$ e $(2, -1)$ e il terzo vertice nel punto di coordinate $(1, k)$. Per quanti valori reali di k tale triangolo risulta isoscele?

a. nessuno **b.** 1 **c.** 4 **d.** 5 **e.** infiniti [d.]

3 Quanto vale il raggio del cerchio inscritto nel triangolo ABC in figura, se l'unità di misura di lunghezza u è pari al lato di un quadratino?

a. $\sqrt{2}u$

b. $\sqrt{3}u$

c. $2u$

d. $\sqrt{5}u$

e. $\sqrt{6}u$ [d.]

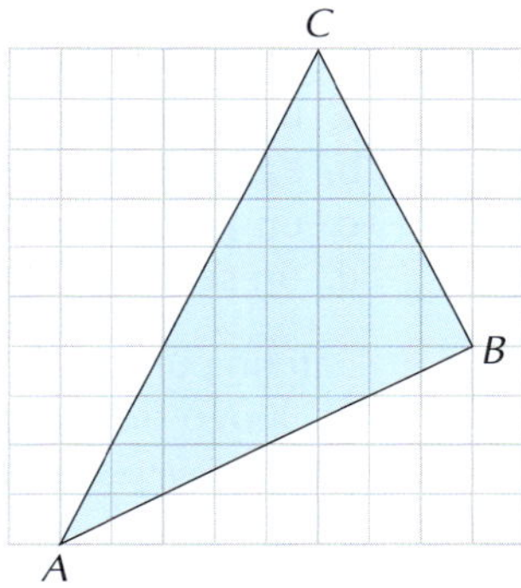

Math in English

Theory on page 96

CLIL

1 Which of the following points lies on the graph of equation $-3x + 2y = 6$?

a. $(1, 3)$ **b.** $(2, 0)$ **c.** $(0, -3)$ **d.** $(2, 2)$ **e.** $(-6, -6)$ [e.]

2 If $f(x) = 5x - 6$, what is $f(-4)$?

a. -26 **b.** 24 **c.** 20 **d.** -10 **e.** 14 [a.]

3 Determine the slope of the line containing the points $(-2, 5)$ and $(8, -3)$.

a. $-\frac{5}{4}$ **b.** $\frac{5}{4}$ **c.** $-\frac{4}{5}$ **d.** $\frac{4}{5}$ **e.** none of these [c.]

4 Find the equation of the line which contains the points $(2, 3)$ and $(-3, -2)$.

a. $y = -x - 1$ **b.** $y = -x + 1$ **c.** $y = x + 1$ **d.** $y = x - 1$ **e.** none of these [c.]

5 Find the equation of the line which passes through point $(1, 1)$ and is parallel to line $x - 4y + 2 = 0$.

$\left[y = \frac{1}{4}x + \frac{3}{4}\right]$

MORE EXERCISES

ESERCIZI

CAPITOLO 4

Funzioni nel piano cartesiano e applicazioni

I LUOGHI DI PUNTI E LA PARABOLA

teoria a pagina 101

SOLUZIONI ES. COMPRENSIONE

Comprensione

1 Un luogo di punti è:
- **a.** un insieme di punti che hanno una determinata proprietà
- **b.** l'insieme di tutti i punti che hanno una determinata proprietà
- **c.** l'insieme di tutti e soli i punti che hanno una determinata proprietà.

2 Sono luoghi di punti:
- **a.** una circonferenza
- **b.** l'asse di un segmento
- **c.** un arco di circonferenza
- **d.** un segmento perpendicolare a un altro segmento condotto per il suo punto medio.

3 Dati un punto F e una retta r e indicata con il simbolo $d(P, r)$ la distanza di un punto P da r, la parabola è il luogo dei punti P per i quali:

a. $\overline{PF} + d(P, r) = 0$ **b.** $\overline{PF} - d(P, r) = 0$ **c.** $d(F, r) = \overline{PF}$ **d.** $d(P, r) = d(F, r)$

4 L'equazione $y = ax^2 + bx + c$ rappresenta una parabola:

a. sempre **b.** solo se $a \neq 0$

c. solo se a è positivo **d.** solo se i coefficienti a, b, c sono tutti diversi da zero

5 Il vertice della parabola di equazione $y = x^2 - 6x$ ha coordinate:

a. $(3, 9)$ **b.** $(-3, 9)$ **c.** $(-3, 27)$ **d.** $(3, -9)$

6 Completa le seguenti proposizioni in modo che risultino vere. Ogni parabola di equazione $y = ax^2$ ha:
- **a.** come asse di simmetria ....
- **b.** vertice in ....
- **c.** il vertice come punto di minima ordinata se ....
- **d.** il vertice come punto di massima ordinata se ....

7 Determina il valore di verità delle seguenti proposizioni. La parabola di equazione $y = x^2 - 3$:
- **a.** ha il vertice sull'asse x V F
- **b.** ha il vertice sull'asse y V F
- **c.** passa per l'origine del sistema di riferimento V F
- **d.** ha concavità rivolta verso l'alto. V F

8 La parabola di equazione $y = -x^2 + 1$:

a. ha vertice nel punto: ① $(0, -1)$ ② $(1, 0)$ ③ $(0, 1)$ ④ $(1, 1)$

b. ha concavità: ① verso l'alto ② verso il basso

c. ha per asse di simmetria: ① l'asse x ② l'asse y ③ la retta $x = 1$ ④ la retta $y = 1$

9 Il grafico della parabola di equazione $y = -x^2 + 2x$ è:

a. 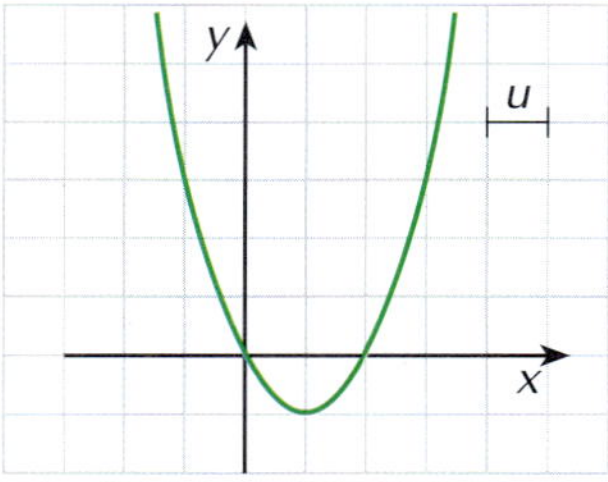

b. 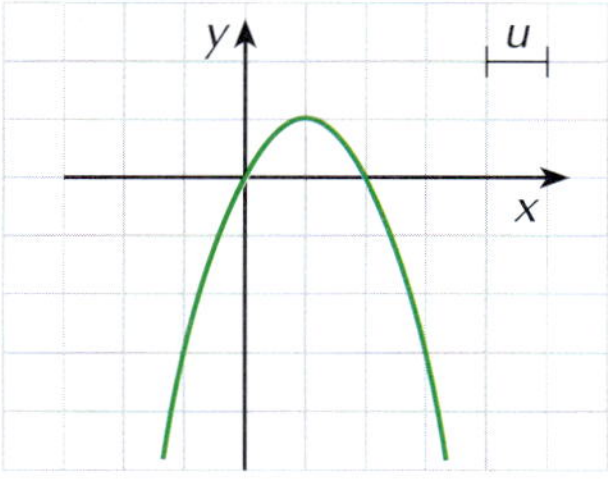

c. 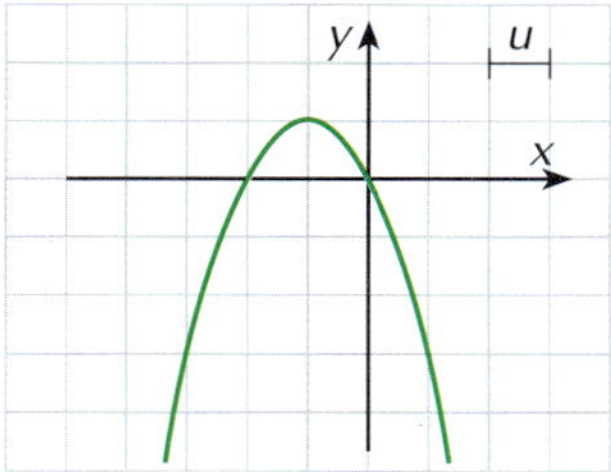

Applicazione

Indica da che cosa sono rappresentati i luoghi descritti motivando le risposte.

10 Il luogo dei punti del piano che sono equidistanti da una retta data.

11 Il luogo dei punti del piano che sono equidistanti da due rette parallele.

12 Il luogo dei punti medi dei segmenti che hanno gli estremi su due rette parallele.

13 Il luogo dei punti simmetrici dei punti di una retta r rispetto a un punto P.

14 Il luogo dei vertici C di un triangolo di base fissa AB aventi tutti la medesima area.

15 Il luogo dei centri dei rettangoli che hanno base fissa e altezza variabile.

16 Il luogo dei centri dei parallelogrammi che hanno per base un segmento fisso AB e la stessa altezza.

Scrivi l'equazione dell'asse dei segmenti AB nei seguenti casi.

17 **a.** $A(-1, -1)$, $B(1, 3)$ **b.** $A(4, 3)$, $B(-2, 1)$ **c.** $A(0, -2)$, $B(3, 1)$

[**a**. $x + 2y - 2 = 0$; **b**. $3x + y - 5 = 0$; **c**. $x + y - 1 = 0$]

18 **a.** $A(-1,2)$, $B(3, -2)$ **b.** $A\left(-\frac{1}{2}, -1\right)$, $B\left(\frac{1}{2}, \frac{5}{2}\right)$ **c.** $A\left(\frac{3}{2},1\right)$, $B\left(3, -\frac{3}{2}\right)$

[**a**. $x - y - 1 = 0$; **b**. $8x + 28y - 21 = 0$; **c**. $3x - 5y - 8 = 0$]

Scrivi le equazioni delle bisettrici degli angoli formati dalle seguenti coppie di rette.

19 **a.** $x - 2y + 3 = 0$ e $2x + y = 0$ **b.** $4x + 2y - 1 = 0$ e $2x - 4y + 3 = 0$

[**a**. $x + 3y - 3 = 0$, $3x - y + 3 = 0$; **b**. $x + 3y - 2 = 0$, $3x - y + 1 = 0$]

20 **a.** $x + y + 1 = 0$ e $x - y - 3 = 0$ **b.** $6x - 3y + 5 = 0$ e $x + 2y - 1 = 0$

[**a**. $x = 1$, $y = -2$; **b**. $3x - 9y + 8 = 0$, $9x + 3y + 2 = 0$]

La parabola

Applicando la definizione, scrivi l'equazione della parabola che ha il fuoco e la direttrice assegnati.

21 $F(0, 2)$ $y = -2$ $\left[y = \frac{1}{8}x^2\right]$

22 $F\left(0, \frac{3}{4}\right)$ $y = -\frac{3}{4}$ $\left[y = \frac{1}{3}x^2\right]$

23 $F(2, 1)$ $y = -1$ $\left[y = \frac{1}{4}x^2 - x + 1\right]$

24 $F(-3, 1)$ $y = 4$ $\left[y = -\frac{1}{6}x^2 - x + 1\right]$

25 $F(0, -3)$ $y = 3$ $\left[y = -\frac{1}{12}x^2\right]$

26 $F\left(-\frac{1}{2}, 0\right)$ $y = \frac{1}{2}$ $[y = -x^2 - x]$

Delle seguenti parabole determina il vertice, l'asse di simmetria, la concavità e costruiscine il grafico.

27 **ESERCIZIO GUIDATO**

$y = -3x^2 + 6x - 4$

I coefficienti della parabola sono: $a = -3$ $b = 6$ $c = -4$

Poiché $a < 0$ la concavità è rivolta verso il basso; troviamo le coordinate del vertice:

$x_V = \frac{-6}{2 \cdot (-3)} = 1$ troviamo y_V per sostituzione: $y_V = -3 + 6 - 4 = -1$ $\rightarrow$ $V(1, -1)$

L'asse di simmetria è la retta che passa per V ed è parallela all'asse y; essa ha quindi equazione: $x = 1$. Troviamo le coordinate di qualche punto alla sinistra del vertice (sarebbe lo stesso trovarli alla destra):

x	0	$\frac{1}{2}$
y	-4	$-\frac{7}{4}$

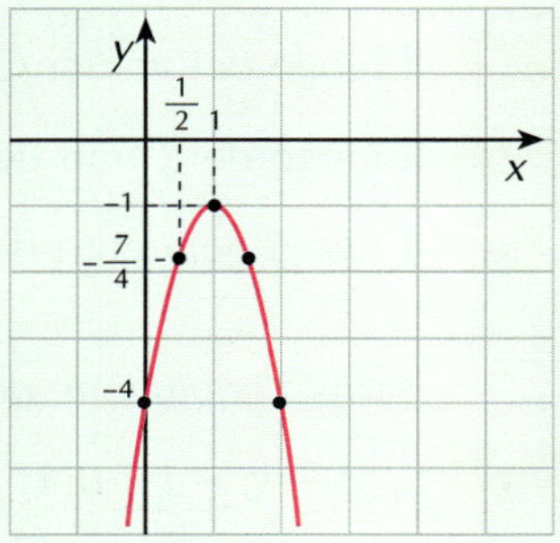

Dopo aver rappresentato anche i simmetrici di questi punti possiamo costruire il grafico.

28 $y = 3x^2 + 6x - 1$ $y = -5x^2 + 10x + 2$ $y = x^2 - 1$

29 $y = x - 2x^2$ $y = x^2 - 2x - 5$ $y = \frac{1}{4}x^2 - \frac{1}{2}x + \frac{1}{2}$

30 $y = \frac{1}{2}x^2$ $y = \frac{2}{3}x^2 - \frac{1}{3}x$ $y = 2x^2 - 4x + 5$

31 $y = -\frac{1}{3}x^2 + \frac{1}{6}x + \frac{1}{48}$ $y = -2x^2 + 4$ $y = 8 - 2x^2$

32 $y = x^2 - 2x + 1$ $y = -2x^2 + 10x - \frac{9}{2}$ $y = -\frac{3}{2}x^2$

LE FUNZIONI DI PROPORZIONALITÀ

teoria a pagina 105

Comprensione

SOLUZIONI ES. COMPRENSIONE

33 Le seguenti proposizioni si riferiscono a due grandezze x e y; barra vero o falso.

a. Sono direttamente proporzionali se aumentando una aumenta anche l'altra. V F

b. Se sono direttamente proporzionali quando la prima raddoppia, anche l'altra raddoppia. V F
c. Sono inversamente proporzionali se quando la prima aumenta l'altra diminuisce. V F
d. Se sono inversamente proporzionali quando la prima raddoppia, l'altra dimezza. V F

34 Dei seguenti insiemi di grandezze, stabilisci quali sono direttamente proporzionali (D), inversamente proporzionali (I) o quali non sono proporzionali (N):

a. aree di base e altezze di un prisma di dato volume D I N
b. lati dei quadrati e le rispettive aree D I N
c. lati di triangoli equilateri e perimetri degli stessi triangoli D I N
d. volumi e pesi di una certa sostanza. D I N

35 Se due grandezze sono inversamente proporzionali, il prodotto di due valori corrispondenti:
a. è sempre uguale a 1
b. cambia al variare della coppia
c. è sempre uguale a zero
d. è uguale al prodotto di altri due qualsiasi valori corrispondenti.

36 Una retta è una funzione di proporzionalità diretta:
a. sempre
b. solo se non è parallela agli assi
c. solo se passa per l'origine ma non è l'asse y
d. solo se passa per l'origine e ha un coefficiente angolare positivo.

37 Indica quali fra le seguenti funzioni rappresentano una proporzionalità inversa e quali una proporzionalità diretta e quali nessuna delle due:

a. $xy = -2$ **b.** $x + y = -2$ **c.** $4xy = 1$ **d.** $\frac{1}{xy} = 3$

e. $2x - y = 0$ **f.** $y = x^2$ **g.** $x - y = 0$ **h.** $y = \frac{3}{x^2}$

38 In un corso di sopravvivenza della durata di 10 giorni le scorte alimentari consistono in 200 scatolette di carne. La legge che regola il numero x di scatolette che possono essere distribuite ogni giorno ad ogni partecipante al variare del numero y di partecipanti è rappresentata dall'equazione:

a. $y = 20x$ **b.** $xy = 20$ **c.** $xy = 10$ **d.** $y = 10x$

Applicazione

Completa le seguenti tabelle in modo che le due variabili x e y risultino direttamente proporzionali.

39

x	y
2	6
3	.....
$\frac{1}{2}$	.....
.....	$\frac{4}{5}$
.....	1
$\frac{5}{6}$	.....

40

x	y
1	.....
5	$\frac{1}{2}$
.....	3
$\frac{3}{4}$	.....
.....	1
$\frac{1}{2}$	.....

41

x	y
.....	-6
5	.....
-3	4
$-\frac{5}{2}$	.....
.....	1

42

x	y
.....	$\frac{1}{6}$
4	.....
-2	.....
.....	3
1	$\frac{3}{4}$

Completa le seguenti tabelle in modo che le due variabili x e y risultino inversamente proporzionali.

43

x	y
8	1
4	.....
-3	.....
.....	5
.....	-6

44

x	y
.....	2
-1	.....
8	.....
-4	.....
$\frac{1}{2}$	$\frac{6}{5}$

45

x	y
.....	$\frac{10}{9}$
2	.....
-3	-10
-6	.....
.....	-1

46

x	y
1	.....
4	-4
-2	.....
$\frac{8}{3}$	.....
.....	$-\frac{1}{2}$

Stabilisci quali fra le seguenti relazioni rappresentano una proporzionalità diretta o inversa, e in tali casi rappresentale graficamente.

47 $y = 3x$ $\quad 2y = x$ $\quad 2x - y = 1$

48 $3xy = 1$ $\quad \frac{1}{y} = x^2$ $\quad x - 4y = 0$

49 $xy - 2 = 0$ $\quad 4xy + 6 = 0$ $\quad \frac{1}{x} = \frac{1}{y}$

50 $3x - 2y = 0$ $\quad \frac{1}{2}xy + 1 = 0$ $\quad \frac{3}{y} = \frac{4}{x^2}$

51 $4 - \frac{3}{4}xy = 0$ $\quad 3x - xy = 0$ $\quad \frac{3}{4}x = -\frac{1}{2}y$

Problemi nel mondo reale

52 Una sbarra lunga 20m è incernierata a 12m da uno dei suoi estremi ai quali sono appoggiati due pesi x e y; la sbarra è in equilibrio se il rapporto fra i pesi è uguale al rapporto inverso fra le distanze dal punto di cerniera. Scrivi la relazione di equilibrio, riconoscine il tipo e rappresentala in un piano cartesiano.

53 Un rubinetto, se totalmente aperto, può riempire un serbatoio da 120 litri in 8 minuti; se x rappresenta la capacità di un serbatoio e y rappresenta il tempo che ci vuole a riempirlo, scrivi la relazione fra x e y, riconoscine il tipo e rappresentala in un piano cartesiano.

54 Il rapporto fra il peso P di un liquido misurato in Newton ed il suo volume V misurato in m^3 è una costante che caratterizza il fluido e che prende il nome di peso specifico. Supponendo di avere un fluido di peso specifico uguale a $6{,}8\text{N/m}^3$, scrivi la legge che lega le variabili P e V, riconoscine il tipo e rappresentala in un piano cartesiano.

55 L'energia elettrica (misurata in Joule) consumata da una lampada è espressa dalla formula $E = Pt$, dove P indica in Watt la potenza della lampada e t il tempo di utilizzo in secondi. Traccia il grafico della relazione per una lampadina da 40Watt e rileva l'energia consumata dopo 10 minuti.

56 Un peso y fissato all'estremità di una molla la fa allungare di un tratto x secondo la relazione $y = kx$, dove k (misurata in Newton/metro, abbreviato in N/m) è una costante caratteristica della molla usata. Rappresenta graficamente questa legge per $k = 52$, $k = 28$, $k = 10$. Di quanto si allunga una molla di costante $k = 20\text{N/m}$ se si fissa un peso di 4N? [20cm]

L'INTERPRETAZIONE GRAFICA DI EQUAZIONI E DISEQUAZIONI

teoria a pagina 108

SOLUZIONI ES. COMPRENSIONE

Comprensione

57 Si chiama *zero* della funzione $f(x)$:

a. il valore $f(0)$

b. un valore di x per il quale è $f(x) = 0$

c. un qualsiasi punto di coordinate (x, y) con $x = 0$.

58 Considerata la parabola di equazione $y = 9x^2 - 6x + 1$:

a. per calcolare gli zeri si pone: ① $x = 0$ ② $y = 0$ ③ $y = x$

b. essa possiede: ① due zeri distinti ② due zeri coincidenti ③ un solo zero

59 La funzione di equazione $y = 6x^2 + 3 + 7x$ ha:

a. uno zero **b.** due zeri **c.** nessuno zero

60 La funzione $f(x) = 4x^2 - x$ ha come zeri:

a. 0 e -4 **b.** 0 e 4 **c.** 0 e $\frac{1}{4}$ **d.** 0 e $-\frac{1}{4}$

61 La funzione di equazione $y = 2x^2 + (2k + 3)x + 3k$ ha:

a. un solo zero se $k = \frac{3}{2}$ V F

b. non ha zeri se $k < \frac{3}{2}$ V F

c. ha almeno uno zero per qualsiasi valore di k V F

d. ha due zeri se $k = 1$. V F

62 La parabola di equazione $y = \frac{1}{2}x^2 - x$ ha:

a. due zeri di ascisse 0 e $\frac{1}{2}$

b. due zeri di ascisse 0 e 2

c. un solo zero di ascissa 0

d. non ha zeri

63 Associa a ciascuna delle seguenti disequazioni il grafico che ne rappresenta le soluzioni tenendo presente che si è scelto un quadretto come unità di misura.

a. $x - 1 > 0$ **b.** $2 - 3x > 0$ **c.** $-2x - 2 < 0$ **d.** $\frac{3}{2}x - 3 < 0$

①
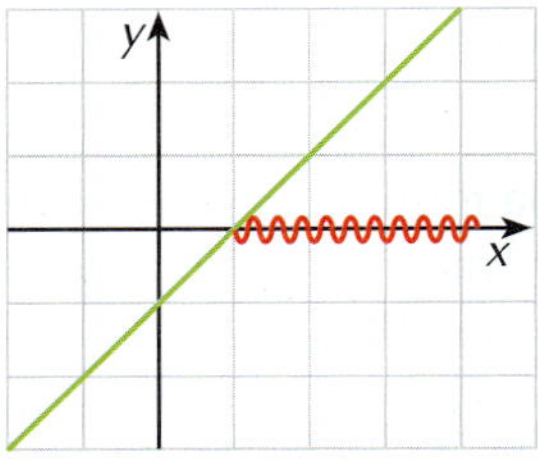

②
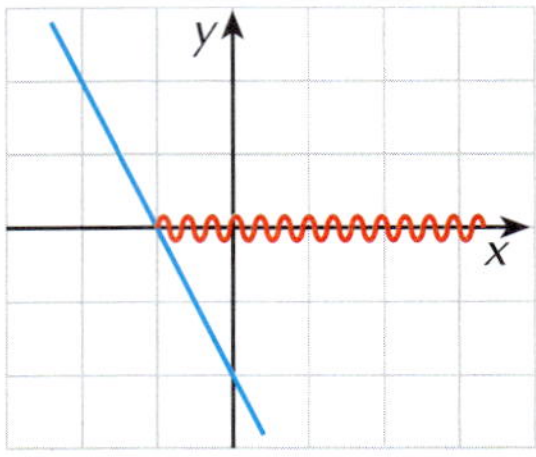

③
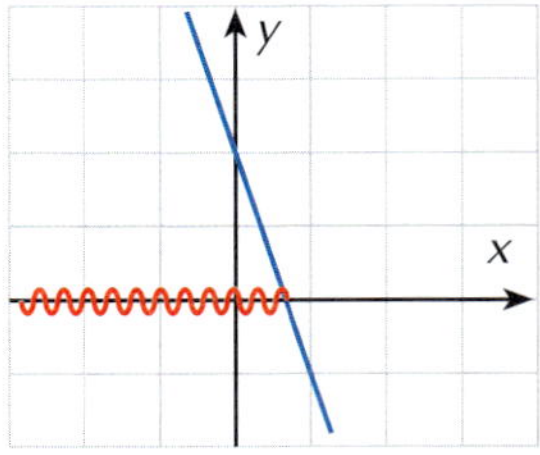

④
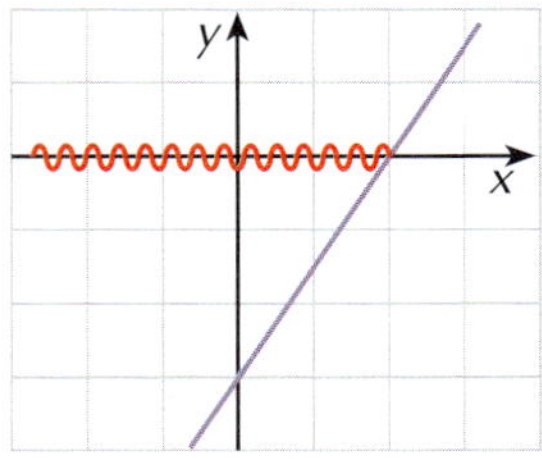

64 Indica quale dei seguenti grafici rappresenta la soluzione grafica della disequazione $1 - 3x > 0$:

a.
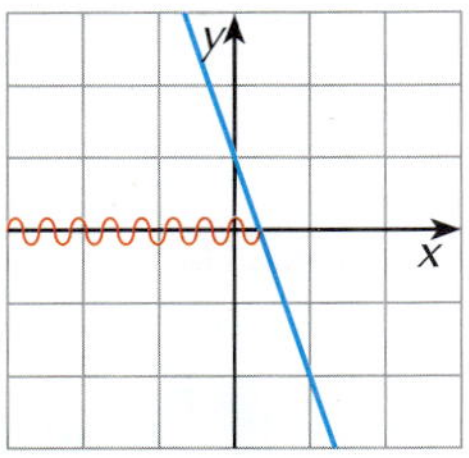

b.
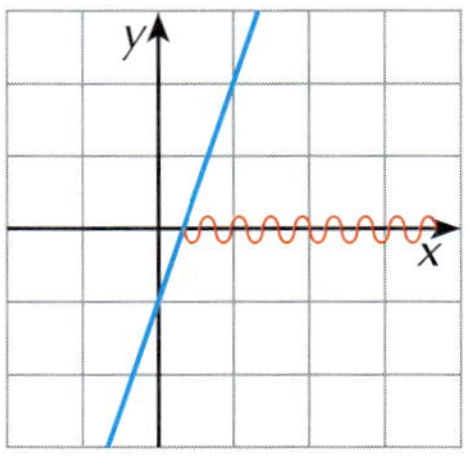

c.
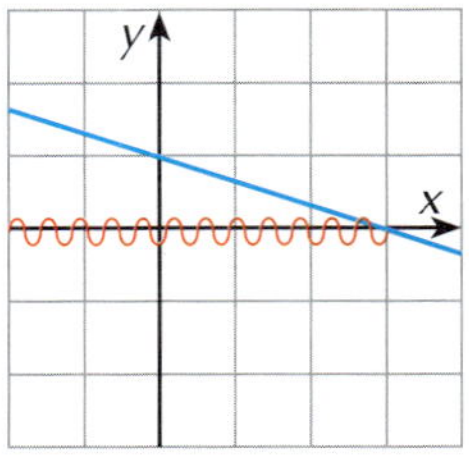

d.
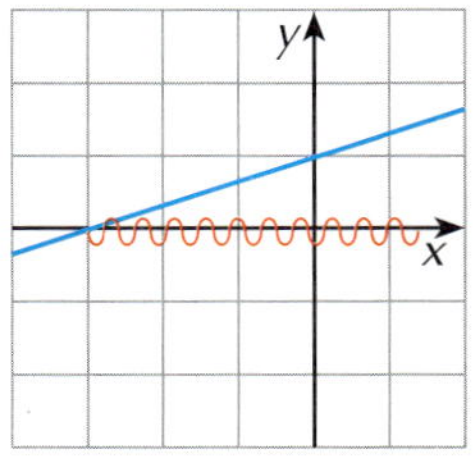

Applicazione

Gli zeri di una funzione

Trova sia graficamente che algebricamente gli zeri delle seguenti funzioni lineari.

65 **ESERCIZIO GUIDATO**

$y = \frac{3}{2}x + 4$

Lo zero di questa funzione si determina dal punto di vista grafico disegnando la retta che rappresenta la funzione e individuando il suo punto di ordinata nulla.
Dal punto di vista algebrico lo zero si ottiene risolvendo l'equazione

$$\frac{3}{2}x + 4 = 0 \quad \rightarrow \quad x = -\frac{8}{3}$$

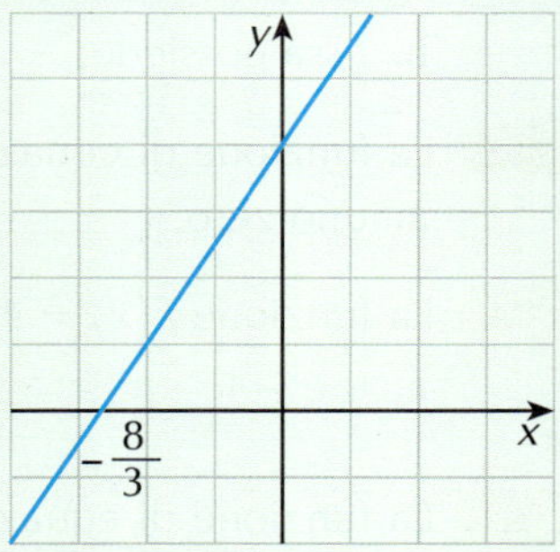

66 $y = 2x - 5$

67 $y = x - 2$

68 $y = 3 - x$

69 $y = 2 + x$

70 $y = \frac{1}{2}x - 2$

71 $y = \frac{2}{3}x + \frac{1}{3}$

72 $y = 1 - \frac{3}{4}x$

73 $y = -x + \frac{5}{4}$

Trova gli zeri delle seguenti funzioni.

74 **ESERCIZIO GUIDATO**

$f(x) = x^2 - 6x + 8$

La funzione rappresenta la parabola di vertice $V(3, -1)$ il cui grafico è in figura. Per trovare gli zeri risolviamo l'equazione:

$$x^2 - 6x + 8 = 0 \quad \rightarrow \quad x = 3 \pm \sqrt{9 - 8} = \begin{cases} 2 \\ 4 \end{cases}$$

La parabola interseca l'asse delle ascisse in $x = 2$ e $x = 4$

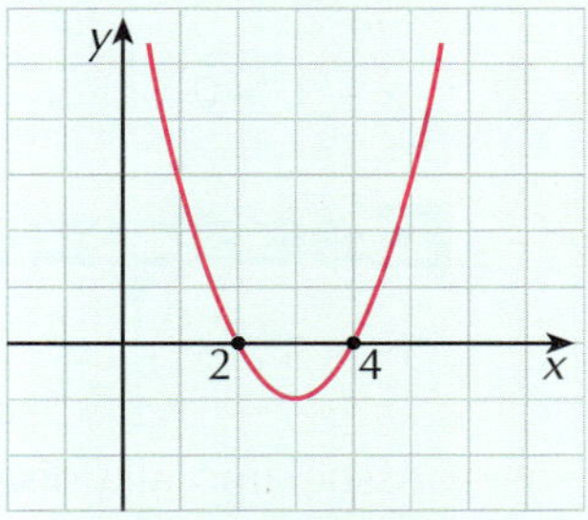

75 $f(x) = x^2 - 4$

76 $f(x) = x^2 + x$

77 $f(x) = x^2 - 6x - 3$

78 $f(x) = 1 + 4x^2$

79 $f(x) = 6x - 5x^2$

80 $f(x) = x^2 - 3x + 4$

81 $f(x) = \frac{1}{2}x^2 - 3x + 1$

82 $f(x) = \frac{2}{3}x^2 - \frac{1}{6}x$

83 $f(x) = 4x^2 - x + 3$

84 $f(x) = 9x^2 + 3$

85 $f(x) = 3x^2 - 4$

86 $f(x) = \frac{3}{4}x^2 - 1$

87 $f(x) = -\frac{2}{3}x^2$

88 $f(x) = -\frac{3}{2}x^2 + 2x - 1$

89 $f(x) = 3x^2 - \frac{1}{2}x + 1$

90 $f(x) = x^2 + \frac{4}{9}$

91 $f(x) = 2x - 3x^2$

92 $f(x) = \frac{3}{8}x - \frac{3}{4}x^2$

Disequazioni lineari per via grafica

Risolvi le seguenti disequazioni per via grafica.

93 **ESERCIZIO GUIDATO**

$x + 5 > 0$

Consideriamo la retta di equazione $y = x + 5$ e determiniamo i valori di x per i quali risulta $y > 0$.
La retta interseca l'asse delle ascisse in $x = -5$ e di essa ci interessa la semiretta che appartiene al semipiano positivo delle ordinate (parte in rosso nella figura a lato); i valori di x che corrispondono ai punti di tale semiretta sono quelli maggiori di -5, quindi l'insieme delle soluzioni è quello dei valori di x tali che $x > -5$.

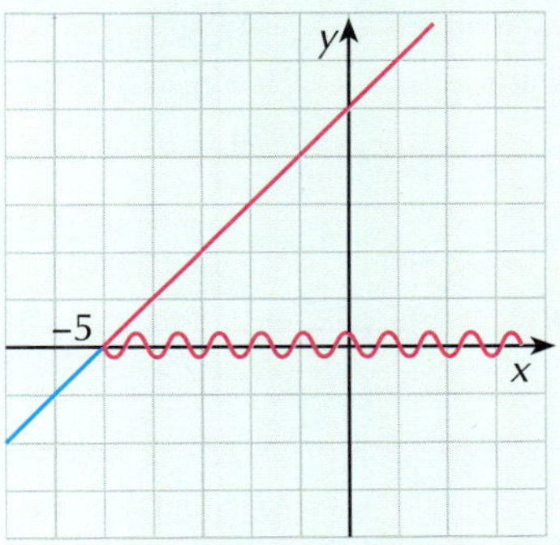

94 $x - \frac{1}{3} > 0$

95 $x - 2 < 0$

96 $\frac{1}{4}x - 1 > 0$

97 $-2x + 1 > 0$

98 $-\frac{1}{2}x - 1 < 0$

99 $-4x + 2 < 0$

100 $\frac{1}{3}x - 1 > 0$

101 $3x - 5 > 0$

102 **ESERCIZIO GUIDATO**

$3x - 5 > x + 1$

Associamo alla disequazione le rette

$$r : y = 3x - 5 \quad \text{e} \quad s : y = x + 1$$

e rappresentiamole nel piano cartesiano; esse si intersecano nel punto di ascissa 3.
L'insieme delle soluzioni è dato dai valori di x in corrispondenza dei quali i punti della retta r hanno ordinata maggiore dei punti della retta s, e questo accade se $x > 3$.

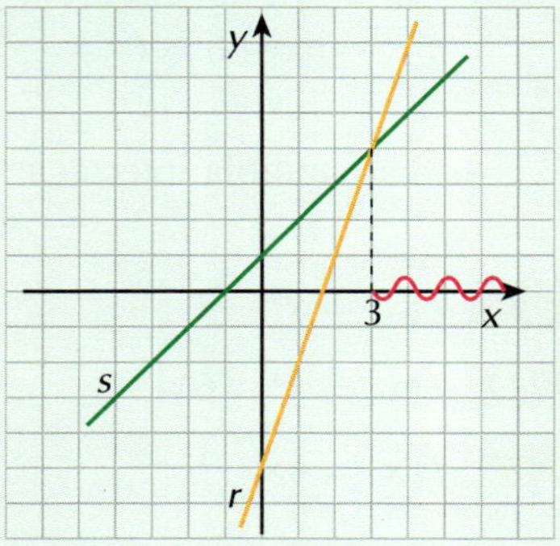

103 $2x - 3 > 2x + 1$
(Suggerimento: dopo aver disegnato le rette, osserva che esse sono parallele e che, fissato un valore di x, i punti della prima hanno ordinata.........., quindi ....) [$S = \emptyset$]

104 $x - 4 > x + 1$

105 $2x - 5 \geq 3x - 1$

106 $x - 2 \geq 3$

107 $x - 1 < 2x - 2$

108 $2x < 4$

109 $3x + 1 > 2x - \frac{3}{2}$

110 $\frac{1}{2}x \leq x + 1$

111 $\frac{3}{4}x + 1 \geq -\frac{1}{2}x - 1$

Scrivi le disequazioni nella variabile x alle quali corrispondono le semirette in colore nei seguenti grafici.

112 **ESERCIZIO GUIDATO**

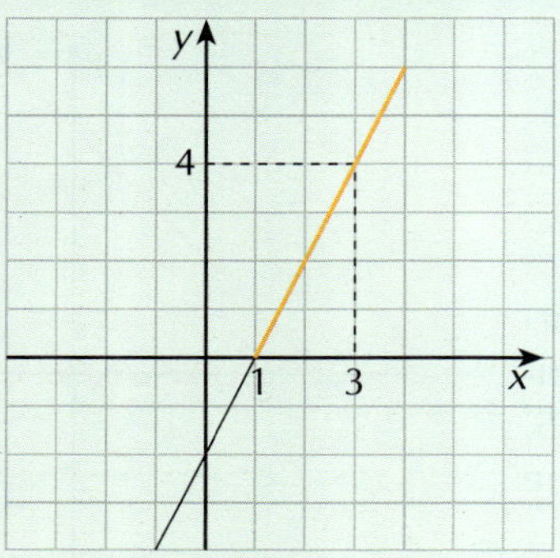

La retta, passando per i punti (1, 0) e (3, 4) ha equazione $y = 2x - 2$. La parte di retta in colore è quella che ha i punti di ordinata positiva, il suo modello algebrico è quindi:

$$2x - 2 > 0$$

113

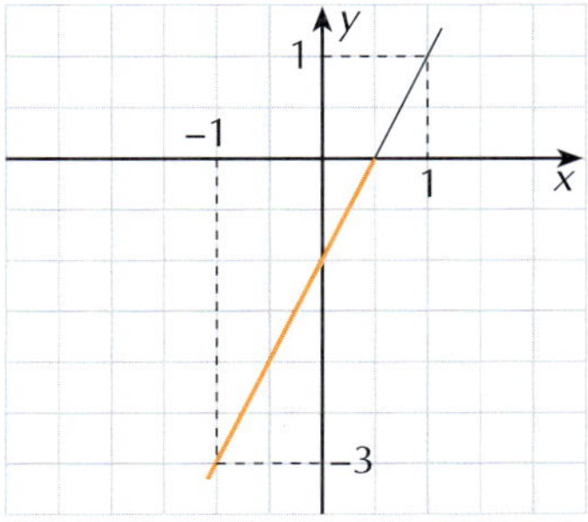

114

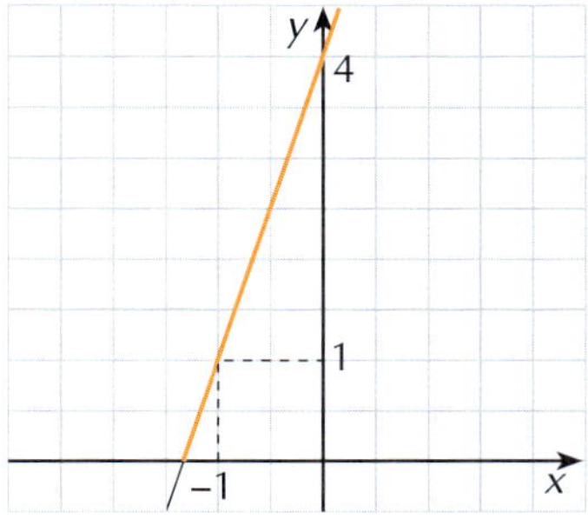

115

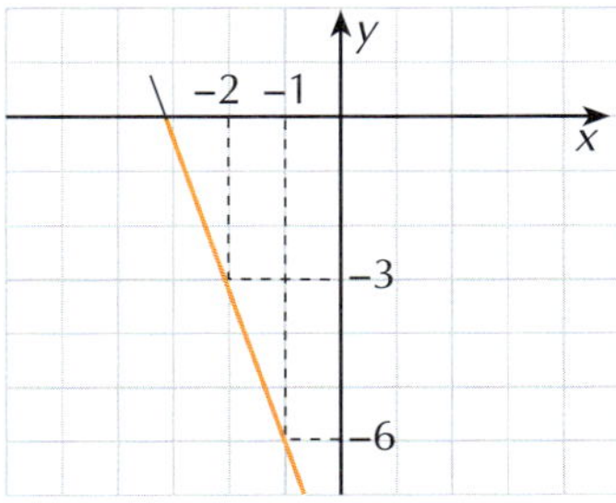

116

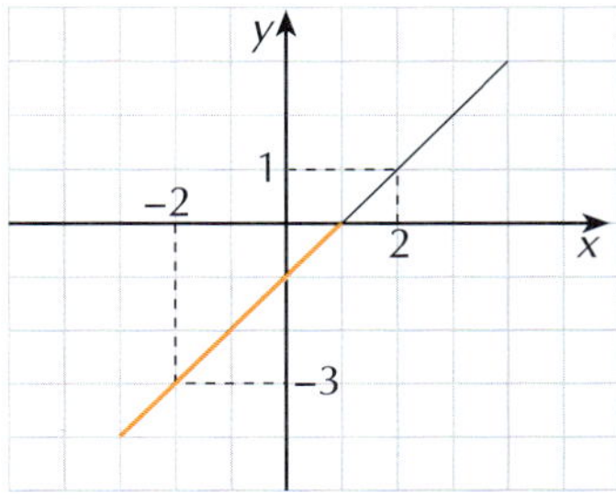

117

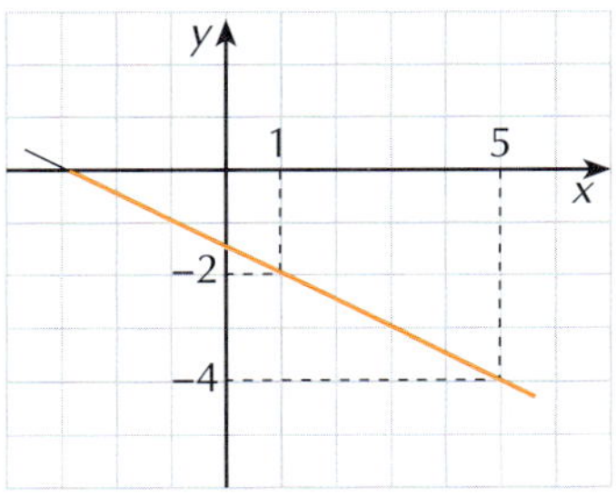

118

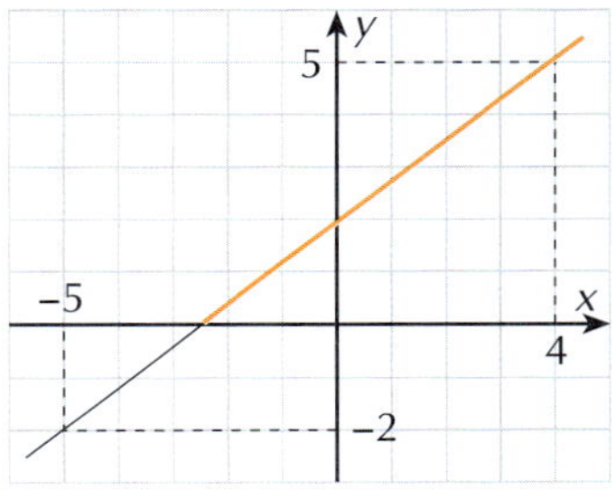

GRAFICI DI PARTICOLARI FUNZIONI

teoria a pagina 111

Comprensione

SOLUZIONI ES. COMPRENSIONE

119 Delle funzioni di equazione: ① $y = |x| + 1$ ② $y = |x + 1|$

si può dire che:

a. hanno lo stesso grafico

b. il grafico di ② si ottiene dal grafico di ① traslandolo del vettore $\vec{v}(0, -1)$

c. il grafico di ① si ottiene dal grafico di ② traslandolo del vettore $\vec{v}(0, 1)$

d. hanno lo stesso grafico per $x \geq 0$.

120 Indica quale tra i seguenti è il grafico della funzione $y = |1 - 2x|$:

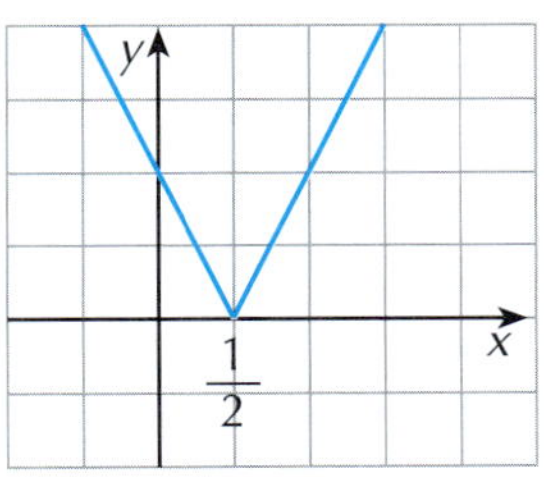

a.

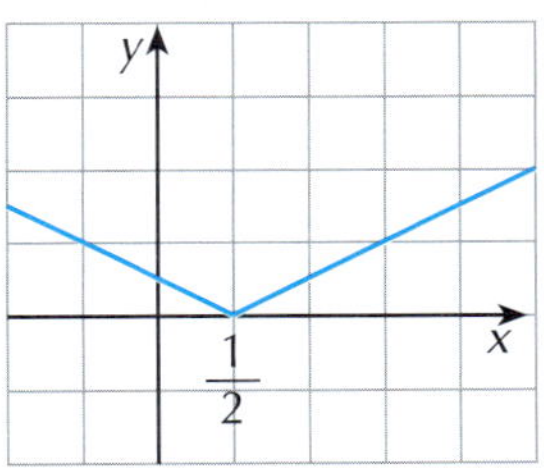

b.

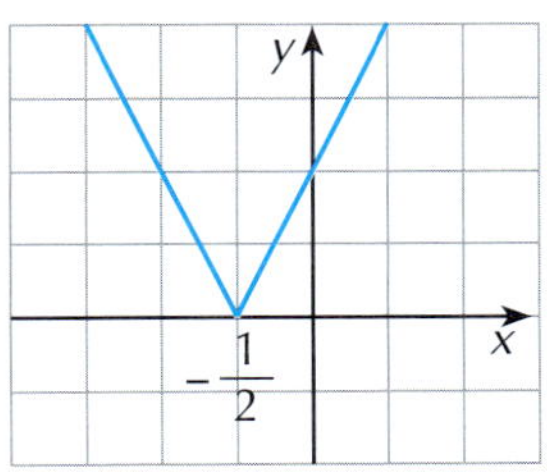

c.

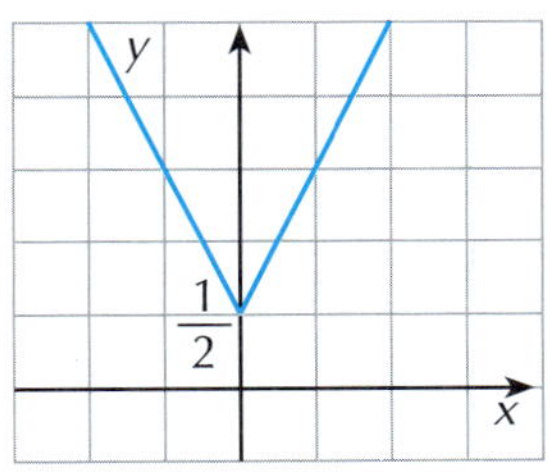

d.

121 La funzione il cui grafico è in figura ha equazione:

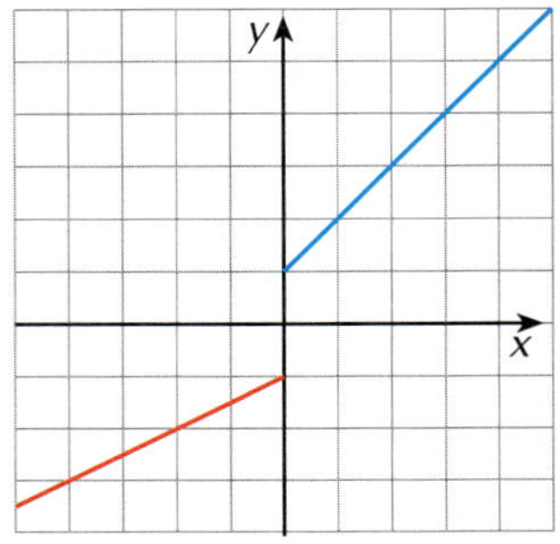

a. $y = \begin{cases} x-1 & \text{se } x<0 \\ x+1 & \text{se } x \geq 0 \end{cases}$

b. $y = \begin{cases} x+1 & \text{se } x<0 \\ x-1 & \text{se } x \geq 0 \end{cases}$

c. $y = \begin{cases} \frac{1}{2}(x-2) & \text{se } x<0 \\ x+1 & \text{se } x \geq 0 \end{cases}$

d. $y = \begin{cases} 2\left(x+\frac{1}{2}\right) & \text{se } x<0 \\ x-1 & \text{se } x \geq 0 \end{cases}$

Applicazione

Disegna i grafici delle seguenti funzioni con i moduli.

122 **ESERCIZIO GUIDATO**

Vogliamo disegnare la curva di equazione $y = |x-2|$.

Disegniamo dapprima la retta come se non ci fosse il modulo: $y = x - 2$ (prima figura).

Eseguiamo una simmetria rispetto all'asse x della semiretta negativa (seconda figura).

Il grafico di $y = |x-2|$ è evidenziato in colore rosso.

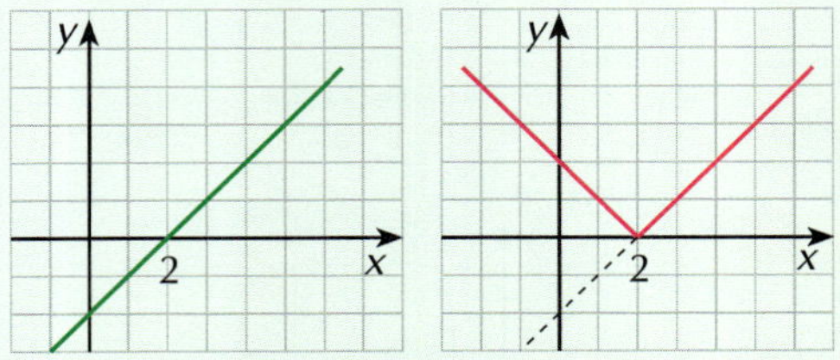

123 $y = |2x+3|$

124 $y = |1-x|$

125 $y = |1-3x|$

126 $y = |2x-5|$

127 $y = \left|\frac{1}{2}x - 4\right|$

128 $y = \left|-\frac{3}{2}x + 1\right|$

129 $y = \left|\frac{1}{3}x - \frac{2}{3}\right|$

130 $y = \left|6x + \frac{1}{2}\right|$

131 $y = \left|2 - \frac{3}{5}x\right|$

132 $y = |x^2 - 4x|$

133 $y = |1 - 3x^2|$

134 $y = |-x^2 + 2x - 3|$

135 $y = |-x^2 + 2x - 1|$

136 $y = \left|x^2 - \frac{9}{4}\right|$

137 $y = \left|\frac{-x^2-1}{2}\right|$

138 $y = \left|\frac{1}{2}x^2 + x\right|$

139 $y = \left|\frac{3}{2}x^2 - \frac{1}{2}x - 2\right|$

140 $y = \left|x^2 - \frac{2}{3}x - \frac{1}{3}\right|$

Disegna i grafici delle seguenti funzioni lineari a tratti.

141 **ESERCIZIO GUIDATO**

$$y = \begin{cases} 3-x & \text{se } x<2 \\ 2x - \frac{3}{2} & \text{se } x \geq 2 \end{cases}$$

Dobbiamo disegnare la retta di equazione $y = 3 - x$ solo nel semipiano a sinistra della retta $x = 2$ e la retta di equazione $y = 2x - \frac{3}{2}$ nel semipiano a destra.

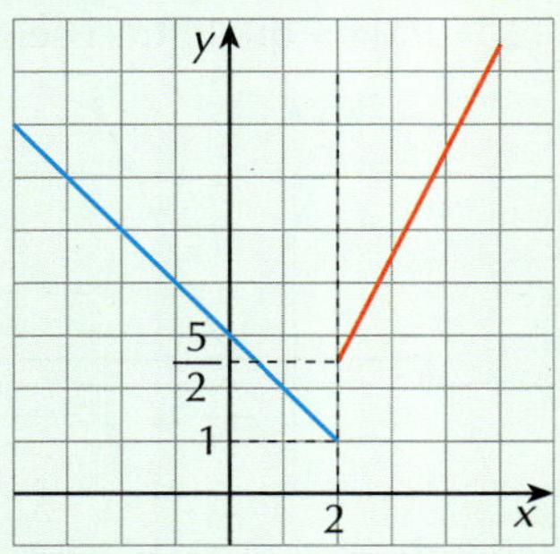

142 $y = \begin{cases} x+1 & \text{se } x < 0 \\ 3x-2 & \text{se } x \geq 0 \end{cases}$

143 $y = \begin{cases} 3+x & \text{se } 0 \leq x < 10 \\ 2x-3 & \text{se } x \geq 10 \end{cases}$

144 $y = \begin{cases} 5 & \text{se } x < 0 \\ x-1 & \text{se } x \geq 0 \end{cases}$

145 $y = \begin{cases} 2x-2 & \text{se } x \leq 4 \\ x-3 & \text{se } x > 4 \end{cases}$

146 $y = \begin{cases} \frac{1}{2}x & \text{se } x < -1 \\ \frac{1}{3}x+2 & \text{se } x \geq -1 \end{cases}$

147 $y = \begin{cases} \frac{2}{3}x-1 & \text{se } x \leq -1 \\ x+2 & \text{se } x > -1 \end{cases}$

148 $y = \begin{cases} -\frac{1}{2}x & \text{se } x < -2 \\ 2x & \text{se } -2 \leq x < 2 \\ \frac{3}{4}x+1 & \text{se } x \geq 2 \end{cases}$

149 $y = \begin{cases} x & \text{se } x < 0 \\ 2x & \text{se } 0 \leq x < 3 \\ -x+1 & \text{se } x \geq 3 \end{cases}$

150 $y = \begin{cases} -x & \text{se } x < 0 \\ x-2 & \text{se } 0 \leq x < 1 \\ -x & \text{se } x \geq 1 \end{cases}$

151 $y = \begin{cases} \frac{1}{3}x-1 & \text{se } x < -3 \\ -\frac{2}{3}x & \text{se } -3 \leq x < 0 \\ 6x & \text{se } x \geq 0 \end{cases}$

152 **ESERCIZIO GUIDATO**

Disegnamo ora il grafico della curva di equazione $y = \left|\frac{1}{2}x\right| - 3$.

Per la presenza di un termine esterno al modulo, dobbiamo considerare i seguenti casi:

a. se $\frac{1}{2}x \geq 0$, cioè se $x \geq 0$, la curva ha equazione $y = \frac{1}{2}x - 3$

b. se $\frac{1}{2}x < 0$, cioè se $x < 0$, la curva ha equazione $y = -\frac{1}{2}x - 3$

L'espressione analitica dettagliata è allora $y = \begin{cases} \frac{1}{2}x-3 & \text{se } x \geq 0 \\ -\frac{1}{2}x-3 & \text{se } x < 0 \end{cases}$

Il suo grafico è quello della figura a fianco, in cui il ramo di colore verde è quello della retta $y = \frac{1}{2}x - 3$ valutato solo per $x \geq 0$, mentre il ramo di color rosso è quello della retta $y = -\frac{1}{2}x - 3$ valutato solo per $x < 0$.

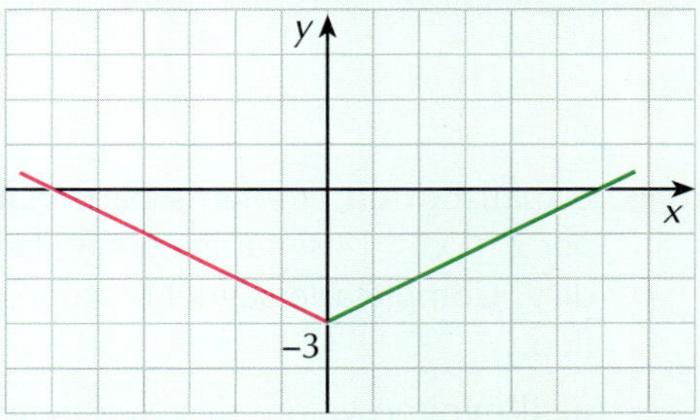

153 **ESERCIZIO GUIDATO**

Disegna la curva di equazione $y = |x-1| + 2$

Distingui i due casi:

a. se $x - 1 \geq 0$, cioè $x \geq 1$ la curva ha equazione ....

b. se $x - 1 < 0$, cioè $x < 1$ la curva ha equazione ....

La sua espressione analitica dettagliata è dunque

$$y = \begin{cases} \dots\dots\dots\dots\dots\dots & \text{se } x \geq 1 \\ \dots\dots\dots\dots\dots\dots & \text{se } x < 1 \end{cases}$$

154 $y = |3 - 2x| + 3$

155 $y = \left|\frac{3}{2}x\right| + 1$

156 $y = \left|\frac{1}{2}x - 2\right| + \frac{3}{2}$

157 $y = \left|x - \frac{1}{2}\right| + 3x - 1$

158 $y = |x - 2| + x$

159 $y = |x| + |x - 1|$

160 $y = |5 - x| + 4$

161 $y = |x - 3| + 2x$

PROBLEMI DI SCELTA

teoria a pagina 113

Comprensione

SOLUZIONI ES. COMPRENSIONE

162 In un problema di scelta con $0 \leq x \leq 50$ si hanno due ipotesi:

① espressa dalla relazione $y = 300$ ② espressa dalla relazione $y = 4x + 600$.

Il punto di indifferenza ha ascissa:

a. 25 **b.** 75 **c.** 50 **d.** non esiste

163 Relativamente al grafico a lato:

a. supposto che la variabile y rappresenti un costo, evidenzia la linea che rappresenta la scelta migliore per l'acquirente al variare di x

b. supposto che la variabile y rappresenti un guadagno, evidenzia la linea che rappresenta la scelta migliore per il venditore al variare di x.

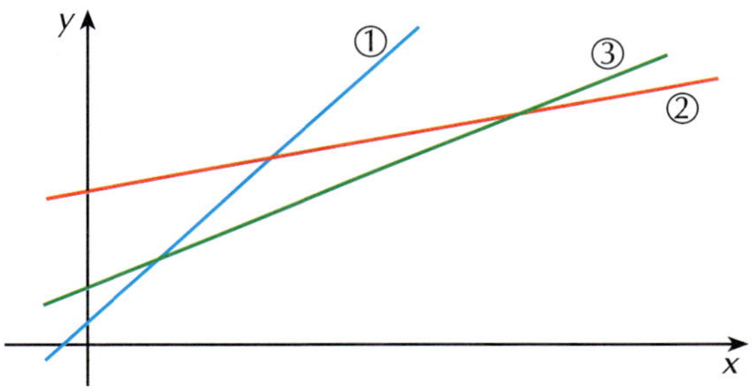

164 L'analisi di un problema ha portato alla costruzione del grafico a lato; per $2 \leq x \leq 14$ si vuole cercare la soluzione che dà il valore più piccolo di y. Completa le seguenti proposizioni deducendo le risposte dal grafico.

a. Il minimo valore di y si ottiene per $x =$ ....

b. Quando x è compreso fra 2 e 4 la scelta migliore è relativa alla curva ....

c. Quando x è compreso fra 12 e 14 la scelta migliore è relativa alla curva ....

d. Per $x = 12$ quale curva dà il minimo valore di y?

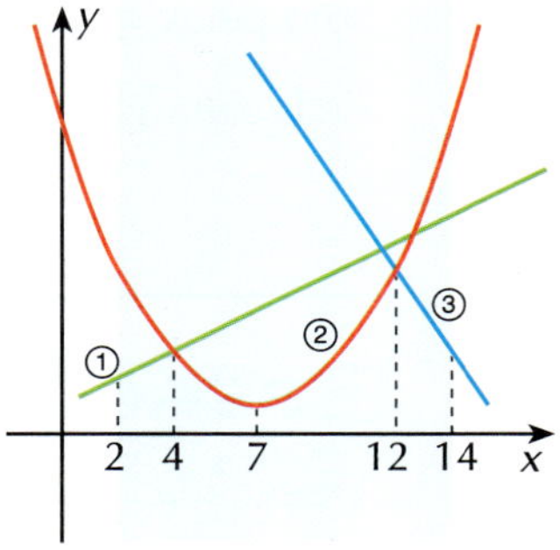

165 ESERCIZIO GUIDATO

Per spedire della merce di poco peso ma che occupa grandi volumi, una azienda di trasporti prevede tre differenti contratti a seconda del volume d'ingombro, espresso in metri cubi, della merce stessa, con una eventuale quota fissa aggiuntiva. La spesa prevista dai contratti è definita come segue:

- contratto tipo *A*: € 200 di spese fisse più € 20 per ogni m^3 di merce spedita
- contratto tipo *B*: € 50 di spese fisse più € 50 per ogni m^3 di merce spedita
- contratto tipo *C*: nessuna spesa fissa ma € 70 per ogni m^3 di merce spedita.

Determiniamo il contratto più conveniente al variare del volume d'ingombro della merce spedita, tenendo presente che il massimo ingombro è di 10 metri cubi.

Indichiamo con x il volume della merce e con y il costo della spedizione. A seconda delle condizioni espresse dai contratti, il costo è espresso dalle seguenti relazioni:

- contratto *A*: $y = 20x + 200$
- contratto *B*: $y = 50x + 50$
- contratto *C*: $y = 70x$

e, poiché non si possono spedire più di 10 metri cubi di merce, deve essere $0 \leq x \leq 10$.

Le tre equazioni rappresentano, dal punto di vista analitico, delle rette il cui grafico è in figura (il sistema di riferimento è dimetrico); nella stessa figura abbiamo poi evidenziato in giallo la zona che soddisfa alla condizione $0 \leq x \leq 10$.

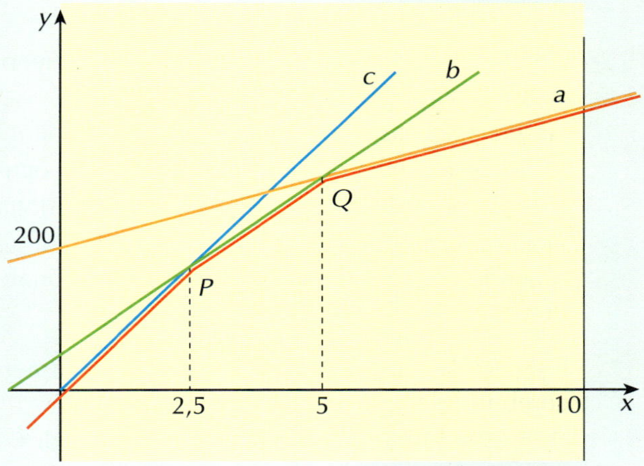

La scelta più conveniente è quella che comporta la spesa minore, quindi i punti del grafico che ci interessano sono:

- il punto P di intersezione delle rette b e c corrispondenti al secondo e terzo contratto:

$$\begin{cases} y = 50x + 50 \\ y = 70x \end{cases} \qquad \begin{cases} x = \dfrac{5}{2} \\ y = 175 \end{cases} \qquad \rightarrow \qquad P\left(\frac{5}{2}, 175\right)$$

- il punto Q di intersezione delle rette a e b corrispondenti al primo e secondo contratto:

$$\begin{cases} y = 20x + 200 \\ y = 50x + 50 \end{cases} \qquad \begin{cases} x = 5 \\ y = 300 \end{cases} \qquad \rightarrow \qquad Q(5, 300)$$

Possiamo allora concludere che:

- per volumi inferiori a 2,5 metri cubi, il contratto più conveniente è *C*;
- per volumi compresi fra 2,5 e 5 metri cubi, il contratto più conveniente è *B*;
- per volumi superiori a 5 metri cubi fino a 10, il contratto più conveniente è *A*;
- per un volume di esattamente 2,5 metri cubi la scelta può cadere indifferentemente su *B* o *C*;
- per un volume di esattamente 5 metri cubi la scelta può cadere indifferentemente su *A* o *B*.

166 Ad un impiegato vengono proposte tre forme di calcolo dello stipendio:

A: € 800 al mese più € 10 per ogni pratica evasa;

B: € 1 500 al mese fisse;

C: nessuno stipendio base ma € 50 per ogni pratica evasa.

Determina, al variare del numero x di pratiche evase ogni mese, la scelta più conveniente per l'impiegato. [$x \leq 30 : B$; $x \geq 30 : C$, con $x \in N$]

167 Il preventivo per il trasporto di una data merce presentato da due imprese A e B è il seguente:

A: € 0,50 al quintale più una spesa fissa di € 200;

B: € 0,90 al quintale più una spesa fissa di € 120.

Sapendo che il numero dei quintali da trasportare non è mai superiore ai 400, determina il preventivo più conveniente. [$x \leq 200 : B$; $200 \leq x \leq 400 : A$, con $x \in R$]

168 Un industriale per fabbricare le sue scatole di cartone può usare due differenti tipi di produzione che indichiamo con A e B.

Per il tipo di produzione A la spesa di manodopera per ogni pezzo è di € 12, più una spesa fissa giornaliera di € 240.

Il tipo di produzione B comporta invece una spesa fissa di € 360 più una spesa per pezzo di € 10. Determina il tipo di produzione giornaliera più conveniente per l'industriale al variare della quantità x prodotta. [$x \leq 60 : A$; $x \geq 60 : B$, con $x \in N$]

169 Ripeti l'esercizio precedente supponendo che, anche per l'alternativa B, la spesa per ogni pezzo sia di € 12. Che cosa osservi?

170 Un piccolo industriale produttore di magliette, può scegliere tre diversi modi per produrle con i seguenti costi:

A: una spesa fissa di € 84 più € 0,60 per ogni maglietta prodotta;

B: una spesa fissa di € 210 più € 0,25 per ogni maglietta prodotta;

C: una spesa di € 1 per ogni maglietta prodotta.

Determina l'alternativa più conveniente in dipendenza del numero di magliette prodotte giornalmente, sapendo che le ore di lavorazione del personale consentono di produrne non meno di 150 ma non più di 400. [$150 \leq x \leq 210 : C$; $210 \leq x \leq 360 : A$; $360 \leq x \leq 400 : B$, con $x \in N$]

171 Il sig. Rossi per il riscaldamento della sua casa in montagna può scegliere tra le seguenti due forniture di combustibile:

A: € 0,97 al litro più le spese di trasporto di € 20;

B: € 1 al litro più le spese di trasporto di € 5.

Scrivi per ciascuna fornitura la funzione che rappresenta il costo e determina quale delle due risulta più conveniente. [$x \leq 500 : B$; $x \geq 500 : A$, con $x \in R$]

172 Una ditta che produce bulloni possiede due macchine. La prima richiede un tempo di preparazione di mezz'ora e produce 3 bulloni al minuto; la seconda richiede 50 minuti per la preparazione e produce 6 bulloni al minuto. Ogni macchina non può rimanere accesa per più di 8 ore consecutive. Determina, al variare del numero x di bulloni prodotti, in quali casi conviene usare l'una o l'altra macchina. [$x \leq 120$: I macchina; $120 \leq x \leq 2580$: II macchina, con $x \in N$]

173 Una azienda deve inscatolare i suoi prodotti e per fare ciò ha a disposizione tre macchinari che indichiamo con A, B, C. La macchina A necessita di 15 minuti per essere predisposta all'uso e confeziona 10 scatole al minuto; la macchina B necessita di 30 minuti di preparazione e prepara 15 scatole al minuto; la C non necessita di tempi di riscaldamento e prepara 6 scatole al minuto. La produzione massima giornaliera non supera le 5 000 scatole. Determina, al variare del numero x di scatole da confezionare, qual è la macchina più conveniente da usare. [$x \leq 225 : C$; $225 \leq x \leq 450 : A$; $450 \leq x \leq 5000 : B$, con $x \in N$]

174 ESERCIZIO GUIDATO

Un floricoltore ha piantato in un piccolo appezzamento di terreno 32 piante di rose che danno ciascuna circa 120 fiori nell'arco della stagione di fioritura. Decide di piantare un ulteriore numero x di rose nello stesso terreno; così però ciascuna pianta, comprese quelle già piantate, darà un numero inferiore di fiori, circa $120 - 3x$ a stagione. Quante rose deve piantare ancora per avere la massima produzione di fiori possibile?

Il numero complessivo di rose è $32 + x$

Se ciascuna pianta produce $120 - 3x$ fiori, il numero complessivo di fiori prodotti è pari a

$$(32 + x)(120 - 3x) \quad \text{cioè} \quad -3x^2 + 24x + 3840$$

Se indichiamo tale numero con y otteniamo la parabola di equazione

$$y = -3x^2 + 24x + 3840$$

il cui grafico è in figura.

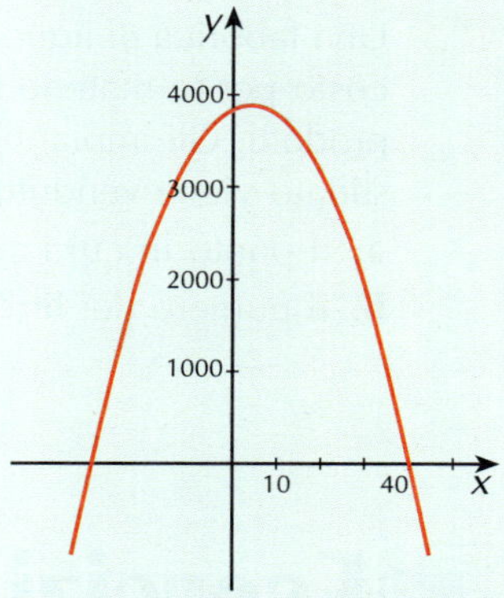

Il massimo numero di rose che si possono produrre è il valore di y in corrispondenza del vertice V della parabola:

$$x_V = -\frac{b}{2a} = -\frac{24}{-6} = 4 \qquad y_V = -3 \cdot 16 + 24 \cdot 4 + 3840 = 3888$$

Il floricoltore deve piantare altre 4 piante ed avrà la massima produzione di 3888 rose a stagione.

175 Due numeri naturali hanno per somma 50; quali sono i due numeri se il loro prodotto deve essere il più grande possibile? [25, 25]

176 Dividi il numero 20 in due parti, tali che la somma fra il quadrato della prima ed il doppio della seconda, sia minima. [1, 19]

177 Alberto partecipa ad un gioco televisivo basato sull'abilità di calcolo dei concorrenti. Il conduttore gli offre di scegliere fra due possibilità: o accettare una busta con € 1 000 oppure la somma che si ottiene in corrispondenza del massimo della funzione $y = -\frac{17}{20}x^2 - 17x + 580$. Che cosa sceglierà Alberto? [la prima]

178 Un'industria tessile produce x metri di spugna bianca con cui si confezionano asciugamani per comunità. Quanti metri di spugna si devono produrre per minimizzare il costo di ciascun asciugamano se questo è dato, in millesimi di Euro, dall'espressione $\frac{2}{81\,000}x^2 - \frac{4}{9}x + 3000$? [$x = 9000$m]

179 Un'azienda produce capi in pelle con in seguenti costi espressi in euro:

- 300 000 di spese fisse mensili per macchinari, impianti e personale
- $500 - \frac{1}{20}x$ per ogni capo prodotto, dove x rappresenta il numero di capi.

Il prodotto viene poi rivenduto con un ricavo in euro di $\left(800 - \frac{2}{25}x\right)$ per ogni capo prodotto.

Quale deve essere la produzione per avere il massimo guadagno? [5000 capi]

180 La capacità massima di produzione giornaliera di un certo settore di un'industria chimica è di 10000 litri di prodotto che viene subito venduto a € 1,50 al litro. Il costo di produzione è determinato da un costo fisso pari a € 1350 per l'intera produzione più un costo di € 0,35 per ogni litro prodotto aumentato di 10^{-4} Euro per il quadrato del numero di litri prodotti. Vogliamo trovare:

a. la funzione che esprime il guadagno dell'azienda per ogni ciclo produttivo;
b. il numero di litri da produrre e vendere per non andare in perdita;
c. per quale produzione si ha il guadagno massimo e qual è tale guadagno.

$\left[\textbf{a}.\ y = -\dfrac{1}{10000}x^2 + \dfrac{23}{20}x - 1350;\ \textbf{b}.\ 1328 \leq x \leq 10172;\ \textbf{c}.\ 5750\ell\right]$

181 Il costo totale relativo alla produzione di un certo bene si può esprimere mediante la funzione $C = 0{,}15q^2 + 210q + 3000$, dove q indica la quantità prodotta. Il prezzo unitario di vendita di tale bene dipende da q ed è espresso dalla relazione $p = 660 - 0{,}3q$. Determina la quantità da produrre per avere il massimo profitto. [500]

182 Una fabbrica di liquori sostiene, per la propria produzione, una spesa fissa settimanale di € 2125 ed un costo per le materie prime di € 10 al litro, aumentati di 10^{-3} euro per il quadrato del numero di litri prodotti. Gli impianti permettono una produzione massima di 5000 litri settimanali e sul mercato il distillato viene venduto € 16,5 al litro. Determina:

a. il punto in cui i costi uguagliano i ricavi; [$\approx 345\ell$]
b. il numero dei litri che consentono alla fabbrica il massimo utile e l'ammontare di tale utile. [3250ℓ; € 8437,50]

Esercizi per lo sviluppo delle competenze

1 Una banca pubblicizza due forme di investimento di capitali. Nel primo caso offre un rendimento netto del 6% diminuito di € 500 per le spese sostenute dalla banca per la gestione del capitale; nel secondo caso offre una rendita netta del 4% diminuita di € 200. Determina, al variare del capitale x investito, qual è la forma di investimento più conveniente.
[$x < 15000$: la seconda; $x \geq 15000$: la prima, con $x \in R$]

2 Un biscottificio può confezionare i suoi biscotti in due modi diversi A e B. Ogni confezione viene poi rivenduta rispettivamente a € 8 e € 6,50. Sapendo che il confezionamento di tipo A comporta una spesa fissa di utilizzo dei macchinari di € 200, più una spesa variabile unitaria di € 2, mentre quello di tipo B una spesa fissa di € 80, più una spesa variabile unitaria di € 1,50, determina quale delle due confezioni è più conveniente al variare del numero x di scatole di biscotti prodotte, tenendo presente che la produzione massima giornaliera è di 300 confezioni. [$16 < x \leq 120 : B$; $120 \leq x \leq 300 : A$, con $x \in N$]

3 Una banca paga un interesse dell'1,8% annuo sui depositi e fa pagare ai suoi clienti un interesse del 12,75% annuo sui prestiti. Se x rappresenta il capitale versato o prestato e y l'interesse percepito o pagato in un anno, scrivi la relazione fra x e y nei due casi, riconoscine il tipo e rappresentala in un piano cartesiano.

4 La molecola del sale da cucina (cloruro di sodio) è formata da un atomo di sodio e da un atomo di cloro; la massa di un atomo di sodio, misurata rispetto a quella di un atomo di idrogeno preso come unità, è 22,9898 mentre quella di un atomo di cloro è 35,453. Scrivi la relazione che esprime il rapporto fra la quantità x di sodio e quella y di cloro presenti nell'unità di massa e, dopo averne riconosciuto il tipo, rappresentala in un piano cartesiano. In 1kg di sale da cucina quanti grammi di sodio e quanti di cloro ci sono? [$\approx 393{,}37$; $\approx 606{,}63$]

5 Una ruota di bicicletta di un certo diametro x compie y giri per fare un percorso di 12km; scrivi la relazione fra il diametro della ruota ed il numero di giri e rappresentala graficamente. Che diametro deve avere la ruota per percorrere i 12km con 2865 giri? [≈ 133cm]

6 Un'auto percorre un tratto di strada in 3 ore viaggiando ad una media di 85km/h; un'altra auto percorre lo stesso tratto di strada in 2,5h. Dopo aver scritto la relazione che lega le variabili spazio, tempo e velocità, rappresentala graficamente individuandone il tipo e determina la velocità della seconda auto.

[102km/h]

7 Devi noleggiare un'auto per 10 giorni e hai queste possibilità:

① pagare € 40 al giorno ed avere un chilometraggio illimitato

② pagare € 20 al giorno e € 0,20 per ogni chilometro percorso.

Quale tra le seguenti affermazioni è sbagliata?

a. La seconda opzione è più conveniente se percorri 800km.

b. La seconda opzione è più conveniente se percorri 1100km.

c. Se devi percorrere 1200km conviene la prima opzione.

d. Le due opzioni si equivalgono per un percorso di 1000km. [**b.**]

8 L'efficacia di un certo farmaco A diminuisce nel tempo secondo la legge $y = \frac{800}{t}$; quella di un altro farmaco B diminuisce secondo la legge $y = -\frac{1}{1000}t + \frac{12}{5}$, dove, in entrambi i casi, il tempo t è misurato in minuti.

a. Rappresenta le due curve in uno stesso piano cartesiano tOy (t è l'asse delle ascisse, y è l'asse delle ordinate).

b. Trova per quali durate i due farmaci si equivalgono. [$t = 400$ minuti e $t = 2000$ minuti]

c. Stabilisci quale farmaco ha maggiore efficacia al variare del tempo t.

[$t \leq 400 \ \vee \ t \geq 2000 : A$; $400 \leq t \leq 2000 : B$]

9 L'efficacia di un farmaco diminuisce nel tempo secondo la legge $y = \frac{12}{t}$ dove il tempo t viene misurato in ore. Il paziente dovrebbe assumere una dose del farmaco quando l'efficacia scende al di sotto del valore 1,5. Sul foglietto che accompagna il medicinale, quale deve essere il tempo consigliato tra una somministrazione e l'altra? Rappresenta graficamente la soluzione del problema.

[una dose ogni 8 ore]

IL CAPITOLO SI COMPLETA CON:

ESERCIZI DI CONSOLIDAMENTO E PER LE ECCELLENZE

VERIFICA INTERATTIVA

Test Finale

1 Due vertici opposti di un rombo sono fissi; qual è il luogo degli altri due vertici? Fornisci una esauriente motivazione alla tua risposta. Se i due vertici fissi hanno coordinate $(-1, 2)$ e $(4, 3)$, qual è l'equazione del luogo?

1,5 punti

2 Scrivi l'equazione della parabola che ha fuoco nel punto $\left(1, \frac{1}{4}\right)$ e per direttrice la retta $y = -\frac{1}{4}$, trovane il vertice, l'asse di simmetria e costruiscine il grafico.

1 punto

3 Un fascio di rette parallele è tagliato da due trasversali come nella figura a lato e dei segmenti individuati si sa che $\overline{AB} = 8$ e $\overline{A'B'} = 5$. Scrivi la relazione che lega le misure dei segmenti su una trasversale e sull'altra e rappresentala graficamente in un piano cartesiano.

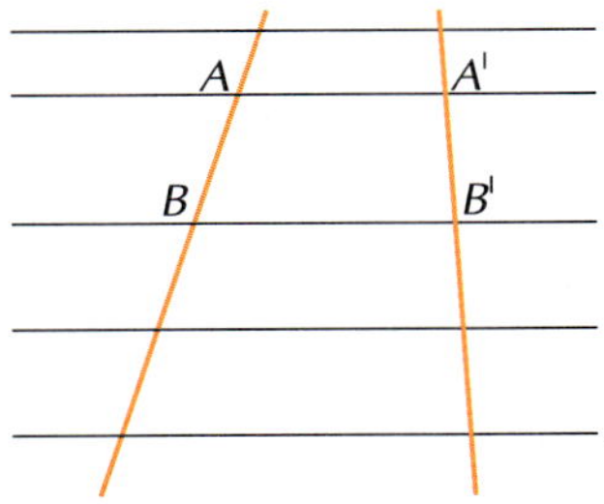

1 punto

4 Dopo averne costruito il grafico, trova gli zeri, se esistono, delle seguenti funzioni:

a. $y = -\frac{1}{5}x + \frac{2}{3}$ **b.** $y = 6x^2 + x - 1$ **c.** $y = \frac{1}{4}x^2 - x + 1$

1,5 punti

5 Risolvi le seguenti disequazioni utilizzando il metodo grafico:

a. $\frac{1}{2}x - 2 < 0$ **b.** $6 - 5x > 0$

1 punto

6 Rappresenta graficamente le seguenti funzioni con i moduli:

a. $y = |x| - 2$ **b.** $y = |3x + 1| + 1$

1 punto

7 Costruisci il grafico delle seguenti funzioni lineari a tratti:

a. $y = \begin{cases} 1 - 5x & \text{se } x < 0 \\ \frac{1}{3}x - 1 & \text{se } x \geq 0 \end{cases}$ **b.** $y = \begin{cases} 2 - \frac{3}{4}x & \text{se } x < -1 \\ \frac{1}{3}x - 2 & \text{se } x \geq -1 \end{cases}$

1 punto

8 Un rappresentante di agende propone al libraio acquirente due forme di pagamento che indichiamo con *A* e *B*:
A: € 10 per ogni agenda acquistata e € 40 fisse di spese di imballaggio e spedizione;
B: € 12 per ogni agenda acquistata senza spese aggiuntive.
Determina, al variare del numero di agende, la convenienza del libraio.

2 punti

Soluzioni

1 Asse del segmento che unisce i due vertici opposti; equazione del luogo: $5x + y - 10 = 0$

2 $y = x^2 - 2x + 1$; $V(1, 0)$; asse: $x = 1$

3 È il teorema di Talete: i segmenti su una trasversale sono direttamente proporzionali a quelli sull'altra. Indicando con x e y le misure di tali segmenti, la relazione è $y = \frac{5}{8}x$ ed il suo grafico è una retta per l'origine.

4 **a.** $x = \frac{10}{3}$; **b.** $x = -\frac{1}{2}$, $x = \frac{1}{3}$; **c.** $x = 2$

5 **a.**

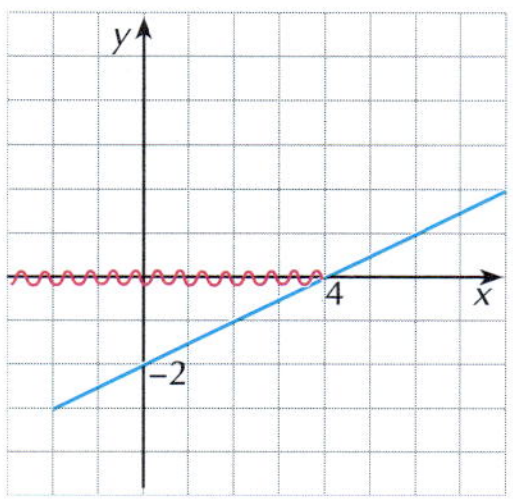

b.

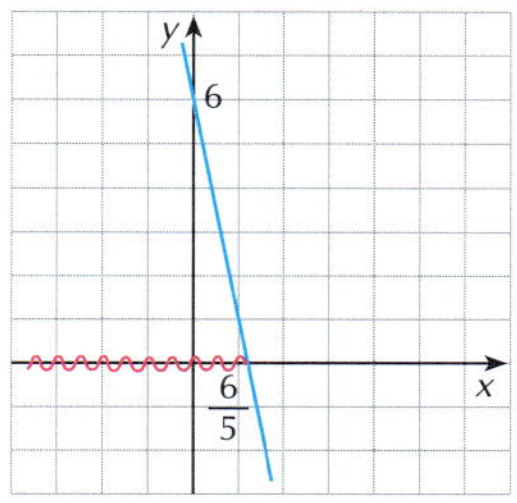

6 **a.**

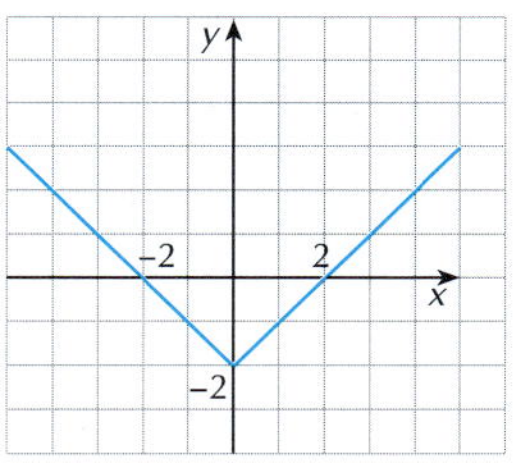

b.

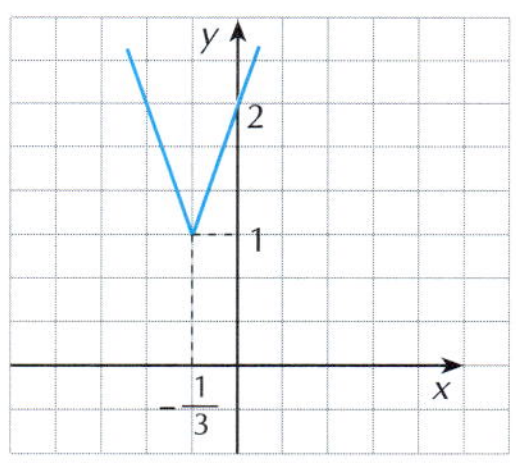

7 **a.**

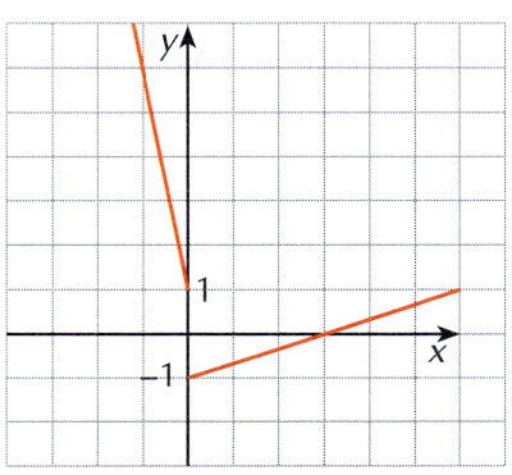

b.

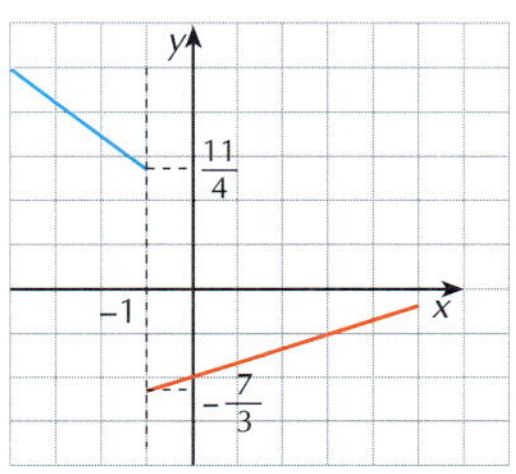

8 $x \leq 20 : B$; $x \geq 20 : A$, con $x \in N$

Esercizio	1	2	3	4	5	6	7	8	
Punteggio									

Valutazione in decimi

MATEMATICA & SCIENZE

La proporzionalità in Fisica: le leggi di dilatazione

Quando i corpi vengono riscaldati, si dilatano; su questo principio fisico si basa, per esempio, la costruzione dei termometri a mercurio per la misurazione della temperatura.
La dilatazione avviene in tutte le direzioni, ma se il corpo che viene riscaldato è per esempio una barra, la dilatazione avviene in prevalenza nel senso della lunghezza. Se indichiamo con L_0 la lunghezza iniziale della barra, una variazione di temperatura ΔT provoca una variazione di lunghezza ΔL che è data dalla relazione

$$\Delta L = \lambda L_0 \Delta T$$

dove il termine λ viene detto coefficiente di dilatazione lineare ed è caratteristico del materiale di cui è costituita la barra.

Riconosciamo in questa relazione una funzione di proporzionalità diretta tra l'allungamento ΔL e la variazione di temperatura ΔT; il coefficiente di proporzionalità è il prodotto λL_0.
Nella costruzione delle ferrovie, per esempio, si lasciava fino a qualche tempo fa uno spazio di qualche millimetro tra un binario e l'altro in previsione dell'aumento di temperatura nel periodo estivo e del conseguente allungamento dei binari. Era questo spazio che provocava il classico rumore cadenzato che il viaggiatore percepiva.
Oggi si uniscono i binari con appositi giunti che evitano questo rumore e sollecitano meno la struttura del treno.
Per renderci conto di questa necessità, calcoliamo di quanto si allunga un binario di 36m quando passa da una temperatura di $-10°C$ in inverno a una temperatura di $30°C$ in estate.
Il coefficiente di dilatazione lineare dell'acciaio, materiale di cui è fatto un binario, è uguale a $2 \cdot 10^{-6}\ °C^{-1}$, tenendo presente che $\Delta T = 30° - (-10°) = 40°C$, applicando la formula otteniamo un allungamento $\Delta L = 2 \cdot 10^{-6} \cdot 36 \cdot 40 \approx 0{,}003m$ cioè circa 3 millimetri.

Ogni corpo si dilata in modo diverso a seconda del materiale di cui è fatto; su questo principio si basa la costruzione di lamine bimetalliche, cioè lamine formate da due materiali diversi sovrapposti.
Quando una lamina bimetallica viene riscaldata, il metallo con il coefficiente di dilatazione maggiore si allunga di più, provocando una incurvatura della lamina (nella figura la lamina, scaldata dalla fiamma, si incurva verso l'alto). Le lamine bimetalliche possono essere utilizzate, per esempio, come elementi di un termostato: piegandosi possono aprire il circuito elettrico del termostato e spegnere l'impianto di riscaldamento di una casa.

Una analoga legge di dilatazione vale per i fluidi il cui volume V si dilata secondo la legge:

$$\Delta V = \alpha V_0 \Delta T$$

essendo in questo caso V_0 il volume iniziale e α il coefficiente di dilatazione volumica.

Tenendo presente le leggi di dilatazione termica, risolvi i problemi che puoi trovare nell'espansione online.

ULTERIORI COLLEGAMENTI

MATEMATICA DELLA VITA QUOTIDIANA

La gita scolastica in seconda

Anche quest'anno la II B va in gita, questa volta tre giorni a Firenze, in pullman; il Consiglio di Classe deve scegliere il miglior preventivo fra i tre proposti.
La ditta Spazio3 richiede € 100 al giorno per il noleggio del pullman con l'autista più € 0,50 per chilometro percorso. La ditta ViaggioTour richiede € 180 per il noleggio del pullman complessivamente per i tre giorni e € 0,80 per chilometro percorso. La ditta Perilmondo fa pagare una quota fissa di € 210 per il noleggio del pullman per tutti e tre i giorni e per i primi 150km, più € 1,40 per ogni chilometro percorso oltre i 150.
I ragazzi hanno preparato un grafico che rappresenta i tre preventivi per poter fare un confronto più diretto; ma uno dei genitori, che è titolare di un'agenzia di viaggio, la Viaggi2000, sostiene che sono tutti molto cari e che la sua agenzia sarebbe in grado di fare una proposta migliore.
Due giorni dopo alla segreteria della scuola arriva il quarto preventivo che prevede un costo fisso forfetario di € 460. Indicando con x il numero dei chilometri che complessivamente si presume di dover fare nei tre giorni di gita, aiutiamo il Consiglio di Classe a fare la sua scelta.

1 Scrivi le funzioni che rappresentano i primi tre preventivi e rappresentale nello stesso piano cartesiano.
[Spazio3 : $y = 0{,}5x + 300$; ViaggioTour : $y = 0{,}8x + 180$; Perilmondo : $y = 1{,}4x$]

2 Indica, al variare del numero di chilometri che si suppone di dover percorrere, quale agenzia offre il prezzo migliore. [$x \leq 300$: Perilmondo; $300 \leq x \leq 400$: ViaggioTour; $x \geq 400$: Spazio3]

3 Scrivi la funzione che rappresenta il quarto preventivo e rappresentala nello stesso piano delle altre tre. Per quale numero di chilometri diventa conveniente il preventivo di uno dei genitori della classe?
[$y = 460$; $x \geq 350$]

4 La città in cui si trova l'Istituto frequentato dai ragazzi dista 150km da Firenze ed è previsto che nei tre giorni di soggiorno si vadano a visitare i dintorni della città. Quali potrebbero essere i preventivi più vantaggiosi? [ViaggioTour; Viaggi2000]

5 Alla fine viene scelto il preventivo della Viaggi2000. Sai spiegare il perché?
[Per visitare i dintorni di Firenze si prevede di fare più di 50 km]

ULTERIORI COLLEGAMENTI

gare di matematica

ULTERIORI GARE

1 Nel piano cartesiano, i punti (x, y) dell'angolo di colore azzurro in figura sono descritti da quale delle seguenti disuguaglianze?

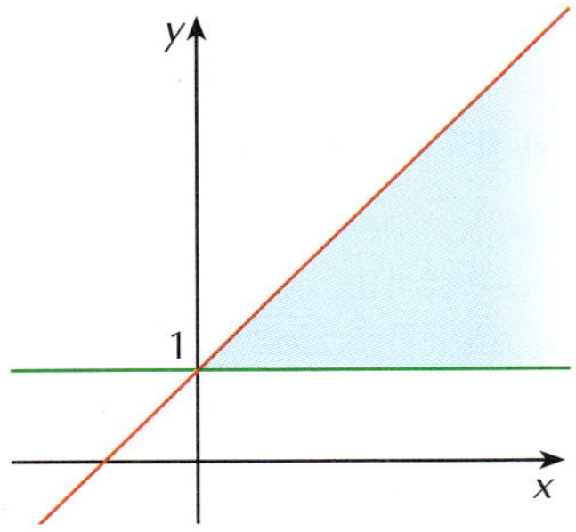

a. $1 < y < x + 1$ **b.** $1 < x < y + 1$

c. $x > 0,\ y > 1$ **d.** $0 < \dfrac{y-1}{x} < 1$

e. $(y - x)^2 < 1$ [**a.**]

2 L'insieme dei punti (x, y) del piano che verificano entrambe le disuguaglianze $y < 2x^2$ e $y > 4 - x$ è contenuto interamente nei quadranti:

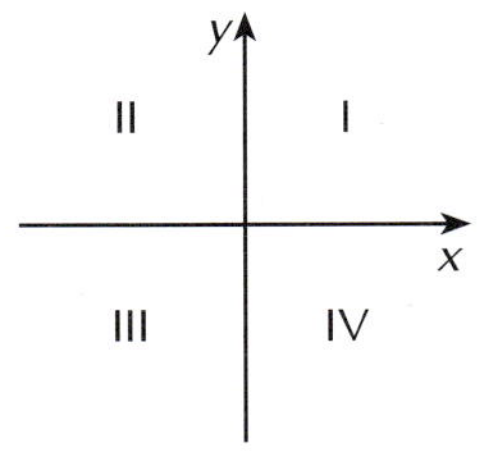

a. I e II **b.** I e IV **c.** I, II e IV **d.** I, II e III **e.** III e IV [**c.**]

Math in English

Theory on page 118

CLIL

1 Determine the vertex and the x-intercepts for the graph of $y = x^2 - 6x + 8$:

a. vertex $(-3, 35)$ x-intercepts at: $(2, 0)$ $(4, 0)$
b. vertex $(3, -1)$ x-intercepts at: $(2, 0)$ $(4, 0)$
c. vertex $(-3, 35)$ x-intercepts at: $(-2, 0)$ $(-4, 0)$
d. vertex $(3, -1)$ x-intercepts at: $(-2, 0)$ $(-4, 0)$
e. none of these [**b.**]

2 Choose the correct graph of the equation $y = (x - 3)^2 - 4$

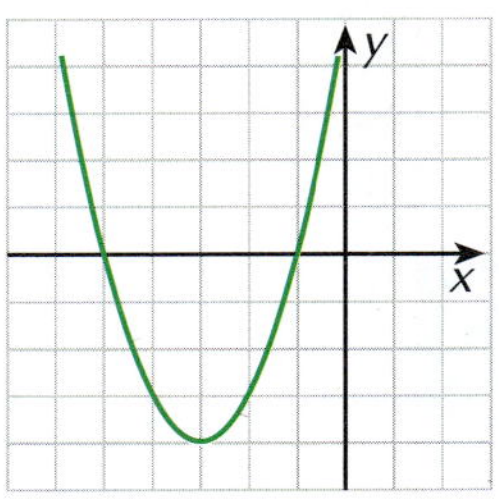

a.

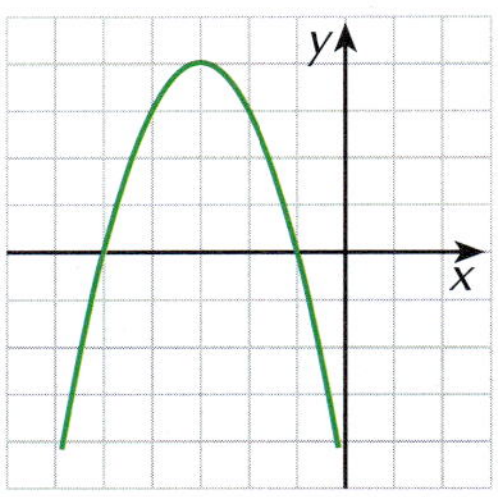

b.

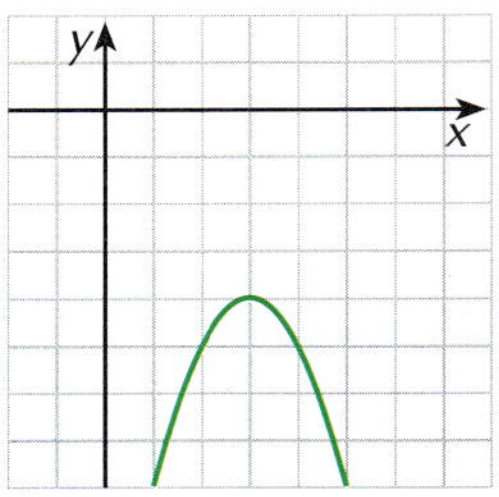

c.

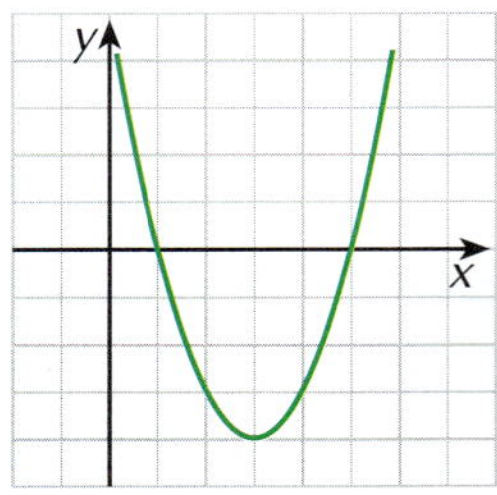

d.

e. none of these. [**d.**]

3 Which system of inequalities does the given graph represent?

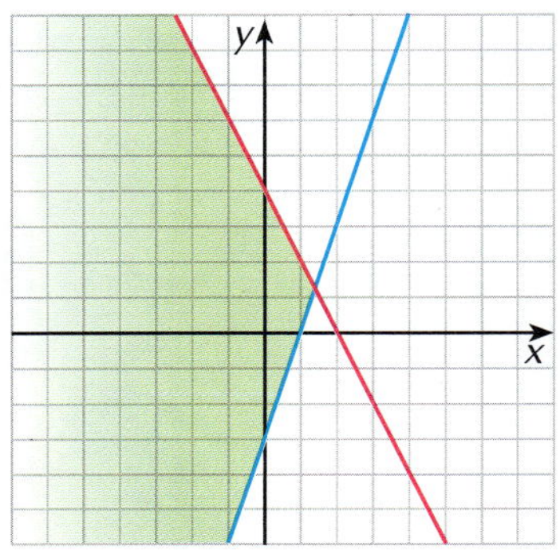

a. $\begin{cases} 2x + y \le 4 \\ 3x - y < 3 \end{cases}$ **b.** $\begin{cases} 2x + y \ge 4 \\ 3x - y > 3 \end{cases}$ **c.** $\begin{cases} 2x - y \le 4 \\ 3x + y > 3 \end{cases}$

d. $\begin{cases} 2x - y \ge 4 \\ 3x + y < 3 \end{cases}$ **e.** none of these [**a.**]

MORE EXERCISES

ESERCIZI

CAPITOLO 5

Disequazioni non lineari

LE DISEQUAZIONI DI SECONDO GRADO

teoria a pagina 121

Comprensione

SOLUZIONI ES. COMPRENSIONE

1 Un trinomio di secondo grado è associato alla parabola in figura; completa le seguenti proposizioni:

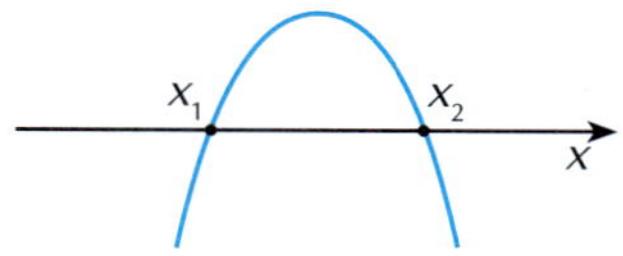

a. il trinomio è positivo se ....

b. il trinomio si annulla se ....

c. il trinomio è negativo se ....

2 Supponendo che il coefficiente a del trinomio $ax^2 + bx + c$ sia positivo e indicando con x_1 e x_2 le soluzioni reali dell'equazione associata, completa le seguenti proposizioni:

a. se $\Delta > 0$ il trinomio è positivo ...., è negativo ....

b. se $\Delta = 0$ il trinomio è positivo ...., è negativo ....

c. se $\Delta < 0$ il trinomio è positivo ...., è negativo ....

3 Il grafico associato a un certo trinomio $ax^2 + bx + c$ è in figura; barra vero o falso:

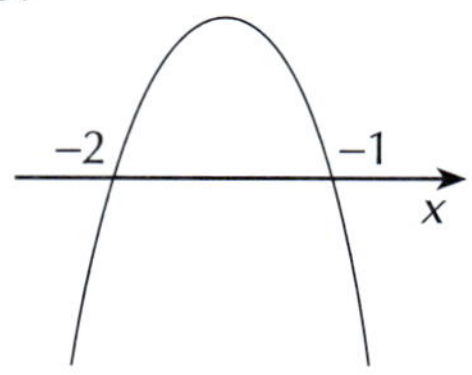

a. il trinomio è positivo per tutti gli x maggiori di -2 V F

b. il trinomio è negativo solo se $x > -1$ V F

c. il trinomio è positivo se $-2 < x < -1$ V F

d. il trinomio è negativo se $x < -2 \ \vee \ x > -1$ V F

e. il trinomio non è mai positivo perché si annulla per due valori negativi. V F

4 Barra vero o falso:

a. la disequazione $3x^2 + 7 > 0$ è verificata $\forall x \in R$ V F

b. la disequazione $x^2 + 1 < 0$ non è mai verificata in R V F

c. la disequazione $(x^2 - 6)^2 > 0$ è equivalente a $x^2 - 6 > 0$ V F

d. la disequazione $(3x - x^2)^3 < 0$ è equivalente a $x^2 - 3x > 0$. V F

5 La disequazione $x^2 - 3x + 8 > 0$:

a. non è mai soddisfatta in R

b. è sempre soddisfatta in R

c. è soddisfatta solo se è $x > 0$

d. è soddisfatta per ogni $x \neq 0$

6 Sono date le seguenti disequazioni:

① $5x^2 + 7 > 0$ ② $-3x^2 - 1 < 0$ ③ $-2x^2 - 3 > 0$ ④ $-4x^2 > 9$

Di esse si può dire che:

a. sono tutte impossibili perché per ognuna di esse $\Delta < 0$ V F

b. sono impossibili solo la ③ e la ④ V F

c. hanno tutte come soluzione R V F

d. hanno soluzione R solo la ① e la ②. V F

7 Sono date le seguenti disequazioni:

① $5x^2 > 0$ ② $(x-2)^2 < 0$ ③ $(2x+1)^4 > 0$ ④ $(x-1)^2+2 > 0$

Una sola delle seguenti affermazioni è vera; individuala motivando la scelta:

a. hanno tutte come soluzione R

b. hanno tutte come soluzione R tranne la ②

c. nessuna ha come soluzione l'insieme vuoto

d. solo la ④ ha come soluzione R.

8 Scegli fra quelle indicate le relazioni che individuano l'insieme delle soluzioni delle seguenti disequazioni:

a. $4 - x^2 > 0$:

① $x < -2 \vee x > 2$ ② $-2 < x < 2$ ③ $x < \pm 2$ ④ $x < 2$

b. $3x^2 + 2x - 8 > 0$:

① $-2 < x < \frac{4}{3}$ ② $x < -2 \vee x > \frac{4}{3}$ ③ R ④ $\varnothing$

c. $-9x^2 + 12x - 5 > 0$:

① $\frac{1}{3} < x < 1$ ② $x < \frac{1}{3} \vee x > 1$ ③ R ④ $\varnothing$

9 Le soluzioni della disequazione $ax^2 - 3x > 0$ dipendono dal valore di a; scegli fra quelli dati i corretti intervalli delle soluzioni:

a. se $a > 0$: ① $x < 0 \ \vee \ x > \frac{3}{a}$ ② $0 < x < \frac{3}{a}$ ③ R

b. se $a < 0$: ① $x < 0 \ \vee \ x > \frac{3}{a}$ ② $0 < x < \frac{3}{a}$ ③ $\frac{3}{a} < x < 0$

c. se $a = 0$: ① $x > 0$ ② $x < 0$ ③ $\varnothing$

Applicazione

Studia il segno dei seguenti polinomi di secondo grado al variare di x in R.

10 **ESERCIZIO GUIDATO**

$9x^2 - 1$

Troviamo innanzi tutto gli zeri del polinomio: $9x^2 - 1 = 0 \quad \rightarrow \quad x = \pm\frac{1}{3}$

Rappresentiamo la parabola associata al trinomio che, essendo $a > 0$, rivolge la concavità verso l'alto:

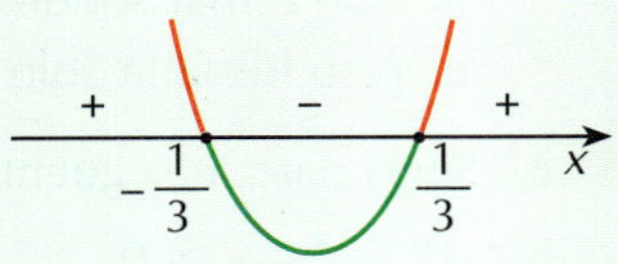

Il trinomio è: - positivo se $x < -\frac{1}{3} \ \vee \ x > \frac{1}{3}$

- negativo se $-\frac{1}{3} < x < \frac{1}{3}$

- nullo se $x = -\frac{1}{3} \ \vee \ x = \frac{1}{3}$

11 $3x^2 + 2$

12 $-2x^2$

13 $-4x^2 + 1$

14 $x^2 - 9$

15 $-x^2 + 25$

16 $3x - x^2$

17 $-x^2 + 5x$

18 $9x^2 + 3x$

19 $5x^2 - 6x + 1$

20 $-9x^2 - 1$

21 $3x^2 - 5x + 7$

22 $8x^2 + x$

Risolvi le seguenti disequazioni di secondo grado.

23

ESERCIZIO GUIDATO

a. $4 - 3x^2 - 4x > 0$ **b.** $5x^2 + 6x + 3 > 0$

a. Riscriviamo la disequazione ordinando il polinomio e cambiamo contemporaneamente i segni e il verso:

$3x^2 + 4x - 4 < 0$

Troviamo le radici dell'equazione associata: $x = \dfrac{-2 \pm \sqrt{4 + 12}}{3} = \begin{cases} -2 \\ \dfrac{2}{3} \end{cases}$

Rappresentiamo la parabola in riferimento all'asse x :

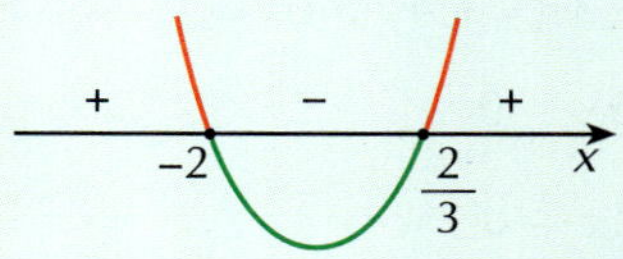

Scegliamo l'intervallo corrispondente al segno negativo: $-2 < x < \dfrac{2}{3}$.

b. Troviamo le soluzioni dell'equazione associata: $x = \dfrac{-3 \pm \sqrt{9 - 15}}{5} = \dfrac{-3 \pm \sqrt{-6}}{5}$

Avendo trovato un discriminante negativo la parabola non ha zeri; di conseguenza il suo grafico non interseca l'asse x:

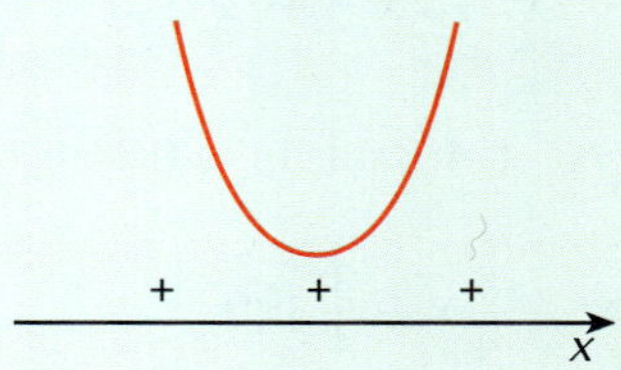

La disequazione è quindi verificata in tutto l'insieme R.

24 $1 - x^2 > 0$

25 $x^2 - 6x + 9 > 0$

26 $1 - 3x^2 \geq 0$

27 $6x^2 - x > 0$

28 $x^2 - 8 \geq 0$

29 $5 + 4x^2 \leq 0$

30 $3 - x^2 \leq 0$

31 $25 - x^2 \geq 0$

32 $-6x^2 < 0$

33 $x^2 - 5x - 6 < 0$

34 $(x - 1)^2 \leq 0$

35 $-8x^2 \geq 0$

36 $12x^2 - 4x - 1 < 0$

37 $x^2 - 10x + 25 \geq 0$

38 $9x^2 - 1 < 0$

39 $x^2 - 4x + 4 < 0$

40 $2x^2 - 6x + 2 > 0$

41 $5x^2 + 4x \geq 0$

42 $-x^2 + 3x + 4 \geq 0$

43 $x^2 - \frac{4}{5}x + \frac{4}{25} < 0$

44 $\frac{1}{3}x^2 - 6x < 0$

45 $2x^2 - \frac{1}{3}x - \frac{1}{3} > 0$

46 $7x - 14x^2 \leq 0$

47 $x^2 + \frac{x}{6} \geq \frac{1}{3}$

48 $\frac{1}{4}x^2 - 2x + 4 > 0$

49 $12 - x^2 \geq 0$

50 $x^2 - \frac{x}{4} \leq \frac{3}{4}$

51 $3x^2 - 5x - 3 \leq 0$

52 $3x^2 - 5x + 3 \leq 0$

53 $25x^2 - 5x < 6$

54 $3x^2 + 12 < 0$

55 $7x^2 \leq 0$

56 $-3x^2 \geq x$

57 $-5x^2 > 0$

58 $-\frac{1}{2}x^2 < 0$

59 $\sqrt{2}x^2 > 0$

60 $-3(x^2 + 2x + 8) \geq 0$

61 $-3 - x^2 < 0$

62 $-2(x - 3)(x + 4) > 0$

63 $(1 - x)(1 + x) \geq 0$

64 $4x^2 - 5x > 0$

65 $x^2 \geq 7x - 10$

66 $3x^2 - 3x + \sqrt{3} < 0$

67 $x^2 + \sqrt{2}x \geq 4$

$[S = \varnothing;\ x \leq -2\sqrt{2} \ \vee\ x \geq \sqrt{2}]$

68 $2x^2 + (2\sqrt{3} - 1)x - \sqrt{3} \geq 0$

69 $x^2 - \sqrt{3}x + 5\sqrt{6} < 0$

$\left[x \leq -\sqrt{3} \ \vee\ x \geq \frac{1}{2};\ S = \varnothing\right]$

70 $x^2 + 3\sqrt{2}x + 4\sqrt{2} > 0$

71 $2x^2 \leq \sqrt{6}(\sqrt{6} - x)$

$\left[S = R;\ -\sqrt{6} \leq x \leq \frac{\sqrt{6}}{2}\right]$

72 $\sqrt{2}x^2 + 7x - 4\sqrt{2} \geq 0$

73 $\sqrt{15}x - \sqrt{3}x^2 > 0$

$\left[x \leq -4\sqrt{2} \ \vee\ x \geq \frac{\sqrt{2}}{2};\ 0 < x < \sqrt{5}\right]$

74 $3x^2 + 4(3x + 1) < 0$

75 $x^2 + \sqrt{3} > 0$

$\left[\frac{-6 - 2\sqrt{6}}{3} < x < \frac{-6 + 2\sqrt{6}}{3};\ S = R\right]$

76 $x^2 - \frac{5}{4}x + \frac{3}{4} \geq 0$

77 $x^2 < \frac{1}{4}\left(5x + \frac{3}{2}\right)$

$\left[S = R;\ -\frac{1}{4} < x < \frac{3}{2}\right]$

78 $x^2 + (1 + \sqrt{3})x + \sqrt{3} > 0$ $[x < -\sqrt{3} \ \vee\ x > -1]$

79 $-x^2 + (\sqrt{2} - 2)x - 5 \leq 0$ $[S = R]$

80 $x^2 - \sqrt{2}x - 4 \geq 0$ $[x \leq -\sqrt{2} \ \vee\ x \geq 2\sqrt{2}]$

81 $x^2 - (\sqrt{2} + 1)x + \sqrt{2} < 0$ $[1 < x < \sqrt{2}]$

82 $2x^2 - (2 - \sqrt{3})x - \sqrt{3} \geq 0$ $\left[x \leq -\frac{\sqrt{3}}{2} \ \vee\ x \geq 1\right]$

83 $-2x^2 - 7\sqrt{3}x - 9 \leq 0$ $\left[x \leq -3\sqrt{3} \ \vee\ x \geq -\frac{\sqrt{3}}{2}\right]$

84 $3(2x^2+1)+11(1-x)<11$ $\left[\frac{1}{3}<x<\frac{3}{2}\right]$

85 $(x-2)^2-(2x+1)(2x-1)\geq 5$ $\left[-\frac{4}{3}\leq x\leq 0\right]$

86 $4(2x-1)^2-23(2x-1)<-15$ $\left[\frac{7}{8}<x<3\right]$

87 $\frac{1}{2}(2x-3)(x+1)-\frac{1}{3}(2x-1)(3x+2)\geq 0$ $[S=\varnothing]$

88 $1-\frac{2x-1}{3}\leq\frac{5}{3}(x-2)^2$ $\left[x\leq\frac{8}{5}\vee x\geq 2\right]$

89 $\frac{1}{2}(x^2-1)+\frac{13}{10}x\geq\frac{4-x^2}{5}-\frac{11}{10}$ $\left[x\leq -2\vee x\geq\frac{1}{7}\right]$

90 $\frac{2}{3}x+\frac{x(x-3)}{4}+\frac{1}{2}<\frac{5}{3}-\frac{1}{6}(x+7)+\frac{1}{2}x$ $\left[0<x<\frac{5}{3}\right]$

91 $\left(x-\frac{1}{2}\right)^2+\left(\frac{1}{2}x+1\right)^2-\left(\frac{1}{2}x-1\right)^2\geq\frac{1}{2}+x$ $\left[x\leq-\frac{1}{2}\vee x\geq\frac{1}{2}\right]$

92 $\left(\frac{x-2}{2}\right)^2+(2x-1)^2-\frac{1}{2}\geq\frac{1}{4}x^2+\frac{3}{2}$ $\left[x\leq 0\vee x\geq\frac{5}{4}\right]$

93 $(1-\sqrt{3}x)(\sqrt{3}x+1)-(\sqrt{3}x-1)^2\geq(2\sqrt{3}-5)x+1$ $\left[\frac{1}{3}\leq x\leq\frac{1}{2}\right]$

94 $(2-x)(2+x)-\frac{3}{2}\geq\frac{5}{2}x-1$ $\left[-\frac{7}{2}\leq x\leq 1\right]$

95 $\frac{(2-x)^2}{16}-\frac{1}{8}+\frac{-3x-8}{32}\geq-\frac{1}{2}$ $\left[x\leq\frac{3}{2}\vee x\geq 4\right]$

96 $\frac{(x+3)^3}{4}-(7+15x)<\frac{(x-1)^3}{4}$ $[0<x<3]$

97 $-\frac{1}{2}x+\frac{x^2+3}{8}+\frac{1}{4}x^2>-\frac{x+2}{8}$ $[S=R]$

98 $2-\frac{x^2+2}{4}\geq\frac{1}{6}\left(x^2-\frac{12-5x}{2}\right)$ $[-3\leq x\leq 2]$

99 $\frac{x^2-2}{12}+\frac{x+6}{4}+\frac{3x-15}{9}>\frac{15x^2+x-5}{36}$ $\left[\frac{1}{2}<x<\frac{7}{6}\right]$

100 $\frac{15x-41}{6}+\frac{x(x-10)}{3}>\frac{2x-5}{2}+\frac{(x-2)^2}{6}$ $[x<-3\vee x>10]$

101 $\frac{x(x-2)}{2}\geq 1+\sqrt{2}$ $[x\leq-\sqrt{2}\vee x\geq 2+\sqrt{2}]$

102 $\frac{(3x-1)^2}{5}-(x+1)(x-3)<\frac{(4x+3)^2}{5}+14$ $[S=R]$

103 $\frac{(x-2)(x+2)}{2}-(2x+1)(2x-1)\leq\frac{(x-3)^2-13}{4}$ $\left[x\leq 0\vee x\geq\frac{2}{5}\right]$

104 $\frac{(3x-2)(3x+2)}{3}-\frac{(1-2x)^2}{2}\leq\frac{x^2+3x-1}{6}+2(x-1)$ $[S=\varnothing]$

105 $\frac{1}{4}x+\frac{3x^2+10}{3}\leq\frac{x^2+2(1-x)}{2}+\frac{5}{2}x+\frac{(x+2)^2+2^{-1}x}{6}$ $[1\leq x\leq 5]$

106 $\frac{1}{12}+\frac{1+x^2}{10}+\frac{(x-2)(x+2)}{15}\leq\frac{6x^2-6}{30}$ $\left[x\leq-\sqrt{\frac{7}{2}}\ \vee\ x\geq\sqrt{\frac{7}{2}}\right]$

107 $-(2x+\sqrt{2})x+\frac{\sqrt{3}}{2}(2x+\sqrt{2})\geq 0$ $\left[-\frac{\sqrt{2}}{2}\leq x\leq\frac{\sqrt{3}}{2}\right]$

108 $\frac{2-8x}{2}+\frac{(x-1)^2}{3}\leq -6x$ $[x=-2]$

109 $(x-2)^2-2x\left(x-\frac{1}{3}\right)>x^2-\frac{x(7x+4)-2}{3}$ $[S=R]$

110 $\left(\frac{3x-1}{4}+\frac{x-2}{2}\right)\left(x-\frac{4-x}{2}\right)>x^2+\frac{5x^2-6x+1}{8}-4x+3$ $\left[x<-\frac{5}{2}\ \vee\ x>1\right]$

111 $x^2+\sqrt{2}\leq\frac{1}{5}x(5+5\sqrt{2})$ $[1\leq x\leq\sqrt{2}]$

112 $(x-\sqrt{3})^2+\frac{1}{2}(x+\sqrt{3})^2<\frac{1}{3}(x+\sqrt{3})(x-\sqrt{3})$ $[S=\varnothing]$

113 $x^2\leq\frac{1-\sqrt{3}}{\sqrt{3}(\sqrt{3}-1)}x+\frac{2}{3-\sqrt{3}}$ $\left[-\frac{(3+\sqrt{3})}{3}\leq x\leq 1\right]$

114 $x^2+(1-\sqrt{2})x\geq\frac{3\sqrt{2}-4}{1+\sqrt{2}}$ $[x\leq 2\sqrt{2}-3\ \vee\ x\geq 2-\sqrt{2}]$

115 $\frac{x^2}{\sqrt{2}+1}<\frac{x}{1-\sqrt{2}}+\frac{1-\sqrt{2}}{\sqrt{2}+1}x^2+2x^2+1$ $\left[x<\frac{\sqrt{2}}{2}\ \vee\ x>1\right]$

CORREGGI GLI ERRORI

116 $4x^2-1<0$ $x^2<\frac{1}{4}$ $x<\pm\frac{1}{2}$

117 $7x-x^2>0$ soluzioni dell'equazione associata $x=0\ \vee\ x=7$

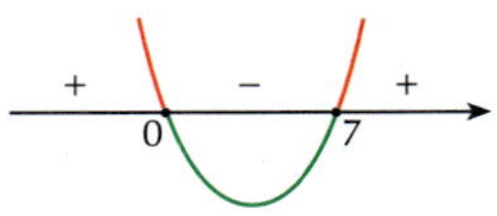

soluzioni della disequazione $x<0\ \vee\ x>7$

118 $x^2-4x+9>0$ soluzioni dell'equazione associata $x=2\pm\sqrt{4-9}=2\pm\sqrt{-5}$
nessuna soluzione reale
soluzione della disequazione $S=\varnothing$

119 $x^2+1>0$ $x^2>-1$ $x<-1\ \vee\ x>1$

120 $x^2+\frac{1}{2}x<0$ $x\left(x+\frac{1}{2}\right)<0$ $x<0\ \vee\ x<-\frac{1}{2}$

Risolvi e discuti le seguenti disequazioni letterali.

121 **ESERCIZIO GUIDATO**

$(a-1)x^2 - 2ax + a + 1 > 0$

Posta la condizione $a \neq 1$, troviamo le soluzioni dell'equazione associata:

$$x = \frac{a \pm \sqrt{a^2-(a-1)(a+1)}}{a-1} = \frac{a \pm 1}{a-1} = \begin{cases} \dfrac{a+1}{a-1} \\ 1 \end{cases}$$

Per confrontare le due soluzioni trovate e stabilire quale delle due è maggiore risolviamo la disequazione:

$$\frac{a+1}{a-1} > 1 \qquad \rightarrow \qquad a > 1$$

Si presentano quindi le seguenti possibilità:

- se $a > 1$, il coefficiente di x^2 è positivo, la parabola ha la concavità verso l'alto e la soluzione $\dfrac{a+1}{a-1}$ è maggiore della soluzione 1; la disequazione data è quindi verificata se: $x < 1 \quad \vee \quad x > \dfrac{a+1}{a-1}$

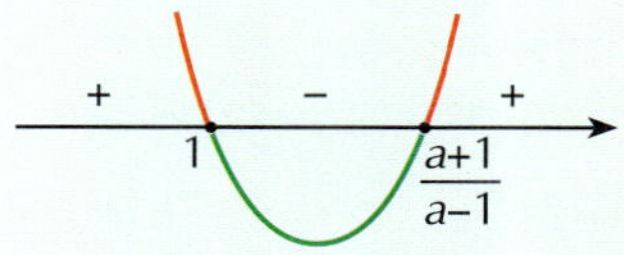

- se $a < 1$, il coefficiente di x^2 è negativo, la parabola ha la concavità verso il basso e la soluzione $\dfrac{a+1}{a-1}$ è minore della soluzione 1; la disequazione data è quindi verificata se: $\dfrac{a+1}{a-1} < x < 1$

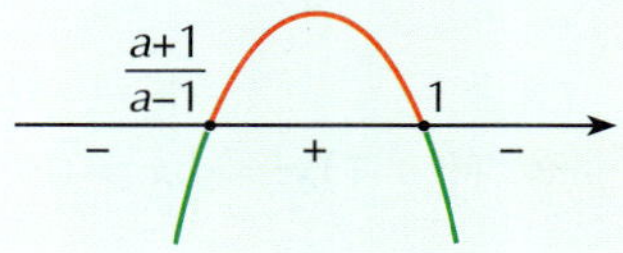

- se $a = 1$ la disequazione diventa di primo grado: $-2x + 2 > 0$ ed ha soluzione $x < 1$.

122 **ESERCIZIO GUIDATO**

$x^2 - (2a-1)x > 0$

Le soluzioni dell'equazione associata sono 0 e $2a-1$ e la concavità della parabola è verso l'alto per ogni valore di a.
Per poter individuare l'intervallo delle soluzioni occorre sapere quale delle due radici è la maggiore:

$2a - 1 > 0 \qquad$ se $\qquad a > \dfrac{1}{2}$

Di conseguenza:

- se $a > \dfrac{1}{2}$ l'insieme delle soluzioni è costituito dall'intervallo $x < 0 \ \vee \ x > 2a-1$

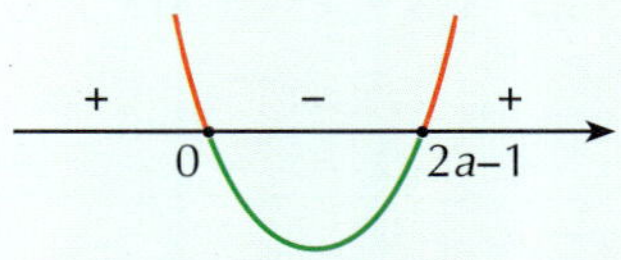

- se $a < \dfrac{1}{2}$ l'insieme delle soluzioni è costituito dall'intervallo $x < 2a-1 \ \vee \ x > 0$

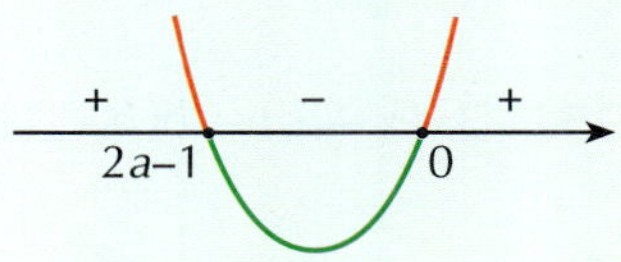

- se $a = \dfrac{1}{2}$ la disequazione diventa $x^2 > 0$ che è verificata $\forall x \in R - \{0\}$.

123 $x^2 + (1-a)x - a > 0$ $\qquad \left[\begin{array}{l} a \leq -1 : x < a \ \vee \ x > -1 \\ a > -1 : x < -1 \ \vee \ x > a \end{array}\right]$

124 $4x^2 + (k-5)x < 0$

$$\left[\begin{array}{l} k < 5 : 0 < x < \dfrac{5-k}{4} \\ k > 5 : \dfrac{5-k}{4} < x < 0 \\ k = 5 : \varnothing \end{array}\right]$$

125 $(6-a)x - 3x^2 < 0$

$$\left[\begin{array}{l} a < 6 : x < 0 \ \vee \ x > \dfrac{6-a}{3} \\ a > 6 : x < \dfrac{6-a}{3} \ \vee \ x > 0 \\ a = 6 : R \end{array}\right]$$

126 $(2-k)x^2 + 4 > 0$

$$\left[\begin{array}{l} k = 2 : R \\ k > 2 : -\dfrac{2}{\sqrt{k-2}} < x < \dfrac{2}{\sqrt{k-2}} \\ k < 2 : R \end{array}\right]$$

127 $1 - (3b+2)x^2 > 0$

$$\left[\begin{array}{l} b \le -\dfrac{2}{3} : R \\ b > -\dfrac{2}{3} : -\dfrac{1}{\sqrt{3b+2}} < x < \dfrac{1}{\sqrt{3b+2}} \end{array}\right]$$

128 $(b+1)x^2 - bx > 0$

$$\left[\begin{array}{l} b < -1 : 0 < x < \dfrac{b}{b+1} \\ -1 < b < 0 : x < \dfrac{b}{b+1} \ \vee \ x > 0 \\ b = 0 : R - \{0\} \\ b > 0 : x < 0 \ \vee \ x > \dfrac{b}{b+1} \\ b = -1 : x > 0 \end{array}\right]$$

129 $(a+2)x^2 - 2ax + a - 2 > 0$

$$\left[\begin{array}{l} a < -2 : 1 < x < \dfrac{a-2}{a+2} \\ a > -2 : x < \dfrac{a-2}{a+2} \ \vee \ x > 1 \\ a = -2 : x > 1 \end{array}\right]$$

130 $x(x-2k) + k(x+1) > 4(kx-3) + 13 - 4k$

$$\left[\begin{array}{l} k < \dfrac{2}{5} : x < 5k-1 \ \vee \ x > 1 \\ k = \dfrac{2}{5} : R - \{1\} \\ k > \dfrac{2}{5} : x < 1 \ \vee \ x > 5k-1 \end{array}\right]$$

131 $3x(x+b) - b(b-1) < (5b+1)x$

$$\left[\begin{array}{l} b < \dfrac{1}{4} : b < x < \dfrac{1-b}{3} \\ b > \dfrac{1}{4} : \dfrac{1-b}{3} < x < b \\ b = \dfrac{1}{4} : \varnothing \end{array}\right]$$

132 $3bx^2 - 6bx + 3b + 1 > 0$

$$\left[\begin{array}{l} b < 0 : x\dfrac{3b-\sqrt{-3b}}{3b} < x < \dfrac{3b+\sqrt{-3b}}{3b} \\ b \ge 0 : R \end{array}\right]$$

133 $(a-2)x^2+2(a-1)x+4-3a>0$

$$\left[\begin{array}{l} a<\frac{3}{2}: \frac{4-3a}{a-2}<x<1 \\ \frac{3}{2}<a<2: 1<x<\frac{4-3a}{a-2} \\ a>2: x<\frac{4-3a}{a-2} \vee x>1 \\ a=\frac{3}{2}: \varnothing; a=2: x>1 \end{array}\right]$$

134 $(a+3)x^2-4ax>0$

$$\left[\begin{array}{l} a<-3: 0<x<\frac{4a}{a+3} \\ a=-3: x>0 \\ -3<a\le 0: x<\frac{4a}{a+3} \vee x>0 \\ a>0: x<0 \vee x>\frac{4a}{a+3} \end{array}\right]$$

DISEQUAZIONI FRAZIONARIE E DI GRADO SUPERIORE AL SECONDO

teoria a pagina 125

Comprensione

SOLUZIONI ES. COMPRENSIONE

135 La disequazione $(x^2-3)^2>0$ è equivalente a:

a. $x^4-9>0$ **b.** $x^2-3>0$ **c.** $x^2-3>0 \wedge x^2-3<0$ **d.** $x^2-3\neq 0$

136 La disequazione $\frac{x^2}{x+1}>0$ ha come insieme delle soluzioni:

a. $x>-1$ **b.** $x<0 \vee x>1$ **c.** $x>-1 \wedge x\neq 0$ **d.** $x>0$

137 La disequazione $\frac{3x-1}{x^2-4}>2$ è verificata se:

a. $3x-1>2 \wedge x^2-4>0$ **b.** $3x-1>2(x^2-4)$

c. $\frac{3x-1-2(x^2-4)}{x^2-4}>0$ **d.** $3x-1>2 \wedge x^2-4>1$

138 La disequazione $(1-2x)^3(x^2-1)<0$ è equivalente a:

a. $(1-2x)(x^2-1)<0$ V F

b. $(x^2-1)<0$ V F

c. $(2x-1)(x^2-1)>0$ V F

d. $(2x-1)(1-x^2)>0$ V F

139 La disequazione $\frac{(x+1)^2(1-x)}{2-x}<0$ ha lo stesso insieme soluzione di (sono possibili più risposte):

a. $\frac{(x+1)(1-x)}{2-x}<0$ **b.** $\frac{x-1}{x-2}<0 \wedge x\neq -1$ **c.** $\frac{x-1}{x-2}>0 \wedge x\neq -1$

d. $(x-1)(x-2)<0 \wedge x\neq -1$ **e.** $\frac{2-x}{1-x}<0$ **f.** $\frac{x-1}{2-x}>0 \wedge x\neq -1$

140 Associa a ciascuna disequazione il proprio insieme soluzione:

① $(x-1)^2 \leq 0$ ② $(x^2+x)^3 < 0$ ③ $(x-1)^4 > 0$ ④ $(x-1)^3 < 0$

a. $x < 1$ **b.** $-1 < x < 0$ **c.** $\{1\}$ **d.** $R - \{1\}$

Applicazione

Disequazioni frazionarie

141 **ESERCIZIO GUIDATO**

$$\frac{x-4}{x+1} - \frac{1}{x} + \frac{7}{6} > 0$$

Il dominio della disequazione è: $D = R - \{0, -1\}$.

Svolgiamo i calcoli:

$$\frac{6x(x-4) - 6(x+1) + 7x(x+1)}{6x(x+1)} > 0 \quad \rightarrow \quad \frac{13x^2 - 23x - 6}{6x(x+1)} > 0$$

Studiamo il segno del numeratore e dei fattori al denominatore:

$13x^2 - 23x - 6 > 0 \quad \rightarrow \quad x < -\frac{3}{13} \vee x > 2$

$6x(x+1) > 0 \quad \rightarrow \quad x < -1 \vee x > 0$

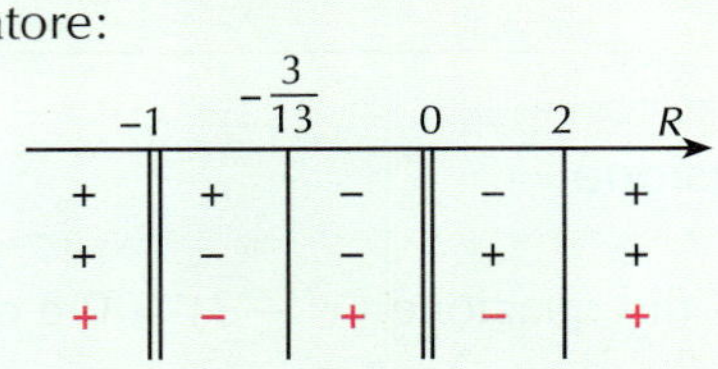

La disequazione è verificata se: $x < -1 \vee -\frac{3}{13} < x < 0 \vee x > 2$

142 $\frac{x^2}{x^2-1} \leq 0$ $\frac{x^2-1}{x^2-2x+8} \leq 0$ $[-1 < x < 1;\ -1 \leq x \leq 1]$

143 $\frac{x^2+2x-8}{x^2+x-6} > 0$ $\frac{(x+1)^2-4x}{x^2-6x+12} > 0$ $[x < -4 \vee x > -3 \wedge x \neq 2;\ S = R - \{1\}]$

144 $x + 1 \geq \frac{5}{1-x}$ $2x + 1 \leq \frac{x-1}{2x-1}$ $\left[x > 1;\ x \leq 0 \vee \frac{1}{4} \leq x < \frac{1}{2}\right]$

145 $x - 34 > \frac{32}{1-x}$ $\frac{x}{3x-5} < x$ $\left[1 < x < 2 \vee x > 33;\ 0 < x < \frac{5}{3} \vee x > 2\right]$

146 $\frac{x-4}{x+4} - \frac{x+8}{x-8} \geq 3$ $\frac{x}{x^2-1} > \frac{2}{3}$ $\left[-8 \leq x < -4 \vee 4 \leq x < 8;\ -1 < x < -\frac{1}{2} \vee 1 < x < 2\right]$

147 $8x + \frac{73}{x} \leq 73 + \frac{8}{x^2}$ $\frac{1}{x} < x$ $\left[x < 0 \vee 0 < x \leq \frac{1}{8} \vee 1 \leq x \leq 8;\ -1 < x < 0 \vee x > 1\right]$

148 $\frac{2-x}{x+1} > \frac{x-2}{3-x}$ $\frac{3+x}{x} < \frac{1}{x+1}$ $[-1 < x < 2 \vee x > 3;\ -1 < x < 0]$

149 $\frac{5x}{x+1} < -\frac{x}{x-1}$ $1 - \frac{x}{x^2+4} > 0$ $\left[-1 < x < 0 \vee \frac{2}{3} < x < 1;\ S = R\right]$

150 $\frac{2x^2+1}{3x^2-1} \leq \frac{1}{2}$ $\frac{21}{2} - \frac{3x-4}{x} > x$ $\left[-\frac{\sqrt{3}}{3} < x < \frac{\sqrt{3}}{3};\ x < -\frac{1}{2} \vee 0 < x < 8\right]$

151 $4-\frac{5(x+1)}{2x+1}<1-\frac{2}{x}$ $\qquad \frac{x+2}{3x-3}+2\leq\frac{x}{x+1}$ $\left[-\frac{1}{2}<x<0;\ -2\leq x<-1\ \vee\ \frac{1}{2}\leq x<1\right]$

152 $\frac{1-x}{3}-\frac{2}{x^2}\geq\frac{2-x}{3}$ $[S=\varnothing]$

153 $\frac{1-5x}{x}<6\left(\frac{1}{x+2}-1\right)$ $[-2<x<0\ \vee\ 1<x<2]$

154 $\frac{x+3}{x-2}-\frac{x+1}{x+2}<1$ $[x<-2\ \vee\ 3-\sqrt{21}<x<2\ \vee\ x>3+\sqrt{21}]$

155 $\frac{x-8}{2}+\frac{2x-8}{x-3}<-\frac{x-1}{3}$ $\left[x<\frac{29-\sqrt{241}}{10}\ \vee\ 3<x<\frac{29+\sqrt{241}}{10}\right]$

156 $\frac{7x-1}{1+3x}-\frac{5x-2}{3x-1}>\frac{63}{9x^2-1}$ $\left[x<-\frac{5}{2}\ \vee\ -\frac{1}{3}<x<\frac{1}{3}\ \vee\ x>4\right]$

157 $\frac{1-3x}{1-x}+2\leq\frac{8x}{x^2-2x+1}$ $\left[\frac{1}{5}\leq x<1\ \vee\ 1<x\leq 3\right]$

158 $\frac{1-x}{x+3}+\frac{2x-4}{3-x}>\frac{11-3x}{x^2-9}$ $\left[-3<x<\frac{2}{3}\ \vee\ 1<x<3\right]$

159 $\frac{1}{x-3}-\frac{1}{x}<-\frac{x^2-2x-2}{x^2-3x}$ $[0<x<3\ \wedge\ x\neq 1]$

160 $\frac{2x-1}{x}+\frac{2(2x+1)}{2x-x^2}\geq\frac{x}{x-2}$ $[x<2\ \vee\ x\geq 9]$

161 $\frac{x+2}{2x-4}+\frac{4x+24}{4x^2-16}>\frac{1}{4}$ $[x<-6\ \vee\ -6<x<-2\ \vee\ x>2]$

162 $\frac{x+3}{2x}-\frac{28-5x}{4x^2+2x}>\frac{3x+1}{2x+1}$ $\left[-\frac{1}{2}<x<0\right]$

163 $\frac{5}{x^2-5x+6}-\frac{1}{x-2}-\frac{1}{3-x}\geq 1$ $[0\leq x<2\ \vee\ 3<x\leq 5]$

164 $\left(\frac{x-2}{x+2}\right)^2+\frac{2}{x+2}\leq\frac{11-4x^2}{x^2+4x+4}$ $\left[-\frac{3}{5}\leq x\leq 1\right]$

165 $\frac{1}{x-3}+\frac{1}{2-x}>3+\frac{3(x^2-6)+14x}{x^2-5x+6}$ $\left[-\frac{1}{3}<x<\frac{1}{2}\ \vee\ 2<x<3\right]$

166 $\frac{1}{x+1}+\frac{x+5}{1-x^2}>\frac{9x-33}{4x-4}$ $\left[-1<x<-\frac{1}{3}\ \vee\ 1<x<3\right]$

167 $\frac{3}{x^2-3x+2}+\frac{3x}{x-2}<\frac{1-2x}{1-x}+\frac{1}{2-x}$ $[-3<x<0\ \vee\ 1<x<2]$

168 $\frac{1+\frac{2}{x}}{\frac{2}{x}-1}-\frac{x+\frac{1}{6}}{x-\frac{1}{6}}>0$ $\left[-\frac{\sqrt{3}}{3}<x<\frac{1}{6}\ \vee\ \frac{\sqrt{3}}{3}<x<2\ \wedge\ x\neq 0\right]$

169 $\frac{x^2}{2x^2-9x+9}+\frac{1}{2x-3}<\frac{1}{x-3}$ $\left[0<x<1\ \vee\ \frac{3}{2}<x<3\right]$

Risolvi e discuti le seguenti disequazioni letterali frazionarie.

170 $\frac{x^2-2bx+b^2}{5bx-2}<0$ con $b>0$ $\left[x<\frac{2}{5b} \wedge x\neq b\right]$

171 $\frac{3x-2b}{3x^2-6bx}>0$ con $b<0$ $\left[2b<x<\frac{2}{3}b \vee x>0\right]$

172 $\frac{a^2x^2+1}{ax^2-3x}<0$ con $a>0$ $\left[0<x<\frac{3}{a}\right]$

173 $\frac{x(x-2a)}{x+2a}<0$ con $a<0$ $[x<2a \vee 0<x<-2a]$

174 $\frac{x}{x-h}-\frac{x}{x+h}>\frac{1}{2}$ con $h>0$ $[-h<x<(2-\sqrt{5})h \vee h<x<(2+\sqrt{5})h]$

175 $\frac{h-3x}{x+h}-\frac{3x-h}{x-2h}<1$ con $h<0$ $\left[x<2h \vee h<x<-\frac{h}{7} \vee x>-h\right]$

176 $\frac{x^2-2ax-3a^2}{x^2-ax}<0$ $\left[\begin{array}{l} a>0: -a<x<0 \vee a<x<3a; \\ a<0: 3a<x<a \vee 0<x<-a; \\ a=0: S=\varnothing \end{array}\right]$

177 $x\leq\frac{2a^2}{a-x}$ $\left[\begin{array}{l} a\neq 0: x<a; \\ a=0: x<0 \end{array}\right]$

178 $1+\frac{h}{x-h}\leq\frac{1}{x+h}\left(1+\frac{2h}{x-h}\right)$ $\left[\begin{array}{l} h>1: 1\leq x<h; \\ h<1: h<x\leq 1; \\ h=1: S=\varnothing \end{array}\right]$

179 $\frac{a(x-1)}{x-a}+1\geq x$ $\left[a\leq 0: x\leq 2a \vee a<x\leq 1; 0<a\leq\frac{1}{2}: x<a \vee 2a\leq x\leq 1; \frac{1}{2}<a<1: x<a \vee 1\leq x\leq 2a; a=1: x\leq 2 \wedge x\neq 1; a>1: x<1 \vee a<x\leq 2a\right]$

Disequazioni di grado superiore al secondo

180 **ESERCIZIO GUIDATO**

$x^3+x^2>0$

Scomponiamo il polinomio al primo membro $x^2(x+1)>0$.

Studiamo ora il segno di ciascun fattore ottenuto:

I fattore $x^2>0$ $\forall x\in R-\{0\}$

II fattore $x+1>0$ $x>-1$

Costruiamo la tabella dei segni:

	$x<-1$	-1	$-1<x<0$	0	$x>0$
I fattore	+		+	o	+
II fattore	−		+		+
prodotto	−		+	o	+

L'insieme delle soluzioni è costituito dagli intervalli in cui il prodotto è positivo, cioè $-1<x<0 \vee x>0$ che possiamo anche scrivere così: $x>-1 \wedge x\neq 0$.

181 ## ESERCIZIO GUIDATO

$2x^3 - 9x^2 \leq -7x - 6$

Scriviamo prima la disequazione in forma normale e poi scomponiamo:

$$2x^3 - 9x^2 + 7x + 6 \leq 0 \qquad \rightarrow \qquad (x-2)(2x^2 - 5x - 3) \leq 0$$

I fattore $\quad x - 2 \geq 0 \qquad x \geq 2$

II fattore $\quad 2x^2 - 5x - 3 \geq 0 \qquad x \leq -\frac{1}{2} \vee x \geq 3$

Costruiamo la tabella dei segni:

R		$-\frac{1}{2}$		2		3	
I fattore	$-$		$-$	•	$+$		$+$
II fattore	$+$	•	$-$		$-$	•	$+$
prodotto	$-$	•	$+$	•	$-$	•	$+$

L'insieme delle soluzioni è costituito dagli intervalli in cui il prodotto è negativo, cioè $x \leq -\frac{1}{2} \vee 2 \leq x \leq 3$.

182 $x^3 - 5x^2 + x - 5 < 0 \qquad x^3 + x^2 - 9x - 9 \geq 0$ $\quad [x < 5;\ -3 \leq x \leq -1 \vee x \geq 3]$

183 $(5x - 2x^2)(x-2) \geq 0 \qquad x^3 - 3x^2 + 10x - 8 > 0$ $\quad \left[x \leq 0 \vee 2 \leq x \leq \frac{5}{2};\ x > 1\right]$

184 $4x^3 - 5x^2 - 7x + 2 \leq 0 \qquad x^4 - 1 \leq 0$ $\quad \left[x \leq -1 \vee \frac{1}{4} \leq x \leq 2;\ -1 \leq x \leq 1\right]$

185 $x^4 + x \geq 0 \qquad x^3 - 3x^2 + 4 > 0$ $\quad [x \leq -1 \vee x \geq 0;\ x > -1 \wedge x \neq 2]$

186 $x^3 - 6x^2 + 12x - 8 < 0 \qquad x^3 - 3x - 2 < 0$ $\quad [x < 2;\ x < 2 \wedge x \neq -1]$

187 $x^3 - 27 \geq 0 \qquad x^4 - 16 \geq 0$ $\quad [x \geq 3;\ x \leq -2 \vee x \geq 2]$

188 $(x+1)^3 - 9x - 9 < 0 \qquad x^3 + x < 0$ $\quad [x < -4 \vee -1 < x < 2;\ x < 0]$

189 $x^2(x+1)^2 - 25x^2 < 0 \qquad x^3 - 2x^2 > 4x - 8$ $\quad [-6 < x < 4 \wedge x \neq 0;\ x > -2 \wedge x \neq 2]$

190 $4x^3 - 13x^2 - 13x + 4 > 0 \qquad x^4 - 8x^2 < 0$ $\quad \left[-1 < x < \frac{1}{4} \vee x > 4;\ -2\sqrt{2} < x < 2\sqrt{2} \wedge x \neq 0\right]$

191 $2x^4 - 3x^3 \leq 2x^2 \qquad (x^2 - 1)(x - 2) \geq 8$ $\quad \left[-\frac{1}{2} \leq x \leq 2;\ x \geq 3\right]$

192 $x^3 - 13x + 12 \geq 0 \qquad 9x^4 - 16 > 0$ $\quad \left[-4 \leq x \leq 1 \vee x \geq 3;\ x < -\frac{2\sqrt{3}}{3} \vee x > \frac{2\sqrt{3}}{3}\right]$

193 $9x^5 - 9x^4 - x^3 + x^2 < 0 \qquad (3x^2 + 1)(x - 2) < -12$ $\quad \left[x < -\frac{1}{3} \vee \frac{1}{3} < x < 1;\ x < -1\right]$

194 $2x^4 - 7x^3 - 10x^2 + 24x > 0 \qquad x - 9x^3 \leq 0$ $\quad \left[x < -2 \vee 0 < x < \frac{3}{2} \vee x > 4;\ -\frac{1}{3} \leq x \leq 0 \vee x \geq \frac{1}{3}\right]$

195 $\frac{x^3 + 1}{4} > x + 1 \qquad (x^2 - x)(3 - 2x) < -2$ $\quad \left[\frac{1 - \sqrt{13}}{2} < x < -1 \vee x > \frac{1 + \sqrt{13}}{2};\ x > 2\right]$

196 $\frac{x^4 + 25}{5} < 5(1 + x^2) \qquad x^5 - x^3 > 0$ $\quad [-5 < x < 0 \vee 0 < x < 5;\ -1 < x < 0 \vee x > 1]$

197 $2(x^3-1) \geq 3x(1-x)$ $\qquad 4(x^4-1) > x^2+1$ $\qquad \left[-2 \leq x \leq -\frac{1}{2} \vee x \geq 1;\ x < -\frac{\sqrt{5}}{2} \vee x > \frac{\sqrt{5}}{2}\right]$

198 $x^3+5x^2+8x+4>0$ $\qquad 4x^3-x<8x^2-2$ $\qquad \left[x>-1;\ x<-\frac{1}{2} \vee \frac{1}{2}<x<2\right]$

199 $5x^3-12x^2-12x+5<0$ $\qquad \left[x<-1 \vee \frac{17-3\sqrt{21}}{10}<x<\frac{17+3\sqrt{21}}{10}\right]$

200 $(x-1)^3-8(x^2-2x+1)-(x-1)+8 \leq 0$ $\qquad [x \leq 0 \vee 2 \leq x \leq 9]$

201 $\frac{x+1}{2}-x^2+\frac{2x+3}{3}<\frac{x^3+x(7-6x)+36}{6}$ $\qquad [x>-3]$

202 $\frac{x(x^2+1)}{3}+\frac{x}{12} \geq \frac{x^3+3x}{2}$ $\qquad [x \leq 0]$

203 $\left(\frac{2}{3}x^3-x^2-x+\frac{2}{3}\right)\frac{x^2+2x+1}{4} \leq 0$ $\qquad \left[x \leq -1 \vee \frac{1}{2} \leq x \leq 2\right]$

204 **ESERCIZIO GUIDATO**

$(x^2-4x)^2+(x^2-1)^4 \geq 0$

Senza svolgere calcoli possiamo subito dire che la disequazione è sempre verificata in R perché la somma di due quadrati è sempre positiva o nulla; in particolare poi l'espressione al primo membro non è mai nulla perchè i due addendi x^2-4x e x^2-1 non si annullano contemporaneamente.

205 $(3x-1)^2+(x^2-4)^2<0$ $\qquad 4+(x^3-1)^2>0$ $\qquad [S=\varnothing;\ S=R]$

206 $(x-3)^2+(x^2-9)^2 \leq 0$ $\qquad 9+(3-7x)^2>0$ $\qquad [S=\{3\};\ S=R]$

207 $4(x^2-1)^2+(x^2+3x+2)^2>0$ $\qquad 2(x-4)^2+(x^2-4x)^2>0$ $\qquad [S=R-\{-1\};\ S=R-\{4\}]$

208 $1+(2x-3)^2+x^2<0$ $\qquad x^2+1+3(x^2+4)>0$ $\qquad [S=\varnothing;\ S=R]$

209 $2+4x^2+5(1+2x^2)<0$ $\qquad 3(x^2+x)^2+4(x+1)^2 \leq 0$ $\qquad [S=\varnothing;\ S=\{-1\}]$

CORREGGI GLI ERRORI

210 $(x-1)^2>16$ $\qquad x-1>4$ $\qquad x>5$

211 $x^2(x-1)+4(x-1)>0$ $\qquad (x-1)(x^2+4)>0$ $\qquad x>1 \vee x>2$

212 $x^2(x-1)-x(1+x)>0$ $\qquad x(x-1)+(x-1)>0$ $\qquad (x-1)(x+1)>0$ $\qquad x>-1 \vee x>1$

ESERCIZI RIASSUNTIVI SULLE DISEQUAZIONI

213 $\frac{1}{4x^2-9}<-1$ $\qquad \frac{x^3}{x+2} \geq 0$ $\qquad \left[-\frac{3}{2}<x<-\sqrt{2} \vee \sqrt{2}<x<\frac{3}{2};\ x<-2 \vee x \geq 0\right]$

214 $\frac{x^3+1}{3x^2-18}<0$ $\qquad \frac{x+x^3}{2x^2+8x+9}>0$ $\qquad [x<-\sqrt{6} \vee -1<x<\sqrt{6};\ x>0]$

215 $\dfrac{3x^2-5x-2}{x^4-1} \geq 0$ $\qquad \dfrac{(4x^2+5)(3x^2+1)}{x^2+9} \leq 0$ $\qquad \left[x<-1 \ \vee \ -\dfrac{1}{3} \leq x < 1 \ \vee \ x \geq 2;\ S=\varnothing\right]$

216 $\dfrac{x^3-1}{1-x^4} < 0$ $\qquad \dfrac{x^3+6x^2+12x+8}{x^2-4x+4} \geq 0$ $\qquad [x>-1 \ \wedge \ x \neq 1;\ x \geq -2 \ \wedge \ x \neq 2]$

217 $\dfrac{x^3+3x^2+8x}{x^3+x+2x^2} > 0$ $\qquad \dfrac{(x^2+1)(x^2+3)}{2x^3-x^4-x^2} \leq 0$ $\qquad [S=R-\{-1,0\};\ S=R-\{0,1\}]$

218 $\dfrac{x^3-2x^2+x}{2x^2+2} \geq 0$ $\qquad \dfrac{(x-1)^5}{(x^2-1)(x^2-3)} \leq 0$ $\qquad [x \geq 0;\ x<-\sqrt{3} \ \vee \ -1<x<\sqrt{3} \ \wedge \ x \neq 1]$

219 $\dfrac{(x^3-8)(x^2-9)}{x^3-1} \geq 0$ $\qquad [x \leq -3 \ \vee \ 1<x \leq 2 \ \vee \ x \geq 3]$

220 $\dfrac{x^5-x^2}{(x^2-1)(x^2+\sqrt{2})} < 0$ $\qquad [x<-1]$

221 $\dfrac{x-3}{x^2-x-2} + \dfrac{x+2}{x^2+4x+3} > \dfrac{5(x-3)}{x^3+2x^2-5x-6}$ $\qquad \left[-3<x<-1 \ \vee \ \dfrac{1}{2}<x<2 \ \vee \ x>2\right]$

222 $\dfrac{x+1}{(3-x)^2} + \dfrac{4x^2-15x-2}{x^3-6x^2+9x} > \dfrac{2(2x+1)}{x^2-3x}$ $\qquad [0<x<2 \ \vee \ 2<x<3 \ \vee \ x>3]$

223 $\dfrac{(x^2-2x-15)(3x-2-x^2)}{x^3-6x^2+8x} > 0$ $\qquad [x<-3 \ \vee \ 0<x<1 \ \vee \ 4<x<5]$

224 $\dfrac{4x^4-12x^3+7x^2+3x-2}{5x-2(x^2+1)} \geq 0$ $\qquad \left[-\dfrac{1}{2} \leq x < \dfrac{1}{2} \ \vee \ \dfrac{1}{2}<x \leq 1\right]$

225 $\dfrac{5x^3-21x^2-21x+5}{x^4+2x^2+1} \geq 0$ $\qquad \left[-1 \leq x \leq \dfrac{1}{5} \ \vee \ x \geq 5\right]$

226 $\dfrac{x^2-9}{x^2+3} - \dfrac{x^2+3}{x^2-9} > \dfrac{12\sqrt{2}}{7}$ $\qquad [-3<x<-1-\sqrt{2} \ \vee \ 1+\sqrt{2}<x<3]$

227 $\dfrac{3x^2(x^2+2-2\sqrt{2}x)}{x^3-27} < 0$ $\qquad [x<3 \ \wedge \ x \neq 0 \ \wedge \ x \neq \sqrt{2}]$

228 $\dfrac{3(3-2x)}{x+2\sqrt{2}} \geq 2\sqrt{2}-x+\dfrac{1-x}{x+2\sqrt{2}}$ $\qquad [-2\sqrt{2}<x \leq 0 \ \vee \ x \geq 5]$

229 $\dfrac{(3x^2+3)(x^2-25)}{2x^4-2} \geq 0$ $\qquad [x \leq -5 \ \vee \ -1<x<1 \ \vee \ x \geq 5]$

230 $\dfrac{(3x-1)(x+3)^3}{x-4} < 0$ $\qquad \left[x<-3 \ \vee \ \dfrac{1}{3}<x<4\right]$

231 $\dfrac{x(x^2-4)}{(3x+1)^2} > 0$ $\qquad \left[-2<x<0 \ \vee \ x>2 \ \wedge \ x \neq -\dfrac{1}{3}\right]$

232 $\dfrac{1}{x^3} + \dfrac{4-3x^2-6x}{x^4-2x^3} \geq \dfrac{x+2}{2x^2-x^3}$ $\qquad \left[-2 \leq x < 0 \ \vee \ \dfrac{1}{2} \leq x < 2\right]$

233 $\left(\dfrac{x-1}{x+2}-1\right)\left(\dfrac{x-1}{x+2}+1\right) \leq \dfrac{x-2}{x+2}+\dfrac{1}{x^2+4x+4}$ $\qquad [x \leq -6 \ \vee \ x \geq 0]$

teoria a pagina 128

SOLUZIONI ES. COMPRENSIONE

Comprensione

234 Un sistema è formato da due disequazioni che hanno i seguenti insiemi soluzione:

$S_1 : x < -2 \vee x > 3$ $\qquad$ $S_2 : x > 7$

Il sistema è verificato se:

a. $3 < x < 7$ **b.** $x < -2 \vee 3 < x < 7$ **c.** $-2 < x < 3 \vee x > 7$ **d.** $x > 7$

235 Il sistema $\begin{cases} x^2 + 4 < 0 \\ x^3 - 1 > 0 \end{cases}$ ha per soluzione:

a. R **b.** $x > 1$ **c.** $\varnothing$ **d.** $1 < x < 2$

236 Del sistema $\begin{cases} x^2 + 1 < 0 \\ 4x^2 + x > 0 \end{cases}$, senza svolgere calcoli e guardando solo la forma delle equazioni, si può dire che:

a. è impossibile
b. è sempre verificato in R
c. per determinare il suo insieme delle soluzioni occorre risolvere entrambe le disequazioni
d. la prima disequazione è superflua.

237 Osservando ciascuna disequazione e senza svolgere i calcoli, del sistema di disequazioni $\begin{cases} x^2 - x > 0 \\ x^2 - x > 4 \end{cases}$ si può dire che:

a. è impossibile
b. la seconda disequazione è superflua
c. la prima disequazione è superflua
d. nessuna disequazione è superflua.

Applicazione

238 **ESERCIZIO GUIDATO**

$$\begin{cases} x - 9x^2 > 0 \\ \dfrac{1}{2}x^2 \geq 3x - \dfrac{5}{2} \end{cases}$$

Risolviamo, una alla volta, le due disequazioni del sistema.

I disequazione $\quad x - 9x^2 > 0 \quad 9x^2 - x < 0 \quad \rightarrow \quad 0 < x < \dfrac{1}{9}$

II disequazione $\quad \dfrac{1}{2}x^2 \geq 3x - \dfrac{5}{2} \quad x^2 - 6x + 5 \geq 0 \quad \rightarrow \quad x \leq 1 \vee x \geq 5$

Costruiamo la tabella delle soluzioni:

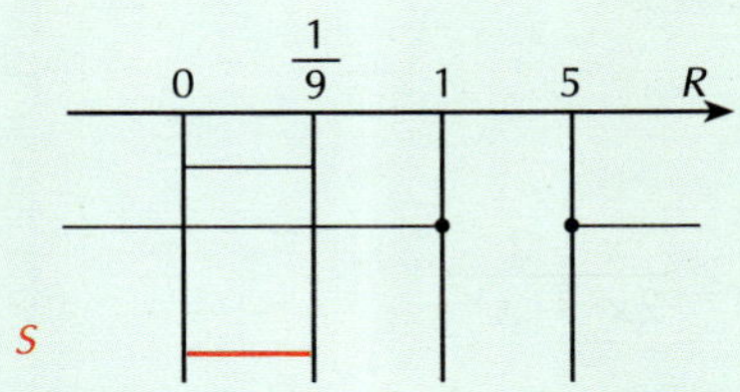

Il sistema è verificato se: $0 < x < \dfrac{1}{9}$

239 $\begin{cases} 6x^2+1>5x \\ x^2-6\sqrt{2}x+16>0 \end{cases}$ $\quad$ $\begin{cases} x^2-4>0 \\ 7-6x>x^2 \end{cases}$ $\quad$ $\left[x<\frac{1}{3} \vee \frac{1}{2}<x<2\sqrt{2} \vee x>4\sqrt{2};\ -7<x<-2\right]$

240 $\begin{cases} 4x^2-5x\le 0 \\ 1-x-6x^2>0 \end{cases}$ $\quad$ $\begin{cases} x^2<6x \\ 35+2x-x^2\ge 0 \end{cases}$ $\quad$ $\left[0\le x<\frac{1}{3};\ 0<x<6\right]$

241 $\begin{cases} 25-x^2\ge 0 \\ x^2-5x+6>0 \end{cases}$ $\quad$ $\begin{cases} 2x^2+3x\ge 20 \\ (x-2)^2-4<0 \end{cases}$ $\quad$ $\left[-5\le x<2 \vee 3<x\le 5;\ \frac{5}{2}\le x<4\right]$

242 $\begin{cases} x^2+x-6>0 \\ x-1<0 \end{cases}$ $\quad$ $\begin{cases} 1>(x+1)^2 \\ 9<(2x-1)^2 \end{cases}$ $\quad$ $[x<-3;\ -2<x<-1]$

243 $\begin{cases} -x^2\le -9 \\ -x+1<\frac{1}{5} \end{cases}$ $\quad$ $\begin{cases} (2x-1)^2>4 \\ 8<2(3-x)^2 \end{cases}$ $\quad$ $\left[x\ge 3;\ x<-\frac{1}{2} \vee x>5\right]$

244 $\begin{cases} 1\ge \frac{2x+1}{3} \\ x^2+2x-8<0 \end{cases}$ $\quad$ $\begin{cases} \frac{x^2+3}{4}\le 2 \\ 3x^2+4x>15 \end{cases}$ $\quad$ $\left[-4<x\le 1;\ \frac{5}{3}<x\le\sqrt{5}\right]$

245 ESERCIZIO GUIDATO

$$\begin{cases} 2x(x-1)\ge x \\ (5x-2)^2+3<0 \end{cases}$$

Osserviamo la seconda disequazione: poiché il primo membro è la somma di due quantità positive e non può quindi essere negativo, la disequazione non è mai verificata in R.
Di conseguenza non vale la pena di risolvere la prima disequazione perché il sistema non è mai verificato:

$$S=\varnothing$$

246 ESERCIZIO GUIDATO

$$\begin{cases} x^2+4>0 \\ 4x(x+1)\ge 7 \end{cases}$$

La prima disequazione, essendo il primo membro la somma di due termini positivi, è sempre verificata in R; per risolvere il sistema è quindi sufficiente risolvere la seconda disequazione:

$$4x(x+1)\ge 7 \quad\rightarrow\quad 4x^2+4x-7\ge 0 \quad\rightarrow\quad x=\frac{-2\pm\sqrt{4+28}}{4}=\frac{-1\pm 2\sqrt{2}}{2}$$

Il sistema è dunque verificato se: $x\le\frac{-1-2\sqrt{2}}{2} \vee x\ge\frac{-1+2\sqrt{2}}{2}$

247 $\begin{cases} (x-1)^2+5>0 \\ x^2+x>0 \end{cases}$ $\quad$ $\begin{cases} x^2<-8 \\ 3>x^2+x \end{cases}$ $\quad$ $[x<-1 \vee x>0;\ S=\varnothing]$

248 $\begin{cases} 3x(x-2)<x^2 \\ x-2x^2\ge 0 \end{cases}$ $\quad$ $\begin{cases} (x-3)^2<-1 \\ x^2>3x(x+4) \end{cases}$ $\quad$ $\left[0<x\le\frac{1}{2};\ S=\varnothing\right]$

249 $\begin{cases} (2x+1)^2\le 9x \\ 4x^2<2x \end{cases}$ $\quad$ $\begin{cases} 1+(3-2x)^2>0 \\ (1+2x)^2-9<0 \end{cases}$ $\quad$ $\left[\frac{1}{4}\le x<\frac{1}{2};\ -2<x<1\right]$

250 **ESERCIZIO GUIDATO**

$$\begin{cases} 4x^2 - 5x > 6 \\ 4x^2 - 5x > -3 \end{cases}$$

Osserviamo che se deve essere $4x^2 - 5x > 6$ allora l'espressione $4x^2 - 5x$ è automaticamente maggiore di -3.
La seconda disequazione è quindi superflua e il sistema è equivalente alla sola prima disequazione:

$$4x^2 - 5x > 6 \quad \rightarrow \quad 4x^2 - 5x - 6 > 0 \quad \rightarrow \quad x < -\frac{3}{4} \lor x > 2$$

251 $\begin{cases} 3x - x^2 < 2 \\ 3x - x^2 < 6 \end{cases}$ $\quad\begin{cases} 5x^2 - 7x > 1 \\ 5x^2 - 7x > 6 \end{cases}$ $\quad\left[x < 1 \lor x > 2;\ x < -\frac{3}{5} \lor x > 2\right]$

252 $\begin{cases} \dfrac{x^2}{4} - x > 0 \\ \dfrac{x^2}{4} - x + 3 > 0 \end{cases}$ $\quad\begin{cases} \dfrac{x^2 - 1}{3} < 1 \\ \dfrac{x^2 - 1}{3} < 3 \end{cases}$ $\quad[x < 0 \lor x > 4;\ -2 < x < 2]$

253 $\begin{cases} \dfrac{1}{3}x > -2x + 7 \\ x^2 - 4 \geq 0 \end{cases}$ $\quad\begin{cases} \dfrac{1}{4}x^2 \leq \dfrac{1}{2}x + 1 \\ 2x^2 > 3(3 - x) \end{cases}$ $\quad\left[x > 3;\ \frac{3}{2} < x \leq 1 + \sqrt{5}\right]$

254 $\begin{cases} x^2 - 3x + 10 < 0 \\ x^2 - 3x \geq 0 \end{cases}$ $\quad\begin{cases} 4x^2 + 6x \geq 0 \\ (\sqrt{3}x + 1)^2 + \sqrt{5} > 0 \end{cases}$ $\quad\left[S = \emptyset;\ x \leq -\frac{3}{2} \lor x \geq 0\right]$

255 $\begin{cases} 7x - x^2 > 0 \\ x^2 - 8x - 4 < 0 \end{cases}$ $\quad\begin{cases} (1 + \sqrt{2}x)^2 - 4 > 0 \\ 3 < -(2 - \sqrt{3}x)^2 \end{cases}$ $\quad[0 < x < 7;\ S = \emptyset]$

256 $\begin{cases} x^3 - 1 - 3x^2 + 3x < 0 \\ x^2 - \dfrac{4}{3} < 0 \end{cases}$ $\quad\begin{cases} 4x^2 + 12x + 9 > 0 \\ 3x^2 - 2\sqrt{3}x + 1 \geq 0 \end{cases}$ $\quad\left[-\frac{2\sqrt{3}}{3} < x < 1;\ S = R - \left\{-\frac{3}{2}\right\}\right]$

257 **ESERCIZIO GUIDATO**

$$\begin{cases} 3x^2 + x - 2 < 0 \\ 2x^3 - 3x^2 < 0 \end{cases}$$

Nella seconda disequazione raccogliamo il termine x^2; possiamo quindi scrivere il sistema nella forma

$$\begin{cases} 3x^2 + x - 2 < 0 \\ x^2(2x - 3) < 0 \end{cases}$$

Poiché x^2 è sempre positivo o nullo, posto $x \neq 0$, il sistema è equivalente a $\begin{cases} 3x^2 + x - 2 < 0 \\ 2x - 3 < 0 \end{cases}$

Risolvendo la prima disequazione si ottiene $-1 < x < \dfrac{2}{3}$

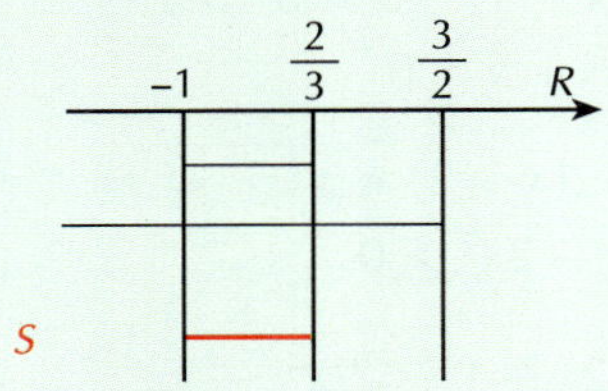

Risolvendo la seconda disequazione si ottiene $x < \dfrac{3}{2}$

Il sistema è verificato se: $-1 < x < \dfrac{2}{3}$ con $x \neq 0$.

258 $\begin{cases} \frac{1}{5}x^2(x^2+1) \geq 0 \\ x^2 - 7x + 25 > 0 \end{cases}$ $\begin{cases} (x-1)(x^2+x+1) < (x-1)^3 \\ 2x^2 + 3x - 2 \geq 0 \end{cases}$ $\left[R;\ \frac{1}{2} \leq x < 1\right]$

259 $\begin{cases} \frac{1}{2}(x+1) \geq \frac{5}{x-2} \\ (x-1)^3 > 0 \end{cases}$ $\begin{cases} \frac{1}{3+x} < 1 \\ (x+1)^2 - (x+1)(x-1) > -3 \end{cases}$ $[1 < x < 2 \ \vee\ x \geq 4;\ x > -2]$

260 $\begin{cases} (1-x)^2 < 9 \\ 5x - 7 > \frac{9}{x+1} \end{cases}$ $\begin{cases} x^2 - 6x + 5 > 0 \\ \frac{1}{x+1} > \frac{2}{x^2-1} \end{cases}$ $\left[-\frac{8}{5} < x < -1 \ \vee\ 2 < x < 4;\ -1 < x < 1 \ \vee\ x > 5\right]$

261 $\begin{cases} \frac{2-x}{x-1} - \frac{2}{x^2-1} < \frac{x}{x+1} \\ \frac{2x^2-1}{x^2+4x+4} \leq 1 \end{cases}$ $\begin{cases} \frac{5}{4-x^2} \geq 0 \\ \frac{x^2-4}{x^2+4} + 1 > 0 \end{cases}$ $[0 < x < 1 \ \vee\ 1 < x \leq 5;\ -2 < x < 0 \ \vee\ 0 < x < 2]$

262 $\begin{cases} \frac{3x^2-2x-5}{(x-3x^2)(x+2)} > 0 \\ \frac{8}{x} > 6 - x \end{cases}$ $\begin{cases} \left(x + \frac{1}{3}\right)^2 \geq \frac{1}{9} \\ \frac{2x^2-x-3}{1-x} > 0 \end{cases}$ $\left[\frac{1}{3} < x < \frac{5}{3};\ x < -1 \ \vee\ 1 < x < \frac{3}{2}\right]$

263 $\begin{cases} \frac{9-x^2}{x^2-16} \leq 0 \\ 7x - 4 > \frac{7x(x-1)}{x+1} \end{cases}$ $\left[x < -4 \ \vee\ -3 \leq x < -1 \ \vee\ \frac{2}{5} < x \leq 3 \ \vee\ x > 4\right]$

264 $\begin{cases} \frac{1-x}{x+3} - \frac{2x}{3-x} + 1 \leq 0 \\ 25x(x+1) + 4 \geq 0 \end{cases}$ $[-6 \leq x < -3 \ \vee\ 1 \leq x < 3]$

265 $\begin{cases} \frac{3x^2+2x+3}{6} - \frac{1}{3}x^2 > \frac{1+x^2}{4} + \frac{x+5}{12} \\ 25x^2 + 4 - 20x > 0 \end{cases}$ $[1 < x < 2]$

266 $\begin{cases} -x^2 - 25 > 0 \\ \left(x+\sqrt{3}\right)^2 - 2\left(x-\sqrt{3}\right) \leq 2x^2 - 9 \end{cases}$ $[S = \varnothing]$

267 $\begin{cases} -x^2 + 2x - 1 \geq 0 \\ x^2 + \left(2-\sqrt{2}\right)x - 2\sqrt{2} \leq 0 \end{cases}$ $[S = \{1\}]$

268 $\begin{cases} 2x^2 + x - 1 \geq 0 \\ 2x^2 - x \leq 0 \\ (2x-1)(2x+1) \leq 0 \end{cases}$ $\begin{cases} -x^3 > 0 \\ 10x^2 - 2 < 0 \\ 5x^2 - 5 \leq 0 \end{cases}$ $\left[S = \left\{\frac{1}{2}\right\};\ -\frac{\sqrt{5}}{5} < x < 0\right]$

269 $\begin{cases} x^2 - 6x > 0 \\ 3 - x^2 > 2x \\ x^2 > 1 \end{cases}$ $\begin{cases} 3x^4 + x^2 \geq 0 \\ 10x^2 - 5x < 0 \\ -\frac{3}{2}x < 0 \end{cases}$ $\left[-3 < x < -1;\ 0 < x < \frac{1}{2}\right]$

270 $\begin{cases} (x-2)^5 \le 0 \\ 7+\frac{1}{2}x > 0 \\ x^2+6x+9 \ge 0 \end{cases}$ $\quad \begin{cases} x-x^3 \ge 0 \\ (x-2)^5 > 0 \\ x^2+25-10x < 0 \end{cases}$ $[-14 < x \le 2;\ S=\varnothing]$

271 $\begin{cases} 3\left(\frac{x}{2}-1\right) \ge \frac{1}{3}\left(1-\frac{2}{x}\right) \\ 25x^2 \le 1 \\ x(x+1) \ge \frac{4}{3}x^2 \end{cases}$ $\quad \begin{cases} 4x^2+3(x-1) \ge 4x \\ 2x-x(x+1) \le -2x \\ 4-x^2 > 0 \end{cases}$ $\left[0 \le x \le \frac{1}{5};\ -2 < x \le -\frac{3}{4}\right]$

272 $\begin{cases} x^2+2x+1 < x(x-1) \\ x^2 \le 2x(3x-5) \\ 3x^2+7 > 0 \end{cases}$ $\quad \begin{cases} \frac{x^2-5}{2}-\frac{x^2+3}{4} > x+2 \\ x+2 < x^2 \\ x^3-9x < 0 \end{cases}$ $\left[x < -\frac{1}{3};\ x < -3\right]$

273 $\begin{cases} \frac{x^3-27}{x^2} \ge 0 \\ \frac{x+7}{-3x} < 0 \end{cases}$ $\quad \begin{cases} \frac{x(x+4)}{x-3} < 4 \\ \frac{x^7+2x}{x^2+x} \ge 0 \end{cases}$ $[x \ge 3;\ -1 < x < 0 \ \vee\ 0 < x < 3]$

274 $\begin{cases} x^3+2x^2+x+2 \ge 0 \\ x^3-x^2 \le 5x+3 \end{cases}$ $\quad \begin{cases} x^3-5x > 2x^2-6 \\ (4x^2-9)^3 > 0 \end{cases}$ $\left[-2 \le x \le 3;\ -2 < x < -\frac{3}{2} \ \vee\ x > 3\right]$

275 $\begin{cases} \frac{x^2-6x+9}{x^4-9} \le 0 \\ 5x^3+2x < 3x^2 \end{cases}$ $\quad \begin{cases} \frac{x^2-4x+4}{x-x^2-3} \ge 0 \\ \frac{x^2(x^4-81)}{x^2+1} < 0 \end{cases}$ $[-\sqrt{3} < x < 0;\ x=2]$

276 $\begin{cases} \frac{x^4}{4} > -\frac{x^3}{2} \\ -2-\frac{x+7}{4-x} \le \frac{4-x}{x+7} \end{cases}$ $\quad \begin{cases} x^3-3x^2 \le 0 \\ \frac{5}{x-3} < 0 \\ \frac{x^2-9}{x^2+4} \le 0 \end{cases}$ $[-7 < x < -2 \ \vee\ 0 < x < 4;\ -3 \le x < 3]$

277 $\begin{cases} (x-2)^3 \le 4(x-2) \\ x^5-1 > 0 \\ 7x^3-7x^2-x+1 < 0 \end{cases}$ $\quad \begin{cases} x^4+x^3+3x^2+5x-10 \le 0 \\ x^4-81 \le 0 \\ (x+1)^3 > 0 \end{cases}$ $[S=\varnothing;\ -1 < x \le 1]$

278 $\begin{cases} -5(x^2+x+1) < 0 \\ \frac{(8-x)^2}{8}+\frac{(8+x)^2}{8} < 32 \\ 4x^2+64-32x < 0 \end{cases}$ $\quad \begin{cases} \frac{x-2}{x^2-2x-3} < \frac{-2}{x+1} \\ -x^2(x-2)^3 \le 0 \\ 2(1+3x^3)-x(5+x) \ge 0 \end{cases}$ $\left[S=\varnothing;\ \frac{8}{3} < x < 3\right]$

279 $\begin{cases} x^4-16 \le 0 \\ \frac{1-x}{\sqrt{2}}+\frac{1+x}{\sqrt{2}-1} \le \frac{x(\sqrt{2}-x)+3\sqrt{2}-1}{2-\sqrt{2}} \end{cases}$ $[-1 \le x \le \sqrt{2}]$

280 $\begin{cases} \dfrac{5(x^2-1)}{24} < \dfrac{1}{3}(x^2-3) + \dfrac{7}{24} \\ \left(\dfrac{x+1}{x-1}\right)^2 - 5\left(\dfrac{x+1}{x-1}\right) + 6 > 0 \end{cases}$ $[x < -2 \lor x > 3]$

281 $\begin{cases} 4x^4 + 37x^2 + 9 \geq 0 \\ \dfrac{x^4 - 2x^2 + 1}{x^2 + \dfrac{1}{4}} \leq 0 \\ \dfrac{1}{2}x - x^2 < 0 \end{cases}$ $[x = \pm 1]$

282 $\begin{cases} \dfrac{18x}{x^2-4} < \dfrac{x}{x-2} + \dfrac{8(x-1)}{x^2-4} - \dfrac{4}{x+2} - \dfrac{10x}{(2-x)(2+x)} \\ \dfrac{x}{3} - \dfrac{4}{x} < \dfrac{1}{3} \end{cases}$ $[x < -3 \lor 0 < x < 4 \land x \neq 2]$

283 $\begin{cases} \dfrac{x^4 - 81}{-x^2} \leq 0 \\ (x^2 - 8x + 12)^3 < 0 \end{cases}$ $[3 \leq x < 6]$

284 $\begin{cases} 23x^2 - 15x - 4x^3 \geq 0 \\ \dfrac{2x^2}{x-2} - \dfrac{3+5x}{2-x} \leq 0 \\ x^3 + x^2 - 4x - 4 \geq 0 \end{cases}$ $\left[-2 \leq x \leq -\dfrac{3}{2} \lor x = -1\right]$

285 $\begin{cases} \dfrac{(x-1)^4}{2x^2 - 3x - 2} \leq 0 \\ \dfrac{-x^3(x+2)^3}{x^2+4} \geq 0 \end{cases}$ $\left[-\dfrac{1}{2} < x \leq 0\right]$

286 $\begin{cases} \dfrac{1}{9}x^2 - 9 < 0 \\ \dfrac{x+2}{2x+6} + \dfrac{x+2}{2x+2} \geq \dfrac{4}{3} \\ \dfrac{x-2}{x+1} - \dfrac{x+3}{x-1} > \dfrac{-13-x^2}{x^2-1} \end{cases}$ $[-4 \leq x < -3]$

287 $\begin{cases} -\dfrac{1}{9}x^2 + \dfrac{4}{3}x - 4 < 0 \\ \dfrac{x^2 - 6x + 7}{x-3} \geq 0 \\ \dfrac{x^2 + x + 1}{3x} - \dfrac{x+3}{4} > 1 - \dfrac{1}{x} \end{cases}$ $[x > 16]$

288 $\begin{cases} \dfrac{x^2 - 4x - 5}{x+2} \leq 0 \\ 2x^2 + \dfrac{3}{4}x - \dfrac{1}{8} > 0 \\ \dfrac{(3x+1)^5}{x^2} < 0 \end{cases}$ $\left[x < -2 \lor -1 \leq x < -\dfrac{1}{2}\right]$

CORREGGI GLI ERRORI

289 $\begin{cases} \dfrac{x-1}{x^2-4} > 0 \\ 3x - 1 > 0 \end{cases}$

- $\dfrac{x-1}{x^2-4} > 0$ $\quad x - 1 > 0 \quad x > 1$

  $x^2 - 4 > 0 \quad x < -2 \lor x > 2$

- $3x - 1 > 0$ $\quad x > \dfrac{1}{3}$

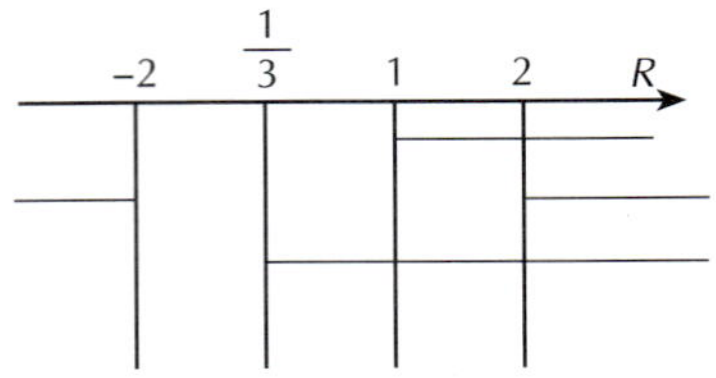

$S: x > 2$

290 $\begin{cases} -x^2 > 0 \\ x^2 - 3 > 0 \\ x - x^2 < 0 \end{cases}$

- $-x^2 > 0$ $\quad x^2 < 0 \quad x < 0$
- $x^2 - 3 > 0$ $\quad x^2 > 3 \quad x > \sqrt{3}$
- $x - x^2 < 0$ $\quad x(1-x) < 0 \quad x < 0 \lor x > 1$

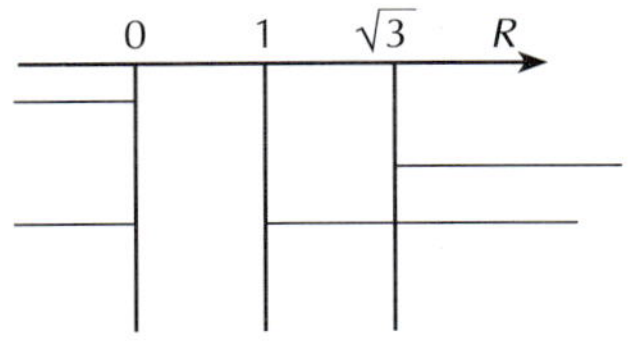

$S: x < 0 \lor x > \sqrt{3}$

LE EQUAZIONI E LE DISEQUAZIONI CON I MODULI

teoria a pagina 129

Comprensione

SOLUZIONI ES. COMPRENSIONE

291 L'equazione $|f(x)| = k$ con $k < 0$ è:

a. sempre verificata **b.** mai verificata **c.** equivalente a $f(x) = -k$

292 La disequazione $|f(x)| > k$ con $k < 0$ è:

a. sempre verificata **b.** mai verificata
c. equivalente a $f(x) < -k$ **d.** equivalente a $f(x) > -k$

293 L'equazione $|x^2 - 4| + 1 = 0$ ha come insieme delle soluzioni:

a. R **b.** $\varnothing$ **c.** $\{\pm\sqrt{3}\}$ **d.** $\{\pm\sqrt{3}, \pm\sqrt{5}\}$

294 L'equazione $|4x^2 - 1| = x^2$ è equivalente a:

a. $\begin{cases} 4x^2 - 1 = x^2 & \text{se } x \le -\dfrac{1}{2} \lor x \ge \dfrac{1}{2} \\ 4x^2 - 1 = -x^2 & \text{se } -\dfrac{1}{2} < x < \dfrac{1}{2} \end{cases}$

b. $\begin{cases} 4x^2 - 1 = x^2 & \text{se } x \ge \dfrac{1}{2} \\ 4x^2 - 1 = -x^2 & \text{se } x \le \dfrac{1}{2} \end{cases}$

c. $4x^2 - 1 = x^2 \lor 4x^2 - 1 = -x^2$

295 La disequazione $|f(x)| > k$ con $k = 0$ è equivalente a:

a. $f(x) > 0$ **b.** $f(x) < 0$ **c.** $f(x) \neq 0$ **d.** nessuna delle precedenti

296 La disequazione $|f(x)| < k$ con $k < 0$ è:

a. sempre verificata **b.** mai verificata **c.** equivalente a $f(x) < -k$ **d.** equivalente a $f(x) > -k$

297 Se x è un numero reale negativo, indica quali delle seguenti relazioni sono vere e quali sono false:

a. $x \cdot |x| < 0$ V F

b. $x + |x| > 0$ V F

c. $|x| - x > 0$ V F

d. $|x| + x^2 > 0$ V F

298 L'equazione $|4x^2 - 1| + |2x + 1| = 0$ ha come soluzione:

a. $-\frac{1}{2}$ **b.** $\pm\frac{1}{2}$ **c.** 0 **d.** $\varnothing$

299 La disequazione $|x^2 - 7x + 6| < 4$ è equivalente a:

a. $x^2 - 7x + 6 > -4 \ \vee \ x^2 - 7x + 6 < 4$

b. $\begin{cases} x^2 - 7x + 6 > -4 \\ x^2 - 7x + 6 < 4 \end{cases}$

c. $x^2 - 7x + 6 < -4 \ \vee \ x^2 - 7x + 6 > 4$

d. $\begin{cases} x^2 - 7x + 6 < -4 \\ x^2 - 7x + 6 > 4 \end{cases}$

300 L'equazione $|x^2 - 6x - 1| = k - 2$ ha soluzione solamente se:

a. $k > 0$ **b.** $k > 2$ **c.** $k \geq 2$ **d.** $k < 2$

Applicazione

Risolvi le seguenti equazioni.

301 **ESERCIZIO GUIDATO**

$3x - |x^2 - x| = 6x^2 - 11$

Studiamo il segno dell'argomento del modulo: $x^2 - x \geq 0 \qquad x(x-1) \geq 0 \quad \rightarrow \quad x \leq 0 \vee x \geq 1$

Allora $|x^2 - x| = \begin{cases} x^2 - x & \text{se } x \leq 0 \ \vee \ x \geq 1 \\ x - x^2 & \text{se } 0 < x < 1 \end{cases}$

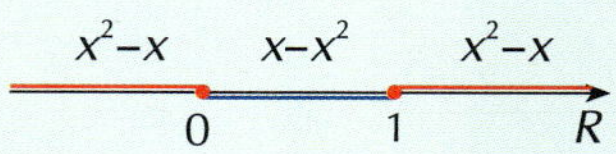

Dobbiamo quindi risolvere i due sistemi:

$$\begin{cases} x \leq 0 \ \vee \ x \geq 1 \\ 3x - \boxed{(x^2 - x)} = 6x^2 - 11 \end{cases} \quad \vee \quad \begin{cases} 0 < x < 1 \\ 3x - \boxed{(x - x^2)} = 6x^2 - 11 \end{cases}$$

Risolviamo l'equazione del primo sistema: $3x - x^2 + x = 6x^2 - 11 \quad \rightarrow \quad 7x^2 - 4x - 11 = 0$

$x = \begin{cases} -1 & \text{soluzione accettabile} \\ \frac{11}{7} & \text{soluzione accettabile} \end{cases}$

Risolviamo l'equazione del secondo sistema: $3x - x + x^2 = 6x^2 - 11 \quad \rightarrow \quad 5x^2 - 2x - 11 = 0$

$$x = \begin{cases} \dfrac{1-2\sqrt{14}}{5} \approx -1{,}3 \text{ soluzione non accettabile} \\ \dfrac{1+2\sqrt{14}}{5} \approx 1{,}7 \text{ soluzione non accettabile} \end{cases}$$

In definitiva $S = \left\{-1, \frac{11}{7}\right\}$.

302 $|x^2-1|-3x=3$ $\qquad$ $|x^2+x|=1-x$ $\qquad$ $[S=\{-1, 4\}; S=\{-1\pm\sqrt{2}\}]$

303 $|x^2-x|+x=2$ $\qquad$ $2+|x^2-4|=x+4$ $\qquad$ $[S=\{\pm\sqrt{2}\}; S=\{-2, 1, 3\}]$

304 $|x^2-9|-2x^2=0$ $\qquad$ $3x^2-|2x-x^2|=0$ $\qquad$ $\left[S=\{\pm\sqrt{3}\}; S=\left\{-1, 0, \frac{1}{2}\right\}\right]$

305 $|x^2-1|+x^2=0$ $\qquad$ $2x+|3x^2-4|=4$ $\qquad$ $\left[S=\varnothing; S=\left\{-2, 0, \frac{2}{3}, \frac{4}{3}\right\}\right]$

306 $1+x-x^2-|5x^2-2|=0$ $\qquad$ $\frac{1}{2}|3x^2-4x+1|=x-1$ $\qquad$ $\left[S=\left\{\frac{1+\sqrt{73}}{12}, \frac{\sqrt{17}-1}{8}\right\}; S=\{1\}\right]$

307 $\frac{1}{2}x+3x^2+|x^2-5x+6|=0$ $\qquad$ $|\sqrt{5}x^2-3x|=x+\sqrt{5}$ $\qquad$ $\left[S=\varnothing; S=\left\{-\frac{\sqrt{5}}{5}, \sqrt{5}\right\}\right]$

308 $2x^2-15x+25-|x^2-25|=0$ $\qquad$ $4|x^2+x-2|+8x=0$ $\qquad$ $\left[S=\{0, 5, 10\}; S=\left\{-1, \frac{-3-\sqrt{17}}{2}\right\}\right]$

309 $|x^2-3|-4x=3$ $\qquad$ $5=x-|4x^2-1|$ $\qquad$ $[S=\{0{,}2+\sqrt{10}\}; S=\varnothing]$

310 $4(3-2x)^2=1+|2x+1|$ $\qquad$ $3(x^2-1)=-|x^2-x|$ $\qquad$ $\left[S=\left\{1, \frac{17}{8}\right\}; S=\left\{-\frac{3}{4}, 1\right\}\right]$

311 $2|x^2-2|=(x-3)^2+2x-1$ $\qquad$ $1+x=|x^2-1|$ $\qquad$ $[S=\{-6, 2\}; S=\{-1, 0, 2\}]$

312 $2(x+19)=|x(x+5)|-2$ $\qquad$ $2x+|x(3-x)|=4$ $\qquad$ $\left[S=\{-8, 5\}; S=\left\{1, \frac{1-\sqrt{17}}{2}\right\}\right]$

313 $3|x^2+x|+4(5x-2)=0$ $\qquad$ $6x-1+(3x-5)^2=2|9x-16|$ $\qquad$ $\left[S=\left\{\frac{1}{3}, -8\right\}; S=\left\{-\frac{2}{3}, \frac{4}{3}\right\}\right]$

314 $|2x^2+7x+10|=(x+5)(x+8)-18$ $\qquad$ $[S=\{3\pm\sqrt{21}\}]$

315 $|1+3x|=\dfrac{(1-2x)^2}{1-3x}$ $\qquad$ $\left[S=\left\{\frac{-2-\sqrt{14}}{5}, 0, \frac{4}{13}\right\}\right]$

316 $\left|\dfrac{3x^2-1}{2}+\dfrac{x}{4}\right|-x=\dfrac{x^2-1}{2}$ $\qquad$ $\left[S=\left\{\frac{3}{4}, \frac{-5+3\sqrt{17}}{16}\right\}\right]$

317 $1-\dfrac{|x^2-5|}{4x}=0$ $\qquad$ $[S=\{1, 5\}]$

318 $\dfrac{3x-11}{4x-4}-\dfrac{1}{x+1}=\dfrac{x-5}{|1-x^2|}$ $\qquad$ $\left[S=\left\{\frac{13}{3}\right\}\right]$

319 $\dfrac{15x^2-x+61}{9x^2-1}=\left|\dfrac{7x-1}{1+3x}\right|$ $\qquad$ $\left[S=\left\{-\frac{5}{2}, 4\right\}\right]$

320 $2x-\left|\dfrac{1}{3}-\dfrac{x^2}{2}\right|=\dfrac{x+2}{6}$ $\qquad$ $\left[S=\left\{\frac{1}{3}, \frac{11}{3}\right\}\right]$

321 **ESERCIZIO GUIDATO**

$|4x^2 - 5x| = 6$

L'equazione è equivalente a: $4x^2 - 5x = -6 \quad \vee \quad 4x^2 - 5x = 6$

Risolvendo la prima equazione otteniamo: $x = \dfrac{5 \pm \sqrt{25 - 96}}{8}$ nessuna soluzione

Risolvendo la seconda otteniamo: $x = \begin{cases} -\dfrac{3}{4} \\ 2 \end{cases}$

L'insieme delle soluzioni è quindi $S = \left\{-\dfrac{3}{4}, 2\right\}$.

322 $|2x^2 + x| + 5 = 0$ $\qquad |3x^2 - 1| - 4 = 0$ $\qquad \left[S = \varnothing;\ S = \left\{\pm\dfrac{\sqrt{15}}{3}\right\}\right]$

323 $|4x^2 - 1| - 4 = 0$ $\qquad 10 + |x^2 - 4| = 1$ $\qquad \left[S = \left\{\pm\dfrac{\sqrt{5}}{2}\right\};\ S = \varnothing\right]$

324 $6 - |3x(x - 1)| = 0$ $\qquad 9 = |(x + 2)(2x - 3)|$ $\qquad \left[S = \{-1, 2\};\ S = \left\{-3;\ \dfrac{5}{2}\right\}\right]$

325 $|2x^2 + x + 1| + 6 = 0$ $\qquad |3x - x^2 + 1| = 3$ $\qquad [S = \varnothing;\ S = \{\pm 1, 2, 4\}]$

326 $5 - 3|3x^2 - 4x - 4| = -10$ $\qquad 5|4x^2 - 6x| + 2 = 0$ $\qquad \left[S = \left\{\dfrac{1}{3}, 1, \dfrac{2 \pm \sqrt{31}}{3}\right\};\ S = \varnothing\right]$

327 $|x^2 + 3x - 4| + 3 = 0$ $\qquad 2|2x - 4x^2 + 3| - 5 = 1$ $\qquad \left[S = \varnothing;\ S = \left\{-1, 0, \dfrac{1}{2}, \dfrac{3}{2}\right\}\right]$

328 $\dfrac{4}{5} = |x - 3x^2| + 2$ $\qquad 6 = \dfrac{1}{2}|4x^2 - 5|$ $\qquad \left[S = \varnothing;\ S = \left\{\pm\dfrac{\sqrt{17}}{2}\right\}\right]$

329 $\dfrac{1}{|x^2 - 16|} = 1$ $\qquad \dfrac{|x^2 - 5x|}{4} = -\dfrac{1}{2}$ $\qquad [S = \{\pm\sqrt{17},\ \pm\sqrt{15}\};\ S = \varnothing]$

330 **ESERCIZIO GUIDATO**

$|x^2 - 4| + 4 - 3x = 2x^2 + |x + 3|$

L'equazione contiene due moduli; studiamo il segno di ciascuno di essi e riportiamo la variazione dei segni in tabella:

$x^2 - 4 \geq 0 \quad \rightarrow \quad x \leq -2 \vee x \geq 2$

$x + 3 \geq 0 \quad \rightarrow \quad x \geq -3$

	I zona ($x < -3$)	II zona ($-3 < x < -2$)	III zona ($-2 < x < 2$)	IV zona ($x > 2$)
segno di x^2-4	+	+	−	+
segno di $x+3$	−	+	+	+

La situazione dei segni nella seconda zona è uguale a quella della quarta, quindi possiamo riunire questi due casi; dobbiamo allora risolvere tre sistemi:

$$\begin{cases} x \leq -3 \\ \boxed{x^2 - 4} + 4 - 3x = 2x^2 + \boxed{(-x - 3)} \end{cases} \vee \begin{cases} -3 < x < -2 \vee x > 2 \\ \boxed{x^2 - 4} + 4 - 3x = 2x^2 + \boxed{x + 3} \end{cases}$$

$$\vee \begin{cases} -2 \leq x \leq 2 \\ \boxed{-x^2 + 4} + 4 - 3x = 2x^2 + \boxed{x + 3} \end{cases}$$

Risolviamo l'equazione del primo sistema: $x^2-4+4-3x=2x^2-x-3 \quad \rightarrow \quad x^2+2x-3=0$

$x = \begin{cases} -3 & \text{soluzione accettabile} \\ 1 & \text{soluzione non accettabile} \end{cases}$

Risolviamo l'equazione del secondo sistema: $x^2-4+4-3x=2x^2+x+3 \quad \rightarrow \quad x^2+4x+3=0$

$x = \begin{cases} -3 & \text{soluzione non accettabile} \\ -1 & \text{soluzione non accettabile} \end{cases}$

Risolviamo l'equazione del terzo sistema: $-x^2+4+4-3x=2x^2+x+3 \quad \rightarrow \quad 3x^2+4x-5=0$

$x = \begin{cases} \dfrac{-2-\sqrt{19}}{3} \approx -2{,}1 & \text{soluzione non accettabile} \\ \dfrac{-2+\sqrt{19}}{3} \approx 0{,}8 & \text{soluzione accettabile} \end{cases}$

In definitiva $S=\left\{-3,\ \dfrac{-2+\sqrt{19}}{3}\right\}$.

331 $|x|+|x^2-1|=2x+1$ $\quad [S=\{(0,\ 2)\}]$

332 $|4x^2-x|+|x|=1$ $\quad \left[S=\left\{\frac{1}{2},\ \frac{1-\sqrt{5}}{4}\right\}\right]$

333 $|x^2-5x+6|+|x-2|+x^2=0$ $\quad [S=\varnothing]$

334 $10+5|3-x|=|x|\cdot(2x-5)$ $\quad \left[S=\left\{\frac{5+\sqrt{15}}{2}\right\}\right]$

335 $|3x^2-1|-5x+|x+2|=1$ $\quad \left[S=\left\{\frac{\sqrt{10}-2}{3},\ \frac{4}{3}\right\}\right]$

336 $|1-9x^2|-2x=|9x^2-1|$ $\quad [S=\{0\}]$

337 $|4x^2-1|+\sqrt{3}(2x-1)=|2x-1|$ $\quad \left[S=\left\{-\frac{\sqrt{3}+2}{2},\ \frac{1}{2}\right\}\right]$

338 $|x^2-6x+5|+3-x^2=|x^2-2|-9x$ $\quad [S=\{5,\ -2\}]$

339 $16+|x+1|(x-13)+|1+5x|\cdot(x-3)=0$ $\quad \left[S=\left\{-1,\ 0,\ \frac{13}{3}\right\}\right]$

340 $2|3x+5|+7|1-x|=3x(4x+1)+1$ $\quad \left[S=\left\{-\frac{4}{3},\ 1\right\}\right]$

341 $|x-2|=\dfrac{5}{2|x-1|}-\dfrac{1}{2}$ $\quad \left[S=\left\{0,\ \frac{5+\sqrt{41}}{4}\right\}\right]$

342 $|3x+1|-|x^2-4|=x^2-3x$ $\quad \left[S=\left\{\frac{1}{2},\ \frac{3+\sqrt{19}}{2}\right\}\right]$

343 $3x+|x^2-2x|=|x-1|+|2x-3|$ $\quad [S=\{4-2\sqrt{3},\ -2\sqrt{2}-2\}]$

344 $|x^2-9|-3|x+2|=|x^2-2x-3|$ $\quad [S=\{-2,\ 0\}]$

345 $|x^2-4|-2|x-1|+3|x^2-5x|-6=0$ $\quad \left[S=\left\{\frac{13-\sqrt{201}}{4},\ \frac{1}{4}\right\}\right]$

346 **ESERCIZIO GUIDATO**

$|3x^2 - 1| + |x + 5| = 0$

La somma di due numeri positivi o nulli è uguale a zero solamente se essi si annullano contemporaneamente; le eventuali soluzioni si ottengono quindi annullando gli argomenti dei due moduli:

$3x^2 - 1 = 0 \quad \rightarrow \quad x = \pm\dfrac{\sqrt{3}}{3}$

$x + 5 = 0 \quad \rightarrow \quad x = -5$

Poiché le due espressioni non si annullano per gli stessi valori della variabile, $S = \varnothing$.

347 **ESERCIZIO GUIDATO**

$|4 - x^2| + |2x^2 + 7x + 6| = 0$

Vediamo per quali valori di x si annullano gli argomenti dei due moduli:

$4 - x^2 = 0 \quad \rightarrow \quad x = \pm 2$

$2x^2 + 7x + 6 = 0 \quad \rightarrow \quad x = \begin{cases} -2 \\ -\dfrac{3}{2} \end{cases}$

Essi si annullano contemporaneamente per $x = -2$, quindi questa è la sola soluzione dell'equazione: $S = \{-2\}$.

348 $|x| + |3x^2 - 4x| = 0$ $[S = \{0\}]$

349 $|4 + 4x - 3x^2| + |9x^2 - 4| = 0$ $\left[S = \left\{-\frac{2}{3}\right\}\right]$

350 $1 + |x| + |x^2 - 6x| = 0$ $[S = \varnothing]$

351 $|6x - 3| + 4x^2 + 1 = 0$ $[S = \varnothing]$

352 $2x^2 + |x^2 - 6x| = 0$ $[S = \{0\}]$

353 $2|x^2 - x| + |2x^2 + x - 3| = 0$ $[S = \{1\}]$

CORREGGI GLI ERRORI

354 $|x^2 - 3x| = 2$

$\begin{cases} x > 0 \\ x^2 - 3x = 2 \end{cases} \quad \vee \quad \begin{cases} x < 0 \\ x^2 - 3x = -2 \end{cases}$

$x = \begin{cases} \dfrac{3 + \sqrt{17}}{2} \text{ accettabile} \\ \dfrac{3 - \sqrt{17}}{2} \text{ non accettabile} \end{cases} \qquad x = \begin{cases} 2 \text{ non accettabile} \\ 1 \text{ non accettabile} \end{cases}$

$S = \left\{\dfrac{3 + \sqrt{17}}{2}\right\}$.

355 $|x| - |x^2 - 1| = 1$

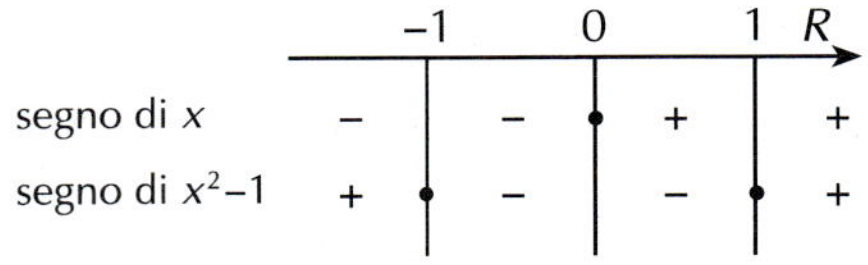

- se $x \leq -1$: $\quad -x - x^2 + 1 = 1 \quad x^2 + x = 0 \quad x = 0 \vee x = -1$
- se $-1 < x \leq 0$: $\quad -x + x^2 + 1 = 1 \quad x^2 - x = 0 \quad x = 0 \vee x = 1$
- se $0 < x \leq 1$: $\quad x - x^2 - 1 = 1 \quad x^2 - x + 2 = 0 \quad$ nessuna soluzione reale
- se $x > 1$: $\quad x + x^2 - 1 = 1 \quad x^2 + x - 2 = 0 \quad x = -2 \vee x = 1$

Le soluzioni sono tutte accettabili: $S = \{-1, 0, 1, 2\}$.

Risolvi le seguenti disequazioni con i moduli.

356 **ESERCIZIO GUIDATO**

$|x^2 + 2x| - 3 > 1 - x$

La disequazione è equivalente ai seguenti due sistemi:

$$\begin{cases} x^2 + 2x \geq 0 \\ x^2 + 2x - 3 > 1 - x \end{cases} \quad \vee \quad \begin{cases} x^2 + 2x < 0 \\ -x^2 - 2x - 3 > 1 - x \end{cases}$$

Risolvendo il primo otteniamo:

$$\begin{cases} x \leq -2 \vee x \geq 0 \\ x < -4 \vee x > 1 \end{cases}$$

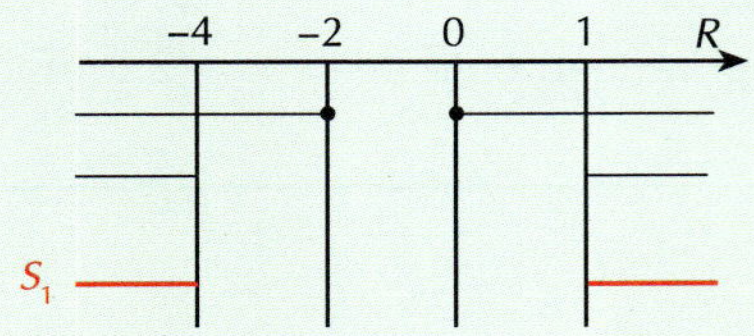

$S_1 : x < -4 \vee x > 1$

Risolvendo il secondo sistema otteniamo: $\begin{cases} -2 < x < 0 \\ \text{mai verificata} \end{cases} \quad \rightarrow \quad S_2 : \varnothing$

L'insieme delle soluzioni è l'unione dei due insiemi S_1 e S_2 ed è: $S : x < -4 \vee x > 1$.

357 $|5 - x^2| < 1 - 2x$ $\quad [-1 - \sqrt{7} < x < 1 - \sqrt{5}]$

358 $|3 - x^2| + x^2 - 2x \geq 0$ $\quad \left[x \leq \frac{3}{2} \vee x \geq \frac{1 + \sqrt{7}}{2}\right]$

359 $x^2 - |2x - 3| + 1 < 0$ $\quad [-1 - \sqrt{3} < x < -1 + \sqrt{3}]$

360 $2x - \frac{1}{2}|x^2 - 2x - 3| > 1 + x$ $\quad [\sqrt{5} < x < 2 + \sqrt{5}]$

361 $x + |3x^2 + 2x - 1| \geq x(x - 4) + 8$ $\quad \left[x \leq -\frac{9}{2} \vee x \geq 1\right]$

362 $2 + |4x^2 - 1| + 3x < 1 - x$ $\quad \left[-1 < x < \frac{1 - \sqrt{3}}{2}\right]$

363 $\frac{x - 2}{3} + \frac{|x^2 - x|}{3} > \frac{1}{6}$ $\quad \left[x < -\frac{\sqrt{10}}{2} \vee x > \frac{\sqrt{10}}{2}\right]$

364 $|3x + 9| \leq x^2 + 3x$ $\quad [x \leq -3 \vee x \geq 3]$

365 $x^2 + 1 \leq 2|x|$ $\quad [x = \pm 1]$

366 $|x(x-2)|+5x<5(3+x)$ $[-3<x<5]$

367 $1+|x^2-4|>5-x(x-2)$ $\left[x<0 \vee x>\frac{1+\sqrt{17}}{2}\right]$

368 $6(x^2+14-9x)\le|16x-x^2-28|$ $[2\le x\le 8]$

369 $3(2+x)\ge 3x+5-|4x^2+4x|$ $[R]$

370 $x(5-x)+\left|3x^2+\frac{1}{2}x\right|\ge 1+6x-x^2$ $\left[x\le-\frac{1}{2} \vee x\ge\frac{2}{3}\right]$

371 $\left|x^2-\frac{1}{2}x\right|+1<\frac{3}{4}(x^2+x)$ $[1<x<4]$

372 $\frac{x-1}{2}+\left|\frac{x}{4}-1\right|>2x^2+\frac{1}{2}$ $\left[0<x<\frac{1}{8}\right]$

373 **ESERCIZIO GUIDATO**

$|x^2-6x|>1$

La disequazione è equivalente alle due seguenti: $x^2-6x<-1 \vee x^2-6x>1$

Risolvendo la prima si ottiene: $3-2\sqrt{2}<x<3+2\sqrt{2}$

Risolvendo la seconda si ottiene: $x<3-\sqrt{10} \vee x>3+\sqrt{10}$

Unendo i due risultati si ottiene l'insieme soluzione della disequazione data:

$$x<3-\sqrt{10} \vee 3-2\sqrt{2}<x<3+2\sqrt{2} \vee x>3+\sqrt{10}$$

374 $\left|\frac{1}{2}x^2+x-1\right|>3$ $|7x^2+2x|+3>0$ $[x<-4 \vee x>2;\ S=R]$

375 $|2x^2+x|-1\ge 0$ $|4x^2-3x-1|>0$ $\left[x\le-1 \vee x\ge\frac{1}{2};\ S=R-\left\{-\frac{1}{4},1\right\}\right]$

376 $|4-x^2|+1>0$ $|1-5x+6x^2|\ge 0$ $[S=R;\ S=R]$

377 **ESERCIZIO GUIDATO**

$|9x^2-1|<3$

La disequazione è equivalente al sistema: $\begin{cases} 9x^2-1>-3 \\ 9x^2-1<3 \end{cases} \rightarrow \begin{cases} \text{sempre verificata} \\ -\frac{2}{3}<x<\frac{2}{3} \end{cases}$

L'insieme delle soluzioni è quindi: $-\frac{2}{3}<x<\frac{2}{3}$.

378 $|x^2-5x+3|<3$ $|3x^2+4x|<4$ $\left[3<x<5 \vee 0<x<2;\ -2<x<\frac{2}{3}\right]$

379 $3\ge|3x^2-15|$ $|x^2-10x|<0$ $[-\sqrt{6}\le x\le-2 \vee 2\le x\le\sqrt{6};\ S=\varnothing]$

380 $6-|1-3x+2x^2|>0$ $|x^3-x|\le 0$ $\left[-1<x<\frac{5}{2};\ S=\{0,\pm1\}\right]$

381 **ESERCIZIO GUIDATO**

$|x^2-3x|+|x-1|>3$

Studiamo il segno degli argomenti dei moduli:

$x^2 - 3x \geq 0 \quad \rightarrow \quad x \leq 0 \ \vee \ x \geq 3$

$x - 1 \geq 0 \quad \rightarrow \quad x \geq 1$

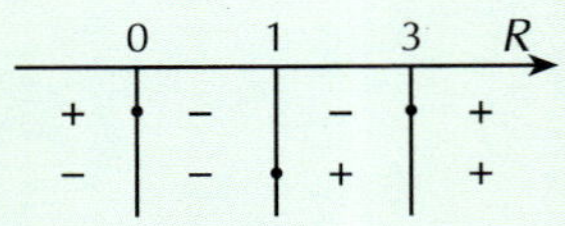

Dobbiamo distinguere quattro casi:

- $\begin{cases} x \leq 0 \\ (x^2 - 3x) + (-x + 1) > 3 \end{cases} \quad \begin{cases} x \leq 0 \\ x^2 - 4x - 2 > 0 \end{cases} \quad \begin{cases} x \leq 0 \\ x < 2 - \sqrt{6} \ \vee \ x > 2 + \sqrt{6} \end{cases} \quad S_1 : x < 2 - \sqrt{6}$

- $\begin{cases} 0 < x \leq 1 \\ (-x^2 + 3x) + (-x + 1) > 3 \end{cases} \quad \begin{cases} 0 < x \leq 1 \\ x^2 - 2x + 2 < 0 \end{cases} \quad S_2 = \varnothing$

- $\begin{cases} 1 < x \leq 3 \\ (-x^2 + 3x) + (x - 1) > 3 \end{cases} \quad \begin{cases} 1 < x \leq 3 \\ x^2 - 4x + 4 < 0 \end{cases} \quad S_3 = \varnothing$

- $\begin{cases} x > 3 \\ (x^2 - 3x) + (x - 1) > 3 \end{cases} \quad \begin{cases} x > 3 \\ x^2 - 2x - 4 > 0 \end{cases} \quad \begin{cases} x > 3 \\ x < 1 - \sqrt{5} \vee x > 1 + \sqrt{5} \end{cases} \quad S_4 : x > 1 + \sqrt{5}$

L'insieme delle soluzioni è l'unione degli insiemi trovati ed è: $S : x < 2 - \sqrt{6} \ \vee \ x > 1 + \sqrt{5}$.

382 $|x - 1| + 2 \cdot |4 + x^2 + 5x| < 6x^2 - x$ $\left[x < \frac{5 - \sqrt{61}}{4} \ \vee \ x > \frac{7}{2}\right]$

383 $\frac{1}{2}|2x + 3| - |x^2 - 4| > \frac{3x + 1}{2}$ $\left[\frac{-5 - \sqrt{57}}{4} < x < -\frac{3}{2}\right]$

384 $|3x^2 - x| \geq |4x + 2|$ $\left[x \leq -\frac{1}{3} \ \vee \ x \geq 2\right]$

385 $\left|\frac{x - 1}{2}\right| + 5x \geq \frac{|x| - x^2}{2}$ $[x \leq -5 - 2\sqrt{6} \ \vee \ x \geq -5 + 2\sqrt{6}]$

386 $x - 3\left|\frac{x}{4} + x^2\right| \leq |x - 2|$ $[R]$

387 $\frac{4}{5}x^2 - \left|\frac{x}{10} - 1\right| > |x| - 1$ $\left[x < -\frac{11}{8} \ \vee \ x > \frac{9}{8}\right]$

388 $3 + |6 - x^2| + \frac{3}{4}|x - x^2| > 0$ $[R]$

(Suggerimento: si tratta della somma di tre numeri positivi)

389 $|x - 3| + |x^2 - 9| + |x^2 - 2x - 3| \leq 0$ $[S = \{3\}]$

390 $2|3x - 4| + |x^2 - 5x| + |x - 3x^2| > 0$ $[R]$

391 $\frac{3}{4}|x - 1| + \frac{1}{6}\left|x - \frac{x^2 + 2}{3}\right| > -|x^2 - 1|$ $[R - \{1\}]$

392 $\frac{|x - 1|}{4} < \frac{1}{|x + 2|}$ $[-3 < x < -2 \ \vee \ -2 < x < 2]$

393 $\frac{1}{6} + \frac{1}{|x + 1|} > \frac{1}{12}(x - 1)$ $[x < -1 \ \vee \ -1 < x < 5]$

394 $\dfrac{x^2}{|x+1|} - |x-1| > 1$ $\left[-2 < x < -1 \vee -1 < x < \dfrac{1-\sqrt{17}}{4}\right]$

395 $\dfrac{4-3x}{3-3x} > \left|\dfrac{x}{x+1}\right|$ $\left[\dfrac{1-\sqrt{7}}{3} < x < 1 \vee x > 2\right]$

396 $\dfrac{x-1}{x} + \left|\dfrac{x-3}{x-1}\right| > 0$ $\left[x < 0 \vee \dfrac{5-\sqrt{17}}{4} < x < 1 \vee x > 1\right]$

397 $\left|1 - \dfrac{1}{x}\right| > |x| - \dfrac{1}{2}$ $\left[-2 < x < \dfrac{\sqrt{17}-1}{4}\right]$

CORREGGI GLI ERRORI

398 $|x^2-3| > 1 \quad \rightarrow \quad \begin{cases} x^2-3 > 1 \\ x^2-3 < -1 \end{cases}$

399 $|x^2-3| < 6 \quad \rightarrow \quad -6 < x^2-3 < 6 \qquad -3 < x^2 < 9 \qquad -\sqrt{3} < x < 3$

400 $|x^2-1| < 3x \quad \rightarrow \quad \begin{cases} x^2-1 > -3x \\ x^2-1 < 3x \end{cases}$

Sistemi con i moduli

401 $\begin{cases} 3 + \left|\dfrac{x}{x-1}\right| < 0 \\ 4x^2+7x-2 > 0 \end{cases}$ $[S = \varnothing]$

402 $\begin{cases} |x^2-3| < 1 \\ x^2-4x+3 < 0 \end{cases}$ $[\sqrt{2} < x < 2]$

403 $\begin{cases} |x^2-6x|+1 > 0 \\ \dfrac{x}{x^2-9} < 0 \end{cases}$ $[x < -3 \vee 0 < x < 3]$

(Suggerimento: la prima disequazione è sempre verificata perché ....)

404 $\begin{cases} |x^2-1| + |x| > 0 \\ |x^2-1| > 8 \\ \dfrac{x}{x^2-4} < 0 \end{cases}$ $[x < -3]$

405 $\begin{cases} x+1 > 2|x| \\ x^2+4|x|+4 > 0 \end{cases}$ $\left[-\dfrac{1}{3} < x < 1\right]$

406 $\begin{cases} (x-2)^2 - |x-2| - 2 > 0 \\ \dfrac{|x-2|}{x+2} > 1 \end{cases}$ $[-2 < x < 0]$

407 $\begin{cases} \left|x(x+3)\right| - 3x^2 \geq 3 - x(1+x) \\ x^2-1 > 0 \end{cases}$ $[1 < x \leq 3]$

408 $\begin{cases} \left|\dfrac{x^2-2}{x+4}\right| < 1 \\ (2x-2)^2 \geq 3-4x \end{cases}$ $[-2 < x < 3]$

409 $\begin{cases} \left|\dfrac{5x+1}{x^2-3}\right| > 2 \\ |x+1| > 3 \end{cases}$ $\left[2 < x < \dfrac{7}{2}\right]$

410 $\begin{cases} |x^2-3| > -13-7x \\ 2x+|x^2-2\sqrt{5}x| \geq -6 \end{cases}$ $[x < -5 \ \vee \ x > -2]$

PROBLEMI

Problemi di natura algebrica

411 Per quali valori del parametro k l'equazione $2x^2-(k+4)x-2k=0$ ammette soluzioni reali? $[k \leq -12-8\sqrt{2} \ \vee \ k \geq -12+8\sqrt{2}]$

412 Per quali valori del parametro k l'equazione $x^2+(3k-1)x+4=0$ ammette soluzioni non reali? $\left[-1 < k < \dfrac{5}{3}\right]$

413 Data l'equazione $3x^2+(k^2+1)x-3k^2=0$ determina l'insieme dei valori che il parametro k può assumere in R in modo che:

a. la somma delle radici sia maggiore di 5 $[\nexists k \in R]$

b. il prodotto delle radici sia maggiore di -9 $[-3 < k < 3]$

c. le radici x_1 e x_2 dell'equazione soddisfino la relazione $6(x_1+x_2)-3x_1x_2 < 2$. $[-2 < k < 2]$

414 Determina k in R in modo che l'equazione $(k-2)x^2+2(k-1)x-k=0$ abbia soluzioni reali e positive. $\left[\dfrac{2+\sqrt{2}}{2} \leq k < 2\right]$

415 Stabilisci per quali valori del parametro m l'equazione $2x+5-m^2=0$ ha una soluzione maggiore di 2. $[m < -3 \ \vee \ m > 3]$

416 Stabilisci per quali valori del parametro m l'equazione $(m-3)x+2m-1=0$ ha soluzione compresa tra -2 e 3. $[m < 2]$

417 Stabilisci per quali valori del parametro m l'equazione $(m+2)x^2-4(m-1)x+m+2=0$ ha soluzioni reali la cui somma è minore di 2. $[-2 < m < 0]$

418 Data l'equazione $mx^2-6x+m+8=0$ determina i valori del parametro m affinché essa abbia soluzioni reali il cui prodotto è compreso fra 0 e 2. $[-9 < m < -8]$

Problemi nel piano cartesiano

419 Determina per quali valori di x in R le ordinate della parabola di equazione $y=x^2-3x+1$ sono maggiori di quelle corrispondenti della retta $y=-x+2$. $[x < 1-\sqrt{2} \ \vee \ x > 1+\sqrt{2}]$

420 Date la parabola di equazione $y = x^2 - 2x + 1$ e la retta $y = -x + 3$, stabilisci per quali valori di x in R i punti appartenenti alla parabola hanno ordinata minore di quelli appartenenti alla retta. $[-1 < x < 2]$

421 Date le funzioni $y = \frac{1}{2}x^2 - 2x$ e $y = -\frac{5}{2}x + 3$, determina per quali valori di x in R i punti sulla parabola hanno ordinata maggiore dei corrispondenti punti sulla retta. $[x < -3 \vee x > 2]$

422 Determina per quali valori di k in R, le parabole di equazione $y = (k^2 - 1)x^2 + 3x + 4$ volgono la concavità verso l'alto. $[k < -1 \vee k > 1]$

423 Determina per quali valori di $a \in R$ le parabole di equazione $y = (a^3 - 1)x^2 - 5x + 4$ volgono la concavità verso il basso. $[a < 1]$

424 Nell'equazione parametrica $y = kx^2 - 3(k + 1)x + 1$ determina il valore del parametro k in modo che la parabola da essa rappresentata volga la concavità verso il basso e non intersechi l'asse delle ascisse. $[\nexists k \in R]$

425 Considerate le funzioni $f(x) = x^2 + 2x - 3$ e $g(x) = 2x^2 + 3x - 9$ stabilisci per quali valori di x è $|f(x)| > g(x)$. $[-3 < x < 2]$

426 Nell'equazione $y = -(k - 1)x^2 - 4x + 3k$ determina il valore del parametro $k \in R$ in modo che:

a. la parabola abbia la concavità rivolta verso il basso $[k > 1]$

b. intersechi l'asse delle ordinate nel punto $P(0, 9)$ $[k = 3]$

c. i punti della parabola abbiano tutti ordinata non inferiore a 1. $[\nexists k \in R]$

427 Nell'equazione parametrica $y = (k - 1)x^2 - kx + 5$ determina k in modo che la parabola corrispondente:

a. volga la concavità verso l'alto $[k > 1]$

b. abbia come asse di simmetria la retta $x = 2$ $\left[k = \frac{4}{3}\right]$

c. abbia come asse di simmetria una retta che giaccia a sinistra dell'asse delle ordinate o che coincida con esso $[0 \leq k < 1]$

d. abbia l'ascissa del vertice maggiore di -1. $\left[k < \frac{2}{3} \vee k > 1\right]$

Se nell'equazione data k assume il valore 1, che conclusioni puoi trarre?

428 Data la funzione $y = x^2 + 3x - 4$, determina per quali valori di x in R essa assume segno negativo. Determina poi per quali valori di x i punti della parabola hanno ordinata corrispondente maggiore di -1 e minore di 8. $[-4 < x < 1]$

Grafici di funzioni

429 **ESERCIZIO GUIDATO**

$y = x + |x^2 - 2|$

In questo caso dobbiamo distinguere il caso in cui l'argomento del modulo è un numero positivo da quello in cui è un numero negativo:

- se $x^2 - 2 \geq 0$ cioè se $x \leq -\sqrt{2} \vee x \geq \sqrt{2}$ l'equazione della curva è $y = x + x^2 - 2$
- se $x^2 - 2 < 0$ cioè se $-\sqrt{2} < x < \sqrt{2}$ l'equazione della curva è $y = x - x^2 + 2$

La sua espressione analitica è allora

$$y = \begin{cases} x^2 + x - 2 & \text{se} \quad x \le -\sqrt{2} \lor x \ge \sqrt{2} \\ -x^2 + x + 2 & \text{se} \quad -\sqrt{2} < x < \sqrt{2} \end{cases}$$

Nella figura a lato, sono disegnate per intero e nello stesso piano cartesiano le due parabole.
Abbiamo poi evidenziato in colore il grafico che è associato all'equazione data.

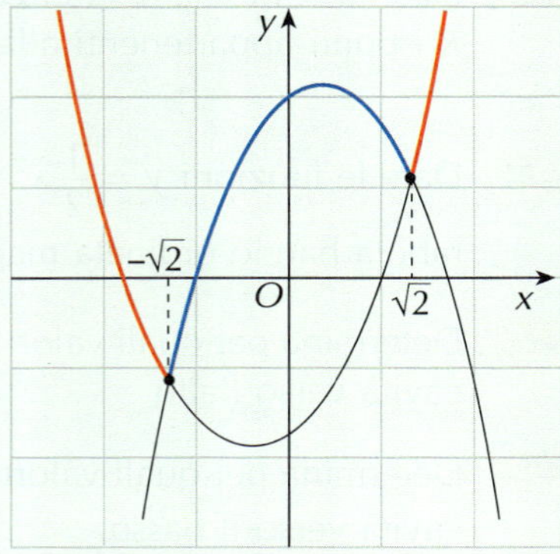

430 $y = 3x - |x^2 + 2|$

431 $y = |-x^2 + 2x - 1| + 1$

432 $y = |-2x^2 + 4x + 5| - 2x$

433 $y = |x^2 - 3x| + 2$

434 $y = |x^2 - 5x + 6| - x$

435 $y = |3x^2 + 1| - 2x$

436 $y = |x^2 + 6x| + 5$

437 $y = |x^2 - 4x| + 3$

438 $y = | - 2x^2 - 3 - 7x|$

439 $y = x^2 + |2x - 3|$

Esercizi per lo sviluppo delle competenze

Determina il dominio delle seguenti funzioni definite in R.

1 **ESERCIZIO GUIDATO**

$y = \sqrt{x^2 - 1} + \sqrt{x - 3}$

La funzione è data dalla somma di due radicali di indice pari; deve quindi essere $x^2 - 1 \ge 0$ e contemporaneamente $x - 3 \ge 0$.
Il dominio della funzione è quindi la soluzione del sistema $\begin{cases} x^2 - 1 \ge 0 \\ x - 3 \ge 0 \end{cases}$ $[D = \{x \mid x \ge 3\}]$

2 $y = -x + 4 - \sqrt{x^2 + 9}$ $[D = R]$

3 $y = \sqrt{x^2 + 5x + 6} + \sqrt{x^2 - 6x + 9}$ $[D = \{x \mid x \le -3 \lor x \ge -2\}]$

4 $y = \sqrt{-x^2 + 4x - 10} + \sqrt[3]{x - 1}$ $[D = \varnothing]$

5 $y = -x^2 + 5x + \sqrt{x^2 + 3x}$ $[D = \{x \mid x \leq -3 \lor x \geq 0\}]$

6 $y = \sqrt{x^2} + \sqrt{x-3} - \sqrt{x^2 - 1}$ $[D = \{x \mid x \geq 3\}]$

7 Determina per quali valori di k in R, la disequazione parametrica $kx^2 - 4kx + k + 5 > 0$ è verificata per qualsiasi valore di x. $\left[0 < k < \frac{5}{3}\right]$

8 Determina per quali valori del parametro a in R l'equazione $2x^2 + (a-7)x + 2(3-a) = 0$:

a. ha soluzioni non reali $[\nexists a \in R]$

b. ha soluzioni reali positive $[a < 3]$

c. ha soluzioni reali negative $[\nexists a \in R]$

d. ha soluzioni reali e discordi. $[a > 3]$

9 Considerata la funzione $f(x) = -x^2 + kx + 4 - 2k$, determina il valore del parametro k in modo che il massimo di $f(x)$ valga 4. Successivamente:

a. indicata con f_1 la funzione corrispondente al minore dei due valori del parametro trovati e con f_2 l'altra, studia il segno di f_1 e f_2;

b. stabilisci per quali valori di x è $f_1 < f_2$. $[k = 0 \lor k = 8; x > 2]$

10 Data la funzione $f(x) = 3x^2 + (k+2)x - 4h$ trova il valore dei parametri reali h e k in corrispondenza dei quali essa ha zeri coincidenti con $x = -\frac{1}{3}$ e $x = 4$. Per tali valori di h e k:

a. traccia il grafico di $f(x)$

b. determina graficamente e algebricamente per quali valori di x è $f(x) \geq x - 4$.

$[h = 1, k = -13; x \leq 0 \lor x \geq 4]$

11 Data la funzione $f(x) = kx^2 - 2(k-1)x + h$:

a. determina il valore dei parametri reali h e k in modo che abbia uno zero per $x = 2$ e che l'equazione $f(x) = 0$ abbia la somma delle radici uguale a -2; $\left[h = -4 \land k = \frac{1}{2}\right]$

b. per i valori di h e k così trovati, determina il dominio di $\sqrt{f(x)}$; $[x \leq -4 \lor x \geq 2]$

c. calcola per quali valori di x è soddisfatta la disequazione $|f(x)| > 2x^2 - \frac{1}{8}$. $\left[-\frac{3}{2} < x < \frac{11}{10}\right]$

12 Un insegnante, per saggiare la preparazione dei propri alunni, propone loro un test composto da 8 quesiti. Ciascun alunno può scegliere per la valutazione delle sue prove fra due possibilità alternative espresse dalle funzioni $y = -\frac{1}{8}x^2 + \frac{9}{4}x$ e $y = x + 2$ dove x rappresenta il numero di risposte esatte date ed y il punteggio ottenuto. Stabilisci quale alternativa deve scegliere ogni studente, al variare del numero x di risposte esatte date, per poter avere il punteggio più alto. Risolvi il problema graficamente e poi controlla i risultati ottenuti risolvendolo anche dal punto di vista algebrico.

$[x \in N; x \leq 2$: la seconda; $2 \leq x \leq 8$: la prima$]$

IL CAPITOLO SI COMPLETA CON:

ESERCIZI DI CONSOLIDAMENTO E PER LE ECCELLENZE

VERIFICA INTERATTIVA

Test Finale

1 Studia il segno dei seguenti trinomi:

a. $6x - 5x^2$ **b.** $4x^2 - x + 1$ **c.** $9x^2 - 6x + 1$ 0,75 punti

2 Risolvi le seguenti disequazioni:

a. $\frac{x-1}{2} + \left(x - \frac{3}{4}\right)\left(2x + \frac{1}{2}\right) > -\frac{7}{8}$ 0,5 punti

b. $6x^3 + 11x^2 + x - 4 < 0$ 0,75 punti

c. $\frac{x+1}{x-3} - \frac{x-2}{6+2x} \leq \frac{x}{2x^2-18}$ 0,75 punti

d. $\frac{10x - 4x^2 - 2}{x^3 - 1 - 3x^2 + 3x} + \frac{7x-3}{1-2x+x^2} > \frac{x}{1-x}$ 0,75 punti

3 Risolvi la seguente disequazione al variare del parametro reale a:

$(2a+1)x^2 - (3a+1)x + a > 0$ 1 punto

4 Risolvi il seguente sistema di disequazioni: $\begin{cases} \frac{x-1}{2} + x^2 > \frac{7}{16} \\ (x-1)(5x+3) < 13 \end{cases}$ 1 punto

5 Risolvi la seguente equazione con i moduli: $2x(x-4) - \left|\frac{1}{2}x^2 - 2\right| + 8 = 0$ 0,5 punti

6 Risolvi le seguenti disequazioni con i moduli:

a. $\left|\frac{x^2-1}{x}\right| > \frac{3}{2}$ 0,5 punti

b. $\left|\frac{x^2-x}{x+1} - \frac{2}{3}\right| + |x| > 1$ 1 punto

c. $\sqrt{2} + \left|x - \frac{1}{x}\right| + 2 \cdot |x^3 - x| > 0$ 1 punto

7 Determina i valori del parametro k in modo che l'equazione $kx^2 - (3k+1)x + 2k - 1 = 0$ abbia:

a. soluzioni reali la cui somma in modulo sia minore di 5

b. soluzioni reali il cui prodotto in modulo sia maggiore di 3. 1,5 punti

Soluzioni

1 **a.** positivo per $0 < x < \frac{6}{5}$, negativo per $x < 0 \vee x > \frac{6}{5}$, nullo per $x = 0 \vee x = \frac{6}{5}$

b. positivo $\forall x \in R$

c. positivo per $x \neq \frac{1}{3}$, nullo per $x = \frac{1}{3}$

2 **a.** $x < 0 \vee x > \frac{1}{4}$; **b.** $x < -\frac{4}{3} \vee -1 < x < \frac{1}{2}$; **c.** $-12 \leq x < -3 \vee 0 \leq x < 3$; **d.** $x < -1 \vee x > 1$

3 $a < -1$: $\quad \frac{a}{2a+1} < x < 1$

$a = -1$: $\quad S = \varnothing$

$-1 < a < -\frac{1}{2}$: $\quad 1 < x < \frac{a}{2a+1}$

$a = -\frac{1}{2}$: $\quad x > 1$

$a > -\frac{1}{2}$: $\quad x < \frac{a}{2a+1} \vee x > 1$

4 $-\frac{8}{5} < x < -\frac{5}{4} \vee \frac{3}{4} < x < 2$

5 $S = \left\{\frac{6}{5}, \frac{10}{3}, 2\right\}$

6 **a.** $x < -2 \vee -\frac{1}{2} < x < 0 \vee 0 < x < \frac{1}{2} \vee x > 2$; **b.** $x < -1 \vee -1 < x < -\frac{5}{11} \vee x > \frac{1}{5}$; **c.** R

7 **a.** $k \leq -5 - 2\sqrt{6} \vee k > \frac{1}{2}$; **b.** $-5 + 2\sqrt{6} \leq k < \frac{1}{5} \wedge k \neq 0$

Esercizio	1	2	3	4	5	6	7	
Punteggio								

Valutazione in decimi

MATEMATICA & SCIENZE

Le disequazioni in Economia

In una precedente occasione (volume di Algebra 1, capitolo disequazioni lineari) abbiamo parlato della domanda e dell'offerta di un bene e del loro significato dal punto di vista economico. Sintetizzando quanto detto in quella sede, c'è un legame tra il prezzo di un bene p e la quantità che ne viene domandata d, che si può esprimere mediante una funzione $d = f(p)$. Di solito la funzione d è una funzione i cui valori diminuiscono, o comunque non aumentano, all'aumentare del prezzo p.

Dal punto di vista economico, poi, una funzione di domanda ha significato solo per valori di prezzo positivi e la domanda stessa non può essere negativa, quindi di queste funzioni interessa solo la parte che è contenuta nel primo quadrante.

Una possibile funzione di domanda, oltre al modello lineare già visto, coinvolge una parabola che, normalmente, dovendo essere una funzione decrescente all'aumentare di p, ha la concavità rivolta verso il basso, come per esempio la funzione

$$d = -\frac{1}{2}p^2 + 800$$

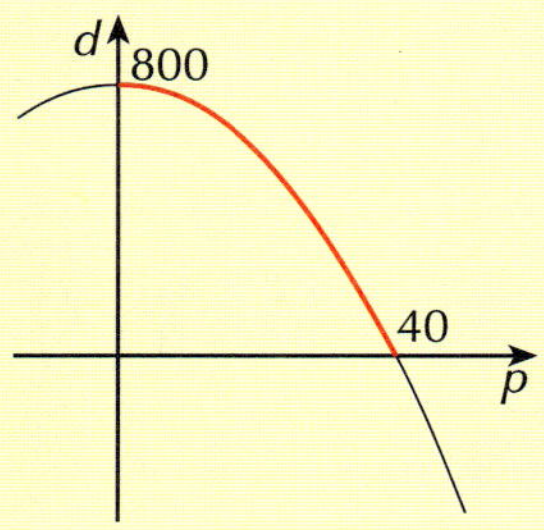

il cui grafico è in figura (il sistema di riferimento è dimetrico) e dal quale deduciamo che la domanda massima si ottiene per un prezzo $p = 0$ e vale 800.

Se vogliamo sapere quale intervallo di prezzo è compatibile con una domanda positiva dobbiamo risolvere la disequazione

$$-\frac{1}{2}p^2 + 800 > 0$$

che ci restituisce la soluzione: $-40 < p < 40$. Poiché p deve comunque essere positivo, la risposta alla nostra domanda è che p deve essere compreso tra 0 e 40.

Ma potrebbe interessarci sapere entro quali limiti può variare il prezzo per avere una domanda non inferiore a 600.

Questo equivale a risolvere la disequazione: $-\frac{1}{2}p^2 + 800 \geq 600$

che ci restituisce la soluzione: $-20 \leq p \leq 20$

In altre parole dobbiamo mantenere un prezzo non superiore a 20.

Risolvi il seguente esercizio.

1. La domanda di un bene in funzione del prezzo è espressa dalla legge $d = 900 - p^2$.

a. Per quale intervallo di prezzo esiste domanda del bene?

b. In quali casi la domanda non è inferiore a 800 unità?

c. La domanda di un secondo bene è regolata dalla legge $d = 900 - 25p$; per quali valori di prezzo la domanda del primo bene si mantiene maggiore di quella del secondo?

[**a.** $0 \leq p < 30$; **b.** $0 \leq p \leq 10$; **c.** $0 \leq p < 25$]

ULTERIORI COLLEGAMENTI

MATEMATICA DELLA VITA QUOTIDIANA

La sicurezza stradale

Tutti sanno che quando si guida bisogna prestare la massima attenzione (per questo non si dovrebbe per esempio usare il cellulare); il motivo è che basta poco per provocare incidenti e procurare danni a se stessi e agli altri. La sicurezza stradale è davvero importante e per questo in molte scuole si tengono corsi rivolti agli studenti da esperti del settore. Uno dei temi affrontati riguarda la *distanza di sicurezza*; con questo termine si intende la distanza che ogni veicolo deve mantenere da quello che lo precede in modo da non tamponarlo in caso di frenata improvvisa. Nella valutazione della distanza di sicurezza si deve tener conto di diversi fattori quali la velocità, il tempo di reazione del conducente (t.d.r.), il tipo e lo stato di efficienza del veicolo, la pendenza della strada, le caratteristiche e le condizioni del manto stradale e così via.

E' però possibile costruire una formula semplice per determinare gli spazi di arresto di un veicolo considerando solo i seguenti fattori:

- lo spazio percorso dal veicolo nel tempo che intercorre tra il riconoscimento della situazione di pericolo e la reazione del conducente
- lo spazio percorso durante la frenata.

Se il conducente viaggia con una velocità v (espressa in m/s), e indichiamo con t il tempo di reazione (misurato in secondi), lo spazio s_1 percorso nella prima fase è dato dalla relazione $s_1 = vt$

Lo spazio s_2 percorso nella fase di frenata è invece dato da $s_2 = \dfrac{v^2}{2a}$
dove a è la decelerazione costante durante la frenata.
Complessivamente, dunque, per arrestare il veicolo occorre uno spazio s dato da: $s = vt + \dfrac{v^2}{2a}$

Gli spazi di frenata vanno poi di solito aumentati del 30% in caso di pioggia e vanno quadruplicati in caso di neve o ghiaccio. Sulla base di queste considerazioni, rispondi alle domande che seguono tenendo presente che, se non diversamente specificato, si considera un t.d.r. di 1 secondo e una decelerazione in frenata di 9m/s^2.

1 Completa la tabella che segue nella quale sono indicate le velocità limite in città (50km/h), su strade extraurbane (90km/h), su strade extraurbane a doppia corsia (110km/h), sulle autostrade (130km/h): (ricorda che per trasformare una velocità da km/h a m/s devi dividere per 3,6)

Velocità veicolo in km/h	50	90	110	130
Velocità veicolo in m/s				
Spazio nel t.d.r. in m				
Spazio di frenata in m				
Spazio di arresto in m				

[spazio di arresto in metri: 24,61; 59,72; 82,44; 108,55]

2 Considerando un t.d.r. di 1,5 secondi e una decelerazione di 8m/s^2, entro quali limiti deve essere la velocità in km/h affinché lo spazio di arresto del veicolo avvenga entro i 75 metri? [$v \leq 88{,}7$km/h]

3 Se si sta viaggiando a 60km/h e a distanza di 50 metri si vede un semaforo che diventa giallo (tempo di durata del giallo 6 secondi), c'è lo spazio per poter arrestare il veicolo? In ogni caso, conviene fermarsi o si può proseguire senza correre il rischio di passare col rosso? Come cambiano le risposte se la velocità del mezzo è di 36km/h?

[spazio di arresto circa 32m; spazio percorso in 6 secondi: 100m, si può passare; spazio di arresto circa 16m; spazio percorso in 6 secondi: 60m; è prudente fermarsi]

ULTERIORI COLLEGAMENTI

gare di matematica

ULTERIORI GARE

1 Quanti sono i quadrati perfetti di almeno tre cifre, minori o uguali di $2010 \cdot 2011$?

a. 1890 **b.** 1910 **c.** 2001 **d.** 2011 **e.** 2110 [c.]

2 Quante soluzioni reali ha l'equazione $\frac{|2x-3|}{5} - \frac{|x+1|}{5} = x-2$?

a. nessuna **b.** 1 **c.** 2 **d.** 3 **e.** infinite [b.]

3 Sia x un numero reale. Quale delle seguenti affermazioni non è equivalente alla disequazione $|2x-3| > 5$?

a. $|6x-4| > 10$ **b.** $\sqrt{4x^2-12x+9} > 5$ **c.** $|10x-15| > 25$

d. $x < -1 \ \vee \ x > 4$ **e.** $(2x-3)^2 > 5(2x-3)$ [e.]

4 a e b sono due numeri maggiori o uguali a zero. Sappiamo che $a^3 + a < b - b^3$. Qual è l'ordine corretto tra i numeri a, b e 1?

a. $b < a < 1$ **b.** $a = b = 1$ **c.** $a < 1 < b$ **d.** $a < b < 1$ **e.** $1 < a < b$ [d.]

5 Siano a e b due numeri reali tali che $a^2 + b^2 > a^3 + b^3$. Quale delle seguenti affermazioni è sicuramente vera?

a. $a + b > a^2 + b^2$
b. almeno uno dei due numeri è negativo
c. almeno uno dei due numeri è minore di 1
d. entrambi i numeri sono compresi tra -1 e 1
e. nessuna delle precedenti. [c.]

6 Quale delle disuguaglianze seguenti sono verificate per ogni valore reale positivo di x?

① $x^2 + \frac{1}{x^2} \geq 2$ ② $x^2 \geq 2x - 2$ ③ $x^4 - 2x^3 + x^2 \geq 0$

a. tutte e tre **b.** solo ① e ② **c.** solo ② e ③ **d.** solo ① **e.** solo ③ [a.]

Math in English

Theory on page 140

CLIL

1 Solve the quadratic inequality and write your answer in interval notation $2x^2 - 4x - 5 \geq 0$.

a. $(-\infty, -0.87] \cup [2.87, +\infty)$ **b.** $[-0.87, 2.87]$

c. $(-\infty, -1] \cup [2.5, +\infty)$ **d.** $[-1, 2.5]$

e. none of these [a.]

2 Solve the rational inequality $\frac{16x}{x+3} \leq 2x$

a. $(-3, 0] \cup [5, +\infty)$ **b.** $[-3, 5]$ **c.** $[8, 5]$ **d.** $(-3, 0) \cup (5, 8)$ **e.** $(-3, 5) \cup (8, +\infty)$ [a.]

3 Solve the inequality $x^3 + x^2 - 6x > 0$ and graph the solution set. [$-3 < x < 0 \ \vee \ x > 2$]

MORE EXERCISES

ESERCIZI

CAPITOLO 6

Approfondimenti di algebra

EQUAZIONI DI GRADO SUPERIORE AL SECONDO

L'applicazione della legge di annullamento del prodotto

teoria a pagina 143

SOLUZIONI ES. COMPRENSIONE

Comprensione

1 Dell'equazione $E(x) = 0$ si può dire che:

a. se $E(3) = 0$ allora 3 è soluzione dell'equazione V F

b. se $E(0) = 1$ allora 1 è soluzione dell'equazione V F

c. se il polinomio $E(x)$ non si può scomporre con i metodi noti, l'equazione non ha soluzioni reali V F

d. se il polinomio $E(x)$ è irriducibile, le soluzioni non si possono determinare con i metodi algebrici a noi noti. V F

2 Per risolvere l'equazione $x^2(x^2 - 3) = x^2 - 3$ bisogna risolvere le equazioni:

a. $x^2 - 3 = 0$ **b.** $x^2 = 0$

c. $x^2 - 3 = 0 \ \vee \ x^2 = 0$ **d.** $x^2 - 3 = 0 \ \vee \ x^2 - 1 = 0$

3 L'equazione $3x(x^2 - 2)(x^2 + 4) = 0$ ha soluzioni:

a. $-\frac{1}{3}, \ \pm\sqrt{2}$ **b.** $\frac{1}{3}, \ \pm\sqrt{2}$ **c.** $0, \ \pm\sqrt{2}$ **d.** $0, \ \pm\sqrt{2}, \ \pm 2$

4 Senza svolgere calcoli di alcun tipo si può dire che l'equazione $5x^3 - 6x^2 + 6x - 5 = 0$ ammette fra le sue soluzioni:

a. 1 **b.** -1 **c.** 1 e -1 **d.** 5 e $\frac{1}{5}$

Applicazione

5 **ESERCIZIO GUIDATO**

$2x^4 + x^3 - 18x^2 - 9x = 0$

Scomponiamo il polinomio al primo membro mediante raccoglimento a fattor comune:

$x(2x^3 + x^2 - 18x - 9) = 0 \quad \rightarrow \quad x[x^2(2x+1) - 9(2x+1)] = 0 \quad \rightarrow \quad x(2x+1)(x^2 - 9) = 0$

Applichiamo la legge di annullamento del prodotto: $x = 0 \quad \vee \quad 2x + 1 = 0 \quad \vee \quad x^2 - 9 = 0$

Risolvendo la seconda e la terza equazione otteniamo: $x = -\frac{1}{2} \quad \vee \quad x = \pm 3$

In definitiva $S = \left\{-3, -\frac{1}{2}, 0, 3\right\}$.

6 **ESERCIZIO GUIDATO**

$3x^2(x+1)^2 = 4x^2(x^2-1)$

Trasportiamo tutti i termini al primo membro e scomponiamo:

$3x^2(x+1)^2 - 4x^2(x-1)(x+1) = 0 \quad \rightarrow \quad x^2(x+1)[3(x+1)-4(x-1)] = 0 \quad \rightarrow$

$\rightarrow \quad x^2(x+1)(7-x) = 0$

Applichiamo la legge di annullamento del prodotto: $x^2 = 0 \quad \vee \quad x+1 = 0 \quad \vee \quad 7-x = 0$

$x = 0 \quad \vee \quad x = -1 \quad \vee \quad x = 7$

Dunque $S = \{-1, 0, 7\}$.

7 $3x^2 + 4x = 6x^3 + 2$ $\qquad$ $3x(x+1) + 5x^3 + 5 = 0$ $\qquad$ $\left[S = \left\{\frac{1}{2}, \pm\sqrt{\frac{2}{3}}\right\}; S = \{-1\}\right]$

8 $2x^3 + x^2 - 8x - 4 = 0$ $\qquad$ $2x^5 - 8x^4 + x^3 = 0$ $\qquad$ $\left[S = \left\{\pm 2, -\frac{1}{2}\right\}; S = \left\{0, \frac{4 \pm \sqrt{14}}{2}\right\}\right]$

9 $x^3 + x^2 - x - 1 = 0$ $\qquad$ $3x^2(2x-3) = 2x - 3$ $\qquad$ $\left[S = \{-1, 1\}; S = \left\{\frac{3}{2}, \pm\frac{\sqrt{3}}{3}\right\}\right]$

10 $x^5 - 4x^3 + x^2 - 4 = 0$ $\qquad$ $5x^3 + 5x^2 - 15x - 15 = 0$ $\qquad$ $\left[S = \{-1, \pm 2\}; S = \{-1, \pm\sqrt{3}\}\right]$

11 $x^3 - x^2 - 16x + 16 = 0$ $\qquad$ $(x+1)^3 = 5(x+1)$ $\qquad$ $\left[S = \{\pm 4, 1\}; S = \{-1, -1 \pm \sqrt{5}\}\right]$

12 $12x^3 - 4x^2 = 4 - 12x$ $\qquad$ $x^2(x^2 - x + 3) = 2x(2x+1)$ $\qquad$ $\left[S = \left\{\frac{1}{3}\right\}; S = \{0, 2\}\right]$

13 **ESERCIZIO GUIDATO**

$4x^3 - 8x^2 + 5x - 1 = 0$

Poiché non è possibile scomporre il polinomio al primo membro mediante raccoglimenti o riconoscimenti di prodotti notevoli, usiamo il teorema e la regola di Ruffini:

$E(1) = 4 - 8 + 5 - 1 = 0$ $\qquad$ 1 è soluzione dell'equazione

Troviamo il polinomio quoziente della divisione di $E(x)$ per $(x-1)$ con la regola di Ruffini:

	4	−8	5	−1
1		4	−4	1
	4	−4	1	0

$Q(x) = 4x^2 - 4x + 1$

Annulliamo il polinomio quoziente: $4x^2 - 4x + 1 = 0 \quad \rightarrow \quad (2x-1)^2 = 0 \quad \rightarrow \quad x = \frac{1}{2}$

L'insieme delle soluzioni è $S = \left\{1, \frac{1}{2}\right\}$.

14 $x^3 - 8x^2 - 11x + 18 = 0$ $\qquad$ $x^3 + 3x^2 = 13x + 15$ $\qquad$ $[S = \{-2, 1, 9\}; S = \{-5, -1, 3\}]$

15 $x^4 + 2x^3 + x^2 - 2x - 2 = 0$ $\qquad$ $2x^3 - 9x^2 - 38x + 21 = 0$ $\qquad$ $\left[S = \{\pm 1\}; S = \left\{-3, \frac{1}{2}, 7\right\}\right]$

16 $x^5 + 2x^4 - 2x^3 + 3x(2x+3) = 0$ $\qquad$ $(3 - x^3)(x-1) = x^3 - x^4$ $\qquad$ $[S = \{-1, -3, 0\}; S = \{1\}]$

17 $4x^3 - x^2 - 11x - 6 = 0$ $\quad 2x^3 + 7x^2 + 2x - 3 = 0$ $\quad \left[S = \left\{-1, -\frac{3}{4}, 2\right\}; S = \left\{-3, -1, \frac{1}{2}\right\}\right]$

18 $3x^4 + 4x^3 = 7x^2 + 4x - 4$ $\quad x^2 + x - 6 = (x-2)^3$ $\quad \left[S = \left\{-1, -2, 1, \frac{2}{3}\right\}; S = \left\{2, \frac{5 \pm \sqrt{21}}{2}\right\}\right]$

19 $x^4 - 2x^3 - 7x^2 + 8x + 12 = 0$ $\quad 10x = 5x^3 - x^4 - 4$ $\quad [S = \{-2, -1, 2, 3\}; S = \{-1, 2, 2 \pm \sqrt{6}\}]$

20 $(x^4 - 16)x^2 - x^4 + 16 = 0$ $\quad 2x^2(x-1) + x^2 = 7x - 6$ $\quad \left[S = \{\pm 1, \pm 2\}; S = \left\{\frac{3}{2}, 1, -2\right\}\right]$

21 $8x^3 - 4x^2 - 18x + 9 = 0$ $\quad 2x^3 - 2x = 2(x^2 - 1)$ $\quad \left[S = \left\{\pm\frac{3}{2}, \frac{1}{2}\right\}; S = \{1, -1\}\right]$

22 $2x^4 - x^3 - 4x^2 + x + 2 = 0$ $\quad x^3 + 6x^2 - x - 30 = 0$ $\quad \left[S = \left\{\pm 1, \frac{1 \pm \sqrt{17}}{4}\right\}; S = \{2, -3, -5\}\right]$

23 $\sqrt{5}x^3 = \sqrt{45}x$ $\quad [S = \{0, \pm\sqrt{3}\}]$

24 $x^4 + \sqrt{5}x^3 = 11x^2 + \sqrt{5}x - 10$ $\quad [S = \{\pm 1, -2\sqrt{5}, \sqrt{5}\}]$

25 $3x^2 - x^3 = 1 - 3x$ $\quad [S = \{-1, 2 \pm \sqrt{3}\}]$

26 $x^3 - x^2(\sqrt{2} + 1) = (4 - \sqrt{2})x - 4$ $\quad [S = \{1, -\sqrt{2}, 2\sqrt{2}\}]$

27 $2x^4 - x^3 - 5x^2 + 2x + 2 = 0$ $\quad \left[S = \left\{1, -\frac{1}{2}, \pm\sqrt{2}\right\}\right]$

28 $x^5 + 2x^4 + x + 2 = 2x^2(x + 2)$ $\quad [S = \{\pm 1, -2\}]$

29 $x^4 - 2x^3 - 10x^2 + 4x + 16 = 0$ $\quad [S = \{-2, 4, \pm\sqrt{2}\}]$

30 $4x^4(x+1) - 3x(7x - 9) = 3(7x^3 - 9)$ $\quad \left[S = \left\{\pm\sqrt{3}, \pm\frac{3}{2}, -1\right\}\right]$

31 $x^3 + 8 + 6x^2 + 12x + (x+2)(x-3) = 2(x+2)^2$ $\quad \left[S = \left\{-2, \frac{-3 \pm \sqrt{21}}{2}\right\}\right]$

32 $-5(x^2 + 1) - (25 - x^2)(x^2 + 1) = x^3 + x$ $\quad [S = \{-5, 6\}]$

33 $3x - 3x^2 + 4(1 - x) = 2x(x-1)(x+3)$ $\quad \left[S = \left\{-4, -\frac{1}{2}, 1\right\}\right]$

34 $x^3\left(\frac{1}{4}x - 1\right) = \frac{1}{4} - x$ $\quad [S = \{\pm 1, 2 \pm \sqrt{3}\}]$

35 $2(x^2 + 5) = \frac{3(3x^2 + 1)}{x}$ $\quad \left[S = \left\{1, \frac{1}{2}, 3\right\}\right]$

36 $\frac{3(2x - 1)}{x^2 - 4x} + 2x = 1$ $\quad \left[S = \left\{\frac{1}{2}, 1, 3\right\}\right]$

37 $\frac{x^2 - 4}{4x^2 - 1} = x - 2$ $\quad \left[S = \left\{1, 2, -\frac{3}{4}\right\}\right]$

38 $\frac{3x - 2}{x^3} = 3 - 2x$ $\quad [S = \{\pm 1\}]$

39 $\frac{2(4x + 1)}{x^2 + 2x} - \frac{7x + 2}{x} = \frac{2x^2 - 1}{x + 2}$ $\quad \left[S = \left\{-1, -\frac{1}{2}\right\}\right]$

40 $\frac{2x^2 + 1}{x - 1} - \frac{1 + 4x - 8x^2}{x^2 - 3x + 2} = \frac{x + 1}{x - 2}$ $\quad \left[S = \left\{-2, -\frac{1}{2}\right\}\right]$

41 $\frac{7x^2-10}{1-x^2}+\frac{15}{x^2+1}=\frac{x^2(7-x^4)}{x^4-1}$ $[S=\{\pm\sqrt{5}\}]$

42 $\frac{x(x-2)}{x-6}=\frac{x-2}{x^2-2x-4}$ $[S=\{1, \pm 2, 3\}]$

43 $\frac{x^3+4}{x^2+5x+4}=\frac{3x+4}{x+1}$ $[S=\{-2, 6\}]$

44 $3a^3x^4+a^2x^3(1-6a^2)-ax^2(2a^2+3)+x(6a^2-1)+2a=0$ $\left[S=\left\{2a, -\frac{1}{3a}, \pm\frac{1}{a}\right\}\right]$

45 $b^2x^4+bx^3-2x^2(1+2b^4)-4b^3x+8b^2=0$ $\left[S=\left\{\pm 2b, -\frac{2}{b}, \frac{1}{b}\right\}\right]$

46 $x^5-3ax^4+x^3(7a^2-1)+ax^2(3-5a^2)-7a^2x+5a^3=0$ $[S=\{\pm 1, a\}]$

47 $x^3+x^2(b-3)-x(3b-2)+2b=0$ $[S=\{1, 2, -b\}]$

48 $x^3+x^2-2b^2x-2b^2=0$ $[S=\{-1, \pm\sqrt{2}b\}]$

49 $x^3-(1+2a)x^2-2(1-a)x+4a=0$ $[S=\{-1, 2, 2a\}]$

Risolvi le seguenti equazioni reciproche.

50 **ESERCIZIO GUIDATO**

$x^3-4x^2+4x-1=0$

I coefficienti dei termini equidistanti dagli estremi sono uguali in valore assoluto, ma sono di segno opposto. L'equazione è allora reciproca ed ammette il valore 1 come soluzione, infatti $P(1)=0$. Calcoliamo il quoziente della divisione per $x-1$ con la regola di Ruffini

	1	−4	+4	−1
1		1	−3	1
	1	−3	1	0

$Q(x)=x^2-3x+1$

Risolviamo l'equazione $x^2-3x+1=0 \rightarrow x=\frac{3\pm\sqrt{9-4}}{2}=\frac{3\pm\sqrt{5}}{2} \rightarrow S=\left\{1, \frac{3\pm\sqrt{5}}{2}\right\}$

Osserviamo che $\frac{3+\sqrt{5}}{2}\cdot\frac{3-\sqrt{5}}{2}=1$ quindi le soluzioni trovate sono reciproche.

51 $15x^3-19x^2=19x-15$ $\left[S=\left\{-1, \frac{3}{5}, \frac{5}{3}\right\}\right]$

52 $\sqrt{2}x^4-3x^3+3x-\sqrt{2}=0$ $\left[S=\left\{\pm 1, \sqrt{2}, \frac{\sqrt{2}}{2}\right\}\right]$

53 $3x^3+x^2(4\sqrt{3}-3)+x(3-4\sqrt{3})-3=0$ $\left[S=\left\{1, -\sqrt{3}, -\frac{\sqrt{3}}{3}\right\}\right]$

54 $6x^4-5x^3-12x^2+5x+6=0$ $\left[S=\left\{\pm 1, \frac{3}{2}, -\frac{2}{3}\right\}\right]$

55 $2x^4+5x^3=5x+2$ $\left[S=\left\{\pm 1, -2, -\frac{1}{2}\right\}\right]$

56 $2x^3+3x^2=3x+2$ $\left[S=\left\{-2,-\frac{1}{2},1\right\}\right]$

57 $3x^4+10x(x^2-1)=3$ $\left[S=\left\{-3,-\frac{1}{3},-1,1\right\}\right]$

58 $4x^3+13x^2=13x+4$ $\left[S=\left\{1,-\frac{1}{4},-4\right\}\right]$

59 $x^4-\frac{29}{10}x^3+\frac{29}{10}x-1=0$ $\left[S=\left\{\pm1,\frac{5}{2},\frac{2}{5}\right\}\right]$

60 $2(x^4-1)=5x(x^2-1)$ $\left[S=\left\{\pm1,\frac{1}{2},2\right\}\right]$

61 $x^4+\frac{3}{2}x\sqrt{2}-\frac{3}{2}x^3\sqrt{2}-1=0$ $\left[S=\left\{\pm1,\frac{\sqrt{2}}{2},\sqrt{2}\right\}\right]$

62 $x^3+x^2+x+\frac{7}{6}x\sqrt{3}+\frac{7}{6}x^2\sqrt{3}+1=0$ $\left[S=\left\{-1,-\frac{2\sqrt{3}}{3},-\frac{\sqrt{3}}{2}\right\}\right]$

63 $x^4+\frac{4}{3}x\sqrt{3}-\frac{4}{3}x^3\sqrt{3}-1=0$ $\left[S=\left\{\pm1,\sqrt{3},\frac{\sqrt{3}}{3}\right\}\right]$

64 $2\left(1+\frac{1}{x^3}\right)=\frac{3(x+1)}{x^2}$ $\left[S=\left\{-1,2,\frac{1}{2}\right\}\right]$

65 $\frac{1}{x^2}+x=\frac{3}{2}\left(1+\frac{1}{x}\right)$ $\left[S=\left\{-1,2,\frac{1}{2}\right\}\right]$

66 $x-\frac{31}{5}=\frac{1}{x^2}-\frac{31}{5x}$ $\left[S=\left\{1,5,\frac{1}{5}\right\}\right]$

67 $2x\left(x+\frac{5}{2}\right)-\frac{5x+2}{x^2}=0$ $\left[S=\left\{\pm1,-2,-\frac{1}{2}\right\}\right]$

68 $\frac{x(x^3-2x^2-2)}{x-2}+\frac{2(x^2+x)}{x^2-x-2}=\frac{10x+3}{3x+10}$ $\left[S=\left\{1,-3,-\frac{1}{3}\right\}\right]$

69 $\frac{3(10x-19)}{x+2}+9=\frac{10x^3-10}{x^2+2x}$ $\left[S=\left\{1,\frac{5}{2},\frac{2}{5}\right\}\right]$

70 $2ax^3-(4a^2+2a+1)x^2+(4a^2+2a+1)x-2a=0$ $\left[a\neq0: S=\left\{1,2a,\frac{1}{2a}\right\}; a=0: S=\{0,1\}\right]$

71 $x^4+\frac{a^2+4}{2a}x^3=1+\frac{a^2+4}{2a}x$ $\left[a\neq0: S=\left\{\pm1,-\frac{2}{a},-\frac{a}{2}\right\}; a=0: \text{perde significato}\right]$

CORREGGI GLI ERRORI

72 $x^4-4x^3=x-4$ $\quad x^3\,\cancel{(x-4)}=\cancel{(x-4)}$ $\quad x^3=1$ $\quad x=1$

73 $x^3-4x=1$ $\quad x(x^2-4)=1$ $\quad x=1 \vee x^2-4=1$

74 $4x^3-5x^2-5x+4=0$ $\quad x^2(4x-5)-(5x-4)=0$ $\quad (4x-5)(x^2-1)(5x-4)=0$

- $4x-5=0 \rightarrow x=\frac{5}{4}$
- $5x-4=0 \rightarrow x=\frac{4}{5}$
- $x^2-1=0 \rightarrow x=\pm1$

$S=\left\{\pm1,\frac{4}{5},\frac{5}{4}\right\}$

Equazioni binomie e trinomie

teoria a pagina 147

Comprensione

SOLUZIONI ES. COMPRENSIONE

75 Completa indicando il numero delle soluzioni reali dell'equazione binomia $x^n = k$ e il loro segno nei seguenti casi:

a. n dispari e k positivo **b.** n dispari e k negativo
c. n pari e k positivo **d.** n pari e k negativo.

76 Stabilisci, senza risolverle, se le seguenti equazioni binomie hanno soluzioni in R:

a. $x^5 + 32 = 0$ **b.** $x^4 + 81 = 0$ **c.** $8x^3 - 27 = 0$ **d.** $-81x^4 + 16 = 0$

77 Un'equazione binomia ha $\frac{1}{2}$ come unica soluzione reale; quale fra le seguenti può essere l'equazione?

a. $8x^3 + 1 = 0$ **b.** $16x^4 - 1 = 0$ **c.** $32x^5 - 1 = 0$ **d.** $64x^6 - 1 = 0$

78 Indica quali fra le seguenti equazioni si possono considerare trinomie:

a. $ax^{n^2} + bx^n + c = 0$ **b.** $ax^{2n} + bx^n + c = 0$
c. $ax^{3n} + bx^n + c = 0$ **d.** $ax^n + bx^{\sqrt{n}} + c = 0$

79 L'equazione $27x^{6k} + (3 - k)x^{k+2} + 2 - k = 0$ è trinomia:

a. per nessun valore di k **b.** se $k = 3$ **c.** se $k = 2$ **d.** se $k = 1$

80 L'equazione $x^4 - 8x^2 + 12 = 0$ ha come radici:

a. 6, 2 **b.** $\sqrt{6}, \sqrt{2}$ **c.** $\pm\sqrt{6}, \pm\sqrt{2}$

81 Per risolvere l'equazione $(x + 1)^6 - 2(x + 1)^3 - 3 = 0$ conviene operare la sostituzione:

a. $x + 1 = t$ **b.** $(x + 1)^3 = t$ **c.** $(x - 1)^6 = t$

82 In ciascuna delle seguenti equazioni, spiega, senza risolverle, qual è il metodo che ritieni sia più conveniente per trovare le soluzioni:

a. $(x - 1)^5 - 32 = 0$ **b.** $x^6 + 3x^3 - 1 = 0$ **c.** $(x^2 + 2)^2 + 5(x^2 + 2) + 6 = 0$

83 Per risolvere un'equazione biquadratica si pone $x^2 = t$ e per t si ottengono le soluzioni 2 e -1. L'equazione data ha:

a. solo due soluzioni reali **b.** quattro soluzioni reali
c. nessuna soluzione reale **d.** una sola soluzione reale

Applicazione

Risolvi in R le seguenti equazioni binomie.

84 **ESERCIZIO GUIDATO**

a. $x^6 - 64 = 0$ **b.** $x^4 + 16 = 0$ **c.** $3x^5 + 32 = 0$

a. $x^6 - 64 = 0 \rightarrow x^6 = 64 \rightarrow x = \pm\sqrt[6]{64} \rightarrow x = \pm 2$

b. $x^4 + 16 = 0 \rightarrow x^4 = -16 \rightarrow$ impossibile in R

c. $3x^5 + 32 = 0 \rightarrow x^5 = -\frac{32}{3} \rightarrow x = \sqrt[5]{-\frac{32}{3}} \rightarrow x = -\frac{2}{\sqrt[5]{3}}$

85 $27x^3+1=0$ $\quad 8x^6-125=0$ $\quad \left[S=\left\{-\frac{1}{3}\right\};\ S=\left\{\pm\sqrt{\frac{5}{2}}\right\}\right]$

86 $x^4-1=0$ $\quad x^9+1=0$ $\quad [S=\{\pm 1\};\ S=\{-1\}]$

87 $243-x^5=0$ $\quad 81x^8-1=0$ $\quad \left[S=\{3\};\ S=\left\{\pm\frac{\sqrt{3}}{3}\right\}\right]$

88 $x^3-\frac{8}{125}=0$ $\quad x^4+9=0$ $\quad \left[S=\left\{\frac{2}{5}\right\};\ S=\varnothing\right]$

89 $8x^3+1=0$ $\quad 9x^4-16=0$ $\quad \left[S=\left\{-\frac{1}{2}\right\};\ S=\left\{\pm\frac{2\sqrt{3}}{3}\right\}\right]$

90 $8x^3-9=0$ $\quad 49x^4-9=0$ $\quad \left[S=\left\{\frac{\sqrt[3]{9}}{2}\right\};\ S=\left\{\pm\sqrt{\frac{3}{7}}\right\}\right]$

91 $\frac{1}{x^5}=32$ $\quad \frac{8}{x^3}-1=0$ $\quad \left[S=\left\{\frac{1}{2}\right\};\ S=\{2\}\right]$

92 $27x^6-a^3=0$ $\quad x^8-a^4=0$ $\quad \left[S=\left\{\pm\sqrt{\frac{a}{3}}\right\} \text{ con } a\geq 0;\ S=\{\pm\sqrt{a}\} \text{ con } a\geq 0\right]$

93 $a^2x^4-\frac{625}{(a-1)^2}=0$ $\quad \left[S=\left\{\pm\frac{5}{\sqrt{a^2-a}}\right\} \text{ con } a<0 \ \vee\ a>1\right]$

94 $\frac{125x^3}{a^3+3a^2+3a+1}=\frac{8}{a^3}$ $\quad \left[S=\left\{\frac{2(a+1)}{5a}\right\}\right]$

95 $\frac{1}{x^4}-9(b-3)^2=0$ $\quad \left[S=\left\{\pm\frac{1}{\sqrt{3(b-3)}}\right\} \text{ con } b>3\right]$

96 $\frac{32a}{x^5}+b^5=0$ $\quad \left[S=\left\{-\frac{2\sqrt[5]{a}}{b}\right\}\right]$

97 $\frac{3}{1-x^4}=\frac{5}{1+x^4}$ $\quad \left[S=\left\{\pm\frac{\sqrt{2}}{2}\right\}\right]$

98 $\frac{x^4(x^2+1)-3}{x^2-\sqrt{2}}=x^2+\sqrt{2}$ $\quad [S=\{\pm 1\}]$

99 $(x-2)^2+\frac{x}{(x-2)^2}=\frac{1+x}{(2-x)^2}$ $\quad [S=\{1,3\}]$

100 $\frac{3x}{x-2}+(x-1)^2(x+1)=\frac{3x^2+7x-8}{x^2-x-2}$ $\quad [S=\{\pm\sqrt{3}\}]$

101 $\frac{2(x+\sqrt{2})}{2-5x^5}=x$ $\quad [S=\varnothing]$

Determina le condizioni sul parametro k affinché le seguenti equazioni abbiano soluzioni in R.

102 $kx^4+1=0$ $\quad (3+k)x^3-27=0$ $\quad [k<0;\ k\neq -3]$

103 $(k+1)x^6=-32$ $\quad (2-k)x^4-2k=0$ $\quad [k<-1;\ 0<k<2]$

104 $(k-1)x^5+32k=0$ $\quad (1-2k)x^4+2(k+1)=0$ $\quad \left[k\neq 1;\ k\leq -1 \ \vee\ k>\frac{1}{2}\right]$

105 $(5-2k)+(k^2-1)x^4=0$ $\quad k^2x^3+k^2-k-2=0$ $\quad \left[-1<k<1 \ \vee\ k\geq\frac{5}{2};\ k\neq 0\right]$

Risolvi in R le seguenti equazioni trinomie, riconoscendo fra esse le biquadratiche.

106 **ESERCIZIO GUIDATO**

$4x^4 - 13x^2 + 3 = 0$

Si tratta di un'equazione biquadratica; poniamo $x^2 = t$ e risolviamo l'equazione di secondo grado ottenuta:

$$4t^2 - 13t + 3 = 0 \qquad t = \frac{13 \pm \sqrt{169 - 48}}{8} = \frac{13 \pm 11}{8} = \begin{cases} \dfrac{1}{4} \\ 3 \end{cases}$$

Se adesso sostituiamo al posto di t i valori trovati otteniamo le due equazioni binomie:

$x^2 = \frac{1}{4} \vee x^2 = 3$ dalle quali ricaviamo che $x = \pm\frac{1}{2} \vee x = \pm\sqrt{3}$

107 $2x^4 - 5x^2 + 2 = 0$ $\quad x^6 - 8x^3 - 9 = 0$ $\quad \left[S = \left\{\pm\sqrt{2}, \pm\frac{\sqrt{2}}{2}\right\}; S = \{\sqrt[3]{9}, -1\}\right]$

108 $x^{10} - 13x^5 + 36 = 0$ $\quad -x^6 - 4x^3 + 45 = 0$ $\quad \left[S = \{\sqrt[5]{4}, \sqrt[5]{9}\}; S = \{-\sqrt[3]{9}, \sqrt[3]{5}\}\right]$

109 $x^4 - 18x^2 + 81 = 0$ $\quad x^6 - 3x^3 - 28 = 0$ $\quad \left[S = \{\pm 3\}; S = \{-\sqrt[3]{4}, \sqrt[3]{7}\}\right]$

110 $x^4 - 7x^2 + 12 = 0$ $\quad 8x^6 + 15x^3 - 2 = 0$ $\quad \left[S = \{\pm 2, \pm\sqrt{3}\}; S = \left\{\frac{1}{2}, -\sqrt[3]{2}\right\}\right]$

111 $4x^8 + 63x^4 - 16 = 0$ $\quad x^6 + 16x^3 + 15 = 0$ $\quad \left[S = \left\{\pm\frac{\sqrt{2}}{2}\right\}; S = \{-1, -\sqrt[3]{15}\}\right]$

112 $2x^4 - 11x^2 + 9 = 0$ $\quad x^4 - 4x^2 - 5 = 0$ $\quad \left[S = \left\{\pm\frac{3\sqrt{2}}{2}, \pm 1\right\}; S = \{\pm\sqrt{5}\}\right]$

113 $2x^4 + 5x^2 - 3 = 0$ $\quad x^6 - 26x^3 - 27 = 0$ $\quad \left[S = \left\{\pm\frac{\sqrt{2}}{2}\right\}; S = \{-1, 3\}\right]$

114 $36x^4 + 23x^2 - 3 = 0$ $\quad x^4 - 8x^2 + 4 = 0$ $\quad \left[S = \left\{\pm\frac{1}{3}\right\}; S = \left\{\pm(\sqrt{3} - 1), \pm(1 + \sqrt{3})\right\}\right]$

115 $x^{12} - 65x^6 + 64 = 0$ $\quad x^6 - (3\sqrt{3} - 1)x^3 - 3\sqrt{3} = 0$ $\quad \left[S = \{\pm 1, \pm 2\}; S = \{\sqrt{3}, -1\}\right]$

116 $x^4 - x^2(2 + \sqrt{3}) + 2\sqrt{3} = 0$ $\quad 32x^{10} - 97x^5 + 3 = 0$ $\quad \left[S = \{\pm\sqrt{2}, \pm\sqrt[4]{3}\}; S = \left\{\frac{1}{2}, \sqrt[5]{3}\right\}\right]$

117 $2x^4 - 9x^2 + 4 = 0$ $\quad x^8 + 4x^4 + 3 = 0$ $\quad \left[S = \left\{\pm 2, \pm\frac{\sqrt{2}}{2}\right\}; S = \varnothing\right]$

118 $2x^6 - (9 + 4\sqrt{2})x^3 + 18\sqrt{2} = 0$ $\quad \left[S = \left\{\sqrt{2}, \sqrt[3]{\frac{9}{2}}\right\}\right]$

119 $x^4 - 4x^2(\sqrt{2} + 1) + 16\sqrt{2} = 0$ $\quad \left[S = \{\pm 2, \pm 2\sqrt[4]{2}\}\right]$

120 $\sqrt{2}x^6 + 7x^3 + 3\sqrt{2} = 0$ $\quad \left[S = \left\{-\sqrt[6]{18}, -\frac{\sqrt[6]{32}}{2}\right\}\right]$

121 $2\sqrt{3}(x^2 - 2) = x^4 - 6x^2 + 8$ $\quad \left[S = \left\{\pm\sqrt{2}, \pm(1 + \sqrt{3})\right\}\right]$

122 $\frac{1}{x^4} + x^4 = 2$ $\quad x^5 = 33 - \frac{32}{x^5}$ $\quad \left[S = \{\pm 1\}; S = \{1, 2\}\right]$

123 $\frac{1}{1+3x^4}-\frac{3}{28x^2}=0$ $\qquad \frac{x^2-3}{x^2+1}-\frac{5}{x^2-4}=\frac{2}{3}$ $\qquad \left[S=\left\{\pm\frac{1}{3},\pm\sqrt{3}\right\};\ S=\{\pm 1,\pm\sqrt{29}\}\right]$

124 $\frac{3-19x^2}{3x^2-1}+3x^2+1=0$ $\qquad \frac{4(x^2-9)}{x^2-1}+\frac{8}{x^4-x^2}=\frac{1}{x^2}$ $\qquad \left[S=\left\{\pm\frac{1}{3},\pm\sqrt{2}\right\};\ S=\left\{\pm 3,\pm\frac{1}{2}\right\}\right]$

125 $\frac{x^2-2x+1}{x^2-4}+\frac{2x-6}{x^2}=\frac{4(2x-5)}{4x^2-x^4}$ $\qquad [S=\{\pm 1\}]$

126 $\frac{10-33x^2}{x^4-x^2}+\frac{5x^2+1}{x^2}+\frac{x^2}{1-x^2}=0$ $\qquad \left[S=\left\{\pm 3,\pm\frac{1}{2}\right\}\right]$

127 $\frac{2x^2(x+1)}{x+9}-\frac{8x(x-2)}{x^2+8x-9}=\frac{8x}{x^2+8x-9}+1$ $\qquad \left[S=\left\{\pm\frac{3\sqrt{2}}{2},-1\right\}\right]$

128 $\frac{5x^3-5}{x^3-8}=8\left[\frac{5x^3+1}{x^6-8x^3}-\frac{1}{x^3}\right]$ $\qquad \left[S=\left\{\sqrt[3]{9},-\frac{2}{\sqrt[3]{5}}\right\}\right]$

129 $x^4-(3a-5)x^2-15a=0$ $\qquad x^6-ax^3-6a^2=0$ $\qquad \left[S=\{\pm\sqrt{3a}\},\ a\geq 0;\ S=\{-\sqrt[3]{2a},\ \sqrt[3]{3a}\}\right]$

130 $x^4-ax^2-x^2+a=0$ $\qquad 2x^4-a^2x^2=8a^2x^2-4a^4$ $\qquad \left[S=\{\pm 1,\pm\sqrt{a}\},\ a\geq 0;\ S=\left\{\pm 2a,\pm\frac{a\sqrt{2}}{2}\right\}\right]$

131 $x^4-4b^2x^2=b^2x^2-4b^4$ $\qquad x^4-4ax^2+4a-x^2=0$ $\qquad \left[S=\{\pm b,\pm 2b\};\ S=\{\pm 1,\pm 2\sqrt{a}\},\ a\geq 0\right]$

132 $\frac{a}{a-1}-ax^2+\frac{x^2(a+1)}{a}=\frac{x^4-2ax^2}{1-a}$ $\qquad \left[S=\left\{\pm\frac{1}{\sqrt{a}},\pm a\right\},\ a>0\right]$

133 $9x^6+(9a^3-8)x^3=8a^3$ $\qquad \left[S=\left\{\frac{2}{\sqrt[3]{9}},-a\right\}\right]$

134 $\frac{8a^4(x^2+\sqrt{2}a^2)}{x^4}=\frac{x^4+7a^4}{\sqrt{2}a^2-x^2}$ $\qquad [S=\{\pm a\}]$

CORREGGI GLI ERRORI

135 $4x^4-17x^2+4=0$ $\qquad x^2=t$

$4t^2-17t+4=0$ $\qquad t=\frac{17\pm\sqrt{289-64}}{8}=\frac{17\pm 15}{8}=\begin{cases}\frac{1}{4}\\ 4\end{cases}$ $\quad\rightarrow\quad S=\left\{4,\ \frac{1}{4}\right\}$

136 $12x^6-19x^2+4=0$ $\qquad x^2=t \quad\rightarrow\quad 12t^2-19t+4=0$

$x^9-7x^3+6=0$ $\qquad x^3=t \quad\rightarrow\quad t^2-7t+6=0$

137 $x^4-x^2-6=0$ $\qquad x^2=t \quad\rightarrow\quad t^2-t-6=0$

$t=\frac{1\pm\sqrt{1+24}}{2}=\begin{cases}3\\ -2\end{cases}$

$t=3 \quad\rightarrow\quad x=\pm\sqrt{3} \qquad \vee \qquad t=-2 \quad\rightarrow\quad x=\pm\sqrt{2} \quad\rightarrow\quad S=\{\pm\sqrt{3},\pm\sqrt{2}\}$

Sfruttando la risoluzione delle equazioni trinomie, scomponi in fattori i seguenti polinomi in R.

138 **ESERCIZIO GUIDATO**

Ricorderai che, data un'equazione di secondo grado $ax^2 + bx + c = 0$ e dette x_1 e x_2 le sue soluzioni, vale la relazione

$$ax^2 + bx + c = a(x - x_1)(x - x_2)$$

Possiamo applicare un metodo del tutto analogo per scomporre quei polinomi che assumono la forma $ax^{2n} + bx^n + c$. Dette t_1 e t_2 le soluzioni dell'equazione di secondo grado $at^2 + bt + c = 0$ (dove $t = x^n$) avremo

$$ax^{2n} + bx^n + c = a(x^n - t_1)(x^n - t_2)$$

Scomponiamo ad esempio il polinomio $3x^4 + 11x^2 - 4$.

Risolvendo l'equazione $3t^2 + 11t - 4 = 0$ ad esso associata troviamo $t_1 = -4 \vee t_2 = \frac{1}{3}$.

Dunque:

$$3x^4 + 11x^2 - 4 = 3(x^2 + 4)\left(x^2 - \frac{1}{3}\right) = (x^2 + 4)(3x^2 - 1) = (x^2 + 4)\left(\sqrt{3}x - 1\right)\left(\sqrt{3}x + 1\right)$$

139 $4x^4 - 13x^2 + 3$

140 $8x^4 - 10x^2 + 3$

141 $2x^6 + x^3 - 3$

142 $6x^4 - 13x^2 + 6$

143 $6x^{10} - 5x^5 - 1$

144 $2x^4 + 4x^2 - 6$

145 $3x^6 + 10x^3 - 8$

146 $2x^4 - 7x^2 - 15$

147 $x^6 + 2x^3 - 8$

148 $x^8 - 13x^4 - 48$

149 $24x^6 + 13x^3 - 2$

150 $32x^8 - 20x^4 + 3$

151 $7x^6 - 61x^3 - 18$

152 $30x^4 - 13x^2 - 3$

153 $9x^4 - 82x^2 + 9$

154 $3x^6 - 84x^3 + 81$

155 $x^4 - (4 + a^2)x^2 + 4a^2$

156 $a^2x^4 - a^2x^2 - x^2 + 1$

157 $4 - (4a^2 + 1)x^2 + a^2x^4$

158 $x^4 - 2x^2(a^2 + 1) + a^4 + 1 - 2a^2$

Semplifica le seguenti frazioni.

159 **ESERCIZIO GUIDATO**

$$\frac{3x^4 - 25x^2 + 8}{3x^4 - 13x^2 + 4}$$

Consideriamo le equazioni associate al numeratore e al denominatore della frazione

- $3x^4 - 25x^2 + 8 = 0 \qquad x^2 = \dfrac{25 \pm 23}{6} = \begin{cases} 8 \\ \dfrac{1}{3} \end{cases}$

- $3x^4 - 13x^2 + 4 = 0 \qquad x^2 = \dfrac{13 \pm 11}{6} = \begin{cases} 4 \\ \dfrac{1}{3} \end{cases}$

Allora possiamo scrivere i due polinomi nella forma $3(x^2-8)\left(x^2-\frac{1}{3}\right)$ e $3(x^2-4)\left(x^2-\frac{1}{3}\right)$

cioè $(x^2-8)(3x^2-1)$ e $(x^2-4)(3x^2-1)$

La frazione diventa quindi $\dfrac{(x^2-8)\,\cancel{(3x^2-1)}}{(x^2-4)\,\cancel{(3x^2-1)}}=\dfrac{x^2-8}{x^2-4}$

160 $\dfrac{4x^4-25x^2+36}{2x^2+x-6}$ $\dfrac{4x^4+8x^2-12}{x^4-10x^2+9}$ $\left[2x^2-x-6;\ \dfrac{4(x^2+3)}{x^2-9}\right]$

161 $\dfrac{x^6-x^3-20}{x^6-3x^3-10}$ $\dfrac{x^4-1}{2x^4-x^2-1}$ $\left[\dfrac{x^3+4}{x^3+2};\ \dfrac{x^2+1}{2x^2+1}\right]$

162 $\dfrac{x^5-13x^3+36x}{x^2+x-6}$ $\dfrac{x^6-4x^3+4}{2x^7-7x^4+6x}$ $\left[x(x-3)(x+2);\ \dfrac{x^3-2}{x(2x^3-3)}\right]$

163 $\dfrac{2x^8-3a^4x^4-2a^8}{2x^8+3a^4x^4+a^8}$ $\dfrac{8x^6-7b^3x^3-b^6}{x^6+b^3x^3-2b^6}$ $\left[\dfrac{x^4-2a^4}{x^4+a^4};\ \dfrac{8x^3+b^3}{x^3+2b^3}\right]$

164 $\dfrac{2x^4-13a^2x^2+15a^4}{4x^4-9a^4}$ $\dfrac{6x^4-x^2(3a^2+2)+a^2}{3x^4-x^2(3a^2+1)+a^2}$ $\left[\dfrac{x^2-5a^2}{2x^2+3a^2};\ \dfrac{2x^2-a^2}{x^2-a^2}\right]$

Equazioni che si risolvono con particolari artifici

teoria a pagina 150

165 **ESERCIZIO GUIDATO**

$$\left(\frac{3x}{x+1}\right)^4-13\left(\frac{3x}{x+1}\right)^2+36=0$$

Il dominio dell'equazione è $D=R-\{-1\}$.

Poniamo $\left(\dfrac{3x}{x+1}\right)^2=t$ ottenendo così l'equazione di secondo grado:

$$t^2-13t+36=0 \quad\rightarrow\quad t=9 \quad\vee\quad t=4$$

Operiamo la sostituzione inversa:

- $\left(\dfrac{3x}{x+1}\right)^2=9 \quad\rightarrow\quad \dfrac{3x}{x+1}=3 \quad\vee\quad \dfrac{3x}{x+1}=-3 \quad\rightarrow\quad 3x=3x+3 \quad\vee\quad 6x=-3$

  la prima equazione è impossibile, la seconda ha soluzione $x=-\dfrac{1}{2}$

- $\left(\dfrac{3x}{x+1}\right)^2=4 \quad\rightarrow\quad \dfrac{3x}{x+1}=2 \quad\vee\quad \dfrac{3x}{x+1}=-2 \quad\rightarrow\quad 3x=2x+2 \quad\vee\quad 5x=-2$

  da cui $x=2 \quad\vee\quad x=-\dfrac{2}{5}$

L'insieme delle soluzioni è $S=\left\{-\dfrac{1}{2},\ 2,\ -\dfrac{2}{5}\right\}$.

166 $(x-1)^6-4(x-1)^3+3=0$ $\left[S=\{2,\ 1+\sqrt[3]{3}\}\right]$

167 $4(x+1)^4-37(x+1)^2+9=0$ $\left[S=\left\{-\dfrac{1}{2},\ -\dfrac{3}{2},\ -4,\ 2\right\}\right]$

168 $3(x-3)^4-24(x-3)^2-27=0$ $[S=\{0,\ 6\}]$

169 $(x^2-4x)^2+7x(x-4)+12=0$ $[S=\{1,\ 2,\ 3\}]$

170 $2(x^2-x)^2-(x^2-x)-3=0$ $\left[S=\left\{\frac{1\pm\sqrt{7}}{2}\right\}\right]$

171 $(x^2+1)^2-9(x^2+1)+20=0$ $[S=\{\pm2,\ \pm\sqrt{3}\}]$

172 $(2x^2-5x+1)^2+2x^2-5x-1=0$ $\left[S=\left\{0,\ 1,\ \frac{3}{2},\ \frac{5}{2}\right\}\right]$

173 $\left(\frac{x-1}{x+2}\right)^4-10\left(\frac{x-1}{x+2}\right)^2+9=0$ $\left[S=\left\{-\frac{7}{2},\ -\frac{5}{4},\ -\frac{1}{2}\right\}\right]$

174 $\left(\frac{2x+1}{x}\right)^2-4\left(\frac{2x+1}{x}\right)+3=0$ $[S=\{\pm1\}]$

175 $4\left(\frac{x-2}{3x}\right)^4-5\left(\frac{x-2}{3x}\right)^2+1=0$ $\left[S=\left\{-4,\ -1,\ \frac{1}{2},\ \frac{4}{5}\right\}\right]$

176 $(2x-1)^2-6(2x-1)+5=0$ $[S=\{1,\ 3\}]$

177 $\left(1+\frac{1}{x}\right)^2-5\left(1+\frac{1}{x}\right)+4=0$ $\left[S=\left\{\frac{1}{3}\right\}\right]$

178 $\left(\frac{1}{2}x+3\right)^2-\frac{11}{6}\left(\frac{1}{2}x+3\right)+\frac{1}{2}=0$ $\left[S=\left\{-\frac{16}{3},\ -3\right\}\right]$

179 $\left(x^2+\frac{1}{x^2}\right)^2+\left(x^2+\frac{1}{x^2}\right)-6=0$ $[S=\{\pm1\}]$

180 $(x^3-1)^4-8(x^3-1)^2=9$ $[S=\{\sqrt[3]{4},\ -\sqrt[3]{2}\}]$

181 $\left(x+\frac{2}{x}\right)^2-2\left(x+\frac{2}{x}\right)-8=0$ $[S=\{2\pm\sqrt{2}\}]$

182 $(x^2-a)^2-(1+2a)(x^2-a)+3a(1-a)=0$ $[S=\{\pm2\sqrt{a},\ \pm1\}]$

183 $\left(\frac{x^2+4}{x}\right)^4-41\left(\frac{x^2+4}{x}\right)^2+400=0$ $[S=\{\pm4,\ \pm2,\ \pm1\}]$

184 $(3x^2-x)^2+3(3x^2-x-1)-7=0$ (poni $3x^2-x=y$) $\left[S=\left\{-\frac{2}{3},\ 1\right\}\right]$

185 $(x^2-4x)^2-3(x^2-4x+2)-4=0$ $[S=\{-1,\ 5,\ 2\pm\sqrt{2}\}]$

186 $x^2+2x-2=\frac{3}{x^2+2x}$ $[S=\{\pm1,\ -3\}]$

187 $16\left(x-\frac{1}{2}\right)^4-17\left(\frac{1}{2}-x\right)^2+1=0$ $\left[S=\left\{\frac{3}{4},\ \frac{3}{2},\ \frac{1}{4},\ -\frac{1}{2}\right\}\right]$

188 $(x^2-x)^3-9+\frac{8}{(x^2-x)^3}=0$ $\left[S=\left\{-1,\ 2,\ \frac{1\pm\sqrt{5}}{2}\right\}\right]$

189 $\frac{2x-3}{x+4}-15\left(\frac{x+4}{2x-3}\right)+2=0$ $\left[S=\left\{-15,\ -\frac{17}{7}\right\}\right]$

Tenendo presente che in R la somma di due potenze di esponente pari è zero solo se sono contemporaneamente zero le loro basi, risolvi le seguenti equazioni.

190 $(x^2-x-2)^4+(2x^2-3x-2)^2=0$ $[S=\{2\}]$

191 $(2x^2-7x-15)^2+(2x^2+x-3)^2=0$ $\left[S=\left\{-\frac{3}{2}\right\}\right]$

192 $(x^3+x^2-4x-4)^4+(x^3-x^2-4x+4)^2=0$ $[S=\{\pm 2\}]$

193 $(x^4-9x^2)^2+(x^2-3x)^4=0$ $[S=\{0,\ 3\}]$

194 $(x^4-8x^2+16)^2+(x^4-13x^2+36)^2=0$ $[S=\{\pm 2\}]$

195 $(8x^3+1)^2+(36x^4-25x^2+4)^4=0$ $\left[S=\left\{-\frac{1}{2}\right\}\right]$

196 $(x^2+x-6)^4+(3x^2-2x-8)^4=0$ $[S=\{2\}]$

197 $[2(x+1)(x-1)-3x]^2+(4x^2-4x-3)^2=0$ $\left[S=\left\{-\frac{1}{2}\right\}\right]$

ESERCIZI RIASSUNTIVI SULLE EQUAZIONI

Risolvi in R le seguenti equazioni riconoscendo eventuali tipi particolari.

198 $(x^2-2\sqrt{2}x)^3=1$ $\quad \left(\frac{2x}{x^2-1}-\frac{x}{x-1}\right)^4=16$ $\left[S=\{\sqrt{2}\pm\sqrt{3}\};\ S=\left\{-2,\ -\frac{2}{3}\right\}\right]$

199 $\left(\frac{1+x}{2-x}+\frac{1}{x}\right)^3-27=0$ $\quad \left(\frac{6-2x}{3x^2-18x+27}-\frac{x}{3-x}\right)^4=\frac{16}{81}$ $\left[S=\left\{1,\ \frac{1}{2}\right\};\ S=\left\{-4,\ \frac{8}{5}\right\}\right]$

200 $x^3-3x^2+7x-21=0$ $\quad 4x^2(1-x)=x^2-1$ $[S=\{3\};\ S=\{1\}]$

201 $\frac{2x-1}{4x^2}=1-2x$ $\quad x^3-8+(x-2)^3=0$ $\left[S=\left\{\frac{1}{2}\right\};\ S=\{2\}\right]$

202 $\frac{1}{x^4(1-a)}+\frac{1}{x^2}=\frac{a}{1-a}$ $\quad \frac{x^4-1}{1+16a^2}=\frac{x(1-x^2)}{4a}$ $\left[S=\left\{\pm\frac{\sqrt{a}}{a}\right\};\ S=\left\{\pm 1,\ -4a,\ -\frac{1}{4a}\right\}\right]$

203 $\frac{2x^2+2}{2x^2-2}+\frac{2x^2-2}{2x^2+2}=\frac{10}{3}$ $\quad 81(x^3+1)^4=16$ $\left[S=\{\pm\sqrt{2}\};\ S=\left\{-\frac{1}{\sqrt[3]{3}},\ -\sqrt[3]{\frac{5}{3}}\right\}\right]$

204 $\left(\frac{3x-1}{x}\right)^4-6\left(\frac{3x-1}{x}\right)^2+5=0$ $\left[S=\left\{\frac{1}{2},\ \frac{1}{4},\ \frac{3\pm\sqrt{5}}{4}\right\}\right]$

205 $(x^2-3x+2)^2-5(x^2-3x)-4=0$ $\left[S=\left\{0,\ 3,\ \frac{3\pm\sqrt{13}}{2}\right\}\right]$

206 $\frac{4x^2(x^2-2)}{6x^4-7x^2-24}+\frac{3}{2x^2+3}=\frac{4}{3x^2-8}$ $[S=\{\pm 2\}]$

207 $\frac{2x^3}{x^4+x^3+2x+2}-\frac{24x}{5(x^3+2)}=\frac{3}{(x^2-1)(x^3+2)}-\frac{x}{x^2-1}$ $\left[S=\left\{\frac{3}{5},\ \frac{5}{3}\right\}\right]$

208 $6x^5-19x^4+13x^3+13x^2-19x+6=0$ $\left[S=\left\{\pm 1,\ \frac{2}{3},\ \frac{3}{2}\right\}\right]$

209 $\frac{x^2}{2x-4}+\frac{3x}{2x-8}=\frac{1-4x}{x^2-6x+8}$ $[S=\{1\}]$

210 $\left[\left(\frac{1}{3x^4-1}-\frac{2}{1-3x^4}\right)(9x^8-6x^4+1)\right]^2\cdot\frac{1}{81x^8-9}=0$ $[S=\varnothing]$

211 $\left(\frac{x^2}{x^2+1}-\frac{x^2}{x^2-2}\right)\left(\frac{x^2}{x^2-1}-\frac{x^2}{x^2+2}\right)=\frac{9x^4}{4-x^4}$ $[S=\{0,\pm\sqrt[4]{2}\}]$

212 $\left(\frac{x^2-3x}{x-1}\right)^4=16$ $\left[S=\left\{2,-1,\frac{5\pm\sqrt{17}}{2}\right\}\right]$

213 $\frac{x^2-1}{2a-1}-\frac{8a^3+1}{x^2+1}=2a(2a+1)$ $\left[S=\{\pm 2a\sqrt{2a}\},\text{ con } a\geq 0\ \wedge\ a\neq\frac{1}{2}\right]$

214 $x^2+1+\frac{x^2+4}{x^2+3x+1}=3x$ $[S=\{\pm 1,\pm\sqrt{5}\}]$

215 $\frac{(1-x^2)^2-(x^2-4)^2}{(1-x^2)(x^2-4)}=-\frac{16}{15}$ $\left[S=\left\{\pm\sqrt{\frac{17}{2}},\pm\frac{1}{2}\sqrt{\frac{17}{2}}\right\}\right]$

216 $(2x+1)^2-\frac{\frac{1}{2}-x^2}{(2x-1)^2}=\frac{2x+1}{2x-1}$ $\left[S=\left\{\pm\frac{\sqrt{2}}{2},\pm\frac{\sqrt{3}}{4}\right\}\right]$

217 $\frac{1}{2}\left(\frac{1}{2}-x\right)-\frac{x+2x^2}{4}-\left(\frac{1}{2}-x\right)^3-\frac{1}{4}\left(\frac{1}{2}+x\right)=0$ $\left[S=\left\{0,\frac{2\pm\sqrt{5}}{2}\right\}\right]$

218 $3\left(\frac{5x^2-21}{8x}\right)^2+5\left(\frac{5x^2-21}{8x}\right)-2=0$ $\left[S=\left\{1,\frac{7}{3},-\frac{9}{5},-\frac{21}{5}\right\}\right]$

219 $\frac{x^3+3}{2}=(x+2)^3$ $\left[S=\left\{-1,\frac{-11\pm\sqrt{69}}{2}\right\}\right]$

220 $4x^4-10x^3+10x^2-15x+6=0$ $\left[S=\left\{2,\frac{1}{2}\right\}\right]$

221 $\frac{x^2(x^2-a^2)}{a^2+1}=x^2-a^2$ $[S=\{\pm a,\pm\sqrt{a^2+1}\}]$

222 $\frac{x+a}{ax-a}=\frac{2(x+a)}{ax+a}+\frac{(x+a)^2(a-2x)}{a^2x^2-a^2}$ $\left[S=\left\{-a,\pm\sqrt{\frac{a(a-3)}{2}}\right\},\ a<0\ \vee\ a\geq 3\right]$

223 $[(x+3)(2x-1)-x(5+x)]^4+[x^2+x(1-\sqrt{3})-\sqrt{3}]^2=0$ $[S=\{\sqrt{3}\}]$

LE DISEQUAZIONI BINOMIE E TRINOMIE

teoria a pagina 152

SOLUZIONI ES. COMPRENSIONE

Comprensione

224 La disequazione $x^4>16$ è equivalente a:

a. $x<-2\ \vee\ x>2$ **b.** $-2<x<2$

c. $\begin{cases}x^2>-4\\x^2>4\end{cases}$ **d.** nessuno dei precedenti

225 La disequazione $x^3 < 81$ è equivalente a:

a. $x < 3$ **b.** $x < 3\sqrt[3]{3}$ **c.** $-3\sqrt[3]{3} < x < 3\sqrt[3]{3}$ **d.** $x < 3\sqrt{3}$

226 La disequazione $(x-1)^5 > 32$ è equivalente a:

a. $x - 1 > 32$ **b.** $x - 1 > 2$
c. $x - 1 < -2 \vee x - 1 > 2$ **d.** nessuna delle precedenti

227 La disequazione $\frac{1}{2}x^4 > 2$ ha soluzione:

a. $x > \sqrt{2}$ **b.** $-\sqrt{2} < x < \sqrt{2}$ **c.** $x < -\sqrt{2} \vee x > \sqrt{2}$ **d.** $x < -\sqrt{2}$

228 Posto $t = x^2$, la relazione $-1 < t < 4$ è equivalente a:

a. $x^2 < 4$ **b.** $\begin{cases} x^2 > 1 \\ x^2 < 4 \end{cases}$ **c.** $x^2 > -1 \vee x^2 < 4$ **d.** $-1 < x < 2$

229 Ponendo $x^2 = t$ nella disequazione $x^4 - 3x^2 - 4 < 0$ si ottiene come soluzione $-1 < t < 4$; le soluzioni della disequazione in x sono:

a. $1 < x < 2$ **b.** $x < -2 \vee -1 < x < 1 \vee x > 2$
c. $x < -1 \vee x > 2$ **d.** $-2 < x < 2$

Applicazione

Disequazioni binomie

230 **ESERCIZIO GUIDATO**

a. $27x^3 - 4 > 0$

La disequazione è equivalente a $x^3 > \frac{4}{27}$ cioè $x > \frac{\sqrt[3]{4}}{3}$

b. $x^4 - 9 > 0$

La disequazione è equivalente a $x^4 > 9 \quad \rightarrow \quad |x| > \sqrt[4]{9}$

da cui $x < -\sqrt{3} \vee x > \sqrt{3}$

231 $4x^6 > 0$ $\quad 6x^9 < 0$ $\quad [x \neq 0;\ x < 0]$

232 $x^3 > 0$ $\quad \frac{4}{3}x^{10} < 0$ $\quad [x > 0;\ S = \emptyset]$

233 $-3x^8 > 0$ $\quad -\frac{1}{2}x^4 \geq 0$ $\quad [S = \emptyset;\ x = 0]$

234 $\frac{4}{5}x^7 \geq 0$ $\quad -3x^5 > 0$ $\quad [x \geq 0;\ x < 0]$

235 $x^3 > 12$ $\quad 4x^4 \geq 1$ $\quad \left[x > \sqrt[3]{12};\ x \leq -\frac{\sqrt{2}}{2} \vee x \geq \frac{\sqrt{2}}{2}\right]$

236 $x^6 < 64$ $\quad 8x^3 \geq 27$ $\quad \left[-2 < x < 2;\ x \geq \frac{3}{2}\right]$

237 $2x^4 + 4 > 0$ $\quad 1 - 32x^5 < 0$ $\quad \left[S = R;\ x > \frac{1}{2}\right]$

238 $81x^4 - 4 \leq 0$ $\quad 16x^4 - 9 > 0$ $\quad \left[-\frac{\sqrt{2}}{3} \leq x \leq \frac{\sqrt{2}}{3};\ x < -\frac{\sqrt{3}}{2} \vee x > \frac{\sqrt{3}}{2}\right]$

239 $x^6 - 1 < 0$ $\quad x^8 + 9 < 0$ $\quad [-1 < x < 1;\ S = \varnothing]$

240 $16x^3 + 1 > 0$ $\quad 27x^6 - 125 \leq 0$ $\quad \left[x > -\frac{\sqrt[3]{4}}{4};\ -\frac{\sqrt{15}}{3} \leq x \leq \frac{\sqrt{15}}{3}\right]$

241 $9 - 8x^3 < 0$ $\quad 49x^3 + 27 \leq 0$ $\quad \left[x > \frac{\sqrt[3]{9}}{2};\ x \leq -\frac{3\sqrt[3]{7}}{7}\right]$

242 $\frac{4}{x^4} < 1$ $\quad \frac{32}{x^5} \geq 1$ $\quad [x < -\sqrt{2}\ \lor\ x > \sqrt{2};\ 0 < x \leq 2]$

243 $\frac{\sqrt{5}}{x^3 - 1} > 0$ $\quad \frac{64}{x^6} + 1 \leq 0$ $\quad [x > 1;\ S = \varnothing]$

244 $\frac{81}{x^4} - 1 \geq 0$ $\quad \frac{1 - x^3}{x^3} > 1$ $\quad \left[-3 \leq x < 0\ \lor\ 0 < x \leq 3;\ 0 < x < \frac{\sqrt[3]{4}}{2}\right]$

245 $\frac{x^3 - 8}{x^5} < 0$ $\quad \frac{-3\sqrt{3}}{x^4} > 1$ $\quad [0 < x < 2;\ S = \varnothing]$

246 $\frac{x^4 - 9}{x^3 - 1} \geq 0$ $\quad \frac{x^5 + 64}{x^4 - 1} \leq 0$ $\quad [-\sqrt{3} \leq x < 1\ \lor\ x \geq \sqrt{3};\ x \leq -2\sqrt[5]{2}\ \lor\ -1 < x < 1]$

247 $\frac{1 - x^2}{x^5 - 81x} < 0$ $\quad \frac{4x^2 - 3}{16x^4 + 1} < 0$ $\quad \left[-3 < x < -1\ \lor\ 0 < x < 1\ \lor\ x > 3;\ -\frac{\sqrt{3}}{2} < x < \frac{\sqrt{3}}{2}\right]$

248 $\frac{x^4 - 8}{x^4 - 81} \geq 1$ $\quad 1 < \frac{2x^3 - 6}{x^3}$ $\quad [x < -3\ \lor\ x > 3;\ x < 0\ \lor\ x > \sqrt[3]{6}]$

249 $x^4 < \frac{1}{x^2}$ $\quad \frac{9}{x^5 + 1} < 1$ $\quad [-1 < x < 0\ \lor\ 0 < x < 1;\ x < -1\ \lor\ x > \sqrt[5]{8}]$

250 $\frac{(x^3 - 1)(x^4 + 12)}{x^4 - 1} > 0$ $\quad \frac{1 - \sqrt{3}}{(x^2 - 4)(x^5 + 1)} > 0$ $\quad [x > -1;\ x < -2\ \lor\ -1 < x < 2]$

Disequazioni trinomie

251 **ESERCIZIO GUIDATO**

a. $x^4 - 7x^2 - 8 > 0$

Poniamo $x^2 = t$: $\quad t^2 - 7t - 8 > 0$

Risolviamo la disequazione di secondo grado ottenuta: $\quad t < -1\ \lor\ t > 8$

Torniamo alla variabile x: $\quad x^2 < -1\ \lor\ x^2 > 8$

La disequazione $x^2 < -1$ non è mai verificata.

La disequazione $x^2 > 8$ è verificata se $\quad x < -2\sqrt{2}\ \lor\ x > 2\sqrt{2}$.

La soluzione della disequazione è l'unione delle soluzioni, cioè l'insieme $x < -2\sqrt{2}\ \lor\ x > 2\sqrt{2}$.

b. $4x^4 - 5x^2 + 1 < 0$

Poniamo $x^2 = t$: $\quad 4t^2 - 5t + 1 < 0$

Risolviamo la disequazione di secondo grado ottenuta: $\quad \frac{1}{4} < t < 1$

Tornando alla variabile x otteniamo: $\quad \frac{1}{4} < x^2 < 1$

La precedente relazione equivale al sistema:

$$\begin{cases} x^2 > \dfrac{1}{4} \\ x^2 < 1 \end{cases} \quad \rightarrow \quad \begin{cases} x < -\dfrac{1}{2} \vee x > \dfrac{1}{2} \\ -1 < x < 1 \end{cases} \quad \rightarrow$$

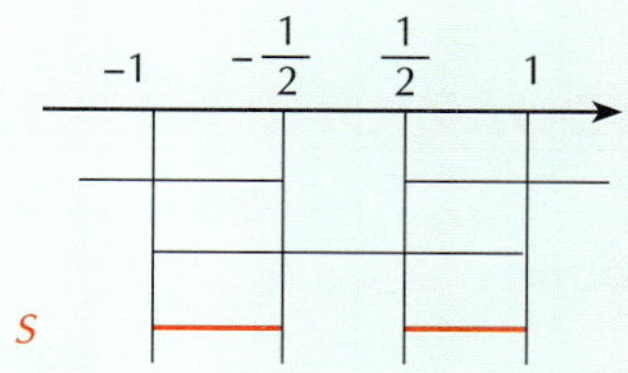

La disequazione data ha quindi come soluzione: $-1 < x < -\dfrac{1}{2} \vee \dfrac{1}{2} < x < 1$

c. $x^6 - 26x^3 - 27 \geq 0$

Poniamo $x^3 = t$: $t^2 - 26t - 27 \geq 0$

Risolviamo la disequazione di secondo grado: $t \leq -1 \vee t \geq 27$

Dobbiamo quindi risolvere le disequazioni: $x^3 \leq -1 \vee x^3 \geq 27$

Dalla prima otteniamo: $x^3 \leq -1 \quad \rightarrow \quad x \leq -1$

Dalla seconda otteniamo: $x^3 \geq 27 \quad \rightarrow \quad x \geq 3$

L'insieme delle soluzioni è quindi dato dagli intervalli: $x \leq -1 \vee x \geq 3$

252 $x^4 + 3x^2 + 2 > 0$ $[S = R]$

253 $x^4 - 10x^2 + 9 < 0$ $[-3 < x < -1 \vee 1 < x < 3]$

254 $x^4 - x^2 - 20 > 0$ $[x < -\sqrt{5} \vee x > \sqrt{5}]$

255 $2x^6 - 15x^3 - 8 < 0$ $\left[-\dfrac{\sqrt[3]{4}}{2} < x < 2\right]$

256 $x^4 - 13x^2 + 36 \leq 0$ $[-3 \leq x \leq -2 \vee 2 \leq x \leq 3]$

257 $x^4 + 12x^2 + 35 > 0$ $[S = R]$

258 $x^4 + 5x^2 + 6 < 0$ $[S = \varnothing]$

259 $13x^2 - x^4 - 36 \geq 0$ $[-3 \leq x \leq -2 \vee 2 \leq x \leq 3]$

260 $27x^6 - 217x^3 + 8 \leq 0$ $\left[\dfrac{1}{3} \leq x \leq 2\right]$

261 $x^4 - 5x^2 - 6 < 0$ $[-\sqrt{6} < x < \sqrt{6}]$

262 $x^4 - 6x^2 - 27 > 0$ $[x < -3 \vee x > 3]$

263 $\dfrac{(x-1)^5}{x^4 - 4x^2 + 3} \leq 0$ $[x < -\sqrt{3} \vee -1 < x < \sqrt{3} \wedge x \neq 1]$

264 $\dfrac{x^4 + 4x^2 + 3}{2x^3 - x^4 - x^2} \leq 0$ $[S = R - \{0, 1\}]$

265 $(x^2 + 4)^2 + 9\left(1 - \dfrac{34}{9}x^2\right) \geq 0$ $[x \leq -5 \vee -1 \leq x \leq 1 \vee x \geq 5]$

266 $\dfrac{x^4 - 3x^2 + 1}{x^4 - x^2} > -\dfrac{5}{3}$ $\left[x < -\dfrac{\sqrt{6}}{2} \vee -1 < x < -\dfrac{1}{2} \vee \dfrac{1}{2} < x < 1 \vee x > \dfrac{\sqrt{6}}{2}\right]$

267 $\dfrac{3x^3 - 8}{x^6} + 6 > \dfrac{1}{x^6}$ $\left[x < -\dfrac{\sqrt[3]{12}}{2} \vee x > 1\right]$

268 $x^3 + \dfrac{2}{x^3} < \dfrac{33}{4}$ $\left[x < 0 \vee \dfrac{\sqrt[3]{2}}{2} < x < 2\right]$

teoria a pagina 154

SOLUZIONI ES. COMPRENSIONE

Comprensione

269 Barra vero o falso.

Dati due numeri a e b non nulli:

a. se $a = b$ anche $a^n = b^n$ per qualsiasi valore di n V F

b. se $a = -b$, allora $a^n = b^n$ solo se n è pari V F

c. se $a = -b$, allora $a^n = b^n$ solo se n è dispari V F

d. se $a = -b$, allora $a^n = -b^n$ solo se n è dispari. V F

270 Stabilisci quali delle seguenti equazioni sono equivalenti motivando le tue risposte.

a. $(2x-1)^3 = x^6$ $\quad 2x - 1 = x^2$

b. $(x+5)^2 = 4$ $\quad x + 5 = 2 \quad \vee \quad x + 5 = -2$

c. $(1-x)^2 = x^2$ $\quad 1 - x = x$

271 L'equazione $\sqrt[3]{A(x)} = B(x)$:

a. è sempre equivalente all'equazione $A(x) = [B(x)]^3$

b. è equivalente all'equazione $A(x) = -[B(x)]^3$ se $B(x) < 0$

c. è equivalente all'equazione $A(x) = [B(x)]^3$ solo se $B(x) \geq 0$

d. è equivalente all'equazione $A(x) = [B(x)]^3$ solo se $A(x) \geq 0$

272 L'equazione $\sqrt[2]{A(x)} = B(x)$:

a. è sempre equivalente all'equazione $A(x) = [B(x)]^2$ V F

b. è equivalente all'equazione $A(x) = -[B(x)]^2$ se $B(x) < 0$ V F

c. è equivalente all'equazione $A(x) = [B(x)]^2$ se $B(x) \geq 0$ V F

d. non ha soluzioni reali se $B(x) < 0$ V F

273 Senza svolgere calcoli e solo osservando la forma, indica quali fra le seguenti equazioni sono possibili (P) e quali impossibili (I) in R:

a. $\sqrt{5x} = -3$ P I

b. $\sqrt{x^2 + 9} = 6$ P I

c. $\sqrt{x-4} + \sqrt{x^2 - 1} + 3 = 0$ P I

d. $\sqrt[3]{5x^2 - 1} = -1$ P I

274 L'equazione $\sqrt{3x - x^2} + 2 = 0$

a. è sempre verificata in R

b. ha soluzione $2 \vee 1$

c. non è mai verificata in R

d. ha soluzione 1

275 L'equazione $\sqrt[3]{x+4} - x + 2 = 0$ è equivalente a:

a. $x + 4 - x^3 + 8 = 0 \quad \forall x \in R$

b. $x + 4 - x^3 + 8 = 0$ per $x \geq 2$

c. $x + 4 = (x-2)^3$ per $x \geq -4$

d. $x + 4 = (x-2)^3 \quad \forall x \in R$

276 L'equazione $2x^2 + 1 = (x-1)^2$ ha come soluzioni 0 e -2; si può dire che l'equazione $\sqrt{2x^2+1} = x - 1$ ha soluzioni:

a. 0, -2

b. solo 0 perché -2 è negativo

c. né 0, né -2 perché deve essere $x \geq 1$.

277 L'equazione $x+3=(x+1)^2$ ha come soluzioni -2 e 1; si può dire che:

a. anche l'equazione $\sqrt{x+3}=x+1$ ha le stesse soluzioni V F

b. anche l'equazione $\sqrt{x+3}=-(x+1)$ ha le stesse soluzioni V F

c. solo 1 è soluzione dell'equazione $\sqrt{x+3}=x+1$ V F

d. solo -2 è soluzione dell'equazione $\sqrt{x+3}=-x-1$ V F

e. l'equazione $\sqrt{x+3}=-(x+1)$ non ha soluzioni in R. V F

278 Dell'equazione $\sqrt{x-1}+\sqrt{x^2+x-2}+\sqrt{x^2-1}=0$; si può dire che:

a. non ha soluzioni reali

b. ha soluzione $x=1$

c. ha soluzione R

d. nessuna delle precedenti affermazioni è vera.

Applicazione

Fra le seguenti equazioni nell'incognita x, riconosci quelle irrazionali.

279 $2x-\sqrt{2}=\sqrt{x-2}$

280 $\frac{1}{2}a+\frac{1}{\sqrt{3a}}=x+\frac{3}{2x+1}$

281 $\frac{\sqrt{3}}{x}+\frac{\sqrt{x}}{3}=1$

282 $\frac{3}{4}x^2-\sqrt{a^2+1}=5$

283 $\sqrt{2}x-5=\sqrt{2}+x$

284 $\sqrt{3}-\sqrt{x}=2\sqrt{3}x$

285 $\frac{x-1}{3}=\frac{5}{2}+\frac{\sqrt{x}}{4}$

286 $\sqrt{5-x}=2+x^2$

Stabilisci se le seguenti coppie di equazioni sono equivalenti.

287 **ESERCIZIO GUIDATO**

a. $(x-5)^3=(3x+2)^3$ e $x-5=3x+2$

Essendo $n=3$, le due equazioni sono equivalenti.

b. $[x(2x-1)]^4=(3x+4)^4$ e $x(2x-1)=(3x+4)$

Questa volta n è pari e quindi le due equazioni non sono equivalenti; la prima equazione è equivalente infatti alla coppia di equazioni

$$x(2x-1)=3x+4 \vee x(2x-1)=-(3x+4)$$

288 $(2x-3)^2=(3x+1)^2$ — $2x-3=3x+1$

289 $x^2=49$ — $x=7 \vee x=-7$

290 $(2x+1)^2=3$ — $2x+1=\sqrt{3}$

291 $(x^2-1)^2=x^2$ — $x^2-1=x \vee x^2-1=-x$

292 $(x+2)^3=3$ — $x+2=\sqrt[3]{3}$

293 $(x-1)^4 = 5^4$ $\qquad$ $(x-1)^2 = 5^2$

294 $(x^2+1)^2 = x^2$ $\qquad$ $x^2+1 = -x$

295 $(x-1)^4 = (3x+2)^2$ $\qquad$ $(x-1)^2 = 3x+2$

Stabilisci, senza trovare le soluzioni, quali delle seguenti equazioni sono determinate, indeterminate, impossibili.

296 ESERCIZIO GUIDATO

$\sqrt{x+1}+\sqrt{x} = -2$

Il primo membro dell'equazione è la somma di due numeri positivi o nulli, il secondo membro è negativo; l'uguaglianza non può sussistere e quindi l'equazione è impossibile.

297 $\sqrt{x^2-3} = 7$

298 $\sqrt{x^2} = x$

299 $\sqrt{x^2+x} = -3$

300 $x\sqrt{x+1} = -2$

301 $\sqrt[3]{1-x} = 2x$

302 $\sqrt{x+3}+\sqrt{x^2-8} = 0$

303 $\sqrt{x-5}-\sqrt{2x+6} = 0$

304 $\sqrt{7x+1} = -\sqrt{3x-4}$

305 $\sqrt[3]{x} = \sqrt{x}$

306 $\sqrt[3]{x^3} = x$

307 $\sqrt{2-x}-\sqrt{x-3} = -2$

308 $\sqrt[3]{2x-5} = -7$

309 $\sqrt[4]{x} = -3$

310 $3+\sqrt{x} = 0$

311 $2\sqrt{x}+3\sqrt{x^2-3x} = 0$

312 $\dfrac{-1}{\sqrt{x+\sqrt{2x-1}}} = 1$

313 $\sqrt[4]{x}-\sqrt{2x} = 0$

314 $\sqrt{x^2+3} = -\sqrt{x+1}$

Applicando il metodo che ritieni più opportuno risolvi le seguenti equazioni irrazionali.

315 ESERCIZIO GUIDATO

$\sqrt[3]{x-1} = 2x-3$

Il radicale è di indice dispari e quindi basta risolvere l'equazione che si ottiene elevando al cubo i due membri dell'equazione data:

$$x-1 = (2x-3)^3 \quad \rightarrow \quad 8x^3-36x^2+53x-26 = 0$$

Scomponiamo il polinomio al primo membro: $\quad (x-2)(8x^2-20x+13) = 0$

Applichiamo la legge di annullamento del prodotto: $x-2 = 0 \quad \rightarrow \quad x = 2$

$$8x^2-20x+13 = 0 \quad \rightarrow \quad x = \frac{10 \pm \sqrt{100-104}}{8} \quad \rightarrow \quad \text{impossibile in } R$$

L'insieme delle soluzioni è quindi $\quad S = \{2\}$.

316 $\sqrt[3]{4x^2(x+7)+4-7x} = 2x+1$ $\qquad$ $\sqrt[3]{9+4x^2} = 3$ $\qquad$ $\left[S = \left\{\frac{1}{2}, 3\right\}; S = \left\{\pm\frac{3\sqrt{2}}{2}\right\}\right]$

317 $\sqrt[3]{x^3+x(x+2)-8}=x$ $\qquad$ $\sqrt[3]{x^3-5x^2}=x-2$ $\qquad$ $\left[S=\{-4,\,2\};\ S=\{6\pm2\sqrt{7}\}\right]$

318 $\sqrt[3]{x^2+8x}+2=0$ $\qquad$ $\sqrt[3]{x^2-9}=-2$ $\qquad$ $\left[S=\{-4\pm2\sqrt{2}\};\ S=\{\pm1\}\right]$

319 **ESERCIZIO GUIDATO**

$\sqrt{2x^2-5x-3}=x-1$

I metodo

Eleviamo al quadrato i due membri dell'equazione e sviluppiamo i calcoli:

$$2x^2-5x-3=(x-1)^2 \;\rightarrow\; 2x^2-5x-3=x^2-2x+1 \;\rightarrow\; x^2-3x-4=0 \;\rightarrow\; x=\begin{cases}-1\\4\end{cases}$$

Procediamo alla verifica delle soluzioni:

- per $x=-1$: $\sqrt{2+5-3}=-2 \quad\rightarrow\quad 2=-2$ falso
- per $x=4$: $\sqrt{32-20-3}=3 \quad\rightarrow\quad 3=3$ vero

L'insieme delle soluzioni è quindi $S=\{4\}$.

II metodo

La condizione di equivalenza è: $x-1\geq0 \;\rightarrow\; x\geq1$

Elevando al quadrato si ottiene la stessa equazione precedente che ha soluzioni $x=-1 \lor x=4$.

Di esse solo la seconda è accettabile perché soddisfa la condizione di equivalenza: $S=\{4\}$.

320 **ESERCIZIO GUIDATO**

$\sqrt{x^2+x-2}=2$

Il secondo membro dell'equazione è un numero positivo; l'equazione è quindi equivalente a quella che si ottiene elevando al quadrato.

$$x^2+x-2=4 \quad\rightarrow\quad x^2+x-6=0 \qquad x=\begin{cases}-3\\2\end{cases}$$

321 $\sqrt{x^2-1}=x+4$ $\qquad$ $\sqrt{x^2-12x+20}=x+10$ $\qquad$ $\left[S=\left\{-\frac{17}{8}\right\};\ S=\left\{-\frac{5}{2}\right\}\right]$

322 $\sqrt{x^3-1}=\sqrt{7}$ $\qquad$ $\sqrt{1-4x}=2$ $\qquad$ $\left[S=\{2\};\ S=\left\{-\frac{3}{4}\right\}\right]$

323 $\sqrt{x+3}=x+1$ $\qquad$ $\sqrt{x+4}=x+3$ $\qquad$ $\left[S=\{1\};\ S=\left\{\frac{-5+\sqrt{5}}{2}\right\}\right]$

324 $\sqrt{x^3-7}=x-1$ $\qquad$ $\sqrt{5-x^2}=\frac{1}{2}x-2$ $\qquad$ $[S=\{2\};\ S=\varnothing]$

325 $\sqrt{x}-2x+1=0$ $\qquad$ $\sqrt{x}=2x-3$ $\qquad$ $\left[S=\{1\};\ S=\left\{\frac{9}{4}\right\}\right]$

326 $\sqrt{9x^2+1}=3x-5$ $\qquad$ $\sqrt{x^2-x-12}-3=x$ $\qquad$ $[S=\varnothing;\ S=\{-3\}]$

327 $\sqrt{x^2+x}=x-\frac{1}{2}$ $\qquad$ $\sqrt{5x^2-1}-x=2(x+1)$ $\qquad$ $\left[S=\varnothing;\ S=\left\{-\frac{1}{2}\right\}\right]$

328 $x-\sqrt{x+5}=-3$ $\qquad$ $\sqrt{6x+1}=2x-3$ $\qquad$ $[S=\{-1\};\ S=\{4\}]$

329 $\sqrt{x^2-4x}=x-1$ $\qquad$ $\sqrt{4x^2+7x-2}=x+2$ $\qquad$ $[S=\varnothing;\ S=\{1,-2\}]$

330 $\sqrt{9x^2-144}=9$ $\qquad$ $\sqrt{x^2-x-1}=x-1$ $\qquad$ $[S=\{5,-5\};\ S=\{2\}]$

331 $\sqrt{x^2-5}=x+3$ $\qquad$ $2\sqrt{x}+5=2x-1$ $\qquad$ $\left[S=\left\{-\frac{7}{3}\right\};\ S=\left\{\frac{7+\sqrt{13}}{2}\right\}\right]$

332 $\sqrt{4x+17}=x+3$ $\qquad$ $x-\sqrt{6+x}-6=0$ $\qquad$ $[S=\{2\};\ S=\{10\}]$

333 $1+\sqrt{x^2-x-6}=x$ $\qquad$ $\sqrt{2x-3}-x=2$ $\qquad$ $[S=\{7\};\ S=\varnothing]$

334 $1+\sqrt{x^2-2x+5}=x+\sqrt{5}-1$ $\qquad$ $\sqrt{x^2+5}=2x-1$ $\qquad$ $[S=\{2\};\ S=\{2\}]$

335 $2x+4+\sqrt{x^2-4x-12}=3x$ $\qquad$ $2\sqrt{10x+5}=1+4x$ $\qquad$ $\left[S=\{7\};\ S=\left\{\frac{4+\sqrt{35}}{4}\right\}\right]$

336 $\sqrt[3]{x^2+x}-\sqrt[3]{2}=0$ $\qquad$ $x-\sqrt[3]{2x-1}=1$ $\qquad$ $\left[S=\{-2,1\};\ S=\left\{0,\ \frac{3\pm\sqrt{5}}{2}\right\}\right]$

337 $\sqrt[3]{x^2+1}+3x-4=4x-3$ $\qquad$ $6+\sqrt{1-x^2}-5x=5-2x$ $\qquad$ $\left[S=\{0\};\ S=\left\{\frac{3}{5}\right\}\right]$

338 $2\sqrt{x+2}+\frac{1}{2}x=14-6\sqrt{x+2}+\frac{3}{2}x$ $\qquad$ $[S=\{34,2\}]$

339 $x\cdot\sqrt{2x+1}=x+8$ $\qquad$ $[S=\{4\}]$

340 $x\cdot\sqrt{x^2-4}=\sqrt{5}$ $\qquad$ $[S=\{\sqrt{5}\}]$

341 $\sqrt{4x+5}\left(\sqrt{2}+\sqrt{3}\right)=1$ $\qquad$ $\left[S=\left\{-\frac{\sqrt{6}}{2}\right\}\right]$

342 $\sqrt{x^4-1}-1=x^2$ $\qquad$ $[S=\varnothing]$

343 $\sqrt{3-2x^2}=3x^2-2$ $\qquad$ $[S=\{\pm1\}]$

344 $x\cdot\sqrt{9x^2+16}+3x^2=8$ $\qquad$ $[S=\{1\}]$

345 $\frac{x+1}{2x}\cdot\sqrt[3]{\frac{8x^2}{x^2+2x+1}}=\frac{3}{4}$ $\qquad$ $\left[S=\left\{-\frac{64}{37}\right\}\right]$

346 $x\cdot\sqrt[3]{\frac{2}{2x^3+5x^4}}=1$ $\qquad$ $[S=\varnothing]$

Risolvi ed eventualmente discuti le seguenti equazioni irrazionali letterali.

347 **ESERCIZIO GUIDATO**

$\sqrt{5x^2-a^2}-a=x$

Isoliamo prima di tutto il radicale: $\sqrt{5x^2-a^2}=x+a$

Eleviamo al quadrato entrambi i membri e, in base alle soluzioni trovate, decidiamo se procedere alla verifica o porre le condizioni per l'equivalenza:

$$5x^2-a^2=(x+a)^2 \ \rightarrow\ 2x^2-ax-a^2=0 \ \rightarrow\ x=\frac{a\pm\sqrt{a^2+8a^2}}{4}=\frac{a\pm3a}{4}=\begin{cases} a \\ -\frac{1}{2}a \end{cases}$$

Procediamo alla verifica delle soluzioni:

- $x = a$: $\sqrt{5a^2 - a^2} - a = a \quad \rightarrow \quad |2a| - a = a \quad \rightarrow \quad \begin{cases} 2a - a = a & \text{se } a \geq 0 \\ -2a - a = a & \text{se } a < 0 \end{cases}$

  la soluzione è accettabile solo se $a \geq 0$

- $x = -\frac{1}{2}a$: $\sqrt{5 \cdot \frac{1}{4}a^2 - a^2} - a = -\frac{1}{2}a \quad \rightarrow \quad \left|\frac{1}{2}a\right| - a = -\frac{1}{2}a \quad \rightarrow \quad \begin{cases} \frac{1}{2}a - a = -\frac{1}{2}a & \text{se } a \geq 0 \\ -\frac{1}{2}a - a = -\frac{1}{2}a & \text{se } a < 0 \end{cases}$

  la soluzione è accettabile solo se $a \geq 0$

In definitiva, se $a \geq 0$ l'insieme delle soluzioni è $S = \left\{a, -\frac{1}{2}a\right\}$.

348 **ESERCIZIO GUIDATO**

$\sqrt{4x^2 + a} = 2x - a$

Determiniamo l'insieme di accettabilità delle soluzioni: $2x - a \geq 0 \quad \rightarrow \quad x \geq \frac{a}{2}$

Eleviamo al quadrato entrambi i membri dell'equazione e svolgiamo i calcoli:

$$4x^2 + a = (2x - a)^2 \quad \rightarrow \quad 4x^2 + a = 4x^2 - 4ax + a^2 \quad \rightarrow \quad 4ax - a^2 + a = 0$$

Dobbiamo adesso discutere l'equazione ottenuta:

- se $a \neq 0$: $\quad x = \frac{a^2 - a}{4a} \quad \rightarrow \quad x = \frac{a(a-1)}{4a} \quad \rightarrow \quad x = \frac{a-1}{4}$
- se $a = 0$: $\quad$ l'equazione diventa $0 = 0$ che è sempre verificata.

Vediamo adesso se le soluzioni trovate per l'equazione razionale ottenuta dopo l'elevamento al quadrato sono anche soluzioni dell'equazione irrazionale.

Deve essere $x \geq \frac{a}{2}$, cioè: $\frac{a-1}{4} \geq \frac{a}{2}$

Risolvendo questa disequazione troviamo la condizione di accettabilità della soluzione:

$\frac{a-1}{4} \geq \frac{a}{2} \quad \rightarrow \quad a - 1 \geq 2a \quad \rightarrow \quad -a - 1 \geq 0 \quad \rightarrow \quad a \leq -1$

Per $a = 0$, l'equazione data diventa: $\sqrt{4x^2} = 2x \quad \rightarrow \quad |2x| = 2x$

che è verificata solo se $x \geq 0$.

Riassumendo:

- se $a \leq -1$: $\quad S = \left\{\frac{a-1}{4}\right\}$
- se $a > -1$ e $a \neq 0$: $\quad S = \varnothing$
- se $a = 0$: $\quad S = \{x \geq 0\}$

349 $\sqrt{x(x + 2a^2)} = \sqrt{3}a^2$ $\qquad [S = \{-3a^2, a^2\}]$

350 $\sqrt{x^2 - 3ax} = 2a$ $\quad$ con $\quad a \geq 0$ $\qquad [S = \{-a, 4a\}]$

351 $\sqrt{6b^2 + bx - x^2} - 5b = 3x$ $\quad$ con $\quad b \geq 0$ $\qquad [S = \{-b\}]$

352 $\sqrt[3]{a(2x^2-7ax+5a^2)}=a-x$ $[S=\{a, \pm 2a\}]$

353 $\sqrt[3]{x^3-3a^2x-25a^3}=x-4a$ $\left[S=\left\{\frac{13}{4}a,\ a\right\},\ a\neq 0\right]$

354 $\sqrt{10a^2-6ax}=3x-a$ $[a<0: S=\{-a\};\ a>0: S=\{a\};\ a=0: S=\{0\}]$

355 $\sqrt{4(1+a)-x(4a+3)}+2-x=0$ $\left[a\leq -\frac{1}{2}: S=\{-4a\};\ a>-\frac{1}{2}: S=\varnothing\right]$

356 $\sqrt{2(3-a)+x(a-1)}=x$ $[a\geq 3: S=\{2,\ a-3\};\ a<3: S=\{2\}]$

357 $\sqrt{2ax-a^2}=x$ $[a\geq 0: S=\{a\};\ a<0: S=\varnothing]$

CORREGGI GLI ERRORI

358 $\sqrt{x^2-3}+1=0$

condizione di esistenza del radicale $x^2-3\geq 0$ $x\leq\sqrt{3}\ \vee\ x\geq\sqrt{3}$

$x^2-3+1=0$ $x^2=2$ $x=\pm\sqrt{2}$ non accettabili $S=\varnothing$

359 $2\sqrt{x+1}=-3$

$2(x+1)=9$ $2x+2=9$ $x=\frac{7}{2}$ soluzione accettabile

360 $3\sqrt{21-5x}=7x+5$

$9(21-5x)=(7x+5)^2$ $189-45x=49x^2+25+70x$

$49x^2+115x-164=0$ $x=\frac{-115\pm 213}{98}=$ $\begin{cases}-\frac{164}{49}\\ 1\end{cases}$

$S=\left\{-\frac{164}{49},\ 1\right\}$

361 $\sqrt{x+3}-2=\frac{1}{2}x$ condizione di concordanza di segno $\frac{1}{2}x\geq 0\ \rightarrow\ x\geq 0$

$x+3-4=\frac{1}{4}x^2\ \rightarrow\ x^2-4x+4=0\ \rightarrow\ x=2\pm\sqrt{4-4}=2$ soluzione accettabile

Equazioni con due o più radicali

teoria a pagina 158

362 **ESERCIZIO GUIDATO**

$\sqrt{2x-1}+\sqrt{x+1}=1+\sqrt{2}$

Risolviamo questa equazione determinando l'insieme di accettabilità delle soluzioni; tenendo presente che la somma di due radicali quadratici è sempre positiva o nulla e che il secondo membro è un numero positivo, dobbiamo risolvere il sistema

$\begin{cases}2x-1\geq 0\\ x+1\geq 0\end{cases}$ e pertanto $E_1:\quad x\geq\frac{1}{2}$

Eleviamo al quadrato i due membri dell'equazione

$2x-1+x+1+2\sqrt{(2x-1)(x+1)}=1+2+2\sqrt{2} \quad \rightarrow \quad 2\sqrt{2x^2+x-1}=3+2\sqrt{2}-3x$

Dobbiamo aggiungere l'ulteriore condizione $3+2\sqrt{2}-3x \geq 0$ cioè $x \leq \dfrac{3+2\sqrt{2}}{3}$.

L'insieme di accettabilità delle soluzioni diventa allora

$$\begin{cases} x \geq \dfrac{1}{2} \\ x \leq \dfrac{3+2\sqrt{2}}{3} \end{cases} \qquad E_2: \quad \frac{1}{2} \leq x \leq \frac{3+2\sqrt{2}}{3}$$

Eleviamo di nuovo al quadrato:

$4(2x^2+x-1)=\left(3+2\sqrt{2}-3x\right)^2 \quad \rightarrow \quad x^2-2x\left(11+6\sqrt{2}\right)+21+12\sqrt{2}=0 \quad \rightarrow$

$$x=11+6\sqrt{2} \pm \sqrt{\left(11+6\sqrt{2}\right)^2-\left(21+12\sqrt{2}\right)}=11+6\sqrt{2} \pm \left(10+6\sqrt{2}\right)= \begin{cases} 1 \\ 21+12\sqrt{2} \end{cases}$$

Solo la prima soluzione appartiene a E_2, quindi $S=\{1\}$.

Osserva che procedere alla verifica delle soluzioni sarebbe stato più complicato che determinare l'insieme di accettabilità.

363 ## ESERCIZIO GUIDATO

$\sqrt{5-x}-\sqrt{x}=2$

Prima di determinare l'insieme E, riscrivi l'equazione trasportando il termine $\sqrt{x}$ al secondo membro in modo che i due membri siano entrambi positivi.

$\left[S=\left\{\frac{5}{2}-\sqrt{6}\right\}\right]$

364 ## ESERCIZIO GUIDATO

$\sqrt{4-x}-2\sqrt{x}=2$

Risolviamo questa equazione senza preoccuparci per il momento di ottenere un'equazione equivalente; prima di elevare al quadrato conviene comunque spostare il secondo radicale al secondo membro:

$$\sqrt{4-x}=2+2\sqrt{x}$$

Eleviamo al quadrato: $4-x=4+4x+8\sqrt{x} \quad \rightarrow \quad 8\sqrt{x}=-5x$

Eleviamo nuovamente al quadrato: $64x=25x^2$

Risolviamo l'equazione ottenuta: $x=0 \vee x=\dfrac{64}{25}$

Avendo ottenuto soluzioni razionali, conviene procedere alla verifica delle soluzioni:

- per $x=0$: $\sqrt{4}-2\sqrt{0}=2 \quad \rightarrow \quad 2=2$ vero
- per $x=\dfrac{64}{25}$: $\sqrt{4-\dfrac{64}{25}}-2\sqrt{\dfrac{64}{25}}=2 \quad \rightarrow \quad -2=2$ falso

L'insieme delle soluzioni è quindi: $S=\{0\}$.

365 $\sqrt{3+x}+2=\sqrt{x+19}$ $\qquad$ $\sqrt{x+18}-3=\sqrt{x}$ $\qquad$ $\left[S=\{6\};\ S=\left\{\frac{9}{4}\right\}\right]$

366 $\sqrt{3x-1}+\sqrt{3x+1}=2$ $\qquad$ $2\sqrt{x-1}=2-\sqrt{2x-4}$ $\qquad$ $\left[S=\left\{\frac{5}{12}\right\};\ S=\{2\}\right]$

367 $\sqrt[3]{x+8}=2+\sqrt[3]{x}$ $\qquad$ $\sqrt{-3x-1}-\sqrt{4x+3}=0$ $\qquad$ $\left[S=\{0,-8\};\ S=\left\{-\frac{4}{7}\right\}\right]$

368 $\sqrt{x-3}+\sqrt{x-6}=3\sqrt{3}$ $\qquad$ $\sqrt{x-1}-\sqrt{3x+1}+2=0$ $\qquad$ $\left[S=\left\{\frac{34}{3}\right\};\ S=\{1,5\}\right]$

369 $\sqrt[3]{x-1}+\sqrt[3]{3-x}=\sqrt[3]{2}$ $\qquad$ $\sqrt{x^2-5}+\sqrt{x^2+16}=7$ $\qquad$ $[S=\{1,3\};\ S=\{\pm 3\}]$

370 $\sqrt{2(6x+5)}=9-\sqrt{12x+1}$ $\qquad$ $\sqrt{4(x+1)}=5-\sqrt{9-2x}$ $\qquad$ $\left[S=\left\{\frac{5}{4}\right\};\ S=\left\{0,\ \frac{40}{9}\right\}\right]$

371 $\sqrt{4x+2}-\sqrt{4x-2}=2$ $\qquad$ $\sqrt{2+x}+\sqrt{2-x}=2$ $\qquad$ $\left[S=\left\{\frac{1}{2}\right\};\ S=\{\pm 2\}\right]$

372 $\sqrt{x^2-x-6}+\sqrt{x-3}=0$ $\qquad$ $\sqrt{3-x}-\sqrt{x+2}=1$ $\qquad$ $[S=\{3\};\ S=\{-1\}]$

373 $\sqrt{1+2x}+\sqrt{2x-1}=x+2$ $\qquad$ $\sqrt{3x+1}-\sqrt{2x+3}=0$ $\qquad$ $[S=\varnothing;\ S=\{2\}]$

374 $\sqrt{9x^4-16}-\sqrt{10x^2-17}=0$ $\qquad$ $\sqrt[3]{8x^2+4x-4}=\sqrt[3]{2x^2+9x}$ $\qquad$ $\left[S=\varnothing;\ S=\left\{-\frac{1}{2},\ \frac{4}{3}\right\}\right]$

375 $\sqrt[3]{x}-1=\sqrt[3]{x-1}$ $\qquad$ $\sqrt{x+8}-2\sqrt{x+1}=-2$ $\qquad$ $[S=\{0,1\};\ S=\{8\}]$

376 $2\sqrt[3]{x^2}+3\sqrt[3]{x}=5$ $\qquad$ $\sqrt{x-1}+\sqrt{3x+1}=2$ $\qquad$ $\left[S=\left\{1,\ -\frac{125}{8}\right\};\ S=\{1\}\right]$

377 $4\sqrt[3]{x^2}+1=4\sqrt[3]{x}$ $\qquad$ $\sqrt[3]{2x+3}+\sqrt[3]{9}=\sqrt[3]{3-4x}$ $\qquad$ $\left[S=\left\{\frac{1}{8}\right\};\ S=\left\{-\frac{3}{2}\right\}\right]$

378 $\sqrt{8x-3}=\sqrt{6}-\sqrt{8x+1}$ $\qquad$ $\sqrt{1+\frac{5}{x^2}}+\sqrt{1-\frac{5}{x^2}}=\frac{4\sqrt{5}}{5}$ $\qquad$ $\left[S=\left\{\frac{19}{48}\right\};\ S=\left\{\pm\frac{5}{2}\right\}\right]$

379 $\sqrt{x^2+3x}+\sqrt{x+3}=0$ $\qquad$ $\frac{4}{\sqrt{2}}\sqrt{x}-\sqrt{2(1-x)}=1$ $\qquad$ $\left[S=\{-3\};\ S=\left\{\frac{1}{2}\right\}\right]$

380 $\sqrt{x+3}+\sqrt{x+1}=2$ $\qquad$ $\sqrt{2x-1}+x=\sqrt{\frac{1}{2}x-1}$ $\qquad$ $\left[S=\left\{-\frac{3}{4}\right\};\ S=\varnothing\right]$

381 $\sqrt[3]{x+2}-2=\sqrt[3]{2-\frac{1}{3}x}$ $\qquad$ $\sqrt[3]{(x-1)}-1=\sqrt[3]{2(x-2)}$ $\qquad$ $[S=\{6\};\ S=\{2,-25\pm 15\sqrt{3}\}]$

382 $\sqrt{x^2-1}+\sqrt{x^2+x}=0$ $\qquad$ $\sqrt{4x^2-4x+3}=\sqrt{5-3x-2x^2}$ $\qquad$ $\left[S=\{-1\};\ S=\left\{\frac{2}{3},\ -\frac{1}{2}\right\}\right]$

383 $\sqrt[3]{x-2}+\sqrt[3]{2x}=\sqrt[3]{3x-2}$ $\qquad$ $\sqrt{x^2-5x}+\sqrt{x^2-25}=0$ $\qquad$ $\left[S=\left\{0,\ 2,\ \frac{2}{3}\right\};\ S=\{5\}\right]$

384 $\sqrt{4x+7}+4\sqrt{2x}=7$ $\qquad$ $\sqrt{x^2-4a^2}-\sqrt{2a-x}=0$ $\qquad$ $\left[S=\left\{\frac{1}{2}\right\};\ S=\{2a\}\right]$

385 $\sqrt{5x-1}-\sqrt{2x-1}=\sqrt{x-1}$ $\qquad$ $\left[S=\left\{\frac{4+\sqrt{13}}{2}\right\}\right]$

386 $\sqrt{9x+10}-\sqrt{x+19}=\sqrt{x+3}$ $\qquad$ $[S=\{6\}]$

387 $(x+3)\sqrt{3-x}=(3-x)\sqrt{x+3}$ $\qquad$ $[S=\{0,\pm 3\}]$

388 $\sqrt{5-x}(1-x)=(x-5)\sqrt{x-1}$ $[S=\{1, 3, 5\}]$

389 $2\sqrt[3]{(x-1)^2}-3\sqrt[3]{x-1}=2$ (Suggerimento: poni $\sqrt[3]{x-1}=t$) $\left[S=\left\{\frac{7}{8}, 9\right\}\right]$

390 $\sqrt{x-2}+\sqrt{2x+3}=\sqrt{3x+4}$ $\left[S=\left\{\frac{1+\sqrt{67}}{4}\right\}\right]$

391 $\sqrt{x}+\sqrt{x-3}=\sqrt{3x+2}$ $\left[S=\left\{\frac{25}{3}\right\}\right]$

392 $\sqrt{x}=\sqrt{a-2x}$ $\left[a\geq 0: S=\left\{\frac{a}{3}\right\}; a<0: S=\varnothing\right]$

393 $\sqrt{x-2a}+\sqrt{x+2a}=2a$ $[a\geq 1: S=\{a^2+1\}; a<1 \wedge a\neq 0: S=\varnothing; a=0: S=\{0\}]$

Risolvi le seguenti equazioni irrazionali che contengono dei radicali al denominatore.

394 **ESERCIZIO GUIDATO**

$$\frac{x-1}{\sqrt{3x-x^2}}=\frac{\sqrt{2}}{2}$$

Per l'esistenza del radicale, tenendo presente che si trova al denominatore, deve essere

$$3x-x^2>0 \qquad \text{cioè} \qquad 0<x<3$$

In tali ipotesi, facciamo il denominatore comune e rendiamo intera l'equazione:

$$2(x-1)=\sqrt{2(3x-x^2)}$$

Per la condizione di equivalenza deve poi essere $x-1\geq 0$ cioè $x\geq 1$

Potremo quindi accettare solo soluzioni che soddisfano il sistema $\begin{cases} 0<x<3 \\ x\geq 1 \end{cases}$

e quindi soluzioni appartenenti all'insieme $1\leq x<3$.

Eleviamo al quadrato e sviluppiamo i calcoli:

$$4(x-1)^2=2(3x-x^2) \quad \rightarrow \quad 2(x-1)^2=3x-x^2 \quad \rightarrow \quad 3x^2-7x+2=0 \quad \rightarrow$$

$$x = \begin{cases} \frac{1}{3} \\ 2 \end{cases}$$

Delle soluzioni trovate solo 2 appartiene all'intervallo $1\leq x<3$, quindi $S=\{2\}$.

395 $\frac{1}{\sqrt{x-3}}=1$ $\qquad \frac{x}{\sqrt[3]{x+6}}=1$ $[S=\{4\}; S=\{2\}]$

396 $\frac{x+2}{\sqrt{13+4x}}=1$ $\qquad \frac{2-x}{\sqrt{x-3}}=-2$ $[S=\{3\}; S=\{4\}]$

397 $\frac{x-3}{2}=\frac{x-3}{\sqrt{x}}$ $\qquad x-1=\frac{x(x-1)-5}{\sqrt{x^2-2}}$ $\left[S=\{3, 4\}; S=\left\{-\frac{3}{2}\right\}\right]$

398 $\frac{2x-1}{\sqrt{x^2-5}}=\frac{5}{2}$ $\qquad 2+\frac{5x^2+x-6}{\sqrt{5x^2-x}}=\sqrt{5x^2-x}$ $\left[S=\{3\}; S=\left\{-\frac{9}{4}, 1\right\}\right]$

399 $\frac{2}{\sqrt{4-3x}}-x=\sqrt{4-3x}$ $\qquad \sqrt{x-2}+\sqrt{x}=\frac{2}{\sqrt{x-2}}$ $\left[S=\left\{1, \frac{-4-2\sqrt{7}}{3}\right\}; S=\left\{\frac{8}{3}\right\}\right]$

400 $\frac{1}{x-\sqrt{x^2-1}}-\frac{1}{x+\sqrt{x^2-1}}=3$ $\qquad \sqrt{2x}+\frac{2x}{2-\sqrt{2x}}=2(\sqrt{2}+1)$ $\left[S=\left\{\pm\frac{\sqrt{13}}{2}\right\}; S=\{1\}\right]$

401 $\sqrt{x-10}-\sqrt{x-5}=\dfrac{5}{\sqrt{x-5}}$ $[S=\varnothing]$

402 $\dfrac{5}{2\sqrt{1+x^2}}=\sqrt{1+x^2}+x$ $\left[S=\left\{\dfrac{3}{4}\right\}\right]$

403 $1-\sqrt{2x}=\dfrac{2x-1}{1+\sqrt{2x}}$ (Suggerimento: poni $\sqrt{2x}=t$) $\left[S=\left\{\dfrac{1}{2}\right\}\right]$

404 $\dfrac{16x-1}{4+2\sqrt{x}}+\sqrt{x}=2$ (Suggerimento: poni $\sqrt{x}=t$) $\left[S=\left\{\dfrac{1}{2}\right\}\right]$

405 $\dfrac{10}{\sqrt{9x^2+4}}-3x=\sqrt{9x^2+4}$ $\left[S=\left\{\dfrac{1}{2}\right\}\right]$

406 $\sqrt{x+1}+3=\dfrac{10}{\sqrt{x+1}}$ $[S=\{3\}]$

407 $\sqrt{\dfrac{2x+1}{x-8}}=1+\dfrac{3}{\sqrt{x-8}}$ $[S=\{12,\ 24\}]$

408 $1+\sqrt{\dfrac{x-6}{x-1}}=\dfrac{5}{\sqrt{x-1}}$ $[S=\{10\}]$

409 $\dfrac{x^2-6x+9}{\sqrt{x}+\sqrt{3}}=\sqrt{x}-\sqrt{3}$ $[S=\{3,\ 4\}]$

ESERCIZI RIASSUNTIVI EQUAZIONI IRRAZIONALI

410 $\sqrt{\dfrac{1-2x}{x}}+\sqrt{1+2x}=\sqrt{\dfrac{1}{x}}$ $\left[S=\left\{\dfrac{1}{2}\right\}\right]$

411 $\sqrt{5x-10}+\sqrt{3x+12}=\sqrt{8x+2}$ $[S=\{2\}]$

412 $\sqrt{b^2-x^2}+2x=\sqrt{x^2+3b^2}$ con $b\geq 0$ $\left[S=\left\{b,\ \dfrac{\sqrt{5}}{5}b\right\}\right]$

413 $\sqrt[3]{4-9x^2}+\sqrt[3]{27x^2-16}=\sqrt[3]{6(3x^2-2)}$ $\left[S=\left\{\pm\dfrac{2}{3},\ \pm\dfrac{\sqrt{6}}{3},\ \pm\dfrac{4}{9}\sqrt{3}\right\}\right]$

414 $\sqrt{2+\dfrac{2\sqrt{3}}{3}x}+\sqrt{5+\dfrac{4\sqrt{3}}{3}x}=\sqrt{2\sqrt{3}x+19}$ $[S=\{\sqrt{3}\}]$

415 $\sqrt{x-6}-\sqrt{x}=\sqrt{2(x-7)}-\sqrt{2x-4}$ $[S=\varnothing]$

416 $\sqrt{x+\sqrt{x-1}}=\sqrt{3}$ $[S=\{2\}]$

417 $\sqrt{2x+\sqrt{x^2+1}}=x+1$ $[S=\{0\}]$

418 $\sqrt{x-2a}-\sqrt{2(x-a)}=-\sqrt{x-8a}$ con $a\geq 0$ $[S=\{10a\}]$

419 $\sqrt{x^2-4a^2}-\sqrt{a^2+x^2}=(1-\sqrt{2})a\sqrt{5}$ con $a\geq 0$ $[S=\{\pm 3a\}]$

420 $\dfrac{x+2}{x-1}+\sqrt{\dfrac{x+2}{x-1}}=6$ (Suggerimento: poni $\sqrt{\dfrac{x+2}{x-1}}=t$, ottieni l'equazione $t^2+t=6$) $[S=\{2\}]$

421 $\frac{3x}{x-3}+8\sqrt{\frac{x}{x-3}}=3$ $\left[S=\left\{-\frac{3}{8}\right\}\right]$

422 $\frac{x+2}{x}-13\sqrt{\frac{x+2}{x}}+36=0$ $\left[S=\left\{\frac{1}{40},\ \frac{2}{15}\right\}\right]$

423 $\sqrt[3]{(x+1)^2}-2\sqrt[3]{x+1}=8$ $[S=\{-9,\ 63\}]$

424 $\sqrt{\frac{2x}{x-1}}-2\sqrt{\frac{x-1}{2x}}+1=0$ $[S=\{-1\}]$

425 $x^2+1-5\sqrt{x^2+1}+6=0$ $[S=\{\pm 2\sqrt{2},\ \pm\sqrt{3}\}]$

426 $\sqrt{3(x+1)}+\sqrt{2(3x+1)}=\sqrt{3x}+\sqrt{6x+7}$ $\left[S=\left\{\frac{1}{3}\right\}\right]$

427 $\sqrt{x^2+5}+\frac{\sqrt{5}\left(5-\sqrt{x^2+5}\right)}{\sqrt{x^2+5}}=5$ $[S=\{0,\ 2\sqrt{5},\ -2\sqrt{5}\}]$

428 $\sqrt{3x^2-1}+\sqrt{3x^2+1}=\frac{3x^2}{\sqrt{3x^2-1}}$ $\left[S=\left\{\pm\frac{\sqrt[4]{18}}{3}\right\}\right]$

429 $\sqrt{4+\sqrt{3x}}=4$ $[S=\{48\}]$

430 $\sqrt{x+\sqrt{5-2x}}=1$ $[S=\{-2\}]$

431 $\sqrt{x-1+\sqrt{-1-5x}}=\sqrt{x+2}$ $[S=\{-2\}]$

432 $\sqrt{x^2+\sqrt{5x-1}}=1-x$ $\left[S=\left\{\frac{1}{4}\right\}\right]$

433 $\sqrt{(x+2)\sqrt{\frac{1}{x+2}\sqrt{\frac{1}{x+2}}}}=1$ $[S=\{-1\}]$

434 $\sqrt{(x-1)^2+\sqrt{x-1}}+x=1$ $[S=\{1\}]$

435 $\left(\sqrt{\frac{a}{x}}+\frac{1}{\sqrt{2}}\right):\left(\frac{a}{x}-\frac{1}{2}\right)=\sqrt{\frac{x}{a}}$ $[S=\varnothing]$

436 $\frac{4x(\sqrt{x}-4)}{4x-1}-\frac{2-7\sqrt{x}-3}{2\sqrt{x}+1}=-\frac{4}{3}$ $[S=\{1\}]$

437 $\sqrt[5]{x^5+\sqrt{x-3}}=x$ $[S=\{3\}]$

438 $\frac{3}{\sqrt{2x}}-\frac{4}{\sqrt{2x}+1}+\frac{4\sqrt{2x}}{2x+\sqrt{2x}}=0$ $[S=\varnothing]$

439 $\frac{\sqrt{x}-1}{2-\sqrt{x}}+\frac{\sqrt{x}+1}{2+\sqrt{x}}=\frac{2\sqrt{x}-2}{x-4}$ $\left[S=\left\{\frac{1}{4}\right\}\right]$

440 $\frac{\sqrt{x}}{\sqrt{x}+3}-\frac{3}{\sqrt{x}-3}+\frac{6\sqrt{x}}{x-9}=1$ $[S=\{x\geq 0\ \wedge\ x\neq 9\}]$

441 $\sqrt{x+4-4\sqrt{x}}=x-4$ $[S=\{4\}]$

442 $\dfrac{x^2-4x+4}{\sqrt{x}+\sqrt{2}}=\sqrt{x}-\sqrt{2}$ $[S=\{2,\ 3\}]$

443 $\dfrac{\sqrt{x-2}}{\sqrt{x+2}}=\sqrt{x-2}$ $[S=\{2\}$

444 $\sqrt{x+1-2\sqrt{2x(1-x)}}=\sqrt{2x}$ $\left[S=\left\{1,\ \frac{1}{9}\right\}\right]$

445 $\dfrac{\sqrt{x}}{\sqrt{x+1}-2}-\dfrac{\sqrt{x+1}}{\sqrt{x}+\sqrt{3}}=\dfrac{\sqrt{3(x+1)}}{x-3}+1$ $[S=\{9\}]$

446 $x+\sqrt{1-x^2}-2+\dfrac{1}{x-\sqrt{1-x^2}}=\dfrac{2x\cdot\sqrt{1-x^2}}{x+\sqrt{1-x^2}}$ $\left[S=\left\{-\frac{1}{2},\ 1\right\}\right]$

447 $\sqrt{(x-1)\sqrt{\dfrac{x+1}{x-1}}}=2\sqrt[4]{3}$ $[S=\{7\}]$

448 $\dfrac{1-3x}{\sqrt{1-9x^2}+3x-1}+\dfrac{\sqrt{1+3x}}{\sqrt{1+3x}-\sqrt{1-3x}}=1$ $[S=\varnothing]$

449 $\dfrac{\sqrt{3}-1}{\sqrt{x}-1}+\dfrac{2\sqrt{3}+2}{\sqrt{x}+1}=3$ $\left[S=\left\{3,\ \frac{1}{9}\right\}\right]$

450 $\dfrac{1}{2+\sqrt{3}}-\dfrac{3+x}{2-\sqrt{1-x}}+\sqrt{1-x}=\sqrt{3}$ $[S=\varnothing]$

451 $\dfrac{1}{2+\sqrt{x}}=\dfrac{x(2\sqrt{x}-x)}{4-\sqrt{x}}$ $[S=\{1\}]$

452 $4+\dfrac{x^2-16}{\sqrt{x^2-1}}=\dfrac{7-\sqrt{x^2-1}}{2}$ $[S=\{\pm\sqrt{10}\}]$

453 $\dfrac{3\sqrt{x+2}+x+1}{1-\sqrt{x+2}}+1=0$ $[S=\{-2\}]$

454 $\dfrac{3\sqrt{2x-1}+2x+1}{3\sqrt{2x-1}}=3-\sqrt{2x-1}$ $\left[S=\left\{1,\ \frac{5}{8}\right\}\right]$

455 $\dfrac{5}{6-\sqrt{x-3}}+\dfrac{1}{2}=\dfrac{6}{5-\sqrt{x-3}}$ $[S=\{4,\ 67\}]$

456 $\dfrac{1}{2+\sqrt{x^2-5}}+\dfrac{3}{2-\sqrt{x^2-5}}=2$ $[S=\{\pm\sqrt{5}\}]$

457 $\dfrac{2(3-x^2)}{\sqrt{3-x^2}+1}=\dfrac{2}{\sqrt{3-x^2}+1}-1$ $\left[S=\left\{\pm\frac{\sqrt{11}}{2}\right\}\right]$

458 $\sqrt{(x-1)+\sqrt{1-x}}=\dfrac{9x-\dfrac{22}{3}}{3\sqrt{(x-1)+\sqrt{1-x}}}$ $\left[S=\left\{\frac{8}{9}\right\}\right]$

459 $(7-\sqrt{x})^2=2(\sqrt{x}-7)$ $[S=\{49,\ 81\}]$

460 $\dfrac{\sqrt{x}-2}{x-\sqrt{x}}+\dfrac{3\sqrt{x}-4}{x+\sqrt{x}}=\dfrac{2\sqrt{x}-3}{x-1}$ $\left[S=\left\{\frac{1}{4},\ 4\right\}\right]$

461 $\dfrac{1}{2+\sqrt{x-2}}+\dfrac{1}{2-\sqrt{x-2}}=1$ $[S=\{2\}]$

462 $\dfrac{\sqrt{x}(x+1)}{\sqrt{x^3+2x^2+x}}=1$ $[S=\{x>0\}]$

463 $\dfrac{5-3\sqrt{x+1}}{\sqrt{x+1}}=1$ $\left[S=\left\{\frac{9}{16}\right\}\right]$

464 $\sqrt{9x+12}=\sqrt{x+20}-4$ $\left[S=\left\{\frac{7-\sqrt{93}}{2}\right\}\right]$

465 $\sqrt[5]{\dfrac{x-2}{2x+1}}+\sqrt[10]{\dfrac{x-2}{2x+1}}=2$ $[S=\{-3\}]$

466 $\dfrac{1}{x+\sqrt{3-x^2}}+\dfrac{1}{x-\sqrt{3-x^2}}=\dfrac{4}{5}$ $\left[S=\left\{-\frac{3}{4}\right\}\right]$

467 $\sqrt{x-3}+\sqrt{x+2}=\sqrt{4x-1}$ $[S=\varnothing]$

468 $\left(\sqrt{\dfrac{3x^2-2x+19}{x^2+1}}\right)^3-8=0$ $[S=\{3,\ -5\}]$

469 $\sqrt{9+6x+\sqrt{2x^4+3x^3}}=x+3$ $[S=\{0,\ -3\}]$

470 $\sqrt{4x^2-4x+\sqrt{x^4-8}}=2x-1$ $[S=\{\sqrt{3}\}]$

471 $\sqrt{4-12x+3\sqrt{x^4+x^2}}=3x-2$ $\left[S=\left\{\frac{\sqrt{2}}{4}\right\}\right]$

472 $3x\cdot\sqrt{2x}-2\sqrt[4]{2x^3}=8$ $[S=\{2\}]$

473 $\sqrt{2-\sqrt{x}}+\sqrt{3-\sqrt{x}}=\sqrt{5-2\sqrt{x}}$ $[S=\{4\}]$

474 $\sqrt{\dfrac{2+x}{2-x}}+3\sqrt{\dfrac{2-x}{2+x}}-4=0$ $\left[S=\left\{\frac{8}{5},\ 0\right\}\right]$

475 $\sqrt{\dfrac{x+1}{2x-3}}+4\sqrt{\dfrac{2x-3}{x+1}}=5$ $\left[S=\left\{4,\ \frac{49}{31}\right\}\right]$

476 $\sqrt{\dfrac{x+1}{x+3}}=2+3\sqrt{\dfrac{x+3}{x+1}}$ $\left[S=\left\{-\frac{13}{4}\right\}\right]$

LE DISEQUAZIONI IRRAZIONALI

teoria a pagina 163

Comprensione

SOLUZIONI ES. COMPRENSIONE

477 La disequazione $\sqrt{2x^2+7x}+2>0$ è verificata:

a. per $x<-4 \vee x>\dfrac{1}{2}$ **b.** $-4<x<\dfrac{1}{2}$ **c.** $x\leq-\dfrac{7}{2}\ \vee\ x\geq0$ **d.** per nessun valore di x

478 Indica quali fra le seguenti disequazioni sono impossibili in R:

a. $\sqrt{x}-1>0$ **b.** $-\sqrt{2+x}>1$ **c.** $\sqrt[3]{x-1}>-3$

d. $\sqrt{x^2-4}>\sqrt{x^2+1}$ **e.** $\sqrt{2-5x}+4<0$ **f.** $\sqrt{x}+x<0$

g. $\sqrt{x+3}+1<0$ **h.** $\sqrt[3]{x^3+8}+3<0$ **i.** $-3>\sqrt{2x+1}$

479 Le seguenti affermazioni sono tutte errate; per ognuna trova l'errore e correggi.

a. $\sqrt{x^2-4}>0$ è verificata $\forall x \in R$

b. $\sqrt{x+8}<\sqrt{x+7}$ è verificata se $x<0$

c. $\sqrt{x+1}+\sqrt{x^2-1}\leq 0$ non è mai verificata

d. $\sqrt{-4-x^2}>0$ è verificata $\forall x \in R$

e. $\sqrt{x^4+1}\geq 1$ è verificata se $x\geq 0$

Applicazione

Risolvi le seguenti disequazioni irrazionali con radicali cubici.

480 **ESERCIZIO GUIDATO**

$\sqrt[3]{x^3-2x^2}<x-1$

Eleviamo al cubo entrambi i membri e risolviamo la disequazione ottenuta: $x^3-2x^2<(x-1)^3$

$\cancel{x^3}-2x^2<\cancel{x^3}-3x^2+3x-1$

$x^2-3x+1>0$

$x<\dfrac{3-\sqrt{5}}{2} \vee x>\dfrac{3+\sqrt{5}}{2}$

481 $x+3>\sqrt[3]{x^3-1}$ $[S=R]$

482 $x\leq\sqrt[3]{x^3-x+1}$ $[x\leq 1]$

483 $\sqrt[3]{2x-2}<-\sqrt[3]{2x+5}$ $\left[x<-\dfrac{3}{4}\right]$

484 $\sqrt[3]{3x^2-5x+1}\leq\sqrt[3]{x^2-1}$ $\left[\dfrac{1}{2}\leq x\leq 2\right]$

485 $\sqrt[3]{x^3-x+1}\geq x-2$ $[S=R]$

486 $x-2>\sqrt[3]{3x^3-6x^2}$ $[x<-1-\sqrt{3} \vee -1+\sqrt{3}<x<2]$

487 $\sqrt[3]{x^3-10x^2+2x-1}\geq x-3$ $[-26\leq x\leq 1]$

488 $\sqrt[3]{27x^3+4x^2+1}\geq 3x$ $[S=R]$

489 $\sqrt[3]{x^3-3x^2}\geq\sqrt[3]{-2x}$ $[0\leq x\leq 1 \vee x\geq 2]$

490 $\sqrt[3]{1+11x^2-8x^3}<1-2x$ $[x<0 \vee x>6]$

491 $\sqrt[3]{x^3+4x^2-x+1}-x<1$ $[0<x<4]$

492 $\sqrt[3]{1-x}+1>x-2$ $[x<2]$

Risolvi le seguenti disequazioni irrazionali con radicali quadratici.

493 **ESERCIZIO GUIDATO**

$\sqrt{-x^2+4x-3} < 2x+1$

L'indice della radice è pari e la disequazione ha la forma $\sqrt{A(x)} < B(x)$. Essa è quindi equivalente al sistema:

$$\begin{cases} -x^2+4x-3 \geq 0 & \text{esistenza del radicale} \\ 2x+1>0 & \text{il secondo membro deve essere positivo} \\ -x^2+4x-3 < (2x+1)^2 & \text{verifica della disuguaglianza} \end{cases}$$

$[1 \leq x \leq 3]$

494 $\sqrt{5-x} < 1$ $\quad 2\sqrt{3x-4}-3 \leq 0$ $\quad \left[4 < x \leq 5; \frac{4}{3} \leq x \leq \frac{25}{12}\right]$

495 $9-x > \sqrt{10x+6}$ $\quad \sqrt{2x+5} < x+3$ $\quad \left[-\frac{3}{5} \leq x < 3; x \geq -\frac{5}{2} \wedge x \neq -2\right]$

496 **ESERCIZIO GUIDATO**

$2x-1 < \sqrt{x^2-4x}$

Puoi riscrivere la disequazione nella forma $\sqrt{x^2-4x} > 2x-1$

Essa è del tipo $\sqrt{A(x)} > B(x)$ ed è quindi equivalente ai due sistemi

$$\begin{cases} x^2-4x \geq 0 \\ 2x-1<0 \end{cases} \vee \begin{cases} 2x-1 \geq 0 \\ x^2-4x > (2x-1)^2 \end{cases}$$

Risolvendo ciascuno di essi e considerando l'unione delle loro soluzioni trovi quella della disequazione.

$[x \leq 0]$

497 $2x-3 < 2\sqrt{x^2+2x+5}$ $\quad 7x-1 < \sqrt{5-2x}$ $\quad \left[S=R; x < \frac{6+2\sqrt{58}}{49}\right]$

498 $7-x \leq \sqrt{25-x^2}$ $\quad \sqrt{3x-2} > 2(x-1)$ $\quad \left[3 \leq x \leq 4; \frac{2}{3} \leq x < 2\right]$

499 $4-2x > \sqrt{3x+4}$ $\quad 2x-3-\sqrt{5+x} > 0$ $\quad \left[-\frac{4}{3} \leq x < \frac{3}{4}; x > \frac{13+\sqrt{105}}{8}\right]$

500 $x+1 \geq \sqrt{9x^2-6x-8}$ $\quad \sqrt{9-x^2} \geq x+7$ $\quad \left[\frac{2-\sqrt{22}}{4} \leq x \leq -\frac{2}{3} \vee \frac{4}{3} \leq x \leq \frac{2+\sqrt{22}}{4}; S=\varnothing\right]$

501 $\sqrt{3x+x^2-10} > x-2$ $\quad \sqrt{x^2+x+1} < 4$ $\quad \left[x \leq -5 \vee x > 2; \frac{-1-\sqrt{61}}{2} < x < \frac{-1+\sqrt{61}}{2}\right]$

502 $x+\sqrt{x^2+2x-3} > 0$ $\quad \sqrt{\frac{4x+5}{x+3}} > 2$ $\quad [x \geq 1; x < -3]$

503 $x-1-\sqrt{x^2+2x+5} > 2$ $\quad \sqrt{5x+10} > 8-x$ $\quad [S=\varnothing; x > 3]$

504 $\sqrt{\frac{x-9}{x-1}} < 2$ $\quad \sqrt{4x^2-18} > \frac{3}{2}$ $\quad \left[x < -\frac{5}{3} \vee x \geq 9; x < -\frac{9}{4} \vee x > \frac{9}{4}\right]$

505 $2x-8 < \sqrt{16x-x^2}$ $\quad \sqrt{x^2+x+1} < 2x+3$ $\quad [0 \leq x < 8; x > -1]$

506 $\sqrt{2(x-1)(2x-3)} < 2x+3$ $\quad \sqrt{6x-x^2} < 3-2x$ $\quad \left[-\frac{3}{22} < x \leq 1 \vee x \geq \frac{3}{2}; 0 \leq x < \frac{3}{5}\right]$

507 $\sqrt{5+2x+x^2} < x - \dfrac{3}{2}$ $\qquad$ $\sqrt{x^2-2x-1} < x-1$ $\qquad$ $[S = \varnothing;\ x \geq 1+\sqrt{2}]$

508 $\sqrt{\dfrac{x-1}{x+2}} > 2$ $\qquad$ $\sqrt{\dfrac{x^3-1}{x}} + 2 < 0$ $\qquad$ $[-3 < x < -2;\ S = \varnothing]$

509 $\dfrac{\sqrt{x}}{x^2+x-6} \geq 0$ $\qquad$ $\sqrt{\dfrac{x^2-x}{x^3+1}} + 2 > 0$ $\qquad$ $[x > 2;\ -1 < x \leq 0 \ \vee\ x \geq 1]$

510 **ESERCIZIO GUIDATO**

$\sqrt{x+3} < \sqrt{x} + \sqrt{2x-1}$

Per l'esistenza della disequazione deve essere: $\begin{cases} x+3 \geq 0 \\ x \geq 0 \\ 2x-1 \geq 0 \end{cases} \rightarrow \quad x \geq \dfrac{1}{2}$

In tale condizione i due membri sono positivi; elevando al quadrato si deve risolvere il sistema

$$\begin{cases} x \geq \dfrac{1}{2} \\ x+3 < x+2x-1+2\sqrt{x(2x-1)} \end{cases} \rightarrow \quad \begin{cases} x \geq \dfrac{1}{2} \\ \sqrt{x(2x-1)} > 2-x \end{cases}$$

Risolvi ora la disequazione con un solo radicale ottenuta tenendo presente la condizione $x \geq \dfrac{1}{2}$.

$[x > 1]$

511 $\sqrt{x^2+5} + \sqrt{x^2-1} > 0$ $\qquad$ $\sqrt{x^2-3} - \sqrt{4x-5} \leq 0$ $\qquad$ $[x \leq -1 \ \vee\ x \geq 1;\ \sqrt{3} \leq x \leq 2+\sqrt{2}]$

512 $\sqrt{x+2} + \sqrt{x+4} > \sqrt{x-3}$ $\qquad$ $\sqrt{x+8} \geq 7 - \sqrt{x+1}$ $\qquad$ $[x \geq 3;\ x \geq 8]$

513 $\sqrt{2x-3} - \sqrt{2x} < \sqrt{3+x}$ $\qquad$ $\sqrt{5+x} - \sqrt{5-x} < \sqrt{x}$ $\qquad$ $\left[x \geq \dfrac{3}{2};\ 0 < x < 4\right]$

514 $\dfrac{3+2x}{\sqrt{x^2-9}-3} < 0$ $\qquad$ $\dfrac{\sqrt{x-1}-2}{x^2-4} > 0$ $\qquad$ $[x < -3\sqrt{2} \ \vee\ 3 \leq x < 3\sqrt{2};\ 1 \leq x < 2 \ \vee\ x > 5]$

515 $\dfrac{x^2-9x}{\sqrt{2x-1}+4} \leq 0$ $\qquad$ $\dfrac{3-x-\sqrt{2x-3}}{x^2+\sqrt{x}} > 0$ $\qquad$ $\left[\dfrac{1}{2} \leq x \leq 9;\ \dfrac{3}{2} \leq x < 2\right]$

516 $\dfrac{\sqrt{x}+x}{\sqrt{x^2-3x}+x-4} \leq 0$ $\qquad$ $\dfrac{x-2-\sqrt{2x^2+3x-2}}{7-x-6x^2} \leq 0$ $\qquad$ $\left[x = 0 \ \vee\ 3 \leq x < \dfrac{16}{5};\ \dfrac{1}{2} \leq x < 1\right]$

SISTEMI NON LINEARI

Sistemi di secondo grado

teoria a pagina 167

Comprensione

SOLUZIONI ES. COMPRENSIONE

517 Associa a ciascun sistema il proprio grado:

① $\begin{cases} xy = 9 \\ x^2 = 3y \end{cases}$ $\qquad$ ② $\begin{cases} x^2+y^2 = 4 \\ x-4y = 1 \end{cases}$ $\qquad$ ③ $\begin{cases} x+2y^3-xy = 1 \\ x^2 = y \end{cases}$ $\qquad$ ④ $\begin{cases} 2x-4y = 1 \\ 3x^2-x^2y = 0 \\ x^3-1 = y \end{cases}$

a. 2 $\qquad$ **b.** 9 $\qquad$ **c.** 4 $\qquad$ **d.** 6

518 Un sistema della forma $\begin{cases} ax^n + by^h + c = 0 \\ dx^m + ey^k + f = 0 \end{cases}$ è di secondo grado se:

a. $n = 2 \ \wedge \ h = 1 \ \wedge \ m = 2 \ \wedge \ k = 1$ V F

b. $n = 2 \ \wedge \ h = 2 \ \wedge \ m = 1 \ \wedge \ k = 1$ V F

c. $n = 1 \ \wedge \ h = 1 \ \wedge \ m = 2 \ \wedge \ k = 2$ V F

d. $n = 2 \ \wedge \ h = 1 \ \wedge \ m = 2 \ \wedge \ k = 2$ V F

519 Un sistema di terzo grado:
a. non può avere equazioni di primo grado
b. non può avere equazioni di secondo grado
c. può avere una sola equazione di terzo grado
d. se ha un'equazione di terzo grado le altre sono di primo grado.
Una sola delle precedenti affermazioni è falsa; individuala motivando la risposta.

520 Per risolvere il sistema $\begin{cases} x^2 - 2xy + 3y^2 - x = 1 \\ x + 2y = 0 \end{cases}$ è più conveniente:

a. ricavare l'espressione di x dalla prima equazione e procedere per sostituzione
b. ricavare l'espressione di x dalla seconda equazione e procedere per sostituzione
c. ricavare l'espressione di y dalla seconda equazione e procedere per sostituzione
d. applicare il principio di riduzione e sommare membro a membro le due equazioni.

521 Un sistema di secondo grado ha per equazioni quella di una parabola e quella di una retta. Se la retta e la parabola non si intersecano, il sistema è:
a. determinato **b.** indeterminato **c.** impossibile.

522 Senza risolverli, indica quali fra i seguenti sistemi sono sicuramente impossibili:

a. $\begin{cases} x^2 + 3y^2 + 4 = 0 \\ x = 2y - 3 \end{cases}$ **b.** $\begin{cases} x^2 - y^2 - 1 = 0 \\ x + y^2 = 0 \end{cases}$

c. $\begin{cases} 2x^2 + y^2 = 0 \\ 3x - y = 1 \end{cases}$ **d.** $\begin{cases} x^3 + 3y + 1 = 0 \\ y - x^2 = 2 \end{cases}$

523 La parabola $y = 2 - 3x^2$ e la retta $y = 2x + 1$ si intersecano nei punti di coordinate:

a. $(-1, -1) \ \vee \ \left(\frac{1}{3}, \frac{5}{3}\right)$ **b.** $(1, 1) \ \vee \ \left(\frac{1}{3}, \frac{5}{3}\right)$

c. $(-1, -1) \ \vee \ \left(-\frac{1}{3}, -\frac{5}{3}\right)$ **d.** non si intersecano

524 L'iperbole di equazione $xy = 1$ e la retta $y + 2x = 0$ si intersecano nei punti:
a. $(1, 1) \ \vee \ (-1, -1)$ **b.** $(1, -2) \ \vee \ (-1, 2)$ **c.** solo in $(1, 1)$ **d.** non si intersecano

Applicazione

Risolvi in R i seguenti sistemi di secondo grado interi.

525 **ESERCIZIO GUIDATO**

$\begin{cases} 4x - yx = 6 \\ x + y - 3 = 0 \end{cases}$

Sappiamo che conviene ricavare l'espressione di una delle due variabili dall'equazione di primo grado. Nel nostro caso possiamo ricavare indifferentemente la variabile x o la variabile y dalla seconda equazione (hanno entrambe coefficiente 1), ma se ricaviamo y dobbiamo sostituire la sua espressione nella prima equazione una sola volta.

$$\begin{cases} y = \boxed{3-x} \\ 4x - x(3-x) = 6 \end{cases} \quad \rightarrow \quad \begin{cases} y = 3-x \\ x^2 + x - 6 = 0 \end{cases}$$

$$\begin{cases} x = -3 \\ y = 3-x \end{cases} \quad \vee \quad \begin{cases} x = 2 \\ y = 3-x \end{cases}$$

$$\begin{cases} x = -3 \\ y = 6 \end{cases} \quad \vee \quad \begin{cases} x = 2 \\ y = 1 \end{cases}$$

Pertanto l'insieme delle soluzioni è $S = \{(-3, 6); (2, 1)\}$.

526 $\begin{cases} 5y^2 + x = 2y + 3 \\ 3y - 1 = x \end{cases}$ $\begin{cases} x + 2y = 6 \\ y^2 + xy = 9 \end{cases}$ $\left[S = \left\{\left(\frac{7}{5}, \frac{4}{5}\right); (-4, -1)\right\}; S = \{(0, 3)\}\right]$

527 $\begin{cases} 3y^2 + 12y = x - 14 \\ x = 8y + 13 \end{cases}$ $\begin{cases} 7x^2 - y = 6 \\ 4x + 3y = 7 \end{cases}$ $\left[S = \left\{(5, -1); \left(\frac{31}{3}, -\frac{1}{3}\right)\right\}; S = \left\{(1, 1); \left(-\frac{25}{21}, \frac{247}{63}\right)\right\}\right]$

528 $\begin{cases} x^2 - 3y = -1 \\ 3x + 6y = 2 \end{cases}$ $\begin{cases} x + 2y = -1 \\ x^2 - y = -1 \end{cases}$ $\left[S = \left\{\left(0, \frac{1}{3}\right); \left(-\frac{3}{2}, \frac{13}{12}\right)\right\}; S = \varnothing\right]$

529 $\begin{cases} 4x^2 + 3x - 17 + 5y = 0 \\ x - y - 20 = 0 \end{cases}$ $\begin{cases} 2x + 3y = 6 \\ 2xy = 3 \end{cases}$ $\left[S = \left\{\left(\frac{9}{2}, -\frac{31}{2}\right); \left(-\frac{13}{2}, -\frac{53}{2}\right)\right\}; S = \left\{\left(\frac{3}{2}, 1\right)\right\}\right]$

530 $\begin{cases} x + 2y^2 = 1 \\ 3x + y = 2 \end{cases}$ $\begin{cases} x + 2y = -1 \\ 2x^2 - y = 2 \end{cases}$ $\left[S = \left\{\left(\frac{7}{9}, -\frac{1}{3}\right); \left(\frac{1}{2}, \frac{1}{2}\right)\right\}; S = \left\{(-1, 0); \left(\frac{3}{4}, -\frac{7}{8}\right)\right\}\right]$

531 $\begin{cases} x - 2y = 5 \\ x^2 + y^2 = 50 \end{cases}$ $\begin{cases} \sqrt{3}x^2 - x = 2\sqrt{3} - y \\ (1 - 2\sqrt{3})x - y + 3\sqrt{3} = 0 \end{cases}$ $\left[S = \{(7, 1); (-5, -5)\}; S = \{(1, \sqrt{3} + 1)\}\right]$

532 $\begin{cases} \frac{1}{2}x^2 + 1 = 5x - y \\ 4y - 19x = -5 \end{cases}$ $\begin{cases} x = y - 2 \\ 3x^2 - y^2 = -6 \end{cases}$ $\left[S = \left\{\left(1, \frac{7}{2}\right); \left(-\frac{1}{2}, -\frac{29}{8}\right)\right\}; S = \{(1, 3)\}\right]$

533 $\begin{cases} \frac{x}{2} + \frac{y}{3} = 1 \\ x^2 + 3y = 4 \end{cases}$ $\begin{cases} y + x = 0 \\ y^2 + xy = y + x \end{cases}$ $\left[S = \left\{(2, 0); \left(\frac{5}{2}, -\frac{3}{4}\right)\right\}; \text{indeterminato}\right]$

534 $\begin{cases} 3x^2 - 3y^2 = xy + 21 \\ \frac{x-1}{2} + \frac{y+2}{4} = 1 \end{cases}$ $\left[S = \left\{(3, -2); \left(\frac{23}{7}, -\frac{18}{7}\right)\right\}\right]$

535 $\begin{cases} 2y = x^2 - 8 \\ \frac{2x-1}{2} = y \end{cases}$ $\left[S = \left\{\left(1 + 2\sqrt{2}, \frac{1}{2} + 2\sqrt{2}\right); \left(1 - 2\sqrt{2}, \frac{1}{2} - 2\sqrt{2}\right)\right\}\right]$

536 $\begin{cases} \sqrt{2}y - 2 = x - y^2 \\ \sqrt{2}y + x = 1 \end{cases}$ $\left[S = \{(3 + \sqrt{10}, -\sqrt{2} - \sqrt{5}); (3 - \sqrt{10}, -\sqrt{2} + \sqrt{5})\}\right]$

537 $\begin{cases} 2x - y = 1 \\ 2y + 1 = x - x(x-3) \end{cases}$ $[S = \{(1, 1); (-1, -3)\}]$

538 $\begin{cases} (x+2)(x-2) + y(y-4) = 2 \\ 2x + y = 1 \end{cases}$ $\left[S = \left\{\left(-\frac{9}{5}, \frac{23}{5}\right); (1, -1)\right\}\right]$

539 $\begin{cases} x - y = -2 \\ 2x + y^2 = 31 \end{cases}$ $[S = \{(3, 5); (-9, -7)\}]$

540 $\begin{cases} x(2x-3) - y(3x+y) = (2x-y)^2 \\ 2x + y - 3 = 0 \end{cases}$ $[S = \varnothing]$

541 $\begin{cases} \dfrac{y}{5} - \dfrac{x}{2} = -\dfrac{1}{5} \\ \dfrac{x-2y}{3} + x^2 = (1-x)(2-3x) \end{cases}$ $\left[S = \left\{\left(\frac{1}{2}, \frac{1}{4}\right); \left(\frac{4}{3}, \frac{7}{3}\right)\right\}\right]$

542 $\begin{cases} (2x-y)^2 + xy = 27 + (x-y)(x-2y) \\ 2x - y = 3 \end{cases}$ $[S = \{(6, 9)\}]$

543 $\begin{cases} -\dfrac{2}{5}x(x+y) + 3\left(x - y - \dfrac{1}{5}\right) = 0 \\ x - y = 1 \end{cases}$ $\left[S = \left\{(2, 1); \left(-\frac{3}{2}, -\frac{5}{2}\right)\right\}\right]$

544 $\begin{cases} y = x - 20 \\ 2xy - 9y - 205 = 0 \end{cases}$ $\left[S = \left\{(25, 5); \left(-\frac{1}{2}, -\frac{41}{2}\right)\right\}\right]$

545 $\begin{cases} x - y = -1 \\ 6(x^2 + y^2) = 13xy \end{cases}$ $[S = \{(2, 3); (-3, -2)\}]$

546 $\begin{cases} (x-1)(y+2x) = \dfrac{x-2}{2} \\ \dfrac{2(x+y)}{3} = 1 \end{cases}$ $\left[S = \left\{\left(-\frac{\sqrt{2}}{2}, \frac{3+\sqrt{2}}{2}\right); \left(\frac{\sqrt{2}}{2}, \frac{3-\sqrt{2}}{2}\right)\right\}\right]$

547 $\begin{cases} (y+2)(x-1) = (y+3)(x-2) + 7 \\ x(x+2) + (x+y)^2 = 0 \end{cases}$ $\left[S = \left\{(-1, 2); \left(-\frac{9}{5}, \frac{6}{5}\right)\right\}\right]$

548 $\begin{cases} 2(2y-1) - 2x(x-1) = 0 \\ \dfrac{1}{2}x + y + 3 = 0 \end{cases}$ $[S = \varnothing]$

549 $\begin{cases} y\left(3 + \dfrac{1}{2}y\right) + x\left(\dfrac{y}{6} - 1\right) = 18 \\ x = 3(y-2) \end{cases}$ $[S = \{(6, 4); (-15, -3)\}]$

550 $\begin{cases} (7x-y)(x+5) = 10x^2 \\ y + 15 = 3x \end{cases}$ $\left[S = \left\{\left(\frac{15}{2}, \frac{15}{2}\right); \left(-\frac{5}{3}, -20\right)\right\}\right]$

551 $\begin{cases} x - 3y - 2 = 0 \\ x^2 + 4 = 9y^2 + 4x \end{cases}$ [indeterminato]

552 $\begin{cases} x(6x+11) = 2(5y+8) \\ 3x = 2y + 6 \end{cases}$ $[S = \varnothing]$

553 $\begin{cases} 2(y-4)(y-1) = x(x-y+1) \\ y-x-4=0 \end{cases}$ $\left[S=\left\{(0, 4); \left(-\frac{9}{2}, -\frac{1}{2}\right)\right\}\right]$

554 $\begin{cases} x^2+y^2-2x-6y+1=0 \\ y = x\left(2\sqrt{2}-3\right)+9-2\sqrt{2} \end{cases}$ $\left[S=\left\{(1, 6); \left(2, 3+2\sqrt{2}\right)\right\}\right]$

555 $\begin{cases} x-2=-3y \\ \dfrac{x^2}{7}+y^2=2 \end{cases}$ $\left[S=\left\{\left(-\frac{7}{4}, \frac{5}{4}\right); \left(\frac{7}{2}, -\frac{1}{2}\right)\right\}\right]$

556 $\begin{cases} xy-2x+y=\dfrac{22}{9} \\ 2x-3y=-\dfrac{26}{3} \end{cases}$ $\left[S=\left\{\left(-\frac{1}{3}, \frac{8}{3}\right); \left(-2, \frac{14}{9}\right)\right\}\right]$

557 $\begin{cases} 2(x-y)(x+y)-2y(1+x)+5x+14=0 \\ x+2y=4 \end{cases}$ $\left[S=\left\{(-2, 3); \left(-\frac{2}{5}, \frac{11}{5}\right)\right\}\right]$

558 $\begin{cases} x+2y=1 \\ (x-y)^2+4xy=\dfrac{1}{2}y \end{cases}$ $\left[S=\left\{\left(0, \frac{1}{2}\right); (-3, 2)\right\}\right]$

559 $\begin{cases} x+y=3 \\ x^2+3y^2+19x+y=0 \end{cases}$ $[S=\varnothing]$

560 $\begin{cases} (y-x)(y+x)+x+y=6 \\ 2x-y=0 \end{cases}$ $[S=\{(-2, -4); (1, 2)\}]$

561 $\begin{cases} \dfrac{x+2}{6}+\dfrac{y-1}{2}=0 \\ \dfrac{x(y+1)}{2}+\dfrac{y(y+2x)}{3}=\dfrac{2(5-14y^2)}{6} \end{cases}$ $\left[S=\left\{(-2, 1); \left(\frac{10}{3}, -\frac{7}{9}\right)\right\}\right]$

562 $\begin{cases} x+1=y \\ (x-2y)^2=y^2+2x+3 \end{cases}$ [indeterminato]

563 $\begin{cases} 3y-4x=0 \\ \left(y-\dfrac{1}{3}x\right)^2-1=x^2+1 \end{cases}$ $[S=\varnothing]$

Risolvi i seguenti sistemi frazionari.

564 **ESERCIZIO GUIDATO**

$\begin{cases} x+y=-3 \\ \dfrac{x+1}{y+1}=\dfrac{3}{y-3} \end{cases}$

Poniamo le condizioni sui denominatori: $y \neq -1 \wedge y \neq 3$

Riduciamo il sistema in forma intera e risolviamo:

$\begin{cases} x+y=-3 \\ (x+1)(y-3)=3(y+1) \end{cases}$ $\begin{cases} x=-3-y \\ (-2-y)(y-3)=3y+3 \end{cases}$ $\begin{cases} x=-3-y \\ y^2+2y-3=0 \end{cases} \rightarrow y = \begin{cases} -3 \\ 1 \end{cases}$

otteniamo i due sistemi

$\begin{cases} y = -3 \\ x + y = -3 \end{cases} \rightarrow \begin{cases} y = -3 \\ x = 0 \end{cases} \quad \vee \quad \begin{cases} y = 1 \\ x + y = -3 \end{cases} \rightarrow \begin{cases} y = 1 \\ x = -4 \end{cases}$

Dunque $S = \{(0, -3); (-4, 1)\}$.

565 $\begin{cases} x - y^2 + 2 = 0 \\ \dfrac{x}{x-1} - \dfrac{y}{y+1} = 0 \end{cases}$ $\begin{cases} \dfrac{1}{x-2} + \dfrac{1}{y-1} = 2 \\ \dfrac{2}{x-1} = \dfrac{3y}{y-1} - 5 \end{cases}$ $\left[S = \{(2, -2); (-1, 1)\}; S = \left\{(3, 2); \left(\frac{5}{4}, \frac{13}{10}\right)\right\}\right]$

566 $\begin{cases} x + 2y = 3 \\ \dfrac{2y}{x} + \dfrac{3x}{y} = \dfrac{27}{xy} \end{cases}$ $\begin{cases} \dfrac{1}{y} + x = 5 \\ xy = 1 \end{cases}$ $\left[S = \left\{\left(-\frac{15}{7}, \frac{18}{7}\right)\right\}; S = \left\{\left(\frac{5}{2}, \frac{2}{5}\right)\right\}\right]$

567 $\begin{cases} \dfrac{x-2y}{x+y} = \dfrac{1}{2} \\ x^2 + y^2 - xy = 7 \end{cases}$ $\begin{cases} \dfrac{2y-2}{x-1} = 2 \\ x^2 + 2xy - y^2 = x + 1 \end{cases}$ $\left[S = \left\{\left(\pm\frac{5\sqrt{3}}{3}, \pm\frac{\sqrt{3}}{3}\right)\right\}; S = \left\{\left(-\frac{1}{2}, -\frac{1}{2}\right)\right\}\right]$

568 $\begin{cases} \dfrac{2}{x-2} + \dfrac{x}{2y+1} = 1 \\ x + y = 1 \end{cases}$ $\begin{cases} \dfrac{y^2 + 10y + 9}{x^2 + 2x + 1} = 4 \\ \dfrac{x-1}{y-1} = 1 \end{cases}$ $\left[S = \left\{\left(\frac{4}{3}, -\frac{1}{3}\right); (3, -2)\right\}; S = \left\{\left(\frac{5}{3}, \frac{5}{3}\right)\right\}\right]$

569 $\begin{cases} \dfrac{x^2}{y+4} = 2 - y \\ 3x = \dfrac{x + 4xy}{x+4} \end{cases}$ $\left[S = \left\{(0, 2), \left(-\frac{9}{5}, \frac{7}{5}\right)\right\}\right]$

570 $\begin{cases} \dfrac{x+1}{12} + \dfrac{y+2}{3} = \dfrac{1}{6} \\ \dfrac{x^2}{2y^2} + 1 = \dfrac{9}{2y^2} \end{cases}$ $\left[S = \left\{(1, -2); \left(-\frac{23}{9}, -\frac{10}{9}\right)\right\}\right]$

571 $\begin{cases} \dfrac{x-y}{4} + \dfrac{x+y-12}{2} = -\dfrac{17}{4} \\ 1 + \dfrac{x}{x+y} = \dfrac{20}{x^2 - y^2} \end{cases}$ $\left[S = \left\{(3, -2); \left(\frac{23}{4}, -\frac{41}{4}\right)\right\}\right]$

572 $\begin{cases} \dfrac{1}{x-3} + \dfrac{1}{2y} = 0 \\ \dfrac{x}{1-y} + \dfrac{9}{1+y} = 3 \end{cases}$ $\left[S = \{(-5 + 2\sqrt{7}, 4 - \sqrt{7}); (-5 - 2\sqrt{7}, 4 + \sqrt{7})\}\right]$

573 $\begin{cases} x^2 - 2y + \dfrac{1}{3} = -\dfrac{7(x-2)}{4-2y} \\ x^2 - 2(y+1) = 0 \end{cases}$ $\left[S = \left\{(0, -1); \left(3, \frac{7}{2}\right)\right\}\right]$

574 $\begin{cases} \dfrac{2}{x-y} + \dfrac{1}{x+y} = \dfrac{(y-3)(y+3)}{x^2 - y^2} \\ x + 2y = 5 \end{cases}$ $[S = \{(-1, 3); (21, -8)\}]$

575 $\begin{cases} \dfrac{x+1}{x-y}=2 \\ \dfrac{y}{x+2}+\dfrac{x}{y-1}=\dfrac{13y+2}{xy-x+2y-2} \end{cases}$ $\left[S=\left\{\left(\frac{7}{5}, \frac{1}{5}\right)\right\}\right]$

576 $\begin{cases} \dfrac{y+x}{2}=1-\dfrac{1-x}{2} \\ \dfrac{x}{3(x+1)}-1=-\dfrac{x+2}{x+3} \end{cases}$ $[S=\{(-\sqrt{3}, 1); (\sqrt{3}, 1)\}]$

CORREGGI GLI ERRORI

I passaggi eseguiti nei seguenti esercizi sono algebricamente corretti, ma non servono a risolvere il sistema; spiega perché ed esegui il passaggio necessario.

577 $\begin{cases} x-y^2=x^2 \\ 3x-4y=2 \end{cases} \rightarrow \begin{cases} x=x^2+y^2 \\ 3(x^2+y^2)-4y=2 \end{cases}$

578 $\begin{cases} x^2+2y=1 \\ x^2+3x-4=y \end{cases} \rightarrow \begin{cases} x^2=1-2y \\ 1-2y+3x-4=y \end{cases}$

579 $\begin{cases} x-y+1=0 \\ x^2-(y-x)^2=3 \end{cases} \rightarrow \begin{cases} x=y-1 \\ (y-1)^2-(y-x)^2=3 \end{cases}$

Risolvi in R i seguenti sistemi letterali di secondo grado.

580 **ESERCIZIO GUIDATO**

$\begin{cases} y=ax-4 \\ a(x^2+9)+2(3y-4x)=0 \end{cases}$

Sostituiamo nella seconda equazione al posto di y il valore ricavato dalla prima:

$\begin{cases} y=ax-4 \\ a(x^2+9)+2[3(ax-4)-4x]=0 \end{cases} \rightarrow \begin{cases} y=ax-4 \\ ax^2+2x(3a-4)+9a-24=0 \end{cases}$

- Se $a \neq 0$ possiamo applicare la formula risolutiva all'equazione di secondo grado ottenuta; si ha così:

$\begin{cases} x=\dfrac{8-3a}{a} \\ y=ax-4 \end{cases} \vee \begin{cases} x=-3 \\ y=ax-4 \end{cases} \rightarrow \begin{cases} x=\dfrac{8-3a}{a} \\ y=4-3a \end{cases} \vee \begin{cases} x=-3 \\ y=-3a-4 \end{cases}$

- Se $a=0$ il sistema diventa: $\begin{cases} -8x-24=0 \\ y=-4 \end{cases} \rightarrow \begin{cases} x=-3 \\ y=-4 \end{cases}$

Dunque se $a \neq 0 : S=\left\{\left(\dfrac{8-3a}{a}, 4-3a\right); (-3, -3a-4)\right\}$

se $a=0 : S=\{(-3, -4)\}$.

581 $\begin{cases} 2y = 5a^2x + 10a^2 \\ a^2x = xy + a^2 \end{cases}$ $\left[\begin{array}{l} \text{se } a \neq 0: S = \left\{\left(\frac{-4-\sqrt{6}}{5}, \frac{6-\sqrt{6}}{2}a^2\right); \left(\frac{\sqrt{6}-4}{5}, \frac{6+\sqrt{6}}{2}a^2\right)\right\} \\ \text{se } a = 0: \text{sistema indeterminato} \end{array}\right]$

582 $\begin{cases} y + 1 + a(2-a) = \dfrac{x(2+y)}{2} \\ x - y = 3a + 1 \end{cases}$ $[S = \{(2a, -a-1); (a+1, -2a)\}]$

583 $\begin{cases} x^2 - 2 = \dfrac{x(a^2-y)}{a(a+1)} \\ y = 2a + 1 \end{cases}$ $\left[\begin{array}{l} \text{se } a \neq 0 \wedge a \neq -1: S = \left\{\left(-\frac{a+1}{a}, 2a+1\right); \left(\frac{2a}{a+1}, 2a+1\right)\right\} \\ \text{se } a = 0 \vee a = -1: \text{il sistema perde significato} \end{array}\right]$

584 $\begin{cases} 2ax - y = 74a^2 \\ x^2 + y = 6a^2 \end{cases}$ $[S = \{(-10a, -94a^2); (8a, -58a^2)\}]$

585 $\begin{cases} 3xy + x = -4 \\ ax + y + a - 1 = 0 \end{cases}$ $\left[\begin{array}{l} \text{se } a \neq 0: S = \left\{\left(\frac{4}{3a}, -a-\frac{1}{3}\right); (-1, 1)\right\} \\ \text{se } a = 0: S = \{(-1, 1)\} \end{array}\right]$

586 $\begin{cases} x^2 - xy = -\dfrac{1}{a^2} \\ 2ax + ay = 4 \end{cases}$ $\left[\begin{array}{l} \text{se } a = 0: \text{il sistema perde significato} \\ \text{se } a \neq 0: S = \left\{\left(\frac{1}{a}, \frac{2}{a}\right); \left(\frac{1}{3a}, \frac{10}{3a}\right)\right\} \end{array}\right]$

587 $\begin{cases} \dfrac{x}{a} + y = a \\ y^2 - x^2 = a^2 \end{cases}$ $\left[\begin{array}{l} \text{se } a = 0: \text{il sistema perde significato} \\ \text{se } a \neq 0 \wedge a \neq \pm 1: S = \left\{(0, a); \left(\frac{2a^2}{1-a^2}, \frac{a(a^2+1)}{a^2-1}\right)\right\} \\ \text{se } a = 1: S = \{(0, 1)\}; \text{ se } a = -1: S = \{(0, -1)\} \end{array}\right]$

588 $\begin{cases} (a+3)x + ay - 3y = 2(a^2-9) \\ xy = a^2 - 9 \end{cases}$ $\left[\begin{array}{l} \text{se } a \neq \pm 3: S = \{(a-3, a+3)\} \\ \text{se } a = \pm 3: \text{sistema indeterminato} \end{array}\right]$

589 $\begin{cases} \dfrac{y}{2} = \dfrac{a-x}{3} \\ \left(\dfrac{1}{3}x + y\right)^2 - 2ay = \dfrac{1}{9}(x-a)(x+a) \end{cases}$ $\left[\begin{array}{l} \text{se } a \neq 0: S = \left\{\left(\frac{7}{8}a, \frac{1}{12}a\right)\right\} \\ \text{se } a = 0: \text{sistema indeterminato} \end{array}\right]$

590 $\begin{cases} xy = \dfrac{a^2}{18} \\ 3(x+y) = \dfrac{3}{2}a^2 + \dfrac{1}{3} \end{cases}$ $\left[S = \left\{\left(\frac{1}{9}, \frac{1}{2}a^2\right); \left(\frac{1}{2}a^2, \frac{1}{9}\right)\right\}\right]$

591 $\begin{cases} x + y = a \\ ax^2 + y = a \end{cases}$ $\left[\begin{array}{l} \text{se } a \neq 0: S = \left\{(0, a); \left(\frac{1}{a}, \frac{a^2-1}{a}\right)\right\} \\ \text{se } a = 0: S = \{(0, 0)\} \end{array}\right]$

592 $\begin{cases} xy + 2y + a(4-a) = 0 \\ 2x - y - a = 0 \end{cases}$ $\left[S = \left\{(a-2, a-4); \left(-\frac{a}{2}, -2a\right)\right\}\right]$

593 $\begin{cases} y(3a - 2 - x) = ax + y^2 \\ y - x = 1 \end{cases}$ $\left[S = \left\{(a-1, a); \left(-\frac{3}{2}, -\frac{1}{2}\right)\right\}\right]$

594 $\begin{cases} x^2 - y^2 = 5a^2 - 4a \\ y = 2a - 2 \end{cases}$ $[S = \{(3a-2, 2a-2); (-3a+2, 2a-2)\}]$

595 $\begin{cases} \frac{2}{3}x + ay = 2 \\ x + y^2 = \frac{9a^2}{2} + 3 \end{cases}$ $\left[S = \left\{\left(\frac{3(2-3a^2)}{2}, 3a\right); \left(\frac{3(4+3a^2)}{4}, -\frac{3}{2}a\right)\right\}\right]$

596 $\begin{cases} 2x^2 + xy = 2 \\ \frac{y}{a} + 1 = x \end{cases}$ $\left[\begin{array}{l} \text{se } a \neq 0 \ \wedge \ a \neq -2 : S = \left\{(1, 0); \left(-\frac{2}{a+2}, -\frac{a(a+4)}{a+2}\right)\right\} \\ \text{se } a = -2 : S = \{(1, 0)\} \\ \text{se } a = 0 : \text{il sistema perde significato} \end{array}\right]$

597 $\begin{cases} x^2 + y^2 - (x+y)(x-y) = ax \\ 2(x+2y) = 3a \end{cases}$ $\left[S = \left\{\left(\frac{a}{2}, \frac{a}{2}\right); \left(\frac{9}{2}a, -\frac{3}{2}a\right)\right\}\right]$

598 $\begin{cases} y^2 - 4a(x-1+a) = -4a^2 \\ y - x + 1 = 0 \end{cases}$ $[S = \{(1, 0); (4a+1, 4a)\}]$

599 $\begin{cases} ax(1-y) - 3(x+y^2-xy) = -ay^2 \\ 2x + y = 0 \end{cases}$ $\left[\begin{array}{l} \text{se } a \neq 3 : S = \left\{(0, 0); \left(-\frac{1}{6}, \frac{1}{3}\right)\right\} \\ \text{se } a = 3 : \text{sistema indeterminato} \end{array}\right]$

600 $\begin{cases} \frac{1}{xy} = a^2 \\ \frac{1}{x} + \frac{1}{y} = 2a \end{cases}$ $\left[\begin{array}{l} \text{se } a \neq 0 : S = \left\{\left(\frac{1}{a}, \frac{1}{a}\right)\right\} \\ \text{se } a = 0 : \text{sistema impossibile} \end{array}\right]$

601 $\begin{cases} 2y + x = a \\ \frac{a-3}{y} = \frac{a+3}{2x} + \frac{3(a-1)}{2a} \end{cases}$ $\left[\begin{array}{l} \text{se } a \neq 1 \wedge a \neq 0 \ \wedge \ a \neq \pm 3 : S = \left\{(-a, a); \left(\frac{a^2+3a}{3a-3}, \frac{a^2-3a}{3a-3}\right)\right\} \\ \text{se } a = 0 : \text{il sistema perde significato} \\ \text{se } a = 1 : S = \{(-1, 1)\} \\ \text{se } a = 3 : S = \{(-3, 3)\} \\ \text{se } a = -3 : S = \{(3, -3)\} \end{array}\right]$

602 $\begin{cases} \frac{2ay + x}{x - a} = 2y + 2 \\ \frac{1}{2}x - 3y = 3 - 2a \end{cases}$ $\left[\begin{array}{l} \text{se } a \neq 0 \ \wedge \ a \neq \frac{3}{5} : S = \left\{\left(3 - 4a, -\frac{1}{2}\right); (2a, a-1)\right\} \\ \text{se } a = 0 : S = \left\{\left(3, -\frac{1}{2}\right)\right\} \\ \text{se } a = \frac{3}{5} : S = \left\{\left(\frac{6}{5}, -\frac{2}{5}\right)\right\} \end{array}\right]$

603 $\begin{cases} \frac{ax}{y-1} + y = 1 - 2a \\ x - y = 2a - 1 \end{cases}$ $\left[\begin{array}{l} \text{se } a \neq 0 : S = \{(a, 1-a); (0, 1-2a)\} \\ \text{se } a = 0 : S = \varnothing \end{array}\right]$

Determina, se esistono, i punti di intersezione delle seguenti parabole o iperboli equilatere con le rette indicate.

604 **ESERCIZIO GUIDATO**

$y = x^2 + 3x + 4 \qquad y = -x + 1$

Risolviamo il sistema $\begin{cases} y = x^2 + 3x + 4 \\ y = -x + 1 \end{cases}$

Sostituendo il valore di y ricavato dalla seconda equazione nella prima otteniamo:

$$\begin{cases} -x+1=x^2+3x+4 \\ y=-x+1 \end{cases} \rightarrow \begin{cases} x^2+4x+3=0 \\ y=-x+1 \end{cases}$$

$$\begin{cases} x=-3 \\ y=-x+1 \end{cases} \lor \begin{cases} x=-1 \\ y=-x+1 \end{cases}$$

$$\begin{cases} x=-3 \\ y=4 \end{cases} \lor \begin{cases} x=-1 \\ y=2 \end{cases}$$

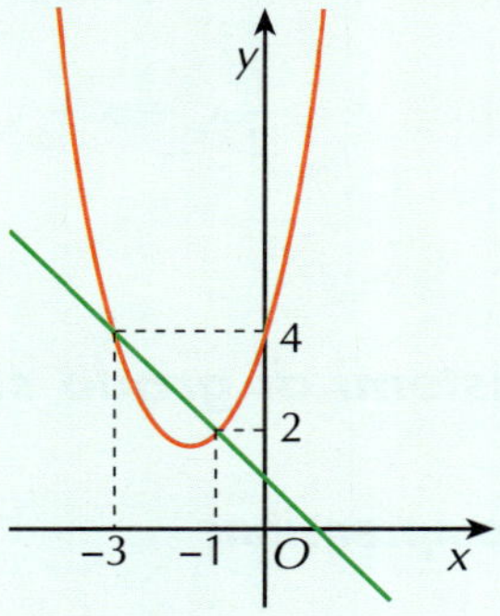

Le due curve si intersecano nei punti di coordinate $(-3, 4)$ e $(-1, 2)$.

605 $y=2x^2+x-1$ e $y=-2x+1$ $\left[(-2, 5); \left(\frac{1}{2}, 0\right)\right]$

606 $y=\frac{1}{2}x^2-\frac{3}{4}x+6$ e $2y+3x-1=0$ [non esistono intersezioni]

607 $y=\frac{2}{3}x^2-\frac{8}{3}$ e $y=\frac{2}{3}\sqrt{2}x-3$ $\left[\left(\frac{\sqrt{2}}{2}, -\frac{7}{3}\right)\right]$

608 $xy=3$ e $y=2x-5$ $\left[(3, 1); \left(-\frac{1}{2}, -6\right)\right]$

609 $4xy=-1$ e $y=2-x$ $\left[\left(\frac{2\pm\sqrt{5}}{2}, \frac{2\mp\sqrt{5}}{2}\right)\right]$

610 $y=\frac{5}{7}x^2+3x-1$ e $y=7x-8$ [non esistono intersezioni]

611 $y=-5x-2x^2+3$ e $y=5x+3$ $[(0, 3); (-5, -22)]$

612 $y=2x^2-\frac{3}{2}x+1$ e $y+\frac{1}{2}x-7=0$ $\left[(2, 6); \left(-\frac{3}{2}, \frac{31}{4}\right)\right]$

613 $xy=-1$ e $4x-3y-3=0$ [non esistono intersezioni]

614 $y=-4+x^2$ e $y-4x=-8$ $[(2, 0)]$

615 $y=-\frac{3}{4}x^2+\frac{19}{4}x-5$ e $y=x-2$ $[(4, 2); (1, -1)]$

616 $2xy+9=0$ e $x-y-1=0$ [non esistono intersezioni]

617 $4xy=-3$ e $2x+4y-1=0$ $\left[\left(-1, \frac{3}{4}\right); \left(\frac{3}{2}, -\frac{1}{2}\right)\right]$

618 $y=\frac{1}{2}x^2+2x+3$ e $y=2x+3$ $[(0, 3)]$

619 $y=5x^2-x-\frac{1}{4}$ e $y=\frac{2}{3}x-1$ [non esistono intersezioni]

620 $y=2x^2-6x+1$ e $y=3x-8$ $\left[\left(\frac{3}{2}, -\frac{7}{2}\right); (3, 1)\right]$

621 $y=x^2-3x+2$ e $y=3x-7$ $[(3, 2)]$

622 $xy-9=0$ e $2y+2x-5=0$ [non esistono intersezioni]

623 $y = x^2 - 6x + 5$ e $4x + y - 4 = 0$ $[(1, 0)]$

624 $y = x^2 - 4x + 3$ e $y = -4x + 3$ $[(0, 3)]$

625 $y = \frac{1}{2}x^2 - x - 1$ e $3x + 2y = 0$ $\left[\left(1, -\frac{3}{2}\right); (-2, 3)\right]$

Sistemi di grado superiore al secondo

teoria a pagina 169

Comprensione

SOLUZIONI ES. COMPRENSIONE

626 Del sistema $\begin{cases} x^2 + y^2 + 2x - y = 0 \\ x(x + y) = 0 \end{cases}$ si può dire che:

a. è equivalente alla coppia di sistemi $\begin{cases} x = 0 \\ x^2 + y^2 + 2x - y = 0 \end{cases} \vee \begin{cases} x + y = 0 \\ x^2 + y^2 + 2x - y = 0 \end{cases}$ V F

b. ammette come soluzione la coppia (0, 0) V F

c. la sola soluzione è la coppia (0, 0). V F

627 Per risolvere il sistema $\begin{cases} x^2 - y = 2y^2 - 5 \\ x^2 + y = 3 \end{cases}$ uno studente esegue il seguente passaggio:

$\begin{cases} y = x^2 - 2y^2 + 5 \\ x^2 + (x^2 - 2y^2 + 5) = 3 \end{cases}$

Questa operazione:

① è corretta e permette di ricavare il valore di x dalla seconda equazione

② è formalmente corretta ma non serve a risolvere il sistema

③ è sbagliata perché non applica correttamente il principio di sostituzione.

Le precedenti affermazioni sono:

a. tutte sbagliate **b.** è giusta solo la ① **c.** è giusta solo la ② **d.** è giusta solo la ③

628 Le parabole $y = x^2 + 3$ e $y = -x^2 + 6x - 8$ si intersecano:

a. in due punti distinti **b.** in un solo punto **c.** in nessun punto

Applicazione

Risolvi in R i seguenti sistemi di grado superiore al secondo.

629 **ESERCIZIO GUIDATO**

$$\begin{cases} x + 1 = 3y \\ x^2 - (9y^2 + 1) + y(y^2 - 3) = 0 \end{cases}$$

Ricaviamo la variabile x dalla prima equazione e sostituiamo il valore trovato nella seconda:

$$\begin{cases} x = 3y - 1 \\ (3y - 1)^2 - 9y^2 - 1 + y^3 - 3y = 0 \end{cases}$$

$$\begin{cases} x = 3y - 1 \\ 9y^2 + 1 - 6y - 9y^2 - 1 + y^3 - 3y = 0 \end{cases}$$

Sommando i termini simili nella seconda equazione otteniamo: $\begin{cases} x = 3y - 1 \\ y^3 - 9y = 0 \end{cases}$

Abbiamo ottenuto un'equazione di terzo grado nell'incognita y; risolvendola abbiamo:

$$y(y^2 - 9) = 0$$

da cui $\quad y = 0 \lor y = -3 \lor y = 3$

Il sistema ammette quindi le soluzioni $\begin{cases} x = -1 \\ y = 0 \end{cases} \lor \begin{cases} x = -10 \\ y = -3 \end{cases} \lor \begin{cases} x = 8 \\ y = 3 \end{cases}$

e pertanto $S = \{(-1, 0); (-10, -3); (8, 3)\}$.

630 $\begin{cases} 2x = -y \\ 2(x+1)^2 + \frac{1}{2}y^3 = 4 \end{cases}$ $\left[S = \left\{(1, -2); (-1, 2); \left(\frac{1}{2}, -1\right)\right\}\right]$

631 $\begin{cases} x^2 y = 1 \\ y - 2x^2 + 1 = 0 \end{cases}$ $[S = \{(1, 1); (-1, 1)\}]$

632 $\begin{cases} x^2 - xy = -6 \\ x^2 - y^2 + 24 = 0 \end{cases}$ $[S = \{\pm\sqrt{3}; \pm 3\sqrt{3}\}]$

(Suggerimento: ricava l'espressione di y dalla prima equazione)

633 $\begin{cases} 2xy - \sqrt{2}x^2 = 0 \\ y - x^2 + 3 = 0 \end{cases}$ $\left[S = \left\{(0, -3); (-\sqrt{2}, -1); \left(\frac{3}{2}\sqrt{2}, \frac{3}{2}\right)\right\}\right]$

634 $\begin{cases} y^3 - 4xy = 0 \\ x - y - 1 = -2 \end{cases}$ $[S = \{(1, 2); (-1, 0)\}]$

635 $\begin{cases} x^2(x^2 - 16) - 5y = 0 \\ y - 2x^2 + 5 = 0 \end{cases}$ $[S = \{(1, -3); (5, 45); (-1, -3); (-5, 45)\}]$

636 $\begin{cases} 2xy + 4(x-5) - 6 = \dfrac{3(xy-7)}{x} \\ x - y = 2 \end{cases}$ $\left[S = \left\{(1, -1); \left(\frac{7}{2}, \frac{3}{2}\right); (-3, -5)\right\}\right]$

637 $\begin{cases} x^3 y - y^2 - 5(3x^2 - 2) = -5x \\ y = 2x - 1 \end{cases}$ $\left[S = \left\{(1, 1); \left(-\frac{1}{2}, -2\right); (3, 5); (-3, -7)\right\}\right]$

638 $\begin{cases} 4y^3 + x^2 - 23y - 5 = 0 \\ x - 2y + 5 = 0 \end{cases}$ $\left[S = \left\{\left(-4, \frac{1}{2}\right); (-13, -4); \left(0, \frac{5}{2}\right)\right\}\right]$

639 $\begin{cases} 9x^2 + \dfrac{1}{2}(y^2 - x + y) + 4 = \dfrac{11}{2}xy \\ x^2 - \dfrac{1}{2}xy + \dfrac{1}{2} = 0 \end{cases}$ $[S = \{(-1, -3)\}]$

640 $\begin{cases} x^2(y + 12) = 64 \\ y = x^2 \end{cases}$ $[S = \{(2, 4); (-2, 4)\}]$

641 $\begin{cases} yx^2 + xy^2 - y - 4 = 0 \\ 3x - y = 1 \end{cases}$ $[S = \{(1, 2)\}]$

642 **ESERCIZIO GUIDATO**

$$\begin{cases} x^2+y^2+2x-2y-23=0 \\ x^2+y^2-6x+12y=35 \end{cases}$$

Osserva che se sottrai membro a membro le due equazioni il sistema diventa di secondo grado, quindi più facilmente risolvibile:

$$\begin{cases} 8x-14y+12=0 \\ x^2+y^2-6x+12y=35 \end{cases}$$ $\left[S=\left\{(-5,-2);\left(\frac{47}{13},\frac{38}{13}\right)\right\}\right]$

643 $\begin{cases} x^2+y^2+y=1 \\ x^2+y^2=1 \end{cases}$ $[S=\{(1,0);(-1,0)\}]$

644 $\begin{cases} x^2+y^2-10x-10y=0 \\ x^2+y^2+6x+2y-40=0 \end{cases}$ $[S=\{(4,-2);(-2,6)\}]$

645 $\begin{cases} x^2+y^2-x+2y=0 \\ x^2+y^2+5x+2y-1=0 \end{cases}$ $\left[S=\left\{\left(\frac{1}{6},\frac{-6+\sqrt{41}}{6}\right);\left(\frac{1}{6},\frac{-6-\sqrt{41}}{6}\right)\right\}\right]$

646 $\begin{cases} x^2+y^2-3x-4y=1 \\ x^2+y^2+x+y=2 \end{cases}$ $\left[S=\left\{(-1,1);\left(\frac{44}{41},-\frac{27}{41}\right)\right\}\right]$

647 $\begin{cases} x^2+y^2+x+2y=8 \\ x^2+y^2-3x+2y=12 \end{cases}$ $[S=\{(-1,-4);(-1,2)\}]$

648 $\begin{cases} x^2+4y^2=4 \\ x^2+(y-1)^2=4 \end{cases}$ $\left[S=\left\{(0,-1);\left(\frac{4}{3}\sqrt{2},\frac{1}{3}\right);\left(-\frac{4}{3}\sqrt{2},\frac{1}{3}\right)\right\}\right]$

649 $\begin{cases} (x-1)^2-3(y+2)^2+3=0 \\ 2(x-1)^2-7(y+2)^2+10=0 \end{cases}$ $[S=\{(4,0);(4,-4);(-2,0);(-2,-4)\}]$

650 $\begin{cases} (x-y)^2+(x+y)^2=x^2+1 \\ x(2x-y)+y(2y-x)=x+1 \end{cases}$ $\left[S=\left\{\left(-\frac{1}{3},-\frac{2}{3}\right);(1,0);\left(0,\pm\frac{\sqrt{2}}{2}\right)\right]$

651 $\begin{cases} x^2+y^2+4z^2=-x(4z+1) \\ (x+2z)^2=0 \\ x+3y-2=0 \end{cases}$ $\left[S=\left\{(-4,2,2);\left(-1,1,\frac{1}{2}\right)\right\}\right]$

652 $\begin{cases} x-2y=0 \\ xy-z=-3 \\ x^2+y-z=0 \end{cases}$ $\left[S=\left\{(2,1,5);\left(-3,-\frac{3}{2},\frac{15}{2}\right)\right\}\right]$

653 $\begin{cases} x^2+y^2+z^2=150 \\ 2x^2+2y^2+2z^2+3x=360 \\ x+z=5 \end{cases}$ $[S=\varnothing]$

654 $\begin{cases} x-y+2=0 \\ zx=4\sqrt{3}(1-\sqrt{3}) \\ yz=4(\sqrt{3}-1) \end{cases}$ $[S=\{(\sqrt{3}-3,\sqrt{3}-1,4)\}]$

Sistemi simmetrici

teoria a pagina 170

SOLUZIONI ES. COMPRENSIONE

Comprensione

655 Individua quali fra i seguenti sistemi sono simmetrici:

a. $\begin{cases} x+y=7 \\ 2xy=5 \end{cases}$ **b.** $\begin{cases} 2x+y=4 \\ xy=\frac{1}{2} \end{cases}$ **c.** $\begin{cases} x^2+2y^2=9 \\ x+2y=3 \end{cases}$ **d.** $\begin{cases} x^2y^2=9 \\ x+y=1 \end{cases}$

656 Un sistema di due equazioni in due incognite è simmetrico ed ammette come soluzione la coppia (3, 4); indica quale fra le seguenti coppie è l'ulteriore soluzione:

a. $\left(\frac{1}{3}, \frac{1}{4}\right)$ **b.** $(4, 3)$ **c.** $(-3, -4)$ **d.** $\left(\frac{1}{4}, \frac{1}{3}\right)$

657 Per risolvere il sistema $\begin{cases} x+y=3 \\ xy=-5 \end{cases}$ devi risolvere l'equazione:

a. $t^2+3t-5=0$ **b.** $t^2+3t+5=0$ **c.** $t^2-3t-5=0$ **d.** $t^2-3t+5=0$

658 Indica a quale fra i seguenti è equivalente il sistema $\begin{cases} x^2+y^2=17 \\ xy=-4 \end{cases}$:

a. $\begin{cases} (x+y)^2=17 \\ xy=-4 \end{cases}$ **b.** $\begin{cases} (x+y)^2=-9 \\ xy=-4 \end{cases}$

c. $\begin{cases} x+y=3 \\ xy=-4 \end{cases}$ **d.** $\begin{cases} x+y=3 \\ xy=-4 \end{cases} \vee \begin{cases} x+y=-3 \\ xy=-4 \end{cases}$

659 Indica a quale fra i seguenti è equivalente il sistema $\begin{cases} x^3+y^3=20 \\ x+y=-1 \end{cases}$:

a. $\begin{cases} xy=7 \\ x+y=-1 \end{cases}$ **b.** $\begin{cases} (x+y)^3-3xy=20 \\ x+y=-1 \end{cases}$ **c.** $\begin{cases} (x+y)^3=20 \\ x+y=-1 \end{cases}$ **d.** $\begin{cases} xy=-7 \\ x+y=-1 \end{cases}$

660 Il sistema simmetrico $\begin{cases} x^2+y^2=29 \\ x+y=3 \end{cases}$ è equivalente a:

a. $\begin{cases} x+y=\sqrt{29} \\ x+y=3 \end{cases}$ **b.** $\begin{cases} x+y=3 \\ xy=-10 \end{cases} \vee \begin{cases} x+y=3 \\ xy=10 \end{cases}$

c. $\begin{cases} x+y=3 \\ xy=10 \end{cases}$ **d.** $\begin{cases} x+y=3 \\ xy=-10 \end{cases}$

Applicazione

Risolvi i seguenti sistemi simmetrici.

661 **ESERCIZIO GUIDATO**

$\begin{cases} x+y=9 \\ xy=8 \end{cases}$

Il sistema è già scritto nella forma tipica.

L'equazione di secondo grado ad esso associata è $t^2 - 9t + 8 = 0$

le cui soluzioni sono $t_1 = 1 \vee t_2 = 8$.

Dunque $S = \{(1, 8); (8, 1)\}$.

662 $\begin{cases} x + y = 29 \\ xy = 120 \end{cases}$ $\begin{cases} x + y = \dfrac{39}{35} \\ xy = \dfrac{2}{7} \end{cases}$ $\left[S = \{(24, 5); (5, 24)\}; S = \left\{\left(\frac{5}{7}, \frac{2}{5}\right); \left(\frac{2}{5}, \frac{5}{7}\right)\right\}\right]$

663 $\begin{cases} x + y = 5 \\ xy = 6 \end{cases}$ $\begin{cases} x + y = -\dfrac{7}{45} \\ xy = -\dfrac{2}{9} \end{cases}$ $\left[S = \left\{(3, 2); (2, 3)\right\}; S = \left\{\left(-\frac{5}{9}, \frac{2}{5}\right); \left(\frac{2}{5}, -\frac{5}{9}\right)\right\}\right]$

664 $\begin{cases} x + y = \dfrac{9}{2} \\ xy = 2 \end{cases}$ $\begin{cases} x + y = 2 \\ xy = \dfrac{3}{4} \end{cases}$ $\left[S = \left\{\left(4, \frac{1}{2}\right); \left(\frac{1}{2}, 4\right)\right\}; S = \left\{\left(\frac{1}{2}, \frac{3}{2}\right); \left(\frac{3}{2}, \frac{1}{2}\right)\right\}\right]$

665 $\begin{cases} x + y = \dfrac{5}{4} \\ xy = -21 \end{cases}$ $\begin{cases} 2x + 2y = \dfrac{7}{2} \\ xy = \dfrac{5}{8} \end{cases}$ $\left[S = \left\{\left(\frac{21}{4}, -4\right); \left(-4, \frac{21}{4}\right)\right\}; S = \left\{\left(\frac{5}{4}, \frac{1}{2}\right); \left(\frac{1}{2}, \frac{5}{4}\right)\right\}\right]$

666 $\begin{cases} \dfrac{1}{2}x + \dfrac{1}{2}y = \dfrac{2}{3} \\ xy = -\dfrac{4}{3} \end{cases}$ $\begin{cases} x + y = \dfrac{5}{2} \\ xy = 1 \end{cases}$ $\left[S = \left\{\left(-\frac{2}{3}, 2\right); \left(2, -\frac{2}{3}\right)\right\}; S = \left\{\left(2, \frac{1}{2}\right); \left(\frac{1}{2}, 2\right)\right\}\right]$

667 $\begin{cases} (3x + y)^2 = 3(3x^2 + 1) + y^2 \\ x + y = -\dfrac{17}{12} \end{cases}$ $\left[S = \left\{\left(-\frac{2}{3}, -\frac{3}{4}\right); \left(-\frac{3}{4}, -\frac{2}{3}\right)\right\}\right]$

668 $\begin{cases} (x - 2y)(x + 2y) - (x + 2y)^2 = 4\left(1 - \sqrt{2}y\right)\left(1 + \sqrt{2}y\right) \\ x + y = -\dfrac{32}{63} \end{cases}$ $\left[S = \left\{\left(\frac{7}{9}, -\frac{9}{7}\right); \left(-\frac{9}{7}, \frac{7}{9}\right)\right\}\right]$

669 $\begin{cases} \sqrt{6}xy + \sqrt{2}(x + y) = 3\sqrt{6} \\ x + y = 6\sqrt{3} \end{cases}$ $\left[S = \left\{\left(\sqrt{3}(3 + \sqrt{10}), \sqrt{3}(3 - \sqrt{10})\right); \left(\sqrt{3}(3 - \sqrt{10}), \sqrt{3}(3 + \sqrt{10})\right)\right\}\right]$

670 $\begin{cases} (2x - 3)(2x + 3) = 4x^2 + 2x + 2y \\ xy = 5 \end{cases}$ $\left[S = \left\{\left(-2, -\frac{5}{2}\right); \left(-\frac{5}{2}, -2\right)\right\}\right]$

671 **ESERCIZIO GUIDATO**

$\begin{cases} xy = -12 \\ x^2 + y^2 = 40 \end{cases}$

Riscrivi il sistema in questa forma

$\begin{cases} xy = -12 \\ (x + y)^2 - 2xy = 40 \end{cases} \rightarrow \begin{cases} xy = -12 \\ (x + y)^2 + 24 = 40 \end{cases} \rightarrow \begin{cases} xy = -12 \\ (x + y)^2 = 16 \end{cases}$

Risolvi adesso i due sistemi

$\begin{cases} xy = -12 \\ x + y = 4 \end{cases} \vee \begin{cases} xy = -12 \\ x + y = -4 \end{cases}$ $[S = \{(6, -2); (-6, 2); (2, -6); (-2, 6)\}]$

672 $\begin{cases} x+y=-2 \\ x^2+y^2=20 \end{cases}$ $\begin{cases} x^2+y^2=17 \\ x+y=5 \end{cases}$ $[S=\{(-4,\ 2);\ (2,\ -4)\};\ S=\{(1,\ 4);\ (4,\ 1)\}]$

673 $\begin{cases} 2x^2+2y^2=26 \\ x+y=1 \end{cases}$ $\begin{cases} x+y=5 \\ x^2+y^2=13 \end{cases}$ $[S=\{(-2,\ 3);\ (3,\ -2)\};\ S=\{(2,\ 3);\ (3,\ 2)\}]$

674 $\begin{cases} 2x^2+2y^2-3xy=4 \\ x+y=3 \end{cases}$ $\begin{cases} \left(\frac{x}{2}\right)^2+\left(\frac{y}{2}\right)^2=13+\frac{xy}{4} \\ \frac{x}{6}+\frac{y}{6}=\frac{2}{3} \end{cases}$ $[S=\{(1,\ 2);\ (2,\ 1)\};\ S=\{(-2,\ 6);\ (6,\ -2)\}]$

675 $\begin{cases} x+y=26 \\ xy+196=x^2+y^2 \end{cases}$ $[S=\{(16,\ 10);\ (10,\ 16)\}]$

676 $\begin{cases} x+y=3 \\ x^2+y^2=3+xy \end{cases}$ $[S=\{(1,\ 2);\ (2,\ 1)\}]$

677 $\begin{cases} x+y=8 \\ x^2+y^2=48 \end{cases}$ $\left[S=\left\{\left(2(2+\sqrt{2}),\ 2(2-\sqrt{2})\right);\ \left(2(2-\sqrt{2}),\ 2(2+\sqrt{2})\right)\right\}\right]$

678 $\begin{cases} x^2+y^2=\frac{1}{2} \\ x+y=\frac{1}{2} \end{cases}$ $\left[S=\left\{\left(\frac{1+\sqrt{3}}{4},\ \frac{1-\sqrt{3}}{4}\right);\ \left(\frac{1-\sqrt{3}}{4},\ \frac{1+\sqrt{3}}{4}\right)\right\}\right]$

679 $\begin{cases} (x+y)^2=\frac{125}{4} \\ xy=5 \end{cases}$ $\left[S=\left\{\left(2\sqrt{5},\ \frac{\sqrt{5}}{2}\right);\ \left(\frac{\sqrt{5}}{2},\ 2\sqrt{5}\right);\ \left(-2\sqrt{5},\ -\frac{\sqrt{5}}{2}\right);\ \left(-\frac{\sqrt{5}}{2},\ -2\sqrt{5}\right)\right\}\right]$

680 $\begin{cases} x^2+y^2=34 \\ xy=15 \end{cases}$ $[S=\{(5,\ 3);\ (3,\ 5);\ (-5,\ -3);\ (-3,\ -5)\}]$

681 $\begin{cases} x^2+y^2=11 \\ xy=2\sqrt{6} \end{cases}$ $[S=\{(\pm\sqrt{3},\ \pm 2\sqrt{2});\ (\pm 2\sqrt{2},\ \pm\sqrt{3})\}]$

682 $\begin{cases} x+y=\frac{5}{2} \\ x^2+y^2-2x-2y+\frac{3}{4}=0 \end{cases}$ $\left[S=\left\{\left(2,\ \frac{1}{2}\right);\ \left(\frac{1}{2},\ 2\right)\right\}\right]$

683 $\begin{cases} 3x+3y=4 \\ 9(x^2+y^2)=10 \end{cases}$ $\left[S=\left\{\left(1,\ \frac{1}{3}\right);\ \left(\frac{1}{3},\ 1\right)\right\}\right]$

684 $\begin{cases} x^3+y^3=-\frac{37}{27} \\ x+y=-\frac{1}{3} \end{cases}$ $\left[S=\left\{\left(-\frac{4}{3},\ 1\right);\ \left(1,\ -\frac{4}{3}\right)\right\}\right]$

685 $\begin{cases} \frac{1}{x-2}+\frac{1}{y-2}=2 \\ x+y=3 \end{cases}$ $\left[S=\left\{\left(\frac{3+\sqrt{3}}{2},\ \frac{3-\sqrt{3}}{2}\right);\ \left(\frac{3-\sqrt{3}}{2},\ \frac{3+\sqrt{3}}{2}\right)\right\}\right]$

686 $\begin{cases} \frac{(x+y)^2}{xy}+\frac{9}{4}=\frac{2y}{x}+\frac{2x}{y} \\ 3(x+y)-(2x+1)=2\left(y+\frac{3}{4}\right) \end{cases}$ $\left[S=\left\{\left(\frac{1}{2},\ 2\right);\ \left(2,\ \frac{1}{2}\right)\right\}\right]$

Risolvi i seguenti sistemi simmetrici letterali.

687 $\begin{cases} x+y=-\dfrac{3}{2}a \\ xy=-\dfrac{5}{2}a^2 \end{cases}$ $\left[S=\left\{\left(a,-\frac{5}{2}a\right);\left(-\frac{5}{2}a,a\right)\right\}\right]$

688 $\begin{cases} x+y=\dfrac{5a-4}{2} \\ xy=a^2-\dfrac{5}{2}a+1 \end{cases}$ $\left[S=\left\{\left(2a-1,\frac{a-2}{2}\right);\left(\frac{a-2}{2},2a-1\right)\right\}\right]$

689 $\begin{cases} x+y=3a \\ x^2+y^2=5a^2 \end{cases}$ $[S=\{(a,2a);(2a,a)\}]$

690 $\begin{cases} x^2+y^2=18a^2 \\ x+y=3a \end{cases}$ $\left[S=\left\{\left(\frac{3a(1+\sqrt{3})}{2},\frac{3a(1-\sqrt{3})}{2}\right);\left(\frac{3a(1-\sqrt{3})}{2},\frac{3a(1+\sqrt{3})}{2}\right)\right\}\right]$

691 $\begin{cases} x^2+y^2=37b^2 \\ x+y=7b \end{cases}$ $[S=\{(6b,b),(b,6b)\}]$

692 $\begin{cases} x+y=6a \\ x^3+y^3=54a^3 \end{cases}$ $[S=\{(3a,3a\}]$

693 $\begin{cases} x^3+y^3=\dfrac{63}{8}b^3 \\ x+y=\dfrac{3}{2}b \end{cases}$ $\left[S=\left\{\left(2b,-\frac{1}{2}b\right);\left(-\frac{1}{2}b,2b\right)\right\}\right]$

694 $\begin{cases} (x+y)^3=-8(a+1)^3 \\ xy=-8(a+1)^2 \end{cases}$ $[S=\{(-4a-4,2a+2);(2a+2,-4a-4)\}]$

695 $\begin{cases} x^4+y^4=\dfrac{17}{16}(a-1)^4 \\ \dfrac{xy}{(a-1)^2}=\dfrac{1}{2} \end{cases}$ $\left[S=\left\{\left(a-1,\frac{1}{2}a-\frac{1}{2}\right);\left(\frac{1}{2}a-\frac{1}{2},a-1\right);\left(1-a,\frac{1}{2}-\frac{1}{2}a\right);\left(\frac{1}{2}-\frac{1}{2}a,1-a\right)\right\}\right]$

696 $\begin{cases} (x+y)^4=625b^2 \\ xy=6b \end{cases}$ con $b\geq 0$ $[S=\{(2\sqrt{b},3\sqrt{b});(3\sqrt{b},2\sqrt{b});(-2\sqrt{b},-3\sqrt{b});(-3\sqrt{b},-2\sqrt{b})\}]$

697 $\begin{cases} x+y=5a \\ \sqrt{xy}=2a \end{cases}$ $[a\geq 0: S=\{(4a,a);(a,4a);a<0:S=\varnothing\}]$

CORREGGI GLI ERRORI

698 $\begin{cases} x+y=3 \\ xy=-4 \end{cases}\rightarrow\quad t^2+3t-4=0$

$t=\dfrac{-3\pm 5}{2}=\begin{cases} -4 \\ 1 \end{cases}$ $\quad S=\{(-4,1);(1,-4)\}$

699 $\begin{cases} x^2+y^2=4 \\ xy=3 \end{cases}\rightarrow\begin{cases} x+y=2 \\ xy=3 \end{cases}\vee\begin{cases} x+y=-2 \\ xy=3 \end{cases}$

700 $\begin{cases} x+y=6 \\ x^2y^2=9 \end{cases} \rightarrow \begin{cases} x+y=6 \\ xy=3 \end{cases} \rightarrow t^2-6t+3=0 \rightarrow t=3\pm\sqrt{6}$

$S=\{(3-\sqrt{6},\ 3+\sqrt{6});\ (3+\sqrt{6},\ 3-\sqrt{6})\}$

ESERCIZI RIASSUNTIVI SUI SISTEMI

Risolvi i seguenti sistemi di vario genere.

701 $\begin{cases} 2x^2-y^2=0 \\ y^2=4\sqrt{3}x \end{cases}$ $\left[S=\left\{(0,0);\ (2\sqrt{3},\ 2\sqrt{6});\ (2\sqrt{3},\ -2\sqrt{6})\right\}\right]$

702 $\begin{cases} x^2-y=2x \\ x^2-3x+y=0 \end{cases}$ $\left[S=\left\{(0,0);\ \left(\frac{5}{2},\ \frac{5}{4}\right)\right\}\right]$

703 $\begin{cases} y+x^2=4x-1 \\ xy=6 \end{cases}$ $[S=\{(-1,\ -6);\ (2,3);\ (3,2)\}]$

704 $\begin{cases} y=3(x^2+16-8x) \\ x^2+y^2=4x+2y \end{cases}$ $[S=\{(4,0);\ (3,3)\}]$

705 $\begin{cases} x-y=5 \\ xy=-6 \end{cases}$ $[S=\{(3,\ -2);\ (2,\ -3)\}]$

706 $\begin{cases} x-y=-\frac{1}{2} \\ 2xy=1 \end{cases}$ $\left[S=\left\{\left(\frac{1}{2},\ 1\right);\ \left(-1,\ -\frac{1}{2}\right)\right\}\right]$

707 $\begin{cases} (x+y)^2-(x-y)^2=-1 \\ (x+y)^2=\frac{1}{2} \end{cases}$ $\left[S=\left\{\left(\frac{\sqrt{2}\mp\sqrt{6}}{4},\ \frac{\sqrt{2}\pm\sqrt{6}}{4}\right);\ \left(\frac{-\sqrt{2}\mp\sqrt{6}}{4},\ \frac{-\sqrt{2}\pm\sqrt{6}}{4}\right)\right\}\right]$

708 $\begin{cases} 2x-3y^2=-3 \\ x^2+4y^2-4=0 \end{cases}$ $[S=\{(0,\ -1);\ (0,1)\}]$

709 $\begin{cases} (2x+y)^2=y(x+y)-1 \\ xy+x^2=-1 \end{cases}$ $\left[S=\left\{\left(\sqrt{2},\ -\frac{3}{2}\sqrt{2}\right);\ \left(-\sqrt{2},\ \frac{3}{2}\sqrt{2}\right)\right\}\right]$

710 $\begin{cases} x^2+xy+y^2=\frac{1}{2} \\ (2x-y)^2=3+3x^2 \end{cases}$ $\left[S=\left\{\left(\frac{\sqrt{2}}{2},\ -\frac{\sqrt{2}}{2}\right);\ \left(-\frac{\sqrt{2}}{2},\ \frac{\sqrt{2}}{2}\right)\right\}\right]$

711 $\begin{cases} x(y+1)=x \\ (y+x)^2=1+xy \end{cases}$ $[S=\{(\pm1,\ 0);\ (0,\ \pm1)\}]$

712 $\begin{cases} x^2+y^2-13=0 \\ x-y+1=0 \end{cases}$ $[S=\{(2,3);\ (-3,\ -2)\}]$

713 $\begin{cases} 3x-y=-\frac{7}{2} \\ xy=-\frac{1}{2} \end{cases}$ $\left[S=\left\{\left(-1,\ \frac{1}{2}\right);\ \left(-\frac{1}{6},\ 3\right)\right\}\right]$

714 $\begin{cases} x+2y=8 \\ y(x-1)=6 \end{cases}$ $\left[S=\left\{(4,2);\ \left(5,\ \frac{3}{2}\right)\right\}\right]$

715 $\begin{cases} (y-1)(y+1) = x(y-2x) \\ xy - 2x^2 = 2 \end{cases}$ $[S = \varnothing]$

716 $\begin{cases} x^2 - 2xy = 27 \\ (x-y)^2 = 1 + y^2 \end{cases}$ $[S = \varnothing]$

717 $\begin{cases} 2x + 3y = 4 \\ (3y+1)x = -25 \end{cases}$ $\left[S = \left\{(5, -2); \left(-\frac{5}{2}, 3\right)\right\}\right]$

718 $\begin{cases} 3x + 3y = 5 \\ xy + 2y = \dfrac{10}{3} \end{cases}$ $\left[S = \left\{\left(-\frac{1}{3}, 2\right); \left(0, \frac{5}{3}\right)\right\}\right]$

719 $\begin{cases} x + y = 12 \\ (x-2)(y+3) = 22 \end{cases}$ $[S = \{(13, -1); (4, 8)\}]$

720 $\begin{cases} x^3 + y^3 = 117 \\ x + y = 3 \end{cases}$ $[S = \{(5, -2); (-2, 5)\}]$

721 $\begin{cases} x^2 + y^2 = 6 \\ x^2 + y^2 + 4x - 2y = 4 \end{cases}$ $\left[S = \left\{\left(\frac{-2 \pm \sqrt{29}}{5}, \frac{1 \pm 2\sqrt{29}}{5}\right)\right\}\right]$

722 $\begin{cases} x^2 + y^2 = 17 \\ (x+y)^2 - (13x - 35) = 13y - 5 \end{cases}$ $[S = \{(4, 1); (1, 4)\}]$

723 $\begin{cases} x^2 - y^2 + 1 = 0 \\ x^2 + y^2 = 5 \end{cases}$ $[S = \{(\sqrt{2}, \pm\sqrt{3}); (-\sqrt{2}, \pm\sqrt{3})\}]$

724 $\begin{cases} 2x + 2y = 3 \\ \dfrac{3}{x} + \dfrac{3}{y} = -\dfrac{9}{2} \end{cases}$ $\left[S = \left\{\left(-\frac{1}{2}, 2\right); \left(2, -\frac{1}{2}\right)\right\}\right]$

725 $\begin{cases} \dfrac{1}{3}x = y - \dfrac{5}{3} \\ x + \dfrac{(y-5)(y+1)}{x} = 2 \end{cases}$ $[S = \{(4, 3); (-2, 1)\}]$

726 $\begin{cases} \dfrac{y}{x} + \dfrac{x}{y} = \dfrac{2xy + 4y^2}{xy} \\ x^2 - xy + 3y^2 = 9 \end{cases}$ $\left[S = \left\{(3, 1); (-3, -1); \left(-\frac{3\sqrt{5}}{5}, \frac{3\sqrt{5}}{5}\right); \left(\frac{3\sqrt{5}}{5}, -\frac{3\sqrt{5}}{5}\right)\right\}\right]$

727 $\begin{cases} (x-y)^2 = \dfrac{4}{9} \\ 2x^2 - 5xy = -\dfrac{32}{9} \end{cases}$ $\left[S = \left\{\left(\frac{2}{3}, \frac{4}{3}\right); \left(-\frac{2}{3}, -\frac{4}{3}\right); \left(\frac{16}{9}, \frac{10}{9}\right); \left(-\frac{16}{9}, -\frac{10}{9}\right)\right\}\right]$

728 $\begin{cases} xy = 2 \\ x^4 + y^4 = 17 \end{cases}$ $[S = \{(\pm 2, \pm 1); (\pm 1, \pm 2)\}]$

729 $\begin{cases} x^2 - 2xy = 16 \\ x^2 + y^2 + xy = 7 \end{cases}$ $\left[S = \left\{(2, -3); (-2, 3); \left(\frac{8\sqrt{7}}{7}, -\frac{3}{7}\sqrt{7}\right); \left(-\frac{8\sqrt{7}}{7}, \frac{3}{7}\sqrt{7}\right)\right\}\right]$

730 $\begin{cases} x^2 + xy + y^2 = \dfrac{7}{4} \\ y^2 - x^2 = -\dfrac{3}{4} \end{cases}$ $\left[S = \left\{\left(1, \frac{1}{2}\right); \left(-1, -\frac{1}{2}\right); \left(\frac{5}{6}\sqrt{3}, -\frac{2}{3}\sqrt{3}\right); \left(-\frac{5}{6}\sqrt{3}, \frac{2}{3}\sqrt{3}\right)\right\}\right]$

731 $\begin{cases} y^2 - x^2 = 3 \\ xy + x^2 = 3 \end{cases}$ $[S = \{(1, 2); (-1, -2)\}]$

732 $\begin{cases} x^2 + y^2 - 4x - 4y = 0 \\ x = \frac{1}{4}y^2 - y \end{cases}$ $[S = \{(0, 0); (0, 4)\}]$

733 $\begin{cases} x^2 + 2xy + y^2 = 36 \\ x^3 + y^3 = 72 \end{cases}$ $[S = \{(4, 2); (2, 4)\}]$

734 $\begin{cases} 4x - 9y = 28 \\ \left(\frac{2}{3}x - \frac{3}{2}y\right)^2 - 3(x + y) = \frac{365}{18} \end{cases}$ $\left[S = \left\{\left(\frac{5}{2}, -2\right)\right\}\right]$

735 $\begin{cases} \frac{1}{2x-1} + \frac{3}{y+2} = 1 \\ \left(\frac{1}{2x-1}\right)^2 + \left(\frac{1}{y+2}\right)^2 = 5 \end{cases}$ $\left[S = \left\{\left(\frac{1}{4}, -1\right); \left(\frac{8}{11}, -\frac{9}{2}\right)\right\}\right]$

736 $\begin{cases} \left(\frac{2}{3}x\right)^2 + \left(\frac{y}{2}\right)^2 = \frac{33}{4} \\ xy = 3\sqrt{2} \end{cases}$ $\left[S = \left\{(3\sqrt{2}, 1); (-3\sqrt{2}, -1); \left(-\frac{3}{4}, -4\sqrt{2}\right); \left(\frac{3}{4}, 4\sqrt{2}\right)\right\}\right]$

737 $\begin{cases} \frac{x+y}{x} = \frac{y-x}{y} + 2 \\ xy = 1 \end{cases}$ $[S = \{(1, 1); (-1, -1)\}]$

738 $\begin{cases} x^4 + y^4 = 97 \\ x + y = 5 \end{cases}$ $[S = \{(3, 2); (2, 3)\}]$

739 $\begin{cases} x^2 + y^2 - xy = 21 \\ 5x^2 - 3xy + 5y^2 = 145 \end{cases}$ $[S = \{(\pm 4, \pm 5); (\pm 5, \pm 4)\}]$

740 $\begin{cases} x + 3y = 5 \\ \left(\frac{1}{2}x + y\right)^2 - 3(x + y) - 2xy = y - 13 \end{cases}$ $[S = \varnothing]$

741 $\begin{cases} (y - 2x)^2 = 1 \\ (2x + 3y)(2x - 3y) = -9 \end{cases}$ $\left[S = \left\{(0, \pm 1); \left(\pm\frac{9}{8}, \pm\frac{5}{4}\right)\right\}\right]$

742 $\begin{cases} xy = 2 \\ \frac{1}{x^3} + \frac{1}{y^3} = \frac{9}{8} \end{cases}$ $[S = \{(1, 2); (2, 1)\}]$

743 $\begin{cases} (x - 1)^2 = 2x - y \\ 2(x - y)^2 - 5 = 2y(y - 2x) + 6 - y \end{cases}$ $[S = \{(-6, -61); (2, 3)\}]$

744 $\begin{cases} y - x^2 + 4b^2 = 0 \\ b^2(x^2 + b^2) = x^2y - 7b^2y \end{cases}$ $[S = \{(\pm 3b, 5b^2); (\pm\sqrt{3}b, -b^2)\}]$

745 $\begin{cases} (x + y)^2 = 7(x + y) + 44 \\ xy + 12 = 0 \end{cases}$ $[S = \{(12, -1); (-1, 12); (-6, 2); (2, -6)\}]$

746 $\begin{cases} x+y+xy=3 \\ 2(x^2+y^2)-x^2y^2=3 \end{cases}$ $\left[S=\left\{(1,\,1);\,(-6\pm\sqrt{21},\,-6\mp\sqrt{21})\right\}\right]$

747 $\begin{cases} 2x^2+xy+2y^2=47 \\ x^2-\dfrac{xy}{2}+y^2=\dfrac{57}{2} \end{cases}$ $[S=\{(\pm 1,\,\mp 5);\,(\pm 5,\,\mp 1)\}]$

748 $\begin{cases} 3xy=3x^2+6x \\ x^2+y^2=10 \end{cases}$ $\left[S=\left\{(0,\,\pm\sqrt{10});\,(1,\,3);\,(-3,\,-1)\right\}\right]$

749 $\begin{cases} (x^2+y^2)(x+y)=x^2+y^2 \\ y^2-x^2=0 \end{cases}$ $\left[S=\left\{(0,\,0);\,\left(\dfrac{1}{2},\,\dfrac{1}{2}\right)\right\}\right]$

750 $\begin{cases} y-x=-6 \\ y^3=(x^2-4x)^3 \end{cases}$ $[S=\{(3,\,-3);\,(2,\,-4)\}]$

751 $\begin{cases} y-3+\sqrt{x}=0 \\ y^2-6+2\sqrt{x}=0 \end{cases}$ $[S=\{(9,\,0);\,(1,\,2)\}]$

752 $\begin{cases} \dfrac{3}{x^2}-\dfrac{1}{y^2}=\dfrac{11}{4} \\ \dfrac{2}{x^2}+\dfrac{1}{y^2}=\dfrac{9}{4} \end{cases}$ $[S=\{(\pm 1,\,2);\,(\pm 1,\,-2)\}]$

753 $\begin{cases} y=\sqrt{x} \\ x^2+(\sqrt{2}-\sqrt{3})y^2-\sqrt{6}=0 \end{cases}$ $[S=\{(\sqrt{3},\,\sqrt[4]{3})\}]$

754 $\begin{cases} \dfrac{x(y-4x)+4}{2x^2-4}=-2 \\ x^2+y^2=\dfrac{68-2y^4}{x^2-y^2} \end{cases}$ $[S=\{(2\sqrt{2},\,\sqrt{2});\,(-2\sqrt{2},\,-\sqrt{2})\}]$

755 $\begin{cases} x+y=\dfrac{9-2y^2}{x-y} \\ \dfrac{x+y}{x}-\dfrac{x-1}{x-y}+\dfrac{7}{x(x-y)}=0 \end{cases}$ $[S=\{(1,\,\pm 2\sqrt{2});\,(-2,\,\pm\sqrt{5})\}]$

PROBLEMI

teoria a pagina 174

Problemi che hanno per modello un'equazione irrazionale

756 Un numero, addizionato alla sua radice quadrata, dà per risultato 6. Trova il numero. [4]

757 Se al doppio di un numero aggiungi 6 e ne calcoli poi la radice quadrata, trovi la metà del numero stesso aumentata di $\dfrac{5}{2}$. Trova il numero. [−1]

758 Se alla radice quadrata della differenza del cubo di un numero con il suo quadrato si aggiunge il numero stesso, si trova il doppio del numero diminuito di 1. Trova il numero. [1]

759 Il doppio della radice cubica di un numero, diminuita di 1, dà per risultato 3. Trova il numero. [8]

760 Se la somma della radice quadrata di un numero aumentato di 2 con il numero stesso dà 10, quanto vale quel numero? [7]

761 Su una semicirconferenza di diametro $AB = 12$cm considera un punto P e sia K la sua proiezione sul diametro. Determina la posizione del punto P in modo che $\overline{AP} - \overline{AK} = \frac{1}{4}\overline{AB}$. [$AK = 3$cm]

762 Determina le misure dei lati di un triangolo rettangolo inscritto in una circonferenza di raggio r in modo che il rapporto fra un cateto e la sua proiezione sull'ipotenusa sia uguale a $2\sqrt{\frac{2}{3}}$. $\left[\sqrt{\frac{3}{2}}r,\ \sqrt{\frac{5}{2}}r,\ 2r\right]$

763 Determina la misura dei due cateti di un triangolo rettangolo sapendo che il suo perimetro misura $(14 + 2\sqrt{21})$dm e che il raggio del cerchio ad esso circoscritto misura 5dm. [4dm, $2\sqrt{21}$dm]

764 **ESERCIZIO GUIDATO**

Due circonferenze secanti hanno i raggi di 5cm e $5\sqrt{2}$cm e la distanza fra i loro centri misura 10cm. Calcola la misura della corda comune alle due circonferenze.

Indica con x la distanza del centro di una delle circonferenze dalla corda comune e determina in due modi diversi la misura della corda; ottieni l'equazione modello del problema uguagliando le due espressioni ottenute. $\left[\frac{5}{2}\sqrt{7}\text{cm}\right]$

765 Un triangolo isoscele ABC ha l'altezza CH relativa alla base AB che misura 8cm. Calcola le misure dei lati del triangolo in modo che il suo perimetro sia pari a 32cm. [12cm, 10cm, 10cm]

766 Un rettangolo ha la diagonale che misura 15dm. Quanto misurano i suoi lati se il perimetro deve essere $15(\sqrt{3} + 1)$dm? $\left[\frac{15}{2}\text{dm},\ \frac{15}{2}\sqrt{3}\text{dm}\right]$

767 Un rettangolo di perimetro $6\sqrt{2}$cm è inscritto in una semicirconferenza di raggio 2cm ed uno dei suoi lati appartiene al diametro. Calcola le lunghezze dei suoi lati. $\left[\sqrt{2}\text{cm},\ 2\sqrt{2}\text{cm} \vee \frac{\sqrt{2}}{5}\text{cm},\ \frac{14\sqrt{2}}{5}\text{cm}\right]$

768 Calcola l'area di un triangolo ABC sapendo che $\overline{AB} = 14a$, $\widehat{CAB} = 60°$ e che il perimetro misura $70a$. $\left[105a^2\sqrt{3}\right]$

769 La pista da ballo di una discoteca è di forma circolare con un raggio di 6m. All'interno della pista, inscritta nel cerchio da essa rappresentata, si vuole ricoprire con delle mattonelle di lamina d'acciaio una parte di forma rettangolare in modo che questa abbia una superficie di $8\sqrt{65}\text{m}^2$. Quanto misurano i lati della pista così ricoperta? [$2\sqrt{10}$m, $2\sqrt{26}$m]

770 Sul lato AB di un quadrato $ABCD$ di lato ℓ determina un punto P in modo che valga la relazione $PD + PC = \frac{5 + \sqrt{17}}{4}\ell$. $\left[\overline{AP} = \frac{1}{4}\ell \vee \frac{3}{4}\ell\right]$

771 Determina la posizione di un punto C su una semicirconferenza di diametro $AB = 6$cm in modo che, detta D la sua proiezione sulla tangente alla semicirconferenza in B, valga la relazione $\overline{AC} = \sqrt{6}\ \overline{CD}$. [$CD = 2$cm]

772 Sulla diagonale DB di un quadrato $ABCD$ di lato 4cm considera un punto P in modo che la somma della sua distanza dal vertice A con quella dal lato BC sia uguale a 6cm.
[detta H la proiezione di P su BC, si ha $PH = 2(\sqrt{6} - 1)$cm]

773 Un segmento AB misura 6cm. Su di esso considera un punto C e costruisci il quadrato $ACDE$ di lato AC. Determina la posizione del punto C in modo che il rapporto fra i segmenti CE e DB sia uguale a $\frac{2}{3}$.

$\left[AC = \frac{6\sqrt{14} - 12}{5}\text{cm}\right]$

774 Un trapezio rettangolo è circoscritto ad un settore circolare di raggio 12cm come nella figura a lato. Calcola l'area ed il perimetro del trapezio sapendo che la somma del lato obliquo con la sua proiezione sulla base maggiore è 18cm.

$[2p = 46\text{cm};\ A = 126\text{cm}^2]$

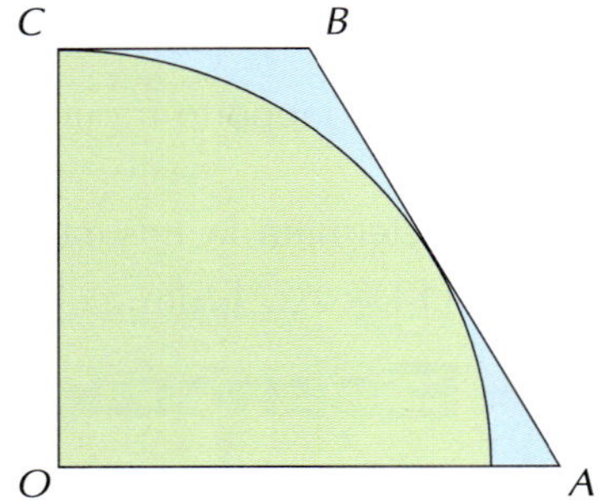

775 Un triangolo isoscele ABC ha la base AB che misura $6a$. La perpendicolare alla base condotta da B, incontra in D la retta del lato AC. Dopo avere dimostrato che il triangolo BCD è isoscele, calcola la misura dei lati di ABC, sapendo che il suo perimetro è $\frac{2}{3}$ di quello di ABD.

$[5a,\ 5a]$

776 In un semicerchio di raggio $\sqrt{13}$cm è inscritto un rettangolo avente la base sul diametro. Determina le dimensioni di tale rettangolo in modo che il suo perimetro sia uguale a 14cm. [4cm, 3cm]

777 Determina la lunghezza dei cateti di un triangolo rettangolo sapendo che la loro somma è 7cm e che l'altezza relativa all'ipotenusa è 2,4cm. [4cm, 3cm]

778 Su uno dei lati di un angolo di vertice O e ampiezza 60° prendi due punti Q e R in modo che sia $\overline{OQ} = 2a$ e $\overline{OR} = 8a$. Trova un punto P sull'altro lato in modo che sia $\frac{\overline{PR}}{\overline{PQ}} = 4$. $\left[\overline{OP} = \frac{8}{5}a\right]$

779 È data una semicirconferenza di diametro $\overline{AB} = 2r$ e la sua tangente t in A. Su t, nel semipiano che, rispetto ad AB, contiene la semicirconferenza, prendi un punto C tale che $\overline{AC} = r$. Determina la posizione di un punto P sulla semicirconferenza in modo che l'area del quadrilatero convesso $ABPC$ sia uguale a $\frac{3}{2}r^2$. $\left[\text{detta } H \text{ la proiezione di } P \text{ sul diametro, } \overline{AH} = \frac{9}{5}r \vee \overline{AH} = r\right]$

780 In un cerchio di raggio r è data una corda AB e la sua perpendicolare BC. Sull'arco AC che non contiene B determina un punto Q in modo che $\overline{QC} + \overline{QA} = 2r\sqrt{2}$. $[\overline{QC} = r\sqrt{2}]$

781 È data una circonferenza di raggio 3cm e una sua retta tangente. Determina a quale distanza dal centro occorre tracciare una corda parallela alla tangente in modo che il rettangolo che si ottiene tracciando le perpendicolari dagli estremi della corda sulla tangente abbia perimetro $2(4\sqrt{2} + 2)$cm. Interpreta la soluzione negativa.

$\left[1\text{cm},\ \frac{-8\sqrt{2} - 3}{5}\text{cm}\right]$

782 In un sistema di riferimento cartesiano ortogonale è data la retta r di equazione $2y = x + 4$. Determina su r un punto P in modo che la somma delle sue distanze dall'origine degli assi e dall'asse delle ascisse sia $3 + \sqrt{13}$. $[P(2, 3)]$
(Suggerimento: se $P \in r$ ed indichi con x la sua ascissa, la sua ordinata è..........)

783 Determina le coordinate di un punto P appartenente all'asse delle ascisse di un sistema di riferimento cartesiano ortogonale in modo che la somma delle sue distanze dai punti $A(-2, 4)$ e $B(5, 3)$ sia uguale a 10.

$\left[P_1(1, 0);\ P_2\left(\frac{151}{51}, 0\right)\right]$

784 In un sistema di riferimento cartesiano ortogonale è data una retta r di equazione $y = x + 3$. Determina su di essa un punto P in modo che il perimetro del triangolo ABP misuri $(12 + 4\sqrt{2})$, essendo $A(-3, 0)$ e $B(4, 0)$. [$P(1, 4)$]

785 In un sistema di riferimento cartesiano ortogonale sono date una retta r di equazione $y = 2x - 2$ ed una retta s di equazione $y - x + 3 = 0$. Determina un punto P su r in modo che la sua distanza da s sia uguale a quella dal punto $A(1, 2)$. $\left[P_1(3, 4);\ P_2\left(\frac{11}{9}, \frac{4}{9}\right)\right]$

786 La parabola di equazione $y = -x^2 + 3x + 4$ interseca l'asse x nei punti A e B (con $x_A < x_B$) e l'asse y in C. Sia P un punto della retta r passante per A e parallela alla bisettrice del primo e terzo quadrante. Determina le coordinate di P in modo che sia $\sqrt{17}\ \overline{PC} + \overline{PB} = 22$. [$P_1(4, 5) \vee P_2(-1, 0)$]

Problemi che hanno per modello un sistema

787 **ESERCIZIO GUIDATO**

Il prodotto fra i due termini di una frazione è uguale a 4, la differenza fra la metà del numeratore ed il denominatore vale 1. Qual è la frazione?

Indicando con x ed y rispettivamente il numeratore ed il denominatore della frazione cercata si ha il sistema

$$\begin{cases} xy = 4 \\ \frac{x}{2} - y = 1 \end{cases}$$

Risolvendolo si trova $\begin{cases} x = 4 \\ y = 1 \end{cases} \vee \begin{cases} x = -2 \\ y = -2 \end{cases}$

Le due frazioni sono dunque $\frac{4}{1}$ e $\frac{-2}{-2}$.

788 Trova due numeri interi negativi sapendo che il loro prodotto è 15 e che la somma dei loro quadrati è uguale a 34. [$-5, -3$]

789 Trova un numero di due cifre sapendo che la somma delle sue cifre è 6 e che la somma dei quadrati delle cifre è 20. [24, 42]

790 Il quoziente esatto della divisione fra un numero di due cifre e il prodotto delle cifre stesse è uguale 2; la differenza fra il quadrato della somma delle cifre e il loro prodotto è il numero con le cifre scambiate. Calcola il numero. [36]

791 Il prodotto del numeratore per il denominatore di una frazione è 195; se si aumenta di 2 unità il numeratore e si diminuisce di 2 unità il denominatore si ottiene la sua inversa. Qual è la frazione? $\left[\frac{13}{15}\right]$

792 Dividi il numero 30 in due parti in modo che i loro quadrati differiscano di 180. [12, 18]

793 Trova due numeri positivi che differiscano di 5 e tali che il loro prodotto aggiunto al doppio della somma dei loro quadrati sia uguale a 120. [7, 2]

794 Trova due numeri sapendo che la somma dei loro quadrati aumentata del triplo del loro prodotto è uguale a 11 e che il loro prodotto aumentato del triplo della loro somma è uguale a 1. [$-2, 7$]

795 Trova due numeri sapendo che sia la loro somma che la somma dei loro reciproci è uguale a $\frac{5}{2}$. $\left[2, \frac{1}{2}\right]$

796 In una proporzione tra numeri naturali il prodotto dei medi è uguale a 40 e la somma dei quadrati degli estremi diminuita del doppio della loro somma è uguale a 63. Trova il valore dei due estremi. [5, 8]

797 Trova due numeri sapendo che la differenza tra il quadruplo della loro somma e il loro prodotto è uguale a 16 e che la somma dei reciproci dei due numeri è uguale a $\frac{17}{52}$. [4, 13]

798 Se dal triplo di un numero si toglie 7 si ottiene un secondo numero; se dal quadrato del primo di questi numeri si toglie 5 si ottiene ancora il secondo numero. Trova i due numeri. $[(2, -1) \vee (1, -4)]$

799 Se al quadrato di un numero si aggiunge il doppio di un altro, si ottiene -3; se al triplo del primo si aggiunge il secondo si ottiene -5. Trova i due numeri. $[(-1, -2) \vee (7, -26)]$

800 La somma di due numeri è 32; il rapporto tra la loro somma e il loro prodotto è $\frac{2}{15}$. Calcola i due numeri. $[(12, 20)]$

801 Trova due numeri sapendo che la loro somma è -1 e la somma dei loro quadrati è 41. $[(4, -5)]$

802 Dividendo fra loro due numeri si ottiene per quoziente 3 e per resto 6. Trova i due numeri, sapendo che la somma dei loro quadrati diminuita del triplo del loro prodotto è 684. $[(-102, -36) \vee (60, 18)]$

803 Trova due numeri sapendo che la loro differenza è 3 e che la differenza dei loro cubi è 63. $[(4, 1) \vee (-1, -4)]$

804 Determina due numeri reali sapendo che la loro somma è $\frac{11}{3}$ e la somma dei loro cubi è $\frac{737}{27}$. $\left[\left(3, \frac{2}{3}\right)\right]$

805 Determina due numeri interi sapendo che la somma fra il primo ed il doppio del quadrato del secondo è 7 e che la differenza fra il triplo del primo e il quadrato del secondo è uguale all'opposto della differenza fra 50 volte il secondo numero ed il numero 93. $[-1, 2]$

806 Determina tre numeri sapendo che la loro somma è -3, il prodotto dei primi due è $-\frac{8}{3}$, mentre il prodotto del primo con il terzo è $\frac{2}{9}$. $\left[\left(\frac{2}{3}, -4, \frac{1}{3}\right) \vee \left(-\frac{11}{3}, \frac{8}{11}, -\frac{2}{33}\right)\right]$

807 Calcola tre numeri sapendo che la somma del primo con il quadrato del terzo è uguale alla quarta parte della differenza tra il quadrato del primo e quello del secondo, che la loro somma è $\frac{7}{2}$, e che la differenza tra il secondo e il terzo è $-\frac{5}{2}$. $\left[\left(5, -2, \frac{1}{2}\right) \vee \left(29, -14, -\frac{23}{2}\right)\right]$

Problemi nel mondo reale

808 Un motore M_1 ha una potenza di 200 watt superiore a quella di un motore M_2; per compiere un lavoro di 8000 Joule M_1 impiega 2 secondi in meno rispetto a M_2. Ricordando che la potenza di un motore è il rapporto fra il lavoro svolto ed il tempo impiegato a svolgerlo, calcola il tempo impiegato da M_1. [8 secondi]

809 Due molle a riposo sono lunghe 15cm. Appendendo a ciascuna di esse un oggetto, la prima si allunga fino a 28cm, la seconda fino a 31cm. Calcola i pesi dei due oggetti sapendo che la loro somma è 7,25kg e che le molle sono delle stesso materiale.
(Suggerimento: la legge di allungamento della molla è $F = kx$, dove F è la forza applicata, x l'allungamento e k la costante della molla) [3,25kg; 4kg]

810 Una leva in equilibrio lunga 6m ha il fulcro posto a 1,8m dall'estremo A. Determina il valore delle due forze applicate agli estremi sapendo che la somma dei quadrati dei loro moduli è 1450. [15N, 35N]
(Suggerimento: indicando con F_1 ed F_2 le forze e con b_1 e b_2 i due bracci, è $F_1 \cdot b_1 = F_2 \cdot b_2$)

811 Un'automobile si sta muovendo su una pista di moto rettilineo uniforme con velocità $v_1 = 3{,}5\text{m/s}$. Una seconda automobile, ferma sulla pista, inizia a muoversi quando la prima la affianca e si muove di moto uniformemente accelerato con accelerazione $a = 0{,}5\text{m/s}^2$. Dopo quanto tempo si troveranno di nuovo affiancate le due automobili e quanto spazio avranno percorso? [14s; 49m]

812 Un maestro di tennis acquista 50 palline di due qualità diverse spendendo per quelle di miglior qualità € 60 e per quelle di qualità più scadente € 10. Sapendo che le palline di miglior qualità costano al pezzo € 1,50 in più rispetto alle altre, calcola il numero di palline dei due diversi tipi acquistate e il costo unitario per ciascun tipo. [30, 20, € 2, € 0,50]

813 Un autotrasportatore consegna a un fruttivendolo 450kg di frutta tra pere e mele per un totale di € 525. Sapendo che il prezzo al kg delle mele è inferiore di 50 centesimi rispetto a quello delle pere e che la spesa per le mele è i $\frac{4}{3}$ di quella per le pere, quanti kg di pere e mele ha consegnato l'autotrasportatore al fruttivendolo? [150kg, 300kg]

Problemi di natura geometrica

814 Calcola i lati di un rettangolo sapendo che il perimetro è di 140cm e che la diagonale è lunga 50cm. [30cm; 40cm]

815 Calcola le misure dei lati di un rettangolo con perimetro di 18cm e area di 20cm^2. [5cm; 4cm]

816 La somma delle diagonali di un rombo è 7cm e la sua area è 6cm^2; trova la lunghezza delle diagonali. [3cm; 4cm]

817 Trova le lunghezze dei cateti di un triangolo rettangolo sapendo che l'ipotenusa è lunga $\sqrt{113}$cm e che l'area è 28cm^2. [7cm; 8cm]

818 Calcola le diagonali di un rombo sapendo che:
a. la loro somma è 30cm e l'area è 100cm^2 [20cm; 10cm]
b. il perimetro è 20cm e l'area è 24cm^2. [8cm; 6cm]

819 Di un rettangolo si sa che la somma delle sue dimensioni è 5ℓ e che la somma dei loro quadrati è $13\ell^2$. Trova l'area del rettangolo. [$6\ell^2$]

820 La differenza fra le misure dei lati consecutivi di un rettangolo è 4cm e la sua area è 192cm^2. Determina il perimetro del rettangolo. [56cm]

821 Determina le misure dei lati di un rettangolo sapendo che ha il perimetro di 84cm e l'area di 432cm^2. [24cm; 18cm]

822 E' dato un triangolo isoscele di perimetro 96cm e altezza 24cm. Trovane l'area. [432cm^2]

823 In un triangolo isoscele la somma della base con l'altezza è 20cm mentre l'area è 48cm^2. Calcola il suo perimetro. [$8(\sqrt{10}+1)\text{cm} \vee 32\text{cm}$]

824 Determina le misure dei cateti di un triangolo rettangolo sapendo che la loro somma è $2a$ e l'ipotenusa misura $\frac{\sqrt{10}}{2}a$. $\left[\frac{3a}{2}; \frac{a}{2}\right]$

825 Inscrivi un rettangolo di area 120cm^2 in una semicirconferenza di raggio 13cm. [24cm, 5cm; 10cm, 12cm]

826 Determina le misure dei lati di un rettangolo, di perimetro 180cm, in modo che la sua area sia il doppio di quella del quadrato costruito sul lato minore. [60cm; 30cm]

827 Un rettangolo di perimetro 3ℓ ha la base doppia dell'altezza. Aumentando la base di un segmento x e l'altezza di un segmento y, si ottiene un quadrato di area $\frac{16}{9}\ell^2$. Determina i valori di x e y. $\left[\frac{1}{3}\ell;\ \frac{5}{6}\ell\right]$

828 Il rapporto fra le diagonali di un rombo è 3 mentre la loro differenza è $12a$. Determina la misura delle diagonali, del perimetro e del raggio della circonferenza inscritta nel rombo. $\left[6a,\ 18a;\ 12a\sqrt{10};\ \frac{9a\sqrt{10}}{10}\right]$

829 Il triangolo rettangolo ABC è inscritto in una semicirconferenza di diametro AB che misura 94,9cm. Sapendo che la somma dei cateti supera di 29,2cm la misura dell'ipotenusa calcola il perimetro e l'area del triangolo. [219cm, 1598,7cm^2]

830 I cateti di un triangolo rettangolo sono tali che la somma del doppio del primo con i $\frac{3}{4}$ del secondo dà 36cm; l'area del triangolo è 96cm^2. Determina il suo perimetro. $\left[48\text{cm} \vee 2\left(19+\sqrt{265}\right)\text{cm}\right]$

831 Un triangolo isoscele è inscritto in una circonferenza di raggio $r = \frac{25}{8}$; sapendo che i suoi lati obliqui misurano 5, calcola le misure della base e dell'altezza del triangolo. [6, 4]

832 In un cerchio di raggio 12,5cm inscrivi un rettangolo di perimetro 70cm. [20cm, 15cm]

833 L'area di un rombo è 54cm^2 mentre il rapporto tra la differenza dei quadrati delle diagonali e la differenza delle diagonali stesse è 21cm. Calcola la misura del suo perimetro. [30cm]

834 Un triangolo rettangolo ha l'ipotenusa lunga 25cm e di esso si sa che il triplo dell'altezza relativa all'ipotenusa è congruente al quadruplo della proiezione di un cateto sull'ipotenusa stessa. Calcola le lunghezze dei cateti del triangolo. [15cm, 20cm]

835 Determina base ed altezza di un triangolo isoscele inscritto in una circonferenza di raggio r, sapendo che la somma dei quadrati della base e dell'altezza è $5r^2$. $\left[2r;\ r \vee 2\frac{\sqrt{5}}{3}r;\ \frac{5}{3}r\right]$

836 In una circonferenza di raggio $10a$ due corde AB e CD fra loro parallele distano $14a$. Trova la loro misura e la loro distanza dal centro sapendo che la loro differenza è $4a$. $\left[\overline{AB} = 16a;\ \overline{CD} = 12a;\ \text{distanza}: 6a,\ 8a\right]$

837 Determina il perimetro di un trapezio rettangolo, sapendo che la somma della base maggiore con la minore è $7a$ mentre la loro differenza è a, e che la differenza fra i quadrati della base minore e dell'altezza è $5a^2$. $\left[a\left(9+\sqrt{5}\right)\right]$

838 La metà della diagonale maggiore di un rombo è uguale al lato di un quadrato avente l'area di $784a^2$. Calcola l'area del rombo e la misura del suo apotema sapendo che la metà della diagonale minore è inferiore di $14a$ rispetto al lato del rombo. $\left[A = 1176a^2;\ \text{apotema} = 16{,}8a\right]$

839 Siano x e y i raggi di due circonferenze concentriche (con $x > y$), tali che $x + 2y = 11$ (in cm). Considera una corda AB della circonferenza maggiore che sia tangente a quella minore e determina le misure dei raggi delle due circonferenze in modo che $AB = 8$cm. [3cm; 5cm]

840 Se diminuisci di 2cm la base di un rettangolo ed aumenti di 1cm la sua altezza, ottieni un quadrato. Se invece diminuisci di 3cm la base e di 2cm l'altezza del rettangolo ottieni un rettangolo che ha area pari ad $\frac{1}{3}$ di quello dato. Calcola le dimensioni del rettangolo dato. $\left[\frac{15}{2}\text{cm};\ \frac{9}{2}\text{cm}\right]$

841 Dato un triangolo rettangolo i cui cateti sono lunghi 6cm e 9cm, considera il rettangolo in esso inscritto come nella figura a lato. Determina le lunghezze dei lati di tale rettangolo in modo che la sua area sia 12cm^2. [$4\text{cm} \wedge 3\text{cm} \vee 2\text{cm} \wedge 6\text{cm}$]

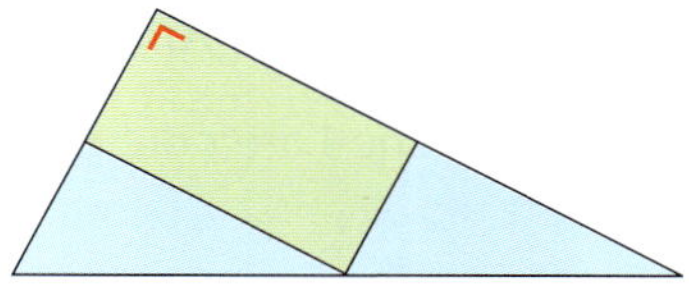

842 **ESERCIZIO GUIDATO**

È dato un triangolo isoscele *ABC* di base *CB* ed altezza *AH* circoscritto ad una circonferenza di raggio *r*. Determina, in funzione di *r*, la lunghezza ℓ dei lati congruenti del triangolo e della sua altezza *h* sapendo che la sua base è lunga $6r$.

Detto *O* il centro della circonferenza e *OK* il raggio perpendicolare ad *AC*, indica $\overline{OA}$ con *y* e $\overline{AK}$ con *x*. Tenendo presente che $\overline{CH} = \overline{CK} = 3r$, puoi considerare le relazioni $\overline{OK}^2 + \overline{AK}^2 = \overline{OA}^2$ e $\overline{CH}^2 + \overline{HA}^2 = \overline{AC}^2$. $\left[\ell = \frac{15}{4}r;\ h = \frac{9}{4}r\right]$

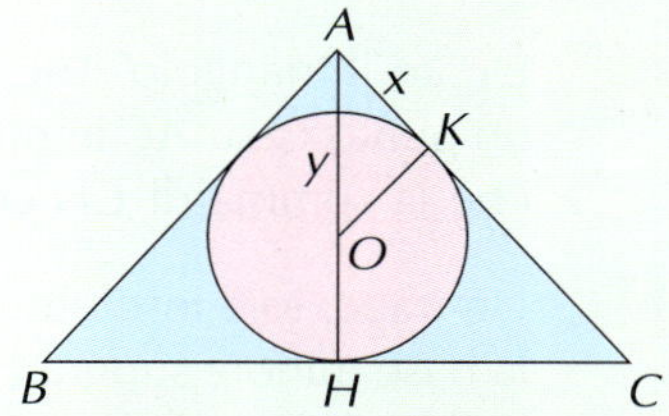

843 Riferendoti al triangolo dell'esercizio precedente, determina la lunghezza di una corda *DE* parallela alla base *CB* in modo che il triangolo *ADE* ed il trapezio *EDBC* siano equivalenti. [$\overline{DE} = 3r\sqrt{2}$]

844 In un trapezio rettangolo la somma delle basi è 30cm e l'altezza è i $\frac{2}{3}$ della base minore. Calcola area e perimetro del trapezio sapendo che il lato obliquo è 10cm. [$A_1 = 120\text{cm}^2,\ 2p_1 = 48\text{cm};\ A_2 = 150\text{cm}^2,\ 2p_2 = 50\text{cm}$]

845 In un triangolo il lato maggiore supera di 38cm il lato minore, mentre il triplo del lato minore è congruente a 5 volte la sua proiezione sul lato maggiore. Determina il perimetro e l'area del triangolo sapendo che l'altezza relativa al lato maggiore è 20cm. [$A = 630\text{cm}^2;\ 2p = 140\text{cm}$]

846 Un trapezio rettangolo ha la base minore uguale all'altezza e di esso si sa che il perimetro è $36a$ mentre l'area è $60a^2$. Trova le lunghezze dei suoi lati. [$6a;\ 6a;\ 14a;\ 10a$]

847 In un trapezio rettangolo la diagonale minore è perpendicolare al lato obliquo ed il triplo dell'altezza è pari a 4 volte la proiezione del lato obliquo sulla base maggiore. Calcola area e perimetro del trapezio sapendo che la sua base maggiore è 25cm. [$A = 246\text{cm}^2;\ 2p = 68\text{cm}$]

848 Calcola il perimetro di un trapezio isoscele di area 720cm^2 circoscritto a una circonferenza di raggio 12cm. [120cm]

849 In un rettangolo avente la base di 7cm, è inscritto un trapezio isoscele avente la base maggiore coincidente con la base del rettangolo. La somma delle basi del trapezio è congruente al doppio dell'altezza ed il lato obliquo è 5cm. Calcola l'area ed il perimetro del trapezio. [$A = 12\text{cm}^2;\ 2p = 18\text{cm}$]

850 Il trapezio rettangolo *ABCD* di area 2592cm^2 è circoscritto ad una circonferenza di raggio 24cm. Trova il suo perimetro. [216cm]

851 La base maggiore di un trapezio rettangolo coincide con il diametro di una semicirconferenza mentre il lato obliquo è una corda di tale semicirconferenza. Del trapezio si sa che il rapporto fra il lato obliquo e la sua proiezione sulla base maggiore vale $\frac{5}{3}$ e che la base maggiore supera tale proiezione di 16cm. Calcola il perimetro e l'area del trapezio. [$2p = 68\text{cm};\ A = 246\text{cm}^2$]

852 Sia *CD* una corda di una circonferenza di diametro $\overline{AB} = 12a$ perpendicolare al diametro stesso. Tracciata la retta tangente in *A*, siano *P* e *Q* le proiezioni di *C* e *D* sulla tangente. Trova le misure dei lati del rettangolo *CDQP* sapendo che la sua diagonale è $2\sqrt{21}a$. [$\overline{DC} = 4\sqrt{5}a,\ \overline{CP} = 2a$]

853 In un rettangolo $ABCD$, $AB = 24\text{cm}$ e $BC = 16\text{cm}$. Determina un punto P su AB ed un punto Q su BC in modo che l'area del triangolo PQD sia 176cm^2 sapendo che $\frac{1}{2}\overline{AP} + 3\overline{CQ} = \overline{BC}$.

$\left[\overline{AP} = 24;\ \overline{CQ} = \frac{4}{3} \vee \overline{AP} = 8;\ \overline{CQ} = 4\right]$

854 Su una semicirconferenza di diametro $AB = 20\text{cm}$ considera due punti C e D in modo che, dette P e Q le loro proiezioni sul diametro si abbia $\overline{CP}^2 + \overline{DQ}^2 = 171$ ed inoltre il rapporto fra i segmenti PB ed AQ sia $\frac{5}{4}$.

$[\overline{AP} = 5;\ \overline{QB} = 8 \vee \overline{AP} \approx 13{,}05;\ \overline{QB} \approx 14{,}44]$

855 È dato il triangolo ABC rettangolo in A in cui $AC = 6\text{cm}$ e $AB = 8\text{cm}$. Determina un punto P su BC ed un punto Q su AC in modo che, detta H la proiezione di Q su CB, l'area del triangolo PQH sia 10cm^2 e che la somma di CH con PB sia 5cm.

$[PB = 2\text{cm},\ CQ = 5\text{cm}]$

856 Un trapezio è inscritto in una semicirconferenza e di esso si sa che la somma della basi è 288cm e che la base minore supera di 54cm ciascuno dei lati obliqui. Calcola perimetro e area del trapezio e il raggio della semicirconferenza.

$[2p = 418\text{cm};\ A = 8640\text{cm}^2;\ r = 84{,}5\text{cm}]$

857 Un rettangolo è inscritto in un triangolo rettangolo in modo che uno dei lati stia sull'ipotenusa. Con riferimento alla figura a lato, si hanno le seguenti informazioni: CH è lungo 12cm, le proiezioni dei cateti sull'ipotenusa stanno nel rapporto $\frac{9}{16}$. Calcola area e perimetro del rettangolo sapendo che l'area del triangolo è di $1\,350\text{cm}^2$.

$[2p = 98\text{cm};\ A = 600\text{cm}^2]$

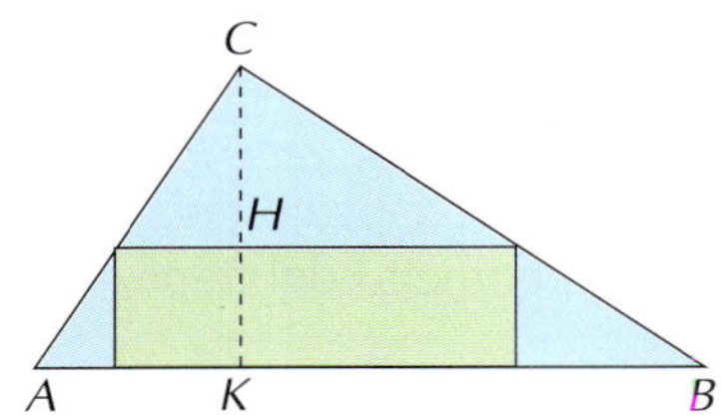

858 Un triangolo rettangolo è circoscritto ad un settore circolare di ampiezza un angolo retto come in figura e di esso si sa che le proiezioni dei cateti sull'ipotenusa differiscono di 119cm; inoltre il rapporto fra il raggio e una delle proiezioni è uguale a $\frac{12}{5}$. Calcola il perimetro e l'area del triangolo.

$[2p = 390\text{cm};\ A = 5070\text{cm}^2]$

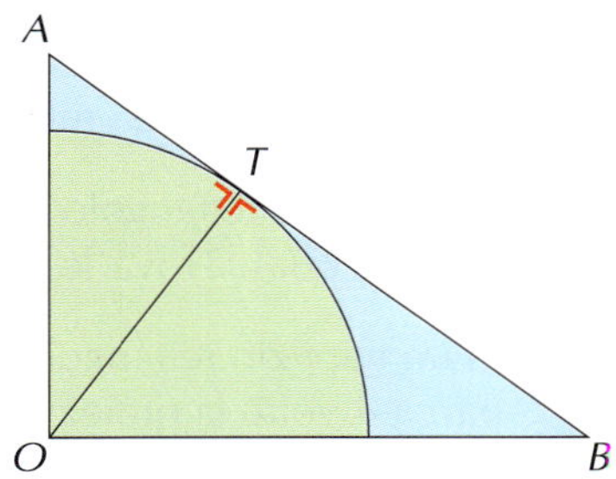

859 Un trapezio isoscele $ABCD$ è inscritto in una semicirconferenza di diametro AB; calcola la misura delle basi sapendo che il triplo della loro semidifferenza è uguale all'altezza e che la misura del lato obliquo è $2\sqrt{10}$.

[16, 20]

860 In un triangolo isoscele è inscritto un rettangolo in modo che la sua base appartenga alla base del triangolo. L'altezza del triangolo supera di 8cm quella del rettangolo, mentre la base del triangolo supera di 6cm quella del rettangolo; si sa inoltre che la base del rettangolo è 3 volte la sua altezza. Calcola il perimetro e l'area del rettangolo.

$[2p = 32\text{cm};\ A = 48\text{cm}^2]$

861 I cateti AB e AC del triangolo rettangolo ABC sono lunghi rispettivamente $16a$ e $18a$. Siano P un punto di AC e Q un punto di AB; determina le lunghezze dei segmenti AQ e PC in modo che, indicato con E il punto di intersezione della parallela per P al cateto AB con l'ipotenusa, il triangolo QEP sia isoscele di base PE ed inoltre abbia area $36a^2$.

$[\overline{AQ} = 4a \wedge \overline{PC} = 9a]$

862 Due circonferenze di centri P e Q sono tangenti esternamente in A e hanno i raggi proporzionali ai numeri 12 e 48. Una delle tangenti comuni non passante per A le incontra rispettivamente in M e N. Dopo aver individuato la natura del quadrilatero $PQNM$ e sapendo che il suo perimetro è $28a$, trova le lunghezze dei raggi delle due circonferenze.

$[2a,\ 8a]$

863 E' dato un triangolo equilatero ABC di lato ℓ; sul lato BC fissa un punto P e sul lato AB un punto Q in modo che, posto $\overline{BP} = x$ e $\overline{AQ} = y$, sia uguale a $\frac{1}{18}\ell^2$ l'area del rettangolo di dimensioni x e y ed inoltre sia verificata la relazione $\text{area}(\widehat{ACQ}) + \text{area}(\widehat{QPB}) = \frac{4}{9}\text{area}(\widehat{ABC})$. $\left[\overline{BP} = \frac{1}{3}\ell \vee \frac{1}{6}\ell; \overline{AQ} = \frac{1}{6}\ell \vee \frac{1}{3}\ell\right]$

864 Un trapezio rettangolo $ABCD$ di base maggiore AB e altezza $AD = 24\text{cm}$ ha il perimetro di 68cm e l'area di 216cm^2; dopo aver determinato le lunghezze dei suoi lati, prendi un punto P su CB e un punto Q su AD in modo che PQ sia parallelo alle basi del trapezio. Trova le lunghezze dei segmenti CP e DQ in modo che sia $\overline{PQ} = \frac{23}{2}$. $[\overline{AB} = 14; \overline{DC} = 4; \overline{BC} = 26; \overline{CP} = 19{,}5; \overline{DQ} = 18]$

865 Il perimetro di un triangolo ABC rettangolo in A è 84ℓ e la sua ipotenusa BC è 35ℓ. Dopo aver trovato le lunghezze dei cateti (sia AC il cateto minore) determina un punto P su AC e un punto Q su AB in modo che sia $\frac{AP}{AQ} = \frac{2}{3}$ e che la somma dei quadrati dei lati del triangolo PQH sia uguale a $792\ell^2$, essendo H l'intersezione della parallela per P al cateto AB con l'ipotenusa BC.

$$\left[\overline{AC} = 21\ell; \overline{AB} = 28\ell; (\overline{AP} = 12\ell \wedge \overline{AQ} = 18\ell) \vee \left(\overline{AP} = \frac{1164}{253}\ell \wedge \overline{AQ} = \frac{1746}{253}\ell\right)\right]$$

866 Un triangolo ABC rettangolo in A di ipotenusa $BC = 25\text{cm}$ è circoscritto ad un cerchio di raggio $r = 5\text{cm}$. Dopo aver trovato le misure dei due cateti, prendi due punti P e Q su BC in modo che siano verificate le relazioni $\overline{CP}^2 + \overline{BQ}^2 = 100 \wedge \overline{AP}^2 + \overline{AQ}^2 = 361$.

$$\left[\overline{AC} = 15, \overline{AB} = 20; (\overline{CP} = 6 \wedge \overline{BQ} = 8) \vee \left(\overline{CP} = \frac{1254}{337} \wedge \overline{BQ} = \frac{3128}{337}\right)\right]$$

Problemi di geometria analitica

867 **ESERCIZIO GUIDATO**

Data la parabola di equazione $y = \frac{1}{3}x^2 - 2x$, determiniamo un punto P sull'arco appartenente al semipiano negativo delle ordinate in modo che la somma delle distanze di P dagli assi cartesiani sia uguale a $\frac{20}{3}$.

Disegniamo la parabola (vertice in $V(3, -3)$, passa per l'origine e per il punto $(6, 0)$). Indichiamo con (x, y) le coordinate di un punto P della parabola; poiché P deve appartenere all'arco negativo, deve essere:

$$0 < x < 6 \quad \wedge \quad -3 \leq y < 0$$

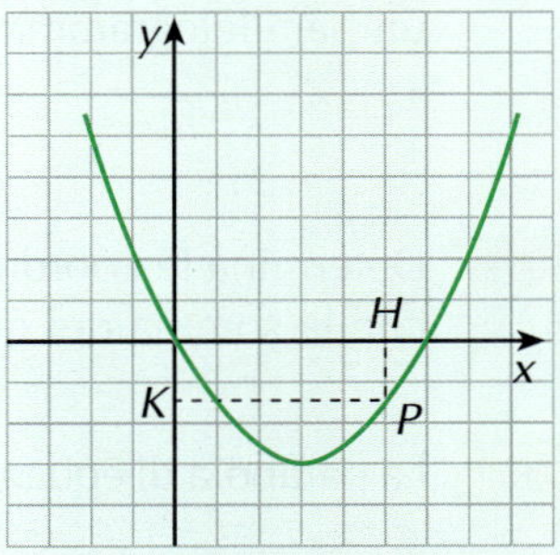

Le distanze del punto P dagli assi cartesiani sono proprio i moduli dell'ascissa e dell'ordinata di P; tenendo però presenti le limitazioni precedenti si ha che:

$$\overline{PH} = |y| = -y \qquad \overline{PK} = |x| = x$$

Le informazioni che si ricavano dal problema portano alla scrittura del sistema:

$$\begin{cases} y = \frac{1}{3}x^2 - 2x & \text{il punto } P \text{ appartiene alla parabola} \\ x + (-y) = \frac{20}{3} & \text{la somma delle distanze è uguale a } \frac{20}{3} \end{cases}$$

Si tratta di un sistema di secondo grado che ha soluzioni: $\begin{cases} x = 4 \\ y = -\dfrac{8}{3} \end{cases} \vee \begin{cases} x = 5 \\ y = -\dfrac{5}{3} \end{cases}$

Entrambe le soluzioni sono accettabili perché soddisfano le limitazioni del problema; abbiamo dunque due punti P: $P_1\left(4, -\frac{8}{3}\right)$ e $P_2\left(5, -\frac{5}{3}\right)$.

868 Le parabole di equazioni $y = 2x^2 - 4x - 1$ e $y = x^2 - 4$ si intersecano in due punti A e B; trova la distanza del punto medio M del segmento AB dall'origine degli assi. $[M(2, 1); \overline{OM} = \sqrt{5}]$

869 Calcola la misura della corda AB individuata dai punti di intersezione della parabola di equazione $y = x^2 - 6x + 8$ con la retta $y = 4 - x$. $[\overline{AB} = 3\sqrt{2}]$

870 Calcola la misura della corda AB individuata dai punti di intersezione delle parabole di equazioni $y = \frac{2}{3}x^2 - \frac{4}{3}x$ e $y = -\frac{1}{2}x^2 + x + \frac{7}{2}$. $[\overline{AB} = 4]$

871 Verifica che la curva di equazione $y = \frac{5}{12}x^3$ interseca la retta di equazione $y = \frac{2}{3}x + 2$ in un solo punto di cui si chiedono le coordinate. $\left[P\left(2, \frac{10}{3}\right)\right]$

872 Dopo aver disegnato il grafico delle due funzioni di equazioni $y = 5 - x$ e $xy = -14$, trova le coordinate dei loro punti di intersezione. $[(-2, 7); (7, -2)]$

873 Verifica che le tre curve di equazioni $y = 1 - x^2$, $y = 1 - x$ e $3y - x - 3 = 0$ passano per uno stesso punto del quale si chiedono le coordinate. $[(0, 1)]$

874 Calcola le coordinate dei punti di intersezione A e B della parabola di equazione $y = -x^2 + 8x - 12$ con l'asse x. Determina quindi sull'arco AB di tale curva un punto $P(x, y)$ le cui coordinate siano tali da soddisfare la relazione $\overline{PK} + \overline{PH} = 8$ nella quale H è la proiezione di P sull'asse delle ascisse e K quella sull'asse delle ordinate.
(Suggerimento: osserva che $\overline{PH}$ e $\overline{PK}$ rappresentano rispettivamente l'ordinata e l'ascissa di P, quindi ....) $[P(4, 4) \vee P(5, 3)]$

875 In un sistema di riferimento cartesiano ortogonale sono dati i punti $A(-4, 2)$, $B(2, 4)$, $C(3, a)$, vertici di un parallelogramma $ABCD$ di area 26. Determina le coordinate dei vertici C e D.
$\left[C_1(3, 0), D_1(-3, -2); C_2\left(3, \frac{26}{3}\right), D_2\left(-3, \frac{20}{3}\right)\right]$

876 Determina le coordinate di un punto P che appartiene alla parabola di equazione $y = -\frac{3}{16}x^2$ in modo che la somma dei quadrati delle sue coordinate sia uguale a 25. $[(4, -3); (-4, -3)]$

877 La parabola di equazione $y = -\frac{2}{3}x^2 + \frac{8}{3}x + \frac{10}{3}$ interseca la retta $2y - 9 = 0$ nei punti A e B. Determina le coordinate di un punto P sull'arco AB di parabola in modo che l'area del triangolo ABP sia uguale a 2.
$\left[P_1\left(\frac{3}{2}, \frac{35}{6}\right); P_2\left(\frac{5}{2}, \frac{35}{6}\right)\right]$

878 Data la parabola di equazione $y = -x^2 + 6x - 5$, trova le coordinate dei vertici del quadrato inscritto nel segmento parabolico delimitato dalla parabola e dall'asse x.
$[(2 + \sqrt{5}, 2\sqrt{5} - 2); (2 + \sqrt{5}, 0); (4 - \sqrt{5}, 2\sqrt{5} - 2); (4 - \sqrt{5}, 0)]$

879 Determina le coordinate dei punti P della parabola di equazione $y = 2x^2 + 3$ in modo che valga la relazione $\overline{PA}^2 - \overline{PB}^2 = 6$, essendo $A(2, 4)$ e $B(-3, 5)$. $\left[P_1\left(\frac{7}{2}, \frac{55}{2}\right); P_2(-1, 5)\right]$

880 Date le due parabole di equazioni $y = \frac{1}{3}x^2 - 2x + 3$ e $y = \frac{1}{3}x^2 - 6x + k$, calcola il valore di k in modo tale che la retta di equazione $y = 3$ determini sulle due parabole due corde uguali. $[k = 27]$

Esercizi per lo sviluppo delle competenze

1 Nell'equazione $ax^3 - 7x^2 + bx - (2a - 1) = 0$ determina che valore devono assumere i parametri a e b affinché si abbia un'equazione reciproca. $\left[a = 1, b = 7 \vee a = \frac{1}{3}, b = -7\right]$

2 Nell'equazione $x^4 - (a - 1)x^3 + 4x - 2a = 0$ determina il valore del parametro a, se è possibile, in modo che l'equazione sia reciproca. $[\nexists a \in R]$

3 Determina il valore del parametro b affinché l'equazione $b^2x^4 - (b^4 + 1)x^2 + b^2 = 0$ abbia, fra le sue soluzioni, il valore 2. $\left[\pm\frac{1}{2}, \pm 2\right]$

4 Determina il valore del parametro k affinché l'equazione $x^4 - (2k^2 - 1)x^2 - k^4 + 1 = 0$ abbia, fra le sue soluzioni, il valore 1. $[k = \pm 1]$

5 **ESERCIZIO GUIDATO**

Dimostra che, data l'equazione $x^3 + ax^2 + bx + c = 0$, se x_1, x_2, x_3 sono le tre radici, allora si ha: $x_1 + x_2 + x_3 = -a$

Osserva che, nelle ipotesi fatte il polinomio al primo membro dell'equazione si può scomporre in questo modo:

$$(x - x_1)(x - x_2)(x - x_3)$$

Se esegui il prodotto e raccogli i termini di ugual grado ottieni .... da cui la tesi.

6 Verifica il teorema illustrato dall'esercizio precedente nel caso delle seguenti equazioni:

a. $x^3 - x^2 - 7x + 3 = 0$
b. $x^3 + 3x^2 - 11x + 2 = 0$
c. $x^3 - x^2 + 4x + 4 = 0$
d. $x^3 - 7x - 6 = 0$

7 Nell'equazione parametrica $(5 + 2k)x^2 + 2x \cdot \sqrt[4]{2 - k} - \sqrt{2 - k} = 0$ determina per quali valori di k si hanno soluzioni coincidenti e poi calcola il loro valore. $[\text{se } k = 2 : x = 0; \text{ se } k = -3 : x = \sqrt[4]{5}]$

8 Nell'equazione parametrica $2(1 - k)x^2 + 3kx + \sqrt{4k^2 - 1} = 0$ determina il valore di k per il quale si hanno soluzioni reciproche. $\left[k = \frac{5}{8}\right]$

9 Relativamente all'equazione $\sqrt{x^2 + 5x + 6} = 1 + k$ determina:

a. il valore del parametro reale k in modo che abbia soluzione uguale a -1 e stabilisci poi se per tale valore di k esistono altre soluzioni; $[k = \sqrt{2} - 1, x = -4]$

b. i valori di k per i quali l'equazione non ammette soluzioni reali; $[k < -1]$

c. se esiste un valore di k per il quale l'equazione ammette soluzioni reciproche. $[k = -1 + \sqrt{5}]$

10 Per fare una scatola, da una lamina rettangolare si asportano ai vertici quattro quadrati uguali di lato 8cm; si viene così a formare una superficie che ha area 864cm^2. Calcola le dimensioni della lamiera sapendo che esse differiscono di 12cm. [40cm, 28cm]

11 In un rettangolo aggiungendo 2cm ad un lato e sottraendo 1cm all'altro si diminuisce l'area di 3cm^2, mentre se si sottrae 1cm al primo lato e si aggiungono 2cm al secondo l'area è di 16cm^2. Quanto misurano i lati del rettangolo originale? [5cm, 2cm]

12 Un negozio di articoli per la casa vende due tipi di vassoi rotondi; quello più grande ha il raggio di 10cm più lungo di quello del vassoio più piccolo. Se la differenza fra le due superfici è di $500\pi\ \text{cm}^2$, quanto sono lunghi i raggi dei due vassoi? [30cm, 20cm]

13 Un rettangolo ha i lati di lunghezza pari alle diagonali di due quadrati Q_1 e Q_2 e la sua area è $96a^2$. Se la somma delle aree di Q_1 e Q_2 è $100a^2$, quanto sono lunghi i lati dei due quadrati? [$6a$, $8a$]

14 Un comune destina un'area di forma rettangolare di 78000m^2 a verde pubblico; in futuro c'è la possibilità di poterla ampliare di 20m in lunghezza e larghezza ottenendo in questo modo un'area più ampia di 15000m^2 rispetto alla precedente. Quali solo le dimensioni dell'area a verde già realizzata? [130m, 600m]

IL CAPITOLO SI COMPLETA CON:

ESERCIZI DI CONSOLIDAMENTO E PER LE ECCELLENZE

VERIFICA INTERATTIVA

Test Finale

Risolvi in R le seguenti equazioni razionali.

1 $x^4 + 4x^2 = (x+2)(x^2+4)$ — 0,25 punti

2 $3x^3 - 14x^2 + 13x + 6 = 0$ — 0,25 punti

3 $x^6 - 27 = 0$ — 0,25 punti

4 $12x^4 - 103x^2 + 25 = 0$ — 0,25 punti

5 $\dfrac{3x^2}{x^2-1} + \dfrac{2x^4+4}{1-x^4} = \dfrac{8}{5}$ — 0,5 punti

Risolvi le seguenti equazioni irrazionali.

6 $\sqrt{9-2x^2} + 1 = x$ — 0,25 punti

7 $\dfrac{5}{2} - \sqrt{1 + \dfrac{3}{4}x} = \dfrac{1}{2}\sqrt{x-3}$ — 0,5 punti

8 $\dfrac{2\sqrt{1+x}-1}{\sqrt{1+x}+1} = \sqrt{1+x} - 1$ — 0,5 punti

Risolvi le seguenti disequazioni binomie, trinomie e irrazionali.

9 $x^4 - 8x^2 + 15 < 0$ — 0,25 punti

10 $\dfrac{x^4-8}{x^3+1} \geq 0$ — 0,5 punti

11 $\sqrt[3]{x+5} > \dfrac{2}{3}x$ — 0,25 punti

12 $\sqrt{16-x^2} \geq x + 4$ — 0,5 punti

Risolvi in R i seguenti sistemi.

13 $\begin{cases} 3(x+y) = 2(2+y) \\ \dfrac{x}{y} = \dfrac{2}{y(x+1)} - \dfrac{x}{x+1} \end{cases}$ — 0,5 punti

14 $\begin{cases} x + y = \dfrac{7}{4} \\ xy = \dfrac{3}{8} \end{cases}$ — 0,25 punti

15 $\begin{cases} x^2 + y^2 = 25 \\ xy = 12 \end{cases}$ — 0,5 punti

Risolvi i seguenti problemi.

16 Nel trapezio isoscele $ABCD$ di base maggiore BC l'angolo $\widehat{ABC}$ è di $45°$. Calcola il suo perimetro sapendo che la somma fra un terzo della base maggiore e un mezzo della minore è 14cm e che l'area è $17 cm^2$.

2 punti

17 Trova la lunghezza dell'altezza AH di un triangolo isoscele di base CB inscritto in una circonferenza di raggio r sapendo che $5\overline{AH} + \overline{AB} = 8r$ e che il centro della circonferenza è interno al triangolo.

1,5 punti

18 Verifica algebricamente e graficamente che la retta di equazione $4 - 2y - x = 0$ interseca la parabola $y = -\frac{1}{2}x^2 + \frac{3}{2}x + 2$ in due punti A e B. Calcola l'area del triangolo VAB essendo V il vertice della parabola.

1 punto

Soluzioni

1 $S = \{-1, 2\}$

2 $S = \left\{-\frac{1}{3}, 2, 3\right\}$

3 $S = \{\pm\sqrt{3}\}$

4 $S = \left\{\pm\frac{1}{2}, \pm\frac{5\sqrt{3}}{3}\right\}$

5 $S = \{-2, 2\}$

6 $S = \{2\}$

7 $S = \{4\}$

8 $S = \{3, -1\}$

9 $-\sqrt{5} < x < -\sqrt{3} \lor \sqrt{3} < x < \sqrt{5}$

10 $-\sqrt[4]{8} \leq x < -1 \lor x \geq \sqrt[4]{8}$

11 $x < 3$

12 $-4 \leq x \leq 0$

13 $S = \left\{(2, -2); \left(\frac{1}{2}, \frac{5}{2}\right)\right\}$

14 $S = \left\{\left(\frac{1}{4}, \frac{3}{2}\right); \left(\frac{3}{2}, \frac{1}{4}\right)\right\}$

15 $S = \{(-4, -3); (-3, -4); (3, 4); (4, 3)\}$

16 $\overline{AD} = 16\text{cm}$; $\overline{BC} = 18\text{cm}$; $2p = 34 + 2\sqrt{2}$

17 Posto $\overline{OH} = x$, $\overline{AH} = r + x$, $\overline{AB} = \sqrt{2r^2 + 2rx}$;

l'equazione modello del problema è $\sqrt{2r^2 + 2rx} + 5(r + x) = 8r$; risolvendola si ottiene $\overline{AH} = \frac{32}{25}r$

18 $A(0, 2)$; $B(4, 0)$; $V\left(\frac{3}{2}, \frac{25}{8}\right)$; area $= \frac{15}{4}$

Esercizio	1	2	3	4	5	6	7	8	9	10	11	12	13	14	15	16	17	18	
Punteggio																			

Valutazione in decimi

MATEMATICA & SCIENZE

I sistemi e la Fisica

Studiando il moto dei corpi ci si imbatte spesso in sistemi di due o più equazioni; questo accade, per esempio, quando si studia il moto in due o tre dimensioni.
Per questo tipo di moti vale il *principio di indipendenza dei moti simultanei*, enunciato quasi cinque secoli fa da Galileo Galilei che può essere così espresso:

se un corpo è animato contemporaneamente da due movimenti, ciascuno dei due continua ad essere caratterizzato dalle stesse leggi che lo regolano quando si svolge da solo.

Detto in altri termini, un corpo che è soggetto a due moti simultanei, dopo un tempo t, occupa la stessa posizione che occuperebbe se i due moti fossero avvenuti separatamente uno dopo l'altro.

Quando si calcia un pallone, quando ci si tuffa da uno scoglio, quando un giocatore lancia una palla per fare canestro, si è in presenza di una combinazione di un moto rettilineo uniforme in direzione orizzontale e di un moto uniformemente accelerato in direzione verticale la cui composizione dà origine a un moto parabolico. Vediamo come.

Supponiamo che un corpo venga lanciato con velocità $\vec{v}_0$ in direzione orizzontale (stiamo descrivendo un moto come quello del tuffatore in figura). Fissiamo un sistema di riferimento cartesiano con l'origine nel punto di lancio, l'asse x orientato come $\vec{v}_0$, l'asse y orientato verso il basso e trascuriamo la resistenza dell'aria; sul corpo agisce quindi solo la forza peso $\vec{P}$. Per il principio di indipendenza dei moti simultanei, il moto lungo l'asse x si svolge con velocità costante ed è quindi rettilineo uniforme, mentre quello lungo l'asse y è uniformemente accelerato con accelerazione $\vec{g}$.

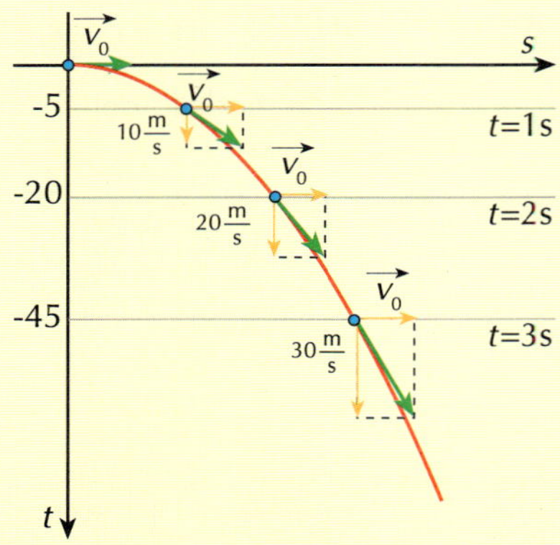

Le equazioni dei due moti, orizzontale e verticale, sono espressi dalle relazioni:

$$\begin{cases} x = v_0 t & \text{moto rettilineo uniforme} \\ y = \dfrac{1}{2} g t^2 & \text{moto uniformemente accelerato} \end{cases}$$

Ricavando la variabile t dalla prima equazione e sostituendo nella seconda troviamo:

$$\begin{cases} t = \dfrac{x}{v_0} \\ y = \dfrac{1}{2} g \left(\dfrac{x}{v_0} \right)^2 \end{cases} \quad \rightarrow \quad \begin{cases} t = \dfrac{x}{v_0} \\ y = \dfrac{g}{2v_0^2} \cdot x^2 \end{cases}$$

e l'equazione $y = \dfrac{g}{2v_0^2} \cdot x^2$ rappresentando una relazione tra x e y, descrive la traiettoria dell'oggetto che è, appunto, una traiettoria parabolica.

Descrivi ora il moto del tuffatore supponendo che:

- la sua velocità orizzontale sia di 2m/s
- l'altezza da cui si tuffa sia di 20m

Assumi poi, per semplicità, che sia $g = 10\text{m/s}^2$.

Dopo aver scritto le equazioni dei due moti orizzontale e verticale:

1. trova l'equazione della traiettoria del tuffatore
2. determina a che distanza dalla verticale il tuffatore tocca l'acqua
3. calcola quanto tempo impiega a raggiungere l'acqua e con quale velocità arriva.

[**1.** $y = \dfrac{5}{4}x^2$; **2.** 4m; **3.** $t = 2s$, $v = 20\text{m/s}$ circa]

ULTERIORI COLLEGAMENTI

MATEMATICA DELLA VITA QUOTIDIANA

Chi paga i danni?

A volte capita che ci siano degli studenti violenti e aggressivi che fanno danni anche ingenti nelle scuole e la cronaca è purtroppo ricca di notizie di questo tipo.
È quello che è capitato in una scuola superiore dove un gruppo di ragazzi, che non sono stati però identificati, ha provocato danni che, ad una prima sommaria valutazione, ammontano a € 6000. Non si hanno informazioni certe sui colpevoli, ma si stanno raccogliendo dati e testimonianze.
l Consiglio di Istituto cerca di trovare un criterio per recuperare la somma necessaria a coprire le spese per la riparazione delle parti danneggiate e decide che, comunque, dovranno essere gli studenti a ripagare i danni.

1 Inizialmente si pensa di distribuire la spesa su un certo numero di studenti, ma poi, dopo una più attenta valutazione delle informazioni e delle testimonianze, si riduce a $\frac{1}{2}$ il numero di studenti del gruppo precedente; si aggiungono però un centinaio di studenti che si suppone stia coprendo i colpevoli. In questa prima ipotesi si valuta che la quota a carico di ciascuno diminuisca di € 20.
Quanti sono gli alunni che devono pagare in questa prima ipotesi? [150]

2 Dopo una analisi più attenta e l'intervento di esperti, si ha una stima più attendibile dei danni che ammontano a quasi € 8500. Nel frattempo le indagini hanno rivelato che gli studenti autori degli atti vandalici sono da ricercarsi in un gruppo molto più ristretto. In questo caso la quota a carico di ciascuno aumenterebbe di € 60 rispetto a quella individuata in prima ipotesi.
A quanti studenti si sono ristretti i sospetti? [85]

3 I genitori di quest'ultimo gruppo di studenti sono stati convocati a scuola; dal confronto è risultato che alcuni studenti non avrebbero potuto compiere l'aggressione perché si trovavano in altri luoghi molto lontani dalla scuola; gli altri hanno tutti confessato. Rispetto al totale degli studenti iscritti all'Istituto, il numero dei colpevoli è l'1% più una quindicina di studenti fiancheggiatori. La quota a carico di ciascuno, oltre alle sanzioni disciplinari, rispetto a quella che avrebbe dovuto pagare ogni studente dell'Istituto in mancanza di prove, aumenta in questo modo di € 408.
Quanti sono, alla fine delle indagini, gli studenti colpevoli? [20]

ULTERIORI COLLEGAMENTI

gare di matematica

ULTERIORI GARE

1 Quale delle seguenti quantità dipendenti da x è minore o uguale a $\frac{1}{6} + x^2$ per ogni numero reale x?

a. $\sqrt{\frac{1}{6} + x^2}$ **b.** $-\frac{2}{3}x$ **c.** $\left(\frac{1}{6} + x\right)^2$ **d.** $\frac{1}{6} + x$ **e.** nessuna delle precedenti [b.]

2 Data la seguente equazione $4 = \sqrt{7 + \sqrt{9 + \sqrt{4 + x}}}$ quanto vale x?

a. 36 **b.** 46 **c.** 56 **d.** 68 **e.** 5180 [e.]

3 Se $x + \frac{1}{x} = 3$, quanto vale $x^2 + \frac{1}{x^2}$?

a. 11 **b.** 9 **c.** 7 **d.** $2 + 3\sqrt{7}$ **e.** $1 + 4\sqrt{7}$ [c.]

4 Quanti sono i numeri reali $x > 0$ che verificano la condizione $\sqrt[5]{x} + \sqrt{x} = \sqrt[3]{x}$?

a. nessuno **b.** 1 **c.** 2 **d.** 5 **e.** infiniti [a.]

5 Per quanti valori del parametro reale a il sistema $\begin{cases} x^2 - y^2 = 0 \\ (x - a)(y + a) = 0 \end{cases}$ ammette una e una sola soluzione?

a. nessun valore di a **b.** 1 **c.** 2
d. 4 **e.** infiniti valori [b.]

6 Sapendo che $x, y > 0$ $\quad xy + x + y = 13 \quad x^2y + xy^2 = 40$ dire quanto vale $x^2 + y^2$.

a. 54 **b.** 53 **c.** 9
d. non esiste soluzione **e.** esistono almeno due soluzioni [a.]

Math in English

Theory on page 178

CLIL

1 Solve the equation $\sqrt{1 - 5x} + 5 = 1$

a. $x = -3$ **b.** $x = 1$ **c.** $x = \frac{4}{5}$ **d.** $x = -1$ **e.** no solution [e.]

2 Find the real zeros of the polynomial: $P(x) = (x + 1)(x^2 - 5x + 6)$

a. $x = 1 \quad x = -5$ and $x = 6$
b. $x = -1 \quad x = 2$ and $x = 3$
c. $x = -1 \quad x = 1$ and $x = 6$
d. $x = 1 \quad x = -2$ and $x = -3$
e. $x = 1 \quad x = 5$ and $x = -6$ [b.]

3 Solve the system of equations $\begin{cases} x^2 + y^2 = 36 \\ x - y = -6 \end{cases}$

a. $(0, 6) \quad (-6, 0)$ **b.** $(6, 0)$ only
c. $(5, 11)$ **d.** $(2, 8)$
e. none of these [a.]

MORE EXERCISES

ESERCIZI

CAPITOLO 7

La probabilità

IL CONCETTO DI PROBABILITÀ

teoria a pagina 182

Comprensione

SOLUZIONI ES. COMPRENSIONE

1 Individua quali fra i seguenti sono esperimenti aleatori:

a. estrazione di un numero del Lotto;
b. estrazione di una carta da un mazzo;
c. esecuzione di un esperimento di laboratorio per verificare una legge fisica;
d. compilare la schedina del totocalcio;
e. risolvere un'equazione.

2 Completa le seguenti proposizioni.

a. Un evento si dice certo se ....
b. Un evento si dice impossibile se ....

3 Fra le proposizioni indicate di seguito, individua quelle che danno luogo ad un evento certo, impossibile, possibile.

a. Nel mese di giugno ci sono gli scrutini di fine anno scolastico.
b. Nel prossimo decennio si troverà una cura definitiva per le malattie tumorali.
c. Nell'estrazione di due carte da due mazzi distinti, escono due tre di fiori.
d. Nel lancio di un dado esce un numero maggiore di 6.
e. Nell'estrazione di un numero della tombola, esce un numero minore o uguale a 90.

4 Nell'esperimento aleatorio del lancio di una moneta, lo spazio campionario è l'insieme:

a. $\{T, C\}$ **b.** $\{\{T\}, \{C\}, \{T, C\}, \varnothing\}$ **c.** $\{\{T\}, \{C\}, \{T, C\}\}$

5 Completa le seguenti proposizioni:

a. la probabilità dell'evento certo è ....
b. la probabilità dell'evento impossibile è ....
c. la probabilità è un numero reale compreso tra ....

6 Barra vero o falso.

a. Comunque venga definito, un valore di probabilità è un numero p tale che $0 < p < 1$. V F
b. La probabilità di un evento impossibile è uguale a zero. V F
c. La probabilità che estraendo una carta da un mazzo di 40 carte esca un colore nero è $\frac{1}{2}$. V F
d. La probabilità che estraendo una carta da un mazzo esca un seme di fiori non si può valutare se non si sa se il mazzo è di 40 o di 52 carte. V F

7 Indica quale, fra le seguenti, rappresenta la probabilità di estrarre un cinque da un mazzo di 40 carte:

a. $\frac{1}{8}$ **b.** $\frac{1}{10}$ **c.** $\frac{1}{40}$ **d.** $\frac{1}{20}$

8 Una scatola contiene 8 palline rosse, 4 bianche e 6 gialle indistinguibili fra loro. La probabilità che estraendone una questa sia gialla è uguale a:

a. $\frac{1}{6}$ **b.** $\frac{1}{3}$ **c.** $\frac{1}{2}$ **d.** un altro valore non specificato

9 Si estrae una carta da un mazzo di 52 e si vede che è un re di cuori; se la carta non viene rimessa nel mazzo, la probabilità che ad una seconda estrazione venga una carta di cuori è:

a. $\frac{5}{26}$ **b.** $\frac{9}{52}$ **c.** $\frac{10}{51}$ **d.** un altro valore non specificato

10 In un esperimento aleatorio lo spazio campionario Ω ha 32 elementi; la probabilità di un evento E è $\frac{1}{4}$; dell'insieme di verità di E si può dire che:

a. ha 1 solo elemento **b.** ha 4 elementi
c. ha 8 elementi **d.** non si può conoscere il numero di elementi

11 Un rilevatore di velocità ha una probabilità dello 0,15% di rilevare velocità al di fuori del range di accettabilità del risultato; su 1500 rilevazioni, quante sono presumibilmente errate?

a. circa 4 **b.** circa 2 **c.** circa 10 **d.** più di 8

Applicazione

12 Scrivi gli elementi dello spazio campionario Ω relativo all'esperimento aleatorio del lancio di un dado.

13 Scrivi gli elementi dello spazio campionario Ω relativo all'esperimento aleatorio dell'estrazione di una carta da un mazzo da 40.

14 Trova il numero dei casi favorevoli ai seguenti eventi relativi al lancio di un dado:
E_1 : «esce un numero dispari»; [3]
E_2 : «esce un numero maggiore o uguale a 2»; [5]
E_3 : «esce un numero minore di 4»; [3]
E_4 : «esce un numero multiplo di 2»; [3]
E_5 : «esce il numero 7». [0]

15 Trova il numero dei casi favorevoli relativamente all'estrazione di una carta da un mazzo di 40 carte:
E_1 : «esce una carta rossa»; [20]
E_2 : «esce un re»; [4]
E_3 : «esce una carta di quadri»; [10]
E_4 : «esce una figura»; [12]
E_5 : «esce un sette nero». [2]

16 Da un'urna contenente 40 palline di cui 10 rosse, 10 nere e 20 blu, si estrae una pallina; trova il numero dei casi favorevoli relativi ai seguenti eventi:
E_1 : «si estrae una pallina nera»; [10]
E_2 : «si estrae una pallina gialla»; [0]
E_3 : «si estrae una pallina rossa o blu». [30]

17 Un sacchetto contiene le 21 lettere dell'alfabeto italiano. Si estrae a caso una lettera; trova il numero dei casi favorevoli relativi ai seguenti eventi:
E_1 : «si estrae una vocale»; [5]
E_2 : «si estrae una consonante»; [16]
E_3 : «si estrae la f»; [1]
E_4 : «si estrae una delle lettere della parola MARTA»; [4]
E_5 : «si estrae una lettera»; [21]
E_6 : «si estrae la lettera x». [0]

18 ## ESERCIZIO GUIDATO

Determina la probabilità che si verifichi l'evento E : «esce un numero dispari» nel lancio di un dado non truccato.

I casi possibili sono 6, tanti quante le facce del dado.
I casi favorevoli sono quelli nei quali escono i numeri 1, 3, 5, cioè 3.

Allora $p(E) = \frac{3}{6} = \frac{1}{2} = 0,5$, cioè, in termine percentuali, il 50%.

19 Considerando il gioco della tombola è stato calcolato che la probabilità di un evento E è $\frac{45}{90}$. Di quale evento si potrebbe trattare?

20 Nel gioco della tombola calcola la probabilità che esca un multiplo di 5. $\left[\frac{18}{90}\right]$

21 Da un sacchetto contenente 10 caramelle e 20 cioccolatini, tutti indistinguibili tra loro, si estrae un dolcetto. Calcola la probabilità che il dolcetto sia:

a. una caramella; $\left[\frac{1}{3}\right]$

b. un cioccolatino. $\left[\frac{2}{3}\right]$

22 Calcola la probabilità che l'ultima cifra di un numero telefonico sia 2. $\left[\frac{1}{10}\right]$

23 Calcola la probabilità che lanciando un dado si verifichi l'evento «esce un numero divisore di 6». $\left[\frac{2}{3}\right]$

24 Nel gioco del lotto qual è la probabilità che su una particolare ruota:

a. esca un numero pari; $\left[\frac{1}{2}\right]$

b. esca un numero minore o uguale a 30. $\left[\frac{1}{3}\right]$

25 Un astuccio contiene 4 biro blu, 6 biro rosse, 3 matite e 8 pennarelli. Calcola la probabilità che prendendo a caso un oggetto esso sia:

a. un pennarello; $\left[\frac{8}{21}\right]$

b. una matita; $\left[\frac{1}{7}\right]$

c. una biro blu; $\left[\frac{4}{21}\right]$

d. una biro rossa. $\left[\frac{2}{7}\right]$

26 Qual è la probabilità che lanciando un dado si presenti:

a. un numero divisibile per 5; $\left[\frac{1}{6}\right]$

b. un numero divisibile per 2; $\left[\frac{1}{2}\right]$

c. un numero divisibile per 3. $\left[\frac{1}{3}\right]$

27 Qual è la probabilità che, estraendo un numero da un sacchetto contenente palline numerate da 1 a 20 si abbia:

a. la pallina con il numero 12; $\left[\frac{1}{20}\right]$

b. una pallina il cui numero sia divisibile per 5; $\left[\frac{1}{5}\right]$

c. una pallina il cui numero sia maggiore di 15. $\left[\frac{1}{4}\right]$

28 Calcola la probabilità dei seguenti eventi relativi all'estrazione del primo numero della Tombola:

a. E_1 : «esce 44»; $\left[\frac{1}{90}\right]$

b. E_2 : «esce un numero minore di 10»; $\left[\frac{1}{10}\right]$

c. E_3 : «esce un numero compreso fra 11 e 40 (estremi inclusi)». $\left[\frac{1}{3}\right]$

29 Calcola la probabilità dei seguenti eventi:

a. E_1 : «estraendo una carta da un mazzo di 52 esce una donna»; $\left[\frac{1}{13}\right]$

b. E_2 : «estraendo una carta da un mazzo di 40 esce una carta di cuori»; $\left[\frac{1}{4}\right]$

c. E_3 : «estraendo una carta da un mazzo di 52 esce una figura». $\left[\frac{3}{13}\right]$

30 In un cassetto ci sono 3 paia di calze blu, 2 paia grigie, 4 paia nere, 3 paia verdi. Calcola la probabilità che estraendone un paio a caso questo sia:

a. di colore verde; $\left[\frac{1}{4}\right]$

b. di colore marrone; [0]

c. di colore grigio. $\left[\frac{1}{6}\right]$

31 Si estrae una pallina da un'urna che ne contiene 50 numerate da 1 a 50; calcola la probabilità che:

a. esca un multiplo di 2; $\left[\frac{1}{2}\right]$

b. esca un multiplo di 3; $\left[\frac{8}{25}\right]$

c. esca un multiplo di 5; $\left[\frac{1}{5}\right]$

d. esca un multiplo di 6. $\left[\frac{4}{25}\right]$

32 Le pagine di una rivista sono numerate da 1 a 50; aprendo una pagina a caso, calcola la probabilità che si verifichino i seguenti eventi:

a. E_1 : «esce la pagina 23»; $\left[\frac{1}{50}\right]$

b. E_2 : «esce una pagina il cui numero ha come somma delle cifre 5»; $\left[\frac{3}{25}\right]$

c. E_3 : «esce una pagina il cui numero è un multiplo di 10». $\left[\frac{1}{10}\right]$

33 Una ruota è divisa in settori numerati da 1 a 7 e, quando gira, ha la stessa probabilità di fermarsi su uno qualunque di essi. Calcola la probabilità che:

a. si fermi su un settore corrispondente ad un numero pari; $\left[\frac{3}{7}\right]$

b. si fermi su un settore corrispondente ad un numero primo; $\left[\frac{4}{7}\right]$

c. si fermi su un settore corrispondente ad un numero che non è primo. $\left[\frac{3}{7}\right]$

34 Una domanda di un test di fisica ha 4 possibili risposte; sapendo che soltanto una di queste è corretta, calcola la probabilità che una persona, che non conosce l'argomento, ha di:

a. indovinare la risposta; $\left[\frac{1}{4}\right]$

b. sbagliare la risposta. $\left[\frac{3}{4}\right]$

35 Un sacchetto contiene 30 palline, ognuna delle quali contraddistinta da un numero compreso fra 91 e 120 (estremi inclusi). Calcola la probabilità che, estraendo una di queste palline, si verifichi l'evento:

a. E_1 : «esce un numero di due cifre»; $\left[\frac{3}{10}\right]$

b. E_2 : «esce un numero con le cifre uguali»; $\left[\frac{1}{15}\right]$

c. E_3 : «esce un numero che ha la somma delle cifre uguale a 10». $\left[\frac{1}{10}\right]$

36 Calcola la probabilità che, nel lancio di un dado, esca:

a. un numero pari; $\left[\frac{1}{2}\right]$

b. un multiplo di 3; $\left[\frac{1}{3}\right]$

c. il numero 5; $\left[\frac{1}{6}\right]$

d. un numero minore di 3; $\left[\frac{1}{3}\right]$

e. un numero maggiore o uguale a 4. $\left[\frac{1}{2}\right]$

37 Nell'estrazione di una carta da un mazzo da 40, calcola la probabilità che la carta estratta sia:

a. di fiori; $\left[\frac{1}{4}\right]$

b. una figura; $\left[\frac{3}{10}\right]$

c. un re; $\left[\frac{1}{10}\right]$

d. un asso di colore rosso; $\left[\frac{1}{20}\right]$

e. una figura di un seme nero. $\left[\frac{3}{20}\right]$

38 Un sacchetto contiene 6 monete da € 1 e 4 da € 2. Se da esso si estrae a caso una moneta calcola la probabilità dei seguenti eventi:

a. E_1 : «la moneta estratta è da € 1»; $\left[\frac{3}{5}\right]$

b. E_2 : «la moneta estratta è da € 2». $\left[\frac{2}{5}\right]$

39 Un sacchetto contiene 72 biglie di colore rosso (R), blu (B), giallo (G) e verde (V); si sa che:

$$p(R) = \frac{2}{9} \qquad p(B) = \frac{7}{36} \qquad p(G) = \frac{1}{3}$$

Quanto vale $p(V)$? Quante sono le biglie dei rispettivi colori?

$\left[p(V) = \frac{1}{4};\ R = 16;\ B = 14;\ G = 24;\ V = 18\right]$

40 Lanciando 3 monete, in quante terne si può ottenere doppia testa? E una sola testa? Calcola le due probabilità.
$\left[3; 3; \frac{3}{8}; \frac{3}{8}\right]$

41 Lanciando contemporaneamente due dadi quante sono le coppie con entrambi i numeri pari? Calcola la probabilità di tale evento.
$\left[9; \frac{1}{4}\right]$

42 Lanciando due dadi qual è la probabilità di avere un numero maggiore di 10? $\left[\frac{1}{12}\right]$

43 Lanciando due dadi calcola la probabilità che esca un numero dispari multiplo di 3. $\left[\frac{1}{6}\right]$

44 **ESERCIZIO GUIDATO**

Dopo avere estratto una carta da un mazzo di 40 ed aver visto che è di un seme rosso, se ne estrae una seconda senza rimettere nel mazzo la prima. Calcola le probabilità degli eventi che seguono:

a. E_1 : «la carta estratta è di cuori»; $\left[\frac{9}{39} \vee \frac{10}{39}\right]$

b. E_2 : «la carta estratta è di fiori»; $\left[\frac{10}{39}\right]$

c. E_3 : «la carta estratta è una figura di picche». $\left[\frac{1}{13}\right]$

Per quanto riguarda la probabilità richiesta nel caso **a.**, osserva che, avendo già estratta una carta di seme rosso, questa può essere di cuori o di quadri, ci sono quindi due possibilità.
Nei casi **b.** e **c.** invece, la prima estrazione non ha influenza sui valori di probabilità richiesti.

45 Su un vassoio vi sono 12 brioches uguali nell'aspetto, fra queste 2 sono farcite con marmellata e 3 con crema al cioccolato. Scegliendone una a caso, calcola la probabilità che:

a. ne trovi una con la marmellata; $\left[\frac{1}{6}\right]$

b. verificatosi il primo evento, fra quelle rimaste ne prendi una al cioccolato. $\left[\frac{3}{11}\right]$

46 In una lotteria si vendono 20000 biglietti. Chi vince il primo premio ha diritto ad una settimana bianca gratuita per due persone da trascorrere sulle Dolomiti, chi vince il secondo premio riceve una mountain bike, chi vince il terzo un'iscrizione per un mese in una palestra, mentre coloro che vincono dal quarto al decimo premio ricevono un walkman. Acquistando un solo biglietto, calcola qual è la probabilità dei seguenti eventi ed esprimila in termini percentuali:

a. E_1 : «vincere uno dei primi tre premi»; [0,015%]

b. E_2 : «vincere un premio qualsiasi»; [0,05%]

c. E_3 : «vincere un walkman»; [0,035%]

d. E_4 : «non vincere alcun premio». [99,95%]

47 Nella cartella di un insegnante ci sono 5 compiti non ancora corretti, 10 già corretti e valutati, uno corretto ma non ancora valutato. Calcola la probabilità che l'insegnante, estraendone uno a caso, ne prenda:

a. uno non corretto; $\left[\frac{5}{16}\right]$

b. uno non ancora valutato; $\left[\frac{3}{8}\right]$

c. uno che ha già voto. $\left[\frac{5}{8}\right]$

PROBABILITÀ CONTRARIA E TOTALE

SOLUZIONI ES. COMPRENSIONE

Comprensione

48 Stabilisci il valore di verità delle seguenti proposizioni.

a. Se un evento A è contenuto in un altro evento B, allora il verificarsi di A implica il verificarsi di B. V F

b. Dati gli eventi A e B, l'evento $A \cup B$ si verifica se si verifica almeno uno degli eventi A e B. V F

c. Dati gli eventi A e B, l'evento $A \cup B$ si verifica soltanto se si verificano entrambi gli eventi A e B. V F

d. Dati gli eventi A e B, l'evento $A \cap B$ si verifica soltanto se si verificano sia A che B. V F

49 Due eventi A e B di uno stesso esperimento aleatorio sono incompatibili se:

a. esistono casi che sono favorevoli ad entrambi gli eventi;

b. l'intersezione degli insiemi di verità dei due eventi è vuota;

c. l'unione degli insiemi di verità dei due eventi è vuota.

Qual è la risposta giusta?

50 Stabilisci quali dei seguenti eventi sono compatibili e quali incompatibili:

a. nell'estrazione di una carta da un mazzo, A : «esce un asso» B : «esce una carta di colore rosso»;

b. nell'estrazione di una carta da un mazzo, A : «esce una carta di fiori» B : «esce una figura di colore rosso»;

c. nell'estrazione di un numero della tombola, A : «esce un numero pari» B : «esce un numero della prima decina»;

d. nell'estrazione dei biglietti di una lotteria, A : «esce un biglietto serie H» B : «esce un biglietto serie C».

51 Se $\overline{E}$ è l'evento contrario di E, quale delle seguenti relazioni si verifica?

a. $p(\overline{E}) = 1 + p(E)$; **b.** $p(\overline{E}) + p(E) = 1$; **c.** $p(E) \cdot p(\overline{E}) = 1$.

52 Sono dati due eventi A e B incompatibili di uno stesso esperimento aleatorio; si può dire che:

a. se si verifica A non si verifica B V F

b. se si verifica $\overline{A}$, si può verificare anche B V F

c. $\overline{A \cup B}$ si verifica solo se non si verificano né A né B V F

d. gli eventi $\overline{A}$ e $\overline{B}$ sono incompatibili. V F

53 Qual è la probabilità di estrarre una figura o un asso da un mazzo di 40 carte? Scegli la risposta fra le seguenti.

a. $\frac{3}{10}$; **b.** $\frac{1}{10}$; **c.** $\frac{2}{5}$; **d.** $\frac{13}{40}$.

54 Relativamente ad uno stesso esperimento aleatorio, un evento A ha probabilità $\frac{7}{16}$ di verificarsi, un evento B ha probabilità $\frac{1}{8}$ e i due eventi sono incompatibili; la probabilità dell'evento $\overline{A \cup B}$ è uguale a:

a. $\frac{1}{8}$ **b.** $\frac{9}{16}$ **c.** $\frac{11}{16}$ **d.** $\frac{7}{16}$.

55 Relativamente ad uno stesso esperimento aleatorio, un evento A ha probabilità $\frac{4}{15}$ di verificarsi, un evento B ha probabilità $\frac{5}{9}$ e i due eventi sono compatibili; la probabilità dell'evento $A \cup B$ è uguale a:

a. $\frac{37}{45}$ **b.** $\frac{13}{45}$ **c.** $\frac{8}{45}$ **d.** non si può determinare senza ulteriori informazioni.

56 Un'urna contiene 8 palline di vetro bianche, 4 palline di plastica bianche, 5 palline di vetro rosse, 10 palline di plastica rosse, 8 palline di vetro gialle, tutte indistinguibili fra loro. Nell'estrazione di una pallina considera gli eventi: A : «esce una pallina rossa», B : «esce una pallina di plastica»; quali fra le seguenti uguaglianze sono vere?

a. $p(A \cap B) = \frac{6}{35}$ **b.** $p(A \cap B) = \frac{2}{7}$ **c.** $p(A \cup B) = \frac{19}{35}$ **d.** $p(A \cup B) = \frac{29}{35}$

Applicazione

Evento contrario

57 **ESERCIZIO GUIDATO**

In una classe ci sono 28 studenti, 15 dei quali sono maschi. Qual è la probabilità che, al suono della campanella, il primo ad uscire dall'aula sia:

a. una femmina; **b.** un maschio.

Nella classe ci sono 15 maschi e 13 femmine, quindi la probabilità che la prima ad uscire sia una femmina è ....
Per calcolare la probabilità del caso **b.** puoi calcolare la probabilità dell'evento contrario che è 1 − ....

58 Calcola la probabilità che, estraendo una pallina da un'urna che ne contiene 12 bianche, 25 nere e 8 rosse, essa non sia di colore nero. $\left[\frac{4}{9}\right]$

59 In un contenitore ci sono 15 guarnizioni di gomma di cui 6 provenienti dal fornitore Rossi, 4 dal fornitore Bianchi e 5 dal fornitore Verdi. Si preleva casualmente dal contenitore una guarnizione; determina la probabilità che:

a. essa provenga dal fornitore Rossi; $\left[\frac{2}{5}\right]$

b. non sia del fornitore Rossi; $\left[\frac{3}{5}\right]$

c. sia del fornitore Rossi o del fornitore Bianchi. $\left[\frac{2}{3}\right]$

60 Su una scrivania sono infilate 5 buste aperte, 10 chiuse e già affrancate, una che contiene del danaro. Calcola la probabilità che una segretaria, estraendone dal mazzo una a caso, ne prenda:

a. una aperta; $\left[\frac{5}{16}\right]$

b. una che non contiene danaro; $\left[\frac{15}{16}\right]$

c. una che non è pronta per la consegna. $\left[\frac{3}{8}\right]$

Probabilità totale

61 **ESERCIZIO GUIDATO**

Estraendo una carta da un mazzo da 40, considera gli eventi A : «esce una donna» e B : «esce un due di fiori». Enuncia l'evento $A \cup B$ e calcolane la probabilità.

L'evento unione è E : «esce una donna o un due di fiori». Per calcolarne la probabilità, essendo i due eventi incompatibili e ricordando il teorema della probabilità totale, si devono sommare le probabilità dei singoli eventi.
Poichè si ha $p(A) = \frac{1}{10}$ (ci sono 4 donne in un mazzo di 40 carte) e $p(B) = \frac{1}{40}$ (c'è un solo due di fiori):

$$p(E) = \frac{1}{10} + \frac{1}{40} = \frac{5}{40} = \frac{1}{8}$$

62 Sullo scaffale di una libreria ci sono 3 libri di saggistica, 7 libri di narrativa, 4 romanzi gialli. Se si prende un libro a caso dallo scaffale, calcola la probabilità che si verifichi uno dei seguenti eventi:

a. E_1 : «il libro preso è di narrativa»; $\left[\frac{1}{2}\right]$

b. E_2 : «il libro preso è un romanzo giallo»; $\left[\frac{2}{7}\right]$

c. E_3 : «il libro preso è di saggistica o un romanzo giallo»; $\left[\frac{1}{2}\right]$

d. E_4 : «il libro preso non è di saggistica»; $\left[\frac{11}{14}\right]$

e. E_5 : «il libro preso non è di narrativa o un giallo». $\left[\frac{3}{14}\right]$

63 In una cassa sono state imballate 15 bottiglie di vino di cui 6 sono di vino rosso, 4 di bianco e le rimanenti di rosè. Si preleva casualmente una bottiglia dalla cassa; determina la probabilità che:

a. sia una bottiglia di vino rosso; $\left[\frac{2}{5}\right]$

b. non sia una bottiglia di vino rosso; $\left[\frac{3}{5}\right]$

c. sia di vino rosso o bianco. $\left[\frac{2}{3}\right]$

64 Quando Massimo torna da un viaggio all'estero, mette le monete avanzate in una cassettina che ora contiene 4 sterline, 4 dollari, 3 franchi svizzeri e una dozzina di monete di altri paesi non europei. Qual è la probabilità che, estraendo una moneta a caso questa sia:

a. una sterlina o un dollaro; $\left[\frac{8}{23}\right]$

b. una moneta non europea. $\left[\frac{16}{23}\right]$

65 Un sacchetto contiene 50 palline delle quali 10 sono rosse, 5 bianche, 15 verdi, 20 azzurre. Calcola la probabilità dei seguenti eventi relativi all'estrazione di una pallina dal sacchetto:

a. E_1 : «esce una pallina rossa o azzurra»; $\left[\frac{3}{5}\right]$

b. E_2 : «esce una pallina bianca o verde». $\left[\frac{2}{5}\right]$

66 Da un sacchetto contenente i 90 numeri del lotto se ne estrae uno. Calcola la probabilità che esso sia:

a. il numero 3 o il numero 90; $\left[\frac{1}{45}\right]$

b. un numero divisibile per 20 o per 7; $\left[\frac{8}{45}\right]$

c. un numero minore di 10 o maggiore di 81. $\left[\frac{1}{5}\right]$

67 Paolo cerca un particolare libro di storia fra i 25 che possiede su questo argomento. Tali libri sono disposti su tre scaffali in modo che 10 stiano sul primo scaffale, 10 sul secondo e 5 sul terzo, Paolo si chiede quali probabilità hanno i seguenti eventi:

a. E_1 : «trovare il libro fra quelli del primo o del secondo scaffale»; $\left[\frac{4}{5}\right]$

b. E_2 : «trovare il libro fra quelli del primo o del terzo scaffale»; $\left[\frac{3}{5}\right]$

c. E_3 : «non trovare il libro fra quelli del primo scaffale»; $\left[\frac{3}{5}\right]$

d. E_4 : «non trovare il libro fra quelli del primo o del terzo scaffale». $\left[\frac{2}{5}\right]$

68 ## ESERCIZIO GUIDATO

In un sacchetto ci sono 50 gettoni contrassegnati con un numero da 1 a 50. Calcola la probabilità che, estraendo un gettone, si verifichi l'evento E : «il numero estratto è multiplo di 3 o di 5».

Indica con A l'evento: «il numero estratto è multiplo di 3» e con B : «il numero estratto è multiplo di 5». Poiché i sottoinsiemi dei multipli di 3 e dei multipli di 5 non sono disgiunti, per calcolare $p(E)$ dobbiamo tener conto anche della loro intersezione. Allora

$$p(E) = p(A) + p(B) - p(A \cap B) = \frac{16}{50} + \frac{10}{50} - \frac{3}{50} = \frac{23}{50}$$

69 Considera i due eventi relativi al lancio di un dado «si ottiene il numero 5» e «si ottiene un numero pari». Calcola la probabilità dell'evento unione di quelli considerati. Se gli eventi dei quali si considera l'unione fossero «si ottiene il numero 5» e «si ottiene un numero dispari», quale sarebbe la probabilità? $\left[\frac{2}{3}; \frac{1}{2}\right]$

70 Si estrae una carta a caso da un mazzo di 40. Calcola la probabilità dell'evento E : «esce un sette o una carta di fiori», dopo aver individuato i due eventi che formano E. $\left[\frac{13}{40}\right]$

71 Nel lancio di un dado calcola la probabilità dell'evento E : «esce un numero primo o un numero dispari». $\left[\frac{2}{3}\right]$

72 In un'urna sono contenuti dei gettoni numerati da 1 a 20. Calcola la probabilità che, estraendo a caso un gettone, si presenti un numero che sia:

a. dispari o divisibile per 7; $\left[\frac{11}{20}\right]$

b. il 5 o il 16; $\left[\frac{1}{10}\right]$

c. un numero pari o un multiplo di 8. $\left[\frac{1}{2}\right]$

73 Da un mazzo di 52 carte se ne estrae una. Calcola la probabilità dei seguenti eventi:

a. E_1 : «si estrae una carta di fiori oppure un asso»; $\left[\frac{4}{13}\right]$

b. E_2 : «si estrae una carta di fiori o il re di cuori»; $\left[\frac{7}{26}\right]$

c. E_3 : «si estrae il sette di quadri o il fante di cuori»; $\left[\frac{1}{26}\right]$

d. E_4 : «si estrae una carta nera o il 2 di picche». $\left[\frac{1}{2}\right]$

74 Il gioco della roulette consiste nel puntare una somma su uno dei 37 numeri (da 0 a 36) riportati su un apposito dispositivo girevole. La pallina si muove all'interno di tale dispositivo e, fermandosi, determina il numero vincente. Lo zero è in colore verde, mentre degli altri 36 numeri 18 sono neri e 18 sono rossi. Calcola la probabilità dei seguenti eventi relativi a tale gioco:

a. E_1 : «esce un numero nero»; $\left[\frac{18}{37}\right]$

b. E_2 : «esce un numero rosso»; $\left[\frac{18}{37}\right]$

c. E_3 : «esce un numero nero o rosso»; $\left[\frac{36}{37}\right]$

d. E_4 : «esce un numero pari o divisibile per 5»; $\left[\frac{23}{37}\right]$

e. E_5 : «esce un numero divisibile per due o verde». $\left[\frac{19}{37}\right]$

75 Determina la probabilità che alla prima estrazione di una ruota del lotto, si ottenga un numero minore di 11 oppure un numero pari maggiore di 70. Determina poi la probabilità che il primo numero estratto sia minore di 41 o divisibile per 10. $\left[\frac{2}{9}, \frac{1}{2}\right]$

LA PROBABILITÀ COMPOSTA

teoria a pagina 189

Comprensione

SOLUZIONI ES. COMPRENSIONE

76 Un'urna contiene gettoni tutti uguali per forma, peso e dimensioni, di colori rosso e verde. Considera gli eventi:

A : «esce un gettone rosso alla prima estrazione»;

B : «esce un gettone verde alla seconda estrazione».

Se le estrazioni avvengono senza rimettere i gettoni nell'urna, gli eventi A e B sono dipendenti o indipendenti? Che cosa accade se i gettoni vengono rimessi nell'urna dopo ogni estrazione?

77 A e B sono due eventi di un esperimento aleatorio. Si può dire che:

a. se A e B sono dipendenti allora $p(A|B) = p(A)$ V F

b. se A e B sono incompatibili allora $p(A \cap B) = 0$ V F

a. se A e B sono indipendenti allora $p(A \cap B) = p(A) \cdot p(B)$ V F

a. se A e B sono incompatibili allora $p(A \cup B) = p(A) \cdot p(B)$. V F

78 Nell'estrazione successiva di due carte da un mazzo di 40 senza che la prima venga rimessa nel mazzo, considera l'evento E : «escono due re»; si può dire che:

a. ① E è composto da due eventi dipendenti ② E è composto da due eventi indipendenti

b. ① $p(E) = 0{,}77\%$ ② $p(E) = 1\%$ ③ $p(E) = 0{,}1\%$ ④ $p(E) = 7{,}7\%$

Applicazione

79 **ESERCIZIO GUIDATO**

Si estrae una carta da un mazzo di 40 e, dopo averla reinserita nel mazzo, se ne estrae una seconda. Si vuole calcolare la probabilità dell'evento E : «escono, nell'ordine, una donna e una carta di picche».

Per prima cosa osserviamo che l'evento E è la combinazione dei due eventi A : «la prima carta estratta è una donna» e B : «la seconda estratta è una carta di picche». Poiché la prima carta estratta viene rimessa nel mazzo, il verificarsi del primo evento non modifica la probabilità che si verifichi il secondo, quindi i due eventi sono indipendenti. Allora per calcolare la probabilità dell'evento E, ricordando il teorema della probabilità composta, basta moltiplicare i valori delle probabilità dei singoli eventi.

Quindi, poiché $p(A) = \frac{1}{10}$ e $p(B) = \frac{1}{4}$, si ha che $p(E) = \frac{1}{40}$.

80 Da un sacchetto contenente 15 palline bianche e 10 palline nere se ne estrae una e, dopo aver annotato il colore, la si rimette nel sacchetto e successivamente se ne estrae un'altra. Calcola la probabilità che si verifichino i seguenti eventi:

a. E_1 : «entrambe le palline sono bianche»;
(Suggerimento: esprimi l'evento nella forma: la prima pallina è bianca e la seconda è bianca) $\left[\frac{9}{25}\right]$

b. E_2 : «entrambe le palline sono nere»; $\left[\frac{4}{25}\right]$

c. E_3 : «la prima pallina è bianca e la seconda nera»; $\left[\frac{6}{25}\right]$

d. E_4 : «una pallina è bianca e l'altra nera».
(Suggerimento: in questo caso non è specificato l'ordine, per cui l'estrazione potrebbe dare bianca e nera oppure nera e bianca) $\left[\frac{12}{25}\right]$

81 In un'urna vi sono tre bussolotti contrassegnati con le lettere S, S, N, in una seconda urna vi sono altri 3 bussolotti contrassegnati con le lettere O, O, I. Estraendo a caso una lettera dalla prima urna e una lettera dalla seconda, calcola la probabilità di comporre:

a. la parola SI; $\left[\frac{2}{9}\right]$

b. la parola NO; $\left[\frac{2}{9}\right]$

c. di non comporre la parola NO. $\left[\frac{7}{9}\right]$

82 Si lanciano una moneta e poi un dado; qual è la probabilità che si verifichi l'evento E : «escono testa ed il numero 3»? $\left[\frac{1}{12}\right]$

83 Mario ha nell'astuccio 10 penne, delle quali 5 sono blu, 3 nere e 2 rosse; Anna ne ha 12, delle quali 6 sono nere, 4 blu, 1 rossa ed 1 verde. Se Silvia chiede in prestito 2 penne, una a Mario e l'altra ad Anna, e le prende senza guardare nei loro astucci, che probabilità ha che siano entrambe rosse? E che siano una blu e una verde? $\left[\frac{1}{60}, \frac{1}{24}\right]$

84 Si lanciano contemporaneamente un dado ed una moneta, e si considera l'evento E : «si ottengono testa ed un numero pari». Costruisci un diagramma cartesiano per individuare i casi possibili e quelli favorevoli ad E, quindi calcola $p(E)$ sia leggendo il grafico sia applicando il teorema relativo a questo caso. $\left[\frac{1}{4}\right]$

85 Un primo cassetto contiene 10 camicie: 2 azzurre, 5 bianche e 3 a righe. Un secondo cassetto contiene 4 cravatte: 1 rossa, 1 blu, 1 marrone e 1 a righe blu e bianche. Mario sceglie casualmente una camicia dal primo cassetto e una cravatta dal secondo. Calcola la probabilità che egli indossi una camicia azzurra con la cravatta blu. $\left[\frac{1}{20}\right]$

86 Si lancia un dado per tre volte; calcola la probabilità dell'evento E : «si ottiene un numero pari nei primi due lanci ed il numero 5 nell'ultimo». $\left[\frac{1}{24}\right]$

87 Da un mazzo di 40 carte se ne estraggono successivamente due, rimettendo la prima carta estratta nel mazzo. Determina la probabilità dei seguenti eventi:

a. E_1 : «la prima carta sia il re di fiori e la seconda carta il due di picche»; $\left[\frac{1}{1600}\right]$

b. E_2 : «entrambe le carte siano di cuori»; $\left[\frac{1}{16}\right]$

c. E_3 : «entrambe le carte siano dello stesso seme»; $\left[\frac{1}{4}\right]$

d. E_4 : «le carte siano di colore diverso»; $\left[\frac{1}{2}\right]$

e. E_5 : «entrambe le carte siano di colore rosso o di colore nero». $\left[\frac{1}{2}\right]$

88 Un'urna contiene 20 palline rosse, 10 palline verdi e 5 palline gialle. Si estraggono successivamente due palline, rimettendo la prima pallina estratta nell'urna. Determina la probabilità dei seguenti eventi:

a. E_1 : «entrambe le palline siano verdi»; $\left[\frac{4}{49}\right]$

b. E_2 : «nessuna pallina sia gialla»; $\left[\frac{36}{49}\right]$

c. E_3 : «entrambe le palline siano rosse»; $\left[\frac{16}{49}\right]$

d. E_4 : «una pallina sia rossa e l'altra nera»; $[0]$

e. E_5 : «almeno una pallina sia rossa»;
(Suggerimento: le due palline possono essere entrambe rosse o una rossa e una verde o una rossa e una gialla) $\left[\frac{40}{49}\right]$

f. E_6 : «almeno una pallina sia verde»; $\left[\frac{24}{49}\right]$

g. E_7 : «almeno una pallina sia gialla». $\left[\frac{13}{49}\right]$

89 Lanciando 4 volte una moneta calcola la probabilità dei seguenti eventi:

a. E_1 : «si ottiene testa 4 volte»; $\left[\frac{1}{16}\right]$

b. E_2 : «si ottiene testa le prime due volte e croce le altre due». $\left[\frac{1}{16}\right]$

90 Si lancia un dado e si estrae una pallina da un sacchetto che ne contiene 10; di queste 1 è verde, 6 sono rosse e 3 bianche. Calcola la probabilità degli eventi che seguono:

a. E_1 : «escono un numero pari e una pallina bianca»; $\left[\frac{3}{20}\right]$

b. E_2 : «escono il numero 4 e una pallina verde». $\left[\frac{1}{60}\right]$

91 Un sacchetto contiene 10 gettoni da 50 unità di moneta e 5 gettoni da 20. Un secondo sacchetto contiene 2 gettoni da 5 unità di moneta e 6 gettoni da 10. Se si estrae un gettone da ciascun sacchetto, calcola la probabilità dei seguenti eventi:

a. E_1 : «il valore complessivo dei gettoni è 60»;
(Suggerimento: determina in quanti modi puoi ottenere la somma indicata con i gettoni che hai a disposizione) $\left[\frac{1}{2}\right]$

b. E_2 : «il valore complessivo è 55»; $\left[\frac{1}{6}\right]$

c. E_3 : «il valore complessivo è 30». $\left[\frac{1}{4}\right]$

92 **ESERCIZIO GUIDATO**

Si eseguono due estrazioni successive da un mazzo di 40 carte, senza reinserire la prima carta estratta. Calcola la probabilità dell'evento E : «escono, nell'ordine, un cinque e una figura».

La probabilità che la prima carta estratta sia il cinque è $\frac{4}{40}$. Poiché la carta non si rimette nel mazzo, il secondo evento è condizionato dal primo, infatti il mazzo è ora composto da 39 carte; la probabilità che, estraendo una carta, questa sia una figura è $\frac{\dots}{39}$, la probabilità che si verifichi l'evento è $\frac{4}{40} \cdot \frac{\dots}{39}$ $\left[\frac{2}{65}\right]$

93 **ESERCIZIO GUIDATO**

Alessandro prende a caso, uno alla volta, due guanti da un cassetto che ne contiene 10 paia. Calcola la probabilità che:

a. entrambi i guanti siano per la mano destra;

b. almeno un guanto sia per la mano sinistra.

Per calcolare la probabilità nel caso **a.**, conviene considerare l'evento E : «entrambi i guanti sono destri», che equivale a calcolare la probabilità dei due eventi dipendenti «il primo è destro» e «il secondo è destro». Questa vale $\frac{1}{2} \cdot \frac{9}{19}$, allora $P(E) = \dots\dots\dots$ $\left[\frac{9}{38}; \frac{29}{38}\right]$

94 Da un mazzo di 40 carte se ne estraggono successivamente due senza rimettere la prima estratta nel mazzo. Calcola la probabilità dei seguenti eventi:

a. E_1 : «entrambe le carte estratte sono di fiori»; $\left[\frac{3}{52}\right]$

b. E_2 : «entrambe le carte estratte sono di cuori»; $\left[\frac{3}{52}\right]$

c. E_3 : «la prima carta estratta è il 7 di cuori e la seconda estratta è il re di picche»; $\left[\frac{1}{1560}\right]$

d. E_4 : «la prima carta estratta è una figura e la seconda è un asso»; $\left[\frac{2}{65}\right]$

e. E_5 : «entrambe le carte estratte sono nere». $\left[\frac{19}{78}\right]$

95 Prendendo a caso una lettera da ciascuna delle quattro parole ERA, ARA, NANO, ORA, nell'ordine in cui sono scritte, calcola la probabilità di comporre la parola RANA. Calcola anche la probabilità di comporre le parole ARNO e URNA. $\left[\frac{1}{27}, \frac{1}{54}, 0\right]$

96 Un barattolo contiene dieci gettoni numerati dall'1 al 10. Se ne estraggono successivamente due, senza rimettere il primo estratto nel barattolo. Calcola la probabilità dei seguenti eventi:

a. E_1 : «entrambi i gettoni hanno impresso un numero pari»; $\left[\frac{2}{9}\right]$

b. E_2 : «entrambi i gettoni hanno impresso un numero dispari»; $\left[\frac{2}{9}\right]$

c. E_3 : «un gettone ha impresso un numero pari e l'altro dispari»; $\left[\frac{5}{18}\right]$

d. E_4 : «la somma dei numeri impressi sui gettoni è 4»; $\left[\frac{1}{45}\right]$

e. E_5 : «la differenza dei numeri impressi sui gettoni è 8». $\left[\frac{2}{45}\right]$

97 Si estrae una carta da un mazzo da 40 e dopo averla reinserita si estrae una seconda carta. Calcola la probabilità che le due carte estratte siano:

a. la prima di cuori e la seconda di fiori; $\left[\frac{1}{16}\right]$

b. la prima un sette rosso e la seconda una figura; $\left[\frac{3}{200}\right]$

c. due figure; $\left[\frac{9}{100}\right]$

d. la prima un asso e la seconda una carta di picche. $\left[\frac{1}{40}\right]$

98 Rispondi di nuovo alle domande dell'esercizio precedente, nel caso in cui l'estrazione della seconda carta avvenga senza che la prima sia stata reinserita nel mazzo. $\left[\frac{5}{78}, \frac{1}{65}, \frac{11}{130}, \frac{1}{39} \vee \frac{3}{130}\right]$

99 Si estrae una carta da ognuno di due mazzi da 40 carte; determina la probabilità dell'evento E : «si ottiene il tre di picche almeno una volta». $\left[\frac{79}{1600}\right]$

100 Una confezione contiene 20 ovetti pasquali di cioccolata, dei quali 10 sono al latte, 6 di cioccolato fondente, 4 al caffè. Carlo ne prende 2 a caso, uno dopo l'altro; calcola la probabilità dei seguenti eventi:

a. E_1 : «gli ovetti sono entrambi al latte»; $\left[\frac{9}{38}\right]$

b. E_2 : «gli ovetti sono uno al latte e uno fondente»; $\left[\frac{6}{19}\right]$

c. E_3 : «nessun ovetto è fondente»; $\left[\frac{91}{190}\right]$

d. E_4 : «sono entrambi al caffè»; $\left[\frac{3}{95}\right]$

e. E_5 : «almeno uno è al caffè». $\left[\frac{7}{19}\right]$

101 Si estrae una carta da un mazzo di 40 e, dopo averla reinserita, si estrae una seconda carta. Calcola la probabilità che le carte estratte siano:

a. la prima una figura e la seconda un asso; $\left[\frac{3}{100}\right]$

b. la prima un re e la seconda una donna; $\left[\frac{1}{100}\right]$

c. due carte di uguale valore. $\left[\frac{1}{10}\right]$

Come si modificano i valori di probabilità se la prima carta non viene reinserita nel mazzo?

$\left[\frac{2}{65}; \frac{2}{195}; \frac{1}{13}\right]$

102 Un signore un po' distratto ha riposto nella stessa scatola tre tipi di lampadine diverse, ma tutte della stessa forma e dimensione; quello che si sa è che ce ne sono 5 da 40W, 8 da 60W e 3 da 100W. Se si prendono dalla scatola 3 lampadine a caso, calcola la probabilità che:

a. siano tutte da 60W; $\left[\frac{1}{10}\right]$

b. una sia da 100W e le altre due da 40W; $\left[\frac{3}{56}\right]$

c. non ce ne siano da 100 W; $\left[\frac{143}{280}\right]$

d. ce ne sia una per tipo. $\left[\frac{3}{14}\right]$

103 In un mercatino dell'antiquariato un venditore espone una scatola di vecchie fotografie; al termine della giornata nella scatola ne sono rimaste 12, di queste 4 raffigurano soldati in divisa della prima guerra mondiale. Un amatore di questo tipo di fotografie ne sceglie 2 a caso; qual è la probabilità che fra queste almeno una sia di un soldato in divisa? $\left[\frac{19}{33}\right]$

LE ALTRE DEFINIZIONI DI PROBABILITÀ

teoria a pagina 193

Comprensione

SOLUZIONI ES. COMPRENSIONE

104 Enuncia la legge empirica del caso e spiegane il significato.

105 Indica quale definizione di probabilità è più adatta per determinare le probabilità dei seguenti eventi:

a. nella prossima estrazione dei numeri del Lotto sulla ruota di Milano, uscirà il numero 80;
b. nel prossimo campionato di calcio l'Inter vincerà lo scudetto;
c. all'inizio di giugno diminuirà il prezzo della benzina;
d. alla prossima gara di tiro al piattello vincerà il concorrente X;
e. mio zio, che ha oggi 70 anni, vivrà fino a 80 anni.

106 Determina il valore di verità delle seguenti proposizioni:

a. secondo il modello statistico, la probabilità di un evento E è la frequenza dell'evento V F
b. secondo il modello soggettivista, la probabilità di un evento E può essere diversa a seconda di chi la sta valutando V F
c. la legge empirica del caso afferma che, su molte prove eseguite, la frequenza con cui si verifica un evento è uguale alla sua probabilità teorica V F
d. la definizione che più si adatta a determinare la probabilità di successo di un nuovo prodotto industriale è quella statistica. V F

107 Un tale è disposto a pagare € 20 per averne in cambio 100 se si verifica un certo evento E. La probabilità che egli attribuisce all'evento è uguale a:

a. $\frac{1}{2}$ **b.** $\frac{4}{5}$ **c.** $\frac{1}{5}$.

108 Lanciando molte volte una moneta, il lato testa si è presentato con una frequenza percentuale del 27%. Di questa moneta:

a. si può ragionevolmente dire che non è truccata
b. si può ragionevolmente dire che è truccata
c. non si può dire nulla.

109 Ad un tavolo della roulette, il numero 12 non esce da più di due mesi. Al prossimo giro della ruota, la probabilità che la pallina si fermi sul numero 12 è:

a. uguale a $\frac{1}{37}$ **b.** maggiore di $\frac{1}{37}$ **c.** minore di $\frac{1}{37}$.

Applicazione

110 **ESERCIZIO GUIDATO**

Un sacchetto contiene 5000 fiches da gioco del valore di € 1, € 5, € 10 e € 50. Si effettuano 2000 estrazioni, rimettendo ogni volta la fiche estratta nel sacchetto. I risultati sono i seguenti:

Fiche	1	5	10	50
Numero di estrazioni	607	812	325	256

Dai una stima della composizione dell'urna.

In base alla definizione frequentista:
- la probabilità che venga estratta una fiche da € 1 è $\frac{607}{2000}$
- la probabilità che venga estratta una fiche da € 5 è ....
- la probabilità che venga estratta una fiche da € 10 è ....
- la probabilità che venga estratta una fiche da € 50 è ....

Poiché l'urna contiene 5000 fiches, possiamo stimare che ve ne siano $5000 \cdot \frac{607}{2000} \approx 1517$ da € 1; analogamente puoi stimare il numero delle altre.

[1517; 2030; 813; 640]

111 Da una indagine svolta in un'azienda risulta che un dipendente ha prodotto nell'arco di un mese un certo numero di pezzi al giorno, secondo la seguente tabella:

Numero di pezzi prodotti al giorno	15	20	22	24	25
Numero giorni	2	5	8	6	1

Stima la probabilità che lo stesso dipendente, supponendo invariate le condizioni, produca 24 pezzi nella giornata di domani. $\left[\frac{3}{11}\right]$

112 Le età degli abitanti di un condominio sono distribuite come nella tabella:

Età in anni	(0 – 20]	(20 – 30]	(30 – 40]	(40 – 50]	(50 – 60]	(60 – 70]	(70 – 80]
Numero di abitanti	10	30	50	30	20	20	20

Un condomino è rimasto bloccato nell'ascensore. Nell'ipotesi che ogni persona del condominio abbia la stessa probabilità di rimanere bloccata, calcola la probabilità che:

a. la persona ferma nell'ascensore abbia età inferiore o uguale a 40 anni; $\left[\frac{1}{2}\right]$

b. la persona nell'ascensore abbia un'età maggiore di 30 anni e minore o uguale a 70; $\left[\frac{2}{3}\right]$

c. la persona nell'ascensore abbia un'età superiore ai 70 anni. $\left[\frac{1}{9}\right]$

113 È stato fatto l'inventario di magazzino di una grande fabbrica di motori. I rilievi sono stati raggruppati secondo la cilindrata e il numero dei difetti nella seguente tabella:

Numero difetti	Cilindrata 1100	Cilindrata 1300
0	222791	55380
1	69720	32718
Maggiore o uguale a 2	4674	3895

Calcola la probabilità che, prelevando a caso un motore, esso:

a. sia di cilindrata 1100; [0,764]

b. non abbia nessun difetto. [0,715]

Se si preleva a caso un motore fra quelli di cilindrata 1100, calcola qual è la probabilità che non abbia difetti. [0,75]

114 **ESERCIZIO GUIDATO**

Marco scommette con Claudio che nell'interrogazione di domani ha una probabilità del 60% di ottenere la sufficienza. Che significato ha questa scommessa?

Il senso della scommessa è che Marco è disposto a pagare a Claudio 60 unità di moneta, mentre Claudio deve pagarne 100 a Marco se davvero questi otterrà la sufficienza nell'interrogazione. In ogni caso la cifra che Marco è disposto a pagare è i $\frac{6}{10}$ di quella che dovrebbe pagare Claudio.

115 In una scommessa Carla è disposta a pagare € 50 per ricevere come compenso la somma di € 80 se si realizza l'evento E: «riuscire a partecipare al concerto del suo cantante preferito». Qual è, secondo Carla, la probabilità di tale evento? [0,625]

116 Emanuele ritiene che i suoi genitori gli regaleranno uno scooter alla promozione con una probabilità del 90%. Se scommette € 300, quanti ne vincerebbe nel caso in cui l'evento si verifichi? [circa € 333]

117 Annamaria, per l'assicurazione della sua auto, paga € 1650 e nel caso in cui l'auto subisca un furto riscuoterà € 30000 dall'Assicurazione. Quale probabilità la Compagnia di Assicurazione attribuisce a questo evento? [5,5%]

118 Anna stipula un contratto di assicurazione che copre il rischio di malattie e paga alla Compagnia di Assicurazione un premio di € 1000 all'anno. In caso di ricovero ospedaliero riceverà € 20000 a forfait. Qual è la probabilità che questo accada, secondo la Compagnia di Assicurazione? [5%]

Esercizi per lo sviluppo delle competenze

1 Un'urna contiene 30 gettoni numerati da 1 a 30. Si estrae un gettone e si vede che è un numero dispari. Si estrae poi un altro gettone; qual è la probabilità che sia ancora dispari se:

a. il primo gettone non viene rimesso nell'urna

b. il primo gettone viene rimesso nell'urna. $\left[\text{a. } \frac{14}{29}; \text{ b. } \frac{1}{2}\right]$

2 Un'urna contiene 50 gettoni colorati, 20 dei quali sono rossi, 10 sono blu e 8 sono verdi. Qual è la probabilità di pescare un gettore che non sia né rosso, né blu, né verde? $\left[\frac{6}{25}\right]$

3 *(dalle Prove Invalsi)* Disponi di due urne da cui devi estrarre casualmente una pallina. Quale sceglieresti se il premio si ottiene estraendo il nero?

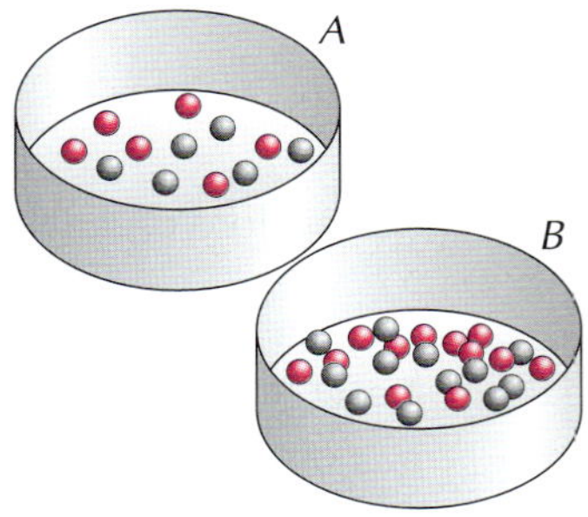

a. A è preferibile a B
b. B è preferibile ad A
c. Dipende dalla fortuna personale e non si può rispondere.
d. Occorrerebbe fare delle prove per rispondere.
e. È indifferente scegliere l'una o l'altra. [**e.**]

4 *(dalle Prove Invalsi)* Se lanci un normale dado numerato da 1 a 6, ciascun numero ha probabilità $\frac{1}{6}$ di uscire. In 4 lanci successivi sono usciti i numeri 2, 3, 4 e 3. Se lanci il dado una quinta volta, qual è la probabilità che esca 3?

a. Maggiore di $\frac{1}{6}$, perché nei 4 tiri precedenti il punteggio 3 è uscito 2 volte su 4.
b. $\frac{1}{6}$, perché il dado non si ricorda degli eventi passati.
c. Minore di $\frac{1}{6}$, perché il punteggio 3 è già uscito e ora è più probabile che escano gli altri.
d. $\frac{1}{2}$, come indica il calcolo dei casi favorevoli (due) sul totale dei casi (quattro).
e. Le informazioni date non consentono di rispondere. [**b.**]

5 *(dalle Prove Invalsi)* La figura rappresenta una roulette un po' particolare: non ci sono numeri ma solo settori indicati con delle lettere. Se la pallina si muove lungo il bordo, qual è la probabilità che si fermi sull'arco che delimita il settore A?

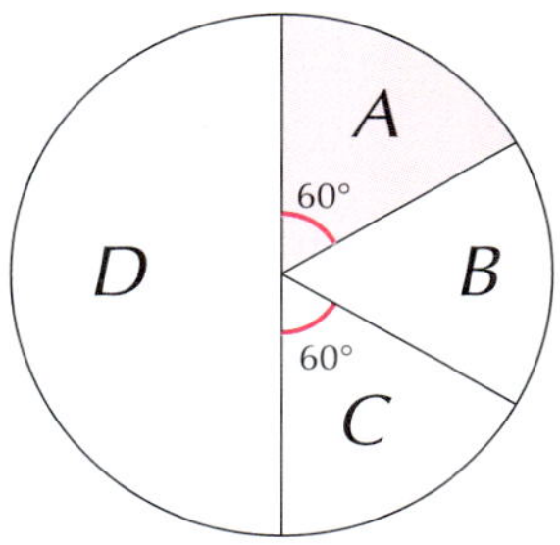

a. $\frac{1}{3}$ **b.** $\frac{1}{4}$ **c.** $\frac{1}{6}$ **d.** $\frac{1}{8}$

[**c.**]

IL CAPITOLO SI COMPLETA CON:

ESERCIZI DI CONSOLIDAMENTO E PER LE ECCELLENZE

VERIFICA INTERATTIVA

Test Finale

1 Barra Vero o Falso.

a. Comunque venga definito, un valore di probabilità è un numero p tale che $0 < p < 1$. V F

b. La probabilità dell'evento impossibile è uguale a zero. V F

c. La probabilità che estraendo una carta da un mazzo di 40 carte esca un colore nero è uguale a $\frac{1}{2}$. V F

d. La probabilità che lanciando un dado esca un numero minore di 6 è uguale a 1. V F

0,5 punti

2 Antonio stima uguale a $\frac{3}{8}$ la probabilità che il suo amico Luca superi l'esame per la patente. Questo significa che:

a. Luca ha superato l'esame 3 volte su 8 tentativi

b. Antonio riterrebbe giusto pagare 8 euri per vincerne 3 se Luca supera l'esame

c. Antonio riterrebbe giusto pagare 3 euri per vincerne 8 se Luca supera l'esame

d. Antonio pensa che Luca commetterebbe 3 errori su 8 domande.

0,25 punti

3 Da un mazzo di carte da 52 sono state eliminate le figure. Calcola la probabilità che, estraendo una carta a caso, questa sia:

a. un 3 rosso

b. una carta con punteggio pari

c. una carta con punteggio maggiore di 8

d. l'asso di cuori.

0,25 punti per ogni risposta

4 In un sondaggio è noto che la percentuale di errore è circa dell'1,5%. Su 1800 intervistati, quante sono le rilevazioni presumibilmente errate?

0,25 punti

5 Sono note le probabilità di due eventi A e B: $p(A) = \frac{1}{3}$ $p(B) = \frac{16}{81}$. Calcola:

a. $p(A \cup B)$ sapendo che A e B sono incompatibili

b. $p(A \cap B)$ sapendo che A e B sono indipendenti

c. $p(A|B)$ sapendo che $p(A \cap B) = \frac{5}{81}$

d. $p(B|A)$ sapendo che $p(A \cap B) = \frac{5}{81}$

0,5 punti per ogni risposta

6 Un'urna contiene palline di diverso tipo e colore: 8 sono di vetro gialle, 4 di plastica bianche, 5 di vetro rosse, 10 di plastica rosse, 8 di plastica gialle, tutte indistinguibili tra loro. Nell'estrazione di una pallina considera gli eventi:

A: «esce una pallina rossa» B: «esce una pallina di plastica»

C: «esce una pallina di vetro» D: «esce una pallina gialla»

Calcola le seguenti probabilità:

a. $p(A \cap B)$ **b.** $p(A \cup B)$

c. $p(C \cap D)$ **d.** $p(B \cup D)$

0,75 punti per ogni risposta

7 Una ruota girevole è divisa in tre settori numerati da 1 a 3 ed ha la stessa probabilità di fermarsi su uno qualunque dei tre settori. La ruota viene fatta girare due volte; calcola la probabilità che la somma dei punteggi ottenuti nei due giri sia 3.

1,5 punti

8 Una classe è formata da 25 studenti, 15 dei quali sono maschi. Calcola la probabilità che come rappresentanti di classe vengano eletti:

a. due maschi
b. due femmine
c. un maschio e una femmina.

1,5 punti

Soluzioni

1 **a.** F, **b.** V, **c.** V, **d.** F

2 **c.**

3 **a.** $\frac{1}{20}$; **b.** $\frac{1}{2}$; **c.** $\frac{1}{5}$; **d.** $\frac{1}{40}$

4 27

5 **a.** $\frac{43}{81}$; **b.** $\frac{16}{243}$; **c.** $\frac{5}{16}$; **d.** $\frac{5}{27}$

6 **a.** $\frac{2}{7}$; **b.** $\frac{27}{35}$; **c.** $\frac{8}{35}$; **d.** $\frac{6}{7}$

7 $\frac{2}{9}$

8 **a.** $\frac{7}{20}$; **b.** $\frac{3}{20}$; **c.** $\frac{1}{2}$

Esercizio	1	2	3	4	5	6	7	8	
Punteggio									

Valutazione in decimi

MATEMATICA & SCIENZE

La probabilità e la medicina, qualche riflessione

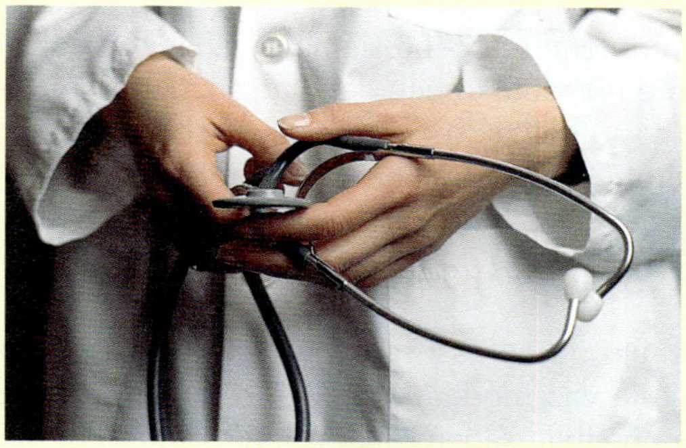

Un esperimento clinico dimostra che 50 pazienti, i quali ricevono il trattamento A per una certa malattia, vanno meglio di altri 50 pazienti che, per la stessa malattia, ricevono il trattamento B.
E' corretto pensare che A sia realmente meglio di B per la cura di quella malattia? Il medico dovrà usare A o B per curare i suoi pazienti?

La risposta alla prima di queste domande richiede una operazione di inferenza, cioè quali conclusioni si possono trarre dalla sperimentazione dei due trattamenti; la risposta alla seconda implica una scelta, cioè quale dei due farmaci sia meglio usare.
In ogni caso, la risposta non è certa e può essere data solo in termini di probabilità; vi può essere una forte indicazione che A sia meglio di B, ma non si può essere del tutto sicuri di ciò, perché i pazienti trattati con B potrebbero essere stati in condizioni più gravi rispetto a quelli trattati con A.
Già da questo semplice esempio appare evidente quale sia l'importanza del calcolo delle probabilità in Medicina. Le nostre conoscenze sull'argomento probabilità sono ancora molto limitate per poter affrontare problemi reali, ma a qualche domanda possiamo già rispondere.

Supponiamo di sapere che, in una certa popolazione di pazienti cardiopatici trattati con farmaci:

- il 20% va incontro a complicazioni
- la metà di questi casi richiede poi un intervento chirurgico
- in generale, il 30% dei pazienti necessita di intervento chirurgico.

Ci chiediamo quale sia la probabilità che un paziente cardiopatico possa avere complicazioni oppure debba subire un intervento.

Consideriamo i due eventi:

A : «il paziente ha complicazioni» B : «Il paziente subisce un intervento chirurgico»

Dobbiamo valutare $p(A \cup B)$.
Le informazioni in nostro possesso ci dicono che:

- il 20% dei pazienti ha complicazioni, quindi: $p(A) = 0{,}2$
- il 30% dei pazienti va incontro a intervento chirurgico: $p(B) = 0{,}3$
- il 50% dei pazienti che ha complicazioni necessita di intervento chirurgico: $p(B \mid A) = 0{,}5$

Ricordiamo la formula per la valutazione della probabilità dell'evento unione

$$p(A \cup B) = p(A) + p(B) - p(A \cap B)$$

Dobbiamo quindi calcolare prima $p(A \cap B)$: $p(A \cap B) = p(B \mid A) \cdot p(A) = 0{,}5 \cdot 0{,}2 = 0{,}1$

La probabilità cercata vale quindi: $p(A \cup B) = 0{,}2 + 0{,}3 - 0{,}1 = 0{,}4$

Possiamo concludere vi è una probabilità del 40% che un paziente cardiopatico possa avere complicazioni o debba subire un intervento chirurgico.

ULTERIORI COLLEGAMENTI

MATEMATICA DELLA VITA QUOTIDIANA

Si può sempre trovare la soluzione certa di un problema?

I problemi reali che siamo chiamati a risolvere ci portano in molti casi a trovare un risultato ben definito; se, per esempio, una concessionaria ci dice che il costo dell'auto che ci piace, scontata dell'8%, è di € 23 000, sappiamo trovare il costo di listino C dell'auto risolvendo una semplice equazione:

$$C - \frac{8}{100}C = 23000 \qquad \text{da cui} \qquad C = 25000$$

In tutti questi casi sappiamo che si parla di problemi di tipo *deterministico*.
Ma la vita moderna ci pone sempre più spesso di fronte a situazioni in cui è impossibile sapere quale sia il risultato di un problema.
Per esempio, se vogliamo investire una somma nel mercato azionario, non solo non possiamo sapere a priori quale sia il titolo che darà il rendimento migliore, ma potremmo anche rischiare di perdere del denaro; nei giochi come la Roulette, il Superenalotto o Winforlife, non possiamo sapere su quali numeri conviene puntare; nelle elezioni nessuno ha la certezza di vincere, si possono solo fare dei sondaggi pre-elettorali per avere delle indicazioni (ma quante volte le previsioni sono state clamorosamente smentite?); nelle produzioni aziendali, infine, si eseguono dei controlli a campione sui pezzi prodotti, senza però avere la certezza che nell'intera produzione non ci siano pezzi difettosi.
In tutti questi casi siamo di fronte a **modelli di tipo non deterministico** nei quali le decisioni che prendiamo e le risposte che diamo si basano da una parte sulla quantità e qualità delle informazioni in nostro possesso (e in questi casi l'indagine statistica ci aiuta moltissimo), dall'altra sulle reali possibilità che hanno alcuni fatti di accadere; in altre parole siamo in grado di dare delle risposte ai problemi solo in termini di *probabilità* esprimendo con una valutazione numerica quanto grande sia la possibilità che una certa situazione si verifichi.

Per esempio, ti sarà sicuramente capitato di acquistare una rivista, fare la spesa in un supermercato o magari fare shopping in un centro commerciale e che, a scopo promozionale, ti venga regalato un biglietto nel quale ci sono dei simboli coperti da uno strato di vernice argentata che devi grattare per scoprire se sotto c'è la scritta *HAI VINTO*! oppure *HAI PERSO*. A fianco della Cassa c'è poi un cartello che recita così: «Sono già stati distribuiti 82 premi! Scopri se il prossimo fortunato sei tu.».
Che probabilità avresti di vincere sapendo che i biglietti argentati ancora in distribuzione sono 5000 e che, complessivamente, sono 200 quelli con la scritta *HAI VINTO!* ? [2,36%]

ULTERIORI COLLEGAMENTI

gare di matematica

ULTERIORI GARE

1 Da un mazzo di 40 carte se ne estrae una, che subito viene reinserita nel mazzo; il mazzo viene poi mescolato e successivamente si estrae una nuova carta. Qual è la probabilità che la nuova carta sia la stessa carta estratta in precedenza?

a. $\frac{1}{1600}$ **b.** $\frac{1}{40}$ **c.** $\frac{1}{80}$ **d.** $\frac{1}{20}$ **e.** $\frac{1}{40 \cdot 39}$ [b.]

2 In ogni ruota del Lotto ci sono 90 numeri. Cinque di essi vengono estratti, uno alla volta, senza rimettere i numeri estratti nell'urna. In una certa ruota viene estratto per primo il numero 27. La probabilità che il secondo estratto sia 28:

a. è $\frac{1}{90}$ **b.** è $\frac{1}{89}$ **c.** è $\frac{1}{18}$

d. è minore di $\frac{1}{100}$ perché e improbabile che vengano estratti due numeri consecutivi

e. non si può determinare perché occorre calcolare la probabilità della cinquina. [b.]

3 Due cacciatori vedono una lepre e sparano simultaneamente. Sappiamo che i due cacciatori colpiscono la preda una volta su quattro, qual è la probabilità che almeno uno colpisca la lepre?
a. 40%; **b.** 43,75%; **c.** 50%; **d.** 56,25% [b.]

4 Abbiamo due dadi uguali; ciascuno ha una faccia rossa, due facce gialle, tre facce blu. Qual è la probabilità che lanciandoli insieme si ottengano due facce dello stesso colore?

a. minore di $\frac{1}{3}$ **b.** $\frac{1}{3}$ **c.** compresa tra $\frac{1}{3}$ e $\frac{1}{2}$ **d.** maggiore di $\frac{1}{2}$ **e.** $\frac{1}{2}$ [c.]

Math in English — CLIL

Theory on page 198

1 Three horses A, B and C are in a race. A is twice as likely to win as B and B is three times as likely to win as C. What is their respective probability of winning? $\left[p(A) = \frac{3}{5}, p(B) = \frac{3}{10}, p(C) = \frac{1}{10}\right]$

2 A typycal roulette wheel has 38 slots that are numbered 1, 2, 3, ..., 35, 36, 0 and 00. The 0 and 00 slots are green. Of the remaining slots, half are red and half are black. Also half of the integers from 1 to 36 are even and half are odd. 0 and 00 are defined neither even or odd. A ball is rolled around the wheel and ends up in one of the slots. We assume that each slot has an equal chance.
a. What is the probability of each slot?
b. What is the probability of the ball landing in a green slot?
c. What is the probability of the ball landing on an even number?
d. What is the probability of getting 1, 12, 24 or 36? $\left[\text{a. } \frac{1}{38}; \text{ b. } \frac{1}{19}; \text{ c. } \frac{9}{19}; \text{ d. } \frac{2}{19}\right]$

3 Two dice are rolled; find the probability that the sum:
a. is equal to 4 **b.** is less than 13 **c.** is equal to 5 $\left[\text{a. } \frac{1}{12}; \text{ b. } 1; \text{ c. } \frac{1}{9}\right]$

MORE EXERCISES

ESERCIZI

CAPITOLO 8

Goniometria, trigonometria e le applicazioni in Fisica

COME SI MISURANO GLI ANGOLI

teoria a pagina 202

Comprensione

SOLUZIONI ES. COMPRENSIONE

1 Se $\alpha = 45°9'10''$, la sua ampiezza espressa solo in gradi è:

a. $(45 + 9 \cdot 60 + 10 \cdot 3600)°$ **b.** $\left(45 + \frac{9}{60} + \frac{10}{60}\right)°$

c. $\left(45 + \frac{9}{60} + \frac{10}{3600}\right)°$ **d.** nessuna delle precedenti

2 Indica quali sono le misure in gradi e in radianti di:

a. un angolo piatto

b. un angolo retto

c. un angolo giro

3 Completa:

a. se un angolo è misurato in gradi, la sua misura in radianti è espressa da ....

b. se un angolo è misurato in radianti, la sua misura in gradi è espressa da ....

4 Un angolo di ampiezza 215° in radianti misura:

a. $\frac{36}{43}\pi$ **b.** $\frac{43}{72}\pi$ **c.** $\frac{43}{36}\pi$ **d.** $\frac{43}{36}$

5 Se $\beta = 80°$ la sua misura in radianti è:

a. $\frac{9}{4}\pi$ **b.** $\frac{4}{9}\pi$ **c.** $\frac{4}{9\pi}$ **d.** $\frac{4}{9}$

6 Se $\gamma = \frac{7}{8}\pi$, la sua ampiezza in gradi è:

a. 315° **b.** 205°42′51″ **c.** 22°30′ **d.** 157°30′

7 Un angolo di 922° è equivalente a un angolo di ampiezza:

a. 202° **b.** 2,5° **c.** 22° **d.** 112°

8 L'angolo equivalente a 1588° che è minore di un angolo giro misura:

a. in gradi: ① 148 ② 48 ③ 4

b. in radianti: ① $\frac{37}{45}$ ② $\frac{37}{45}\pi$ ③ $\frac{45}{37}\pi$

9 Un angolo è ottuso; quale fra le seguenti relazioni caratterizza la sua misura α in radianti?

a. $0 < \alpha < \frac{\pi}{2}$ **b.** $\frac{\pi}{2} < \alpha < \pi$ **c.** $\pi < \alpha < \frac{3}{2}\pi$ **d.** $\alpha > \frac{\pi}{2}$

Applicazione

Riscrivi in forma decimale le misure dei seguenti angoli.

10 **ESERCIZIO GUIDATO**

$$37°15'45'' = \left(37 + \frac{15}{60} + \frac{45}{3600}\right)^{\circ} = \left(\frac{2981}{80}\right)^{\circ} = 37{,}2625°$$

11 **a.** $12°15'$ **b.** $65°23'46''$ **c.** $4°34'20''$ **d.** $45°5'21''$

12 **a.** $21°10'25''$ **b.** $13°23'17''$ **c.** $18°11'30''$ **d.** $12°24'32''$

Converti le misure dei seguenti angoli in gradi, primi e secondi.

13 **ESERCIZIO GUIDATO**

$23{,}42°$

I gradi sono 23; calcoliamo i primi: $(23{,}42 - 23) \cdot 60 = 25{,}2$

I primi sono 25; calcoliamo i secondi: $(25{,}2 - 25) \cdot 60 = 12$

$23{,}42° = 23°25'12''$

14 **a.** $34{,}76553°$ **b.** $65{,}43572°$ **c.** $24{,}56743°$ **d.** $76{,}84352°$

15 **a.** $31{,}24°$ **b.** $33{,}15°$ **c.** $22{,}18°$ **d.** $14{,}45°$

Esegui le seguenti operazioni con gli angoli.

16 $25°12'36'' + 14°37'29''$ $18°42'48'' + 87°16'52''$

17 $173°28'32'' - 85°32'27''$ $83°12'5'' - 46°30'20''$

18 $16°22'51'' \cdot 5$ $36°28'10'' \cdot 8$

19 $144°17'32'' : 4$ $96°4'48'' : 8$

Converti in radianti le misure espresse in gradi dei seguenti angoli.

20 **a.** $60°$ **b.** $90°$ **c.** $240°$ **d.** $-120°$

21 **a.** $45°$ **b.** $150°$ **c.** $135°$ **d.** $330°$

22 **a.** $22°30'$ **b.** $112°30'$ **c.** $48°45'$ **d.** $78°45'$

23 **a.** $54°45'$ **b.** $21°36'$ **c.** $337°30'$ **d.** $30°10'$

24 **a.** $2°$ **b.** $630°$ **c.** $-780°$ **d.** $900°$

Trasforma dal sistema radiale al sistema sessagesimale.

25 **a.** $\frac{\pi}{6}$ **b.** $\frac{\pi}{12}$ **c.** $\frac{\pi}{8}$ **d.** $\frac{\pi}{15}$

26 **a.** $\frac{5}{6}\pi$ **b.** $\frac{3}{4}\pi$ **c.** $\frac{1}{5}\pi$ **d.** $\frac{7}{8}\pi$

27 **a.** $\frac{\pi}{9}$ **b.** $\frac{4}{3}\pi$ **c.** $\frac{11}{6}\pi$ **d.** $\frac{7}{6}\pi$

28 a. $\frac{3}{5}\pi$ b. $\frac{5}{8}\pi$ c. 1,308 d. 2,534

29 a. 0,94248 b. 0,8476 c. 1 d. 5

Risolvi i seguenti problemi.

30 In un triangolo isoscele gli angoli alla base sono ampi ciascuno $35°10'$. Determina l'ampiezza dell'angolo al vertice. [$109°40'$]

31 In un triangolo isoscele l'angolo al vertice è ampio $\frac{\pi}{4}$ radianti. Calcola l'ampiezza di ciascuno degli angoli alla base. $\left[\frac{3\pi}{8}\right]$

32 Gli angoli $\widehat{A}$ e $\widehat{B}$ sono supplementari. Determina la loro ampiezza in gradi e, nel sistema radiale, sapendo che $\widehat{A}=\frac{5}{7}\widehat{B}$. $\left[105°,\ 75°,\ \frac{7}{12}\pi,\ \frac{5}{12}\pi\right]$

33 Gli angoli $\widehat{A}$ e $\widehat{B}$ sono supplementari. Determina la loro ampiezza in gradi sapendo che $3\widehat{A}-\widehat{B}=50°$. [$57°30'$, $122°30'$]

34 Gli angoli $\widehat{A}$ e $\widehat{B}$ sono complementari. Determina la loro ampiezza, in radianti, sapendo che $\widehat{A}=\frac{5}{7}\widehat{B}$. $\left[\frac{7}{24}\pi,\ \frac{5}{24}\pi\right]$

35 Gli angoli $\widehat{A}$ e $\widehat{B}$ sono complementari. Determina la loro ampiezza in gradi sapendo che $\widehat{A}=5\widehat{B}$. [$15°$, $75°$]

36 Un quadrilatero $ABCD$ è inscritto in una circonferenza. Sapendo che gli angoli $\widehat{A}$ e $\widehat{B}$ misurano rispettivamente 30° e 120°, calcola la misura, in gradi e in radianti, degli altri due angoli. $\left[\widehat{C}=150°,\ \frac{5}{6}\pi;\ \widehat{D}=60°,\ \frac{\pi}{3}\right]$

37 Da un punto P esterno ad una circonferenza di centro O conduci le tangenti che la incontrano in A e in B. Sapendo che $\widehat{APB}=45°$, calcola le misure in gradi degli angoli $\widehat{AOB}$, $\widehat{PAB}$, $\widehat{OBA}$. [$135°$, $67°30'$, $22°30'$]

38 Calcola, in gradi e in radianti, la misura degli angoli interni e degli angoli esterni dei seguenti poligoni regolari:
a. triangolo equilatero; **b.** quadrato; **c.** pentagono; **d.** esagono;
e. ottagono; **f.** decagono; **g.** dodecagono.

39 In un triangolo ABC gli angoli $\widehat{A}$ e $\widehat{B}$ misurano rispettivamente $\frac{\pi}{12}$ e $\frac{\pi}{3}$. Calcola la misura, in gradi, dell'angolo esterno di vertice $\widehat{C}$. [$75°$]

LE FUNZIONI GONIOMETRICHE FONDAMENTALI

teoria a pagina 206

Comprensione

SOLUZIONI ES. COMPRENSIONE

40 Il seno di un angolo α:
a. ha significato per qualunque valore di α V F
b. esiste solo se $0 \leq \alpha \leq 360°$ V F

c. non può assumere valori maggiori di 1 V F

d. è compreso fra 0 e 1 solo se α è acuto. V F

41 Il coseno di un angolo α:

a. è negativo quando $270° < x < 360°$ V F

b. è positivo quando $-90° < \alpha < 90°$ V F

c. non può assumere valore $\frac{7}{8}$ V F

d. non può assumere valore $\frac{6}{5}$. V F

42 La tangente di un angolo α :

a. ha significato per qualunque valore di α V F

b. non può assumere valore -2 V F

c. quando $180° < \alpha < 270°$ assume valori positivi V F

d. quando α è ottuso assume valori negativi. V F

43 L'ampiezza di un angolo α è compresa fra $\frac{\pi}{2}$ e π; quali fra le seguenti relazioni sono possibili?

a. $\sin\alpha = \frac{3}{4}$ **b.** $\cos\alpha = \frac{1}{6}$ **c.** $\tan\alpha = 2$

d. $\sin\alpha = -\frac{\sqrt{2}}{5}$ **e.** $\cos\alpha = -\frac{2}{5}$ **f.** $\tan\alpha = -8$

44 Il seno di un angolo acuto α è uguale a $\frac{1}{2}$, il coseno dello stesso angolo è uguale a:

a. $\frac{1}{2}$ **b.** $\frac{3}{4}$ **c.** $\frac{\sqrt{3}}{2}$ **d.** nessuno dei precedenti valori

45 Indica quali delle seguenti relazioni relative a un angolo α non sono possibili:

a. $\sin\alpha = \frac{5}{3}$ **b.** $\cos\alpha = \frac{10}{13}$ **c.** $\tan\alpha = 8$ **d.** $\cos\alpha = -\frac{3}{2}$

e. $\sin\alpha = -\frac{1}{3}$ **f.** $\tan\alpha = -\frac{1}{8}$ **g.** $\cos\alpha = -\frac{7}{8}$ **h.** $\sin\alpha = -1$

46 Di un angolo α si sa che $\tan\alpha < 0$ e che $\cos\alpha > 0$; dell'angolo α si può dire che:

a. $\sin\alpha < 0$ V F

b. $\pi < \alpha < \frac{3}{2}\pi$ V F

c. $\frac{3}{2}\pi < \alpha < 2\pi$ V F

d. i dati sono insufficienti per stabilire la tipologia dell'angolo. V F

47 Di un angolo acuto α si sa che $\sin\alpha = \frac{1}{3}$; indica quali delle seguenti affermazioni sono vere:

a. $\cos\alpha = \frac{2\sqrt{2}}{3}$ **b.** $\cos\alpha = -\frac{2\sqrt{2}}{3}$ **c.** $\tan\alpha = 2\sqrt{2}$ **d.** $\tan\alpha = \frac{\sqrt{2}}{4}$

48 Di un angolo ottuso α si sa che $\cos\alpha = -\frac{4}{5}$; indica quali delle seguenti affermazioni sono vere:

a. $\sin\alpha = \frac{3}{5}$ **b.** $\sin\alpha = -\frac{3}{5}$ **c.** $\tan\alpha = \frac{3}{4}$ **d.** $\tan\alpha = -\frac{3}{4}$

49 Di un angolo α si sa che $\tan \alpha = 2$ e che $\pi < \alpha < \frac{3}{2}\pi$; indica quali delle seguenti affermazioni sono vere:

a. $\sin \alpha = -\frac{2}{5}$ **b.** $\sin \alpha = -\frac{2\sqrt{5}}{5}$ **c.** $\cos \alpha = -\frac{1}{5}$ **d.** $\cos \alpha = -\frac{\sqrt{5}}{5}$

50 Se $\tan \alpha = -\frac{2}{3}$, allora cotan α è uguale a:

a. $\frac{2}{3}$ **b.** $\frac{3}{2}$ **c.** $-\frac{3}{2}$ **d.** $\frac{\sqrt{5}}{3}$

Applicazione

Stabilisci in quale quadrante si trova il secondo lato dell'angolo α sapendo che:

51 **ESERCIZIO GUIDATO**

$\sin \alpha < 0$ e $\cos \alpha > 0$

Osserviamo che $\sin \alpha < 0$ quando l'angolo appartiene al 3° o al 4° quadrante e che $\cos \alpha > 0$ quando α appartiene al 1° o al 4° quadrante. Pertanto, l'angolo che soddisfa entrambe le condizioni deve appartenere al 4° quadrante.

52 **a.** $\sin \alpha < 0$ e $\tan \alpha > 0$ **b.** $\sin \alpha > 0$ e $\cos \alpha < 0$

53 **a.** $\cos \alpha > 0$ e $\tan \alpha < 0$ **b.** $\tan \alpha > 0$ e $\cos \alpha < 0$

54 **a.** $\sin \alpha < 0$ e $\cos \alpha < 0$ **b.** $\sin \alpha > 0$ e $\tan \alpha < 0$

55 **a.** $\cos \alpha > 0$ e $\sin \alpha < 0$ **b.** $\tan \alpha < 0$ e $\cos \alpha < 0$

Dopo aver disegnato la circonferenza goniometrica, rappresenta graficamente:

56 il seno dei seguenti angoli: $45°, 135°, -\frac{5}{6}\pi, -\frac{2}{3}\pi$

57 il coseno dei seguenti angoli: $\frac{5}{6}\pi, \frac{2}{3}\pi, 315°, -45°$

58 la tangente dei seguenti angoli: $30°, -60°, \frac{5}{6}\pi, -\frac{5}{3}\pi$

Costruisci graficamente l'angolo che soddisfa alle seguenti condizioni:

59 $\sin \alpha = \frac{1}{2}$ con $90° < \alpha < 180°$

60 $\cos \alpha = -\frac{3}{4}$ con $180° < \alpha < 270°$

61 $\tan \alpha = \frac{2}{3}$ con $180° < \alpha < 270°$

62 $\sin \alpha = -\frac{3}{5}$ con $270° < \alpha < 360°$

63 $\tan \alpha = 2$ con $180° < \alpha < 270°$

64 $\cos \alpha = -\frac{5}{6}$ con $90° < \alpha < 180°$

Determina graficamente tutti gli angoli α (con $0 \leq \alpha \leq 360°$), per i quali:

65 **a.** $\sin\alpha = \frac{1}{2}$ **b.** $\sin\alpha = -\frac{2}{3}$

66 **a.** $\sin\alpha = \frac{3}{5}$ **b.** $\cos\alpha = \frac{1}{3}$

67 **a.** $\cos\alpha = -\frac{1}{2}$ **b.** $\cos\alpha = 0{,}75$

68 **a.** $\tan\alpha = 2$ **b.** $\tan\alpha = -\frac{3}{2}$

69 **a.** $\tan\alpha = \frac{4}{5}$ **b.** $\sin\alpha = -\frac{1}{4}$

Calcola il valore delle seguenti espressioni goniometriche.

70 $\cos 180° \sin 0° - \cos 0°$ $[-1]$

71 $\sin 180° \cos 90° - 3\cos 0°$ $[-3]$

72 $3\sin 90° + 2\cos 270° - 3\tan 0°$ $[3]$

73 $3(\cos 180° + 2\sin 90°) - 2(\tan 180° + 4\cos 0°)$ $[-5]$

74 $2(\sin 180° - \cos 180°) + 2\sin 90° \cos 180°$ $[0]$

75 $\frac{3}{4}\sin 270° - \frac{3}{2}\cos 90° - \cos 180° + \tan 180°$ $\left[\frac{1}{4}\right]$

76 $(a\cos 0° + b\sin 270°)(a\sin 90° - b\cos 360°)$ $\left[(a-b)^2\right]$

77 $3\tan 0° + \frac{\sin 180°}{\cos 0°}$ $[0]$

78 $\frac{2}{\sin 90°} - \frac{\cos 0°}{\cos 180°}$ $[3]$

79 $\frac{4\sin 0° - 2\cos 0°}{\sin 270°} + 2\tan 180°$ $[2]$

80 $\frac{3\sin 360° - 4\cos 90°}{\sin 90°} + \frac{3\tan 0° - 2\cos 0°}{\sin 270°}$ $[2]$

81 $\frac{\sin 90° - \sin 270° + \tan 180°}{\cos 0° \cos 270° - \sin 90° \cos 180°}$ $[2]$

82 $\left(\tan 0° + \frac{1 + \cos 90°}{1 - \cos 270°}\right)\left(-1 + \frac{a\sin 180° - 1}{a\cos 180° + 2a}\right)$ $\left[-\frac{a+1}{a}\right]$

83 $8\sin\frac{\pi}{2} + 12\cos 2\pi + 6\cos 0 - \sin\frac{3}{2}\pi$ $[27]$

84 $\frac{(2\tan 0° - \cos 180°)(4\cos 90° - 8\sin 90°)}{12\sin 90° + 9\cos 180° + 3\sin 270°}$ [impossibile]

85 $\frac{\left(a\sin\frac{\pi}{2} + b\cos\pi\right)\left(a\tan\pi + b\sin\frac{3}{2}\pi\right)}{a\cos 3\pi + b\cos 4\pi}$ $[b]$

86 $\dfrac{a^2 \sin^2 \frac{3}{2}\pi\left(\cos^2 \frac{3}{2}\pi + \cos^2 2\pi + \tan^2 2\pi\right) + b^2 \sin \frac{\pi}{2}}{a^2 \sin^2 \frac{3}{2}\pi + b\left(\cos^2 \frac{\pi}{2} + \cos^2 \pi\right)}$ $[a + b]$

87 $\dfrac{3\sin \frac{\pi}{2}}{2\sin \frac{3}{2}\pi + 2\cos \pi} + \tan 2\pi + \cos \pi$ $\left[-\frac{7}{4}\right]$

88 $\dfrac{2a \sin \pi - b \cos \pi}{a \cos \frac{\pi}{2} + b \sin \frac{\pi}{2}} + \dfrac{a \tan \pi + b \sin \frac{\pi}{2}}{a \cos \frac{3}{2}\pi - b \sin \frac{3}{2}\pi}$ [2]

Rappresenta graficamente l'angolo α e calcola i valori esatti delle altre funzioni goniometriche di α, sapendo che:

89 **ESERCIZIO GUIDATO**

$\sin \alpha = \frac{4}{5}$ con $90° < \alpha < 180°$

Dalla prima relazione fondamentale, tenendo presente che il coseno di un angolo che appartiene all'intervallo indicato è negativo, ricaviamo che:

$$\cos \alpha = -\sqrt{1 - \sin^2 \alpha} = -\sqrt{1 - \frac{16}{25}} = -\frac{3}{5}$$

Dalla seconda relazione fondamentale ricaviamo che: $\tan \alpha = \dfrac{\sin \alpha}{\cos \alpha} = \dfrac{\frac{4}{5}}{-\frac{3}{5}} = -\dfrac{4}{3}$.

90 $\cos \alpha = -\frac{4}{5}$ con $90° < \alpha < 180°$

91 $\tan \alpha = 2$ con $180° < \alpha < 270°$

92 $\tan \alpha = -\frac{4}{5}$ con $270° < \alpha < 360°$

93 $\sin \alpha = -\frac{\sqrt{3}}{3}$ con $180° < \alpha < 270°$

94 $\cos \alpha = \frac{\sqrt{2}}{5}$ con $270° < \alpha < 360°$

95 $\tan \alpha = -2\sqrt{3}$ con $90° < \alpha < 180°$

96 $\sin \alpha = -\frac{2}{\sqrt{13}}$ con $180° < \alpha < 270°$

97 $\cos \alpha = \sqrt{\frac{11}{15}}$ con $270° < \alpha < 360°$

98 $\tan \alpha = -\sqrt{19}$ con $270° < \alpha < 360°$

99 $\sin \alpha = \frac{2}{3}$ con $90° < \alpha < 180°$

I VALORI DELLE FUNZIONI GONIOMETRICHE

teoria a pagina 216

SOLUZIONI ES. COMPRENSIONE

Comprensione

100 Completa:

$\sin 30° = ...$	$\cos 60° = ...$	$\tan 30° = ...$
$\cos 45° = ...$	$\cos 30° = ...$	$\tan 45° = ...$
$\sin 90° = ...$	$\tan 0° = ...$	$\text{cotan } 30° = ...$

101 Dopo aver disegnato il grafico delle funzioni goniometriche studiate, determina il valore di verità delle seguenti proposizioni:

a. esiste un solo angolo il cui seno vale 0,5 V F

b. esistono infiniti angoli il cui coseno vale 0,5 V F

c. esiste almeno un angolo il cui coseno vale $\sqrt{2}$ V F

d. esiste almeno un angolo la cui tangente vale $\sqrt{3}$ V F

e. non esiste alcun angolo la cui tangente è negativa V F

f. la tangente dell'angolo retto è un numero reale, molto grande, positivo. V F

102 Un valore approssimato del coseno dell'angolo di ampiezza $17°30'$ è:

a. 0,2974 **b.** 0,9548 **c.** 0,9537 **d.** 0,3007

103 Di un angolo ottuso α si sa che $\sin\alpha = 0{,}32$; un valore approssimato di α è:

a. $161°20'13''$ **b.** $18°39'47''$ **c.** $108°39'47''$ **d.** $161°33'71''$

Applicazione

Senza utilizzare la calcolatrice scientifica, calcola il valore esatto delle seguenti espressioni goniometriche.

104 $2\left(\sin 60° + 3\sqrt{3}\cos 60°\right) + 3(\tan 60° - 2\cos 30°)$ $[4\sqrt{3}]$

105 $\cos^2 60° + \sin^2 30° - \sin 45° \cos 45°$ $[0]$

106 $(1 + \sin 30° + \cos 30°)^2 - 2(1 + \sin 30°)\cdot(1 + \cos 30°)$ $[0]$

107 $\tan^2 60° + 4\cos^2 45° - 9\tan^2 30° - 8\sin^2 30°$ $[0]$

108 $\dfrac{4\cos 30° + 6\tan 45° - 2\tan 60°}{2\cos 45° + 3\tan 30° - 2\cos 30°}$ $[3\sqrt{2}]$

109 $\dfrac{8\sin 45° + 4\sqrt{2}\tan^2 45° + 4\sqrt{3}\sin 30° \sin 60° - 3}{\tan^2 45° - \sqrt{3}\cos 30° + 3\sin 45° \cos 45°}$ $[8\sqrt{2}]$

110 $\dfrac{a\cos 360° + \dfrac{2}{\sqrt{3}}\, b\sin 60°}{b\cos 0° + a\,(\sin 45° - \cos 45°)} - \dfrac{a^2\sin 30° - b^2\cos 60°}{(a\sin 45° + b\cos 45°)\dfrac{b}{\sqrt{2}}}$ $[2]$

111 $\cos 360° + 2\sin 90° \cos 30° + \tan^2 60° - \sqrt{3}\left(\sin 60° + \sqrt{3}\tan 30°\right)$ $\left[\dfrac{5}{2}\right]$

112 $4\sin 30° + 3\cos 30° - \dfrac{1}{2}\tan 60° - 2\tan 45°$ $[\sqrt{3}]$

113 $\sin 720° - 3\cos 0° + 6\sin 390° - \cos 540° + 3\tan 390° - \tan 60°$ $[1]$

114 $2\left(\dfrac{3}{\sin 60°} + \dfrac{\sqrt{3}}{\cos 60°}\right) + 3\left(\cot 30° - \dfrac{2}{\cos 30°}\right)$ $[7\sqrt{3}]$

115 $\cot^2 30° + 16\sin^2 60° - 9\tan^2 30° - 8\cot^2 45°$ $[4]$

116 $\dfrac{(\tan 60° - \tan 30°)(\cot 60° + \cot 30°)}{(\tan 60° + \tan 30°)(\cot 30° - \cot 60°)}$ $[1]$

117 $\sin\dfrac{\pi}{2} - \sqrt{3}\sin\dfrac{\pi}{3} + 2\cos\pi + 2\cos 2\pi - \cos\dfrac{\pi}{3}$ $[-1]$

118 $$\frac{2\left(\cos^2\frac{\pi}{6}-\sin^2\frac{\pi}{6}+\cos^2\frac{\pi}{4}\right)\tan\frac{\pi}{6}}{1-\tan^2\frac{\pi}{6}}$$ $[\sqrt{3}]$

119 $$\frac{\left(\sin\frac{\pi}{3}-\sin\frac{\pi}{6}\right)\left(\cos\frac{\pi}{3}-\cos\frac{\pi}{6}\right)-\left(\sin\frac{\pi}{3}+\sin\frac{\pi}{6}\right)\left(\cos\frac{\pi}{3}+\cos\frac{\pi}{6}\right)}{\left(\sin\frac{\pi}{3}+\sin\frac{\pi}{6}\right)\left(\cos\frac{\pi}{3}-\cos\frac{\pi}{6}\right)}$$ $[4]$

120 $$\frac{2a\sin\frac{\pi}{6}\left(\frac{2a\sqrt{3}}{3}\cos\frac{\pi}{6}+4\,b\cos\frac{\pi}{3}\right)}{2a\sin\frac{5}{2}\pi\left(a\cos\frac{\pi}{3}+b\right)\left(a+4\,b\sin\frac{\pi}{6}\right)}$$ $\left[\frac{1}{a+2b}\right]$

121 Calcola un valore approssimato delle espressioni indicate usando la calcolatrice:

$\sin 73°$	$\sin 214°$	$\sin 12°13'25''$	$\sin 98°42'$
$\cos 82°$	$\cos 213°$	$\cos 28°18'6''$	$\cos 135°15'36''$
$\tan 25°$	$\tan 153°$	$\tan 73°15'$	$\tan 155°3'12''$

Angoli in gradi

Utilizzando la calcolatrice scientifica determina i valori delle seguenti espressioni (Gli arrotondamenti dei risultati sono relativi alla quinta cifra decimale).

122 $\cos(23{,}45248° + 84{,}56345° + 71{,}98407°)$ $[-1]$

123 $\tan(132{,}21° + 45{,}15° - 80{,}361°)$ $[-8{,}14552]$

124 $\sin(145{,}345° + 60{,}22344° - 300{,}52964°)$ $[-0{,}99625]$

125 $\tan\left(35{,}45267° \cdot \frac{3}{8}\right)$ $[0{,}23629]$

126 $\sin(34°8'58'' + 2°59'9'' + 3°58'59'')$ $[0{,}65762]$

127 $\cos(20°50'45'' + 35°55'32'' + 5°25'58'')$ $[0{,}46632]$

128 $\tan(42°28'7'' - 12°15'24'')$ $[0{,}58229]$

129 $\cos(180° - 122°54'26'')$ $[0{,}54328]$

130 $\sin\left(15°1'3'' \cdot \frac{3}{8}\right)$ $[0{,}09813]$

131 $\tan\left(8°21'' : \frac{4}{7}\right)$ $[0{,}24952]$

Angoli in radianti

Utilizzando la calcolatrice scientifica determina i valori delle seguenti espressioni (Gli arrotondamenti dei risultati sono relativi alla quinta cifra decimale).

132 $\sin\left(3{,}45618 \cdot \frac{3}{8}\right)$ $[0{,}96250]$

133 $\sin 2 + \cos 2 + \tan 2 + \text{cotan } 2$ $[-2{,}14955]$

134 $\dfrac{\sin^2 5{,}458 + \tan^2(-4{,}375)}{\cos 0{,}56454 \cdot \text{cotan } 15{,}74162}$ [0,34536]

135 $\sin 2 \cos 3 - \sin \sqrt{3} \cos \sqrt{2}$ [−1,05412]

136 $\sqrt{\dfrac{\sin 19{,}5 \tan \sqrt{3}}{\cos 2 \text{ cotan } \sqrt{2}}}$ [7,52734]

137 $\dfrac{\cos \frac{2}{5}\pi + \frac{1}{2}\sin \frac{\pi}{8}}{2\cos \frac{4}{5}\pi} - \dfrac{3\tan \frac{\pi}{5} - \tan \frac{\pi}{9}}{\text{cotan } \frac{3}{8}\pi}$ [−4,69262]

138 $\dfrac{\sin \frac{\pi}{12} - 4\cos \frac{7}{12}\pi}{3\cos \frac{\pi}{10}} + \dfrac{4\tan \frac{3}{5}\pi + \text{cotan } \frac{\pi}{9}}{\sin \frac{4}{5}\pi}$ [−15,81642]

139 Trova un valore approssimato degli angoli α acuti che soddisfano le seguenti relazioni:

a. $\sin \alpha = \dfrac{1}{3}$ $\cos \alpha = \dfrac{1}{4}$ $\tan \alpha = \dfrac{2}{5}$

b. $\sin \alpha = 0{,}73$ $\cos \alpha = 0{,}28$ $\tan \alpha = 3{,}5$

Trova un valore approssimato di tutti gli angoli α, con $0° \le \alpha \le 360°$, che soddisfano alle seguenti condizioni.

140 ESERCIZIO GUIDATO

a. $\sin \alpha = \dfrac{3}{4}$ **b.** $\cos \alpha = \dfrac{5}{8}$

a. Usando la calcolatrice troviamo che $\alpha = 48°35'25''$.

Esiste però un altro angolo il cui seno è uguale a $\dfrac{3}{4}$ ed è l'angolo $\alpha' = 180° - \alpha = 131°24'35''$.

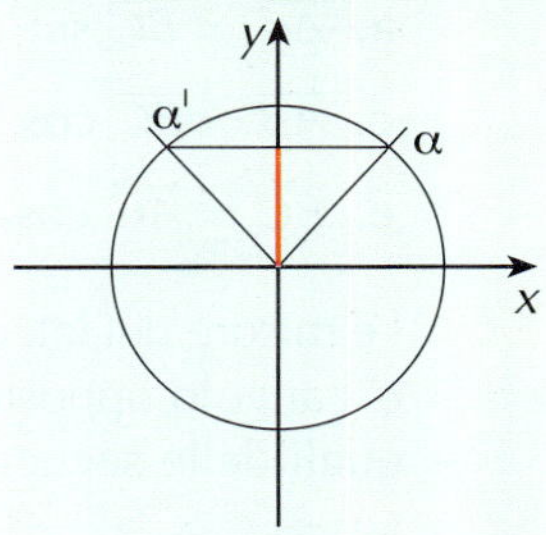

b. Usando la calcolatrice troviamo che $\alpha = 51°19'4''$.

Esiste però un altro angolo il cui coseno è uguale a $\dfrac{5}{8}$ ed è l'angolo $\alpha' = 360° - \alpha = 308°40'56''$.

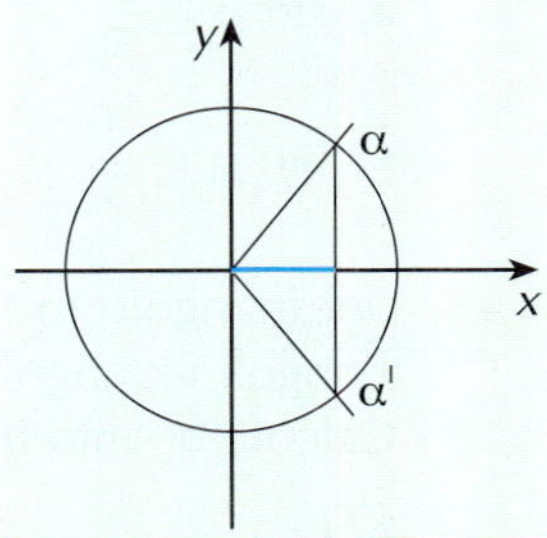

141 $\sin \alpha = \dfrac{5}{6}$ $\sin \alpha = -\dfrac{1}{3}$ $\sin \alpha = -\dfrac{3}{5}$

142 $\cos \alpha = \dfrac{3}{8}$ $\cos \alpha = -\dfrac{2}{7}$ $\cos \alpha = -\dfrac{3}{10}$

143 $\tan \alpha = \dfrac{1}{2}$ $\tan \alpha = -3$ $\tan \alpha = 10$

teoria a pagina 220

Comprensione

SOLUZIONI ES. COMPRENSIONE

144 Di un triangolo rettangolo si sa che un angolo acuto è di 60°; quali delle seguenti affermazioni sono vere?

a. L'altro angolo acuto misura 30°.
b. Non è possibile calcolare le misure dei lati del triangolo.
c. Il cateto opposto all'angolo di 60° ha lunghezza doppia del cateto opposto all'angolo di 30°.
d. Il cateto opposto all'angolo di 30° ha lunghezza uguale a metà dell'ipotenusa.

145 Dato un triangolo rettangolo e usando opportunamente i suoi angoli acuti, indica tutti i modi in cui si può esprimere un cateto in funzione:

a. dell'altro cateto
b. dell'ipotenusa.

146 Un cateto di un triangolo rettangolo è lungo 30cm e l'ipotenusa è lunga 50cm; indica quali delle seguenti affermazioni sono vere.

a. Non è possibile conoscere le misure degli angoli.
b. Non è possibile conoscere la misura dell'altro cateto.
c. Il coseno dell'angolo acuto adiacente al cateto è uguale a $\frac{3}{5}$.
d. La tangente dell'angolo acuto opposto al cateto è uguale a $\frac{3}{4}$.

147 Osserva le seguenti relazioni che si riferiscono al triangolo ABC in figura e stabilisci quali di esse sono vere.

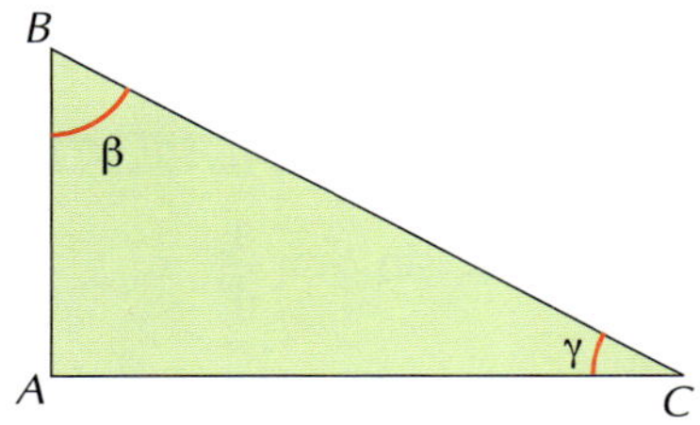

a. $\overline{AC} = \overline{BC} \sin \beta$ **b.** $\overline{AC} = \overline{AB} \tan \gamma$

c. $\overline{AB} = \overline{BC} \cos \beta$ **d.** $\overline{BC} = \overline{AC} \tan \gamma$

e. $\overline{BC} = \overline{AC} \cos \gamma$

148 Le misure dei lati di un triangolo rettangolo sono, in una certa unità di misura, 30, 40, 50. Indicando con α l'angolo opposto al cateto che misura 30 e con β l'angolo opposto al cateto che misura 40, stabilisci quali delle seguenti relazioni sono corrette:

a. $\sin \beta = \frac{3}{5}$ **b.** $\cos \beta = \frac{3}{5}$ **c.** $\cos \alpha = \frac{4}{5}$ **d.** $\sin \alpha = \frac{5}{3}$

e. $\tan \alpha = \frac{4}{3}$ **f.** $\tan \beta = \frac{5}{4}$ **g.** $\tan \beta = \frac{4}{3}$ **h.** $\tan \alpha = \frac{3}{4}$

149 Del triangolo in figura, ottenuto mediante l'accostamento di due triangoli rettangoli, si conoscono gli elementi indicati.
Calcola quanto indicato di seguito:

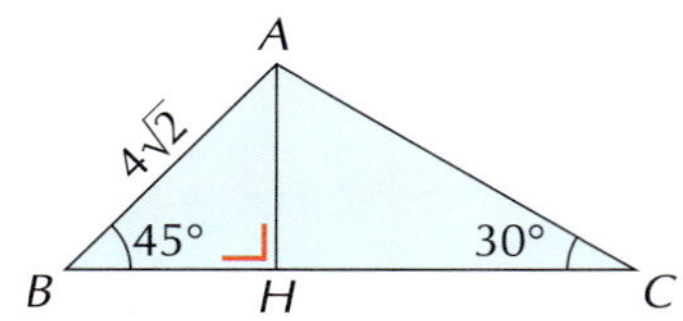

$\overline{BH} = ...$ $\overline{AH} = ...$

$\overline{HC} = ...$ $\overline{AC} = ...$

150 Del trapezio $ABCD$ si hanno le informazioni indicate in figura, dove le misure dei segmenti sono espresse mediante la stessa unità.
Considera le seguenti uguaglianze:

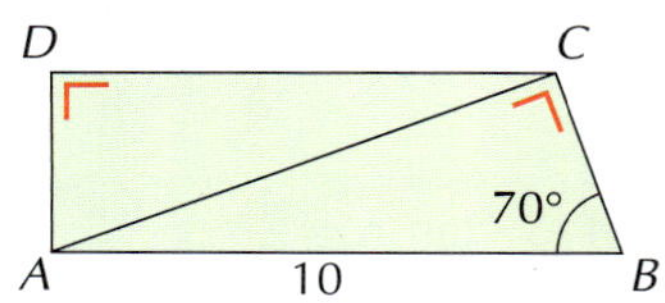

① $\overline{BC} = 3{,}42$ ② $\overline{DC} = 8{,}83$ ③ $\overline{AD} = 1{,}17$

Di esse sono vere:

a. tutte e tre **b.** solo la ① **c.** tutte tranne la ③

d. nessuna perché i dati sono insufficienti per determinare le misure dei lati del trapezio.

151 Indica in quali dei seguenti casi puoi risolvere un triangolo rettangolo, se sono noti:

a. i due cateti **b.** un cateto e l'ipotenusa
c. i due angoli acuti **d.** un cateto
e. l'ipotenusa e un angolo acuto **f.** un cateto e un angolo acuto.

152 Indica con quali fra le seguenti formule si può calcolare l'area del triangolo in figura:

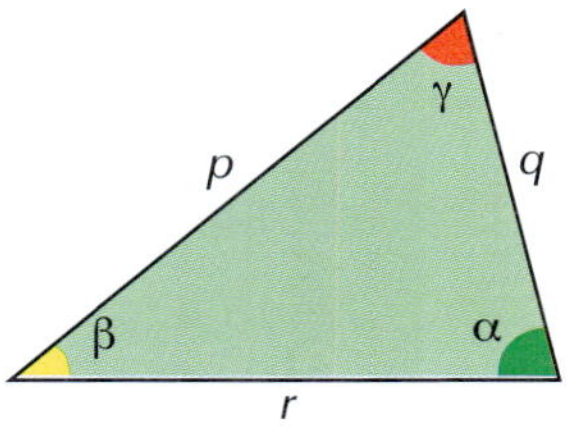

a. $\frac{1}{2}pr \sin \alpha$ **b.** $\frac{1}{2}pq \sin \gamma$

c. $qr \sin \alpha$ **d.** $\frac{1}{2}pr \sin \beta$

153 Due lati di un triangolo sono lunghi rispettivamente 10 cm e 15 cm e l'angolo fra essi compreso è di 50°. L'area del triangolo è circa:

a. 96,4 cm^2 **b.** 115 cm^2 **c.** 57,5 cm^2 **d.** 48,2 cm^2

154 In una circonferenza di raggio 10 una corda sottende un angolo al centro di 60°; la corda misura:

a. $5\sqrt{3}$ **b.** $10\sqrt{3}$ **c.** 5 **d.** 10

Applicazione

Con riferimento alla figura a lato, risolvi i seguenti triangoli rettangoli, senza fare uso della calcolatrice.

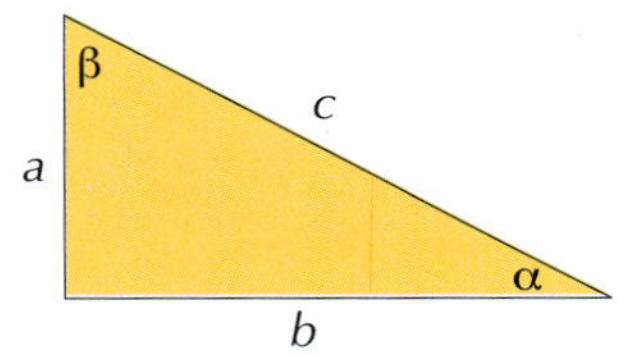

155 $a = \sqrt{15}$ $b = \sqrt{5}$ $[c = 2\sqrt{5};\ \beta = 30°;\ \alpha = 60°]$

156 $b = 18$ $\alpha = 30°$ $[c = 12\sqrt{3};\ a = 6\sqrt{3};\ \beta = 60°]$

157 $c = 50$ $b = 25$ $[a = 25\sqrt{3};\ \beta = 30°;\ \alpha = 60°]$

158 $a = 32$ $c = 32\sqrt{2}$ $[b = 32;\ \beta = \alpha = 45°]$

159 $c = 120$ $\beta = 30°$ $[\alpha = 60°;\ b = 60;\ a = 60\sqrt{3}]$

160 $c = 35{,}8$ $\alpha = 30°$ $[\beta = 60°;\ a = 17{,}9;\ b = 17{,}9\sqrt{3}]$

161 $b = 45$ $\beta = 30°$ $[\alpha = 60°;\ a = 45\sqrt{3};\ c = 90]$

162 $b = 32$ $\alpha = 45°$ $[\beta = 45°;\ a = 32;\ c = 32\sqrt{2}]$

163 $a = 10\sqrt{3}$ $\alpha = 30°$ $[\beta = 60°;\ b = 30;\ c = 20\sqrt{3}]$

164 $a = 100$ $\beta = 60°$ $[\alpha = 30°;\ c = 200;\ b = 100\sqrt{3}]$

165 $a = 2\sqrt{6}$ $b = 2\sqrt{2}$ $[c = 4\sqrt{2};\ \alpha = 60°;\ \beta = 30°]$

166 $c = 27{,}4$ $\alpha = 60°$ $[b = 13{,}7;\ a = 13{,}7\sqrt{3};\ \beta = 30°]$

167 $a = 32$ $c = 32\sqrt{2}$ $[b = 32;\ \beta = \alpha = 45°]$

168 $c = 90$ $\beta = 30°$ $[\alpha = 60°;\ b = 45;\ a = 45\sqrt{3}]$

Con riferimento alla stessa figura del gruppo precedente di esercizi, risolvi i seguenti triangoli rettangoli facendo uso della calcolatrice scientifica essendo noti gli elementi indicati.

169 $c = 12{,}05$ $\beta = 36°52'$ $[\alpha = 53°8';\ a = 9{,}64;\ b = 7{,}23]$

170 $b = 28{,}1$ $a = 42{,}7$ $[c = 51{,}12;\ \alpha = 56°39'7'';\ \beta = 33°20'53'']$

171 $c = 129{,}7$ $\beta = 46°28'$ $[\alpha = 43°32';\ b = 94{,}03;\ a = 89{,}33]$

172 $c = 62{,}46$ $a = 28{,}34$ $[b = 55{,}66;\ \beta = 63°01';\ \alpha = 26°9']$

173 $c = 15{,}3$ $b = 12{,}4$ $[a = 8{,}96;\ \beta = 54°8'26'';\ \alpha = 35°51'34'']$

174 $b = 21{,}8$ $\beta = 44°35'$ $[\alpha = 45°25';\ c = 31{,}06;\ a = 22{,}12]$

175 $a = 4{,}8$ $\alpha = 46°24'$ $[\beta = 43°36';\ b = 4{,}57;\ c = 6{,}63]$

176 $b = 15{,}4$ $a = 9{,}03$ $[c = 17{,}85;\ \alpha = 30°23'39'';\ \beta = 59°36'51'']$

177 $b = 76{,}51$ $\alpha = 65°54'$ $[\beta = 24°6';\ c = 187{,}37;\ a = 171{,}04]$

178 $a = 0{,}7$ $\beta = 71°33'$ $[\alpha = 18°27';\ c = 2{,}21;\ b = 2{,}1]$

179 $a = 8{,}2$ $b = 8{,}3$ $[c = 11{,}67;\ \alpha = 44°39'10'';\ \beta = 45°20'50'']$

Problemi sui triangoli rettangoli

Risolvi usando la calcolatrice scientifica.

180 La proiezione di un segmento su una retta misura 51,3. Calcola la lunghezza del segmento sapendo che la sua inclinazione rispetto alla retta è 66°. $[\overline{AB} = 126{,}13]$

181 In un triangolo rettangolo le proiezioni dei cateti sull'ipotenusa, rispetto ad una stessa unità, misurano rispettivamente 6 e 40. Risolvi il triangolo. $[a = 46;\ b = 42{,}9;\ c = 16{,}61;\ \gamma = 21°10'17'';\ \beta = 68°49'43'']$

182 In un triangolo rettangolo l'altezza relativa all'ipotenusa misura $3\sqrt{5}$ ed uno degli angoli acuti misura 24°54'. Risolvi il triangolo. $[\beta = 65°6';\ b = 15{,}93;\ c = 7{,}4;\ a = 17{,}56]$

183 In un triangolo isoscele gli angoli alla base misurano 25°12'30'' e il lato è lungo $45a$. Determina perimetro e area del triangolo. $[2p = 171{,}43a;\ \text{area} = 780{,}51a^2]$

184 In un triangolo isoscele la base misura 48 e l'angolo al vertice misura 56°28'. Determina il suo perimetro. $[2p = 149{,}47]$

185 In un triangolo isoscele l'area è 950cm^2 e la base 38cm. Determina l'ampiezza degli angoli del triangolo. $[69°11'35'';\ 41°36'50'']$

186 In un rombo uno degli angoli misura 74°20' e la diagonale ad esso opposta è lunga 40,8cm. Calcola l'area del rombo. $[\text{area} = 1097{,}87\text{cm}^2]$

187 In un triangolo isoscele l'angolo al vertice misura 57° e uno dei lati uguali è lungo 6cm. Calcola il perimetro e l'area del triangolo. $[2p = 17{,}72\text{cm};\ \text{area} = 15{,}096\text{cm}^2]$

188 In una circonferenza il diametro AB, rispetto ad una stessa unità ℓ, misura 75 e la corda AC misura 58,5. Calcola la distanza di C dal diametro. $[36{,}61\ell]$

189 Un triangolo isoscele ha la base lunga 12,72m e l'angolo ad essa adiacente di 58°. Determina il perimetro e l'area del triangolo. $[2p = 36{,}72\text{m};\ \text{area} = 64{,}73\text{m}^2]$

190 **ESERCIZIO GUIDATO**

Un trapezio rettangolo ha l'angolo acuto di 40°. Determina l'area, il perimetro e la misura delle diagonali sapendo che le basi del trapezio misurano rispettivamente 9 e 12.

$\beta = 40°$

$\overline{AB} = 12$

$\overline{DC} = 9$

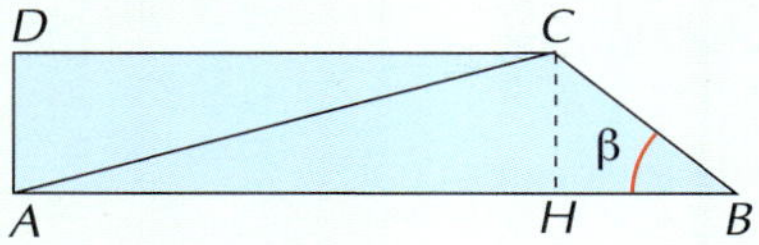

Consideriamo il trapezio disegnato in figura; nel triangolo rettangolo CHB si ha: $\overline{CH} = \overline{HB} \cdot \tan \beta$.

Poiché $\overline{HB} = \overline{AB} - \overline{DC} = 12 - 9 = 3$ si ha che: $\overline{CH} = 3 \tan 40° = 3 \cdot 0{,}8390996 = 2{,}52$

L'area del trapezio è allora: $\dfrac{(\overline{AB} + \overline{DC}) \cdot \overline{CH}}{2} = \ldots\ldots\ldots\ldots$

Per determinare il perimetro dobbiamo determinare la misura di BC.

Poiché $\overline{CH} = \overline{BC} \cdot \sin \beta$ si ha che: $\overline{BC} = \dfrac{\overline{CH}}{\sin \beta} = \dfrac{2{,}52}{0{,}6427876} = \ldots..$

Per il teorema di Pitagora si ha poi: $\overline{AC} = \ldots..$

In modo analogo, per determinare la diagonale DB puoi applicare il teorema di Pitagora al triangolo rettangolo... [$2p = 27{,}44$; area $= 24{,}46$; $\overline{AC} = 9{,}34$; $\overline{DB} = 12{,}26$]

191 In un triangolo isoscele l'ampiezza dell'angolo al vertice è 67°. Sapendo che l'altezza relativa ad uno dei lati obliqui è di 24cm, determina il perimetro e l'area del triangolo. [$2p = 80{,}92$cm; area $= 312{,}87\text{cm}^2$]

192 Calcola l'ampiezza dell'angolo sotto cui è visto un segmento AB, di lunghezza 24cm, da un punto S che si trova sul suo asse e che dista 26 cm dagli estremi A e B del segmento.

(Suggerimento: devi calcolare l'ampiezza dell'angolo $\widehat{ASB}$) [54°58′22″]

193 Di un triangolo ABC, isoscele di base AB, si sa che $\overline{AC} = 8\ell$ e che la mediana AM è 6ℓ. Trova la lunghezza della base del triangolo e le ampiezze dei suoi angoli.

[$\overline{AB} = 6{,}32\ell$; $\widehat{C} = 46°34'2''$; $\widehat{A} = \widehat{B} = 66°42'59''$]

194 In un rombo un angolo misura 42°30′ e il raggio del cerchio inscritto misura 8,5. Calcola l'area del rombo. [area = 427,77]

195 In un trapezio rettangolo l'altezza misura 16 e la base maggiore 30; inoltre la diagonale maggiore divide in due parti uguali l'angolo formato dal lato obliquo e dalla base maggiore. Determina la misura della base minore e l'area del trapezio. [area = 394,16]

196 Un trapezio isoscele ha gli angoli adiacenti alla base maggiore di ampiezza 30°, il lato obliquo misura 28 e la base minore misura 21. Calcola il perimetro, l'area, la misura delle diagonali e l'ampiezza dell'angolo ottuso che la diagonale forma col lato obliquo.

[$2p = 98 + 28\sqrt{3}$; area $= 98(2\sqrt{3} + 3)$; diagonale $= 47{,}36$; $\alpha = 132°48'28''$]

197 In un trapezio rettangolo la base minore misura 5 come l'altezza. Sapendo che l'area è 40, determina l'ampiezza dell'angolo compreso fra la base maggiore e il lato obliquo. [39°48′20″]

198 In una circonferenza di diametro $\overline{AB} = 12$, traccia una corda CD perpendicolare ad AB tale che l'angolo $\widehat{CAB}$ sia 37°. Calcola la misura del lato del quadrato equivalente al quadrilatero $ACBD$. [8,32]

Risolvi in modo esatto.

199 **ESERCIZIO GUIDATO**

Determina l'area e il perimetro di un triangolo rettangolo ABC sapendo che l'ipotenusa BC è lunga 60cm e che $\sin \widehat{ABC} = \frac{3}{5}$.

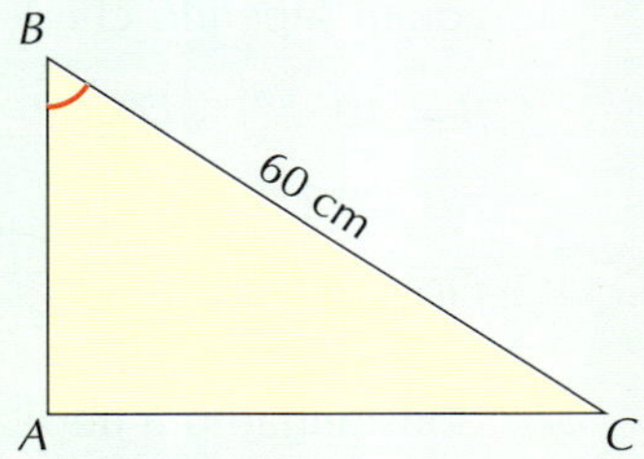

Con i dati a disposizione si può subito trovare la misura del cateto AC :

$$\overline{AC} = \overline{BC} \cdot \sin \widehat{ABC} = 60 \cdot \frac{3}{5} = 36 \text{ cm}$$

Per trovare la misura del cateto AB basta applicare il teorema di Pitagora, oppure ancora il primo teorema sui triangoli rettangoli dopo aver calcolato il coseno di $\widehat{ABC}$:

$$\cos \widehat{ABC} = \sqrt{1 - \left(\frac{3}{5}\right)^2} = \frac{4}{5} \qquad \rightarrow \qquad \overline{AB} = \overline{BC} \cdot \cos \widehat{ABC} = 60 \cdot \frac{4}{5} = 48 \text{ cm}$$

Il perimetro del triangolo è quindi uguale a: $2p = 36 + 48 + 60 = 144\text{cm}$

La sua area è uguale a: $\text{area} = \frac{1}{2} \cdot 48 \cdot 36 = 864\text{cm}^2$

---

200 In un triangolo rettangolo un cateto è lungo $(\sqrt{5} + \sqrt{2})\text{cm}$ e l'angolo ad esso opposto misura 60°. Determina l'area. $\left[\frac{1}{6}(7\sqrt{3} + 2\sqrt{30})\text{cm}^2\right]$

201 In un triangolo isoscele ABC di vertice A il lato AB è lungo 15cm e la base BC è lunga $15\sqrt{3}\text{cm}$. Determina l'ampiezza degli angoli del triangolo e calcolane l'area. $\left[30°;\ 30°;\ 120°;\ \text{area} = \frac{225\sqrt{3}}{4}\text{cm}^2\right]$

202 Da un punto P esterno ad una circonferenza conduci le tangenti PA e PB alla circonferenza stessa. Sapendo che l'angolo $\widehat{APB}$ misura 60° e che il raggio della circonferenza è 20cm, determina il perimetro del quadrilatero $APBO$ essendo O il centro della circonferenza.
(Suggerimento: ricorda che se da un punto esterno mandi le tangenti ad una circonferenza, i segmenti di tangenza sono ..... e la semiretta PO è .....) $\left[2p = 40(1 + \sqrt{3})\text{cm}\right]$

203 In un rombo un angolo misura 120°. Sapendo che il lato è lungo 36ℓ, calcolane l'area. $[648\sqrt{3}\ell^2]$

204 In un triangolo isoscele ogni lato obliquo è lungo $18\sqrt{5}\text{cm}$ e ciascun angolo alla base ha il seno uguale a $\frac{2\sqrt{5}}{5}$. Determina la misura dell'area del triangolo. $[648\text{cm}^2]$

205 In un triangolo isoscele la base è lunga 24cm e l'angolo al vertice è di 120°. Determina la lunghezza del perimetro e la misura dell'area del triangolo. $\left[(24 + 16\sqrt{3})\text{cm};\ 48\sqrt{3}\text{cm}^2\right]$

206 In un triangolo ABC l'altezza AH è lunga $6\sqrt{3}$, l'angolo $\widehat{ABC}$ è di 60°, il seno dell'angolo $\widehat{ACB}$ è $\frac{\sqrt{3}}{3}$. Calcola il perimetro e l'area del triangolo. $\left[2p = (36 + 6\sqrt{6})\text{cm};\ \text{area} = (54\sqrt{2} + 18\sqrt{3})\text{cm}^3\right]$

207 In un trapezio $ABCD$ la base maggiore AB misura 100 e l'altezza DH misura 30. Sapendo che l'angolo in A è di 60° e che $\sin \widehat{B} = \frac{3}{5}$ determina il perimetro del trapezio. $\left[2p = 10(21 + \sqrt{3})\right]$

Area di un triangolo

208 **ESERCIZIO GUIDATO**

Calcola l'area del triangolo scaleno ABC sapendo che $\overline{BC} = \sqrt{6} + \sqrt{2}$, $\overline{AC} = 2\sqrt{2}$ e l'angolo $A\widehat{C}B = 60°$.

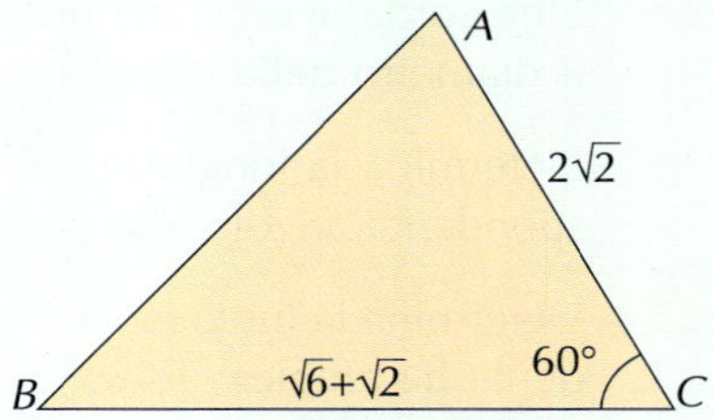

Applicando la formula, si ha:

$$S = \frac{1}{2}\left(\sqrt{6}+\sqrt{2}\right) \cdot 2\sqrt{2} \cdot \sin 60° = \frac{1}{2}\left(\sqrt{6}+\sqrt{2}\right) \cdot 2\sqrt{2} \cdot \frac{\sqrt{3}}{2} =$$

$$= \frac{1}{2}\left(\sqrt{6}+\sqrt{2}\right)\sqrt{6} = \frac{1}{2}\left(6+\sqrt{12}\right) = 3+\sqrt{3}$$

209 Calcola l'area del triangolo ABC sapendo che $\overline{AC} = 2\sqrt{6}$, $\overline{AB} = 2\left(\sqrt{3}+1\right)$ e che $C\widehat{A}B = 45°$. $\left[2\left(3+\sqrt{3}\right)\right]$

210 Di un triangolo ABC, si sa che $\overline{AB} = 5\sqrt{3}$, $\overline{BC} = 7$ e $A\widehat{B}C = 30°$. Calcola la sua area. $\left[\frac{35}{4}\sqrt{3}\right]$

211 In un parallelogramma $ABCD$ i due lati consecutivi misurano rispettivamente 4,5 e 7,2 e l'angolo fra essi compreso misura $37°42'$. Calcola l'area del parallelogramma. [19,81]

212 Un rombo ha il lato che misura 5 e un angolo di 72°. Calcolane l'area. [23,78]

213 Un pentagono regolare ha il lato che misura 57. Calcola l'area. [5 589,83]

214 In un triangolo due lati consecutivi misurano 30 e 120 e l'angolo fra essi compreso misura 30°. Trova la misura dell'ipotenusa di un triangolo rettangolo isoscele equivalente al triangolo dato. [60]

215 In un triangolo acutangolo si sa che l'area è 387,5592 e che due lati consecutivi misurano rispettivamente 28,56 e 54,28. Calcola l'ampiezza dell'angolo compreso fra tali lati. [30°]

216 Un triangolo ottusangolo ha un angolo di 125° e i due lati che lo comprendono rispettivamente di 18,25 e 10,3. Calcolane l'area. [76,99]

217 In un parallelogramma i due lati consecutivi misurano 13,5 e 7,8 e l'angolo fra essi compreso misura 70°. Calcola la misura del lato di un quadrato equivalente al parallelogramma dato. [9,95]

218 In un triangolo ABC l'area misura $1+\sqrt{3}$ ed i due lati b e c rispettivamente 2 e $\left(\sqrt{6}+\sqrt{2}\right)$. Determina l'ampiezza dell'angolo α compreso fra tali lati. Quante soluzioni ha il problema? [135°, 45°]

Il teorema della corda

219 In una circonferenza di raggio 10 un angolo alla circonferenza di ampiezza 60° insiste su una corda AB. Calcola la lunghezza di AB. $\left[10\sqrt{3}\right]$

220 In una circonferenza di diametro 12 una corda sottende un angolo al centro di 108°. Determina la lunghezza della corda. $\left[3\left(\sqrt{5}+1\right)\right]$

221 In una circonferenza di lunghezza 12π, determina la lunghezza di una corda il cui angolo al centro è di 45°. $\left[6\sqrt{2-\sqrt{2}}\right]$

222 In una circonferenza di raggio 26 una corda AB misura 40. Determina l'ampiezza dell'angolo acuto alla circonferenza corrispondente ad AB. $[50°17'6'']$

223 In una circonferenza una corda misura $4\sqrt{6}$ e l'angolo al centro ad essa corrispondente è di 120°. Calcola la lunghezza della circonferenza. $\left[8\sqrt{2}\pi\right]$

224 In una circonferenza di raggio $r = 2\sqrt{5}$ una corda misura $(5 + \sqrt{5})$. Calcola l'ampiezza del minore degli angoli al centro corrispondenti. [108°]

225 Una corda di una circonferenza è lunga 27cm e l'angolo al centro corrispondente è di 100°. Determina il diametro della circonferenza. [35,25cm]

226 Determina la lunghezza di una circonferenza sapendo che una sua corda misura 77,2 e un suo corrispondente angolo alla circonferenza ha ampiezza 80°20′. [246,02]

227 Determina la lunghezza di una circonferenza in cui una corda misura 36 e l'angolo al centro corrispondente ha ampiezza 46°32′. [286,31]

228 Determina il lato di un decagono regolare inscritto in una circonferenza di raggio 30cm. Calcola inoltre l'area del poligono. [$\ell = 18{,}54$cm; area $= 2645{,}03\text{cm}^2$]

229 Un pentagono regolare ha il lato di 25cm. Determina il raggio della circonferenza circoscritta e l'area del pentagono stesso. [$r = 21{,}27$cm; area $= 1075{,}30\text{cm}^2$]

230 In una circonferenza di raggio 18 due corde consecutive AB e BC hanno lunghezze rispettivamente di 6 e 12. Calcola l'ampiezza dell'angolo compreso fra le due corde e l'area del triangolo ABC. [angolo = 150°56′5; area = 17,49]

231 In una circonferenza è inscritto un poligono regolare di 12 lati il cui lato è lungo 24,2cm. Determina la lunghezza del raggio di tale circonferenza e l'area del poligono. [$r = 46{,}75$cm; area $= 6556{,}91\text{cm}^2$]

232 Un triangolo isoscele acutangolo è inscritto in una circonferenza di raggio 10cm. Calcola il perimetro e l'area del triangolo sapendo che la base è uguale al raggio della circonferenza. [$2p = 48{,}64$cm; area $= 93{,}30\text{cm}^2$]

I TRIANGOLI QUALSIASI

teoria a pagina 224

Comprensione

SOLUZIONI ES. COMPRENSIONE

233 In ogni triangolo, il rapporto fra un lato ed il seno dell'angolo opposto è uguale:
a. al rapporto fra un altro lato ed il seno dell'angolo ad esso opposto
b. al diametro della circonferenza inscritta nel triangolo
c. al diametro della circonferenza circoscritta al triangolo
d. al rapporto fra il perimetro del triangolo e la somma dei seni degli angoli opposti a ciascun lato.
Quali fra le precedenti affermazioni sono esatte?

234 Di un triangolo sono note le misure di due lati e dell'angolo compreso. Quale teorema devi usare per calcolare la misura del terzo lato?

235 Di un triangolo si conosce la misura a di un lato e quella degli angoli β e γ ad esso adiacenti; quali delle seguenti relazioni permette di trovare la misura b del lato opposto a β:

a. $b = \dfrac{a \sin \beta}{\sin \gamma}$ **b.** $\dfrac{a \sin(\beta + \gamma)}{\sin \beta}$ **c.** $\dfrac{a \sin \beta}{\sin(\beta + \gamma)}$ **d.** $\dfrac{a \sin \gamma}{\sin(\beta + \gamma)}$

236 Di un triangolo si conoscono le misure a, b, c dei tre lati; dell'angolo α si può dire che:

a. $\sin \alpha = \dfrac{b^2 + c^2 - a^2}{2bc}$ **b.** $\cos \alpha = \dfrac{b^2 + c^2 - a^2}{2bc}$ **c.** $\cos \alpha = \sqrt{\dfrac{b^2 + c^2 - a^2}{2bc}}$

Applicazione

Risolvi i seguenti esercizi applicando il teorema dei seni.

237	$a = 12$	$c = 10$	$\alpha = 30°$	trova $\sin \gamma$	$\left[\frac{5}{12}\right]$
238	$\alpha = 60°$	$\beta = 45°$	$a = 6$	trova b	$[2\sqrt{6}]$
239	$b = 6$	$\sin \beta = \frac{3}{4}$	$\sin \alpha = \frac{1}{3}$	trova a	$\left[\frac{8}{3}\right]$
240	$c = 9$	$b = 8$	$\sin \beta = \frac{2}{5}$	trova $\sin \gamma$	$\left[\frac{9}{20}\right]$
241	$a = 3\sqrt{2}$	$b = \sqrt{6}$	$\cos \alpha = \frac{3}{5}$	trova $\sin \beta$	$\left[\frac{4\sqrt{3}}{15}\right]$
242	$b = 17$	$\cos \beta = \frac{2}{3}$	$\tan \gamma = \frac{5}{3}$	trova c	$\left[\frac{3\sqrt{170}}{2}\right]$
243	$\alpha = 30°$	$\sin \beta = \frac{1}{3}$	$a = 6$	trova b	$[4]$

Risolvi i seguenti esercizi applicando il teorema di Carnot.

244	$a = 10$	$b = 8$	$\gamma = 60°$	trova c	$[2\sqrt{21}]$
245	$b = 15$	$c = 4\sqrt{2}$	$\alpha = 45°$	trova a	$[\sqrt{137}]$
246	$a = 12$	$b = 9$	$c = 6$	trova $\cos \alpha$	$\left[-\frac{1}{4}\right]$
247	$b = 2\sqrt{3}$	$c = 6$	$\cos \alpha = \frac{\sqrt{3}}{3}$	trova a	$[2\sqrt{6}]$
248	$a = 5\sqrt{2}$	$b = 8\sqrt{2}$	$c = 9$	trova $\cos \beta$	$\left[\frac{\sqrt{2}}{60}\right]$
249	$a = 6$	$c = 8$	$\tan \beta = \frac{4}{3}$	trova b	$\left[\frac{2\sqrt{265}}{5}\right]$

I VETTORI

teoria a pagina 228

Comprensione

SOLUZIONI ES. COMPRENSIONE

250 Indica quali fra le seguenti grandezze sono scalari (S) e quali vettoriali (V).

a. l'area di una figura piana S V
b. il tempo S V
c. uno spostamento S V
d. una massa S V
e. una forza S V
f. una velocità. S V

251 Se un vettore $\vec{a}$ ha modulo 2 e un vettore $\vec{b}$ ha modulo 5, il vettore $\vec{a} + \vec{b}$ ha modulo:

a. 7 **b.** 3 **c.** 0 **d.** non si può determinare senza altre informazioni

Applicazione

Per ciascuna delle seguenti coppie di vettori determina graficamente il vettore $\vec{a} + \vec{b}$ *e il vettore* $\vec{a} - \vec{b}$.

252

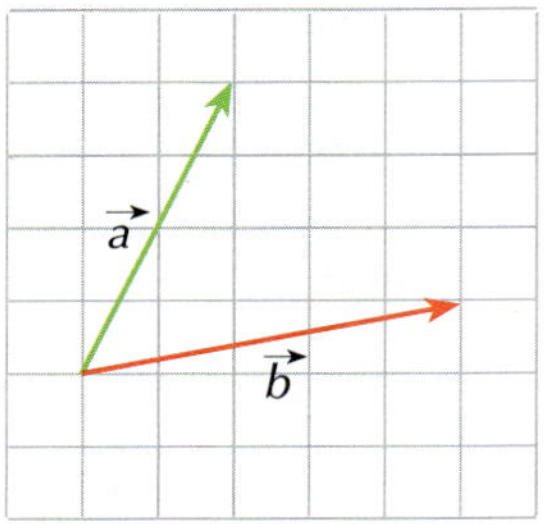

253

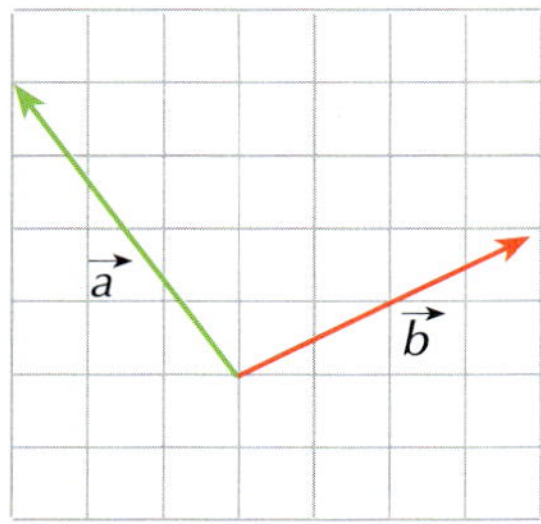

254

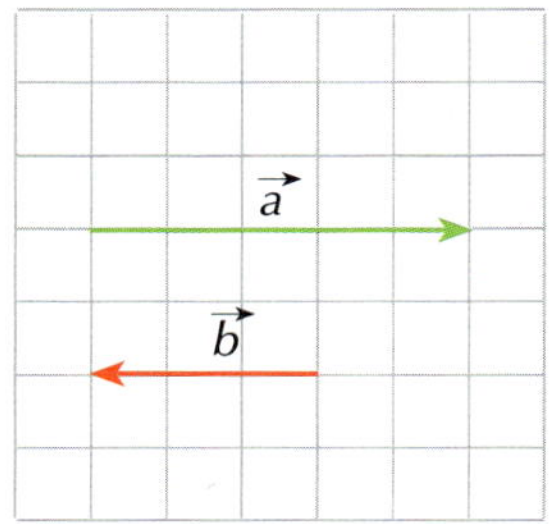

255

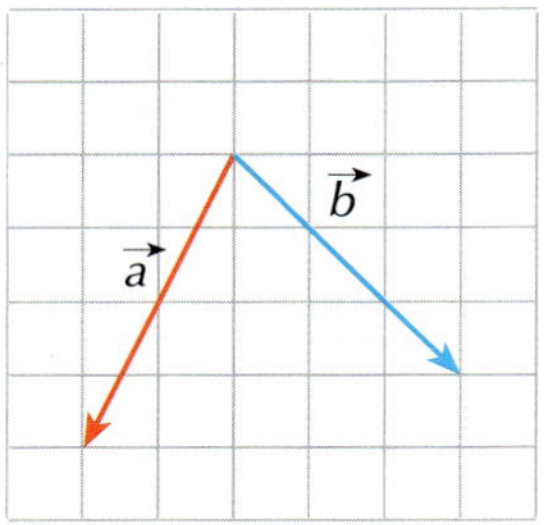

256

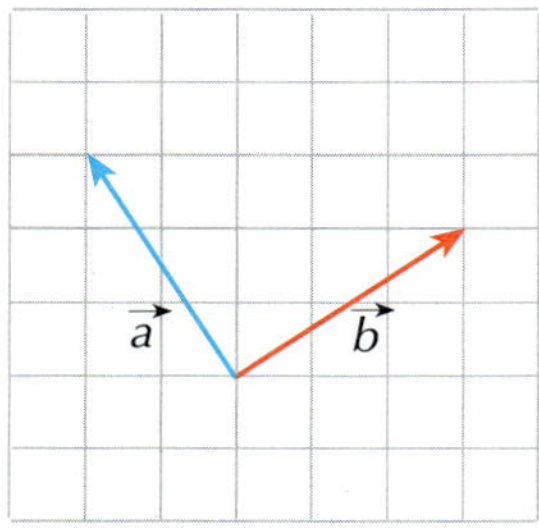

257

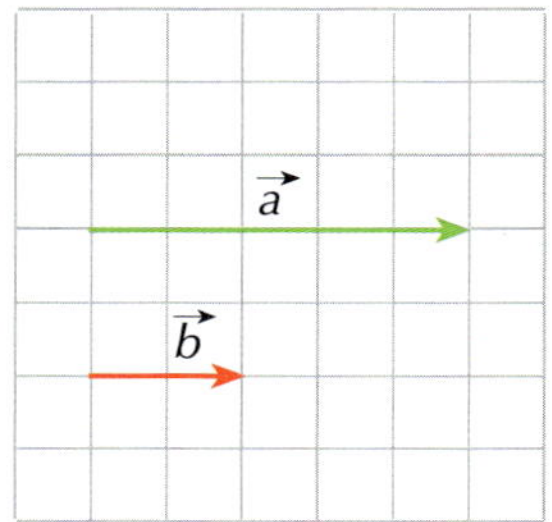

258

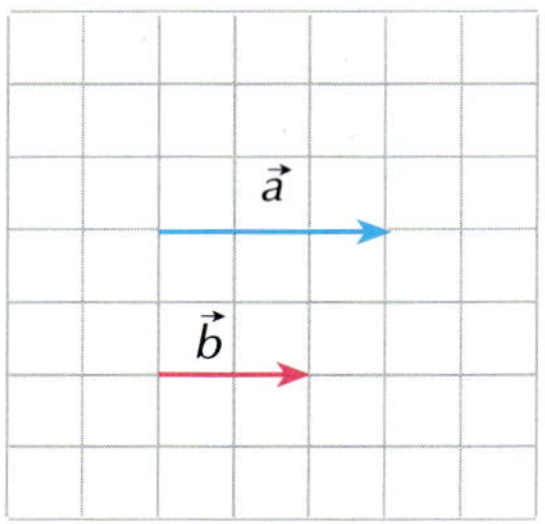

259

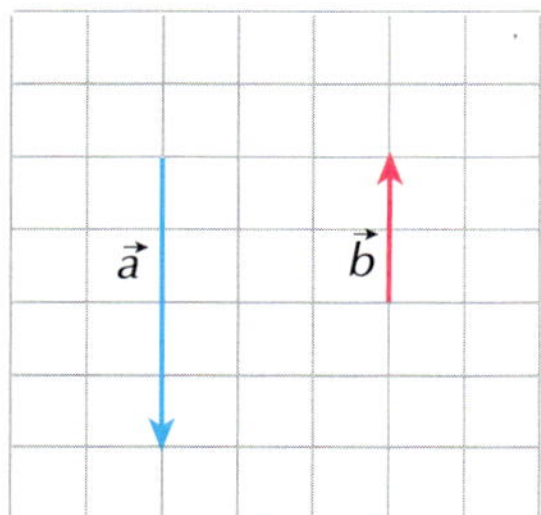

260

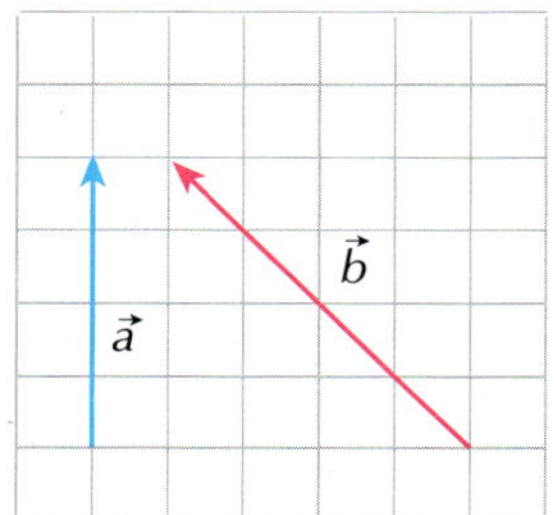

261

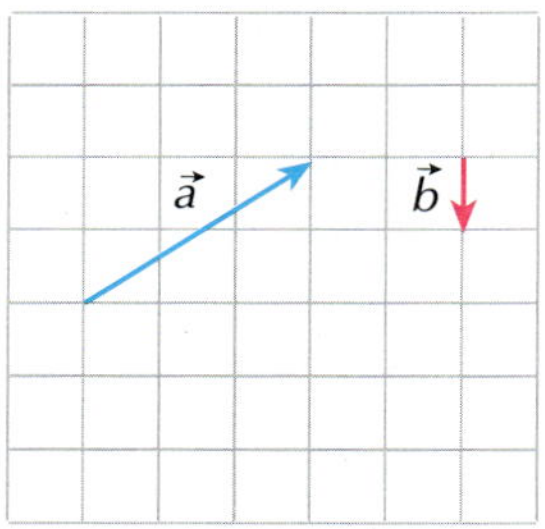

262

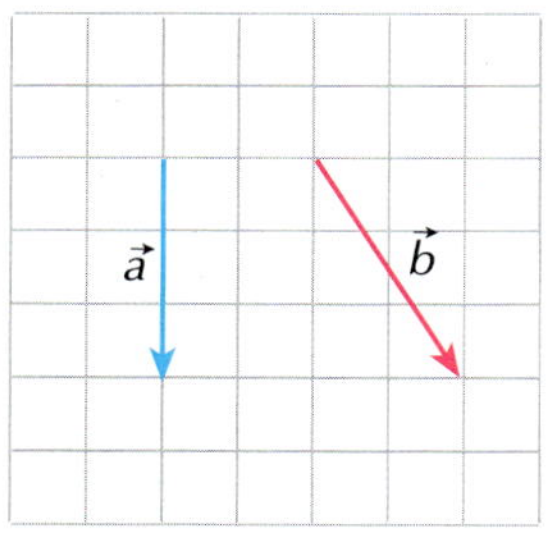

263

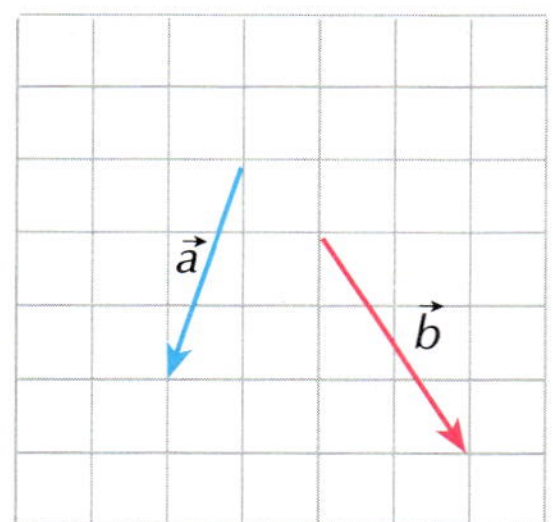

Determina graficamente il risultato delle operazioni indicate tra i vettori dei seguenti esercizi.

264 $\frac{1}{2}\vec{a} + \vec{b}$

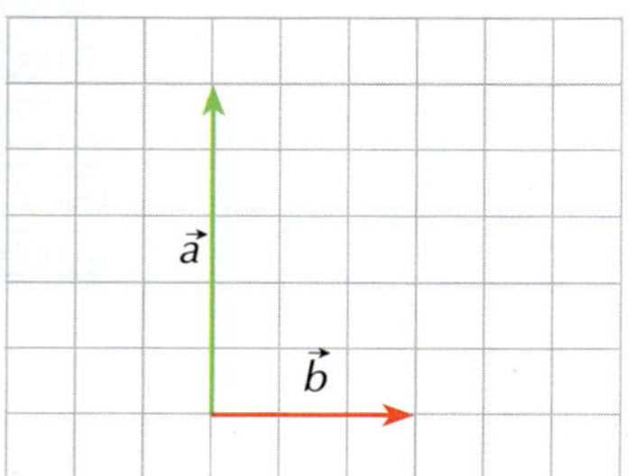

265 $3\vec{a} - \vec{b}$

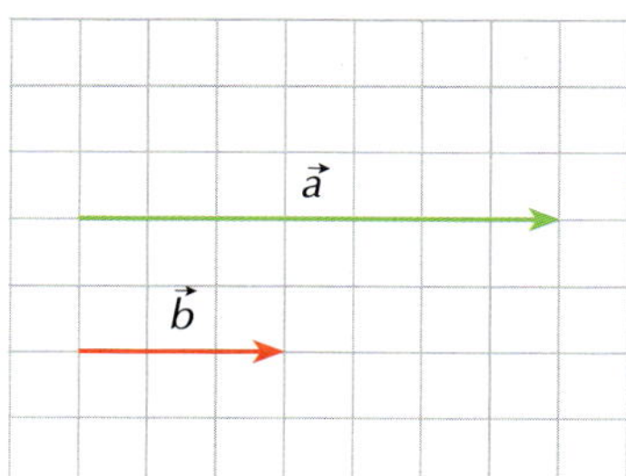

266 $\vec{a} - 2\vec{b}$

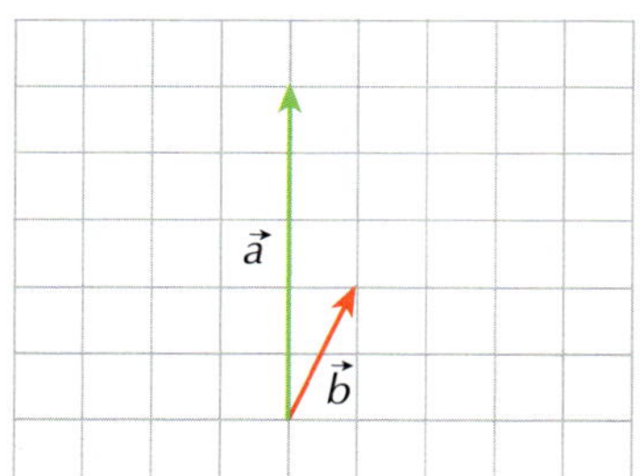

267 $2\vec{a} + 3\vec{b}$

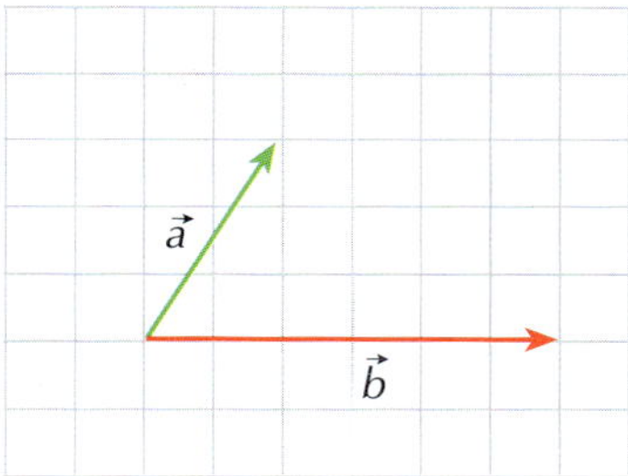

268 $5\vec{a} - 2\vec{b}$

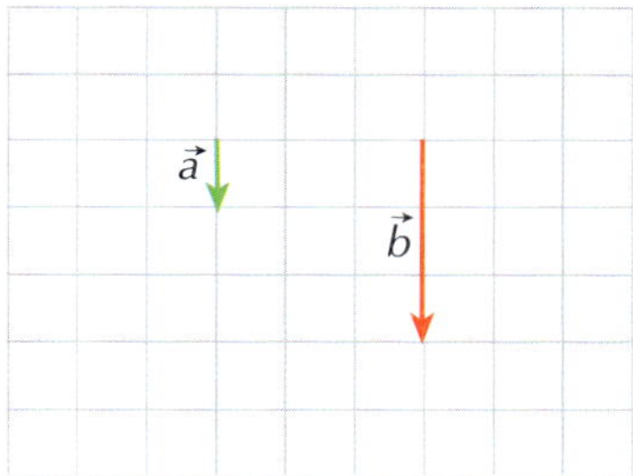

269 $2\vec{a} + 2\vec{b}$

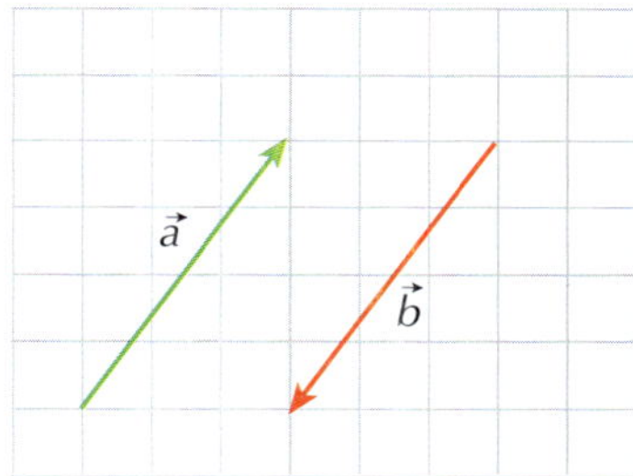

Determina graficamente le componenti del vettore $\vec{v}$ rappresentato in ciascuno dei seguenti esercizi, secondo le direzioni indicate nei vari casi.

270

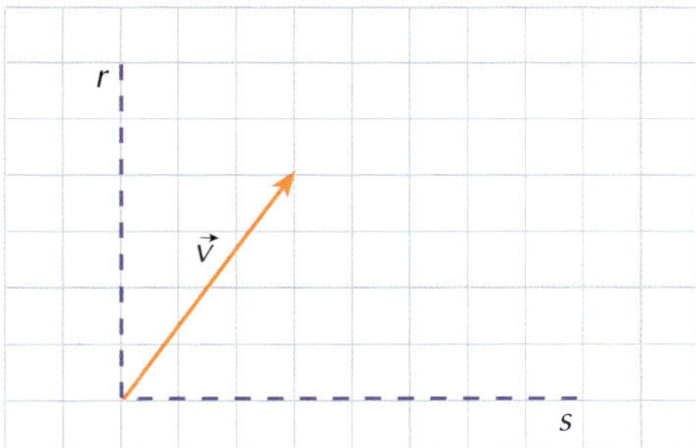

271

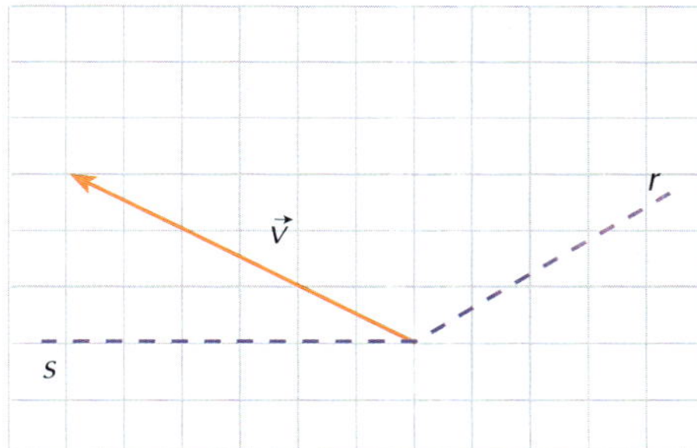

272

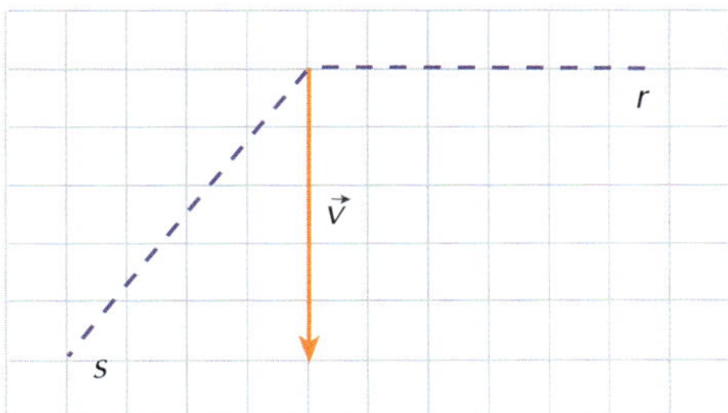

273

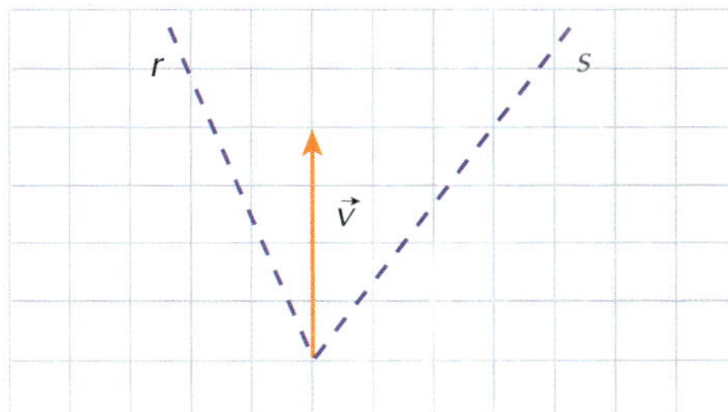

274

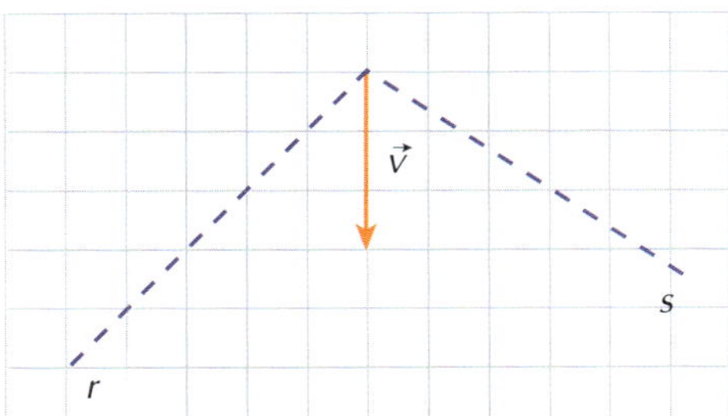

275

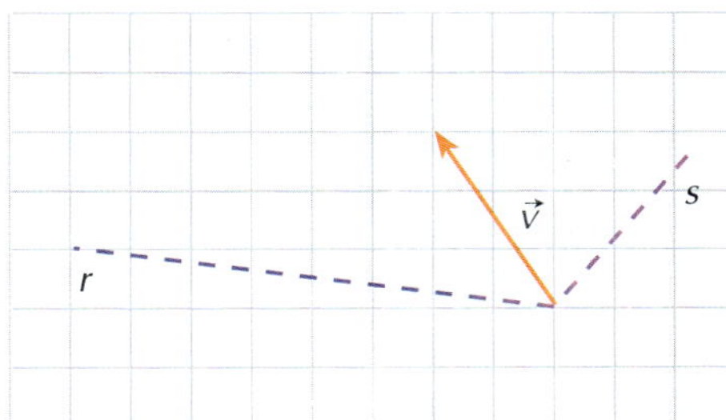

I VETTORI NEL PIANO CARTESIANO E LA TRIGONOMETRIA

teoria a pag. 232

Comprensione

SOLUZIONI ES. COMPRENSIONE

276 Un vettore $\vec{a}$ ha modulo 10 ed è inclinato di 30° rispetto all'asse delle ascisse.
Scegli fra quelle presentate la risposta corretta.

a. La componente a_x ha modulo: ① 5 ② $5\sqrt{2}$ ③ $5\sqrt{3}$

b. La componente a_y ha modulo: ① $5\sqrt{3}$ ② 5 ③ $5\sqrt{6}$

277 Il vettore $\vec{v}(4, -2)$ ha modulo uguale a:

a. $2\sqrt{5}$ **b.** $2\sqrt{3}$ **c.** 4 **d.** 5

278 Se $\vec{v}(1, 1)$ e $\vec{s}(-2, 3)$, allora $\vec{v} + \vec{s}$ è il vettore:

a. $(3, 4)$ **b.** $(-1, -2)$ **c.** $(1, 4)$ **d.** $(-1, 4)$

Applicazione

Rappresenta i seguenti vettori nel piano cartesiano e calcola il loro modulo.

279 $\vec{v}(2, -1)$ $\vec{s}\left(\sqrt{3}, \frac{2}{3}\right)$ $\vec{t}\left(-\frac{1}{2}, 0\right)$

280 $\vec{a}\left(3\sqrt{2}, -\frac{1}{4}\right)$ $\vec{b}(1, -3)$ $\vec{c}(0, \sqrt{5})$

281 $\vec{r}(5, 1)$ $\vec{s}(-2, 3)$ $\vec{v}(-4, -2)$

282 $\vec{w}\left(\frac{5}{4}, -\frac{3}{2}\right)$ $\vec{p}\left(\frac{1}{2}, -\frac{3}{4}\right)$ $\vec{z}\left(-\frac{1}{3}, \frac{1}{2}\right)$

Per ciascuno dei seguenti vettori calcola il modulo e l'angolo che esso forma con la direzione positiva dell'asse delle ascisse aiutandoti anche con la rappresentazione cartesiana.

283 **ESERCIZIO GUIDATO**

$\vec{v}(-\sqrt{3}, -1)$

Il modulo del vettore $\vec{v}$ è: $v = \sqrt{3+1} = 2$

Per determinare la direzione lavoriamo sul triangolo OAB dove: $\overline{OA} = 2$ e $\overline{AB} = 1$; quindi:

$$\sin\alpha = \frac{1}{2} \quad \rightarrow \quad \alpha = 30°$$

Il vettore forma quindi un angolo uguale a $180° + 30° = 210°$ con la direzione positiva dell'asse x.

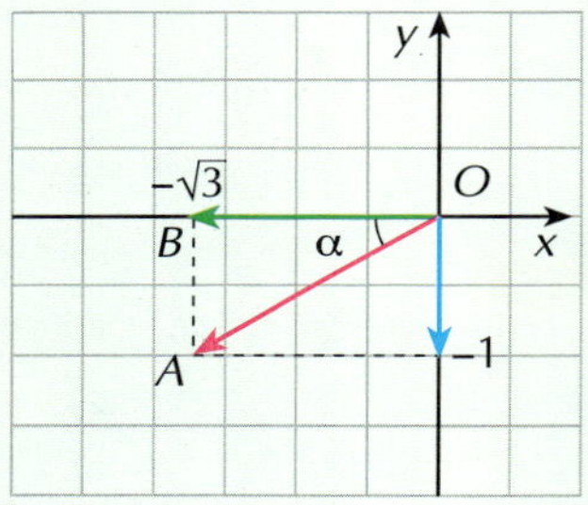

284 $\vec{v}(0, 1)$ $\vec{w}(-3, +\sqrt{3})$ $[v = 1, \alpha_v = 90°; w = 2\sqrt{3}, \alpha_w = 150°]$

285 $\vec{v}(-1, 0)$ $\vec{w}(4, -4)$ $[v = 1, \alpha_v = 180°; w = 4\sqrt{2}, \alpha_w = 315°]$

286 $\vec{v}(1, -\sqrt{3})$ $\vec{w}(-1, 1)$ $[v = 2, \alpha_v = 300°; w = \sqrt{2}, \alpha_w = 135°]$

287 $\vec{w}(\sqrt{2}, 1)$ $\vec{u}(-2, -\sqrt{2})$ $[w = \sqrt{3}, \alpha_w = 35°15'52''; u = \sqrt{6}, \alpha_u = 215°15'52'']$

288 $\vec{v}(1, 2)$ $\vec{w}\left(\frac{1}{2}, -2\right)$ $\left[v = \sqrt{5}, \alpha_v = 63°26'6''; w = \frac{\sqrt{17}}{2}, \alpha_w = -75°57'50''\right]$

289 $\vec{u}(-10, 4)$ $\vec{v}\left(-\frac{2}{3}, -\frac{1}{2}\right)$ $\left[u = 2\sqrt{29}, \alpha_u = 158°11'54''; v = \frac{5}{6}, \alpha_v = 216°52'11''\right]$

Calcola le componenti cartesiane dei seguenti vettori, di cui sono assegnati il modulo e l'angolo da essi formato con la direzione positiva dell'asse delle ascisse. Rappresentali poi nel piano cartesiano.

290 **a.** $v = \frac{1}{2}$ $\quad \alpha = 240°$ $\quad \left[\vec{v}\left(-\frac{1}{4}, -\frac{\sqrt{3}}{4}\right)\right]$

b. $v = 4$ $\quad \alpha = 330°$ $\quad \left[\vec{v}\left(2\sqrt{3}, -2\right)\right]$

291 **a.** $v = 5$ $\quad \alpha = 30°$ $\quad \left[\vec{v}\left(\frac{5}{2}\sqrt{3}, \frac{5}{2}\right)\right]$

b. $v = 1$ $\quad \alpha = 120°$ $\quad \left[\vec{v}\left(-\frac{1}{2}, \frac{\sqrt{3}}{2}\right)\right]$

292 **a.** $v = \sqrt{2}$ $\quad \alpha = 135°$ $\quad [\vec{v}(-1, 1)]$

b. $v = 2$ $\quad \alpha = 300°$ $\quad [\vec{v}(1, -\sqrt{3})]$

293 **a.** $v = 4$ $\quad \alpha = 270°$ $\quad [\vec{v}(0, -4)]$

b. $v = \sqrt{\frac{3}{2}}$ $\quad \alpha = 225°$ $\quad \left[\vec{v}\left(-\frac{\sqrt{3}}{2}, -\frac{\sqrt{3}}{2}\right)\right]$

294 **a.** $v = 10$ $\quad \alpha = 150°$ $\quad [\vec{v}(-5\sqrt{3}, 5)]$

b. $v = \sqrt{3}$ $\quad \alpha = 240°$ $\quad \left[\vec{v}\left(-\frac{\sqrt{3}}{2}, -\frac{3}{2}\right)\right]$

295 **a.** $v = \frac{1}{\sqrt{2}}$ $\quad \alpha = 315°$ $\quad \left[\vec{v}\left(\frac{1}{2}, -\frac{1}{2}\right)\right]$

b. $v = 8$ $\quad \alpha = 210°$ $\quad [\vec{v}(-4\sqrt{3}, -4)]$

Calcola la somma e la differenza delle seguenti coppie di vettori, assegnati mediante le loro componenti cartesiane.

296 **a.** $\vec{v}\left(\frac{1}{5}, -1\right)$ $\quad \vec{w}\left(-5, -\frac{1}{2}\right)$ $\quad \left[\vec{v}+\vec{w} = \left(-\frac{24}{5}, -\frac{3}{2}\right); \vec{v}-\vec{w} = \left(\frac{26}{5}, -\frac{1}{2}\right)\right]$

b. $\vec{a}(3, -2)$ $\quad \vec{b}\left(\frac{1}{2}, -\frac{3}{4}\right)$ $\quad \left[\vec{a}+\vec{b} = \left(\frac{7}{2}, -\frac{11}{4}\right); \vec{a}-\vec{b} = \left(\frac{5}{2}, -\frac{5}{4}\right)\right]$

297 **a.** $\vec{a}(-2, -4)$ $\quad \vec{b}(5, 4)$ $\quad \left[\vec{a}+\vec{b} = (3, 0); \vec{a}-\vec{b} = (-7, -8)\right]$

b. $\vec{v}(\sqrt{2}, -3)$ $\quad \vec{w}\left(3\sqrt{2}, -\frac{5}{2}\right)$ $\quad \left[\vec{v}+\vec{w} = \left(4\sqrt{2}, -\frac{11}{2}\right); \vec{v}-\vec{w} = \left(-2\sqrt{2}, -\frac{1}{2}\right)\right]$

298 **a.** $\vec{v}\left(\frac{\sqrt{2}}{2}, \frac{\sqrt{2}}{2}\right)$ $\quad \vec{w}(0, 1)$ $\quad \left[\vec{v}+\vec{w} = \left(\frac{\sqrt{2}}{2}, \frac{\sqrt{2}+2}{2}\right); \vec{v}-\vec{w} = \left(\frac{\sqrt{2}}{2}, \frac{\sqrt{2}-2}{2}\right)\right]$

b. $\vec{r}\left(\frac{5\sqrt{3}}{2}, \frac{5}{2}\right)$ $\quad \vec{s}\left(-\frac{7}{2}, \frac{7\sqrt{3}}{2}\right)$ $\quad \left[\begin{array}{l}\vec{r}+\vec{s} = \left(\frac{5\sqrt{3}-7}{2}, \frac{5+7\sqrt{3}}{2}\right)\\ \vec{r}-\vec{s} = \left(\frac{5\sqrt{3}+7}{2}, \frac{5-7\sqrt{3}}{2}\right)\end{array}\right]$

299 Dati i vettori $\vec{a}(-2, 3)$ e $\vec{b}(3, -5)$, calcola

a. $\vec{v} = 3\vec{a} + 5\vec{b}$ **b.** $\vec{w} = \frac{1}{2}\vec{a} - \vec{b}$ $\left[\vec{v}(9, -16); \vec{w}\left(-4, \frac{13}{2}\right)\right]$

300 Dati i vettori $\vec{v}(1, -4)$ e $\vec{w}(0, 6)$, calcola

a. $\vec{r} = 5\vec{v} - 2\vec{w}$ **b.** $\vec{p} = 2\vec{v} + \frac{1}{2}\vec{w}$ $[\vec{r}(5, -32); \vec{p}(2, -5)]$

301 Dati i vettori $\vec{a}(1, -1)$ e $\vec{b}\left(-1, \frac{1}{2}\right)$, calcola

a. $\vec{v} = -3\vec{a} + \frac{1}{3}\vec{b}$ **b.** $\vec{w} = \frac{1}{5}\vec{a} - \vec{b}$ $\left[\vec{v}\left(-\frac{10}{3}, \frac{19}{6}\right); \vec{w}\left(\frac{6}{5}, -\frac{7}{10}\right)\right]$

302 Dati i vettori $\vec{a}(4, 4)$, $\vec{b}(-7, 1)$ e $\vec{c}(-2, -1)$, calcola

a. $\vec{v} = \frac{1}{2}\vec{a} + 3\vec{b} - \vec{c}$ **b.** $\vec{w} = \frac{3}{2}\vec{a} - \vec{b} + 4\vec{c}$ $[\vec{v}(-17, 6); \vec{w}(5, 1)]$

303 Dati i vettori $\vec{v}(\sqrt{2}, -\sqrt{2})$, $\vec{w}\left(-\frac{\sqrt{2}}{2}, -\frac{\sqrt{2}}{2}\right)$ e $\vec{u}(-\sqrt{2}, \sqrt{2})$, calcola

a. $\vec{a} = \frac{1}{2}\vec{v} - 2\vec{w} + \frac{1}{2}\vec{u}$ **b.** $\vec{b} = 3\vec{v} - \vec{w} - \frac{1}{2}\vec{u}$ $[\vec{a}(\sqrt{2}, \sqrt{2}); \vec{b}(4\sqrt{2}, -3\sqrt{2})]$

304 Dati i vettori $\vec{v}(\sqrt{2}, -3)$, $\vec{w}(3, 1)$ $\vec{r}(2\sqrt{2}, 0)$, calcola

a. $\vec{a} = \vec{v} - 2\vec{w} - \frac{1}{2}\vec{r}$ **b.** $\vec{b} = \frac{3}{2}\vec{v} + 2\vec{w} - \frac{3}{4}\vec{r}$ **c.** $\vec{c} = 2\vec{v} + \vec{w} - \vec{r}$

Calcola infine il vettore $\vec{s} = \vec{a} + \vec{b} + \vec{c}$. $\left[\vec{s}\left(3, -\frac{25}{2}\right)\right]$

305 Dati i vettori $\vec{a}(3, -2)$, $\vec{b}\left(\frac{1}{2}, -3\right)$, $\vec{c}(0,5)$, calcola

a. $\vec{a} + 2\vec{b} - \vec{c}$ **b.** $-3\vec{a} + \vec{c}$

Calcola poi il modulo dei due vettori risultanti e l'angolo che essi formano con la direzione positiva dell'asse delle ascisse. [**a.** $\sqrt{185}$; $\alpha = 287°6'10''$; **b.** $\sqrt{202}$; $\alpha = 129°17'22''$]

306 Dati i vettori $\vec{a}$ e $\vec{b}$, calcola le componenti cartesiane, il modulo e la direzione di $\vec{a} + \vec{b}$ e $\vec{a} - \vec{b}$.

a. $\vec{a} = (-1, 3)$ e $\vec{b} = (3, 6)$
$[(2, 9), m = \sqrt{85}, \alpha = 77°28'16''; (-4, -3), m = 5, \beta = 216°52'12'']$

b. $\vec{a} = (1, 2)$ e $\vec{b} = (-2, 3)$
$[(-1, 5), m = \sqrt{26}, \alpha = 101°18'36''; (3, -1), m = \sqrt{10}, \beta = -18°26'6'']$

c. $\vec{a} = (3, -4)$ e $\vec{b} = (-2, 3)$
$[(1, -1), m = \sqrt{2}, \alpha = -45°; (5, -7), m = \sqrt{74}, \beta = -54°27'44'']$

Determina le componenti dei vettori $\vec{a}$ e $\vec{b}$ di cui, di seguito, sono date la somma $\vec{s}$ e la differenza $\vec{d}$.

307 **ESERCIZIO GUIDATO**

$\vec{s}(5, -2)$ $\vec{d}(1, 3)$

Calcoliamo le componenti dei due vettori secondo gli assi del riferimento cartesiano.

Detti $\vec{a}(a_x, a_y)$ e $\vec{b}(b_x, b_y)$ i due vettori, se la loro somma è il vettore $\vec{s}$ allora

$$\begin{cases} a_x + b_x = \ldots\ldots \\ a_y + b_y = \ldots\ldots \end{cases}$$

Se la loro differenza è il vettore $\vec{d}$ allora $\begin{cases} a_x - b_x = \ldots\ldots \\ a_y - b_y = \ldots\ldots \end{cases}$ $\left[\vec{a}\left(3, \frac{1}{2}\right), \vec{b}\left(2, -\frac{5}{2}\right)\right]$

308 $\vec{s}(0, -8)$ $\vec{d}(2, -2)$ $[\vec{a}(1, -5)$ $\vec{b}(-1, -3)]$

309 $\vec{s}(-14, 1)$ $\vec{d}\left(-6, -\frac{1}{3}\right)$ $\left[\vec{a}\left(-10, \frac{1}{3}\right)\right.$ $\left.\vec{b}\left(-4, \frac{2}{3}\right)\right]$

310 $\vec{s}(\sqrt{2}, -\sqrt{2})$ $\vec{d}(\sqrt{2}, \sqrt{2})$ $[\vec{a}(\sqrt{2}, 0)$ $\vec{b}(0, -\sqrt{2})]$

311 $\vec{s}\left(-\frac{3}{2}, -\frac{1}{3}\right)$ $\vec{d}\left(\frac{5}{2}, -\frac{1}{3}\right)$ $\left[\vec{a}\left(\frac{1}{2}, -\frac{1}{3}\right)\right.$ $\left.\vec{b}(-2, 0)\right]$

312 $\vec{s}(-\sqrt{3}, 2\sqrt{2})$ $\vec{d}(3\sqrt{3}, -4\sqrt{2})$ $[\vec{a}(\sqrt{3}, -\sqrt{2})$ $\vec{b}(-2\sqrt{3}, 3\sqrt{2})]$

LE APPLICAZIONI ALLA FISICA

teoria a pagina 235

Applicazione

313 Calcola il prodotto scalare e il modulo del prodotto vettoriale dei vettori $\vec{p}$ e $\vec{q}$, che formano l'angolo ϑ indicato.

a. $\vec{p}$ di modulo 3, $\vec{q}$ di modulo 6, $\vartheta = 85°$ [1,57; 17,93]

b. $\vec{p}$ di modulo 5, $\vec{q}$ di modulo 4, $\vartheta = 120°$ $[-10; 10\sqrt{3}]$

c. $\vec{p}$ di modulo 2, $\vec{q}$ di modulo 7, $\vartheta = 210°$ $[-7\sqrt{3}; -7]$

314 Due forze F_1 ed F_2 fra loro perpendicolari e rispettivamente di intensità 50 ed 80 Newton vengono applicate ad un corpo. Qual è l'intensità della risultante e l'angolo che essa forma con F_2? [$R = 94{,}34$ Newton; $\alpha = 32°19''$]

315 Un corpo di massa $m = 40$kg, soggetto al proprio peso, scivola senza attrito lungo un piano inclinato di 25° rispetto al suolo. Calcola la componente della forza peso che agisce nella direzione del piano inclinato. [≈ 166kg]

316 Una slitta viene trascinata per 10 metri lungo il terreno. La trazione sulla corda che la traina viene esercitata con una forza di 75 Newton e l'angolo fra la corda e la linea orizzontale è di 28°. Calcola il lavoro compiuto dalla forza. [≈ 662 joule]

317 ## ESERCIZIO GUIDATO

Un corpo scivola senza attrito lungo un piano inclinato lungo 400m impiegando 40 secondi. Determina l'inclinazione del piano rispetto a quello orizzontale.

Il moto di un corpo lungo un piano inclinato è uniformemente accelerato e quindi soggetto alla legge $s = \frac{1}{2}at^2$ da cui ricavi che $a =$ ....

Poiché, in questo caso, $s = 400$ e $t = 40$, si ha che $a =$ ....

Indicando con ℓ la lunghezza del piano inclinato e con h la sua altezza, vale poi la relazione $\frac{h}{\ell} = \frac{a}{g}$ dove g è l'accelerazione di gravità.

Ma $\frac{h}{\ell}$ rappresenta.............. quindi.............. [$\alpha = 2°55'28''$]

318 Sopra un piano inclinato c'è un peso di 400 Newton e per mantenerlo in equilibrio occorre una forza di 92 Newton parallela al piano. Calcola l'inclinazione del piano. [13°17'49'']

319 Una forza F è la risultante di due forze F_1 ed F_2 che formano con la direzione di F un angolo rispettivamente di 40°32' e di 49°28'. Se $F_1 = 49{,}78$ Newton qual è l'intensità di F_2? [42,57 Newton]

320 Due treni partono dalla stessa stazione ferroviaria nello stesso istante lungo rotaie rettilinee che formano fra loro un angolo di 60°. Il primo viaggia a 30km/h e il secondo a 60km/h. A quale distanza l'uno dall'altro si trovano i due treni dopo un'ora? [$d = 30\sqrt{3}$]

321 Due forze di intensità rispettivamente $F_1 = 5$ Newton e $F_2 = 8{,}5$ Newton hanno una risultante $\vec{R}$ di intensità 10 Newton. Calcola l'angolo γ che $\vec{R}$ forma con $\vec{F_1}$ e l'angolo α che le due forze $\vec{F_1}$ ed $\vec{F_2}$ formano tra loro. [$\gamma = 58°9'48''$; $\alpha = 88°8'45''$]

322 Una forza di 150 Newton ha per componenti due forze $\vec{F_1}$ ed $\vec{F_2}$ che formano con quella data angoli di 76°30' e 54°18'. Calcola le intensità di $\vec{F_1}$ e $\vec{F_2}$. [160,92 Newton; 192,68 Newton]

323 Ad un punto sono applicate due forze F_1 e F_2 di intensità rispettivamente 7,65 Newton e 26,35 Newton. Calcola l'intensità della risultante sapendo che le loro direzioni formano un angolo di 115°30'. [24,07 Newton]

324 In un piano inclinato, l'angolo di inclinazione è 36°28'. Calcola la forza che si deve applicare, parallelamente alla direzione del piano, ad un corpo del peso di 50 Newton appoggiato su di esso, per ottenere l'equilibrio, supponendo trascurabile l'attrito. [29,72 Newton]

325 Calcola l'angolo di inclinazione di un piano inclinato sapendo che per equilibrare su di esso un peso di 36 Newton occorre una forza di 9,3 Newton parallela alla base del piano. [14°58'16'']

Esercizi per lo sviluppo delle competenze

1 Un corpo è appoggiato su un piano, inclinato di 25° sul piano orizzontale, ed è tenuto in equilibrio da una forza di 33,81 Newton parallela al piano. Calcola il peso del corpo, supponendo trascurabile l'attrito. [80 Newton]

2 Una nave vede due punti di riferimento A e B su un tratto di costa pressoché rettilineo sotto un angolo di $105°$. Misurando con un laser le distanze che la separano dai punti A e B rileva che esse sono rispettivamente 12km e 18km. Quanto distano i punti A e B? Quanto dista la nave dalla costa? [24km; 8,7km]

3 Un falco vola in linea retta in direzione nord ad una velocità di 32km/h quando un forte vento in direzione Nord 40° Ovest lo fa deviare. Qual è la nuova velocità del falco e qual è l'angolo che la nuova direzione forma con quella precedente se la velocità del vento è di 60km/h? [87km/h; $\approx 26°$]

4 Una forza di 52,8N, applicata ad un punto materiale, ne provoca lo spostamento di 85cm. Sapendo che il lavoro che essa compie è di $42J$, determina l'ampiezza, approssimata ai gradi, dell'angolo tra la direzione della forza e quella dello spostamento supponendo trascurabili gli attriti. [21°]

5 Un corpo sul quale agisce una forza F di intensità $20N$ si trova in equilibrio su un piano inclinato di 20° rispetto alla direzione orizzontale. Dopo aver determinato la massa del corpo, stabilisci che cosa accadrebbe se la forza agente fosse di $15N$, supponendo trascurabili gli attriti.
[$m = 6$kg; il corpo scende lungo il piano con accelerazione $a = 0{,}83\text{m/s}^2$]

6 Le tre forze in figura vengono applicate ad un corpo di massa $m = 20$kg; se $F_1 = 60N$, $F_2 = 80N$, $F_3 = 70N$, determina il modulo della forza risultante F e la sua direzione rispetto all'orizzontale approssimata ai primi. Qual è l'accelerazione del corpo?
[$F = 41{,}78$, $\alpha = 3°20'$; $a = 2{,}1\text{m/s}^2$]

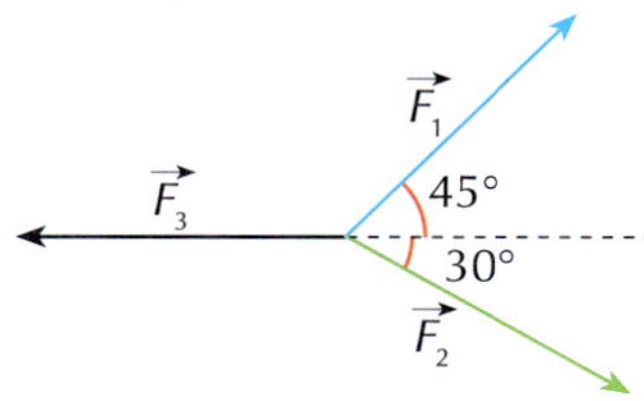

7 Per spostare un armadio di massa $m = 150$kg, due ragazzi lo spingono ciascuno con una forza di $500N$; se il coefficiente di attrito statico tra l'armadio e il pavimento è 0,82, riusciranno i ragazzi a muovere l'armadio? Qual è la forza minima di spinta necessaria per lo spostamento? [non riescono a muovere l'armadio; minima forza necessaria $1206N$]

8 Per mezzo di un radar vengono misurati in un certo istante la distanza d di un elicottero da un osservatore al suolo che si trova in un punto O e l'angolo di depressione α; da tali misurazioni risulta che $d = 1250$m e $\alpha = 13°$. A che altezza dal suolo si trova l'elicottero? [281m]

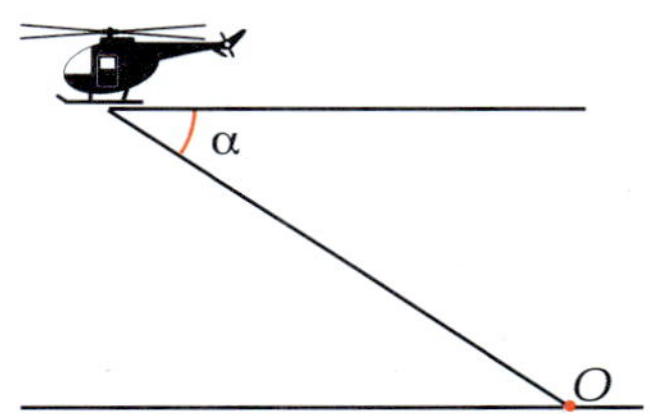

9 Una barca a vela, per poter navigare, ha bisogno della spinta che la forza del vento esercita sulle vele; di conseguenza se, partendo da un punto A, deve raggiungere un punto B, il più delle volte non può dirigere la prua nella direzione AB, ma deve percorrere tratti con angolazioni diverse in modo da sfruttare il vento nel miglior modo possibile. La nostra barca, partendo a A, si dirige quindi per un tratto di 1500m lungo una direzione che forma un angolo di 60° con la direzione Nord, vira poi ad angolo retto in direzione Est-Sud e percorre un tratto di 800m; quindi vira di nuovo in direzione Est di un angolo di 45° e percorre un ultimo tratto di 1200m. A quale distanza in linea retta dal punto di partenza si trova la barca e che angolazione ha la sua andatura rispetto alla direzione Nord? [circa 2869m, circa 95°]

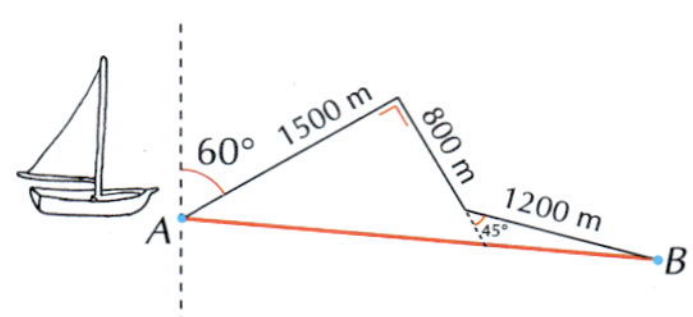

Il capitolo si completa con:

ESERCIZI DI CONSOLIDAMENTO E PER LE ECCELLENZE

VERIFICA INTERATTIVA

Test Finale

1 La misura in radianti di un angolo di 225° è:

a. $\frac{4}{5}\pi$ **b.** $\frac{5}{4}\pi$ **c.** $\frac{7}{4}\pi$ **d.** $\frac{3}{4}\pi$

0,2 punti

2 La misura in gradi di un angolo che in radianti è $\frac{5}{12}\pi$ è:

a. 150° **b.** 15° **c.** 75° **d.** 55°

0,2 punti

3 Per ognuna delle seguenti richieste scegli la risposta corretta:

- $\sin\frac{\pi}{6}$ è uguale a: **a.** $\frac{\sqrt{3}}{2}$ **b.** $\frac{\sqrt{3}}{3}$ **c.** $-\frac{1}{2}$ **d.** $\frac{1}{2}$
- $\cos\frac{3}{2}\pi$ è uguale a: **a.** -1 **b.** 0 **c.** 1 **d.** $\frac{1}{2}$
- $\tan\frac{\pi}{4}$ è uguale a: **a.** $\frac{\sqrt{3}}{2}$ **b.** $\frac{\sqrt{2}}{2}$ **c.** 1 **d.** -1
- $\cos\frac{5}{6}\pi$ è uguale a: **a.** $-\frac{\sqrt{3}}{2}$ **b.** $-\frac{1}{2}$ **c.** $-\frac{\sqrt{2}}{2}$ **d.** $\frac{\sqrt{3}}{2}$

0,8 punti

4 Se $\sin\alpha = \frac{\sqrt{5}}{4}$ e α è un angolo ottuso, indica quali fra le seguenti uguaglianze sono vere:

a. $\cos\alpha$ è uguale a: ① $\frac{\sqrt{11}}{4}$ ② $-\frac{\sqrt{11}}{4}$ ③ $-\frac{\sqrt{21}}{4}$

b. $\tan\alpha$ è uguale a: ① $-\sqrt{\frac{5}{21}}$ ② $\frac{\sqrt{55}}{11}$ ③ $-\frac{\sqrt{55}}{11}$

0,5 punti

5 In un triangolo isoscele la base misura 48 e l'angolo al vertice misura 56°28′. Determina il suo perimetro.

1 punto

6 Un campanile, quando viene colpito dai raggi solari inclinati di 45° sul piano orizzontale, proietta un'ombra che si allunga di 20m quando i raggi assumono una inclinazione di 30°. Determina l'altezza del campanile.

2 punti

7 Un vettore $\vec{v}$ ha modulo 12 ed è inclinato di 15° rispetto al semiasse positivo delle ascisse; trova le sue componenti lungo gli assi cartesiani.

0,5 punti

8 Dati i due vettori $\vec{v}\left(-\frac{1}{2}, \frac{1}{3}\right)$ e $\vec{w}\left(\frac{2h+1}{2}, -\frac{h}{3}\right)$, stabilisci se esistono valori del parametro reale h per i quali risulta $\vec{v} = \vec{w}$.

0,8 punti

9 Dati nel piano cartesiano i vettori $\vec{a}(5, 4)$, $\vec{b}(2, 1)$, $\vec{c}(-1, 1)$, $\vec{d}(2, 4)$ verifica che i vettori $\vec{b}-\vec{a}$ e $\vec{c}-\vec{d}$ hanno lo stesso modulo, direzione e verso.

1 punto

10 Un aquilone viene fatto volare tenendolo con un filo lungo 85m che forma un angolo di 50° col piano orizzontale, su un promontorio di 100m di altezza. A quanti metri dalla superficie del mare si trova l'aquilone?

1,5 punti

11 Una slitta viene trascinata per 10 metri lungo il terreno. La trazione sulla corda che la traina viene esercitata con una forza di 75 Newton e l'angolo fra la corda e la linea orizzontale è di 28°. Calcola il lavoro compiuto dalla forza.

1,5 punti

Soluzioni

1 **b.**

2 **c.**

3 **d.**, **b.**, **c.**, **a.**

4 **a.** ②, **b.** ③

5 149,47

6 27,32m

7 $v_x = 12\cos 15° = 11{,}59$ $\quad v_y = 12\sin 15° = 3{,}11$

8 $h = -1$

9 $\vec{b} - \vec{a} = \vec{c} - \vec{d} = (-3,\ -3)$; modulo $= 3\sqrt{2}$, $\vartheta = 225°$

10 165,11m

11 circa 662 Joule

Esercizio	1	2	3	4	5	6	7	8	9	10	11	
Punteggio												

Valutazione in decimi

La trigonometria e la Fisica

La trigonometria ha molte applicazioni in Fisica, serve per esempio per calcolare la risultante di due o più forze, per comporre velocità e spostamenti, per scoprire come deviano i raggi luminosi quando passano da un mezzo all'altro, quando attraversano una lente o quando vengono riflessi da uno specchio.
Avrai notato che una cannuccia messa in un bicchiere d'acqua sembra spezzarsi; cerchiamo di capire perché.
Un raggio di luce che incontra la superficie di separazione fra due mezzi trasparenti (raggio incidente) viene in parte riflesso (raggio riflesso) e in parte deviato (raggio rifratto) ed esiste una precisa relazione tra gli angoli che questi raggi formano con la direzione perpendicolare alla superficie di separazione (la retta normale).

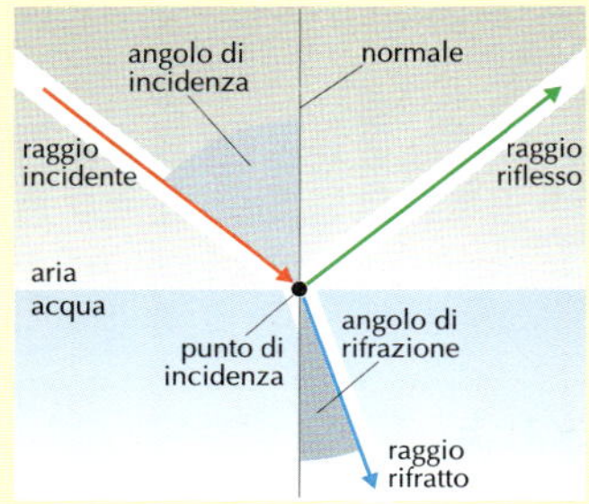

Innanzi tutto i tre raggi incidente, riflesso e rifratto appartengono allo stesso piano.
Nella riflessione, poi, l'angolo di incidenza è sempre uguale all'angolo di riflessione.
Nella rifrazione il rapporto tra il seno dell'angolo di incidenza e il seno dell'angolo di rifrazione è costante; questa costante si indica con il simbolo n_{12} e rappresenta l'**indice di rifrazione del secondo mezzo rispetto al primo**:

$$n_{12} = \frac{\sin \widehat{i}}{\sin \widehat{r}}$$

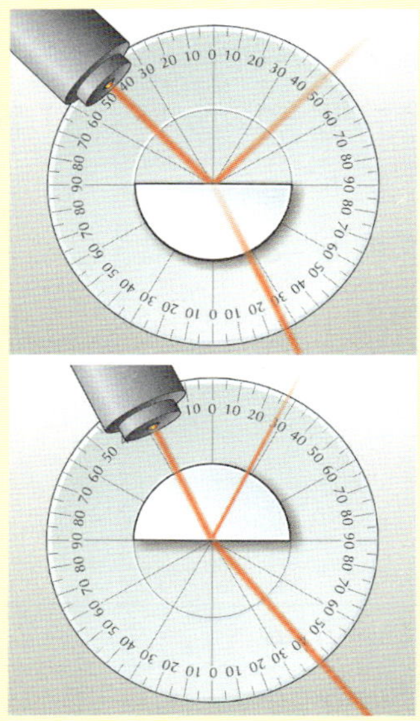

Se il raggio luminoso, passando da un mezzo all'altro, si avvicina alla normale (come nel primo dei disegni a lato) si dice che il secondo mezzo è più rifrangente del primo, se invece si allontana (come nel secondo) si dice che è meno rifrangente del primo.
E' conveniente poi considerare come primo mezzo il vuoto e definire quindi un **indice di rifrazione assoluto *n*** di un mezzo trasparente come l'indice di rifrazione corrispondente al passaggio della luce dal vuoto al mezzo stesso.
Nella tabella abbiamo indicato l'indice di rifrazione assoluto di alcuni materiali trasparenti.

Mezzo	Indice n
Aria	1,00029
Acqua	1,333
Alcool	1,362
Plexiglas	1,487
Vetro	1,524
Diamante	2,419

L'indice di rifrazione assoluto è utile perché si verifica che $n_{12} = \frac{n_2}{n_1}$, cioè che l'indice di rifrazione del secondo mezzo rispetto al primo è il rapporto tra gli indici di rifrazione assoluti dei due mezzi.

Per esempio, se un raggio di luce incide su una barra di plexiglas con un angolo di incidenza di 60°, con la precedente relazione possiamo calcolare l'angolo di rifrazione:

- il primo mezzo è l'aria: $n_1 = 1{,}00029$
- il secondo mezzo è il plexiglas: $n_2 = 1{,}487$
- l'indice di rifrazione del plexiglas rispetto all'aria è quindi: $n_{12} = \dfrac{1{,}00029}{1{,}487}$
- in base alla relazione $n_{12} = \dfrac{\sin \widehat{i}}{\sin \widehat{r}}$ abbiamo che: $\dfrac{1{,}487}{1{,}00029} = \dfrac{\sin 60°}{\sin \widehat{r}} \quad \rightarrow \quad \sin \widehat{r} = 0{,}582566...$

Da quest'ultima relazione ricaviamo che $\widehat{r}$ è circa 36°.

La rifrazione della luce genera fenomeni che determinano illusioni ottiche di vario genere; per esempio, un oggetto posto in acqua sembra più in alto di quello che è in realtà perché i raggi luminosi che partono da esso, passando dall'acqua all'aria, si allontanano dalla normale e arrivano all'occhio dell'osservatore dandogli l'impressione di giungere da un punto più in alto; ed è per lo stesso motivo che la cannuccia nel bicchiere sembra spezzata.

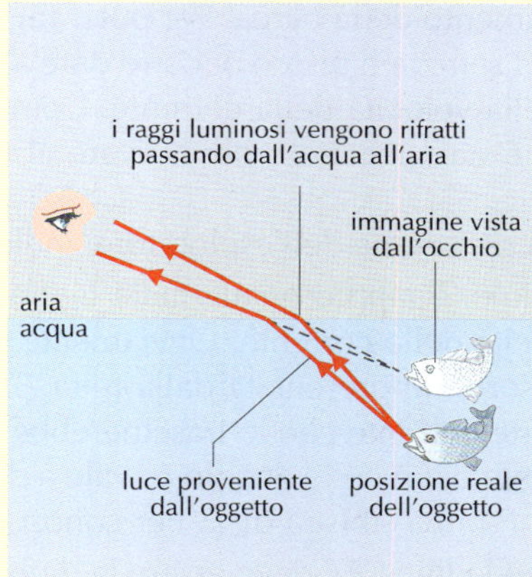

ULTERIORI COLLEGAMENTI

MATEMATICA DELLA VITA QUOTIDIANA

Giochiamo con lo smartphone

Un giochino di uno smartphone è così configurato.
Un esploratore deve attraversare un fiume per raggiungere il tesoro che si trova sull'altra sponda direttamente di fronte a lui (***figura a lato***); per arrivare all'obiettivo si serve di una barca ma, ovviamente, deve affrontare diverse prove e superare mille ostacoli: indigeni ostili che cercano di colpirlo con punte di frecce avvelenate, uccelli rapaci che gli piombano addosso arrivando da non si sa dove, pesci dalle improbabili dentature che cercano di fargli perdere i remi. Come se non bastasse c'è anche una forte corrente che ostacola l'andamento della barca. Per poter raggiungere la riva opposta nel punto esatto in cui si trova il tesoro occorre dare alla barca la giusta direzione che tiene conto della velocità della corrente. Come si deve regolare l'esploratore, e quindi tu che stai giocando, per arrivare al tesoro?

La situazione dell'esploratore, indichiamo con E la sua posizione sulla riva del fiume, è rappresentata nella figura nella quale il vettore $\vec{v_c}$ rappresenta la velocità della corrente. Ovviamente se l'esploratore procedesse in direzione del tesoro, rappresentata dalla retta ET, non lo raggiungerebbe mai per via della forte corrente che lo trascinerebbe a valle; egli deve quindi remare controcorrente di un certo angolo α, vale a dire che la barca deve dirigersi verso un punto P più a sinistra di T. Per conoscere questa direzione dobbiamo considerare che la linea ET deve essere la direzione della risultante tra il vettore $\vec{v_c}$ e il vettore $\vec{v_E}$ che rappresenta la velocità con cui l'esploratore è in grado di remare. La situazione può essere rappresentata graficamente nello schema che rappresenta i tre vettori dove conosciamo il valore di v_c e quello di v_E e vogliamo calcolare l'ampiezza dell'angolo α; in base ai teoremi sui triangoli rettangoli abbiamo subito che:

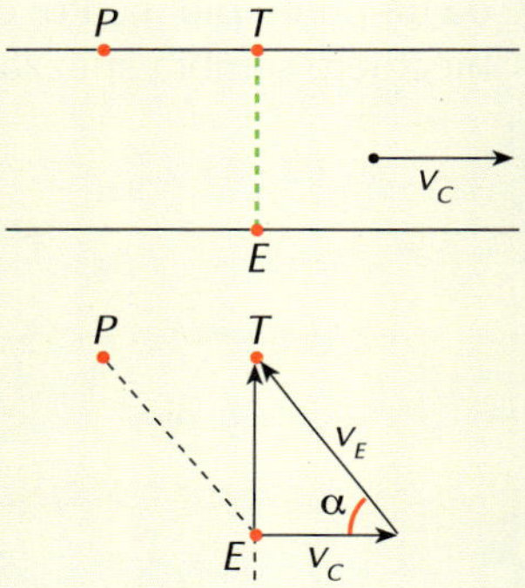

$$\cos\,\alpha = \frac{v_c}{v_E}$$

Per esempio, se fosse $v_c = 3\text{m/s}$ e $v_E = 4\text{m/s}$, si avrebbe che $\cos\,\alpha = \frac{3}{4}$, cioè che α deve essere un angolo di circa 41,4°.

ULTERIORI COLLEGAMENTI

gare di matematica

1 I lati di un triangolo misurano rispettivamente 2cm, 3cm, 4cm. Calcolare l'area del cerchio inscritto nel triangolo.

a. $\frac{5}{12}\,\text{cm}^2$ **b.** $\frac{5\pi}{36}\,\text{cm}^2$ **c.** $\frac{5\pi}{12}\,\text{cm}^2$ **d.** $\frac{2\pi}{3}\,\text{cm}^2$ **e.** $\pi\ \text{cm}^2$

[c.]

2 In un triangolo due angoli misurano rispettivamente 30° e 105° ed il lato tra essi compreso è lungo 2cm. Qual è la misura del perimetro del triangolo?

a. $(5+\sqrt{3})\text{cm}$ **b.** $(2+2\sqrt{3}+\sqrt{2})\text{cm}$ **c.** $(3+\sqrt{3}+\sqrt{2})\text{cm}$

d. $(5+\sqrt{2})\text{cm}$ **e.** $(2+3\sqrt{3})\text{cm}$

[c.]

Math in English

Theory on page 238

CLIL

1 Convert the following angles from degrees to radians:

30° 80° 120° 260°

2 Convert the following angles from radians to degrees:

$\frac{2}{5}\pi$ $\frac{7}{8}\pi$ $\frac{5}{9}\pi$ $\frac{7}{5}\pi$

3 Find the values of the three trigonometric ratios of the angle α in the figure.

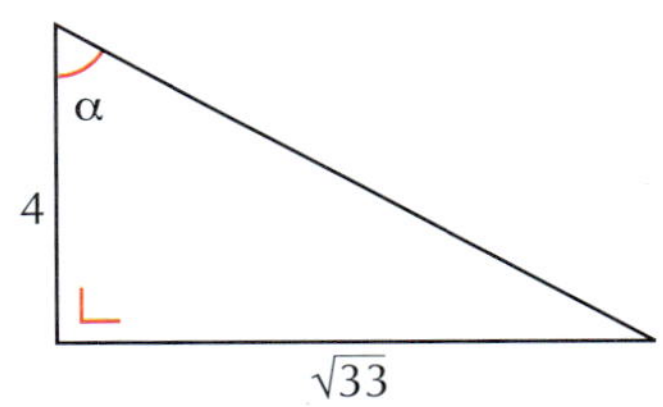

4 The angle of elevation to the top of the Empire State Building in New York is found to be 11° from the ground at a distance of 1 mile from the base of the building. Using this information, find the height of the Empire State Building. [0.1944 miles]

5 A child is swinging on a garden swing with supporting rope lengths of 3.5m. When the swing angle (with respect to the vertical) is 30°, how high is the child compared with her lowest position? [0,47m]

6 A pole of lenght 6m leans against a vertical wall. The angle between the pole and the horizontal is 70°. What is the height of the top of the pole? [5,64m]

MORE EXERCISES

GLOSSARIO

addendo: termine di un'addizione.

algoritmo: sequenza ordinata e finita delle operazioni da compiere per raggiungere un obiettivo.

annullamento (legge di): legge in base alla quale un prodotto è zero se e solo se uno dei suoi fattori è nullo.

approssimazione: sostituzione di un valore numerico, non noto o non trattabile con uno strumento di calcolo, con un altro valore; i metodi di approssimazione sono i seguenti:
- per difetto: si eliminano le cifre decimali da un certo posto in poi lasciando invariate quelle precedenti
- per eccesso: si eliminano le cifre decimali da un certo posto in poi aumentando di una cifra l'ultima cifra decimale considerata
- per intervallo: indica due valori entro i quali è compreso il valore numerico dato.

Un numero si approssima per troncamento a una certa cifra decimale quando si considera sempre il suo valore approssimato per difetto; si approssima per arrotondamento quando si considera la sua approssimazione per difetto quando la cifra decimale successiva è minore di 5, per eccesso quando è maggiore o uguale a 5.

ascissa: in un riferimento cartesiano ortogonale nel piano è il primo numero della coppia che individua un punto; si indica con la lettera x e rappresenta la distanza (con segno) del punto dall'asse delle ordinate.

base di numerazione: numero di simboli necessari per rappresentare un qualsiasi numero; la base di numerazione decimale usa come simboli le dieci cifre da 0 a 9.

binomio: polinomio costituito da due monomi.

campione: sottoinsieme estratto da un insieme più vasto (popolazione) il cui studio diretto è impossibile o poco agevole.

campo di esistenza: (insieme di definizione) relativo a una funzione $f(x)$, è il più grande insieme in cui è possibile eseguire tutte le operazioni indicate nell'espressione $f(x)$.

codominio: data una funzione $f : A \rightarrow B$, è il sottoinsieme di B formato dagli elementi che hanno almeno una controimmagine in A.

coefficiente angolare: definito in un sistema di riferimento cartesiano per una retta non parallela all'asse y, è il rapporto tra la differenza tra le ordinate e la differenza tra le ascisse di due punti sulla retta; il coefficiente angolare indica la pendenza della retta.

controimmagine: data una funzione $f : A \rightarrow B$, controimmagine di un elemento $y \in B$ è il valore $x \in A$ che ha come immagine y.

commutativa: proprietà delle operazioni; un'operazione $*$ si dice commutativa in un insieme A se per ogni coppia di elementi di A l'ordine degli operandi non cambia il risultato dell'operazione: $a * b = b * a$.

composizione (di vettori): indica la somma di due vettori.

concordi: numeri che hanno lo stesso segno.

coordinate: coppia (o terna) ordinata di numeri che in un sistema di riferimento nel piano (o nello spazio) individua uno e un solo punto.

corrispondenza: sottoinsieme del prodotto cartesiano tra due insiemi i cui elementi si individuano in base a una precisa legge.

corrispondenza univoca: corrispondenza che si esprime mediante una legge che ad ogni elemento di un insieme A associa uno ed un solo elemento di un insieme B.

corrispondenza biunivoca: corrispondenza che si esprime mediante una legge che che ad ogni elemento di un insieme A associa uno ed un solo elemento di un insieme B e viceversa; si tratta di una corrispondenza $1 \leftrightarrow 1$.

costante: quantità che mantiene inalterato il suo valore.

delta: lettera greca maiuscola Δ, indica in generale una differenza; viene usata in algebra per indicare il *discriminante* dell'equazione di secondo grado $ax^2 + bx + c = 0$.

determinante: di una matrice quadrata di ordine due è la differenza tra il prodotto dei termini lungo la diagonale principale e il prodotto dei termini lungo la diagonale secondaria.

diagramma cartesiano: rappresentazione grafica nel piano che esprime il legame tra due variabili.

diagramma di Eulero-Venn: rappresentazione grafica di un insieme mediante una linea chiusa non intrecciata all'interno della quale si rappresentano gli elementi dell'insieme.

dimostrazione: ragionamento che, a partire da alcune premesse supposte vere (le ipotesi), consente di accertare la verità di un'affermazione (tesi).

direttrice (di una parabola): retta d per la quale $PF = PH$ essendo P un punto della parabola, F il fuoco e PH la distanza di P dalla direttrice.

discordi: numeri che hanno segni opposti.

discriminante: in una equazione di secondo grado $ax^2 + bx + c = 0$ è l'espressione $b^2 - 4ac$. Condizione necessaria e sufficiente affinché l'equazione ammetta due soluzioni reali (distinte o coincidenti) è che sia $b^2 - 4ac \geq 0$.

disequazione: espressione riconducibile alla forma $f(x) \gtreqless 0$; risolvere una disequazione significa determinare l'insieme dei valori di x che rendono vera la disuguaglianza ottenuta.

disgiunti: due insiemi la cui intersezione è l'insieme vuoto.

distanza: percorso minimo tra due oggetti; la distanza tra due punti A e B è il segmento AB; la distanza di un punto da una retta è il segmento di perpendicolare condotto dal punto alla retta.

distributiva: proprietà che riguarda due operazioni; si dice che l'operazione $*$ è distributiva rispetto all'operazione $\diamond$ se: $a * (b \diamond c) = (a * b) \diamond (a * c)$.

divisione intera: si esegue tra due numeri interi a e b; in informatica il quoziente intero di $a : b$ si indica con il simbolo *DIV*; il resto della divisione con il simbolo *MOD*. Per esempio: 17 *DIV* 5 = 3 e 17 *MOD* 5 = 2.

dominio: detto di una funzione, è un sottoinsieme, proprio o improprio, del campo di esistenza; il dominio viene stabilito in base al significato assunto da una variabile (per esempio, un segmento non può avere lunghezza negativa).

equazione: uguaglianza tra due espressioni, funzioni delle stesse variabili; risolvere un'equazione significa trovare i valori delle incognite che rendono uguali le due espressioni.

equipollenti: detto di due vettori che sono paralleli ed equiversi e che hanno lo stesso modulo.

equivalenti: si dice di due equazioni o disequazioni che hanno le stesse soluzioni.

esperimento aleatorio: fenomeno del mondo reale al quale è associata una situazione di incertezza.

espressione: insieme di lettere o numeri legati tra loro da simboli di operazione.

evento: proposizione alla quale si può attribuire il valore di Vero oppure di Falso; *evento aleatorio* è il termine usato nel calcolo delle probabilità per esprimere un possibile esito di un esperimento aleatorio.

fascio (di rette): insieme di tutte le rette che passano per un punto fisso (fascio *proprio*) oppure di tutte le rette che sono parallele a una retta data (fascio *improprio*)

fattore: termine di una moltiplicazione.

fattorizzare: scomporre un numero o un polinomio in fattori.

frazione algebrica: rapporto tra due polinomi.

frazione decimale: frazione il cui denominatore è una potenza del 10.

funzione: legge che ad ogni elemento di un insieme A fa corrispondere uno e un solo elemento di un insieme B.

fuoco (di una parabola): punto F per il quale $PF = PH$ essendo P un punto della parabola e PH la distanza di P da una retta fissa detta direttrice.

geometria analitica: ramo della Matematica, dovuto a Cartesio e Fermat, in cui ad ogni punto P del piano viene associata una coppia ordinata (x, y) di numeri reali che rappresentano le *coordinate* del punto P. Ogni luogo di punti del piano ha come rappresentazione analitica un'equazione nelle variabili x e y.

goniometria: parte della Matematica che si occupa della misurazione degli angoli. Essa definisce le funzioni angolari di seno, coseno e tangente di un angolo utilizzando la circonferenza goniometrica che, in un sistema di riferimento cartesiano ortogonale, è la circonferenza avente centro nell'origine e raggio unitario.

grandezze omogenee: insieme di elementi tra i quali si possono fissare criteri di confronto e regole di somma.

identità: uguaglianza vera per ogni valore del dominio attribuito alle variabili che in essa compaiono.

immagine: data una funzione $f(x)$, è l'elemento che viene associato a x nella corrispondenza.

incommensurabili: due grandezze omogenee che non hanno un sottomultiplo comune.

intervallo: sottoinsieme non vuoto dei numeri reali che assume la forma $a < x < b$, $x > a$, $x < b$; se gli estremi sono esclusi l'intervallo si dice aperto, se sono inclusi si dice chiuso.

ipotesi: in un teorema, ciò che si suppone essere vero.

luogo di punti: insieme di tutti e soli i punti (di un piano o dello spazio) che godono di una medesima proprietà (per esempio: asse di un segmento = luogo dei punti equidistanti dagli estremi del segmento).

matrice: insieme di $m \times n$ elementi, ordinati in righe e colonne, secondo due indici.

media: valore che si può sostituire ai dati senza alterare la valutazione del fenomeno.

modello: rappresentazione semplificata di una situazione reale che tiene conto di tutti e soli gli elementi che sono utili a descrivere il problema.

modulo: in questo testo si considera sinonimo di *valore assoluto*.

monomio: espressione algebrica in cui non compaiono operazioni di addizione e sottrazione e gli esponenti delle lettere sono numeri naturali.

notazione scientifica: scrittura di un numero in forma sintetica $a \cdot 10^k$, dove $1 \leq a < 10$ (in pratica a ha una sola cifra non nulla prima della virgola).

ordinata: in un riferimento cartesiano ortogonale nel piano è il secondo numero della coppia che individua un punto; si indica con la lettera y e rappresenta la distanza (con segno) del punto dall'asse delle ascisse.

ortogonale: in questo testo si considera sinonimo di **perpendicolare**.

parabola: luogo dei punti del piano che sono equidistanti da un punto fisso detto *fuoco* e da una retta fissa detta *direttrice*. In un sistema di riferimento cartesiano ortogonale nel quale la direttrice è parallela all'asse x la sua equazione è $y = ax^2 + bx + c$.

parametro: in un'espressione, una lettera che ha un valore fisso, anche se non noto a priori.

polinomio: somma algebrica di monomi.

popolazione: il più vasto insieme di elementi su cui è possibile svolgere un'indagine statistica.

primo: un numero che è divisibile solo per sé stesso e l'unità; due numeri si dicono **primi tra loro** se il loro *M.C.D.* è uguale a 1.

principio di identità dei polinomi: principio secondo il quale due polinomi, funzioni delle stesse variabili, si considerano identici se assumono valori uguali per gli stessi valori attribuiti alle variabili.

probabilità: numero reale p che misura il grado di aspettativa che si attribuisce al verificarsi di un evento aleatorio; è $0 \leq p \leq 1$.

proporzione: uguaglianza tra due rapporti.

proporzionalità diretta: tra due insiemi di grandezze x e y sussite quando esiste un numero k non nullo tale che $y = kx$.

proporzionalità inversa: tra due insiemi di grandezze x e y sussite quando esiste un numero k non nullo tale che $xy = k$.

problema deterministico: un problema che, se ha soluzione, è certa.

problema non deterministico: un problema la cui soluzione può essere data certa solo in termini probabilistici.

radiante: unità di misura degli angoli; considerato un angolo che ha il vertice nel centro di una circonferenza di raggio r, esprime il rapporto tra la lunghezza dell'arco che sottende l'angolo e il raggio stesso.

razionalizzare: rendere razionale; di solito riferito ad una frazione avente al denominatore un radicale, significa rendere razionale il denominatore moltiplicando numeratore e denominatore per uno stesso opportuno *fattore razionalizzante*.

retta: termine geometrico primitivo; in geometria analitica una retta è rappresentata da un'equazione della forma $ax + by + c = 0$ con a e b non contemporaneamente nulli.

riferimento cartesiano ortogonale: sistema di riferimento nel piano (o nello spazio) costituito da due (o tre) rette orientate mutuamente perpendicolari, sulle quali è stato fissato un sistema di ascisse; ogni punto viene individuato da una coppia (o da una terna) ordinata di numeri reali.

scalare: quantità che può essere completamente individuata tramite un numero che ne esprime la misura; per esempio, il tempo, la massa.

sessagesimale: sistema di misurazione nel quale l'unità viene divisa in 60 unità di ordine inferiore, ciascuna delle quali è a sua volta divisa in altre 60 parti uguali. Nella misurazione degli angoli l'unità è il *grado*, la prima sottounità è il *primo*, la seconda sottounità è il *secondo*. Nella misurazione del tempo, l'unità è l'*ora*, la prima sottounità è il *minuto*, la seconda sottounità è il *secondo*.

spazio campionario: insieme dei possibili esiti di un esperimento aleatorio.

tesi: in un teorema, ciò che si vuole dimostrare essere vero.

trinomio: un polinomio formato da tre monomi.

univoca: sinonimo di *a un solo valore* (vedi *corrispondenza univoca*).

valore assoluto: valore assoluto di un numero x è il numero stesso se questo è positivo o nullo, il suo opposto se è negativo: $|x| = \begin{cases} x & \text{se } x \geq 0 \\ -x & \text{se } x < 0 \end{cases}$.

variabile: quantità non nota che può assumere tutti i valori appartenenti a un certo insieme.

vettore: quantità che per essere individuata necessita di aver assegnata una direzione, un verso e una intensità; per esempio uno spostamento o una velocità.

zero: elemento neutro dell'addizione; relativo ad una funzione, valore dell'ascissa del punto di intersezione del suo grafico con l'asse delle x.